中望3D

产品设计实用教程

钟日铭◎编著

人民邮电出版社
北京

图书在版编目（CIP）数据

中望3D产品设计实用教程 / 钟日铭编著. -- 北京 : 人民邮电出版社, 2022.9
ISBN 978-7-115-59502-7

Ⅰ. ①中… Ⅱ. ①钟… Ⅲ. ①快速成型技术－应用－产品设计－教材 Ⅳ. ①TB472-39

中国版本图书馆CIP数据核字(2022)第108098号

内 容 提 要

中望 3D 是优秀的国产 3D 设计软件，在产品设计中可以取得出色的效果。本书重点介绍中望 3D 在产品设计上的应用，内容包括中望 3D 基础入门、草图设计、3D 造型基础、空间曲线、曲面建模、直接编辑与造型变形、钣金件设计、装配建模和工程图设计。

本书结构清晰，内容编排深入浅出，实例丰富，注重理论和实践，是一本好学、好用的 3D 产品设计教程。

本书可作为各类院校机械、产品设计、加工制造、工业设计等相关专业的教材，也可以作为相关技术人员进行产品设计、机械设计、模具设计、工业设计、数控加工的参考用书。

◆ 编　　著　钟日铭
责任编辑　李永涛
责任印制　王　郁　胡　南
◆ 人民邮电出版社出版发行　　北京市丰台区成寿寺路 11 号
邮编　100164　　电子邮件　315@ptpress.com.cn
网址　https://www.ptpress.com.cn
北京九州迅驰传媒文化有限公司印刷
◆ 开本：787×1092　1/16
印张：26　　2022 年 9 月第 1 版
字数：666 千字　　2025 年 4 月北京第 9 次印刷

定价：89.90 元

读者服务热线：(010)81055410　印装质量热线：(010)81055316
反盗版热线：(010)81055315

前言

智于设计，精于创造。

国产设计软件正在迎头赶上，这是中望 3D 正在实践的现状，也是中望 3D 的真实写照。中望 3D 已成为一款优秀的国产 3D CAD/CAM 一体化设计软件，具有强大的混合建模能力，集二维草图、实体建模、曲面造型、钣金件设计、直接编辑、装配设计、工程图设计、模具设计、数控加工等众多功能模块于一体，基本涵盖了产品设计开发的全部流程。中望 3D 在机械、电器、玩具、模具加工、化工、汽配等工业领域应用广泛。

本书综合考虑了初学者的一般学习规律和知识接受能力，结合中望 3D 的功能特点，精心编排知识点，并通过分门别类的典型案例贯穿整个产品设计学习过程。学完本书，读者基本可以掌握使用中望 3D 进行一般产品、机械零件的设计，设计能力基本达到设计师的基本工作要求。当然，要想达到更高水准，还需要勤学苦练，掌握扎实的设计理论知识等。

本书共分 9 章，分别是中望 3D 基础入门、草图设计、3D 造型基础、空间曲线、曲面建模、直接编辑与造型变形、钣金件设计、装配建模、工程图设计。所介绍的知识点都比较全面且实用，融合了操作技巧、产品设计理论、制图标准、实战经验等内容，还设计了综合案例以加深读者对所学知识点和设计思路的认识。

本书配置了内容丰富的资料包，包括本书配套案例、PPT 课件、视频学习资料等，建议读者将其下载到计算机硬盘中以方便使用。注意，本书配套资料包仅供学习之用，请勿擅自将其用于其他商业活动。

如果读者在阅读本书时遇到技术问题，可以通过邮箱（sunsheep79@163.com）或微信（Dreamcax，绑定手机号为 18576729920）与作者联系。也可以关注作者的微信公众号（见下图），以获取更多的学习资料和设计资讯。

微信搜一搜

桦意设计

在编写本书的过程中得到了中望软件公司和人民邮电出版社的大力支持，在此表示衷心的感谢！一分耕耘，一分收获。书中如有疏漏之处，请广大读者不吝赐教，谢谢！

天道酬勤，熟能生巧，以此与读者共勉。

钟日铭

2022 年 3 月

目录

第 1 章

中望 3D 基础入门

中望 3D 是基于自主三维几何建模内核的三维 CAD/CAM 一体化解决方案，具备强大的混合建模能力，支持各种几何及建模算法，集实体建模、曲面造型、装配设计、钣金设计、工程图设计、模具设计、车削加工、2～5 轴加工等功能模块于一体，基本覆盖产品设计开发全流程。本章主要介绍中望 3D 基础入门知识，包含中望 3D 软件概述、用户界面与用户角色设置、设置工作目录、文件管理操作（如新建文件、打开文件、保存文件、输入与输出、文件备份、关闭文件）、对象选择操作等。

1.1 中望 3D 概述

中望 3D 是广州中望龙腾软件股份有限公司成功推出的一款三维 CAD/CAM 一体化软件产品。它具有完全自主的建模内核，支持实体与曲面混合建模，提供全新技术的零件库结构，助力高效设计的同时更利于企业灵活定制以实现标准化，具有强大的钣金、装配与仿真功能，工程图设计符合中国人习惯，可以进行模具设计及产品加工 CAM，兼容性强，无缝集成 CAE 软件，大幅提升设计质量。中望 3D 值得称赞的核心技术和亮点在于其独特的混合建模技术、直接编辑技术，以及拥有高效的模具设计和加工制造模块。中望 3D 软件能够让产品工程师在单一协作环境中从事与产品相关的一系列工作，包括从产品概念设计到三维建模、模具设计、产品加工制造等多环节。中望 3D 软件已经被广泛应用于机械设计、工业设计、模具设计、制造行业等领域，并且具有一定的声誉。

本书以中望 3D 2022X 版本为例进行介绍。本章介绍中望 3D 的一些基本设置和基本操作，这对于用户后续更好更快地学习和操作中望 3D 大有裨益。

1.2 用户界面与用户角色设置

本节介绍中望 3D 用户界面与用户角色设置。

1.2.1 用户界面

正确安装好中望 3D2022X 后，在 Windows 视窗桌面上单击“中望 3D”快捷启动图标，系统闪出启动页面片刻之后弹出图 1-1 所示的中望 3D 初始用户界面，包括标题栏、功能区、文件浏览器、图形窗口、状态栏等。其中在标题栏中嵌入了“快速访问”工具栏，当在“快速访问”工具栏中单击最右侧的“小三角”按钮▶/◀可控制传统菜单的显示/隐藏。如果用户要对中望 3D 的用户界面进行一些配置，那么可以单击位于“搜索”栏右侧的“配置”按钮⚙，接着利用弹出的“配置”对话框对“通用”“零件”“2D”“颜色”“背景色”“显示”“文件”“CAM”“用户”“PDM”“ECAD”“管理”等内容进行配置。

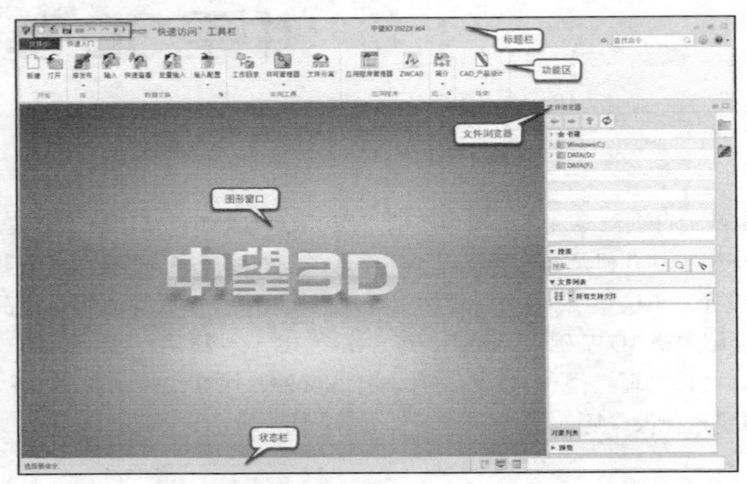

图 1-1　中望 3D 初始用户界面

在中望 3D 中新建或打开一个零件时的用户界面如图 1-2 所示。状态栏中的“管理器”按钮用于设置打开或关闭管理器窗口，管理器窗口提供“历史管理”、“视图管理”、“视觉管理”、“角色管理”等选项卡。状态栏中的“文件浏览器”按钮用于打开或隐藏文件浏览器。

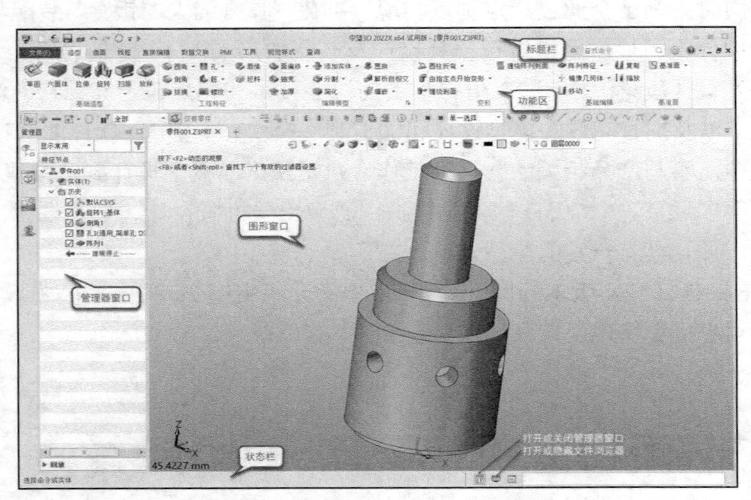

图 1-2　零件设计的用户界面

1.2.2　用户角色设置

中望 3D 的用户角色分为“初级”“中级”“高级”和“专家”，用户角色控制中望 3D 的哪些命令和模块将被加载并在界面上显示。

如果初学者想从最基本的功能开始学习和使用，那么可以选择“初级”角色，“初级”角色提供中望 3D 最基础也是最必要的功能和命令，该角色适合新用户，特别是不经常使用中望

3D 的用户；“中级”角色提供最常用的工具来执行普通任务，该角色适合频繁使用中望 3D 的用户；“高级”角色提供高级功能来完成复杂的任务，该角色适用于经验丰富的用户；如果希望中望 3D 所有的命令和模块都会被加载并在界面上显示，那么可以选择“专家”角色。如果没有特别说明，本书所用中望 3D 的用户角色为“专家”角色。

用户可以在角色管理器中随时切换角色，其方法是在“管理器”窗口中单击“角色管理”图标切换至角色管理器，接着右击所需的用户角色并从弹出的快捷菜单中选择“应用”命令，即可应用所需的用户角色，如图 1-3 所示。也可以直接双击所需的用户界面来快速应用。

中望 3D 允许用户根据自己的操作习惯和工作状况来自定义用户角色，其方法是在角色管理器的空白区域右击，接着从弹出的快捷菜单中选择“创建”命令，弹出“编辑角色”对话框，如图 1-4 所示。设定角色名称、描述，从“复制自”下拉列表框中选择“当前”“初级”“中级”“高级”或“专家”，然后单击“确定”按钮。对于用户自定义的角色，可以通过在角色管理器右击它的方式来执行“应用”“删除”“编辑”“保存”或“输出”操作。

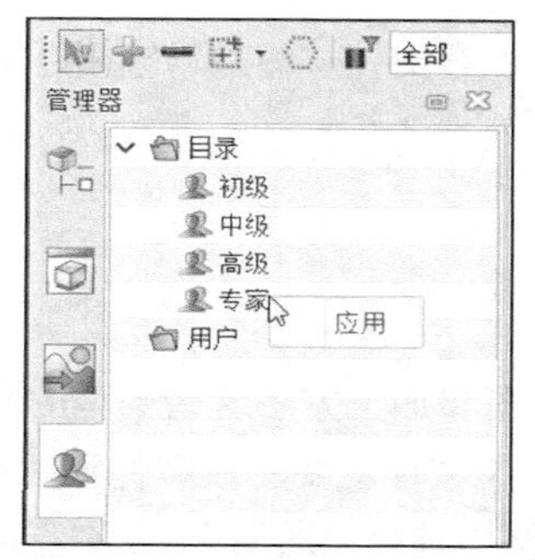

图 1-3 应用所需的用户角色

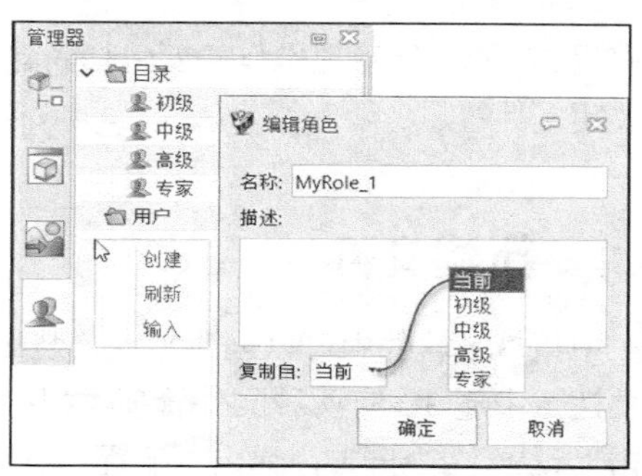

图 1-4 自定义用户角色（创建、编辑）

1.3 设置工作目录

设置工作目录对管理设计项目文件是非常重要的，尤其对于大型项目来说，创建工作目录甚至可以说是非常必要的，大型设计项目通常会包含很多设计文件，有些设计文件需要较长时间去完成，在这种情况下，工作目录会便于管理设计文件，如快速访问其中的文件，确定了项目文件的默认保存路径，使整个工作过程变得更加高效。

设置工作目录的方法、步骤如下。

1）在打开中望 3D 软件进入初始用户界面时，从功能区“快速入门”选项卡的“实用工具”面板中单击“工作目录”按钮（见图 1-5），系统弹出“选择—目录”对话框。

图 1-5 单击“工作目录”按钮

2）在“选择—目录”对话框中通过“选择集”列表框选择所需的文件夹或在指定目录下新建文件夹，如图 1-6 所示，然后单击“确定”按钮。

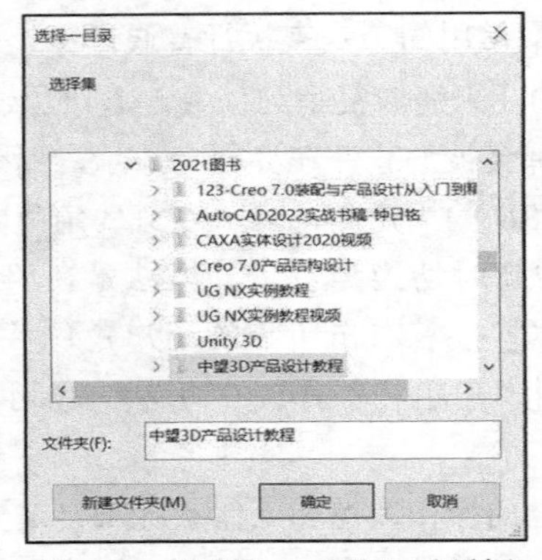

图 1-6　“选择一目录”对话框

1.4　文件管理操作

中望 3D 的文件管理操作主要包括新建文件、打开文件、保存文件、输入与输出、文件备份与关闭文件等。

1.4.1　新建文件

在中望 3D 软件中可以创建零件、装配、工程图、2D 草图和加工方法这些类型的文件。但是要注意中望 3D 有两种文件管理类型：单对象文件和多对象文件。要更改文件管理类型，则单击“设置”按钮，弹出“配置”对话框，接着在左窗格中选择“通用”，在右窗格中更改“单文件单对象（新建文件）”复选框的状态，如图 1-7 所示。

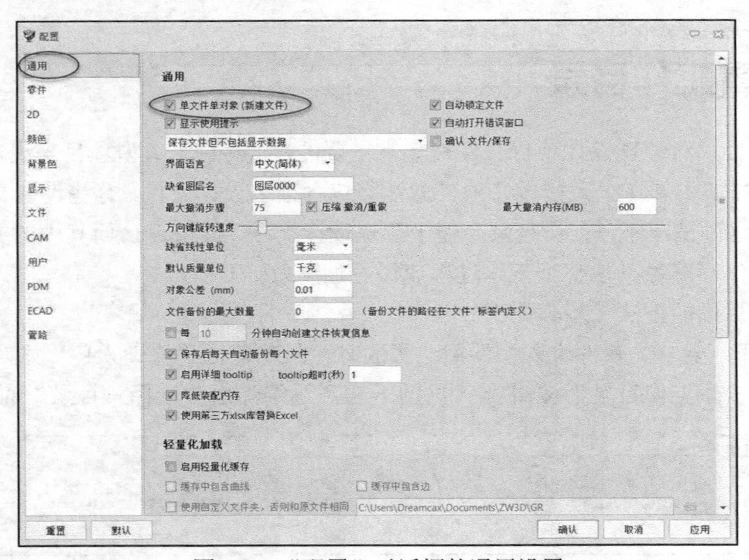

图 1-7　“配置”对话框的通用设置

- 单对象文件：零件、装配、工程图、加工方案等都会形成单独的文件。单对象文件是一种常见的文件管理类型。这里以创建零件类型的文件为例进行介绍。在“快速访问”工具栏中单击“新建”按钮，弹出“新建文件”对话框，如图 1-8 所示，从“类型”

列表中选择“零件”，在“子类”列表中选择“标准”，指定模板、唯一名称和描述等，然后单击“确认”按钮，即可完成创建一个零件文件。

- 多对象文件：可以同时把中望 3D 零件、装配、工程图和加工方案放在一起以一个单一的 Z3 文件进行管理。多对象文件是中望 3D 软件特有的一种文件管理类型。当取消选中“单文件单对象（新建文件）”复选框时，单击“新建”按钮，将弹出图 1-9 所示的“新建文件”对话框，选择“零件/装配”“工程图”“2D 草图”“加工方案”“方程式组”类型选项之一，指定模板、唯一名称等，文件格式为 Z3，然后单击“确认”按钮。多对象文件类型与单对象文件类型所对应的“新建文件”对话框是有差别的。

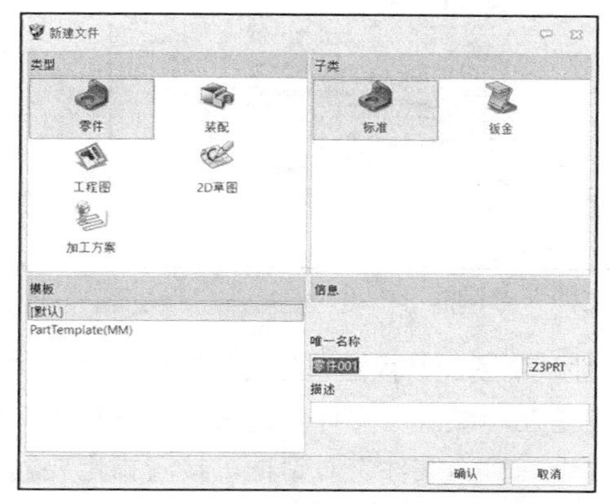

图 1-8 “新建文件”对话框（单对象单文件）

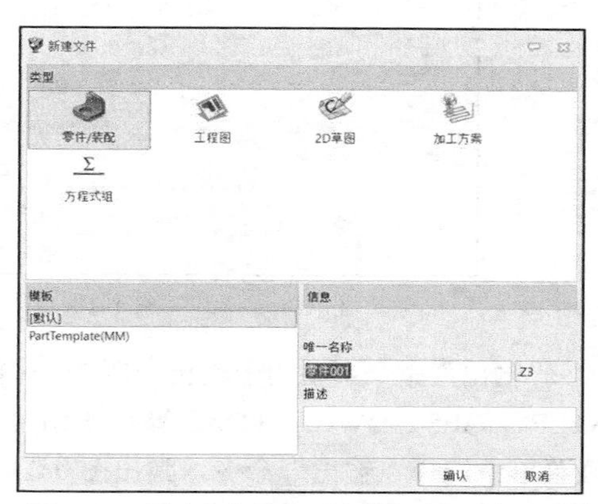

图 1-9 “新建文件”对话框（多对象文件）

1.4.2 打开文件

要打开文件，则可以在“快速访问”工具栏中单击“打开”按钮，弹出“打开”对话框，接着选择要打开的文件，然后单击“确认”按钮即可。打开文件命令的快捷键为“Ctrl+O”。

1.4.3 保存文件

文件的保存命令位于功能区“文件”选项卡的“保存”级联菜单中，包括“保存”“另存为”“另存副本”和“保存全部”。

- “保存”命令：对应的工具为“保存”按钮（其快捷键为“Ctrl+S”），该命令使用最为频繁，它用于保存激活的中望 3D 设计文件并更新原文件。
- “另存为”命令：可以使用不同的名称通过文件浏览器保存激活的中望 3D 文件。
- “另存副本”命令：可以将零件或装配体在其他目录下创建一个指定名称的副本。
- “保存全部”命令：保存所有中望 3D 文件到激活进程并更新原文件。注意，一个文件可以包含多个根对象（如零件、工程图包、2D 草图、加工方案等）。

1.4.4 输入与输出

“输入”命令主要用于将非中望 3D 文件类型（如 STEP、IGES、DWG 等）作为零件、草图或工程图输入中望 3D 中。输入的操作步骤是在功能区“文件”选项卡的“输入”级联菜单中选择“输入”命令，弹出图 1-10 所示的“选择输入文件”对话框，指定要输入的文件类型及选择要输入的文件，单击“打开”按钮，系统会根据所选的文件类型自动弹出相应的输入对话框，按需要设定输入参数或过滤器，然后单击“确定”按钮。输入还可以使用“快速输入”和“批量输入”方式。

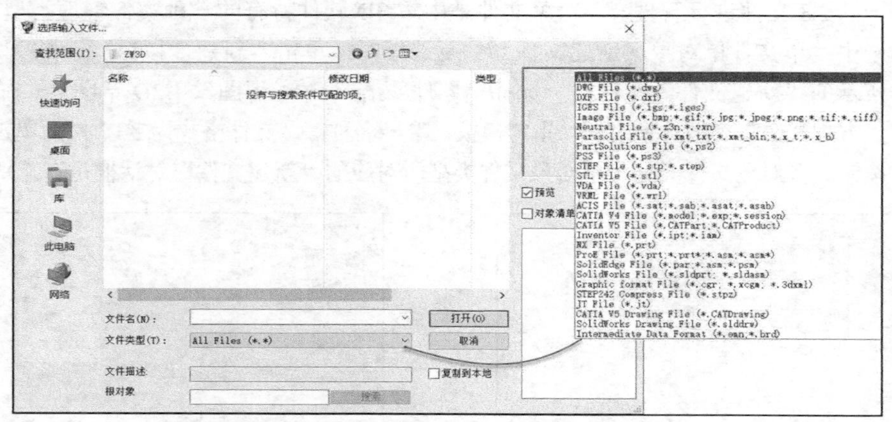

图 1-10 “选择输入文件”对话框

“输出”命令主要用于输出中望 3D 对象（如零件、草图、工程图）到其他的标准格式（如 STEP、IGES、DWG、HTML 等）。输出的操作步骤是在功能区“文件”选项卡的“输出”级联菜单中选择“输出”命令，弹出图 1-11 所示的“选择输出文件”对话框，接着指定要输出的文件类型和文件名，单击“保存”按钮，按需要设置输出参数或过滤器，确定后即可。

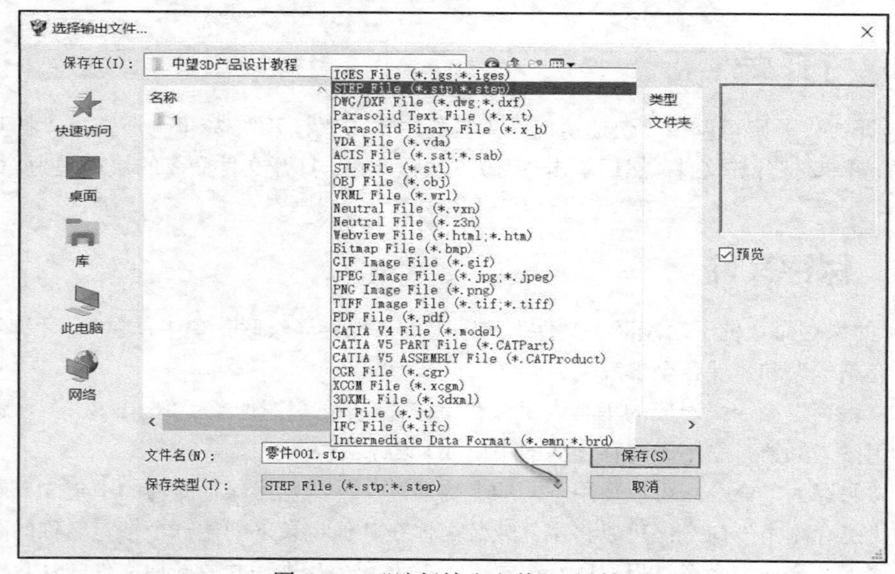

图 1-11 “选择输出文件”对话框

1.4.5 文件备份（自动备份与手动备份）

文件备份是工程师要养成的一种良好操作习惯，这样可以避免因一些意外事件而造成的风险损失，如突然断电或软件闪退等。中望 3D 的文件备份方式有自动备份和手动备份两种。

1. 自动备份

使用中望 3D 软件时，当用户创建一个*.Z3 格式的新文件时，系统将会自动默认生成和保存备份文件（*.Z3.z3bak），此备份文件是一个隐藏文件，它与刚新建的文件处于同一个文件夹中。需要用户注意的是，系统备份只有在一天内第一次保存时执行自动备份操作，后续进行的保存将不会自动备份。

如果需要，可以将备份文件的后缀名由*.Z3.z3bak 更改为*.Z3。

2. 手动备份

要进行手动备份，则需要先单击“配置”按钮，弹出“配置”对话框，接着在“通用”配置表中设置文件备份的最大数量，以及在“文件”配置表中设置备份路径，通常建议文件保存和备份路径一致以便于管理和使用。如图1-12所示，样例原文件是一个*.Z3文件（假设文件名为Part1.Z3），设置的文件备份的最大数量是 6，每进行一次备份则会在文件名后增加一个版本号，则当进行第 7 次备份（Part1.7.z3bak）时，第 1 个备份文件（Part1.1.z3bak）将会被自动删除，以此类推。

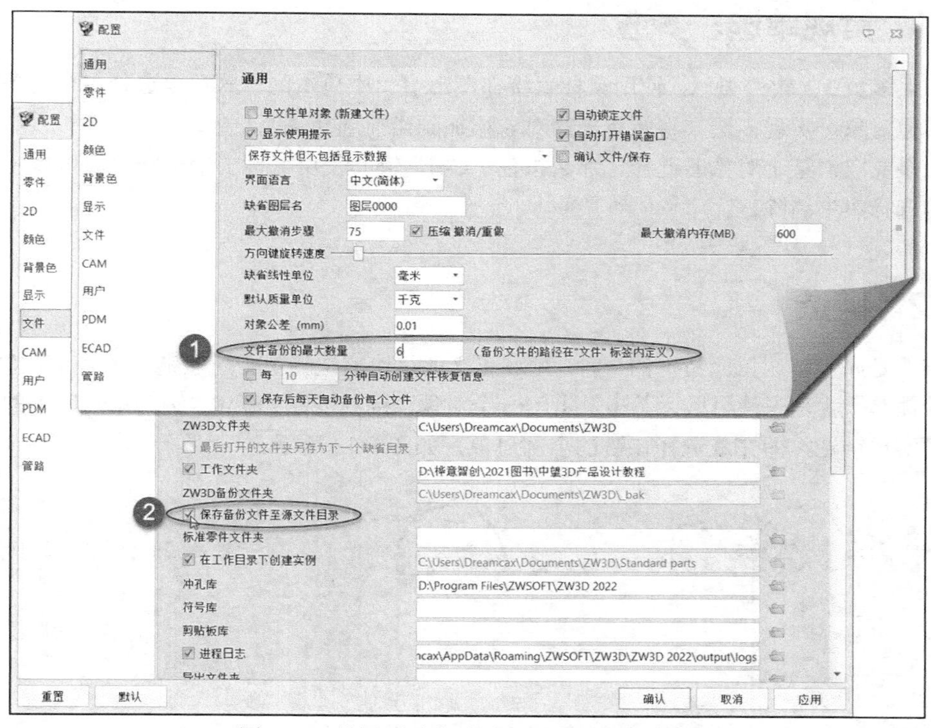

图 1-12 设置手动备份时配置表选项及参数

为了确保目标备份文件安全，可以根据实际情况适当将“文件备份的最大数量”的值设置得大一些，或者删除不想要的备份文件。

1.4.6 关闭文件

在功能区“文件”选项卡的“关闭”级联菜单中提供了关于关闭文件的 4 个实用命令：“关闭”“全部关闭”“保存/关闭”“关闭不用文件”。

- “关闭”：用于关闭激活文件。如果文件在激活进程中有修改，那么在执行“关闭”命令时系统会询问是否需要保存修改。
- “全部关闭”：用于关闭所有打开的文件。如果有文件已修改，系统会询问在关闭所有文件前是否保存修改的文件。

- “保存/关闭”：使用该命令依次执行保存文件命令与关闭文件命令。
- “关闭不用文件”：用于在不关闭中望 3D 软件的情况下清除后台缓存（即关闭不用的文件），被清除的数据不能被“撤销”或“重做”功能恢复。

1.5 对象选择操作

在中望 3D 中，对象选择操作比较灵活，有多种对象选择操作方式，包括常规单选与多选、链选、选择被遮挡的对象、使用“选择”工具栏。

1.5.1 常规单选、多选

和大多数 3D 软件类似，使用鼠标直接在图形窗口中单击的方式可以选择单个对象，继续单击其他对象可实现多选（将新单击的对象添加到当前选择集）。

如果要取消某个对象的选择，那么按住“Ctrl”键并使用鼠标去单击它，便可以将该对象从当前选择集中清除。

1.5.2 链选

链选是属于多选里面特殊的一种，顾名思义就是快速选择位于一条链上的多个对象。其方法比较简单，就是先使用鼠标单击链上的一个对象，接着按住“Shift”键并单击链上的其他对象即可实现链选，即完成选择该链的全部对象，如图 1-13 所示。

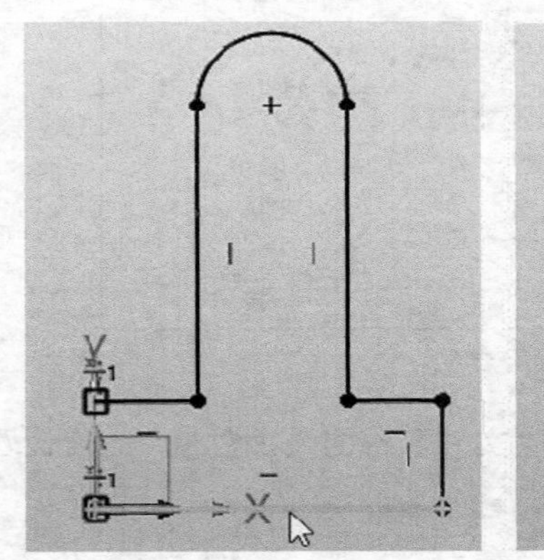

（a）选择其中一部分

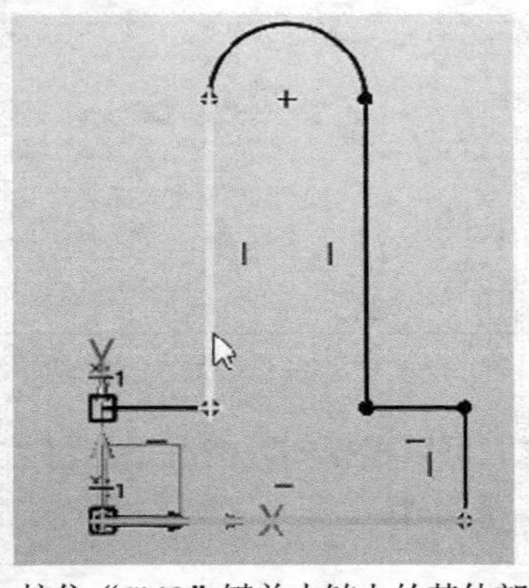

（b）按住“Shift”键单击链上的其他部分

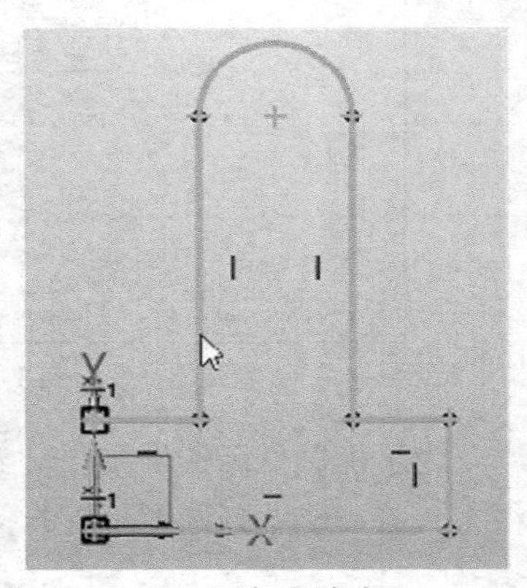

（c）完成链选

图 1-13 链选示例

1.5.3 使用过滤器选择

当模型较为复杂，选择对象不那么容易时，可以先巧用过滤器设定选择对象类型，再在图形窗口中进行对象选择，这样可以减少误选择操作。例如，当在图形窗口上边框的“选择”工具栏中展开过滤器列表，选择“特征”选项，接着将鼠标指针在模型上移动时，鼠标指针所指的特征类对象会预高亮显示，如图 1-14 所示，此时单击便可选择该预高亮显示的对象。同样地，当从过滤器列表中选择“曲面”选项，只有曲面类对象才会被用户选择；当从过滤器列表中选择“基准面”时，只有基准面类型的对象才会被用户选择。

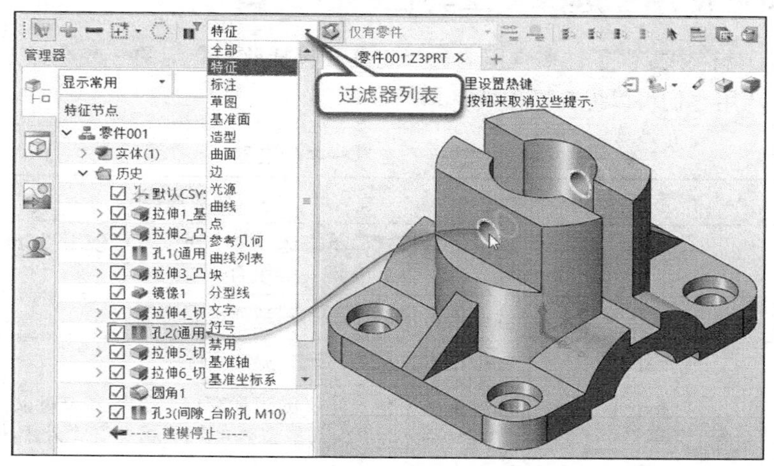

图 1-14 使用过滤器选择对象

1.5.4 选择被遮挡的对象

如果要选择的对象位于模型内部或被其他对象覆盖，那该怎么办？

中望 3D 提供了两种方法选择这些被遮挡的对象，第一种方法是从列表中拾取，第二种方法是使用“Alt”键选择。

1. 从列表中拾取

将鼠标指针置于模型的某个预定位置处，单击鼠标右键并从弹出的快捷菜单中选择“从列表拾取”命令，弹出“从列表拾取”对话框，对话框列表列出当前鼠标指针位置处存在的对象（包含被遮挡的对象），用鼠标在列表中浏览某个对象时，该对象在图形窗口中高亮显示，此时单击鼠标左键即可拾取该对象。例如，样例如图 1-15 所示，在创建一个拉伸特征时通过“从列表拾取”方式选择一个隐藏坐标面来作为草绘平面以绘制拉伸剖面。

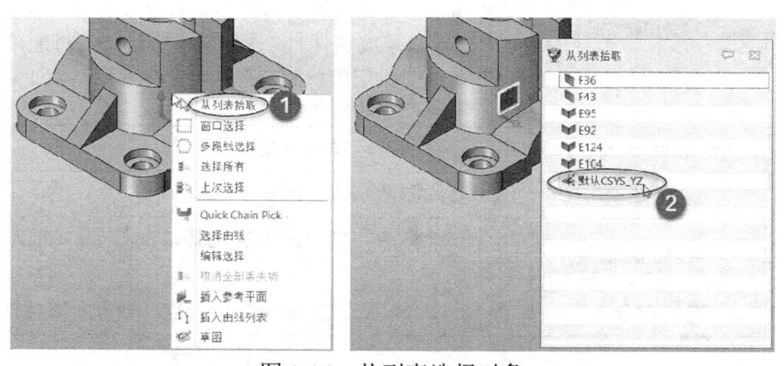

图 1-15 从列表选择对象

2. 使用“Alt”键选择

按住“Alt”键的同时，将鼠标指针移到想选择的对象的位置处，此时系统高亮显示该位置处被遮挡的一个对象，如果存在多个被遮挡的对象（隐藏对象），则可以通过单击鼠标右键进行切换，直到所要选择的对象高亮显示，然后单击鼠标左键即可完成该对象的选择。

1.5.5 灵活使用“选择”工具栏中的工具

“选择”工具栏中提供了许多实用的选择工具（包括前面介绍的一些选择工具/命令），如表 1-1 所示，巧用它们可以提高操作效率。

表 1-1 “选择”工具栏中的工具

序号	工具	名称	功能用途
1		标准选择	常规选择模式，单击选择单个对象，可使用“Shfit+鼠标左键”或“Ctrl+鼠标左键”等组合
2		添加选择	选中的实体都会添加到当前选择集中
3		删除选择	将指定对象从当前选择集中移除
4		框选	通过由两个角点定义的矩形窗口来选择多个对象，框选方式包括“内部/相交”“内部”“外部”“相交”“外部/相交”5 种
5		多段线选择	通过指定几个点绘制一个多边形窗口选择多个对象
6		属性过滤器	3D 属性过滤器用在零件级、通过图层、特征或颜色进一步过滤选择的实体对象
7		过滤器列表	过滤器列表显示了激活命令提示寻找的对象类型
8		直接编辑	打开或关闭直接编辑
9		拾取外部列表	此下拉列表框提供“仅有零件”“零件和组件”“整个装配”选项
10		关联复制	创建与被参考的外部几何体关联的参考几何体，每当被参考几何体重生成时，参考几何体都会进行重新评估，否则将只创建一个静态复制的参考几何体
11		记录状态	用于提取参考几何体的零件的历史状态，当重生成含有时间戳的参考几何体时，被参考的零件会在参考几何体重评估之前先回滚到记录的历史状态
12		选择所有	当命令提示选择多个实体时，该按钮会高亮，该按钮用于选中激活对象中所有未被隐藏且符合过滤器要求的实体；当激活目标是装配体时，选择所有方法不会选择装配组件（子装配和零件）中的实体；重生成零件时，选择所有方法仍保持原来的选择并不会改变输入字段中的内容；如果命令对象被修改了，则重生成时可能会造成命令执行失败
13		取消最后一次选择	用于移除当前选择集最后一次选择
14		取消所有	用于移除激活字段中的所有选择
15		反转拾取	用于移除激活字段中的所有选择，同时选择之前没有被选择的所有实体
16		智能点参考	单击此命令，则点选、交点、特征点和轴方向都会驱动“捕捉拾取”
17		选择规则列表	该下拉列表会根据当前实体过滤器的内容变化：当实体过滤器为点、边或面时，该过滤器分别支持点规则、边规则和面规则；点规则支持绝对、关键点、相对、在实体上 4 个选项；边规则支持单选和链选；面规则支持单选、智能、凸台、内腔、孔、圆角和自定义 7 个选项
18		重生选择	用于回放零件历史时将重生成选择
19		自定义选择设置	当选择规则列表为自定义时，此命令可用

1.6 思考与练习

1）中望 3D 的核心技术和亮点体现在哪些方面？

2）用户角色有什么作用？如何进行用户角色切换？

3）设置工作目录有什么好处？如何设置工作目录？

4）如何理解文件备份？

5）什么是框选、链选？

6）如何选择被遮挡的对象？

第 2 章

草图设计

中望 3D 提供了实用的草图模块，草图模块是 CAD/CAM 工程设计软件的一个基本模块。本章主要介绍草图设计概述、草绘图元、草图修改与编辑、草图几何约束、尺寸约束（草图标注）、草图基础编辑、草图注意事项和草图综合案例。

学习好本章内容，有利于更好地学习后续 3D 建模。

2.1 草图设计概述

草图设计是 3D 建模的基础，很多实体特征的创建需要绘制二维草图来定义横截面形状等。二维草图需要在指定的平面上绘制。本节介绍如何进入草图、草图设置与操作、草图流程、草图栅格设置、草图显示项目设置。

2.1.1 进入草图

创建中望 3D 的草图有两种方式，一种是新建一个独立文件来创建独立草图；另一种则是在建模过程中创建所需草图，该草图可以位于某特征内部，也可以在某特征的外部。

1. 独立草图

要创建独立草图，则可以在中望 3D 软件的“快速访问”工具栏中单击“新建”按钮，弹出“新建文件”对话框，接着在“类型”选项组中选择“2D 草图”，在“子类”选项组中选择“标准”，采用默认模板等，如图 2-1 所示，然后单击“确认”按钮，创建一个单独草图文件。用户可以在该单独草图文件中绘制所需的 2D 草图。

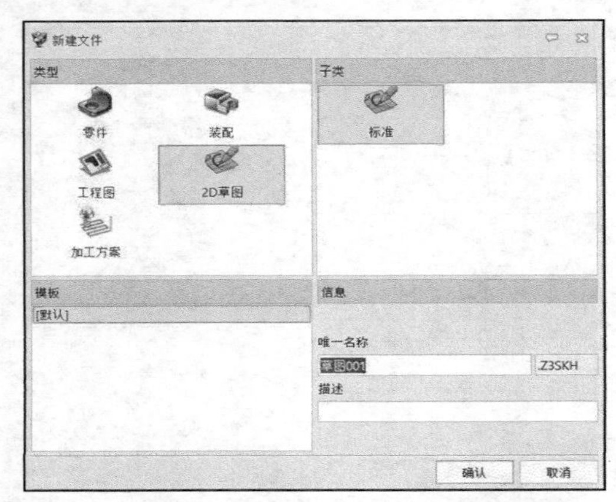

图 2-1 “新建文件”对话框（选择“2D 草图”时）

2. 建模时进入草图

在中望3D中，很多草图是在零件建模过程中创建的。

假设现在新建了一个零件并进入建模环境，要创建一个草图则可以在功能区“造型”选项卡的“基础造型”面板中单击“草图”按钮，接着结合图2-2所示的对话框进行指定草绘平面与定向平面等操作。可以选择一个平面作为草绘平面，也可以单击“使用先前平面”按钮以使用先前平面作为草绘平面。在“定向”选项组中可以选中“定向到活动视图”复选框。设置好草绘平面和定向参数、选项后，单击“确定”按钮或单击鼠标中键进入下一步。

操作技巧 用户也可以在空白绘图区单击鼠标右键，从弹出的快捷菜单中选择“草图”命令来进入草图，如图2-3所示。

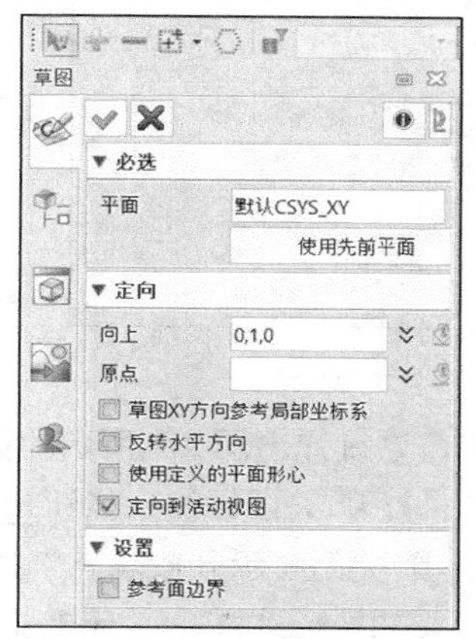

图2-2 新建草图

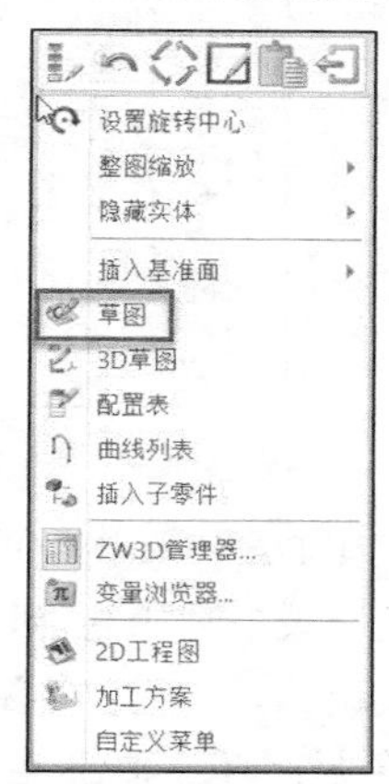

图2-3 右键快捷菜单

在创建某些特征的过程中，如创建拉伸、旋转、扫掠等特征时，可以创建该特征的内部草图，所述内部草图只能被隶属该特征使用。图2-4显示为在创建拉伸特征的过程中拟创建一个定义拉伸剖面的内部草图。

如果想重复使用内部草图，那么可以将该内部草图转换成外部草图，其方法为在管理器的特征节点中选择该内部草图并右击它，从弹出的快捷菜单中选择“外置草图”命令，如图2-5所示，从而将内部草图转换为外部草图，外部草图在特征节点中与其他特征一样平级显示。

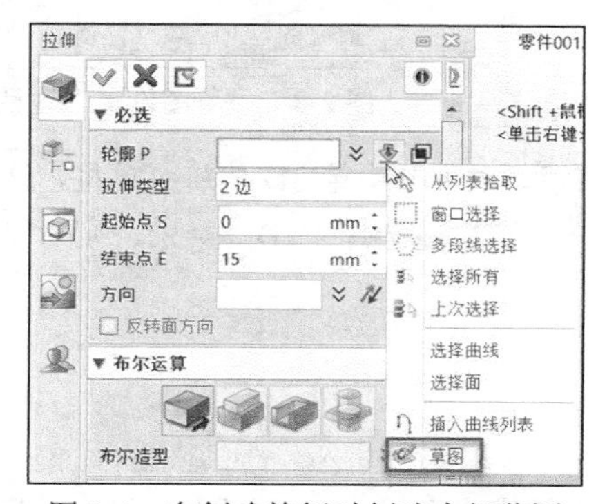

图2-4 在创建特征时创建内部草图

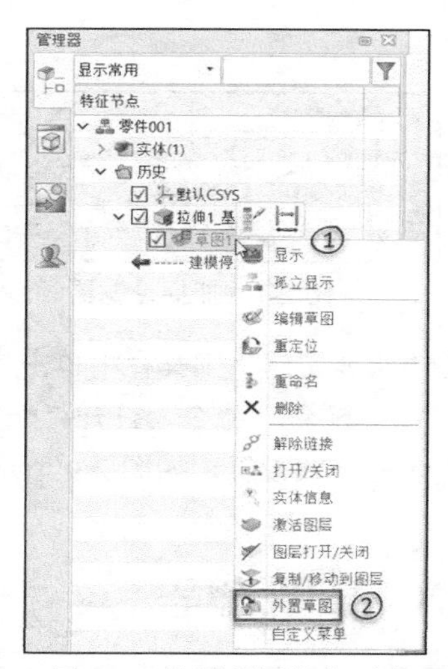

图2-5 外置草图操作示意

2.1.2 草图设置与操作

对于初学者，一般采用系统默认的草图设置便可以满足平常的学习需要。在中望 3D 中，为了更高效地进行草图操作，允许用户事先对草图模块进行一些参数设置，以及了解其常见操作。

草图的基本设置主要体现在栅格设置、对象选择或绘图捕捉过滤器设置、平面视图切换设置、草图显示项目设置等，可以在图 2-6 所示的 DA 工具栏上快速设置。

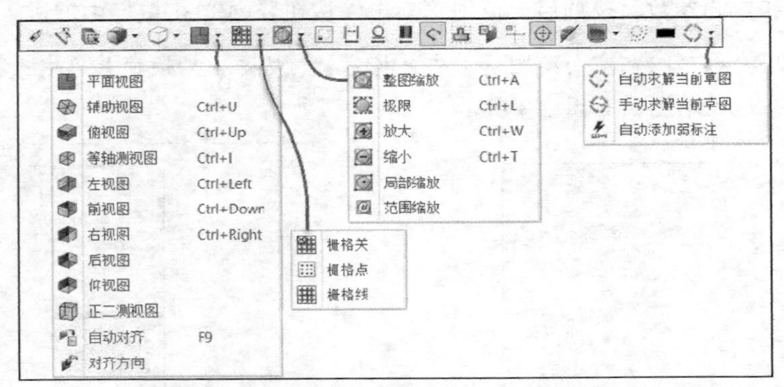

图 2-6 用于草图相关设置的 DA 工具栏

例如，在 DA 工具栏中单击“捕捉过滤器”按钮，系统弹出图 2-7 所示的捕捉过滤器，根据实际情况设置启用智能选择项目。又例如，可单击“打开/关闭标注”按钮、“打开/关闭约束”按钮、“打开/关闭颜色识别栏”按钮、“打开/关闭显示开放端点”按钮、“打开/关闭着色封闭环”按钮、“显示/隐藏外部基准面”按钮、“打开/关闭默认 *XY* 轴的显示”按钮、“显示中心”按钮等设置草图中相应项目的打开/显示或关闭/隐藏。

如果要根据喜好和设计情况设定栅格间距值，那么可以在草图模式功能区的“草图”选项卡中单击“设置”面板中的“当前参数设置”按钮，弹出图 2-8 所示的“草图设置”对话框，接着设定单位、栅格间距，还可设定是否启动约束求解器、自动约束新几何体、自动标注新几何体，然后单击“确认”按钮。

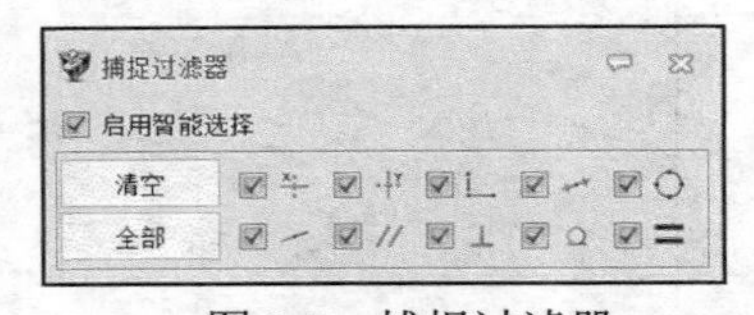

图 2-7 捕捉过滤器

图 2-8 “草图设置”对话框

在“快速访问”工具栏中单击“展开菜单”按钮以展开中望 3D 传统菜单栏，选择“实用工具”/“配置”命令，打开“配置”对话框，在左窗格中选择“2D”类别，则可以对草图进行更多的选项设置，如图 2-9 所示。

2.1.3 草图流程

中望 3D 的草图流程如图 2-10 所示。假设在零件模式下，单击“草图”按钮打开“草图”对话框，此时第一步通常是选择草绘平面，如图 2-11 所示，图中使用鼠标指针选择坐标系的 *XY* 平面作为草绘平面，并确保选中“定向到活动视图”复选框，然后单击“确定”按钮 或单击鼠标中键以进入草图环境。

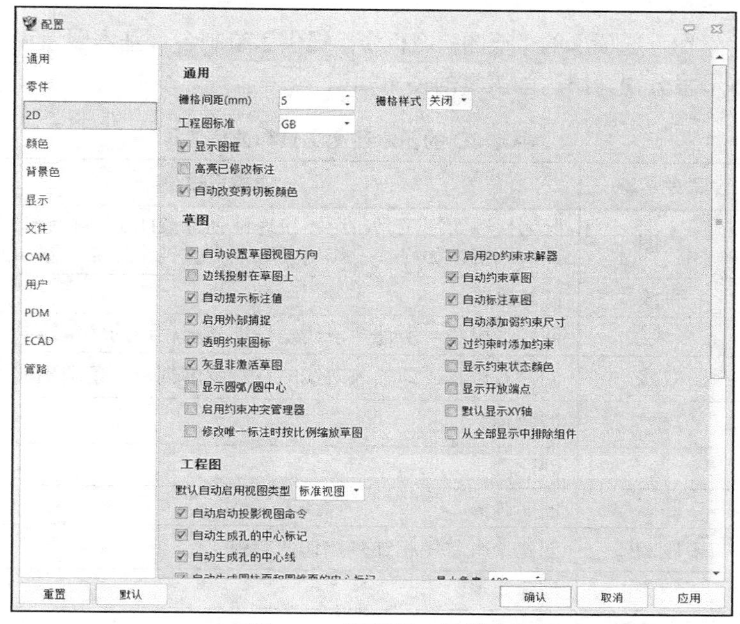

图 2-9 “配置”对话框

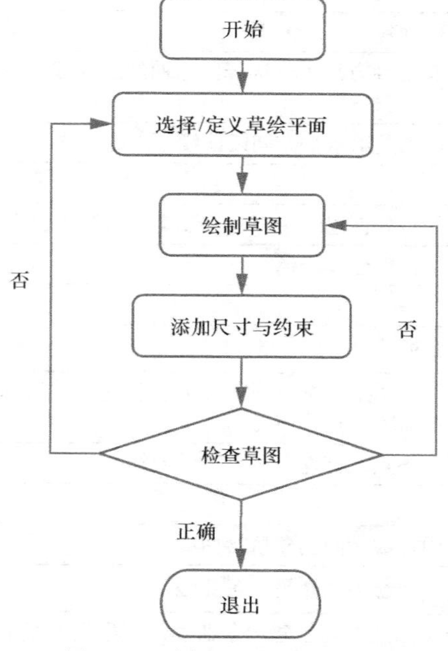

图 2-10 中望 3D 的草图流程图

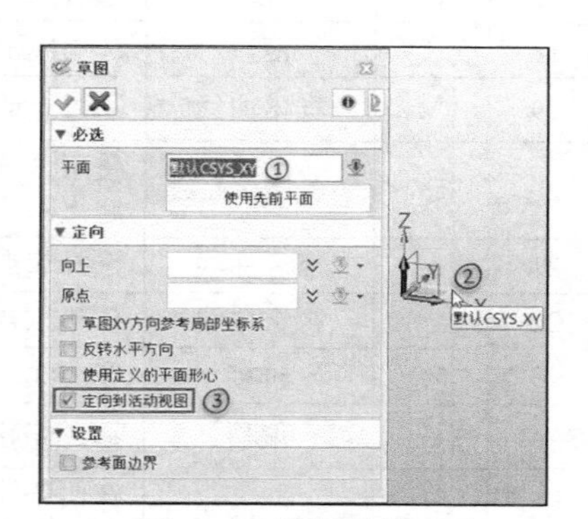

图 2-11 选择草绘平面

进入草图环境后，使用相关的草图工具绘制所需的草图，可添加尺寸与约束以获得完全满足设计要求的草图。可以使用“打开/关闭显示开放端点”按钮 和“打开/关闭着色封闭环”按钮 等一些工具按钮对草图进行辅助检查，在对草图进行检查无误后单击“退出”按钮 ，从而完成草图绘制并退出草图环境。

2.2 草绘图元

在功能区“草图”选项卡的“绘图”面板中，提供了绘制各种基本图元和曲线的工具，如表 2-1 所示。本节将分别介绍这些工具的使用知识。

表 2-1 中望 3D 的基本绘图工具和曲线工具

序号	工具	命令名称	功能用途/备注
1		绘图	此为快速绘图工具，用于快速地创建 2D 连续曲线，包括多种类型的几何图形，如直线、相切弧、三点弧、半径弧、圆和曲线
2		直线	创建直线
3		多段线	创建多段线，所述多段线是指端与端相连的多条线段
4		双线	创建双边线，即输入双线的左右宽度创建一条端到端连接的多段双线
5		轴	创建轴
6		圆	创建圆
7		圆弧	创建圆弧
8		多段圆弧	创建一串首尾相连且相切的圆弧
9		矩形	创建矩形
10		正多边形	创建正多边形
11		椭圆	创建椭圆
12	+	点	通过弹出选项创建点，可创建一点或多点
13		点在曲线上	在曲线上创建多个点，有三种方法可供选择：沿曲线、曲线列表或面边放置点
14		预制文字	插入预制草图的文字，可以是沿水平方向或曲线方向的文本
15		文字	创建文字
16		气泡	创建气泡文字，在所选的点处创建一个零件标注文本或图片气泡
17		槽	通过两个中心点和一个半径创建一个槽
18		槽口	在曲线上创建一个槽口
19		样条曲线	通过点或控制点创建样条曲线
20		3 点二次曲线	使用 3 个控制点创建二次曲线，选定的前两个点分别定义二次曲线的起点和终点，指定的第 3 点为切点或肩点
21		点云曲线	选择起点和曲线上的其余各点来创建经过点云的曲线
22		拟合曲线	创建拟合曲线
23		桥接	在曲线、直线、圆弧或面边线之间创建桥接曲线
24		偏移	通过偏移曲线、曲线链或边缘来创建另一条曲线
25		中间曲线	在两条曲线、圆弧或两个圆的中间创建一条曲线，该中间曲线上的任何点到两条曲线的距离均相等

2.2.1 绘制直线类图元

用于绘制直线类图元的工具主要包括“直线”按钮、“多段线”按钮、“双线”按钮和“轴”按钮。

1. 绘制直线

单击“直线”按钮，弹出图 2-12 所示的“直线”对话框，“必选”选项组提供了创建直线的 8 种方法，从左到右分别为“两点”“平行点”“平行偏移”“垂直”“角度”“水平”“竖直”“中点”。选择其中一种方法，接着进行相应的参数设置及选择操作。

- “两点”法：通过指定两个点来创建一条线段，这两个点分别作为线段的起点和终点，如图 2-13 所示。点 1 和点 2 可以采用输入坐标的方式确定，输入坐标的方式为“*x*,*y*”。

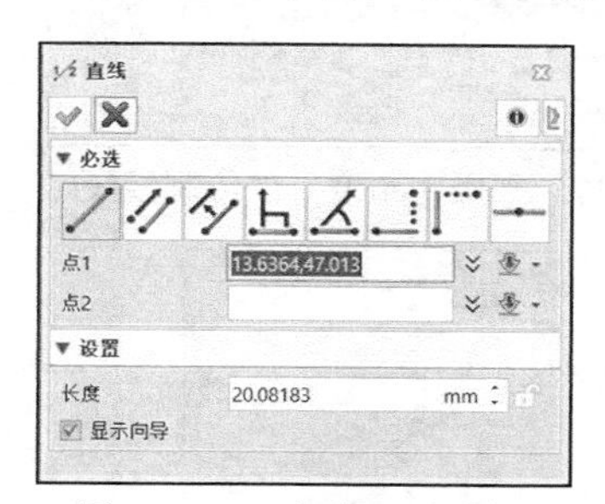

图 2-12 “直线”对话框

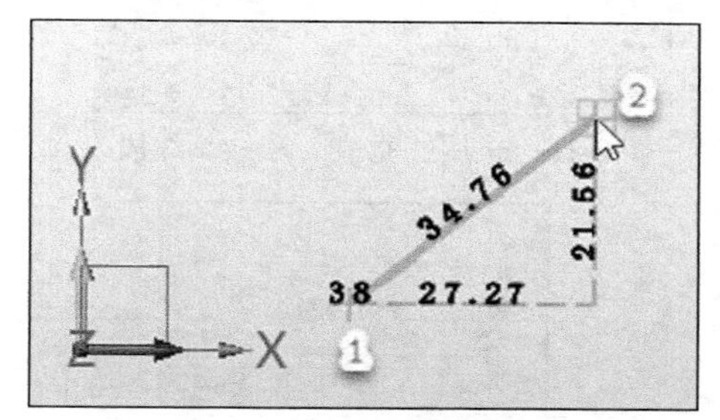

图 2-13 分别指定两个点绘制线段

- “平行点”法：创建与参考线平行的直线。使用此方法，需要选择一条参考线，接着指定一点确定线段与参考线的相对位置，再指定第二点确定线段的长度或直接在“长度”框中输入线段的长度值，如图 2-14 所示。可以继续选择起点和终点来创建多条与参考线平行的线段，单击鼠标中键结束命令。
- “平行偏移”法：通过设定偏移参数和指定参考线来创建与参考线平行且与之偏移设定距离的线段，如图 2-15 所示。

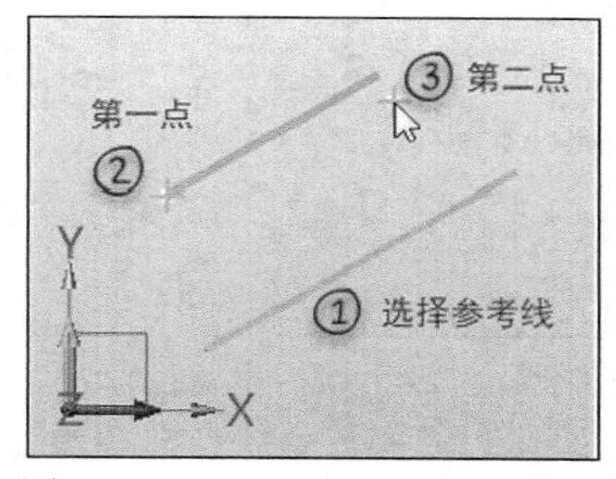

图 2-14 “平行点”法绘制线段

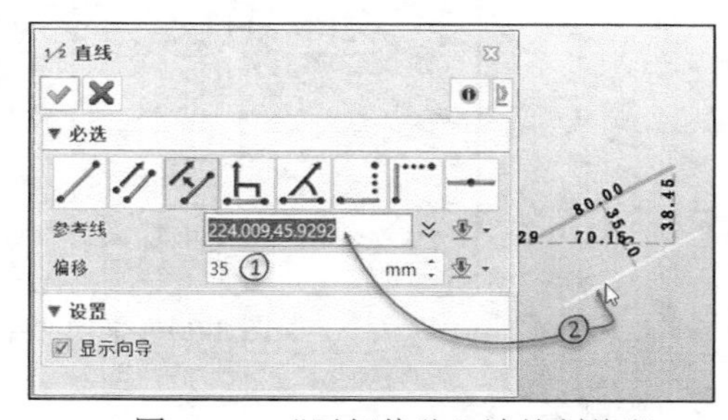

图 2-15 “平行偏移”法绘制线段

- “垂直”法：创建与选定参考线垂直的线段，需要选择参考线，以及指定第一点和第二点，也可以设定线段的长度参数。可以继续选择点来创建多条垂直线段，单击鼠标中键结束命令。采用“垂直”法创建线段的示例如图 2-16 所示，在该示例中选择倾斜的一条线段作为参考线，接着选择该线段的中点作为线段的第一点，通过设定长度值，以及在参考线一侧单击来间接确定线段的第二点。
- “角度”法：创建与参考线成指定角度的线段，需要选择参考线、起点（点 1），设定角度值，以及选定线段的第二点（点 2），如图 2-17 所示。
- “水平”法：创建与 *X* 轴平行的线段，需要首先选择起点（点 1），接着选择点 2，从而定义了水平线段的终点，如图 2-18 所示。如果在选择点 1 以得到线段的回应后，单击鼠标中键则可以使线段向左右水平延伸至草图窗口界限。
- “竖直”法：创建与 *Y* 轴平行的线段，需要首先选择起点（点 1），接着选择点 2 来定义竖直线段的终点，如图 2-19 所示。如果在选择点 1 得到线段的回应后，单击鼠标中键则可以使线段向上下延伸至草图窗口界限。

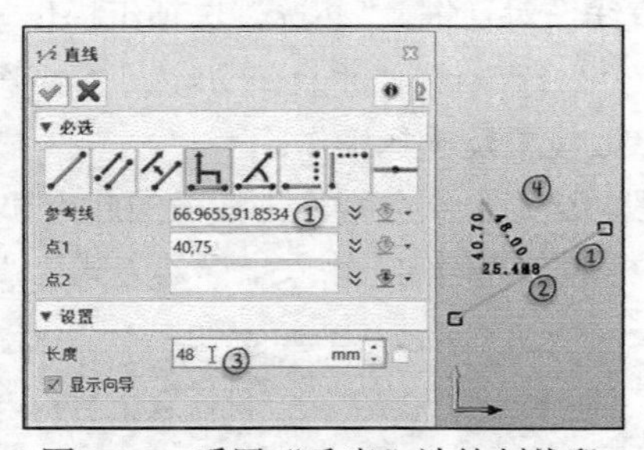

图 2-16　采用“垂直”法绘制线段

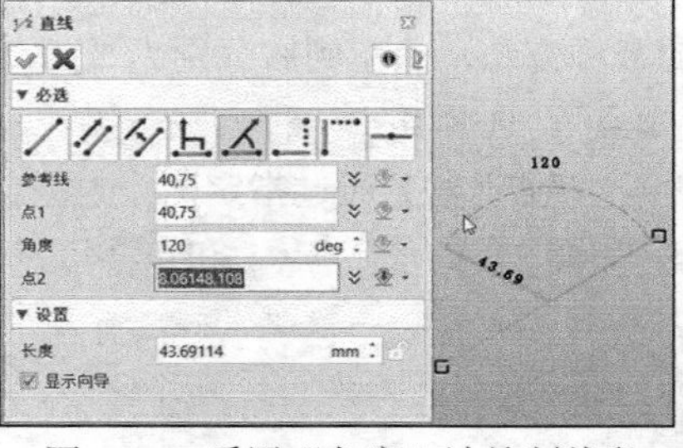

图 2-17　采用“角度”法绘制线段

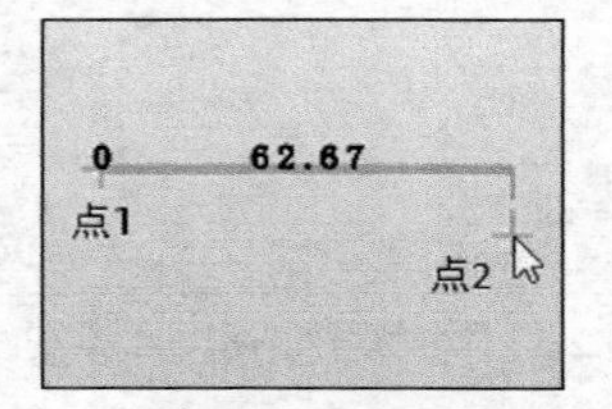

图 2-18　采用“水平”法绘制线段

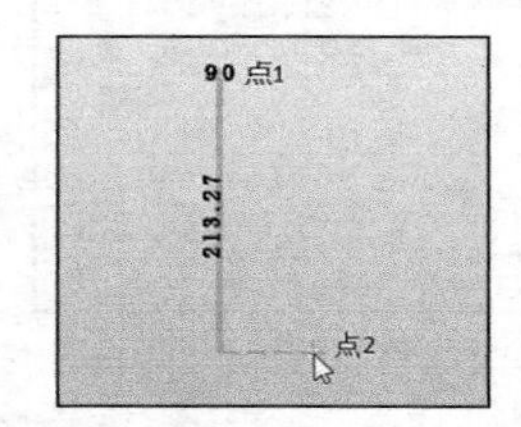

图 2-19　采用“竖直”法绘制线段

- “中点”法：采用此方法，在指定一点作为线段中点后，选择线段的第二点来作为线段的一个端点，示例如图 2-20 所示。

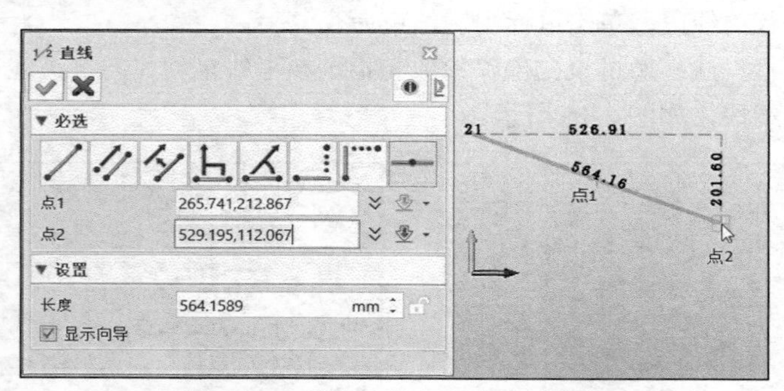

图 2-20　采用“中点”法绘制线段

2. 绘制多段线

中望 3D 中的多段线是指端与端相连的多条线段。要创建多段线，则可以单击“多段线”按钮，接着依次指定若干点来绘制端与端相连的多条线段，如图 2-21 所示。

3. 绘制双线

单击“双线”按钮，弹出图 2-22 所示的“双线”对话框，在“设置”选项组中分别设置“左宽”参数和“右宽”参数，以及根据设计要求设置“在转角插入圆弧”“闭合双线”复选框的状态，接着分别指定若干点作为双线各段的端点，如图 2-23 所示。

当勾选“在转角插入圆弧”复选框时，在各线外侧转角处插入一个圆弧过渡，圆弧半径由左

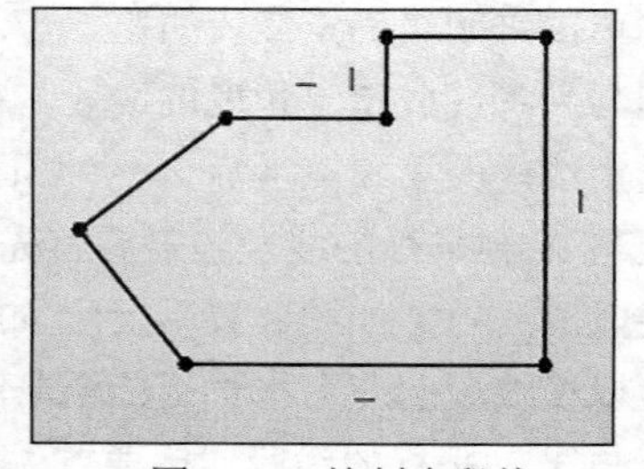

图 2-21　绘制多段线

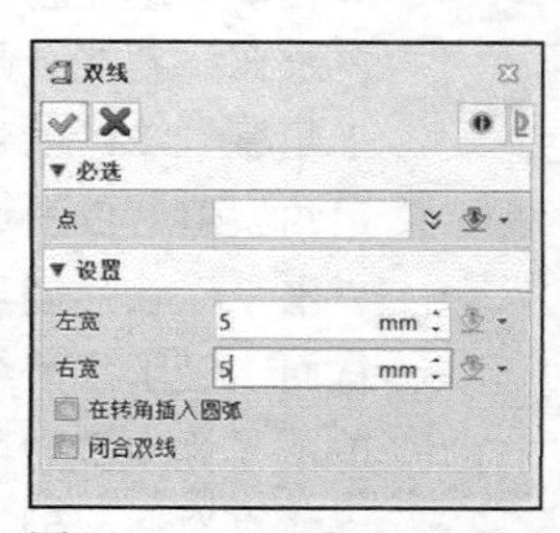

图 2-22　“双线”对话框

右宽度值确定，如图 2-24 所示。

“闭合双线”复选框用于控制创建的双线是开放的还是闭合的，在图 2-25 所示的两个示例中，均分别指定了 4 个点绘制双线，左为开放双线，右为闭合双线。

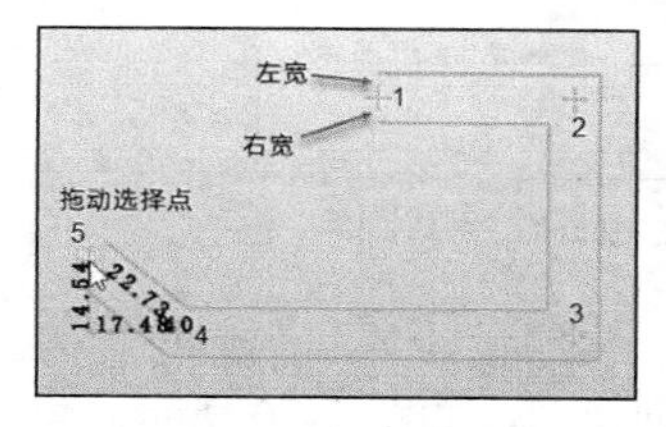

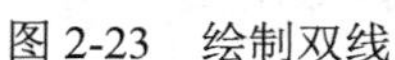
图 2-23　绘制双线

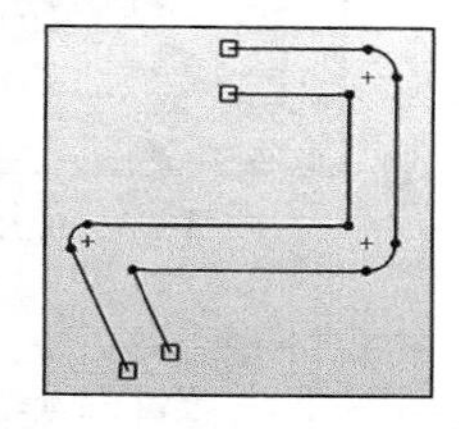

图 2-24　绘制在转角插入圆弧的双线

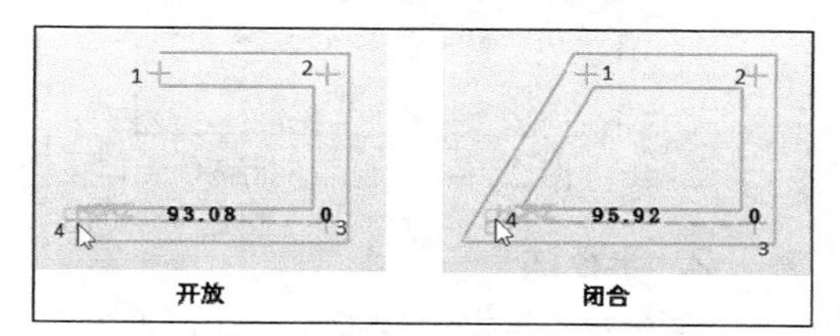

图 2-25　绘制开放或闭合双线

4. **绘制轴**

单击“轴”按钮，弹出图 2-26 所示的“轴”对话框，该对话框提供了 7 种不同方法创建一条 2D 基准轴，包括“两点”法、“平行点”法、“平行偏移”法、“垂直”法、“角度”法、“水平”法和“竖直”法，所述 2D 基准轴是无限长虚线。如果在“轴”对话框的“设置”选项组勾选“构造几何”复选框，那么创建的是仅内部使用的轴；反之，则创建外部可用的轴，外部轴可作为草图默认旋转轴。通过右键快捷方式，可以实现内部轴、外部轴的转换。

绘制轴和绘制直线的方法类似，这里以使用“水平”法为例绘制一条内部水平轴：先在“轴”对话框中的“设置”选项组中勾选“构造几何”复选框，在“必选”选项组中单击“水平”按钮，接着在“点 1”框中输入“30,20”并按“Enter”键，或者在“点 1”框右侧单击按钮，接着输入“X”为 30、“Y”为 20 后按“Enter”键，然后单击“确定”按钮，从而绘制一条水平轴，如图 2-27 所示。

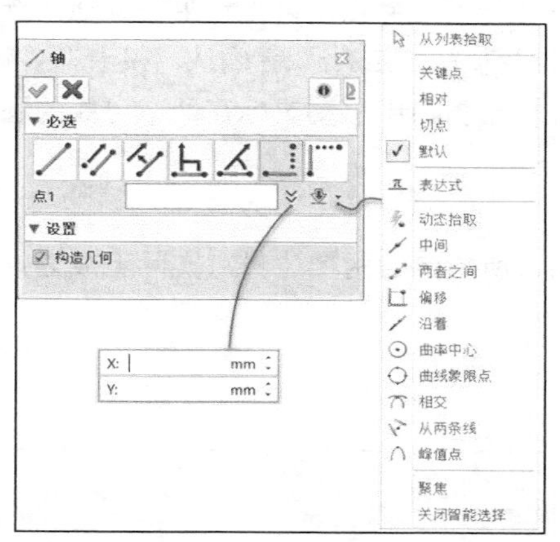

图 2-26　“轴”对话框

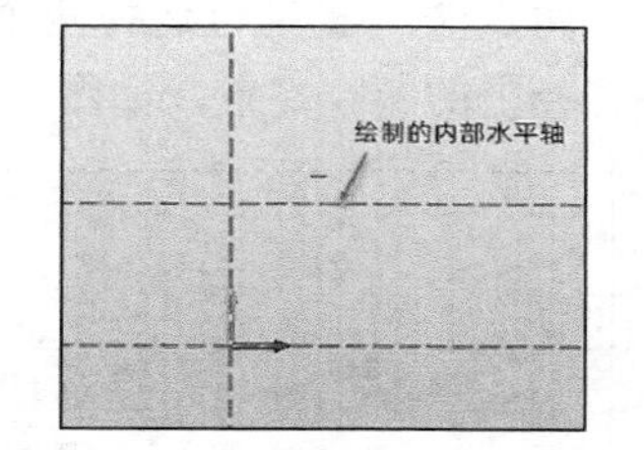

图 2-27　绘制一条内部水平轴

2.2.2 绘制圆

要绘制圆，则单击“圆”按钮，弹出图 2-28 所示的“圆”对话框，在“必选”选项组中可以看到绘制圆的方法有多种，包括边界法、半径法、3 点法、两点半径法、两点法和三切圆法。

1. **边界法**

边界法是通过定义圆心与边界点来创建圆，示例如图 2-29 所示。

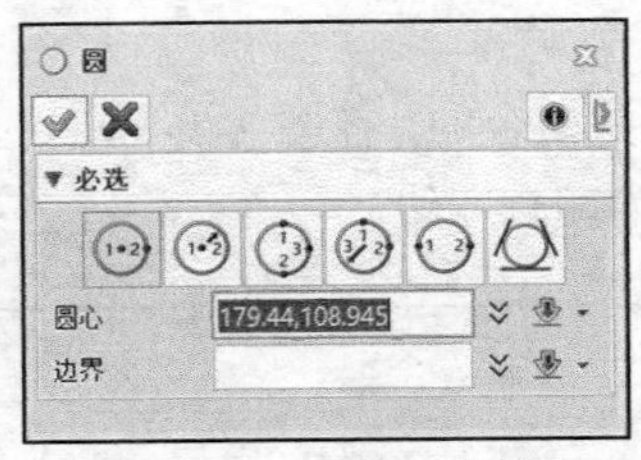

图 2-28　“圆”对话框

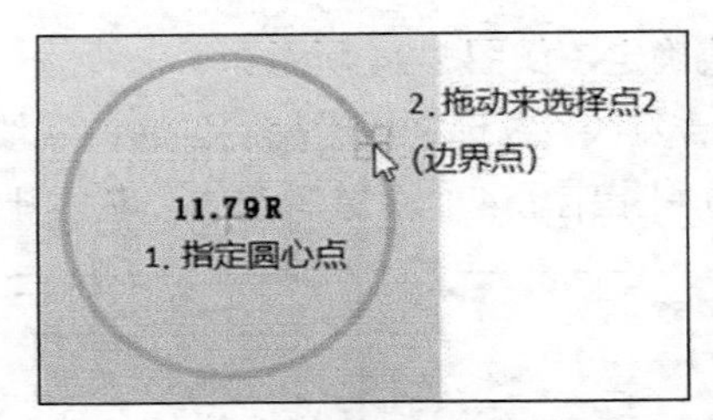

图 2-29　使用边界法绘制圆

2. 半径法

半径法是指通过指定一个圆心点与输入一个半径或直径来创建圆，如图 2-30 所示。可以选择其他圆心点以在其他位置处创建相同半径的圆。

3. 3 点法

3 点法是通过指定 3 个边界点来创建圆，示例如图 2-31 所示。

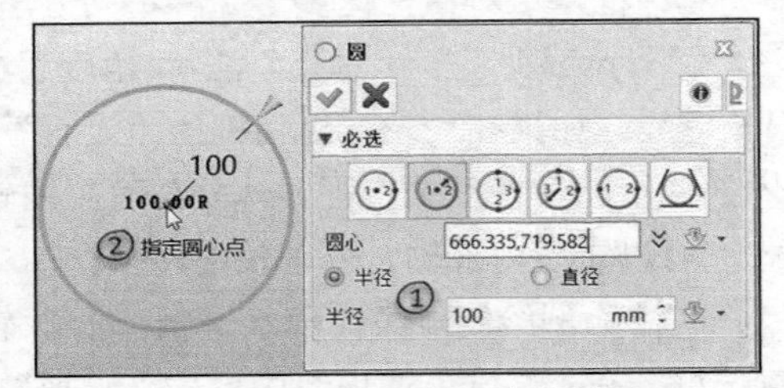

图 2-30　使用半径法绘制圆

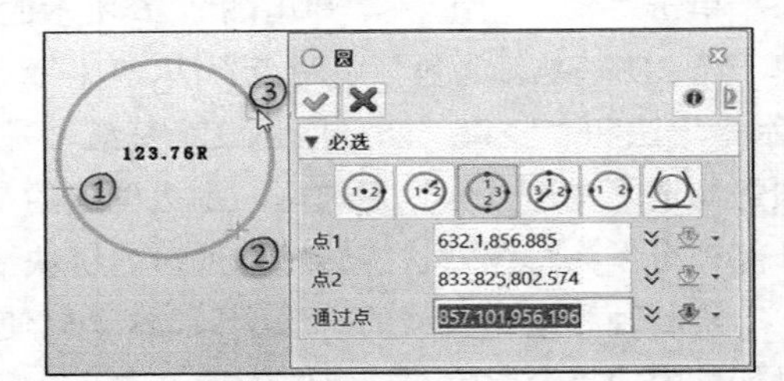

图 2-31　使用 3 点法绘制圆

4. 两点半径法

两点半径法是通过指定两个边界点并输入一个半径来创建圆，可以从两个可能的圆中进行选择。示例如图 2-32 所示，分别指定点 1 和点 2 作为边界点，再指定半径或拖动选择一个边界点定义半径，该示例中在“半径”框中输入半径值按“Enter”键确认，接着在“设置”选项组的“位置”框中单击以激活该收集器，然后在图形窗口中移动鼠标在两个可能的圆中选择其中一个并单击，即可创建该圆。

5. 两点法

两点法提通过选择两个边界点来创建一个圆，所指定的两个边界点实际上成为该圆一条直径上的两个端点，如图 2-33 所示。

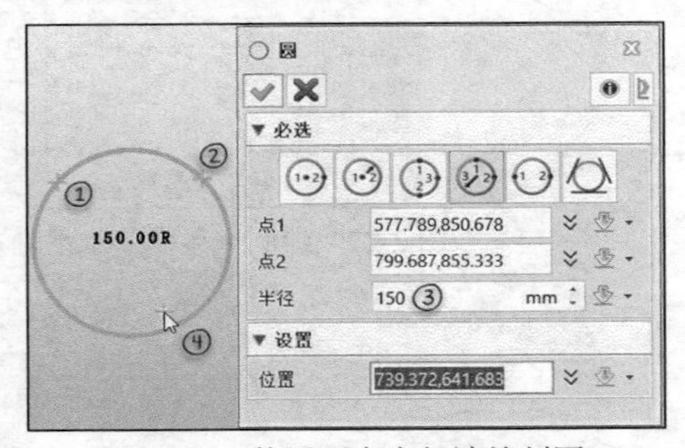

图 2-32　使用两点半径法绘制圆

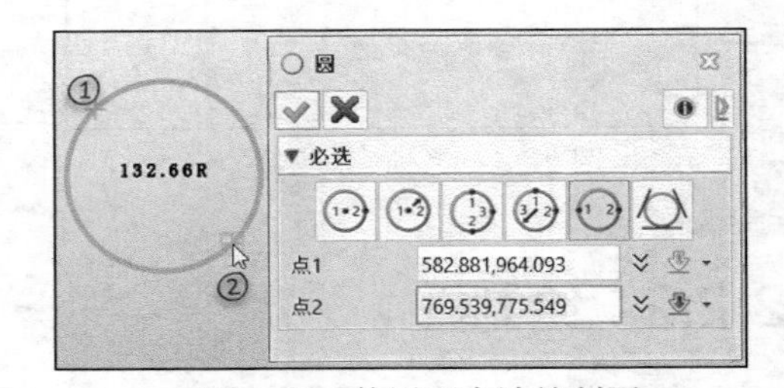

图 2-33　使用两点法绘制圆

6. 三切圆法

使用三切圆法是指通过选择 3 条曲线创建一个与之相切的圆，如图 2-34 所示。如果所选曲线为圆，那么要注意选择该圆的位置，所选圆的位置不同，可能会生成不同的相切圆，如图 2-35 所示。

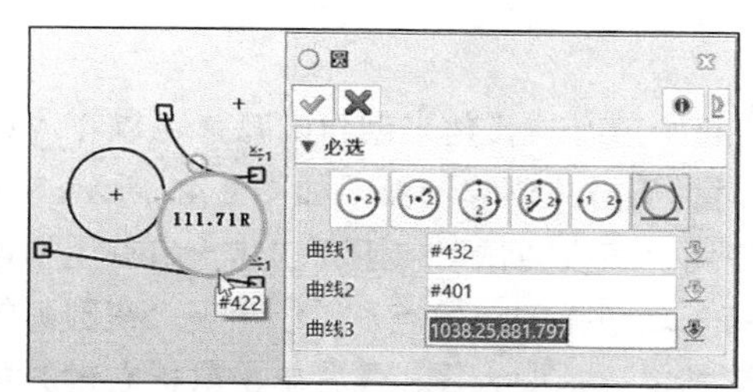

图 2-34 使用三切圆法绘制相切圆

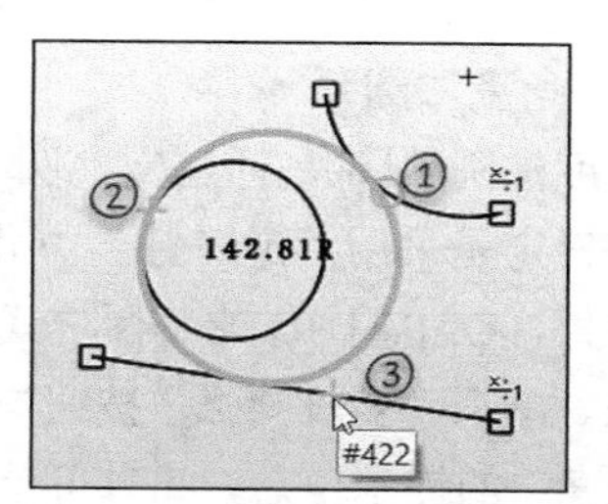

图 2-35 生成不同的相切圆

2.2.3 绘制圆弧

要绘制圆弧，单击“圆弧”按钮，弹出图 2-36 所示的“圆弧”对话框。系统提供多种方法创建圆弧，包括三点法圆弧、半径法圆弧、圆心法圆弧和角度法圆弧。在“圆弧”对话框的“设置”选项组中有一个“G2（曲率连续）圆弧”复选框，若选中此复选框，则使用设计弧替代传统圆弧，所谓设计弧是一种 NURBS（曲线曲面的非均匀有理 B 样条）曲线，与圆弧的切线匹配但在端点的曲率为零。

1. 三点法圆弧

三点法圆弧是通过定义起点、终点与圆弧穿过的第三点来创建一个圆弧，如图 2-37 所示。

图 2-36 “圆弧”对话框

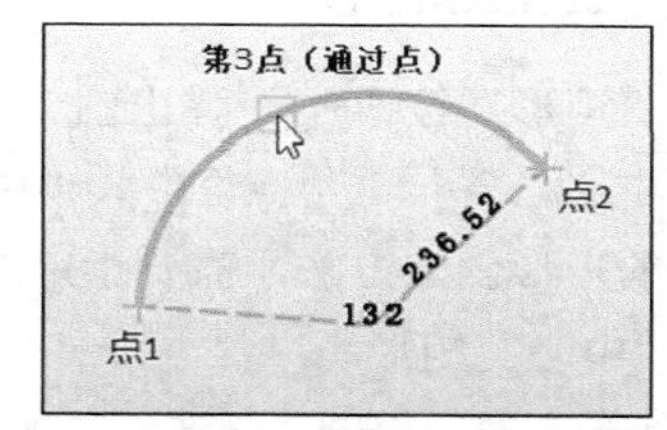

图 2-37 创建三点法圆弧

2. 半径法圆弧

半径法圆弧是通过定义端点与半径来创建圆弧，注意默认从起点逆时针方向创建圆弧。典型示例如图 2-38 所示，使用半径法创建圆弧时，在分别指定点 1 和点 2 后，输入半径值，然后激活“位置”收集器，此时在图形窗口中移动鼠标可在几种可能的圆弧中选择所需的一个圆弧来完成创建。

3. 圆心法圆弧

圆心法圆弧是通过定义圆心、起点与终点来创建圆弧，如图 2-39 所示，可以预先在“设置”选项组中设定是采用“逆时针”方式还是“顺时针”方式来生成圆弧。

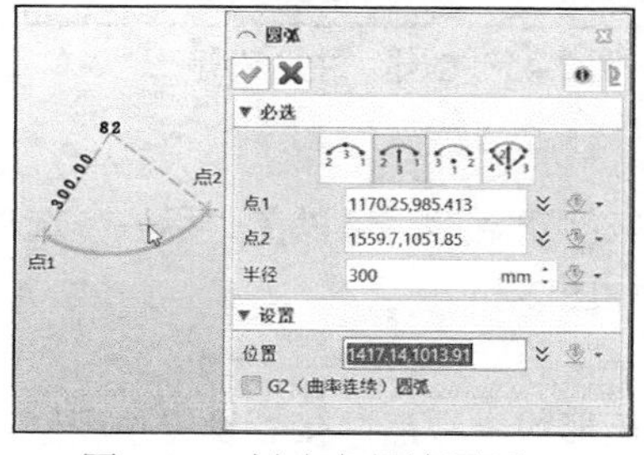

图 2-38 创建半径法圆弧

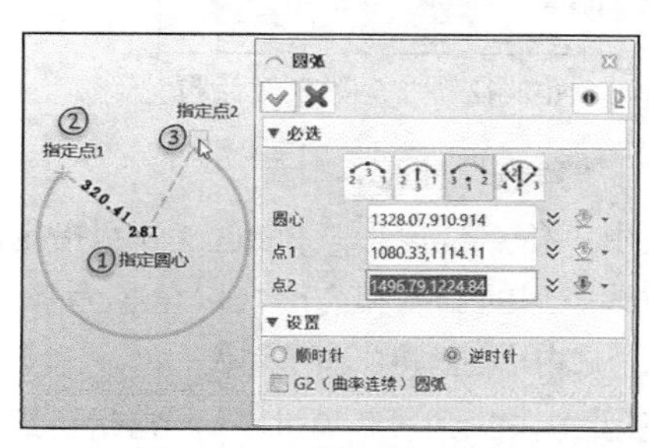

图 2-39 创建圆心法圆弧

4. 角度法圆弧

角度法圆弧是通过定义圆心、半径、起始角度与弧角来创建圆弧，可以在“设置”选项组中设定是采用“逆时针”方式还是“顺时针”方式创建圆弧，如图 2-40 所示。

另外，在中望 3D 的草图模式中，可以使用“多段圆弧”按钮创建一串首尾相连且相切的圆弧。单击“多段圆弧”按钮后，选择第一段圆弧的起始点，系统出现“在圆弧的起点指定切线角”的提示信息，此时可单击鼠标中键指定该角度为零，或者单击鼠标右键并从弹出的快捷菜单中选择一个选项来定义第一段圆弧的起始相切角度，接着指定圆弧终点，可继续指定各段相连圆弧的终点直到所需的圆弧创建完成。创建多段圆弧的典型示例如图 2-41 所示。

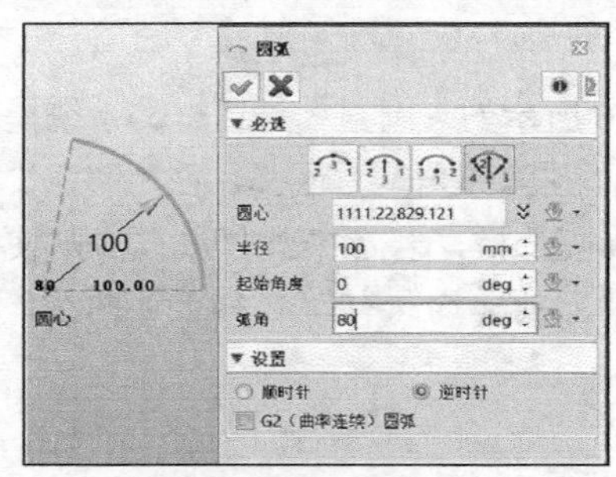

图 2-40 创建角度法圆弧

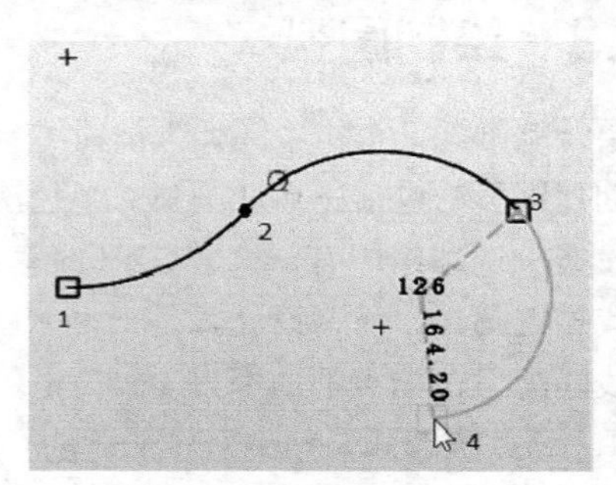

图 2-41 创建多段圆弧

2.2.4 绘制矩形

单击“矩形”按钮，弹出图 2-42 所示的“矩形”对话框。系统提供 5 种创建矩形的方法，即“中心”、“角点”、“中心-角度”、“角点-角度”、“平行四边形”。选择不同的矩形创建方法，需要指定的参考点与设置的标注尺寸是不一样的。

1. “中心”矩形

在“矩形”对话框的“必选”选项组中单击“中心”按钮，接着分别指定点 1 和点 2，指定的点 1 将作为矩形的中心点，点 2 则定义矩形的一个临时角点，用户可以在“标注”选项组中精确修改该矩形的宽度和高度（矩形的中心点不变），如图 2-43 所示，然后单击“确定”按钮。

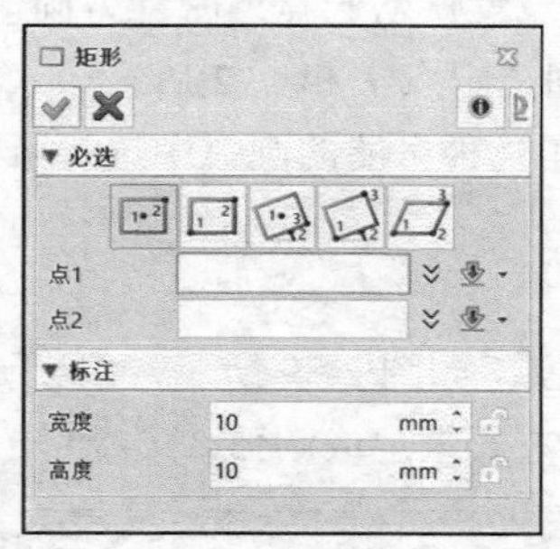

图 2-42 “矩形”对话框

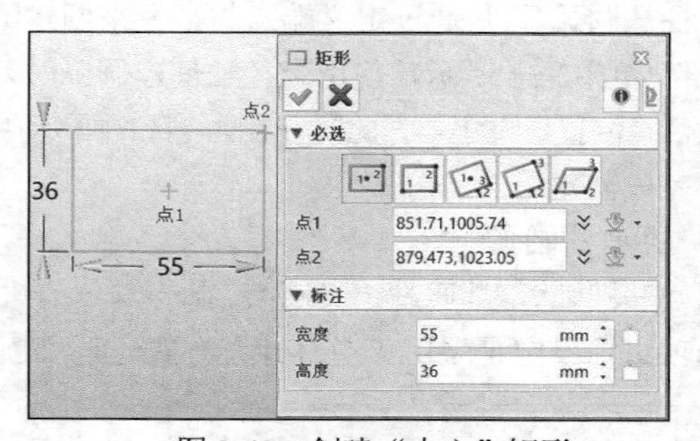

图 2-43 创建“中心”矩形

2. “角点”矩形

使用“角点”矩形，通过分别指定两个角点来创建矩形，可以在“标注”选项组中精确修改该矩形的宽度和高度（以角 1 为基点调整），如图 2-44 所示。

3. “中心-角度”矩形

使用“中心-角度”矩形，先指定点 1 作为新矩形的中心点，接着设置角度值，再指定点 2 作为新矩形的一个临时角点，可以在“标注”选项组中精确地设置新矩形的宽度和高度，如图 2-45 所示，所生成的矩形是倾斜的。

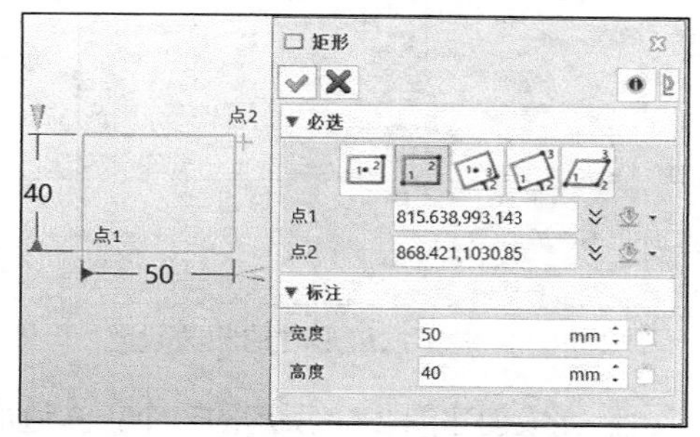

图 2-44　创建“角点”矩形

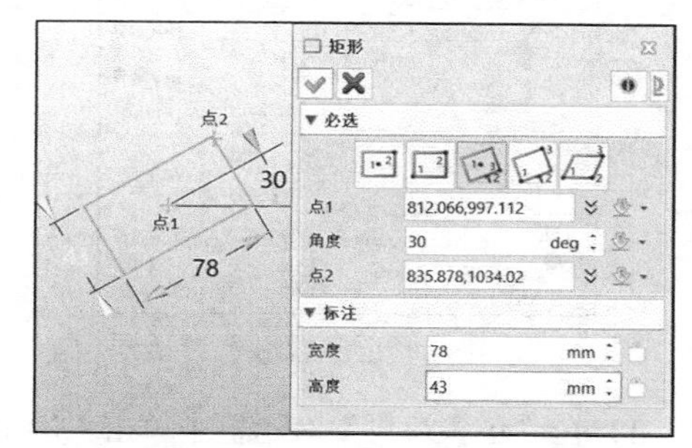

图 2-45　创建“中心-角度”矩形

4. **“角点-角度”矩形**

使用“角点-角度”，先指定点 1 作为新矩形的一个基准角点，接着设置角度值，再指定点 2 作为新矩形的一个临时角点，可以在“标注”选项组中精确设置新矩形的宽度和高度，如图 2-46 所示。

5. **“平行四边形”**

使用“平行四边形”，通过分别指定 3 点（点 1、点 2 和点 3）来创建一个平行四边形，如图 2-47 所示。

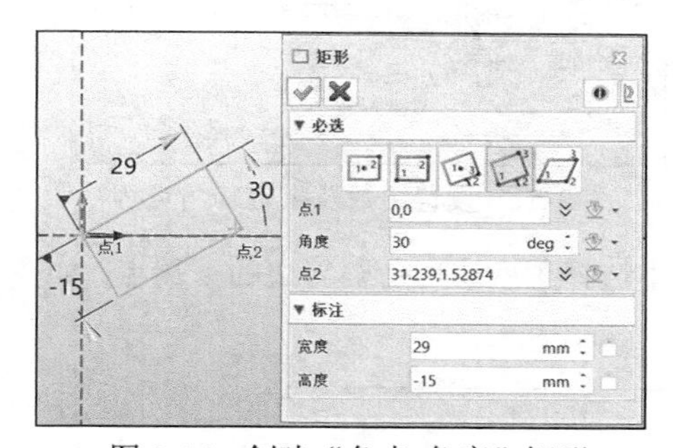

图 2-46　创建“角点-角度”矩形

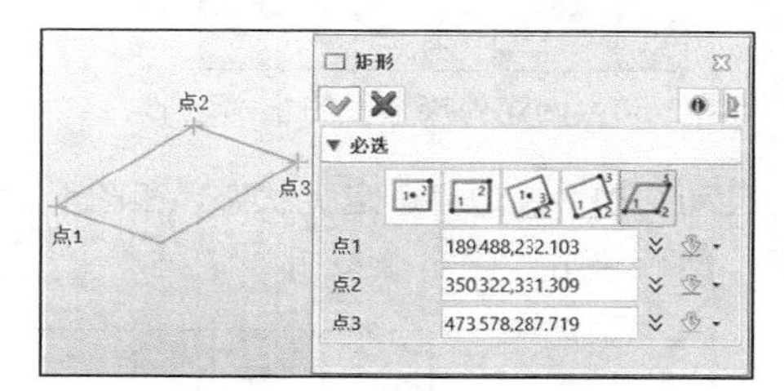

图 2-47　创建平行四边形

2.2.5　绘制正多边形

要创建正多边形，则单击“正多边形”按钮，弹出图 2-48 所示的“正多边形”对话框。在“必选”选项组中提供了正多边形的 6 种创建方法，从左到右分别为“内接半径”“外接半径”“边长”“内接边界”“外接边界”“边长边界”。不同的创建方法，所需指定的内容或操作细节稍微不同，这里不作具体详解，下面列举创建一个外接半径的正六边形图形及一个使用边长边界的正五边形。

1）在中望 3D 草图模式下，单击“正多边形”按钮，弹出“正多边形”对话框，接着在“必选”选项组中单击“外接半径”按钮。

2）在“中心”框内输入中心坐标为“20,20”，在“半径”框内输入半径为“60”（单位为 mm），接着在“设置”选项组中设置“边数”为“6”，“角度”为“30”（单位为 deg），如图 2-49 所示。

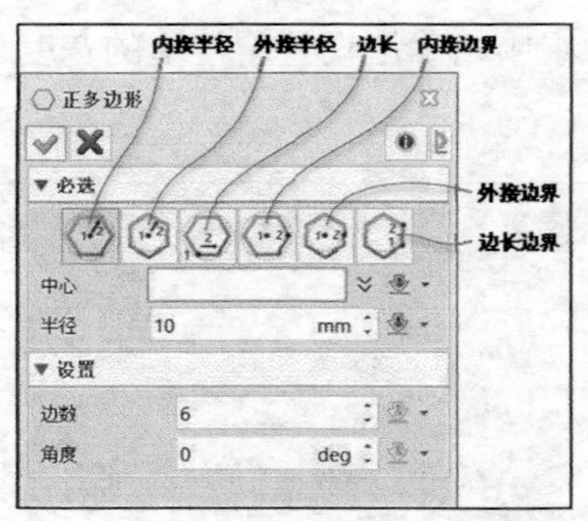

图 2-48 “正多边形”对话框

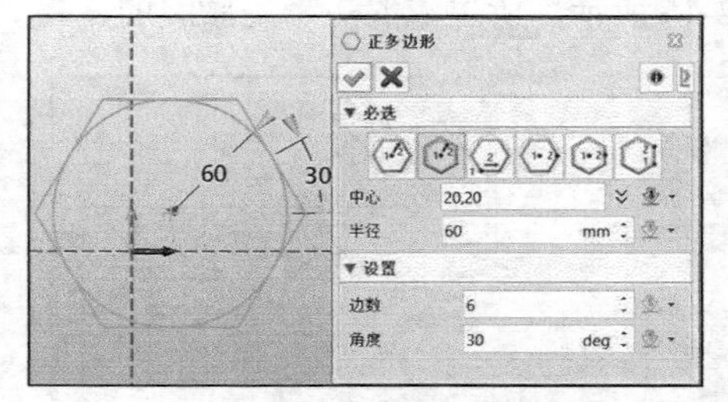

图 2-49 创建正六边形时的相关设置

3）在“正多边形”对话框中单击“确定”按钮，完成创建图 2-50 所示的一个正六边形。

4）创建使用边长边界的正五边形。

单击“正多边形”按钮，弹出“正多边形”对话框，在“必选”选项组中单击“边长边界”按钮，在“设置”选项组中设置“边数”为“5”，接着在“转角”框内单击以激活指定转角状态，在图形窗口中选择所需斜边的上端点，如图 2-51 所示。

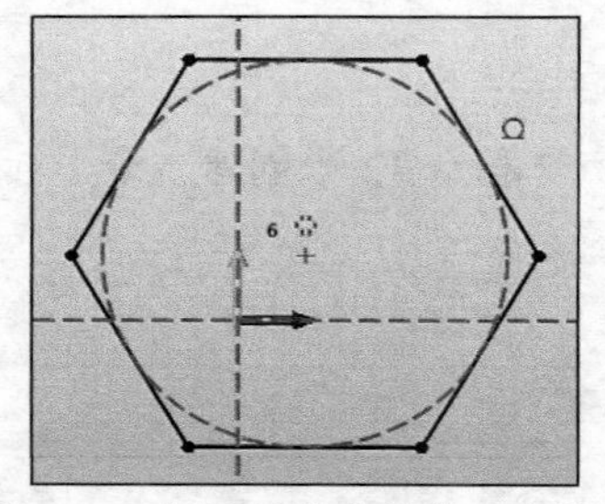

图 2-50 创建外接半径的正六边形

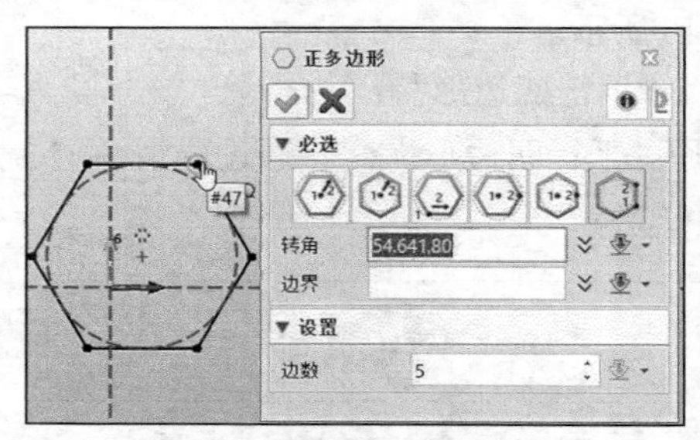

图 2-51 设置边数及指定转角点等

自动切换至“边界”定义状态，在图形窗口中选择正六边形所需斜边的下端点，如图 2-52 所示，然后单击“确定”按钮。

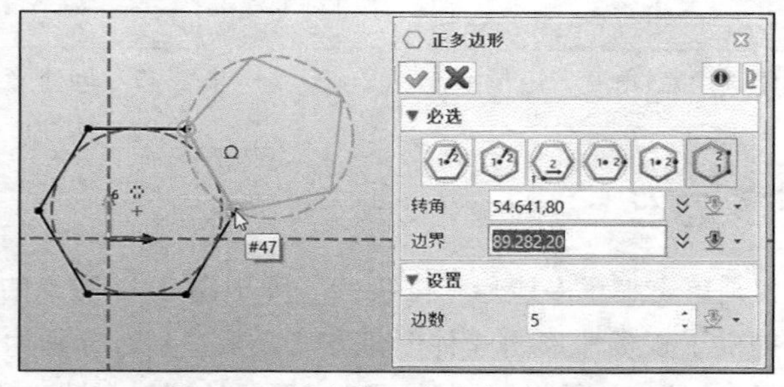

图 2-52 指定第二点定义边长边界

2.2.6 绘制椭圆

要绘制椭圆，则单击“椭圆”按钮，弹出图 2-53 所示的“椭圆”对话框，该对话框提供了 5 种绘制椭圆的方法，从左到右依次是“中心”法、“角点”法、“中心-角度”法、“角点-角度”法和“半径”法。

1. “中心”法

使用“中心”法，分别指定点 1 和点 2 来定义椭圆，其中点 1 定义椭圆的中心，点 2

则间接定义了椭圆的宽度和高度，允许用户在“标注”选项组中精确修改椭圆的宽度和高度，如图 2-54 所示。

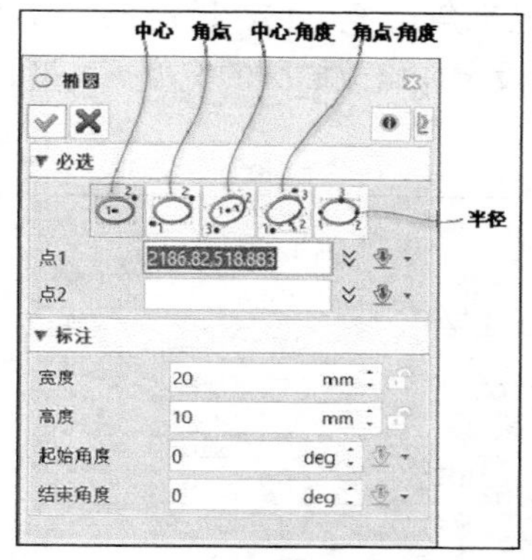

图 2-53 “椭圆”对话框

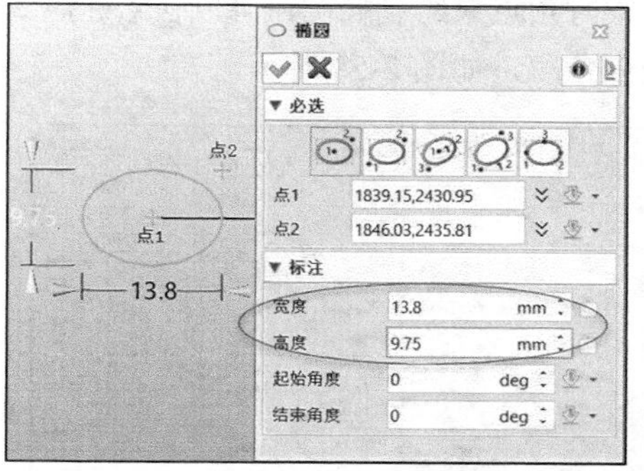

图 2-54 使用“中心”法绘制椭圆

如果要创建椭圆弧，可以在“标注”选项组中根据设计要求设定起始角度和结束角度来获得椭圆弧，示例如图 2-55 所示。

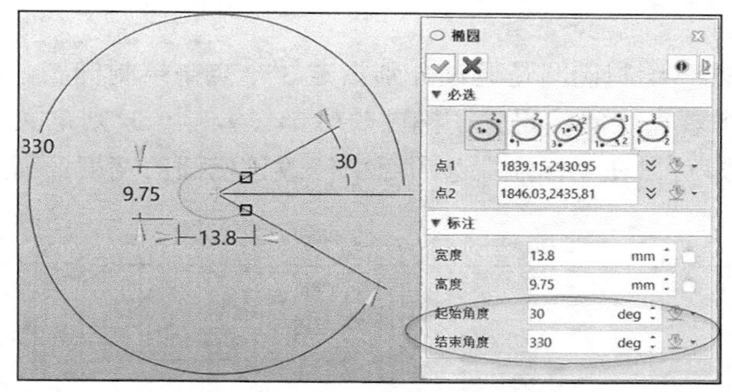

图 2-55 绘制椭圆弧

2. “角点”法

使用“角点”法绘制椭圆是指使用两个角点来定义椭圆，其中点 1 作为椭圆的基准角点，点 2 确定椭圆宽度与高度的生成方位，椭圆宽度、高度、起始角度与结束角度可在“标注”选项组中精确设定，如图 2-56 所示。

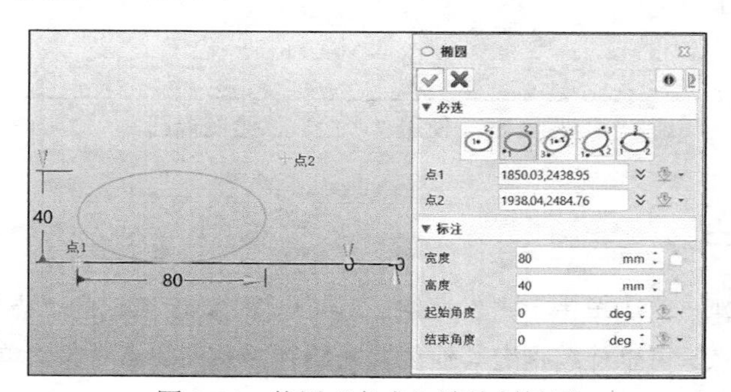

图 2-56 使用“角点”法绘制椭圆

3. “中心-角度”法

使用“中心-角度”法绘制椭圆是通过指定一个中心点（点 1）、设定一个角度及指定另外一个点（点 2）来绘制椭圆，椭圆的标注参数包括宽度、高度、起始角度和结束角度，如图 2-57

所示。

4. “角点-角度”法

使用“角点-角度”法绘制椭圆是通过指定一个基准角点（点1）、设定一个角度及指定另一个临时角点来绘制椭圆，可以在“标注”选项组中设定或修改椭圆的宽度、高度、起始角度和结束角度，如图2-58所示。

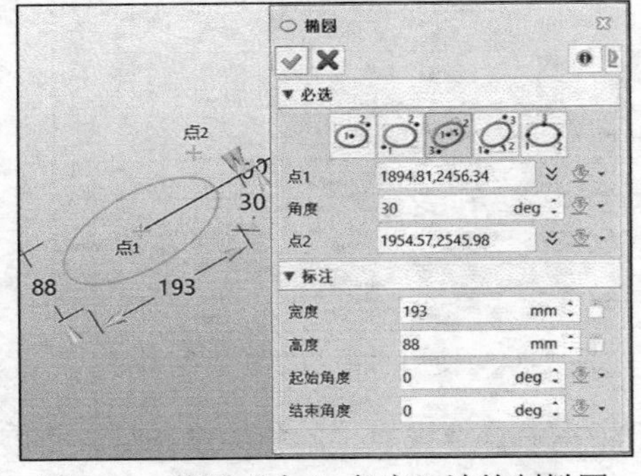

图2-57 使用“中心-角度”法绘制椭圆

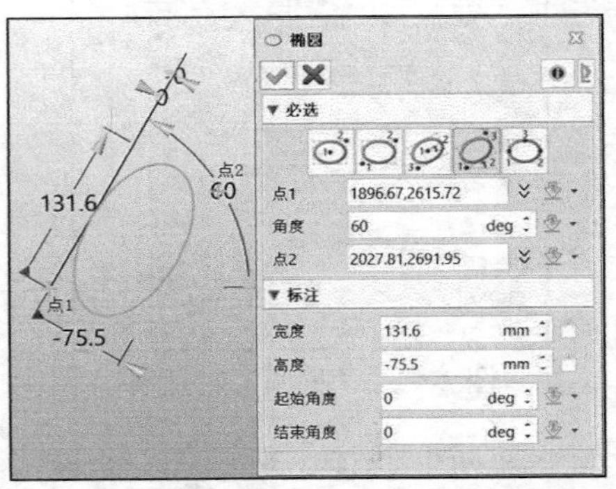

图2-58 使用“角点-角度”法绘制椭圆

5. “半径”法

使用“半径”法绘制椭圆是通过分别指定3个点来绘制椭圆，在默认时点1和点2定义椭圆长轴的两个端点（间接定义了椭圆长轴半径），点 3 则定义了椭圆短轴的半径，如图2-59所示，用户可以在“标注”选项组中修改该椭圆的宽度、高度、起始角度和结束角度。

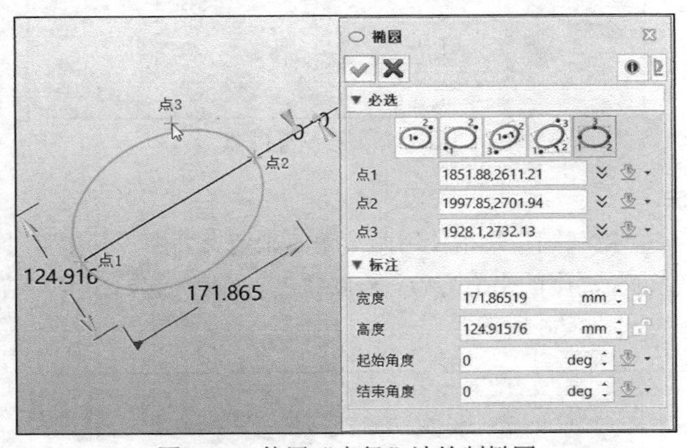

图2-59 使用“半径”法绘制椭圆

2.2.7 绘制点

要在草图中创建点，则单击“点”按钮，弹出图2-60所示的“点”对话框，接着指定位置即可绘制一个点。可以连续指定其他位置来绘制一系列的点对象，单击“确定”按钮，完成绘制点命令操作。

如果要在曲线上创建一个或多个点，则单击“点在曲线上”按钮，弹出图2-61所示的“点在曲线上”对话框。在“必选”选项组中提供了4种点在曲线上的创建方法，下面结合典型图例分别介绍。

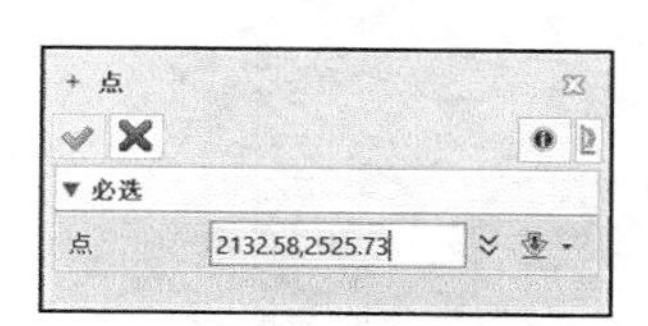

图 2-60 “点”对话框

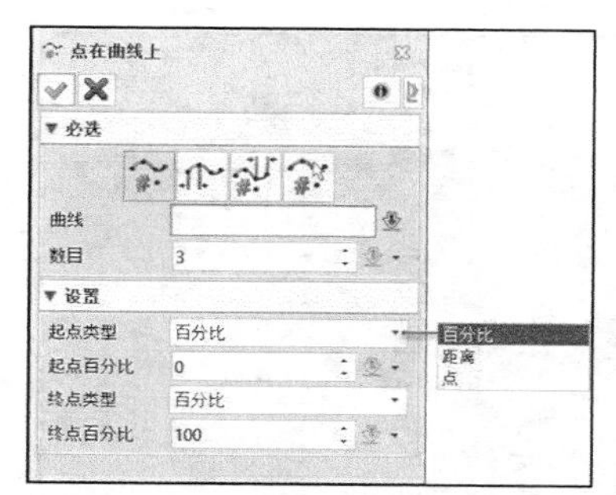

图 2-61 “点在曲线上”对话框

1. 在曲线上创建 *N* 个均匀分布的点

1）假设在草图中先绘制一段圆弧，该圆弧的圆心位置为“100,100”，半径为 50mm，起始角度为 0°，弧角为 180deg，逆时针生成圆弧。

2）单击“点在曲线上”按钮，在弹出的“点在曲线上”对话框的“必选”选项组中单击“在曲线上创建 *N* 个均匀分布的点”按钮。

3）选择所需的曲线，单击鼠标中键。

4）在“数目”框中输入数目为“5”。

5）在“设置”选项组的“起点类型”设置起点类型，可供选择的起点类型有“百分比”“距离”“点”，在本例中选择“百分比”选项，设定起点百分比为 0，从“终点类型”下拉列表中选择“距离”选项，设置结束距离为 20mm，如图 2-62 所示。

6）单击“确定”按钮，结果如图 2-63 所示。

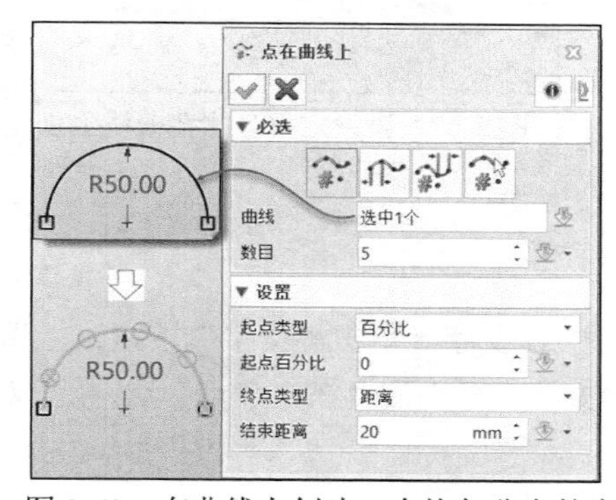

图 2-62 在曲线上创建 5 个均匀分布的点

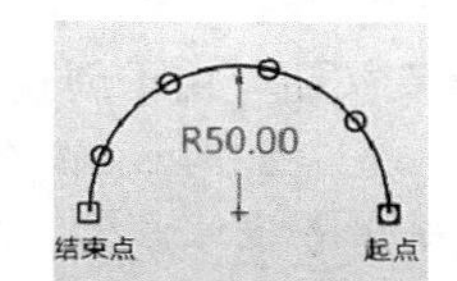

图 2-63 操作结果：在曲线上的点

2. 指定距离在曲线上创建多个点

在“必选”选项组中单击“指定距离在曲线上创建多个点”按钮，选择所需曲线（系统会根据选择位置就近默认曲线起点）并设置距离值，分别设置起点类型、终点类型及它们的参数，示例如图 2-64 所示。

3. 以一定距离在曲线上创建 *N* 个点

在“必选”选项组中单击“以一定距离在曲线上创建 *N* 个点”按钮，选择所需曲线（系统会根据选择位置就近默认曲线起点），设定距离和数目，并在“设置”选项组中设置延伸选项、起点类型及相应的选项参数。在图 2-65 所示的示例中，曲线上能生成所设定数目的点。

当要生成的部分点超出曲线终点时，设置的延伸选项就起了作用，延伸选项包括“线性”“圆形”“反射”。图 2-66 显示了“线性”与“圆形”延伸选项的结果。

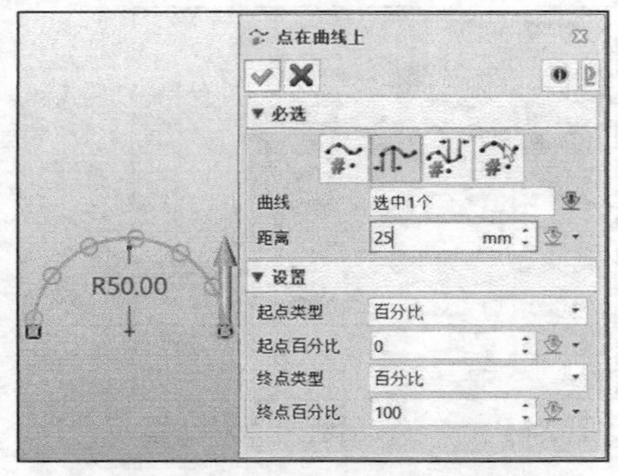

图 2-64 指定距离在曲线上创建多个点

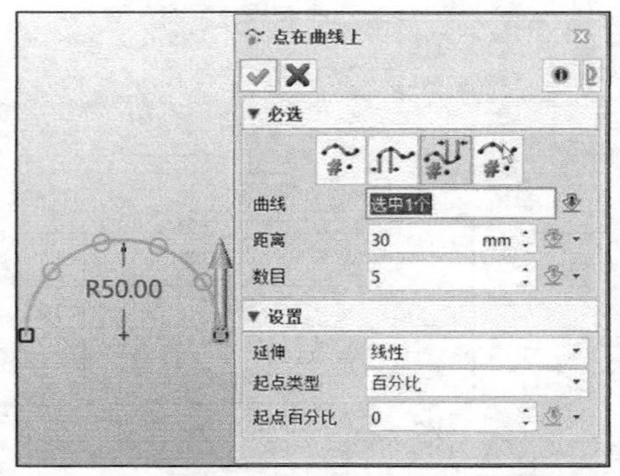

图 2-65 以设定距离在曲线上创建 *N* 个点

4. 以一定百分比在曲线上创建 *N* 个点

在“必选”选项组中单击“以一定百分比在曲线上创建 *N* 个点”按钮，选择所需的曲线（系统会根据选择曲线的单击位置处就近默认曲线起点），在“设置”选项组中设定一个百分比来创建曲线上的一个点，如图 2-67 所示，可以继续输入百分比来在曲线上创建其他点。

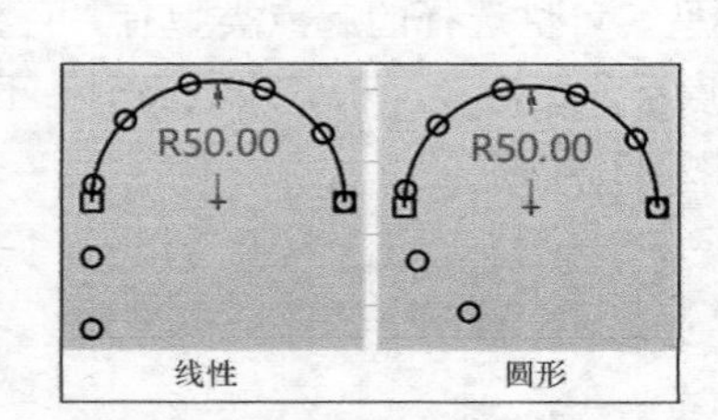

图 2-66 两种不同延伸选项的结果对比

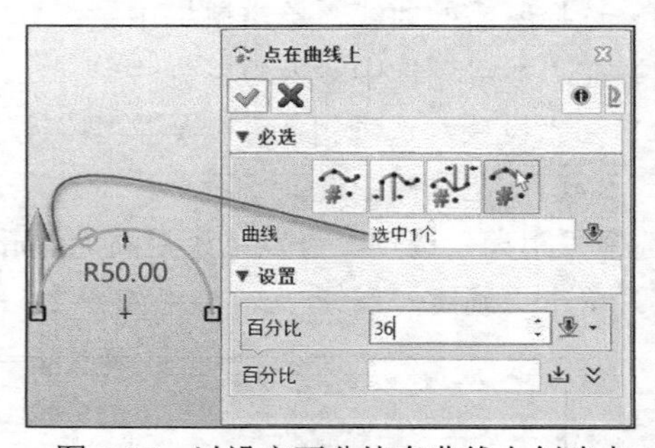

图 2-67 以设定百分比在曲线上创建点

2.2.8 绘制文字（2D）

“文字”按钮用于创建草图、工程图级的 2D 文字。单击“文字”按钮，弹出图 2-68 所示的“文字”对话框，该对话框提供了 3 种方法，分别为“在文字点”法、“对齐文字”法和“方框文字”法。

1. “在文字点”法

使用“在文字点”法，将创建从指定点开始的左对齐文字，“文字”文本框用于输入所需文字。

2. “对齐文字”法

使用“对齐文字”法，需要分别指定点 1 和点 2，从而创建从点 1 开始的左对齐文字，指定的点 2 用于定义文本对齐方式，如图 2-69 所示。

3. “方框文字”法

使用“方框文字”法，创建由两点定义的方框中垂直居中的文字，如图 2-70 所示。

利用“文字”对话框还可以分别设定文字属性、文字参数、对齐选项和文字效果等内容。例如，如果要修改文字字体，那么在“文字属性”选项组中，单击“字体”框右侧的“字体选择”按钮，弹出图 2-71 所示的“选择字体”对话框，从字体列表中找到所需的字体双击即可。

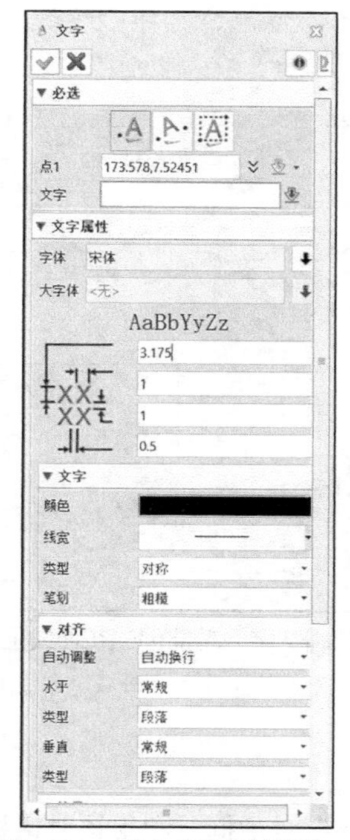

图 2-68 “文字”对话框

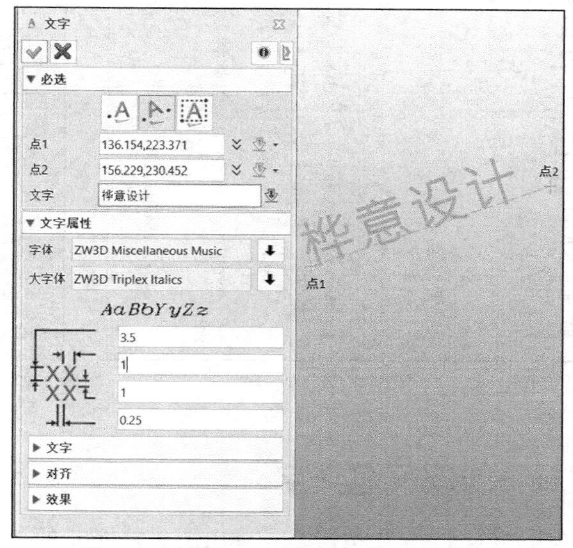

图 2-69 使用“对齐文字”法创建文字

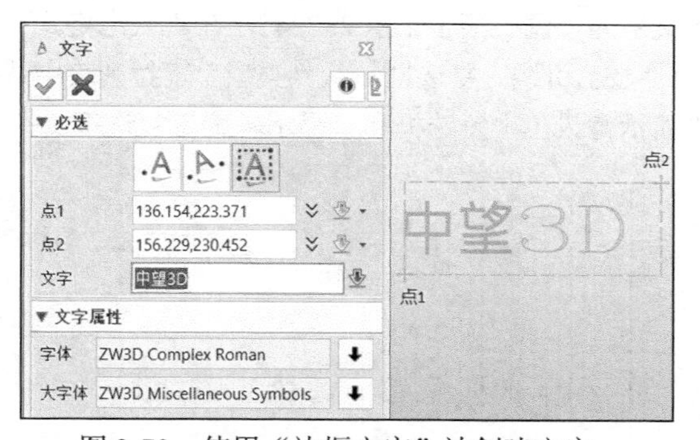

图 2-70 使用“边框文字”法创建文字

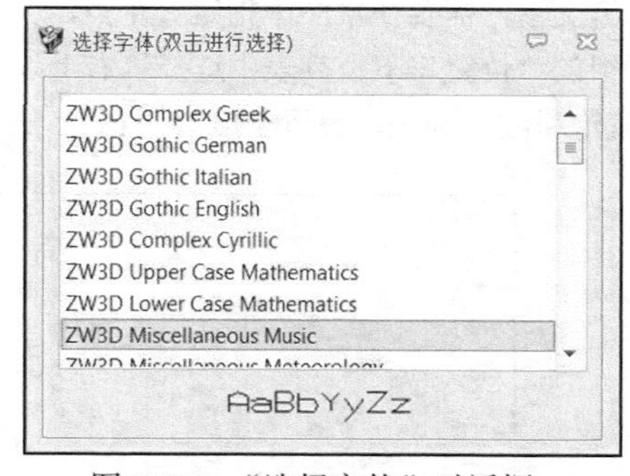

图 2-71 “选择字体”对话框

此外，中望 3D 还提供一个实用的“预制文字”按钮，用于创建沿水平或曲线方向的文本，比较适合设计特征中使用的文本标识。例如，将包含此文本的草图放置到平面或非曲面零件面上，再利用它创建一个上浮或下凹的特征。

单击“预制文字”按钮，弹出图 2-72 所示的“预制文字”对话框，该对话框提供了用于创建预制草图文字的两种方法，即“曲线上的文字”和“边框文字”，注意，两者在“设置”选项组中的设置内容存在差异。

创建在曲线上的文字的典型示例如图 2-73 所示，单击“预制文字”按钮，在“预制文字”对话框中单击“曲线上的文字”按钮，选择要在其上放置文字的曲线，在“文字”框中输入所需文字，接着分别在“字体”选项组和“设置”选项组中设置相应的选项和参数，然后单击“确定”按钮。初学者可以尝试在“设置”选项组中分别对“水平翻转”“镜像”“反转曲线”等复选框进行设置，以观察这些复选框状态对生成曲线上的文字的影响，从而加深印象。

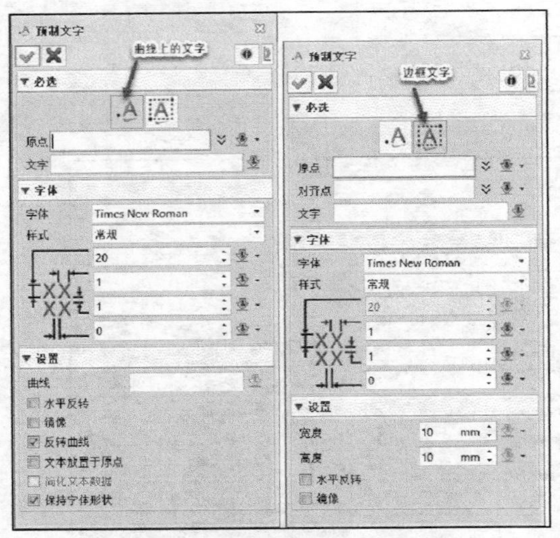

图 2-72 “预制文字”对话框

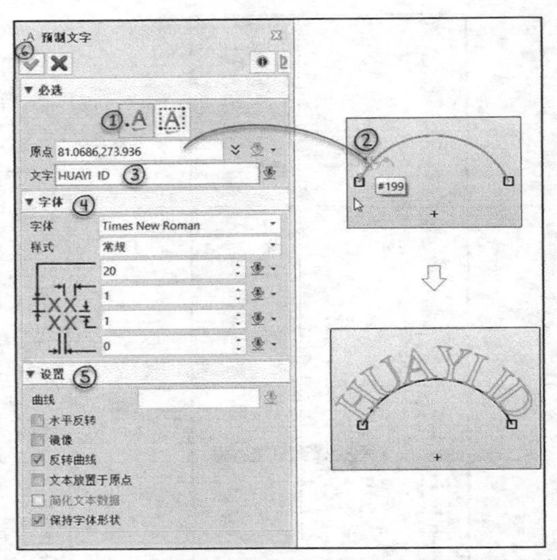

图 2-73 使用“预制文字”功能创建在曲线上的文字

2.2.9 创建气泡文字

单击“气泡文字”按钮，弹出图 2-74 所示的“气泡文字”对话框，利用该对话框在指定点处创建一个零件标注文本或图片气泡，其中可以定制气泡格式。图 2-75 所示为创建一个气泡文字，需要在草图中指定一个点，并输入文字为“调心滚子轴承 23224”，在“气泡格式”选项组的“位置”下拉列表中选择“右上”，选中“显示引线”复选框，从“类型”下拉列表中选择“气泡引线”选项，设置长度为“15”，选中“显示背景色”复选框和“显示轮廓”复选框。

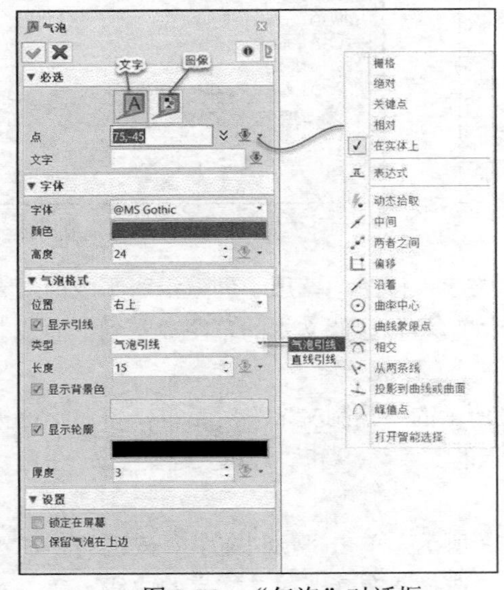

图 2-74 “气泡”对话框

图 2-75 创建气泡文字

2.2.10 绘制槽（2D）

在中望 3D 的草图模式下，可以使用“槽”按钮，通过指定所需点和半径创建一个槽。其方法是单击“槽”按钮，弹出图 2-76 所示的“槽”对话框，指定槽类型（如“直线”、

“中心直线”、“穿过圆弧”或“中心圆弧”），根据所选槽类型选择所需的点，以及设置相应的选项和参数来创建一个二维槽。

1. **“直线”**

当选中“直线”时，表示使用“直线”法，此时需要分别指定第一中心点和第二中心点定义直线，以及选中“半径”“直径”或“边界”单选按钮定义槽口大小的输入类型并进行相应的操作。如果选中“边界”单选按钮，则通过拖曳箭头拾取点来绘制槽的边界，如图2-77所示。该“直线”法实际上是通过选择两个中心点并定义半径R或直径D来创建二维槽图形。

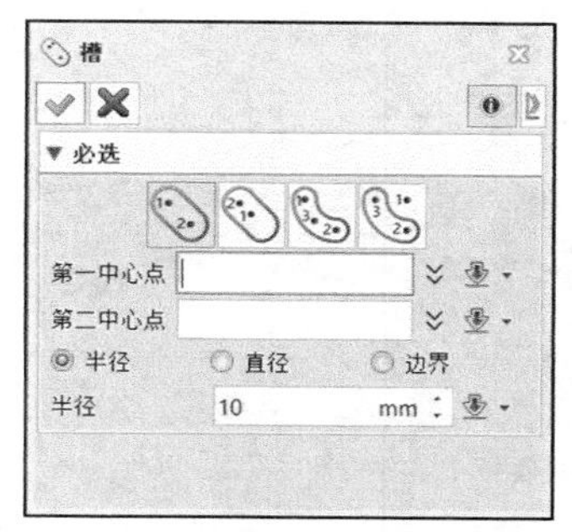

图2-76 “槽”对话框

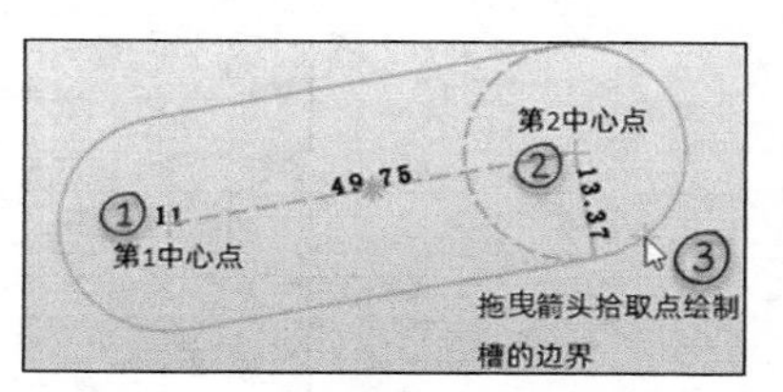

图2-77 指定两中心点等创建槽

2. **“中心直线”**

使用“中心直线”法创建二维槽是指通过选择第一中心点作为直线中心，第二中心点作为槽圆心来创建一个二维槽，如图2-78所示。

3. **“穿过圆弧”**

使用“创过圆弧”法创建二维槽是指通过选择两个中心点定义圆弧端点，并指定圆弧上的一个点来创建一个设定参数的二维槽，如图2-79所示。

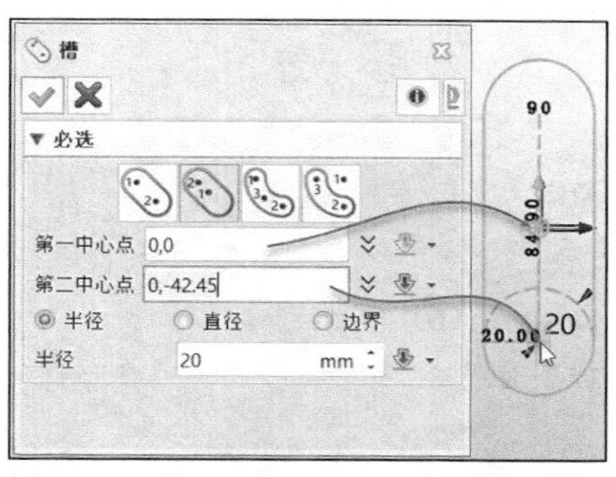

图2-78 使用“中心直线”法创建槽

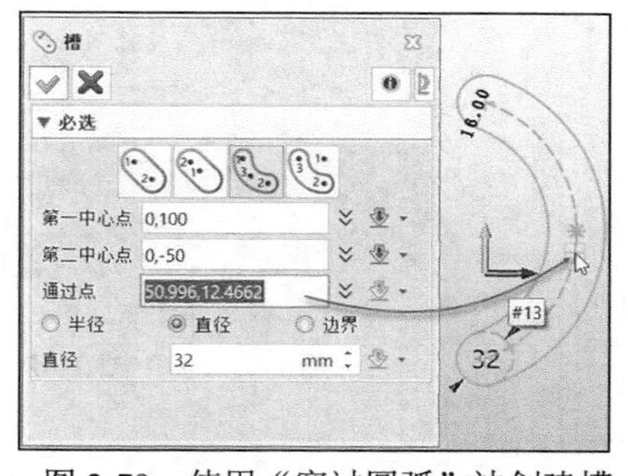

图2-79 使用“穿过圆弧”法创建槽

4. **“中心圆弧”**

使用“中心圆弧”法创建二维槽是指通过选择一个中心作为圆心，选择圆上的两个中心点来创建一个设定参数的二维槽，如图2-80所示，可以设置圆弧是顺时针形成还是逆时针形成。

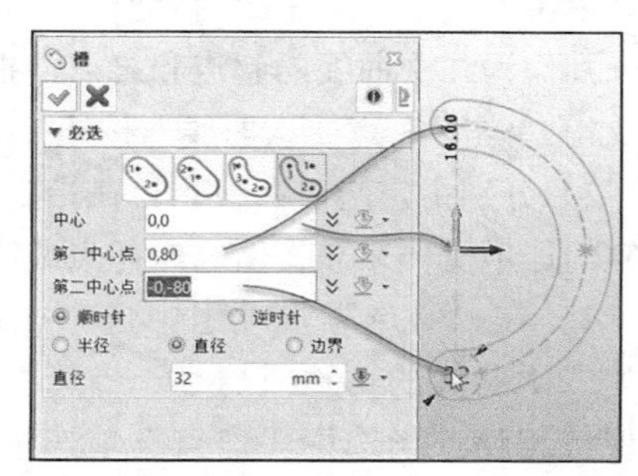

图2-80 使用“中心圆弧”法创建二维槽

2.2.11 创建样条曲线

可以通过定义曲线要经过的一系列点来创建曲

线，或者通过一系列的控制点来创建曲线，该曲线以指定的第一个点开始，以最后一个点结束，开始点和最后点之间的点则控制曲线的形状。

单击“样条曲线”按钮，弹出图 2-81 所示的“样条曲线”对话框，在“必选”选项组中提供“通过点”类型和“控制点”类型，前者用于通过定义曲线会经过的一系列点创建曲线，后者用于通过一系列的控制点来创建曲线。在创建样条曲线的过程中，注意设置参数化参数，如阶数、光顺选项，以及注意位置调整类型和方向等。对于创建“通过点”类型的样条曲线，可以设置是否创建开放曲线（可以为开放曲线，也可以为闭合曲线）。

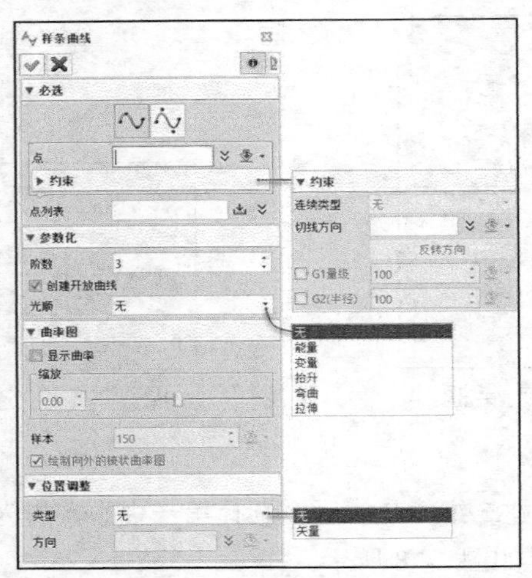

图 2-81　“样条曲线”对话框

在图 2-82 所示的示例中，（a）为创建“通过点”类型的样条曲线，（b）为创建“控制点”类型的样条曲线。

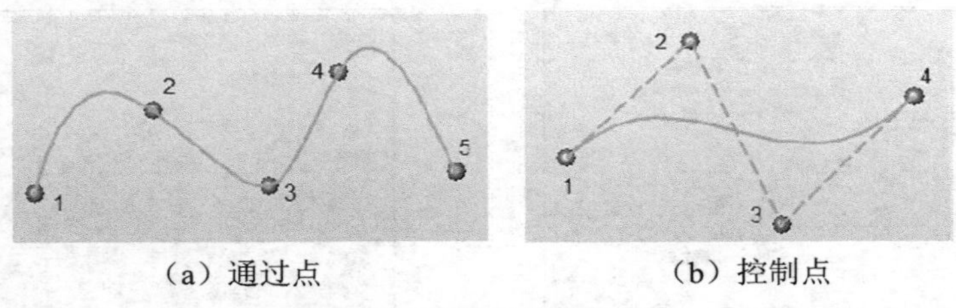

（a）通过点　　（b）控制点

图 2-82　绘制两种样条曲线

2.2.12　创建 3 点二次曲线

单击“3 点二次曲线”按钮，可以通过指定 3 个控制点来创建二次曲线，指定的前两个点分别作为二次曲线的起点和终点，指定的第 3 个点为切点或肩点。具体操作方法如下。

1）单击“3 点二次曲线”按钮，弹出图 2-83 所示的“3 点二次曲线”对话框。

2）分别指定起点和终点。在指定起点或终点时可单击鼠标右键打开更多输入选项以进行相应的选项操作来获得所需的起点或终点。

3）在“必选”选项组中选中“切点”单选按钮或“肩点”单选按钮，并指定一个点作为二次曲线的切点或肩点。当选中“切点”单选按钮时，二次曲线在起点/终点与切点之间保持相切；当选中“肩点”单选按钮时，二次曲线将通过此点（即指定的第 3 点），如图 2-84 所示。

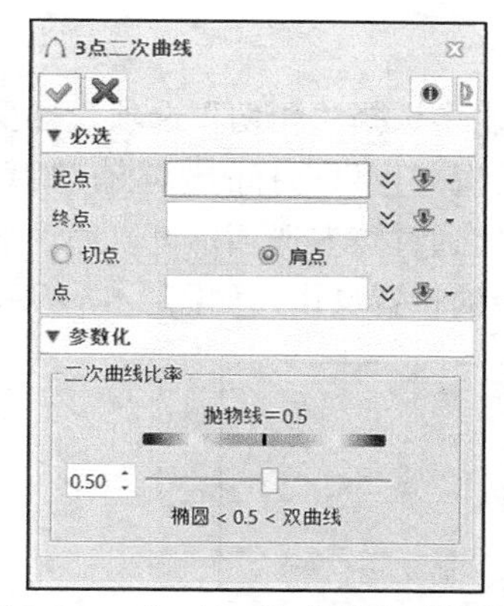

图 2-83 “3 点二次曲线”对话框

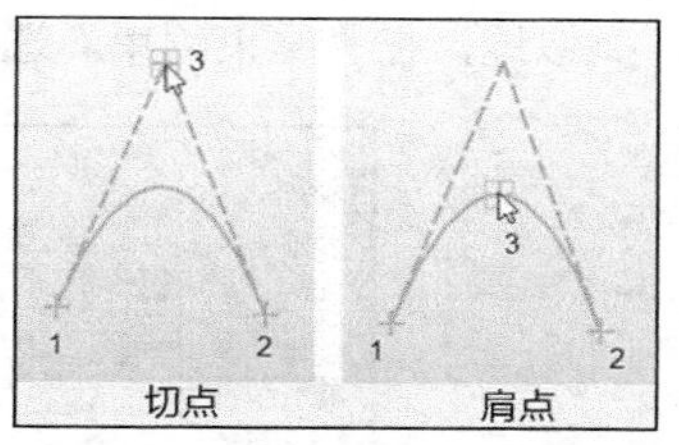

图 2-84 指定第 3 点为“切点”或“肩点”时

4）在“参数化”选项组中主要设置二次曲线比率，其默认值为 0.50，表示创建的二次曲线是一条抛物线。可以使用滑动条调整曲线的比率，也可以直接输入比率值。当比率值小于 0.5，二次曲线增加椭圆效果；当比率值大于 0.5，则增加了双曲线效果。

5）单击“确定”按钮。

2.2.13 创建桥接曲线

可以在两条边界曲线之间放置一条桥接曲线，即可以在曲线、直线、圆弧或面边线之间创建一条桥接曲线，可选输入包括相切和曲率匹配、修剪方法、保留侧和曲率权重。

下面结合一个简单范例介绍创建桥接曲线的一般方法和步骤。范例练习文件为“创建桥接曲线范例.Z3SKH”，此文件中已经创建好一条直线和一条圆弧，如图 2-85 所示。

1）单击“桥接”按钮，弹出图 2-86 所示的“桥接”对话框。

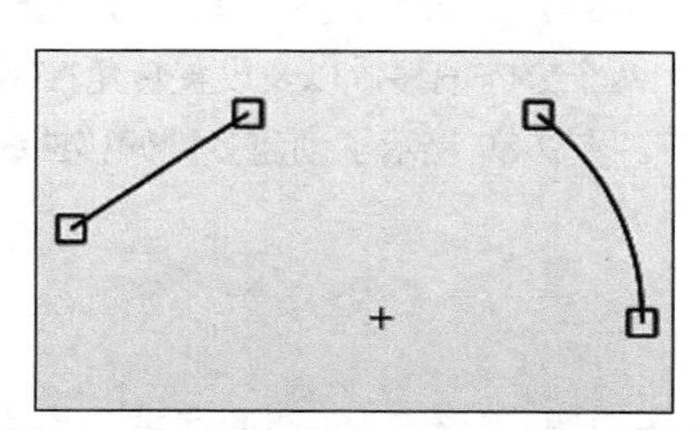

图 2-85 创建好一条直线和一条圆弧

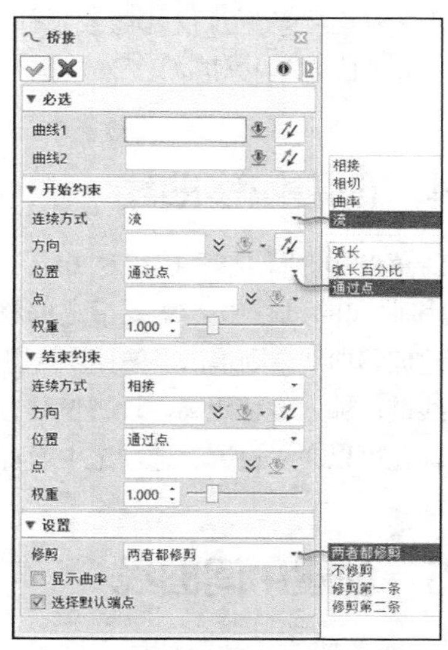

图 2-86 “桥接”对话框

2）选择一条曲线（注意选择位置），本例选择直线（靠近直线右侧端点单击直线以选择它），接着选择另一条曲线（同样注意选择位置），本例选择圆弧作为另一条曲线（靠近圆弧左上端点单击圆弧以选择它）。选择位置就近默认要桥接的端点，用户可以单击相应的“反向”按钮设置曲线的另一个端点作为要桥接的端点。

3）在“开始约束”选项组的“连续方式”下拉列表中选择“相切”选项，接受默认的切线方向，利用“位置”下拉列表控制开始桥接的具体位置（可供选择的选项有“弧长”“弧长百分比”“通过点”），本例从“位置”下拉列表中选择“通过点”选项，可以通过滑动条调整权重因子。类似地，在“结束约束”选项组中进行相应的设置操作，如图 2-87 所示。

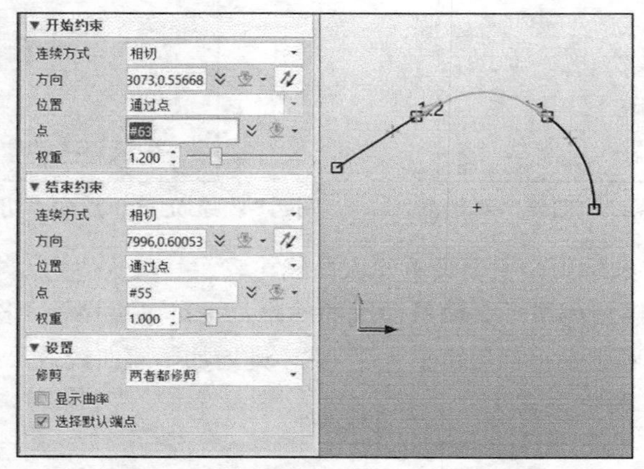

图 2-87 进行开始约束和结束约束设置

4）在“设置”选项组的“修剪”下拉列表中选择“两者都修剪”“不修剪”“修剪第一条”或“修剪第二条”，本例选择“两者都修剪”，以及选中“选择默认端点”复选框。如果要在预览时显示曲率，则选中“显示曲率”复选框。

- “两者都修剪”：修剪或延伸两条曲线。
- “不修剪”：以不执行修剪/延伸操作的方式添加圆角或倒角。
- “修剪第一条”：仅修剪或延伸第一条曲线。
- “修剪第二条”：仅修剪或延伸第二条曲线。

5）单击“确定”按钮。

2.2.14 创建偏移曲线

在 2D 草图中，“偏移”按钮用于通过偏移选定曲线、曲线链或边缘来创建另一条曲线。在创建偏移曲线的过程中，需要指定偏移距离和确定偏移方向。

要创建偏移曲线，则单击“偏移”按钮，弹出图 2-88 所示的“偏移”对话框，选择要偏移的曲线或曲线链，输入偏移距离，设置偏移方向和是否在两个方向偏移，以及设置转角控制选项及其相关参数，还可以在“设置”选项组中设置偏移数目等。图 2-89 显示了创建多种偏移曲线的情形。

2.2.15 创建中间曲线

可以在两条曲线、圆弧或两个圆的中间创建一条曲线，所创建的该曲线被称为中间曲线，中间曲线上的任何点到两个曲线的指定距离均相等。

创建中间曲线的方法比较简单，即单击“中间曲线”按钮，弹出图 2-90 所示的“中间曲线”对话框，分别选择曲线 1 和曲线 2，接着在“设置”选项组的“方法”下拉列表中选择“等距-中分端点”“等距-等距端点”“中分”三选项之一，再设置公差和数目，然后单击“确定”按钮✓，从而创建一条中间曲线，如图 2-91 所示。

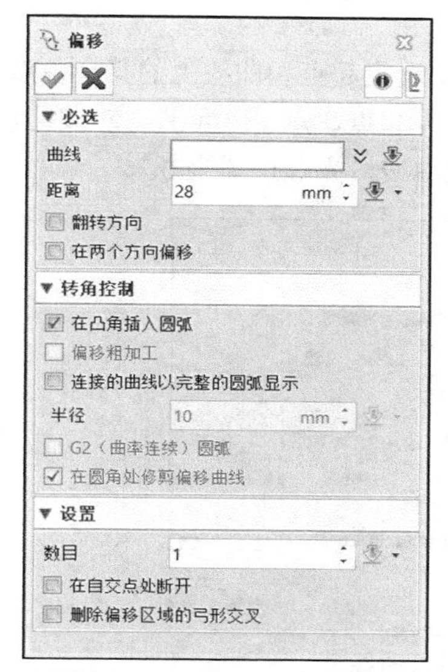

图 2-88 “偏移”对话框

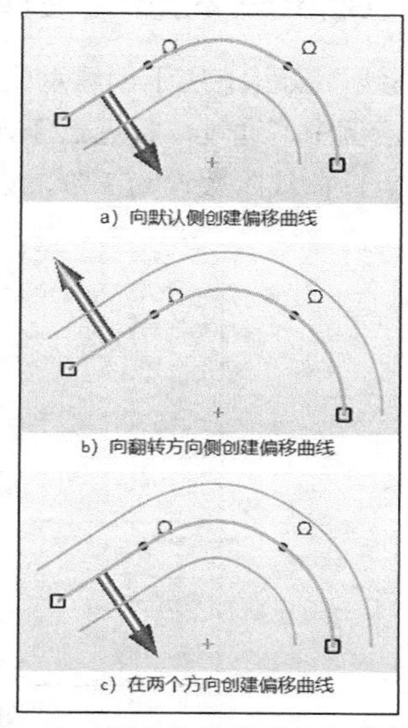

图 2-89 创建偏移曲线的几种情形

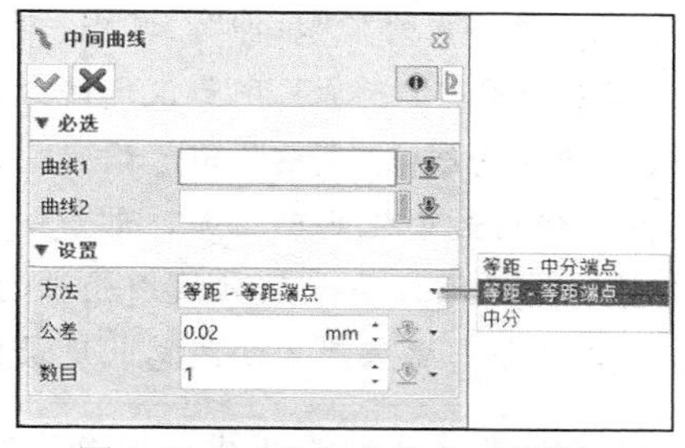

图 2-90 “中间曲线”对话框

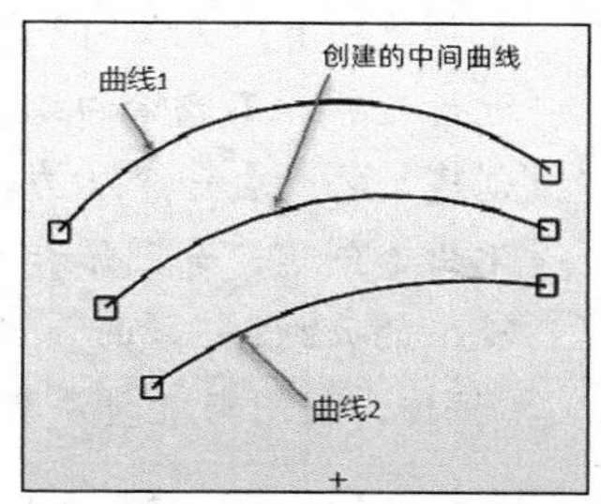

图 2-91 创建一条中间曲线

知识点拨 “方法”下拉列表用于控制靠近相应端点的中间曲线的形状，其中“等距–中分端点”选项用于控制中间曲线的两个端点分别为曲线 1 和曲线 2 相应端点连线的中点；“等距-等距端点”选项将计算端点周围的精确二等分点，即从中间曲线的端点到两条曲线（并非其端点）的垂直距离相等；“中分”选项表示系统在两条曲线上采样并将采样点依次连接，中间曲线可以看作是通过各连接线中点依次拟合的曲线。

“设置”选项组的“数目”框用于定义中间曲线的数量，例如，在图 2-92 所示的示例中，设置中间曲线的数目为 2。

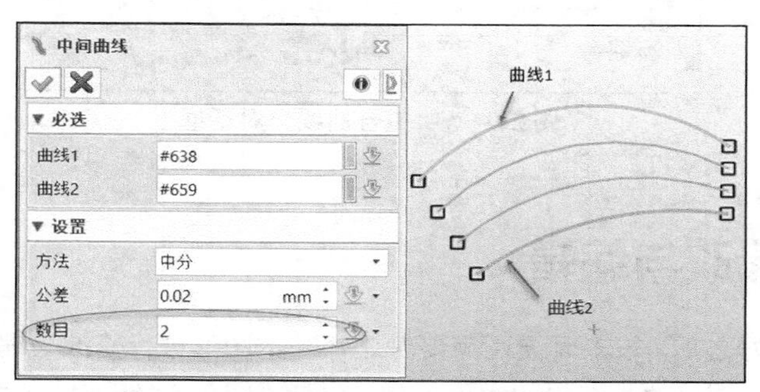

图 2-92 设置数目为 2 的中间曲线情形

2.2.16 创建点云曲线与拟合曲线

“点云曲线”按钮用于创建点云的曲线，需要选定起点和曲线上的其余各点。在图2-93所示的典型示例中，通过“最近点”方法指定点1为起点，点2、点3、点4和点5作为曲线上的其余各点，曲线阶数设为3阶，设置创建开放曲线，光顺选项为0。

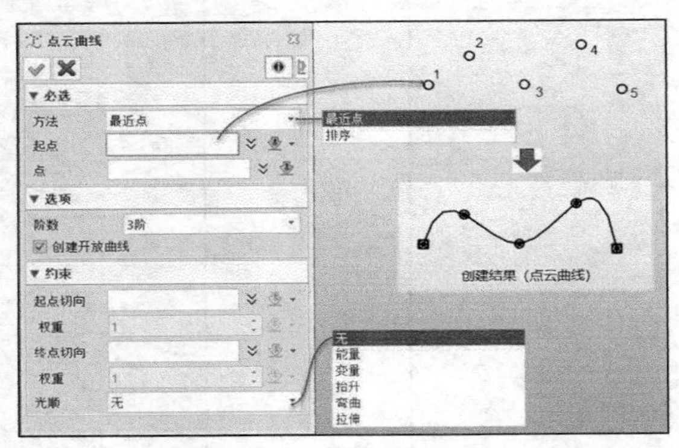

图2-93 创建点云曲线

知识点拨 光顺选项有“无”“能量”“变量”“抬升”“弯曲”“拉伸”。其中，“无”表示不进行光顺，不删除曲线上不需要的瑕疵部分；“能量”用于设定曲线以最小能量创建，将产生一个压力较小且缓慢光顺的曲线；“变量”用于设定曲线用较小变化曲率创建，如圆弧和直线；“抬升”使用最小化曲率偏差，创建一个总体起伏较小的曲线；“弯曲”使用一个能量法的近似方法，只需使用较少的计算时间；“拉伸”使用与能量法相同的技术，并结合需要来产生曲线总长度最短的曲线。

“拟合曲线”按钮用于通过点、曲线或面来创建一系列的曲线，拟合出来的曲线可以是直线、样条、圆、椭圆，即拟合曲线类型有拟合直线、拟合样条、拟合圆和拟合椭圆，如图2-94所示。

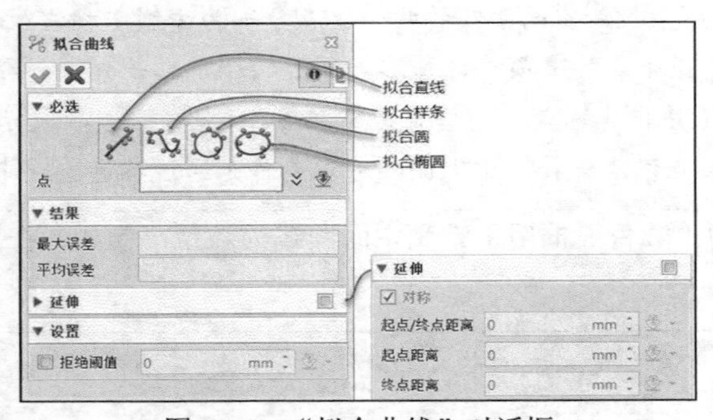

图2-94 “拟合曲线”对话框

2.3 草图修改与编辑

基本图形绘制好之后，很多时候还需要对这些基本图形进行修改与编辑，以获得较为复杂的图形。本节介绍草图修改与编辑的实用工具，包括“圆角”“链状圆角”“倒角”“链状倒角”“划线修剪”“单击修剪”“修剪/延伸”“修剪/打断曲线”“通过点修剪/打断曲线”“修剪/延伸成角”“删除弓形交叉”“断开交点”“生成方程式曲线”“修改”“连接”“转换为圆弧/线”等。

2.3.1 “圆角”与“链状圆角”

如果要创建两条曲线间的圆角，则单击“圆角”按钮，弹出图 2-95 所示的“圆角”对话框。在接近端部选择要进行圆角处理的第一条曲线，再在接近端部选择要进行圆角处理的第二条曲线，在“必选”选项组中设定圆角半径值，然后在“设置”选项组中对“G2（曲率连续）圆弧”复选框、“修剪”下拉列表和“延伸”下拉列表进行设置，最后单击“确定”按钮。创建圆角的典型示例如图 2-96 所示。

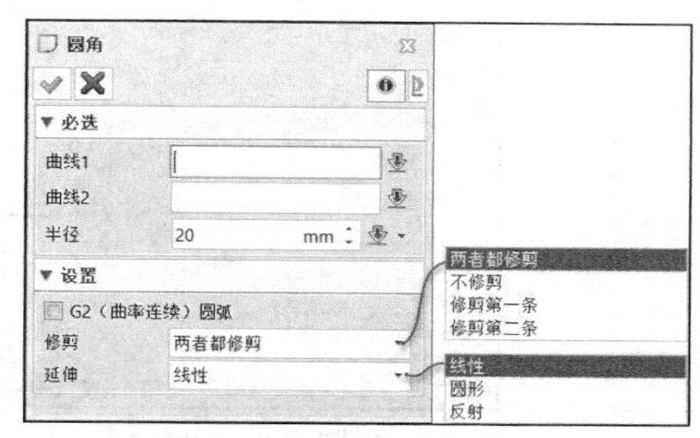

图 2-95 “圆角”对话框

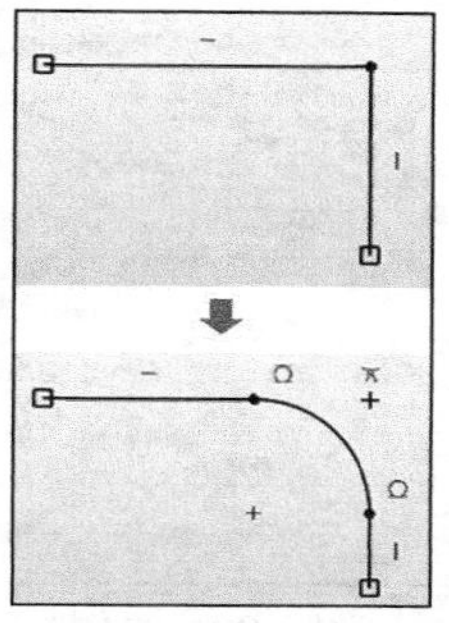

图 2-96 创建圆角示例

- “G2（曲率连续）圆弧”复选框：若选中此复选框时，使用设计弧来替代传统圆弧，所述设计弧是 NURBS 曲线，其与弧的切点匹配但在端点的曲率为零。
- “修剪”下拉列表：用于设置是否在曲线上执行自动修剪，可供选择的选项有“两者都修剪”“不修剪”“修剪第一条”“修剪第二条”。
- “延伸”下拉列表：用于控制延伸曲线的路径，可供选择的选项有“线性”“圆形”“反射”。

知识点拨 当将圆角半径设置为“0”时，中望 3D 系统会修剪/延伸两条曲线，使它们相交并形成一个角。

还可以在曲线链之间创建指定半径的圆角，曲线链中的每条相邻曲线之间生成一个圆角，如图 2-97 所示。其操作步骤为：单击“链状圆角”按钮，弹出图 2-98 所示的“链状圆角”对话框，框选要创建圆角的曲线链，设定圆角半径，以及在“设置”选项组设置“G2（曲率连续）圆弧”复选框和“修剪原曲线”复选框的状态，最后单击“确定”按钮。

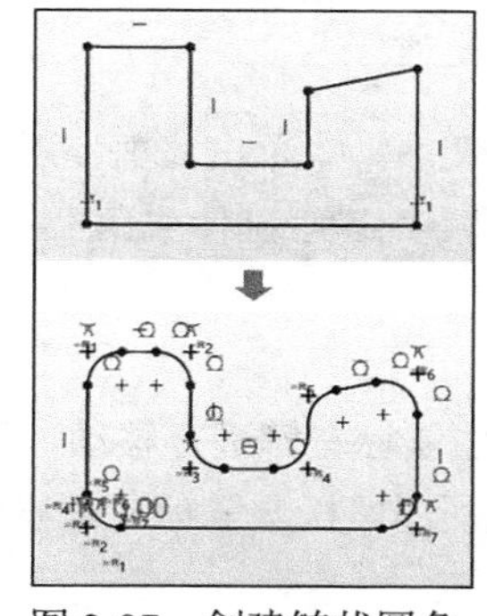

图 2-97 创建链状圆角

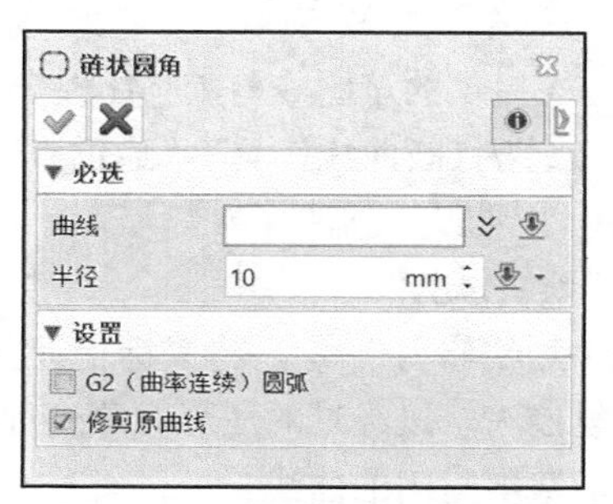

图 2-98 “链状圆角”对话框

2.3.2 “倒角”与“链状倒角”

要在两条曲线间创建一个倒角，则可以单击“倒角”按钮，弹出图 2-99 所示的“倒角”对话框。在“必选”选项组中设定倒角标注类型（如“倒角距离”、“两个倒角距离”或“倒角距离和角度”），并根据所设倒角标注类型设置倒角的相应参数，接着激活“曲线 1”收集器并在接近端部选择要倒角的第一条曲线，再在接近端部选择要倒角的第二条曲线，如图 2-100 所示，然后在“设置”选项组中分别设置修剪选项和延伸选项，最后单击“确定”按钮。

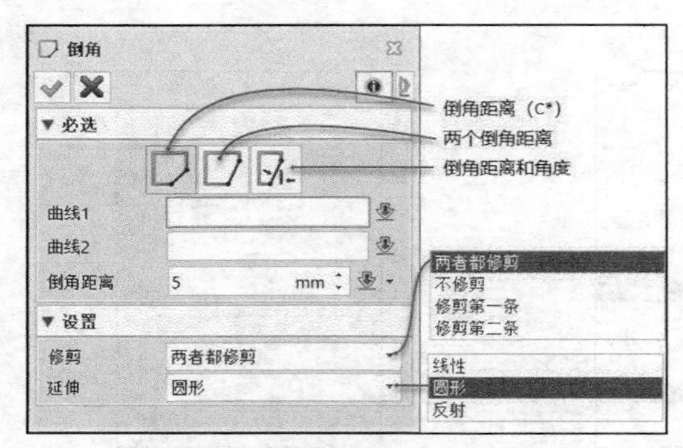

图 2-99 “倒角”对话框

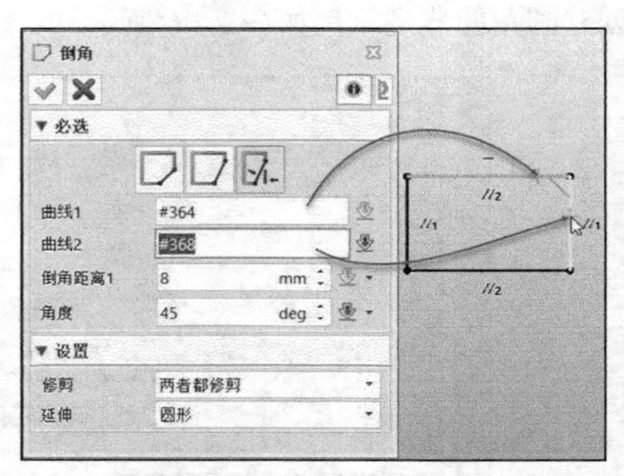

图 2-100 创建一个倒角

同样地，可以在曲线链中创建链状倒角，其方法是单击“链状倒角”按钮，弹出图 2-101 所示的“链状倒角”对话框。选择要倒角的曲线链，单击鼠标中键结束，在“倒角距离”框中指定倒角距离，在“设置”选项组中设置“修剪原曲线”复选框的状态，然后单击“确定”按钮。图 2-102 所示为在一个长方形（矩形）中创建链状倒角的示例。

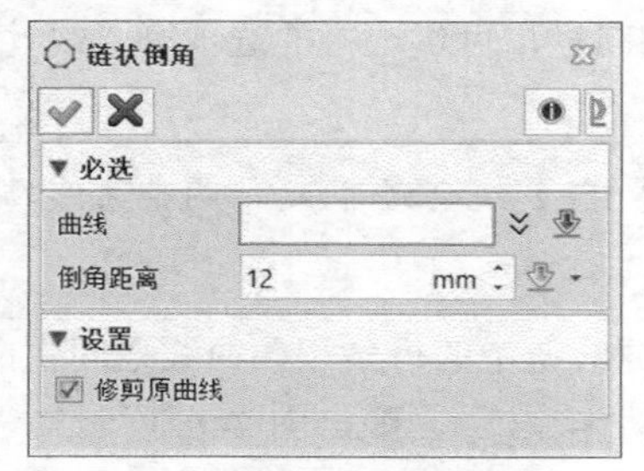

图 2-101 “链状倒角”对话框

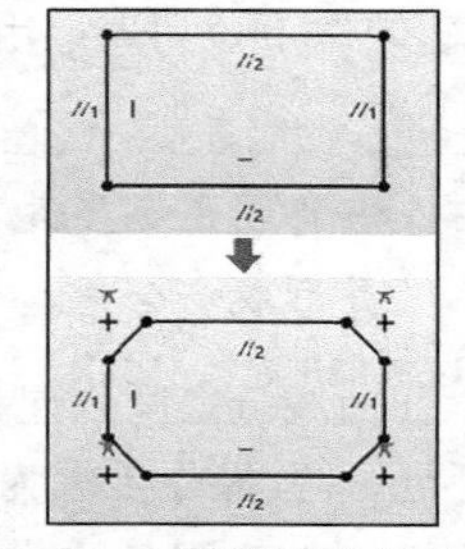

图 2-102 创建链状倒角示例

2.3.3 各类“修剪”

中望 3D 提供的草图修剪工具比较多，包括“划线修剪”、“单击修剪”、“修剪/延伸”、“修剪/打断曲线”、“通过点修剪/打断曲线”、“修剪/延伸成角”、“删除弓形交叉”、“断开交点”。

1. “划线修剪”

单击“划线修剪”，将鼠标指针置于图形窗口中按住鼠标左键进行移动，利用鼠标指针划过的轨迹对轨迹经过的图形对象进行裁剪，如图 2-103 所示，松开鼠标左键修剪结束，但该工具不能裁剪封闭的曲线。

2. “单击修剪”

单击“单击修剪”，弹出图2-104所示的“单击修剪”对话框，单击要修剪的曲线段，则这段曲线段便被自动修剪，可以连续单击其他要修剪的曲线段，单击鼠标中键结束。

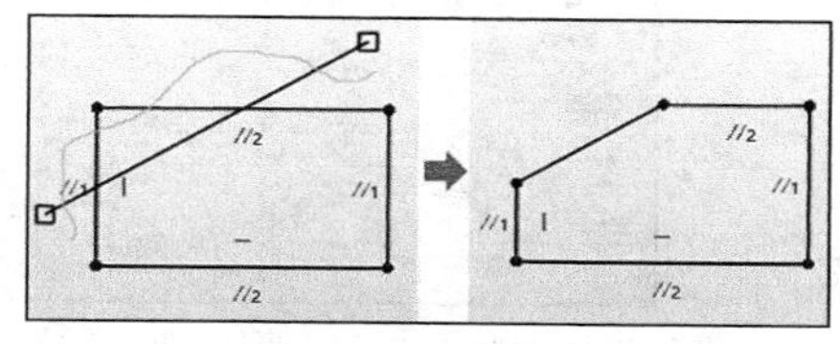

图2-103 划线修剪

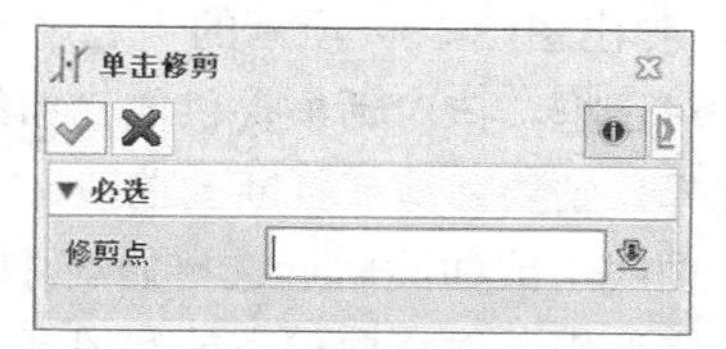

图2-104 “单击修剪”对话框

3. “修剪/延伸”

单击“修剪/延伸”，弹出图2-105所示的“修剪/延伸”对话框，选择要延伸或修剪的曲线，以及指定需修剪或延伸到的目标点或曲线，或者在“终点”框中输入一个延伸长度。使用该工具修剪/延伸曲线的4种典型情形如图2-106所示。

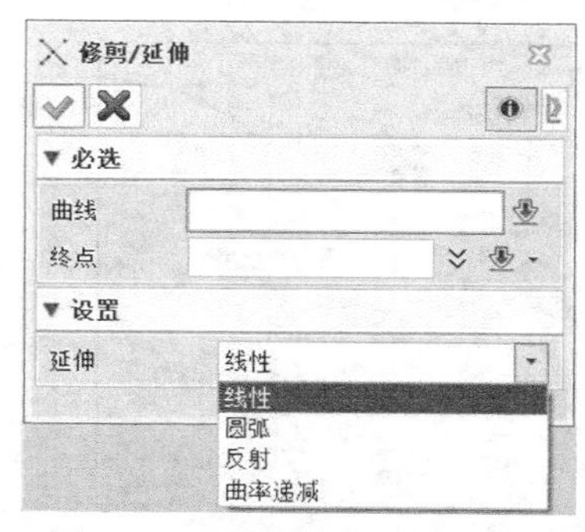

图2-105 “修剪/延伸”对话框

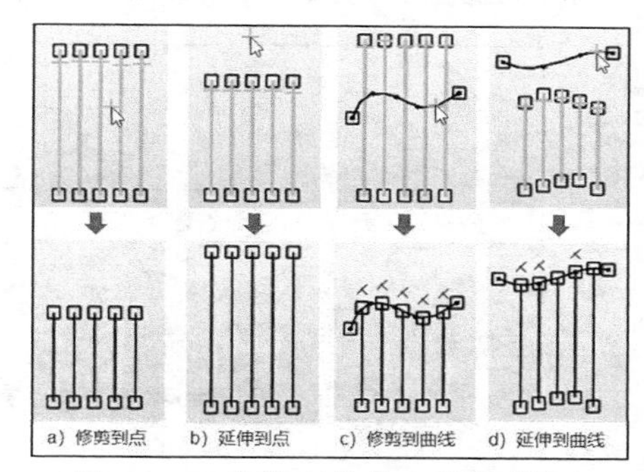

图2-106 修剪/延伸的4种典型情形

4. “修剪/打断曲线”

此工具用于将曲线修剪或打断成一组边界曲线。单击“修剪/打断曲线”按钮，弹出图2-107所示的“修剪/打断曲线”对话框，利用“曲线”收集器选择要打断或修剪的一组边界曲线（即选择需作为边界线使用的曲线），单击鼠标中键确认，再利用“线段”收集器选择要删除、保留、打断的曲线段，相应地在“选项”选项组的“修剪”下拉列表中设置修剪模式（可供选择的修剪模式有“删除”“保持”“打断”）。“修剪/打断曲线”操作的3种修剪模式比对如图2-108所示，原图形中的两条线段均作为边界曲线。

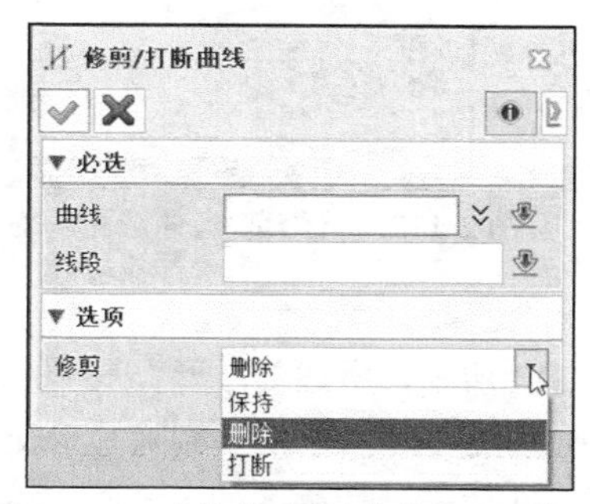

图2-107 “修剪/打断曲线”对话框

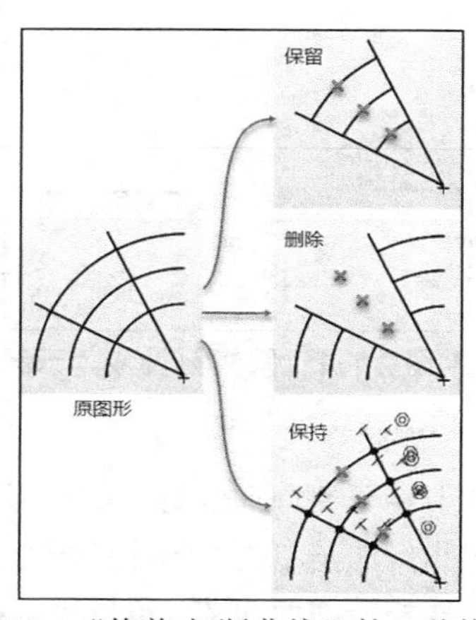

图2-108 “修剪/打断曲线”的3种修剪模式

5. “通过点修剪/打断曲线”

可以通过指定曲线上的点修剪或打断一个线框或分型曲线。单击“通过点修剪/打断曲线”按钮，弹出图 2-109 所示的“通过点修剪/打断曲线”对话框，该对话框提供的“曲线”收集器用于选择一条要修剪或打断的曲线，“点”收集器用于在曲线上或曲线附近选择修剪/打断点，“线段”收集器用于选择要保留的线段或单击鼠标中键打断曲线。

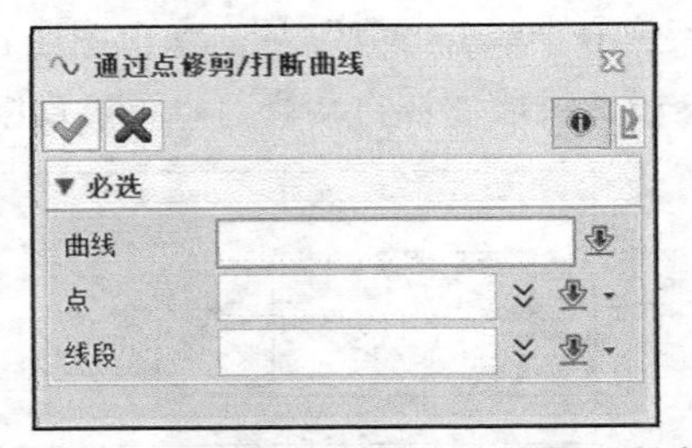

图 2-109 “通过点修剪/打断曲线”对话框

通过点修剪/打断曲线的操作示意如图 2-110 所示，单击“通过点修剪/打断曲线”按钮后，首先选择一条要修剪或打断的曲线，接着在曲线上或曲线附近选择修剪或打断点，单击鼠标中键或在“线段”收集器框内单击以激活该收集器，此时可以选择要保留的线段，也可以直接单击鼠标中键拟在指定点处打断曲线，单击“确定”按钮完成操作。

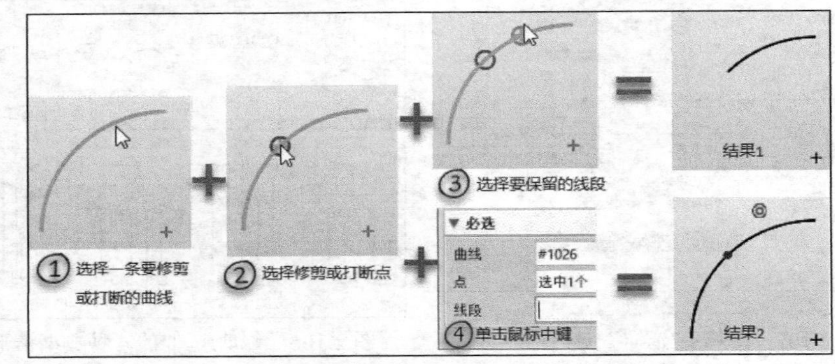

图 2-110 通过点修剪/打断曲线的操作示意

6. “修剪/延伸成角”

此工具用于修剪或延伸两条曲线，使它们相互形成一个角，如图 2-111 所示。其操作方法是：单击“修剪/延伸成角”按钮，弹出图 2-112 所示的“修剪/延伸成角”对话框，在“设置”选项组中设定延伸选项（如选择“反射”“线性”或“圆弧”），在保留侧选择第一条曲线，接着在保留侧选择第二条曲线，然后单击“确定”按钮。

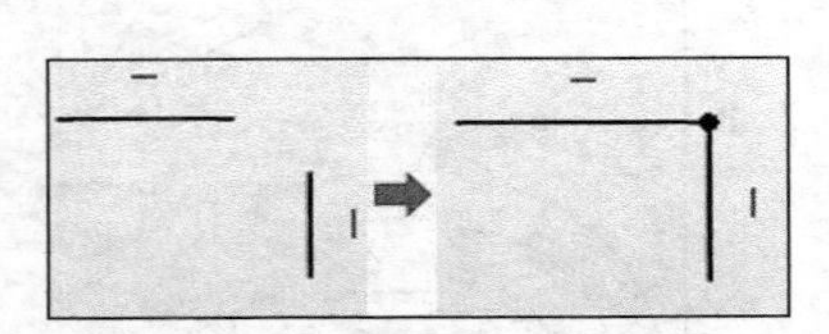

图 2-111 修剪/延伸成角示例

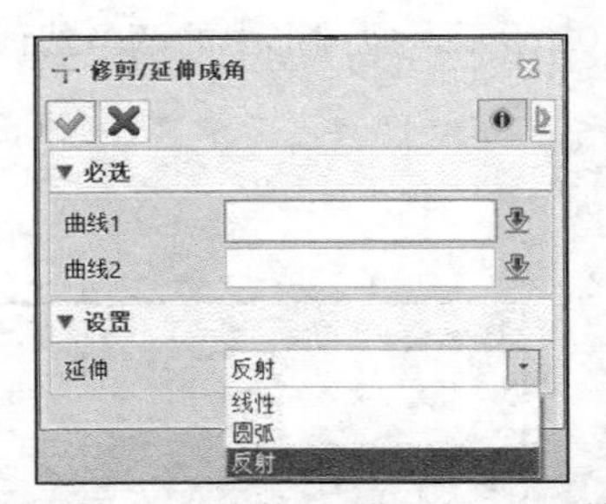

图 2-112 “修剪/延伸成角”对话框

7. “删除弓形交叉”

此工具用于删除曲线链上的弓形交叉线，如图 2-113 所示，所述“弓形”是一个反转的圆角。其操作方法是单击“删除弓形交叉”按钮，弹出图 2-114 所示的“删除弓形交叉”对话框，接着选择所需曲线链（可以采用框选方式，也可以在位于上边框条的“拾取策略”下拉列表中选择“连接曲线”以便在图形窗口中选择所需曲线链），然后单击鼠标中键或单击“确定”按钮☑。

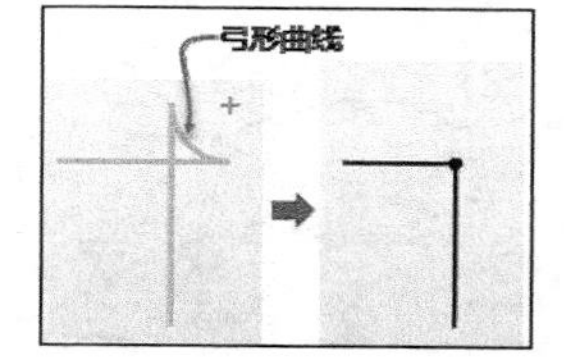

图 2-113 删除弓形曲线示意

图 2-114 “删除弓形交叉”对话框

8. **“断开交点”**

当以大于圆角半径的距离来偏移圆角曲线时，偏移曲线会产生不必要的弓形，此时，可以使用“断开交点”工具来在相交处自动断开曲线段。

单击“断开交点”按钮，弹出“断开交点”对话框，如图 2-115 所示，选择要操作的包含相交成“弓形”的所有曲线线段，在“设置”选项组中设置“在自交点处断开”复选框和“在曲线交点处断开”复选框的状态，然后单击“确定”按钮☑。当选中“在自交点处断开”复选框时，断开自相交的曲线；当选中“在曲线交点处断开”复选框，断开与其他曲线相交的曲线。

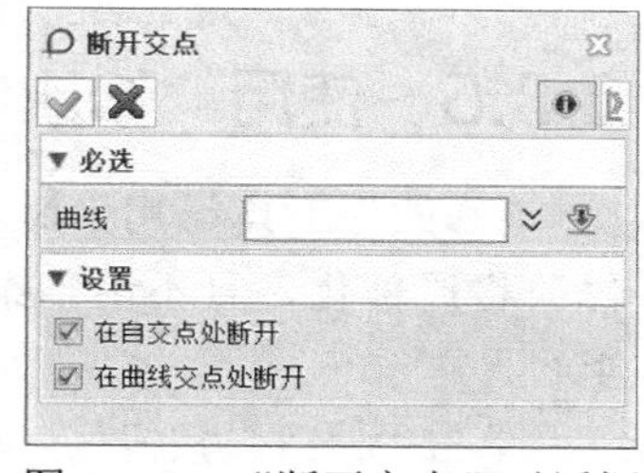

图 2-115 “断开交点”对话框

2.3.4 生成方程式曲线

可以以方程式组为驱动来绘制各种三维或二维曲线，也可以插入预定义的各种曲线，如渐开线、抛物线、双曲正弦曲线等。

单击“生成方程式曲线”按钮，弹出图 2-116 所示的“方程式曲线”对话框，在“方程式列表”中双击选择所要的方程式，也可以利用左边的相关选项组输入方程式或编辑方程式相关内容，然后单击“确定”按钮，默认在原点插入所设定的方程式曲线。如果要重新选择一个点作为生成曲线的插入点，需要在“方程式曲线”对话框中选中“选择另一个插入点”复选框。

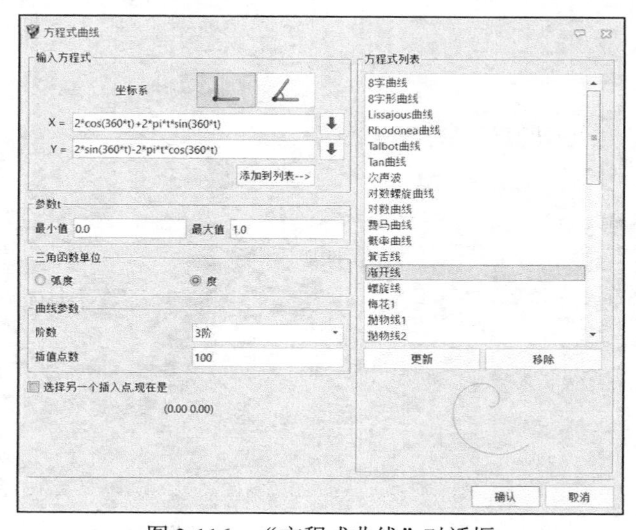

图 2-116 “方程式曲线”对话框

图 2-117 显示了生成的几种方程式曲线。

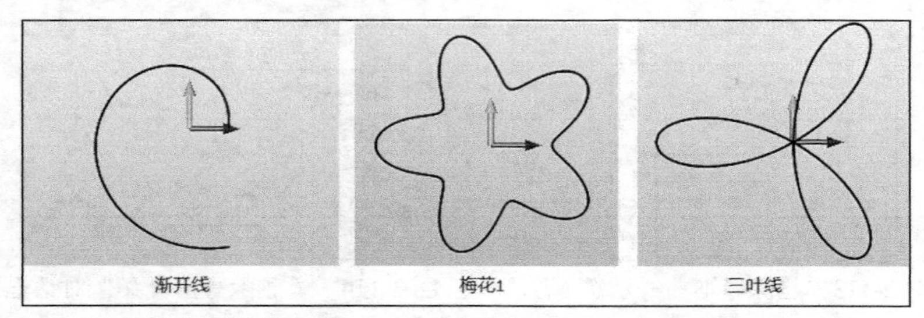

图 2-117　生成方程式曲线的几种示意

2.3.5　使用“修改”工具激活曲线进行局部修改

“修改”工具用于激活曲线进行局部修改，这里所谓的“局部”是指所选的点上的修改将局部化，且不沿整条曲线分布，用户可以修改曲线上任何点的位置、切点和曲率半径。

单击“修改”按钮，弹出“修改”对话框，选择要编辑的曲线，接着选择曲线上的点进行修改，如图 2-118 所示。若选择的是插值曲线上的已有插值点，则在该插值点处显示控制柄，此时可以直接进行拖曳编辑；若选择的该点不是插值曲线上已有的插值点，则系统自动在选择单击处插入一个新的插值点并在该处显示控制柄，允许用户将曲线转化为控制点曲线进行编辑。若选择的是控制点曲线上的点，则在所选的点和曲线端点显示一个三元组，所谓三元组用于修改、锁定或解开所选点上的限制。在修改曲线的过程中，可以借助曲率图来进行，可以设置修改编辑时曲线的显示状况，如设置显示梳状曲率、显示修改提示、显示拐点、显示最小半径和显示最大半径等。

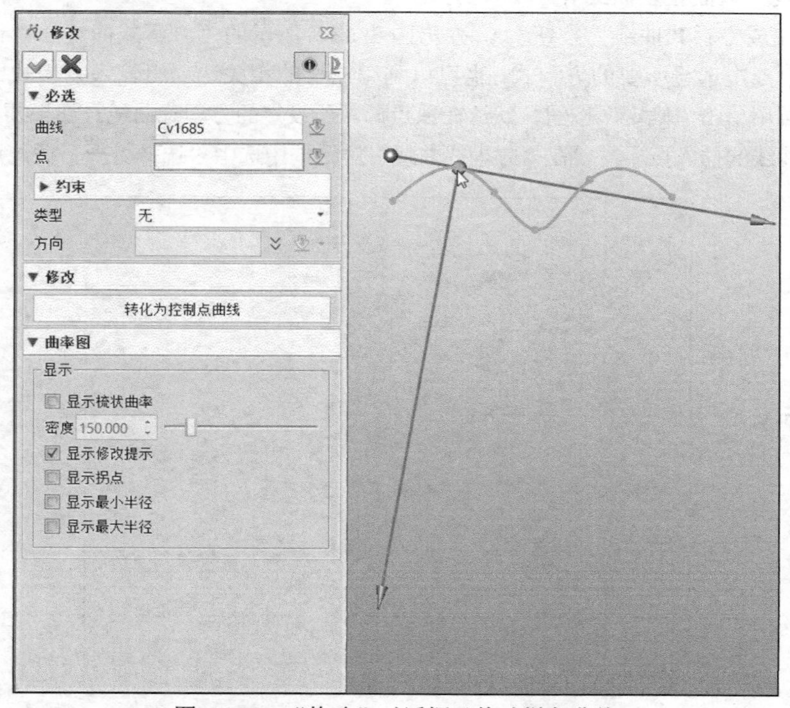

图 2-118　“修改”对话框及修改样条曲线

2.3.6 连接

“连接”工具用于通过连接一系列现有曲线来创建一条曲线，现有曲线必须端对端地对接。单击“连接”按钮，弹出图 2-119 所示的“连接”对话框，选择要连接的曲线，以及在“设置”选项组中分别对“连接方式”“方法”“起点/终点”下拉列表进行设置。

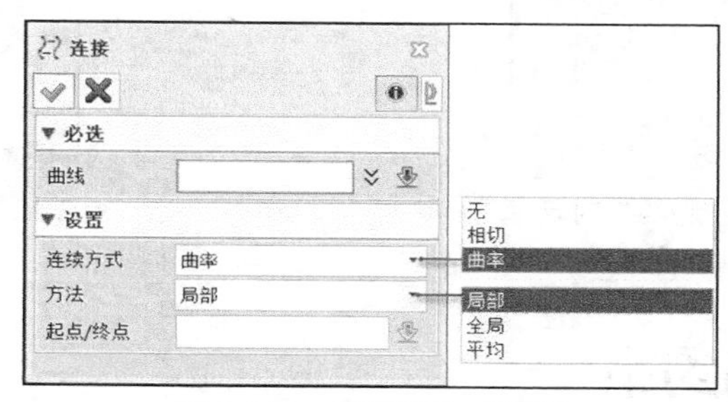

图 2-119 “连接”对话框

“连接方式”下拉列表用于指定连接方式，其中“无”选项表示所有曲线已端对端地对接，不带强制性的相切或曲率；“相切”选项表示所有端点向量均相切，如果想尽可能保留更多的原始曲率，则建议选择该选项；“曲率”选项表示所有端点向量均相切，且曲率沿相应曲线进行匹配。

“方法”下拉列表用于对所使用的数学平滑法进行定义，可供选择的选项有“局部”“全局”和“平均”。其中，“局部”选项用于设置所得曲线在数学意义上与原始曲线相等；“全局”选项表示如果每个点上的切线与曲率属于两条曲线的均值，那么所得曲线将穿越连接点；“平均”选项将使用“局部”与“全部”法中的均值。

“起点/终点”收集器用于指定每条连接曲线的起点和终点。对于开放式曲线链而言，该收集器用于强制规定应成为自然起点/终点的端。对于封闭曲线链而言，该收集器可规定封闭曲线的起点和终点。在一个串上可以选择多个点以规定所得曲线的分界。

在图 2-120 所示的示例中，原始的两条曲线具有一个共同端点，设置连接方式为“曲率”，方法为“局部”，生成的连接曲线变得更光滑流畅。

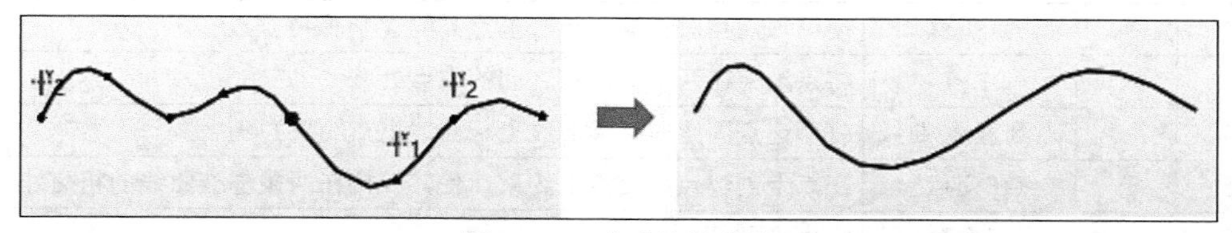

图 2-120 生成连接曲线

2.3.7 转换为圆弧/线

“转换为圆弧/线”工具用于将所选曲线转换为圆弧和直线。其操作方法是单击“转换为圆弧/线”按钮，弹出图 2-121 所示的“转换为圆弧/线”对话框，选择要转换的曲线，并在“设置”选项组中设定转换公差、在连接点处相切及 G1 连续参数，还可以设置是否保留原曲线，最后单击“确定”按钮。转换为圆弧/线的典型示例如图 2-122 所示，原曲线为一条样条曲线，转换后的曲线变成了由若干条圆弧相切连接组成的一条曲线链。

图 2-121 “转换为圆弧/线”对话框

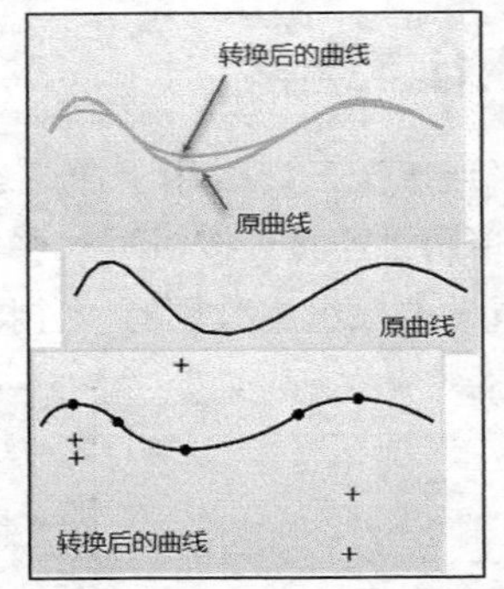

图 2-122 转换为圆弧/线的示例

2.4 草图几何约束

几何约束在草图中很重要，为草图添加约束后，以后修改草图时，几何体会被强制满足约束条件。位于上边框条上的“打开/关闭约束”按钮，可以控制在草图中打开或关闭约束显示。

2.4.1 几何约束工具

草图几何约束的工具位于“草图”选项卡的“约束”面板中，它们的功能含义如表 2-2 所示。

表 2-2 草图几何约束工具一览表

序号	工具	工具名称	功能含义
1		添加约束	为草图添加约束，该工具命令根据所选几何体对象，提供可用的约束
2		自动约束	分析当前的草图几何体，并自动添加约束和标注
3		固定	在点上创建固定约束，使该点固定于当前的 X、Y 位置
4		点水平	使第二点相对于第一点（基点）的 Y 值保持水平
5		点垂直	使第二点相对于第一点（基点）的 X 值保持垂直
6		中点	将点约束在两个选定点之间的中点处
7		点到直线/曲线	将所选点固定在基准曲线上（曲线上点约束）
8		点在交点上	在点上创建点在交点上约束，使其保持在两条基准曲线的相交处
9		点重合	约束点到其他点
10		水平	线水平约束，即在直线上创建水平约束，使其保持水平
11		竖直	线竖直约束，即在直线上创建竖直约束，使其保持竖直
12		对称	在点/弧/圆/线上创建对称约束，使其相对一条基准直线对称
13		垂直	垂直约束曲线，方法是选择基准直线，接着选择与之垂直的直线
14		平行	平行约束直线，方法是选择基准直线，接着选择需与之平行的直线
15		共线	共线约束直线
16		相切	在两条直线、弧、圆或曲线上创建相切约束，使其保持相切
17		等长	创建等长约束

续表

序号	工具	工具名称	功能含义
18		等半径	创建等半径约束
19		等曲率	创建等曲率约束
20		同心	圆弧或圆的中心点约束，可以在指定点上创建同心约束，使其保持与一基准弧或圆同心

要添加草图约束，可以单击“添加约束”按钮，弹出图 2-123 所示的“添加约束”对话框，选择需约束的几何体（包含外部几何体），“添加约束”对话框会出现一个“约束”选项组并根据所选几何体对象提供可用的约束供用户选择。例如，当选择两个需约束的点，则“添加约束”对话框提供图 2-124 所示的可用约束，此时由用户从可用约束中选择需创建的约束，然后单击“确定”按钮。

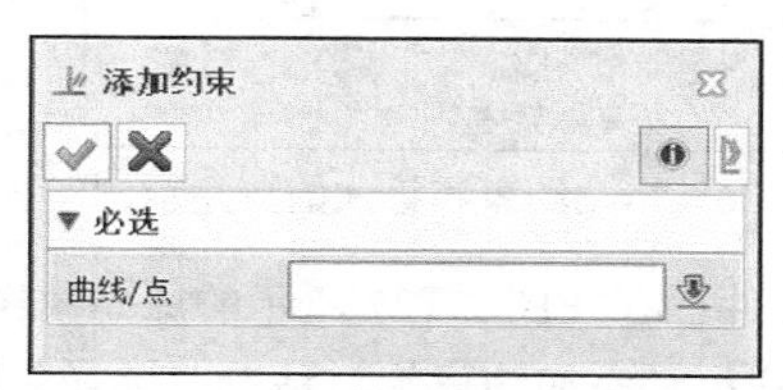

图 2-123 “添加约束”对话框（1）

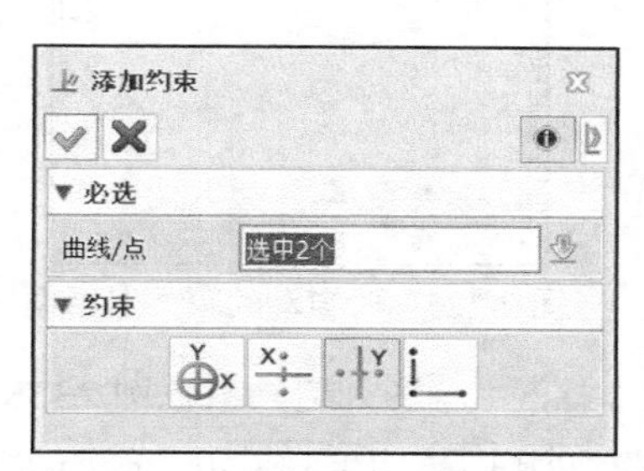

图 2-124 “添加约束”对话框（2）

要添加草图约束，也可以在功能区“草图”选项卡的“约束”面板中单击所需的约束按钮，选择需约束的几何体对象，单击“确定”按钮即可。一般会以选定的第一个几何体对象作为约束基准。

如果添加了过多的约束（过约束），则系统会提示草图过度约束（依赖）组。

另外，中望 3D 允许在草图中创建自动约束和标注，其方法如下。

1）单击“自动约束”按钮，弹出图 2-125 所示的“自动约束”对话框。

2）选择一点作为标注线的基点，或者单击鼠标中键以使用默认的草图平面原点，系统会在该点放置一个 2D 固定约束。

3）在“约束实体”选项组的“实体”收集器处于活动状态时，选择需要创建自动约束和标注的实体，例如，框选全部的草图实体对象。

4）在“约束”选项组中勾选可以应用的约束。通常单击“选择所有”按钮以选择所有可以应用的约束。

5）在“标注”选项组中勾选“创建标注”复选框以设置可自动创建标注，并设置标注添加的优先级。

6）单击“确定”按钮，完成添加自动约束和标注。

图 2-126 所示为一个草图实体对象添加自动约束和标注之前及之后的效果，该示例练习源文件为“自动约束和标注.Z3SKH”。

2.4.2 几何约束范例

本小节介绍一个几何约束范例，目的是让初学者加深对草图几何约束的认识，以及掌握创建几何约束的一般方法、步骤和技巧等，并复习一下相应的修剪操作。

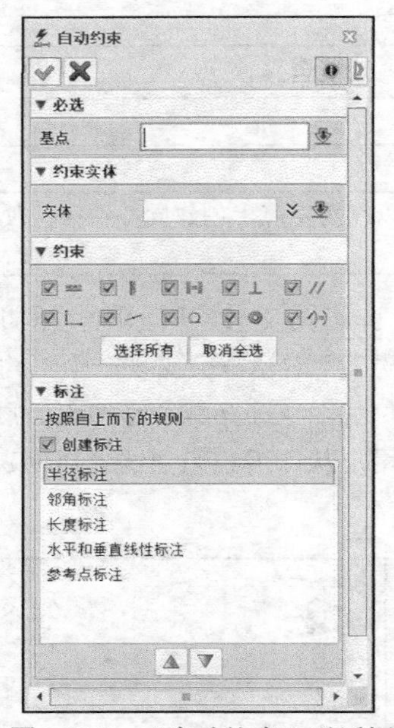

图 2-125　“自动约束”对话框

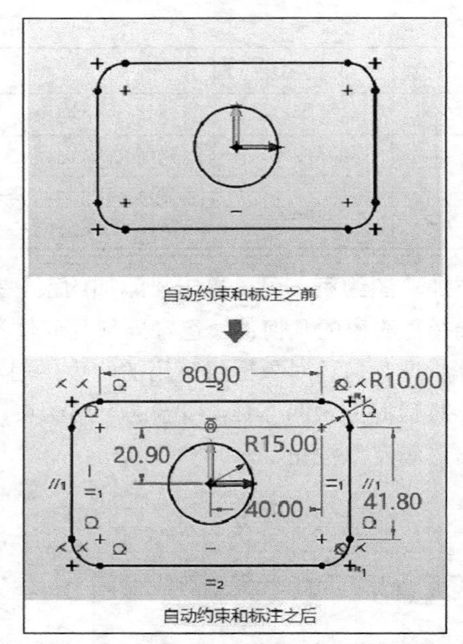

图 2-126　自动约束和标注的典型示例

1）打开“草图几何约束范例.Z3SKH”文件，该文件已存在图 2-127 所示的原始草图对象。

2）创建固定约束。单击“添加约束”按钮，弹出“添加约束”对话框，选择大圆的圆心，接着在“约束”选项组中选择“固定约束”，如图 2-128 所示，单击“确定”按钮。

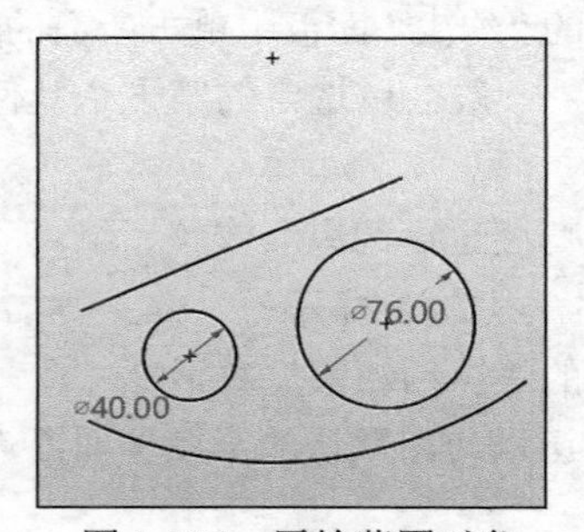

图 2-127　原始草图对象

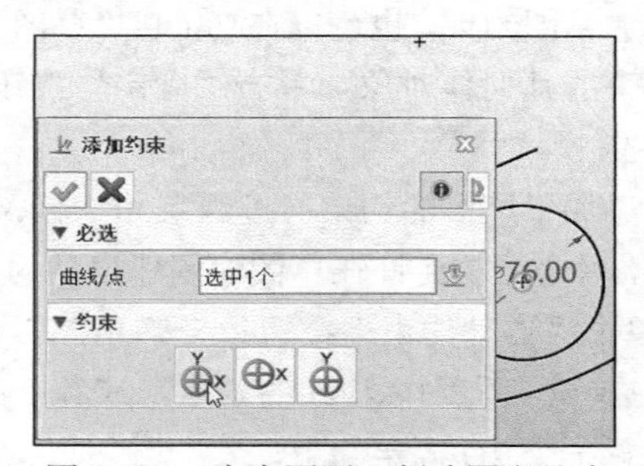

图 2-128　为大圆圆心创建固定约束

3）创建点水平约束。此时“添加约束”对话框仍处于打开状态，选择大圆的圆心，再选择小圆的圆心，在“约束”选项组提供的可用约束中选择“点水平”约束，单击“确定”按钮，效果如图 2-129 所示。

4）创建一个相切约束。依次选择大圆和直线，在“约束”选项组提供的可用约束中选择“相切”约束，单击“确定”按钮，从而使直线与大圆相切，如图 2-130 所示。

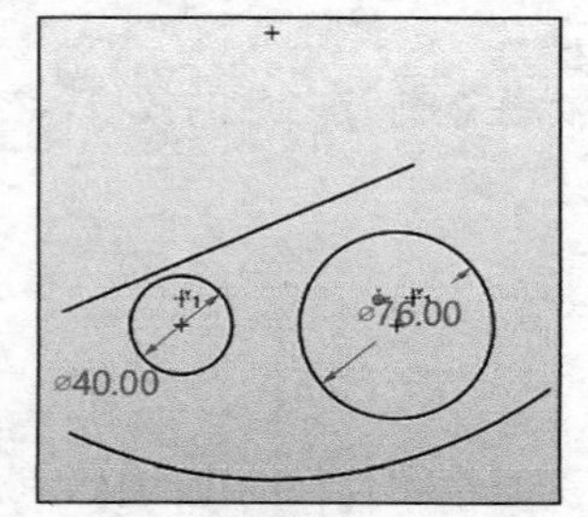

图 2-129　创建点水平约束的效果

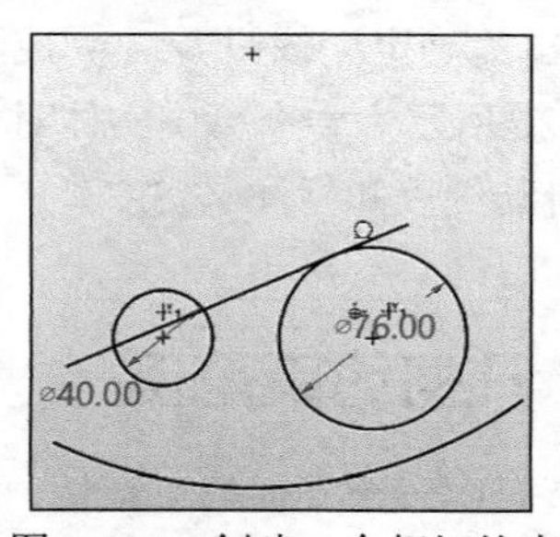

图 2-130　创建一个相切约束

5）再创建一个相切约束。依次选择小圆和直线，在“约束”选项组提供的可用约束中选择“相切”约束，单击“确定”按钮，从而使直线与小圆也相切，效果如图 2-131 所示。

6）继续创建两个相切约束。使用同样的方法，分别添加相切约束使圆弧与大圆、小圆均相切，如图 2-132 所示。

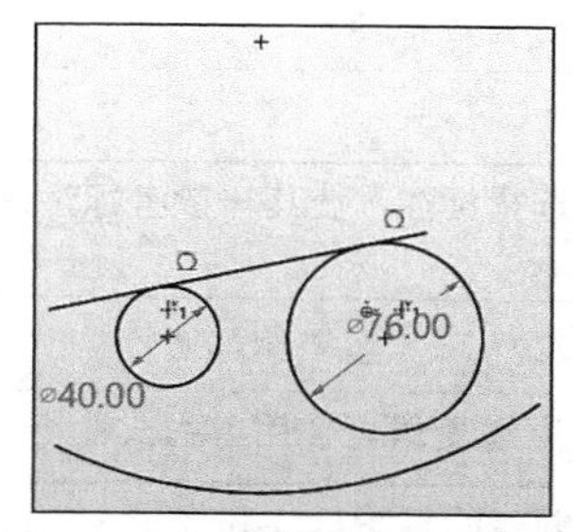

图 2-131 使直线与小圆也相切

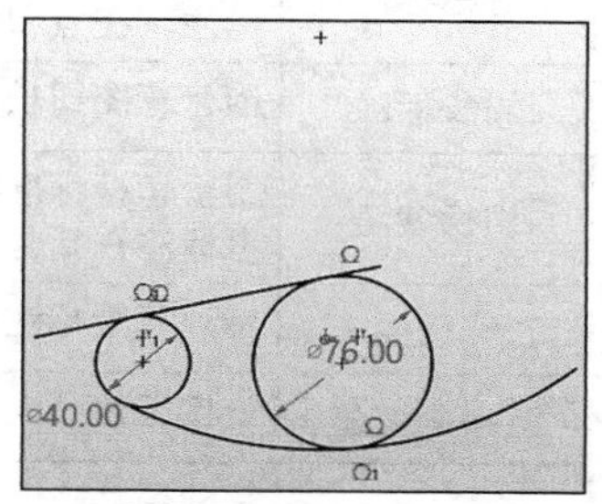

图 2-132 使圆弧与大圆、小圆均相切

7）关闭“添加约束”对话框。

8）单击“单击修剪”按钮，弹出“单击修剪”对话框，将图形修剪成图 2-133 所示的效果。

9）单击“修剪/延伸”按钮，弹出“修剪/延伸”对话框，先在靠近其左端点区域选择要延伸或修剪的圆弧，单击鼠标中键，再选择小圆，然后单击“确定”按钮，最后完成的图形效果如图 2-134 所示。

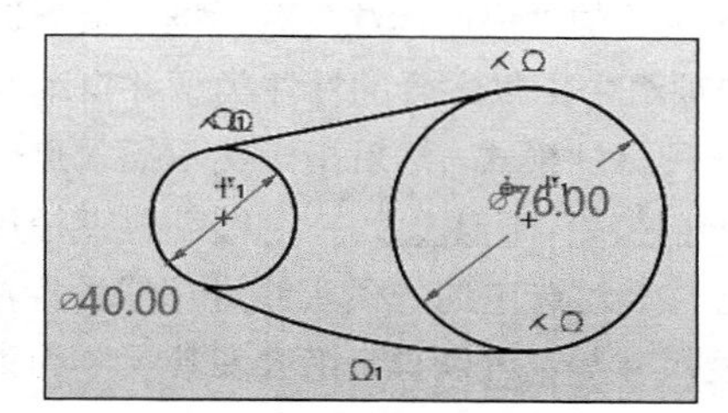

图 2-133 单击修剪图形

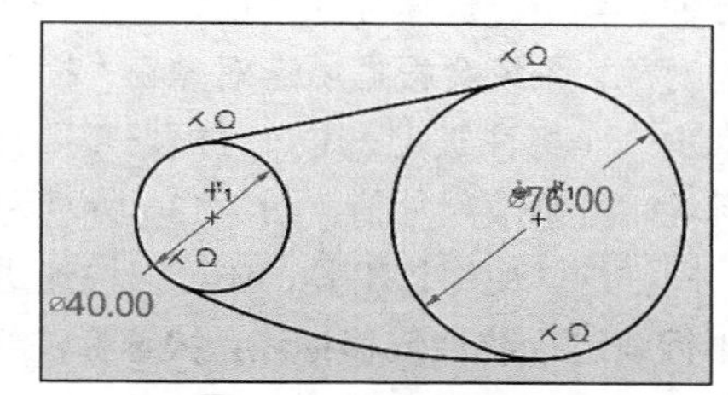

图 2-134 修剪/延伸图形

2.5 草图标注

本节介绍草图标注的相关知识。

草图标注工具位于“草图”选项卡的“标注”面板中，它们的功能含义如表 2-3 所示。

表 2-3 草图标注工具一览表

序号	工具	工具名称	功能含义
1		快速标注	通过选择一个实体或选定标注点进行标注，系统根据选中的实体、点和命令选项，可以创建多种不同的标注类型，是使用频繁的标注工具之一
2		线性	创建 2D 线性标注，包括水平、垂直、对齐、旋转等形式的线性标注
3		线性偏移	创建 2D 线性标注，例如，在两条平行线之间创建一个线性偏移标注，或者创建投影一个点到一条线的垂直距离的线性标注
4		角度标注	创建 2D 角度标注，支持各种不同类型的角度标注，包括两曲线、水平、垂直、三点标注和弧长标注形式的角度标注
5		半径/直径标注	创建草图、工程图及零件的半径标注或直径标注，该命令可以创建标准、直径、折弯、印线和大半径等标注

续表

序号	工具	工具名称	功能含义
6		弧长标注	创建草图及工程图的圆弧长度标注
7		对称标注	在草图和工程图创建 2D 对称标注，包括在点和中心线之间创建线性对称标注，在点和中心线之间创建角度对称标注
8		周长标注	创建草图周长的长度标注
9		切换参考	用于切换标准参考状态，方法是选择标注，使其与参考标注进行切换，参考标注在括号“（）”中显示
10		修改值	修改草图标注值，新值将自动驱动所定义的草图几何体
11		链接到变量	链接标注到一个局部草图变量，所述变量可使用方程式命令来创建
12		解除关联变量	解除用“链接到变量”标注命令创建的草图标注和变量之间的链接，变量将不会被删除，但是不能再驱动它以前链接的标注
13		修改文本	用于修改标注的文本，可用用户文本代替标注值
14		修改文本点	修改标注的文本插入点位置，标注文本和延伸线会自动适应修改

尺寸约束和几何约束是草图约束重要的两个方面。在尺寸约束方面，使用最为频繁的标注工具要数“快速标注”工具了，因为该工具可以根据所选对象来快速标注多种不同的尺寸，比较方便。单击“快速标注”按钮，弹出图 2-135 所示的“快速标注”对话框，接着选择要标注的对象，系统会根据所选对象在“标注模式”选项组中提供适合的标注类型并自动智能地选择其中一个标注类型，用户可根据需要自行选择一种标注模式，然后指定文本插入点来放置尺寸标注，可修改尺寸值。图 2-136 所示为使用“快速标注”工具为一个圆创建直径尺寸的情形。同样地，使用该工具，还可以快速进行两点标注，对选定的一条直线进行线性标注，对两条平行线进行线性偏移标注，快速标注半径、角度尺寸等。可以说，绝大多数尺寸约束都可以通过“快速标注”工具完成。

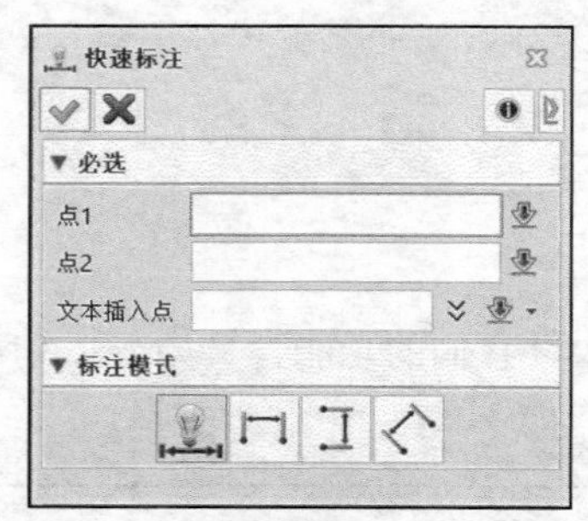

图 2-135 “快速标注”对话框

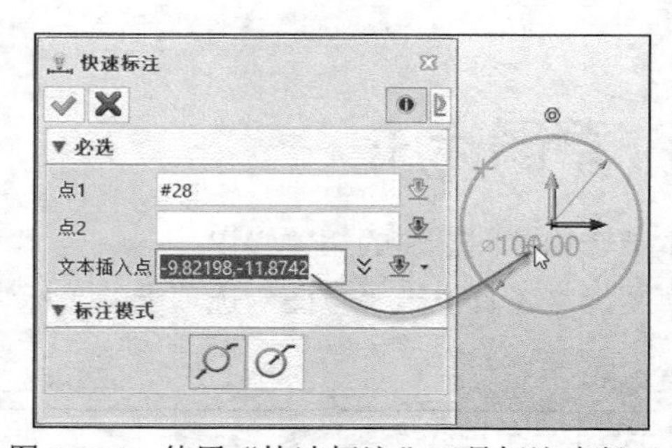

图 2-136 使用“快速标注”工具标注直径尺寸

对于一些明确类型的尺寸，也可以选择专门的标注工具来进行操作，如“线性”工具、“线性偏移”工具、“角度标注”工具、“半径/直径标注”工具、“弧长标注”工具、“对称标注”工具、“周长标注”工具等。

例如，要为某个图形创建对称尺寸，则单击“对称标注”按钮，弹出“对称”对话框，选择“对称线性”类型，接着选择要标注的点 1，再指定标注的中心线，然后指定标注文本插入点，如图 2-137 所示，此时系统弹出“输入标注值”对话框，输入所需的标注值，如图 2-138 所示，然后单击“确定”按钮完成创建一个对称尺寸。

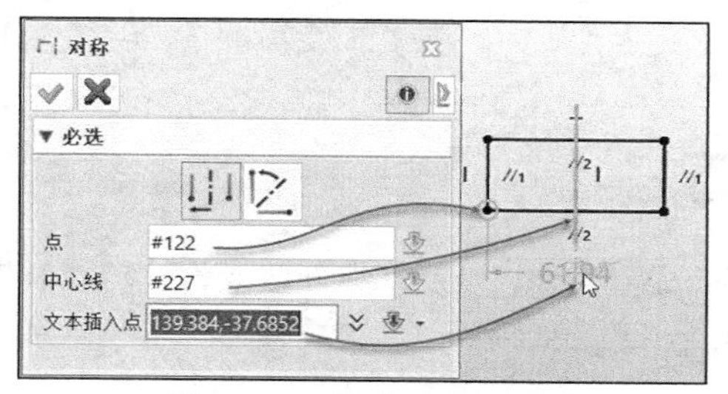

图 2-137 创建对称尺寸

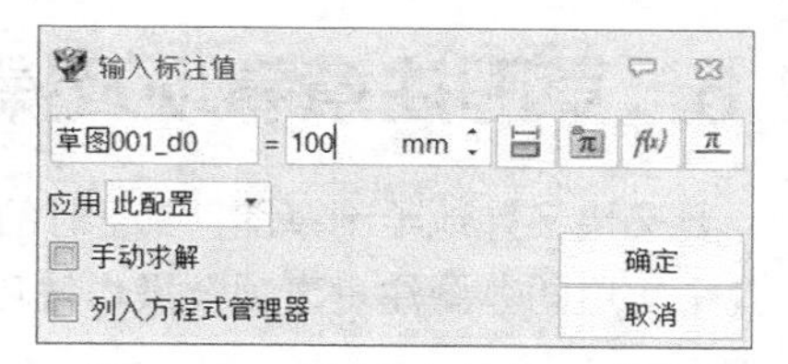

图 2-138 "输入标注值"对话框

又例如，要为某个圆创建直径尺寸，则单击"半径/直径标注"按钮，弹出"半径/直径"对话框，在"必选"选项组中单击"直径"按钮，在图形窗口中选择要标注的圆，接着指定标注文本插入点，如图 2-139 所示，然后利用弹出的"输入标注值"对话框精确地设定圆的直径标注值，单击"确定"按钮，该圆按照设定的直径标注值驱动更新。

如果要修改草图中的某个尺寸，可以单击"修改值"按钮，弹出图 2-140 所示的"修改值"对话框，在图形窗口中选择要修改的尺寸，则弹出"输入标注值"对话框，输入所需的标注值，单击"确定"按钮即可。也可以采用更快捷的方法来修改尺寸，即直接使用鼠标双击要修改的尺寸以弹出"输入标注值"对话框，接着输入标注值确认即可。

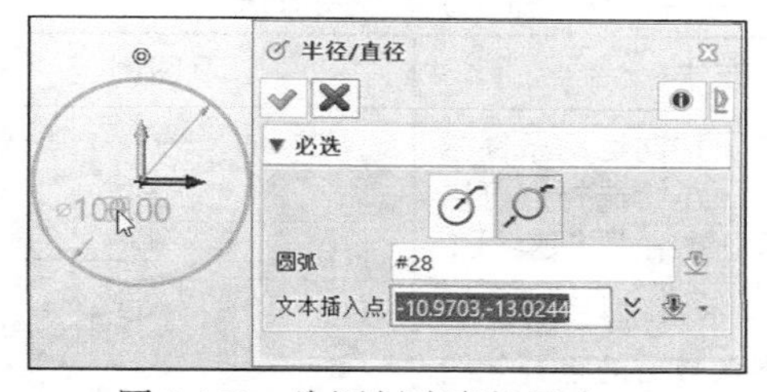

图 2-139 为圆创建直径尺寸

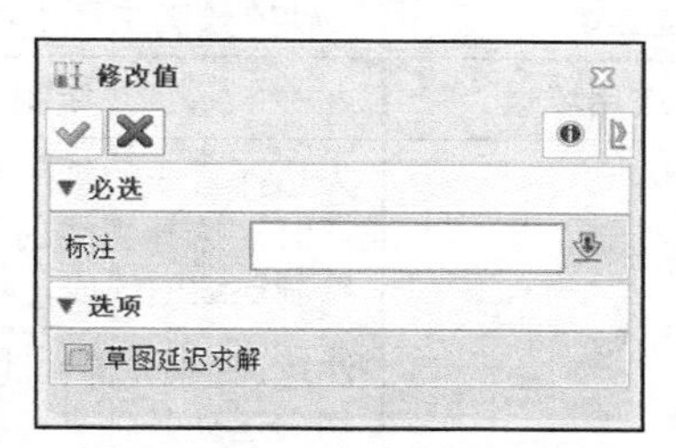

图 2-140 "修改值"对话框

知识点拨 如果要一次命令操作修改多个标注值，则可以在功能区"草图"选项卡的"设置"面板中单击"标注编辑（批量修改值）"按钮，接着利用弹出的"标注编辑"对话框选择要编辑的一个或多个标注，然后分别修改其值等。

需要用户注意的是，在默认情况下手动添加的尺寸都是驱动尺寸，属于强尺寸，这些尺寸会驱动整个草图进行更改。有时根据实际设计情况为了更容易约束整个草图，可以选择图 2-141 所示的"自动添加弱标注"按钮以切换至自动添加弱标注模式，在自动添加弱标注模式下添加的尺寸为弱尺寸，弱尺寸显示为灰色。

图 2-141 切换至自动添加弱标注模式

当一个草图的几何形状和位置有了完整的几何约束和尺寸约束组合，便成为明确约束草图。此外，为了更容易从草图中读取某些尺寸信息，可以建立一些额外尺寸，再单击"切换参考"按钮并选择这些额外尺寸，单击鼠标中键，即可将它们转换为参考尺寸，所述参考尺寸标识有一对括号，参考尺寸值位于括号中。

2.6 草图注意事项及操作技巧

要又快又好地绘制草图，在平时的练习中要养成好习惯，以及掌握一些操作技巧，本节介绍几个实用的草图注意事项及操作技巧。

2.6.1 巧用快速绘图工具

中望3D草图环境提供一个快速绘图工具——“创建2D连接曲线(可简称“快速绘图”)”工具，使用此工具可以快速创建多种类型的几何图形，如直线、相切弧、半径弧、三点弧、圆和曲线。该快速绘图工具的使用方法如表2-4所示，在使用该快速绘图工具的过程中，在指定点时要注意显示在所选点旁边的相应符号，如符号（C0）和（相切），若符号带绿色方框则表示该符号当前是激活的，要切换到激活另一个状态，可再次选择当前所选点。

表2-4 快速绘图工具（“创建2D连接曲线”命令）的使用方法

应用场景	绘制（使用）方法	图例
快速绘制直线	先选择直线的第一个点，在切向运动条件激活时，选择直线的另一个点，连续选择点可以绘制连续的线段，单击鼠标中键结束快速绘图	1 2 3 4 5
	注意：如果先前快速绘制了一个圆弧，可激活切向运动条件来画线，从圆弧最后的点开始绘制一条线段	
快速绘制相切圆弧	先选择圆弧的第一个点，再次单击第一个点以切换至（相切），接着选择圆弧的另一个点，它将与第一个点保持相切，可继续选择点来绘制连续的相切圆弧，单击鼠标中键，结束快速绘图	
	注意：在快速绘图过程中，可在任何时候激活（相切）切向运动条件，绘制一个与前面线段相切的连接弧	
快速绘制三点圆弧	先选择圆弧的第一个点，在切向运动条件激活状态下，长按“Alt”键并选择第二个点作为三点弧的端点，选择第三点作为圆弧的中点，单击鼠标中键，结束快速绘图	长按Alt 1 2 3
	注意：在快速绘图过程中，可在任何时候激活切向运动条件，从最后的点开始绘制一个连接的三点弧；另外，在绘制三点弧时，可以选中“G2（曲率连续）圆弧”复选框以绘制G2圆弧	G2（曲率连续）圆弧 长按Alt 1 2 3
快速绘制圆	长按“Alt”键选择圆心，输入圆的半径或选择圆直径上的一个点，单击鼠标中键，结束快速绘图	长按Alt 1 2

续表

应用场景	绘制（使用）方法	图例
快速绘制过点的曲线	先选择曲线的第一个点，在切向运动条件激活状态下，长按“Alt”键依次选择曲线上的第二个点和第三个点，继续选择曲线上的点（第三个点后，无须按“Alt”键），注意当选择曲线上的其他点时，其端点（第一个点）可以自由移动，可通过激活第一个点的（相切）条件，对曲线端施加切线约束	长按Alt 1 2 3 4 5 长按Alt
注释	在（相切）模式下，如果下一个点是上一个点的线性延伸，会自动创建直线 右击，使用输入选项菜单，对任何点的选择进行约束	—

2.6.2　构造几何的应用

在绘制草图时通常需要一些不会在建模环境中显示的辅助线，这些辅助线便是构造几何。例如，需要将一条用于草图辅助线的倾斜直线转换成构造几何，那么右击该倾斜直线，选择“切换类型”选项，则该实体直线被转换成构造线段，如图 2-142 所示。构造几何在草图中以虚线显示。另外，DA 工具栏上的“打开/关闭构造几何”按钮可用于切换构造几何创建状态，选中该按钮，则使用相关的草图绘制工具绘制的图形都以构造几何生成。

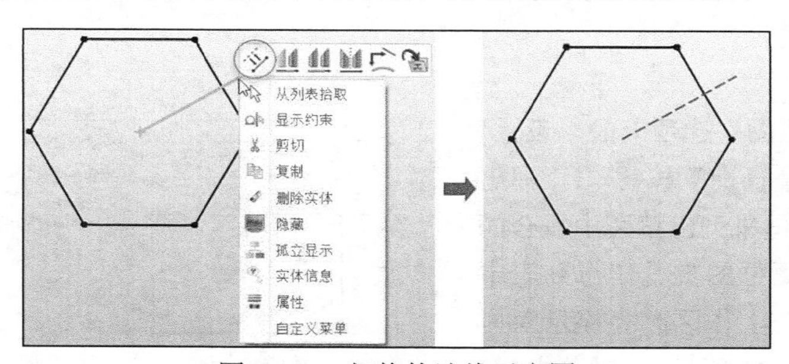

图 2-142　切换构造线示意图

2.6.3　巧用约束状态颜色识别栏

绘制复杂的草图，为了辅助添加合理的几何约束，可以根据需要事先打开约束状态颜色识别栏以在绘制草图时能够实时掌握草图的约束状态，一旦草图完全约束，整个草图线会变成蓝色，如图 2-143 所示。

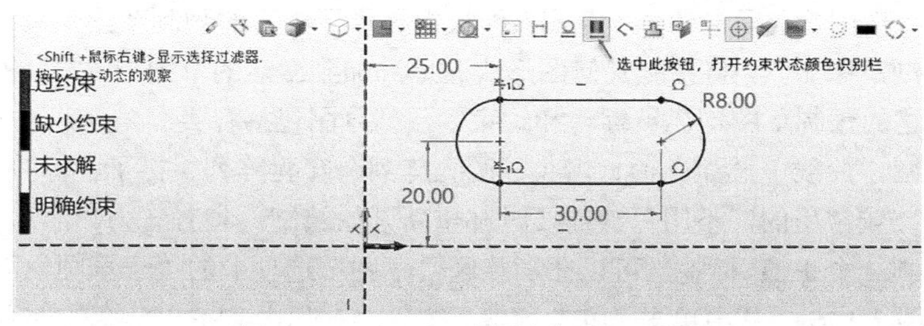

图 2-143　打开约束状态颜色识别栏

2.6.4 检查草图

在进行草图绘制时，可以使用相应的草图检查工具来进行指定方面的检查，如检查草图是否具有封闭环，草图是否具有开放端点，草图是否具有重叠线等。

1. 检查草图是否具有封闭环

在 DA 工具栏中单击选中“打开/关闭着色封闭环”按钮，则封闭的图形在封闭环内着色显示，如图 2-144（a）所示。

2. 检查草图是否具有开放端点

在 DA 工具栏中单击选中“打开/关闭显示开放端点”按钮，则检查草图，若草图不闭合，则在开口处显示其开放端点，如图 2-144（b）所示。此外，使用此按钮功能还能辅助检查重叠线。

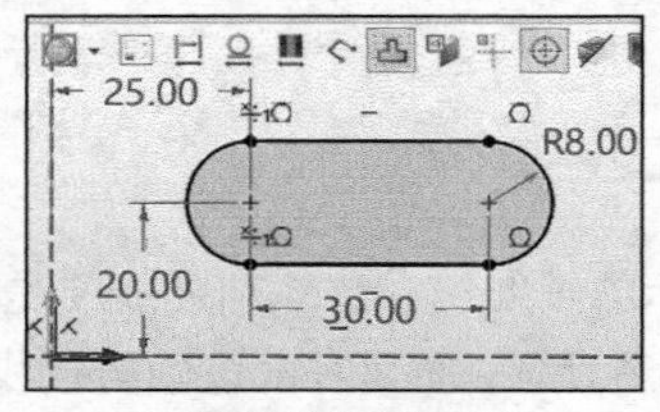

（a）打开着色封闭环

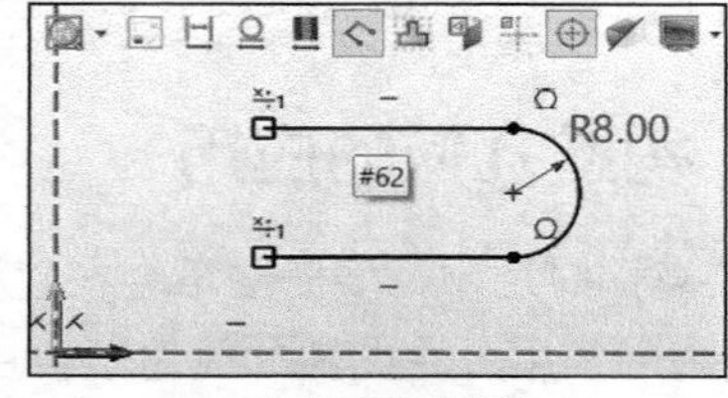

（b）显示开放端点

图 2-144 检查草图的两个实用工具

“打开/关闭显示开放端点”按钮和“打开/关闭着色封闭环”按钮均可以用来检查草图闭合与否。

3. 重叠查询

在功能区“草图”选项卡的“设置”面板中单击“重叠查询”按钮，弹出“重叠查询”对话框来列出草图中重合的几何体，在该对话框的重叠信息列表中单击几何体，会在工作区高亮显示对应的几何体，如图 2-145 所示。此时单击“删除”按钮，则删除所选中的几何体；单击“更新”按钮，则重新查询重叠信息。

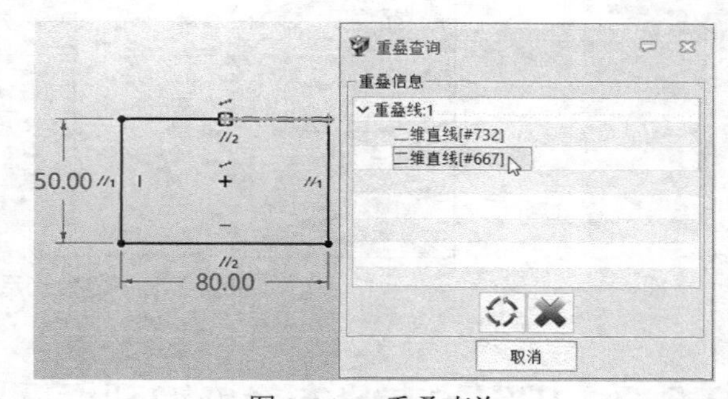

图 2-145 重叠查询

2.6.5 巧用预制草图

在功能区“草图”选项卡的“子草图”面板中提供了丰富的预制草图工具，用户可以通过选择所需的预制草图工具，将预制几何图形快速地添加到激活的草图中，并可根据需要编辑该几何图形。所述的预制草图均已被标注和约束，预制草图包括各类三角形、正方形、矩形、多边形、圆、椭圆、曲线、截面、槽、箭头、圆孔阵列、穿孔阵列、格子、标签、预制文字等。这些图形都是比较常用的，不用每次需要时都重新开始绘制，省时省力。

例如，绘制一个 PET 标签，可以在功能区“草图”选项卡的“子草图”面板中打开预制草图列表（见图 2-146），从中单击“PET 标签”按钮，弹出“PET 标签”对话框，如图 2-147

所示，指定一个基点放置该预制的 PET 标签，可以继续指定插入点放置该 PET 标签，单击鼠标中键结束。

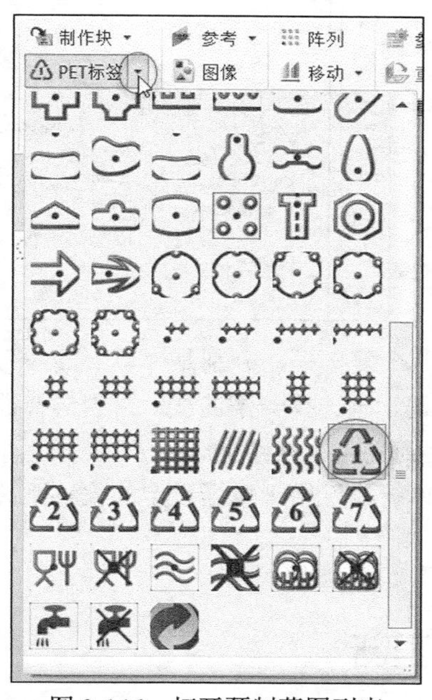

图 2-146　打开预制草图列表

图 2-147　“PET 标签”对话框

允许用户通过“自定义预制草图”按钮来自定义预制草图，需要先利用“制作块”按钮将预先绘制的几何图形制作成草图块。

2.6.6　轨迹轮廓的应用

可以从一个现有的草图几何图形创建轨迹轮廓，方法是沿当前相连的草图几何图形绘制轨迹轮廓，可创建、偏移或删除轨迹轮廓。有关轨迹轮廓的工具位于功能区“草图”选项卡的“子草图”面板中，包括“轨迹轮廓”按钮、“删除轨迹轮廓”按钮和“偏移轨迹轮廓”按钮，它们的功能用途及相关应用如表 2-5 所示。

表 2-5　　轨迹轮廓工具

工具	名称	功能用途	打开的对话框	图例
	轨迹轮廓	从现有的草图几何图形创建轨迹轮廓，需要指定跟踪曲线点	轨迹轮廓 ▼ 必选 点 ▼ 追踪设置 单一曲线 忽略交点	选择点 操作前 轨迹轮廓 操作后
	删除轨迹轮廓	在激活的草图中删除一个轨迹轮廓	删除轨迹轮廓 ▼ 必选 迹线	选择要删除的轨迹轮廓

续表

工具	名称	功能用途	打开的对话框	图例
	偏移轨迹轮廓	选择要偏移的轨迹轮廓，指定偏移距离（正值向外偏移，负值向内偏移），可以设置是否在凹角插入圆弧		

“轨迹轮廓”对话框中的“追踪设置”选项组提供了两个复选框，分别是“单一曲线”复选框和“忽略交点”复选框。如果选中“单一曲线”复选框，则选择一条曲线，否则选择曲线链；如果选中“忽略交点”复选框，则忽略交点，否则达到交点轨迹停止。

在“偏移轨迹轮廓”对话框的“设置”选项组中，“单折线”用于根据设定的偏移距离值偏移轨迹轮廓，“两者”用于将轨迹轮廓向两侧偏移。

2.6.7 在进行尺寸修改时灵活使用延迟更新

当绘制完草图，更改某个或某些尺寸时，会发现整个草图形状在变化时并不是按照自己希望的方式，而是图形一下子严重变形，影响图形修改进度，也容易出错。在中望 3D 中，可以灵活使用延迟更新来解决这个问题。具体操作是：在双击已有尺寸或标注新的尺寸时，在“输入标注值”对话框中预先选中“手动求解”复选框，如图 2-148 所示，再输入新的尺寸值，单击“确定”按钮，新修改的尺寸值显示在一个方括号中，草图形状暂时还未发生变化。使用同样的方法，逐一修改需要更新的尺寸，当修改完全部尺寸值后，只需在 DA 工具栏中选择“手动求解当前草图”命令，如图 2-149 所示，则整个草图形状便会按照之前修改好的全部尺寸来驱动更新了，从而获得所希望的草图形状。

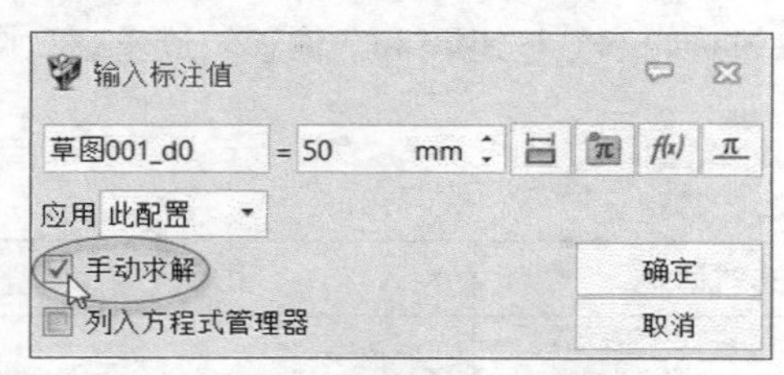

图 2-148 “输入标注值”对话框

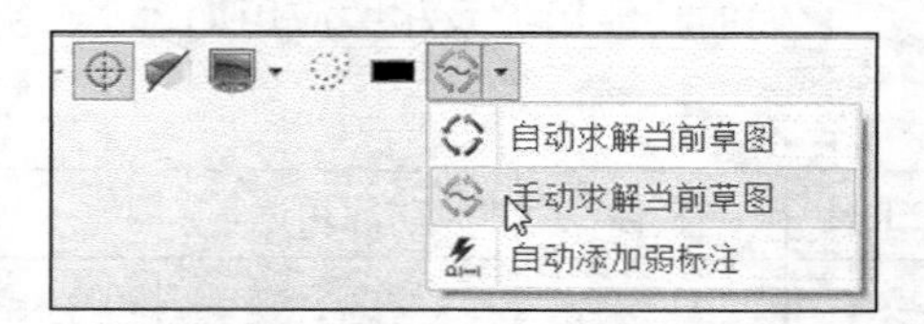

图 2-149 选择“手动求解当前草图”命令

2.6.8 重定位草绘平面

假设在零件建模环境下单击“草图”按钮，先选择 *XY* 平面绘制一个图 2-150 所示的草图，现在因为设计需要更改草绘平面，此时便需要重定位草绘平面，其方法是在草图环境下单击“设置”面板中的“重定位”按钮，弹出“重定位”对话框，调整视角，选择所需的新的平面作为草绘平面，如选择 *XZ* 平面，如图 2-151 所示，然后单击“确定”按钮完成草绘平面的重定位，最后单击“退出”按钮退出草图环境。

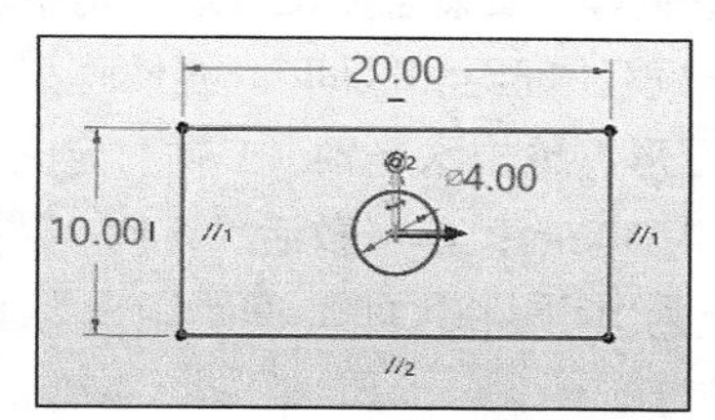

图 2-150 在 *XY* 平面上绘制一个草图

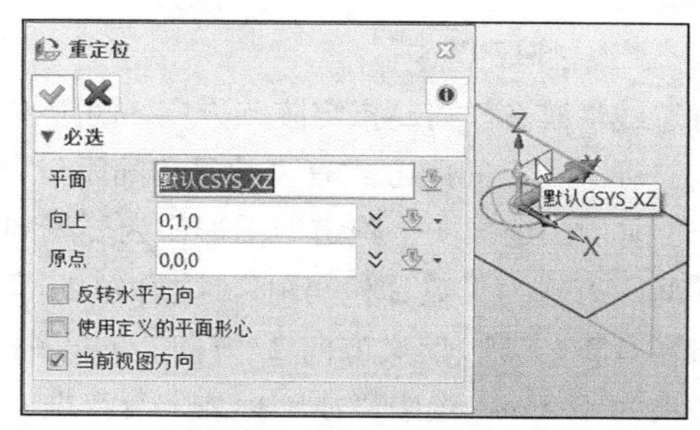

图 2-151 重定位草绘平面

用户也可以在建模环境下，从历史特征树上直接选择所需草图，右击并从快捷菜单中选择“重定位”命令，重新指定草绘平面。

2.7 草图基础编辑

在草图环境中，草图基础编辑工具位于功能区“草图”选项卡的“基础编辑”面板中，表 2-6 列出了常用的草图基础编辑工具。

表 2-6 可用于草图的常用基础编辑工具一览表

序号	工具	工具名称	功能含义
1		阵列	使用此工具，可以将草图/工程图中的实体进行阵列，包括线性阵列、圆形阵列和沿曲线阵列
2		移动	将草图/工程图中的实体从一个位置移动到另一个位置
3		复制	将草图/工程图中的实体从一个位置复制到另一个位置
4		旋转	使草图/工程图中的实体围绕一个参考点旋转
5		镜像	镜像草图或工程图中的实体，在草图环境中选择此工具后，选择需镜像的实体，接着选择镜像线
6		缩放	放大或缩小草图/工程图中实体的尺寸，缩放比例的具体应用与参照点有关
7		拉伸	通过移动关键点，同时保持原起始点不变，对草图和工程图级的 2D 实体进行拉伸，需要分别指定要拉伸的关键点、起始点和目标点
8		拖拽	将几何体从一点拖放到另一点，而且约束和标注会同时移动，需要分别指定起始点和目标点
9		炸开	在草图和工程图级下使用该工具可炸开实体，如将文本、标注和符号炸开成直线、弧和圆等几何对象

2.7.1 阵列 2D 实体

要阵列 2D 实体，可以单击“阵列”按钮，弹出图 2-152 所示的“阵列”对话框，接着根据设计情况选择阵列类型，如“线性阵列”、“圆形阵列”或“沿曲线阵列”，然后选择要阵列的 2D 实体，并设置相应的阵列参数和选项。需要注意的是，在草图环境中不能选择标注与约束进行阵列，但是阵列时中望 3D 会自动将所选几何对象内部的标注和约束（非固定约束）进行阵列。

1. “线性阵列”

对于线性阵列，需要指定阵列方向、间距方式及其参数等，如果需要还可选择两个非平行的方向进行阵列。间距方式有“数目和间距”“数据和区间”“间距和区间”。线性阵列示例如图 2-153 所示，选择一个跑道型图形作为要阵列的基体图形，单击水平轴（*X* 轴）定义方向，方向的间距方式为“数目和间距”，数目为 2，间距距离为 30mm；单击激活“方向 2”收集器并单击竖直轴（*Y* 轴）定义方向 2，方向 2 的间距方式设定为“间距和区间”，间距距离为 10mm，区间距离为 40mm，选中“添加标注”复选框。

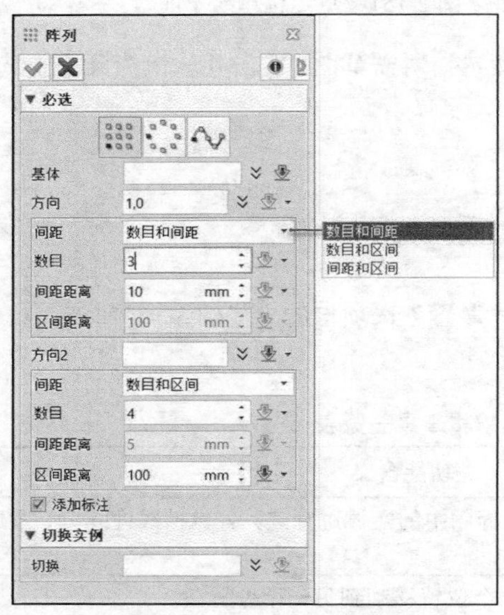

图 2-152　“阵列”对话框

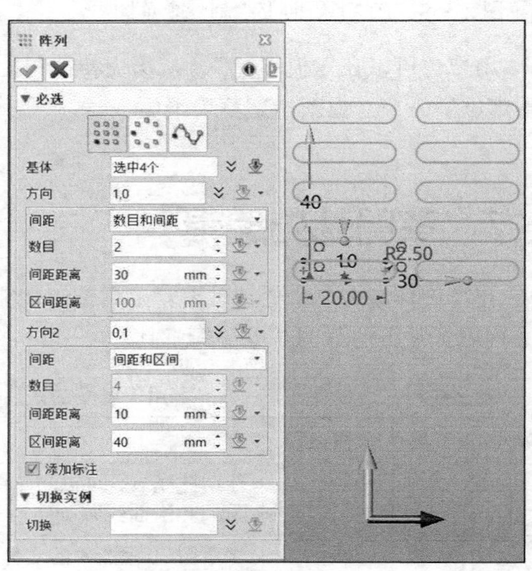

图 2-153　线性阵列示例

2. “圆形阵列”

在“阵列”对话框中选择“圆形阵列”后，可结合“拾取策略列表”选项来选择所需的几何图形作为要阵列的基体，单击鼠标中键切换至“圆心”选择状态，此时指定圆形的中心点，设定间距类型及其相应参数，如图 2-154 所示。

3. “沿曲线阵列”

对于沿曲线阵列，在选择要阵列的基体后，需要指定阵列的参考曲线，沿参考曲线阵列的间距方式同样有“数目和间距”“数目和区间”“间距和区间”，如图 2-155 所示。

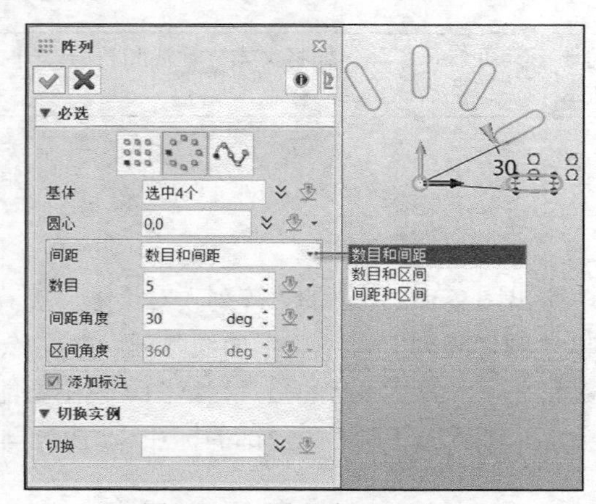

图 2-154　圆形阵列示例

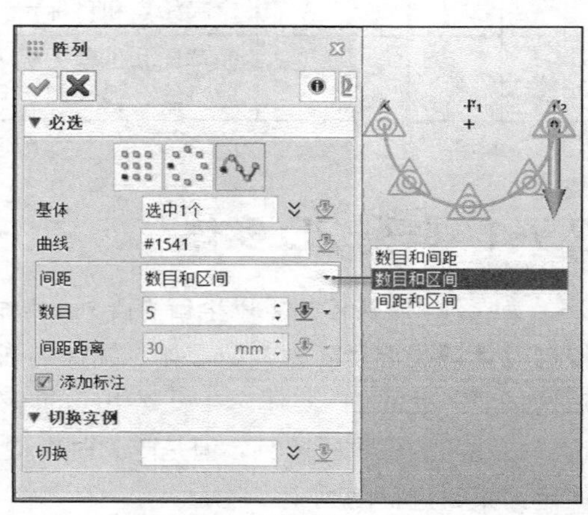

图 2-155　沿曲线阵列示例

2.7.2　移动 2D 实体

要移动某个 2D 实体（图形），可以单击“移动”按钮，弹出图 2-156 所示的“移动”对话框，接着可以使用两种方式来移动 2D 实体，一种是“点到点移动”，另一种是“沿方向移动”。

当选择“点到点移动”时，需要选择要移动的 2D 实体，单击鼠标中键结束实体选择，接着指定起始点和目标点，然后在“设置”选项组中分别指定方向、角度和缩放比例。其中，“方向”下拉列表框用于确定移动的方向，可选选项有“两点”“水平”和“竖直”；设定的角度值用于定义在移动过程中按照该角度值旋转实体；设定的比例值用于定义在移动过程中缩放实体。

当选择“沿方向移动”时，在指定要移动的 2D 实体并单击鼠标中键后，选择移动方向（单击鼠标中键将使用默认的移动方向），输入沿移动方向的距离，接着可利用“设置”选项组指定基点，以及设定旋转角度和缩放比例，如图 2-157 所示。

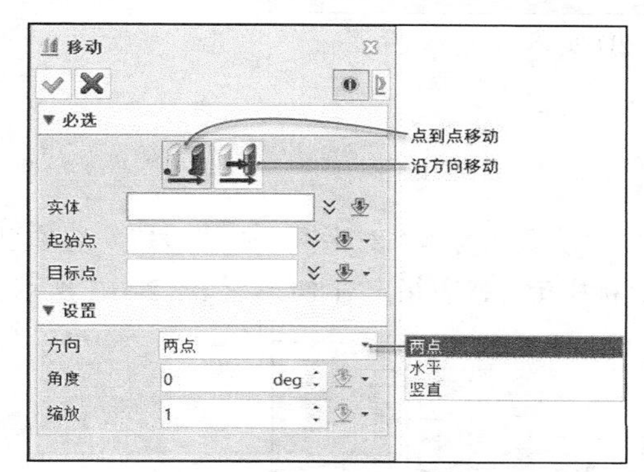

图 2-156　“移动”对话框

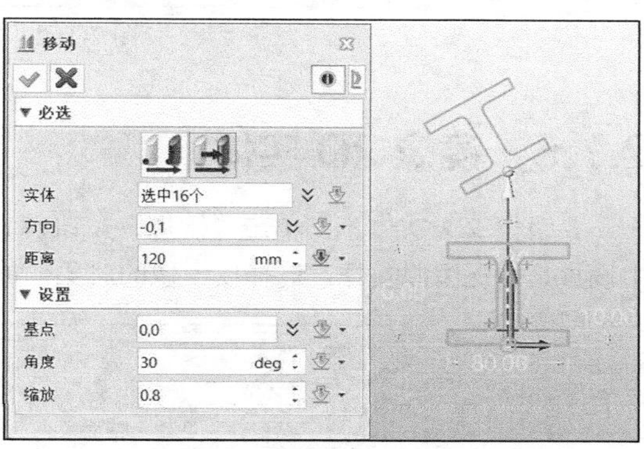

图 2-157　示例：沿方向移动

2.7.3　复制 2D 实体

复制 2D 实体和移动 2D 实体的操作是类似的，不同之处在于前者操作后要复制的 2D 对象在原位置保留，同时还能设置复制个数，而后者是将要操作的 2D 对象移动到指定位置，在原位置不保留。

复制 2D 实体对象的典型示例如图 2-158 所示，单击“复制”按钮，进行图 2-159 所示的相关操作与设置，可以看出与移动 2D 实体的操作差不多，复制操作可以设置复制个数以生成阵列效果的复制结果。

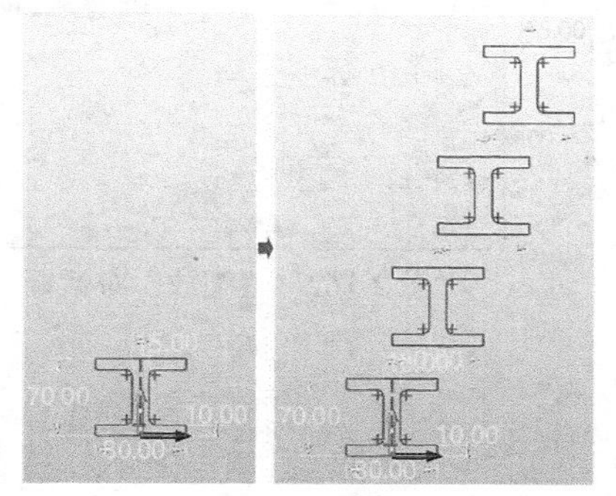

图 2-158　复制 2D 实体对象的示例

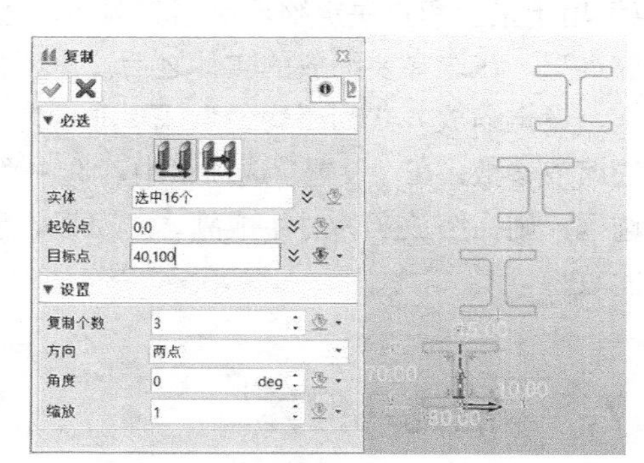

图 2-159　复制 2D 实体操作

2.7.4 旋转2D实体

要旋转某个2D实体，则单击“旋转”按钮，弹出“旋转”对话框，接着选择要操作的2D实体并单击鼠标中键，再指定旋转基点，以及设定旋转角度或通过指定一个起点和终点来间接定义旋转角度，在“设置”选项组中设置是移动还是复制，如图2-160所示。

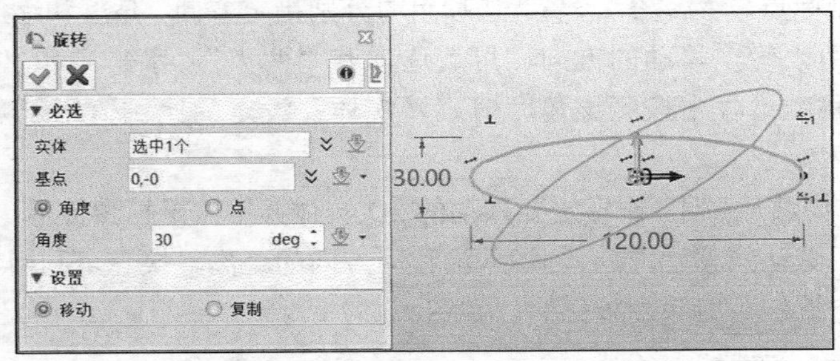

图2-160 旋转2D实体

2.7.5 镜像2D实体

要镜像2D实体，则单击“镜像”按钮，弹出“镜像几何体”对话框，在“设置”选项组中设置是否保留原实体，选择要镜像的对象，单击鼠标中键，接着指定对称线，如图2-161所示。

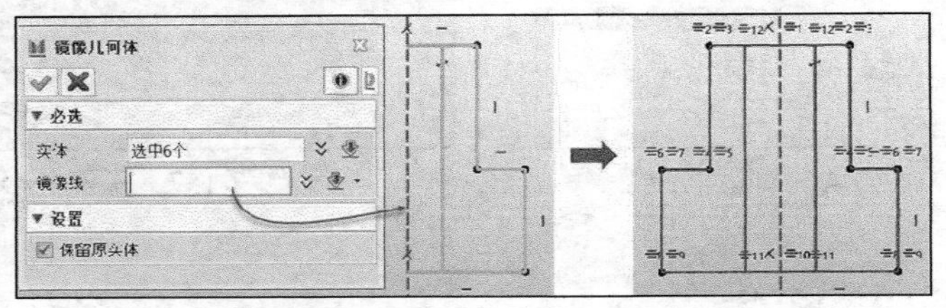

图2-161 镜像2D实体

2.7.6 缩放2D实体

要缩放2D实体，则单击“缩放”按钮，弹出图2-162所示的“缩放”对话框，缩放类型有“比例”和“点”两种，“比例”用于采用设定的缩放比例进行缩放，“点”用于采用两点决定缩放比例。例如，选择“比例”缩放类型，在选择要缩放的实体之后，需要指定缩放的基点，设定缩放方式为“均匀”或“非均匀”及设定相应的缩放参数。在“设置”选项组中若选中“制作副本”复选框，则在缩放实体时生成副本，可以设置要生成副本的数目。

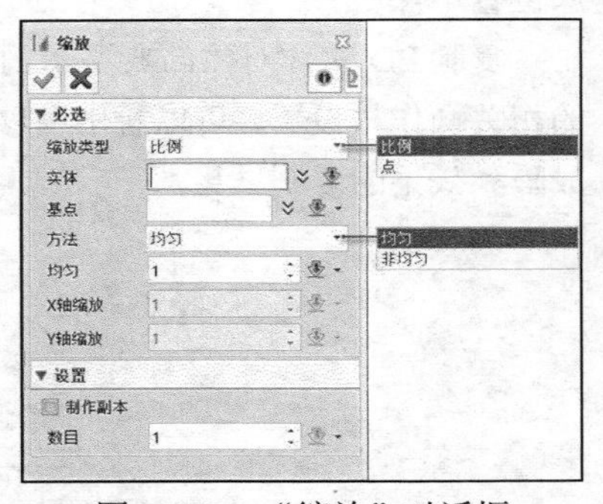

图2-162 “缩放”对话框

2.7.7 拖曳几何体

拖曳几何体是指将几何体从一个点拖动到另一点，附属的约束和标注会同时随之移动（几何体的链接将会被保持）。

单击“拖拽”按钮，弹出“拖拽”对话框，接着指定拖曳起始点，选择拖曳目标点，所有绑定于起始点的几何体都将被移动，如图 2-163 所示。可进行附加拖曳设置，在“附加拖拽”选项组中，“几何体”收集器用于选择其他需移动的几何体，“标注”收集器用于选择其他需移动的标注，“不约束解决方案”复选框用于设置是否采用与默认算法不同的备用算法处理装配的约束。

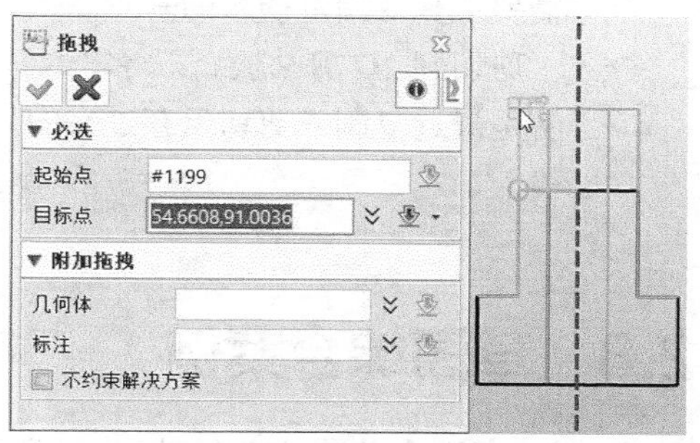

图 2-163　拖曳几何体

2.7.8　拉伸 2D 实体

拉伸 2D 实体是指通过移动关键点并同时保持原起始点不变来对草图级的 2D 实体进行拉伸。单击“拉伸 2D 实体”按钮，弹出图 2-164 所示的“拉伸”对话框，接着指定要拉伸的关键点，再分别指定要拉伸的起始点和目标点。在“选项”选项组的“方向”下拉列表中可设置拉伸的方向，其中“两点”选项用于设定拉伸方向由两点决定，即第二个点与第一个点的关系确定方向；“水平”选项用于设定采用水平方向；“竖直”选项用于设定采用竖直方向。

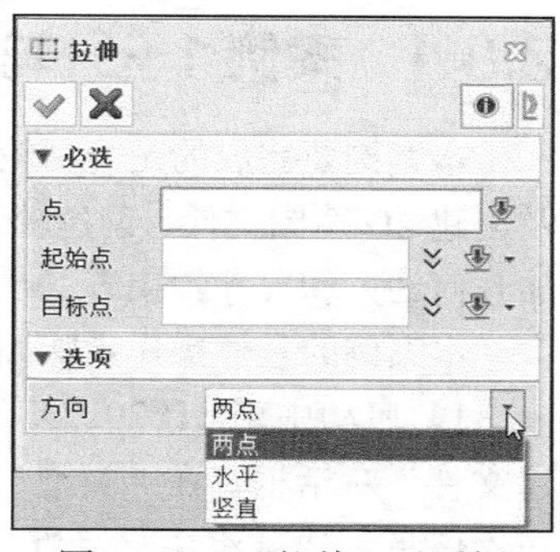

图 2-164　“拉伸”对话框

2.7.9　炸开 2D 实体

要将文本、标注和符号等炸开成直线、圆和圆弧的几何对象，则可以单击“炸开”按钮，弹出“炸开”对话框，如图 2-165 所示，接着选择要炸开的有效实体，单击鼠标中键结束。

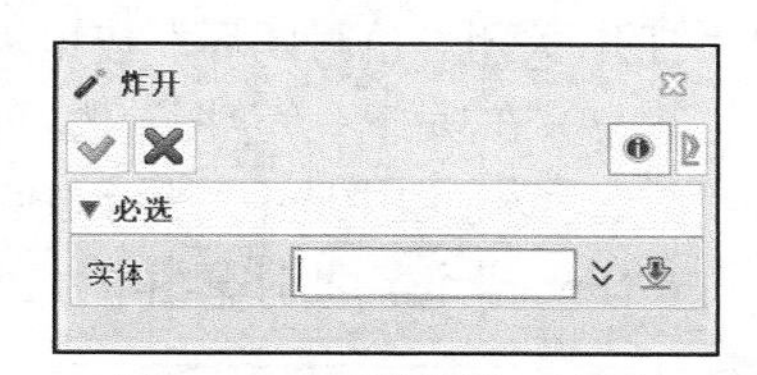

图 2-165　“炸开”对话框

知识点拨　如果在工程图级下使用“炸开”按钮，可以炸开视图，同时将视图转换为单条直线或弧线，并切断与相应 3D 模型的链接。

2.7.10　其他基础编辑命令

比较常用的基础编辑命令还有“复制到 2D 剪贴板”“粘贴到 2D 剪贴板”和“剪切到 2D 剪贴板”等。

- “复制到 2D 剪贴板”：用于复制所选实体，并将其添加到剪贴板，需要指定要复制的实体，以及选择或指定基点，所述基点将成为之后粘贴 2D 剪贴板时的插入点。该命令对应的快捷键为“Ctrl+C”。剪贴板中的实体都将是最近复制保存过来的，当剪切或复制新实体时，剪贴板中的原有实体将被覆盖。
- “粘贴到 2D 剪贴板”：将 2D 剪贴板中的内容粘贴（插入）到激活的草图或工程图中，

需要选择或指定插入的基点。

- “剪切到2D剪贴板”：将实体剪切（删除）、移动到2D剪贴板。剪贴板中的实体都将是最近复制或剪切保存过来的，当剪切或复制新实体时，剪贴板中的原有实体将被覆盖。

2.8 草图综合案例

本节介绍两个草图综合案例，目的是让初学者基本掌握草图的绘制方法及步骤，并较好地掌握常用的草绘功能及一些草图绘制技巧等，为后面深入学习中望3D的实体建模、曲面建模等实用知识打下扎实的基础。

2.8.1 案例1——轮状零件草图

本案例要完成的是一种轮状零件的草图，如图2-166所示。在该案例中，主要的知识点涉及创建2D草图文件、创建轴线、创建构造图形、绘制圆、绘制直线/连续线段、阵列图形、添加几何约束和尺寸约束等。

本案例的具体操作步骤如下。

1）启动中望3D 2022X后，在“快速访问”工具栏中单击“新建”按钮，弹出“新建文件”对话框，在“类型”选项组中选择“2D草图”，在“子类”选项组中选择“标准”，在“信息”选项组中接受默认的草图唯一名称为“草图001”，单击“确认”按钮，进入草图环境。

2）在DA工具栏中选中“打开/关闭默认XY轴的显示”按钮、“显示中心”按钮和“打开/关闭着色封闭环”按钮。

3）在功能区“草图”选项卡的“绘图”面板中单击“轴”按钮，弹出“轴”对话框，在“必选”选项组中选中“平行与偏移”按钮，选择X轴水平线作为参考线，设置偏移值为32mm，按“Enter”键，此时草图中存在3条辅助线（含默认的X轴和Y轴辅助线），如图2-167所示。

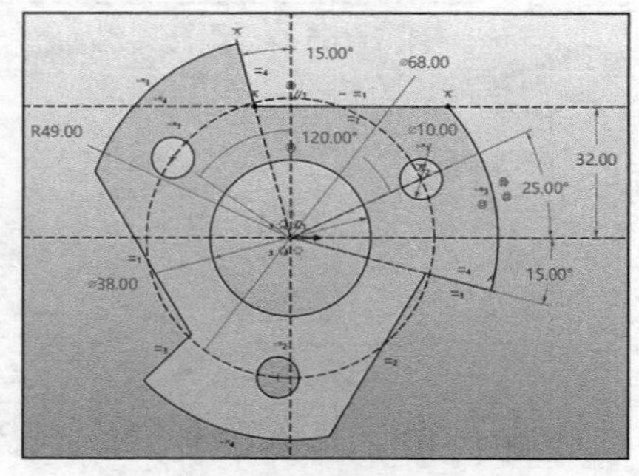

图2-166 要完成的范例草图

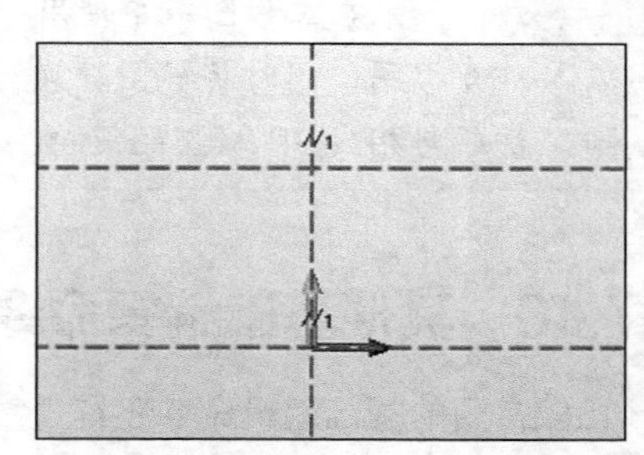
图2-167 完成创建一条偏移辅助线

4）绘制一个以虚线显示的构造圆。

先在DA工具栏中单击“打开/关闭构造几何”按钮以设置处于创建构造几何状态。接着在功能区“草图”选项卡的“绘图”面板中单击“圆”按钮，弹出“圆”对话框，从“必选”选项组中选中“半径”按钮，选择坐标原点（0,0）作为圆心，选择“直径”单选按钮，设置直径为68mm，如图2-168所示。单击“确定”按钮，创建图2-169所示的一个构造圆。

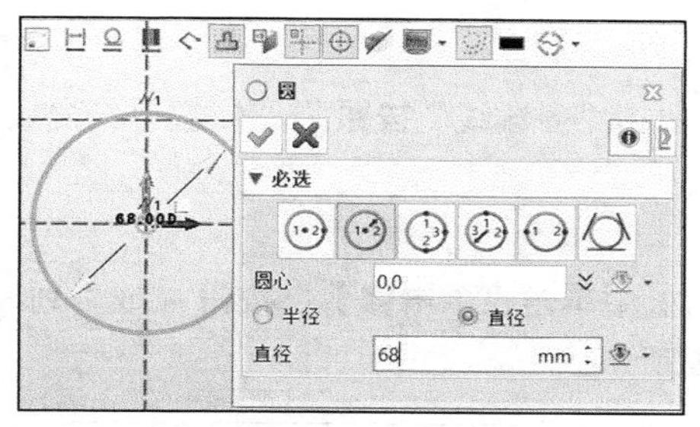

图 2-168　设置圆参数

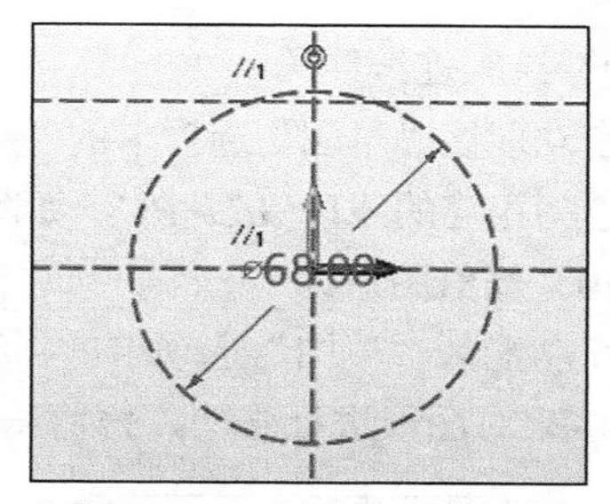

图 2-169　创建一个构造圆

5）继续绘制一条以虚线显示的构造线段。

在功能区“草图”选项卡的“绘图”面板中单击“直线”按钮，弹出“直线”对话框，在“必选”选项组中选中“角度”按钮，在处于选择参考线状态下直接单击鼠标中键以指定 X 轴为参考线，选择坐标原点（0,0）作为构造线段的起点（点 1），在“角度”框内输入“25”并按“Enter”键，在“设置”选项组的“长度”框内设置长度为 42mm，在“点 2”收集器处于激活状态时在线段预计端点区域单击一下以确定点 2，如图 2-170 所示。单击“确定”按钮，创建一条倾斜的构造线段，如图 2-171 所示。

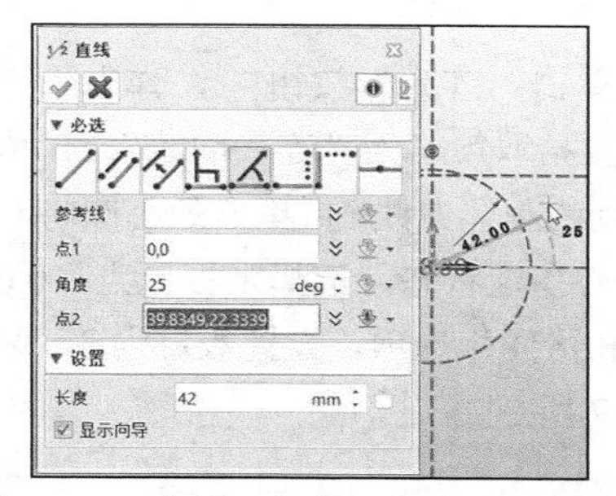

图 2-170　使用“角度”方式绘制线段

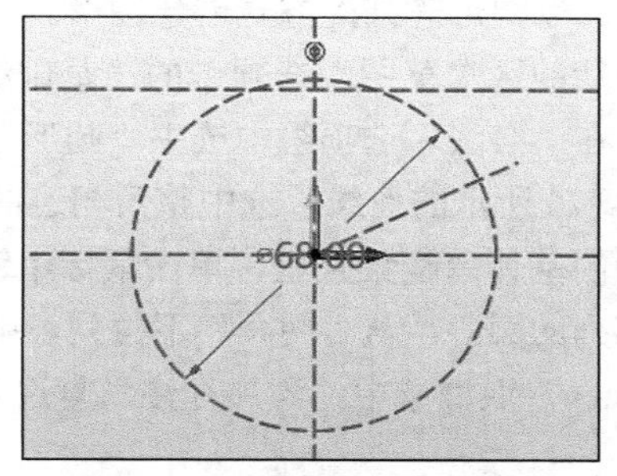
图 2-171　绘制一条倾斜的构造线段

6）使用和步骤 5）相同的方法创建图 2-172 所示的另外两条倾斜的构造线段，图中特意标示出角度尺寸，这两条构造线段的长度均可设为 50mm。

7）此时，在 DA 工具栏中单击“打开/关闭构造几何”按钮以取消选中它，即关闭创建构造几何状态。

8）创建 3 个实体圆。在功能区“草图”选项卡的“绘图”面板中单击“圆”按钮来创建相应的圆，一共创建 3 个实体圆，如图 2-173 所示。

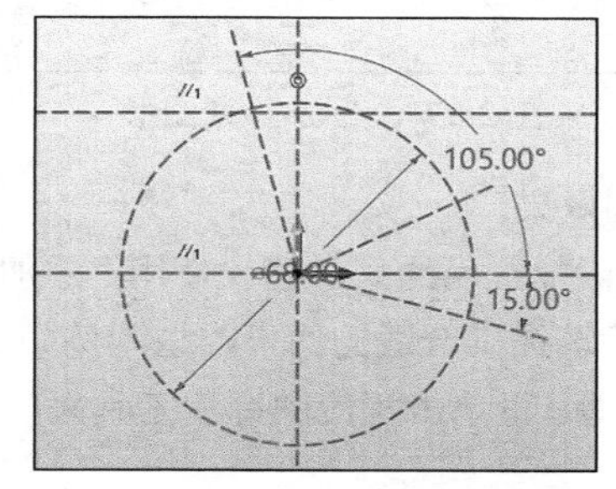

图 2-172　再绘制两条倾斜的构造线段

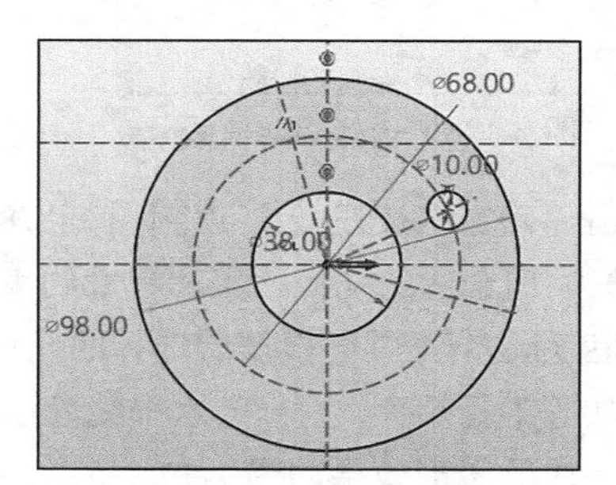

图 2-173　创建 3 个实体圆

操作技巧　在为最小圆选择圆心时，可以注意设置点捕捉模式，如设置选中“相交点”按钮以方便捕捉到构造圆与一条构造线段的相交点作为圆心。

9）绘制连续线段。

在功能区“草图”选项卡的“绘图”面板中单击“多段线”按钮，依次单击交点 *A*、*B*、*C* 以绘制相连的线段 *AB*、*BC*，如图 2-174 所示。

10）修剪图形。

在功能区“草图”选项卡的“编辑曲线”面板中单击“单击修剪”按钮或“划线修剪”按钮来对图形进行修剪，修剪结果如图 2-175 所示。

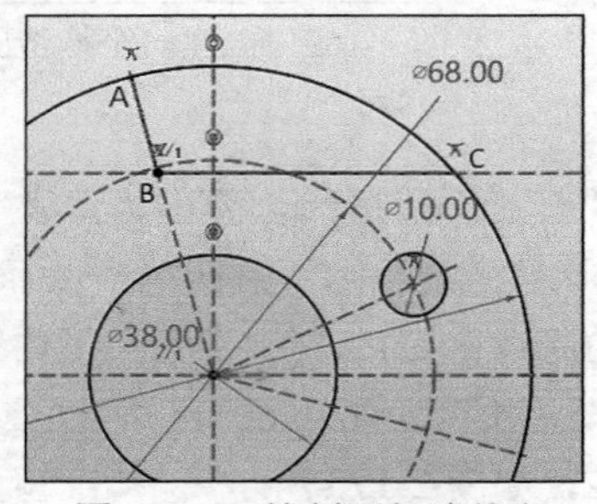

图 2-174 绘制两相连线段

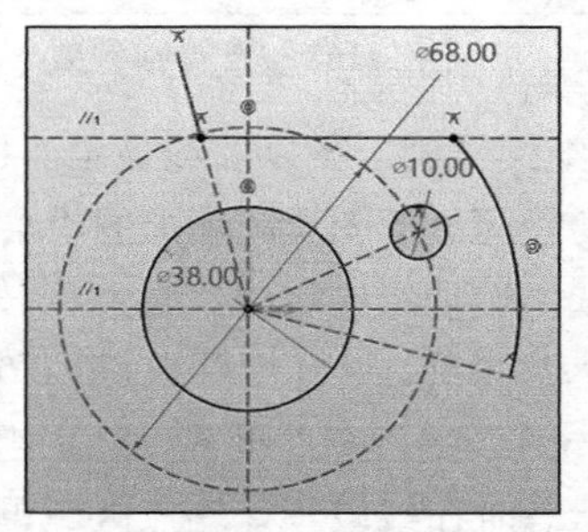

图 2-175 修剪结果

11）以圆形阵列的方式创建图形。

在功能区“草图”选项卡的“基础编辑”面板中单击“阵列”按钮，弹出“阵列”对话框，在“必选”选项组中选中“圆形”按钮，设置拾取策略为“连接曲线”，在草图中单击图 2-176 所示的曲线以选中整条相连曲线作为要阵列的基体曲线，再单击最小圆将其添加到要阵列的基体曲线集合里，单击鼠标中键以切换至圆心指定状态，选择坐标原点（0,0）作为圆形阵列的圆心，从“间距”下拉列表中选择“数目和区间”选项，设置数目为 3，区间角度为 360deg，取消选中“添加标注”复选框，如图 2-177 所示。

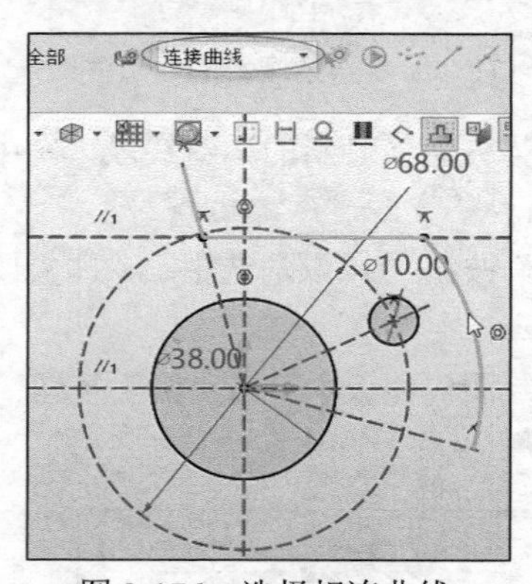

图 2-176 选择相连曲线

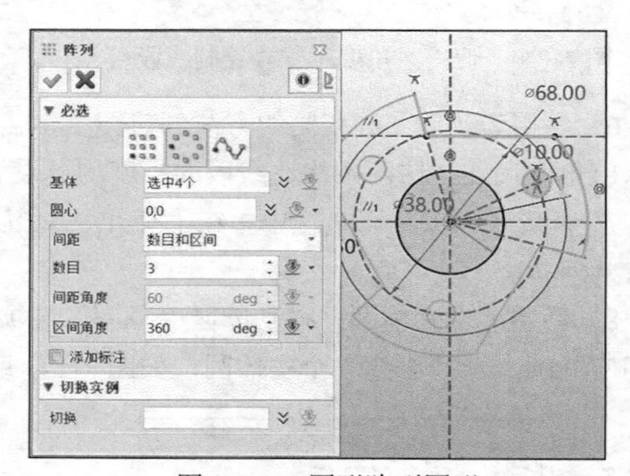

图 2-177 圆形阵列图形

单击“确定”按钮，得到图 2-178 所示的阵列效果。

12）添加合适的几何约束和尺寸约束。在刚开始添加几何约束时建议使用“添加约束”工具，因为这个工具会根据所选择的几何对象自动筛选提供合适的约束类型。例如，为 3 个小圆添加等半径约束，为一条水平线段添加水平约束等。再单击相应的标注工具来标注相应的尺寸，完成的图形效果如图 2-179 所示。

13）检查草图并保存。为了确保草图合理、正确，注意使用 DA 工具栏中提供的相关工具来对草图进行检查，如使用“打开/关闭显示开放端点”工具和“打开/关闭着色封闭环”工具等。确定草图无误后，保存草图文件。

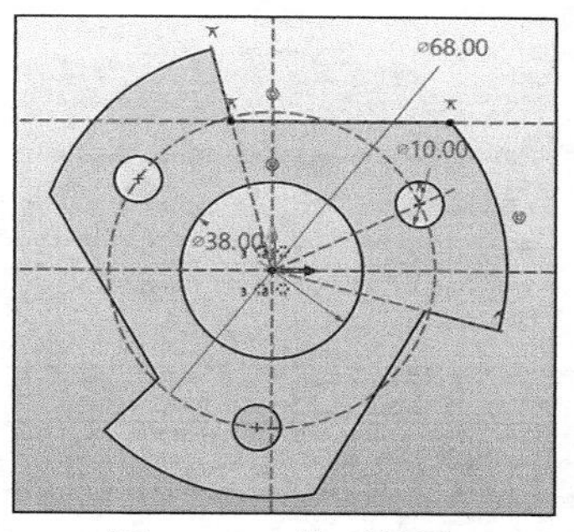

图 2-178 阵列效果

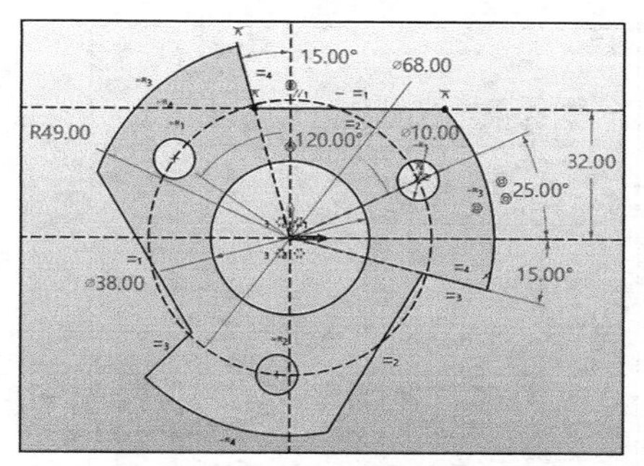

图 2-179 添加合适的几何约束和尺寸约束

2.8.2 案例 2——阀座主特征截面草图

本实例要绘制一个阀座零件主特征截面草图，案例完成的草图效果如图 2-180 所示。在绘制草图之前，要认真分析草图的图形结构，确定大概的绘制思路，如在本例中，考虑到图形具有对称特点，可以先大概绘制一半图形再镜像，然后补充图形的其他组成部分。通过该典型案例，初学者可以较好地掌握中望 3D 的常用草绘功能、草绘技巧，同时可以学习如何定义一个约束完整且合理的草图。

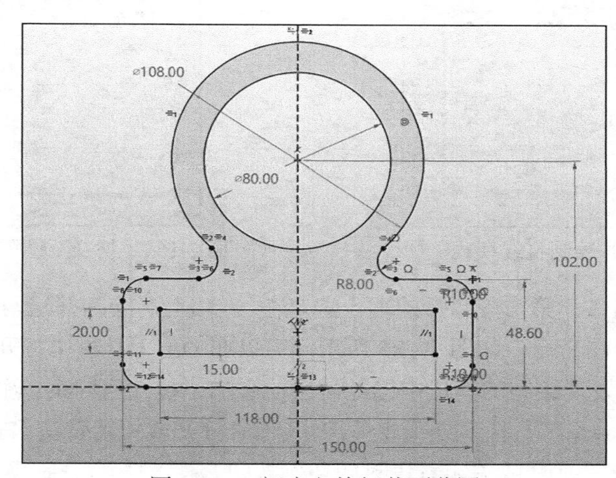

图 2-180 阀座主特征截面草图

本案例的操作步骤如下。

1）启动中望 3D 后，在“快速访问”工具栏中单击“新建”按钮，弹出“新建文件”对话框，在“类型”选项组中选择“零件”，在“子类”选项组中选择“标准”，采用默认模板，在“信息”选项组的“唯一名称”文本框中输入“阀座截面草图”，单击“确认”按钮。

2）在功能区“造型”选项卡的“基础造型”面板中单击“草图”按钮，选择 *XY* 坐标平面，如图 2-181 所示，确保选中“定向到活动视图”复选框，单击鼠标中键，进入草图环境。在 DA 工具栏中单击“捕捉过滤器”按钮，设置启用智能选择，如图 2-182 所示，然后关闭“捕捉过滤器”对话框。

3）绘制草图大概轮廓。这里根据设计实际情况，建议使用“快速绘图”工具进行绘制，因为使用该工具可以连续交叉绘制直线和圆弧，不用另外选择其他绘制直线或圆弧的工具。

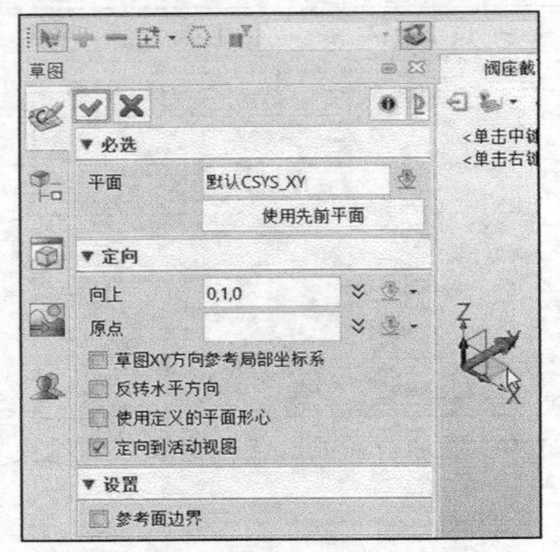

图 2-181 指定合理的草绘平面

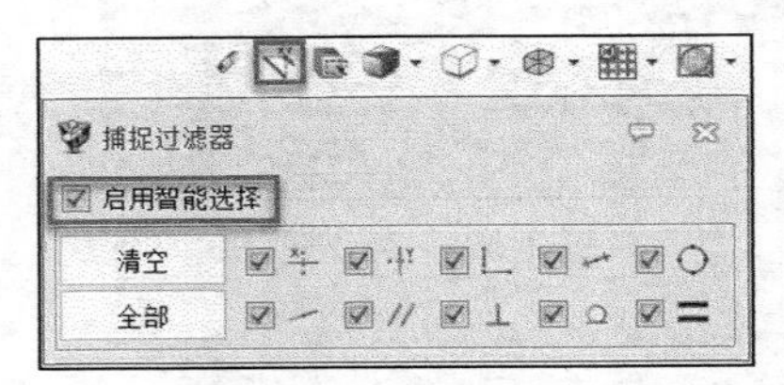

图 2-182 启用智能选择

首先从坐标原点开始绘制，依次绘制一条水平线、一条垂直线，再绘制一条水平线，如图 2-183 所示，当前端点处的绿色方框中显示为直线，表明当前绘制模式是直线模式。将鼠标指针置于当前直线的端点处（即将鼠标指针停留在端点黄色圆圈中）并单击端点，从而将绘图模式切换至圆弧模式，如图 2-184 所示。

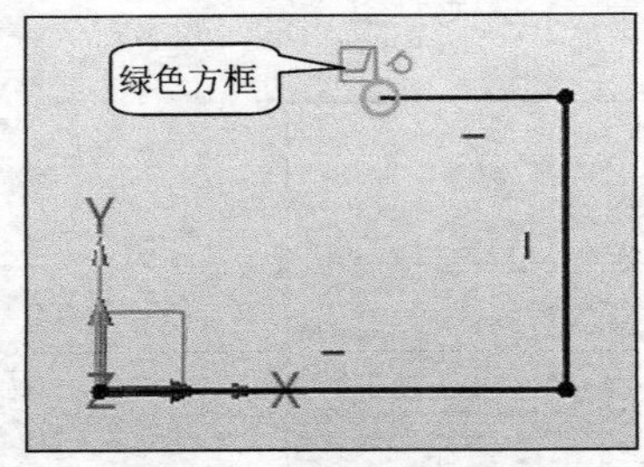

图 2-183 绘制直线模式

图 2-184 切换至圆弧模式（相切模式）

绘制两段相切圆弧，第二段圆弧的端点选定在 *Y* 轴上，绘制好这两段相切圆弧后单击鼠标中键，结束快速绘图命令，如图 2-185 所示。可以在 DA 工具栏中打开默认 XY 轴的显示，仔细观察草图，可以发现绘制的图形中已经被自动添加一些几何约束。注意：为了实时掌握草图绘制状态，最好在 DA 工具栏中打开相关按钮，如“打开或关闭默认 XY 轴的显示”按钮、“显示中心”按钮、“打开或关闭着色封闭环”按钮、“打开/关闭颜色识别栏”按钮，特别是单击选中“打开/关闭颜色识别栏”按钮以打开显示草图定义状态颜色识别功能。

4）使用“添加约束”工具将大圆弧的圆心约束在默认 *Y* 轴上。单击“添加约束”按钮，弹出“添加约束”对话框，选择大圆弧的圆心和默认 *Y* 轴，确保约束类型为“共线点约束”，单击“确定”按钮，从而将大圆弧的圆心约束到默认 *Y* 轴上，如图 2-186 所示。

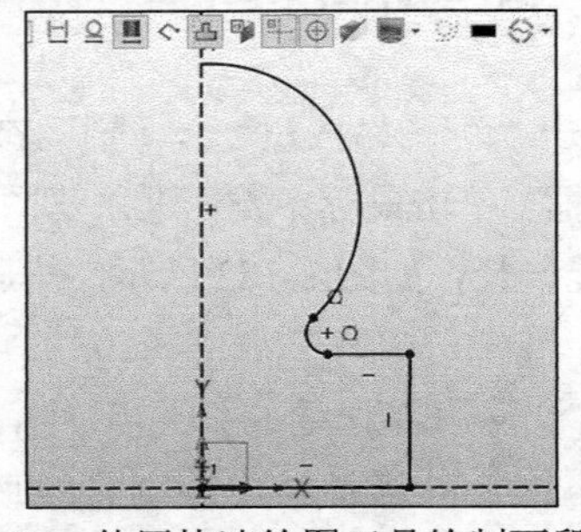

图 2-185 使用快速绘图工具绘制两段圆弧

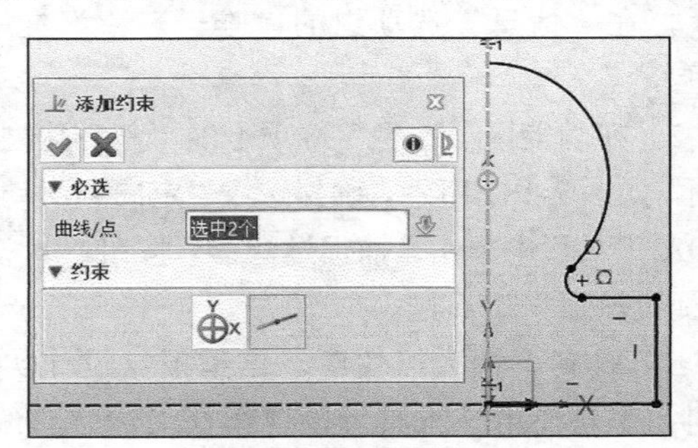

图 2-186 添加共线点约束

5）添加圆角。单击“圆角”按钮，弹出“圆角”对话框，分别选择要倒圆角的两条曲线，设定圆角半径为10mm，设置两者都修剪，一共添加两处圆角，结果图2-187所示。

6）镜像图形。单击“镜像”按钮，弹出“镜像几何体”对话框，以连接曲线的拾取策略选择整条曲线，选择Y轴作为镜像线，设置选中“保留原实体”复选框，如图2-188所示，单击“确定”按钮。

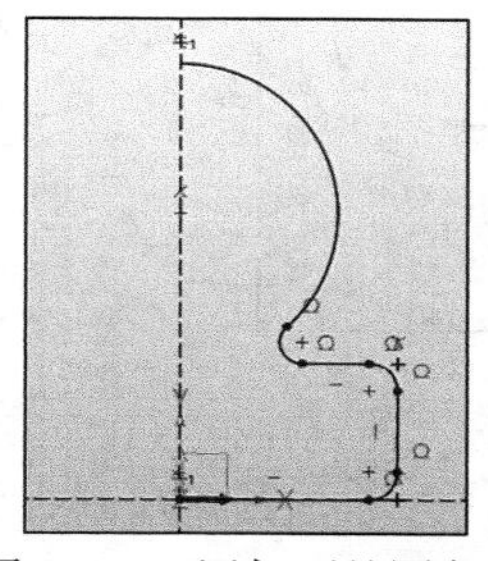
图2-187 添加两处圆角

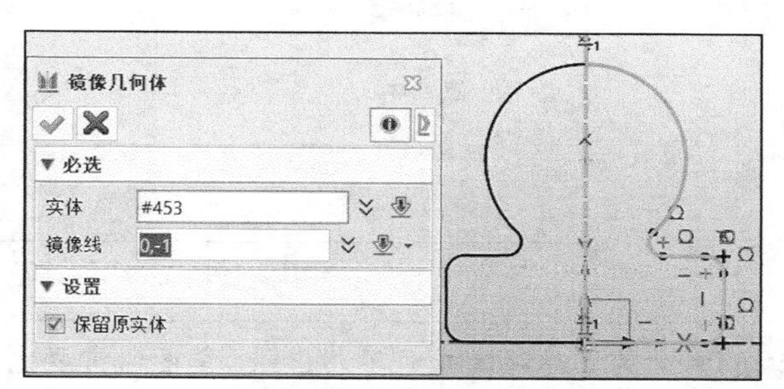

图2-188 镜像图形操作

7）绘制一个圆。单击“圆”按钮，以大圆弧的中心作为圆心，设置直径为80mm，单击“确定”按钮，完成创建图2-189所示的一个圆。

8）绘制一个矩形。单击“矩形”按钮，在弹出的“矩形”对话框中单击“中心”按钮，水平追踪底座两侧竖边的中点来在Y轴上指定一点作为矩形的中心，再指定一个角点（点2），并在“标注”选项组中设置宽度为118mm，高度为20mm，如图2-190所示，然后单击“确定”按钮。

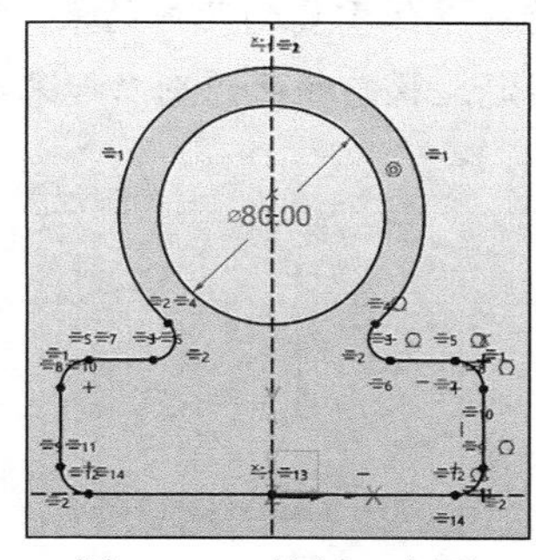

图2-189 绘制一个圆

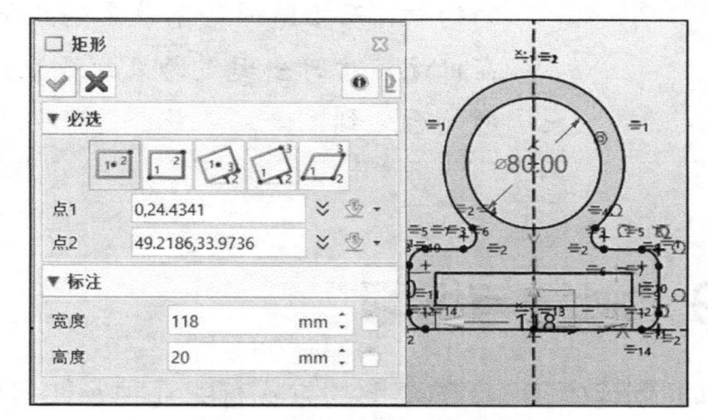

图2-190 绘制一个矩形

9）一些自动添加的几何约束基本满足本例要求，这里主要使用相应的标注工具为图形添加尺寸约束，直到整个草图变为完全约束状态，如图2-191所示。多数情况下，单击“快速标注（创建标注）”按钮，其默认标注模式为自动模式，系统可以根据用户选择的对象自动给出合适的标注类型。

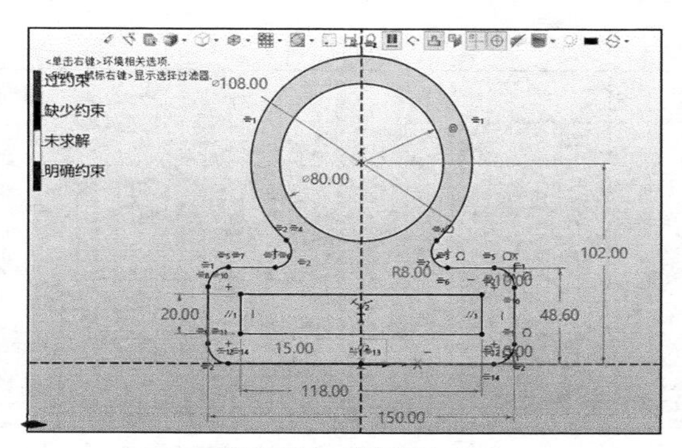

图2-191 标注尺寸

10）检查草图无误后，单击“退出”按钮，退出草图模式，完成创建草图 1，如图 2-192 所示，草图 1 作为特征级显示在特征节点树中。最后注意保存该文件。

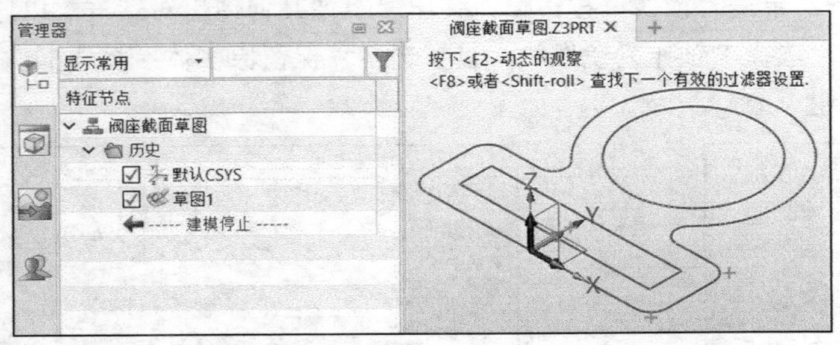

图 2-192 完成创建草图 1

经验技巧 为了建模高效且不易出错，草图通常要完全约束，而为了要高效地绘制好完全约束的草图，那么就要注意以下几点。

- 绘制草图之前，应选择正确、合理的草绘平面。
- 在使用相关草图工具时，一定要灵活应用拾取策略选项来快速选择所需对象，以及注意根据设计实际情况来设置 DA 工具栏中的各类开关功能。
- 绘制草图时最好从坐标原点开始绘制。
- 在绘制草图的过程中，密切注意系统的自动捕捉提示，接受或自行添加希望的约束，而拒绝那些不确定的几何约束，优先确保重要的几何约束，以减少在标注尺寸时出现过约束的现象。借助草图定义状态颜色识别功能来判断图形是否达到完全约束状态。

2.9 思考与练习

1）创建中望 3D 的草图的方式有哪几种？如何创建？

2）中望 3D 的草图流程是怎样的？

3）如果要绘制构造形式的辅助线，有几种方法？

4）检查草图的常用实用工具有哪些？

5）草图的基础编辑工具包括哪些？

6）上机操练：新建一个标准零件文件，以 *XZ* 坐标平面作为草绘平面，绘制图 2-193 所示的阀体主特征草图。

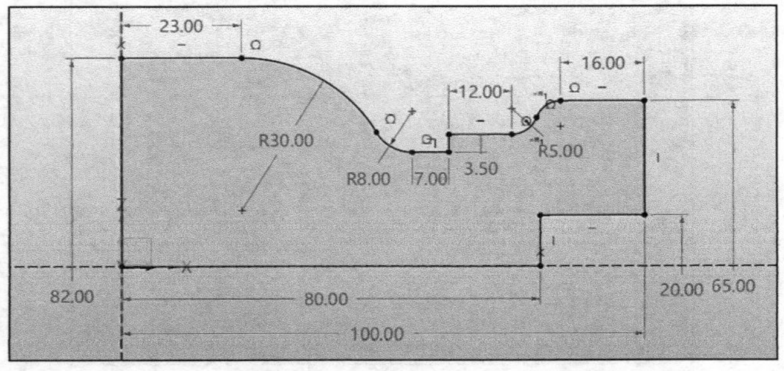

图 2-193 阀体主特征草图

7）上机操练：新建一个标准 2D 草图文件，绘制图 2-194 所示的练习草图。

8）上机操练：新建一个标准 2D 草图文件，绘制图 2-195 所示的铁钩草图。

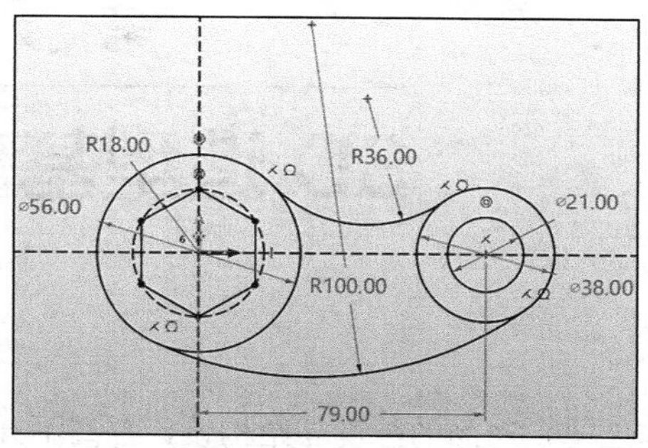

图 2-194　练习草图

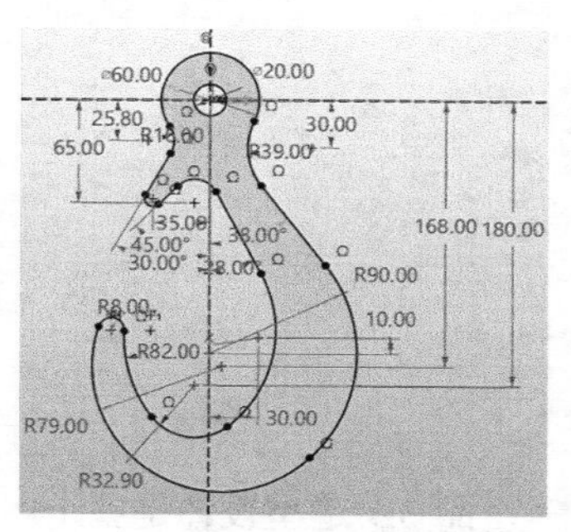

图 2-195　铁钩草图

第3章 3D 造型基础

产品 3D 造型设计是整个产品设计的核心工作之一，产品的外观与结构设计都离不开 3D 建模，可以通过 3D 模型生成相应的工程图，还可以将 3D 模型数据用于计算机辅助制造（CAM）和计算机辅助工程分析（CAE）等。

本章基于中望 3D 软件，深入浅出地介绍 3D 造型基础，包括 3D 建模概述、基准特征、基础造型、工程特征、基础编辑和高级编辑，并通过几个典型零件建模案例引导读者更好地学习 3D 建模知识及建模思路。

3.1 3D 建模概述

3D 建模是指利用三维设计软件通过虚拟三维空间构建出具有三维数据的模型，3D 建模已成为现代设计工程师的一项技能要求。本节基于中望 3D 软件，首先介绍基于特征的建模概念，接着介绍 3D 建模的几何形体、流行的建模方法（参数化建模），以及在中望 3D 建模过程中经常涉及的建模环境设置、历史管理器、图层管理器、显示与视图类型、设定材料与零件外观等实用知识。

3.1.1 基于特征的建模

特征是用于生成、分析、加工和审计的设计单元，它兼有形状和功能两种属性，包括特定几何形状、拓扑关系、典型功能、绘图表示方法、制造技术和公差要求等。在很多工程设计软件中，基于特征的设计是把特征作为产品设计的基本单元，将三维产品描述成特征的有序集合。在中望 3D 中，同样引入了基于特征的建模概念，它是一种将特征视为建模基本单元的模型创建方法，可以通过应用各种不同类型的特征将三维模型构建出来。

可以将模型特征分为多种，比较常见的模型特征主要有 3 种，即基准特征、基础特征和工程特征，如表 3-1 所示。

表 3-1　3 种常见的模型特征

序号	特征类型	说明	举例
1	基准特征	用作其他特征的建模基准，通常包括基准坐标系、基准面、基准轴和基准点	基准平面 基准轴 基准坐标系

续表

序号	特征类型	说明	举例
2	基础特征	比较基础的几类典型特征，常见基础特征包括拉伸特征、旋转特征、扫掠特征和放样等	拉伸 旋转 扫掠
3	工程特征	因为实际工程需要而创建的特征被称为工程特征，如倒角、圆角、拔模、孔、螺纹、唇缘等	倒角 圆角

中望 3D 的建模特点是基于特征的建模，可以将特征作为一个基本对象进行相应的编辑等操作。例如，在历史管理器的特征树上右击所需特征，接着可以对该特征进行重定义、编辑特征、抑制或删除等操作。在建模过程中，可以根据需要对特征进行重排序，特征的排序不同有时会得到不同的模型结果。

3.1.2 3D 建模的几何形体

3D 建模的几何形体主要包括 3 种类型，分别是实体类型、曲面类型和线框类型，尤其前两种是名副其实的重要几何形体类型，也是应用最多的两种几何形体类型。实体模型总是封闭的，可以赋予具有质量密度的材质，实体模型没有任何开口缝隙和重叠边；曲面模型可不封闭，它不具有质量体积的物理概念，几个曲面之间可以不相交，可以有缝隙和重叠。

在中望 3D 中，有不少工具或命令既可以用来创建实体模型，也可以用来创建曲面模型，以“拉伸”工具为例，拉伸封闭截面默认生成拉伸实体，拉伸开放截面生成拉伸曲面。中望 3D 提供独特的混合建模方法，实体和曲面可以自由切换，如果将实体的一个选定面删除，则模型会自动变成曲面类型。利用实体和曲面进行混合几何的高级建模是非常高效的。

3.1.3 参数化建模方法

基于特征的参数化建模是比较常见且非常重要的一种建模方法，它的核心特点是 3D 模型通过不同的特征构建出来并且使用参数来驱动这些特征，当修改其中某些特征的参数时，这些特征及关联特征会被快速修改和更新，从而令模型发生变化。

要深刻理解和掌握中望 3D 参数化建模的精髓，必须要将以下 3 点理解透彻。

1. 定义参数（变量和表达式）

中望 3D 所有的参数都可以通过方程式管理器来定义和编辑。不管是在建模环境中还是在草图环境中，用户都可以根据设计需要来调用方程式管理器。在建模环境中，从功能区“工具”选项卡的“插入”面板中单击“方程式管理器”按钮Σ，则打开图 3-1 所示的方程式管理器，利用方程式管理器可查看和编辑定义所需参数及方程式。在草图环境中，可以从功能区“工具”选项卡的“实用工具”面板中单击“方程式管理器”按钮Σ来打开方程式管理器。在“输入变量”选项组中可以创建或编辑变量，以及定义表达式。

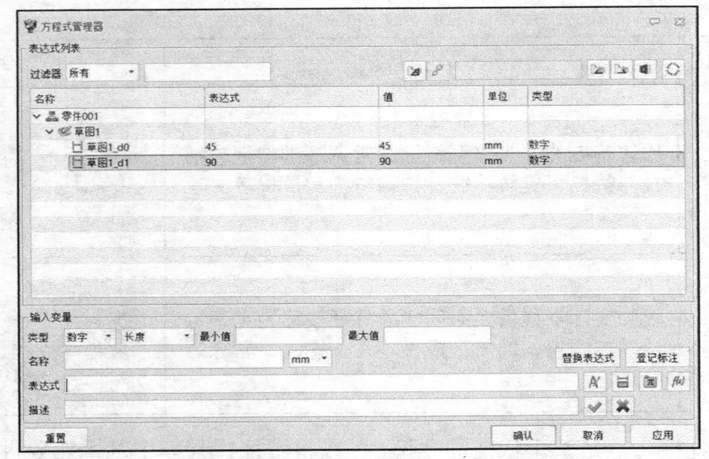

图 3-1 方程式管理器

在草图环境中使用标注工具为指定对象创建尺寸标注时，如果在弹出的“输入标注值”对话框中选中“列入方程式管理器”复选框，如图 3-2 所示，那么可以将该尺寸标注列入方程式管理器。

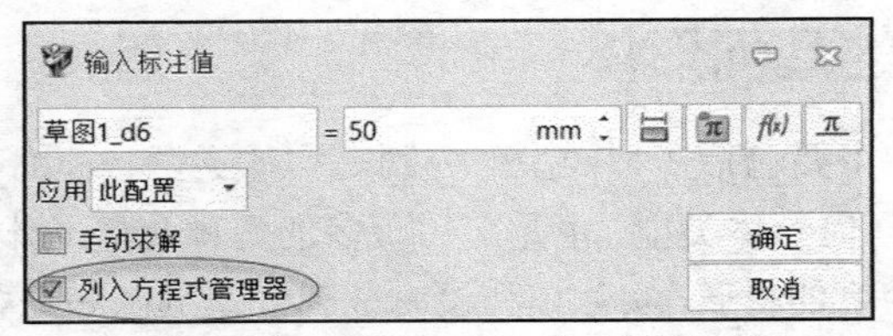

图 3-2 将尺寸标注列入方程式管理器

2. 变量参数在特征建模中的应用

在特征建模的过程中可能会随时使用先前创建好的变量。

例如，在草图中进行尺寸标注时，在“输入标注值”对话框中单击“选择变量”按钮 ，弹出“变量浏览器”对话框，选择所需文件，接着从“对象和变量”列表中选择所需变量参数赋予当前的尺寸，单击“确定”按钮，当前尺寸将由变量参数驱动，设置图解如图 3-3 所示。

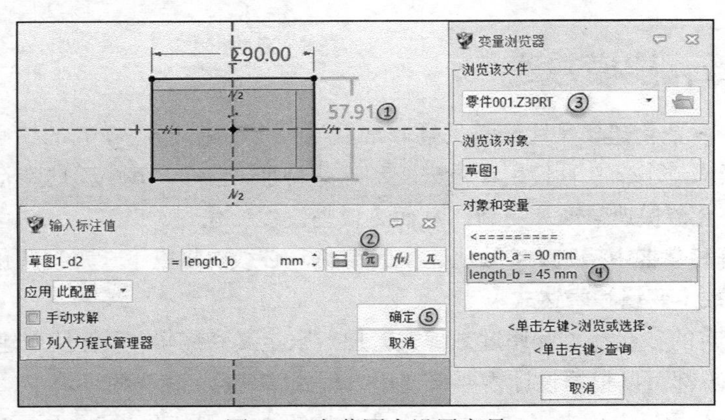

图 3-3 在草图中设置变量

在特征创建过程中也可以赋予变量，例如，在创建一个旋转特征的过程中，为旋转特征结束角度赋予一个变量，其操作方法如图 3-4 所示。

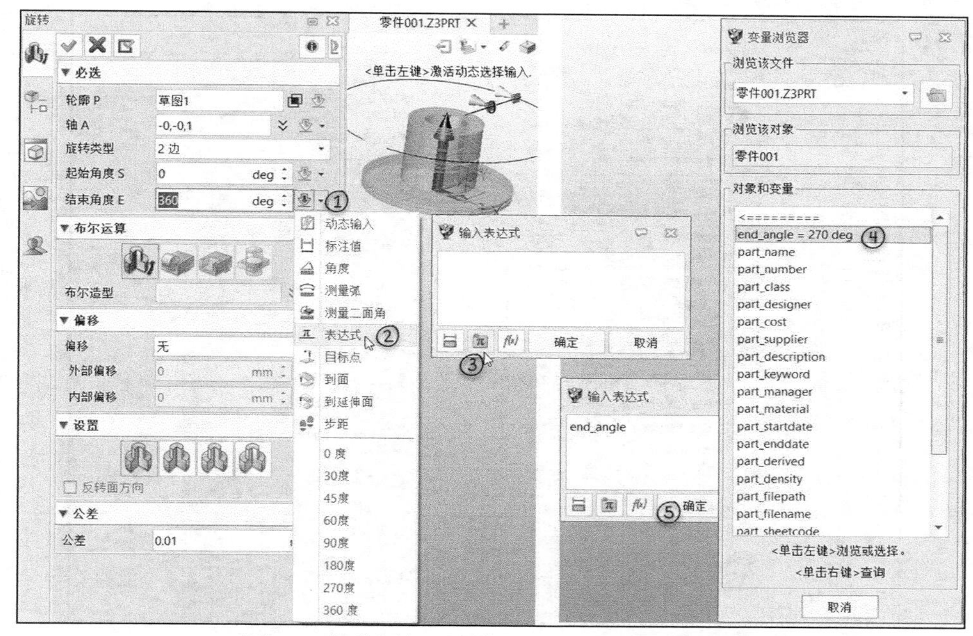

图 3-4 操作图解：在特征创建过程中设置变量

3. 修改变量并更新模型

如果需要通过变量来更新设计，那么可以先在历史管理器上直接双击位于“表达式”节点下的相应参数，并利用弹出来的“创建/编辑变量”对话框进行修改，单击“确认”按钮，此时，文件名将变成红色并显示“过时”标记，此时可以到位于顶部标题栏中的“快速访问”工具栏单击“自动生成”按钮来完成模型更新，具体步骤如图 3-5 所示。

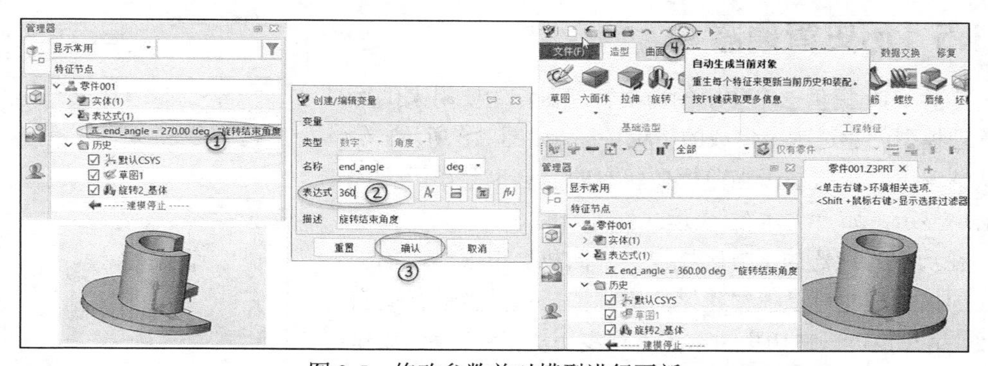

图 3-5 修改参数并对模型进行更新

3.1.4 建模环境设置

对于一个有经验的工程师，在开始建模之前，一般要审视一些基本设置，如设置工作目录、文件类型、长度和质量单位、几何对象精度（公差）等，这些基本设置都是为建模工作做准备的。有关设置工作目录、文件类型的知识在第 1 章中已有详细介绍，在此不再赘述。

通过“快速访问”工具栏展开菜单栏，从“实用工具”菜单中选择“配置”选项，可打开“配置”对话框，选择“通用”类别，接着可进行一些基础设置，如图 3-6 所示。

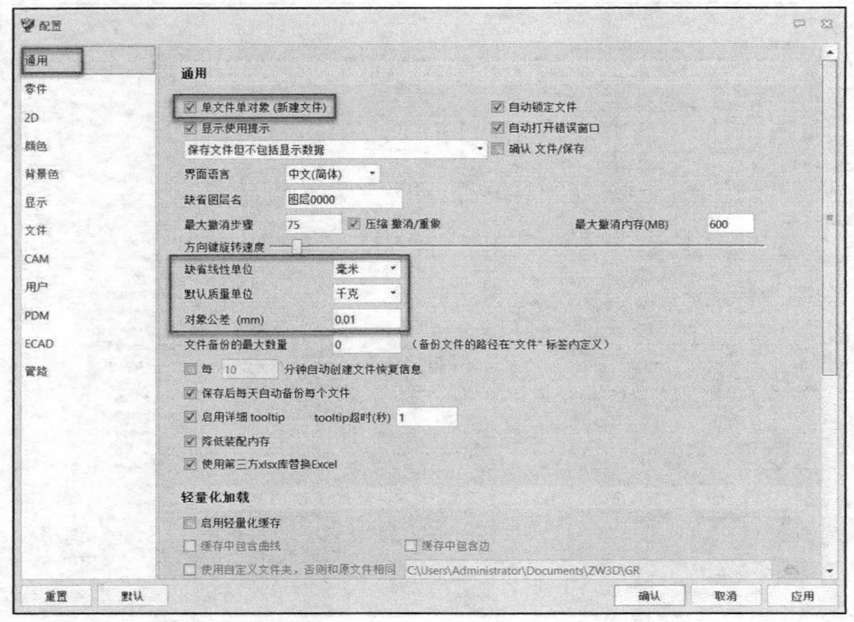

图 3-6 “配置”对话框

在一个新建的零件中，从历史管理器上右击零件名并从快捷菜单中选择“参数设置”命令，弹出“零件设置”对话框，从中可更改建模单位、质量单位和公差等一些设置，如图 3-7 所示。

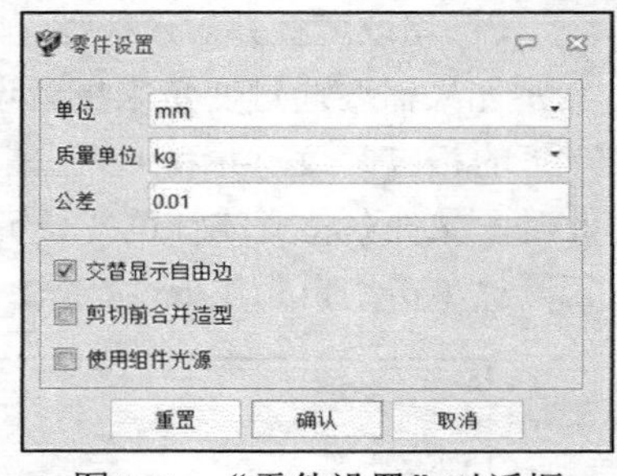

图 3-7 “零件设置”对话框

3.1.5 历史管理器

中望 3D 提供一个实用的历史管理器，主要用来供用户管理模型创建过程中生成的历史特征，如图 3-8 所示。在默认情况下，一些基于当前模型状态的信息也会在历史管理器中显示，如“实体”“表达式”等信息。

在历史管理器的下方区域提供“回放”选项组，单击相应的播放按钮可以根据建模的历史特征对模型进行追溯回放。用户也可以在历史树节点下拖曳历史指针 ⬅ 回放建模历史，历史指针可指示新特征的插入位置。

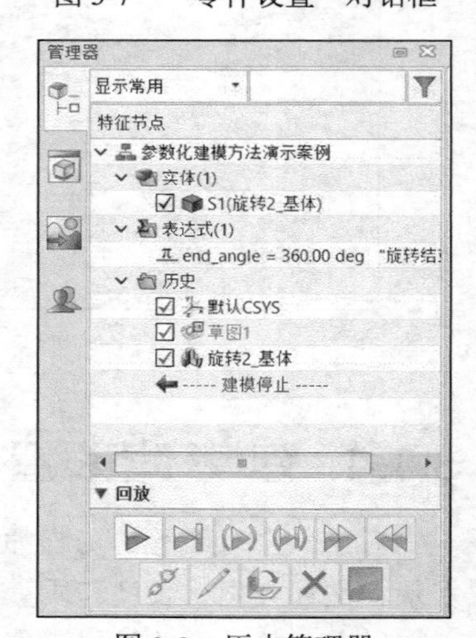

图 3-8 历史管理器

3.1.6 图层管理器

在很多 3D 建模软件中，为了便于管理不同类型的对象（如草图、空间曲线、基准、曲面、实体等），常使用图层工具，将不同类型的对象放置于不同的图层上。中望 3D 提供了一个图层管理器，当创建一个新模型文件时系统会自动创建一个名为“图层 0000”的图层，如果用户不创建新的图层，那么创建的所有几何要素都将被自动放置在该默认图层中。用户可以对该默认图层进行重命名，但是不能将其删除。

在 DA 工具栏中提供了关于图层的相应工具，如图 3-9 所示。在“图层”列表框中选择所需的图层，则该图层便成为当前图层，此后所创建的几何元素便会被放在这个当前图层中。在“图层”列表框中单击某个图层的小灯泡图标，则该图层被关闭显示，此时该图层上的所有几何元素将不在绘图区显示出来。显然，利用图层可以更好地控制不同几何元素类型的显示。

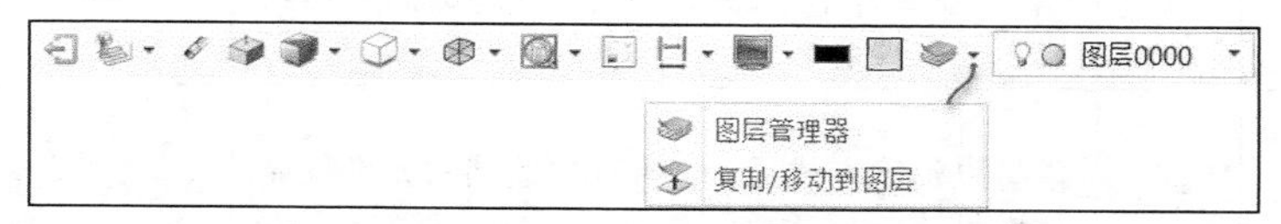

图 3-9　DA 工具栏提供相关的图层工具

如果要新建一个图层，则在 DA 工具栏中单击“图层管理器”按钮，打开图层管理器，在图层管理器上单击“新建”按钮，从而新建一个图层，可以设置图层类别并修改图层名称，如图 3-10 所示，还可以设置指定图层的“打开”“冻结”等状态。如果要删除某个未处于激活状态的图层，则可以在图层管理器的图层列表中右击要删除的图层，从弹出的快捷菜单中选择“删除”命令，如图 3-11 所示。

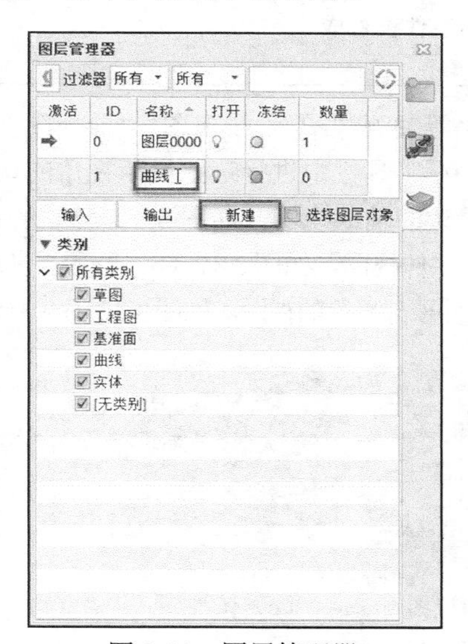

图 3-10　图层管理器

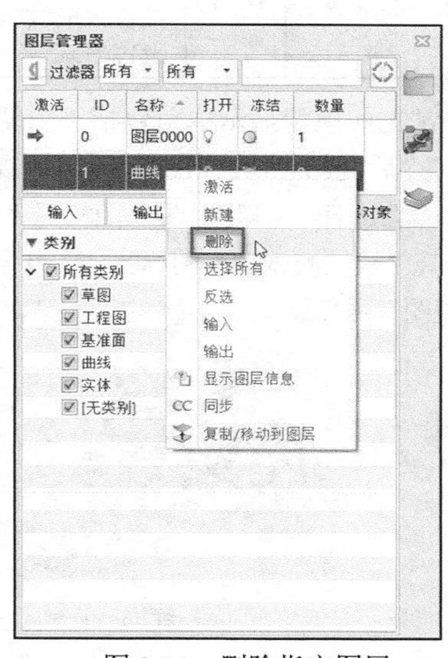

图 3-11　删除指定图层

3.1.7　显示与视图类型

模型显示是 3D 建模的一个基础知识点，对于实体模型，可以根据需要在 DA 工具栏中选择表 3-2 所示的显示工具来设置模型显示状态。

表 3-2　常用模型显示工具

序号	工具	名称	功能含义与说明	图例
1		线框	启用线框显示模式，显示并直接查看所有的曲线、曲面和实体边；该显示模式可能会造成图形显示混乱	

续表

序号	工具	名称	功能含义与说明	图例
2		着色	模型以着色方式显示（删除隐藏线，同时可见的表面会进行着色），对应快捷键为“Ctrl+F”，在“着色”下又可以设置“隐藏消隐线”、“着色模式显示”和“显示或隐藏高亮消隐线”3 种情形	
3		消隐	模型以消隐方式显示，所有被遮挡的元素只显示可见边	
4		分析	所有的零件表面都会用“等高线”模式显示，用户可以根据所反映的视觉效果来评估、确定曲面或实体曲面的特性	
5		组合	如果想要以不同的显示方式显示组件，可以使用这种显示方式显示装配，例如，可将一个组件设置成线框模式，同时将剩下的组件设置成着色模式	

常见的模型显示视角包括“辅助视图”“俯视图”“等轴测视图”“左视图”“前视图”“右视图”“后视图”“仰视图”“正二测视图”等，可以在 DA 工具栏中进行这些显示视角的切换。例如，当选择“辅助视图”图标时，中望 3D 显示默认的辅助视图，如图 3-12（a）所示；当选择“等轴测视图”图标时，中望 3D 显示等轴测的零件视图，如图 3-12（b）所示；当选择“俯视图”图标时，中望 3D 显示沿着 Z 轴负方向并与零件顶部平行的视图，如图 3-12（c）所示。

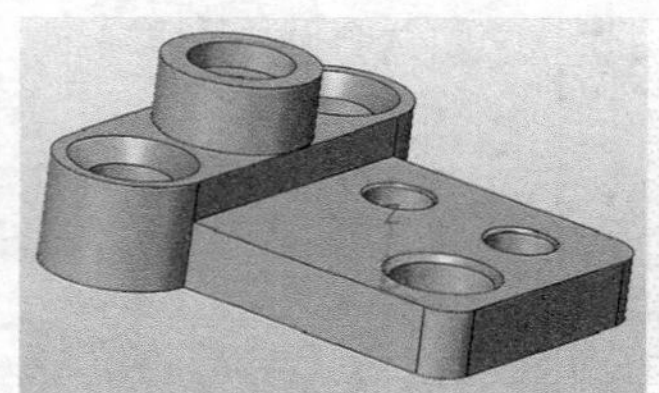
（a）辅助视图

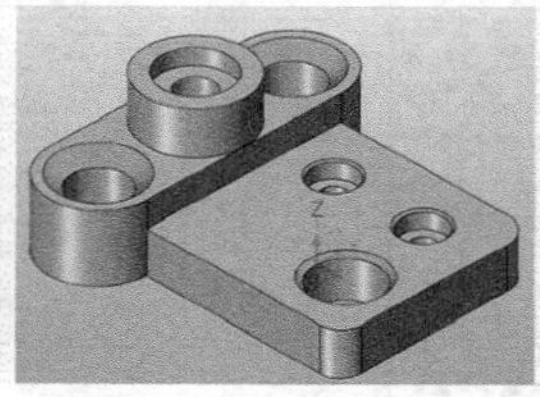
（b）等轴测视图

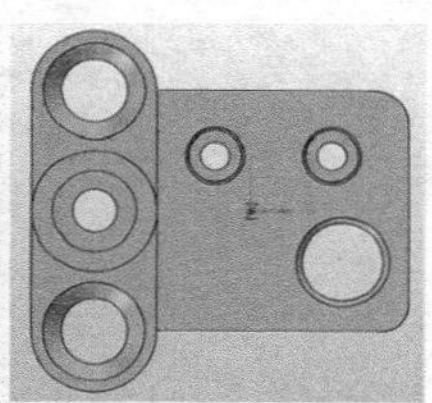
（c）俯视图

图 3-12 常见的几种视图类型（举例）

与视图缩放相关的工具如表 3-3 所示，均可以在 DA 工具栏中找到，巧用它们，可以快捷、方便地缩放图像。

表 3-3 视图缩放相关工具按钮

序号	工具	名称	功能含义与说明
1		整图缩放	利用此工具（对应快捷键为“Ctrl+A”）可最大化显示可见零件、草图或工程图；双击鼠标左键可执行整图缩放
2		放大	利用此工具（对应快捷键为“Ctrl+W”）可通过选择两个对角点放大窗口面积的显示
3		缩小	利用此工具（对应快捷键为“Ctrl+T”）可通过选择两个对角点定义缩放窗口，缩放窗口内的部分将会缩小显示，缩放因子以窗口的大小为基础，与当前的缩放因子有关

续表

序号	工具	名称	功能含义与说明
4		局部缩放	利用此工具可以在某个选定的点上放大，同时该工具保持激活状态，可以重复在屏幕上选择位置，控制缩放位置和缩放比例
5		范围缩放	利用此工具可以设置当前视图的缩放范围：当单击此工具，则弹出“设置最大化显示视图”对话框，输入所需的视图缩放范围值，单击“应用”按钮，系统根据新值调整缩放范围

此外，将鼠标指针置于图形窗口中，向前或向后滚动鼠标滚轮，可以快速地放大或缩小模型视图；按住鼠标中键并移动鼠标，可以随意平移模型视图；按住鼠标右键并移动鼠标，可以翻转模型视图。

用户除了可使用系统提供的常用视图类型，还可以使用自定义视图以从自定义的特别视角去审视整个模型。要自定义一个视图视角，可以先使用各种方法尤其是鼠标操作以调整获得一个特别的视角，接着在“管理器”窗口中单击“视图管理”标签，打开视图管理器，右击“自定义视图”节点，如图 3-13 所示，从弹出的快捷菜单中选择“新建”命令，然后输入视图命令，如图 3-14 所示，单击“确定”按钮，则完成创建一个自定义视图。以后使用其他视图类型后，若在视图管理器中双击该新建的自定义视图，则切换至此自定义视图类型状态。

图 3-13　新建自定义视图操作示意

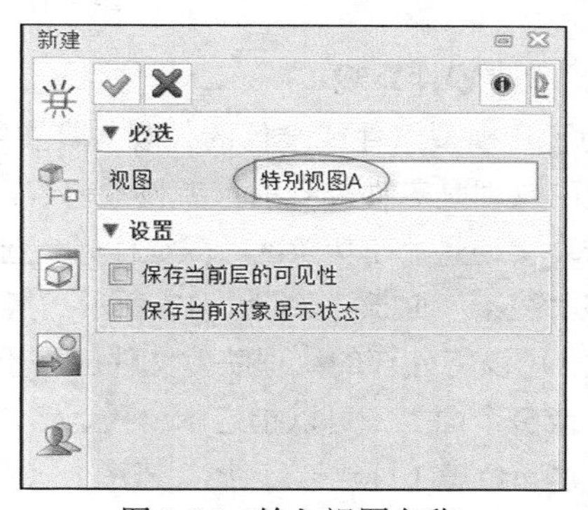

图 3-14　输入视图名称

3.1.8　设定材料、零件属性与零件外观

为了让三维模型更显真实，可以给三维模型设定零件材料、零件属性与零件外观。

1. 设定材料

在中望 3D 中，在功能区“工具”选项卡的“属性”面板中单击“材料”按钮，弹出“材料”对话框，如图 3-15 所示，利用此对话框为模型添加、编辑零件材料属性。当设定类型为“造型材料”时，需要选择目标零件，接着自定义或从已有列表中选择相应的材料。

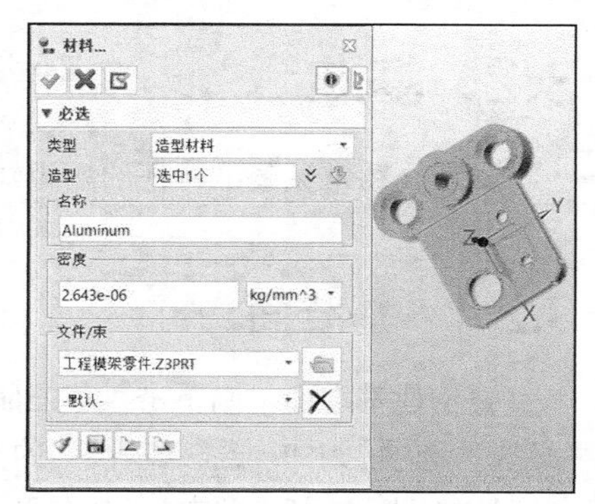

图 3-15　设定材料

2. 设定零件属性

在进行零件设计时填写相应的零件属性，在一些设计场合可以更好地进行设计管理。要填写或编辑零件属性，则可以在功能区“工具”选项卡的“属性”

面板中单击“属性”按钮，弹出图 3-16 所示的“属性”对话框，在相应的选项卡上填写或编辑属性项，如在“标准”选项卡上分别填写编号、设计者、管理者、供应商、成本、类别、关键字、描述、图号等属性内容。

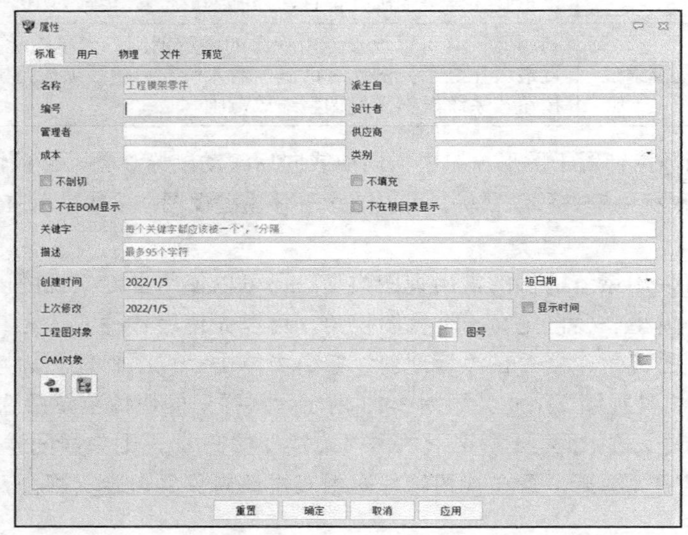

图 3-16 “属性”对话框

3. 设定零件外观

为了让模型组件或零件的外观与真实零件更相近，合理设定零件外观是比较关键的。零件外观的纹理是零件外观的重要设置内容，此外，光源和渲染等设置有利于让零件外观显示更接近于真实场景。在功能区“视觉样式”选项卡中提供了“视图”面板、“纹理”面板、“光源”面板和“渲染”面板，如图 3-17 所示。其中，利用“纹理”面板中的相应工具命令可以设置面属性，可以将外部的纹理映射文件应用于某个零件，可以将预定义的棋盘格子纹理材质应用到一个或多个面上，可以指定木材质、铬、花岗石纹理、大理石、木质材质应用到面，可以将各类金属、金属（拉丝）、金属（铸造）、金属（哑光）等材质赋予指定面，可以编辑各类纹理。

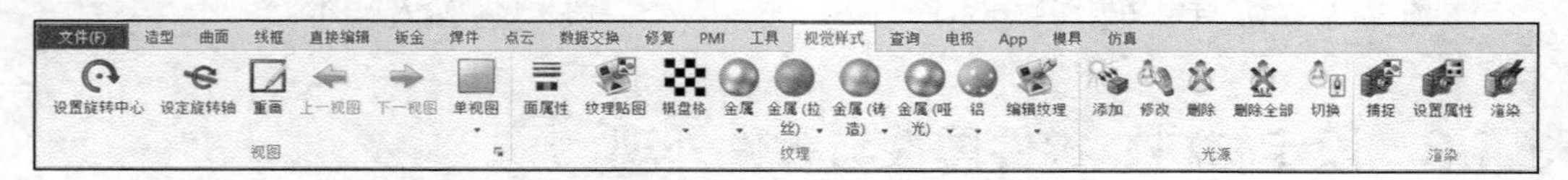

图 3-17 零件建模功能区的“视觉样式”选项卡

3.2 基准

本节介绍常见基准特征的实用知识，包括基准面、基准轴、基准坐标系与局部坐标系等。

3.2.1 基准面

要创建基准面，则单击“基准面”按钮，弹出“基准面”对话框，如图 3-18 所示。在“必选”选项组中单击插入基准面的其中一种方法按钮，如“几何体”“偏移平面”“与平面成角度”“3 点平面”“动态”“视图平面”“在曲线上”，根据选择的不同方法选择相应的对象及设置相应的参数、基准面方向和属性，然后单击“应用”按钮或“确定”按钮。

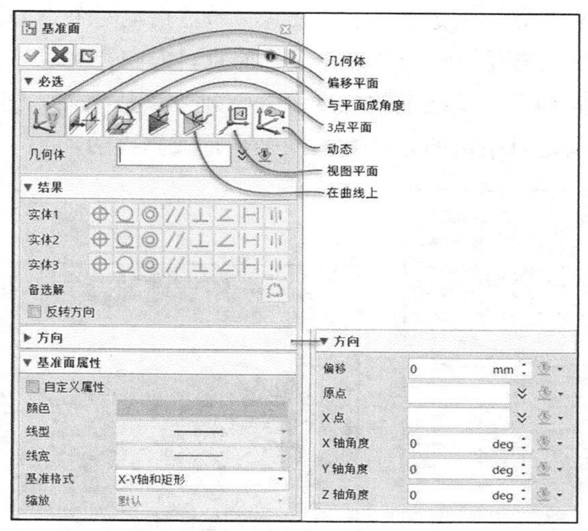

图 3-18 “基准面”对话框

- “几何体”法：可以一次性最多选择 3 个参考几何对象，中望 3D 将自动分析所选的参考几何对象与最终创建的基准面之间的约束关系，并令约束图标高亮显示。如果选择一条曲线或边，则新基准面将在选中点处与该曲线或边垂直；如果选择一个面，则新基准面将在选中点处与该面相切；如果选中其他基准面，选择该平面的原点或单击鼠标中键将其定位在选中基准平面的原点。
- “偏移平面”法：指定平面或基准面，设定偏移距离来创建基准面。
- “与平面成角度”法：指定参考平面、旋转轴及旋转角度创建与参考平面成一定角度的基准面。
- “3 点平面”法：最多指定 3 个点来创建基准面，所创建的基准面的法向可沿默认的 3 个轴向，用户可根据需要反向基准面的面法向。
- “在曲线上”法：指定参考曲线或边来创建新基准面。选择此创建方法，需要选择参考曲线或边，选择“百分比”单选按钮或“距离”单选按钮并设定相应的参数、选项来控制新基准面在曲线上的位置。
- “视图平面”法：通过指定一个原点创建一个与当前视图平行的基准面。
- “动态”法：指定一个位置，创建一个基准面。

3.2.2 基准轴

要创建一个新的基准轴，则单击“基准轴”按钮，弹出图 3-19 所示的“基准轴”对话框，在“必选”选项组中选择基准轴的创建方法，包括“几何体”法、“中心轴”法、“两点”法、“点和方向”法、“相交面”法、“角平分线”法和“在曲线上”法，再根据选定的不同创建方法来选择所需的对象，以及设置相应的参数、选项等，从而创建所需的基准轴，在创建过程中注意设置基准轴的方向。

- “几何体”法：最多选择两个参考对象（包括点、线、轴、面等）来创建基准轴，可以设置基准轴长度。
- “中心轴”法：提供“面/曲线”收集器用于选择参考面或曲线（平面曲线），中望 3D

会自动在该平面曲线的中心插入一个垂直于该平面的基准轴，可以设置基准轴的长度。

- “两点”法：需要分别指定点1和点2，即通过指定两个点创建一个基准轴。
- “点和方向”法：需要指定一个点作为轴原点，方向类型可以为“平行”或“垂直”，以及指定轴方向和设置基准轴的长度等来创建一个基准轴，创建示例如图3-20所示。设定的方向类型是以指定的方向为基准来平行或垂直的。

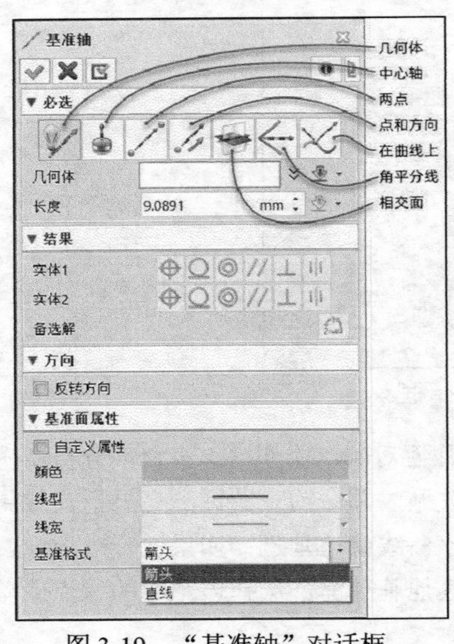

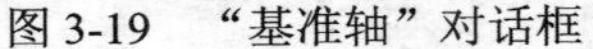

图3-19 “基准轴”对话框

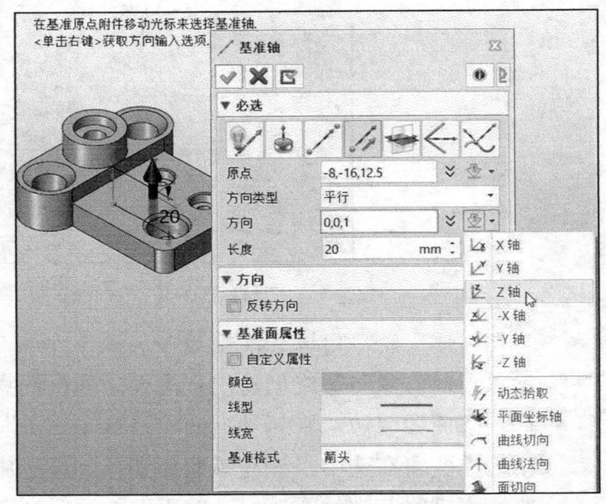

图3-20 使用“点和方向”法创建基准轴

- “相交面”法：需要分别指定面1（第一个面）和面2（第二个面），由所选的这两个面的相交线来创建基准轴，可以设置基准轴的长度。
- “角平分线”法：需要分别指定方向1曲线和方向2曲线，通过指定两相交直线形成的角平分线来创建一个基准轴，或者单击“备选解”按钮以在补角角平分线上创建一个基准轴，可以设置基准轴的长度。
- “在曲线上”法：通过指定曲线或边线创建与曲线或边线上的某点相切、垂直，或者与另一对象垂直或平行的基准轴。曲线上的某点是通过设定位于曲线上的百分比或距离来计算确定的，方向类型有“相切”“垂直”“平行于曲线”“垂直于曲线”。

3.2.3 基准坐标系

要创建基准坐标系，则单击“基准 CSYS”按钮，弹出图3-21所示的“基准 CSYS”对话框，在“必选”选项组中选择基准坐标系的创建方法，包括“几何体”法、“三点”法、“三平面”法、“原点及两方向”法、“平面、点及方向”法、“视图平面”法、“动态”法，再根据选定的不同创建方法来选择所需的对象，以及设置相应的参数、选项等，从而创建所需基准坐标系。

- “几何体”法：提供“实体”收集器，由用户最多选择3个参考几何直接智能创建一个基准坐标系。
- “三点”法：通过指定3个点确定一个基准坐标系，其中选择的第一个点确定基准坐标系的原点，再分别选择两个点来确定 X 轴和 Y 轴。

- “三平面”法：通过分别指定 3 个必须相交的平面（面 1、面 2 和面 3）来确定一个基准坐标系，
- “原点及两方向”法：通过指定原点及两个方向矢量来创建一个基准坐标系，方向矢量可通过选择直线、边线或轴线来定义。
- “平面、点及方向”法：通过指定以 *Z* 轴平面（可切换）为基础，点及方向投影为原点及 *X* 轴（可切换）来创建一个基准坐标系，如图 3-22 所示。

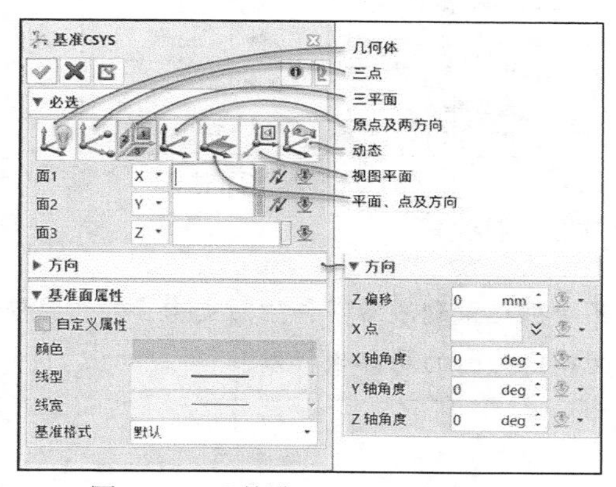

图 3-21 “基准 CSYS”对话框

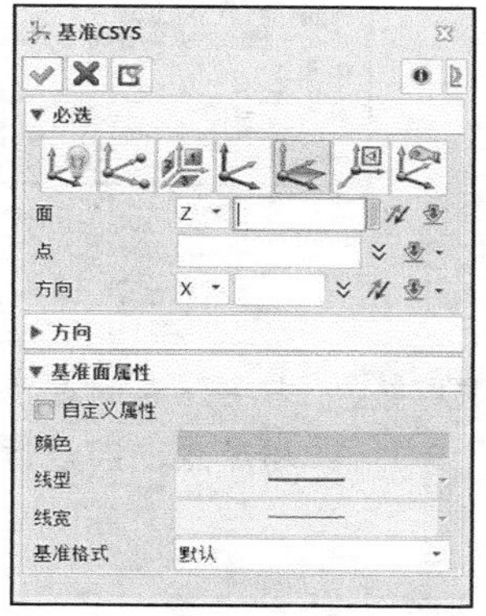

图 3-22 选用“平面、点及方向”法

- “视图平面”法：通过指定一个平面原点创建一个与当前屏幕平行的基准坐标系。
- “动态”法：通过指定一个位置来创建一个基准坐标系。

3.2.4 拖拽基准面

单击“拖拽基准面”按钮，弹出图 3-23 所示的“拖拽基准面”对话框，选择需拖拽的基准面（可以是默认的 *XY*、*XZ*、*YZ* 基准面或用户自定义的基准面），选择的基准面上会显示 8 个可拖曳的点（可被形象地称为“矩形”基准面），分别表示上、下、左、右、左上、左下、右上和右下共 8 个拖曳方向，如图 3-24 所示，可使用鼠标选择一个点将其拖曳到所希望的位置。

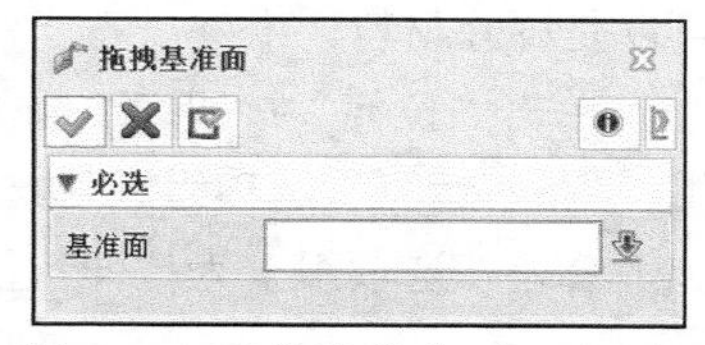

图 3-23 “拖拽基准面”对话框

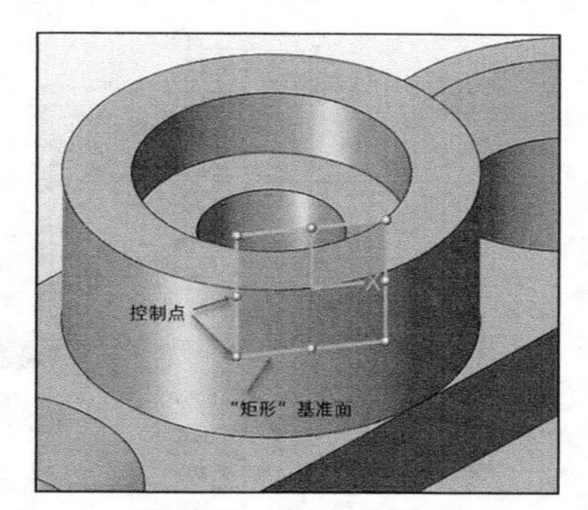

图 3-24 拖曳基准面

3.2.5 定义局部坐标系（LCS）

在建模过程中，可以灵活地指定某一个基准面定义激活的局部坐标系，这样输入任何坐标时均将参考该 LCS，而非默认的全局坐标原点。其方法是单击“LCS”按钮，打开图 3-25（a）所示的“LCS”对话框，此时可以用两种方法来创建局部坐标系，一种方法为“动态创建”，另一种方法为“选择基准面”，如图 3-25（b）所示。前者通过输入原点位置和 3 个坐标轴的方向来创建局部坐标系；后者通过选择一个基准面作为局部坐标系的 *XY* 平面。

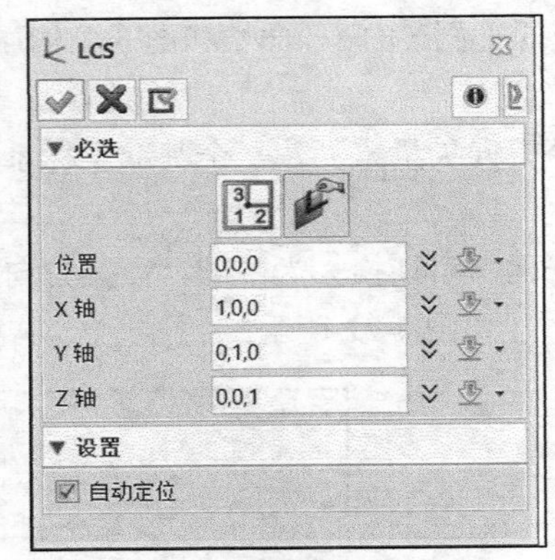

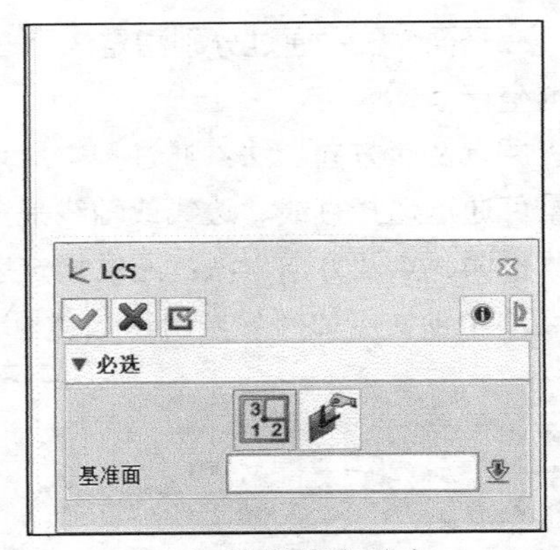

（a）动态创建时　　　　　　　　（b）选择基准面时

图 3-25 “LCS”对话框

知识点拨 需要注意的是“局部坐标”操作不会被记录到激活零件的历史中。如果要恢复全局原点，则应该将默认 *XY* 基准面指定为新的局部坐标系。

3.3 基础造型

基础造型是指基础特征，包括拉伸特征、旋转特征、扫掠特征和放样特征等。

3.3.1 拉伸特征

拉伸特征是指将一个截面沿着指定方向拉伸而生成的特征，该特征可以是增加材料，也可以是移除材料。

单击“拉伸”按钮，弹出图 3-26 所示的“拉伸”对话框，该对话框提供“必选”选项组、“布尔运算”选项组、“拔模”选项组、“偏移”选项组、“转换”选项组、“设置”选项组和“公差”选项组，为拉伸特征提供丰富的选项。

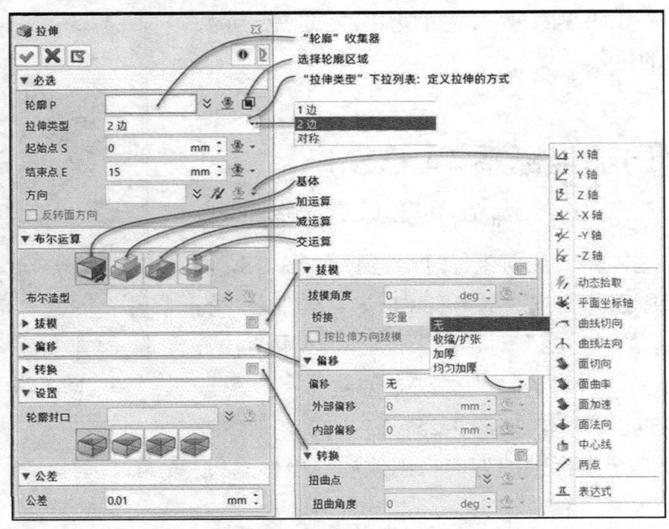

图 3-26 “拉伸”对话框

在“必选”选项组中，“轮廓”收集器用于选择要拉伸的轮廓，可以选择面、面边界、草图或线框几何图形，也可以直接单击鼠标中键以创建特征草图。单击“选择轮廓区域”按钮，则选择草图中的封闭区域进行拉伸，使用此选项再次选择该区域会取消选择。在“拉伸类型”下拉列表中可选择“1 边”“2 边”或“对称”，其中“1 边”表示拉伸的起始点默认为所选的轮廓位置，沿着一个方向拉伸，可以定义拉伸的结束点来确定拉伸的长度；“2 边”表示通过定义拉伸的开始点和结束点来确定拉伸的长度；“对称”表示沿着正反两个方向拉伸设定的长度，即与“1 边”方式类似，但是会沿着反方向拉伸同样的长度。

其他选项卡为可选选项卡，它们的功能如下。

- “布尔运算”选项卡：用于指定布尔运算和进行布尔运算的造型，如果不指定布尔造型则由系统默认选择所有的造型。该选项卡提供“基体”按钮、“加运算”按钮、“减运算”按钮和“交运算”按钮。“基体”按钮用于定义零件的初始基础形状，当存在已有几何体，使用该按钮将创建一个单独的基体造型；“加运算”按钮用于从布尔造型中增加材料；“减运算”按钮用于从布尔造型中移除材料；“交运算”按钮用于获得与布尔造型相交的材料。
- “拔模”选项卡：用于为拉伸特征设置拔模角度等，需要输入拔模角度（可接受正值和负值），设置桥接选项以指定拔模拐角条件，以及定义拔模方向。若勾选“按拉伸方向拔模”复选框，则在拉伸方向应用拔模，否则拔模将应用在轮廓或草图平面的法向方向。
- “偏移”选项卡：用于指定一个应用于曲线、曲线列表、开放或闭合的草图轮廓的偏移方法和距离，可创建连接在一起的围合面，若两端均指定了终端封闭，则创建一个闭合实体。当从“偏移”下拉列表中选择“无”选项时，表示不创建偏移；当从“偏移”下拉列表中选择“收缩/扩张”选项时，通过收缩或扩张轮廓创建一个偏移，正值表示向外扩张轮廓，负值表示向内部收缩轮廓，在中望 3D 中，开放轮廓的凹的一侧定为内部，或封闭轮廓的内侧定为内部；当“偏移”下拉列表中选择“加厚”选项时，为轮廓创建一个由两个距离值决定的厚度，其中偏移 1 距离向外部偏移轮廓，偏移 2 距离向内部偏移轮廓，若输入负值则往相反方向偏移轮廓；当从“偏移”下拉列表中选择“均匀加厚”选项时，表示创建一个关于轮廓的均匀厚度，重厚度等于设置距离的两倍。
- “转换”选项卡：在该选项卡中提供“扭曲点”收集器和“扭曲角度”框。“扭曲点”收集器用于选择要扭曲的点，用以设置在拉伸特征时对其进行旋转（扭曲）；“扭曲角度”框用于输入扭曲角度，表示拉伸特征从其起始到结束将要扭曲的总角度。
- “设置”选项卡：在该选项卡中设置轮廓封口，可选选项有“两端封闭”、“起始端封闭”、“末端封闭”和“开放”。
- “公差”选项卡：用于设置局部公差，此公差参数仅对当前命令有效，当前命令结束后，后续建模使用的仍然是全局公差，这是需要用户注意的地方。

下面通过一个范例介绍拉伸特征的创建方法及步骤。

【范例学习】 创建拉伸实体特征

1. 创建拉伸基体

1）新建一个标准零件文件，在功能区“造型”选项卡的“基础造型”面板中单击“拉伸”按钮，弹出“拉伸”对话框。

2）在图形窗口中单击默认坐标系的 *XY* 平面作为草绘平面，快速进入草图环境，绘制图

3-27 所示的拉伸截面，单击“退出”按钮退出草图环境。

3）在“拉伸”对话框的“必选”选项组中，从“拉伸类型”下拉列表中选择“2 边”选项，设置起始点位置为 0mm，结束点位置为 12mm，方向默认沿着 Z 轴正方向（0,0,1），如图 3-28 所示，并未设置拔模、偏移等内容。

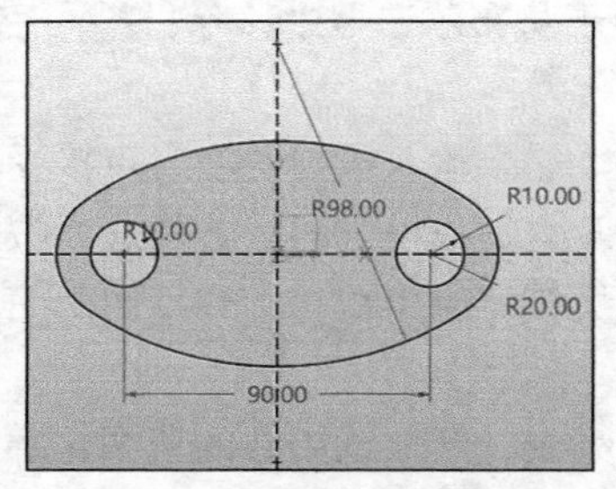

图 3-27　绘制拉伸截面

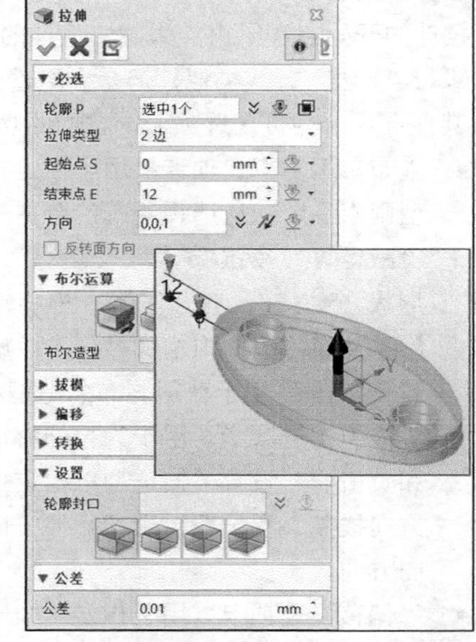

图 3-28　设置拉伸类型等选项及参数

4）单击“应用”按钮，完成创建图 3-29 所示的拉伸基体。

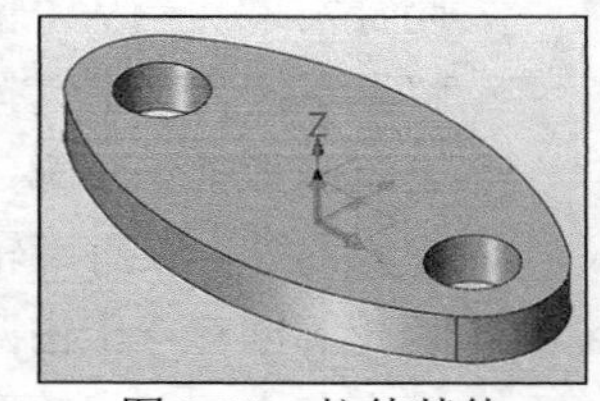

图 3-29　拉伸基体

2. 以拉伸的方式添加实体材料

1）当“轮廓”收集器处于激活状态时，在拉伸基体的最顶面单击以选择该面作为草绘平面，在草图环境中绘制图 3-30 所示的草图，单击“退出”按钮退出草图环境。

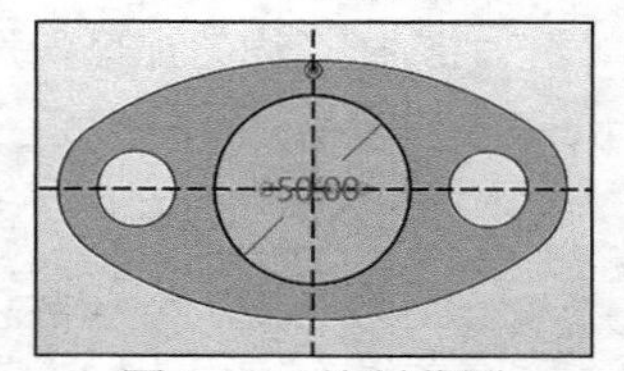

图 3-30　绘制草图

2）在“必选”选项组的“拉伸类型”下拉列表中选择“1 边”选项，在“结束点”框中设置拉伸长度为 35mm，在“布尔运算”选项组中单击“加运算”按钮，如图 3-31 所示。

3）单击“应用”按钮，创建第二个拉伸特征，如图 3-32 所示。

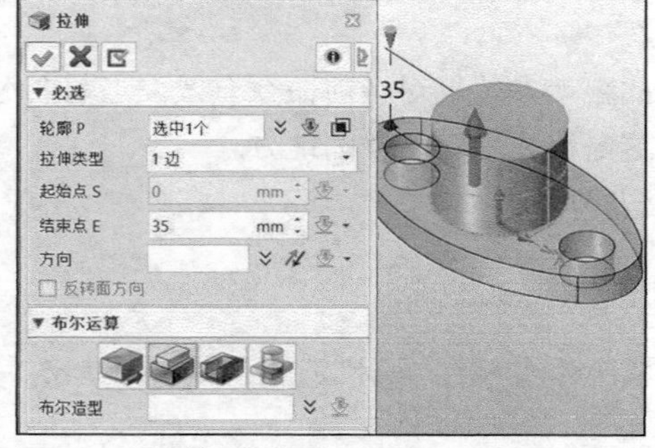

图 3-31　设置拉伸类型、长度及布尔运算选项

图 3-32　创建第二个拉伸特征

3. 以拉伸的方式移除实体材料

1）此时，“轮廓”收集器处于激活状态，单击鼠标中键，弹出图 3-33 所示的“草图”对话框，单击“使用先前平面”按钮，单击“确定”按钮，进入内部草图环境。绘制图 3-34 所示的一个圆，单击“退出”按钮。

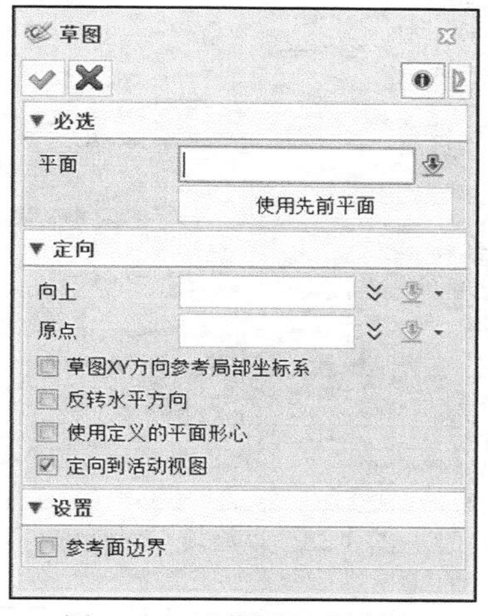

图 3-33 “草图”对话框

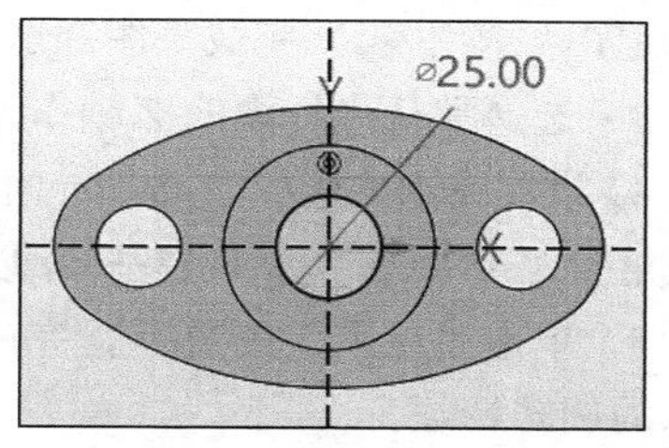

图 3-34 绘制一个圆

2）从“拉伸类型”下拉列表中选择“对称”选项，在“结束点 E”框中输入“35”，在“布尔运算”选项组中单击“减运算”按钮，如图 3-35 所示。

3）在“拉伸”对话框中单击“确定”按钮，得到图 3-36 所示的模型效果。

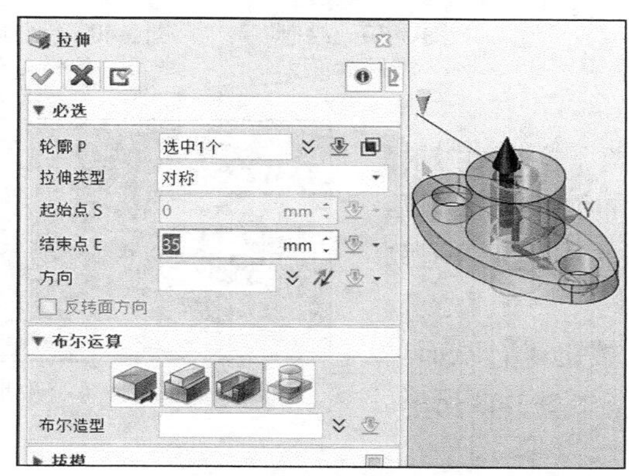

图 3-35 设置拉伸的相关选项及参数（减材料）

图 3-36 以拉伸的方式移除材料

3.3.2 旋转特征

旋转特征是指将一个截面沿着指定轴线旋转指定角度而形成的特征，如图 3-37 所示。和拉伸特征一样，旋转特征可以用来增加材料，也可以用来移除材料。

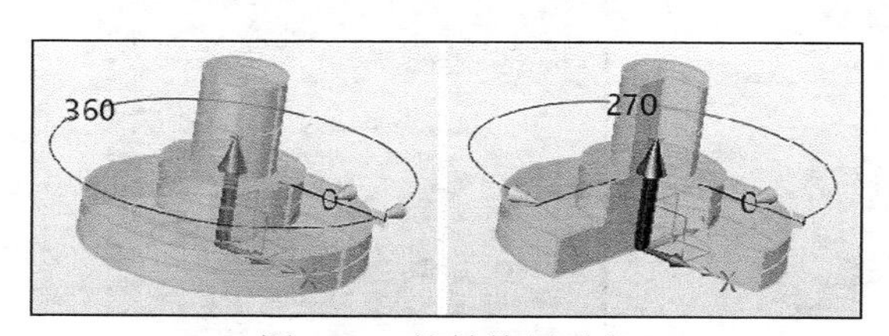

图 3-37 旋转特征示意

单击“旋转”按钮，弹出“旋转”对话框，分别指定旋转轮廓截面、旋转轴、旋转角度、布尔运算等来创建旋转特征，如图 3-38 所示。“旋转”对话框提供的一些选项和“拉伸”对话框提供的一些选项类似，这里不再赘述。下面通过一个简单零件范例来介绍创建旋转特征的具体操作步骤及方法。

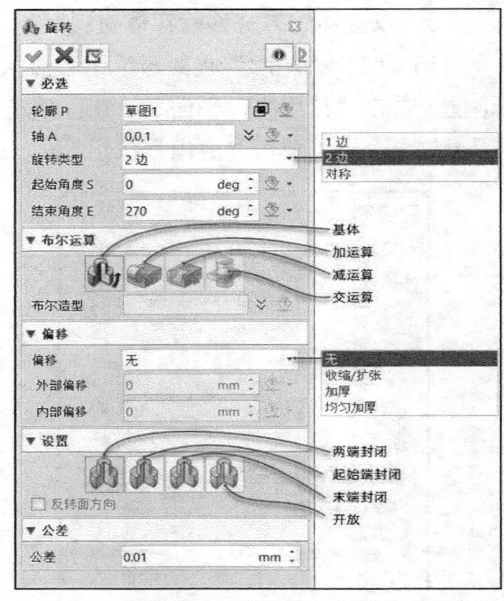

图 3-38 “旋转”对话框

【范例学习】 创建旋转特征

1. 创建旋转基体

1）新建一个标准零件文件，在功能区“造型”选项卡的“基础造型”面板中单击“旋转”按钮，弹出“旋转”对话框。

2）选择 XZ 坐标平面作为草绘平面，快速进入草图环境。绘制图 3-39 所示的旋转截面，单击“退出”按钮，完成草图并退出草图环境。

3）选择默认坐标系的 Z 轴作为旋转轴。

4）设置旋转类型为“2 边”，起始角度为 0deg，结束角度为 360deg，默认创建基体，以及两端封闭。

5）单击“应用”按钮，完成创建图 3-40 所示的旋转特征。

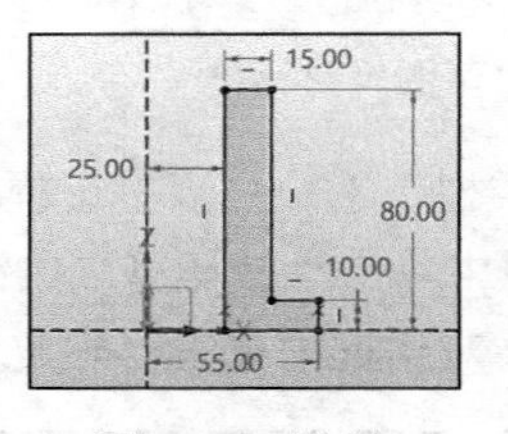

图 3-39 绘制旋转截面

图 3-40 创建旋转特征（旋转基体）

2. 创建旋转切口

1）此时，“必选”选项组的“轮廓”收集器处于激活状态，单击鼠标中键，弹出“草图”对话框，单击“使用先前平面”按钮，再单击“确定”按钮，进入内部草图环境。绘制图 3-41 所示的一个小矩形，然后单击“退出”按钮。

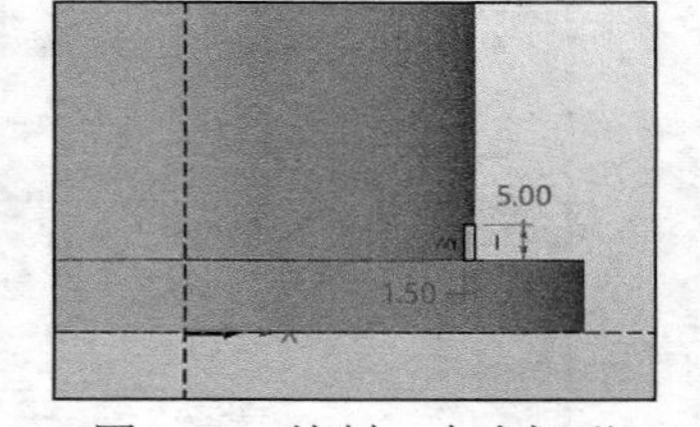

图 3-41 绘制一个小矩形

2）选择 Z 轴定义旋转轴，从“旋转类型”下拉列表中选择“1 边”选项，设置旋转角度为 360deg，在“布尔运算”选项组中单击“减运算”按钮，在“偏移”选项组的“偏移”下拉列表中选择“无”选项，如图 3-42 所示。

3）在“旋转”对话框中单击“确定”按钮，从而以旋转的方式移除材料，即获得一个旋转切口，如图 3-43 所示。

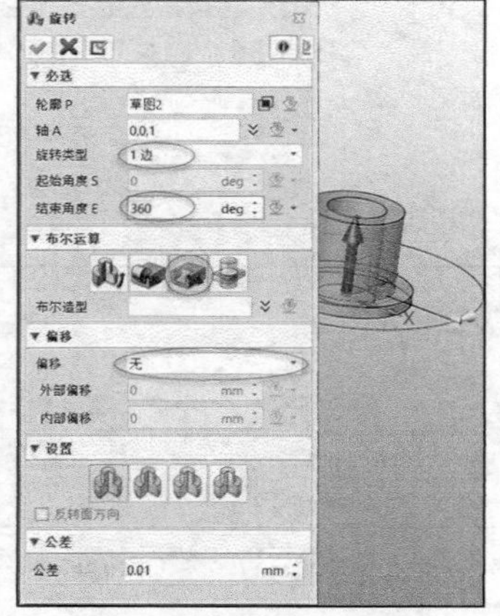
图 3-42 设置旋转特征的相关选项及参数

图 3-43 以旋转的方式移除材料

3.3.3 扫掠特征

中望 3D 提供的扫掠工具包括“扫掠”、“变化扫掠”、“螺旋扫掠”、“杆状扫掠”和“轮廓杆状扫掠”。

1. 扫掠

“扫掠”用于通过使用一条扫掠轨迹和一个开放或闭合的轮廓来创建简单或变化的扫掠特征，如图 3-44 所示（同样的扫掠轨迹与扫掠轮廓）。在创建扫掠特征的过程中，会用到两类内建的坐标系，一类是参考坐标系，另一类是局部坐标系，扫掠时将参考坐标系和局部坐标系完全对齐，在路径的每个点处放置指定轮廓，之后混合所有的放置轮廓以形成扫掠实体或曲面。

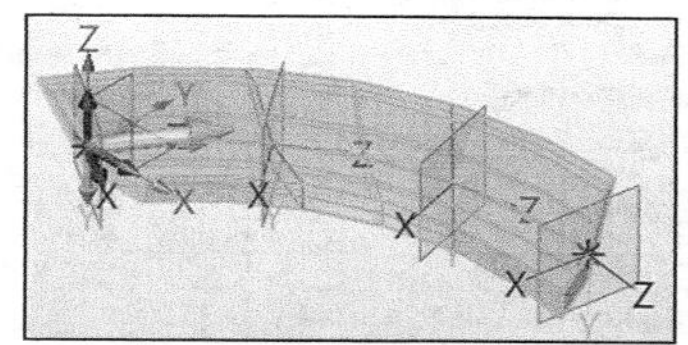

（a）常规扫掠

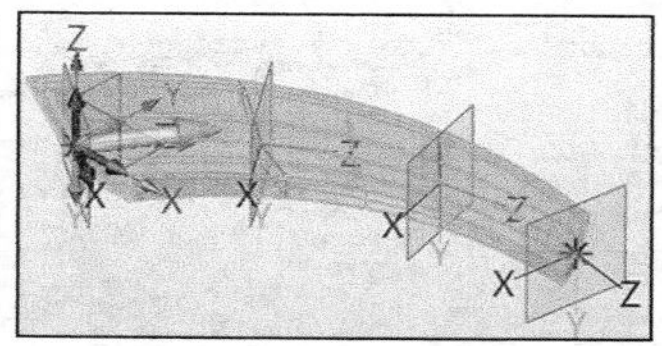

（b）扫掠（缩放）

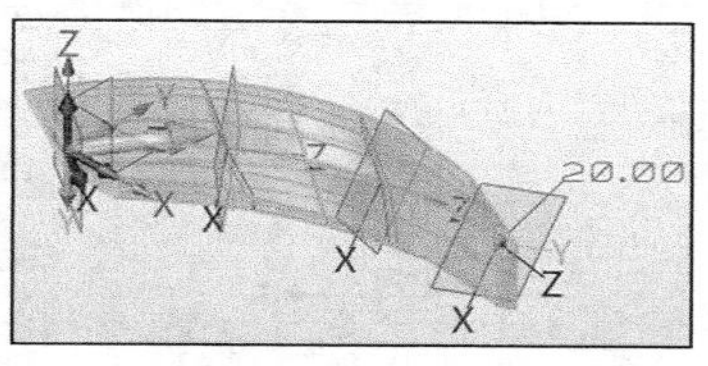

（c）扫掠（扭曲）

图 3-44 扫掠特征示例

- 参考坐标系：用于标明扫掠轮廓的初始定位，它在图形窗口中是用 3D 坐标轴标示的。
- 局部坐标系：用于显示扫掠时，每个扫掠轮廓是如何沿着扫掠路径定向的，它在图形窗口中用细实线标示。

【范例学习】 创建扫掠特征

1）在中望 3D 的“快速访问”工具栏中单击“新建”按钮，弹出“新建文件”对话框，选择“零件”类型、“标准”子类，接受默认模板，设置名称为“六角小扳手”，单击“确认”按钮。

2）准备好用于创建扫掠特征的轨迹线和截面轮廓线。

单击“草图”按钮，选择 *XZ* 坐标平面作为草绘平面，单击鼠标中键进入草图环境，绘制图 3-45 所示的图形，单击“退出”按钮。

再次单击“草图”按钮，选择 *XY* 坐标平面作为草绘平面，单击鼠标中键进入草图环境，绘制图 3-46 所示的封闭轮廓图形，单击“退出”按钮。

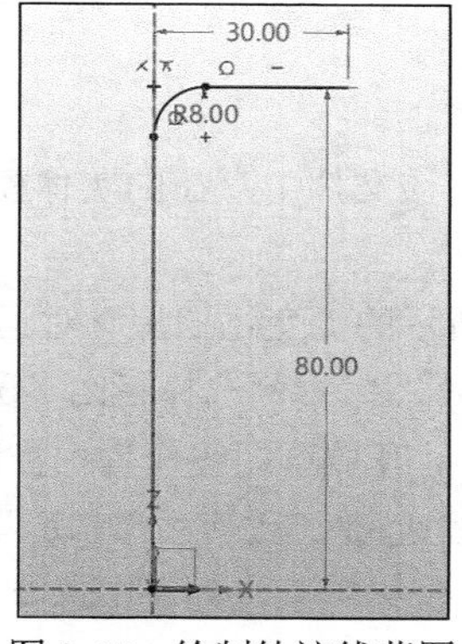

图 3-45 绘制轨迹线草图

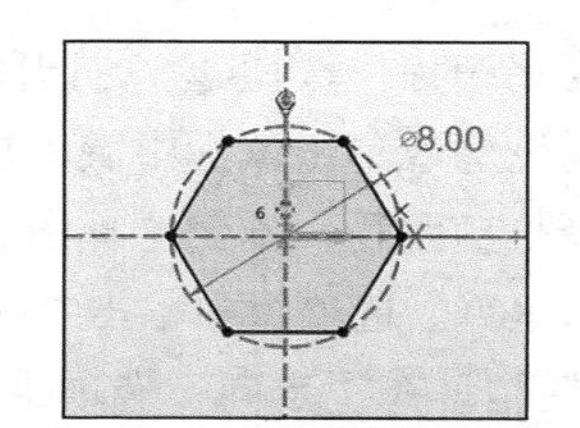

图 3-46 绘制封闭轮廓图形

3）创建扫掠特征。

单击“扫掠”按钮，打开图 3-47 所示的“扫掠”对话框。该对话框提供“必选”选项卡、“布尔运算”选项卡、“定向”选项卡、“延伸”选项卡、“偏移”选项卡、“转换”选项卡、“设置”选项卡、“自动减少”选项卡和“公差”选项卡。

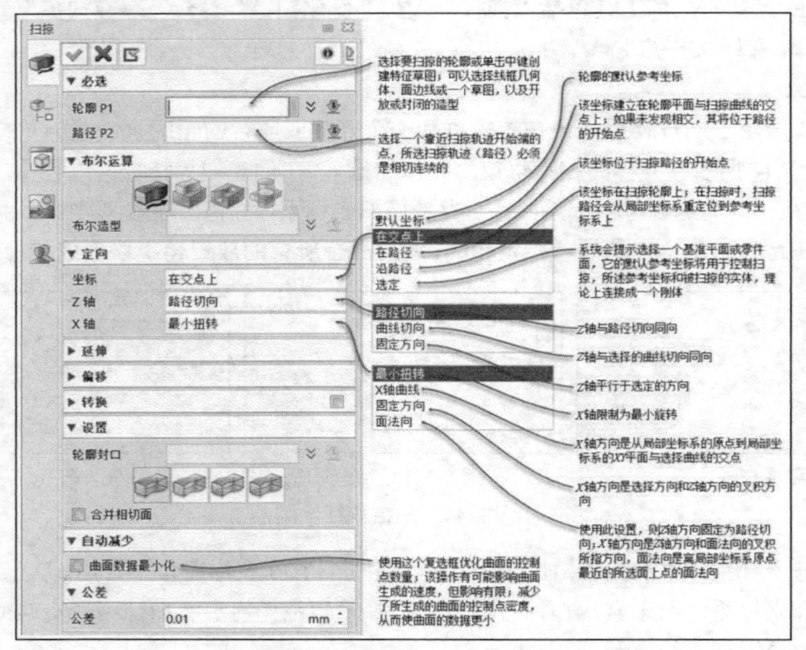

图 3-47　“扫掠”对话框

选择六边形作为扫掠轮廓线，单击鼠标中键，再选择开放的相切曲线作为扫掠路径（轨迹），选择扫掠路径的位置处靠近该相切曲线的下端点。

在“定向”选项组中，从“坐标”下拉列表中选择“在交点上”选项，从“Z 轴”下拉列表中选择“路径切向”选项，从“X 轴”下拉列表中选择“最小扭转”选项。

本例在“延伸”选项卡、“偏移”选项卡、“转换”选项卡中的设置如图 3-48 所示。

在“扫掠”对话框中单击“确定”按钮，创建图 3-49 所示的六角小扳手模型。

2. 变化扫掠

“变化扫掠”用于通过沿路径扫掠开放或闭合的轮廓创建可变特征，轮廓将在沿路径扫掠时重新生成。使用“变化扫掠”得到的结果与基本“扫掠”得到的结果相同（除非轮廓包含外部从属项），“变化扫掠”的主要特点在于变化轮廓。

下面是使用“变化扫掠”方法建模的一个范例。

1）打开“范例学习-变化扫掠.Z3PRT”文件，该文件中存在的实体模型、两个草图曲线如图 3-50 所示。

2）单击“变化扫掠”按钮，打开图 3-51 所示的“变化扫掠”对话框。

3）选择所需轮廓或单击鼠标中键增加一个新草图。本例选择封闭半圆的轮廓草图。

4）开始选择扫掠路径，本例选择图 3-52 所示的开放草图线作为扫掠路径。

5）在“布尔运算”选项组中单击“减运算”按钮，激活“布尔造型”收集器，在图形窗口中单击实体模型；在“定向”选项组中，从“坐标”下拉列表中选择“在交点上”选项，从“Z 轴”下拉列表中选择“路径切向”选项，从“X 轴”下拉列表中选择“最小扭转”选项；在“设置”选项组中默认选中“两端封闭”图标，并选中“合并相切面”复选框。

6）单击“确定”按钮，创建结果如图 3-53 所示。

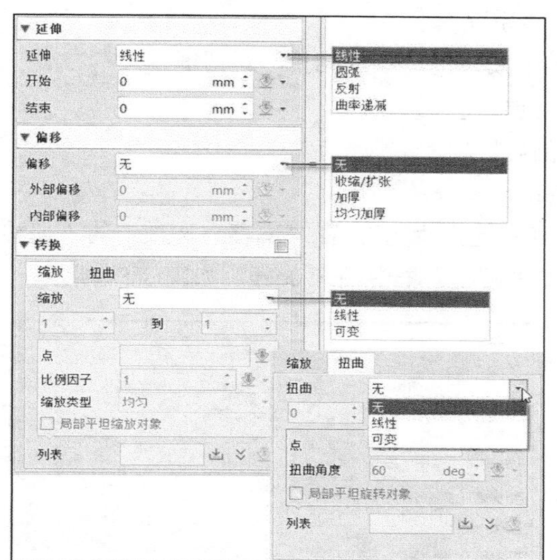

图 3-48 设置相关的延伸、偏移、转换等选项及参数

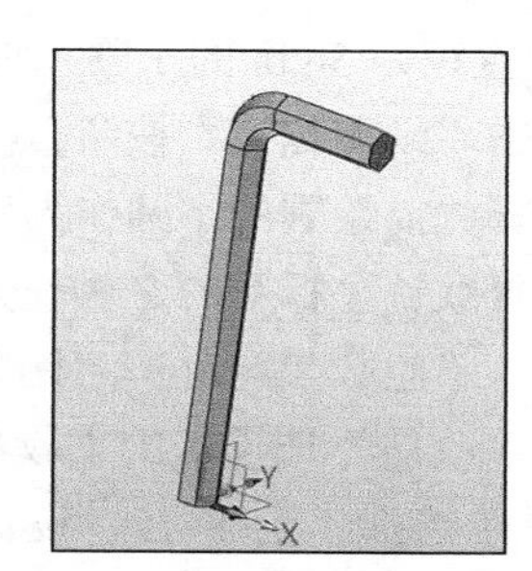

图 3-49 创建六角小扳手模型

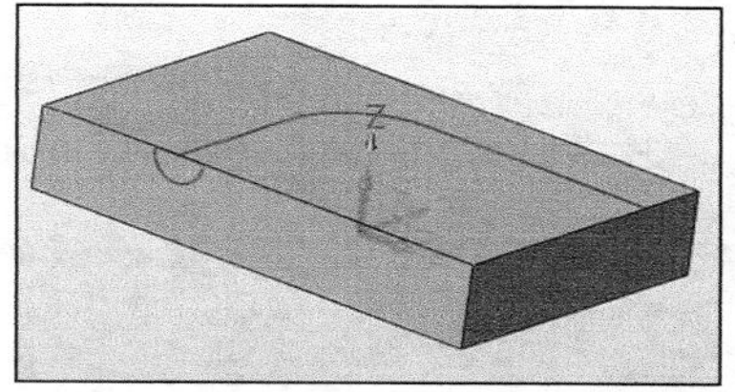

图 3-50 已有的实体模型及草图曲线

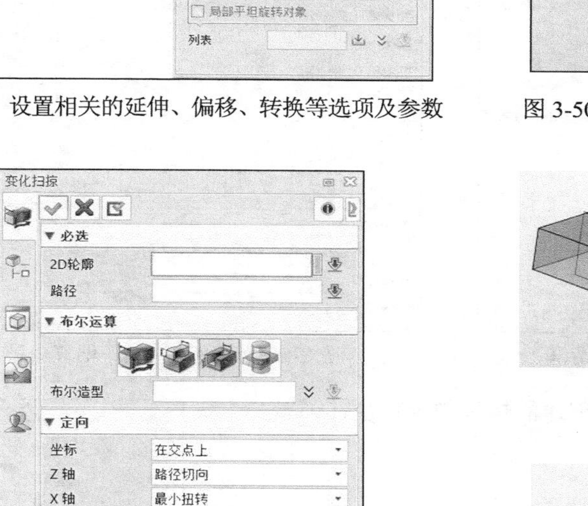

图 3-51 “变化扫掠”对话框

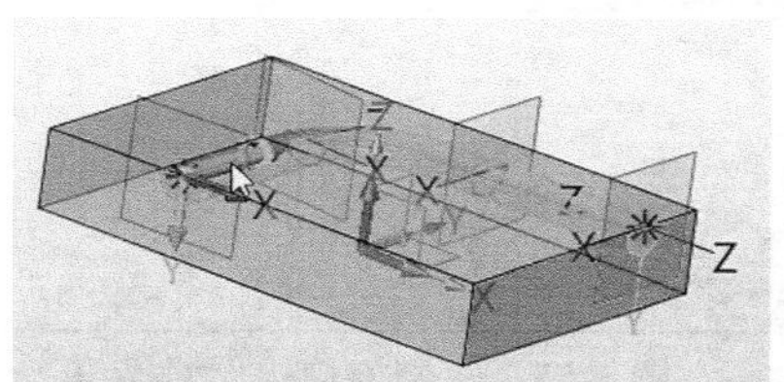

图 3-52 选择扫掠路径

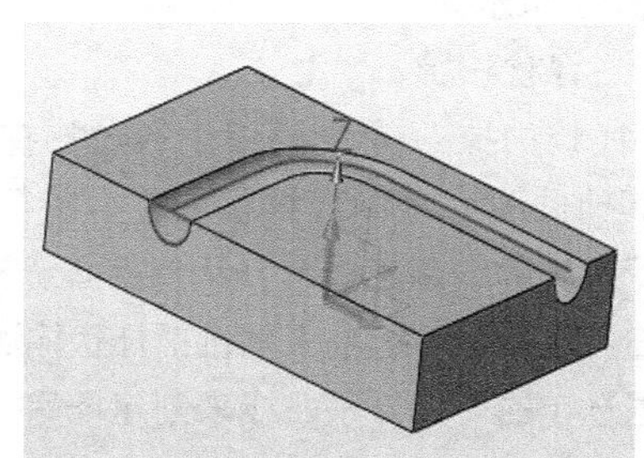

图 3-53 变化扫掠结果

3. 螺旋扫掠

“螺旋扫掠”用于沿轴或线性方向旋转一个封闭的轮廓创建一个螺旋实体基础特征。使用该工具可以创建弹簧、螺纹及线圈模型。

下面以创建一个弹簧模型为例介绍创建螺旋扫掠特征的一般方法、步骤。

1）在中望 3D 的“快速访问”工具栏中单击“新建”按钮，弹出“新建文件”对话框，选择“零件”类型、“标准”子类，接受默认模板，设置名称为“螺旋扫掠-弹簧”，单击“确认”按钮。

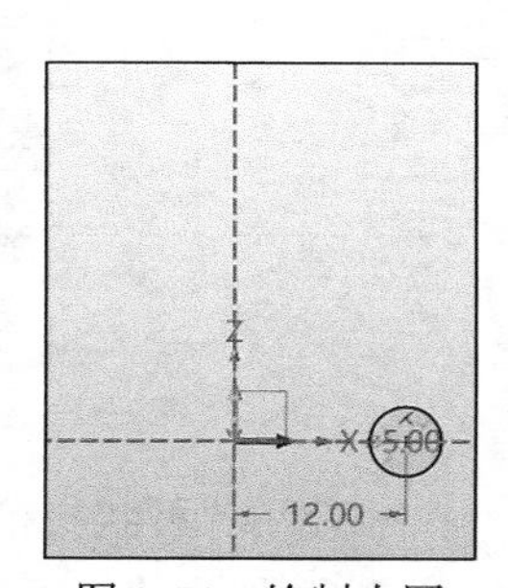

图 3-54 绘制小圆

2）创建一个将用作螺旋扫掠轮廓的图形，这里绘制一个小圆。单击“草图”按钮，弹出“草图”对话框，选择 *XZ* 坐标平面，单击鼠标中键进入草图环境。绘制图 3-54

所示的一个直径为 5mm 的小圆，单击“退出”按钮。

3）单击“螺旋扫掠”按钮，打开图 3-55 所示的“螺旋扫掠”对话框。

4）选择先前绘制的小圆作为螺旋扫掠的轮廓。

5）选择默认坐标系的 *Z* 轴作为螺旋扫掠的旋转轴。

6）输入“匝数 T”为 9，“距离 D”为 10mm。

7）在“收尾”选项卡的“收尾”下拉列表中选择“无”；在“偏移”选项卡的“偏移”下拉列表框中选择“无”；在“设置”选项卡的“锥度”框中输入 0deg，如图 3-56 所示。

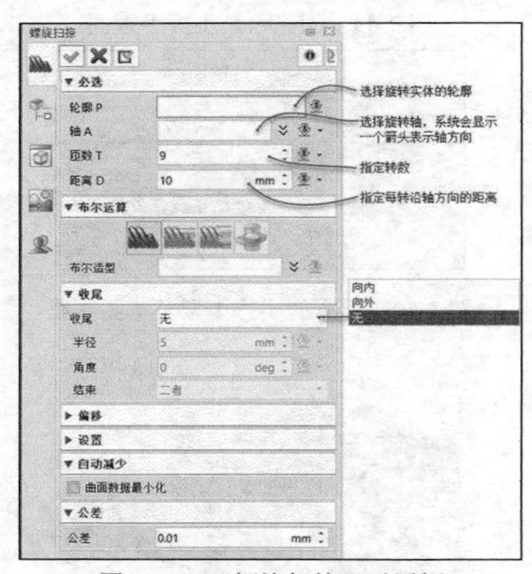

图 3-55　“螺旋扫掠”对话框

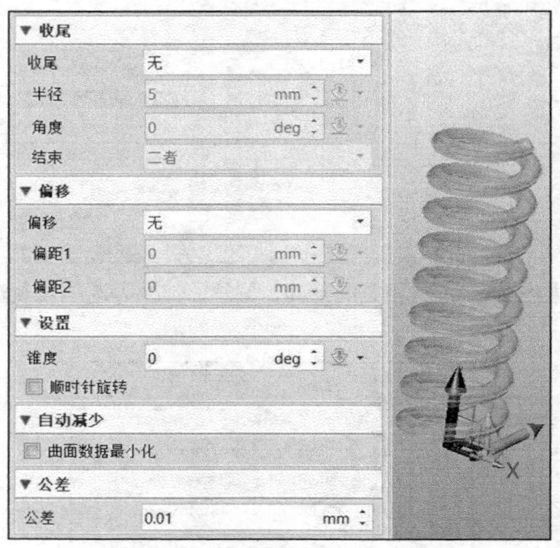

图 3-56　未启动收尾、偏移、锥度

8）单击“确定”按钮，创建的螺旋扫掠特征（弹簧）如图 3-57 所示。

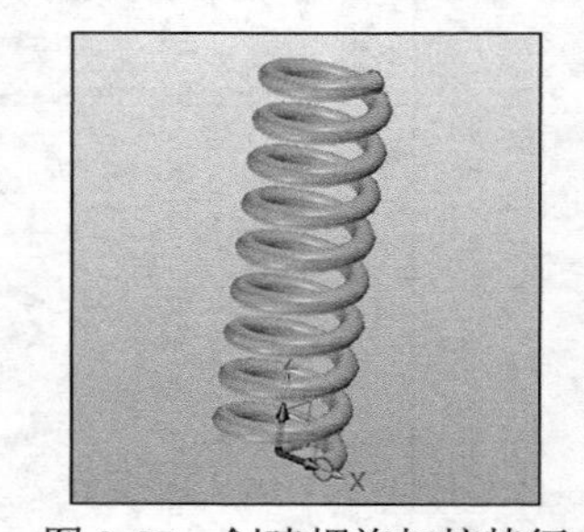

图 3-57　创建螺旋扫掠特征

4. 杆状扫掠

“杆状扫掠”主要用于通过扫掠曲线（如直线、圆弧、圆或其他曲线）来创建杆状的造型特征，特别适合管道、线缆或导管之类的线路建模。杆状扫掠必选输入有杆状体直径、内直径和扫掠曲线，可选输入则包括杆状体连接等内容，图 3-58 所示为根据选定的一条样条曲线来创建杆状扫掠特征的操作示意图。

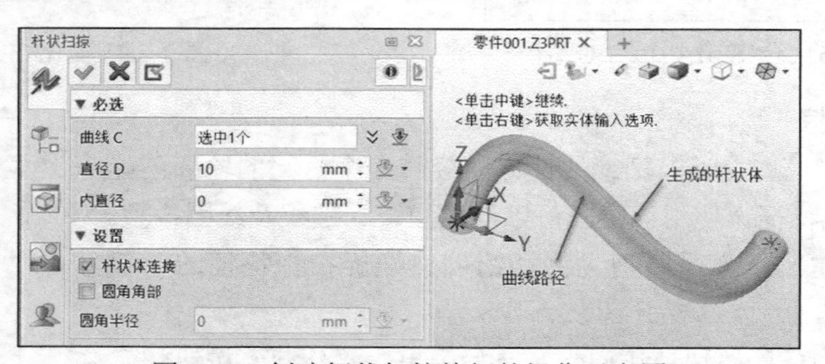

图 3-58　创建杆状扫掠特征的操作示意图

使用“杆状扫掠”工具，也可以选择交叉的草图曲线作为扫掠曲线，以一次操作创建图 3-59 所示的相应的杆状扫掠特征。这两个示例，草图曲线均由两条线段交叉组成，设置的直径 D 大于内直径，且内直径大于 0，从而使杆状扫掠特征形成中空的管道形状。

对于一些具有尖锐角的扫掠曲线，可以设置选中“圆角角部”复选框并设置其圆角半径，以在所选曲线的尖锐处添加圆角，然后再生成杆状体，如图 3-60 所示。

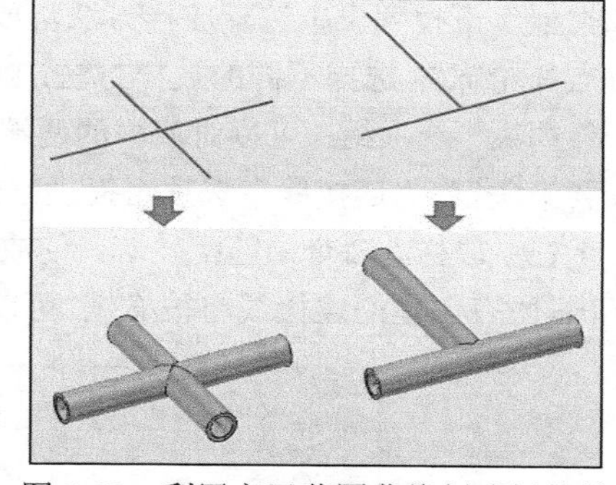

图 3-59　利用交叉草图曲线创建杆状体

5. 轮廓杆状扫掠

“轮廓杆状扫掠”用于通过指定的扫掠曲线扫掠轮廓线来创建杆状体，扫掠曲线（路径）可以是首尾相接的曲线链。下面通过一个简单范例进行介绍。

1）打开“范例学习-轮廓杆状扫掠.Z3PRT”文件，该文件中存在图 3-61 所示的两个草图曲线。

2）单击“轮廓杆状扫掠”按钮，打开“轮廓杆状扫掠”对话框。

3）选择正方形图形作为扫掠轮廓，单击鼠标中键。在一些设计场合，可多选。

4）选择另一条开放的相切曲线作为扫掠路径。在一些设计场合，可多选。

5）设置角度为 0deg，如图 3-62 所示。

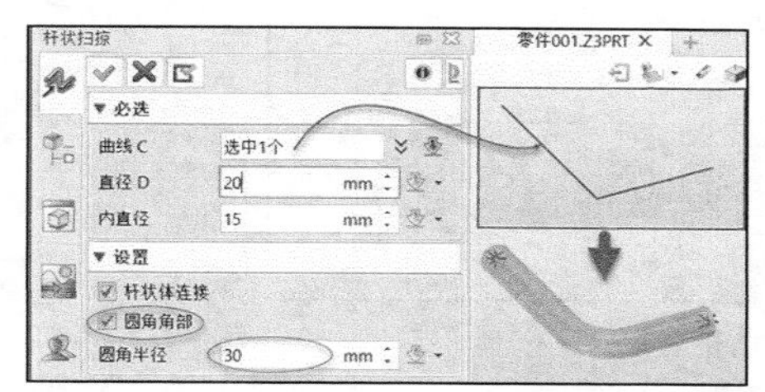

图 3-60　设置启用圆角角部

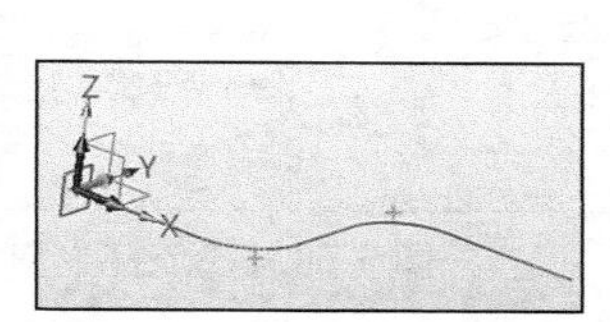

图 3-61　已有两个草图曲线

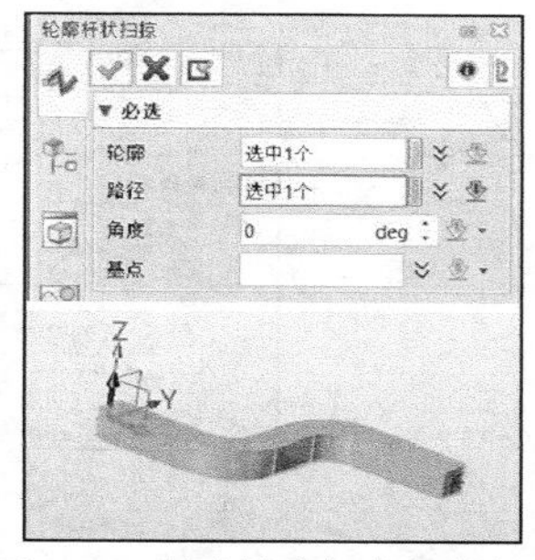

图 3-62　创建轮廓杆状扫掠特征

6）单击“确定”按钮，完成创建轮廓杆状扫掠特征。

3.3.4 放样

中望 3D 提供的放样工具包括“放样”、“驱动曲线放样”和“双轨放样”。

1. 放样

使用“放样”工具创建放样特征，可以选择使用连接线来匹配轮廓，可以设置在指定点相切（如顶点相切）、连续方式、权重、缩放比例等。放样示例如图 3-63 所示（此处示例截图参考中望 3D 2022X 使用手册并整理）。

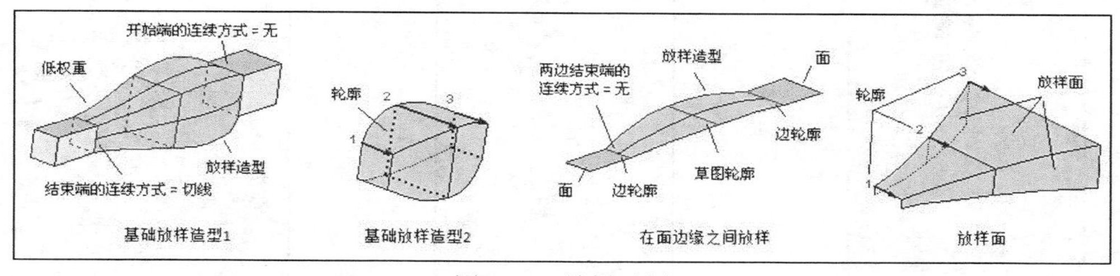

图 3-63　放样示例

单击“放样”按钮，打开图 3-64 所示的“放样”对话框，在“必选”选项组的“放样类型”下拉列表中选择放样方法，放样方法有“轮廓”“起点和轮廓”“终点和轮廓”“首尾端点和轮廓”，选择不同的放样方法，则需要根据该放样方法的规定去选择相应的对象。利用“边界约束”选项组，可以对放样的两端、起始端或末端指定连接性级别，具体要根据设计实际需要来决定。“连接线”选项组提供创建、编辑与删除连接线和顶点相切的选项，所述连接线用于在“放样”命令中匹配轮廓，使放样更倾向于所希望的造型，需要注意的是，若从此命令退出，所有创建的连接线将被撤销，可以将此处连接线理解成放样造型过程中的某些辅助线即可。

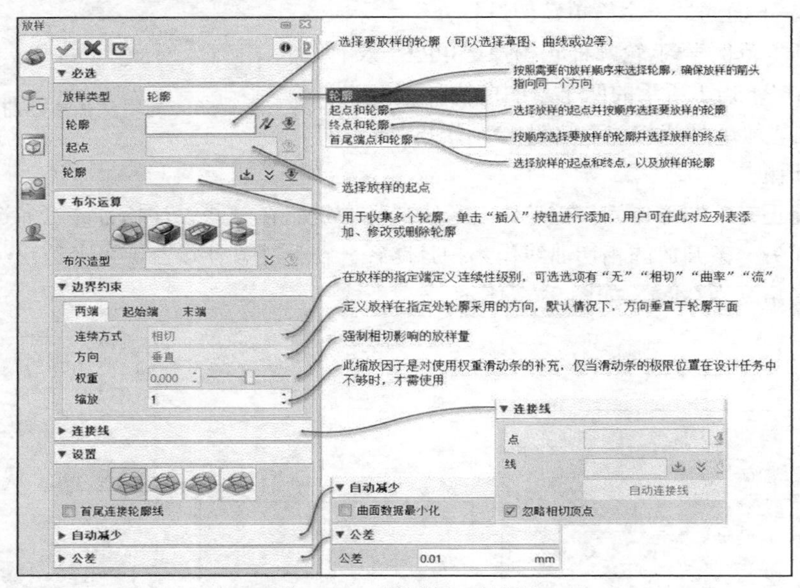

图 3-64 “放样”对话框

下面通过一个简单范例介绍创建基础放样造型的一般方法及步骤。

【范例学习】 创建放样造型 1

1）打开“范例学习-放样.Z3PRT”文件，该文件中存在的实体模型和一系列草图曲线如图 3-65 所示。

2）单击“放样”按钮，打开“放样”对话框。在“必选”选项组的“放样类型”下拉列表中选择“轮廓”选项，选择图 3-66 所示的实体边缘作为第一个放样轮廓。如果发现方向不是所需要的，可以单击“反向”按钮来进行切换。单击鼠标中键。

3）如图 3-67 所示，选择椭圆 3 作为第二个放样轮廓，单击鼠标中键；选择椭圆 2 作为第三个放样轮廓，单击鼠标中键；选择椭圆 1 作为第四个放样轮廓，单击鼠标中键。在指定各放样轮廓时一定要确保放样的箭头指向同一个方向。

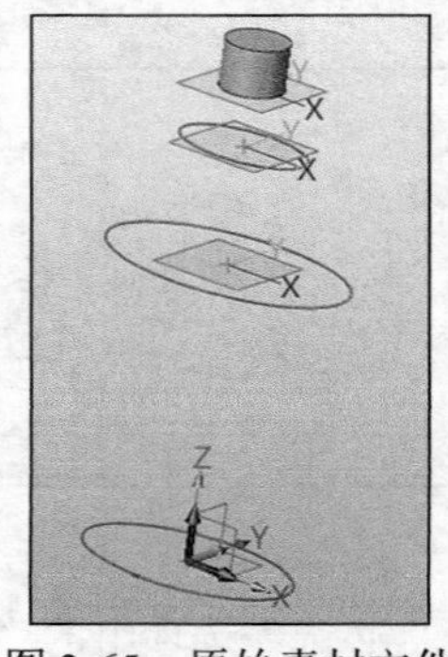

图 3-65 原始素材文件

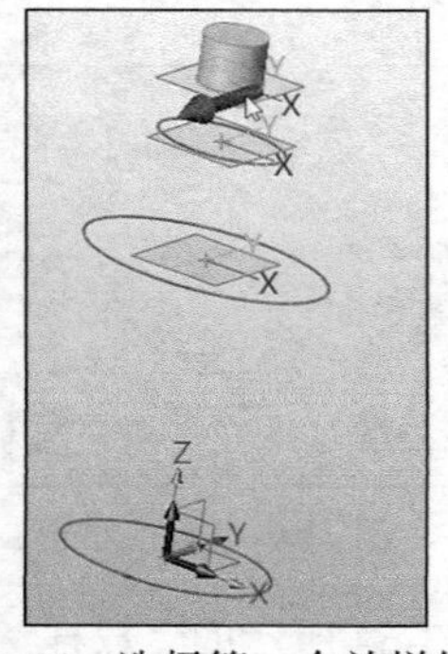

图 3-66 选择第一个放样轮廓

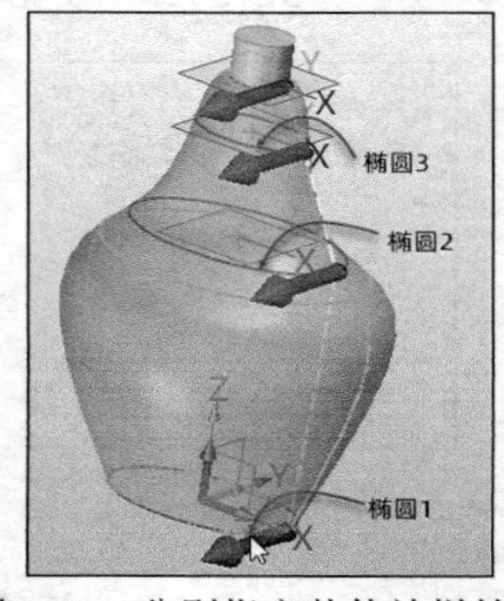

图 3-67 分别指定其他放样轮廓

知识点拨 所选轮廓收集在“轮廓”收集器列表中显示，如图 3-68 所示，如果误选了某轮廓曲线，可以利用此列表将其删除，再重新选择正确的轮廓曲线。

图 3-68 “轮廓”收集器列表列出所选轮廓

4）在“布尔运算”选项组默认选中“基体”按钮；在“边界约束”选项组的“两端”选项卡中，从“连续方式”下拉列表中选择“无”选项，在“起始端”选项卡的“连续方式”下拉列表中也选择“无”选项，在“设置”选项组中取消选中“首尾连接轮廓线”复选框，如图 3-69 所示。

5）单击“确定”按钮，创建的放样基体模型如图 3-70 所示。

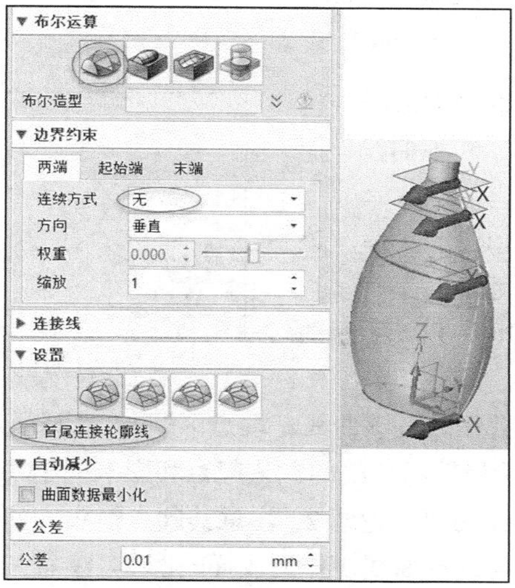

图 3-69 边界约束等其他设置

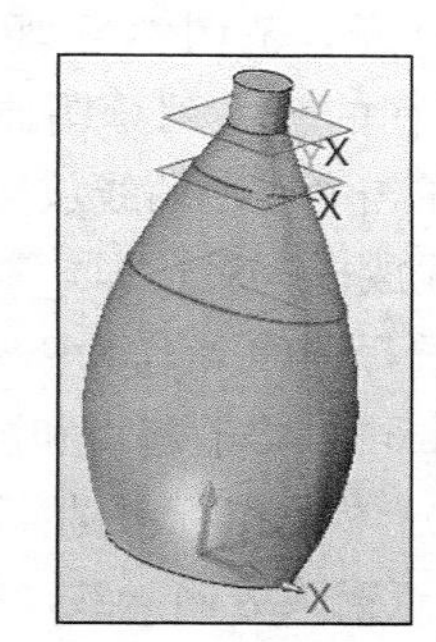

图 3-70 创建的放样基体

知识点拨 如果在本例步骤 4）中，展开“边界约束”选项组，切换至“起始端”选项卡，从“连续方式”下拉列表中选择“相切”选项，从“方向”下拉列表中选择“沿边线”选项，单击“切换面”按钮直至获得图 3-71 所示的放样预览效果，则单击“确定”按钮后将获得图 3-72 所示的放样结果。

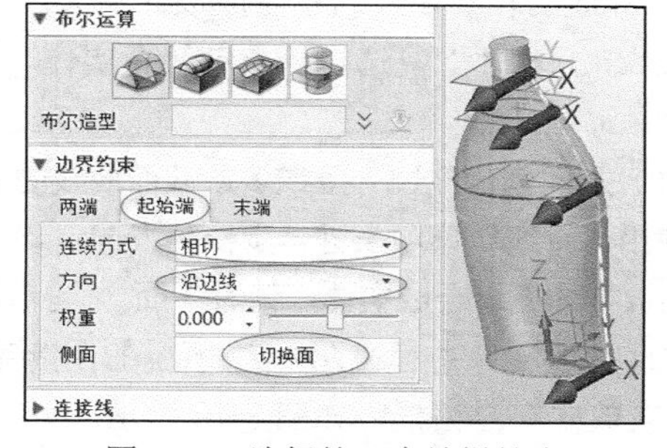

图 3-71 选择第一个放样轮廓

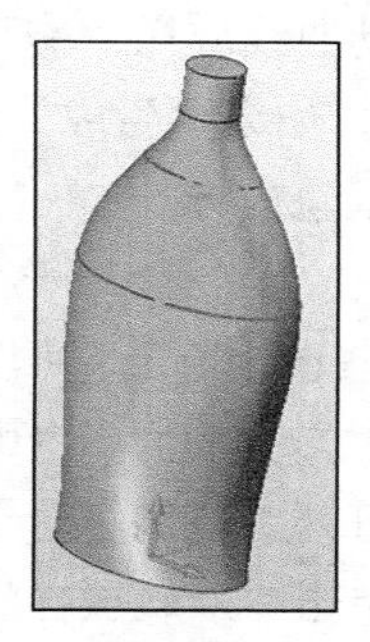

图 3-72 起始端相切结果

再简单介绍一个放样操作范例，在该范例中使用“起点和轮廓”放样方法，需要指定一个点（本示例选择坐标系原点）作为放样的起点，再按顺序选择所需放样轮廓，所使用的素材文件为“范例学习-放样 2.Z3PRT”，操作图例如图 3-73 所示。指定放样的起点后，在选择某个放样轮廓时，可使用“起点”收集器来更改默认的起点，选择一个放样轮廓后单击鼠标中键以切换至选择另一个放样轮廓的状态。注意每个放样轮廓的起点箭头方向要一致。

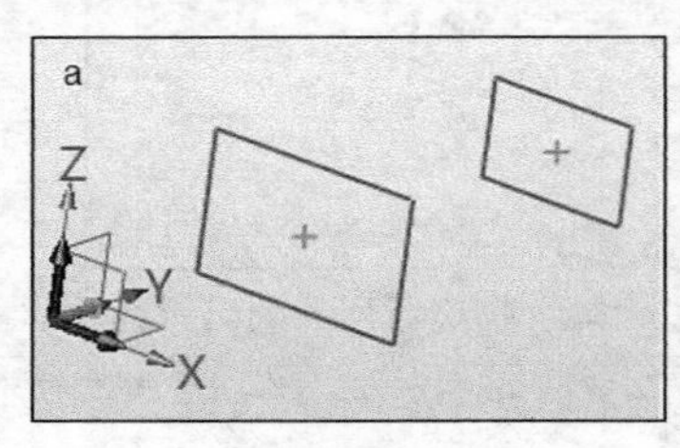

（a）原始草图

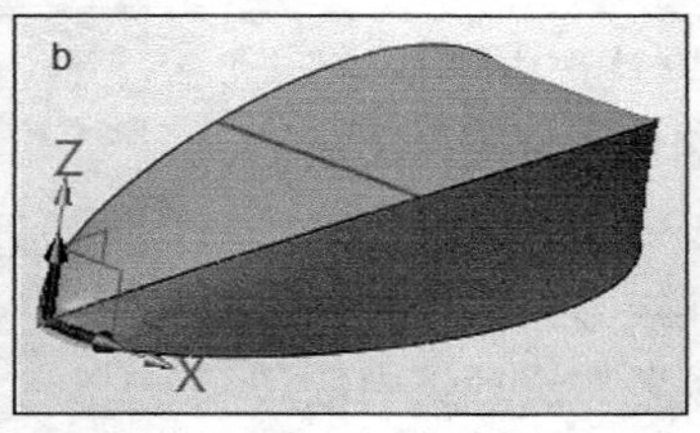

（b）设置起始端连续方式为“相切”并更改权重

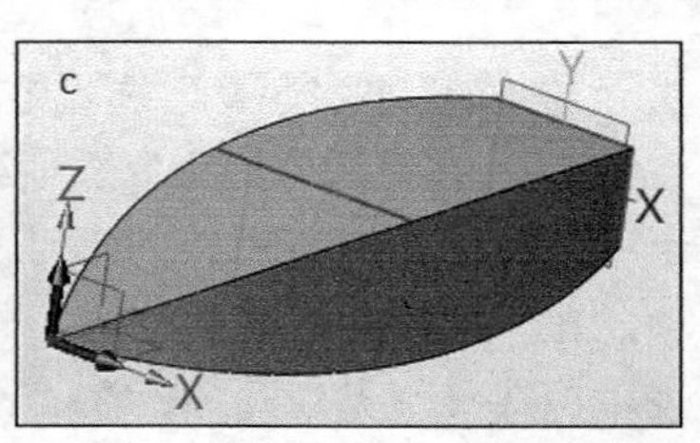

（c）起始端连续方式为“无”

图 3-73 使用“起点和轮廓”方法的放样示例

2. 驱动曲线放样

“驱动曲线放样”用于通过一系列轮廓给面放样（桥接）来创建放样造型，所选轮廓可以是草图、线框曲线、面边或曲线列表。请看以下操作范例。

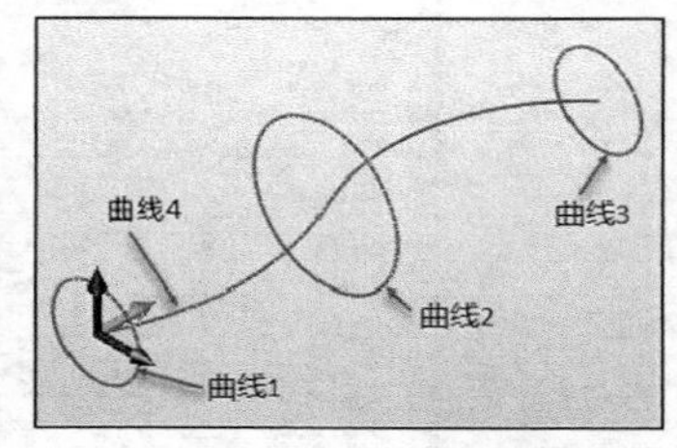

图 3-74 已有草图曲线

1）打开“范例学习-驱动曲线放样.Z3PRT”文件，该文件中存在的一系列草图曲线如图 3-74 所示。

2）单击“驱动曲线放样”按钮，打开图 3-75 所示的“驱动曲线放样”对话框。

3）选择曲线 4 作为驱动曲线（选择位置在靠近该曲线左端点区域），选择曲线 1 作为放样轮廓 1，可以修改起点和影响因子，本例接受轮廓曲线的默认起点和影响因子（默认影响因子值为 1），单击鼠标中键；然后选择曲线 2 作为放样轮廓 2，注意其起点箭头方向要和放样轮廓 1 的起点箭头方向一致，单击鼠标中键；再选择曲线 3 作为放样轮廓 3，注意其起点箭头方向也要和放样轮廓 1 的起点箭头方向一致，单击鼠标中键，完成选择。

4）在“方向”选项组中，从“Z 轴”下拉列表中选择“路径切向”选项，从“X 轴”下拉列表中选择“最小扭转”选项；在“缝合”选项组中选中“缝合实体”复选框。其他选项组可选操作，可接受默认设置。

5）单击“确定”按钮，完成创建放样造型，效果示意如图 3-76 所示。

“驱动曲线放样”对话框上的一些选项与“扫掠”对话框上的一些选项相似，不再赘述。

“驱动曲线放样”可用来创建放样曲面，开放的轮廓曲线通常生成放样曲面，对于闭合轮廓曲线，如果要生成放样实体，则需要选中“缝合实体”复选框以自动缝合实体。

3. 双轨放样

“双轨放样”用于在两条曲线路径（轨迹）之间创建穿过一条或多条截面曲线的双轨放样面，在有些设计场合下可以在双轨放样操作中使用“脊线”选项来进一步控制方向。该工具常用来创建双轨放样曲面，也可以将形成封闭区域的放样曲面缝合成实体，请看下面一个操作范例。

1）打开“范例学习-双轨放样.Z3PRT”文件，该文件中存在图 3-77 所示的图形对象。

2）单击“双轨放样”按钮，打开“双轨放样”对话框，如图 3-78 所示。

3）在上边框条中将选择过滤器选项设置为“曲线”，分别选择图 3-79 所示的两条曲线作为放样的两条路径线，如图 3-79 所示。

4）这时，“必选”选项组的“轮廓”收集器处于激活状态，将选择过滤器选项更改为“全部”，依次单击图 3-80 所示的 4 条实体边作为轮廓 1，单击鼠标中键，完成定义轮廓 1。

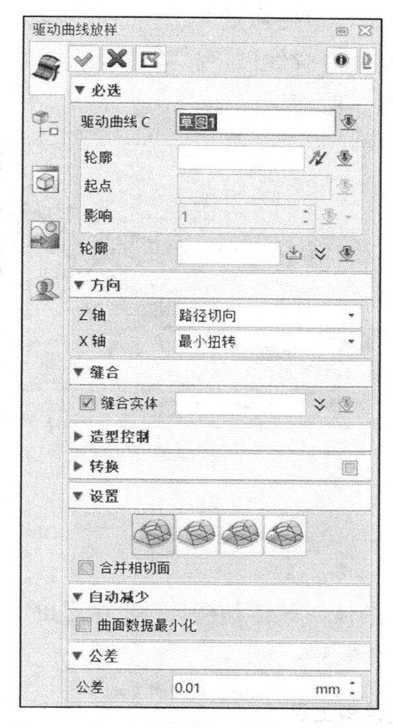

图 3-75 “驱动曲线放样”对话框

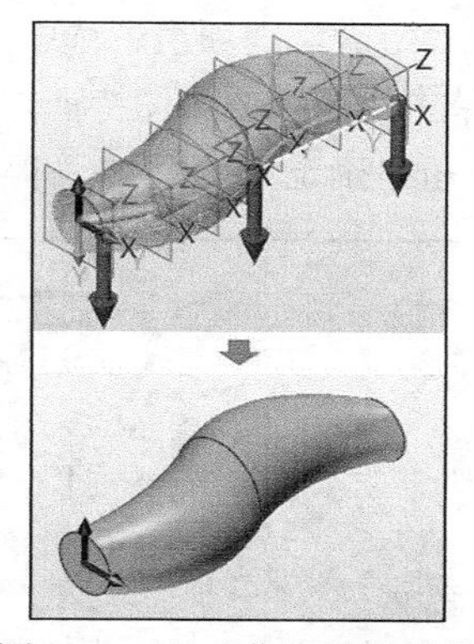

图 3-76 驱动曲线放样效果

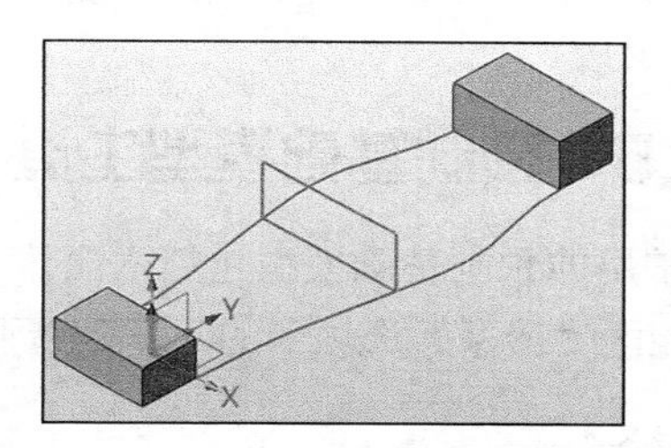

图 3-77 原始图形对象

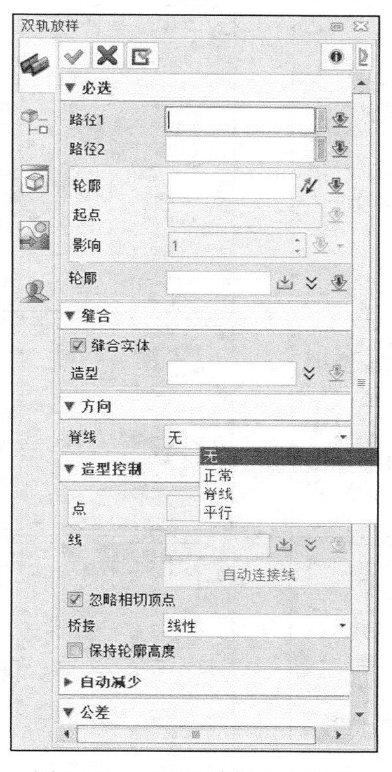

图 3-78 “双轨放样”对话框

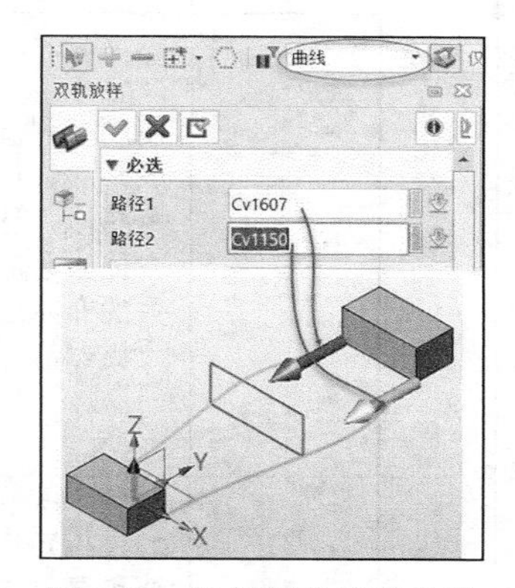

图 3-79 选择两条路径曲线

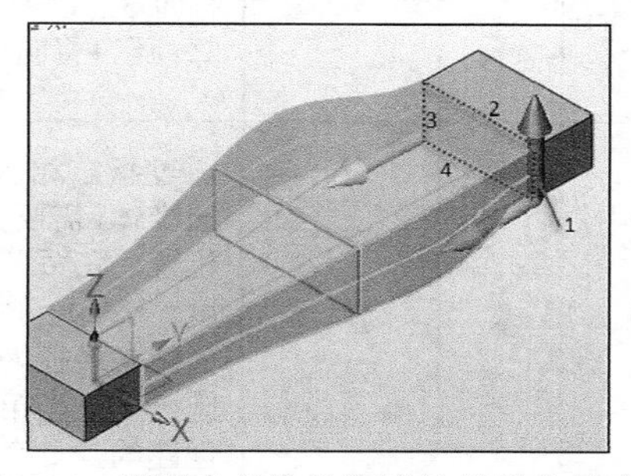

图 3-80 利用实体边的矩形边界指定轮廓 1

选择位于两实体中间的矩形草图作为轮廓 2，注意其起点箭头与轮廓 1 的起点箭头方向一致，单击鼠标中键确认；在另一个实体特征上分别单击矩形边界上的 4 段以定义轮廓 3，注意其起点箭头方向也要和前两个轮廓的起点箭头方向一致，如图 3-81 所示，单击鼠标中键确认。

5）在“缝合”选项组中选中“缝合实体”复选框，单击激活“造型”收集器，在图形窗口中分别单击两个拉伸实体特征。在“方向”选项组的“脊线”下拉列表中选择“无”选项。

6）单击“确定”按钮，得到的模型结果如图 3-82 所示。

图 3-81 指定另两个轮廓

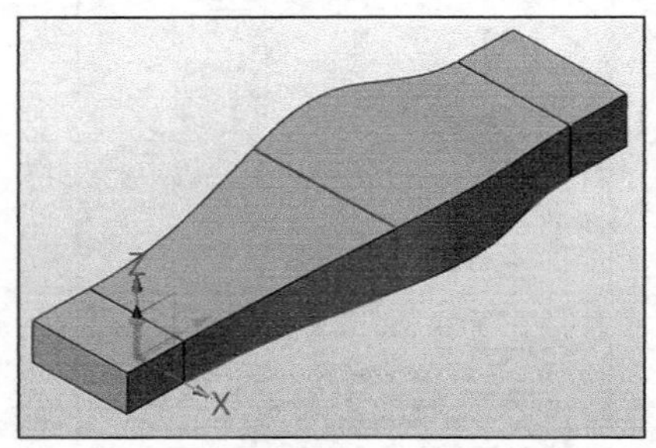

图 3-82 完成双轨放样操作

3.3.5 预制基础模型工具

常用的预制基础模型包括六面体、圆柱体、圆锥体、球体和椭球体，它们的创建工具位于功能区“造型”选项卡的“基础造型”面板中，如表 3-4 所示。

表 3-4 常用的预制基础模型工具

序号	工具	工具名称	功能含义	图例
1		六面体	使用多种方式由指定参数快速生成六面体造型特征，与“拉伸”命令相似，但此工具创建六面体（长方体）更高效，此工具也提供有相关的布尔运算选项及“对齐平面”收集器等	
2		圆柱体	通过指定中心、半径、长度参数快速创建一个圆柱体造型特征，与“拉伸”工具相似，但此工具仅需指定 3 个关键参数，可进行布尔运算，还可将圆柱体与一个平面对齐	
3		圆锥体	通过指定相应的参数来快速创建圆锥体，需要指定的参数有中心点位置、底面半径（第一半径）、长度（高度）、顶面半径（第二半径）；当第二半径为 0 时，创建的是一个圆锥体；当第二半径为其他值时，创建的是一个截锥体	

续表

序号	工具	工具名称	功能含义	图例
4		球体	通过指定中心点和半径来快速地创建一个球体造型特征，既可以创建一个基础特征，也可以添加一个球体到布尔造型，还可以从布尔造型移除一个球体，或者使球体与布尔造型求交	
5		椭球体	通过指定中心点位置、X轴长度、Y轴长度、Z轴长度来快速创建一个椭球体，除了可以创建一个基础特征（基体）之外，还可以与其他实体进行布尔运算以获得所需的实体模型	

3.4 工程特征

工程特征主要包括圆角、倒角、孔、筋、拔模、螺纹、唇缘、胚料。

3.4.1 圆角

在塑料制品及机械零件中，圆角过渡通常可避免应力集中，提高制品强度，有利于模具制造，提高模具强度，有利于充模和脱模。

要在零件中创建圆角过渡，则在功能区“造型”选项卡的“工程特征”面板中单击“圆角”按钮，弹出图 3-83 所示的“圆角”对话框，利用此对话框在所选边创建圆角，或者创建椭圆圆角特征，或者沿面的环形边创建一个不变半径圆角，或者在一个或多个顶点处创建圆角。对于创建常规圆角，需要选择要进行倒圆角处理的边，设定圆角半径，需要时可分别在“高级设置”“拐角突然停止”“圆角造型”“翻转控制”“设置”“自动较少”“公差”选项组中进行相应的设置。例如，要创建可变半径圆角，则展开“高级设置”选项组，利用“可变半径”子选项组指定创建可变半径的边，指定边上的一个点来添加圆角属性，设定其圆角半径等。

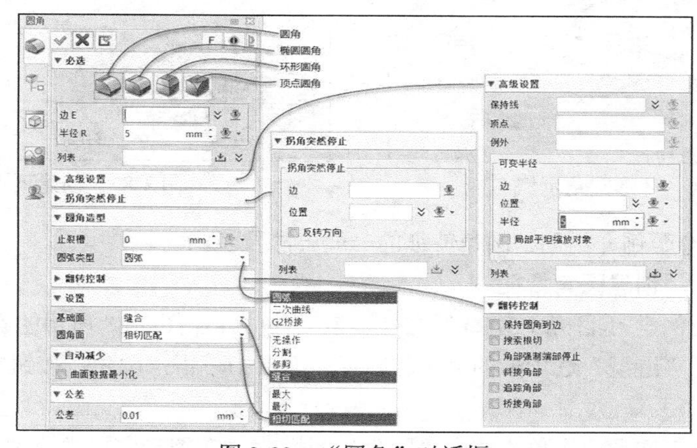

图 3-83 “圆角”对话框

在所选边创建圆角时，默认的圆弧类型为“圆弧”，可以根据设计要求将圆弧类型更改为“二次曲线”或“G2 桥接”。“圆弧”圆弧类型是用圆形创建圆角，需要设置圆角半径；“二次曲线”圆弧类型是用二次曲线创建圆角，需设置二次曲线比率值（范围为 0～1，默认值为 0.5）；“G2 桥接”圆弧类型是用 G2 创建圆角，需要设置范围为 0.1～5 的起始权重和结束权重。图 3-84 所示圆角示例为使用“二次曲线”圆弧类型的情形，二次曲线比率设为 0.68。

当在“圆角”对话框的“必选”选项组中单击“椭圆圆角”按钮，在“类型”下拉列表中可选择“非对称”或“倒角距离和角度”，选择要倒圆角的边，以及设置相应的参数，典型的椭圆圆角示例如图 3-85 所示。

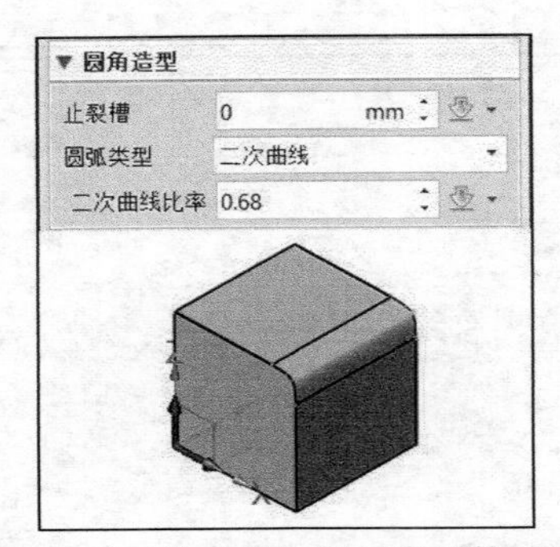

图 3-84 “二次曲线”圆弧类型的圆形圆角

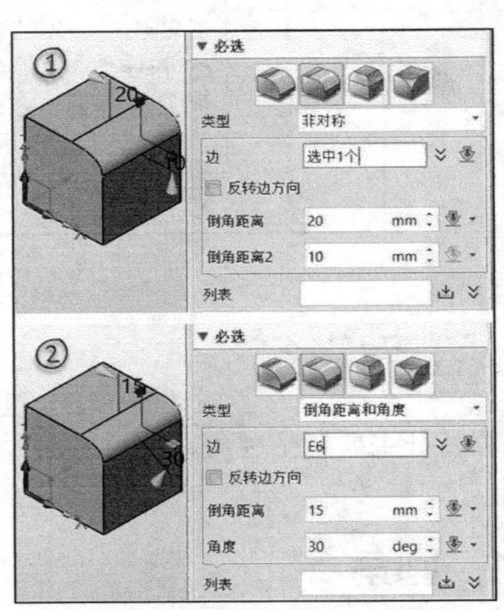

图 3-85 椭圆圆角的两种示例

当在“圆角”对话框的“必选”选项组中单击“环形圆角”按钮，可通过选择面来指定所需边来创建不变半径圆角，定义环形边的可选选项有“全部”“边界”“选定”“内部”“外部”“共有”“边界”，如图 3-86 所示，比较丰富。显然此方式比单独依次选择每条边来创建圆角效率要高一些。

当在“圆角”对话框的“必选”选项组中单击“顶点圆角”按钮，选择要圆角的顶点，接着设置沿每边的倒角距离，如图 3-87 所示。

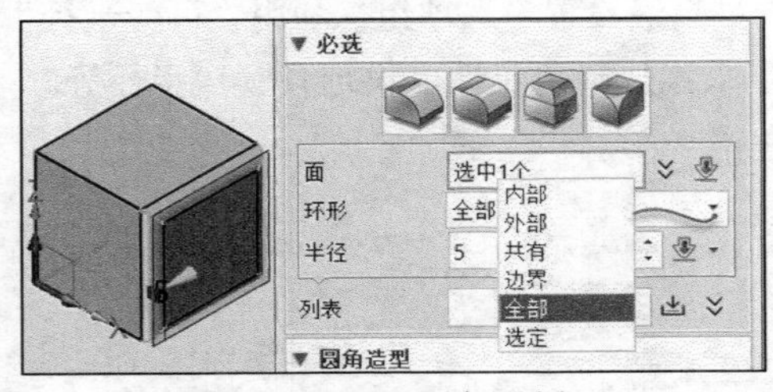

图 3-86 环形圆角示例

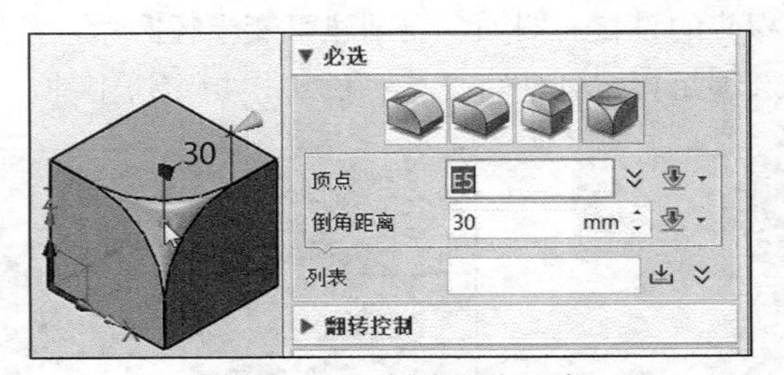

图 3-87 创建顶点圆角

下面通过一个范例介绍创建圆角特征的一般方法及步骤。

【范例学习】 创建圆角特征

1）打开“范例学习-圆角.Z3PRT”文件，该文件中存在图 3-88 所示的实体模型。

2）在功能区“造型”选项卡的“工程特征”面板中单击“圆角”按钮，打开“圆角”对话框。

3）在“必选”选项组中单击选中“圆角”图标，在图形窗口中分别选择图 3-89 所示的 4 条边，为了便于选择原本被遮挡的边线，可以借助按住鼠标右键并移动鼠标来翻转模型。选择好要倒圆角的 4 条边后，单击鼠标中键，在“半径 R”框中输入圆角半径为“2”，按“Enter”键确认。

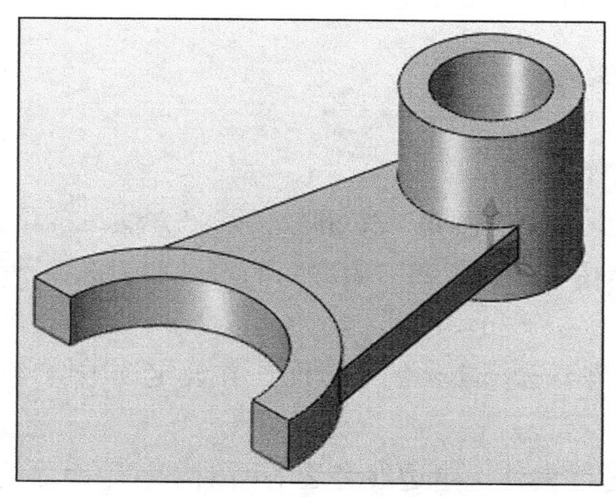

图 3-88　原始实体模型

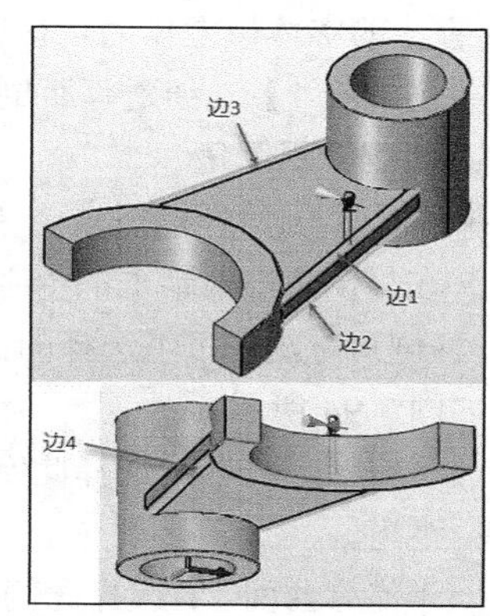

图 3-89　选择要倒圆角的 4 条边

4）分别选择图 3-90 所示的 4 条要倒圆角的边线作为第二组圆角边，同样设置该组圆角半径为 2mm。

5）在“圆角”列表中单击“新建”按钮添加新的一组圆角边，在圆柱面上选择要倒圆角的相连的 4 条边线，单击鼠标中键，输入该组圆角半径为“5”，按“Enter”键，如图 3-91 所示。

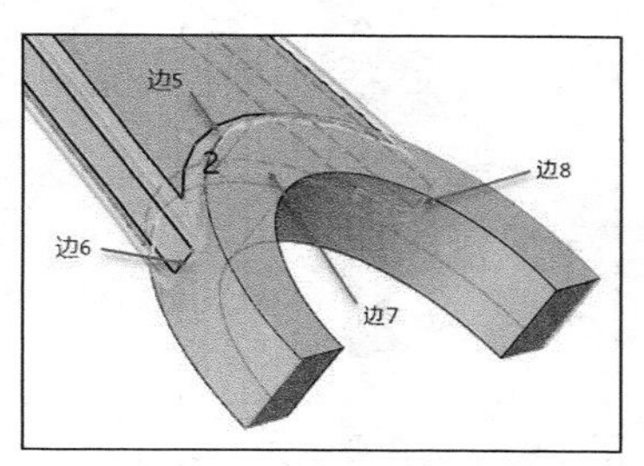

图 3-90　指定第二组 4 条圆角边

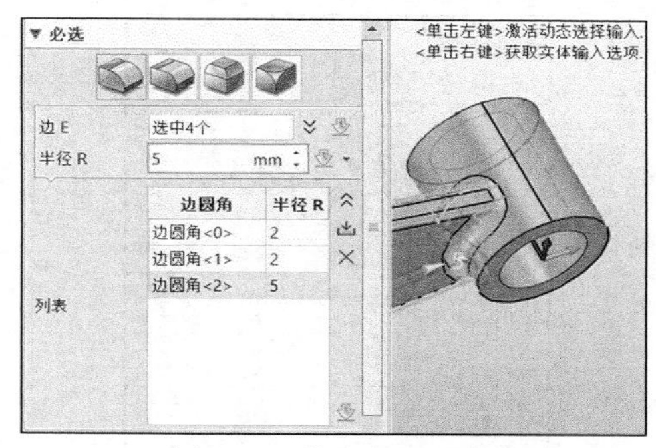

图 3-91　指定第三组圆角边

6）单击“确定”按钮，创建的实体模型如图 3-92 所示。

知识点拨　要编辑圆角特征，可以在历史管理器中右击圆角特征并单击“重定义”按钮，利用弹出的“圆角”对话框对该圆角特征进行重新编辑定义即可。

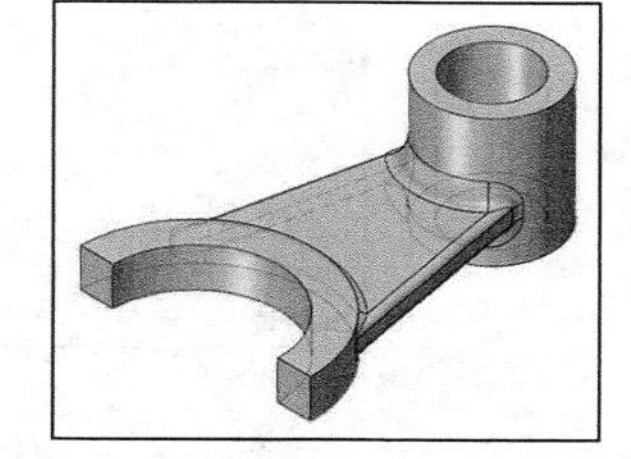

图 3-92　完成创建多个圆角集

3.4.2　倒角

为了去除零件上因为机加工产生的毛刺，或者为了便于装配相应零部件，一般在零件的端部或尖锐边设计倒角结构。在图 3-93 所示的机械零件中，将内孔边缘进行倒角处理，这个倒角还是等距的倒角，它在共有同一条边的两个面上，倒角的缩进距离是一样的。倒角还可以是不对称的倒角，即还可以根据

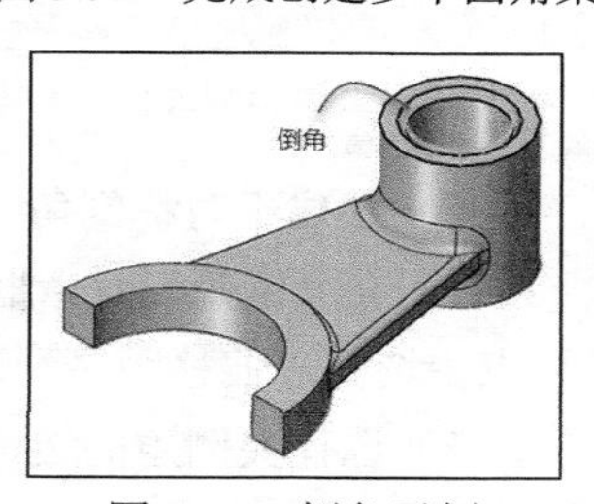

图 3-93　倒角示例

所选边上的两个倒角距离来创建一个倒角。此外，在一个或多个顶点处也可以创建倒角特征，以产生类似于切除实体的角而形成的一个平面倒角面。创建倒角的一般操作步骤和创建圆角的一般操作步骤类似，下面通过介绍两个简单范例以加深印象，其中第一个范例使用3.4.1小节范例所完成的实体模型作为素材模型。

【范例学习1】 创建等距倒角和不对称倒角

1. 创建等距倒角

1）单击“倒角”按钮，打开“倒角”对话框。

2）在“倒角”对话框的“必选”选项组中单击“倒角”按钮，从“方法”下拉列表中指定一种倒角方法（可供选择的倒角方法有“偏移距离”和“偏移曲面”），本例选择“偏移距离”，如图3-94所示。

- “偏移距离”：选择此倒角方法时，需要选择实体的边或面，并设定选中倒角边上的距离。
- “偏移曲面”：选择此倒角方法时，通过偏移选定边线旁边的面来求解等距面的倒角，偏移面后求交得到交线，然后再向支撑面投影得到倒角边。

3）“边E”收集器处于激活状态时，选择要进行倒角的边，本例选择图3-95所示两条边链，选择完此两条边链后单击鼠标中键结束选择。

4）输入倒角距离为“2”，按“Enter”键确认。

5）单击“应用”按钮，创建好等距倒角的效果如图3-96所示。

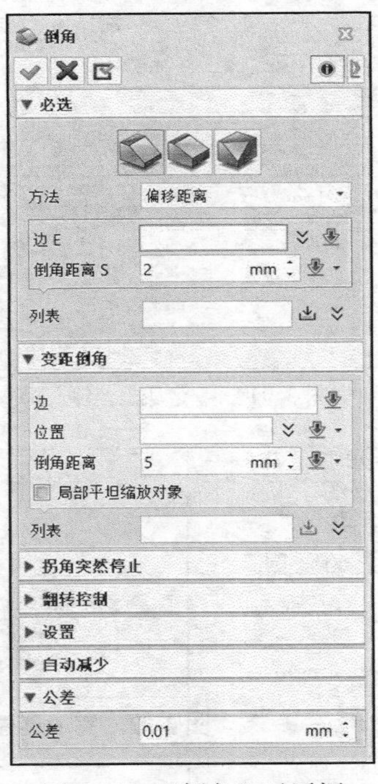

图3-94 “倒角”对话框

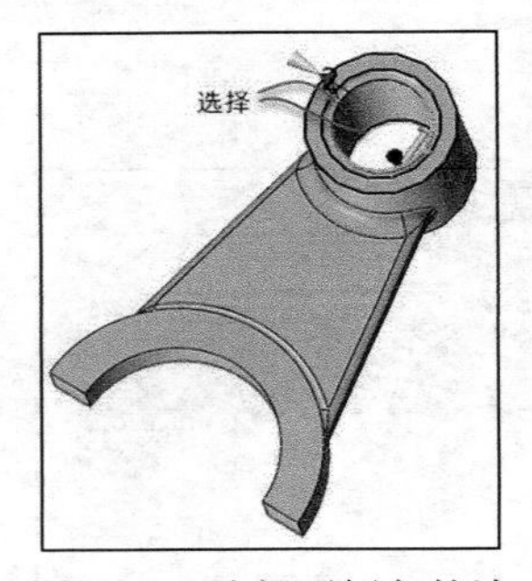

图3-95 选择要倒角的边

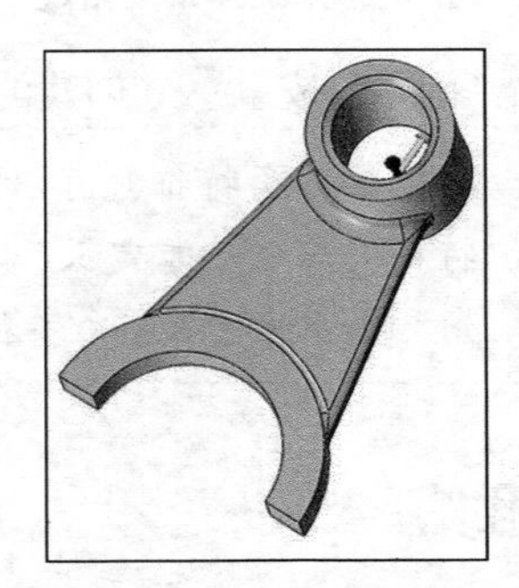
图3-96 创建等距倒角的效果

2. 创建不对称倒角

1）在“倒角”对话框的“必选”选项组中单击“不对称倒角”按钮，从“方法”下拉列表中选择“偏移距离”选项，从“类型”下拉列表中选择“非对称”选项，如图3-97所示。

2）选择要倒角的边，如图3-98所示，单击鼠标中键结束选择。

3）设置倒角距离为5mm，倒角距离2为2mm。此时要观察图形窗口中预览的倒角效果，如果发现倒角距离与倒角距离2所在的边方向不对，则可以选中“反转边方向”复选框来进行切换。

4）单击“确定”按钮，完成在指定的一条边上创建不对称倒角，结果如图3-99所示。

图3-97　不对称倒角设置

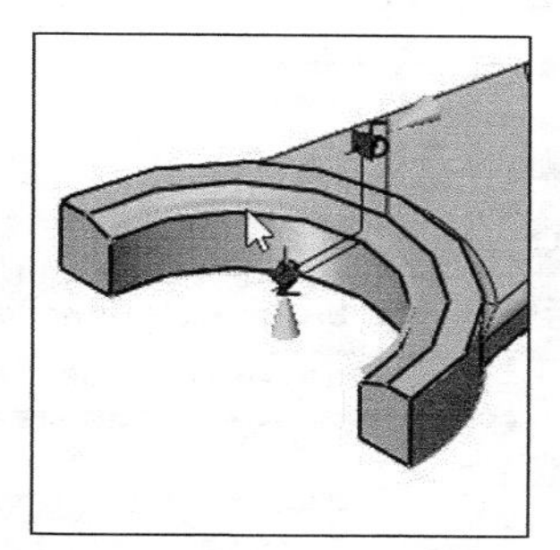

图3-98　选择要倒角的边

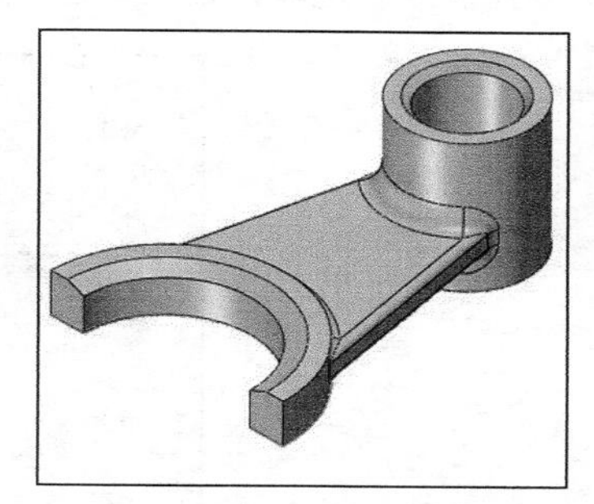

图3-99　创建不对称倒角

知识点拨　创建不对称倒角时，可以使用“非对称”或“倒角距离和角度”类型选项，即“类型”下拉列表提供“非对称”和“倒角距离和角度”两个类型选项。当选择“非对称”类型选项时，通过定义两个倒角距离来定义倒角；当选择“倒角距离和角度”类型选项时，通过第一个倒角距离和一个角度来定义倒角。

【范例学习2】　创建顶点倒角

1）在一个新的标准零件文件中，使用“拉伸”工具创建一个长、宽、高均为50mm的正方体。

2）单击“倒角”按钮，打开“倒角”对话框。

3）在“倒角”对话框的“必选”选项组中单击“顶点倒角”按钮，如图3-100所示。

4）选择要倒角的顶点，如图3-101所示，单击鼠标中键确认。

5）在“倒角距离”框中输入倒角距离值，如将倒角距离设置为30mm。

6）在“设置”选项组的“基础面”下拉列表中选择所需的一个选项，默认选择“缝合”选项以修剪并缝合基础面，保证实体闭合。“无操作”表示对于基础面不做任何操作，“分割”表示沿着相切的倒角边分离基础面，“修剪”表示修剪基础面，“缝合”表示修剪并缝合基础面。

7）单击“确定”按钮，创建的顶点倒角如图3-102所示。

图3-100　不对称倒角设置

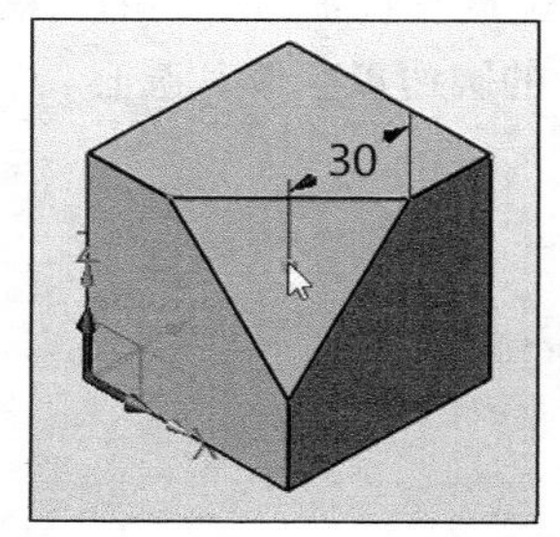

图3-101　选择要倒角的顶点

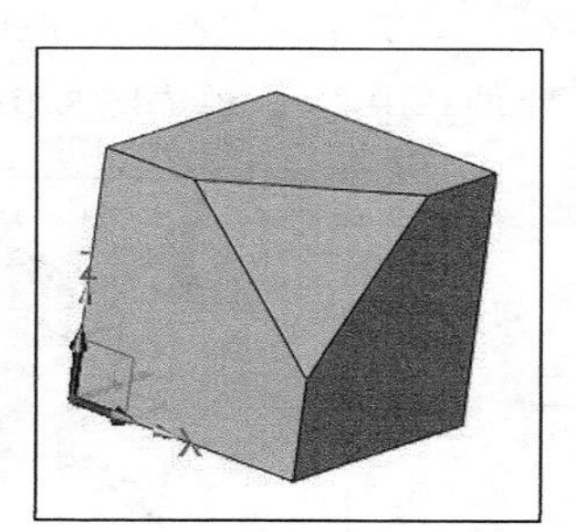

图3-102　创建顶点倒角

3.4.3 孔

孔是一种比较常见的工程特征，其主要类型有常规孔、间隙孔和螺纹孔。

要创建孔特征，则单击“孔”按钮，打开图 3-103 所示的“孔”对话框，在“必选”选项组中设置孔类型为常规孔、间隙孔或螺纹孔，指定孔位置，单击鼠标中键继续下一步，选择孔特征的基面等，然后根据所设置孔类型分别定义孔造型、添加倒角情况、孔模板及更多的孔参数和选项，最后单击“确定”按钮。

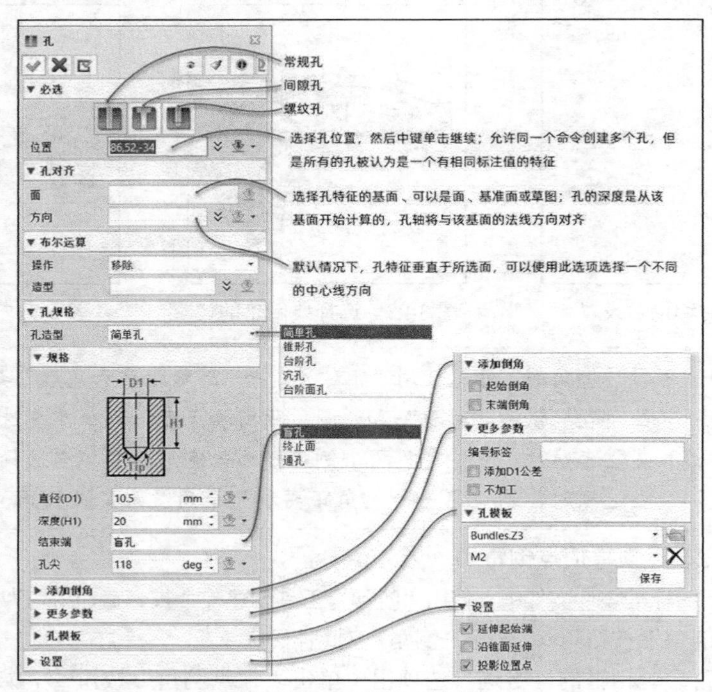

图 3-103 “孔”对话框

孔特征和圆角特征、倒角特征一样，通常在设计后期才被考虑在模型中添加进去，这样做的好处是比较符合常规的设计思路，便于模型修改，提高建模效率。

【范例学习】创建多种孔特征

1. 创建常规孔

1）打开“范例学习-孔特征.Z3PRT”文件，该文件中存在图 3-104 所示的原始实体模型。

2）在功能区“造型”选项卡的“工程特征”面板中单击“孔”按钮，打开“孔”对话框，在“必选”选项组中单击“常规孔”按钮。

3）单击“必选”选项组“位置”收集器右侧的“展开”按钮，从弹出的列表中选择“曲率中心”，单击图 3-105 所示的圆边以获取其圆心。

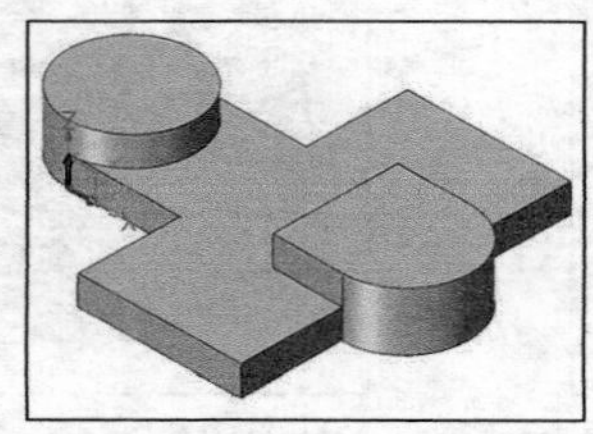

图 3-104 原始实体模型

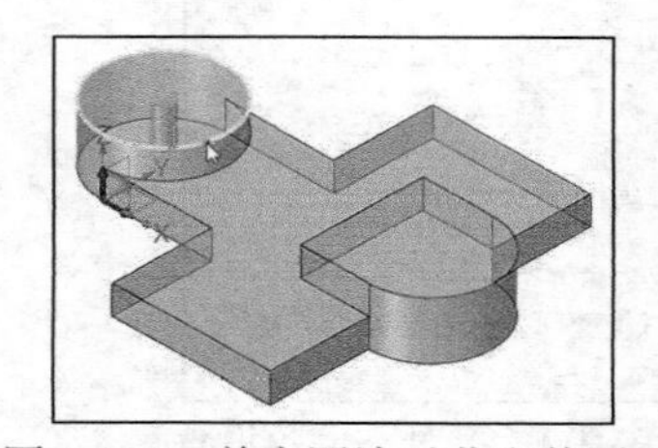

图 3-105 单击圆边以获取其圆心

4）在“孔规格”选项组的“孔造型”下拉列表中选择“台阶孔”，在“规格”子选项组中分别设置图 3-106 所示的参数和选项。

5）单击“应用”按钮，创建图 3-107 所示的一个台阶孔。

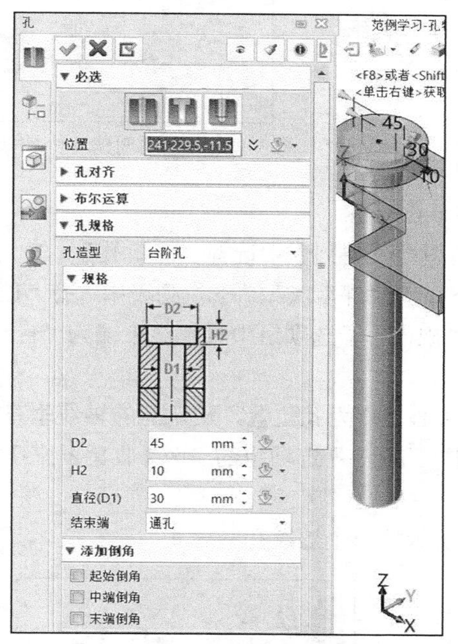

图 3-106　定义孔规格等

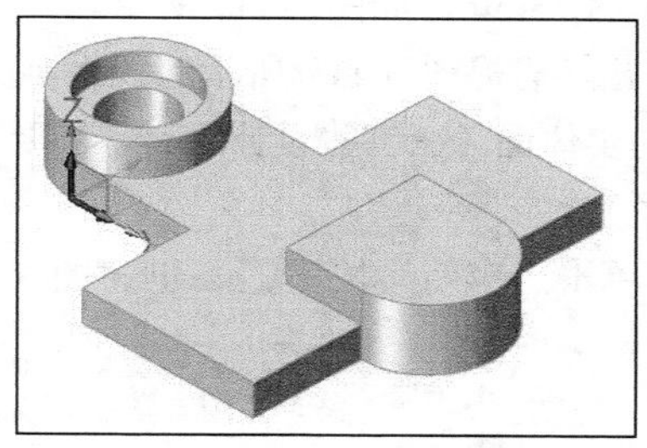

图 3-107　创建一个台阶孔

6）在“孔规格”选项组的“孔造型”下拉列表中选择“简单孔”，在“规格”子选项组中设置“直径 D1”的值为 12mm，从“结束端”下拉列表中选择“通孔”，如图 3-108 所示。

7）激活“位置”收集器，在图形窗口中右击并选择“草图”命令，在实体模型上单击所需的面，进入草图环境绘中单击“点”按钮+来绘制 4 个点，如图 3-109 所示，单击“退出”按钮。

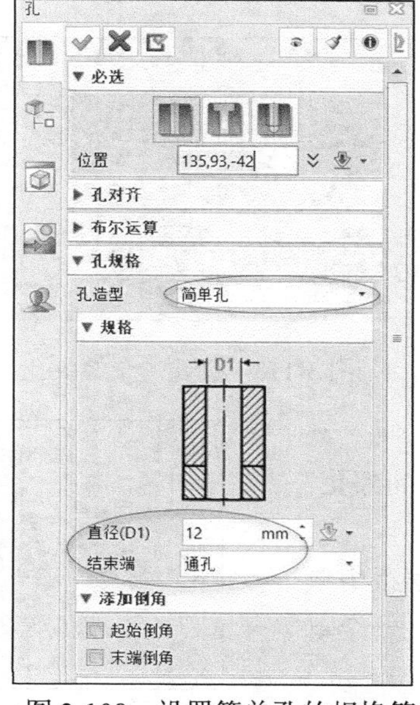

图 3-108　设置简单孔的规格等

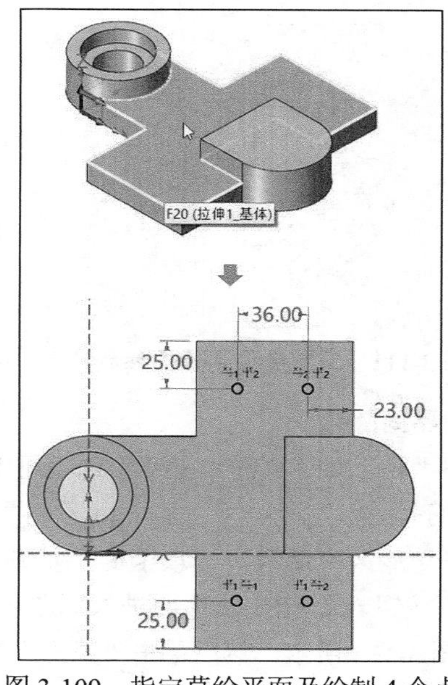

图 3-109　指定草绘平面及绘制 4 个点

8）单击“应用”按钮，创建4个常规的简单孔，如图3-110所示。

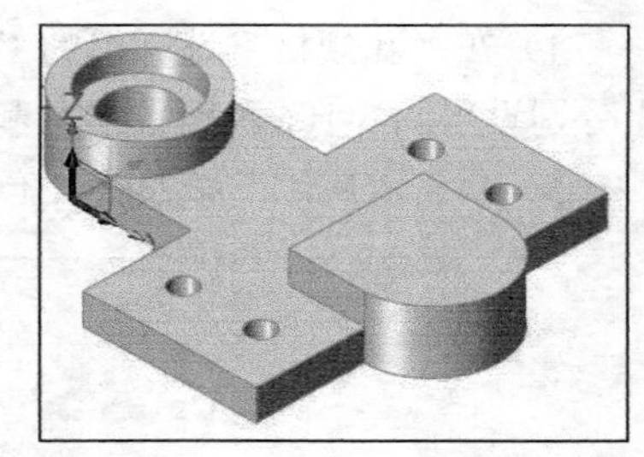

图3-110　一次创建4个常规的简单孔

知识点拨　在创建孔特征的过程中，巧用“草图”命令在指定面上创建点来定义孔的位置很实用，而且可以创建多个点以一次定义多个孔的位置。

2. 创建螺纹孔

1）在“孔”对话框的“必选”选项组中单击“螺纹孔”按钮，在“孔规格”选项组的“孔造型”下拉列表中选择“简单孔”，在“螺纹”子选项组中设置类型为“M”，尺寸为“M10×1.25”，从“深度类型”下拉列表中选择“1.5×直径”，从“孔尺寸”下拉列表中选择“默认”，并在“规格”子选项组中设置结束端为“盲孔”，深度（H1）为23.75mm，如图3-111所示。

2）智能捕捉图3-112所示的顶面半圆的圆心点作为孔位置，默认孔的轴线垂直于该圆心点所在的实体面（在有些设计场合，需要利用“孔对齐”选项组的“面”收集器来手动指定放置孔的面）。

3）单击“应用”按钮，创建图3-113所示的一个螺纹孔。

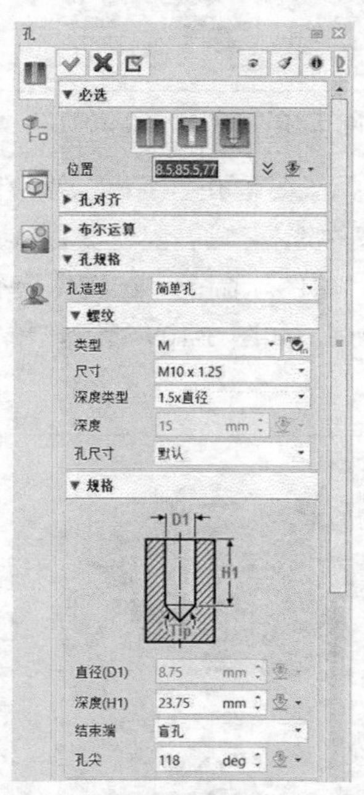

图3-111　设置螺纹孔相关参数

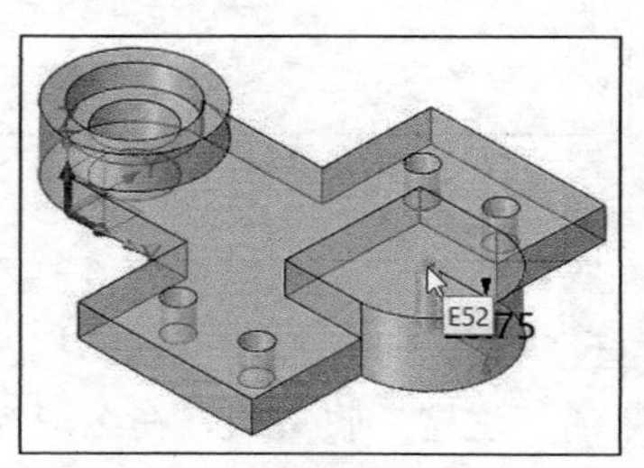

图3-112　选择顶面半圆的圆心点

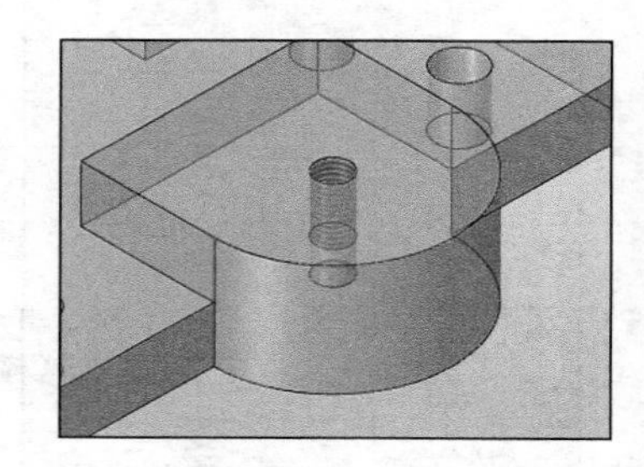

图3-113　创建一个螺纹孔

3. 创建间隙孔

1）在“孔”对话框的“必选”选项组中单击“间隙孔”按钮。插入

2）在功能区“造型”选项卡的“基础造型”面板中单击“草图”按钮，指定实体面进入草图环境，绘制一个草图点，如图3-114所示，然后单击“退出”按钮。

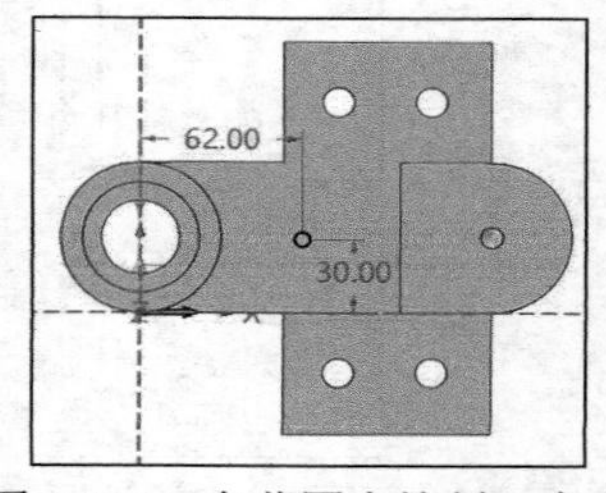

图3-114　在草图中绘制一个点

3）在“孔规格”选项组中设置图3-115所示的选项及参数。

4）在“孔”对话框中单击“确定”按钮，创建间隙沉孔，结果如图 3-116 所示。

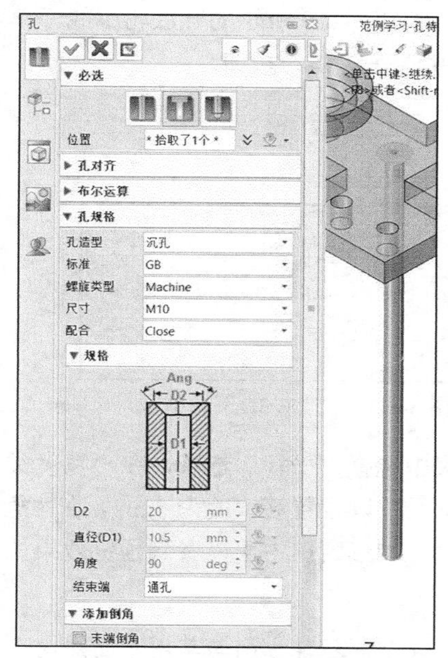

图 3-115　设置孔规格等

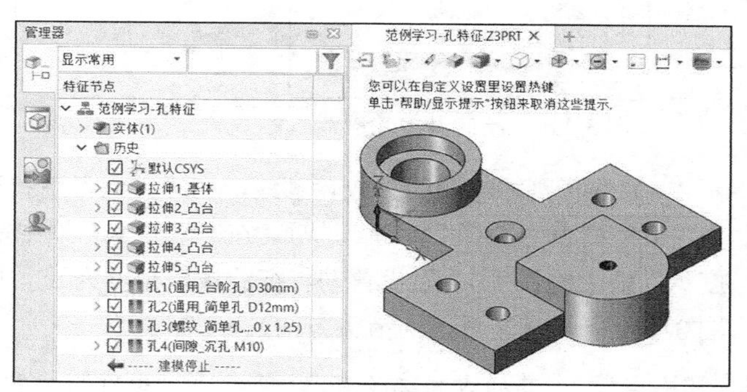

图 3-116　创建间隙沉孔

3.4.4 筋

中望 3D 中的筋工具包括“筋”和“网状筋”，前者用于创建常规的加强筋特征，后者用于创建网状形式的加强筋特征。下面结合典型实例分别介绍这两个筋工具的应用方法。

1. “筋”

使用此工具，可通过一个开放轮廓草图创建一个筋特征，除了需要选择一个定义了筋轮廓的开放草图之外，还需要指定筋的拉伸方向、宽度类型、宽度、拔模角度等。

【范例学习】　创建筋特征

1）打开素材文件“范例学习-筋特征.Z3PRT”，该模型素材文件中已经存在图 3-117 所示的原始实体模型。

2）在功能区“造型”选项卡的“工程特征”面板中单击“筋”按钮，打开图 3-118 所示的“筋”对话框。

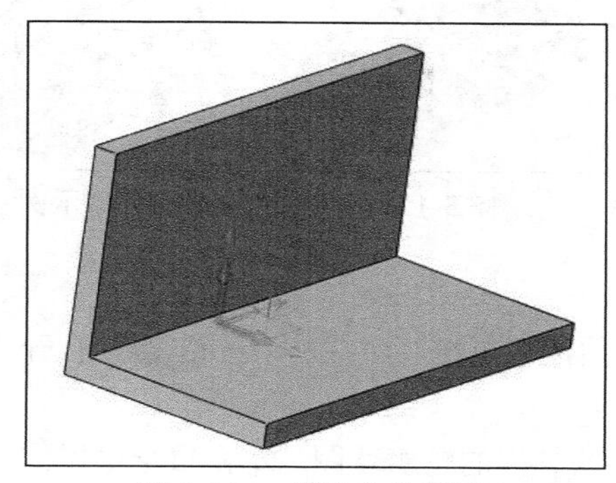

图 3-117　原始实体模型

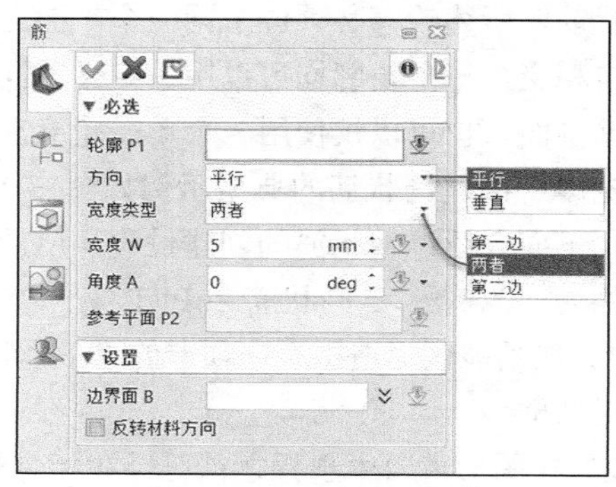

图 3-118　“筋”对话框

3）“轮廓 P1”收集器处于激活状态时，在图形窗口中右击空白区域并从弹出的快捷菜单中选择“草图”命令，选择 *XZ* 坐标平面作为草绘平面，绘制图 3-119 所示的开放轮廓线，单击“退出”按钮，接着在弹出的图 3-120 所示的对话框中单击“是”按钮。

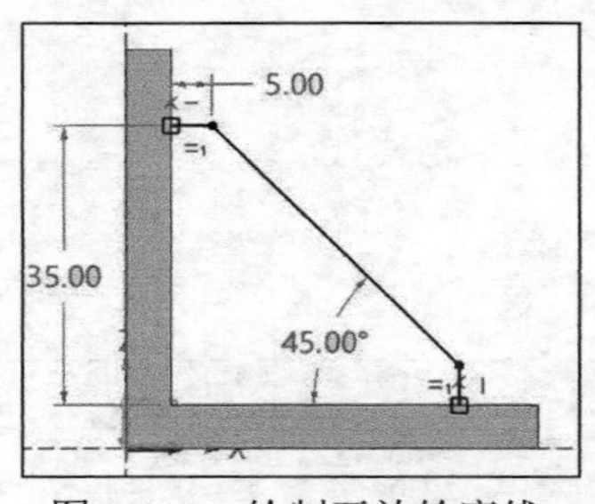

图 3-119 绘制开放轮廓线

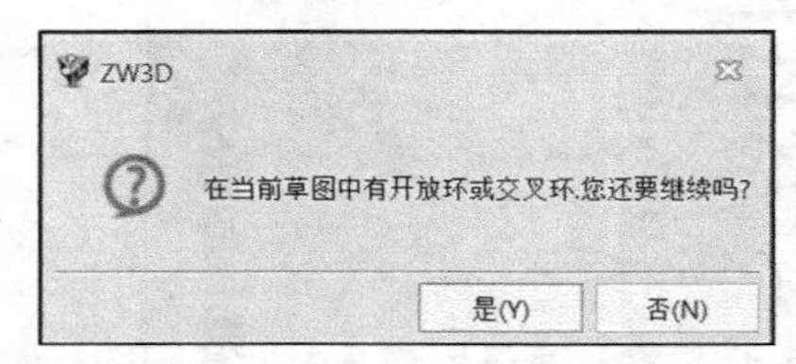

图 3-120 “ZW3D”对话框

4）选择刚才绘制的开放轮廓线，在“方向”下拉列表中选择“平行”选项，在“宽度类型”下拉列表中选择“两者”选项，在“宽度 W”框中输入“5”以设置筋宽度为 5mm，在“角度 A”框中输入“0”以设置筋特征的拔模角度为 0°，此时在图形窗口中可以看到预览效果如图 3-121 所示（注意筋的箭头方向）。

知识点拨 筋的方向选项有“平行”和“垂直”，“平行”表示筋拉伸方向与草图平面法向平行，“垂直”表示筋拉伸方向与草图平面法向垂直。筋的宽度类型有“第一边”“第二边”和“两者”。当设定了一个非零的拔模角度，则“参考平面 P2”收集器可用，此时选择一个参考平面。

5）单击“确定”按钮，创建的筋特征如图 3-122 所示。

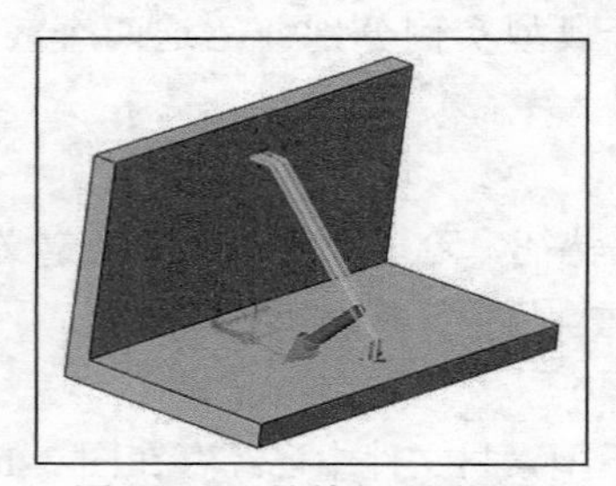
图 3-121 筋特征预览效果

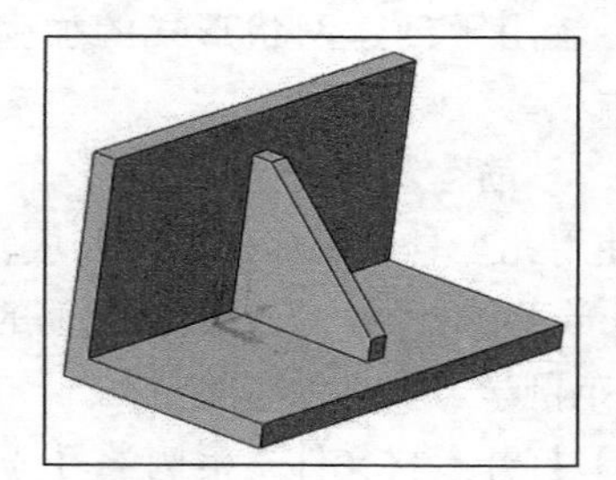
图 3-122 创建一个筋特征

2. “网状筋”

使用此工具，可以用一个或多个轮廓来定义网状筋，所述轮廓必须位于同一个平面上，允许自相交，每个轮廓均可以用于定义不同宽度的筋剖面，也可以仅使用一个单一轮廓来指定筋宽度。创建网状筋的典型示例如图 3-123 所示，下面介绍该网状筋的创建过程，所用素材文件为“范例学习-网状筋.Z3PRT”。

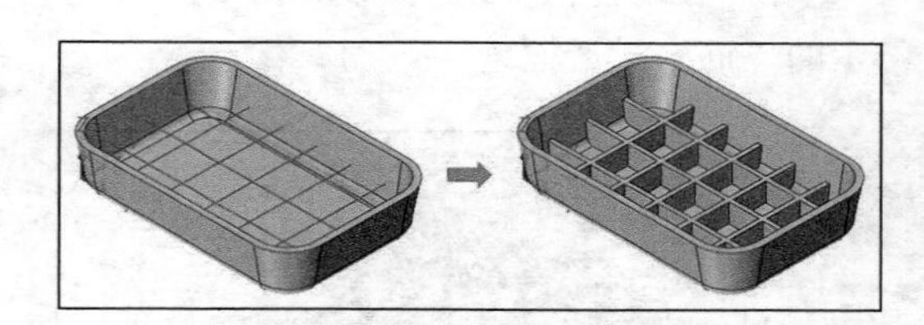
图 3-123 创建网状筋的典型示例

1）在功能区“造型”选项卡的“工程特征”面板中单击“网状筋”按钮，打开“网状筋”对话框。

2）在图形窗口中选择之前已经在指定平面上绘制好的轮廓草图，单击鼠标中键。

3）在“加厚”框中输入“2”以设置筋厚度为 2mm。

4）在“结束”选项组的“起点”框中设置网状筋的开始位置，0 表示起始位置为所选轮廓草图所在的草绘平面。本例在“起点”框中输入“2.3”；在“设置”选项组的“拔模角度”框中给筋的边指定拔模角度，本例指定该拔模角度为−3deg；“边界”收集器用于选择筋与零件相交的所有边界面，本例不用选择；在“结束”选项组中单击“端面”收集器的框以将其激活，指定网状筋的结束面，本例单击实体模型内腔的底面，此时预览效果如图 3-124 所示。

图 3-124 创建网状筋

5）单击“确定”按钮，完成网状筋的创建。

3.4.5 拔模

拔模是为了保证模具在生产产品的过程中产品能顺利脱模，通常在与脱模方向平行的零件表面设计合理的拔模斜度。

要创建拔模特征，则在功能区“造型”选项卡的“工程特征”面板中单击“拔模”按钮，打开图 3-125 所示的“拔模”对话框，对话框中提供了“边”、“面”和“分型边”3 种拔模方法。

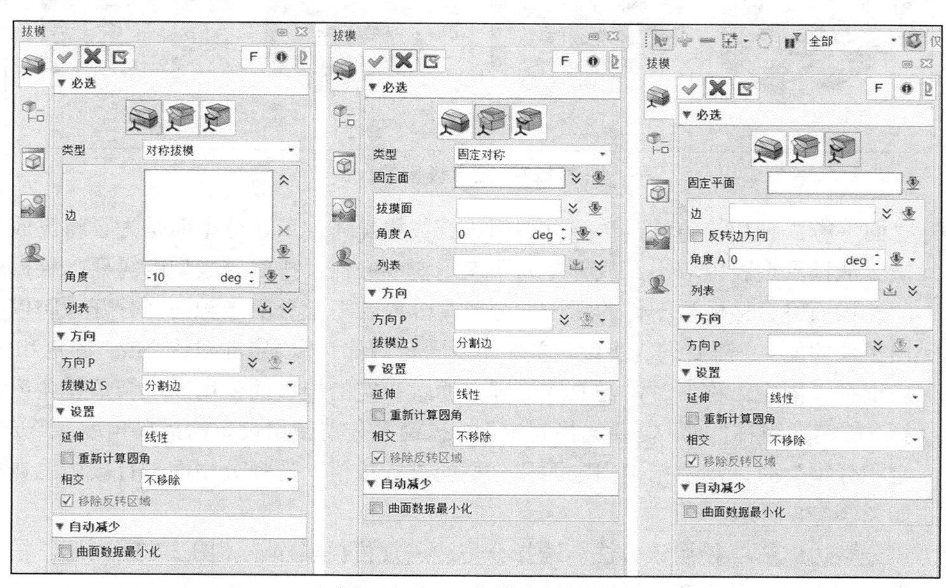

图 3-125 “拔模”对话框

- “边”：使用该方法，可以选择分型线、基准面、边或面等实体来进行相应拔模，所选实体的类型将决定生成的拔模类型，其拔模方向为沿着与参考面垂直的方向。在“必选”选项组的“类型”下拉列表可选择“对称拔模”或“非对称拔模”，“对称拔模”表示设定的两个拔模面均使用同一个拔模角度，“非对称拔模”表示设定的两个拔模面分别使用单独设定的拔模角度，如图3-126所示。在“方向”选项组中，“方向P”收集器用于指定拔模方向；“拔模边S”下拉列表用于设定拔模侧，可供选择的选项有“顶面”“底面”“分割边”“中性面”，“顶面”用于只对顶部一侧进行拔模，“底面”用于只对底面一侧进行拔模，“分割边”用于将所选拔模面在分割边两侧分割，并在顶侧和底侧都相应拔模，如图3-127所示。

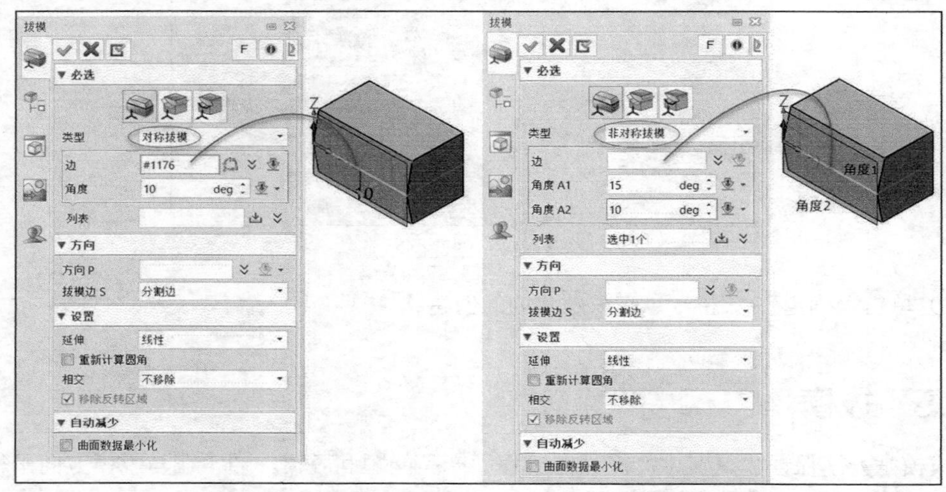

图3-126 选择边的对称拔模与非对称拔模示意图

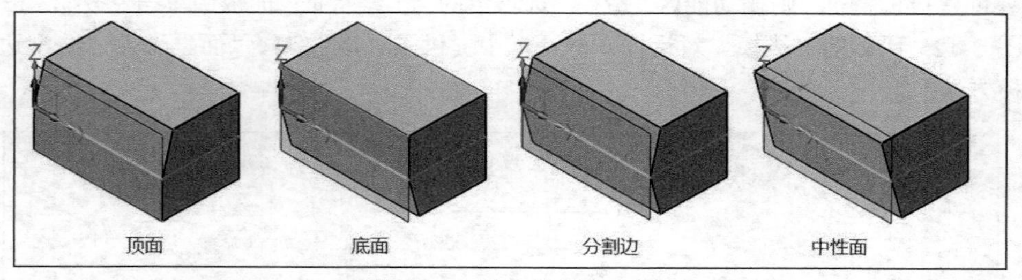

图3-127 设定拔模的一侧

- “面”：使用该方法，选择分型面进行拔模操作，所述分型面是为了将已成型好的塑件从模具型腔内取出，或者是为了满足安放嵌件及排气等成型的需要，根据塑料件的结构而将直接成型塑件的那一部分模具分成若干部分的接触面（分开型腔以方便取出塑件的面）。需要进一步设定类型为“固定对称”“固定非对称”或“固定和分型”。当选择“固定对称”时，需要选择固定面，设定的拔模面使用同一个拔模角度；当选择“固定非对称”时，需要选择固定面，拔模面分别使用设定的拔模角度；当选择“固定和分型”时，需要指定固定面和分型面进行拔模。选择分型面进行拔模的典型示例如图3-128所示。
- “分型边”：使用该方法，选择分型边进行拔模操作，如图3-129所示。需要分别指定固定平面和分型边，设定拔模角度、拔模方向等。

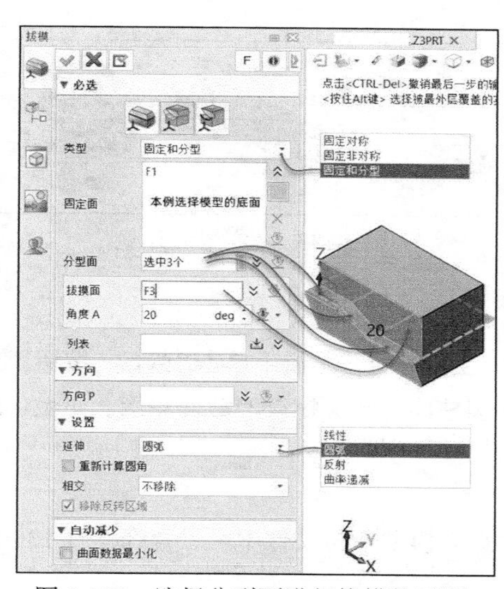

图 3-128 选择分型面进行拔模的示例

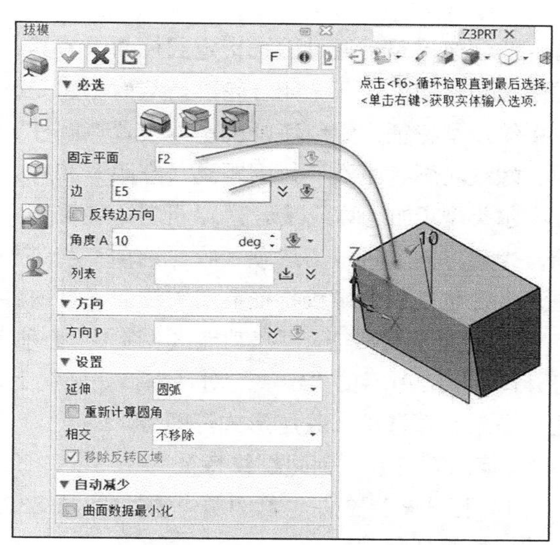

图 3-129 选择分型边进行拔模的示例

【范例学习】 创建一般拔模特征

1）打开素材文件“范例学习-拔模.Z3PRT”，该模型素材文件中已经存在图 3-130 所示的原始实体模型。

2）在功能区“造型”选项卡的“工程特征”面板中单击“拔模”按钮。

3）在“拔模”对话框的“必选”选项组中单击“边”按钮，从“类型”下拉列表中选择“对称拔模”选项。

4）在实体模型中先单击顶面的一条边，再按住“Shift”键的同时单击顶面的另一条边，以选中顶面的整个相切环边，如图 3-131 所示。

5）在“必选”选项组的“角度”框中设置拔模角度为 5deg；在“方向”选项组的“拔模边 S”下拉列表中选择“底面”选项。

6）单击“确定”按钮，完成所有侧面的拔模设置，完成效果如图 3-132 所示。在实际设计中，对模型的倒圆角处理放在拔模操作之后，但不绝对，设计本身是灵活的，本例的重点除了介绍创建一般拔模特征的操作方法，还特意介绍了选择某个面上相切环边的操作技巧。

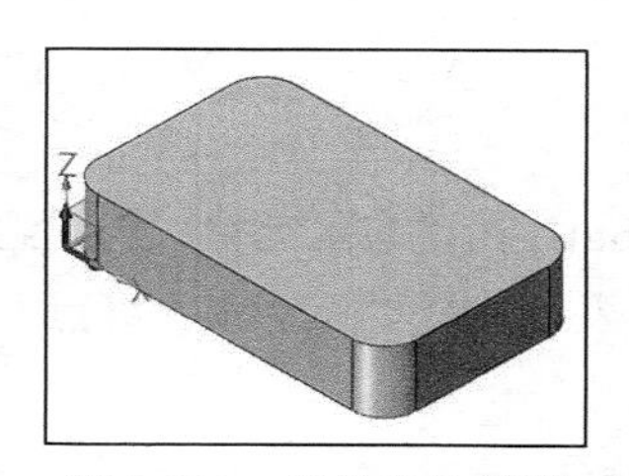

图 3-130 原始实体模型

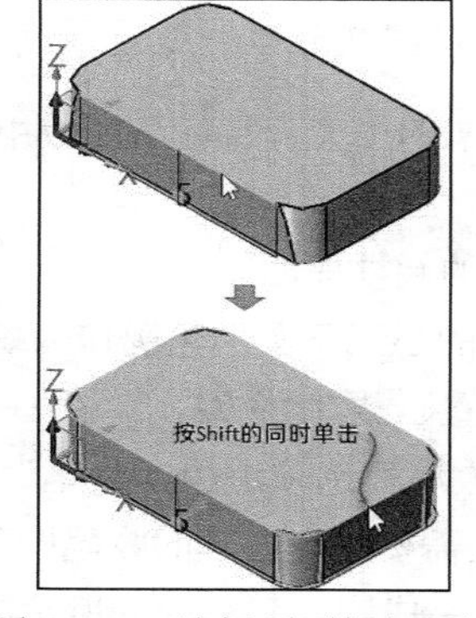

图 3-131 选择顶面相切环边

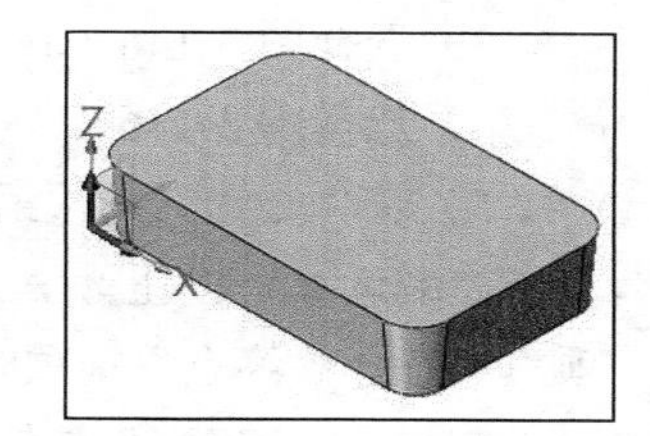

图 3-132 完成拔模

3.4.6 螺纹

螺纹特征也是一种比较常见的工程特征，螺纹分内螺纹和外螺纹，如图 3-133 所示。螺纹特征的创建思路是通过围绕指定圆柱面沿着其线性轴和方向旋转一个闭合轮廓，从而创建一个螺纹造型特征。螺纹特征的基本设置有圆柱面、螺纹轮廓、匝数、每圈距离（螺距）和特征布尔类型（加运算或减运算），此外，旋转方向、螺旋方向、进退刀选项（收尾选项）和进退刀半径也是创建螺纹特征需要关注的设置内容。

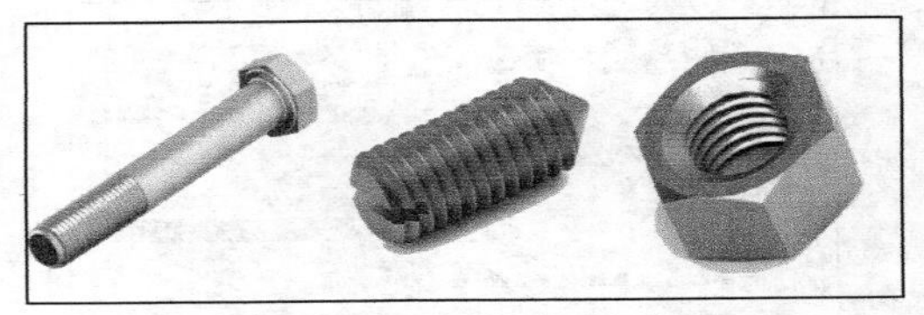

图 3-133 螺纹特征示例

要创建螺纹特征，可在功能区“造型”选项卡的“工程特征”面板中单击“螺纹”按钮，打开图 3-134 所示的“螺纹”对话框，在胚料上选择圆柱面，定义螺纹的截面轮廓、匝数、螺距、布尔运算选项、收尾形式等即可。

【范例学习】 创建螺纹特征

1）打开素材文件“范例学习-螺纹特征.Z3PRT”，该模型素材文件中已经存在图 3-135 所示的原始螺杆零件。

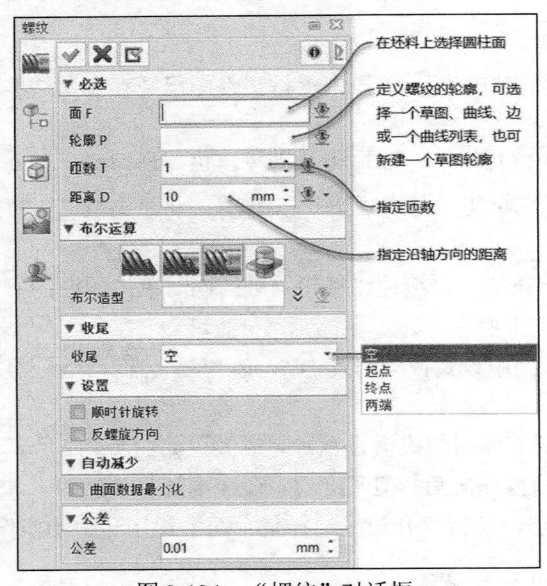

图 3-134 “螺纹”对话框

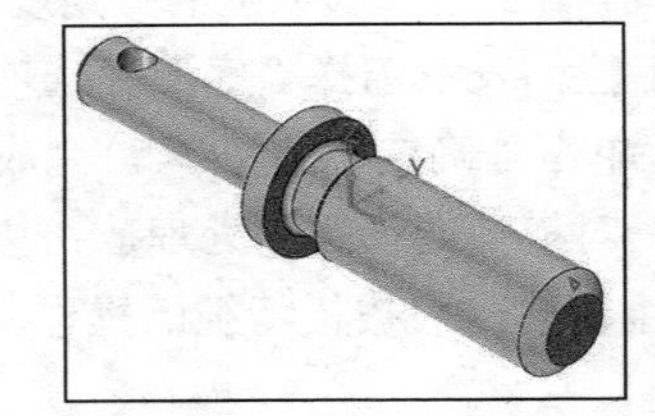

图 3-135 原始螺杆

2）在功能区“造型”选项卡的“工程特征”面板中单击“螺纹”按钮，打开“螺纹”对话框。

3）选择图 3-136（a）所示的圆柱曲面。

4）选择图 3-136（b）所示的小三角图形轮廓作为螺纹轮廓。

5）在“必选”选项组中设置匝数 T 为 22，距离 D 为 1.5mm，在“布尔运算”选项组中单击“减运算”按钮，在“收尾”选项组的“收尾”下拉列表中选择“无”或“终点”选项，当选择“终点”选项时，还需要指定合理的收尾圆弧半径。

6）单击“确定”按钮，完成图 3-136（c）所示的螺纹特征。

此外，“标记外部螺纹”按钮可以在零件级用于在指定圆柱面上快速指定螺纹属性；而利用“标记孔”按钮可以为某个面上由非孔特征命令创建的孔结构分配孔属性，以确保工程图能识别出它为孔特征，包括标记为螺纹孔。标记螺纹属性，“标记外部螺纹”按钮的使用方法和“标记孔”按钮的使用方法类似，后者需要选中“标记为螺纹孔”复选框，两者打开的对话框如图 3-137 所示。下面以一个应用“标记外部螺纹”按钮的范例为例进行介绍。

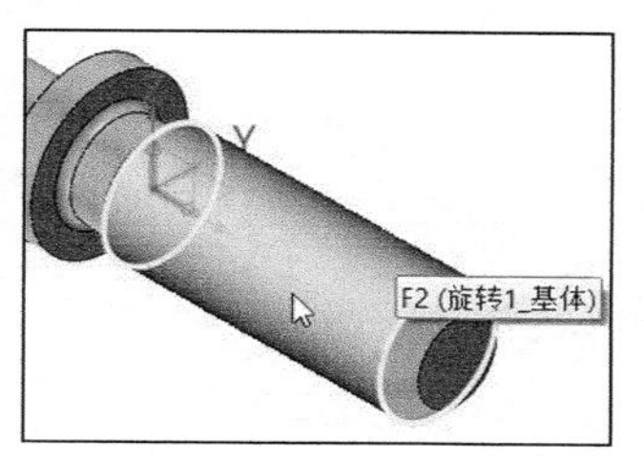

（a）选择圆柱曲面

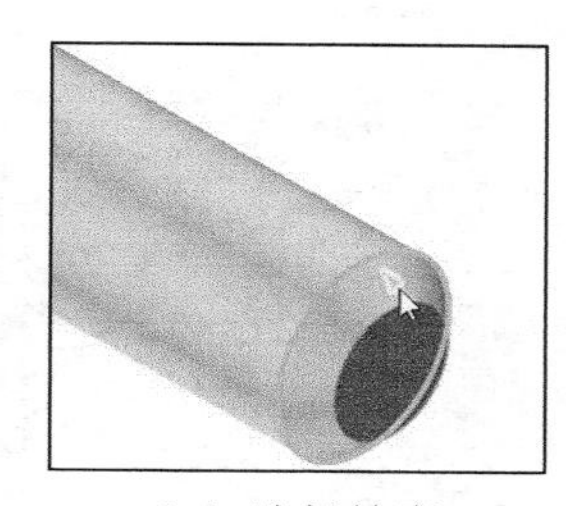

（b）选择轮廓

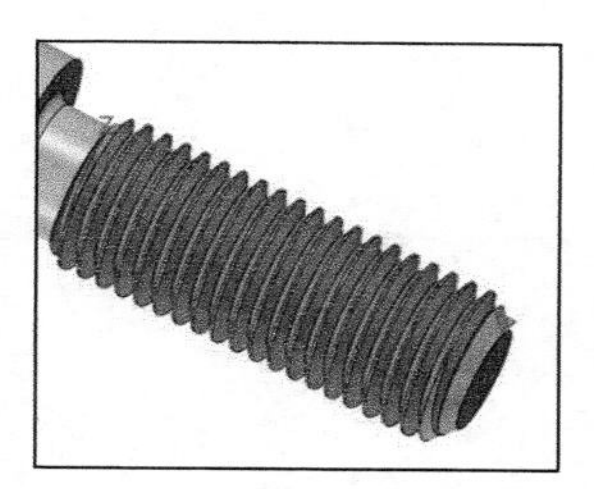

（c）完成螺纹特征

图 3-136 创建螺纹特征

（a）“标记外部螺纹”对话框

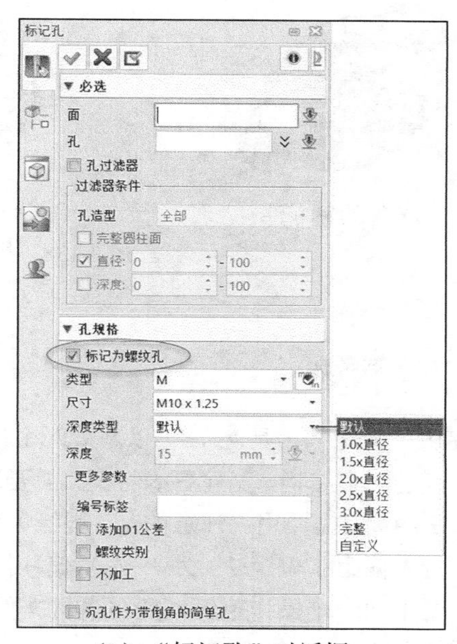

（b）“标记孔”对话框

图 3-137 “标记外部螺纹”对话框和“标记孔”对话框

【范例学习】 创建标记外部螺纹特征

1）打开素材文件“范例学习-标记外部螺纹.Z3PRT”，该模型素材文件中已经存在图 3-138（a）所示的原始轴零件。

2）在功能区“造型”选项卡的“工程特征”面板中单击“标记外部螺纹”按钮，打开“标记外部螺纹”对话框。

3）选择要标记外部螺纹的圆柱面，单击鼠标中键。

4）系统会根据所选圆柱面提供适合的一种螺纹规格及其参数，用户可以根据实际设计情况来调整。在本例中，从“螺纹规格”选项组的“尺寸”下拉列表中选择“Custom”选项，将直径设置为 32mm，选择“螺距”单选按钮，将螺距设置为 2mm，从“长度类型”下拉列表中选择“完整”，选中“端部倒角”复选框，设置倒角距离为 2mm，角度为 45deg（°），如图 3-138（b）所示。

5）单击“确定”按钮，完成标记外部螺纹操作得到的模型效果如图 3-138（c）所示。

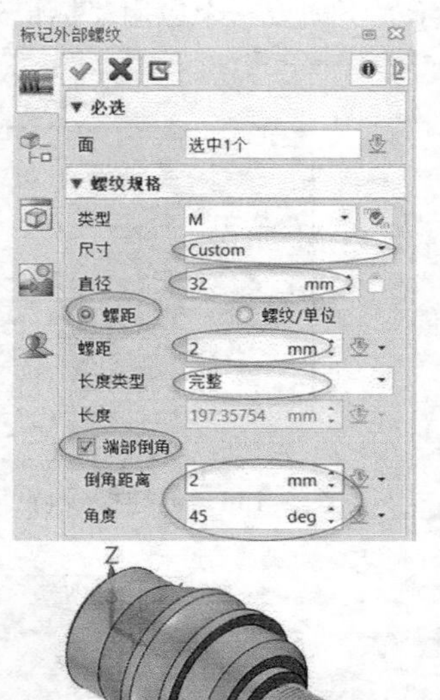

（a）原始轴零件

（b）标记外部螺纹操作

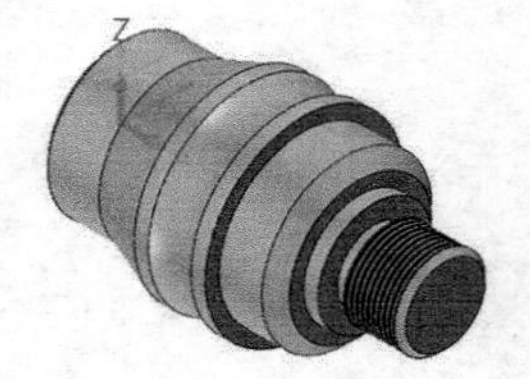

（c）完成标记外部螺纹

图 3-138 标记外部螺纹范例示意

3.4.7 唇缘

使用“唇缘”工具，可以基于两个偏移距离沿着所选边创建一个唇缘特征，多用作上壳和下壳的配合结构。创建唇缘特征，需要选择应用唇缘特征的边，以及分别指定偏移 1 距离和偏移 2 距离。需要用户注意的是，唇缘偏移值的正负是由相对于面的法向来确定的，如凸边上仅支持“偏距 1/偏距 2”为“–/–”偏移值，凹边上仅支持“偏距 1/偏距 2”为“+/+”偏移值。请看下面一个操作范例，所用素材文件为“范例学习–唇缘特征.Z3PRT”，该素材文件已有实体模型如图 3-139 所示。

1）在功能区“造型”选项卡的“工程特征”面板中单击“唇缘”按钮，打开图 3-140 所示的“唇缘”对话框。

2）如图 3-141 所示，选择边 1 作为要应用凸缘的边参照，接着在边 1 的所需一侧单击实体面（本例亦可直接单击鼠标中键接受默认设置），再单击边 2 并单击鼠标中键，单击边 3 并单击鼠标中键，以及单击边 4 并单击鼠标中键。

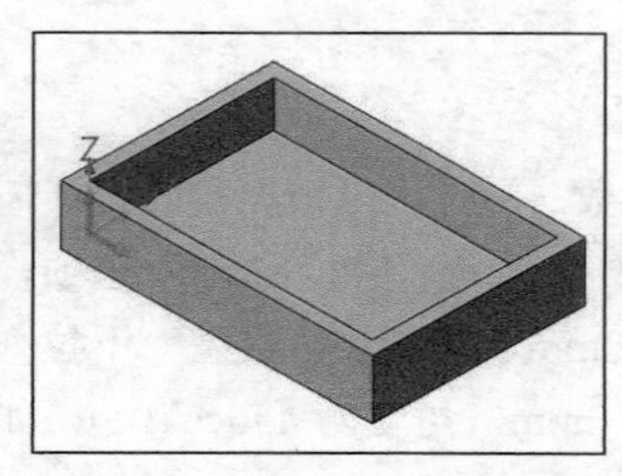

图 3-139 原始实体模型

图 3-140 “唇缘”对话框

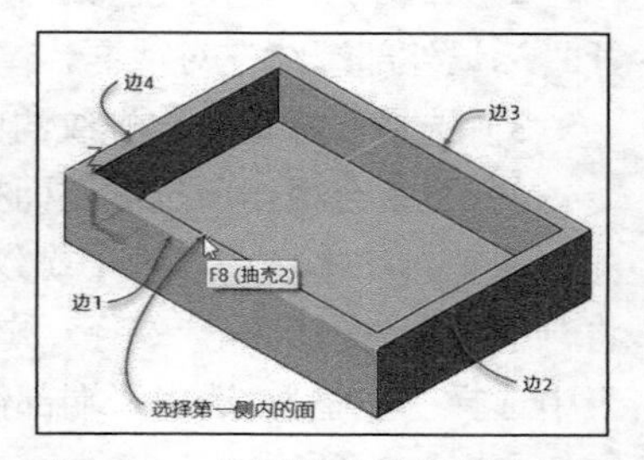

图 3-141 分别指定边及侧内的面

3）在“必选”选项组设置偏距 1 为–1mm，偏距 2 为–1.5mm。

4）单击“确定”按钮 ，创建图 3-142 所示的唇缘特征。

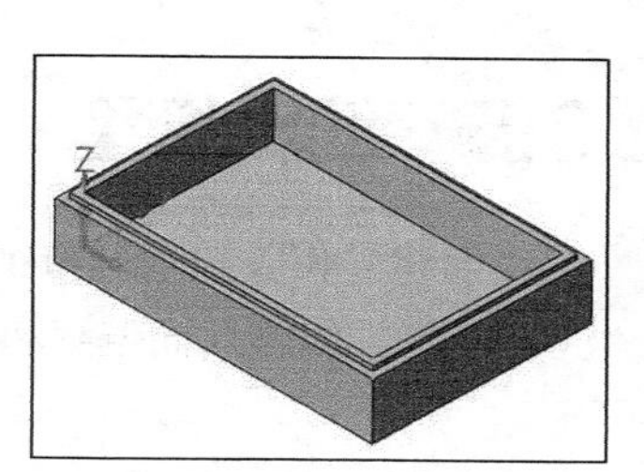

图 3-142 创建唇缘特征

3.4.8 坯料

中望 3D 提供了一个很有意思的工具——“坯料” ，使用该工具，可以创建一个完全包围激活零件的单一面、造型或点块的拉伸坯料特征。

请看下面一个操作范例，所用素材文件为“范例学习-坯料.Z3PRT”，该素材文件已有实体模型如图 3-143 所示，具体的操作步骤如下。

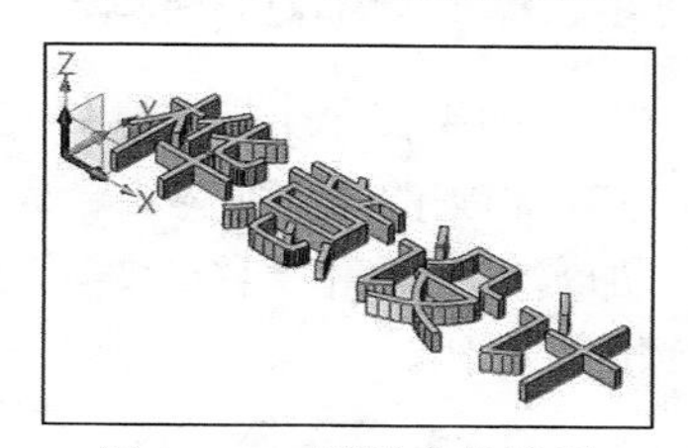

图 3-143 原始实体模型

1）在功能区“造型”选项卡的“工程特征”面板中单击“坯料”按钮 ，弹出图 3-144 所示的“坯料”对话框。

2）在“必选”选项组中单击“长方体”按钮 ，使用要封装的实体，本例使用鼠标框选全部的实体对象，此时，默认坯料的大小等于所选实体的外形范围，如图 3-145 所示。

知识点拨 坯料创建方式有“长方体” 和“圆柱体” ，前者创建长方体拉伸坯料，后者创建圆柱体拉伸坯料。

3）在“标注”选项组的“类型”下拉列表中选择“局部”或“整体”选项定义调整坯料大小的方法，其中，“局部”用于通过定义坯料的单/双侧参数增量来调整坯料的大小，“整体”则通过定义坯料的总长来调整坯料的大小。本例选择“局部”选项，并选中“对称”复选框，分别将长度、宽度和高度的单向增量均设置为 1，如图 3-146 所示。

图 3-144 “坯料”对话框

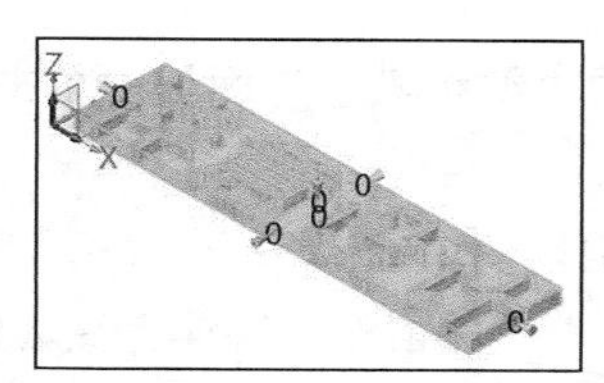

图 3-145 选择全部实体

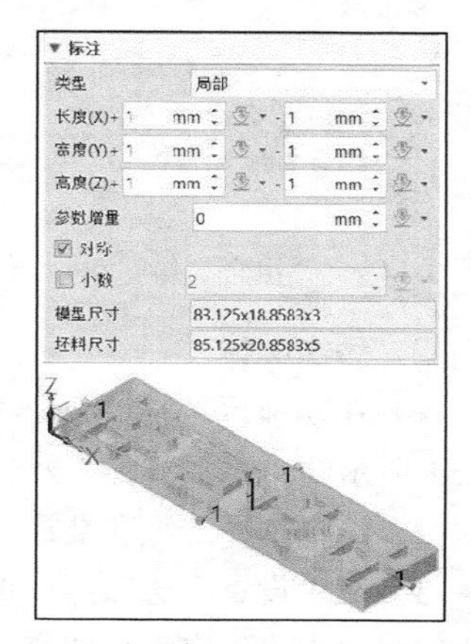

图 3-146 在“标注”选项组进行设置

4）单击“确定”按钮 ，创建坯料特征，如图 3-147 所示。

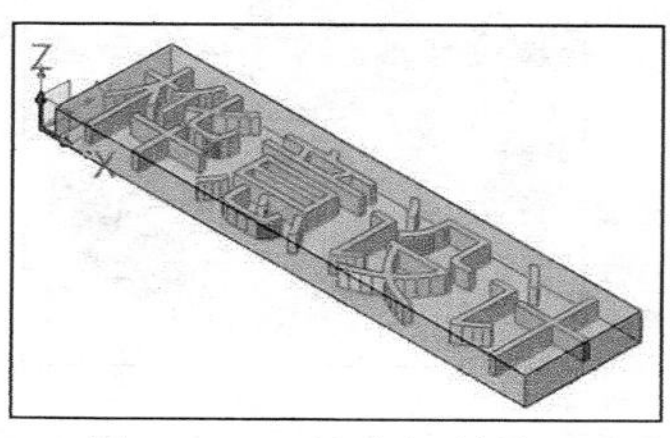

图 3-147 创建坯料特征

3.5 编辑模型

创建好相关的基础特征、工程特征，往往还需要对模型进行编辑处理，如布尔运算、抽壳、加厚、偏移（面偏移和体积偏移）、简化及其他编辑。

3.5.1 布尔运算

如果在一个标准零件文件中创建了几个单独的基体实体，那么后期可以利用布尔运算工具将相关的基体实体组合成单独的一个实体模型对象。布尔运算工具包括“相交实体”、“添加实体”和“移除实体”，这3个工具的使用方法比较简单，下面通过一个简单的范例进行介绍。

1. 相交实体

1）打开素材文件“范例学习-布尔运算.Z3PRT”，在功能区“造型”选项卡的“编辑模型”面板中单击“相交实体”按钮，打开图3-148所示的“相交实体”对话框。

2）在图形窗口中单击长方体基体模型，再选择要相交的实体，这里选择球体，如图3-149所示。

3）在“设置”选项组中取消选中“保留基体造型”复选框和“保留相交实体”复选框。

4）单击“确定”按钮，求交结果如图3-150所示。

图3-148 “相交实体”对话框

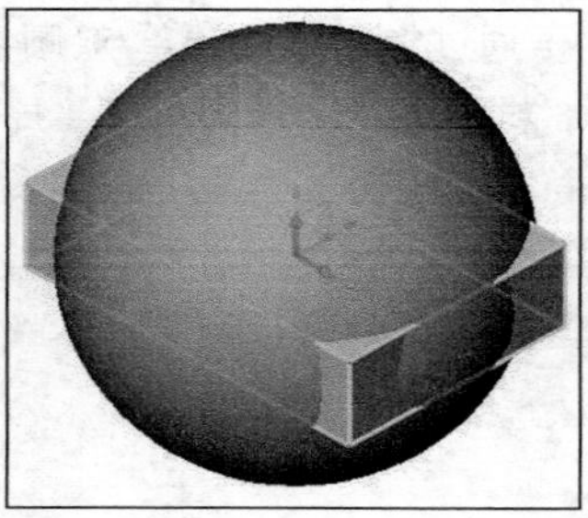

图3-149 指定基体与要相交的实体

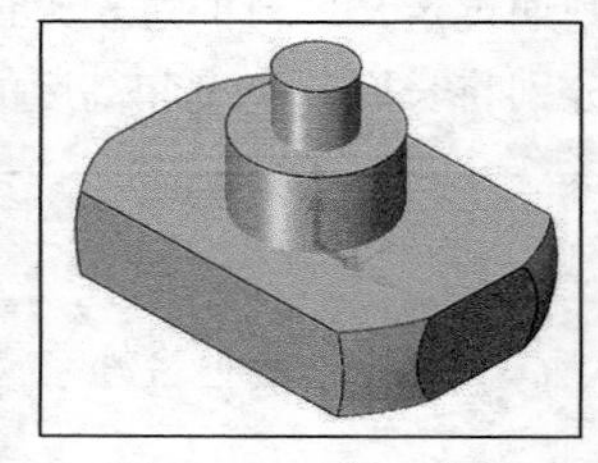

图3-150 求交结果

2. 添加实体

1）在功能区“造型”选项卡的“编辑模型”面板中单击“添加实体”按钮，打开图3-151所示的“添加实体”对话框。

2）选择基体造型和要添加的实体，如图3-152所示。

3）在“设置”选项组中取消选中“保留添加实体”复选框。

4）单击“确定”按钮，结果如图3-153所示。

图3-151 “添加实体”对话框

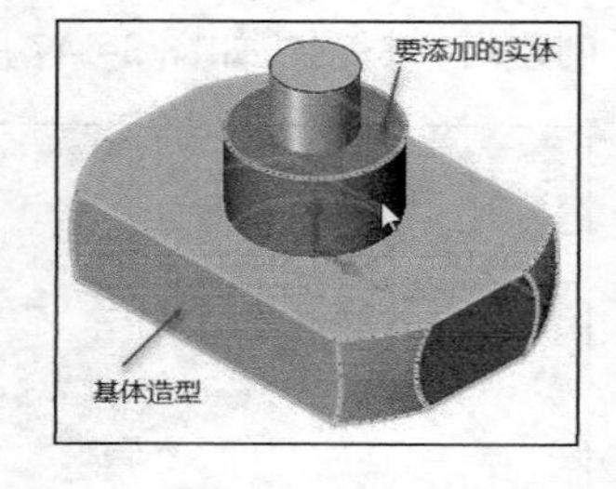

图3-152 选择基体与要添加的实体

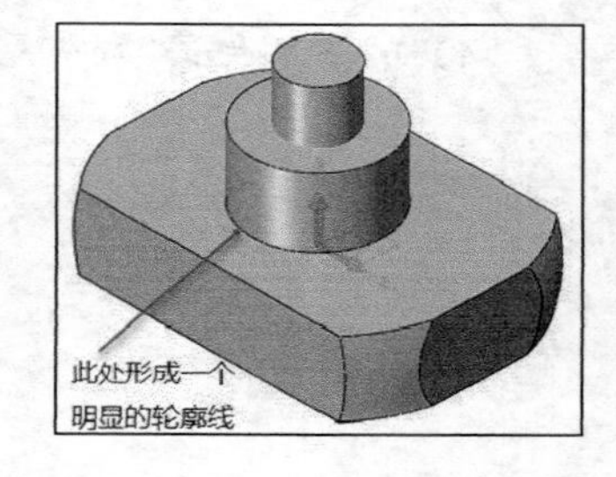

图3-153 添加实体的结果

3. 移除实体

1）在功能区“造型”选项卡的“编辑模型”面板中单击“移除实体”按钮，打开图 3-154 所示的“移除实体”对话框。

2）选择基体造型，接着选择要移除的实体，如图 3-155 所示。

3）在“设置”选项组中取消选中“保留删除实体”复选框。

4）单击“确定”按钮，结果如图 3-156 所示。

图 3-154 “移除实体”对话框

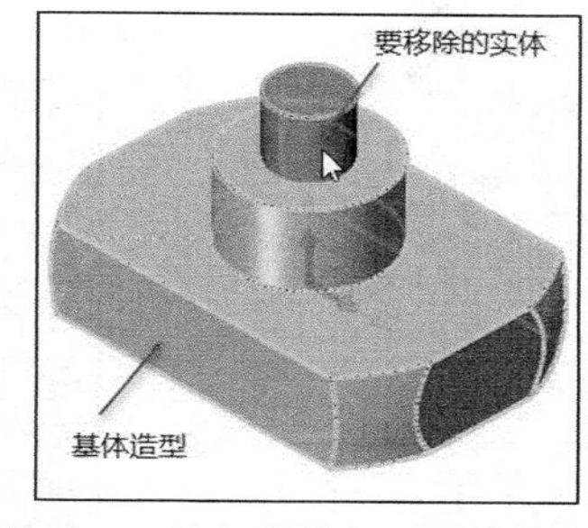

图 3-155 选择基体与要移除的实体

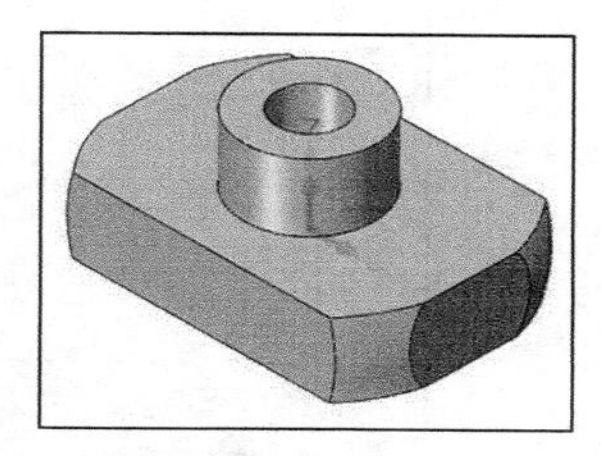

图 3-156 移除实体的结果

3.5.2 抽壳

可以将实心的实体模型通过“抽壳”方式将它内部的材料挖空而留下指定厚度的实体，并可以设定开口面。在抽壳操作中，可以指定不同的要偏移的面，并可为不同的偏移面设置不同的偏移距离。下面通过图 3-157 所示的抽壳示例介绍抽壳的操作步骤，素材文件为“范例学习-抽壳.Z3PRT”。

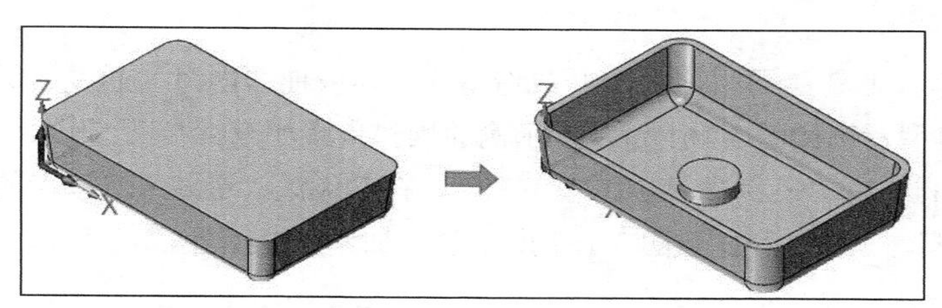

图 3-157 抽壳示例

1）在功能区“造型”选项卡的“编辑模型”面板中单击“抽壳”按钮，打开图 3-158 所示的“抽壳”对话框。

2）在图形窗口中单击原始实体模型以指定要抽壳的造型。

3）在“厚度 T”框中设置厚度为 3mm。

4）在激活“开放面 O”收集器的状态下，在实体模型上单击其顶面，此时抽壳预览如图 3-159 所示。

5）在本例中要为指定的一个面设定使用另外的抽壳厚度。在“选项”选项组中单击“面 F”收集器的框以将其激活，在图形窗口中按住鼠标右键并移动鼠标来翻转模型视图，选择底部的一个内孔端面，接着在“偏移 T”框中输入“1.5”并按“Enter”键确认，此时所选偏移面及其偏移值出现在列表中，如图 3-160 所示。

6）在“设置”选项组、“自动减少”选项组和“公差”选项组设置相应的选项和参数，然后单击“确定”按钮，完成本例操作。

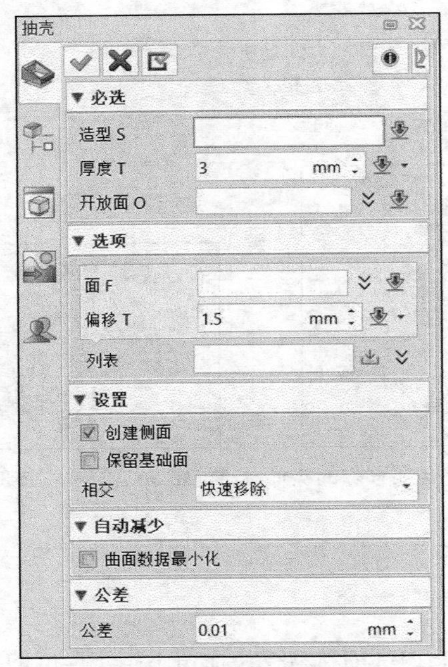

图 3-158 “抽壳”对话框

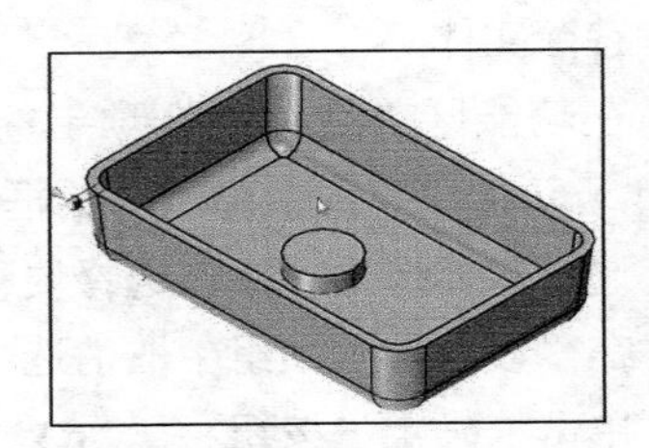

图 3-159 指定开放面后的预览

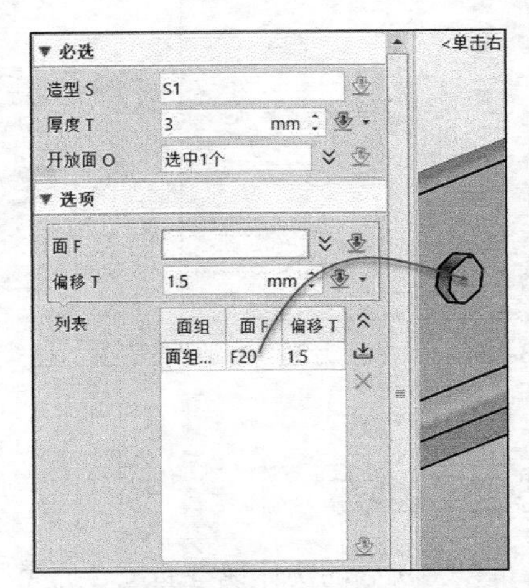

图 3-160 为选定面设定偏移值

3.5.3 加厚

使用“加厚”工具可以将一个开放造型（片体或曲面面组）通过曲面偏置及创建侧面来形成实体。典型示例如图 3-161 所示，示例的操作步骤如下。

1）打开素材文件“范例学习-加厚.Z3PRT”，在功能区“造型”选项卡的“编辑模型”面板中单击“加厚”按钮，打开图 3-162 所示的“加厚”对话框。

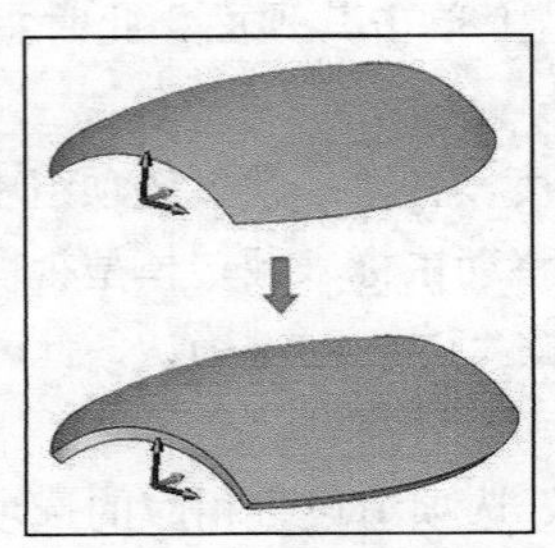

图 3-161 加厚示例

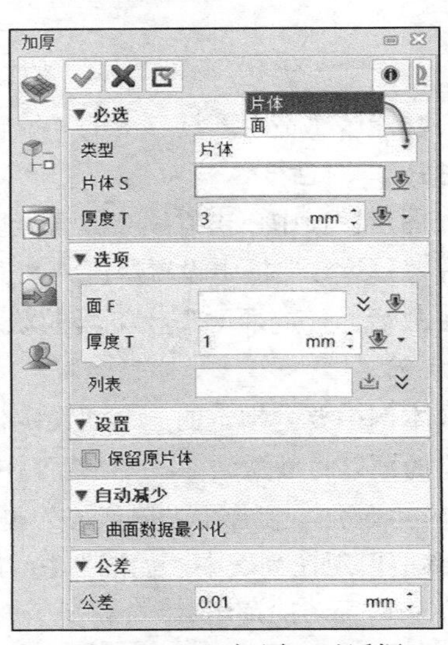

图 3-162 “加厚”对话框

2）在“必选”选项组的“类型”下拉列表中设置选取对象的方式，可选类型选项有“片体”和“面”两种，前者用于选择整个曲面片体来做加厚处理，后者则选择单个或多个曲面来做加厚处理（可以对造型的局部区域做加厚处理）。在本例中选择“片体”类型选项，并在图形窗口中单击已有曲面片体。

3）在“厚度 T”框中设置加厚的厚度为 3mm。

4）使用“选项”选项组可指定额外偏置的曲面及为所指曲面设置非统一偏置的距离。本例省略该步骤。

5）在“设置”选项组中设置“保留原片体”复选框的状态。如果勾选该复选框，则原造型曲面将保存；否则，原造型曲面将被删除。本例取消勾选“保留原片体”复选框。

6）在相关选项组中设置好所需选项及参数后单击“确定”按钮，完成本例操作。

3.5.4 偏移

中望 3D 在功能区“造型”选项卡的“编辑模型”面板中提供了“面偏移”工具和“体积偏移”工具。下面介绍这两个偏移工具的应用知识。

1. 面偏移

选择要偏移的面并设定偏移距离，当偏移距离为正值则表示向外部偏移，当偏移距离为负值则表示向内部偏移，可以根据需要设置如何创建侧面（如果有的话），所述侧面用于重新连接偏移面和原实体。下面是一个应用“面偏移”命令的操作范例。

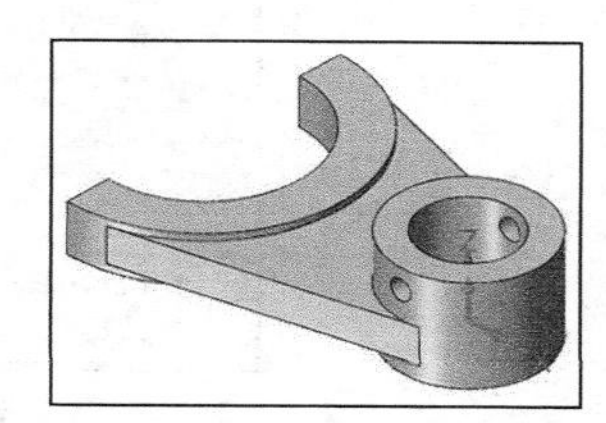

图 3-163 已有拔叉杆实体模型

1）打开素材文件“范例学习-拔叉杆.Z3PRT”，文件中已有的拔叉杆实体模型如图 3-163 所示。

2）在功能区“造型”选项卡的“编辑模型”面板中单击“面偏移”按钮，打开图 3-164 所示的“面偏移”对话框，对话框中提供了“常量”和“变量”两种偏移方式。其中“变量”方式有一个“列表”工具，当指定一个偏移面和设定其偏移距离后单击鼠标中键，该偏移面和偏移距离会作为一条记录被添加到列表中，可选择不同的偏移面并设置不同的偏移距离。

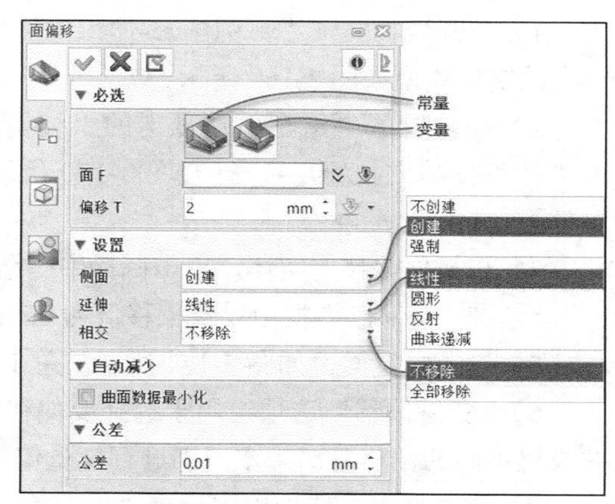

图 3-164 “面偏移”对话框

3）本例选择“常量”方式，选择图 3-165 所示的实体面作为要偏移的面，并在“偏移 T”框中设置偏移值为 2mm，单击鼠标中键。可以继续选择其他要偏移的面来应用同样的偏移距离，如图 3-166 所示，选择完后单击鼠标中键。

4）在“设置”选项组的“侧面”下拉列表中选择“创建”选项，从“延伸”下拉列表中选择“线性”选项，从“相交”下拉列表中选择“不移除”选项；在“自动减少”选项组中取消选中“曲面数据最小化”复选框；接受默认的公差值。

5）单击“确定”按钮完成操作，结果如图 3-167 所示。

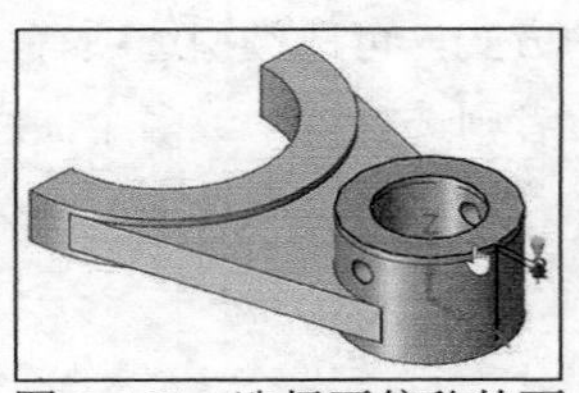
图3-165 选择要偏移的面

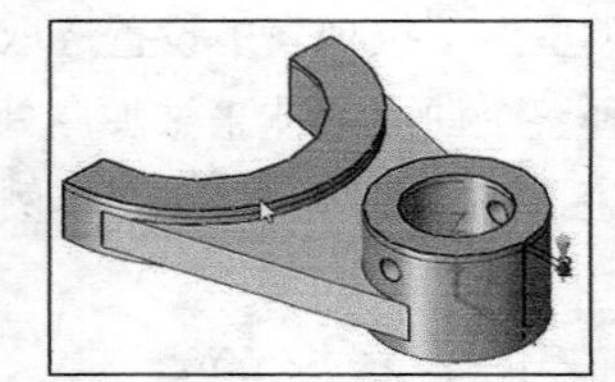
图3-166 选择另一个要偏移的面

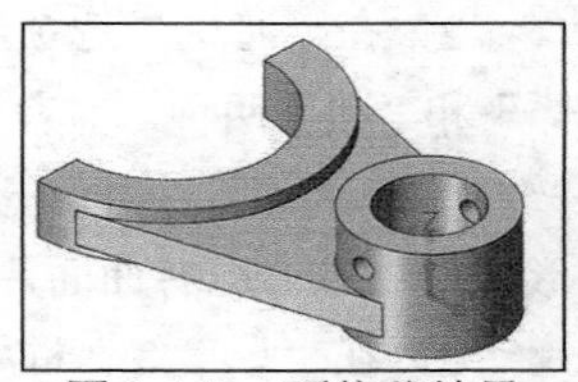
图3-167 面偏移结果

在本例中，假设采用“变量”方式来创建面偏移特征，那么可以选择多个曲面面组来分别为它们设定相应的偏移距离，如图3-168所示。

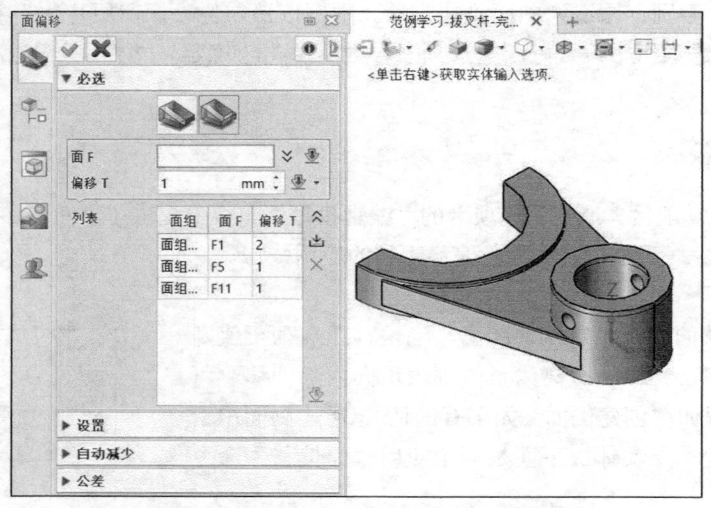

图3-168 采用“变量”方式的面偏移操作

2. 体积偏移

体积偏移不同于面偏移，体积偏移是指通过偏移一个或多个造型的体积来创建一个新特征，可以设置保留或丢弃原始造型。在体积偏移中，如果需要，可以选择需要固定的面，这些固定面将位于新特征上且不会被偏移。

【范例学习】 体积偏移练习

1）打开素材文件“范例学习-体积偏移.Z3PRT”，文件中已有的实体模型如图3-169所示。

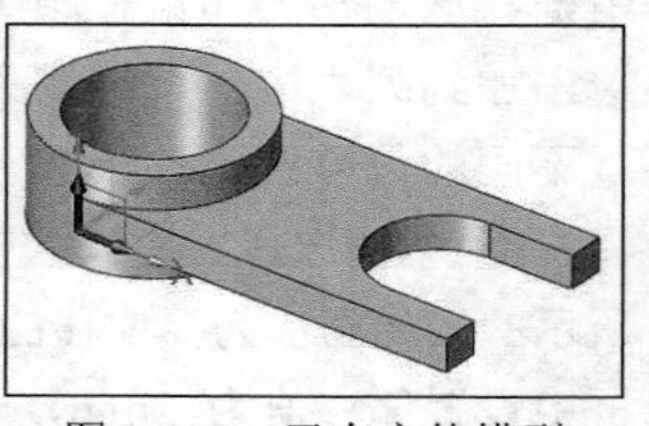
图3-169 已有实体模型

2）在功能区“造型”选项卡的“编辑模型”面板中单击“体积偏移”按钮，打开图3-170所示的“体积偏移”对话框。

3）选择要偏移的实体，单击鼠标中键结束选择。

4）在“偏移T”框中设置偏移值为2mm。

5）选择固定面，如图3-171所示，单击鼠标中键结束选择。

6）“变量偏移”选项组用于选择要偏移的面并指定其偏移距离，可以选择不同的偏移面并设置不同的偏移距离。本例不进行变量偏移设置。此步骤为可选操作。

7）在“设置”选项组中设定“保留原造型”“保留基础面”这两个复选框的状态，以及设置相交选项。本例取消选中“保留原造型”复选框和“保留基础面”复选框，从“相交”下拉列表中选择“快速移除”选项，如图3-172所示。

8）单击“确定”按钮，得到的偏移结果如图3-173所示。

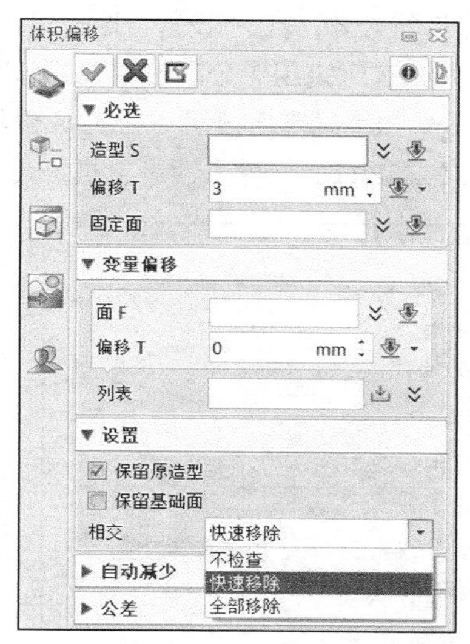

图 3-170　“体积偏移”对话框

图 3-171　选择固定面

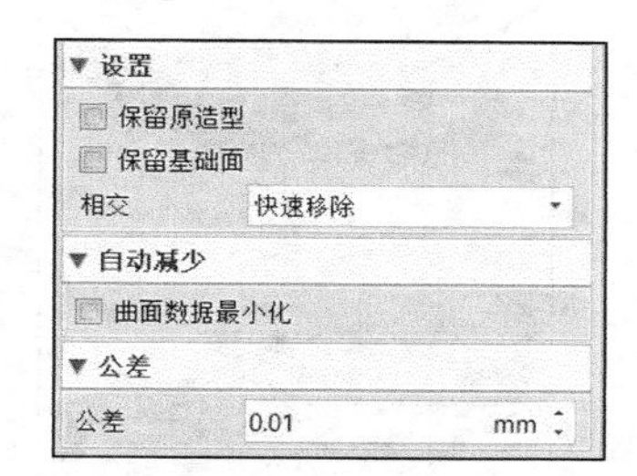

图 3-172　相关设置

3.5.5 简化

使用“简化”工具，可以通过删除所选面或所选特征来简化零件，简化的方式是系统试图延伸和重新连接面来闭合零件中的间隙。简化零件的典型示例如图 3-174 所示。

简化零件的操作方法及步骤比较简单，即在功能区“造型”选项卡的“编辑模型”面板中单击“简化”按钮，弹出图 3-175 所示的“简化”对话框，选择要移除的特征或面，单击鼠标中键结束选择，再次单击鼠标中键或单击“确定”按钮即可。

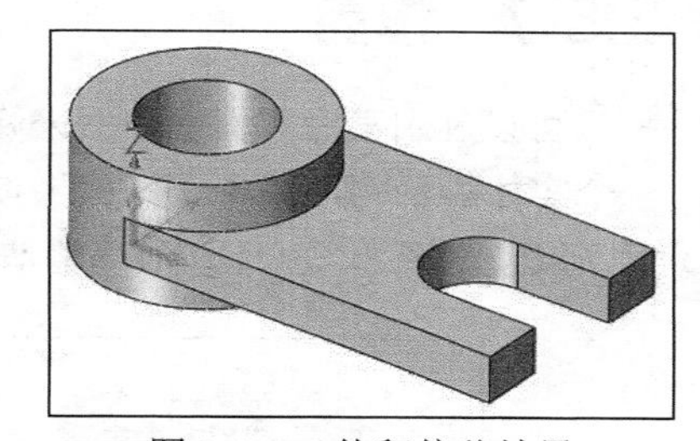

图 3-173　体积偏移结果

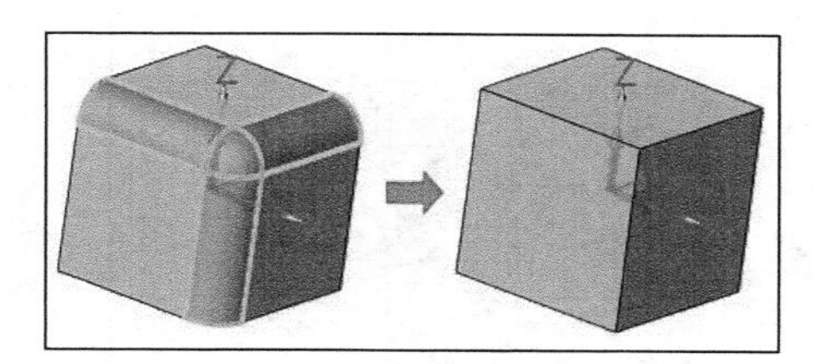

图 3-174　简化零件示例

图 3-175　“简化”对话框

3.5.6 分割实体

可以利用某个平面或曲面来分割一个实体或开放造型，如图 3-176 所示。分割时可设定原样保留选定的分割面（用于分割的造型），或者删除选定的分割面，或者对选定的分割面也进行分割。

要对某个实体进行分割，其操作方法比较简单。在功能区“造型”选项卡的“编辑模型”面板中单击“分割”按钮，打开图 3-177 所示的“分割”对话框，选择要分割的基本实体，再选择用于分割的造型或平面（即选择分割面），然后在“设置”选项组和“公差”选项组中设置相应的选项和参数，其中“分割 C”下拉列表确定用于分割的造型或基准面的布置，可供选择的选项有“保留”“删除”“分割”，最后单击“确定”按钮，完成分割实体的操作。本书配套资源提供相应的“范例学习−分割实体.Z3PRT”文件供读者上机练习。

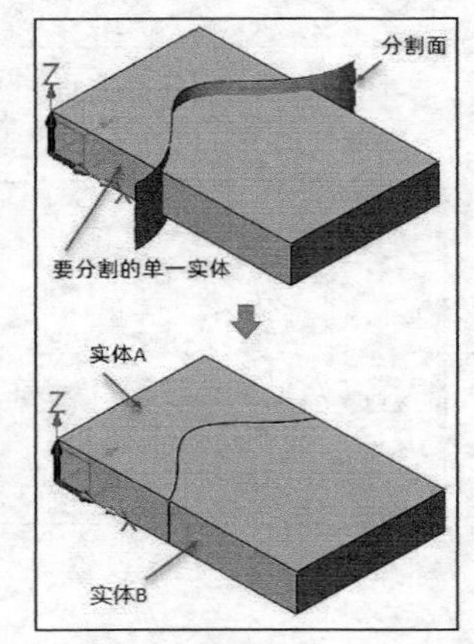

图 3-176　分割实体的典型示例

图 3-177　“分割”对话框

3.5.7　修剪

可以利用某个平面或曲面来修剪一个实体或曲面。图 3-178 展示了利用一个修剪面来修剪一个实体的示例，单击“修剪”按钮后需要指定要修剪的基准造型（如基准实体）和修剪面，以及在图 3-179 所示的“修剪”对话框中设置相应的复选框和参数。

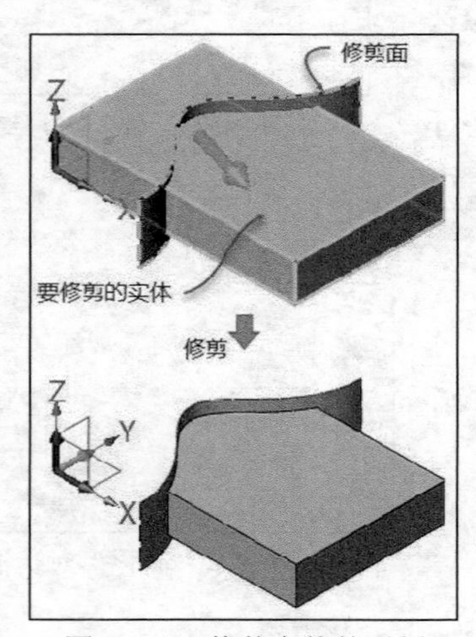

图 3-178　修剪实体的示例

图 3-179　“修剪”对话框

- “设置相反侧”复选框：选择要修剪的基准造型和修剪面后，系统会在图形窗口中显示一个箭头来指示要保留的方向，如果选中此复选框则更改箭头方向。用户也可以在图形窗口中单击箭头来切换箭头方向。
- “全部同时修剪”复选框：此复选框用来指定修剪操作是连续（按顺序）进行还是同时进行。对于一些自交的面，设置这个复选框会产生不同的效果。
- “封口修剪区域”复选框：此复选框用于决定最终的造型（主要针对曲面造型）在修

剪边缘上是闭合的还是开放的。

- “保留修剪实体”复选框：若选中此复选框，则保留修剪实体。
- “延伸”复选框：用于修剪的几何体必须超过基体，如果没有超过基体的话，那么可选中此复选框并设置相应的延伸选项来延伸修剪面。此复选框只有在用于修剪的几何体是曲面时才可用，延伸选项有“线性”和“圆形”。

3.5.8 其他编辑模型工具

其他编辑模型工具包括“置换”、“解析自相交”、“镶嵌”、“拉伸成型”，它们的功能含义如下。

- “置换”：利用指定的面或造型、基准面来替换实体或造型的一个或多个面。其操作步骤为单击“置换”按钮，弹出图 3-180 所示的“置换”对话框，选择要被置换的面，以及选择用于置换的面或造型，再设置从替换面到最终被替换面的偏移距离，设定替换面的面溢出行为，设置是否保留置换面等，然后单击“确定”按钮。
- “镶嵌”：用于镶嵌一组曲线闭环（如轮廓文本）到指定的一个曲面，以设定距离偏移形成新的内曲面，从而产生凸起或下沉的文本效果。镶嵌应用示例如图 3-181 所示，注意镶嵌方向，偏移距离为正时，则会在基础曲面上形成新的凸起曲面；偏移距离为负时，则会在基础曲面上产生下沉的新曲面。

图 3-180 “置换”对话框

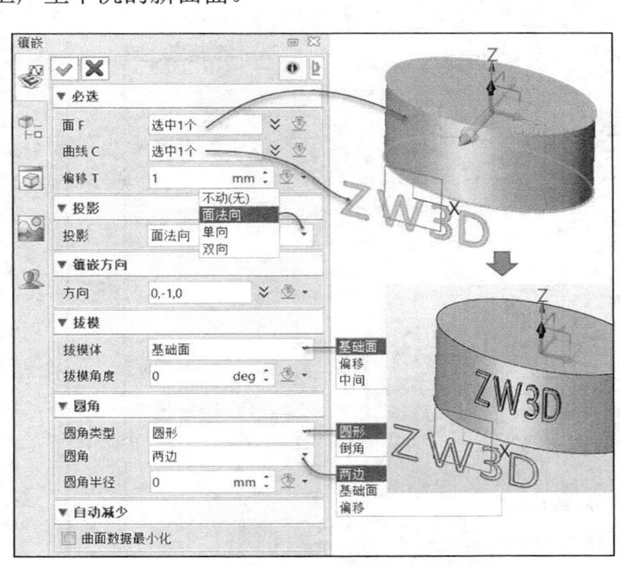

图 3-181 镶嵌文本曲线

- “解析自相交”：单击此按钮，删除所选面上的自相交及反转的区域（包括反转的内环）。
- “拉伸成型”：用于在两个造型之间执行一个冲压操作。

3.6 基础编辑

造型的基础编辑工具主要包括“阵列特征”、“阵列几何体”、“镜像特征”、“镜像几何体”、“移动”、“对齐移动”、“复制实体”、“缩放实体”。

3.6.1 阵列特征与阵列几何体

“阵列特征”和“阵列几何体”工具的应用方法类似。使用“阵列特征”工具，可以对特征级的对象（含草图特征）进行阵列，可以支持多种不同类型的阵列；使用“阵列几何体”工具，可以对外形、曲线、点、文本、草图、基准面、曲面等几何体任意组合进行阵列，同样支持多种阵列类型。

在功能区“造型”选项卡的“基础编辑”面板中单击“阵列特征”按钮，打开图 3-182 所示的“阵列特征”对话框，提供的阵列类型有“线性”、“圆”、“多边形”、“点到点”、“在阵列上”、“在曲线上”、“在面上”、“填充模式”和“按变量参数”，不同的阵列类型设置不同的选项和参数。

在功能区“造型”选项卡的“基础编辑”面板中单击“阵列几何体”按钮，打开图 3-183 所示的“阵列几何体”对话框，提供的阵列类型有“线性”“圆”“多边形”“点到点”“在阵列上”“在曲线上”“在面上”“填充模式”，不同的阵列类型也需要设置不同的选项和参数。

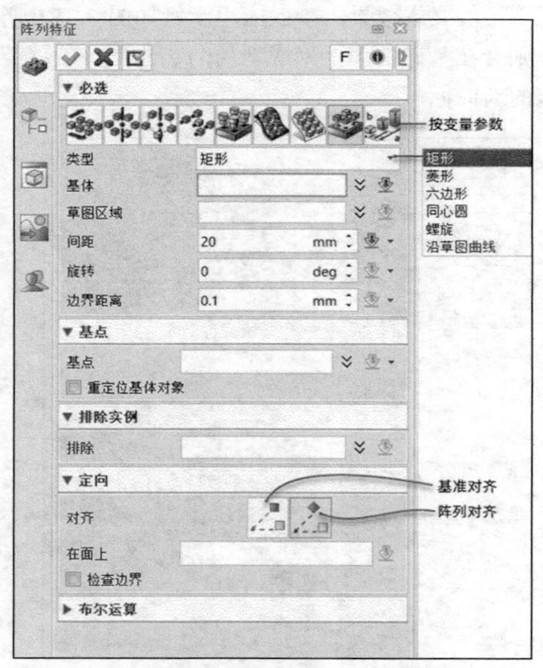

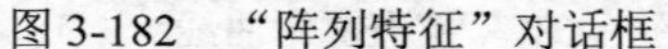
图 3-182 “阵列特征”对话框

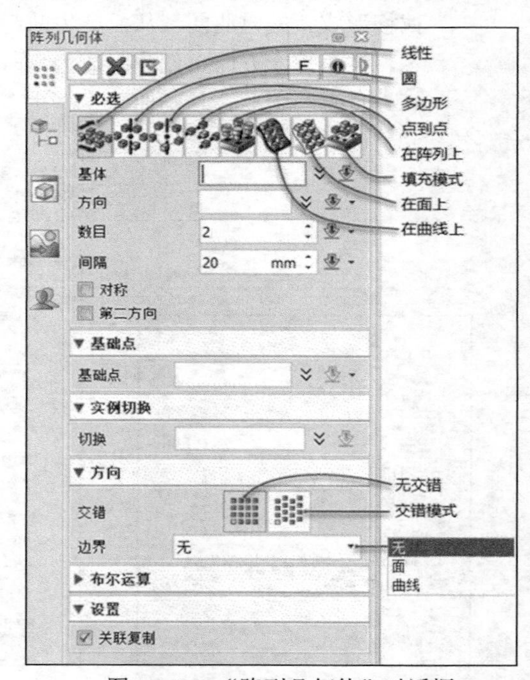

图 3-183 “阵列几何体”对话框

- “线性”：用于创建单个或多个对象的线性阵列，线性阵列可以为一个方向的线性阵列，也可以为两个方向的线性阵列。
- “圆”：用于创建单个或多个对象的圆形阵列，需要指定基体、方向、阵列数目和角度。如果需要，圆形阵列也可以定义第二方向来阵列。
- “多边形”：用于创建单个或多个对象的多边形阵列，必输内容包括基体、方向、边、间隔和数目，同样可以根据需要定义第二方向来阵列。
- “点到点”：用于创建单个或多个对象的不规则阵列，可以将任何实例阵列到所选定的点上，必选内容有基体和目标点。

- “在阵列上”：根据先前阵列对所选对象进行阵列，该阵列的特征（方向、数量、间距等）与所选阵列的相同。该类型支持组件。
- “在曲线上”：用于通过输入一条或多条曲线来创建阵列，第一条曲线用于指定第一个方向，这些曲线会自动限制阵列中的实例数量以适应边界。允许定义第二方向。
- “在面上”：用于在一个指定的现有曲面上创建阵列，必选内容包括基体、面、数据和间距，该曲面会根据设定的选项及参数自动限制阵列中的实例数量，以适应边界 U 和边界 V。可根据需要为该阵列定义第二方向上的阵列效果。
- “填充模式”：用于在指定的草图区域创建阵列，该阵列会根据设置的类型（“正方形”“菱形”“六边形”“同心”“螺旋”或“沿草图曲线”）、旋转角度、间距等自动填充指定的草图区域。
- “按变量参数”：对于阵列特征，该类型可通过草图尺寸参数化来驱动阵列。

下面通过范例的形式来介绍上述两个阵列工具的应用。

1. 使用“阵列特征”工具创建一个线性阵列

1）打开素材文件“范例学习-阵列.Z3PRT”，此文件中已有的实体模型如图 3-184 所示。

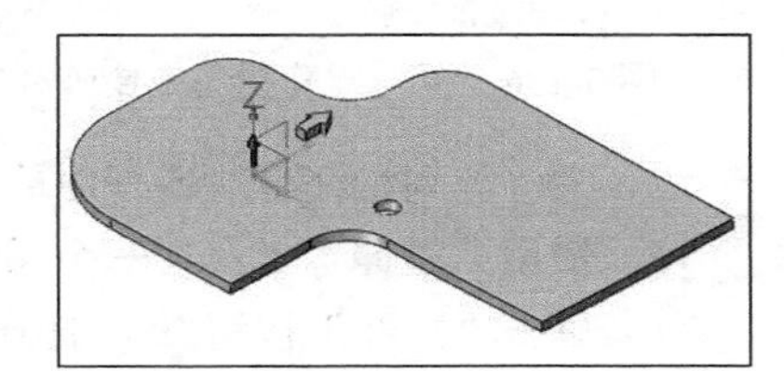

图 3-184　原始实体模型

2）在功能区“造型”选项卡的“基础编辑”面板中单击“阵列特征”按钮，打开“阵列特征”对话框。

3）在“必选”选项组中单击“线性”，在图形窗口中选择拉伸切除的圆孔作为要阵列的特征基体，单击鼠标中键；选择默认坐标系的 *X* 轴定义线性阵列的第一方向，设置其数目为 5，间距为 20mm；选中“第二方向”复选框，并设置该方向的数目为 3，间距为 26mm，如图 3-185 所示。

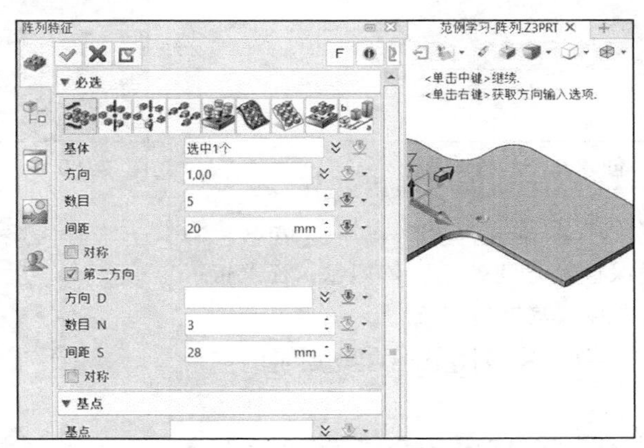

图 3-185　定义线性阵列的相关参数

4）在“变量阵列”选项组的“类型”下拉列表中选择“无”选项。

知识点拨　“变量阵列”选项组的“类型”下拉列表提供的选项有“无”“参数列表”“参数增量表”和“实例参数表”。当选择“无”选项时，表示不创建变化阵列；当选择“参数列表”选项时，表示通过参数尺寸的增量来创建变化阵列，需要选择要变化的参数，并为所选参数设置变化的增量；当选择“参数增量表”选项时，表示通过表格来控制变量阵列的尺寸变化增量；当选择“实例参数表”选项时，表示通过表格来控制实例的变量阵列的尺寸定义值。

5）在“定向”选项组中单击“无交错阵列”按钮或“交错阵列”按钮，本例单击“交错阵列”按钮，以设置在第一个方向并以一半的间距朝着第二个方向将索引乃至行列错开，图3-186给出了设置无交错阵列与交错阵列的预览效果。从“边界”下拉列表中选择“无”选项。

6）在“排除实例”选项组中单击“排除”收集器的框以将其激活，可以在阵列实例中选择要排除的一个或多个阵列实例。本例排除一个阵列实例，如图3-187所示，要排除的实例以红色的虚线框来表示。

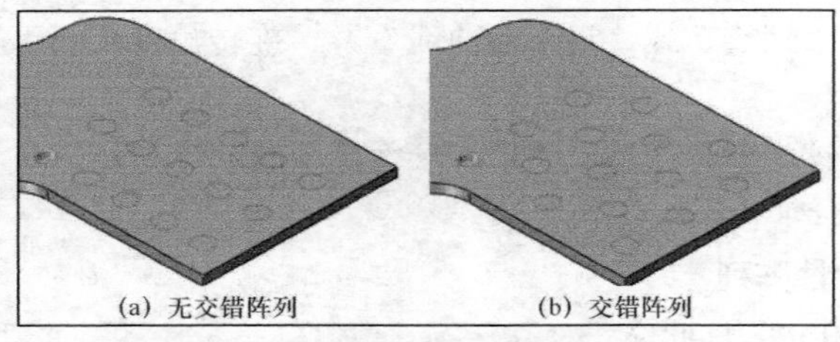

图3-186　无交错阵列与交错阵列的预览效果

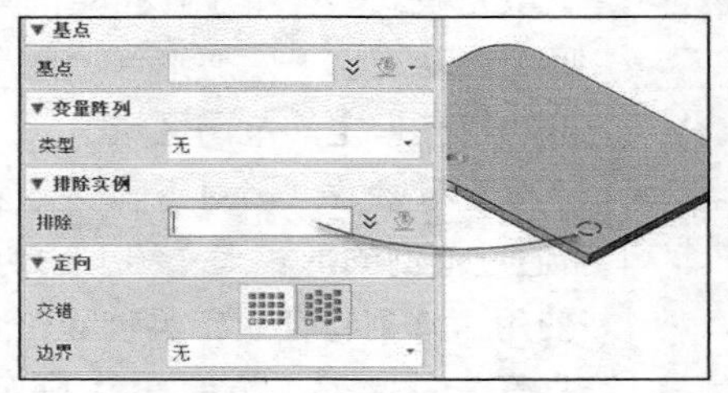

图3-187　选择排除实例

7）在“阵列特征”对话框中单击“确定”按钮，创建的线性阵列如图3-188所示。

2. 使用“拉伸”工具在一个圆切口处切除材料

1）单击“拉伸”按钮，打开“拉伸”对话框。

2）在实体模型的最顶面单击以定义草绘平面，绘制图3-189所示的图形，单击“退出”按钮。

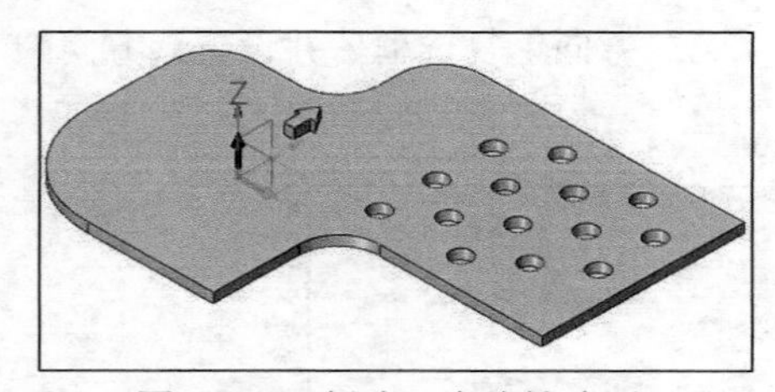

图3-188　创建一个线性阵列

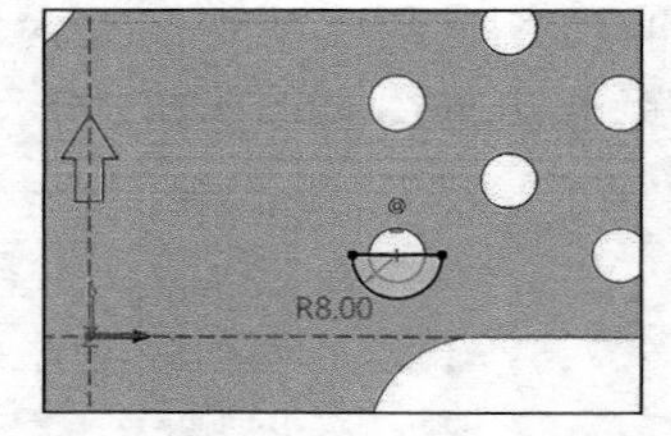

图3-189　绘制拉伸截面图形

3）将拉伸类型设为“2边”，起始点位置为0mm，结束点位置为2mm，确保拉伸方向朝向实体内部，在“布尔运算”选项组中单击“减运算”按钮。

4）单击“确定”按钮，创建图3-190所示的一个半圆切口。

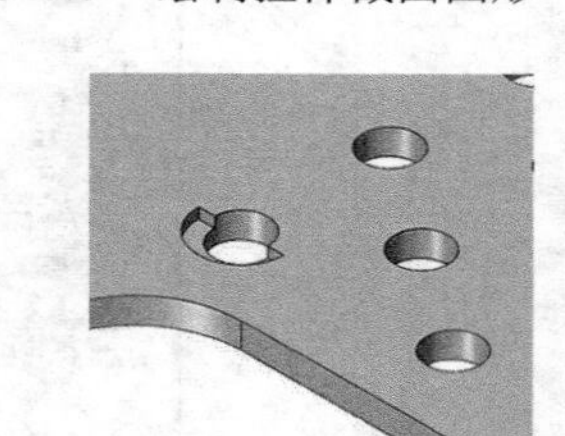

图3-190　创建半圆切口

3. 使用“阵列特征”工具创建一个“在阵列上”类型的阵列特征

1）单击“阵列特征”按钮，打开“阵列特征”对话框。

2）在“必选”选项组中单击“在阵列上”按钮，如图3-191所示。

3）选择半圆切口的拉伸特征作为阵列基体，单击鼠标中键确认，再在实体模型中选择先前创建的线性阵列。

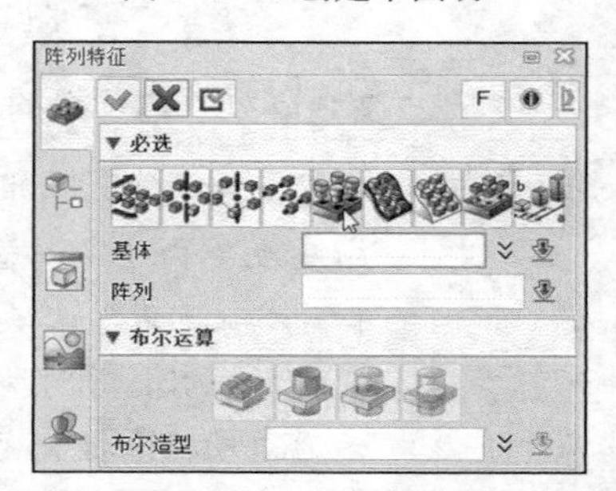

图3-191　选择“在阵列上”类型

4）单击“确定”按钮，创建的阵列结果如图 3-192 所示。

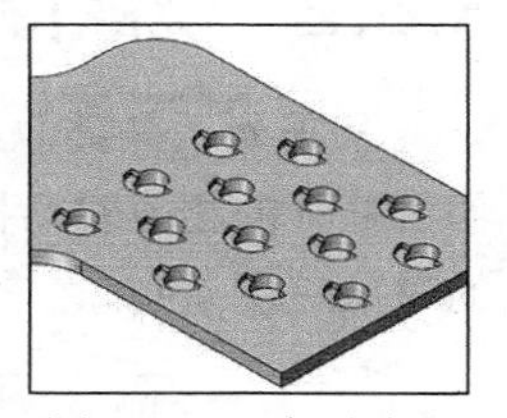

图 3-192　阵列结果

4. 使用“阵列几何体”工具创建一个圆形阵列特征

1）在功能区“造型”选项卡的“基础编辑”面板中单击“阵列几何体”按钮，打开“阵列几何体”对话框。

2）在“必选”选项组中单击“圆”按钮，如图 3-193 所示。

3）选择凸起箭头造型的所有外表面（共 8 个面），如图 3-194 所示，单击鼠标中键。

4）指定旋转轴，本例选择坐标系的 *Z* 轴定义旋转轴。

5）设置数目为 8，角度为 45deg，未启用“第二方向”；在“方向”选项组中单击“阵列对齐”按钮和“无交错”按钮，从“边界”下拉列表中选择“无”选项；在“设置”选项组中选中“关联复制”复选框。

6）单击“确定”按钮，阵列结果如图 3-195 所示。

图 3-193　完成半圆切口

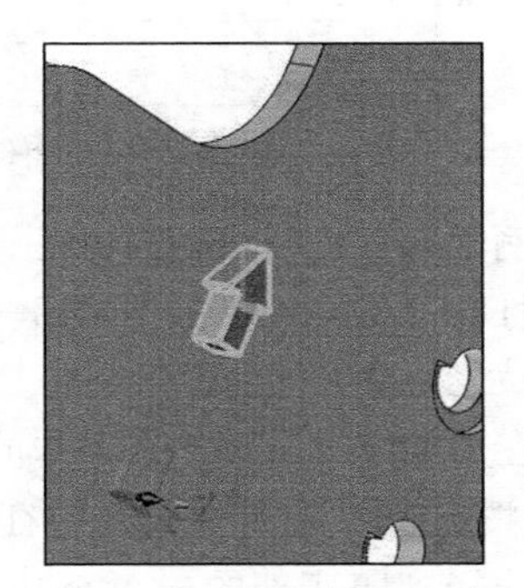

图 3-194　选择箭头的所有外表面

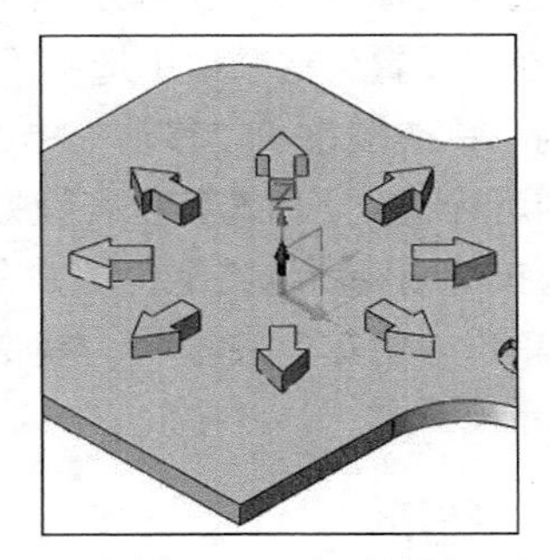

图 3-195　阵列结果

知识点拨　在对箭头造型进行阵列的过程中，如果在“方向”选项组的“对准”区单击“基准对齐”按钮而不是单击“阵列对齐”按钮，那么最后得到的阵列效果如图 3-196 所示，阵列成员所有的朝向与原始成员的朝向相同。

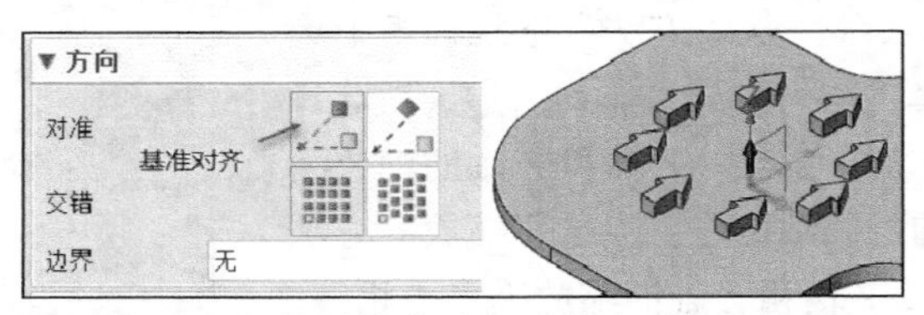

图 3-196　使用基准对齐时的阵列特征效果

3.6.2　镜像特征与镜像几何体

和阵列工具类似，镜像工具也有两种，分别为“镜像特征”和“镜像几何体”，它们所打开的相应对话框如图 3-197 所示，对话框的设置内容差不多，从本质上来说，两者镜像的对象有所差别，一个是针对特征，另一个是针对几何体。

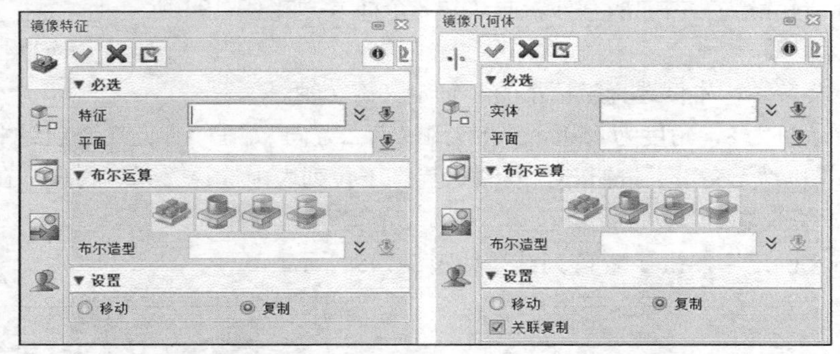

图 3-197　“镜像特征”对话框与“镜像几何体”对话框

【范例学习】　创建镜像特征

1）打开素材文件“范例学习-镜像.Z3PRT”，此文件中已有的支座模型如图 3-198 所示。

图 3-198　原始支座模型

2）在功能区“造型”选项卡的“基础编辑”面板中单击“镜像特征”按钮，打开“镜像特征”对话框。

3）选择支座底部的一个小孔作为要镜像的特征，单击鼠标中键。

4）选择坐标系 CSYS 的 *XZ* 平面作为镜像平面。

5）在“设置”选项组中选中“复制”单选按钮。该选项组提供“复制”单选按钮和“移动”单选按钮，“复制”单选按钮用于镜像复制所选特征，所选特征在镜像操作后仍然保留，而选中“移动”单选按钮则将所选特征镜像并在原位置删除所选特征。

6）单击“确定”按钮，镜像特征的结果如图 3-199 所示。

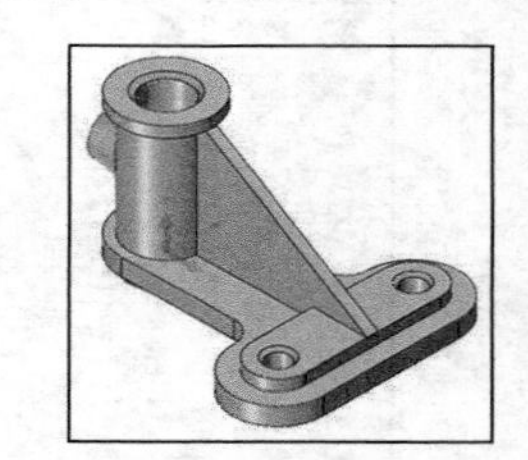

图 3-199　镜像特征的结果

3.6.3　缩放

要缩放实体，可按照以下的方法进行。

1）在功能区“造型”选项卡的“基础编辑”面板中单击“缩放”按钮，打开图 3-200 所示的“缩放”对话框。

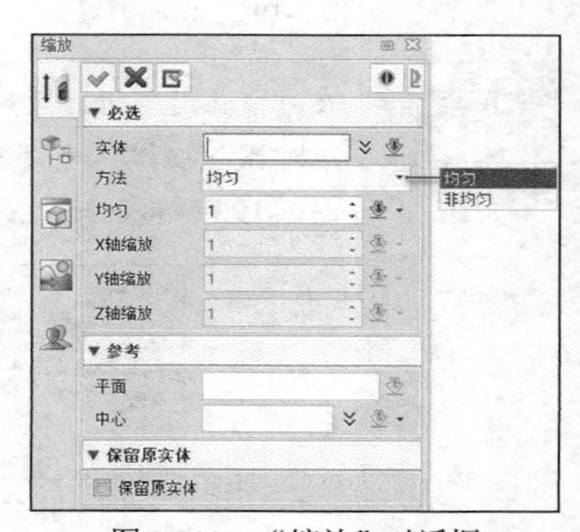

图 3-200　“缩放”对话框

2）选择要缩放的实体，从“方法”下拉列表中选择缩放的方法（即选择“均匀”或“非均匀”）。当选择缩放的方法为“均匀”时，*X* 轴、*Y* 轴和 *Z* 轴的缩放因子相等，此时输入均匀的缩放因子；当选择缩放的方法为“非均匀”时，*X* 轴、*Y* 轴和 *Z* 轴的缩放因子不相等，此时分别输入 *X* 轴、*Y* 轴和 *Z* 轴的缩放因子。

3）可选输入：利用“平面”收集器指定缩放的参考平面，若直接单击鼠标中键则选择默认的 *XY* 基准平面；利用“中心”收集器选择定义缩放中心的点，若单击鼠标中键则选择基准面的默认原点；如果要保留原实体并重新创建一个缩放后的新实体，则选中“保留原实体”复选框。

4）单击“确定”按钮，完成缩放实体的操作。

3.6.4 复制

单击“复制”按钮，弹出图 3-201 所示的“复制”对话框，利用此对话框来复制 3D 零件实体，提供的方法有多种，包括“动态复制”“点到点复制”“沿方向复制”“绕方向旋转”“对齐坐标旋转”和“沿路径复制”。可以复制的对象有很多，要选择需要复制的对象，可以在激活“复制”对话框的“实体”收集器时巧妙地借助过滤器列表来进行对象选择。例如，要复制整个实体造型，那么可以在过滤器列表中选择“造型”，在图形窗口中单击所需的实体模型即可。如果过滤器列表中的选项是“全部”时，可能选择的只是实体模型的一个面，这是初学者需要注意的地方。该“复制”按钮只会复制选中的对象。

在复制操作过程中，注意“只移动手柄”复选框的应用。如果选中此复选框，则可以调整手柄位置及坐标轴方向；如果不选中此复选框，则以手柄为参考坐标系来移动复制或旋转实体。“位置”指定的是手柄的原点，“X 轴”“Y 轴”“Z 轴”分别指定的是手柄相应的方向。“关联复制”复选框用于决定副本是否关联复制的原实体，当选中“关联复制”复选框时，如果重新定义原实体，则对应副本也将随之同步更新，与原实体始终保持一致。如果选中“指定图层”复选框，还可以定义将所选的对象复制到某个指定的图层。

图 3-202 展示的是沿 *Y* 轴正方向按照设定距离和定向角度复制两个长方体造型对象的情形。选用不同的复制方法，设置的内容虽然有所不同，但大同小异，在操作上比较灵活。

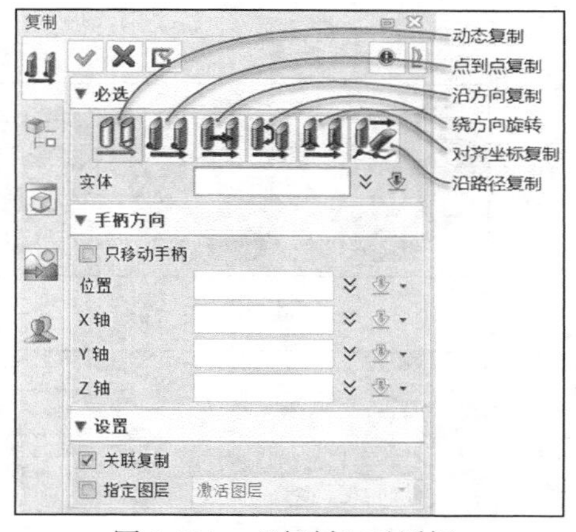

图 3-201 “复制”对话框

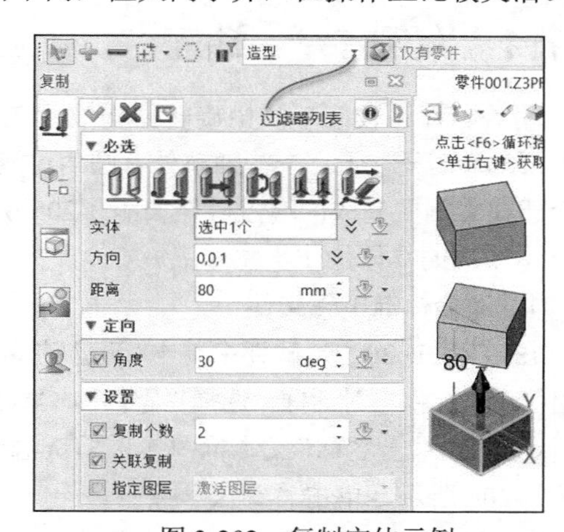

图 3-202 复制实体示例

3.6.5 移动与对齐移动

单击“移动”按钮，弹出图 3-203 所示的“移动”对话框，选择相应的移动方法，如“动态移动”“点到点移动”“沿方向移动”“绕方向旋转移动”“对齐坐标移动”或“沿路径移动”，然后根据所设定的移动方法进行相应的操作来移动所选的对象。“移动”操作和“复制”操作是类似的，只不过一个是移动，一个是复制。

“对齐移动”用来移动造型与另一个实体对齐，其方法比较简单，即单击“对齐移动”按钮，弹出图 3-204 所示的“对齐移动”对话框，利用“实体 1”收集器选择要移动的造型（可以是造型上的边或面），利用“实体 2”收集器选择对齐的实体（可以是边、曲线、面、基准面或点），根据实体 1 和实体 2 的选择来激活并选定相应的对齐移动选项（“重合”、“相切”、“同心”、“平行”、“垂直”或“角度”），有些对齐移动选项需要设置偏移值或角度值等，可根据设计需要设置是否保留原实体，然后单击“确定”按钮。

需要注意的是，使用“对齐移动”完成对齐移动操作后，如果再移动其中一个实体，而另一个实体并不会随之移动。

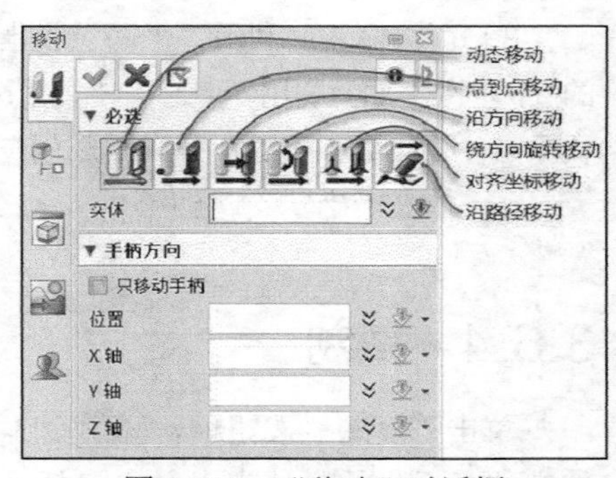

图 3-203 “移动”对话框

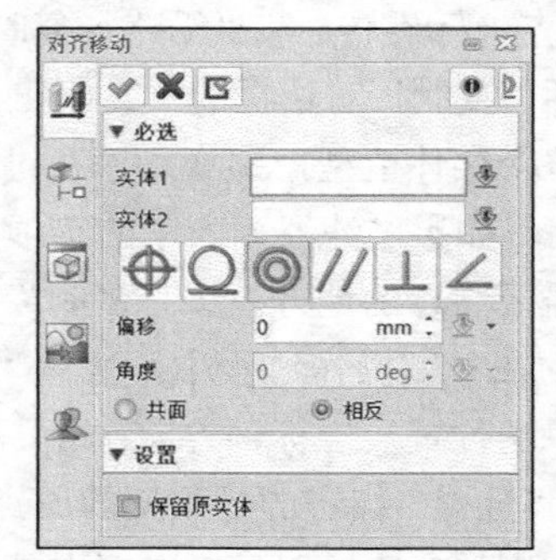

图 3-204 “对齐移动”对话框

3.7 综合建模案例

本节介绍几个综合建模案例，目的是为了让读者复习本章所学的一些建模知识，以及通过范例学习零件建模的一般方法、思路与技巧。

3.7.1 案例 1——端盖

端盖零件比较简单，由旋转体构成，在旋转体上再均布若干个孔，一些细节处有圆角过渡。本综合建模案例要完成的端盖零件如图 3-205 所示。

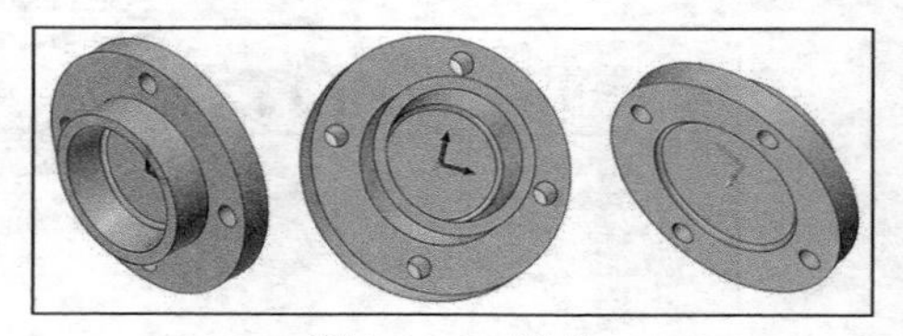

图 3-205 端盖

本案例的具体操作步骤如下。

1. 新建标准零件文件

在中望 3D 2022X 软件中单击“新建”按钮，弹出“新建文件”对话框，选择“零件”/“标准”/“默认”，在“唯一名称”文本框中输入“HY-端盖”，如图 3-206 所示，单击“确认”按钮。

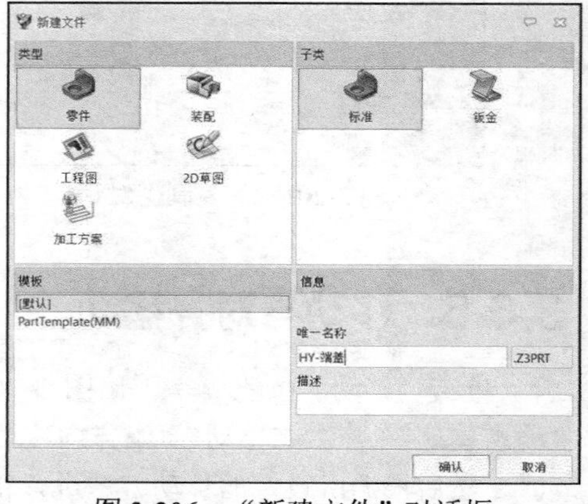

图 3-206 “新建文件”对话框

2. 创建旋转基本实体

1）在功能区“造型”选项卡的“基础造型”面板中单击“旋转”按钮，弹出“旋转”对话框。

2）在图形窗口中选择 *YZ* 坐标平面作为草绘平面，快速进入草图环境。绘制图 3-207 所示的图形并标注相应的尺寸和约束，然后单击“退出”按钮。

3）选择 *Y* 轴作为旋转轴。

4）在“旋转”对话框的“必选”选项组中设置起始角度为 0deg，结束角度为 360deg；在“偏移”选项组的“偏移”下拉列表中选择“无”选项；在“设置”选项组中默认选中“两端封闭”按钮；在“公差”选项组中接受默认的公差为 0.01mm。

5）单击“应用”按钮，创建的旋转基本实体如图 3-208 所示。

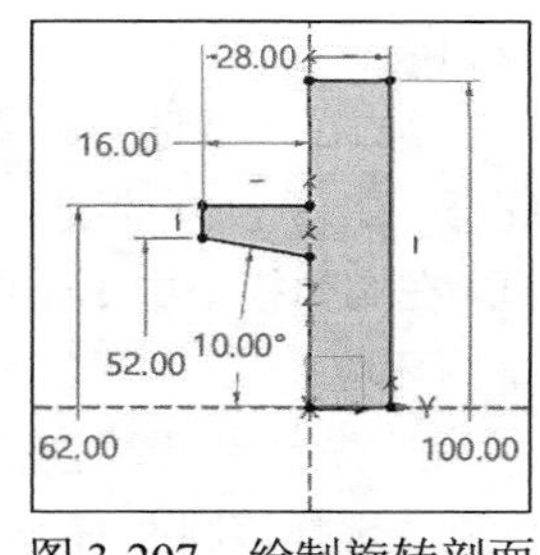

图 3-207 绘制旋转剖面

3. 以旋转的方式切除部分实体材料

1）确保“旋转”对话框中的“轮廓 P”收集器处于激活状态，在图形窗口的空白区域单击鼠标中键，此时出现“草图”对话框，如图 3-209 所示。单击“使用先前平面”按钮，单击“确定”按钮，进入草图环境。

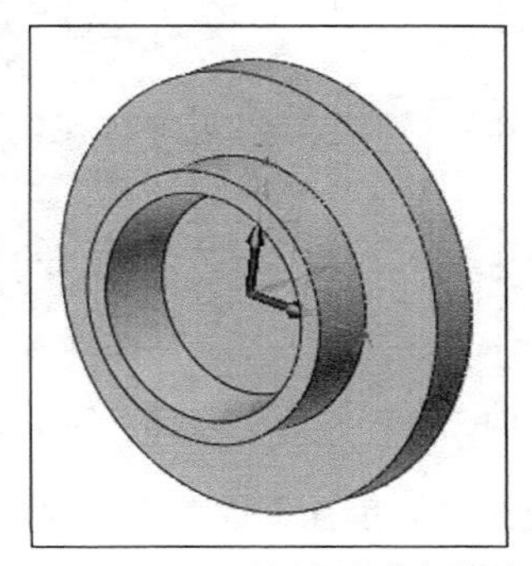
图 3-208 旋转基本实体

图 3-209 “草图”对话框

2）绘制图 3-210 所示的草图，单击“退出”按钮以退出草图环境。

3）在“轴”收集器右侧单击“展开”按钮，选择“Y 轴”选项，如图 3-211 所示。

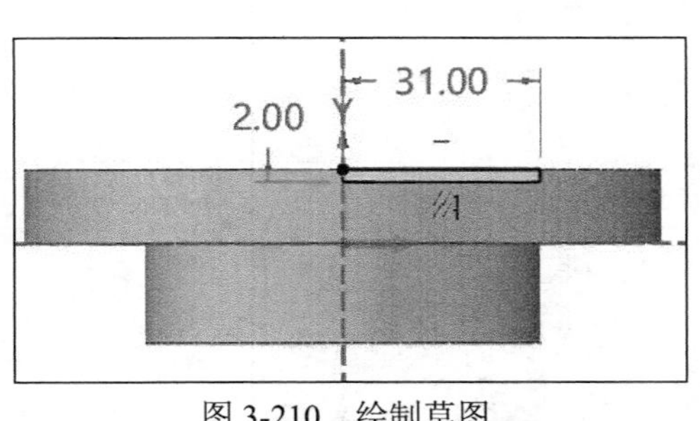

图 3-210 绘制草图

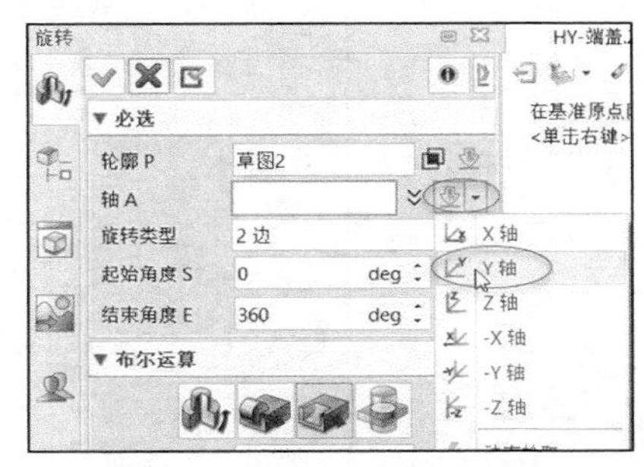

图 3-211 选择 *Y* 轴作为旋转轴

4）旋转类型为“2 边”，起始角度为 0deg，结束角度为 360deg，在“布尔运算”选项组中单击“减运算”按钮，并可指定已有实体作为要布尔运算的造型。

5）单击“确定”按钮，以旋转方式切除实体材料的结果如图 3-212 所示。

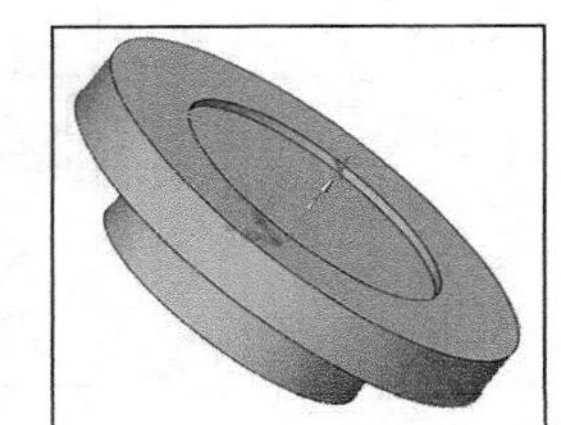
图 3-212 旋转切除的结果

4. 创建孔特征

1）在功能区“造型”选项卡的“工程特征”面板中单击“孔”按钮，在“孔”对话框的“必选”选项组中单击“常规孔”

按钮。

2）在“必选”选项组的“位置”收集器右侧单击“展开”按钮，从打开的列表中选择“草图”选项，打开“草图”对话框，在实体模型中单击图 3-213 所示的实体面作为草绘平面，进入草图环境。

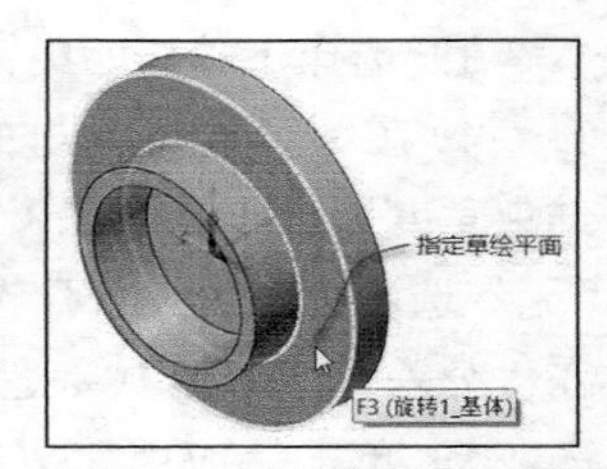

图 3-213 指定草绘平面

3）先单击“圆”按钮绘制图 3-214 所示的一个直径为 82mm 的圆，选择该圆并右击它，弹出快捷菜单，如图 3-215 所示，单击“切换类型”按钮，从而将该圆切换为以虚线显示的构造线；再单击“点”按钮，分别在该圆形构造线与 *X* 轴、*Y* 轴的交点处创建点，一共创建 4 个点，如图 3-216 所示，单击“退出”按钮，完成草图点绘制并退出草图环境。

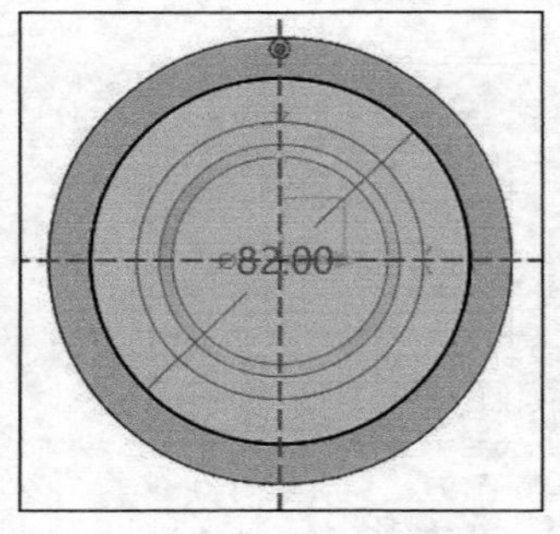

图 3-214 绘制一个圆

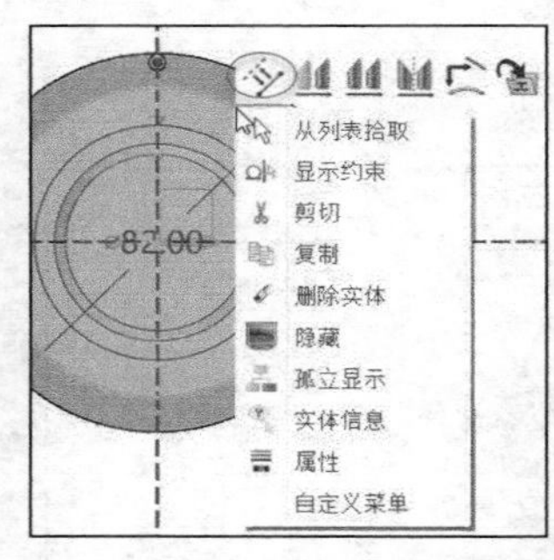

图 3-215 切换类型（切换构造线）

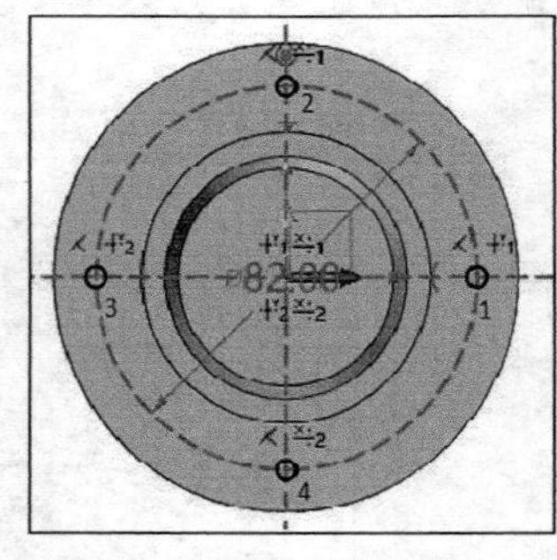

图 3-216 创建 4 个点

4）在“孔规格”选项组的“孔造型”下拉列表中选择“简单孔”选项，在“规格”子选项组中设置孔的直径为 9mm，结束端为“通孔”，如图 3-217 所示。

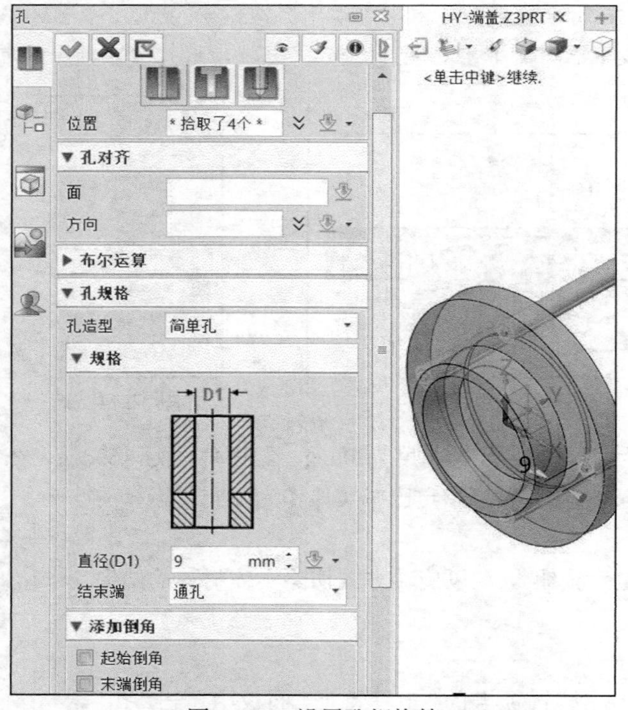

图 3-217 设置孔规格等

5）单击“确定”按钮，一次操作创建 4 个同样规格的简单直孔，结果如图 3-218 所示。

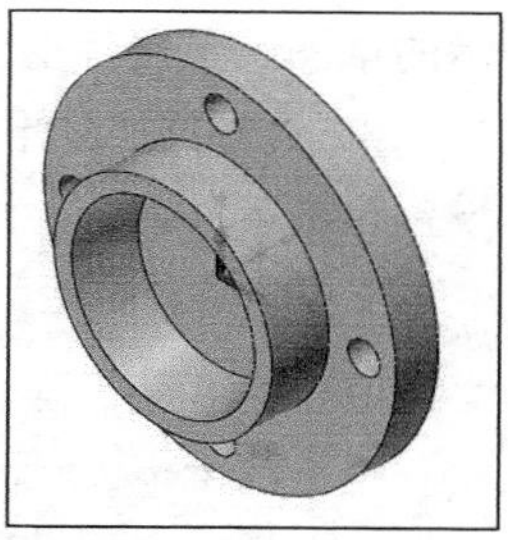

图 3-218 创建 4 个孔

5. 创建圆角特征

1）在功能区“造型”选项卡的“工程特征”面板中单击“圆角”按钮，打开“圆角”对话框，设置要创建的圆角类型为“圆弧圆角”。

2）设置半径为 2mm，在图形窗口中先选择图 3-219 所示的一条边，再按住鼠标右键并移动鼠标来翻转模型视图，选择图 3-220 所示的另一条边来倒圆角。

3）单击“确定”按钮，创建圆角特征，如图 3-221 所示。

6. 保存文件

在“快速访问”工具栏中单击“保存”按钮，指定保存位置来保存该实体模型文件。

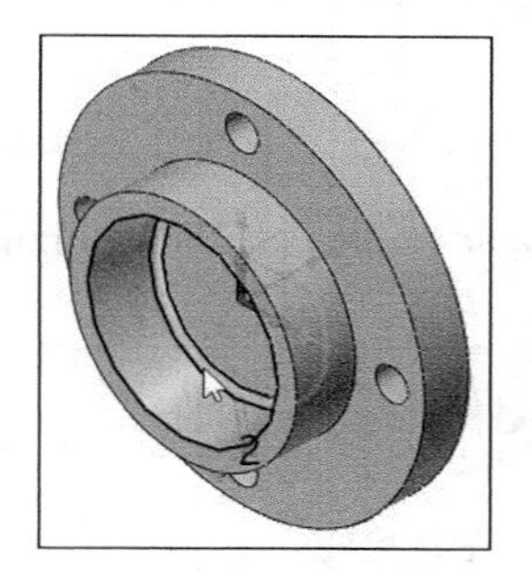

图 3-219 选择要倒圆角的一条边

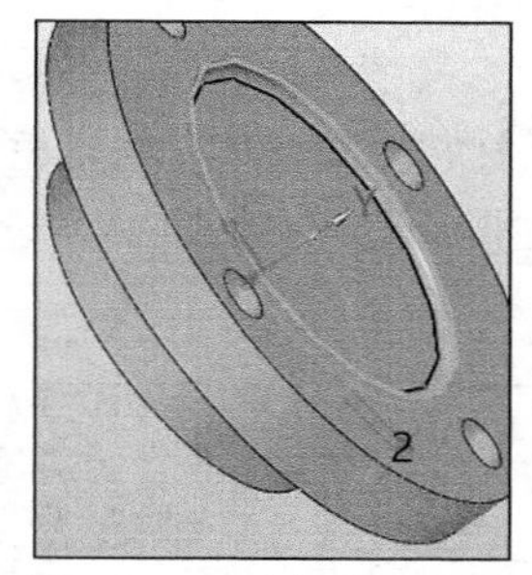

图 3-220 选择另一条边

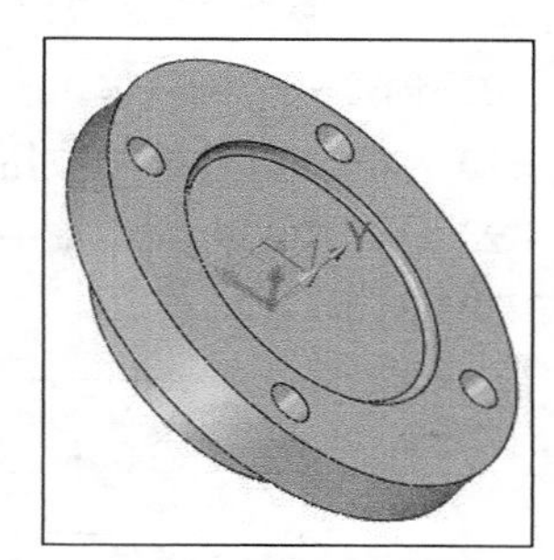

图 3-221 创建圆角特征

3.7.2 案例 2——支架

本综合建模案例 2 选用的典型零件为图 3-222 所示的支架零件，在该案例中主要应用“拉伸”“圆柱体”“扫掠”“添加实体”“基准平面”“孔”“圆角”等工具。

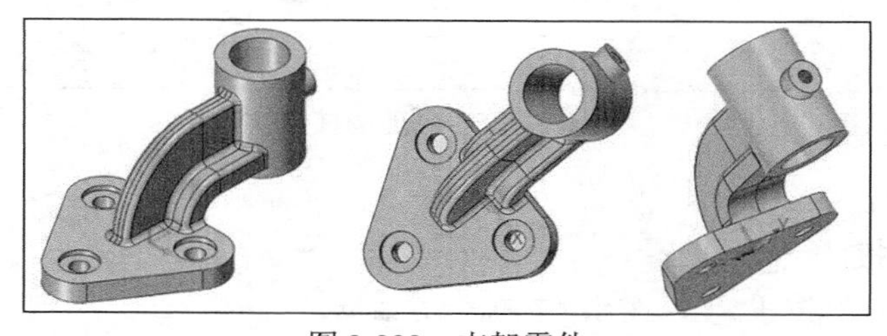

图 3-222 支架零件

本综合建模案例的具体操作步骤如下。

1. 新建标准零件文件

在中望 3D 2022X 软件中单击“新建”按钮，弹出“新建文件”对话框，选择“零件”/“标准”/“默认”，在“唯一名称”文本框中输入“HY-支架”，单击“确认”按钮。

2. 创建拉伸实体

1）单击“拉伸”按钮，打开“拉伸”对话框。

2）在图形窗口中选择 *XY* 坐标平面作为草绘平面，快速进入草图环境。绘制图 3-223 所示的草图，单击“退出”按钮。

3）返回到“拉伸”对话框，从“必选”选项组的“拉伸类型”下拉列表中选择“2边”选项，设置起始点为0mm，结束点为8mm，接受默认的拉伸方向。拔模、偏移和转换均无设置。

4）单击“确定”按钮，创建图3-224所示的一个拉伸实体。

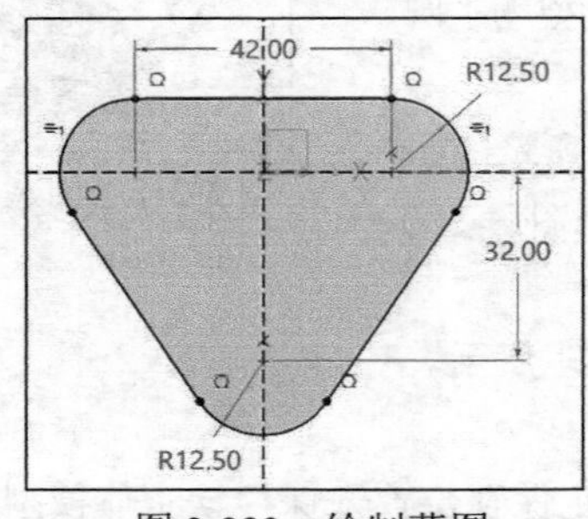

图3-223 绘制草图

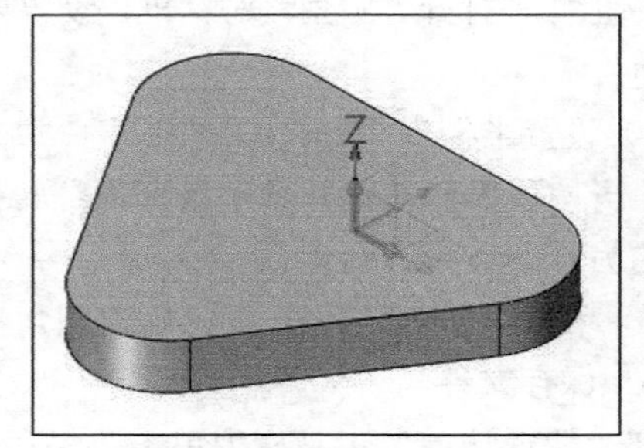

图3-224 创建拉伸实体

3. 创建一个圆柱体

1）单击“圆柱体”按钮，打开“圆柱体”对话框。

2）在“中心”文本框中输入坐标值“0,50.5,12”，设置半径为15mm，长度为40mm，如图3-225所示。

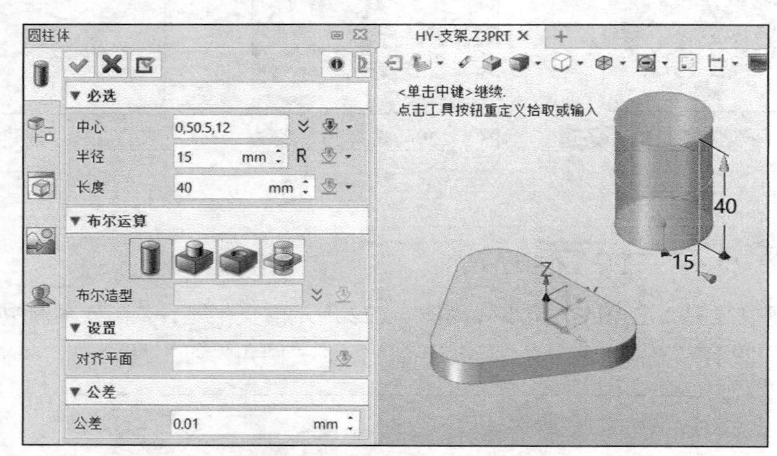

图3-225 创建圆柱体

3）单击“确定”按钮。

4. 创建扫掠特征

1）单击“扫掠”按钮，打开“扫掠”对话框。

2）在“必选”选项组的“轮廓 P1”收集器右侧单击“展开”按钮|“草图”选项，打开“草图”对话框，在第一个拉伸实体特征的顶面单击以选择该顶面作为草绘平面，绘制图3-226所示的轮廓草图，单击“退出”按钮。绘制的轮廓草图将作为扫掠特征的轮廓线。

3）在“必选”选项组的“路径 P2”收集器右侧单击“展开”按钮|“草图”选项，打开“草图”对话框，选择*YZ*坐标平面作为草绘平面，绘制图3-227所示的一条开放的相切轨迹线，单击“退出”按钮，此时系统弹出“ZW3D”对话框提示“在当前草图中有开放环或交叉环，您还要继续吗？”，单击“是”按钮。在靠近圆弧开放端单击刚绘制的曲线以确保将它作为扫掠特征的路径。

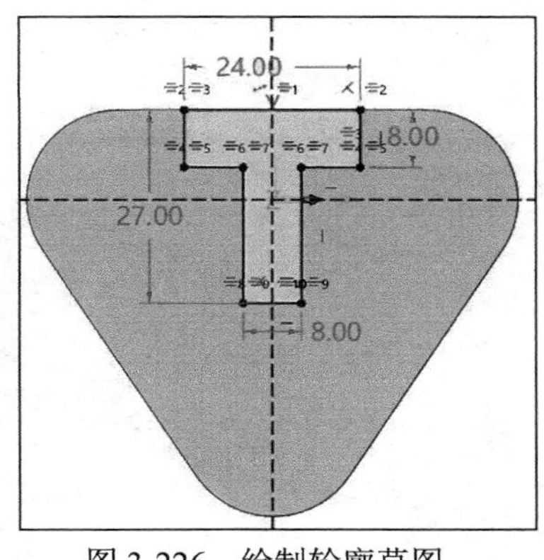

图 3-226 绘制轮廓草图

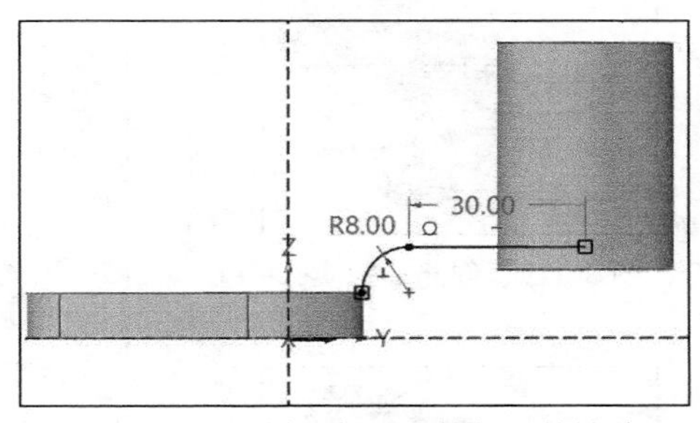

图 3-227 绘制一条开放的相切轨迹线

4）在“扫掠”对话框中分别设定布尔运算、定向、延伸（延伸选项为“无”）等选项，如图 3-228 所示。

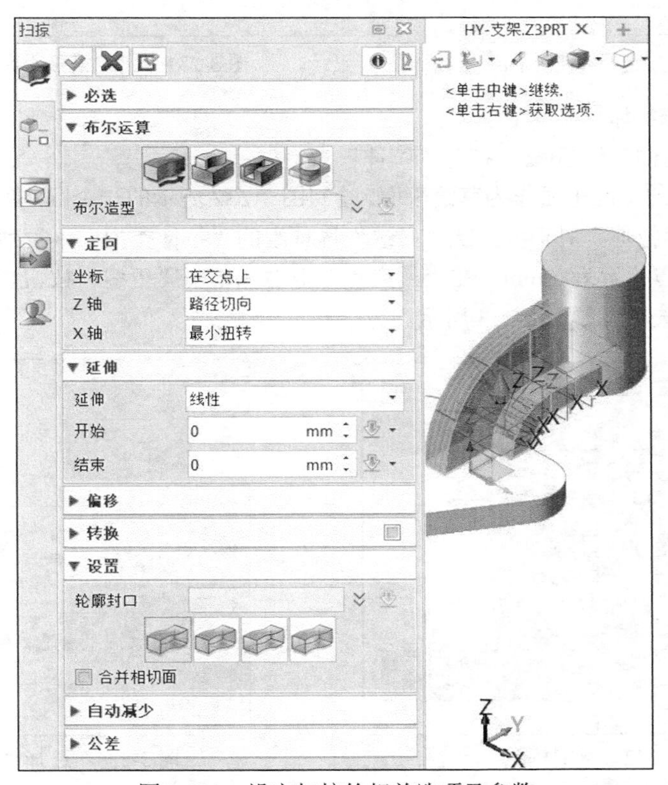

图 3-228 设定扫掠的相关选项及参数

5）单击“确定”按钮，创建的扫掠实体如图 3-229 所示。

5. 创建一个新基准平面

1）在功能区“造型”选项卡的“基准”面板中单击“基准面”按钮，打开“基准面”对话框，在“必选”选项组中单击“偏移平面”按钮。

2）选择图 3-230 所示的实体面作为参考平面，在“偏移”框中设置偏移距离为 58mm，如图 3-231 所示。

3）单击“确定”按钮，创建一个新基准平面。

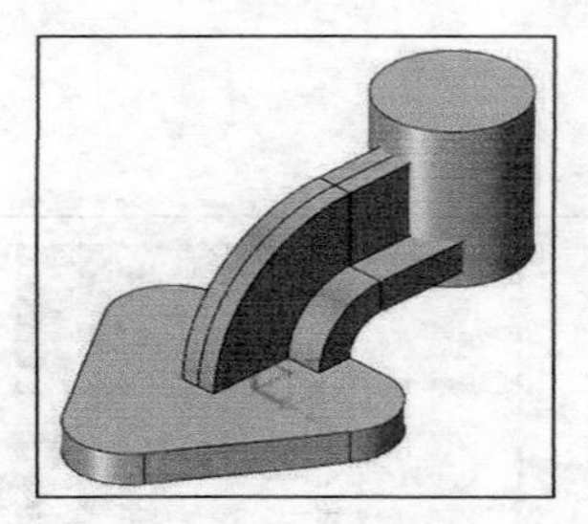

图 3-229 创建扫掠实体

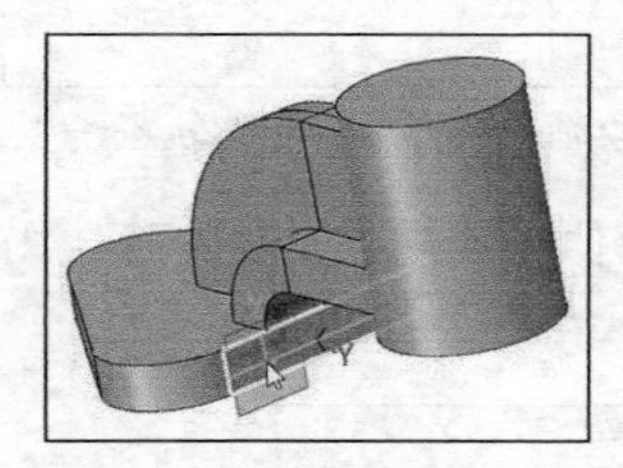

图 3-230 选择参考平面

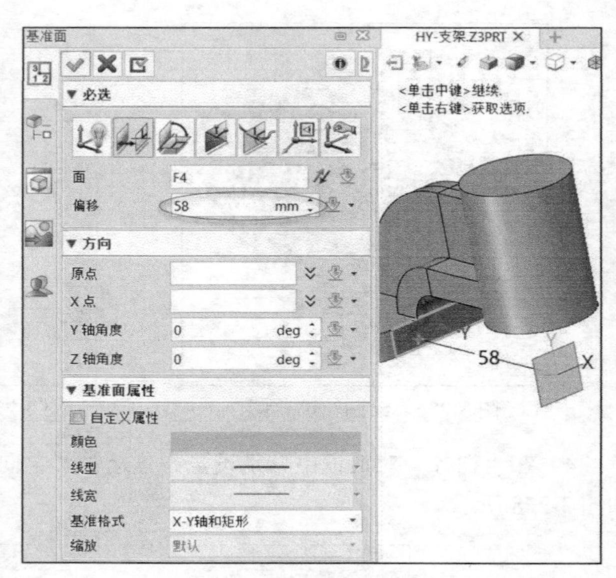

图 3-231 指定偏移距离等

6. 创建拉伸实体

1）单击“拉伸”按钮，打开“拉伸”对话框。

2）选择新建的基准平面作为草绘平面，绘制图 3-232 所示的一个圆，单击“退出”按钮。

3）返回到“拉伸”对话框，从“必选”选项组的“拉伸类型”下拉列表中选择“2 边”选项，设置起始点位置为 0mm，在“结束点”框右侧单击“更多”按钮，从打开的列表中选择“到面”选项，如图 3-233 所示。

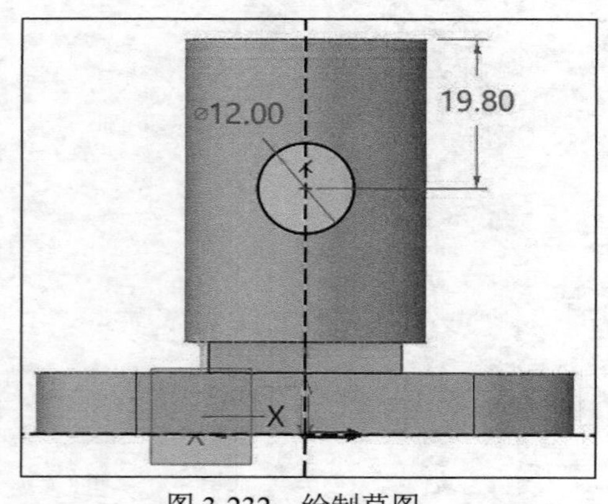

图 3-232 绘制草图

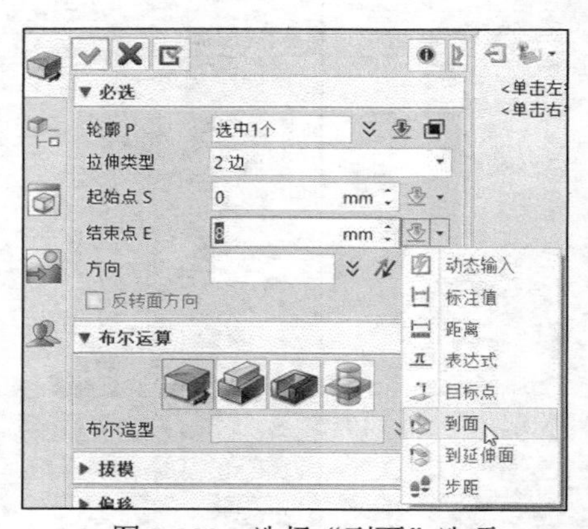

图 3-233 选择“到面”选项

4）选择圆柱体的圆柱面作为边界面，单击鼠标中键。

5）在“布尔运算”选项组中单击“加运算”按钮，在激活“布尔造型”收集器的状态下选择圆柱体，在“偏移”选项组的“偏移”下拉列表中选择“无”选项，如图 3-234 所示。

6）单击“确定”按钮，创建图 3-235 所示的拉伸凸台。

7. 进行布尔运算操作

1）在功能区“造型”选项卡的“编辑模型”面板中单击“添加实体”按钮，打开“添加实体”对话框。

2）选择第一个拉伸特征作为基体，接着分别选择扫掠特征和圆柱体作为要添加的实体，单击鼠标中键。

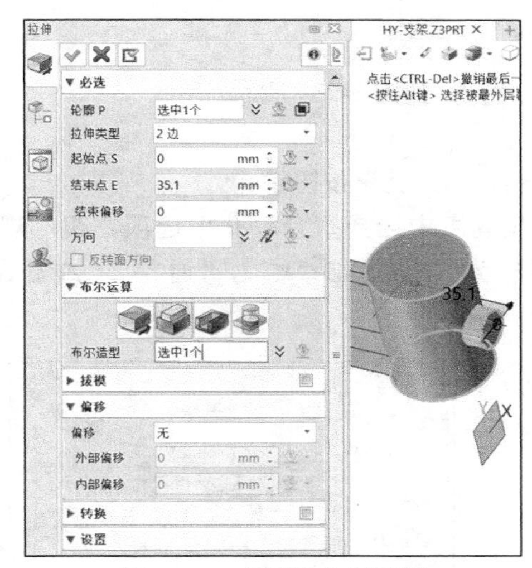

图 3-234 设置布尔运算等

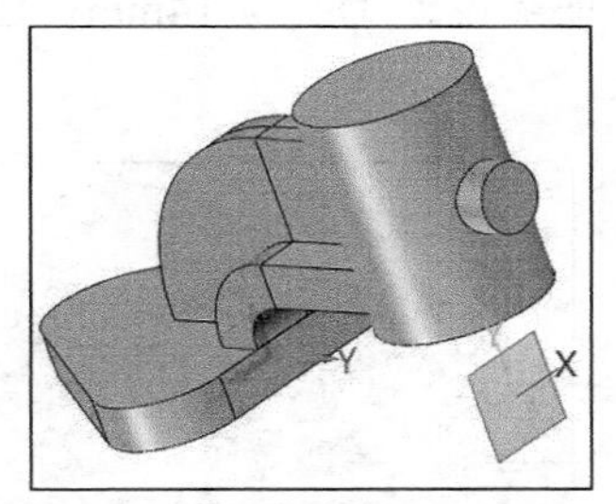

图 3-235 创建一个拉伸凸台

3）在“设置”选项组中取消选中“保留添加实体”复选框，单击“确定”按钮。

8. 使用圆柱体工具在支架中移除材料形成一个孔结构

1）单击“圆柱体”按钮，打开“圆柱体”对话框。

2）指定模型中原圆柱体特征的顶面圆心作为新圆柱体的放置中心点，对应的中心点坐标为“0,50.5,52”。

3）在“必选”选项组的“半径”框中设置半径为10mm，在“长度”框中输入“−40”以设置新圆柱体的长度为40mm并且方向朝向实体模型；在“布尔运算”选项组中单击“减运算”按钮，如图3-236所示。

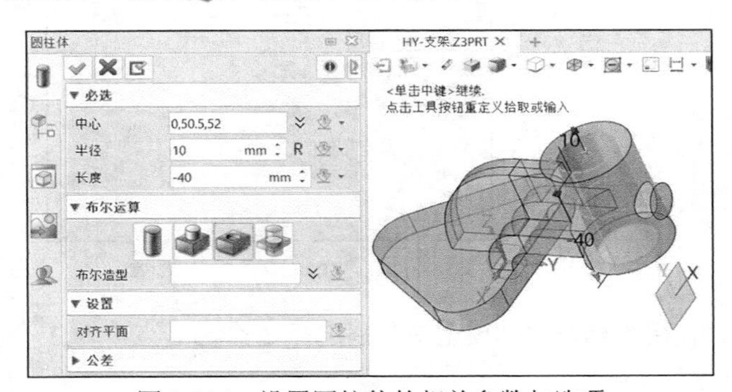

图 3-236 设置圆柱体的相关参数与选项

4）单击“确定”按钮。

9. 创建螺纹孔特征

1）在功能区“造型”选项卡的“工程特征”面板中单击“孔”按钮，接着在“孔”对话框的“必选”选项组中单击“螺纹孔”按钮。

2）在“孔规格”选项组的“孔造型”下拉列表中选择“简单孔”选项，在“螺纹”子选项组和“规格”子选项组中分别设置图3-237所示的参数及选项。

3）在激活“必选”选项组的“位置”收集器的状况下，选择小的拉伸凸台的圆心作为放置该螺纹孔的中心位置，如

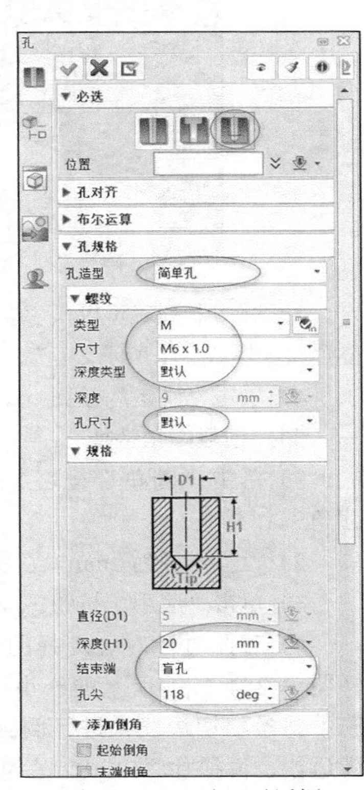

图 3-237 “孔”对话框

图 3-238 所示。

4）单击“应用”按钮，创建一个螺纹孔特征，如图 3-239 所示。

10. 创建 3 个台阶孔

1）在“孔”对话框的“必选”选项组中单击“常规孔”按钮。

2）在“孔规格”选项组的“孔造型”下拉列表中选择“台阶孔”选项，在“规格”子选项组设置 D2 为 14mm，H2 为 2mm，直径为 7mm，结束端为“通孔”，如图 3-240 所示。

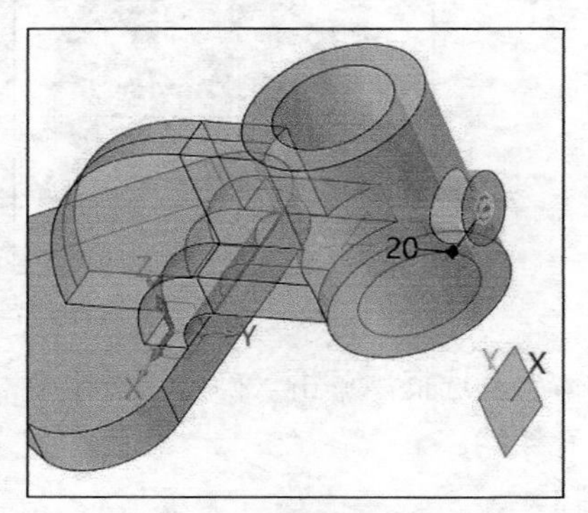

图 3-238　指定螺纹孔的位置

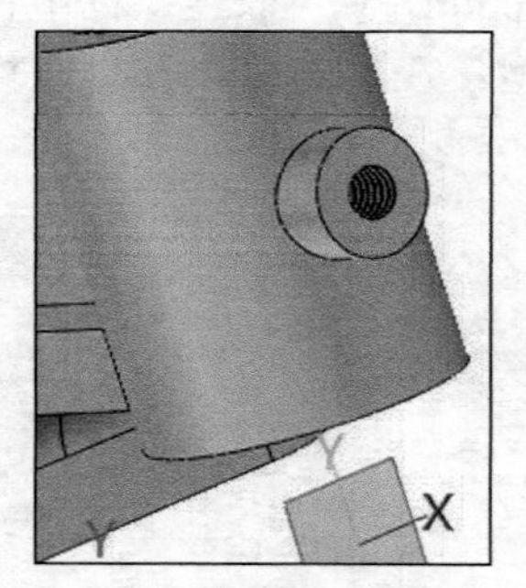

图 3-239　创建一个螺纹孔

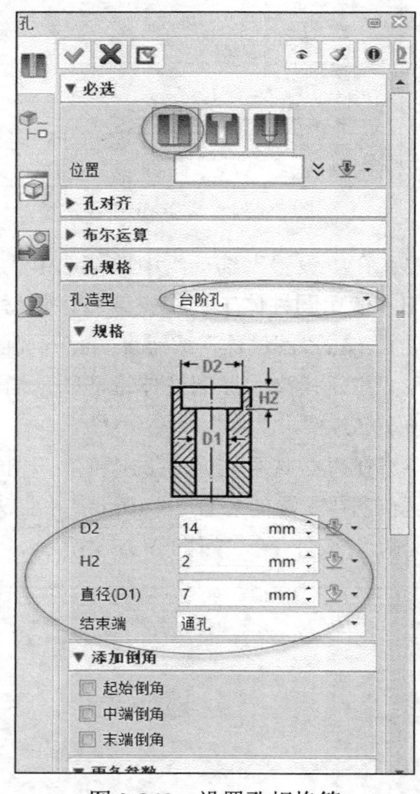

图 3-240　设置孔规格等

3）过滤器列表可以是“全部”，使用鼠标在实体模型中分别选择 3 个圆心点作为 3 个孔位置，如图 3-241 所示。

4）单击“确定”按钮，创建的 3 个台阶孔如图 3-242 所示。

11. 创建圆角特征

1）单击“圆角”按钮，打开“圆角”对话框，设置要创建的圆角类型为“圆弧圆角”。

2）设置半径为 2mm，在图形窗口中选择相应的边线进行倒圆角，如图 3-243 所示。

3）单击“应用”按钮。

4）若此时针对边选择的“拾取策略列表”选项默认为“单边”，可以先在模型中选择图 3-244（a）所示的一小段边线，按住“Shift”键的同时单击其他一段相切段，从而选中整条相切边线来进行倒圆角操作。释放“Shift”键后单击图 3-244（b）所示的一小段边线，再按住“Shift”键的同时单击另外所需的一段边线，以选中另外一整条图 3-245 所示的相切边线。

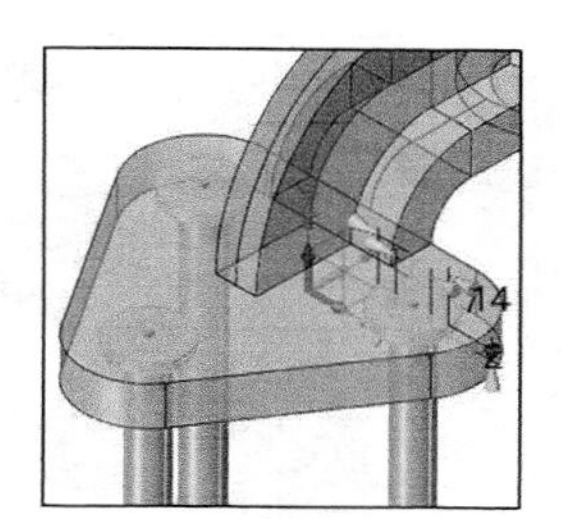

图 3-241 指定孔位置

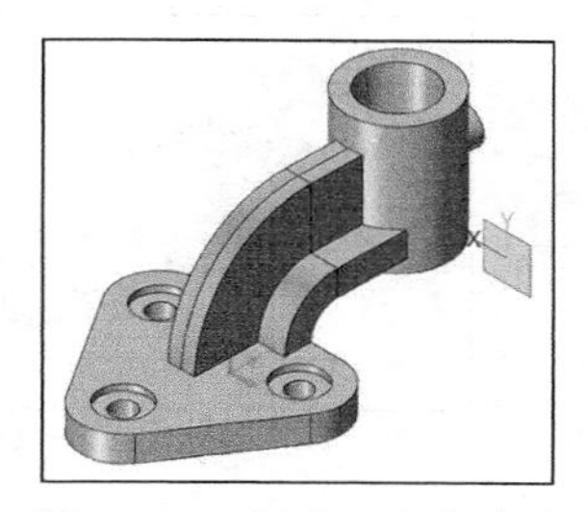

图 3-242 创建 3 个台阶孔

图 3-243 倒圆角操作

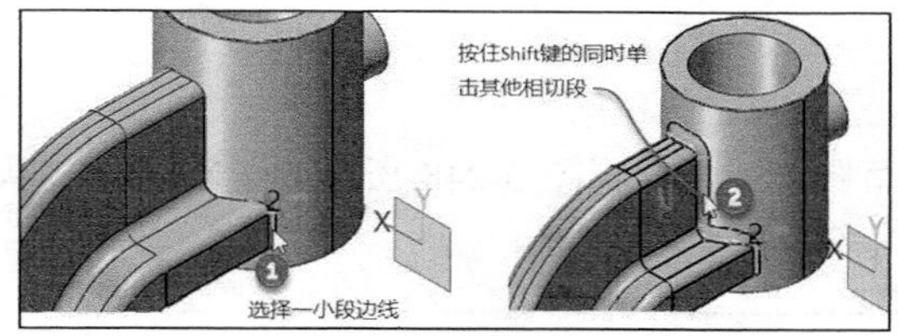

（a）指定一条相切边线进行倒圆角

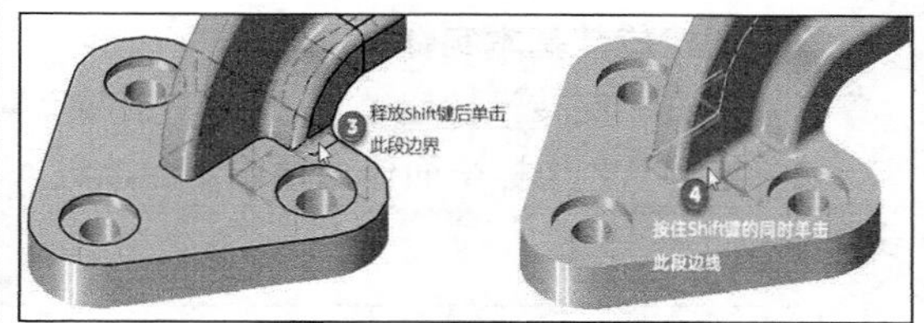

（b）再指定一条相切边线进行倒圆角

图 3-244 通过操作细节可以选中所需的连续相切边来倒圆角

操作技巧 用户还可以采用更方便的方法来选择所需的相切边进行倒圆角处理，其方法是在位于上边框条的“拾取策略列表”下拉列表中选择“相切边”选项，接着便可以很方便地在模型中拾取所需的两条相切边链来倒圆角了，如图 3-245 所示。在进行创建或编辑特征等操作的过程中，中望 3D 会根据当前所处哪种对象的选择状态提供相应的“拾取策略列表”，用户巧用“拾取策略列表”的选项去选择所需对象，往往事半功倍，且不容易出错。

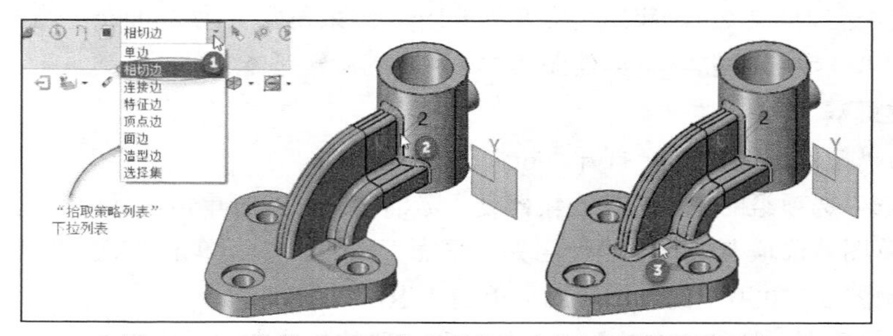

图 3-245 借助“拾取策略列表”来快速选择所需边链

5）单击“确定”按钮 ✓，创建圆角特征。

此时在历史特征树或图形窗口中右击“平面 1”，从弹出的快捷菜单中选择“隐藏”命令，完成的支架模型三维效果如图 3-246 所示。

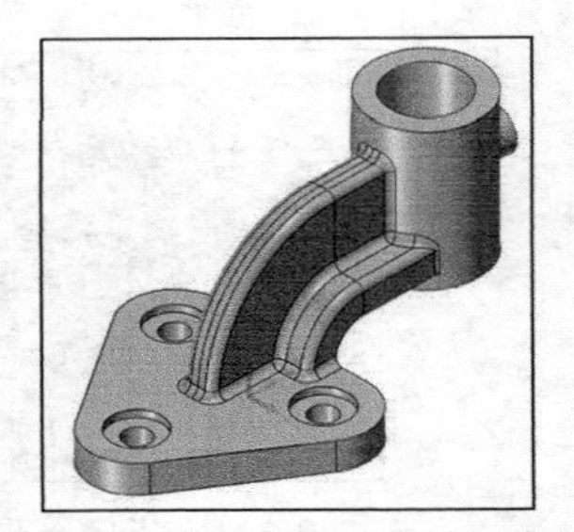
图 3-246 完成的支架模型三维效果

12. 保存文件

在“快速访问”工具栏中单击“保存”按钮，指定保存位置来保存该实体模型文件。

3.7.3 案例 3——轴零件

本综合建模案例要完成的是图 3-247 所示的一个轴零件。在该案例中主要使用的工具有“旋转”“拉伸”“阵列”“倒角”“螺纹”“圆角”“孔”。

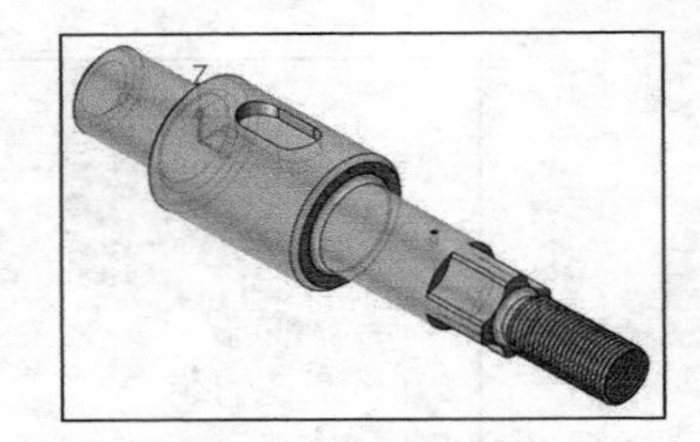
图 3-247 轴零件

本综合建模案例的具体操作步骤如下。

1. 新建标准零件文件

在中望 3D 2022X 软件中，单击“新建”按钮，弹出“新建文件”对话框，选择“零件”/“标准”/“默认”，在“唯一名称”文本框中输入“HY-轴零件”，单击“确认”按钮。

2. 创建旋转基本实体

1）单击“旋转”按钮，打开“旋转”对话框。

2）选择 *XY* 坐标平面作为草绘平面，进入草图环境，绘制图 3-248 所示的旋转剖面，单击“退出”按钮。

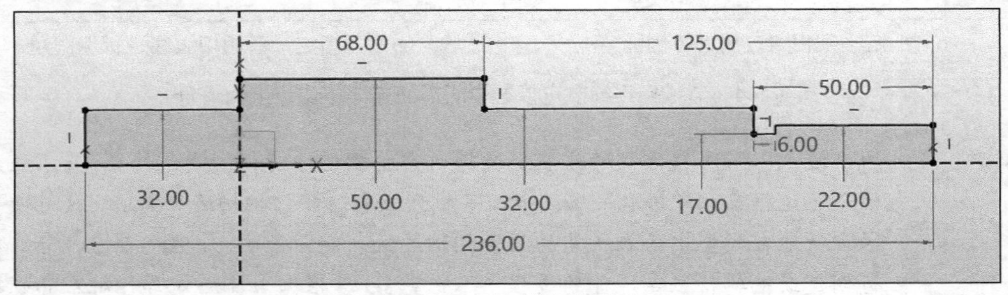

图 3-248 绘制旋转剖面

3）指定 *X* 轴作为旋转轴。

4）旋转类型为“2 边”，起始角度 S 为 0deg，结束角度 E 为 360deg，偏移选项为“无”。

5）单击“确定”按钮，创建图 3-249 所示的旋转基本实体。

3. 创建键槽

1）单击“拉伸”按钮，打开“拉伸”对话框。

2）“必选”选项组的“轮廓”收集器处于激活状态，此时单击鼠标中键以添加一个草图，在出现的“草图”选项卡中单击“使用先前平面”按钮，然后单击“确定”按钮，进入草图环境。绘制图 3-250 所示的键槽轮廓，单击“退出”按钮。

3）通过单击表示拉伸方向的箭头来切换所需要的拉伸方向，拉伸类型为“2 边”，设置起始点位置为 19mm，在“布尔运算”选项组中单击“减运算”按钮，再在“结束点”框右侧单击“展开”按钮并选择“穿过所有”，如图 3-251 所示。

4）单击“确定”按钮，创建的键槽结构如图 3-252 所示。

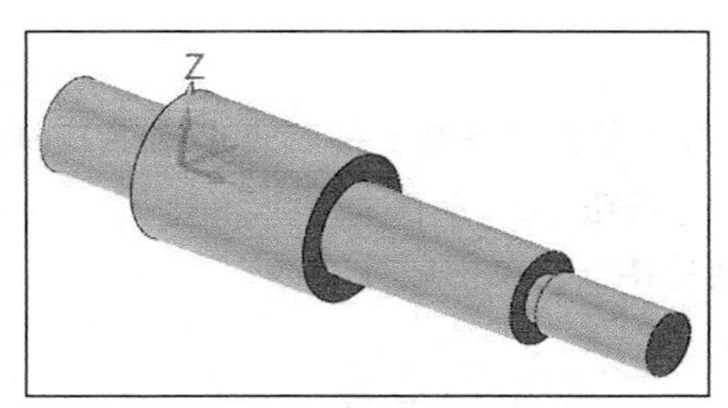

图 3-249 创建的旋转基本实体

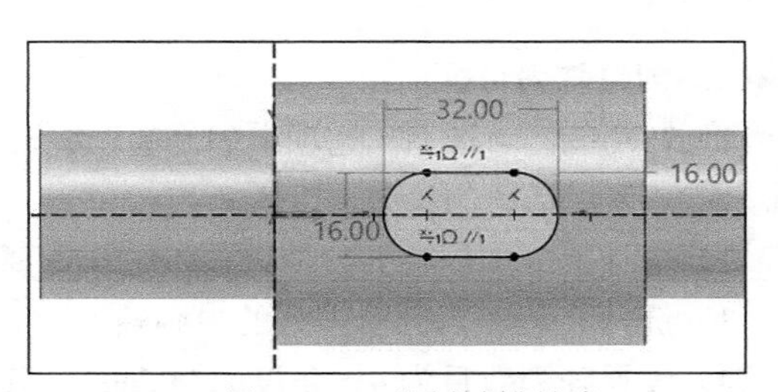

图 3-250 绘制键槽轮廓

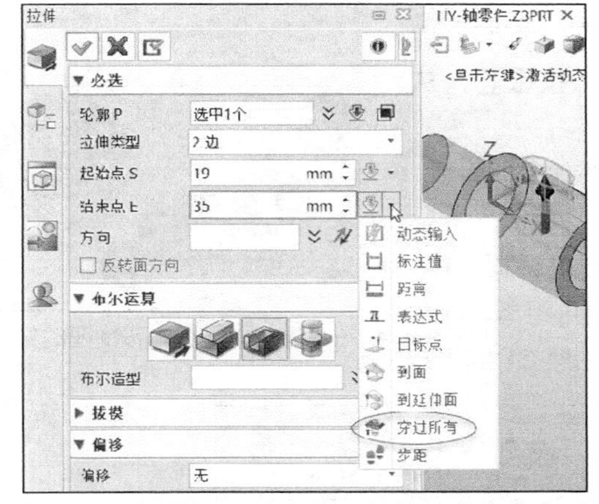

图 3-251 设置拉伸切除材料的相关参数和选项

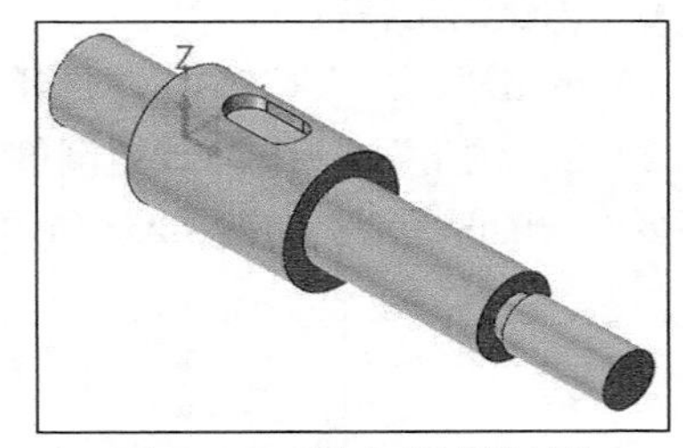

图 3-252 创建的键槽结构

4. 以拉伸的方式切除一部分实体材料

1）单击“拉伸”按钮，打开“拉伸”对话框，在“布尔运算”选项组中单击“减运算”按钮。

2）指定图 3-253 所示的环状平面作为草绘平面，进入草图环境，绘制图 3-254 所示的草图，单击“退出”按钮。

3）返回到“拉伸”对话框，在“必选”选项组的“拉伸类型”下拉列表中选择“1 边”选项，结合默认的拉伸方向在“结束点”框中输入“−25”，如图 3-255 所示。

4）单击“确定”按钮，拉伸切除效果如图 3-256 所示。

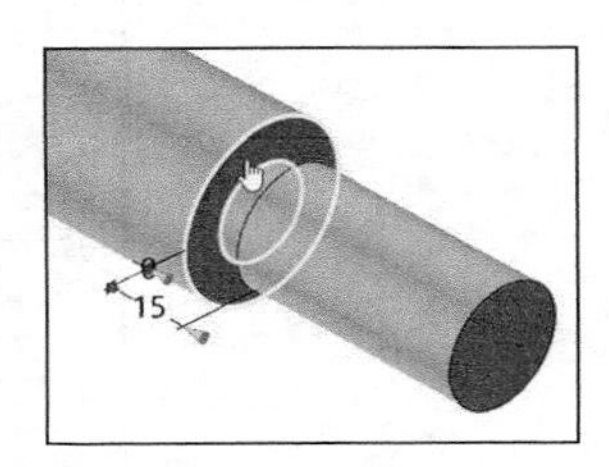

图 3-253 指定草绘平面

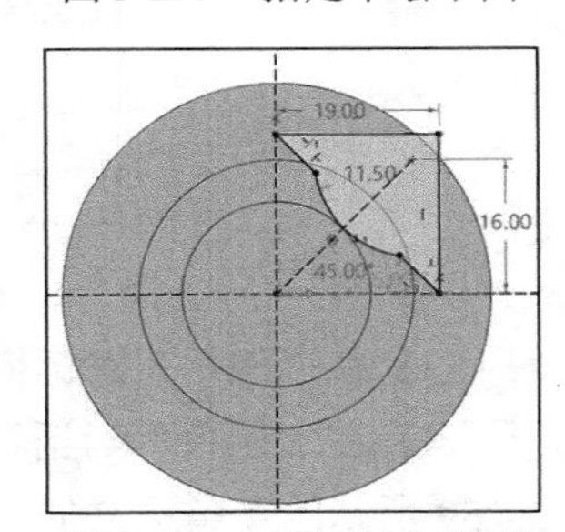

图 3-254 绘制闭合草图

图 3-255 设置拉伸类型及拉伸深度等

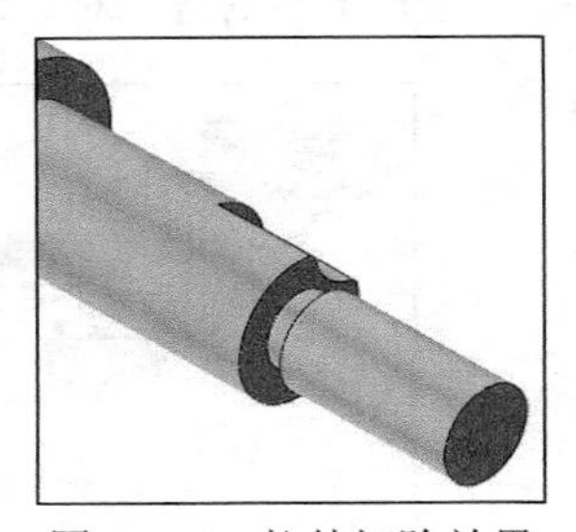

图 3-256 拉伸切除效果

5. **创建阵列特征**

1）在功能区“造型”选项卡的“基础编辑”面板中单击“阵列特征”按钮，在打开的“阵列特征”对话框的“必选”选项组中单击“圆形”按钮。

2）选择上一步创建的拉伸切口特征作为要阵列的特征，单击鼠标中键。

3）选择 *X* 轴作为圆形阵列的中心轴。

4）设置阵列数目为4，角度为90deg，不选中“第二方向”复选框。

5）在“变量阵列”选项组的“类型”下拉列表中选择“无”选项，在“派生阵列”选项组的“派生”下拉列表中选择“无”选项，在“定向”选项组中单击“阵列对齐”按钮和“无交错”按钮，从“边界”下拉列表中选择“无”选项。

6）单击“确定”按钮，阵列结果如图3-257所示。

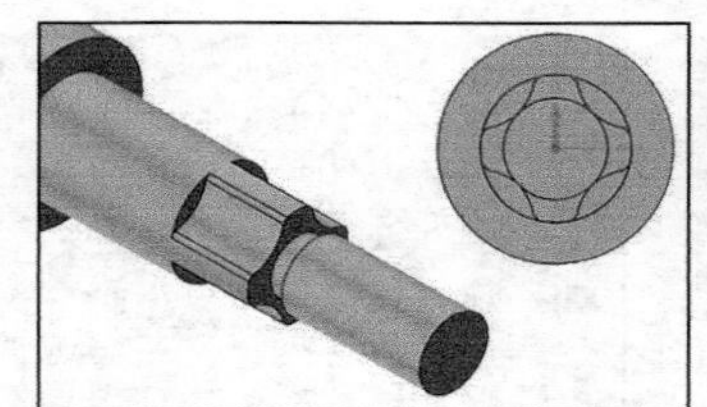

图3-257　创建阵列特征的结果

6. **创建倒角特征**

1）单击“倒角”按钮，打开“倒角”对话框。

2）在“倒角”对话框中设置倒角方法及倒角距离，以及选择要倒角的两条边，如图3-258所示，从而创建C1倒角。

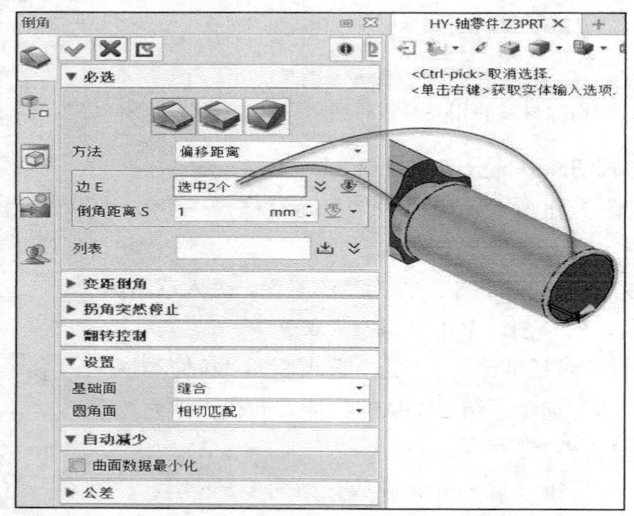

图3-258　选择两条边创建C1倒角

3）在“倒角”对话框上单击“应用”按钮。

4）在“倒角”对话框的“必选”选项组中将倒角距离设置为2mm，在轴零件中选择图3-259所示的3条边来创建C2倒角。

5）在“倒角”对话框中单击“确定”按钮，创建相关的倒角，效果如图3-260所示。

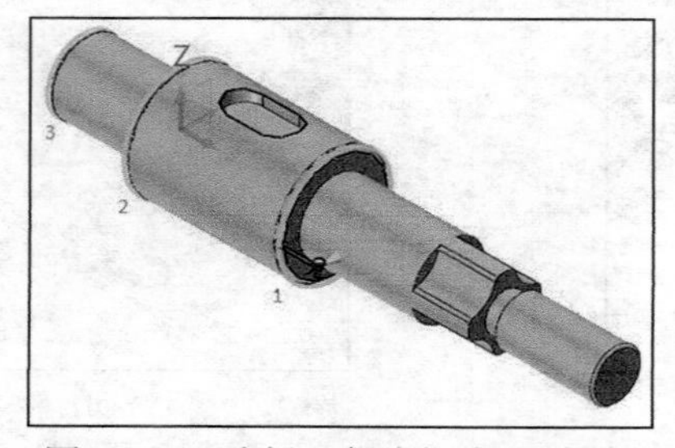

图3-259　选择3条边创建C2倒角

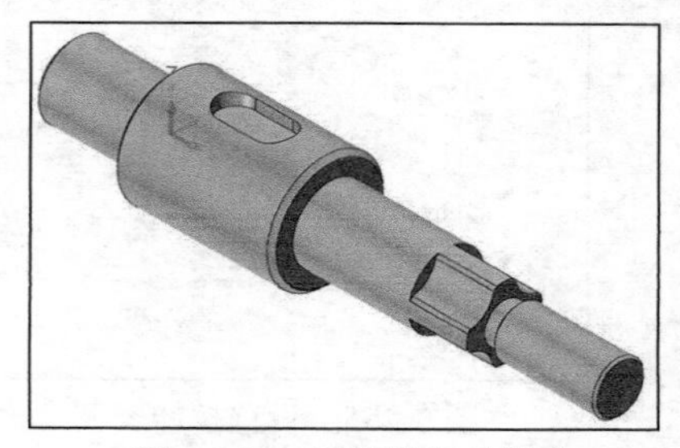

图3-260　创建的相关倒角

7. 创建螺纹特征

1）单击“螺纹”按钮，打开“螺纹”对话框，在“布尔运算”选项组中单击“减运算”按钮。

2）选择要创建螺纹特征的圆柱曲面，如图 3-261 所示。

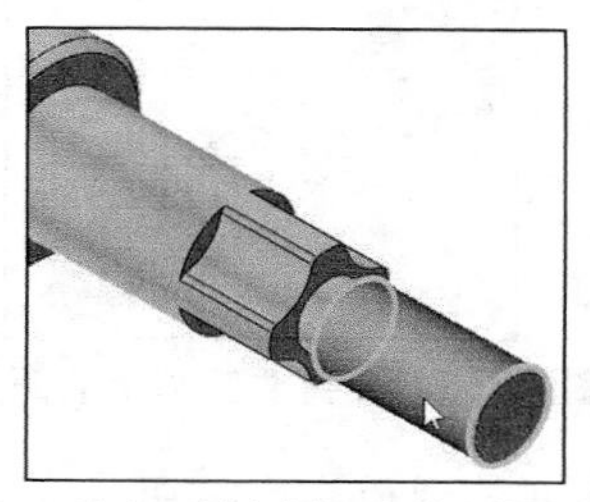

图 3-261 选择要创建螺纹特征的圆柱曲面

3）在“必选”选项组的“轮廓”收集器右侧单击“展开”按钮，选择“草图”选项，打开“草图”对话框，选择 *XZ* 基准面作为草绘平面，进入草图环境，绘制图 3-262 所示的三角形图形，单击“退出”按钮。

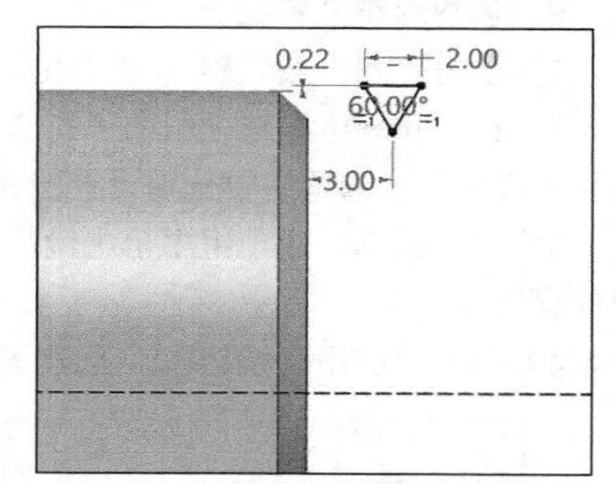

图 3-262 绘制螺纹的三角形截面

操作技巧 为了便于选择所需基准面作为草绘平面，可以临时从“过滤器列表”下拉列表中选择“基准面”选项。

4）在“必选”选项组中设置匝数 T 为 25，距离 D 为 2mm（即螺距为 2mm），在“收尾”选项组的“收尾”下拉列表中选择“无”选项，如图 3-263 所示。

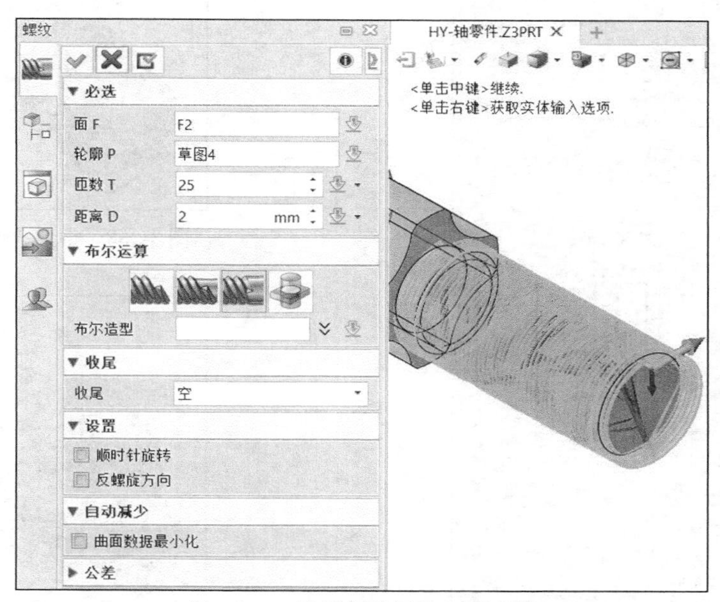

图 3-263 设置螺纹匝数与距离等

5）单击“确定”按钮，创建的螺纹特征如图 3-264 所示。

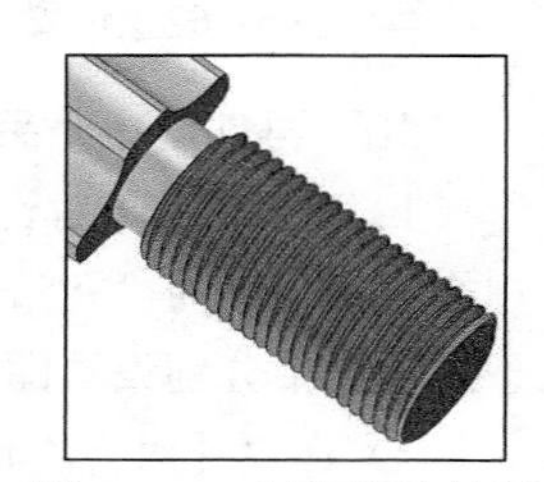

图 3-264 创建螺纹特征

8. 创建圆角特征

1）单击“圆角”按钮，打开“圆角”对话框，设置要创建的圆角类型为“圆弧圆角”。

2）设置半径为 2.5mm，在图形窗口中选择图 3-265 所示的两条边线进行倒圆角，接着再选择图 3-266 所示的一条边线进行倒圆角。

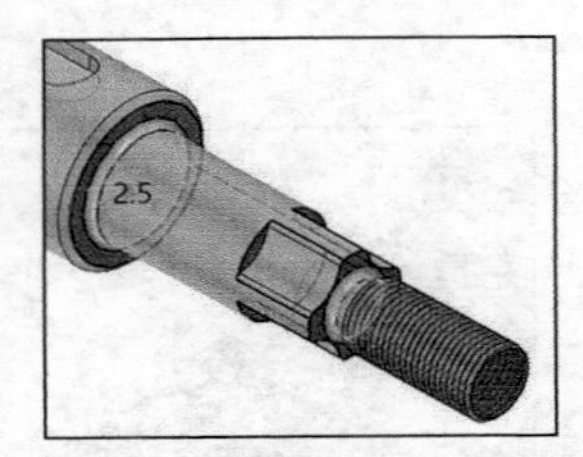

图 3-265 选择要倒圆角的两条边

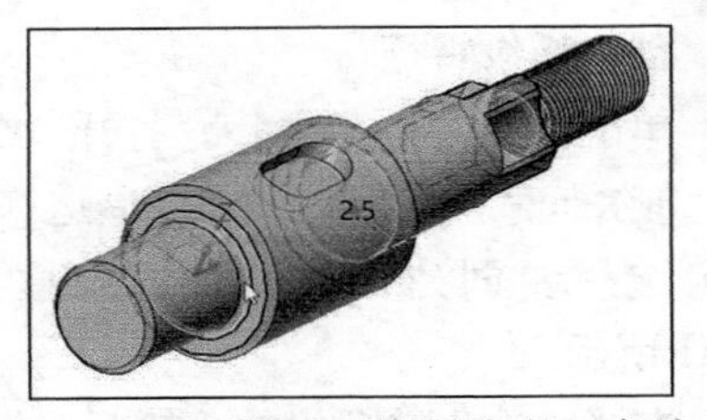

图 3-266 再选择要倒圆角的一条边

3）单击“确定”按钮，创建圆角特征。

9. 创建螺纹孔特征

1）单击“孔”按钮，在“孔”对话框的“必选”选项组中单击“螺纹孔”按钮。

2）在“孔规格”选项组的“孔造型”下拉列表中选择“沉孔”选项，在“螺纹”子选项组和“规格”子选项组中分别设置图 3-267 所示的参数及选项。

3）在“必选”选项组中单击激活“位置”收集器，选择图 3-268 所示的端面圆心作为孔的放置位置。

4）单击“应用”按钮，创建图 3-269 所示的一个沉孔形式的螺纹孔特征。

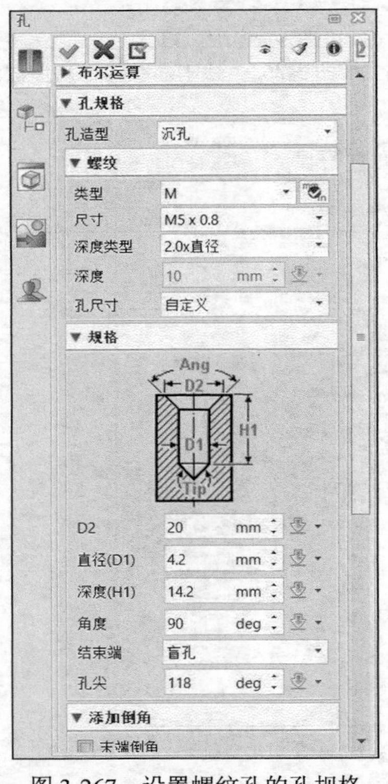

图 3-267 设置螺纹孔的孔规格

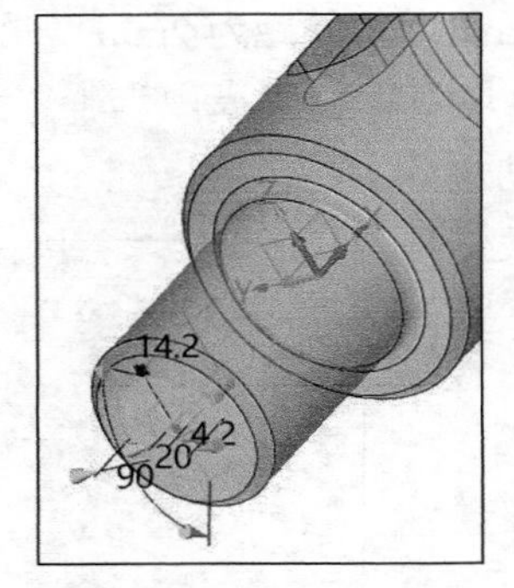

图 3-268 指定孔位置

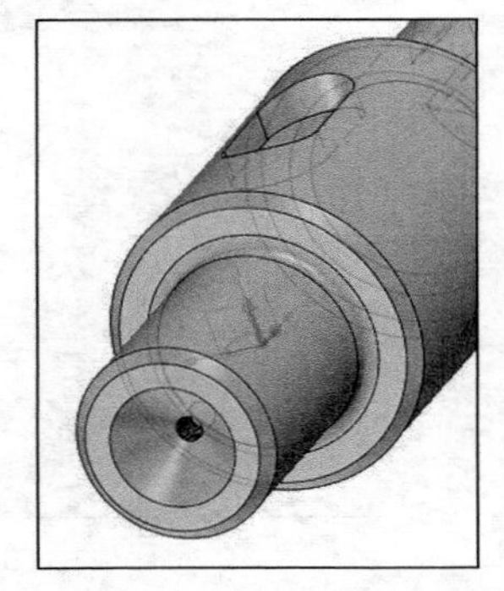

图 3-269 创建一个螺纹孔

10. 再创建一个另外规格的螺纹孔特征（M3 螺纹孔）

1）确保“孔”对话框的“必选”选项组中的“螺纹孔”按钮处于被选中的状态，在“孔规格”选项组的“孔造型”下拉列表中选择“简单孔”选项，在“螺纹”子选项组和“规格”子选项组中分别设置图 3-270 所示的参数及选项。

2）在“孔对齐”选项组中单击激活“面”收集器，选择所需的一个圆柱曲面来放置孔，在“方向”收集器右侧单击“展开”按钮，从弹出的下拉列表中选择“−Z”选项以设置孔方向沿着 Z 轴负方向（即“0,0,−1”）；在“必选”选项组中打开“位置”区域，设置孔位置为“X：106mm，Y：0mm，Z：16mm”，如图 3-271 所示。

3）单击“确定”按钮，创建图 3-272 所示的一个 M3 螺纹孔特征。

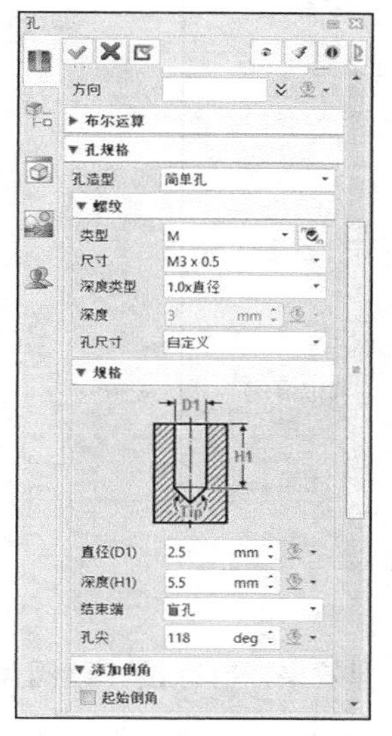

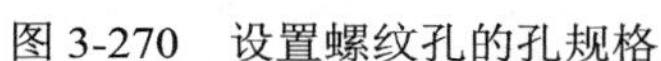

图 3-270　设置螺纹孔的孔规格

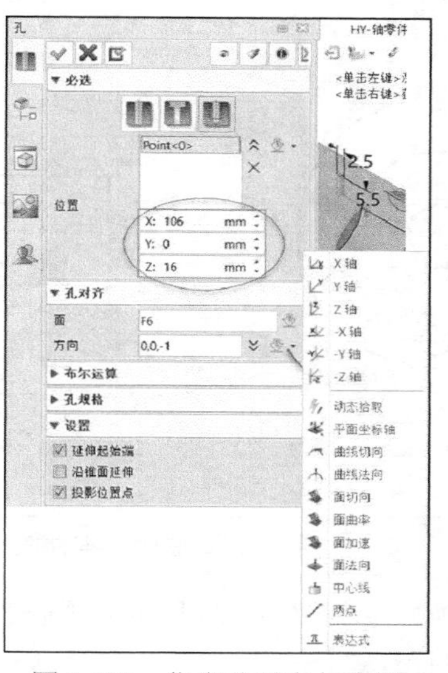

图 3-271　指定孔对齐与位置

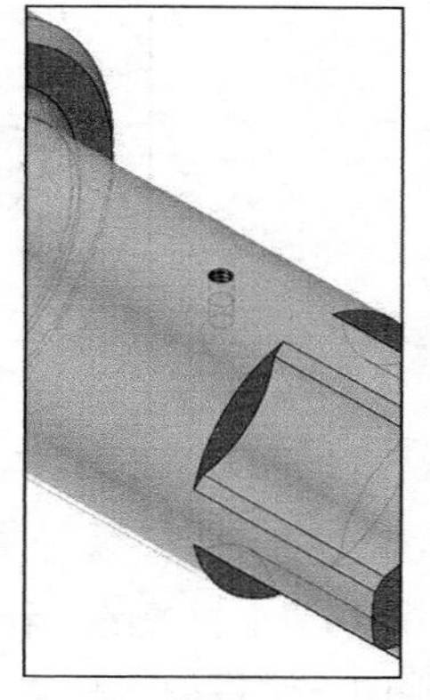

图 3-272　创建 M3 螺纹孔

11. 保存文件

在“快速访问”工具栏中单击“保存”按钮，指定保存位置来保存该实体模型文件。

3.8　思考与练习

1）如何理解基于特征的建模？

2）什么是参数化建模方法？

3）基准特征主要包括哪些？基准特征的主要用途是什么？

4）基础造型包括哪些？它们分别具有什么特点？

5）什么是工程特征？工程特征主要包括哪些？

6）实体的基础编辑工具有哪些？

7）上机操练：根据图 3-273 提供的实心式 V 带轮尺寸，建立该 V 带轮的三维实体模型。

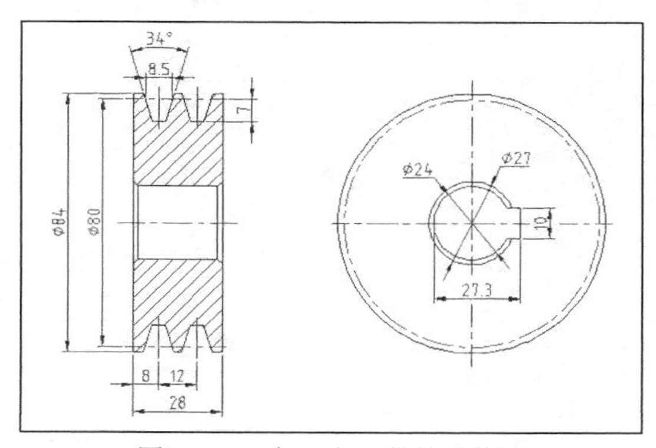

图 3-273　实心式 V 带轮零件图

8）上机操练：参照图 3-274 所示的联轴器零件图提供的尺寸，在中望 3D 中创建其三维实体模型。

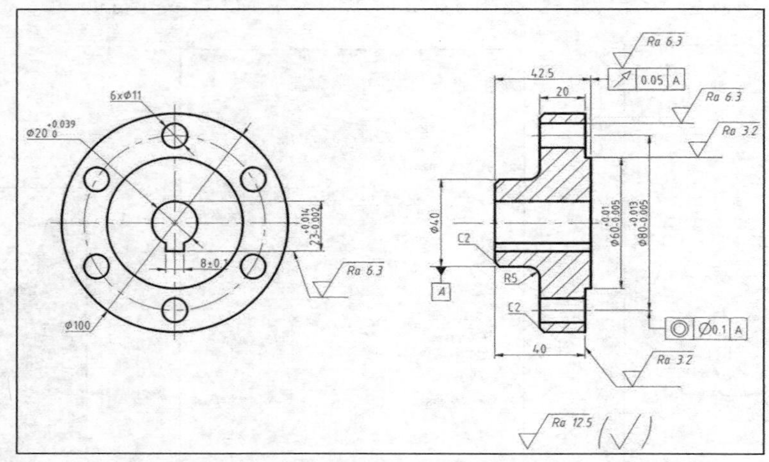

图 3-274 联轴器零件图

9）上机操练（看图建模）：参考图 3-275 所示的阀盖零件的模型效果，自行设计该阀盖零件的三维模型，具体尺寸自行设定。

10）上机操练（看图建模）：参考图 3-276 所示的支座零件的模型效果，自行设计该支座零件的三维模型，具体尺寸自行设定。

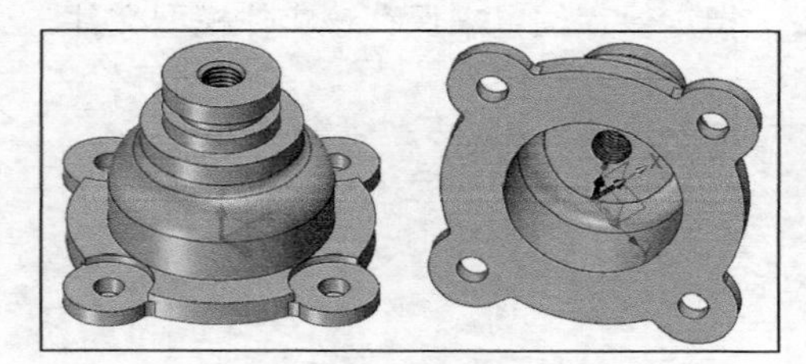

图 3-275 阀盖零件建模练习

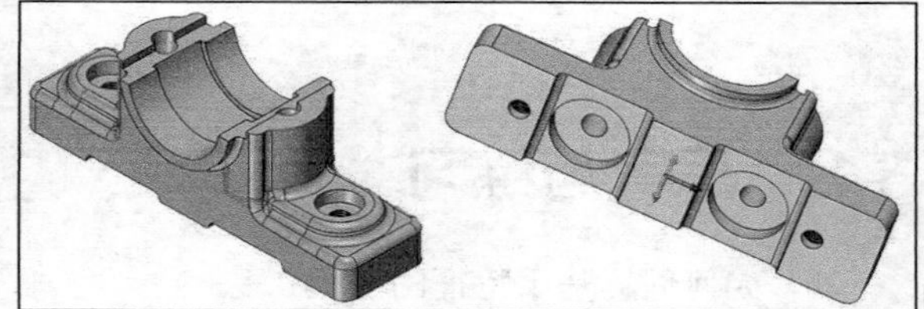

图 3-276 支座零件建模练习

11）上机操练：自行设计一个箱体的三维模型，要求至少应用本章所学的 8 个建模工具。

第 4 章

空间曲线

空间曲线是曲面设计的一个比较重要的方面，很多曲面是可以通过空间曲线来拆解和搭建的。

本章重点介绍空间曲线的实用知识，具体内容包括通过点的基本曲线、与曲面相关的曲线、桥接曲线、偏移与 3D 中间曲线、螺旋曲线与螺旋线、方程式曲线、2D 剖面曲线、曲线列表、线框文字、曲线编辑与曲线信息查询。学习好本章知识，有利于更好地学习曲面设计的知识。

4.1 通过点的基本曲线

用于创建通过点的基本曲线的工具比较多，如“直线”“多段线”“圆弧”“同心弧”“矩形”“正多边形”“圆”“椭圆”“样条曲线”“点云曲线”“3 点二次曲线”等。这里主要介绍“样条曲线”“点云曲线”“3 点二次曲线”这 3 个工具命令，其他涉及的一些相似操作在第 2 章已经介绍，在此不赘述。学习要举一反三，融会贯通。

4.1.1 空间样条曲线

空间样条曲线与平面样条曲线实际上是相似的，都是通过指定点来绘制样条曲线，只不过空间样条曲线指定点不局限于同一个平面上。

要创建空间样条曲线，可以在功能区“线框”选项卡的“曲线”面板中单击“样条曲线”按钮，打开图 4-1 所示的“样条曲线”对话框，在“必选”选项组中可以看到有两个按钮选项，分别是“通过点”按钮和“控制点”按钮，前者通过定义一系列曲线将要通过的点来创建一条曲线，后者则通过定义一系列控制点来创建一条曲线，该控制点曲线将在第一个控制点开始并在最后一个控制点结束，中间的控制点将控制曲线的形状。在创建空间样条曲线的过程中，可以根据设计实际情况和要求进行约束、参数化、曲率图分析、对齐方式、位置调整等其中一项或多项设置操作。

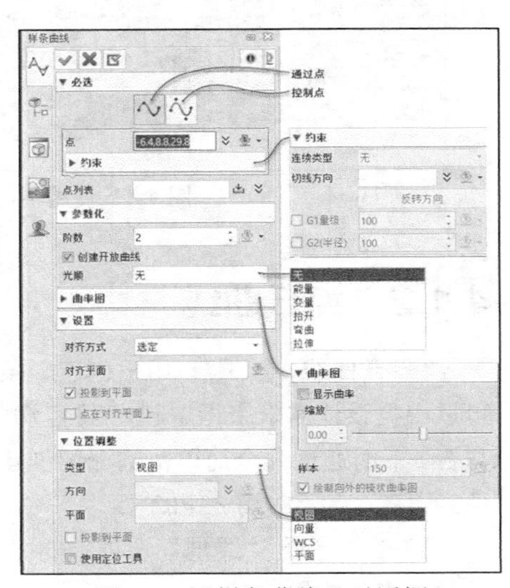

图 4-1 “样条曲线”对话框

阶数是样条曲线的一个重要参数。所述的阶数用于定义曲线，较低阶数的曲线，其精确度较低，所需存储空间和计算时间都较少；较高阶数的曲线，其精确度较高，需要的存储空间和计算时间都较多。

对于“通过点”方式的样条曲线，若在“参数化”选项组中选中“创建开放曲线”复选框，则创建的样条曲线是开放曲线，否则将创建闭合曲线。“光顺”下拉列表用于选择光顺技术，曲线光顺是指编辑曲线形状，删除曲线上不需要的瑕疵部分，可供选择的光顺技术选项有“无”“能量”“变量”“抬升”“弯曲”“拉伸”。

创建空间样条曲线的典型示例如图 4-2 所示，该示例通过依次指定 4 个点来创建一条依次通过这些所选点的样条曲线，这 4 个点分别位于实体模型的关键位置处，如顶点，显然它们并不同时位于某个平面上。如果在“曲率图”选项组中选中“显示曲率”复选框，则会显示曲线的曲率图，可以绘制向外或向内的梳状曲率图，如图 4-3 所示。再来看一下使用不同光顺技术选项的对比效果，如图 4-4 所示，图中同时显示曲率。

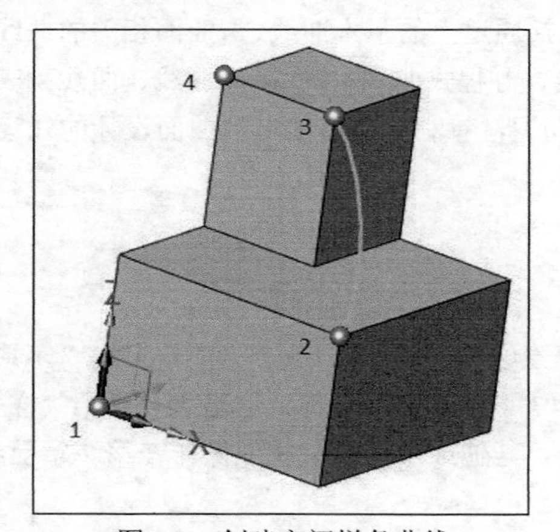

图 4-2 创建空间样条曲线

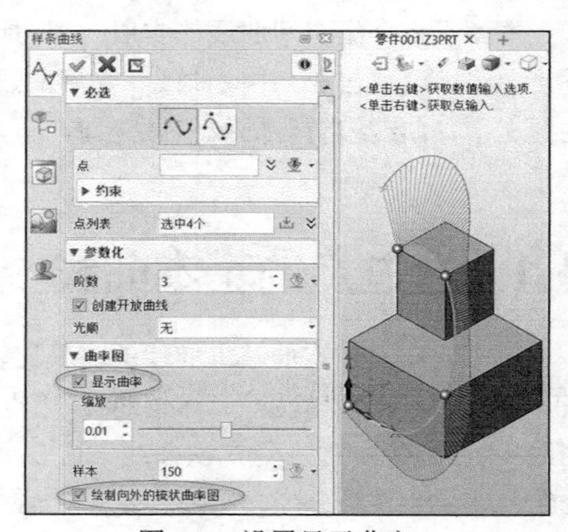

图 4-3 设置显示曲率

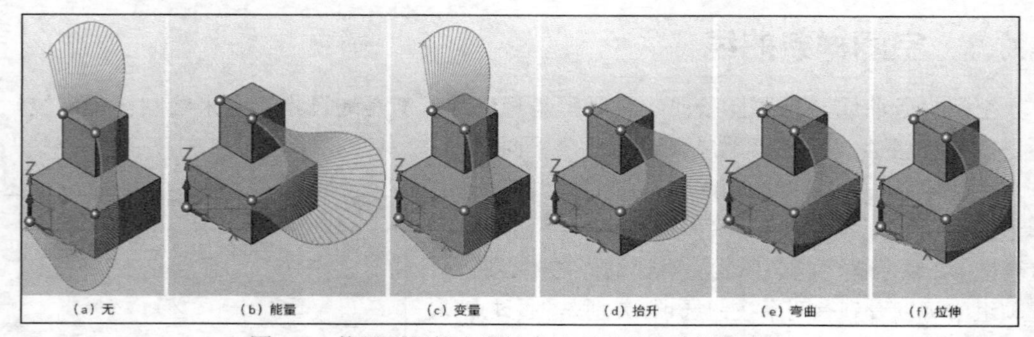

图 4-4 使用不同的光顺技术选项时产生的样条曲线

4.1.2 点云曲线

“点云曲线”工具用于创建一条通过点云的曲线，需要指定起点和曲线上的其余各点，可以根据设计需求来指定起点/终点切向、起点/终点的相切权重、曲线阶数、光顺方法及闭合与否。下面通过一个简单范例介绍创建点云曲线的一般方法及步骤，该简单范例所使用的源文件为“HY-点云曲线.Z3PRT”。

1）在功能区“线框”选项卡的“曲线”面板中单击“点云曲线”按钮，打开图 4-5 所示的“点云曲线”对话框。

2）在“必选”选项组的“方式”下拉列表中选择“最近点”选项，指定起点（即选择一点作为曲线上的第一个点），如图 4-6 所示。

3）选择其他点作为曲线上其余的点，本例采用鼠标指定两个角点以窗口形式框选其余几个点，单击鼠标中键结束点选择。

4）在“参数化”选项组中设置阶数为 3 阶，选中“创建开放曲线”复选框。

5）“约束”选项组为可选设置项。本例在“起点切向”收集器右侧单击“展开”按钮，选择“X 轴”选项定义曲线起点的切向方向，如图 4-7 所示，此时可指定起点切线的权重，该权重值关系到起点切向量对曲线的影响程度，默认权重值为 1。本例的光顺选项为“无”。

图 4-5　“点云曲线”对话框

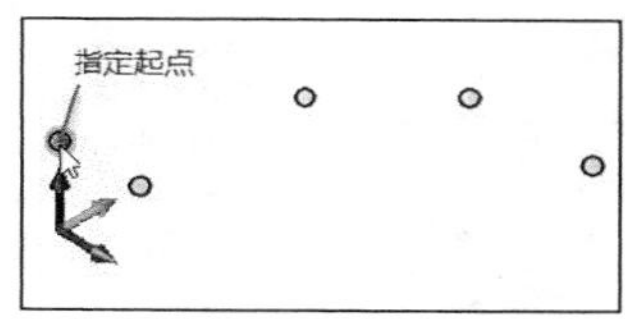

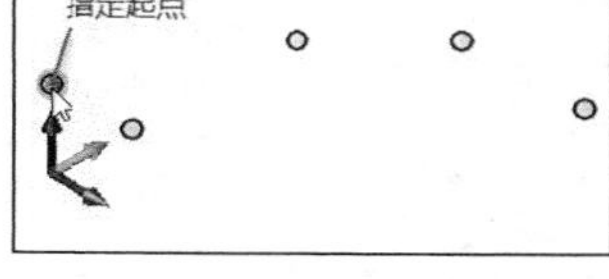

图 4-6　指定起点

图 4-7　指定起点切向及其权重

6）单击“确定”按钮，创建的点云曲线如图 4-8 所示。

在本例中，如果不设置起点切向和终点切向，那么最终得到的点云曲线的效果如图 4-9 所示。通过对比效果，应该会对起点/终点切向有比较深刻的认识。

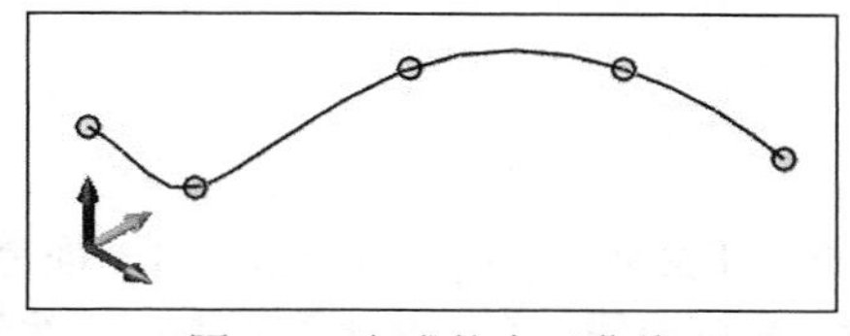

图 4-8　完成的点云曲线

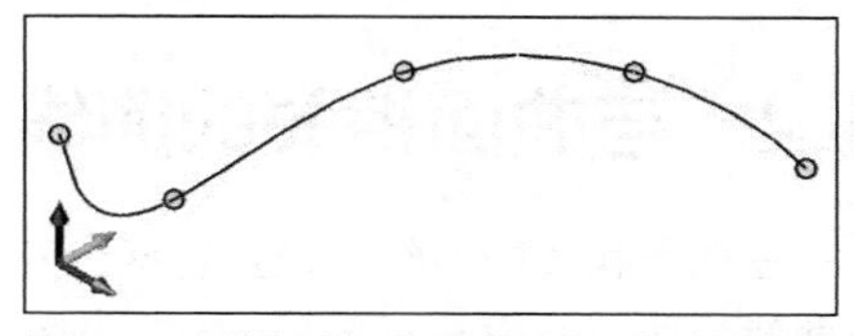

图 4-9　不设置起点和终点切向时的效果

4.1.3　3 点二次曲线

顾名思义，3 点二次曲线的创建思路是通过指定 3 点来创建一条二次曲线，前两点分别定义二次曲线的起点和终点，第 3 点作为二次曲线的肩点或切点。当第 3 点作为肩点时，二次曲线通过此点；当第 3 点作为切点时，二次曲线在起点/终点与切点之间保持相切。二次曲线的比率是一个比较重要的参数，当该比率值为 0.5（默认值）时，创建的二次曲线是抛物线，该比率值小于 0.5 会增加椭圆效果，大于 0.5 则会增加双曲线效果。

要创建 3 点二次曲线，可按照以下方法来进行。

1）在功能区“线框”选项卡的“曲线”面板中单击“3 点二次曲线”按钮，打开图 4-10 所示的“3 点二次曲线”对话框。

2）指定一点作为二次曲线的起点，再指定一点作为二次曲线的终点。

3）选择“肩点”单选按钮或“切点”单选按钮，相应地指定二次曲线的肩点或切点。

4）在“参数化”选项组中设定二次曲线比率，默认的二次曲线比率为0.5，表示默认时创建的是抛物线，二次曲线比率的关系是“椭圆<0.5<双曲线”。

5）此步骤为可选输入。利用“设置”选项组的“对齐平面”收集器选择曲线要平行或投影的平面，接着设置“投影到平面”复选框和“点在对齐平面上”复选框的状态。选中“投影到平面”复选框，表示曲线将会投影到所选平面上，否则可设置曲线将位于起点所在的平面且平行于所选的对齐平面。

6）单击“确定”按钮。

如图4-11所示，分别指定3点创建肩点二次曲线，即第3点定义二次曲线的肩点；如图4-12所示，分别指定3点创建切点二次曲线，即第3点定义二次曲线的切点。

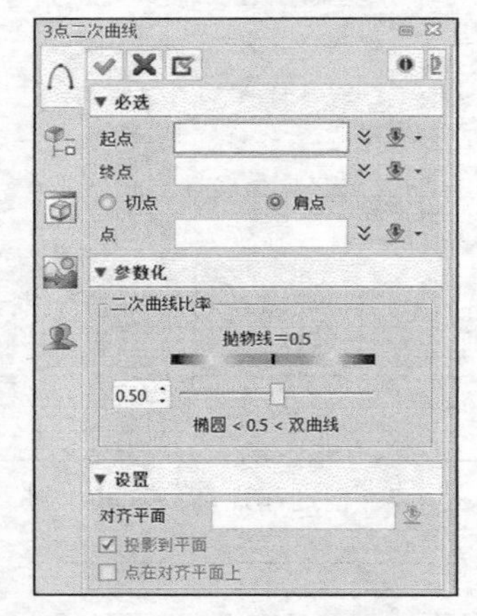

图4-10 “3点二次曲线”对话框

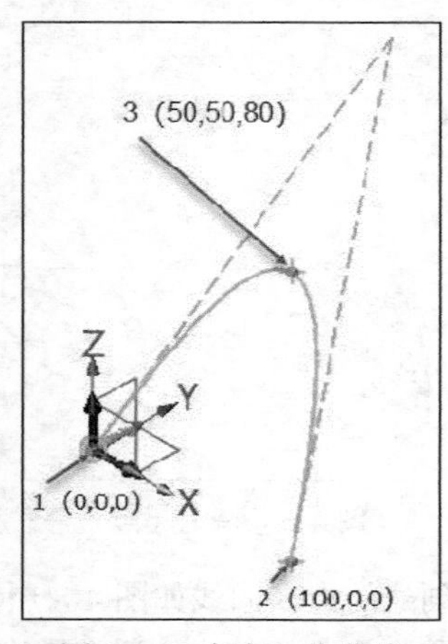

图4-11 肩点二次曲线

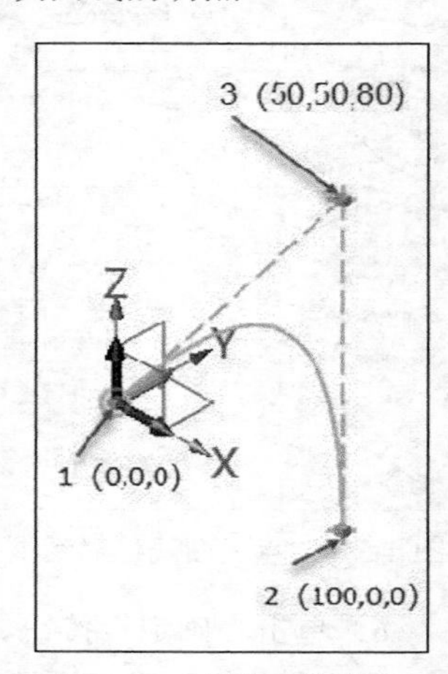

图4-12 切点二次曲线

4.2 与曲面相关的曲线

与曲面相关的曲线知识点包括边界曲线、投影到面、相交曲线、面上的桥接曲线、面上过点曲线、曲面U/V素线、等斜线、缠绕于面、面曲线、轮廓曲线、合并投影和提取中心线等。

4.2.1 边界曲线

可以用现有的面边线创建所需曲线，其方法比较简单，即在功能区“线框”选项卡的“曲线”面板中单击“边界曲线”按钮，弹出图4-13所示的“边界曲线”对话框，接着选择所选的边线，单击鼠标中键结束或单击“确定”按钮。创建边界曲线的典型示例如图4-14所示。

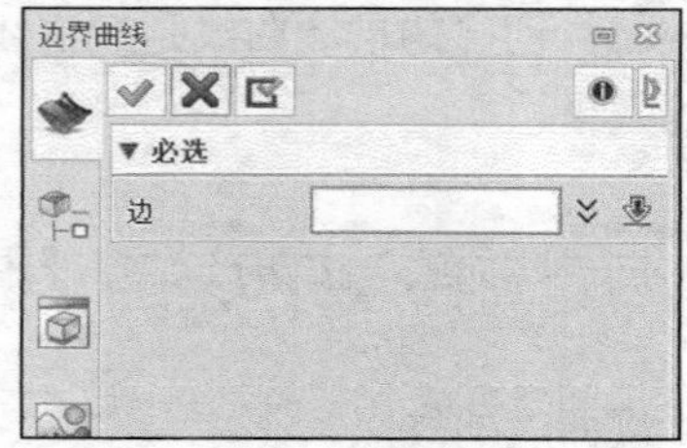

图4-13 “边界曲线”对话框

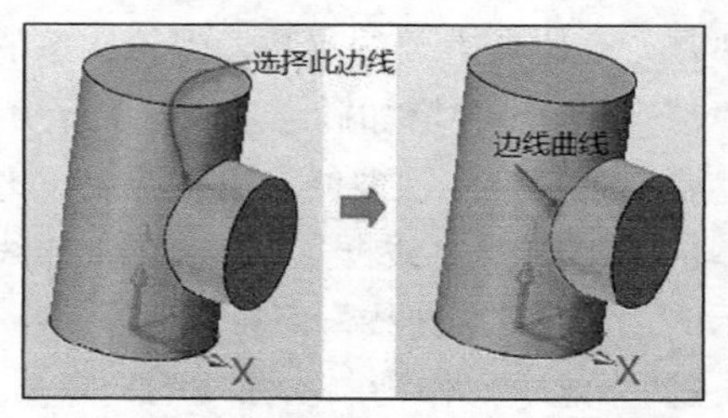

图4-14 创建边界曲线的典型示例

4.2.2　投影到面

可以将曲线或草图投影到指定面（含曲面或基准平面）上，可指定一个所需的投影方向，在默认情况下，曲线垂直于指定面或平面投影。

在功能区“线框”选项卡的“曲线”面板中单击“投影到面”按钮，弹出图 4-15 所示的“投影到面”对话框，利用该对话框进行相应的操作，将草图、曲线投影到指定的曲面或基准平面上，请看下面的操作范例。

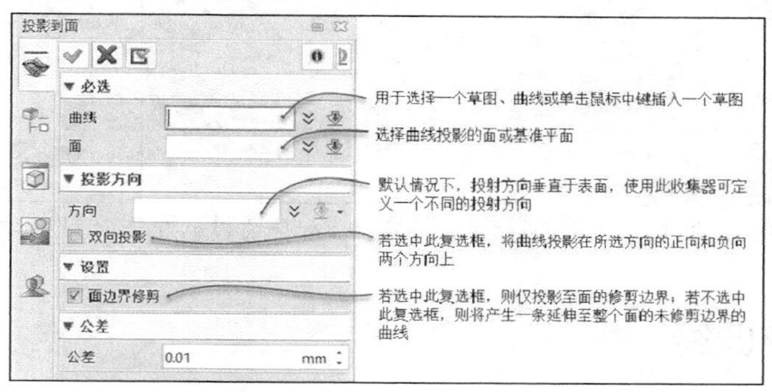

图 4-15　“投影到面”对话框

1）打开“HY-投影到面.Z3PRT”文件，该文件已有图 4-16 所示的实体模型和两个草图曲线。

2）单击“投影到面”按钮，打开“投影到面”对话框。

3）从位于上边框条的“过滤器列表”下拉列表中选择“草图”选项，在图形窗口中选择草图 A 定义要投影的曲线，如图 4-17 所示，单击鼠标中键切换至下一个选项。

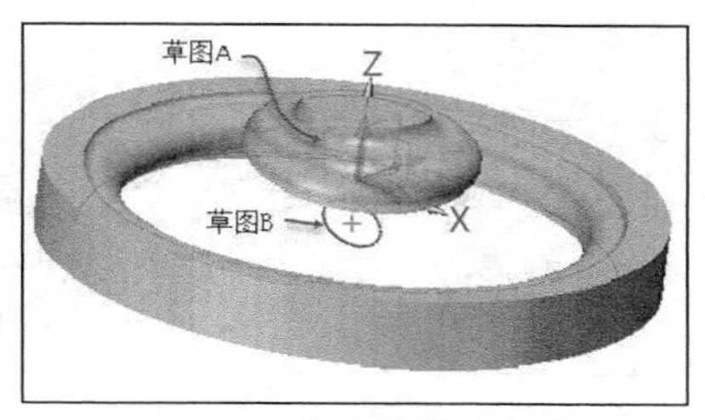

图 4-16　原始实体模型和草图

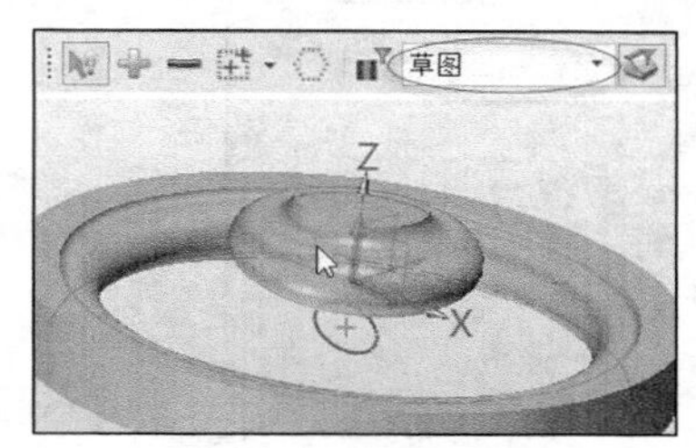

图 4-17　选择草图 A

4）选择投影面，如图 4-18 所示。

5）在“投影方向”选项组中单击激活“方向”收集器，选择 Y 轴定义投影方向，如图 4-19 所示，未勾选“双向投影”复选框。

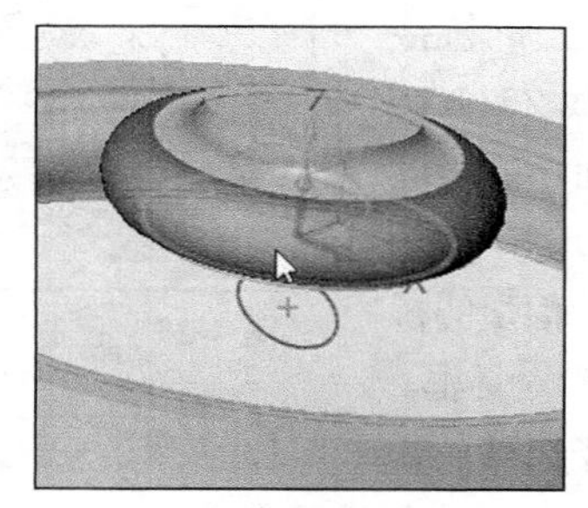

图 4-18　选择投影面

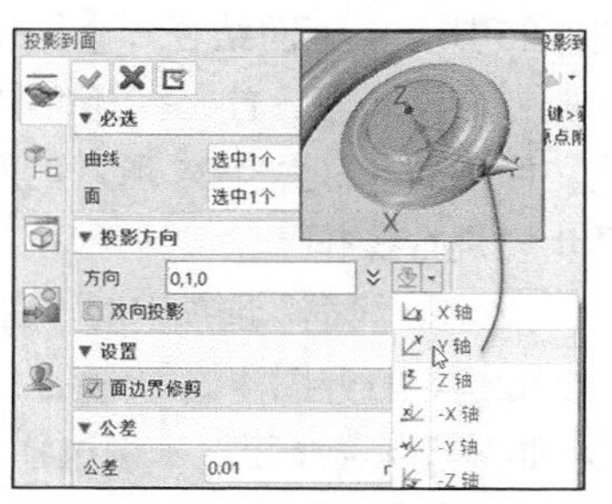

图 4-19　指定投影方向

6）在“设置”选项组中选中“面边界修剪”复选框，在“公差”选项组中接受默认的公差为 0.01。

7）单击“应用”按钮，创建投影曲线1（位于指定曲面上），如图4-20所示。

8）使用同样的方法，选择草图B定义要投影的曲线，单击鼠标中键，再选择所需的投影面，单击鼠标中键，接着在激活“方向”收集器的情况下选择 Y 轴定义投影方向，如图4-21所示，最后单击“确定”按钮，创建的位于指定曲面上的投影曲线2如图4-22所示。

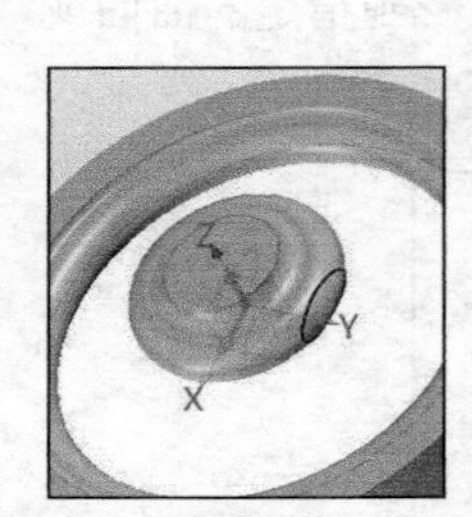

图4-20 创建投影曲线1

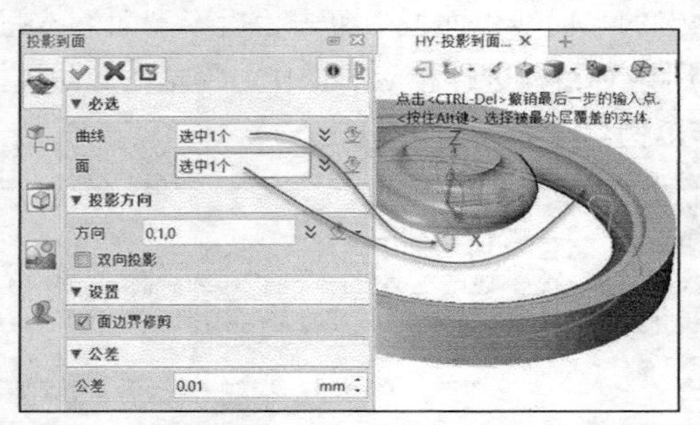

图4-21 指定曲线和面、选择 Y 轴定义投影方向

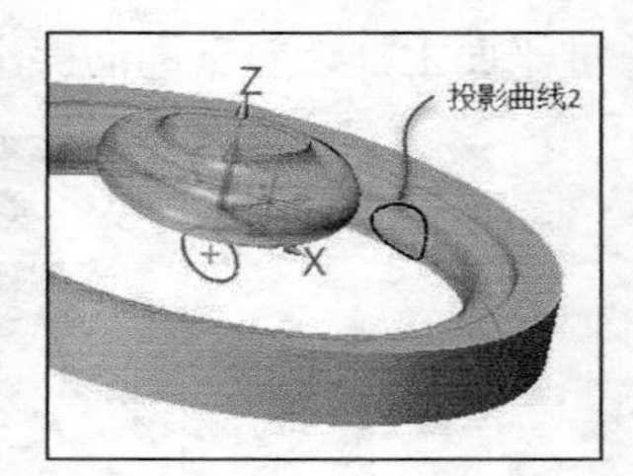

图4-22 创建投影曲线2

4.2.3 相交曲线

要在两个有效对象的相交处创建一条或多条曲线，可以在功能区“线框”选项卡的“曲线”面板中单击“相交曲线”按钮，打开图4-23所示的“相交曲线”对话框，接着选择第一面/造型集，单击鼠标中键，再选择第二面/造型集，单击鼠标中键，以及在“设置”选项组中设置是否进行面边界修剪，最后单击“确定”按钮。创建相交曲线的示例如图4-24所示。

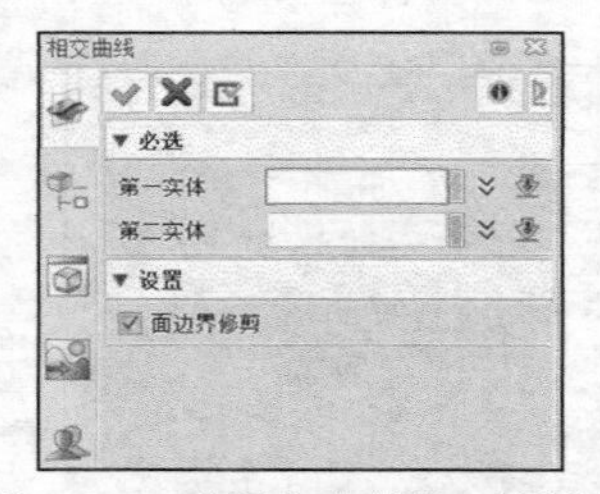

图4-23 “相交曲线”对话框

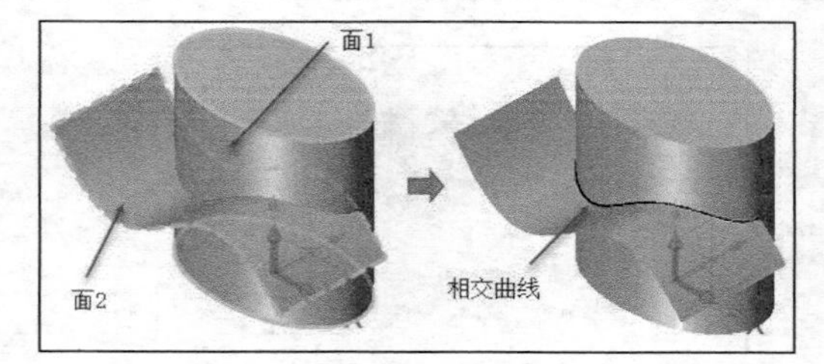

图4-24 创建相交曲线示例

4.2.4 面上的桥接曲线

“面上的桥接曲线”工具用于在曲面上创建光顺的桥接曲线，如图4-25所示。下面结合一个操作范例介绍创建面上的桥接曲线的一般方法及步骤。首先打开“HY-面上的桥接曲线.Z3PRT”文件，该文件已准备好图4-25所示的两个相切连接曲面，按照以下方法及步骤进行操作。

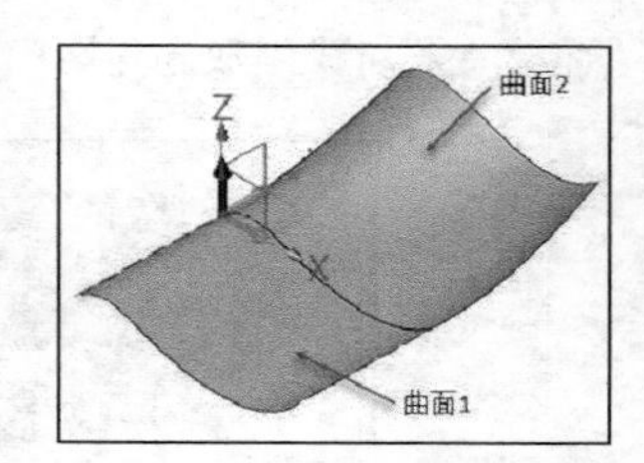

图4-25 已有两个曲面

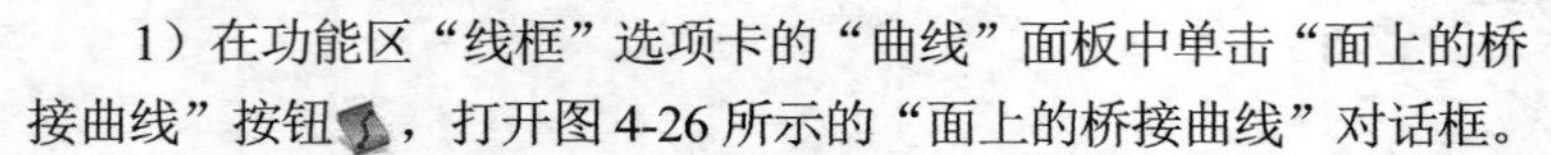

1）在功能区“线框”选项卡的“曲线”面板中单击“面上的桥接曲线”按钮，打开图4-26所示的“面上的桥接曲线”对话框。

2）为曲线起点选择面，本例选择曲面1，接着选择起点，如图4-27所示。

3）为曲线终点选择面或直接单击鼠标中键使用同一面，本例选择曲面2并单击鼠标中键后选择终点，如图4-28所示。

4）可选输入：利用“约束”选项组分别指定起点切向及其权重、终点切向及其权重、轨迹点等，其中当起点和终点位于不同面上时，可以使用“轨迹点”收集器来指定轨迹点，桥接曲线将通过该轨迹点，更容易让桥接曲线符合设计意图。当系统自动推算的桥接曲线走势超出意料之外时，可利用“约束面”选项组来指定约束面来优化桥接曲线达到建模意图。

5）单击“确定”按钮，面上的桥接曲线如图 4-29 所示。

以上创建面上的桥接曲线，其起点和终点位于不同曲面上，下面再练习一下创建位于同一曲面上的一条桥接曲线。单击“面上的桥接曲线”按钮后，选择曲面 2 并在该曲面上指定桥接曲线的起点（见图 4-30），在“为曲面终点选择面或<单击中键>使用同一面”提示下直接单击鼠标中键以使用同一曲面，接着在同一面（这里指曲面 2）上选择终点，如图 4-31 所示，最后单击“确定”按钮，创建的面上的建桥接曲线 2 如图 4-32 所示。

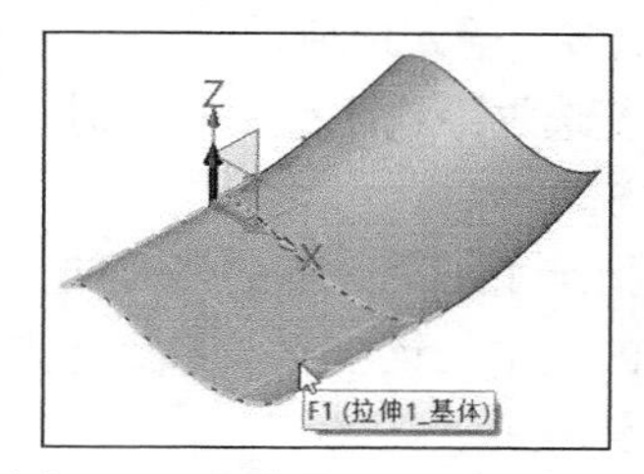

图 4-27　在曲面 1 上指定起点

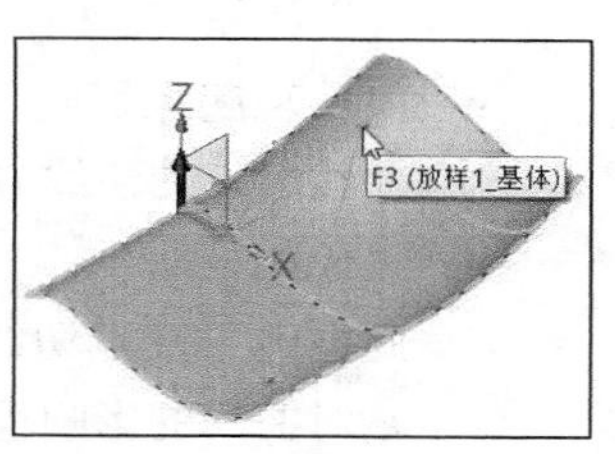

图 4-28　指定曲面 2 及面上终点

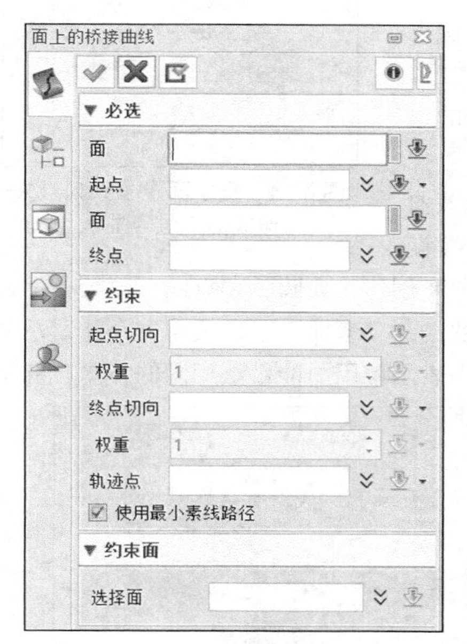

图 4-26　“面上的桥接曲线”对话框

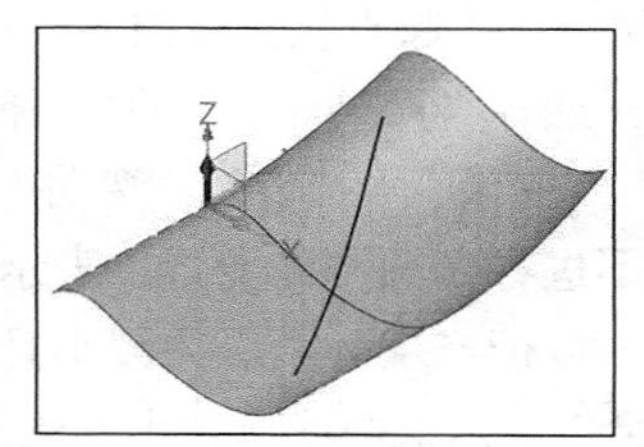

图 4-29　面上的桥接曲线

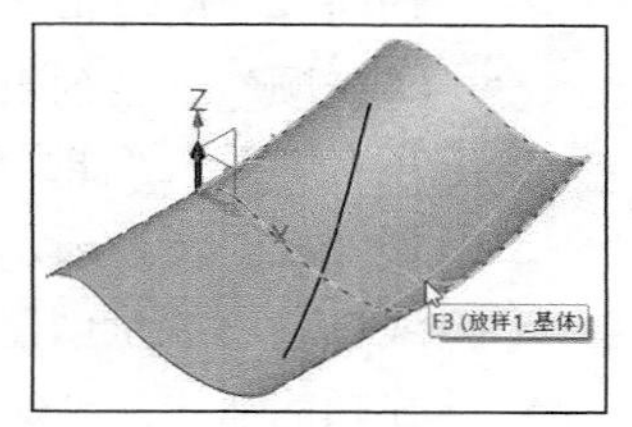

图 4-30　选择曲面 2 并在指定起点

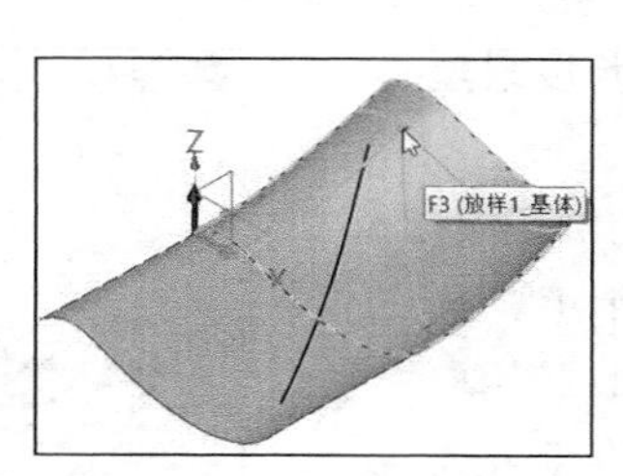

图 4-31　在同一曲面上指定终点

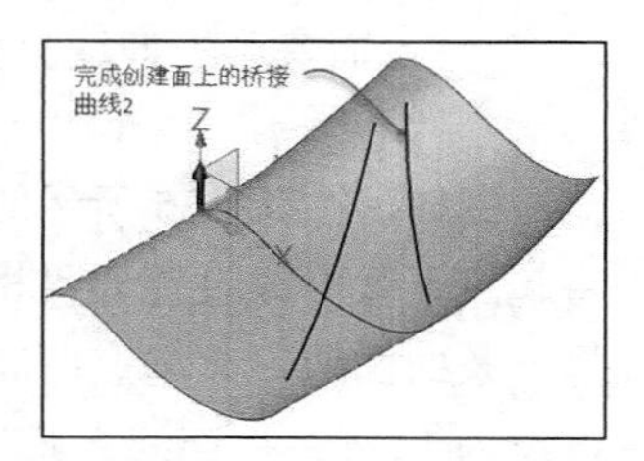

图 4-32　面上的桥接曲线 2

4.2.5　面上过点曲线

可以通过在面上的一系列点来创建一条曲线，这些点和生成的曲线均位于该面上，可以根据设计需要对曲线起点和终点切向、权重、阶数、光顺及是否创建开放曲线等进行设置。

要创建面上过点曲线，则在功能区“线框”选项卡的“曲线”面板中单击“面上过点曲线”按钮，打开图 4-33 所示的“面上过点曲线”对话框，接着选择面，以及指定面上的一系列点，如图 4-34 所示。单击鼠标中键结束指定面上的点，在“参数化”选项组中选中“创建开放曲线”复选框以设置创建开放曲线。

在“约束”选项组中提供以下可选选项。

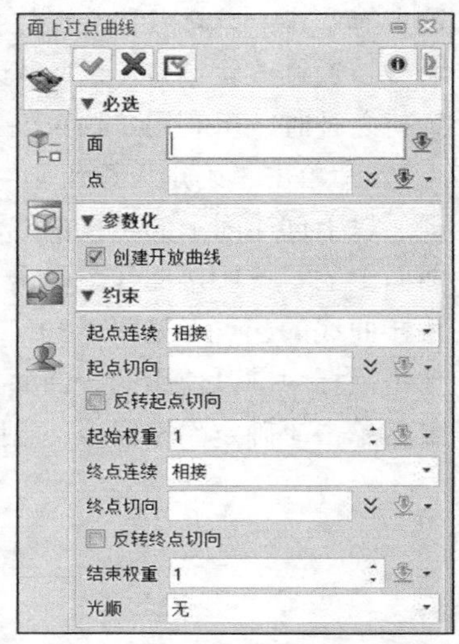

图 4-33 “面上过点曲线”对话框

- “起点连续”下拉列表：用于设定起始点拟合和桥接的曲线的连续性方法，可供选择的选项有“相接”“相切”“曲率”。“相接”选项用于桥接与所选曲线相接触的端点，“相切”选项用于桥接与所选曲线相切的端点，“曲率”选项用于桥接与所选曲线相切的端点并匹配曲率。
- “起点切向”：用于指定曲线起点的切线方向，可选择一条线性边线定义该方向，或通过右侧的“展开”按钮打开更多的输入选项。
- “反转起点切向”复选框：选中此复选框时，反转曲线起点的切线方向。
- “起始权重”：若指定了一个起点切线方向，可在此框输入起点切线的权重，该权重关系到起点切向量对曲线的影响程度。
- “终点连续”“终点切向”“反转终点切向”“结束权重”：相关设置用途参见“起点连续”“切点切向”“反转起点切向”“起点权重”的相应内容。
- “光顺”下拉列表：选择光顺技术，可供选择的选项有“无”“能量”“变量”“抬升”“弯曲”“拉伸”。“无”表示不进行光顺；“能量”表示该曲线以最小能量创建，以便产生一个压力较小且缓慢光顺的曲线；“变量”表示该曲线以较小变化曲率创建，如圆弧和直线；“抬升”表示最小化曲率偏差，生成一个总体起伏较小的曲线；“弯曲”表示采用一个能量法的近似方法，只需使用较少的计算时间；“拉伸”表示使用与能量法相同的技术，并结合需要产生曲线总长度最短的曲线。

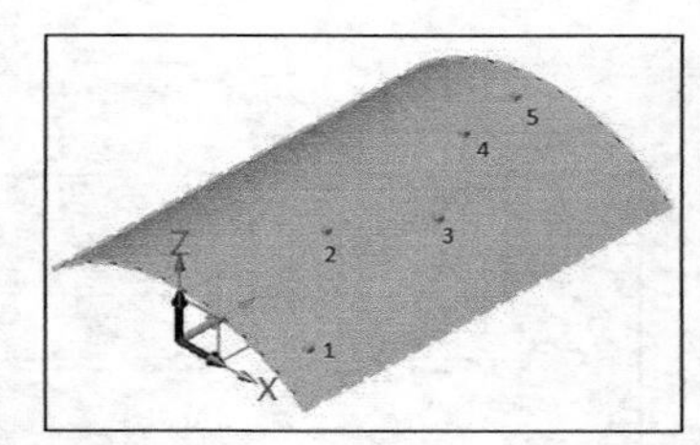

图 4-34 指定面上一系列点来形成面上过点曲线

例如，在图 4-35 所示的例子中，将起点连续方式设置为“相切”，选择一条曲面边定义起点切向，起始权重设为 1，将终点连续方式也设置为“相切”，选择另一条临近曲面边定义终点切向，注意结合预览情况设置反转终点切向，结束权重设为 3，光顺技术为“能量”。

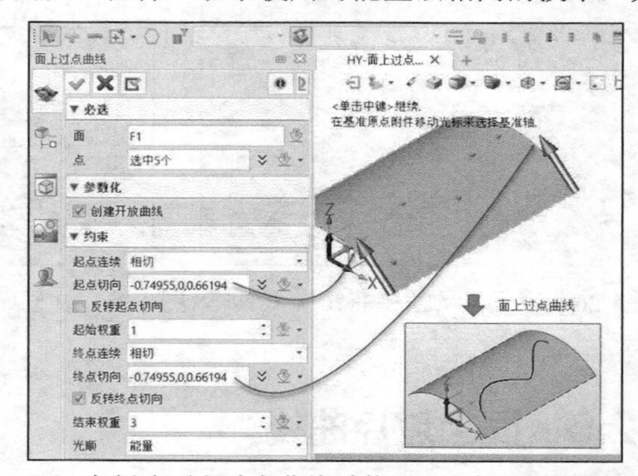

图 4-35 在创建面上过点曲线时使用“约束”选项组各选项

4.2.6 曲面 U/V 素线

可以在一个指定曲面上创建 U 或 V 方向上的素线。在功能区“线框”选项卡的“曲线”面板中单击“曲面 U/V 素线”按钮，打开图 4-36 所示的“曲面 U/V 素线”对话框，系统提供了 3 种创建方法，分别是“在点上”法、“在 U/V 参数”法和“多样”法。

1. “在点上”法

使用“在点上”法在曲面上一点的 *U* 或 *V* 方向上创建素线，可以设置仅生成 *U* 方向上的素线或 *V* 方向上的素线，或者在 *U* 和 *V* 方向上均创建素线。该方法需要选择生成 *U*/*V* 方向曲线的面，以及在面上选择一个素线要通过的点，如图 4-37 所示。

2. “在 U/V 参数”法

使用“在 U/V 参数”法在面的 *U* 或 *V* 方向上创建素线，素线的位置由输入的 U、V 参数值来确定，如图 4-38 所示。

3. “多样”法

使用“多样”法在一个指定面上创建设定 U 数目、V 数目的素线，可以根据设计需要设计 U 偏移值和 V 偏移值，如图 4-39 所示。

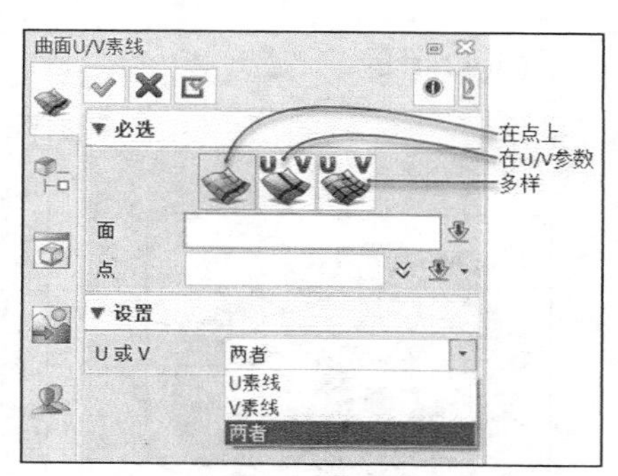

图 4-36 “曲面 U/V 素线”对话框

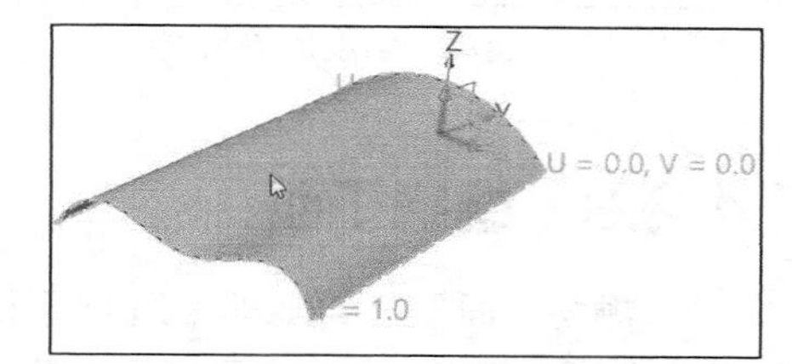

图 4-37 使用“在点上”法创建曲面 U/V 素线

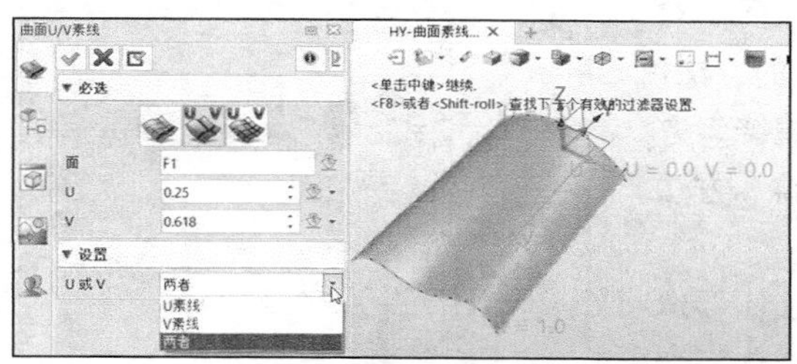

图 4-38 使用“U/V 参数”法创建素线

图 4-39 使用“多样”法创建素线

4.2.7 等斜线

“等斜线”工具用于在选定曲面上创建一条或多条等斜线。创建等斜线的方法比较简单，下面以“HY-等斜线.Z3PRT”文件为例辅助介绍一条等斜线的创建方法及步骤。

1）在功能区“线框”选项卡的“曲线”面板中单击“等斜线”按钮，打开图 4-40 所示的“等斜线”对话框。

2）选择要在其上创建等斜线的曲面，本例选择源文件中已有的一个椭圆体曲面，单击鼠标中键。

3）选择 *Z* 轴方向。在一些设计场合，可直接单击鼠标中键接受默认方向。

4）选择“单一角度”单选按钮，并设置角度为 60deg，即 60°。

图 4-40 “等斜线”对话框

5）单击“确定”按钮，创建图 4-41 所示的等斜线。

在上述辅助范例中，如果将“单一角度”更改为“多角度”，则可以创建多个角度的等斜线，需要设置等斜线的间隔角度、起始角度和终止角度，这几个角度必须在−90°和 90°之间，如图 4-42 所示。

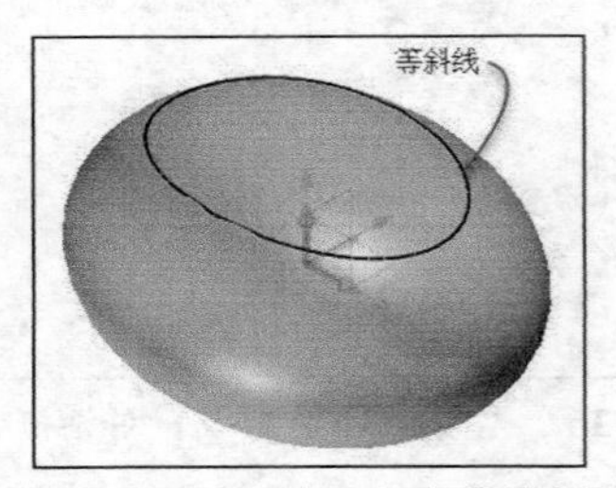

图 4-41 创建单一角度的等斜线

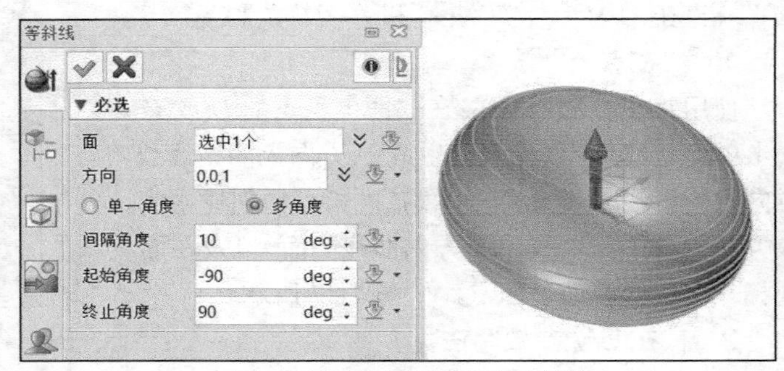

图 4-42 创建多角度的等斜线

4.2.8 缠绕于面

“缠绕于面”工具非常适合用来在零件表面上放置标志，可以保持标志的长宽比而不用考虑零件的轮廓，它的应用逻辑就是将曲线以草图的形式“缠绕”到零件面上。

在功能区“线框”选项卡的“曲线”面板中单击“缠绕于面”按钮，打开图 4-43 所示的“缠绕于面”对话框，在“必选”选项组中提供了 5 种缠绕于面的方法，即“基于 UV 方向缠绕”方法、“基于长度缠绕”方法、“基于角度缠绕”方法、“基于曲面缠绕”方法和“将曲线缠绕到可展曲面”方法。

图 4-43 “缠绕于面”对话框

- “基于 UV 方向缠绕”方法：此方法需要选择要缠绕在面上的草图、缠绕草图的零件面和位于所选零件面上的一个点（该点用作放置草图的原点），所选草图将映射到所选零件面的 *UV* 方向。可通过设置一些参数使草图在所选零件面上进行缩放、旋转和定位。
- “基于长度缠绕”方法：此方法需要选择要缠绕在面上的草图、缠绕草图的零件面和位于所选零件面上的一个点（该点用作放置草图的原点），所选草图映射至旋转体曲面，草图中的 *X* 方向围绕该曲面进行映射，*Y* 方向沿着旋转的曲线进行映射。可选输入包括旋转角度和“匹配面法向”复选框。
- “基于角度缠绕”方法：此方法同样需要选择要缠绕在面上的草图、缠绕草图的零件面和位于所选零件面上的一个点（该点用作放置草图的原点），所选草图围绕旋转曲面映射 *X* 方向，它一直围绕着旋转曲面缠绕，草图的 *Y* 方向不是沿曲线的距离进行映射，而是映射为高度。
- “基于曲面缠绕”方法：此方法假设拥有一个已知参数化的曲面，需要选择缠绕于面的曲线/曲线集（草图），选择缠绕曲线的基础面（曲线或草图所处的零件面），以及选择缠绕草图的面，所选曲线/曲线集投影在一个曲面上，系统使用一个直接的 *UV* 到 *UV* 的映射将曲线移动到第二个曲面。
- “将曲线缠绕到可展曲面”方法：此方法需要选择缠绕到曲面的草图，以及选择单个或多个可展曲面（对多个曲面至少要保证多个曲面是 G0 连续的），系统将所选草图轮廓等长地映射到可展曲面上。

【范例学习】 将标志缠绕于瓶子圆柱曲面上

1）打开“HY-缠绕于面.Z3PRT”文件，该文件中已经存在一个瓶子模型和一个草图，如图 4-44 所示。

2）在功能区“线框”选项卡的“曲线”面板中单击“缠绕于面”按钮，打开“缠绕于面”对话框，在“必选”选项组中单击“基于长度缠绕”方法，如图 4-45 所示。

3）选择要缠绕在面上的草图，该草图由“EYEWALL”文字图形构成。

4）选择缠绕草图的面，如图 4-46 所示。

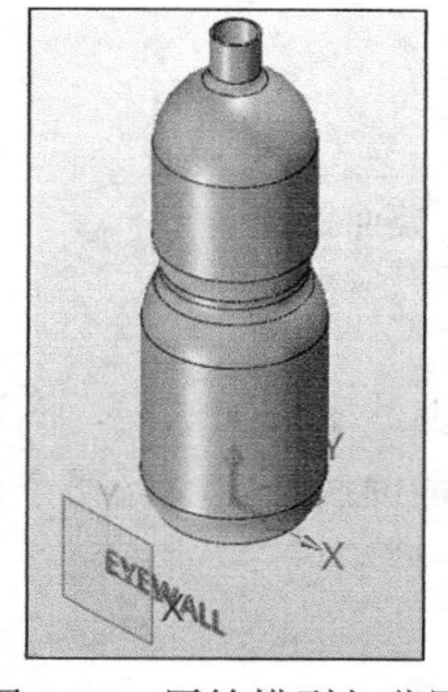

图 4-44 原始模型与草图

图 4-45 选择“基于长度缠绕”法

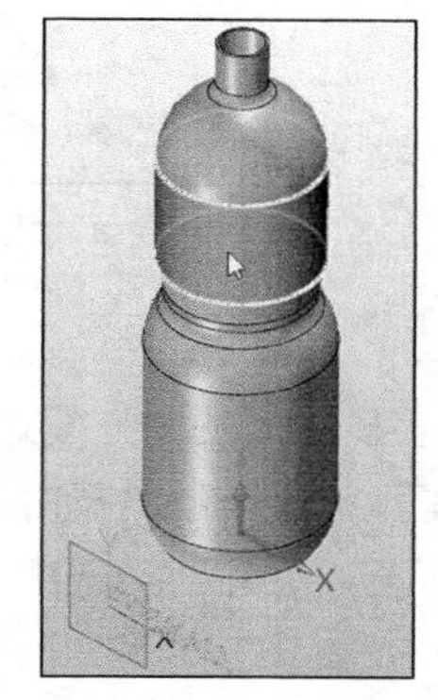

图 4-46 选择要缠绕草图的面

5）选择曲面上指定放置原点，如图 4-47 所示。

6）在“转换”选项组中设置旋转角度为“0deg”，取消选中“匹配面法向”复选框。

7）单击“确定”按钮，本例缠绕于面的效果如图 4-48 所示。

如果本例选择缠绕草图的曲面是一个环球面，那么可以得到图 4-49 所示的缠绕效果。

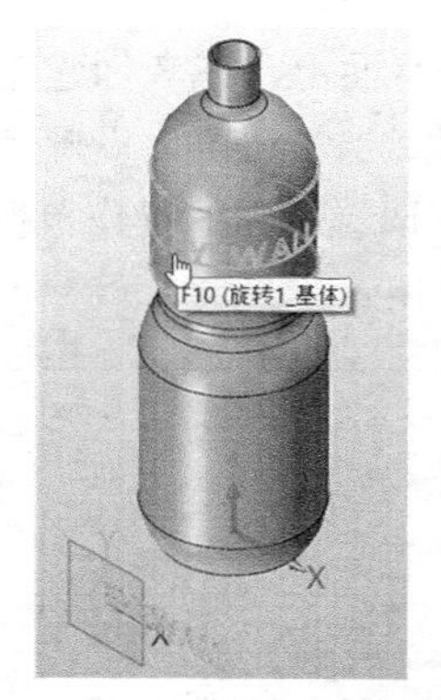

图 4-47 指定放置原点

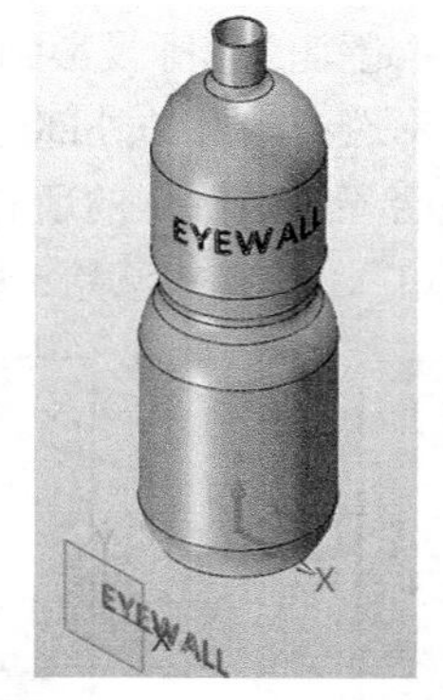

图 4-48 缠绕于面的效果

图 4-49 缠绕效果

4.2.9 面曲线

“面曲线”工具的主要用途是可以创建其他分型线命令不需要的普通面曲线（分型线），其操作方法比较简单，即在功能区“线框”选项卡的“曲线”面板中单击“面曲线”按钮，打开图 4-50 所示的“面曲线”对话框，在“必选”选项组中选择“边选择面曲线”方法或“投影线创建面曲线”方法，不同的方法设置的内容会有所不同，如图 4-50 所示。“边选择面曲线”方法用于从包围所选面的边中创建面曲线；“投影线创建面曲线”方法通过投影曲线、草图、曲线列表和边到所选的面来创建面曲线。

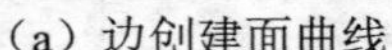

（a）边创建面曲线

（b）投影创建面曲线

图 4-50　“面曲线”对话框

“显示面法向”复选框比较实用，选中它时，则显示将创建的面曲线上的面法向，面法向只在预览命令的结果时显示，命令结束后便不再显示，这有助于分辨面曲线是定义到哪个特定的面上。另外，当选中“添加为分型线”复选框时，则将边添加为分型线。

4.2.10　轮廓曲线

要创建轮廓曲线，可以在功能区“线框”选项卡的“曲线”面板中单击“轮廓曲线”按钮，打开图 4-51 所示的“轮廓曲线”对话框。中望 3D 提供了两种创建轮廓曲线的方法，一种是“投影轮廓曲线到平面”，另一种是“方向轮廓曲线”。

1. 投影轮廓曲线到平面

“投影轮廓曲线到平面”方法是将造型的轮廓投影到选定的一个平面上，或者创建轮廓曲线，用户可以根据实际情况设置只显示造型轮廓的外部环或所有曲线，当然还可以设置是否显示轮廓中的所有内部环，以及设置是否显示轮廓中的所有开放曲线。请看下面的操作范例，所用素材文件为“HY-轮廓曲线 A.Z3PRT”，已有的原始造型如图 4-52 所示。

图 4-51　“轮廓曲线”对话框

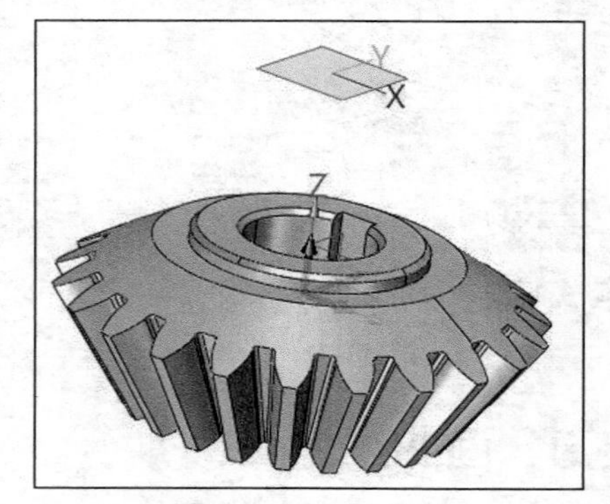

图 4-52　原始造型

1）在功能区“线框”选项卡的“曲线”面板中单击“轮廓曲线”按钮，打开“轮廓曲线”对话框。

2）在“必选”选项组中单击“投影轮廓曲线到平面”按钮，在模型窗口中单击已有实体造型，单击鼠标中键。

3）选择投影轮廓的平面，如图 4-53 所示。

4）在“设置”选项组的“添加曲线”下拉列表中选择“外环”选项，选中“内部”复选框，如图 4-54 所示。

5）单击“确定”按钮，生成图 4-55 所示的轮廓曲线。

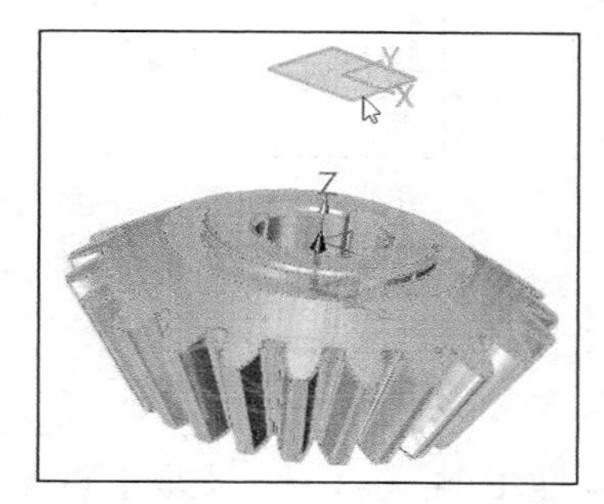

图 4-53 指定投影轮廓的平面

图 4-54 设置显示外环和内环

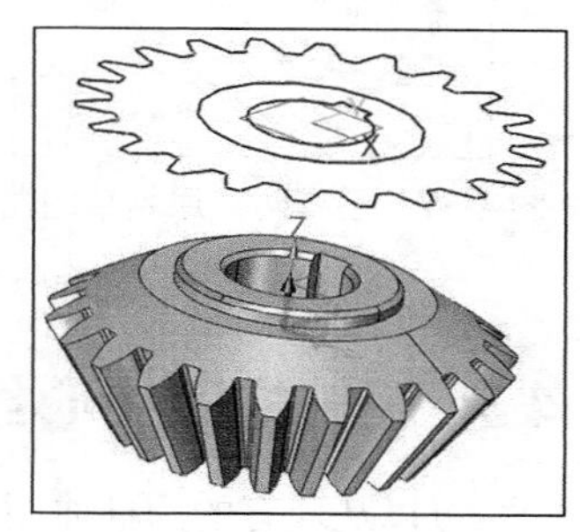

图 4-55 生成轮廓曲线

2. 方向轮廓曲线

“方向轮廓曲线”方法用于根据指定的脱模方向，在所选曲面上创建所需的轮廓曲线，如图 4-56 所示。注意：“方向”收集器用于设置要提取的轮廓线的方向。

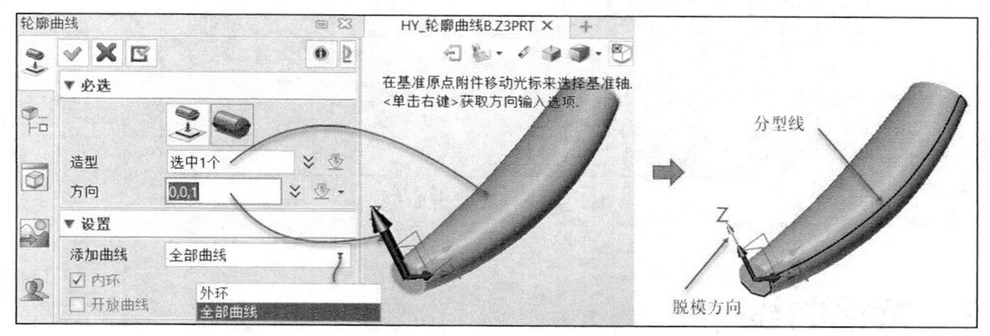

图 4-56 方向轮廓曲线

4.2.11 合并投影

“合并投影”（也称“组合投影”）是指通过投影两条曲线来创建一条或多条新曲线，该新曲线为两条曲线投影的相交部分。下面结合一个操作范例介绍“合并投影”工具的使用方法及步骤。

1）在中望 3D 软件中单击“打开”按钮，打开“HY-合并投影.Z3PRT”文件，此文件中已经创建好图 4-57 所示的两条单独的草图曲线。

2）在功能区“线框”选项卡的“曲线”面板中单击“合并投影”按钮，打开图 4-58 所示的“合并投影”对话框。

3）选择要投影的第一条曲线，即选择曲线 1。

4）指定曲线 1 的投影方向，本例选择 X 轴定义曲线 1 的投影方向。

5）选择要投影的第二条曲线，即选择曲线 2。

6）指定曲线 2 的投影方向，本例选择 Z 轴定义曲线 2 的投影方向。

7）单击“确定”按钮，创建图 4-59 所示的一条空间曲线。

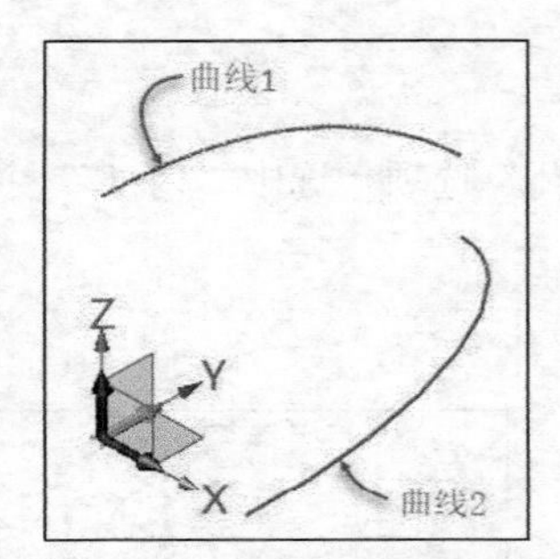

图 4-57 已有两条原始草图曲线

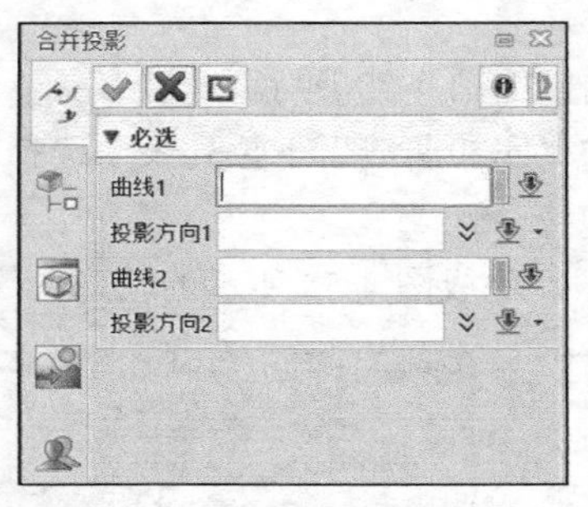

图 4-58 “合并投影”对话框

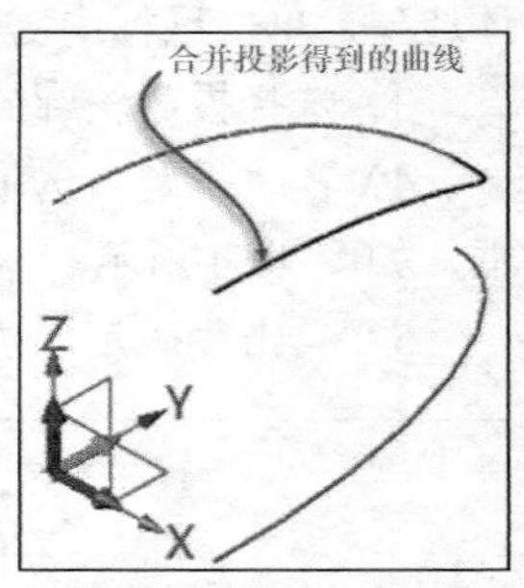

图 4-59 创建空间曲线

4.2.12 提取中心线

可以从现有的圆柱曲面、圆锥曲面和圆环面中提取中心线，如图 4-60 所示。提取中心线的操作比较简单，即在功能区“线框”选项卡的“曲线”面板中单击“提取中心线”按钮，接着选择要提取中心线的曲面，然后单击“确定”按钮即可。

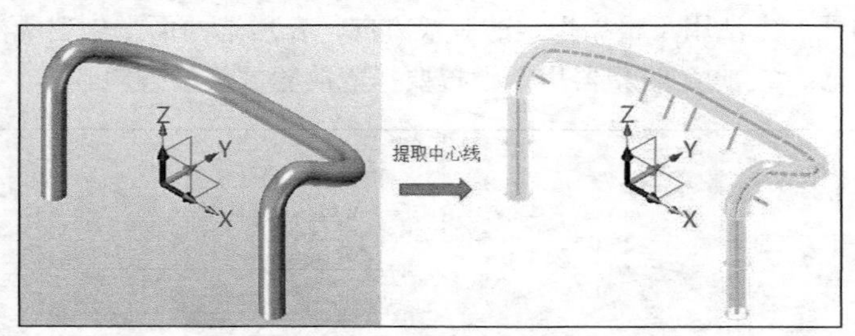

图 4-60 提取中心线

4.3 桥接曲线

可以在曲线、直线、圆弧、点、面边线之间创建一条桥接曲线，如图 4-61 所示。

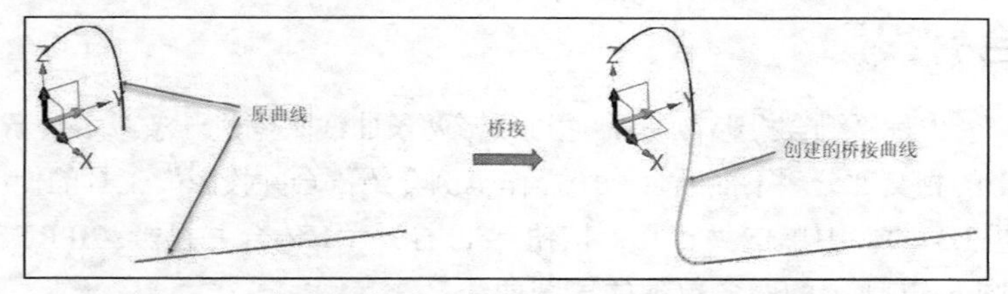

图 4-61 在空间中的两条曲线之间创建一条桥接曲线

【范例学习】 创建桥接曲线

1）打开“HY-桥接曲线.Z3PRT”文件，该文件中已准备好两条要桥接的曲线。

2）在功能区“线框”选项卡的“曲线”面板中单击“桥接”按钮，打开图 4-62 所示的“桥接”对话框。

3）在“必选”选项组设置起始对象的类型及在桥接端点附近选择第一条曲线或面边，再设置结束对象的类型及在桥接端点附近选择第二条曲线或面边。在本例中，从“起始对象”下拉列表中选择“曲线”选项，并在桥接端点附近选择第一条曲线（这里第一条曲线为抛物线，允许选择该曲线的近端点进行桥接)，接着从“结束对象”下拉列表中也选择“曲线”，并在桥接端点附近选择第二条曲线（这里第二条曲线为直线，允许选择该曲线的所需的端点进行桥接)。

4）分别定义开始约束和结束约束。在本例中，开始约束的定义：连续方式为“相切”，位置选项为“弧长百分比”，百分比值为 100，权重为 1；结束约束的定义：连续方式为“相切”，位置选项为“弧长百分比”，百分比值为 0，权重为 1。

知识点拨　可以通过位置选项及指定的位置参数来精确地确定曲线桥接点。“弧长”定义桥接点在所选线的具体弧长长度，“弧长百分比”定义桥接点在所选线的具体弧长百分比，“通过点”是通过在所选线选择具体点来定义桥接点。

5）在“设置”选项组的“修剪”下拉列表中指定如何修剪（或延伸）曲线，本例从该下拉列表中选择“两者都修剪”选项，接着选中“显示曲率”复选框和“选择默认端点”复选框，此时桥接曲线的动态预览效果如图 4-63 所示。

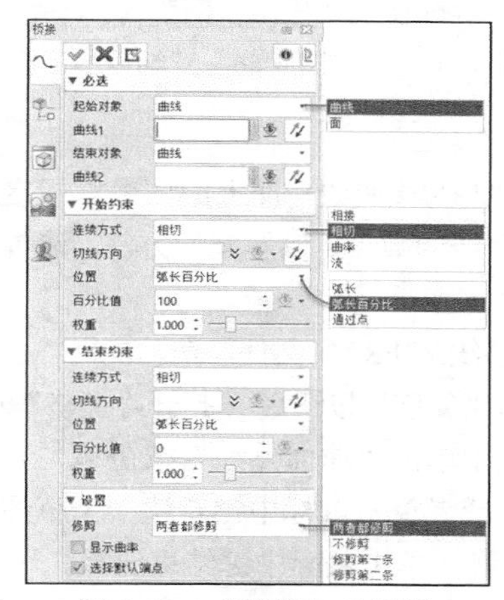

图 4-62　“桥接”对话框

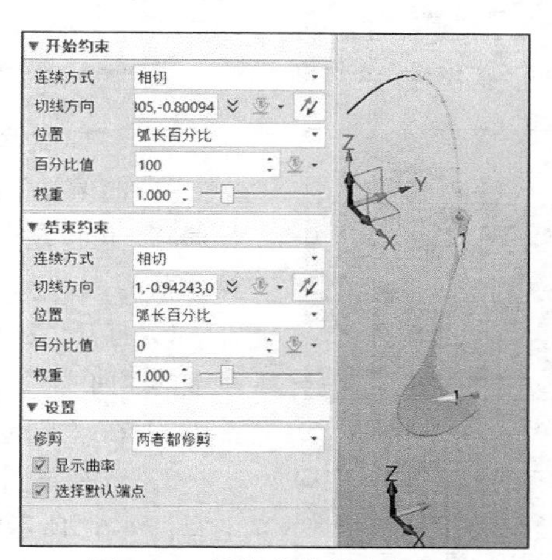

图 4-63　桥接曲线的动态预览

6）单击“确定”按钮，完成桥接曲线的创建。

4.4　偏移曲线（3D）与 3D 中间曲线

本节介绍偏移曲线（3D）和 3D 中间曲线的创建方法。

4.4.1　偏移曲线（3D）

要偏移 3D 曲线，可以在功能区“线框”选项卡的“曲线”面板中单击“偏移”按钮，打开图 4-64 所示的“偏移”对话框，在“必选”选项组中提供了两种偏移方法，一种是“三维偏移”法，另一种是“曲面偏移”法。

1.　“三维偏移”法

“三维偏移”法采用最符合逻辑的偏移平面，按照设定的距离来进行三维偏移，偏移距离的正负确定偏移方向，可设定偏移曲线的数目、偏移法向，以及是否删除偏移区域的弓形交叉等。“三维偏移”法的偏移类型又分为“法向（普通)”和“距离”两种，其中“距离”类型是对位于同一平面的空间曲线或草图进行整体偏移。

图 4-65 展示了一条双曲线在一个方向和在两个方向偏移的情形，它们的偏移类型均为“距离”。在图 4-66 所示的三维偏移示例中，偏移类型为“法向”，偏移数目为 2，选择 *Y* 轴定义偏移法向，显然与偏移类型为“距离”时产生的偏移曲线有所差别。读者可以使用“HY-偏移曲线.Z3PRT”素材文件进行练习与体会，加深对相关选项的理解。

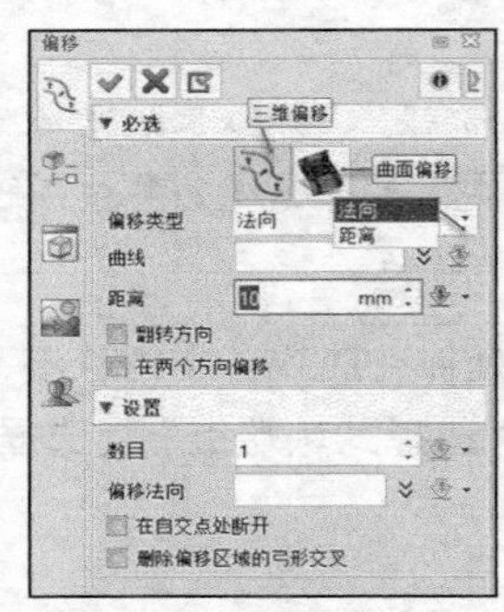

图 4-64 “偏移”对话框

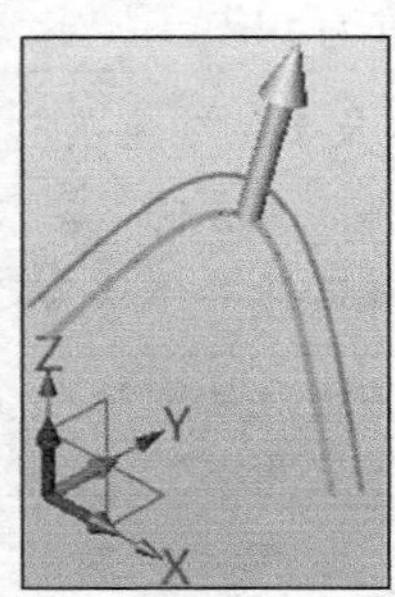

(a) 在一个方向偏移 (b) 在两个方向偏移

图 4-65 三维偏移示例（1）

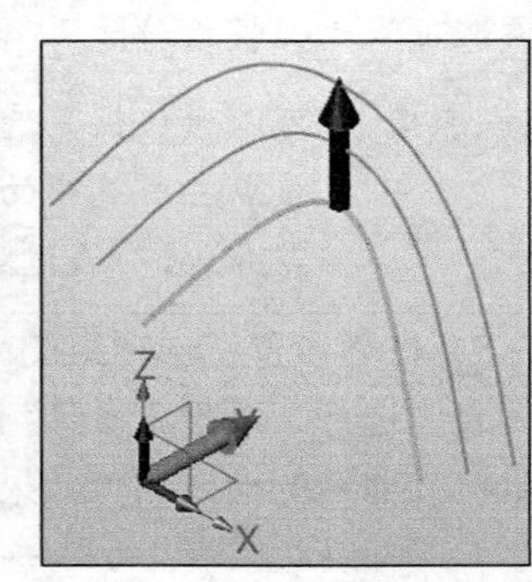

图 4-66 三维偏移示例（2）

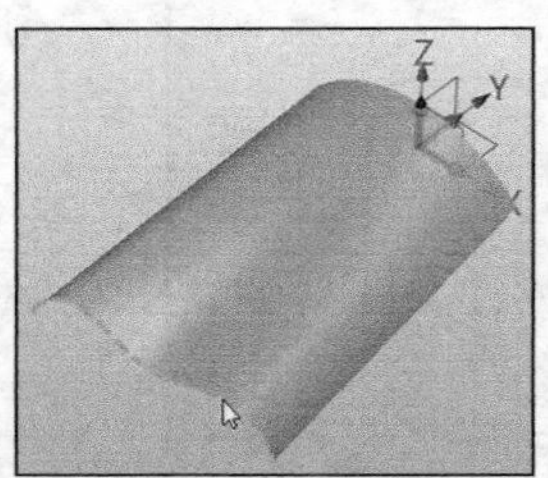

图 4-67 选择曲面边线

2. “曲面偏移”法

“曲面偏移”法在面上偏移曲线，面上的曲线以指定距离进行偏移，可设定产生偏移曲线的数目，以及延伸方法。请看下面的操作范例。

1）打开“HY-曲面偏移线.Z3PRT”文件，在功能区“线框”选项卡的“曲线”面板中单击“偏移”按钮，打开“偏移”对话框。

2）在“必选”选项组中单击“曲面偏移”按钮。

3）选择草图、曲线，或者单击鼠标中键新建一个草图。本例选择图 4-67 所示的曲面边线，单击鼠标中键结束选择。

4）选择要在其上进行偏移的面或基准面。本例选择已有的曲面。

5）在“必选”选项组中设定“距离”值为 20mm，取消选中“在两个方向偏移”复选框，在“设置”选项组中设置数目为 8，从“延伸”下拉列表中选择“线性”选项，选中“忽略边界交点”复选框，如图 4-68 所示。

6）单击“确定”按钮，结果如图 4-69 所示。

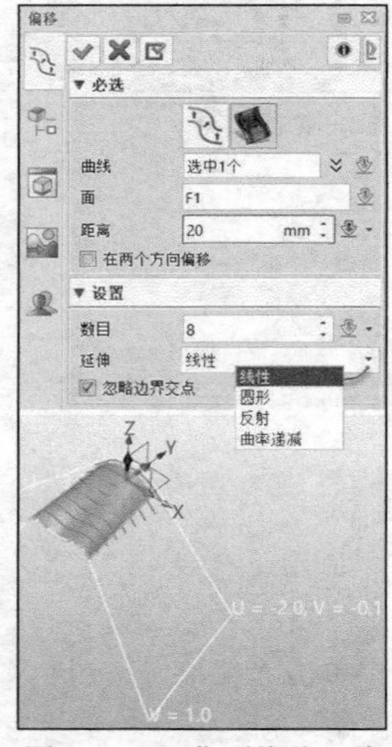

图 4-68 “曲面偏移”法设置

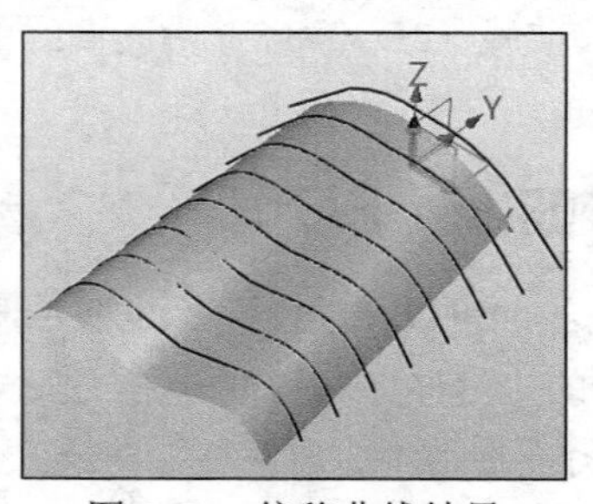

图 4-69 偏移曲线结果

4.4.2 3D 中间曲线

可以在两条曲线、圆弧或两个圆的中间创建一条曲线，这就是中间曲线，中间曲线上的任何一点到两个曲线的距离均相等，该距离可以是恒定的，也可以是变化的。中间曲线在数学上的定义是通过两条曲线间一组等距点的曲线。创建 3D 中间曲线的典型示例如图 4-70 所示。

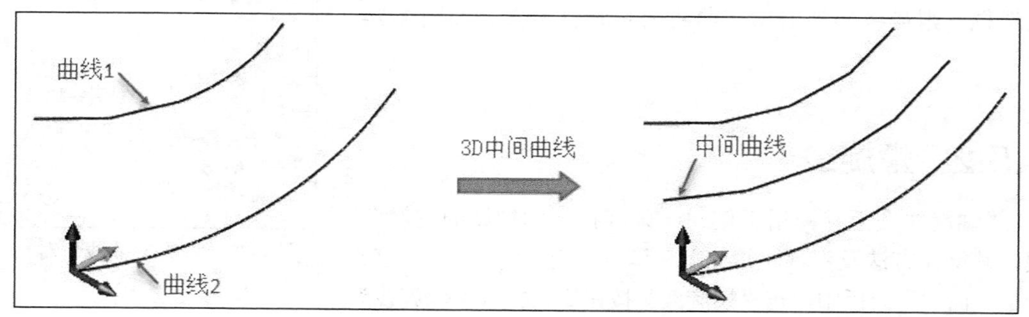

图 4-70 创建 3D 中间曲线的典型示例

要创建 3D 中间曲线，可按照以下方法进行。

1）在功能区“线框”选项组的“曲线”面板中单击“3D 中间曲线”按钮，打开图 4-71 所示的“3D 中间曲线”对话框。

2）选择曲线 1 和曲线 2。

3）在“设置”选项组中，使用“方法”下拉列表控制靠近端点的中间曲线的形状，可供选择的选项有“等距–中分端点”“等距–等距端点”“中分”。“等距–中分端点”选项表示中间曲线的两个端点分别为所选曲线 1 和曲线 2 相应端点连线的中点；“等距–等距端点”选项将计算端点周围的精确二等分点，即从中间曲线的端点到两条曲线（并非其端点）的垂直距离相等；“中分”选项表示系统在两条曲线上采样，并将采样点依次连接，中间曲线为通过各中点并依次拟合的曲线。

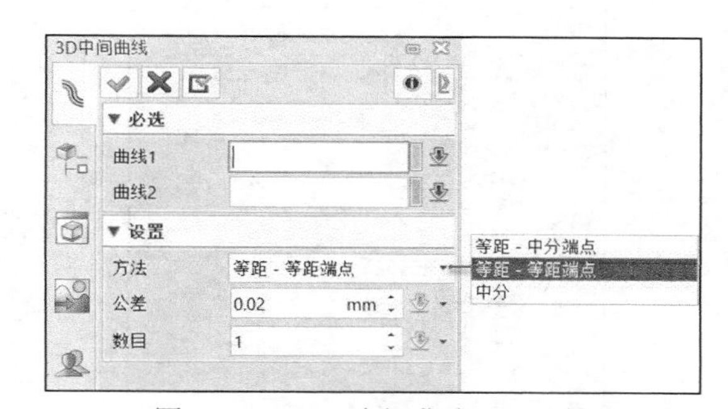

图 4-71 “3D 中间曲线”对话框

4）在“设置”选项组中还可指定一个中点公差，以及定义中间曲线的数量。

5）单击“确定”按钮，创建 3D 中间曲线。

4.5 螺旋曲线与螺旋线

本文介绍“螺旋曲线”工具和“螺旋线”工具的应用。

4.5.1 螺旋曲线

单击“螺旋曲线”按钮，弹出图 4-72 所示的“螺旋曲线”对话框，利用此对话框指定起点、轴、转数、偏移值（每转的偏移值，正值向外偏移，负值向内偏移）来在平面中创建一条螺旋线，可以指定该曲线顺时针旋转还是逆时针旋转，可以设置螺旋曲线旋转的参考方向及螺旋曲线的角度。

创建螺旋曲线的典型示例如图4-73所示，其起点坐标为“10,0,0”，Z轴为螺旋轴，转数为3，每转偏移20mm，逆时针旋转。如果在“设置”选项组中选中“顺时针旋转”复选框，则最终得到的螺旋曲线为顺时针旋转，如图4-74所示。

图4-72 “螺旋曲线”对话框

4.5.2 螺旋线

“螺旋线”工具用于创建一条绕指定轴螺旋的空间曲线，其操作方法及步骤比较简单，即在功能区“线框”选项卡的“曲线”面板中单击“螺旋线”按钮，打开“螺旋线”对话框后，指定起点、螺旋轴、匝数和沿轴每圈的距离（螺距），如图4-75所示。如果要创建“两端不同大小的塔型”螺旋线，则还可输入锥度，另外可以控制螺旋线方向，如图4-76所示。

图4-73 创建螺旋曲线的典型示例

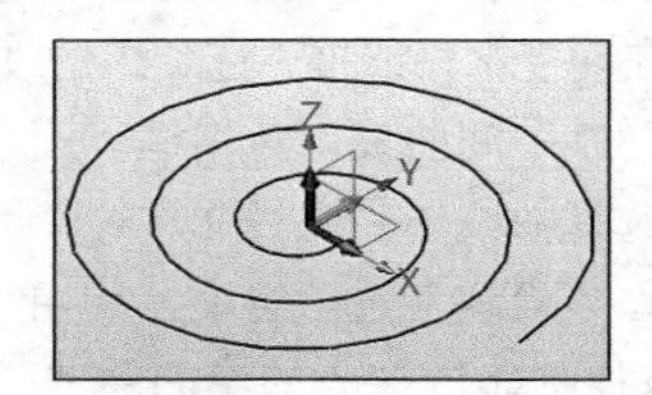

图4-74 顺时针旋转

图4-75 创建螺旋线示例

4.6 方程式曲线

在零件环境中，从功能区“线框”选项卡的“曲线”面板中单击“方程式”按钮，打开图4-77所示的“方程式曲线”对话框，在零件环境中提供的坐标系形式有“笛卡儿坐标”“圆柱坐标”“球坐标”。“笛卡儿坐标”形式通过笛卡儿坐标系的X、Y、Z参数生成曲线，“圆柱坐标”形式通过圆柱坐标系的r、

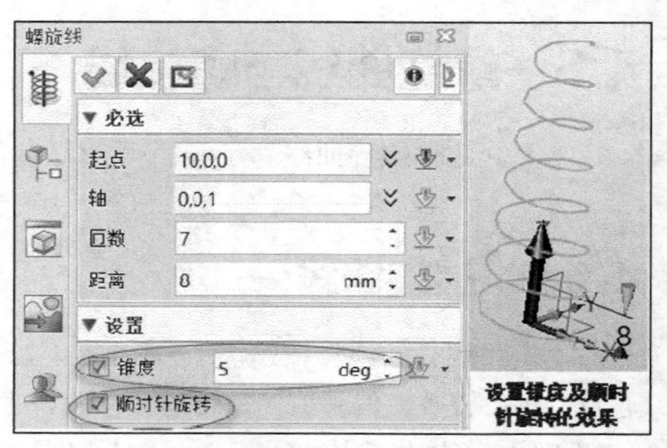

图4-76 设置锥度及顺时针旋转

theta、*Z* 参数生成曲线，“球坐标”形式通过球坐标系的 *rho*、*theta*、*phi* 参数生成曲线。利用“方程式曲线”对话框，以方程式组为驱动，在零件环境中绘制各种三维或二维曲线，也可以插入预定义的诸如渐开线、双曲正弦、抛物线等的各种曲线。

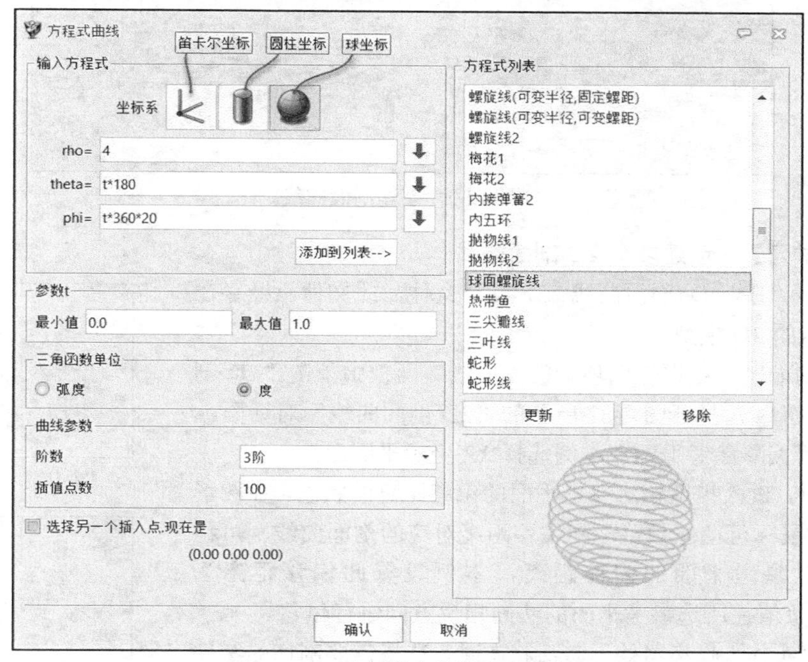

图 4-77 “方程式曲线”对话框

例如，要创建一个球面螺旋线，可以在“方程式曲线”对话框的“方程式列表”框中找到并双击“球面螺旋线”，此时在“方程式列表”框的左侧区域显示该方程式及参数关系，可修改或接受默认的曲线参数等设置内容，然后单击“确认”按钮，通常默认在原点位置生成图 4-78 所示的球面螺旋线。如果勾选“选择另一个插入点”复选框，则单击“确认”按钮后，由用户指定一个插入点来放置设定的方程式曲线，图 4-79 所示的螺旋线（可变半径、可变螺距）便是由用户指定一个插入点（非默认的原点位置）来放置的。

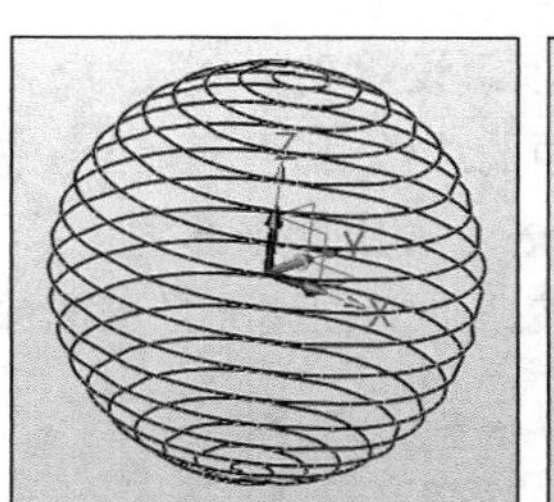

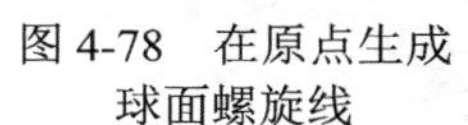

图 4-78 在原点生成球面螺旋线

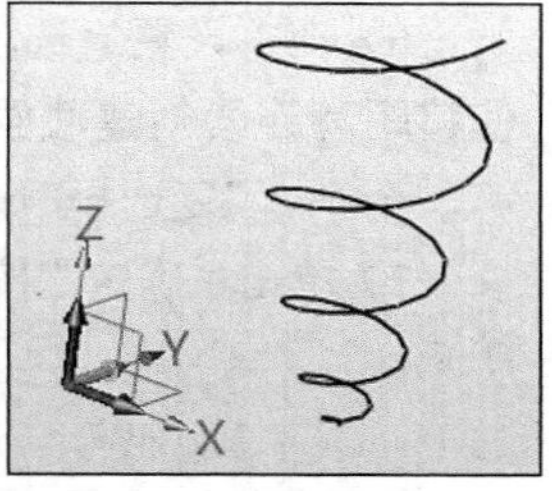

图 4-79 指定一个插入点放置方程式曲线

4.7 2D 剖面曲线

使用“2D 剖面曲线”工具，可以动态剖切激活零件或装配，并可在激活的零件或装配组件中创建剖面曲线（也称“截面曲线”），如图 4-80 所示。使用“2D 剖面曲线”工具的过程中，可以在指定一个剖切参考面后通过动态调整“偏移”值来动态剖切零件的各部分，从而辅助查看视图中内部隐藏的结构特征。

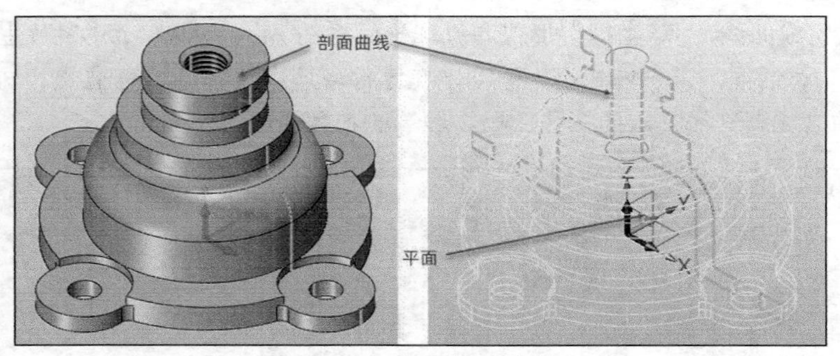

图 4-80 创建剖面曲线

【范例学习】 创建多个 2D 剖面曲线

1）打开“HY-2D 剖面曲线.Z3PRT”文件，此文件已经存在图 4-81 所示的 3D 模型。

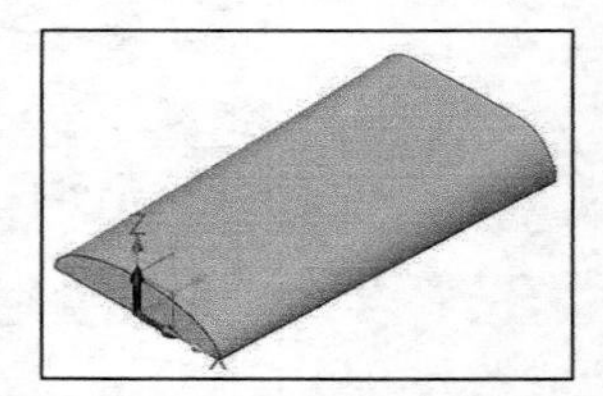

图 4-81 原始素材

2）在功能区“线框”选项卡的“曲线”面板中单击“2D 剖面曲线”按钮，打开图 4-82 所示的“2D 剖面曲线”对话框。

3）选择偏移参考平面，本例选择 *XZ* 坐标平面。

4）此时，进入指定相对参考平面的偏移距离的状态，在图形窗口中移动鼠标可动态预览不同偏移距离对应的剖面曲线。可精确输入相对参考平面的偏移距离，本例设置此偏移距离为 −12.5mm，负值往所选参考平面的法向相反方向进行偏移。

图 4-82 “2D 剖面曲线”对话框

5）在“实体”收集器处于激活状态时，选择需要剖切的零件或装配，如果此收集器为空，则默认选择当前所有的零件和装配。本例选择当前零件模型。

6）在“设置”选项组设置复制个数为 5，表示将按照设定的偏移距离连续创建截面的总数目为 5。当选中“使用基准面作为第一个副本”复选框时表示使用此平面确定第一个复制体的位置。

7）单击“确定”按钮，创建 5 条剖面曲线，结果如图 4-83 所示。

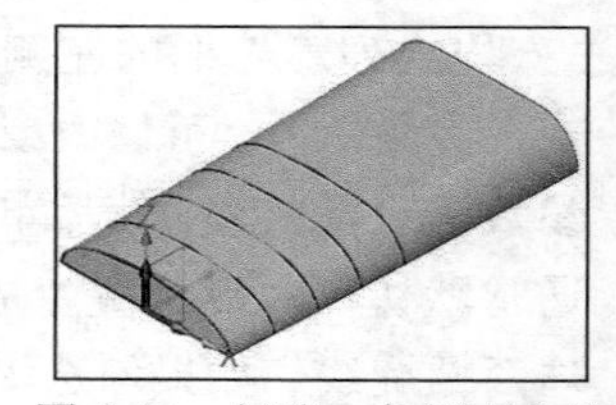

图 4-83 创建 5 条剖面曲线

4.8 曲线列表

可以从一组端到端连接的曲线或边创建一个曲线列表，以方便在创建曲面时使用此曲线列表。要创建曲线列表，则在功能区“线框”选项卡的“曲线”面板中单击“曲线列表”按钮，打开图 4-84 所示的“曲线列表”对话框，接着选择“来源于整个实体”或“来源于相交的部分实体”选项。前者用于选择一组端到端连接的曲线或边来创建一个曲线列表，可使多个曲线合并为一个单项选择，注意此命令中的曲线并非在进行真正实

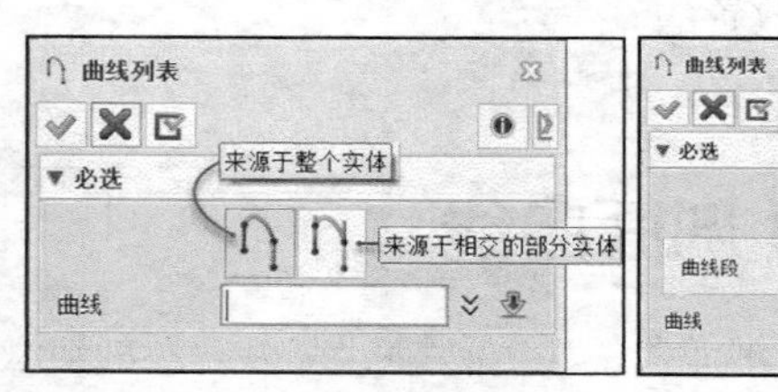

（a）选择“来源于整个实体”方式时 （b）选择“来源于相交的部分实体”方式时

图 4-84 “曲线列表”对话框

际的合并（连接）或修改，它们仅作为选择目的使用，在许多命令里都有曲线列表作为输入选项。后者选择所需的曲线段，系统可自动找到所选几何的交点，接着仅使用到交点部分曲线部分作为曲线列表的一部分，这样的处理结果就是可以基于同一个曲线集，产生不同的曲线列表，便于得到不同的几何。

知识点拨 当选择曲线添加到曲线列表时，若按“F7”键，则可以选择目标对象外部的曲线。选择一条外部曲线/边时，中望3D软件会自动创建外部参考曲线并将其加入曲线列表。

4.9 线框文字

可以在零件环境下直接创建文字，这需要使用“线框文字”工具，该工具位于功能区“线框”选项卡的“曲线”面板中。

单击“线框文字”按钮，弹出图4-85所示的“线框文字”对话框，对话框中提供线框文字的3种创建方式，分别为“平面（沿平面）”、“在曲线上（沿曲线）”和“在面上（沿曲面）”。

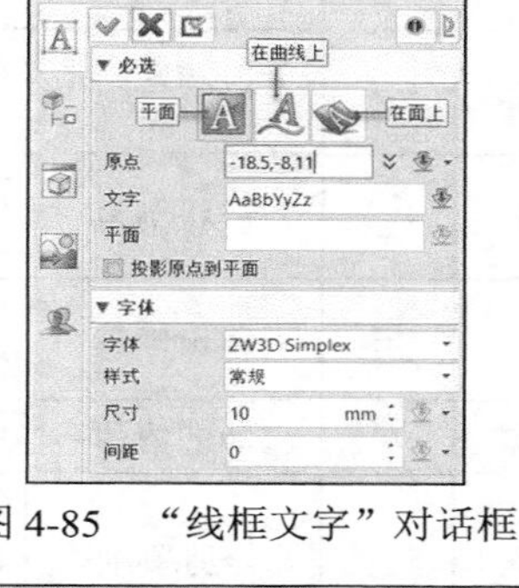

图4-85 “线框文字”对话框

1. “平面（沿平面）”

该创建方式是文字沿选定平面展开，需要分别指定原点（定义文本的起始点）、文字和放置文字的平面。典型示例如图4-86所示，该线框文字原点坐标为“0,0,0”，文字输入为“HUAYI-ID”，选择*XZ*坐标平面作为放置文字的平面，有关文字的字体、样式、尺寸和间距可以在“字体”选项组中进行设置。

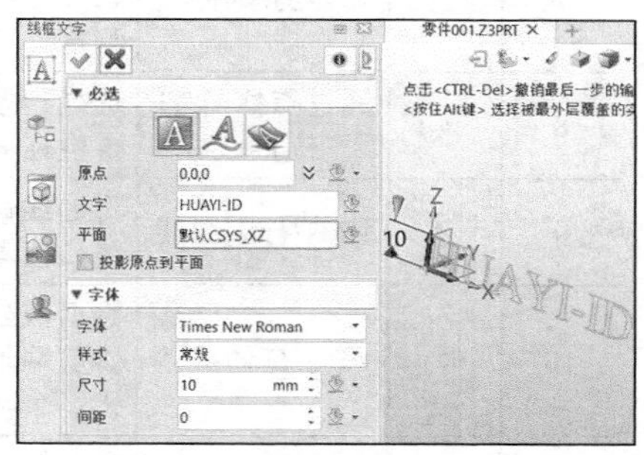

图4-86 沿平面创建线框文字

2. “在曲线上（沿曲线）”

该创建方式的线框文字沿选定的曲线展开，如图4-87所示，需要选择沿行的曲线并输入文字。

3. “在面上（沿曲面）”

该创建方式的线框文字沿选定的曲面展开，如图4-88所示，需要选择要创建文字的面、要沿行的曲线和输入文字。

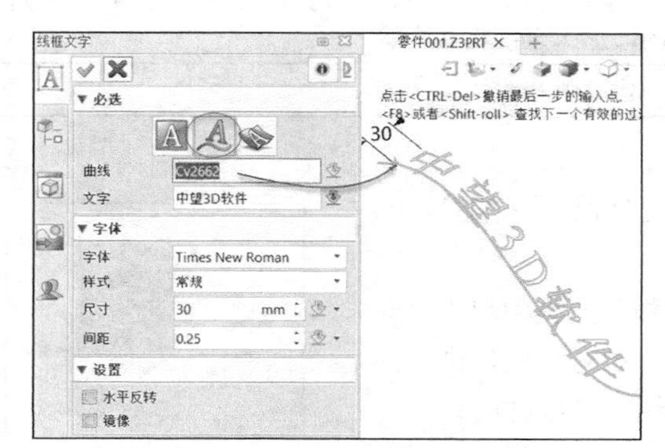

图4-87 沿曲线创建线框文字

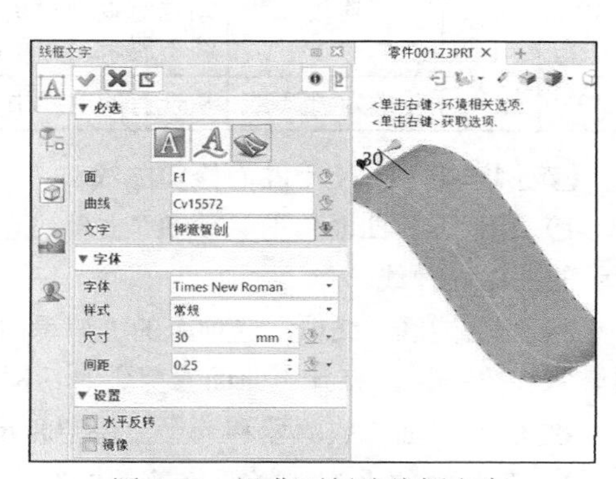

图4-88 沿曲面创建线框文字

4.10　曲线编辑

零件环境下的曲线编辑工具包括“圆角”“链状圆角”“倒角”“链状倒角”“修剪”“边界修改曲线”“连接”“转换”，它们位于功能区“线框”选项卡的“编辑曲线”面板中。这些工具基本能在 2D 和零件级 3D 环境中使用，鉴于在第 2 章草图设计中已有针对性地详细介绍过，在此不再赘述。表 4-1 列出零件环境下的曲线编辑工具，供方便查阅使用。

表 4-1　　零件环境下的曲线编辑工具

序号	工具	名称	功能含义
1		圆角	在两条曲线间创建指定半径的圆角，如果圆角半径值设置为“0”，则会修剪/延伸两条曲线使它们相交并形成一个角
2		链状圆角	在选定曲线链中创建指定半径的圆角，曲线链中的每条相邻曲线之间将创建一个圆角
3		倒角	在两条边界曲线之间创建一个倒角，倒角可以是等距的，也可以是不等距的，或者是“距离和角度”形式的
4		链状倒角	在指定曲线链中创建具有相等倒角距离的倒角，曲线链中各相邻曲线之间将形成一个倒角
5		单击修剪	用于已选曲线段的自动修剪，最近相交的曲线用于修剪边界，修剪点位于选择需剪除的曲线段上
6		曲面修剪	用选定的曲面去修剪选定的曲线，可设置保留侧
7		修剪/延伸	需要选择要修剪/延伸的曲线，以及设定长度和延伸选项，系统用规定长度修剪或延伸一条线框曲线或面边，长度沿曲线切线或沿曲线予以测量
8		通过点修剪/打断曲线	选择一条要修剪或打断的曲线，在曲线上或曲线附近选择修剪/打断点，再根据需要选择要保留的线段，或者直接单击鼠标中键打断曲线
9		修剪/打断曲线	将曲线修剪或打断成一组边界曲线，首先选定要打断或修剪的边界曲线，接着选择要删除、保留、打断的曲线段
10		修剪/延伸成角	修剪或延伸两条曲线，使它们相互形成一个角，在操作时需要分别在修剪端附近选择曲线 1 和曲线 2，遵循“最近点”原则，如果相交点不止一个，则选择距离曲线上两个选择点最近的相交点用于修剪
11		修改	在曲线上进行局部修改，所述局部是指在所选的点上的修改将局部化，且不沿着整条曲线分布，可以修改曲线上任意点的位置、切点和曲率半径，修改过程比较灵活
12		连接	可通过并接（即连接）一系列现有曲线来创建一条曲线，现有曲线必须端对端地对接，连续方式有“无”“相切”“曲率”；如果原始曲线不属于一个草图，那么系统将其删除
13		转换为圆弧/线	从现有的曲线中创建圆弧和线段

【范例学习】　使用曲面修剪曲线

1）打开“HY-曲面修剪.Z3PRT”文件，此文件已经存在图 4-89 所示的曲面和曲线。

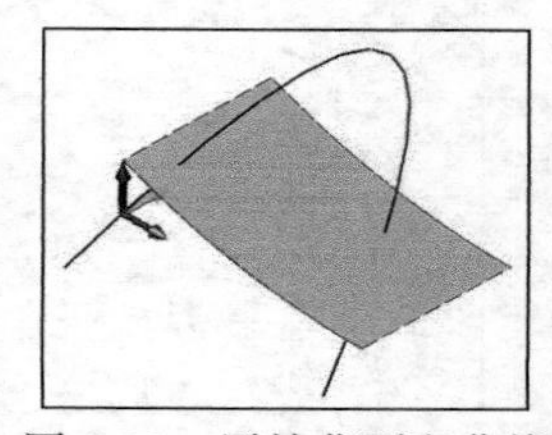

图 4-89　原始曲面和曲线

2）在功能区“线框”选项卡的“编辑曲线”面板中单击“曲面修剪”按钮，打开“曲面修剪”对话框，该对话框提供“曲线”收集器、“面”收集器和一个“保留相反侧”复选框。

3）在曲面的上方选择要修剪的曲线，单击鼠标中键结束。

4）选择修剪面，单击鼠标中键结束修剪面选择。此时在所选修剪面上显示一个箭头用于指示保留侧，本例需要选中“保留相反侧”复选框以使箭头指示如图 4-90 所示。

5）单击“确定”按钮，得到的修剪结果如图 4-91 所示。

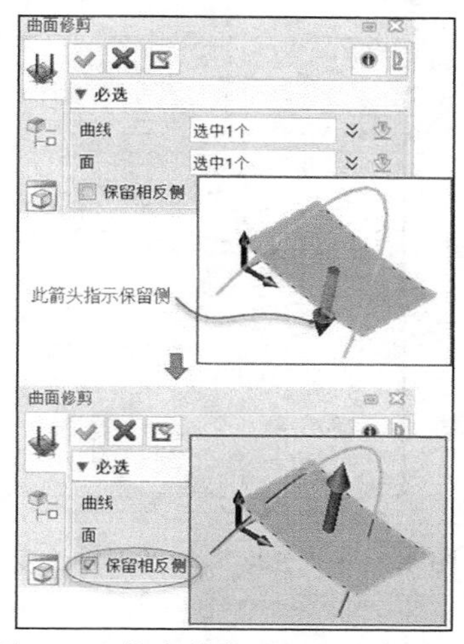

图 4-90 指定修剪面及设定保留侧

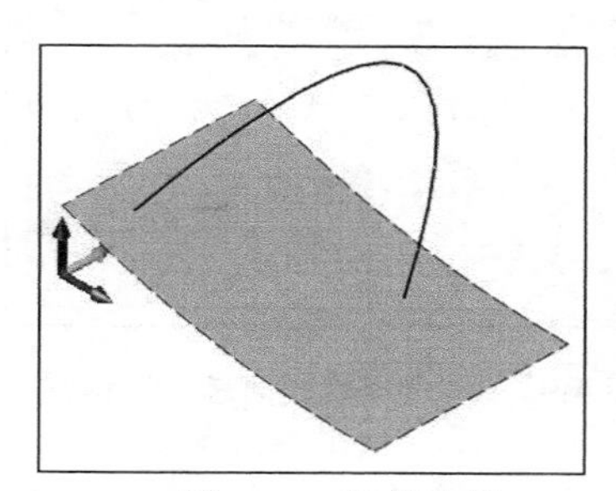

图 4-91 修剪结果

4.11 曲线信息查询

曲线信息查询工具主要包括“曲线信息”、“长度”、“NURBS 数据”、“控制多边形”、“曲率图”、“曲线参数范围”和“曲线连续性”等。

4.11.1 曲线信息

在零件环境下要查询曲线信息，可以在功能区“线框”选项卡的“曲线信息”面板中单击“曲线信息”按钮，弹出图 4-92 所示的“曲线信息”对话框，接着选择一条要查询的直线、圆弧、曲线或边缘，如选择一条二次曲线，弹出图 4-93 所示的“查询曲线信息”对话框，列出所选曲线的相关信息。此时如果要将曲线信息数据保存到文件，可选择“重写”单选按钮或“附加”单选按钮，接着单击“浏览文件夹”按钮以从文件浏览器选择一个文件夹，指定保存类型与文件名，单击“保存”按钮，最后在“查询曲线信息”对话框中单击“确认”按钮。

图 4-92 “曲线信息”对话框

4.11.2 显示曲线长度

可以查询任何线段、圆弧、曲线或边缘的长度，其方法是在功能区“线框”选项卡的“曲线信息”面板中单击“长度”按钮，弹出“长度”对话框和“测量长度”对话框，如图 4-94 所示。选择一条要测量的线段、圆弧、曲线或边缘，则其长度和总和显示在“测量长度”对话框中，如果再选择另外一条要测量的线段、圆弧、曲线或边缘，则“测量长度”对话框会显示当前所选线的长度和总和（总长度）。

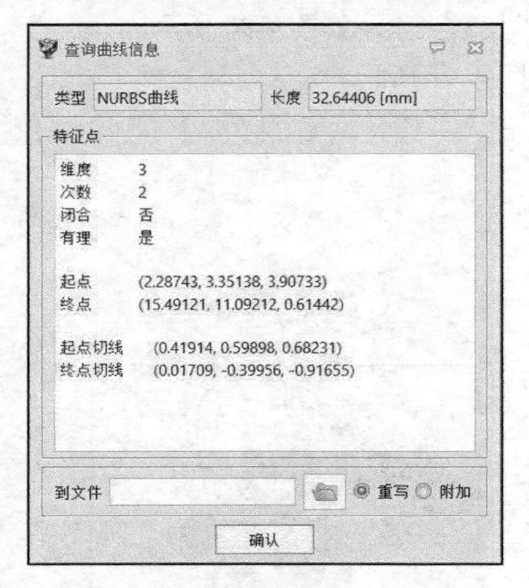

图 4-93 “查询曲线信息”对话框

图 4-94 “长度”与“测量长度”对话框

4.11.3 NURBS 数据

如果要查询曲线（含直线、圆弧、边缘或其他曲线）的 NURBS 数据，则可以在功能区“线框”选项卡的“曲线信息”面板中单击“NURBS 数据”按钮，选择一条要查询的曲线（可以是直线、圆弧、边缘或其他曲线），系统弹出图 4-95 所示的“查询 NURBS 数据”对话框并显示所选曲线的 NURBS 数据信息。

4.11.4 控制多边形

“控制多边形”工具用于显示所选曲线的控制多边形，所述控制多边形是指连接相邻曲线控制点的线段，该控制点是由系统保存的点的集合，这些点以数学的方式定义曲线，如图 4-96 所示。

要显示某曲线的控制多边形，可以在功能区“线框”选项卡的“曲线信息”面板中单击“控制多边形”按钮，打开图 4-97 所示的“控制多边形”对话框，在“设置”选项组的“显示”下拉列表中设置显示方法（“点”选项用于设置仅显示曲线的控制点，“正多边形”选项用于设置仅显示曲线的控制多边形，“全部”选项用于设置将曲线的控制点和多边形一起显示），如果没有什么特别的要求，一般选择“全部”选项，接着选择所需的曲线来显示控制多边形等相关信息。

4.11.5 曲率图

曲率图有助于判断曲线的质量。曲率图显示为从曲线垂直投射出的线段，每个线段的长度表示曲线上该点的曲率，如图 4-98 所示。

要显示曲线的曲率图，可以在功能区“线框”选项卡的“曲线信息”面板中单击“曲率图”按钮，打开“曲率图”对话框，选择要操作的曲线并设置相应的选项和参数即可，如图 4-99 所示。

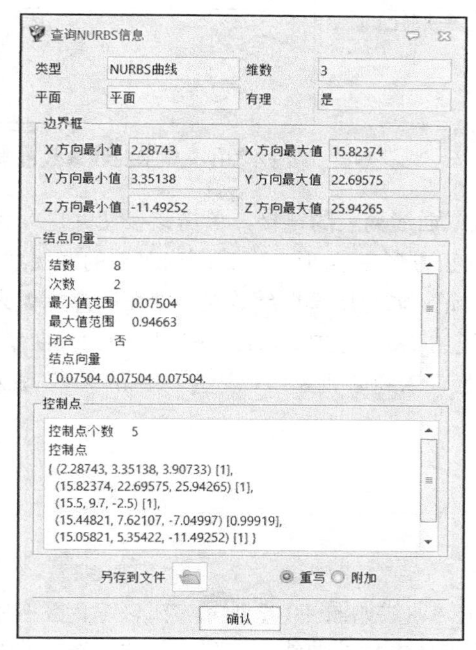

图 4-95 “查询 NURBS 信息”对话框

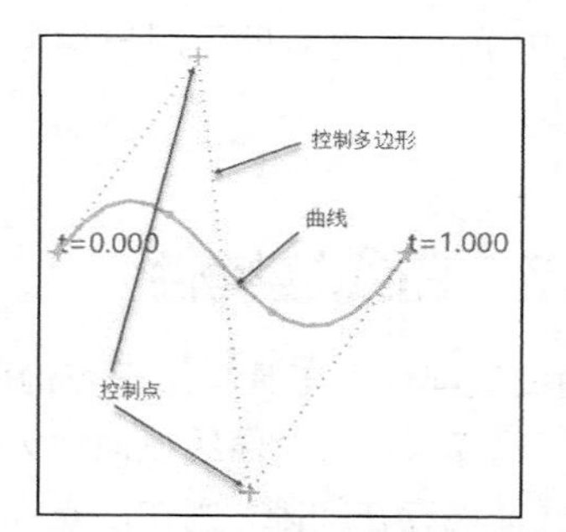

图 4-96 显示曲线的控制多边形

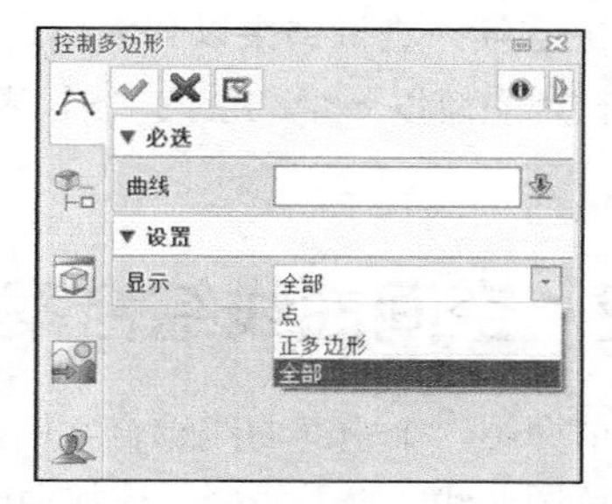

图 4-97 “控制多边形”对话框

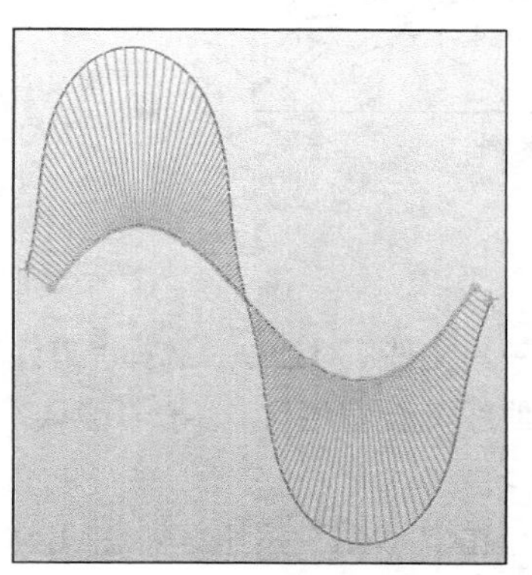

图 4-98 显示曲线的曲率图

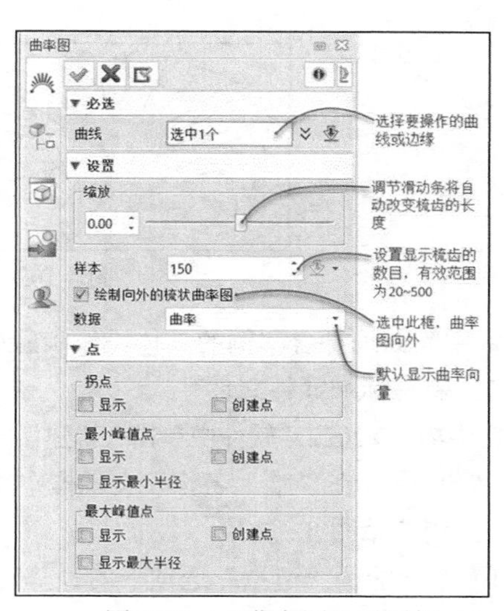

图 4-99 “曲率图”对话框

4.11.6 曲线参数范围

在功能区“线框”选项卡的“曲线信息”面板中单击“曲线参数范围”按钮，打开图 4-100 所示的“曲线参数范围”对话框，其上的“曲线”收集器用于选择一条需要参数化的曲线，“点”框用于指定结点间要显示的参数值。选择所需的曲线后便显示该曲线的参数范围，

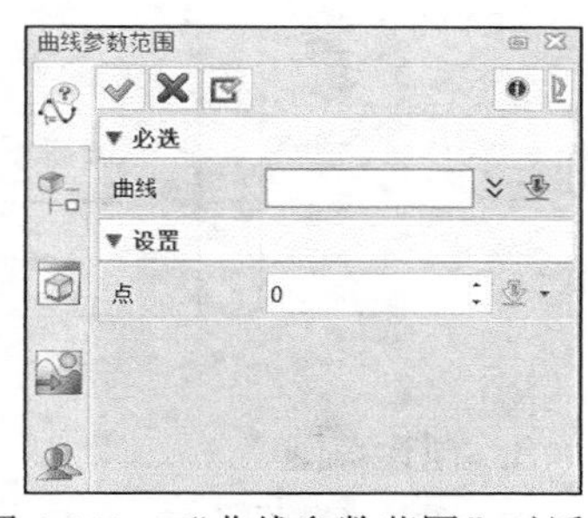

图 4-100 “曲线参数范围”对话框

如图 4-101 所示，这有助于用户决定曲线与弧长度参数化的接近程度。

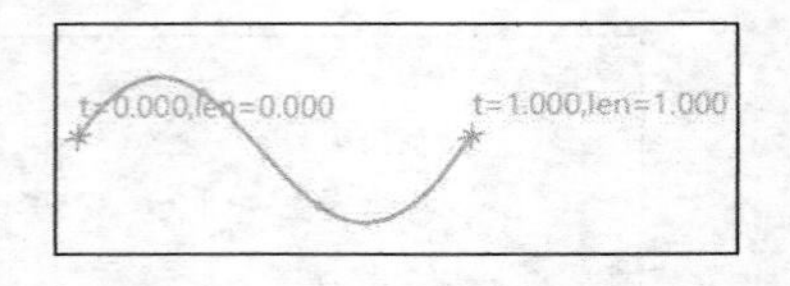

图 4-101 显示曲线参数范围

4.11.7 曲线连续性

“曲线连续性”工具用于查询所选边、曲线或曲线列表的连接，单击该按钮并进行相关设置后，选择所需边、曲线或曲线列表，则可以以正方形/三角形来标记所选对象的连接状态。如果所选曲线存在间隙，则在端点标识为正方形标记；如果所选曲线连接，则在端点标识为三角形标记。查询两条曲线的连续性，包括查询曲线的 G0（位置）、G1（相切）、G2（曲率）、G3（流）连续，查询结果以列表形式展示其连续性，若符合则系统以一个绿色的“√”表示，若不相符则系统以一个红色的“×”表示。

4.12 空间曲线综合案例

本节介绍一个空间曲线综合案例，要完成的空间曲线如图 4-102 所示。在该综合案例中主要应用草图曲线、合并投影、连接曲线、3 点二次曲线、桥接曲线、阵列几何体、修剪曲线等知识点。

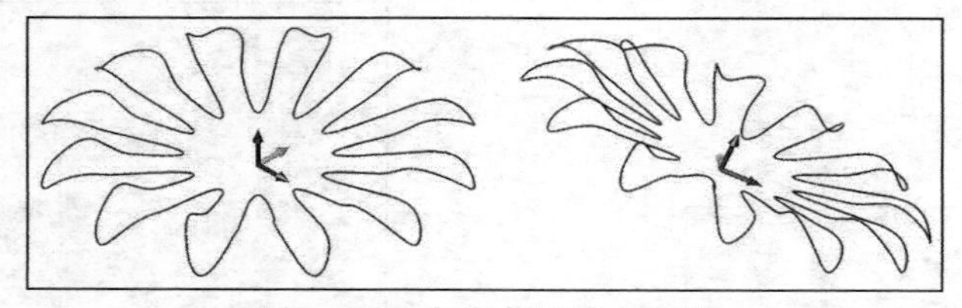

图 4-102 空间曲线综合案例

本空间曲线综合案例的具体操作步骤如下。

1. 新建标准零件文件

在中望 3D 2022X 软件中单击“新建”按钮，弹出“新建文件”对话框，选择“零件”/“标准”/“默认”，在“唯一名称”文本框中输入“HY-空间曲线综合案例”，单击“确认”按钮。

2. 创建草图 1

1）在功能区“造型”选项卡的“基础造型”面板中单击“草图”按钮，打开“草图”对话框，选择 *YZ* 坐标平面作为草绘平面，单击鼠标中键进入草图环境。

2）绘制图 4-103 所示的一个圆弧，单击“退出”按钮。

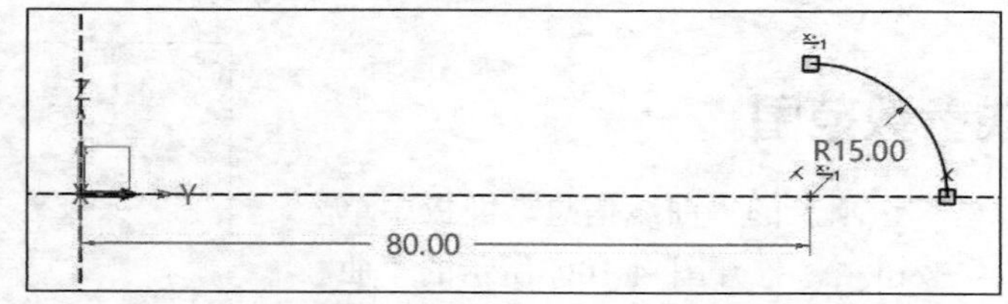

图 4-103 绘制草图 1 曲线

3. 创建草图 2

1）单击“草图”按钮，打开“草图”对话框，选择 *XY* 坐标平面作为草绘平面，单击鼠标中键进入草图环境。

2）使用“椭圆”工具绘制图 4-104 所示的一个椭圆弧，可以添加相应的几何约束和尺寸约束。

3）单击“退出”按钮，完成草图 2 后得到的两个草图曲线如图 4-105 所示。

4. 合并投影

1）在功能区切换至“线框”选项卡，从“曲线”面板中单击“合并投影”按钮。

2）选择草图 1 曲线，选择 *X* 轴定义投影方向 1；再选择草图 2 曲线，选择 *Z* 轴定义投影方向 2，如图 4-106 所示。

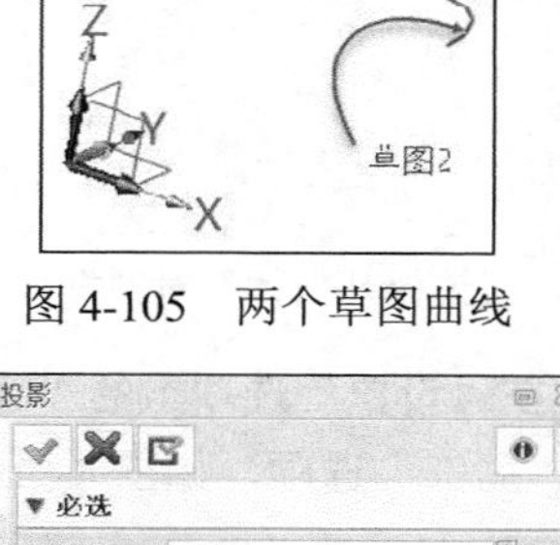

图 4-105　两个草图曲线

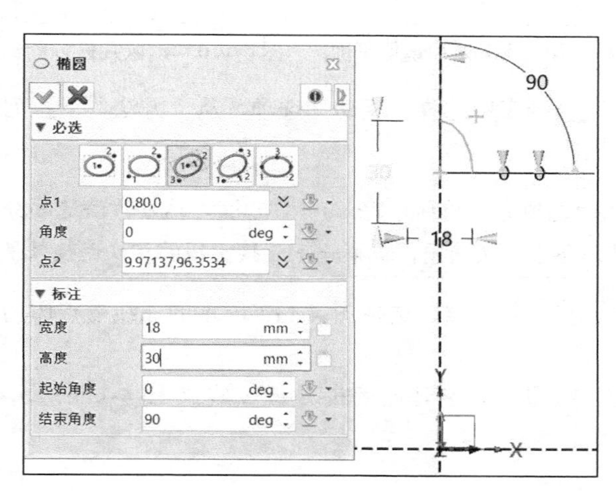

图 4-104　绘制一个椭圆弧

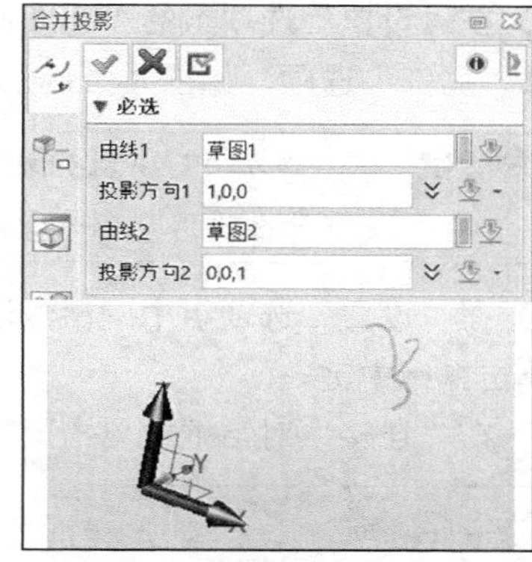

图 4-106　合并投影操作

3）单击“确定”按钮。

此时，可以在历史特征树上选择“草图 1”特征，在按住“Ctrl”键的同时选择“草图 2”特征，再右击它们，从弹出的快捷菜单中选择“隐藏”命令，如图 4-107 所示。

5. 镜像曲线

1）在功能区“线框”选项卡的“基础编辑”面板中单击“镜像几何体”按钮，弹出图 4-108 所示的“镜像几何体”对话框。

2）在图形窗口中选择“投影 1”曲线作为要镜像的几何体，单击鼠标中键，再选择 *YZ* 坐标平面作为镜像平面，如图 4-109 所示；在“设置”选项组中选择“复制”单选按钮，并选中“关联复制”复选框。

3）在“镜像几何体”对话框中单击“确定”按钮，镜像结果如图 4-110 所示。

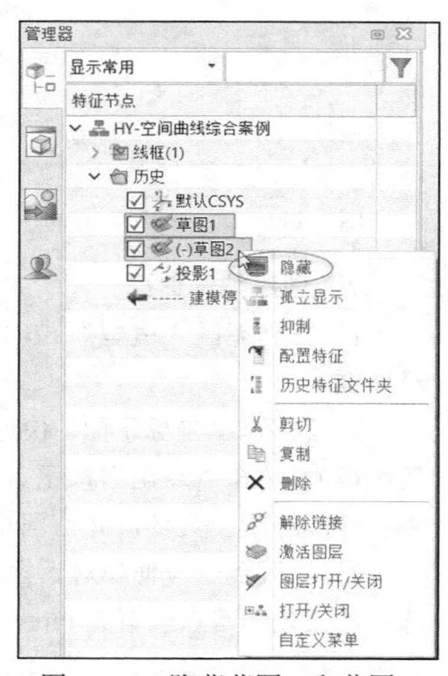

图 4-107　隐藏草图 1 和草图 2

6. 连接曲线

1）在功能区“线框”选项卡的“编辑曲线”面板中单击“连接”按钮，打开“连接”对话框。

2）在图形窗口中选择“合并投影”命令操作得到的“投影 1”曲线，再选择镜像曲线，单击鼠标中键。

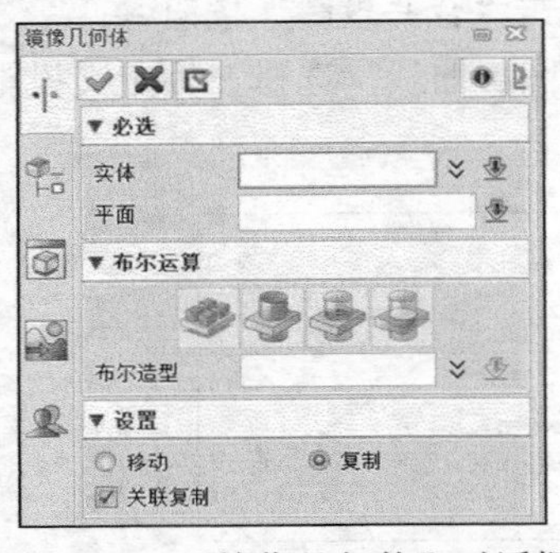

图 4-108 “镜像几何体”对话框

图 4-109 指定几何体和镜像平面

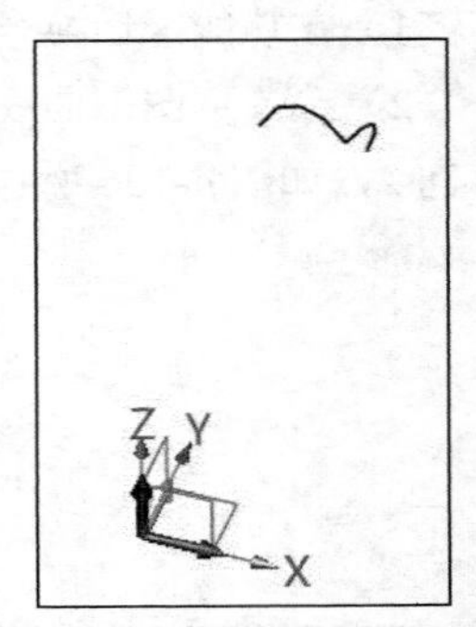

图 4-110 镜像几何体的结果

3）在“设置”选项组的“连续性”下拉列表中选择“相切”选项，从“方法”下拉列表中选择“局部”选项，如图 4-111 所示。

思考与尝试 此“方法”下拉列表提供的选项有“局部”“全局”“平均”，这些方法选项分别有什么作用？不妨尝试使用各个方法选项，观察一下连接曲线的相切连接效果。

4）在“设置”选项组中确保激活“起点”收集器，选择图 4-112 所示的曲线端点作为起点，单击鼠标中键。

5）在“连接”对话框中单击“确定”按钮，创建连接曲线 1，效果如图 4-113 所示。

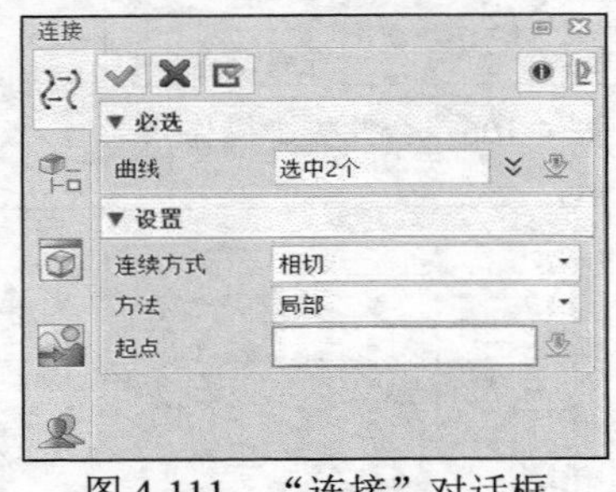

图 4-111 “连接”对话框

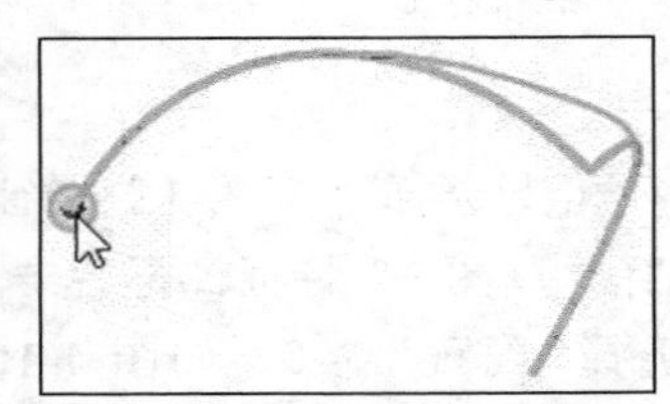

图 4-112 指定曲线起点

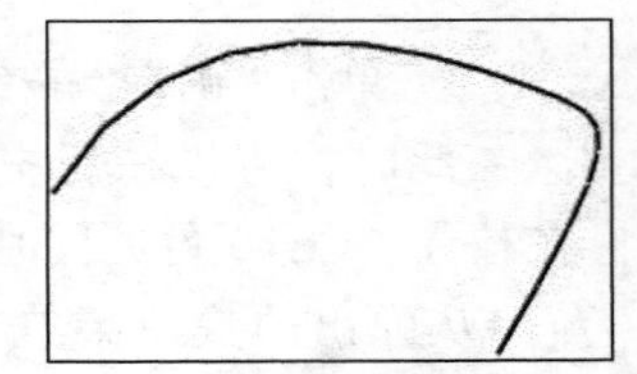

图 4-113 连接曲线 1

7. 创建拉伸曲面

1）在功能区“造型”选项卡的“基础造型”面板中单击“拉伸”按钮，打开“拉伸”对话框。

2）选择 *XY* 坐标平面，快速进入内部草图环境，绘制图 4-114 所示的开放曲线（主要是一条线段），单击“退出”按钮，系统弹出图 4-115 所示的“ZW3D”对话框提示在当前草图中有开放环或交叉环，并询问是否要继续，单击“是”按钮。

3）返回到“拉伸”对话框，在“必选”选项组的“拉伸类型”的下拉列表中选择“2 边”选项，设置起始点位置为 0mm，结束点位置为 12.2mm，在“偏移”选项组的“偏移”下拉列表中选择“无”选项，如图 4-116 所示。

4）单击“确定”按钮，创建图 4-117 所示的一个拉伸曲面。

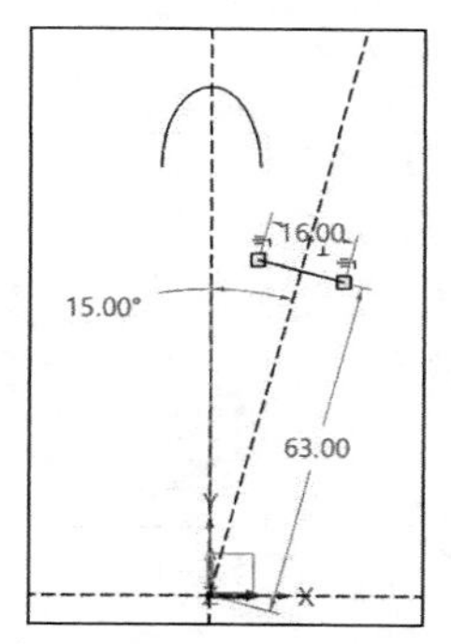

图 4-114　绘制开放曲线

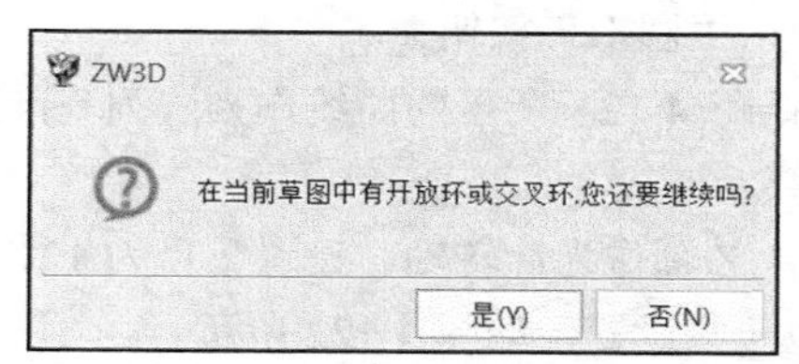

图 4-115　“ZW3D”对话框

图 4-116　“拉伸”对话框

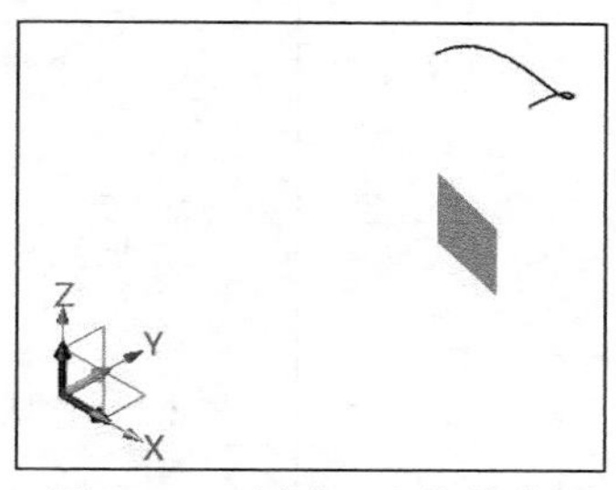

图 4-117　创建一个拉伸曲面

8. 创建 3 点二次曲线

1）在功能区切换至“线框”选项卡，从“曲线”面板中单击“3 点二次曲线”按钮，打开“3 点二次曲线”对话框，在“必选”选项组中选择“切点”单选按钮，如图 4-118 所示。

2）指定二次曲线的起点和终点，选择坐标原点作为二次曲线的切点，如图 4-119 所示。

3）在“参数化”选项组中指定二次曲线比率为 0.5，表示将创建抛物线。

4）单击“确定”按钮，完成创建的二次曲线如图 4-120 所示，图中已将拉伸曲面设置为隐藏状态。

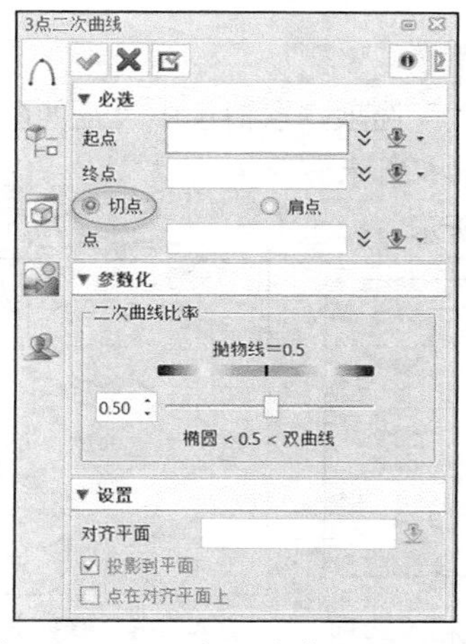

图 4-118　“3 点二次曲线”对话框

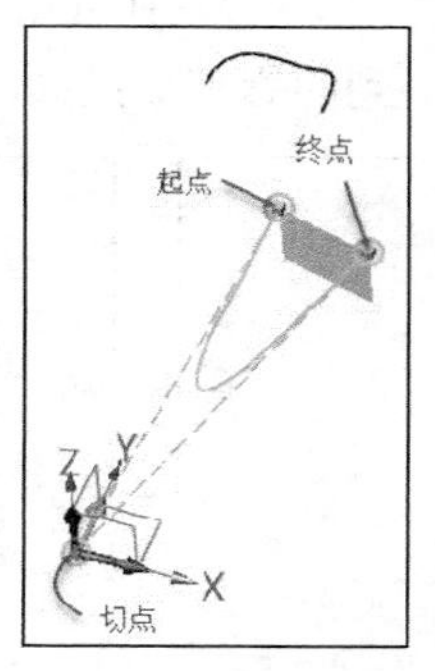

图 4-119　分别指定 3 点

图 4-120　创建的二次曲线

9. 使用“阵列几何体”工具进行阵列操作

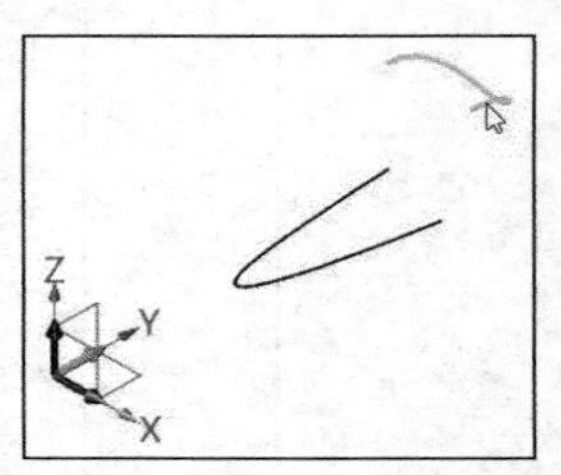

图 4-121　选择阵列基准对象

1）在功能区“线框”选项卡的“基础编辑”面板中单击“阵列几何体”按钮，打开“阵列几何体”对话框，在“必选”选项组中单击“圆形”按钮。

2）选择图 4-121 所示的曲线作为阵列基准对象，单击鼠标中键。

3）选择 Z 轴作为旋转轴，设置数目为 12，角度为 30deg，并进行其他一些设置，如图 4-122 所示。

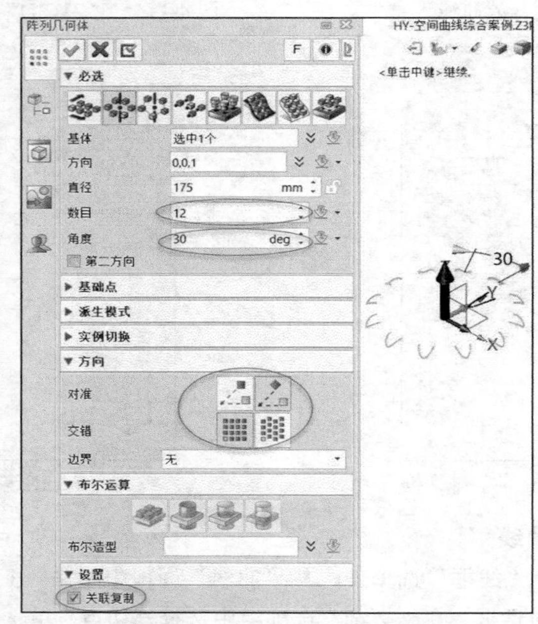

图 4-122　阵列几何体相关设置

4）单击“确定”按钮，得到的阵列结果如图 4-123 所示。

10. 修剪/延伸曲线

1）在功能区“线框”选项卡的“编辑曲线”面板中单击“修剪/延伸”按钮，打开“修剪/延伸”对话框。

2）在图形窗口中选择要修剪/延伸的曲线，如图 4-124 所示。

3）在“设置”选项组的“延伸”下拉列表中选择“圆弧”选项，取消选中“延伸两端”复选框，“必选”选项组的“长度”设置为−10mm，如图 4-125 所示。

4）单击“确定”按钮，得到的修剪效果如图 4-126 所示。

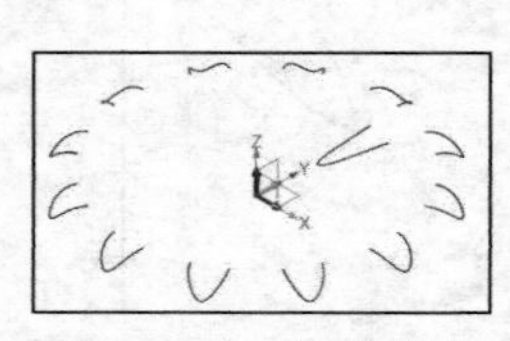
图 4-123　阵列结果

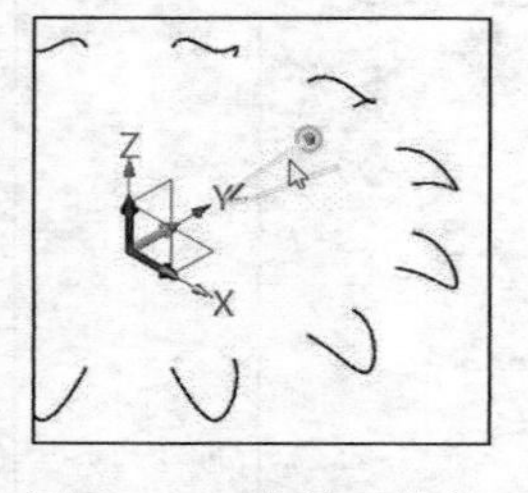

图 4-124　选择要修剪/延伸的曲线

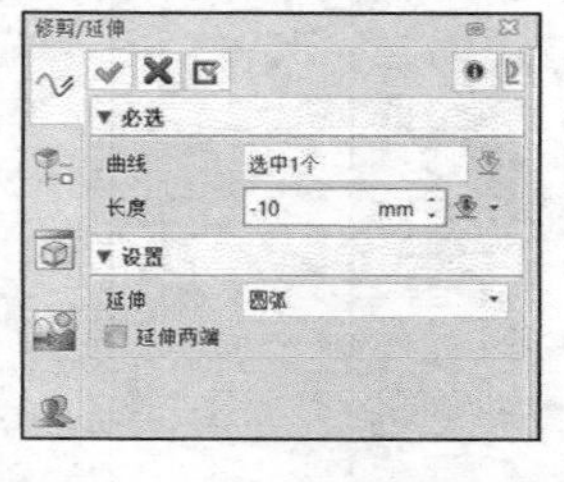

图 4-125　设置相关选项及参数

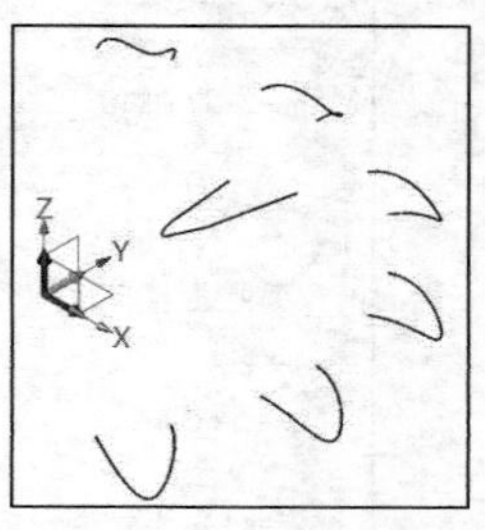

图 4-126　修剪效果

11. 创建桥接曲线 1

1）在功能区“线框”选项卡的“曲线”面板中单击“桥接”按钮，打开“桥接”对话框。

2）如图 4-127 所示，在“必选”选项组中，从“起始对象”下拉列表中选择“曲线”选项，在靠近桥接端点附近选择第一条曲线，从“结束对象”下拉列表中选择“曲线”选项，在靠近桥接端点附近选择第二条曲线；在“开始约束”选项组中，从“连续方式”下拉列表中选择“相切”选项，从“位置”下拉列表中选择“弧长百分比”选项，百分比值为 0，权重值为 1；在“结束约束”选项组中，从“连续方式”下拉列表中选择“相切”选项，从“位置”下拉列表中选择“弧长百分比”选项，百分比值为 100，权重值为 1；在“设置”选项组中，从“修剪”下列表中选择“两者都修剪”选项，选中“选择默认端点”复选框。

3）单击“确定”按钮，创建图 4-128 所示的桥接曲线 1。

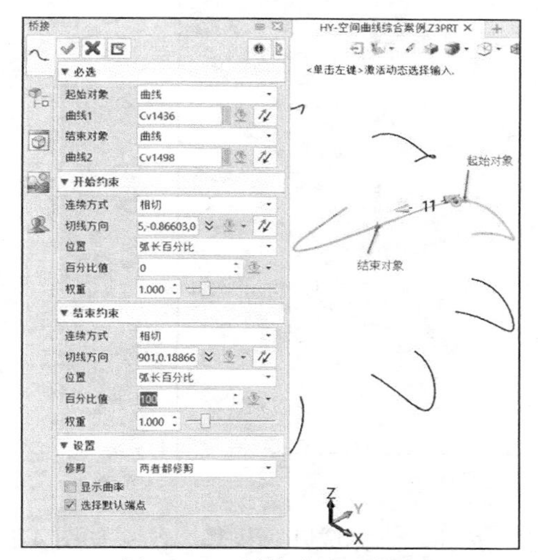

图 4-127 桥接曲线操作

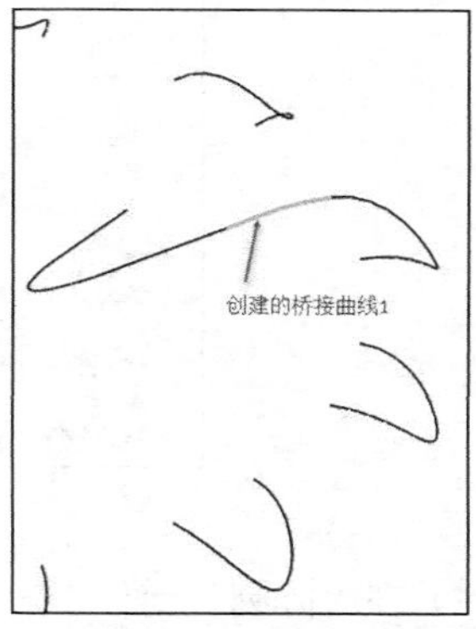

图 4-128 创建桥接曲线 1

12. 创建桥接曲线 2

再次单击“桥接”按钮，执行相似的操作来创建另外一条桥接曲线（即桥接曲线 2），如图 4-129 所示。注意在定义结束约束时，弧长百分比的百分比值设置为“80”，权重为“2”。最后单击“确定”按钮，创建桥接曲线 2。

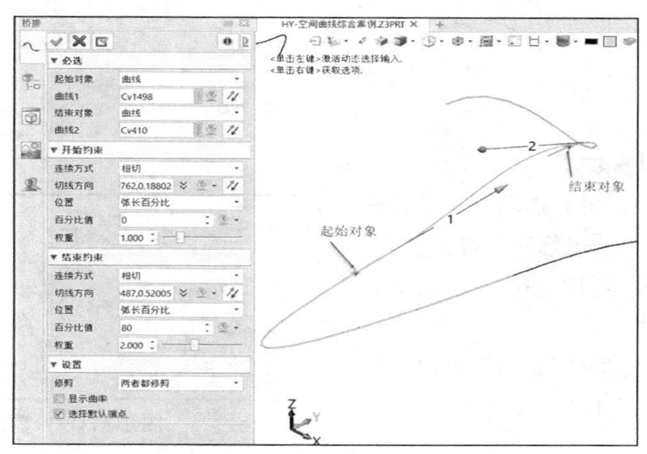

图 4-129 创建桥接曲线 2

13. 阵列曲线

1）在功能区“线框”选项卡的“基础编辑”面板中单击“阵列几何体”按钮，弹出“阵列几何体”对话框，在“必选”选项组中单击“圆形”按钮。

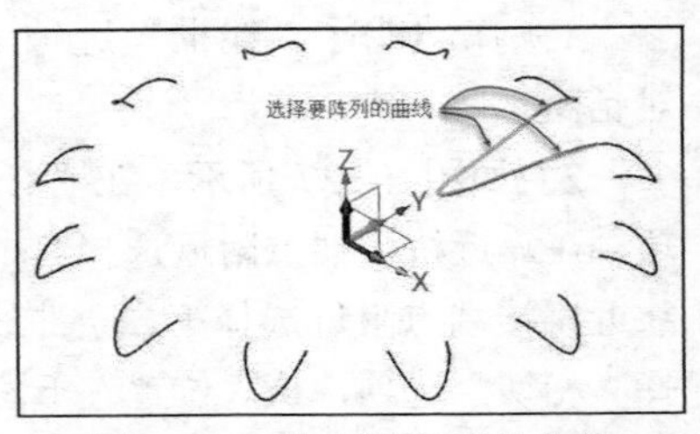

图4-130 选择要阵列的曲线

2）选择图4-130所示的3条曲线作为阵列基准对象（即选择要阵列的曲线），单击鼠标中键。

3）选择 Z 轴作为旋转轴，设置数目为12，角度为30deg，以及设置方向选项等，如图4-131所示。

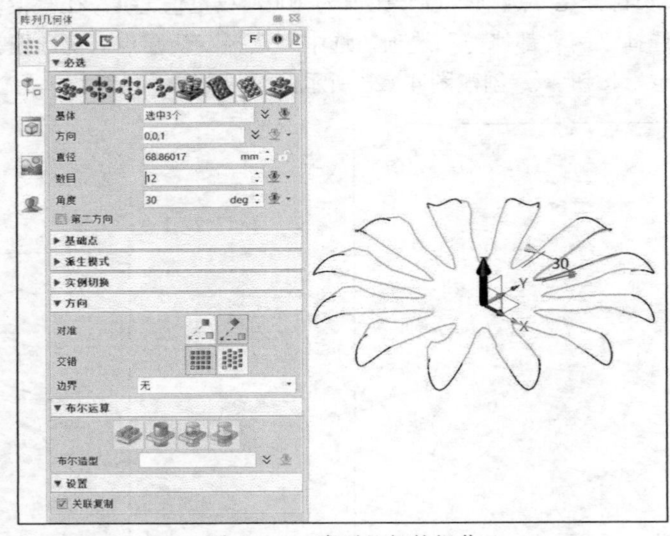

图4-131 阵列几何体操作

4）在“阵列几何体”对话框中单击“确定”按钮，完成阵列操作，结果如图4-132所示，显然需要对相关空间曲线进行修剪处理。

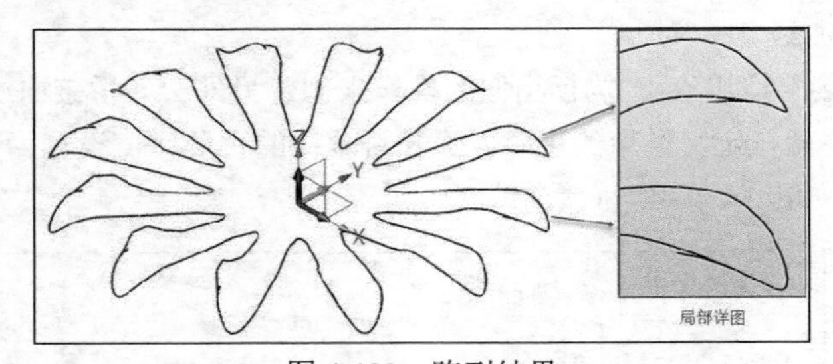

图4-132 阵列结果

14. 修剪空间曲线

1）在功能区“线框”选项卡的“编辑曲线”面板中单击“单击修剪”按钮。

2）分别单击要修剪的曲线段，以将其修剪掉。

完成修剪后的空间曲线如图4-133所示，曲线光顺，没有分叉。

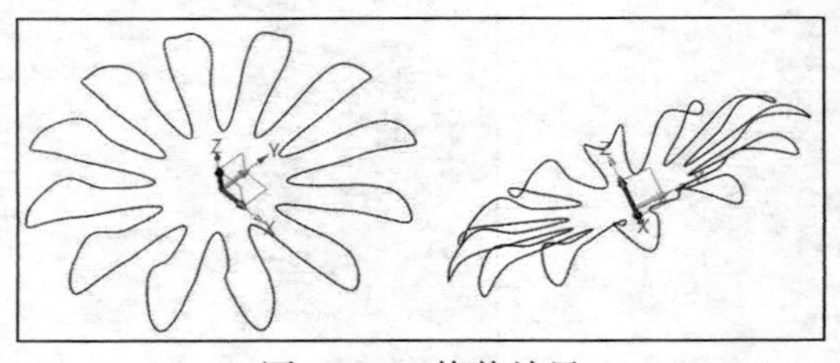

图4-133 修剪结果

15. 保存文件

在“快速访问”工具栏中单击“保存”按钮，指定保存位置来保存该实体模型文件。

4.13 思考与练习

1）通过点的基本曲线主要有哪些？

2）抛物线、双曲线、椭圆线各有什么不同？如何创建它们？

3）可以创建投影曲线的工具有哪些？分别用于哪些场合？

4）如何创建桥接曲线？如果要在指定曲面上创建桥接曲线，应该怎么操作？

5）如何在三维空间中创建偏移曲线与 3D 中间曲线？

6）如何创建螺旋线？可以举例进行说明。

7）什么是曲率图？如何设置显示曲率图？

8）上机操练：创建图 4-134 所示的弹簧路径线，尺寸根据图形效果自行确定。

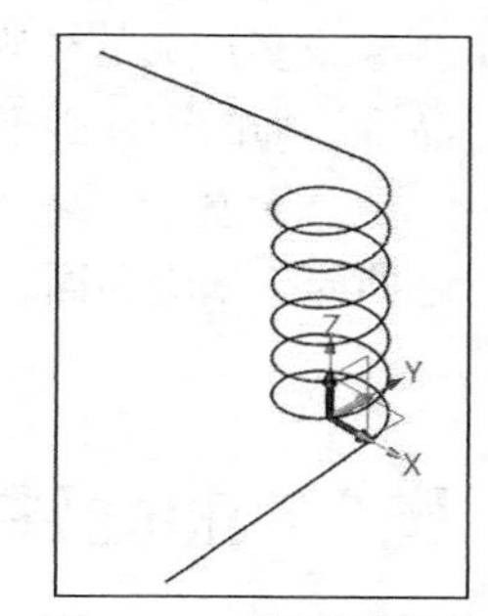

图 4-134 弹簧路径线

9）上机操练：参见图 4-135 所示的封闭的相切曲线链，自行在中望 3D 软件中采用相关的方法来完成 3D 曲线的绘制，尺寸自定。提示：部分曲线可以采用“投影到面”来获取。

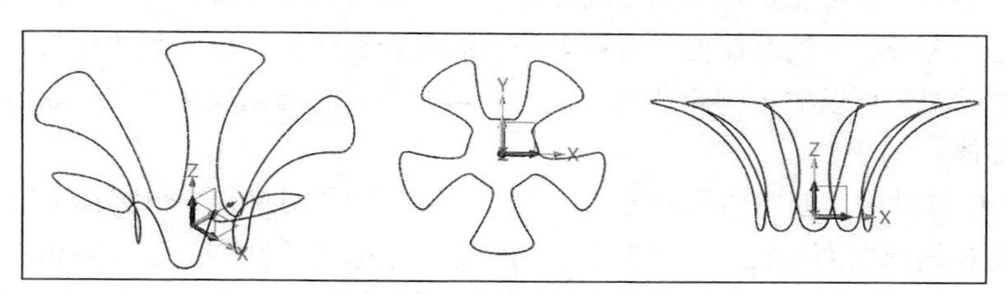

图 4-135 绘制的 3D 曲线

第 5 章

曲面建模

很多产品的外观造型都有流线型曲面元素，时尚美观。曲面建模能力已成为一名合格产品设计师的一项必不可少的技能。

本章基于中望 3D 软件，重点介绍曲面建模的实用知识，具体内容包括曲面建模概述、基础曲面、编辑曲面、编辑边等，最后介绍一个曲面综合建模范例。

5.1 曲面建模概述

曲面建模是通过创建无限小厚度的物体表面进行连接组合等相关设计来构建曲面造型，曲面可以是平整的，也可以是弯曲的，或者是它们的组合。曲面造型可以是封闭的，也可以是不封闭的，它只有形状，没有厚度。当将多个曲面组合在一起，彼此邻边相接、没有缝隙，形成一个闭合空间时，可以对该闭合曲面组进行“填充”从而转化成实体。对曲面进行加厚，同样可以生成实体。

在中望 3D 软件中，创建曲面的方法丰富、灵活，很多创建和编辑实体特征的工具同样也可以用来创建和编辑曲面特征，如“拉伸”“旋转”“扫掠”“放样”等，当然也有侧重或专门用于曲面建模的实用工具，如零件环境功能区“曲面”选项卡提供的相关工具，如图 5-1 所示，这正是本章要重点介绍的内容。表 5-1 列出了这些相关工具及其功能或用途，以备查阅。

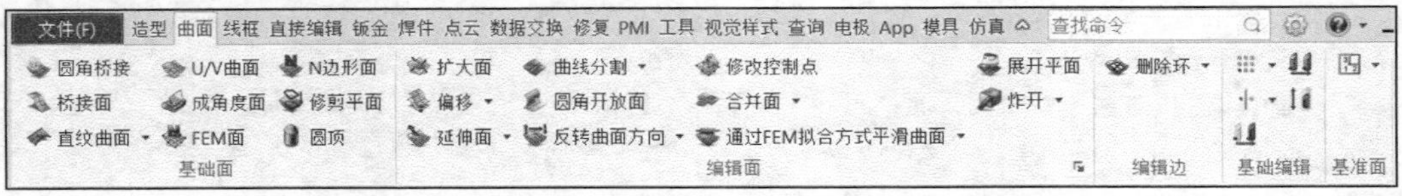

图 5-1　零件环境功能区的“曲面”选项卡

表 5-1　曲面建模相关工具及其功能或用途

序号	工具	名称	功能或用途
1		直纹曲面	根据两条曲线路径间的线性横截面创建一个直纹曲面
2		圆形双轨	在两组路径曲线（即双轨）间创建使用圆形横截面的曲面，横截面的半径由创建方式确定
3		二次曲线双轨	在两条路径曲线间创建一个使用二次曲线横截面的曲面
4		U/V 曲面	通过桥接所有的 U 和 V 曲线组成的网络创建一个曲面
5		圆角桥接	创建智能圆角面
6		桥接面	在两个曲面间创建过渡面，该过渡面与两个曲面之间的连接方式可以为相切连接或曲率连接等

续表

序号	工具	名称	功能或用途
7		N 边形面	由修补 3 个或更多轮廓来创建一个曲面，该轮廓可以为线框几何体、草图或面边线
8		成角度面	基于现有的一个面、多个面或基准平面，以一个特定的角度创建新的面
9		FEM 面	穿过边界曲线上的点的集合，拟合一个单一的面
10		修剪平面	创建剪切面，即选择边界曲线，将该曲线投影到一个基准面或选定面上，该曲线必须形成一个闭合的环，以创建 2D 平面
11		圆顶	从轮廓创建一个圆顶曲面，该轮廓可以是一个草图、曲线、边界线或曲线列表
12		扩大面	对指定的面删除内外环恢复为一个 4 边面（其大小是刚好围合其原始面），在此基础上通过调整该面的 4 条边来修改其大小
13		偏移	以设定的距离偏移一个曲面来创建一个新的曲面，可同时偏移多个面
14		大致偏移	基于指定坐标系对用户选择的曲面做粗略偏移以得到一个形状和原始曲面大体接近，没有自相交、拐角或尖锐边的偏移面
15		延伸面	选择要延伸的面和面边，输入需要延伸的长度，来延伸曲面，可以为不同的面边设置不同的延伸距离
16		延伸实体	对某个开口造型或封闭造型的曲面的边进行延伸，可延伸单个、多个或全部边
17		曲线分割	将曲面或造型在一条曲线或曲线的集合处进行分割，曲面保持连续性
18		曲面分割	用指定的曲面分割曲面或造型
19		曲面修剪	修剪面或造型与其他面、造型和基准平面相交的部分
20		曲线修剪	使用一条曲线或曲线链将面或造型修剪
21		交叉修剪	在选择大于等于两个片及面的情况下，确定移除或保留片体的哪一侧，并决定是否进行缝合
22		圆角开放面	在两个面或造型之间创建圆角
23		反转曲面方向	反转面或造型的法线方向
24		设置曲面方向	确定所选面的观察方向，即设置曲面方向，该工具仅当面被炸开时才起作用
25		修改素线数	设置显示在曲面 U、V 方向上的素线数的数量
26		反转 U/V 参数空间	反转所选曲面的 U、V 参数空间
27		修改控制点	可用来移除、修改一个或多个曲面的控制点
28		合并面	将拥有公共边界的曲面合并成一个连续的曲面
29		连接面	自动合并被选择实体的面，自动合并的面要同时满足这些条件：在同一个实体上、在同一个平面上、共边
30		匹配边界	匹配一个曲面上的未修剪的边缘至一曲线
31		匹配相切	修改两个相邻曲面，使它们沿着一个共享的边成为相切连续
32		展开平面	创建由一组三维曲面的边展开得到的二维平面曲线
33		炸开	从基础造型中炸开（分离）面

续表

序号	工具	名称	功能或用途
34		缝合	通过缝合面（或相连的边）成为单一闭合实体，面的边缘必须相交才能缝合，自由边之间的间隙不能超过缝合的公差
35		通过 FEM 拟合方式平滑曲面	利用该工具可使一个或多个 NURBS 曲面平滑
36		浮雕	压印图像到面，即通过外部的光栅图像作为高度映射，在曲面上进行浮雕操作，若所选图像是彩色的，则系统将其转化成黑白的
37		删除环	删除曲面上的修剪环，可选择一种模式来决定哪些环不用修剪
38		替换环	替换曲面上的某个修剪环
39		反转环	通过转化一个面的修剪环创建曲面，所选曲面保持完整并创建新曲面，能在之前曲面上有修剪孔的地方创建曲面，新的曲面将与所选曲面的数学特性匹配
40		分割边	选择曲面的边，再选择分割点，在所选点上分割曲面的边
41		连接边	连接（合并）曲面上可兼容的相邻的（比如连续的）边
42		拟合边	在设定公差范围内拟合边的曲线使其更平滑、紧凑

备注：以上工具的功能用途参考中望 3D 2022X 的官方用户手册及帮助文件资料。

曲面建模的一般方法是先搭建所需的参考点、曲线，通过这些曲线架构来创建相应的基本曲面、高级曲面，接着对相关曲面进行编辑修改，整个过程是比较灵活的，可以与实体建模混合使用，通常最后需要将曲面模型转化为实体模型。

5.2 基础曲面

本节介绍的基础曲面知识包括直纹曲面、圆形双轨、二次曲线双轨、U/V 曲面、圆角桥接、桥接面、成角度面、N 边形面、FRM 面、修剪平面和圆顶。

5.2.1 直纹曲面

直纹曲面的构造比较简单，选择两条曲线路径便可以创建直纹曲面，它是根据两条曲线路径之间的线性横截面来生成的。需要时，可以选择一条曲线作为脊线来影响直纹曲面，使用脊线可通过移动一个与中心线垂直的无限平面（移动范围为从脊线的起始端到末端）创建此直纹面。

创建直纹曲面的典型示例如图 5-2 所示，下面介绍该直纹曲面的创建过程。

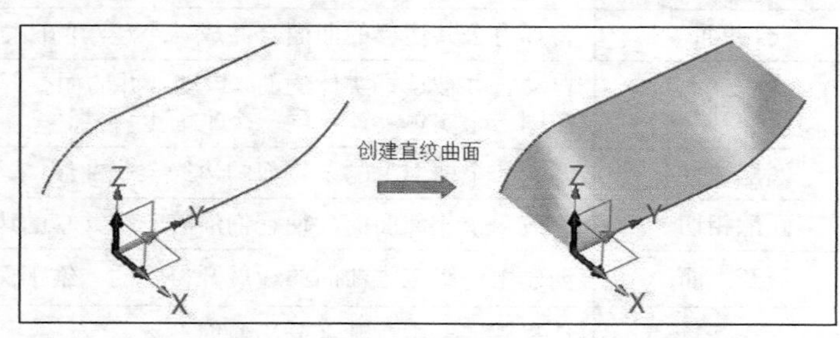

图 5-2 直纹曲面

1）打开“HY-直纹曲面.Z3PRT”文件，在功能区“曲面”选项卡的“基础面”面板中单击“直纹曲面”按钮，打开图 5-3 所示的“直纹曲面”对话框。

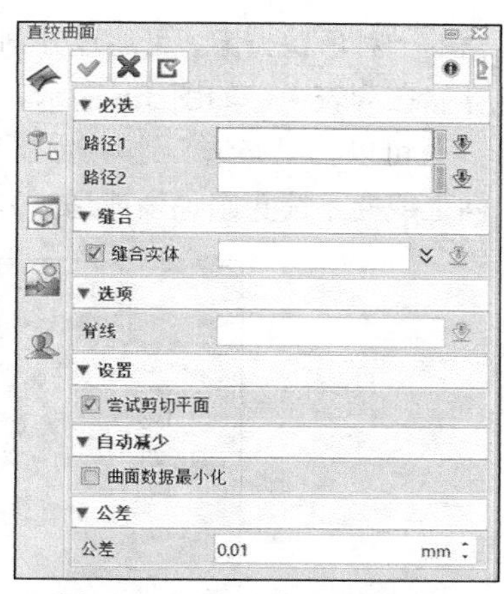

图 5-3 “直纹曲面”对话框

2）选择曲线 1 作为路径 1，选择曲线 2 作为路径 2，如图 5-4 所示。在选择路径 2 时注意观察鼠标指针移至路径 2 的候选曲线时，预览的结果直纹曲面会反应在屏幕上，预览满意时在鼠标指针当前位置选择所需候选曲线作为路径 2。

3）“缝合”选项组、“选项”选项组、“设置”选项组、“自动减少”选项组和“公差”选项组为可选输入内容，可采用默认设置。

4）单击“确定”按钮，创建直纹曲面。

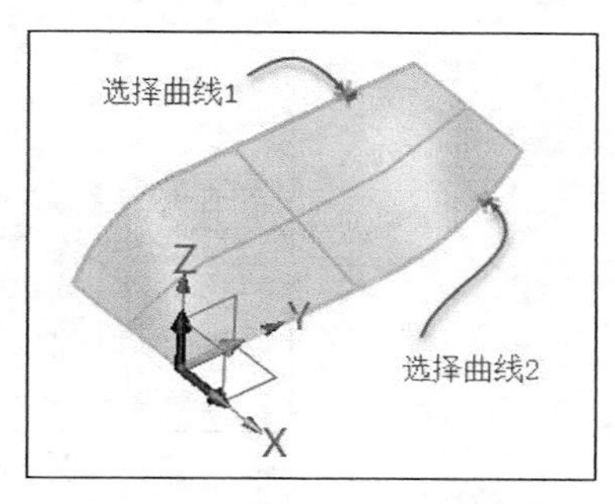

图 5-4 为直纹曲面选择两个路径

5.2.2 圆形双轨

圆形双轨曲面是指在两组路径曲线间以圆形横截面来创建的曲面，其创建方法有“常量”“变量”“中心”“中间”4 种。下面结合相关示例介绍这 4 种创建方法。

1. “常量”圆形双轨曲面

在功能区“曲面”选项卡的“基础面”面板中单击“圆形双轨”按钮，打开“圆形双轨”对话框，从“必选”选项组的“方法”下拉列表中选择“常量”方法，使用“常量”方法将在两条路径曲线间创建一个带常量的圆形横截面的曲面，因此需要分别指定路径 1 和路径 2 的曲线，以及设置一个常量半径值，中望 3D 以方案号形式提供多种解决方案供用户在“解决方案”框中选择，如图 5-5 所示。

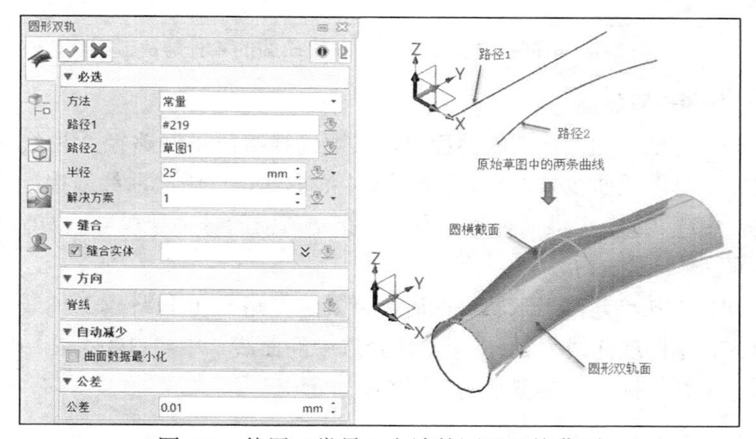

图 5-5 使用“常量”方法的圆形双轨曲面

2. “变量”圆形双轨曲面

当在“圆形双轨”对话框的“必选”选项组的“方法”下拉列表中选择“变量”方法时，将在两条路径曲线间创建一个带变量的圆形横截面的曲面。选择“变量”方法后，分别选择路径 1 和路径 2 曲线，再选择带半径属性的脊线，在“解决方案”框中指定所需方案号以获得所需的一种解决方案，可通过分别选择曲线、点和设定半径来添加不同的半径，这些不同的半径存储在列表中，如图 5-6 所示。用户通过列表可添加、修改和删除半径。

可以在“必选”选项组的“解决方案”框中输入相应的方案号，也可以单击框内右侧的向上或向下箭头来递增或递减方案号。本示例的圆形双轨曲面有 4 种解决方案，如图 5-7 所示。

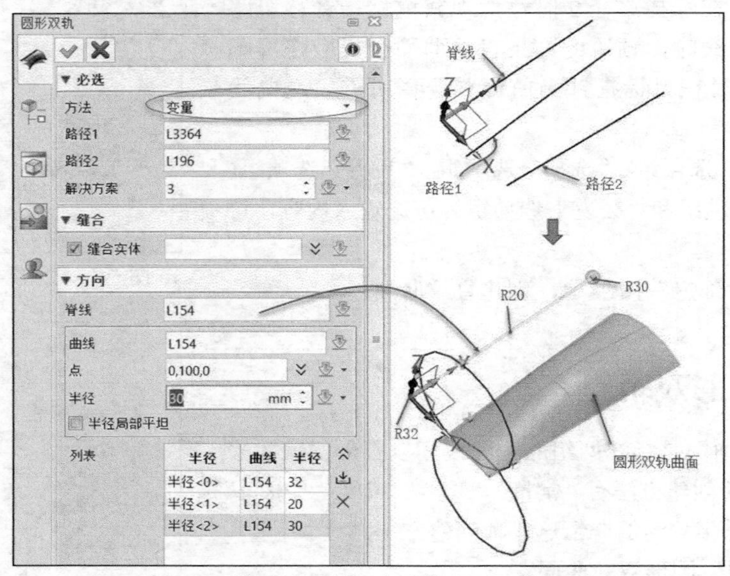

图 5-6 使用“变量”方法的圆形双轨曲面

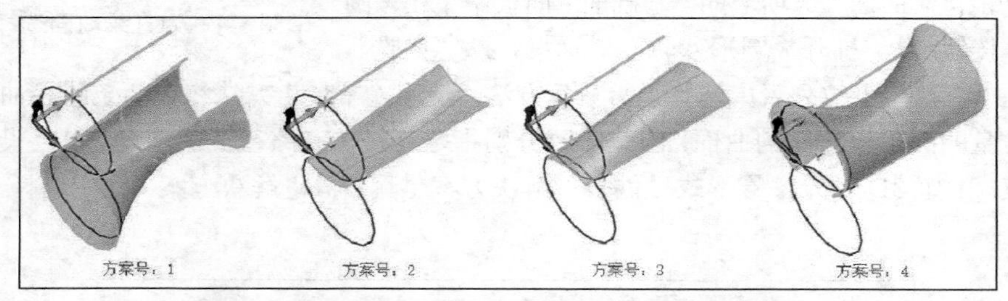

图 5-7 示例：“变量”圆形双轨曲面的 4 种解决方案

3. “中心”圆形双轨面

采用“中心”方法创建圆形双轨曲面时，需要选择路径 1 和路径 2 曲线（可使用线框几何图形、面边界、草图或曲线列表），接着选择中心曲线，在中心曲线最接近选择处自动放置一个开始标签，中望 3D 会提供多种解决方案，指定所需的方案号即可，如图 5-8 所示。

4. “中间”圆形双轨面

采用“中间”方法创建圆形双轨曲面时，需要选择路径 1 和路径 2 曲线（可使用线框几何图形、面边界、草图或曲线列表），接着选择选中间曲线，中望 3D 会在中间曲线最接近选择处自动放置一个开始标签，典型示例如图 5-9 所示。

5.2.3 二次曲线双轨

二次曲线双轨曲面是在指定的两条路径曲线间创建一个使用二次曲线横截面的曲面，该二次曲线横截面的半径由选定的创建方法来确定，该半径定义了与两条边界曲线相交的圆，相交点上圆的切线与二次曲线比率共同定义了二次曲线横截面。

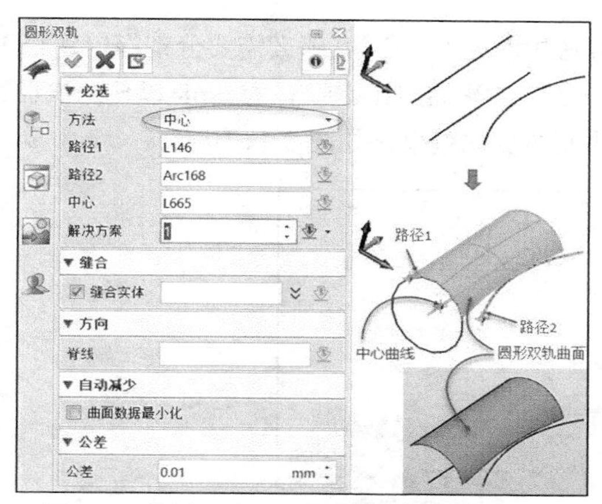

图 5-8 使用“中心”方法的圆形双轨曲面

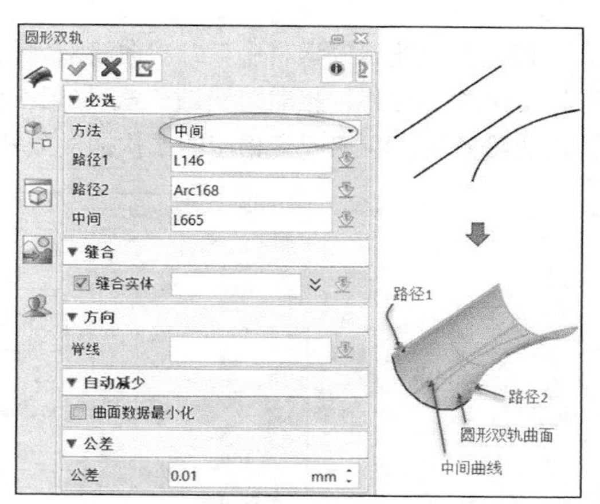

图 5-9 使用“中间”方法的圆形双轨曲面

创建二次曲线双轨曲面的操作思路、步骤与创建圆形双轨曲面的操作思路、步骤类似，二次曲线双轨曲面的创建方法有“常量”“变量”“挟持器”“相切”“相交”“中心”“切边”。

【范例学习】 创建二次曲线双轨曲面

1）打开“HY-二次曲线双轨曲面.Z3PRT”文件，已经存在图 5-10 所示的 3 条曲线。

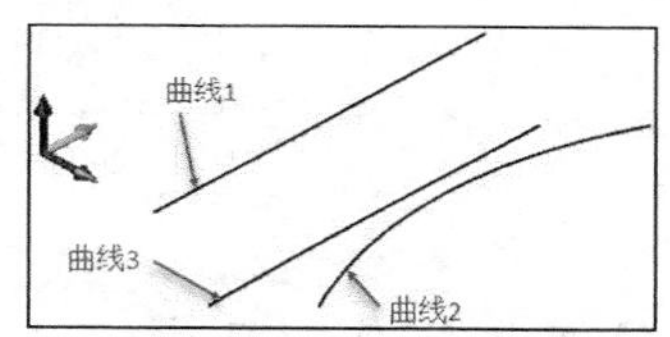

图 5-10 已有 3 条曲线

2）在功能区“曲面”选项卡的“基础面”面板中单击“二次曲线双轨”按钮，打开图 5-11 所示的“二次曲线双轨”对话框。

3）在靠近左端点处选择曲线 1 作为路径 1，在靠近其左端点处选择曲线 2 作为路径 2，然后在左端点处选择曲线 3 作为相切曲线（正切曲线），此时可以观察到预览的二次曲线双轨曲面如图 5-12 所示。

4）在“设置”选项组中设置二次曲线比率为 0.5，在“自动减少”选项组中取消选中“曲面数据最小化”复选框。在有些设计场合，选中“曲面数据最小化”复选框可以优化曲面的控制点数量。

5）单击“确定”按钮，创建的二次曲线双轨曲面如图 5-13 所示。

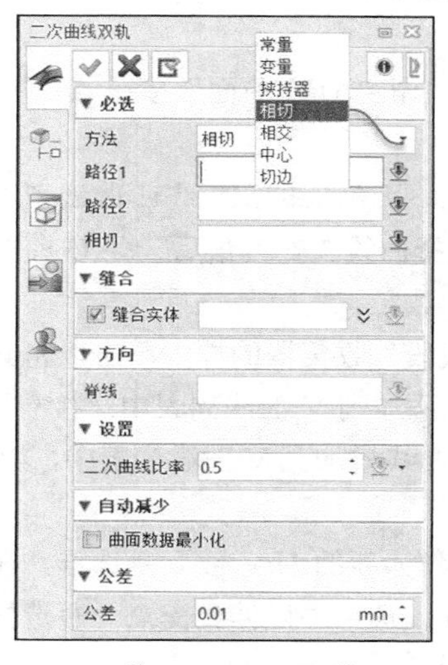

图 5-11 “二次曲线双轨”对话框

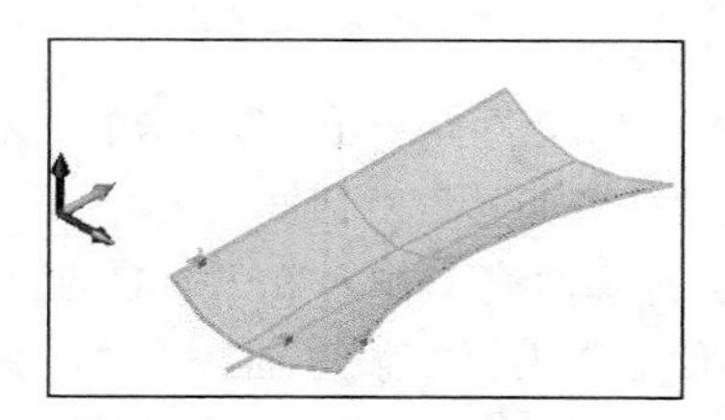

图 5-12 “相切”二次曲线双轨

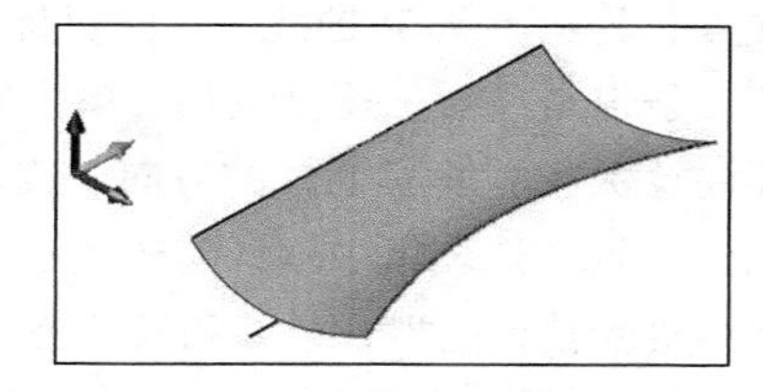

图 5-13 二次曲线双轨曲面

假设在上述范例素材中，二次曲线双轨的方法更改为“中心”，那么需要分别指定路径1、路径2和中心曲线，接着可更改二次曲线比率，如将二次曲线比率设置为0.68以使二次曲线为双曲线效果，注意观察相应的二次曲线双轨曲面的变化效果，如图5-14所示。

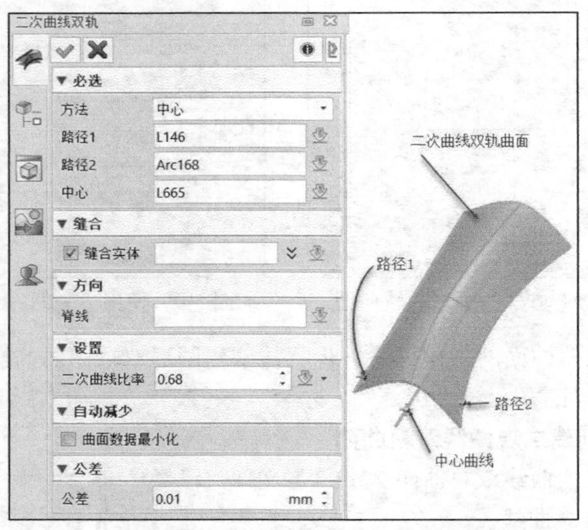

图5-14　使用“中心”方法创建二次曲线双轨曲面

5.2.4　U/V曲面

通过指定*U*方向上的一系列曲线（简称U曲线）和*V*方向上的一系列曲线（简称V曲线）可以形成一个曲面，U曲线和V曲线必须相交，但它们的终点可以不相交。在选择相关方向曲线时，选取靠近曲线相应端的点容易把握曲线方向。

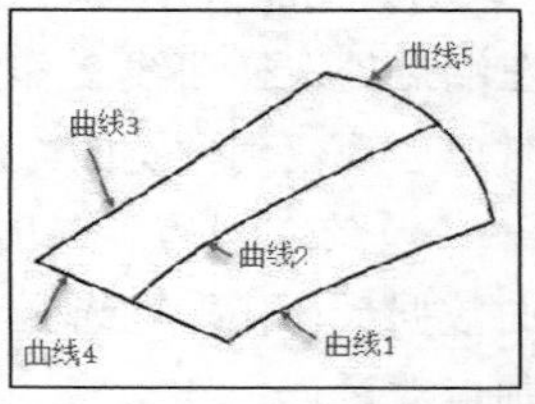

图5-15　已有5条曲线

下面通过一个简单范例介绍创建U/V曲面的一般方法及步骤。

1）打开“HY-UV曲面.Z3PRT”文件，已经存在图5-15所示的5条曲线。

2）在功能区“曲面”选项卡的“基础面”面板中单击“U/V曲面”按钮，打开图5-16所示的“U/V曲面”对话框。

3）选择曲线1作为第一条U曲线，单击鼠标中键将该曲线添加到U曲线列表中；接着选择曲线2作为第二条U曲线，单击鼠标中键；再选择曲线3作为最后一条U曲线，单击鼠标中键，如图5-17所示。注意各条U曲线的方向要一致。

4）在“必选”选项组的“V曲线”对应的“曲线段”收集器的框内单击以将其激活，选择曲线4作为第一条V曲线，单击鼠标中键将该曲线添加到V曲线列表中；接着选择曲线5作为第二条也是最后一条V曲线，单击鼠标中键将该曲线添加到V曲线列表中，如图5-18所示。要注意保持两条V曲线的方向一致。

5）“必选”选项组中默认勾选“不相连曲线线段作为新的U/V线”复选框，在“设置”选项组中接受默认的拟合公差和间隙公差均为0.01mm，选中“延伸到交点”复选框。

6）单击“确定”按钮，创建一个U/V曲面特征。

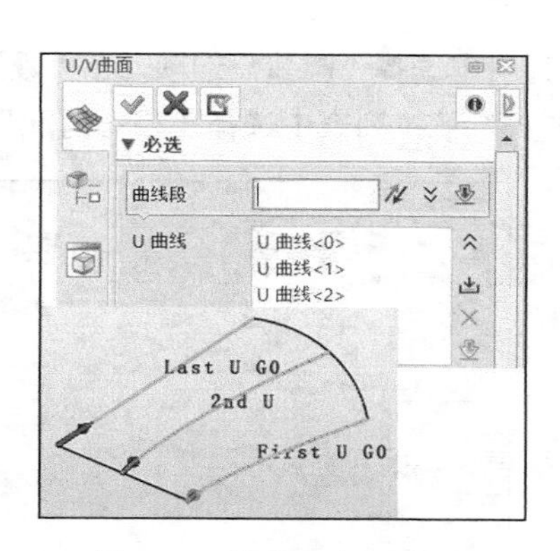

图 5-17 指定 3 条 U 曲线

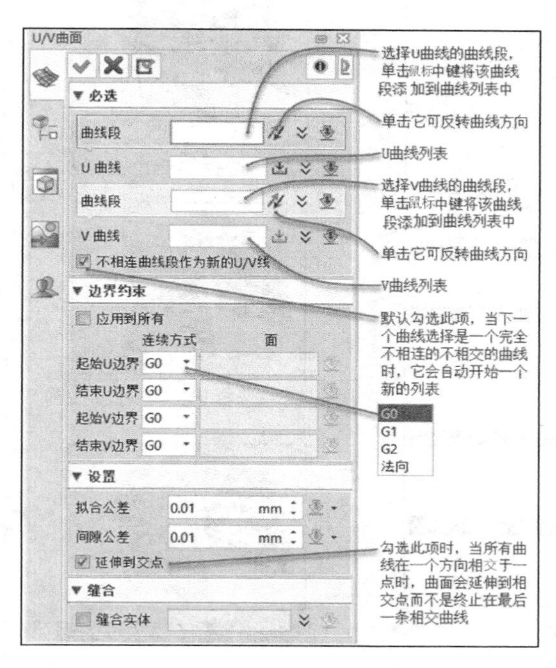

图 5-16 “U/V 曲面”对话框

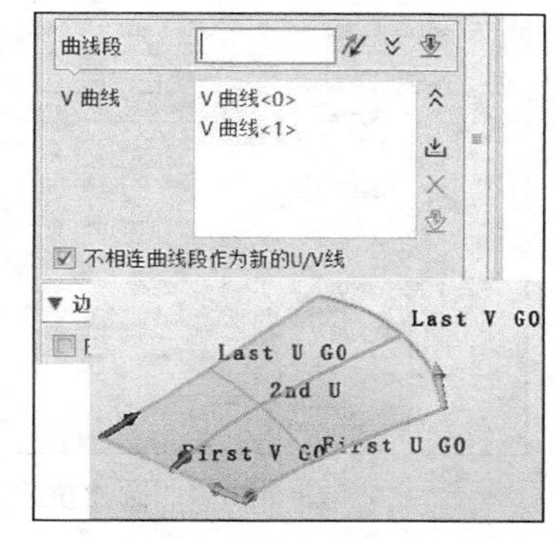

图 5-18 指定两条 V 曲线

5.2.5 圆角桥接

“圆角桥接”工具用于创建智能圆角面，功能比较强大。请看下面的操作范例。

1）打开“HY-圆角桥接.Z3PRT”文件，此文件中已经存在图 5-19 所示的原始曲面。

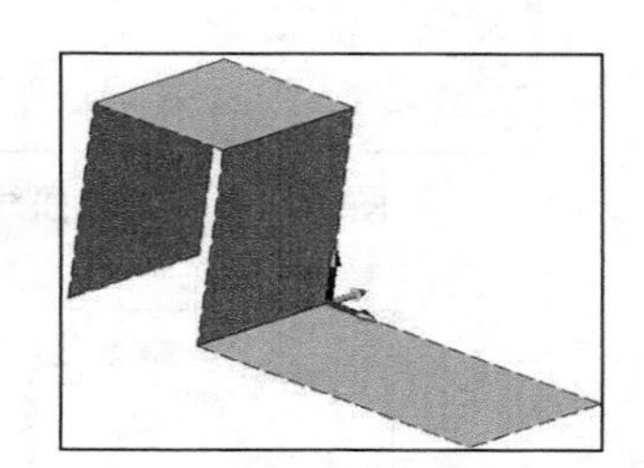

图 5-19 原始曲面

2）在功能区“曲面”选项卡的“基础面”面板中单击“圆角桥接”按钮，打开图 5-20 所示的“圆角桥接”对话框，该对话框提供了圆角桥接的两种方式，一种是“实体桥接”，另一种是“半径桥接”。

3）在“必选”选项组中单击“实体桥接”按钮，单击图 5-21 所示的面，接着选择图 5-22 所示的曲线（第二个对象），再选择要穿过的面，如图 5-23 所示。

4）在“定向”选项组的“脊线”下拉列表中选择“正常”选项，在“桥接造型”选项组的“截面线类型”下拉列表中选择“G2 桥接”选项，起始权重为 1，结束权重为 1，如图 5-24 所示。在“设置”选项组的“缝合”下拉列表中选择“无操作”选项，从“加盖”下拉列表中选择“相切匹配”选项。

5）单击“应用”按钮，创建图 5-25 所示的第一个圆角桥接曲面。

6）在“必选”选项组中单击“半径桥接”按钮，单击图 5-26 所示的第一个面，再单击图 5-26 所示的第二个面，设置半径为 20mm，在“桥接造型”选项组的“截面线类型”下拉列表中选择“圆弧”选项，在“设置”选项组的“缝合”下拉列表中选择“修剪”选项，从“加盖”下拉列表中选择“相切匹配”选项。

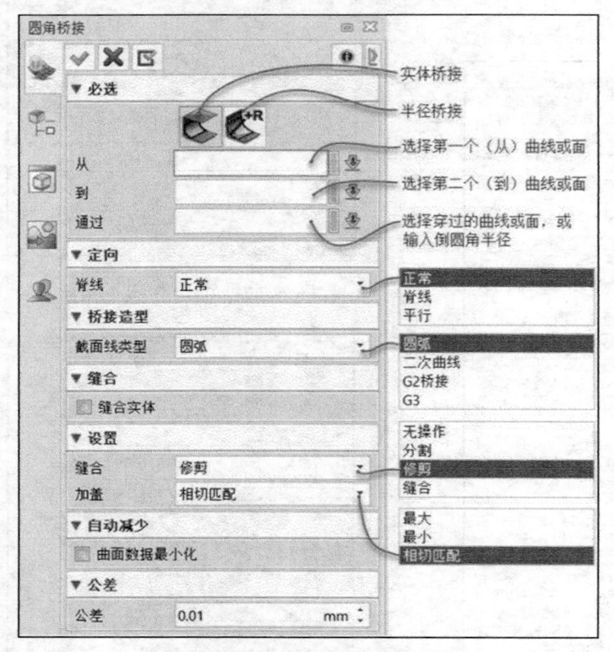

图 5-20　“圆角桥接”对话框

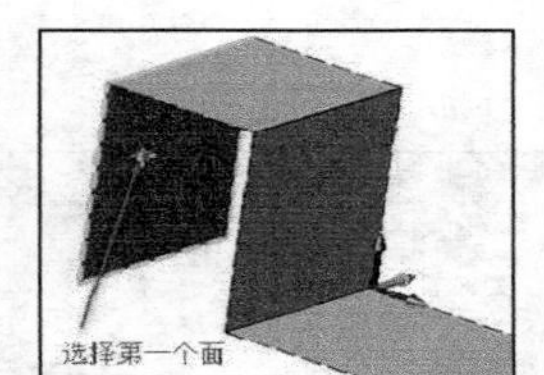

图 5-21　选择第一个面（从）

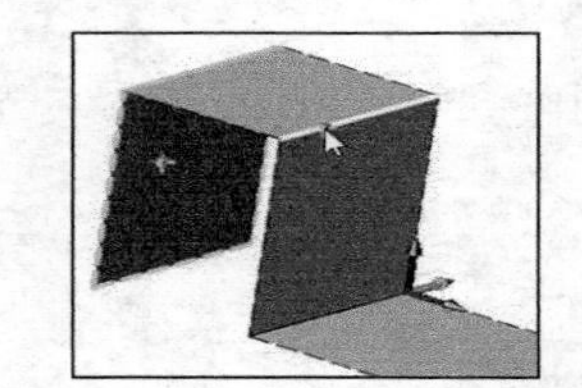

图 5-22　选择第二个对象（到）

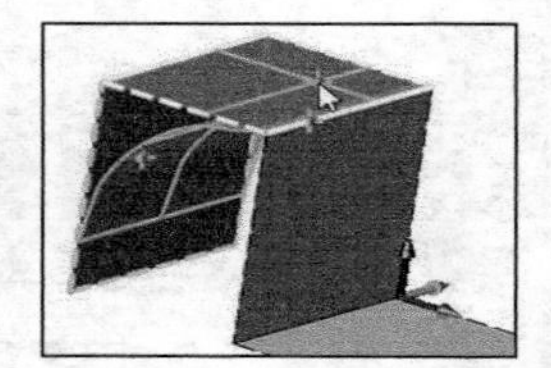

图 5-23　选择要穿过的面

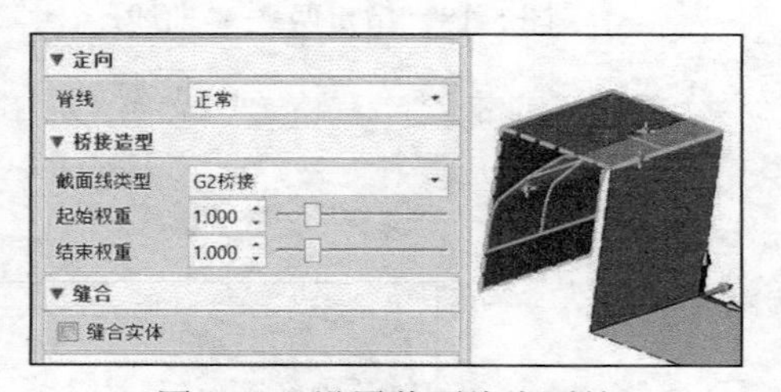

图 5-24　设置截面线类型等

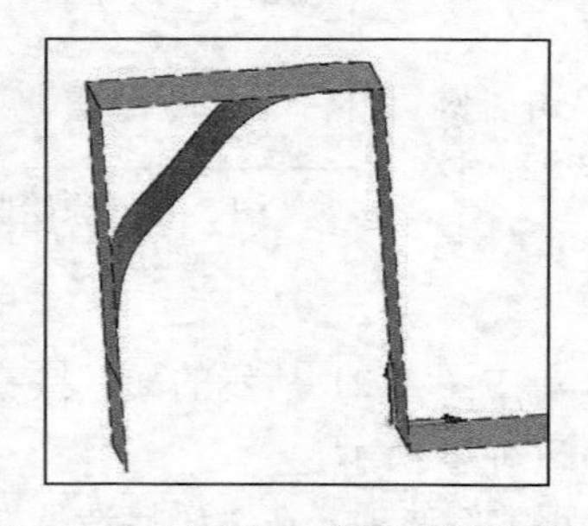

图 5-25　创建第一个圆角桥接曲面

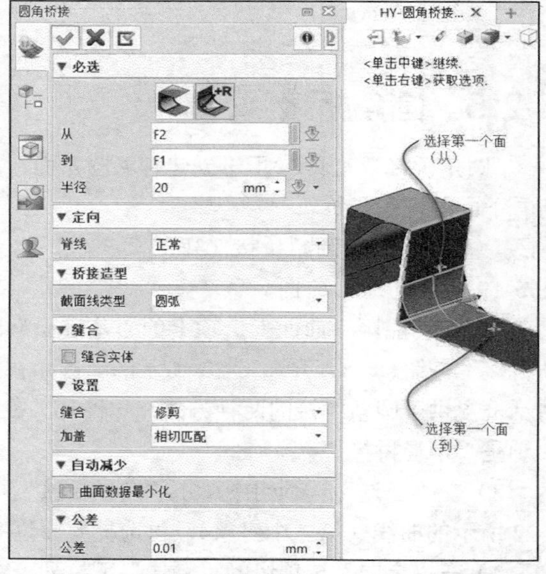

图 5-26　采用“半径桥接”方式创建圆角面

7）单击“确定”按钮，创建的第二个圆角桥接曲面如图 5-27 所示。

5.2.6　桥接面

桥接面是指在两个曲面之间创建的一种过渡面，该过渡面与两个曲面之间的连接方式有多种，可以是相切连接或曲率连接，也可以仅是强制桥接面两端边线位置等。创建桥接面的典型示例如图 5-28 所示。创建桥接面的方法、步骤比较简单，执行创建桥接面的命令后，分别选择边或曲线来定义桥接面的起始边和结束边，再分别定义起始约束和结束约束即可。

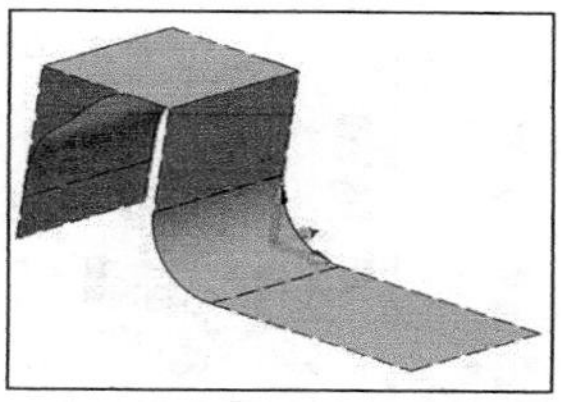

图 5-27 创建第二个圆角桥接曲面

【范例学习】 创建桥接面

1）打开“HY-桥接面.Z3PRT”文件，已经存在图 5-29 所示的两个原始拉伸曲面。

2）在功能区“曲面”选项卡的“基础面”面板中单击“桥接面”按钮，打开图 5-30 所示的“桥接面”对话框。

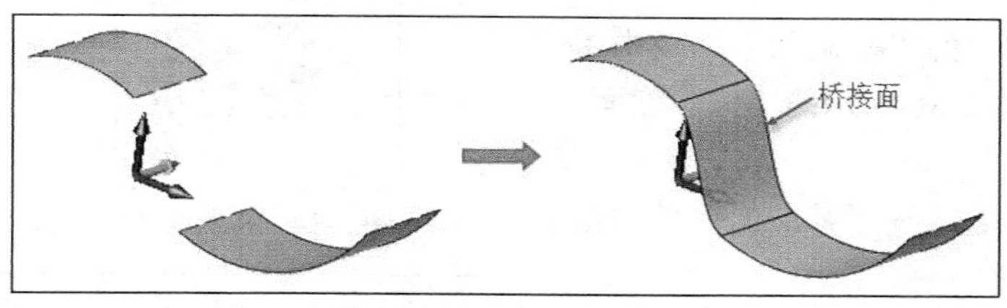

图 5-28 创建桥接面的典型示例

图 5-29 已有两个原始拉伸曲面

3）分别指定桥接面的起始边和结束边，如图 5-31 所示。

4）在“起始约束”选项组的“连续方式”下拉列表中选择“相切”选项，方向为“垂直”，结束约束的连续方式也为“相切”，如图 5-32 所示。

图 5-30 “桥接面”对话框

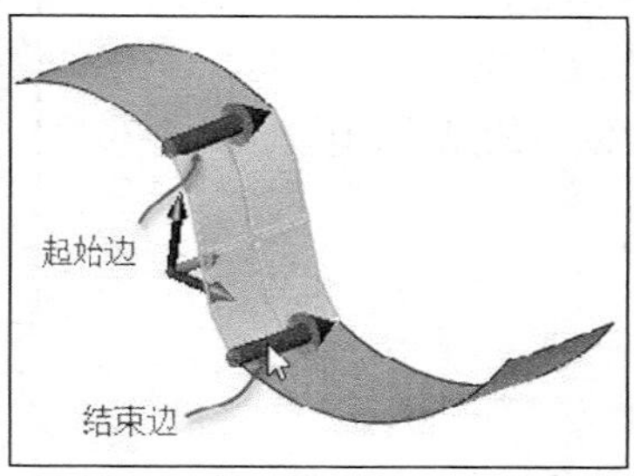

图 5-31 分别指定桥接面的起始边和结束边

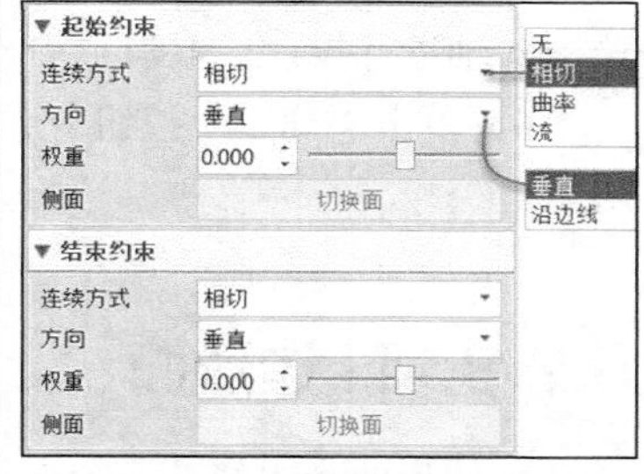

图 5-32 设置起始约束和结束约束

5）单击“确定”按钮，创建桥接面。

5.2.7 成角度面

可以基于现有的一个面、多个面或基准平面以一个特定的角度创建一个新的角度曲面，该新面派生于投射在所选面上的一条曲线、曲线列表或草图，当然这些曲线也可以位于所选面上。创建角度曲面的两个典型示例如图 5-33 所示，示例中创建角度曲面需要选择所需的面、要投射的曲线，设置延伸类型（可选择延伸一边、两边或对称延伸），指定新面应该延伸的距离（新面开始于曲线投射在选定面的位置，并向外或向内延伸指定距离），以及指定新面相对于所选面的角度。注意：角度“0°”将产生垂直于所选面的角度曲面，角度“±90°”将产生与所选面相切的曲面。

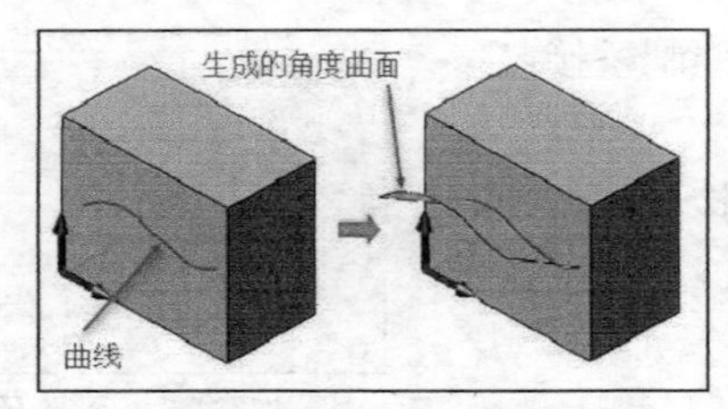

（a）要投射的曲线位于所选面上

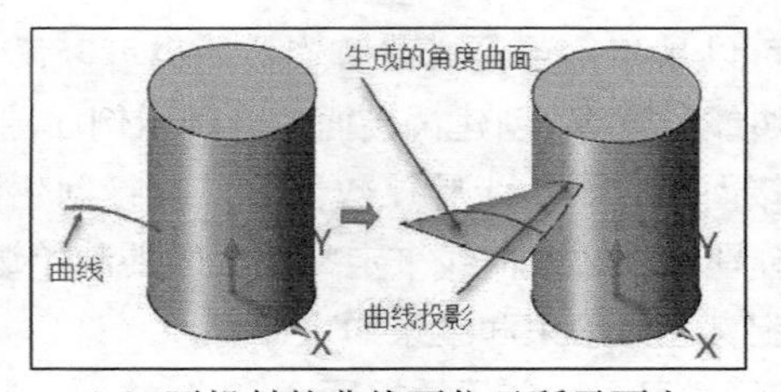

（b）要投射的曲线不位于所需面上

图 5-33 创建角度曲面的典型示例

【范例学习】 创建角度曲面

1）打开“HY-成角度面练习.Z3PRT”文件，原始实体模型与曲线如图 5-34 所示。

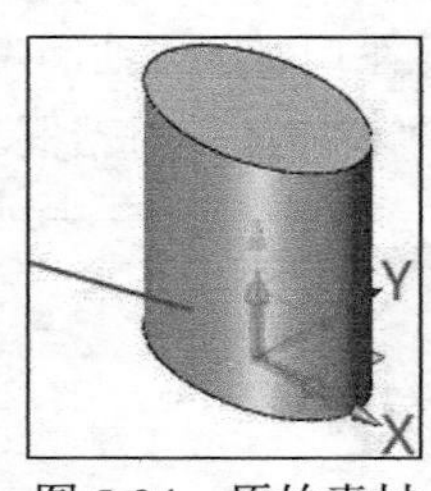

图 5-34 原始素材

2）在功能区“曲面”选项卡的“基础面”面板中单击“成角度面”按钮，打开图 5-35 所示的“成角度面”对话框。

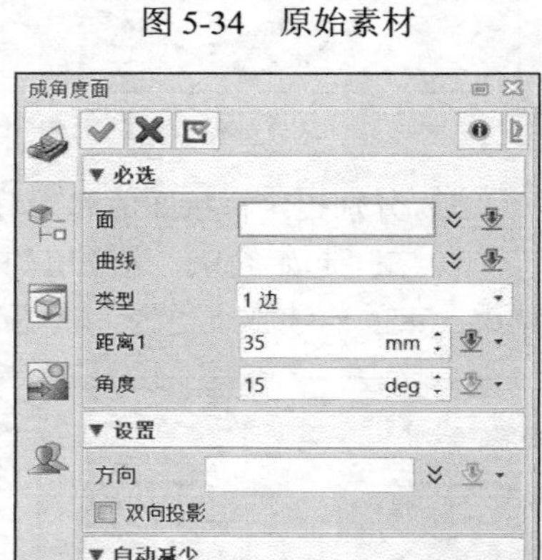

图 5-35 “成角度面”对话框

3）选择椭圆曲面作为投影面或投影基准面，单击鼠标中键，再选择已有曲线。

4）在“必选”选项组的“类型”下拉列表中选择“1 边”选项，设置距离 1 为 35mm，角度为 15deg。

5）利用“设置”选项组的“方向”收集器可以指定曲线投射的方向，默认情况下，即在不进行设置的情况下，曲线垂直（正交）于所选面。本例激活“方向”收集器，选择 *Y* 轴进行投射，取消选中“双向投影”复选框。

6）单击“确定”按钮，创建的角度曲面如图 5-36 所示。

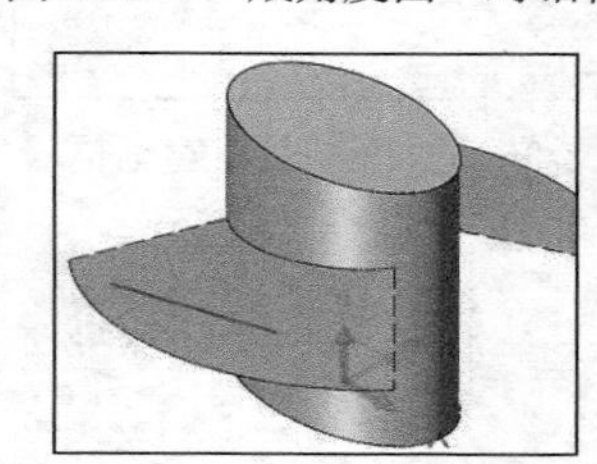

图 5-36 创建的角度曲面

5.2.8 N 边形面

N 边形面是由修补三个或更多轮廓来形成的一个面，所述轮廓可以是草图曲线、线框几何体或面边线。

要创建 N 边形面，则在功能区“曲面”选项卡的“基础面”面板中单击“N 边形面”按钮，打开图 5-37 所示的“N 边形面”对话框，接着选择所需的边界曲线，选择好全部边界曲线后单击鼠标中键，其他选项为可选项，最后单击“确定”按钮，即可创建 N 边形面。图 5-38 所示的曲面便是选择 4 条边界曲线创建的 N 边形面。

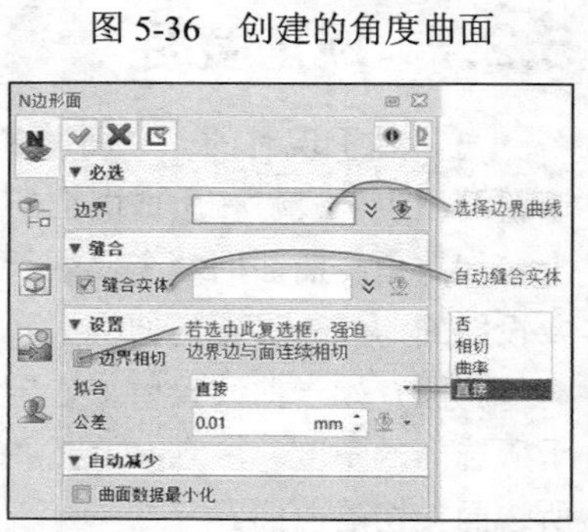

图 5-37 “N 边形面”对话框

5.2.9 FEM 面

使用“FEM 面”工具，选择边界边/曲线，设置 U 素线阶数和 V 素线阶数，便可以穿过所选边界曲线上的点的集合来拟合成一个单一的曲面，并会沿着边界修剪，这就是 FEM 面。当使用“N 边形面”工具创建 3 边面、4 边面片产生问题时，则可以尝试使用“FEM 面”工具来获得较好的曲面，要知道 N 边形面不处理拟合沿包含凹曲线的界面边线集合的面。

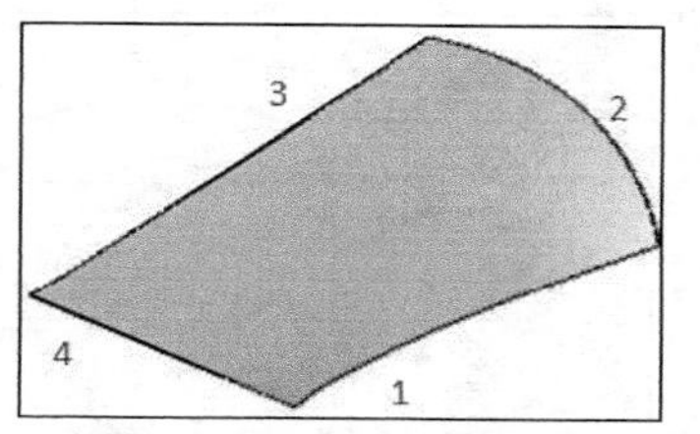

图 5-38 N 边形面示例

图 5-39 所示为一个创建 FEM 面的简单示例，在示例中，选择一个闭合的空间样条曲线作为边界曲线，U 素线阶数和 V 素线阶数均为 3，在“造型控制”选项组中激活“曲线”收集器，选择一条两端点均在边界曲线上的圆弧曲线来影响曲面的形状，可适当使用滑动条设置弹簧常数和抗弯系数的值。

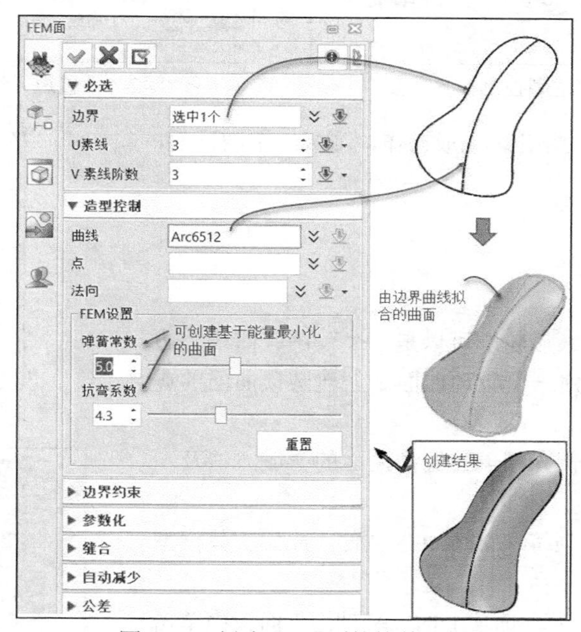

图 5-39 创建 FEM 面的简单示例

【范例学习】 创建有脊柱点的 FEM 面

1）打开“HY-FEM 面练习.Z3PRT”文件，原始实体模型与点如图 5-40 所示。

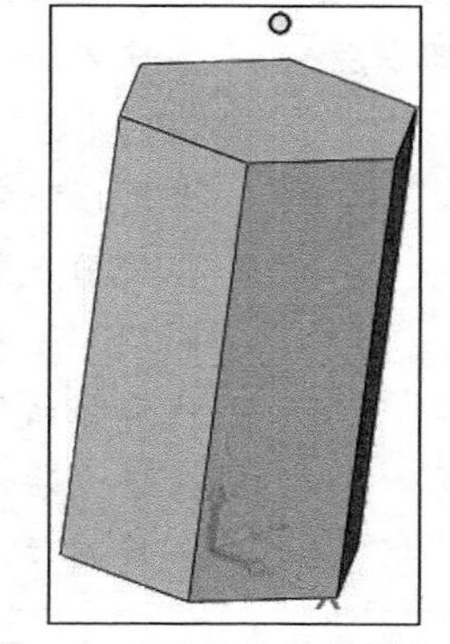
图 5-40 原始实体模型与点

2）在功能区“曲面”选项卡的“基础面”面板中单击“FEM 面”按钮，打开“FEM 面”对话框。

3）在实体顶面分别单击正六边形的 6 条边线，单击鼠标中键，接着接受默认的 U 素线和 V 素线的阶数均为 3，该默认值将产生比较优质的面。

4）选择点定义曲面的内部造型。在“造型控制”选项组中激活“点”收集器，选择位于实体上方的一个点，接着激活“法向”收集器，选择 *Z* 轴，如图 5-41 所示，这有助于为圆顶面指定“统一”的脊柱脊线并统一方向，以排除出现波动的可能。

5）在“边界约束”选项组的“连续方式”下拉列表中选择“相切”选项，在“参数化”选项组中选中“指定采样密度”复选框，设置密度为 24，重复值为 6，在“缝合”选项组中选中“缝合实体”复选框，单击选中已有实体，如图 5-42 所示。

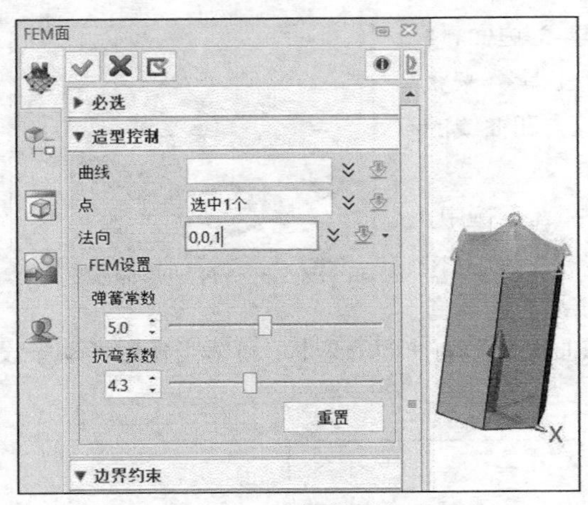

图 5-41 造型控制

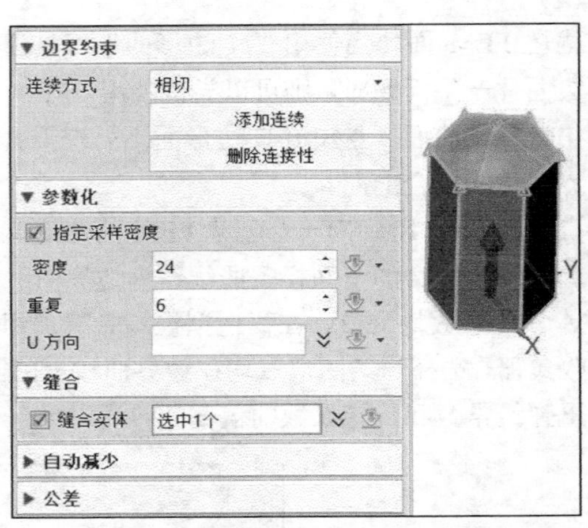

图 5-42 设置边界约束、参数化、缝合

6）单击“确定”按钮完成操作，形成一个圆顶面，如图 5-43 所示。

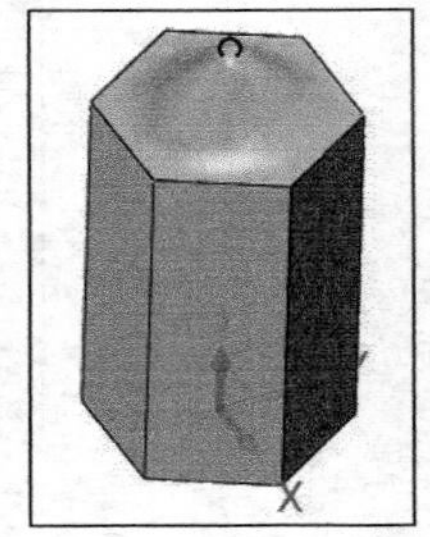

图 5-43 形成一个圆顶面

5.2.10 圆顶

可以从选定轮廓（该轮廓可以是一个草图、曲线、边界线或曲线列表）创建一个圆顶曲面。创建圆顶曲面的典型示例如图 5-44 所示。

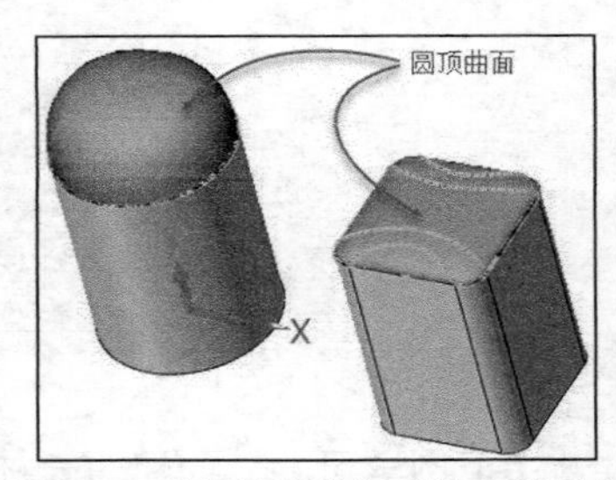

图 5-44 创建圆顶曲面的典型示例

下面通过一个范例介绍创建圆顶曲面的一般方法及步骤。

1）打开“HY-圆顶练习.Z3PRT”文件，原始实体模型如图 5-45 所示。

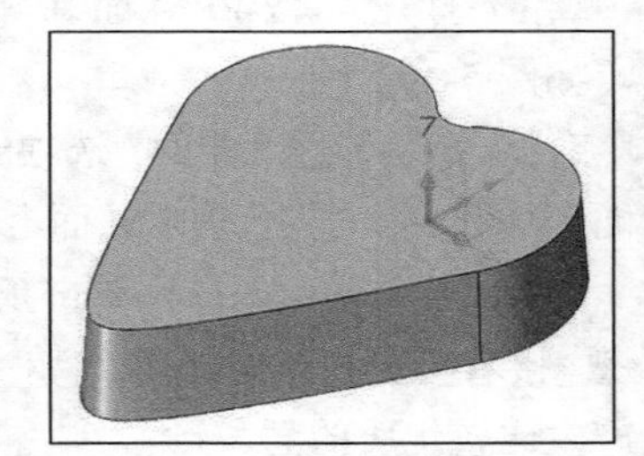

图 5-45 原始实体模型

2）在功能区“曲面”选项卡的“基础面”面板中单击“圆顶”按钮，打开“圆顶”对话框，如图 5-46 所示，提供 3 种圆顶方法。

知识点拨 圆顶方法有 3 种，分别为“光滑闭合圆顶”、“FEM 圆顶”和“角部圆顶”。“光滑闭合圆顶”方法的结果类似于 N 边形面，适合使用光滑边界创建轮廓圆顶的情形；“FEM 圆顶”方法的结果类似于 FEM 面，当为直线和弧线组合的轮廓创建圆顶时，该方法为最佳方法；“角部圆顶”方法以三曲线放样创建圆顶，而不是简单放样到一个点。

3）选择“光滑闭合圆顶”方法，在提示“选择轮廓”时，在图形窗口的空白区域单击鼠标右键，弹出图 5-47 所示的快捷菜单，从中选择“插入曲线列表”命令，选择图 5-48 所示的顶面边线加入曲线列表中，单击“确定”按钮或单击鼠标中键完成插入曲线列表操作。

4）返回到“圆顶”对话框，设置高度为 6mm，在“边界约束”选项组的“连续方式”下拉列表中选择“相切”选项，选择“在方向上”单选按钮，在“缝合”选项组中选中“缝合实体”复选框，并通过“实体”收集器选择已有实体，如图 5-49 所示。

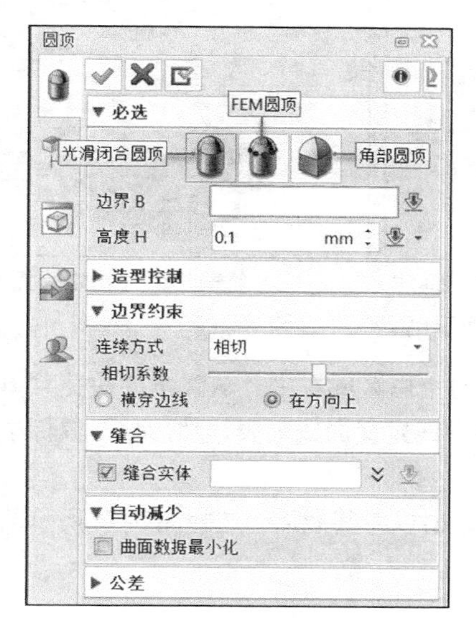

图 5-46 “圆顶”对话框

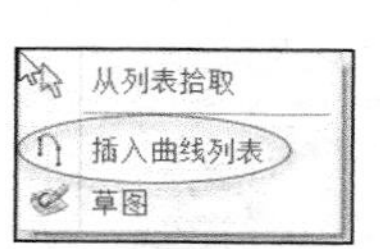

图 5-47 右击并选择“插入曲线列表”命令

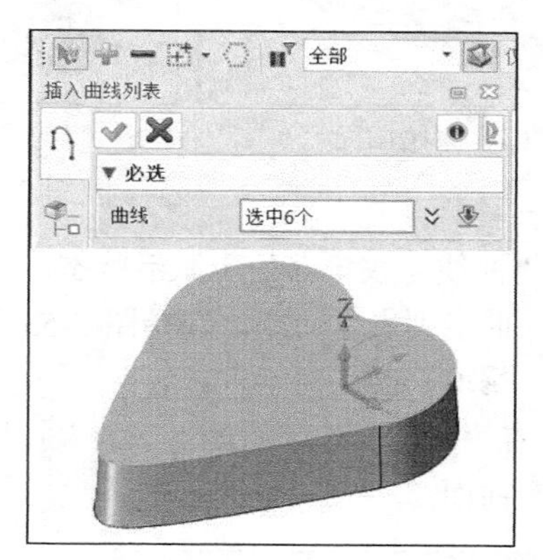

图 5-48 选择顶面边线插入曲线列表

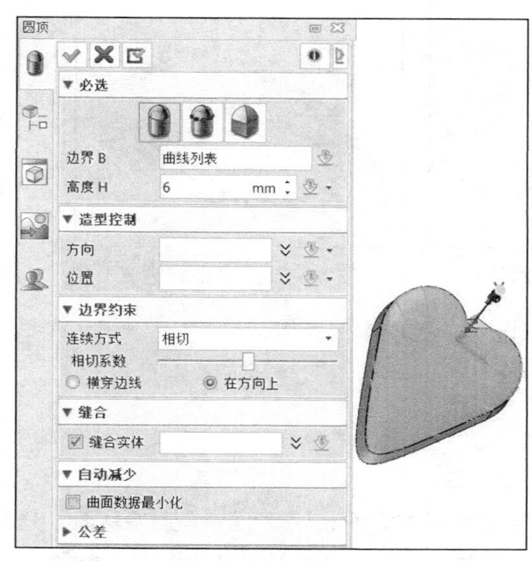

图 5-49 设置圆顶高度、边界约束等

5）单击“确定”按钮，创建的圆顶特征如图 5-50 所示。

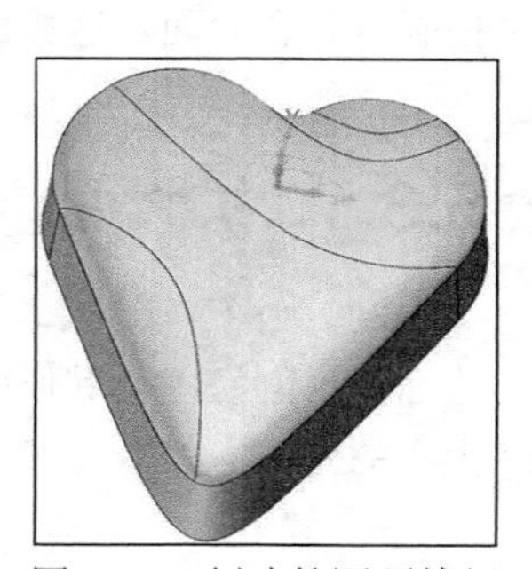

图 5-50 创建的圆顶特征

5.2.11 修剪平面

“修剪平面”工具用于创建修剪了一组边界曲线的二维平面，典型示例如图 5-51 所示。下面以该典型示例介绍如何创建修剪平面，所使用的素材文件为“HY-修剪平面.Z3PRT”。

1）在功能区“曲面”选项卡的“基础面”面板中单击“修剪平面”按钮，打开图 5-52 所示的“修剪平面”对话框。

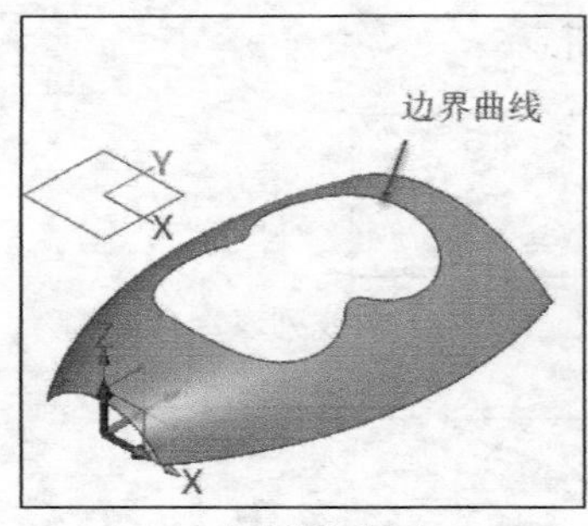

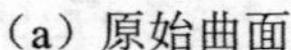
（a）原始曲面

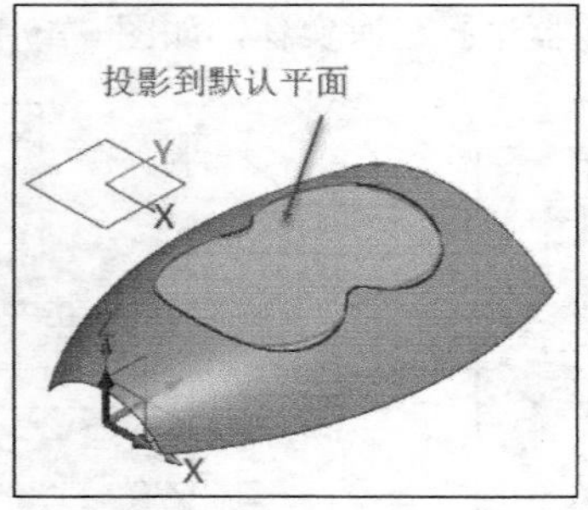

（b）修剪平面（未指定平面）

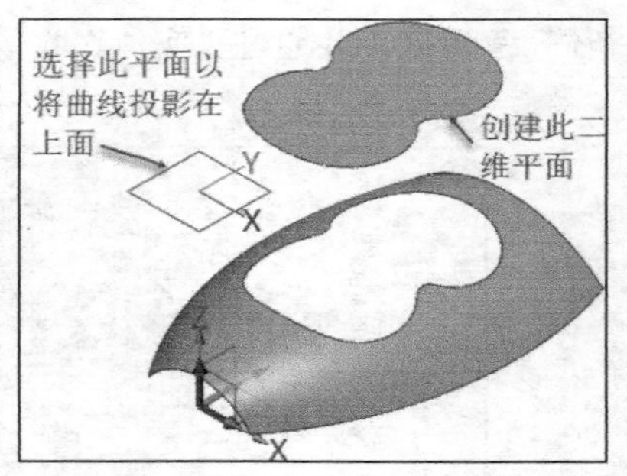

（c）修剪平面（指定平面）

图 5-51 修剪平面示例

2）“曲线”收集器处于激活状态，在图形窗口的空白区域右击，从弹出的快捷菜单中选择“插入曲线列表”命令，选择图 5-53 所示的边界曲线定义曲线列表，然后单击鼠标中键，返回到“修剪平面”对话框。

3）在“设置”选项组的“平面”收集器的框内单击以将其激活，选择图 5-54 所示的平面作为投影曲面。

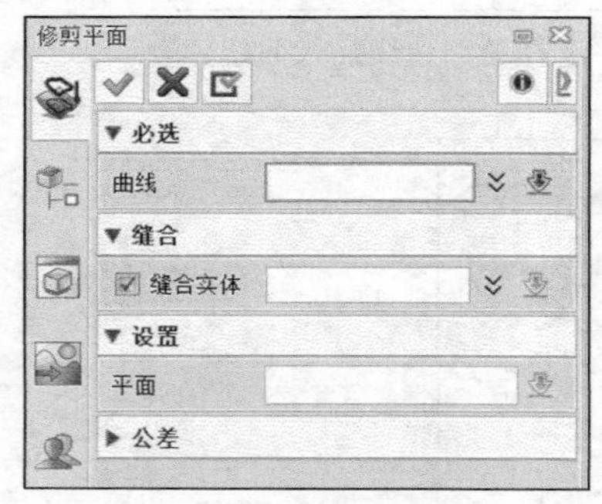

图 5-52 “修剪平面”对话框

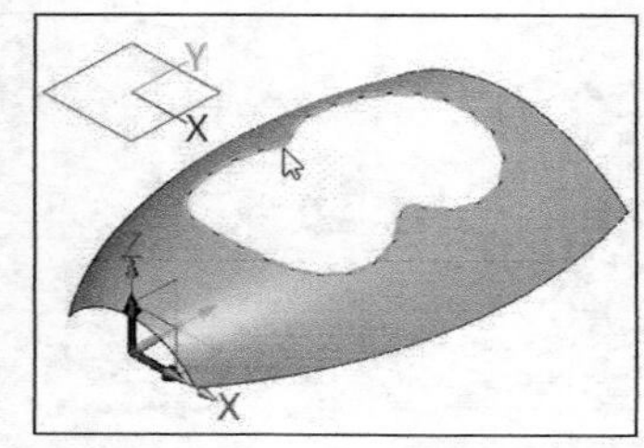
图 5-53 定义曲线列表

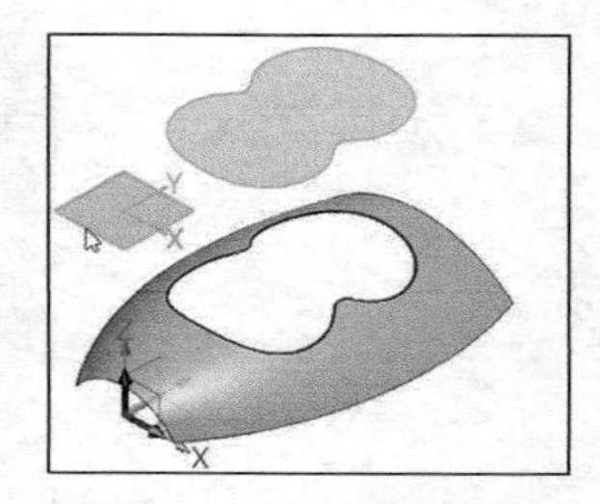
图 5-54 选择投影曲面

4）单击“确定”按钮，完成本例操作。

5.3 编辑曲面

编辑曲面的知识点主要包括扩大面、偏移面与大致偏移面、延伸面、延伸实体、分割及修剪、圆角开放面、反转曲面方向、设置曲面方向、修改素线数、反转 U/V 参数空间、修改控制点、合并面、连接面、匹配边界、匹配相切、展开平面、炸开与缝合等。

5.3.1 扩大面

“扩大面”工具的主要功能是移除选定的面的内外环部分以恢复为一个 4 边面，该 4 边面大小刚好围合其原始面，并在此基础上通过调整该面的 4 条边来修改其大小，调整 4 边面大小的延伸方式有“线性”“圆形”“反射”“曲率递减”。

- “线性”：以线性方式延伸曲面，表现为扩大轨迹为一条直线，即在切线方向一直沿着远离端点的轨迹扩大，如图 5-55（a）所示。
- “圆形”：以圆形方式延伸曲面，表现为扩大将沿着曲率方向形成一个圆形轨迹，具有前后曲率保持不变的优点，但扩大过长的话将会沿着切线方向折返回来，局限性较大，如图 5-55（b）所示。

- “反射”：以反射方式延伸曲面，体现在沿着曲率的反方向路径扩大曲面，如图 5-55（c）所示。
- “曲率递减”：该方式兼具了“线性”和“圆形”的优点，在起始处保持曲率不变，而随着曲率的逐渐减少，扩大将会变为线性，可以逐渐远离原来的曲线或曲面，如图 5-55（d）所示，这对于想扩大到其他曲线或曲面，是一种不错的选择。

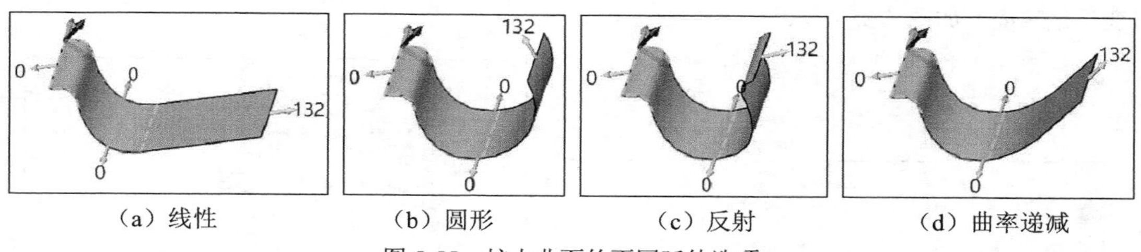

（a）线性　（b）圆形　（c）反射　（d）曲率递减

图 5-55　扩大曲面的不同延伸选项

要扩大面，则在功能区“曲面”选项卡的“编辑面”面板中单击“扩大面”按钮，打开“扩大面”对话框，接着选择要扩大的面，并可在“重置尺寸”选项组中分别设置 4 个方向的距离值，在“设置”选项组通过“延伸”下拉列表控制扩大的曲线和曲面的轨迹，以及设置是否保留原面，如图 5-56 所示。

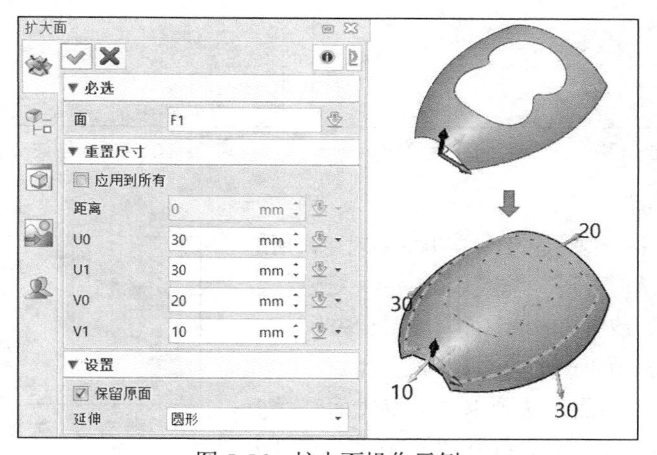

图 5-56　扩大面操作示例

知识点拨　如果在“重置尺寸”选项组中选中“应用到所有”复选框，则只需设置单一的距离值，以定义 4 条边 U0、U1、V0、V1 都扩大相同的距离。

5.3.2 偏移面与大致偏移面

本小节主要介绍偏移面与大致偏移面的实用知识。

1. 偏移面

要想通过指定一个特定的偏移距离来创建一个新的面，则可以在功能区“曲面”选项卡的“编辑面”面板中单击“偏移”按钮，弹出“偏移”对话框，选择要偏移的面，单击鼠标中键，在“偏移”框中设置偏移距离，以及在“设置”选项组中设置是否保留原曲面和边连续性，如图 5-57 所示，必要时可在“自动减少”选项组设置启用曲面数据最小化。

如果要创建变量偏移，还需要使用“变量偏移”选项组，利用其中的“点”收集器选择位于所选面上的相应点来设定变量属性，即为变量属性指定相应的偏移值，所添加的属性会在指定点的旁边以标注的形式显示出来。当指定点及其偏移值后单击鼠标中键，则该点和对应的偏移值作为一条记录被添加到列表中，此后展开列表双击其中的某一条记录，则会将该记录的值填充到对应的字段中以便重新编辑。当选择不同的点并为其设定不同的偏移值，便可以得到变量偏移面，如图 5-58 所示。

图 5-57　创建偏移面（恒定偏移距离时）

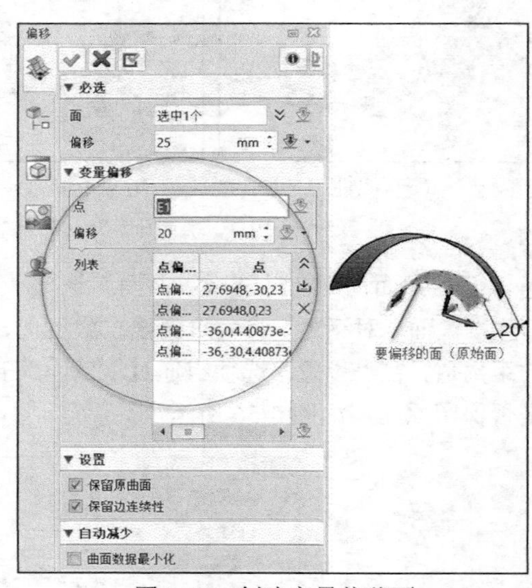

图 5-58　创建变量偏移面

2. 大致偏移面

大致偏移面是指原则上基于特定坐标系对用户所选面进行粗略偏移，从而得到一个形状和原始面大致接近，没有自相交、尖锐边或拐角的偏移面，如图 5-59 所示。

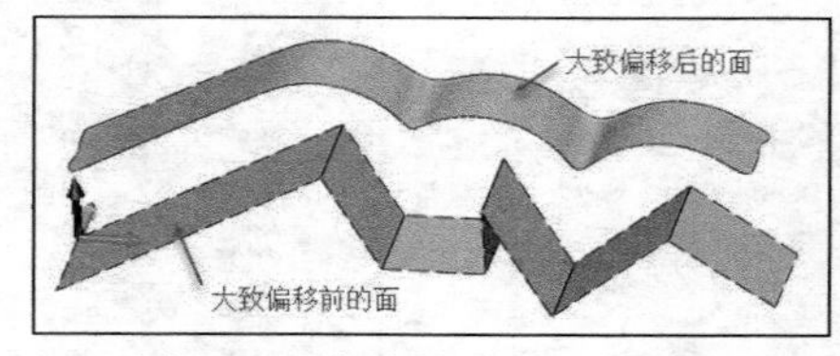

图 5-59　大致偏移前后的效果

创建大致偏移面的一般方法及步骤如下。

1）在功能区“曲面”选项卡的“编辑面”面板中单击“大致偏移”按钮，打开图 5-60 所示的“大致偏移”对话框。

2）选择要进行大致偏移的一个或多个面，单击鼠标中键确认。

3）在“必选”选项组的“偏移”框中指定偏移距离。正值或负值决定偏移的方向。

4）在“可选”选项组中，利用“方向”收集器设置面的大致偏移方向，可以不对方向进行设置，因为默认方向为 Z 轴正向。在“可选”选项组中还可以设置面的大致偏移步进和公差值。

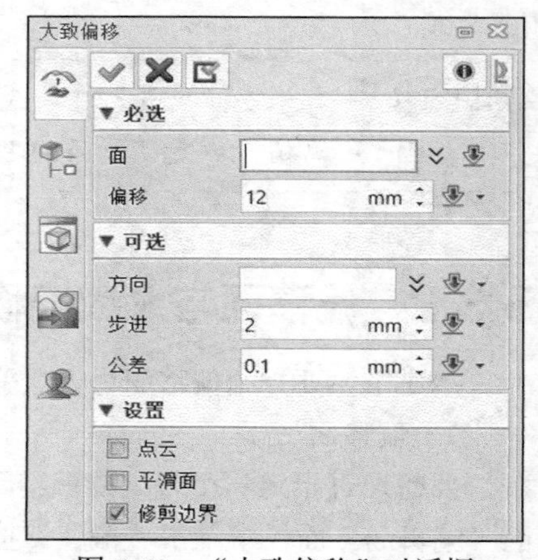

图 5-60　“大致偏移”对话框

5）在“设置”选项组中：若选中“点云”复选框，则使用点云方法对指定面进行偏移；若选中“平滑面”复选框，则对偏移面进行平滑处理得到一个平滑面；若选中“修剪边界”复选框，则会对大致偏移面进行边界裁剪，得到一个和原始面轮廓类似的大致偏移面，若不选中“修剪边界”复选框，则默认边界为长方形而不会按轮廓进行裁剪。

6）单击“确定”按钮，创建大致偏移面。

5.3.3　延伸面与延伸实体

在功能区“曲面”选项卡的“编辑面”面板中单击“延伸面”按钮，打开“延伸面”对话框，选择要偏移的面，以及在面上选择所需边进行延伸，并设定延伸距离，则可以在指定面的选定边一侧按照设定的距离来延伸曲面，如图 5-61 所示。利用“列表”选项可以为不同的面边设置不同的偏移距离属性。在“设置”选项组中还能设置合并延伸面和延伸方式，以及设置是否保留原面。

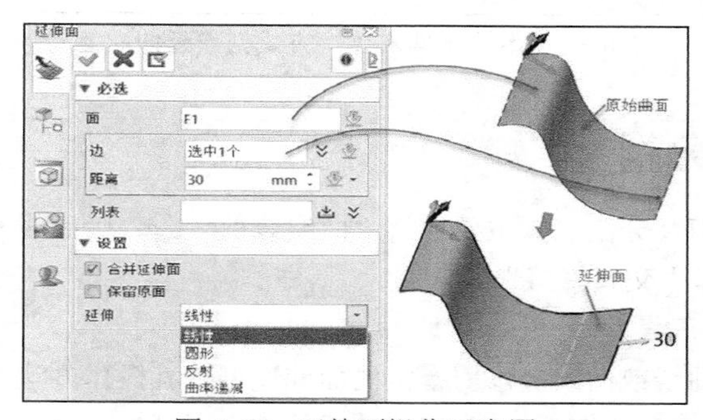

图 5-61　延伸面操作示意图

“延伸实体”工具与“延伸面”工具有些不同，使用“延伸实体”工具可以对某个开口造型或封闭造型的面的边进行延伸。在功能区“曲面”选项卡的“编辑面”面板中单击“延伸实体”按钮，打开图 5-62 所示的“延伸实体”对话框，有两种延伸方式，即“延伸开放实体”和“延伸实体”，前者主要用于对某个开放造型的面的边进行延伸，后者主要用于对某个封闭造型的面的边进行延伸，对封闭造型的边延伸形成的面将独立于封闭造型，它不会与其原始延伸面进行缝合。

图 5-63 展示了使用“延伸开放实体”方式创建延伸面的情形，需要选择要延伸的边（本示例选择相连的 3 条边）及指定延伸的距离（长度），在“设置”选项组还能设置曲面延伸方法、边延伸方法等相关选项。

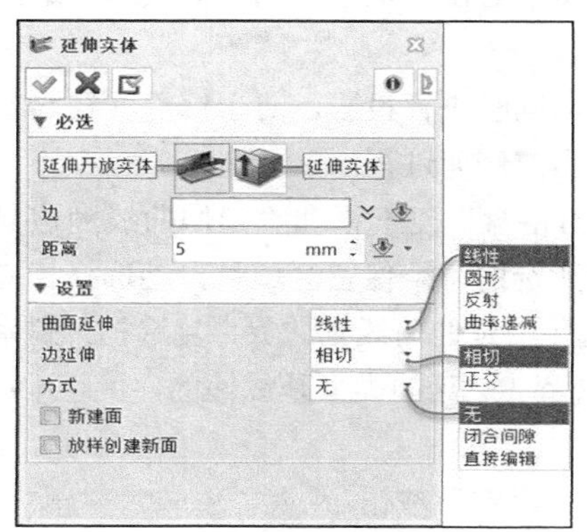

图 5-62　“延伸实体”对话框

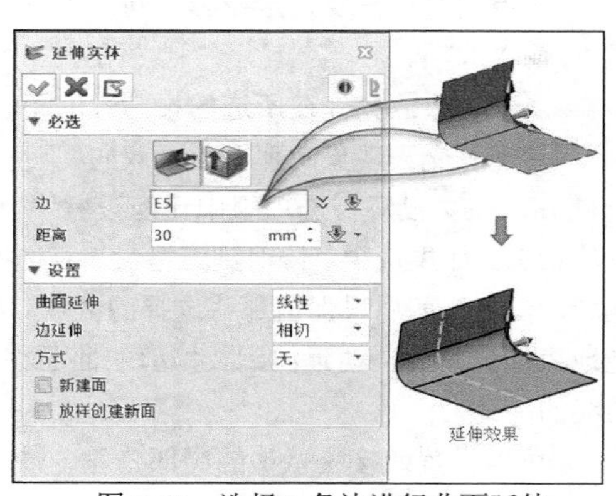

图 5-63　选择 3 条边进行曲面延伸

图 5-64 则展示了使用“延伸实体”方式创建延伸面的情形，在“延伸实体”对话框中单击“延伸实体”图标，选择要延伸的封闭造型的面，单击鼠标中键，接着选择需要延伸的边，单击鼠标中键，再设置延伸距离，然后在“设置”选项组中分别设置曲面延伸和边延伸的方法选项即可。

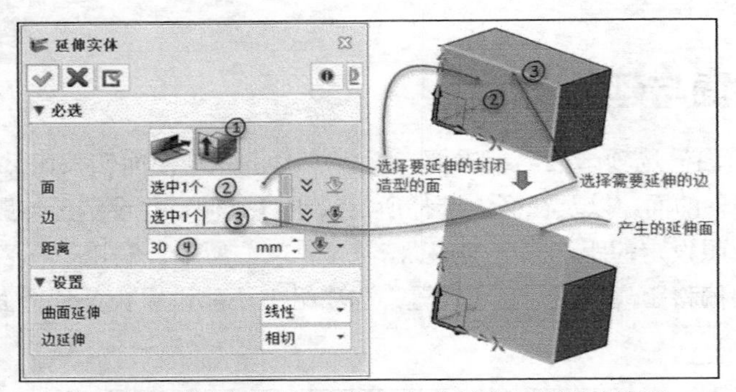

图 5-64　使用“延伸实体”方式创建延伸面的情形

5.3.4　修剪及分割

用于编辑面的修剪及分割工具主要包括“曲线修剪”、“曲线分割”、“曲面修剪”、“曲面分割”和“交叉修剪”。

1. “曲线修剪”工具

此工具使用一条曲线或曲线链修剪指定的面或造型，其操作方法和步骤如下。

1）单击“曲线修剪”按钮，弹出“曲线修剪”对话框。

2）选择要修剪的面或造型，单击鼠标中键。

3）选择修剪曲线，默认情况下要求选择的修剪曲线位于面上或造型上，选择完所需全部修剪曲线后单击鼠标中键。

4）选择“保留面”单选按钮或“移除面”单选按钮。当选择“保留面”单选按钮时，在要保留的侧面上选择一个点，系统将保留所选的面侧部分；当选择“移除面”单选按钮，则在要移除的侧面上选择一个点。

5）在“设置”选项组中设置控制修剪曲线投影在目标面上的方法，默认方法是“不动（无）”，表示没有投影，所选曲线必须位于要修剪的面上。此外，还提供以下 3 种方法。

- “面法向”：曲线在要修剪的面的法向上投影。
- “单向”：需要指定投影方向，可以在图形窗口右击并从弹出的快捷菜单中选择方向输入选项。
- “双向”：允许在所选的投影轴的正、负方向同时进行投影。对于修剪曲线与要修剪的面有交叉现象，那么该“双向”可以简化当前修剪过程。

此外，在“设置”选项组中还能设置“修剪到万格盘”复选框和“延伸曲线到边界”复选框的状态。如果选中“修剪到万格盘”复选框，则所选的每个保留区域将自动选择相应的网格区域，否则修剪后只保留那些选择的区域。如果选中“延伸曲线到边界”复选框，则系统尽可能地将修剪曲线自动延伸到要修剪的曲面集合的边界上，延伸类型是线性的，并且开始于修剪曲线的端部。

6）可以设置或接受默认的局部公差，最后单击“确定”按钮。

关于“曲线修剪”的典型操作示例如图 5-65 所示。

2. “曲线分割”工具

此工具用于将面或造型在一条曲线或曲线的集合处（曲线链）进行分割，分割得到的面或造型可保持连续性，典型操作示例如图 5-66 所示。对于“曲线分割”命令，一般建议保持默认选中“移除毛刺和面边”复选框，以删除多余的毛刺和分割面的边。而“沿曲线炸开”复选框则可用于设置所有新的边缘曲线将不缝合该造型。

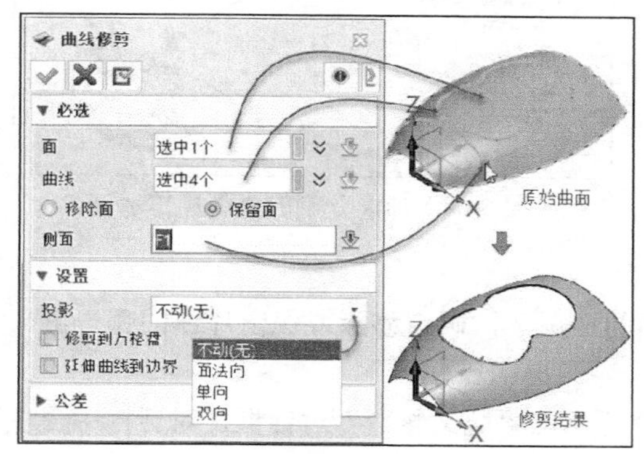

图 5-65　使用曲线修剪面的操作示例

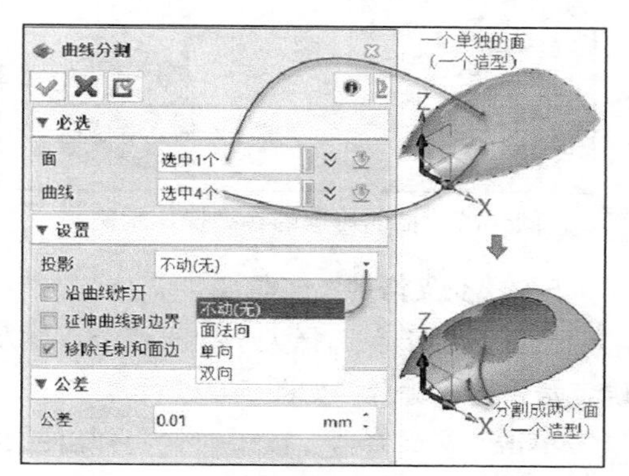

图 5-66　使用曲线分割面的操作示例

3. “曲面修剪”工具

此工具使用指定的曲面、造型或基准平面去修剪与之相交的面或造型。允许修剪的对象可以自己与自己相交。“曲面修剪”工具的操作方法及步骤如下。

1）单击“曲面修剪”按钮，打开“曲面修剪”对话框。

2）选择要修剪的面或实体，单击鼠标中键。

3）选择修剪面，单击鼠标中键。

4）在“设置”选项组中设置“保留相反侧”“全部同时修剪”“延伸修剪面”“保留修剪面”复选框的状态。

- “保留相反侧”复选框：在曲面修剪过程中会显示一个箭头指示要保留的一侧，若勾选此复选框，则将该箭头翻转方向。允许直接在图形窗口中单击箭头以快速使其反向。
- “全部同时修剪”复选框：用于指定修剪操作是连续执行（按顺序）还是同时执行，显然若选中此复选框，则指定修剪操作是全部同时执行。此选项对一些自相交的面会产生不同的效果。
- “延伸修剪面”复选框：若选中此复选框，则自动和透明地延伸修剪面，跨越要修剪的造型（如果可能的话）。
- “保留修剪面”复选框：若选中此复选框，则保留用于修剪的面。

5）可以设置或接受默认的局部公差，最后单击“确定”按钮。

关于“曲面修剪”的典型操作示例如图 5-67 所示。

4. “曲面分割”工具

此工具使用指定的曲面、造型或基准平面去分割与之相交的面或造型，分割之后，分割得到的两个面或造型之间仍然可以保持相连性。其操作方法及步骤比较简单，即单击“曲面分割”按钮，弹出“曲面分割”对话框，选择要分割的面或造型，单击鼠标中键，再选择用来分割的面、造型或基准平面，单击鼠标中键，然后在“设置”选项组中分别设置“延伸分割面”“沿新边炸开”“保留分割面”这 3 个复选框的状态，最后单击“确定”按钮即可。关于“曲面分割”的典型操作示例如图 5-68 所示，一个单独曲面被分割成两片。

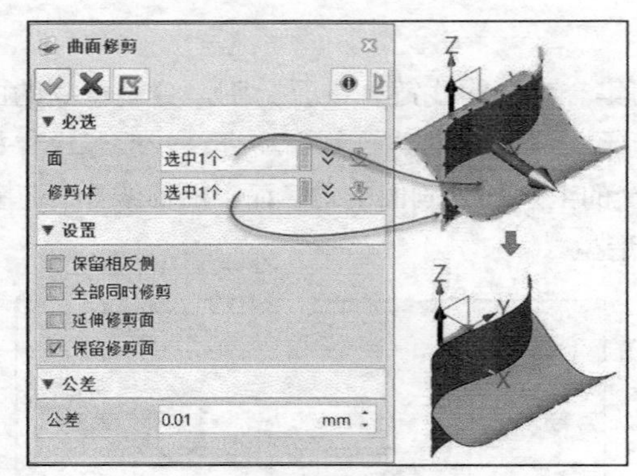

图 5-67 曲面修剪的典型操作示例

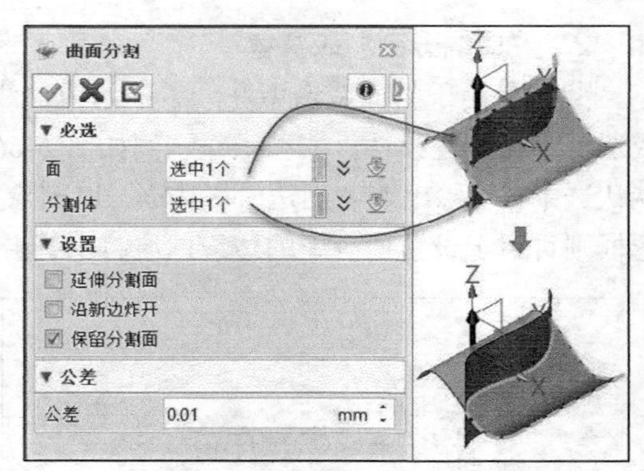

图 5-68 曲面分割的典型操作示例

5. “交叉修剪”工具

此工具用于在选择大于等于两个片体及面的情况下，确定移除或保留片体的哪一侧，并确定是否进行缝合，如图 5-69 所示。

单击“交叉修剪”按钮，将弹出图 5-70 所示的“交叉修剪”对话框，对话框中提供了“混合修剪”和“曲面修剪”两种交叉修剪方法。

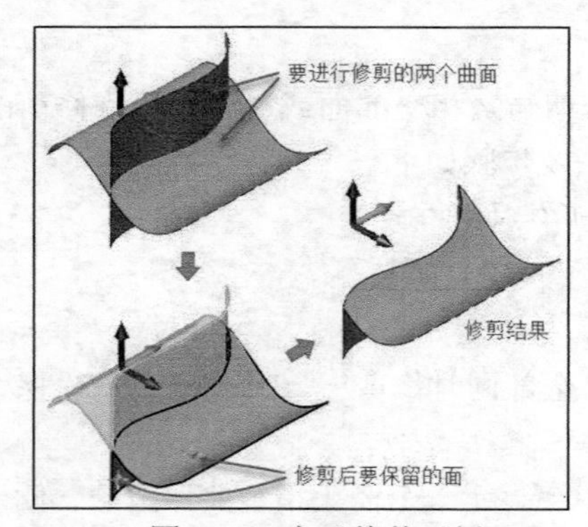

图 5-69 交叉修剪示例

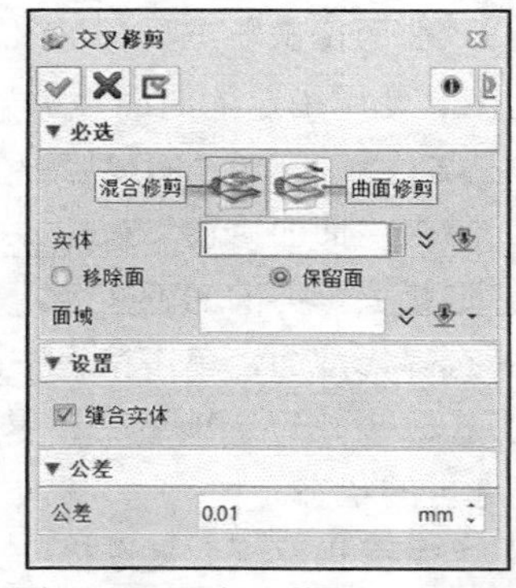

图 5-70 “交叉修剪”对话框

当选择“混合修剪”方法时，选择要修剪的两个或多个曲面，单击鼠标中键完成，接着指定要保留的区域所选的面或要移除区域所选的面。当选择“曲面修剪”方法时，选择要修剪的曲面 1，再选择要修剪的曲面 2，对于曲面 1 和曲面 2，可以单击相应的“方向”按钮来调整它们要保留的曲面区域，如图 5-71 所示；在“设置”选项组中若选中“缝合实体”复选框则修剪后切开的面自动缝合。

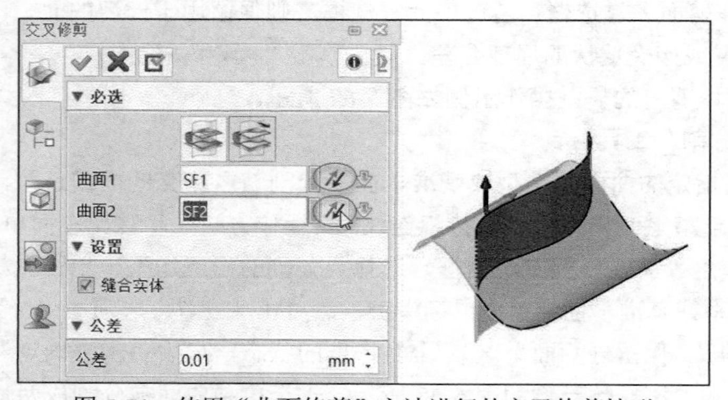

图 5-71 使用“曲面修剪”方法进行的交叉修剪情形

5.3.5 圆角开放面

可以在两个面或造型间创建圆角曲面。下面通过一个典型范例介绍如何创建圆角开放面。

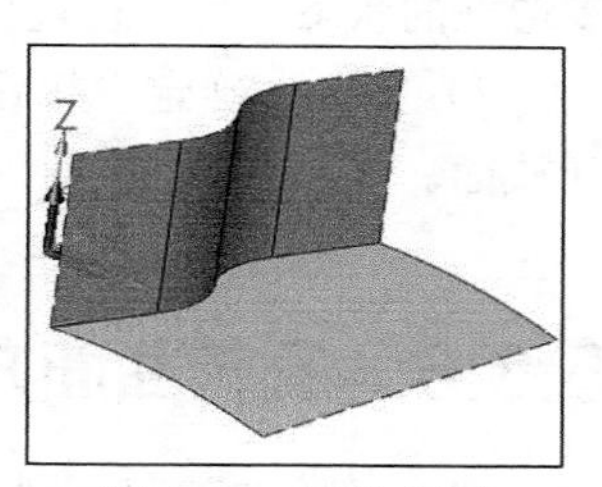

图 5-72 原始曲面

1）打开“HY_圆角开放面.Z3PRT”文件，该文件存在图 5-72 所示的原始曲面。

2）在功能区“曲面”选项卡的“编辑面”面板中单击“圆角开放面”按钮，打开图 5-73 所示的“圆角开放面”对话框。

图 5-73 “圆角开放面”对话框

3）选择要创建圆角的第一个面（即面 1），所选面会显示该面的法向箭头，单击鼠标中键结束第一个面（面 1）的选择；选择要创建圆角的第二个面（即面 2），同样也会显示该面的法向箭头。两个箭头要指向可以形成圆角的区域，如图 5-74 所示。

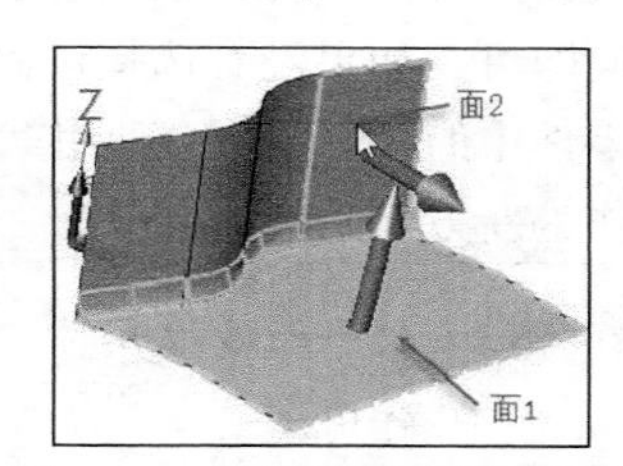

图 5-74 指定两面及其面法向

知识点拨 在一些曲面间创建圆角开放面时，如果发现默认的面法向箭头指向不是所需要的，那么可以在该面收集器附近选中“面反向”复选框以反转箭头至反方向，也可以直接在图形窗口中单击箭头来使其反向。

4）在“必选”选项组中设置圆角半径，如将圆角半径设置为 6mm。

5）在“圆角造型”选项组中指定圆角截面线类型，默认的圆角截面线类型为“圆弧”，此外可以是“二次曲线”或“G2 桥接”。

6）在“设置”选项组中分别指定基础面和圆角面的选项。本例从“基础面”下拉列表中选择“缝合”选项，从“圆角面”下拉列表中选择“相切匹配”选项。

- “基础面”下拉列表：该下拉列表提供“无操作”“分开”“修剪”“缝合”选项供用户选择以修改支撑面。“无操作”选项表示基础面保持不变；“分开”选项表示沿着相切的圆角边分割基础面；“修剪”选项用于分割并修剪基础面；“缝合”选项用于分割、修剪并缝合基础面。
- “圆角面”下拉列表：该下拉列表用于设置修剪圆角面的方法，可供选择的选项有“最大”“最小”和“相切匹配”。“最大”选项表示修剪圆角至面边界中宽的一边；“最小”选项表示修剪圆角至面边界中窄的一边；“相切匹配”选项表示创建与两个支撑面边界相切的桥接曲线，图 5-75 比较典型地展现了圆角面不同修剪方法的特点。

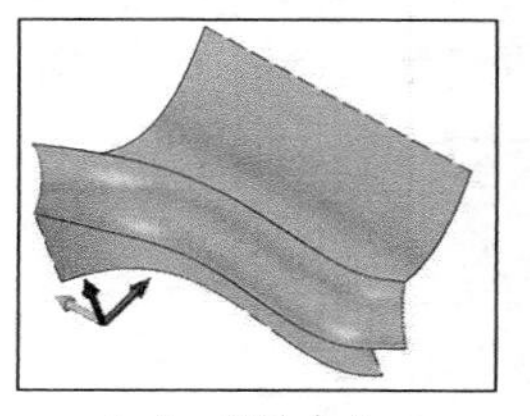

（a）“最大”

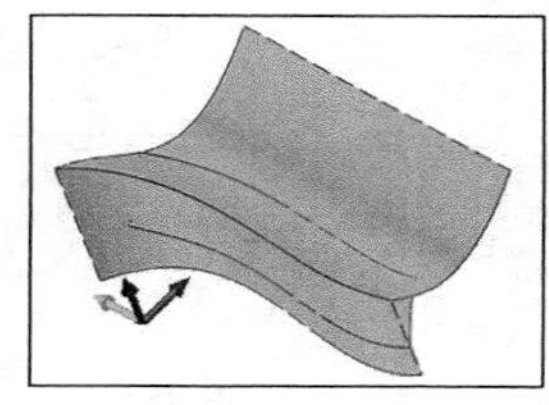

（b）“最小”

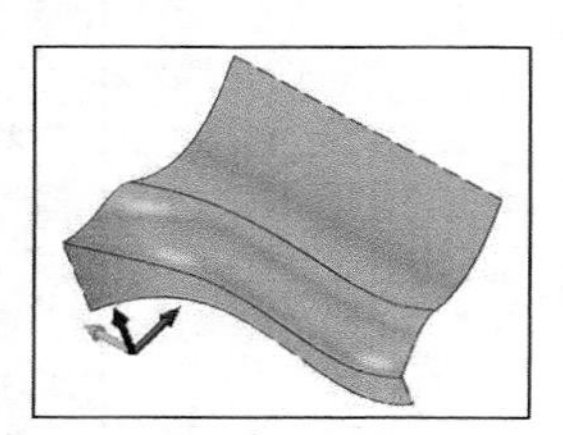

（c）“相切匹配”

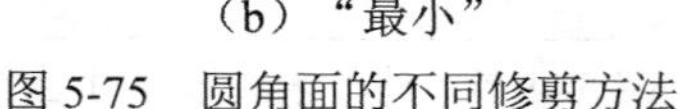

图 5-75 圆角面的不同修剪方法

7）在“自动减少”选项组中设置“曲面数据最小化”复选框的状态。可选设置步骤，默认不选中此复选框。

8）单击“确定”按钮，创建图 5-76 所示的圆角开放面。

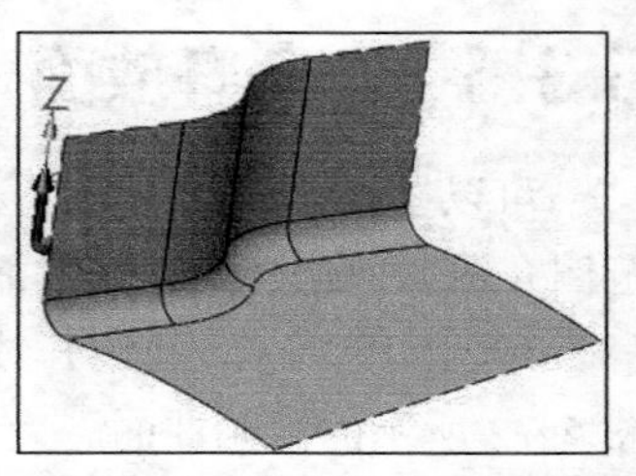

图 5-76 创建圆角开放面

5.3.6 反转曲面方向

要反转曲面方向，则在功能区“曲面”选项卡的“编辑面”面板中单击“反转曲面方向”按钮，选择要反转的面，如图 5-77 所示，所选面会显示一个箭头表示当前曲面方向，然后单击鼠标中键或单击“确定”按钮，即可反转此曲面方向。

图 5-77 反转曲面方向

5.3.7 设置曲面方向

设置曲面方向是指设定所选面的观察方向，其操作步骤很简单，即在功能区“曲面”选项卡的“编辑面”面板中单击“设置曲面方向”按钮，打开图 5-78 所示的“设置曲面方向”对话框，接着选择要操作的面，然后指定方向即可。如果没有选择任何面并单击鼠标中键，那么当前零件中的所有面都会使用默认的观察方向，即 Z 轴正方向作为新方向。

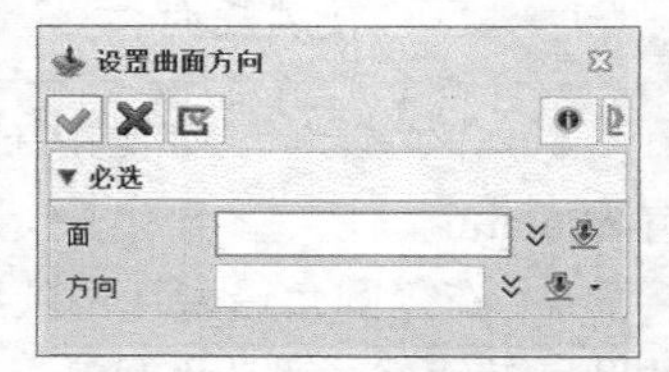

图 5-78 “设置曲面方向”对话框

注意 仅当面被炸开时，“设置曲面方向”按钮才会起作用。

5.3.8 修改素线数

要修改显示在面上的 U 方向、V 方向上的素线数的数目，则可以在功能区“曲面”选项卡的“编辑面”面板中单击“修改素线数”按钮，弹出图 5-79 所示的“修改素线数”对话框，接着选择要设置的面，并分别设置 U 素线和 V 素线的数目，然后单击“确定”按钮。

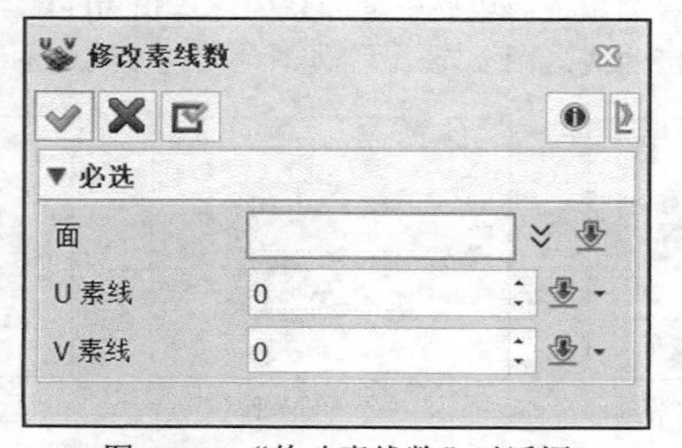

图 5-79 “修改素线数”对话框

图 5-80 所示为三组“U 素线和 V 素线”数目设置后的显示显示效果（以线框形式显示）。

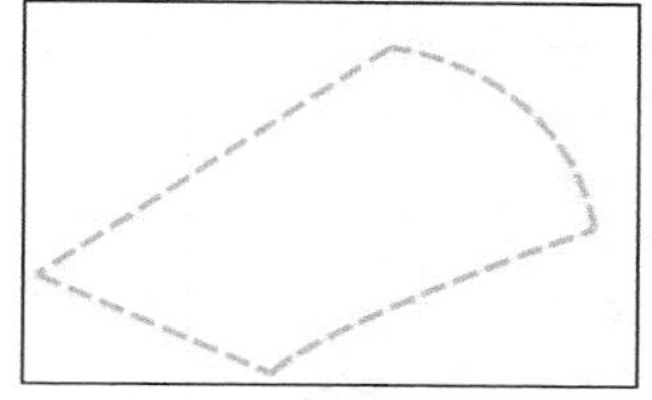

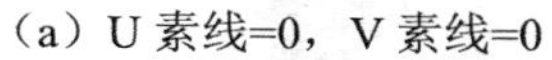

（a）U 素线=0，V 素线=0

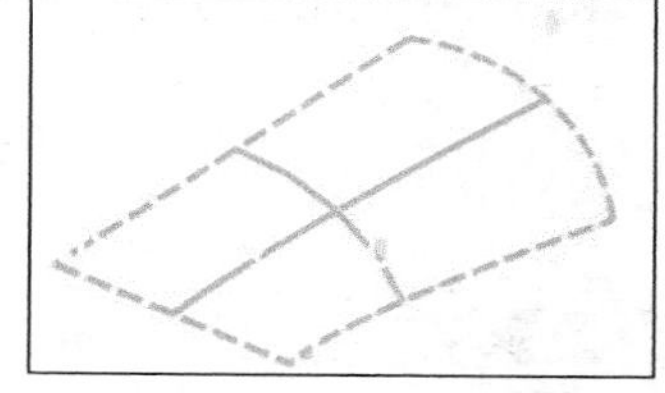

（b）U 素线=1，V 素线=1

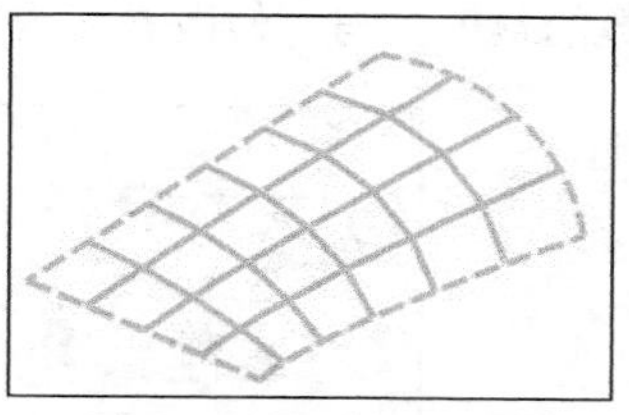

（c）U 素线=3，V 素线=5

图 5-80　面的 U 素线与 V 素线显示数目对比

5.3.9　反转 U/V 参数空间

要反转 U/V 参数空间，则可以在功能区“曲面”选项卡的“编辑面”面板中单击“反转 U/V 参数空间”按钮，接着选择要操作的面，单击“确定”按钮即可。

5.3.10　修改控制点

“修改控制点”是一个比较灵活有用的工具，可以用来激活面进行局部修改，通过移动一个或多个控制点来修改曲面形状。

在功能区“曲面”选项卡的“编辑面”面板中单击“修改控制点”按钮，选择要修改的面，弹出“修改控制点”对话框，以及在所选面上显示有一系列控制点，如图 5-81 所示。此时可以使用鼠标在图形窗口中指定两角点以框选要移动的控制点，单击鼠标中键继续，接着选择一个目标点以局部修改曲面形状，如图 5-82 所示。也可之后改变目标点，或者单击鼠标中键退出命令，还可以在图形窗口右击并选择“面法向距离偏移”命令，指定修改方向上的偏置以把控制点从投影位置往面方向偏移一个指定的距离。如果选择了多个控制点，则系统会使用这些控制点的重心位置。

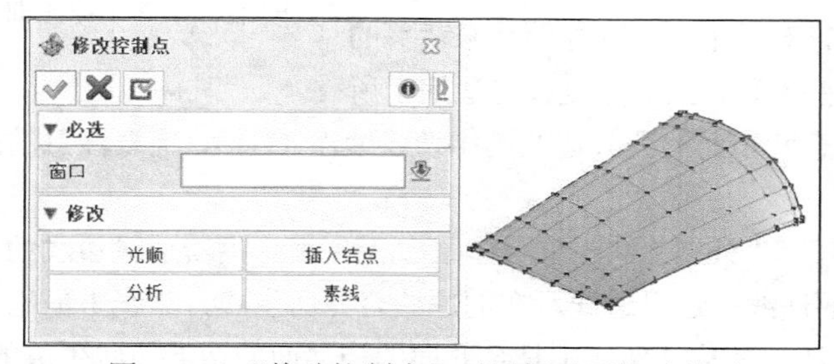

图 5-81　“修改控制点”对话框及要修改的面

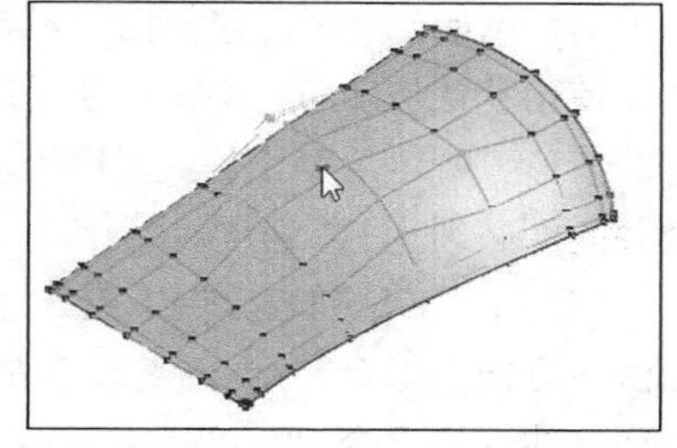

图 5-82　指定一个目标点

当选择了目标点后，系统将在历史树中生成一个记录这个移动的特征，同时保持上一次移动的控制点仍然处于激活状态，可以根据设计需要再次来移动它们，移动操作都将记录到历史记录中，单击鼠标中键结束命令。

在“修改控制点”对话框的“修改”选项组中还提供了以下 4 个修改按钮，分别是“光顺”“插入结点”“分析”“素线”。“光顺”按钮用于对所选控制点应用光顺技术，需要输入相对于原几何体的允许偏置值，选择一个光顺方法，启用或禁用所需的约束；“插入结点”按钮用于在所选面上插入一个控制点；“分析”按钮用于显示“分析面”对话框，如图 5-83 所示，利用该对话框所做的修改会应用于正在修改的面；“素线”按钮用预设值修改面的 U 参数、V 参数的数值，与“修改素线数”按钮的操作设置类似。

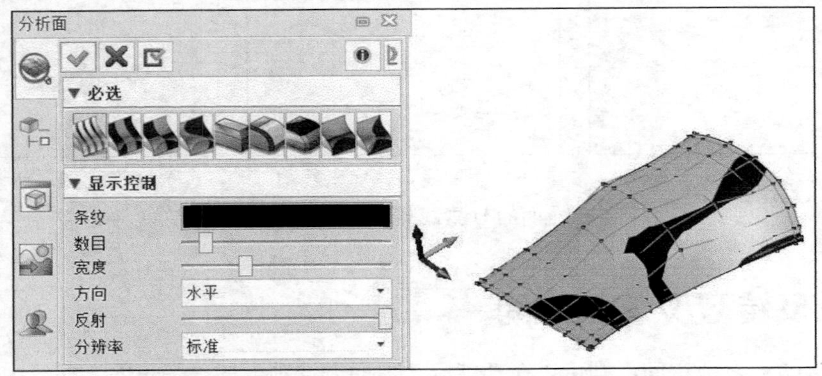

图 5-83 “分析面”对话框及进行显示控制

5.3.11 合并面

使用“合并面”工具，可以将拥有公共边界的面合并，形成一个连续的面。只要两个相邻面的边线分界线在指定的几何公差范围内，那么均可以将它们视为拥有公共边界。可以一次合并多个选定的面，也可以在合并面后继续与其他面合并。

【范例学习】 合并面

1）打开“HY_合并面.Z3PRT”文件，该文件存有图 5-84 所示的两个曲面。

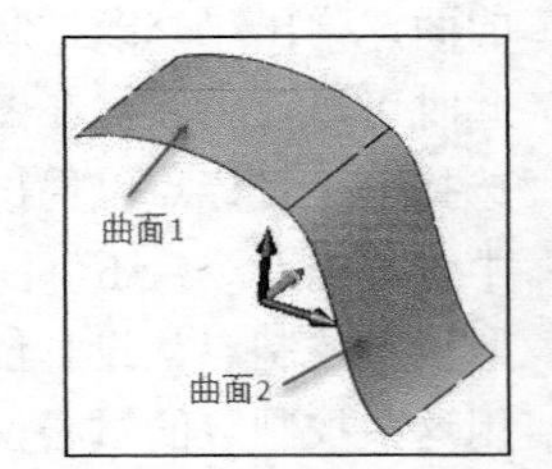

图 5-84 两个原始曲面

2）在功能区“曲面”选项卡的“编辑面”面板中单击“合并面”按钮，弹出图 5-85 所示的“合并面”对话框。

3）选择要合并的曲面 1 和曲面 2，单击鼠标中键。

4）“设置”选项组提供的取样方法仅适用于需要一个完整拟合时的情形，例如，有限元建模曲面拟合，对于平面、圆柱面及未裁剪的曲面使用默认值即可，不需要使用这些参数，当然角度公差适用于所有的情形。所述角度公差主要用于检查两个面的公共边线的相切连续性（G1），需要注意的是合并的面必须为 G1 连续。

“法向”下拉列表提供“无”“内部”“外部”“平均”选项。“无”表示沿着边界边线的曲面法线方向不拟合；“内部”表示曲面法线由边界边线所在的原始合并面生成，边线上的原始曲面法线保持不变；“外部”表示曲面法线是从外部或不是合并面的相邻面的边界边线生成的，所述相邻面最后会与合并的面沿着边界边线连接，使合并面与相邻面保持连贯性，这样实际上是合并面与相邻面会形成一个相切的 N 边桥接；“平均”表示采用“内部”和“外部”方法的折中方案，最终曲面的边界边线的相切情况处于“内部”和“外部”两种方法之间。

“样本”下拉列表用于指定取样点的对象，可供选择的选项有“面”“边”和“边界”。“边”选项用于从所选面的所有内部和外部边线取样，取样点包括边界取样点和一些内部的点；“边界”选项用于仅在外边界边线取样，与“FEM 面”命令类似；“面”选项用于从所有边线和面取样，包括更多的内部取样点。

5）单击“确定”按钮，合并面的效果如图 5-86 所示。

5.3.12 连接面

对于在同一实体造型上且在同一平面上的具有共边的面，可以让它们自动合并，其方法是在功能区“曲面”选项卡的“编辑面”面板中单击“连接面”按钮，弹出图 5-87 所示的“连接面”对话框，接着选择一个或多个造型对象，单击鼠标中键或单击“确定”按钮，从而连接指定实体造型上相同几何体的面。

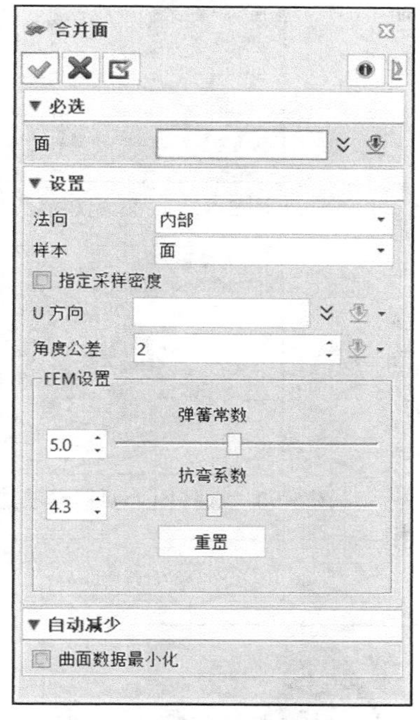

图 5-85 “合并面”对话框

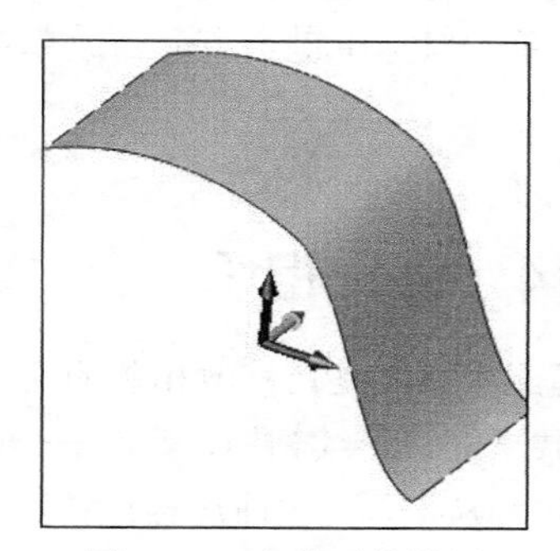

图 5-86 合并面的效果

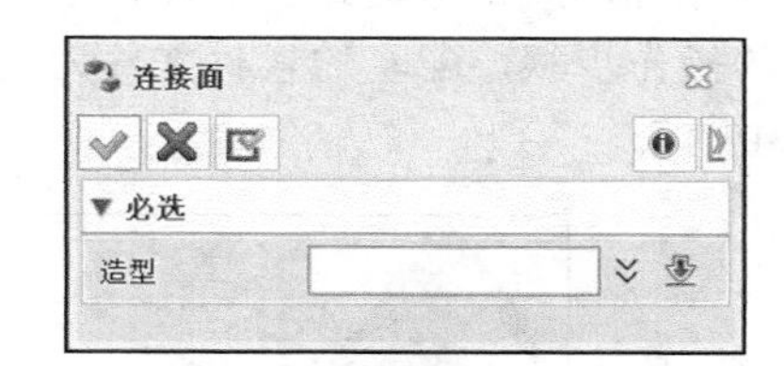

图 5-87 “连接面”对话框

5.3.13 匹配边界

可以使用“匹配边界”工具将一个面上的未修剪边缘匹配至指定的一条曲线处，“匹配边界”应用示例如图 5-88 所示。该应用示例对应的练习素材文件为“HY-匹配边界.Z3PRT”，操作步骤如下。

1）在功能区“曲面”选项卡的“编辑面”对话框中单击“匹配边界”按钮，打开图 5-89 所示的“匹配边界”对话框。

2）选择要操作的曲面。

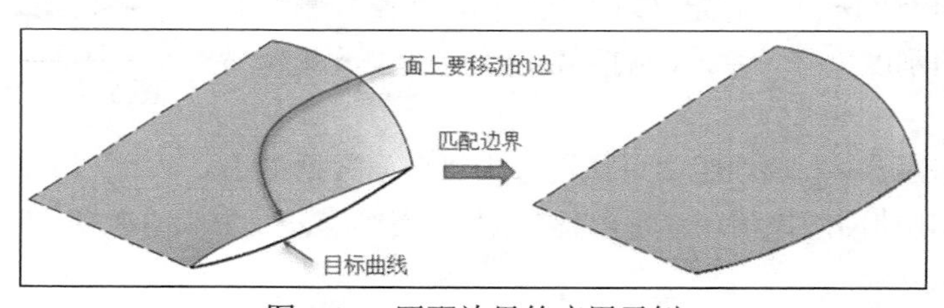

图 5-88 匹配边界的应用示例

3）选择面上的一条边来移动，再相应地选择目标曲线来匹配曲面边缘，如图 5-90 所示。

知识点拨 “匹配边界”对话框支持对 4 条面边缘和相应的目标曲线的选择，其中第 2 条到第 4 条边缘是可选的，相应地，第 2 条到第 4 条目标曲线也是可选的。

4）单击鼠标中键结束命令或单击“确定”按钮✔。

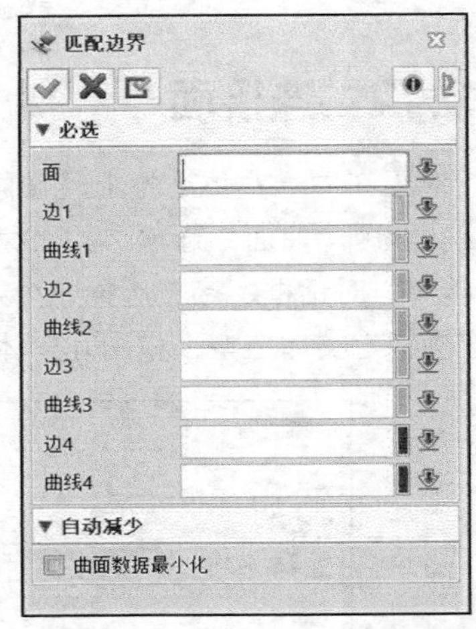

图 5-89 “匹配边界”对话框

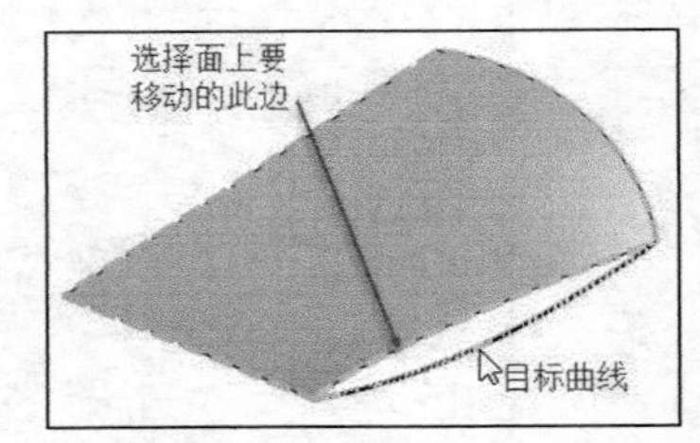

图 5-90 选择面上要移动的边和目标曲线

5.3.14 匹配相切

“匹配相切”是指修改相邻的两个面以使它们沿着一条共享的边连续相切，其中一个面作为主面，另一个面作为从属面，主面属性保持不变，从属面需要配合主面做出适当调整，与主面匹配相切，而从属面之间不相互匹配。需要注意的是，当自由度不够大时，不是所有面都可以通过“匹配相切”来与其主面相切。

“匹配相切”的案例如图 5-91 所示。下面介绍该案例的操作步骤，配套的素材文件为“HY-匹配相切.Z3PRT”。

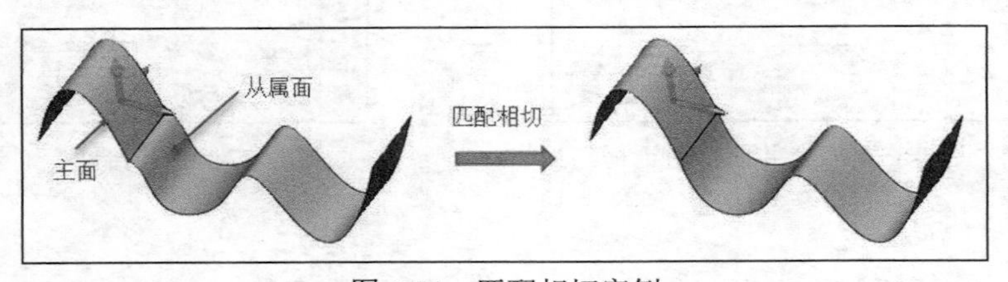

图 5-91 匹配相切案例

1）在功能区“曲面”选项卡的“编辑面”面板中单击“匹配相切”按钮，打开图 5-92 所示的“匹配相切”对话框。

2）选择主面或带缝的面，单击鼠标中键。

3）选择与主面要相切匹配的面（从属面），单击鼠标中键结束从属面选择。

4）在“设置”选项组的“影响”框中输入影响系数，该影响系数的范围为“1～9”，它定义对于从属面产生全局影响的数量，与“弯曲刚度”有关系，影响系数越小则造型改变越局部化。

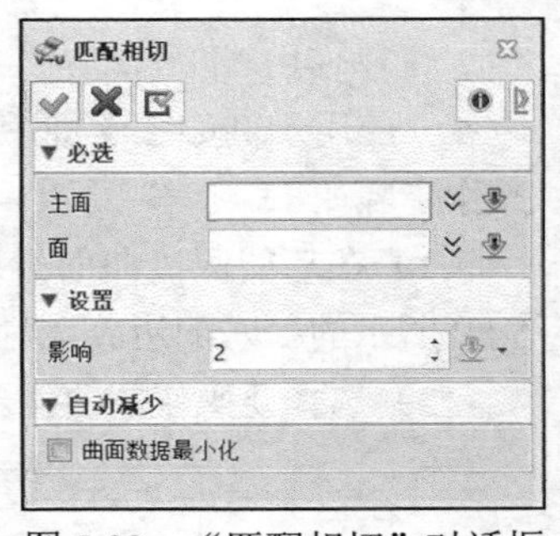

图 5-92 “匹配相切”对话框

5）在“自动减少”选项组中可通过选中“曲面数据最小化”复选框来优化曲面的控制点数量，此操作有可能影响曲面生成的速度，但是影响比较有限。默认时不选中此复选框。

6）单击“确定”按钮✔。

5.3.15 展开平面

可以根据一组三维面的边展开来获得二维平面曲线，在默认时系统将面展开到 *XY* 平面的任意方向上，用户可以通过相应的平面选项将这些通过展开而得到的二维平面曲线放置在指定的平面上，典型示例如图 5-93 所示。

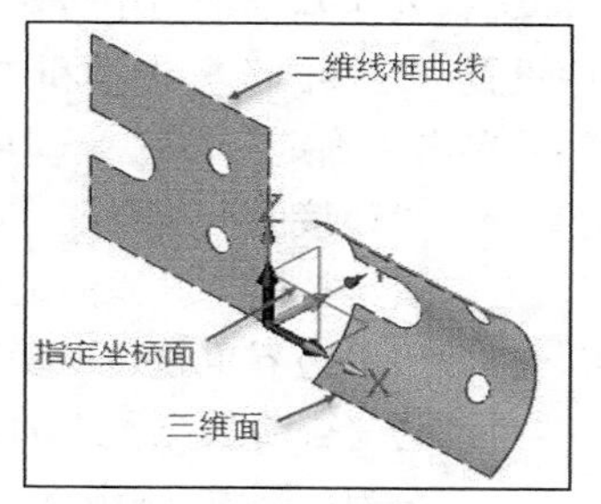

图 5-93 展开平面示例

在功能区“曲面”选项卡的“编辑面”面板中单击“展开平面”按钮，打开图 5-94 所示的“展开平面”对话框，在“必选”选项组中提供了两种展开方式，一种是“用自然边界展开”，另一种是“用固定边界展开”。

当选择“用自然边界展开”，默认时展开一组面到 *XY* 平面上，此时用户可以通过“定向”选项组的相应工具来将二维平面曲线定向放置到指定的平面上。“原点”收集器用于选择一个用于展开的基点，该基点与平面上的原点重合；“水平”收集器用于选择展开时的水平方向，该方向将展开到平面的 *X* 轴，若没有指定原点或水平方向，将使用一个随机的原点和水平方向；“平面”收集器用于选择展开后要放置的平面，或直接单击鼠标中键接受默认的 *XY* 平面。

当选择“用固定边界展开”时，需要选择要变平的面，指定源边（面上的边）及选择源边要映射的目标曲线，如图 5-95 所示，系统会将面上的边映射到曲线上，能处理“用自然边界展开”方式无法处理的被展开的造型。

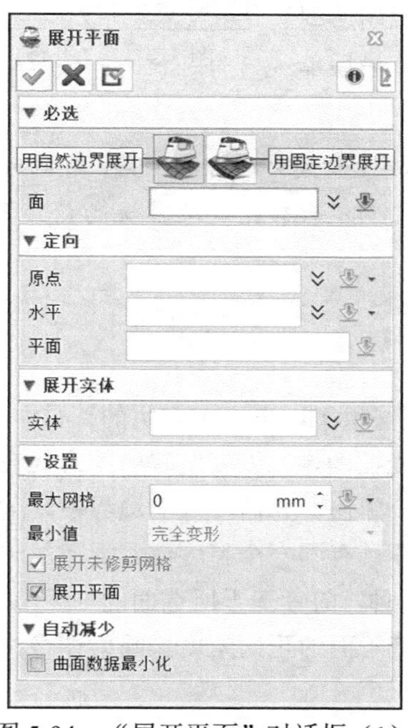

图 5-94 “展开平面”对话框（1）

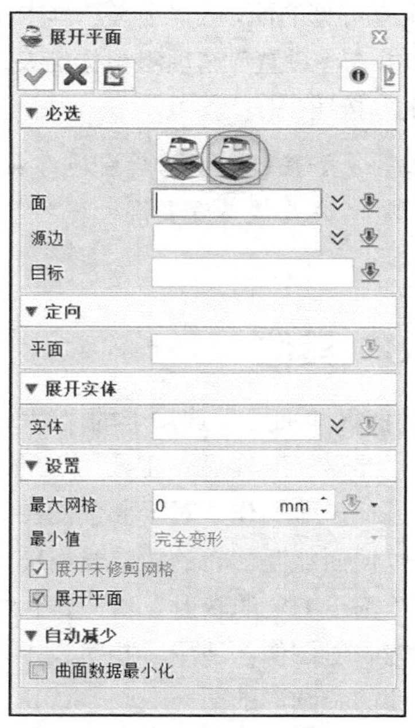

图 5-95 “展开平面”对话框（2）

5.3.16 炸开

使用“炸开”工具，可以从基础造型中炸开面或分离面，例如，对于一个圆柱体（实体），可以炸开一个面，也可以炸开所有的面而得到 3 个面（一个圆柱曲面，两个圆形端面）。

炸开面的操作比较简单，在功能区“曲面”选项卡的“编辑面”面板中单击“炸开”按钮，弹出图 5-96 所示的“炸开”对话框，选择要炸开的面（即选择要从基础造型中分离出来的面），在“设置”选项组中设置“连接面”复选框和“沿边界重建边”复选框的状态，然后单击“确定”按钮即可。

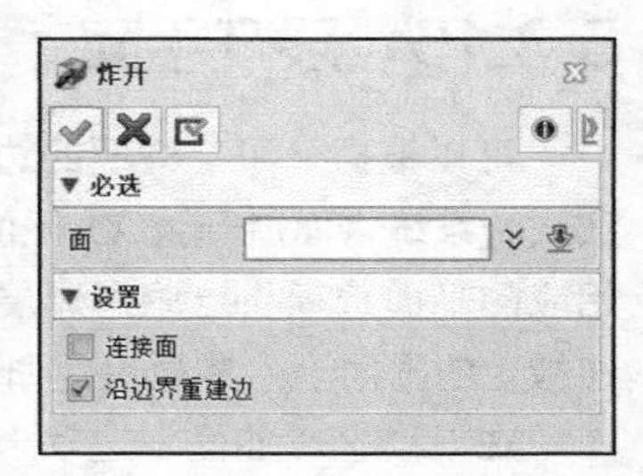

图 5-96 “炸开”对话框

- “连接面”复选框：如果选中此复选框，则在拆分之后维持面（独立的造型）之间的连接性。
- “沿边界重建边”复选框：如果选中此复选框，则在边缝合前沿着边界方向重新定义边，当边在设定几何的公差范围内，则边不会发生变化；当边不在设定公差范围内，则会显示两条不同的边。

5.3.17 缝合

可以通过缝合面（或相连的边）形成一个闭合实体，所述面的边缘必须相接才能缝合，边缘之间的间隙不超过缝合公差也视为相接。

要进行缝合操作，则在功能区“曲面”选项卡的“编辑面”面板中单击“缝合”按钮，弹出图 5-97 所示的“缝合”对话框，选择要缝合的面，或者单击鼠标中键选择当前激活的零件的所有可见的面，在“公差”框中指定用于匹配原始造型的公差，并在“设置”选项组根据需要进行相应设置，最后单击“确定”按钮。

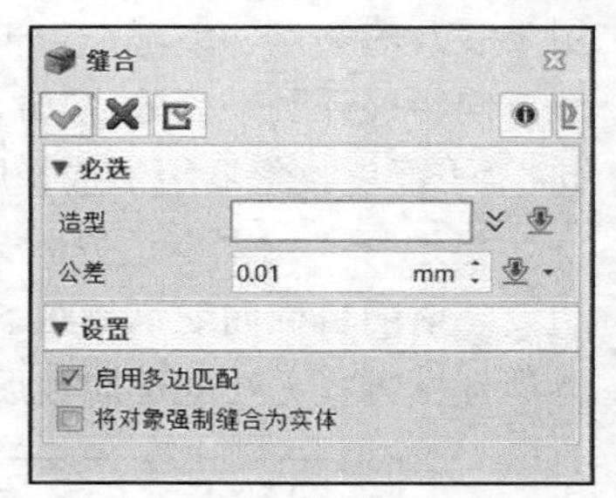

图 5-97 “缝合”对话框

操作技巧 如果缝合操作后发现存在不匹配的边，要注意最大间隙的问题，有时可以将缝合公差适当设置得大一些，以便于缝合零件，基本能满足常规的产品设计要求。

5.3.18 其他

在功能区“曲面”选项卡的“编辑面”面板中还提供了以下两个实用的工具。

- “浮雕”工具：主要用于通过外部的一幅光栅图像，以高度映射的方式在指定面上进行浮雕操作，对于彩色的图像会将它转化成黑白，光栅图像的边界被映射为零高度以使面能匹配它的边，光栅图像的所有边必须具有同一个亮度值。浮雕的映射类型分“基于 UV 的映射”和“基于角度的映射”两种，前者基于所选面的 U 和 V 空间参数来映射图像，适用于相对较平坦的面；后者基于面的正切角度来映射图像，适用于弯曲的和圆形的面。
- “通过 FEM 拟合方式平滑曲面”工具：使用此工具，可以使一个或多个 NURBS 曲面平滑化，同时该工具利用了创建曲面的有限元方法（FEM），具有显著快速的优点。

5.4 编辑边

在零件级的曲面知识范畴里，有一类编辑边的知识在曲面设计中也是比较重要的，包括

“删除环”“替换环”“反转环”“分割边”“连接边”和“拟合边”。

5.4.1 删除环

“删除环”工具用于删除面上的修剪环，示例如图 5-98 所示。该操作比较简单，在功能区“曲面”选项卡的“编辑边”面板中单击“删除环”按钮，打开图 5-99 所示的“删除环”对话框，选择要解除剪裁的面，从“环”下拉列表中选择一个所需的模式来决定删除哪些环，当选择“全部”选项时将删除所有环，“设置”选项组为可选设置，最后单击“确定”按钮即可。

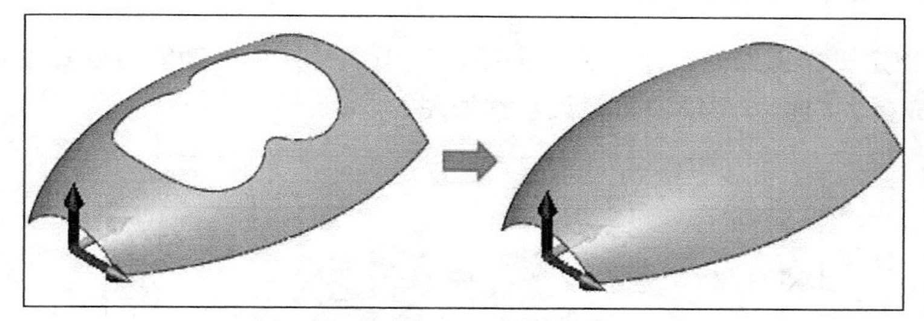

图 5-98 删除环的示例

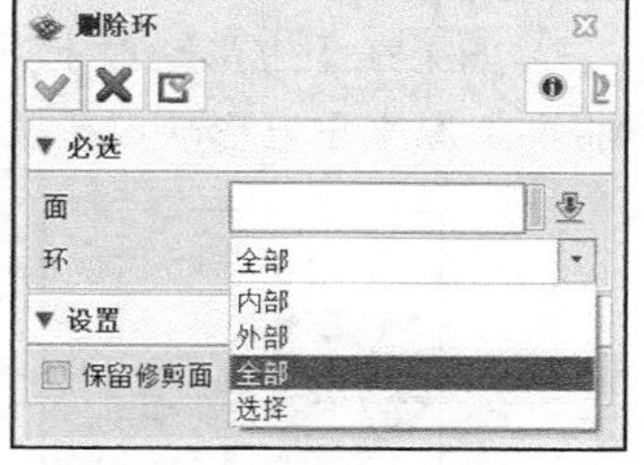

图 5-99 “删除环”对话框

知识点拨 “环”下拉列表提供的选项有“全部”“内部”“外部”和“选择”，“全部”选项用于删除所有环，没有被修剪的表面的那些外部边将作为新的外部边界；“内部”选项用于删除所有的内环，外环则被保留不变；“外部”选项用于删除当前的外环，那些没有被修剪的表面的外部边，将作为新的外部边界；“选择”选项用于删除被选择的环。

5.4.2 替换环

“替换环”工具主要用于替换指定面上的某个修剪环，并可以选择新的修剪环曲线正交投影至面上以在面上增加新修剪环。请看下面的一个操作范例，该范例要使用的配套素材文件为“HY-替换环.Z3PRT”，素材文件已有的原始曲面和曲线如图 5-100 所示。

1）在功能区“曲面”选项卡的“编辑边”面板中单击“替换环”按钮，打开图 5-101 所示的“替换环”对话框。

2）选择要修改的面，如图 5-102 所示。

3）在该面上选择要移除的环上的边，如图 5-103 所示（本例选择要移除的环边为一个正方形的 4 条边），选择好全部环边后单击鼠标中键继续下一步。

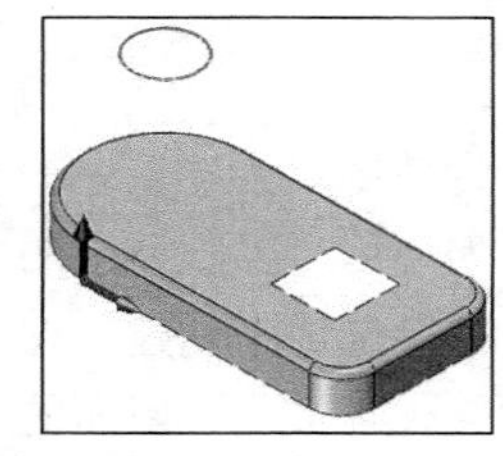

图 5-100 原始曲面和曲线

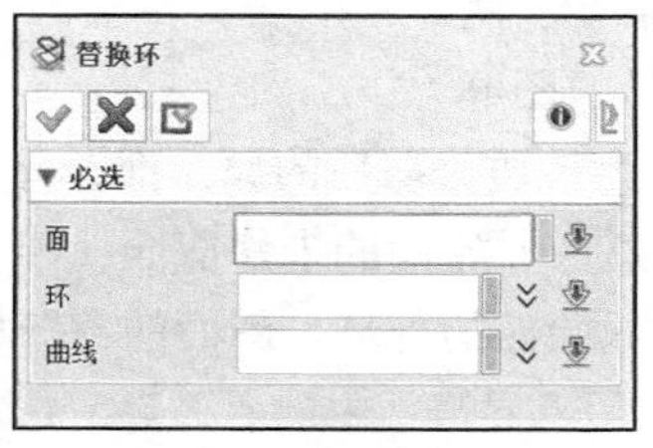

图 5-101 “替换环”对话框

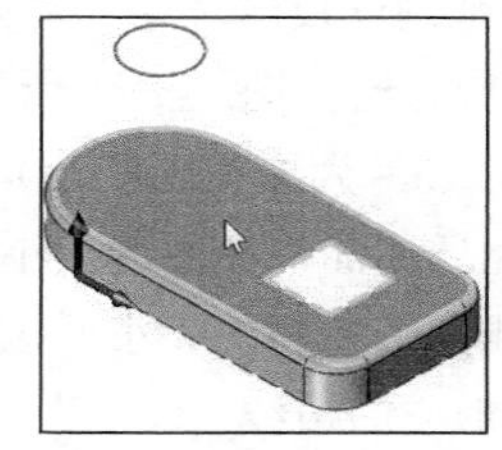

图 5-102 选择要修改的面

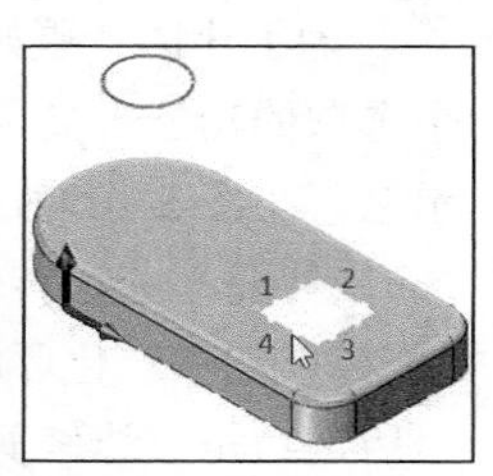

图 5-103 选择要移除的环边

4）选择曲线作为新的环，本例选择图5-104所示的一个圆。

5）在“替换环”对话框中单击“确定”按钮，得到的结果如图5-105所示。

图5-104 选择新添加环的曲线

知识点拨 在使用“替换环”工具的过程中，如果没有要删除的环，那么在“替换环”对话框的“环”收集器处于激活状态时直接单击鼠标中键切换到下一步；如果没有要添加的环，那么在“曲线”收集器处于激活状态时便直接单击鼠标中键。

如果在正方形缺口上方指定平面上绘制一个长方形曲线，使用“替换环”功能可以实现将面上原来正方形缺口替换成更大的长方形缺口，效果示意如图5-106所示。

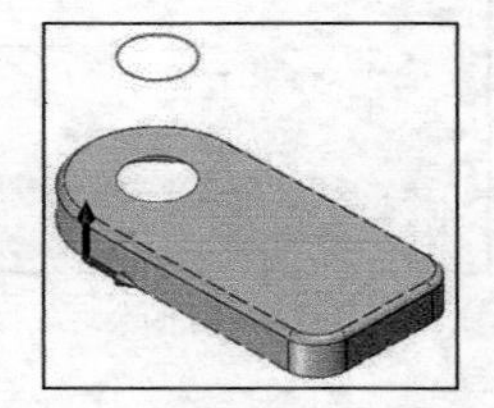
图5-105 本例替换环操作的结果

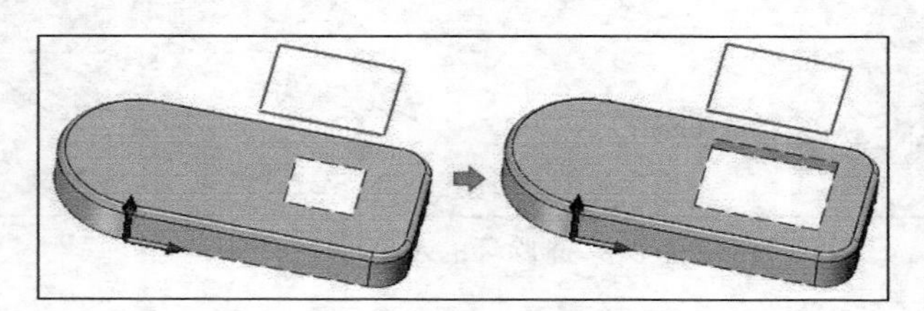
图5-106 另外一个替换环操作的效果示意

5.4.3 反转环

“反转环”工具主要用于通过转化一个选定面的修剪环来创建新面，即能在选定面上有修剪孔的地方创建新面，新面与选定面的数学特性是匹配的，如图5-107所示。

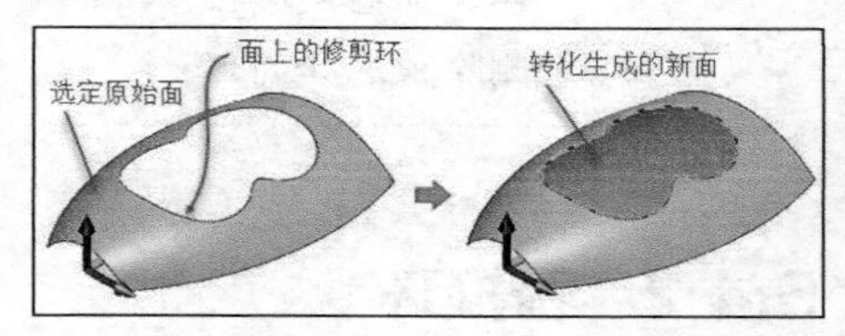

图5-107 反转环示例

其操作方法比较简单，在功能区“曲面”选项卡的“编辑边”面板中单击“反转环”按钮，打开图5-108所示的“反转环”对话框，选择一个面，并选择位于该面上的环上边或单击鼠标中键以全部选择面上环，然后在“选项”选项组的“界限”下拉列表中设定基本参数范围（“非修剪面”选项表示使用未修剪基础面定义新面的范围，“外环”选项使用未修剪面的最外层环定义新面的范围），最后单击“确定”按钮。

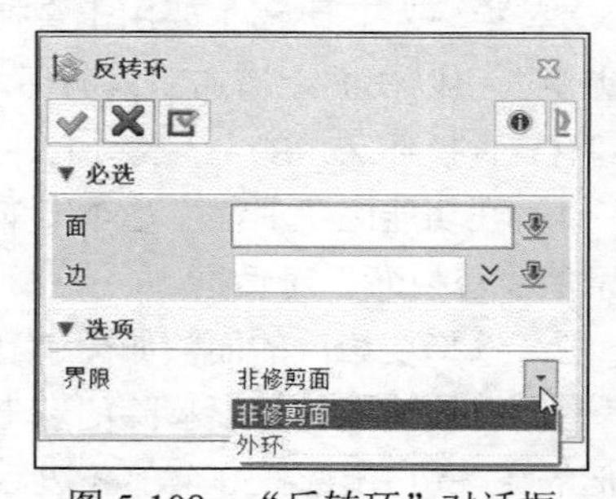

图5-108 “反转环”对话框

为了让读者更好地理解反转环中“界限”的两个选项的功能含义，特意给出图5-109所示的图解示意。在图5-109中，（a）为原始面；（b）为三边修剪后的原始面；（c）为使用“界限”中的“非修剪面”选项转化环成面，新面的大小适应原始面的未修剪面；（d）为使用“界限”中的“外环”选项转化环成面，新面的大小适应原始面的外环，新面的部分根据所选边来创建，这里所选边是三边修剪形成的边线；（e）为使用“界限”中的“外环”选项转化环成面，新面的大小适应原始面的外环，这里与（d）不同的地方在于所选边不同，在开始选择要转化的环边时直接单击鼠标右键以选择所有环。有兴趣的读者可以打开“HY-反转环界限练习.Z3PRT”文件进行相应的练习，以加深对反转环界限设置的理解。

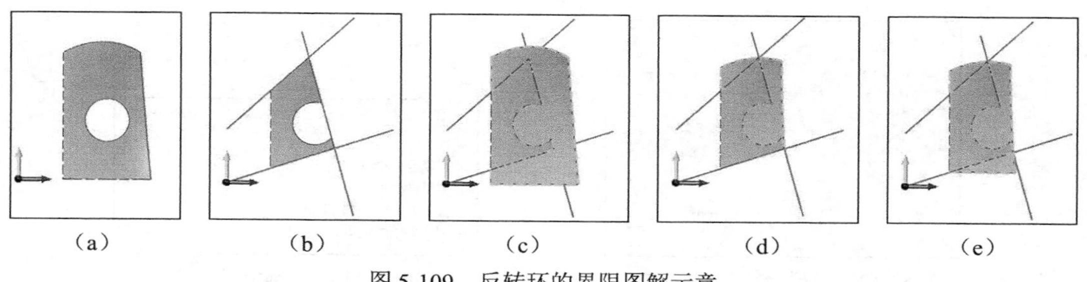

图 5-109 反转环的界限图解示意

5.4.4 分割边

“分割边”工具用于在所选点上分割面的边，如图 5-110 所示。分割边的操作方法及步骤很简单，在功能区“曲面”选项卡的“编辑边”面板中单击“分割边”按钮，在面上选择要操作的边，接着选择分割点（即打断点），然后单击“确定”按钮或单击鼠标中键即可。

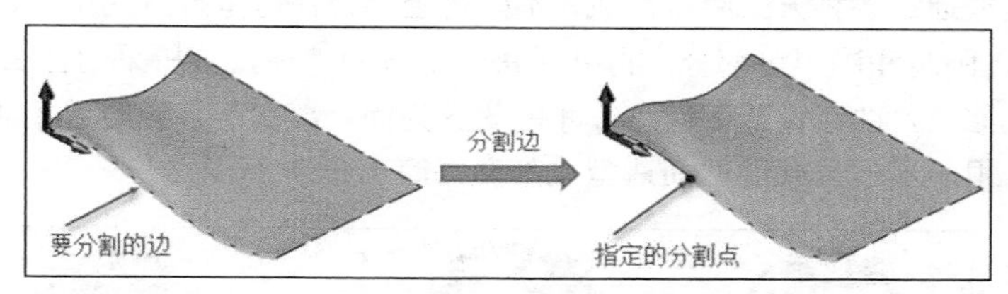

图 5-110 分割边示例

5.4.5 连接边

“连接边”工具用来连接（合并）面上可兼容的相邻边，使面上两条或多条边形成一条单一的边界线，如图 5-111 所示。连接边的操作方法及步骤同样很简单，在功能区“曲面”选项卡的“编辑边”面板中单击“连接边”按钮，选择要合并的顶点，或者直接单击鼠标中键检查和选择所有顶点来进行合并，可以根据需要更改默认的角度公差（角度公差用于匹配切线的连续性，以辅助决定两条相邻边是否需要连接），最后单击“确定”按钮。

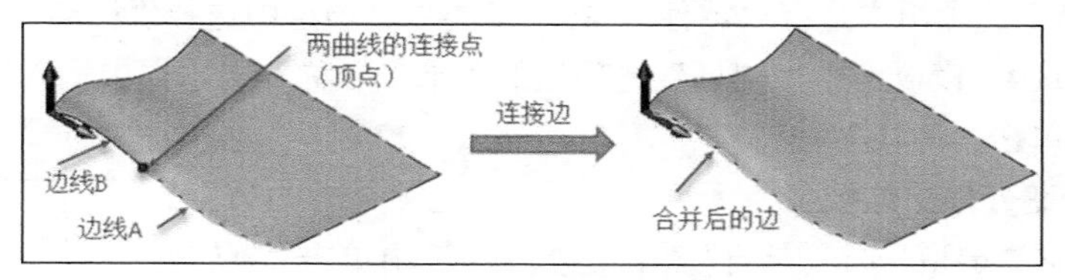

图 5-111 连接边示例

5.4.6 拟合边

“拟合边”工具主要用于在设定公差范围内拟合边的曲线使它变得更平滑及更紧凑。其操作方法及步骤是：在功能区“曲面”选项卡的“编辑边”面板中单击“拟合边”按钮，打开图 5-112 所示的“拟合边”对话框，选择要操作的边，或者直接单击鼠标中键以选择所有边，接受默认的公差或修正边的公差范围，然后单击“确定”按钮，系统会弹出图 5-113

所示的一个“输出”窗口来列出拟合边的情况及结果信息。

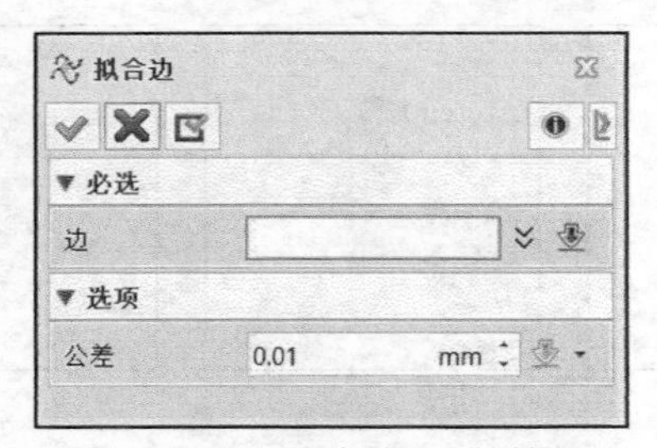

图 5-112 “拟合边”对话框

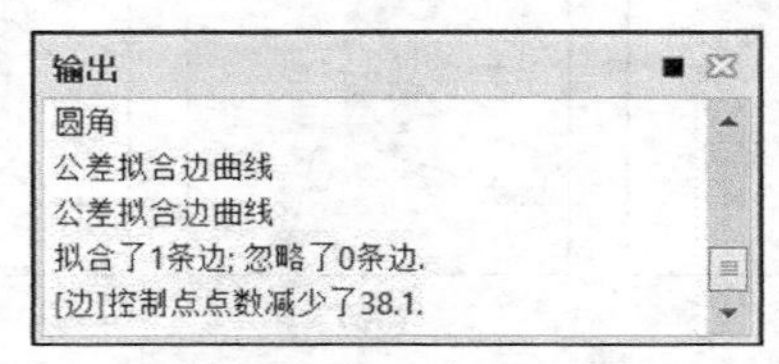

图 5-113 “输出”窗口

5.5 曲面建模综合案例

本节介绍一个曲面建模综合案例，该案例要完成的是大家比较熟悉的企鹅公仔造型，如图 5-114 所示。企鹅公仔造型看似比较复杂，但通过结构拆解就显得简单了。任何复杂模型都是由简单基本造型通过各种方式组合而成，不妨将企鹅公仔造型拆解为主体、嘴巴、腿脚、翅膀（手）、肚皮、眼睛和围巾等部分，再针对每一部分的建模，分析采用什么方法比较容易建模并且便于后期修改，曲面设计如何进行才能化繁为简。事实上，只要掌握曲面由点-线-面的基本构建思路，很多看似复杂的曲面造型也都变得简单起来了。

图 5-114 企鹅公仔曲面造型

本曲面建模综合案例的建模步骤如下。

1. 新建一个标准零件文件

启动中望 3D 软件并设定所需的工作目录后，单击“新建”按钮，弹出“新建文件”对话框，在“类型”选项组中选择“零件”，在“子类”选项组中选择“标准”，在“模板”选项组中选择“【默认】”模板，在“信息”选项组的“唯一名称”文本框中输入“HY-企鹅公仔曲面造型”，然后单击“确认”按钮。

2. 构建企鹅公仔主体模型

1）在功能区“造型”选项卡的“基础造型”面板中单击“旋转”按钮，弹出“旋转”对话框，选择 *XZ* 基准坐标平面作为草绘平面，绘制图 5-115 所示的旋转截面，单击“退出”按钮，系统弹出“ZW3D”对话框提示在当前草图中有开放环或交叉环，询问是否还要继续，单击“是”按钮，返回到“旋转”对话框。绘制的草图作为旋转截面轮廓。

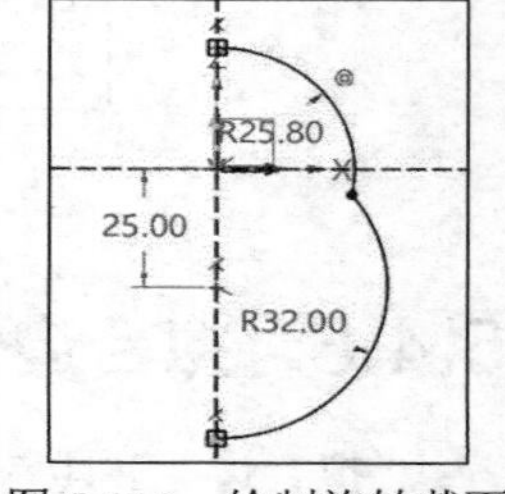

图 5-115 绘制旋转截面

2）选择 *Z* 轴作为旋转轴，设置旋转类型为“2 边”，起始角度为 0deg，结束角度为 360deg，如图 5-116 所示。

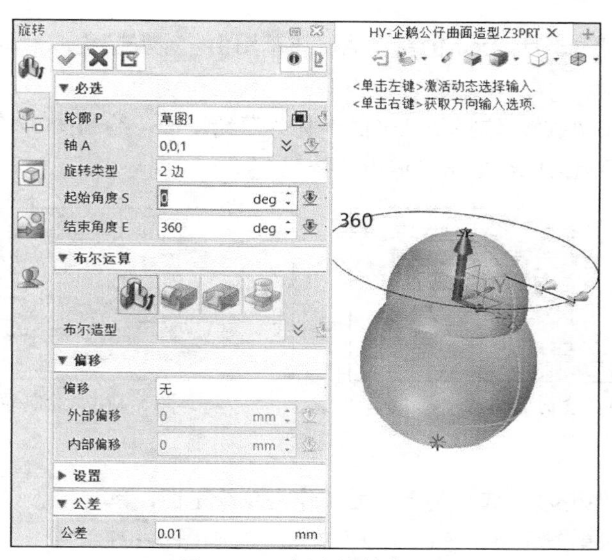

图 5-116 创建旋转特征

3）单击“确定”按钮，创建一个旋转特征作为企鹅公仔模型的主体造型。为了便于其他构造部分的建模，可以临时将该旋转特征主体造型隐藏起来，方法是在历史树中右击“旋转1_基体”特征并从弹出的快捷菜单中选择“隐藏”命令。

3. 构建企鹅公仔嘴巴造型

1）创建 3 个基准面。

单击“基准面”按钮，弹出“基准面”对话框，在“必选”选项组中单击选择“偏移平面”按钮，选择 *XY* 坐标平面，设置偏移距离为 4.6mm，如图 5-117 所示，单击“应用”按钮，创建基准平面 1。

选择 *XZ* 坐标平面作为参考平面，设置新偏移距离为 7mm，单击“应用”按钮，创建基准平面 2。

选择 *XZ* 坐标平面作为参考平面，设置新偏移距离为 18.5mm，单击“确定”按钮，创建基准平面 3。一共创建 3 个基准平面，如图 5-118 所示。

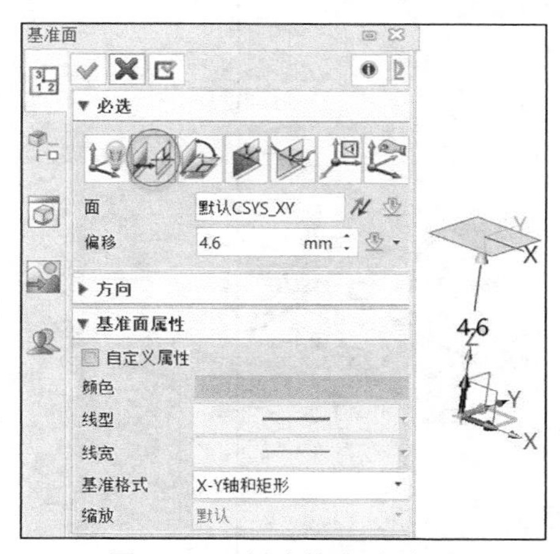

图 5-117 创建基准平面 1

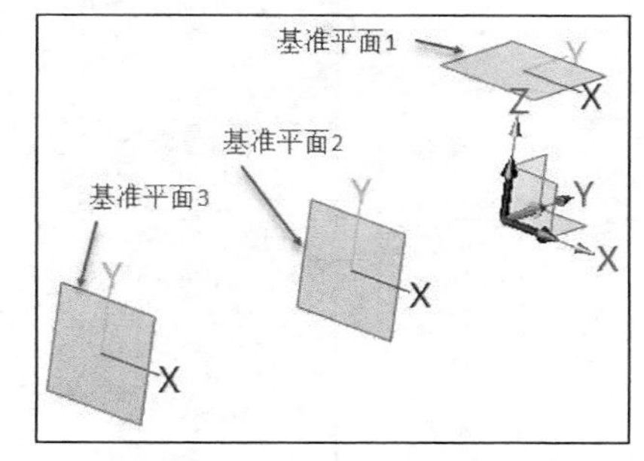

图 5-118 创建 3 个基准平面

2）绘制草图 A。

在功能区“造型”选项卡的“基础造型”面板中单击“草图”按钮，选择基准平面 2

作为草绘平面，绘制图5-119所示的草图A，该草图由一个椭圆构成，单击“退出”按钮。

3）绘制草图B。

单击“草图”按钮，选择基准平面3作为草绘平面，绘制图5-120所示的草图B，该草图同样也由一个椭圆构成，单击“退出”按钮。

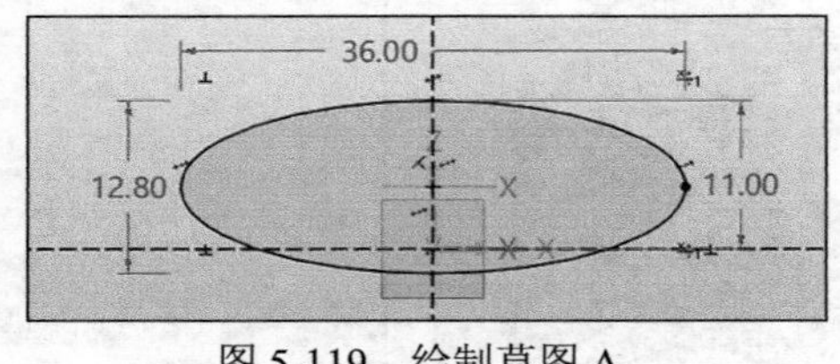

图5-119 绘制草图A

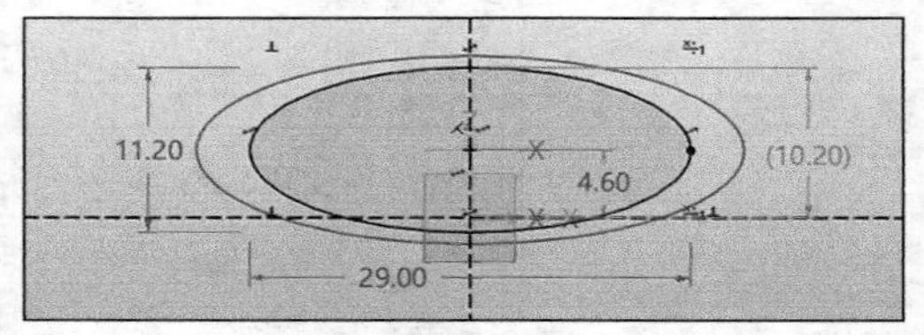

图5-120 绘制草图B

4）绘制草图C。

单击“草图”按钮，选择基准平面1作为草绘平面，单击鼠标中键快速进入草图环境。单击“点”按钮+绘制图5-121所示的一个点。单击“退出”按钮，完成草图C的绘制。

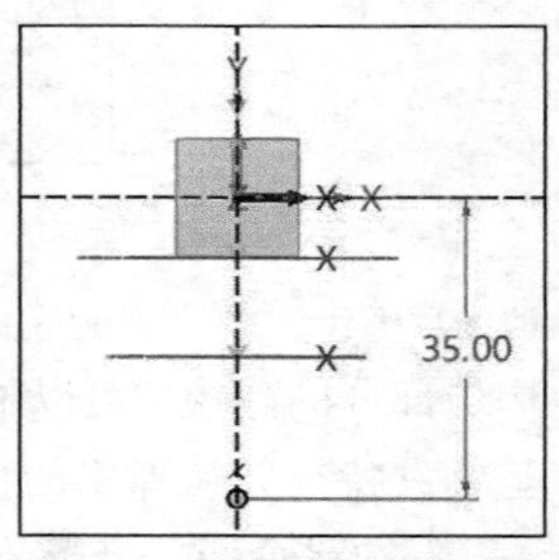

图5-121 绘制一个草绘点

5）创建一条样条曲线。

在功能区切换至“线框”选项卡，从“曲线”面板中单击“样条曲线”按钮，弹出“样条曲线”对话框，在“必选”选项组中选择“通过点”按钮，依次选择点1、点2和点3，其中点1和点2均为椭圆的关键节点，点3为绘制草图C所创建的草图点；在“参数化”选项组中设置阶数为3，光顺技术选项为“能量”，选中“创建开放曲线”复选框，点3将作为该样条曲线的一个端点，需要在该端点处设置样条曲线的连续类型为“G1（相切）”，注意切向方向正确；还需要在“设置”选项组的“对齐方式”下拉列表中选择“选定”选项，激活“对齐平面”收集器，选择先前创建的基准平面1作为对齐平面，选中“投影到平面”复选框和“点在对齐平面上”复选框，如图5-122所示，单击“确定”按钮。

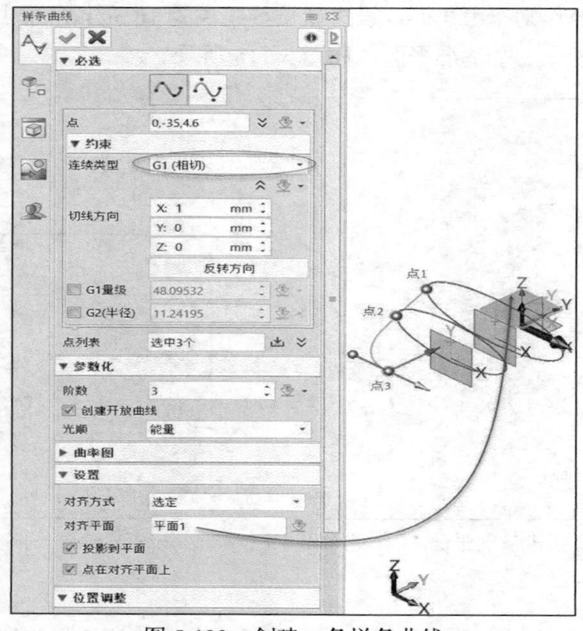

图5-122 创建一条样条曲线

6）镜像样条曲线。

在功能区“线框”选项卡的“基础编辑”面板中单击“镜像几何体”按钮，弹出“镜像几何体”对话框，选择步骤5）创建的样条曲线，单击鼠标中键；选择 *YZ* 坐标平面，在“设置”选项组中选中“复制”单选按钮和“关联复制”复选框，如图5-123所示，单击“确定”按钮，镜像结果如图5-124所示。

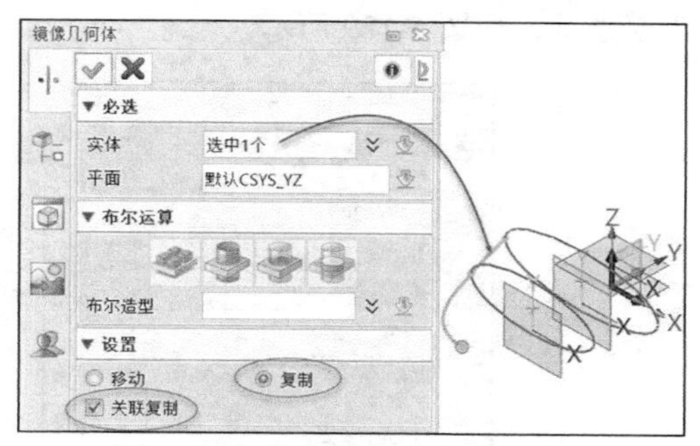

图5-123 镜像样条曲线的操作

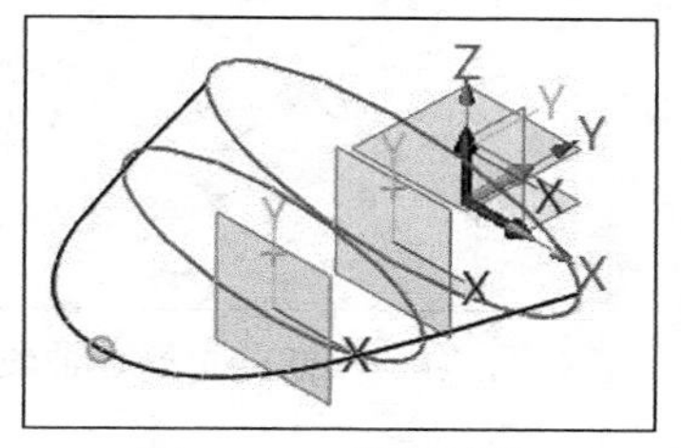

图5-124 镜像结果

此时，可以将基准平面1、基准平面2和基准平面3的显示状态设置为隐藏。

7）再创建一条样条曲线。

在功能区“线框”选项卡的“曲线”面板中单击“样条曲线”按钮，依次选择5个点来创建一条样条曲线，如图5-125所示，单击“确定”按钮。

8）将步骤7）创建的样条曲线在中间位置处打断。

在功能区“线框”选项卡的“编辑曲线”面板中单击“通过点修剪/打断曲线”按钮，选择步骤7）创建的样条曲线，然后指定打断点，如图5-126所示，单击“确定”按钮。

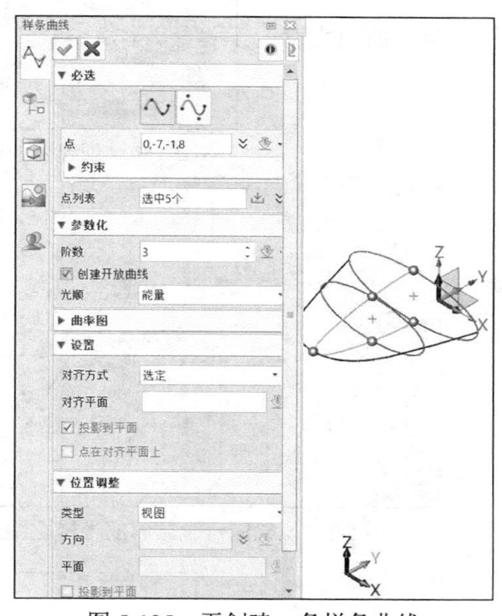

图5-125 再创建一条样条曲线

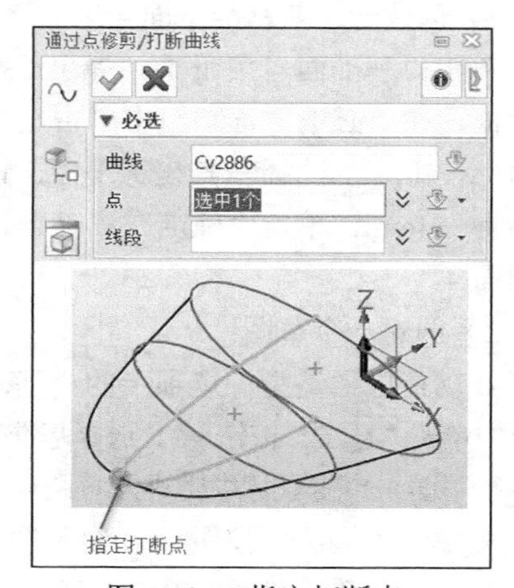

图5-126 指定打断点

9）使用“U/V 曲面”命令创建嘴型曲面。

在功能区切换至“曲面”选项卡，从“基础面”面板中单击“U/V 曲面”按钮，打开“U/V 曲面”对话框，按照次序选择图5-127所示的4条曲线作为U曲线，每选择一条U曲线后都要单击鼠标中键，并且在选择每条曲线时注意曲线方向要一致，如果发现某条曲线方向不一致，单击“反向”按钮来进行切换。

在“V 曲线”列表对应的“曲线段”收集器框内单击一下以将其激活，选择大椭圆曲线作为第一条V曲线，单击鼠标中键，再选择小椭圆作为第二条V曲线，单击鼠标中键，如图5-128所示。同样要注意曲线方向要一致。

在“设置”选项组中选中“延伸到交点”复选项，如图5-129所示。

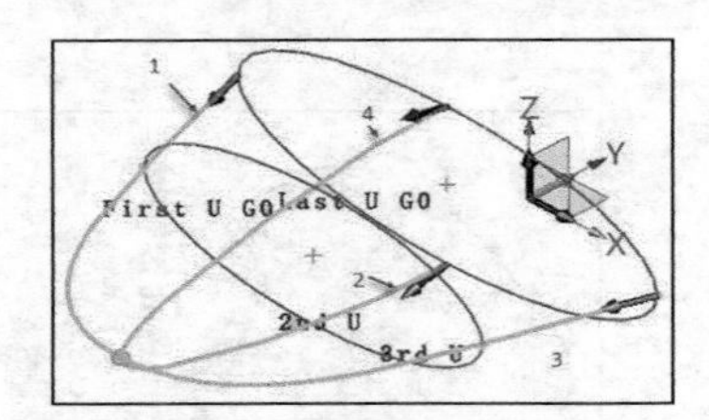

图5-127 指定4条U曲线

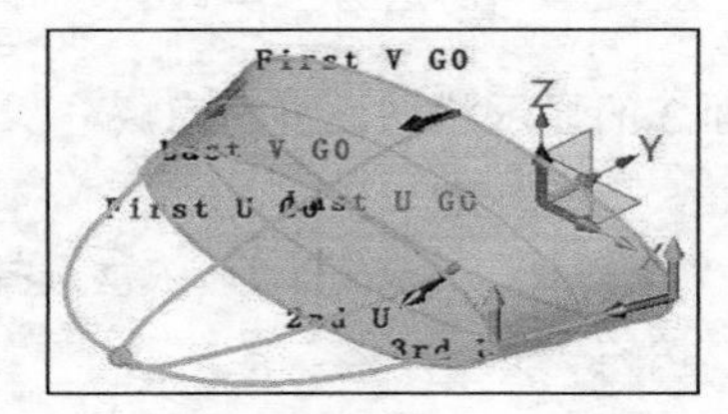

图5-128 指定2条V曲线

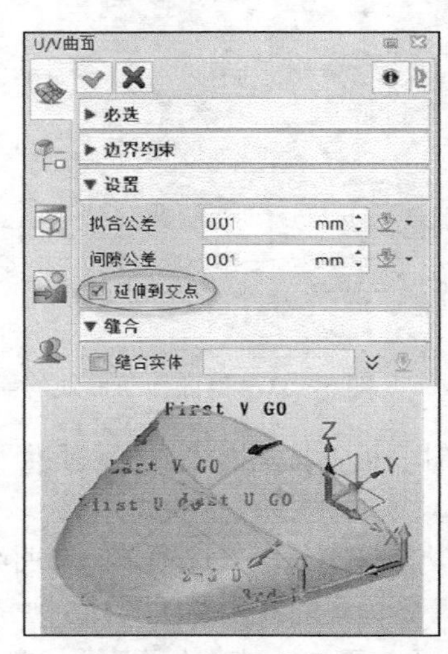

图5-129 U/V曲线设置

在“U/V 曲面”对话框中单击“确定”按钮，创建的嘴型曲面（嘴巴造型曲面）如图5-130所示。

此时，可以利用历史特征树将相关的草图、曲线、曲面均设置至隐藏状态，以便设计其他部分的造型。

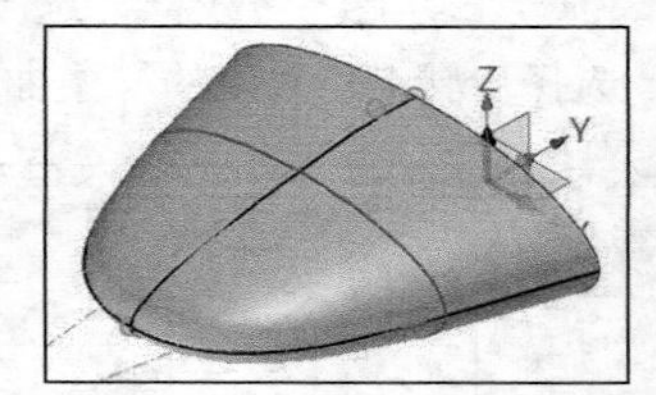

图5-130 创建嘴型曲面

4. 构建企鹅公仔腿脚造型

1）创建一个新基准平面4。

单击“基准面”按钮，弹出“基准面”对话框，在“必选”选项组中单击选择“偏移平面”按钮，选择 *XY* 坐标平面，设置偏移距离为−54mm，单击“确定”按钮，创建基准平面4。

2）创建一个草图。

在功能区“造型”选项卡的“基础造型”面板中单击“草图”按钮，选择基准平面4作为草绘平面，单击鼠标中键进入草图环境。

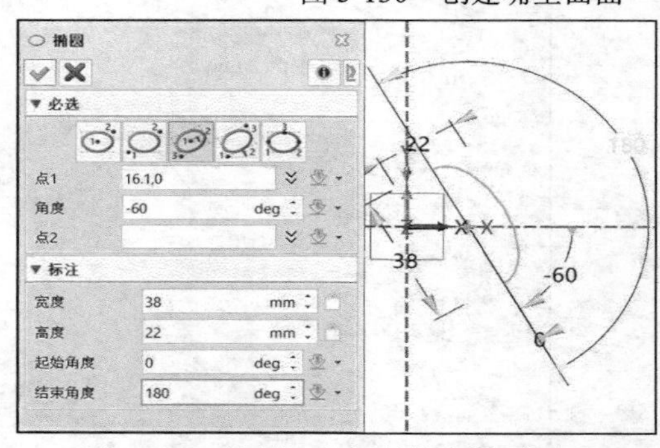

图5-131 绘制一个倾斜的半椭圆图形

先单击“椭圆”按钮，绘制图5-131所示的倾斜的半椭圆图形，单击“确定”按钮。

再单击“直线”按钮，连接半椭圆两个端点形成封闭图形，并标注相关的尺寸，如图5-132所示，单击“退出”按钮。

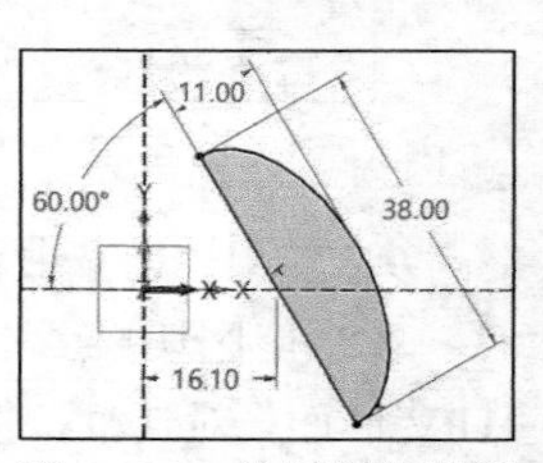

图5-132 绘制封闭图形

3）创建旋转特征。

在功能区“造型”选项卡的“基础造型”面板中单击“旋转”

按钮，选择上一步绘制的草图作为旋转轮廓，指定草图中的直线为旋转轴，相关旋转设置如图 5-133 所示。

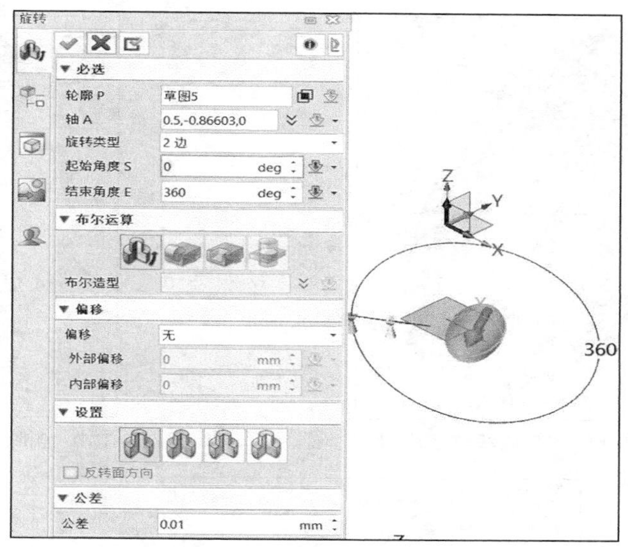

图 5-133　创建旋转特征

最后在“旋转”对话框中单击“确定”按钮，创建旋转实体特征。此时可以将该旋转特征所用到的草图特征隐藏起来。

4）以拉伸的方式切除实体材料。

在功能区“造型”选项卡的“基础造型”面板中单击“拉伸”按钮，打开“拉伸”选项卡，选择基准平面 4 作为草绘平面，进入内部草图环境，绘制图 5-134 所示的图形，单击“退出”按钮，返回到“拉伸”对话框。

设置拉伸类型为“对称”，结束点位置为 15mm 处，在“布尔运算”选项组中单击“减运算”按钮，激活“布尔造型”收集器并选择用于构建腿部的旋转实体，单击鼠标中键，在“偏移”选项组的“偏移”下拉列表中选择“无”选项，在“设置”选项组中选择“两端封闭”选项定义轮廓封口，单击“确定”按钮，结果如图 5-135 所示。

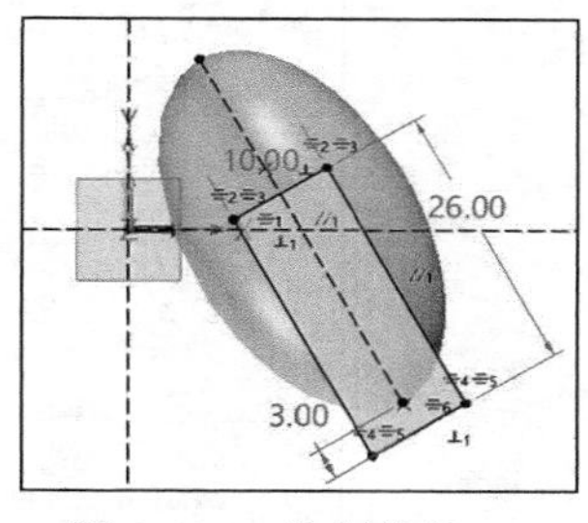

图 5-134　绘制拉伸截面

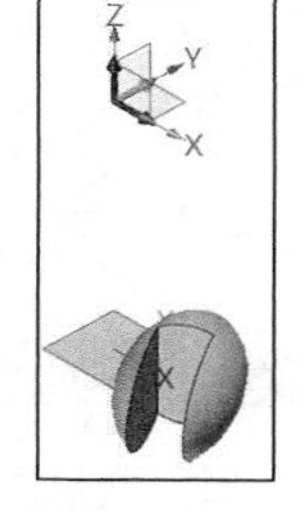

图 5-135　拉伸切除的结果

5）在基准平面 4 上创建一个草图。

在功能区“造型”选项卡的“基础造型”面板中单击“草图”按钮，选择基准平面 4 作为草绘平面，单击鼠标中键，快速进入草图环境。绘制图 5-136 所示的草图，单击“退出”按钮。

6）删除选定的实体表面以获得所需的开放曲面。

如图 5-137 所示，结合“Ctrl”键选择 3 个实体表面，按“Delete”键将它们快速删除。

7）创建 U/V 曲面并缝合实体。

在功能区切换至“曲面”选项卡，从“基础面”面板中单击“U/V 曲面”按钮，分别指定 U 曲线（2 个）和 V 曲线（3 个），注意各方向曲线的方向要一致，设置边界约束条件均为 G1 连续方式，如图 5-138 所示，在“缝合”选项组中选中“缝合实体”复选框，并激活“缝合对象”收集器，单击要缝合的实体对象，单击“确定”按钮✔。此时可以将基准平面 4 的显示状态更改为隐藏。

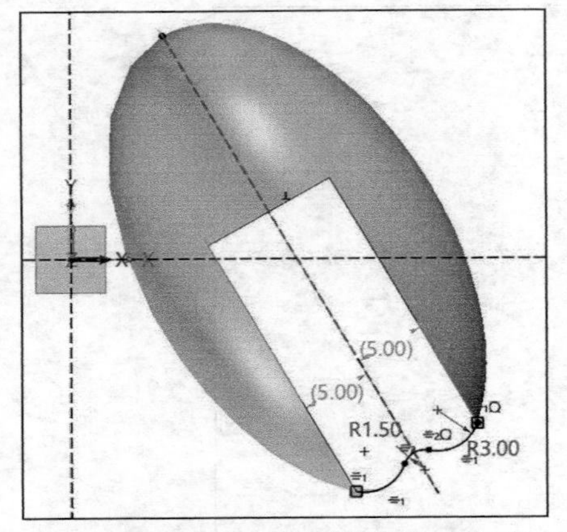

图 5-136 绘制相切圆弧曲线链（草图）

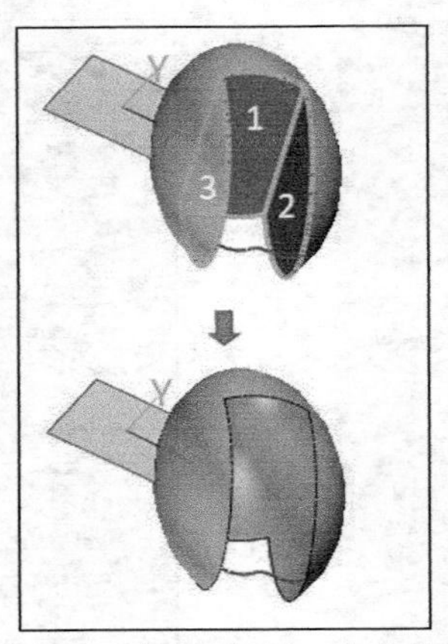

图 5-137 删除指定的 3 个实体表面

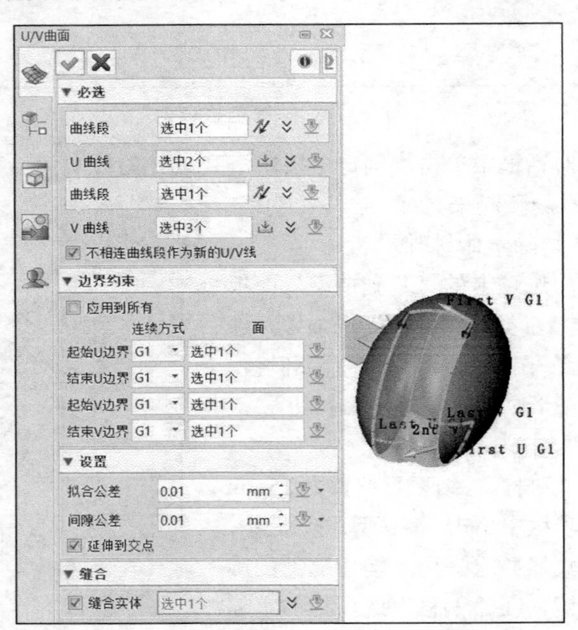

图 5-138 创建 U/V 曲面并缝合实体

知识点拨 也可以在“U/V 曲面”对话框中不选中“缝合实体”复选框，而是单纯地创建一个 U/V 曲面，然后单击“缝合”按钮，利用图 5-139 所示的“缝合”对话框选择要缝合的曲面及设置相应的复选框来进行缝合操作，缝合曲面形成封闭空间的对象将缝合为实体。

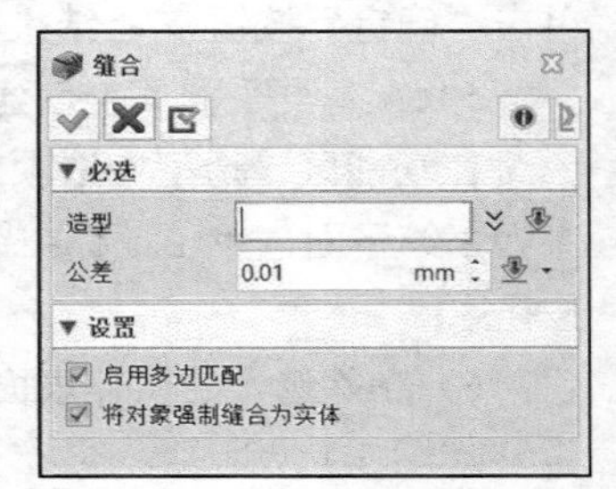

图 5-139 “缝合”对话框

8）修剪脚底。

先单击“基准面”按钮，创建一个自 *XY* 基准面偏移−59mm 的新基准平面（即基准平面 5），如图 5-140 所示，单击“确定”按钮✔。

在功能区“造型”选项卡的“编辑模型”面板中单击“修剪”按钮，选择腿部实体作为要修剪的实体，接着选择新基准平面5作为修剪面，如图5-141所示，单击“确定”按钮。

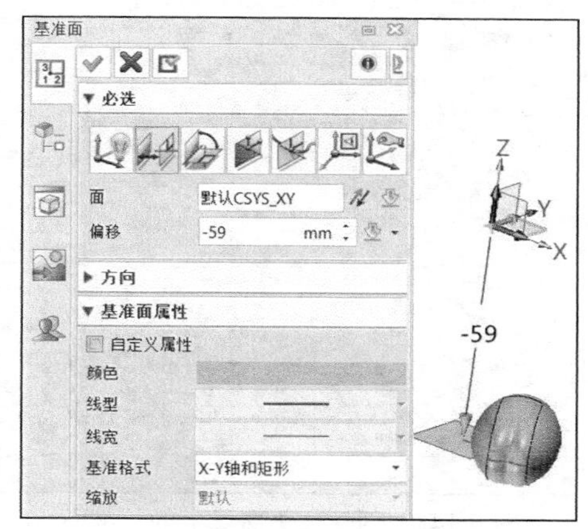

图5-140 创建一个基准面

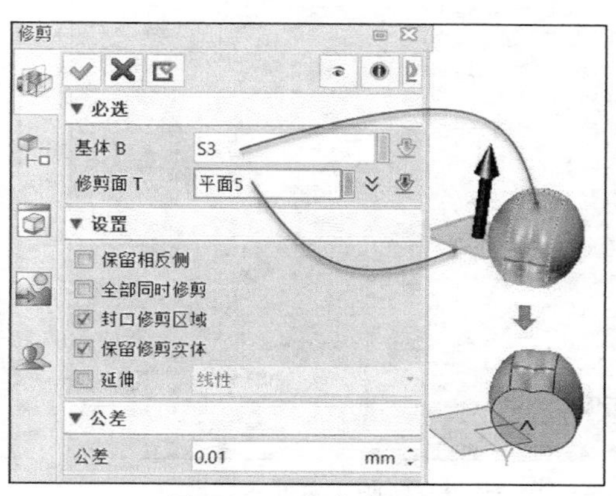

图5-141 修剪实体

9）镜像腿脚造型。

将企鹅旋转主体、嘴部造型曲面重新显示出来，将位于基准平面4上的草图曲线隐藏，同时也将新基准平面5隐藏。

在功能区“造型”选项卡的“基础编辑”面板中单击“镜像几何体”按钮，选择腿脚造型的全部面几何（一共3个），单击鼠标中键继续下一步，选择*YZ*基准面作为镜像平面，在“设置”选项组中选择“复制”单选按钮，选中“关联复制”复选框，如图5-142所示，然后单击“确定”按钮，镜像结果如图5-143所示。

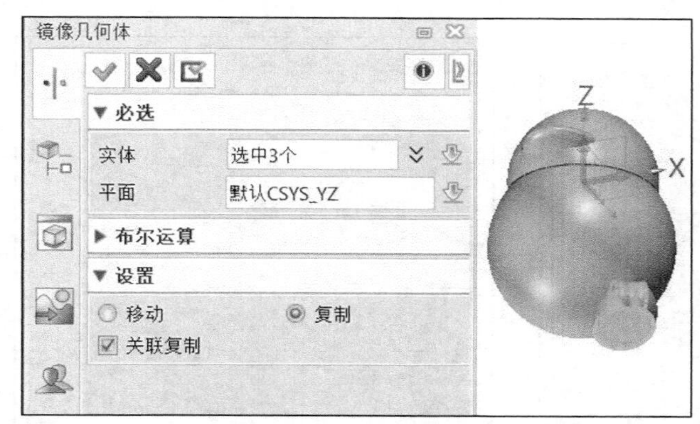

图5-142 镜像腿脚造型

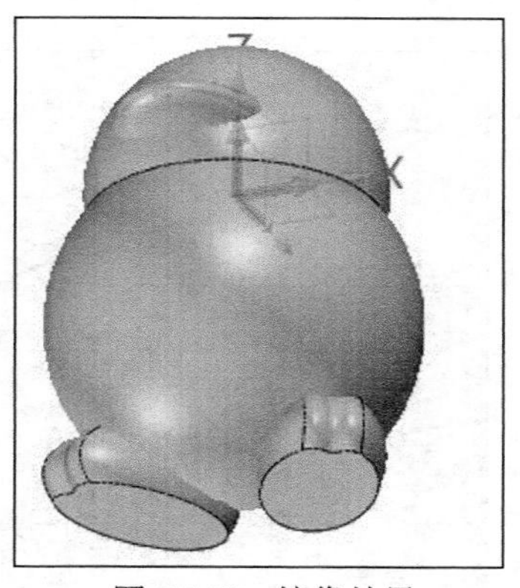

图5-143 镜像结果

5. 构建企鹅公仔翅膀（手）造型

1）创建一个将用作扫掠轨迹的草图。

先切换至“线框”显示样式，接着单击“草图”按钮，选择*XZ*坐标平面作为草绘平面，单击鼠标中键快捷进入草图环境，单击“样条曲线”按钮绘制图5-144所示的一条样条曲线，单击“退出”按钮。

2）在样条曲线的上端点处创建一个基准平面6。

单击“基准面”按钮，打开“基准面”对话框，在“必选”选项组中单击“在曲线上”按钮，在靠近上端点位置选择样条曲线，选择“百分比”单选按钮，设置百分比为0，方向类型为“垂直”，如图5-145所示，单击“确定”按钮，创建基准平面6。

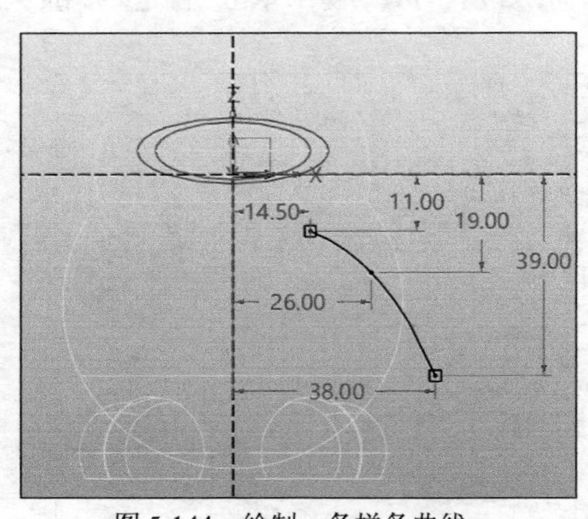

图 5-144 绘制一条样条曲线

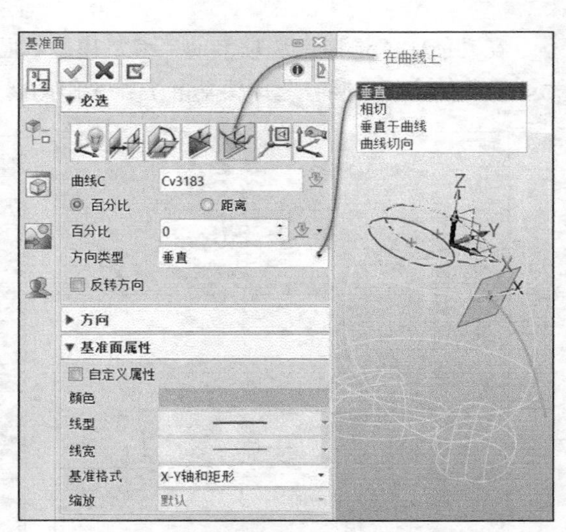

图 5-145 创建位于曲线上的基准面

3）创建将用作扫掠轮廓截面的草图。

单击“草图”按钮，选择基准平面 6 作为草绘平面，单击鼠标中键快捷进入草图环境，单击“椭圆”按钮绘制图 5-146 所示的一个椭圆，单击“退出”按钮。

4）创建扫掠实体特征。

在功能区“造型”选项卡的“基础造型”面板中单击“扫掠”按钮，打开“扫掠”对话框，选择刚创建的椭圆草图作为扫掠轮廓，单击鼠标中键，选择轮廓曲线所在的样条曲线作为扫掠路径，在“转换”选项组的“缩放”选项卡中，将缩放方法设定为“线性”，缩放比例从 1 到 0.68 线性变化，如图 5-147 所示。

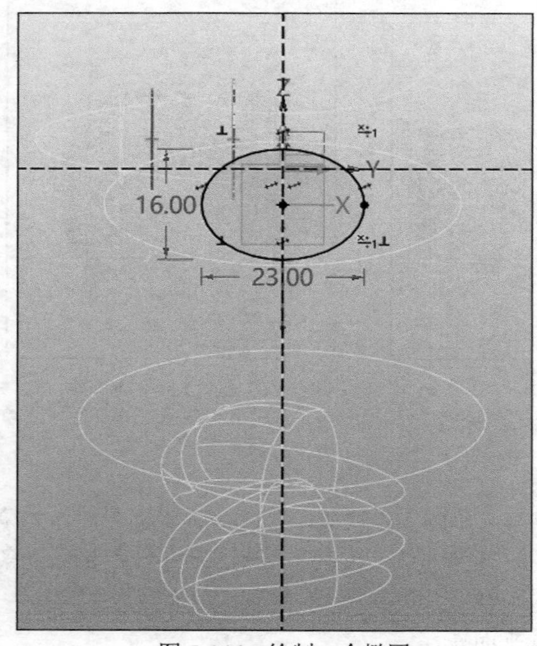

图 5-146 绘制一个椭圆

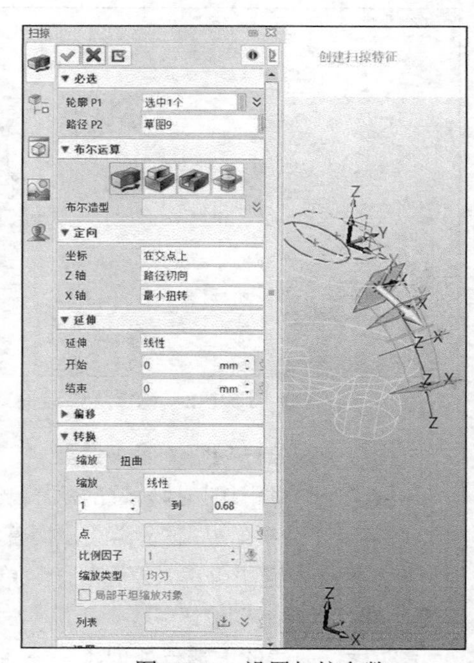

图 5-147 设置扫掠参数

在“扫掠”对话框中单击“确定”按钮，创建一个扫掠实体特征，切换至“着色”显示模式，如图 5-148 所示。

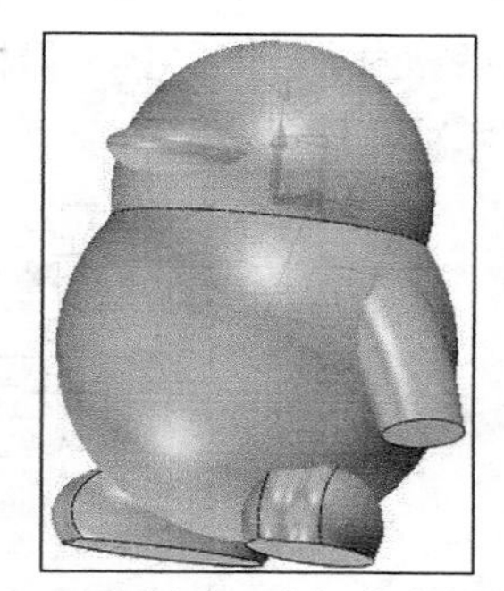

图 5-148　创建一个扫掠实体特征

5）创建圆顶特征，构建完整的翅膀（手）造型。

在功能区切换至“曲面”选项卡，从“基础面”面板中单击“圆顶”按钮，打开“圆顶”对话框，选择“光滑闭合圆顶”类型，选择扫掠特征的下端面圆边界，设置高度为 12mm，连续方式为“相切”，选中“缝合实体”复选框并指定要缝合的实体对象，如图 5-149 所示。

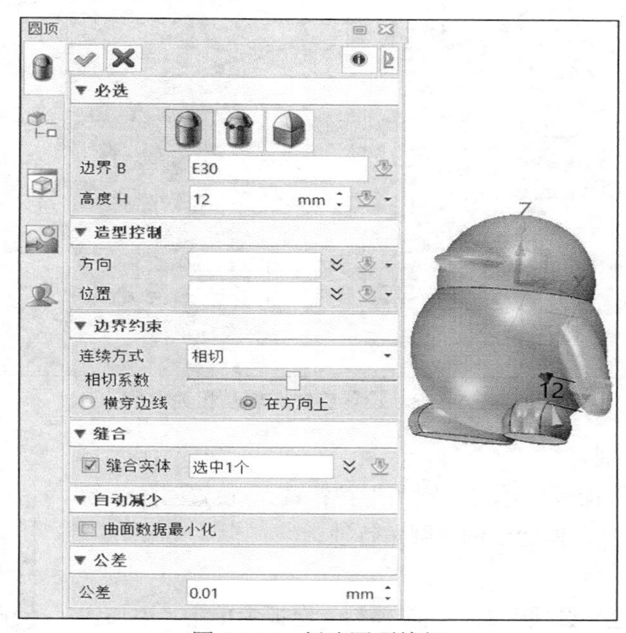

图 5-149　创建圆顶特征

6）镜像翅膀（手）造型。

在功能区“曲面”选项卡的“基础编辑”面板中单击“镜像几何体”按钮，选择翅膀（手）造型几何（一共 2 个：扫掠、圆顶），单击鼠标中键继续下一步，选择 *YZ* 基准面作为镜像平面，在“设置”选项组中选择“复制”单选按钮，选中“关联复制”复选框，然后单击“确定”按钮，镜像结果如图 5-150 所示。

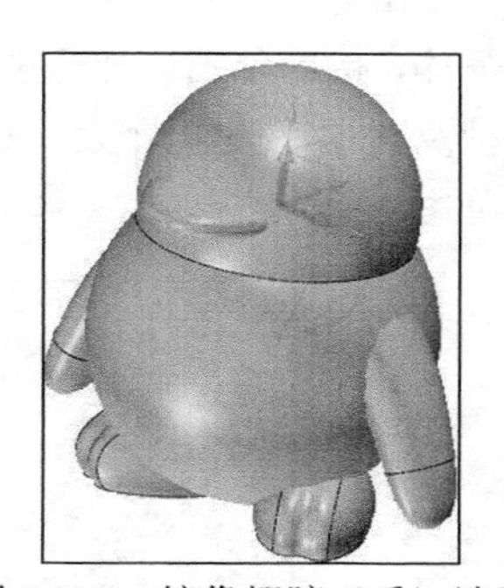

图 5-150　镜像翅膀（手）造型

6. 构建企鹅公仔围巾造型

1）创建旋转基体特征。

在功能区“造型”选项卡的“基础造型”面板中单击“旋转”按钮，弹出“旋转”对话框，单击“草图”按钮，选择 *XZ* 基准平面作为草绘平面，绘制图 5-151 所示的闭合截面草图，单击“退出”按钮，返回到“旋转”对话框。

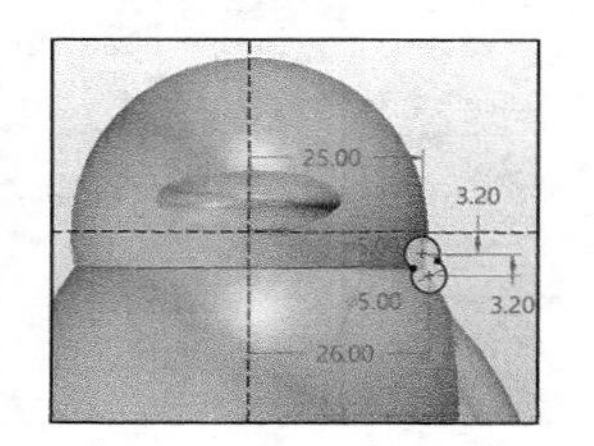

图 5-151　绘制草图

指定绘制的草图作为旋转轮廓，指定 *Z* 轴为旋转轴，旋转类型为“2 边”，起始角度为 0deg，结束角度为 360deg，布尔运算为“基体”，偏移选项为“无”，确保选中“两端封闭”，如图 5-152 所示。单击“确定”按钮。

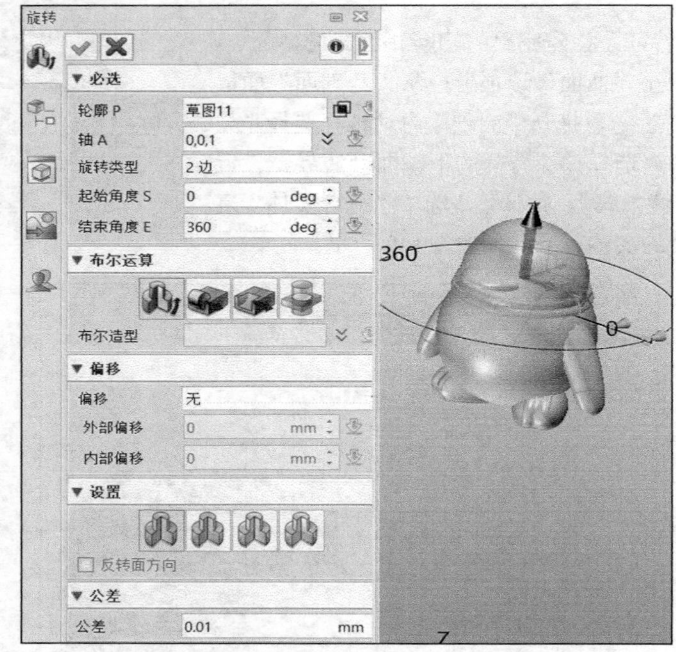

图 5-152 设置旋转选项及相关参数

2）创建圆角特征。

在“工程特征”面板中单击“圆角”按钮，设置圆角半径为 2，选择图 5-153 所示的边线创建圆角特征。

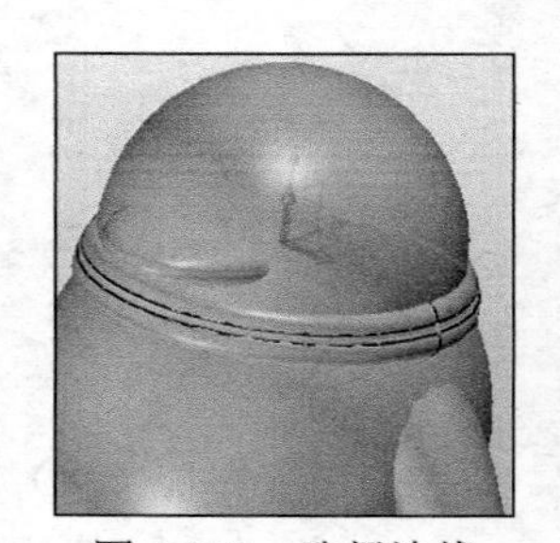

图 5-153 选择边线

7. 布尔运算

在功能区“造型”选项卡的“编辑模型”面板中单击“添加实体”按钮，弹出“添加实体”对话框，选择企鹅主体实体模型作为基体，接着分别选择嘴型造型、围巾造型、腿脚造型、翅膀（手）造型及圆顶特征作为要添加的实体（共 8 个），如图 5-154 所示，然后单击“确定”按钮。

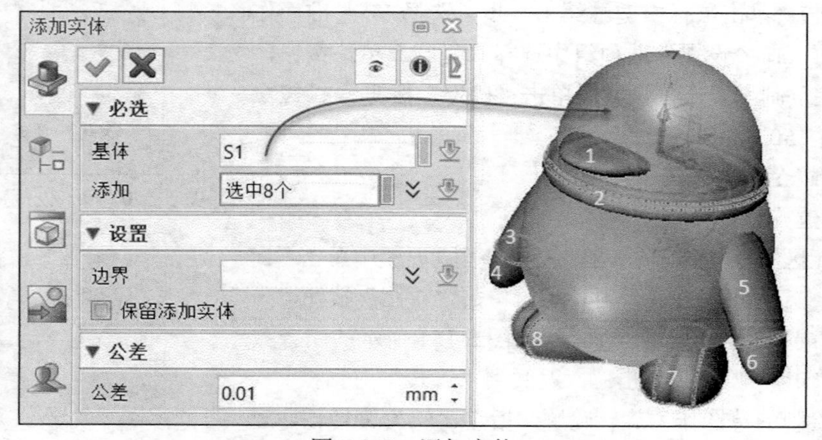

图 5-154 添加实体

8. 构建肚皮部分

1）创建一个草图。

单击“草图”按钮，选择 *YZ* 基准平面作为草绘平面，单击鼠标中键快速进入草图环境，绘制图 5-155 所示的一个圆，单击“退出”按钮。

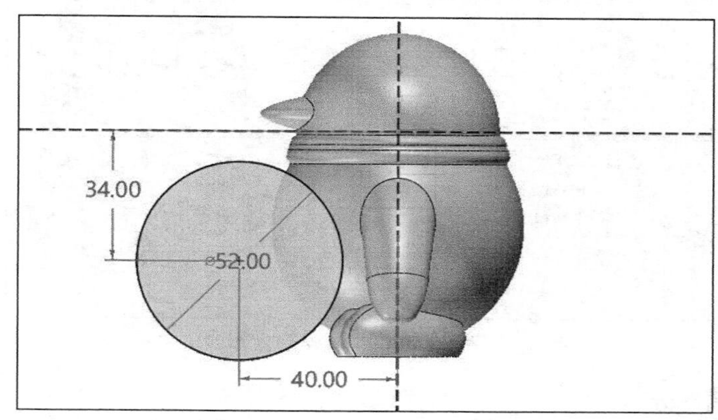

图 5-155　绘制一个圆（草图）

2）投影到面。

在功能区切换至“线框”选项卡，从“曲线”面板中单击“投影到面”按钮，打开“投影到面”对话框，选择绘制的草图圆，单击鼠标中键进入下一步，选择企鹅肚皮所在的实体曲面作为投影面，在“投影方向”选项组中单击“方向”收集器右侧的“展开”按钮，选择“X 轴”选项，接着选中“双向投影”复选框，如图 5-156 所示。

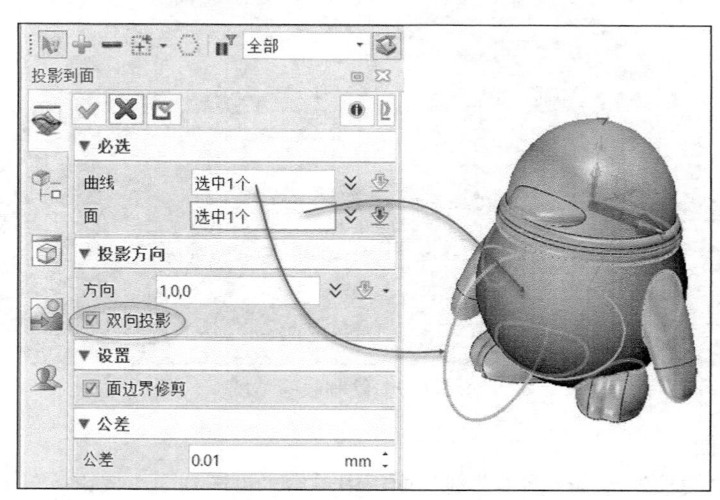

图 5-156　投影到面设置

最后在“投影到面”对话框上单击“确定”按钮。此时可以将用于投影肚皮轮廓的草图隐藏，以及将先前未隐藏的基准平面隐藏，得到的效果如图 5-157 所示。

图 5-157　将曲线投影到面

3）使用曲线分割面。

在功能区“曲面”选项卡的“编辑面”面板中单击“曲线分割”按钮，打开“曲线分割”对话框，选择要分割的面，单击鼠标中键，选择面上的投影曲线（两段）作为面上的分割曲线，如图 5-158 所示，单击“确定”按钮。

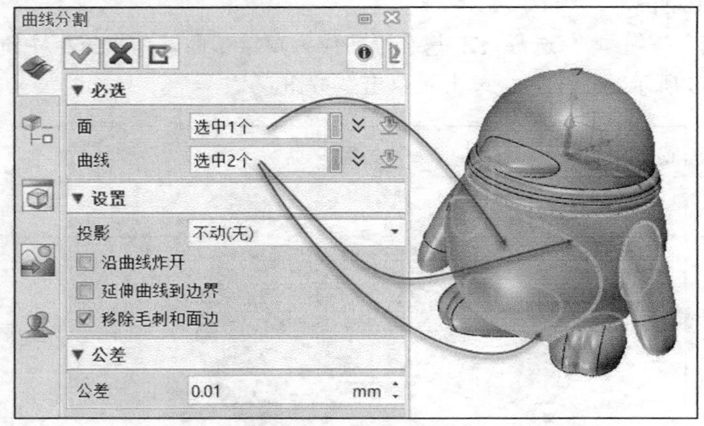

图 5-158 曲线分割操作

9. 构建眼睛部分

1）创建眼睛草图。

在功能区“造型”选项卡的“基础造型”面板中单击“草图”按钮，选择 *XZ* 基准平面作为草绘平面，单击鼠标中键快速进入草图环境，绘制图 5-159 所示的眼睛草图，单击“退出”按钮。

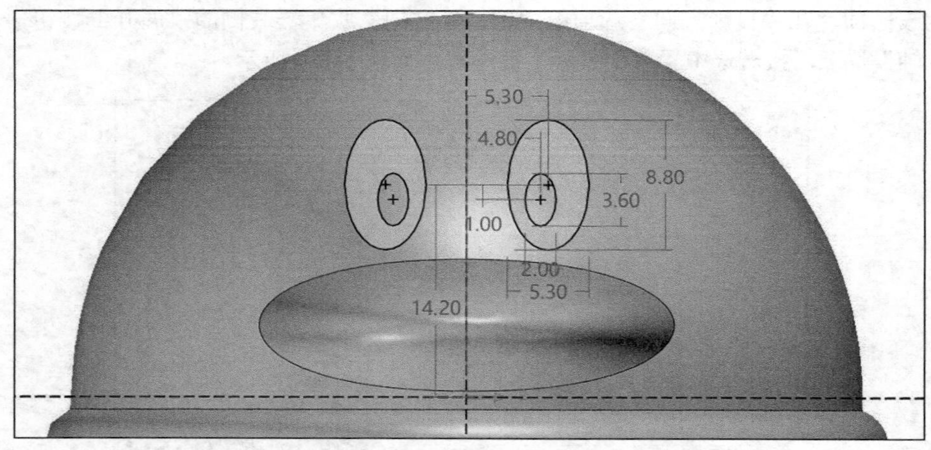

图 5-159 绘制眼睛草图

2）投影到面。

在功能区“线框”选项卡的“曲线”面板中单击“投影到面”按钮，打开“投影到面”对话框，选择绘制的眼睛草图，单击鼠标中键进入下一步，选择企鹅眼睛所在的实体曲面作为投影面，在“投影方向”选项组中单击“方向”收集器右侧的“展开”按钮，选择“−Y 轴”选项，取消选中“双向投影”复选框，如图 5-160 所示，然后单击“确定”按钮。

3）使用曲线分割面。

在功能区“曲面”选项卡的“编辑面”面板中单击“曲线分割”按钮，打开“曲线分割”对话框，选择要分割的面，单击鼠标中键，选择投影在面上的眼睛轮廓（共 4 个），单击鼠标中键，设置投影选项为“不动（无）”，如图 5-161 所示，单击“确定”按钮。

此时可以将后创建的草图、投影曲线均设置为隐藏状态。

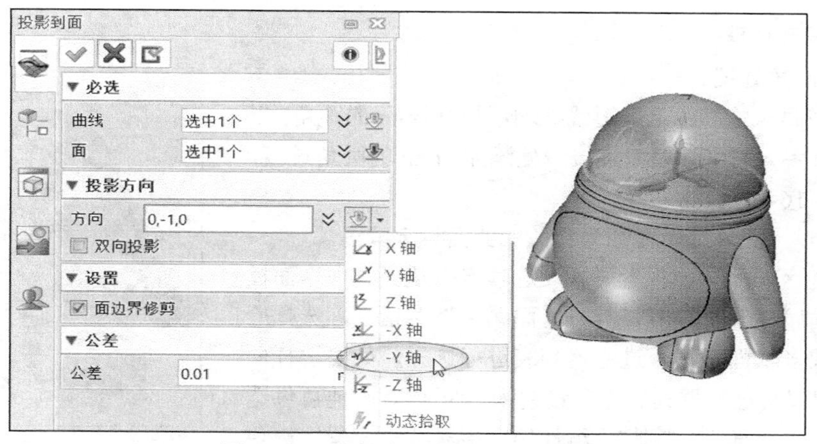

图 5-160 将眼睛曲线投影到指定面

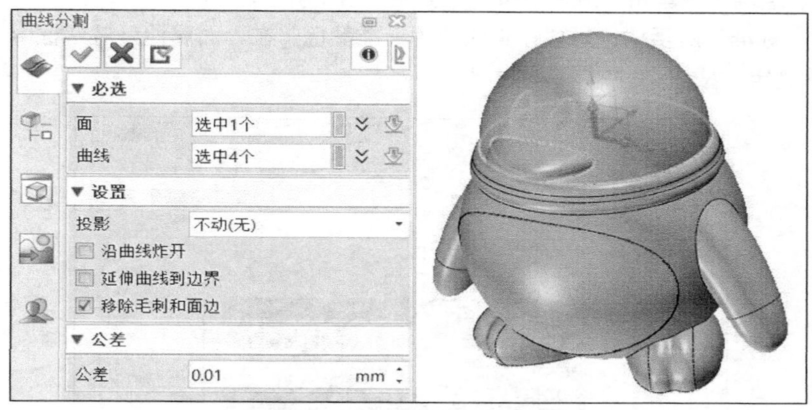

图 5-161 曲线分割面设置

4）创建面偏移。

在功能区“造型”选项卡的“编辑模型”面板中单击“面偏移”按钮，打开“面偏移”对话框，采用“常量”偏移方式，选择图 5-162 所示的两个面作为要偏移的面，设置偏移值为 −0.2mm，负值表示向实体内凹，在“设置”选项组的“侧面”下拉列表中选择“创建”选项，从“延伸”下拉列表中选择“线性”选项，从“相交”下拉列表中选择“不移除”选项，然后单击“确定”按钮，此时企鹅公仔效果如图 5-163 所示。

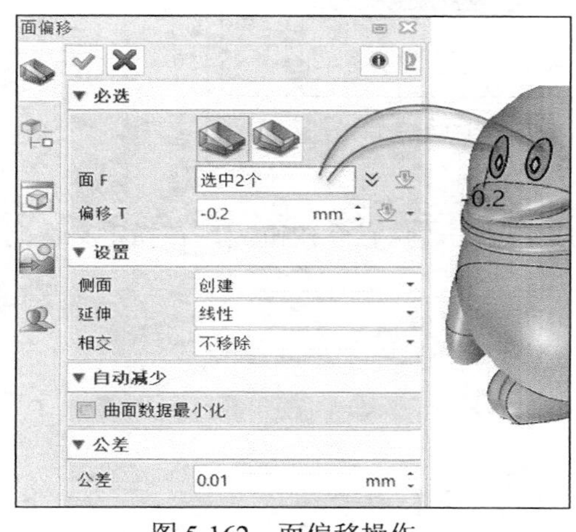

图 5-162 面偏移操作

图 5-163 完成眼睛细节的企鹅公仔效果

10. 细节处理

1）倒圆角处理。

可以在眼珠轮廓线上下边线处均添加 0.1mm 的圆角，以及在翅膀（手）与主体躯干连接线处添加 2mm 的圆角过渡，效果如图 5-164 所示。

图 5-164 圆角处理的效果

2）通过“面属性”命令为相关的曲面设定颜色。

在功能区切换至“视觉样式”选项卡，从“纹理”面板中单击“面属性”按钮，打开“面属性”对话框，选择所需的一个或多个面（结合过滤器列表进行选择，如要选择曲面，本例建议将过滤器列表选项设置为“曲面”，其他可供选择的选项有“全部”“造型”“组件”），接着在“设置”选项组的“可选”选项卡中单击“颜色”按钮，如图 5-165 所示，利用弹出的“标准”对话框选择要设定的一种标准颜色，在“面属性”对话框中单击“应用”按钮或“确定”按钮。

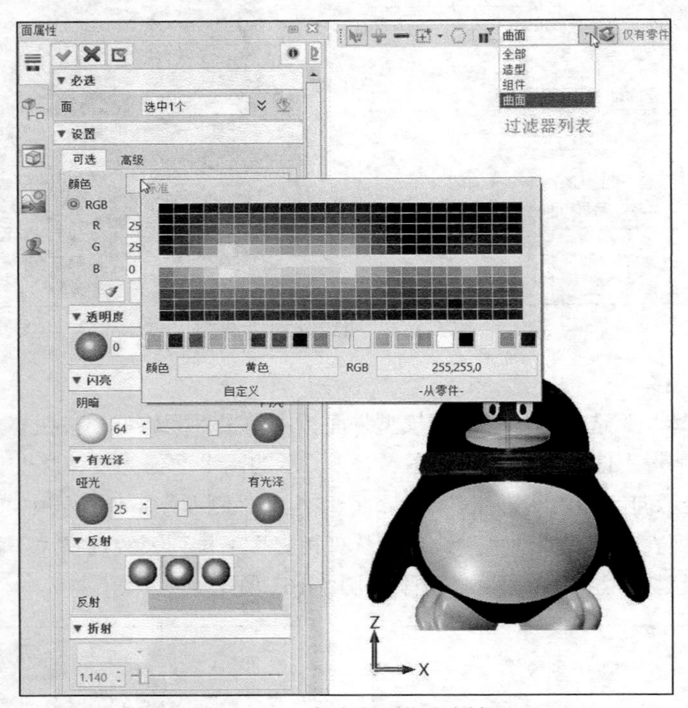

图 5-165 为选定面指定颜色

11. 保存文件

至此，完成企鹅公仔曲面造型综合范例的设计，单击“保存”按钮，在指定文件夹保存该标准零件文件。

5.6 思考与练习

1）曲面建模与实体建模有什么不同之处？

2）什么是直纹曲面？请举例加以说明。

3）圆形双轨曲面与二次曲线双轨曲面分别具有什么特点？

4）在什么时候应用 U/V 曲面？

5）如果两个曲面之间有一定的空间，使用什么方法可以在两个曲面之间创建一个相切的过渡曲面？

6）N 边形面与 FEM 面有什么不同？

7）编辑曲面的工具主要有哪些？分别用在什么场合？

8）编辑边的工具主要有哪些？分别用在什么场合？

9）上机练习：先创建一块扫掠曲面，再创建拉伸曲面，利用拉伸曲面来修剪扫掠曲面得到零件的外形轮廓，然后抽壳或加厚生成实体，曲面上投影有一条圆弧曲线，在圆弧曲线上放置一行 Logo 字样，然后将该 Logo 字样通过“镶嵌”功能在曲面上做出凹或凸的立体效果，参考结果模型如图 5-166 所示。

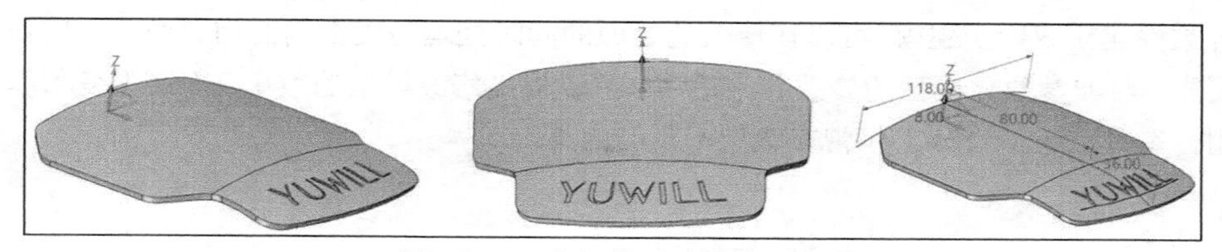

图 5-166 上机曲面建模练习题

10）上机练习：请自行设计一个曲面模型，要求至少用到本章所学的 5 个工具。

第 6 章

直接编辑与造型变形

产品模型初步创建好之后，通常少不了编辑修改工作，对零件而言，在前面章节中已经穿插着介绍了有关编辑草图、基础编辑、曲线编辑、面编辑、边编辑和相关的造型特征编辑知识，本章则重点介绍直接编辑知识与造型变形编辑知识，是前面建模知识的有益补充。直接编辑属于一种柔性建模或同步建模，可以在修改选定面的同时处理与受影响的相邻面共有的一些附属几何要素，对非参数化模型的修改非常适用，可以提高修改模型的效率，而造型变形编辑工具的应用，有时也会给设计工作带来意想不到的效果。

6.1 直接修改工具

直接修改工具包括“DE 移动”“对齐移动面”“通过标注移动面”“DE 面偏移”“简化”“置换”“DE 拔模”。

6.1.1 DE 移动

“DE 移动”工具的功能是移动所选面（注意只能选择面进行移动），支持方向、点和坐标（如基准面和平面）方式移动面。与造型中的“移动实体”命令（对应的工具为“移动”）相比，“DE 移动”命令会根据模型情况延伸或修剪面以确保该面保持与零件相连且没有间隙，会重建受影响的相邻面的圆角，会提供面溢出选项。面溢出选项包括“自动”“延伸更改面”“延伸固定面”“延伸端盖面”。

- “自动”：使用延伸更改面或延伸端盖面方式延伸移动面。
- “延伸更改面”：延伸移动面到或越过其他面，如图 6-1（b）所示。
- “延伸固定面”：延伸移动面直到固定面，如图 6-1（c）所示。
- “延伸端盖面”：延伸端盖面的效果如图 6-1（d）所示。

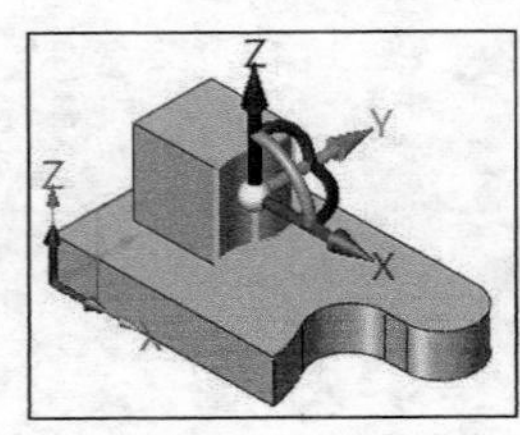

（a）选择面进行移动

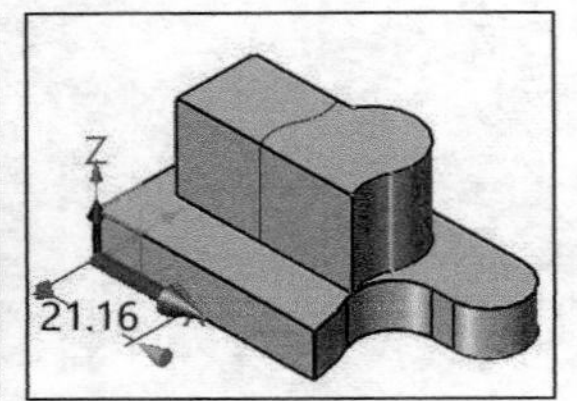

（b）延伸更改面

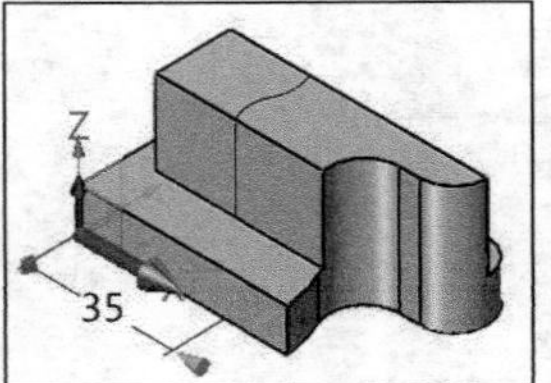

（c）延伸固定面

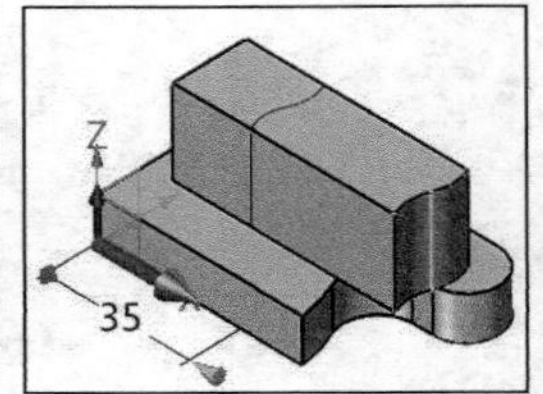

（d）延伸端盖面

图 6-1　面溢出行为（仅限“DE 移动”命令）

为了更好地表示“DE 移动”和“实体移动”的显著区别，请参看图 6-2 所示的对比示例，图 6-2（a）使用“DE 移动”命令移动一个圆柱面，则整个圆柱面都会移动，且圆柱面与相邻面的附属特征会重建；图 6-2（b）使用“移动实体”命令（即“移动”工具）移动选中的圆柱面，结果只会移动被选中的圆柱面。

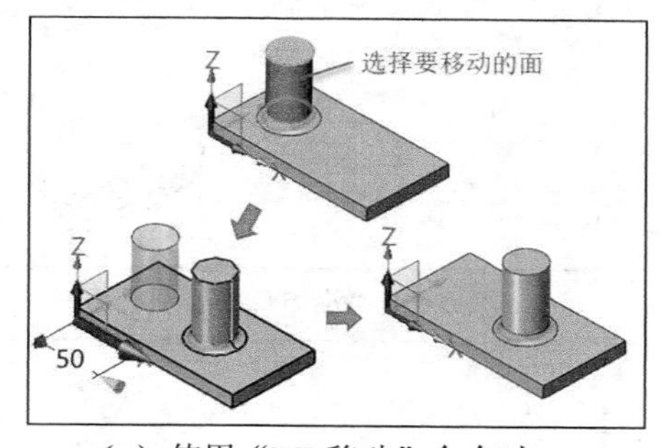

（a）使用“DE 移动”命令时

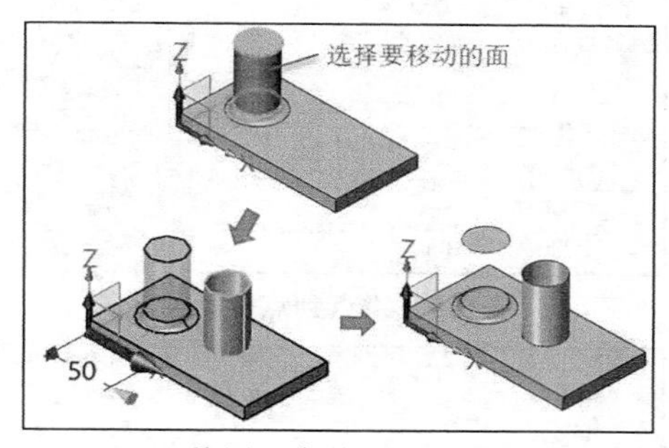

（b）使用“实体移动”命令时

图 6-2　“DE 移动”和“实体移动”的显著区别

在功能区“直接编辑”选项卡的“修改”面板中单击“DE 移动”按钮，打开图 6-3 所示的“DE 移动”对话框，选择移动方式和选择要移动的面。在“必选”选项组中提供了 6 种移动方式，包括“动态移动”、“点到点移动”、“沿方向移动”、“绕方向旋转”、“对齐坐标移动”、“沿路径移动”。

图 6-3　“DE 移动”对话框

1. “动态移动”

在所选面显示移动手柄，如果发现显示的移动手柄方位不理想，可以通过选中“只移动手柄”复选框来对手柄位置及其坐标轴方向进行调整，调整好之后取消选中“只移动手柄”复选框，此时便可以使用手柄动态移动或旋转所选面了。例如，拖动所需坐标轴可以沿该轴方向移动所选面（含该面的一些附属面），如图 6-4 所示。

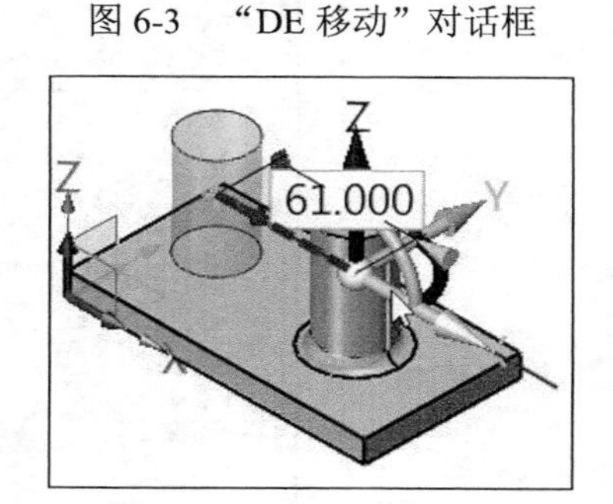

图 6-4　“动态移动”示例（拖动所需坐标轴情形）

2. “点到点移动”

选择此移动方式时，将对象从一点（起始点）移动到另一点（目标点），如图 6-5 所示。作为可选输入的“参考向量”和“目标向量”，主要用于修改对齐。

3. “沿方向移动”

选择此移动方式时，需要指定一个移动方向和移动距离，如图 6-6 所示，需要时还可以在“定向”选项组中选中“角度”复选框，指定被选择面的旋转角度。

4. “绕方向旋转”

选择此移动方式时，需要指定旋转的参考方向，以及指定几何体绕所选方向的旋转角度，如图 6-7 所示。

5. “对齐坐标移动”

选择此移动方式时，指定起始坐标和目标坐标，通过将起始坐标系（作为要移动开始的参考坐标系）对齐到另一个坐标系（目标坐标）来移动面。示例如图 6-8 所示。

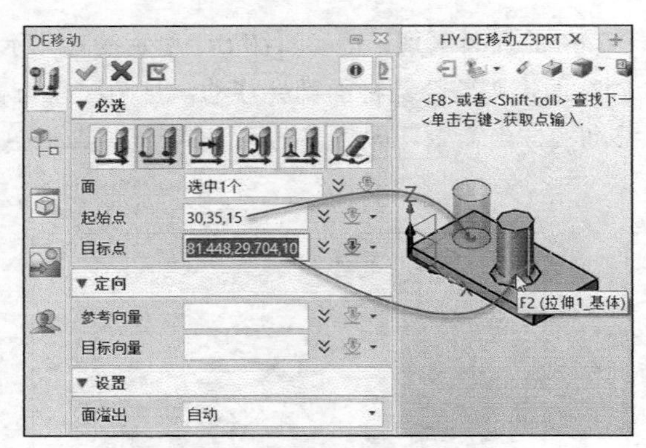

图 6-5　“点到点移动”示例

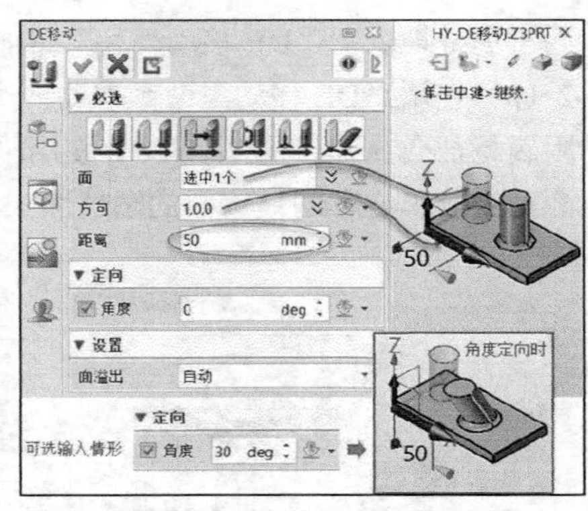

图 6-6　“沿方向移动”示例

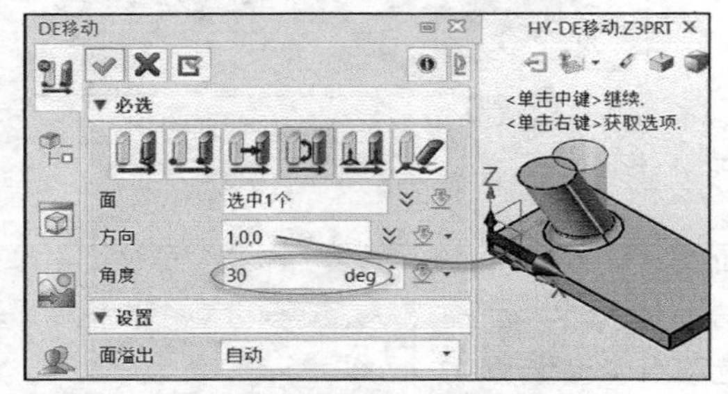

图 6-7　“绕方向旋转”示例

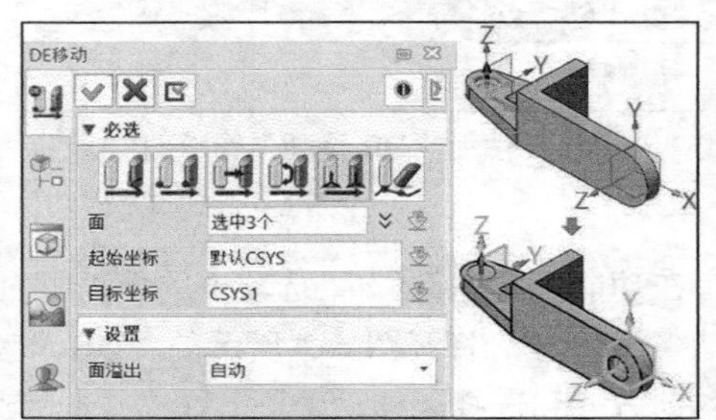

图 6-8　“对齐坐标移动”示例

6.　**“沿路径移动”**

选择此移动方式时，需要在靠近路径起始端点处选择路径（此路径可以是一个草图、曲线、边或曲线列表），以及指定沿着路径移动的目标点，典型示例如图 6-9 所示。在“定向”选项组中，“坐标”下拉列表用于定义在移动时的参考坐标系，需要用户注意的是，参考坐标系可以是一个基准平面或零件面，移动时参考坐标系的 X 轴与 Z 轴的方向分别由 X 轴方向与 Z 轴脊线选项来控制。在“转换”选项组中，可以设置当沿着路径移动时，可以按设定的方式缩放或扭曲所选对象。

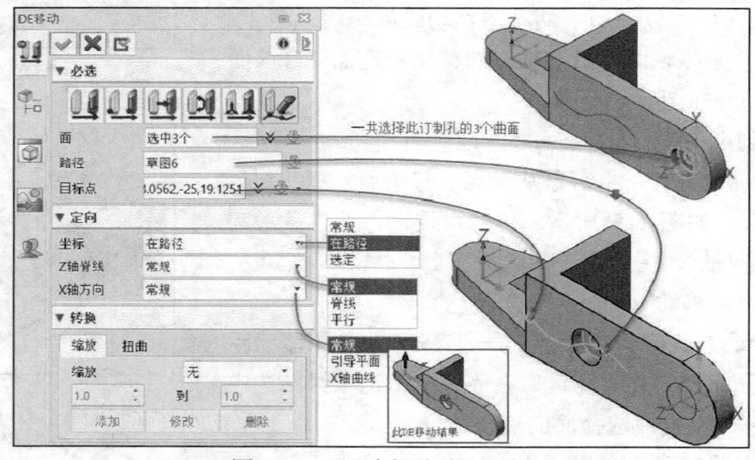

图 6-9　“沿路径移动”示例

6.1.2　对齐移动面

“对齐移动面”工具主要用于通过指定约束条件来移动/复制曲面，其支持的约束包括共面、同轴、相切、平行、垂直、角度和对称。对齐移动面的基本操作步骤如下。

1）在功能区“直接编辑”选项卡的“修改”面板中单击“对齐移动面”按钮，打开图 6-10 所示的“对齐移动面”对话框。

2）在“必选”选项组中指定约束类型。

3）选择要移动的一个面，接着指定一个固定参考对象。对于角度约束类型，还需要指定移动面和固定参考对象之间的约束角度；对于对称约束类型，还需要指定一个对称面，移动面和固定参考对象关于该面对称。

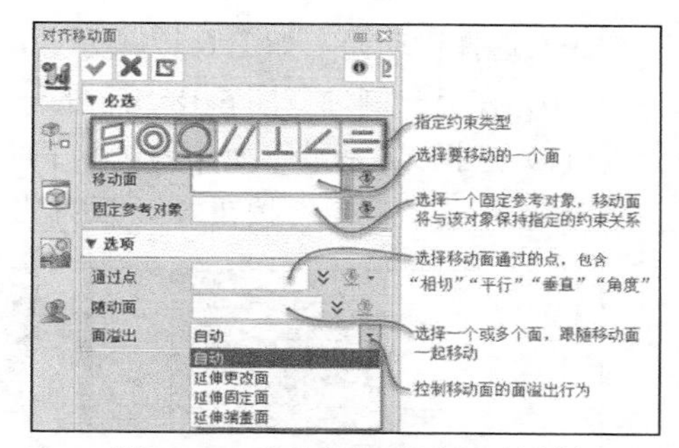

图 6-10 “对齐移动面”对话框

4）在“选项”选项组中进行可选设置。例如，可以指定随动面和面溢出选项，对于有些约束类型，如“相切”“平行”“垂直”“角度”，还可选择移动面通过的点。

5）单击“确定”按钮。

【范例学习】 对齐移动面练习

1）打开“HY-直接编辑学习素材.Z3PRT”文件，原始模型如图 6-11 所示。

2）在功能区“直接编辑”选项卡的“修改”面板中单击“对齐移动面”按钮，打开“对齐移动面”对话框。

3）在“必选”选项组中单击“同面”按钮。

4）选择图 6-12 所示的一个面作为要移动的面。

5）在模型中单击图 6-13 所示的一个实体面作为固定参考对象。

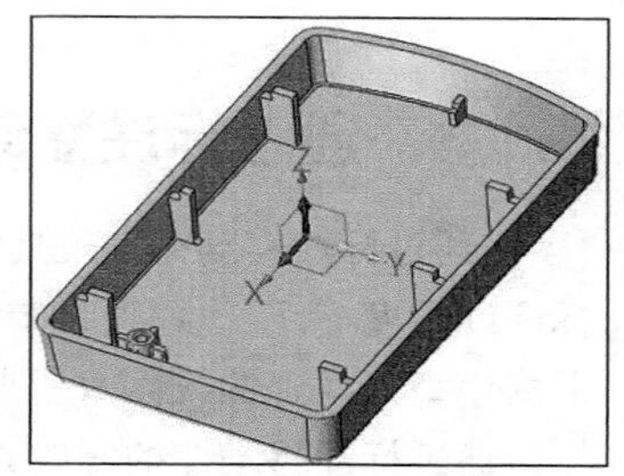

图 6-11 原始模型

6）在“选项”选项组中单击激活“随动面”收集器，在模型窗口中选择图 6-14 所示的一个面作为随动面，即所选的面将与移动面一起移动。

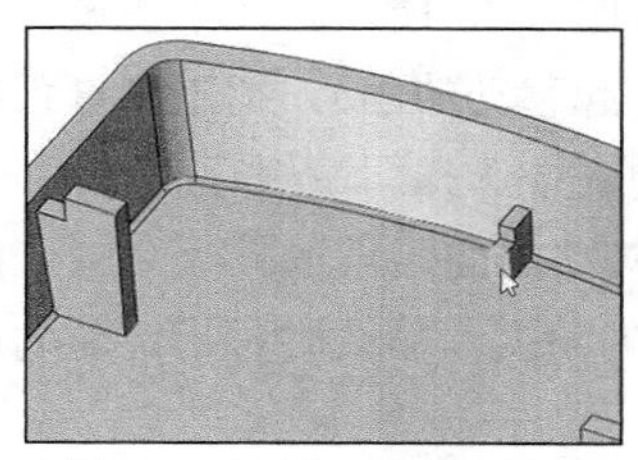

图 6-12 选择要移动的面

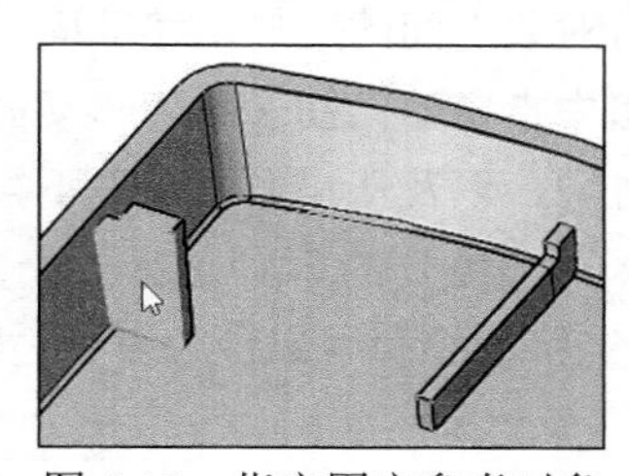

图 6-13 指定固定参考对象

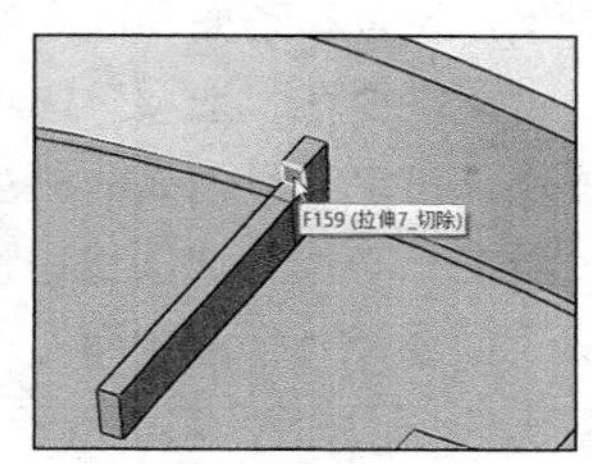

图 6-14 指定随动面

7）设置“面溢出”选项为“自动”，单击“应用”按钮，以共面约束移动面结果如图 6-15 所示。

8）在“必选”选项组中单击“对称”约束类型，如图 6-16 所示。

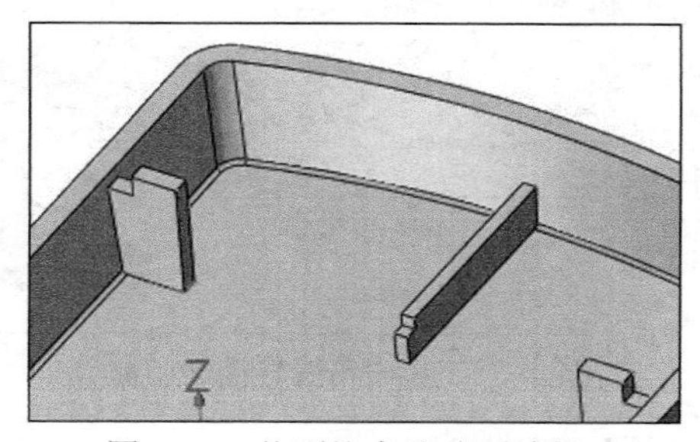

图 6-15 共面约束移动面结果

图 6-16 选择“对称”约束类型

9）选择移动面，如图 6-17 所示。

10）在另一侧选择图 6-18 所示的一个面作为固定面（即作为固定参考对象）。

11）选择 *XZ* 基准平面作为对称平面。

12）单击“确定”按钮，以对称对齐约束方式移动面的结果如图 6-19 所示。

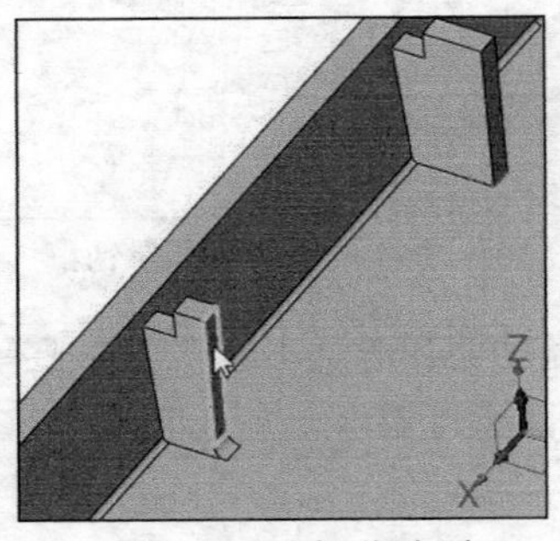

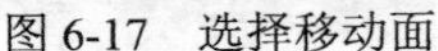

图 6-17 选择移动面

图 6-18 指定固定面

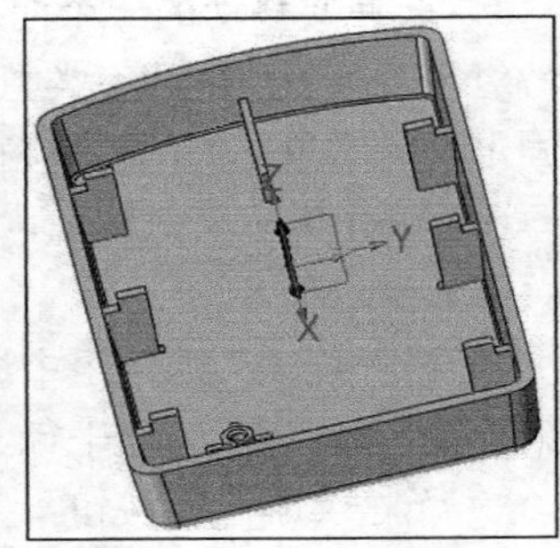

图 6-19 对称对齐移动面

6.1.3 通过标注移动面

“通过标注移动面”工具用于在指定的移动面和固定参考对象之间建立测量标注（线性标注或角度标注），通过设定所需的线性距离和角度值来移动一个或多个面，在移动过程中会根据模型情况延伸或修剪面来缝合间隙或解决相交问题。

通过标注移动面的一般方法及步骤如下。

1）在功能区“直接编辑”选项卡的“修改”面板中单击“通过标注移动面”按钮，打开“通过标注移动面”对话框，该对话框提供“线性”和“角度”两种标注方式。

2）当在“必选”选项组中选择“线性”时，选择一个要移动的面，再选择一个固定参考对象，设置移动面和固定参考对象之间的距离来移动面，如图 6-20 所示。在某些设计情况下，可能需要在“选项”选项组中指定随动面（跟随移动面一起移动的面），指定测量距离的定位点，指定测量距离的测量方向，以及从“面溢出”下拉列表中选择面溢出行为。

当在“必选”选项组中选择“角度”时，选择一个要移动的面，再选择一个固定参考对象（如选择一个固定面），指定移动面和固定参考对象之间的角度，需要时可指定随动面和面溢出选项，如图 6-21 所示。

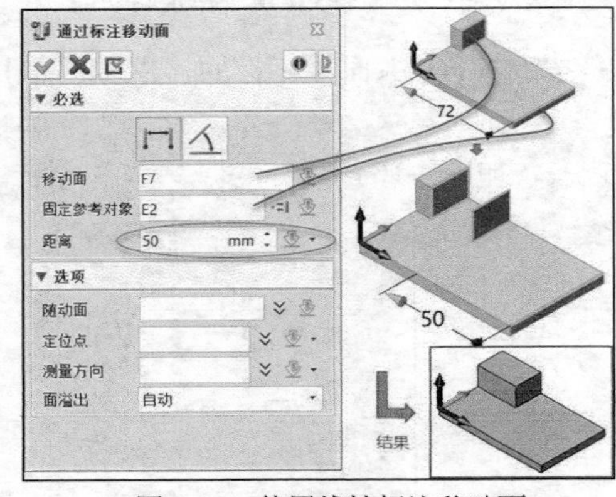

图 6-20 使用线性标注移动面

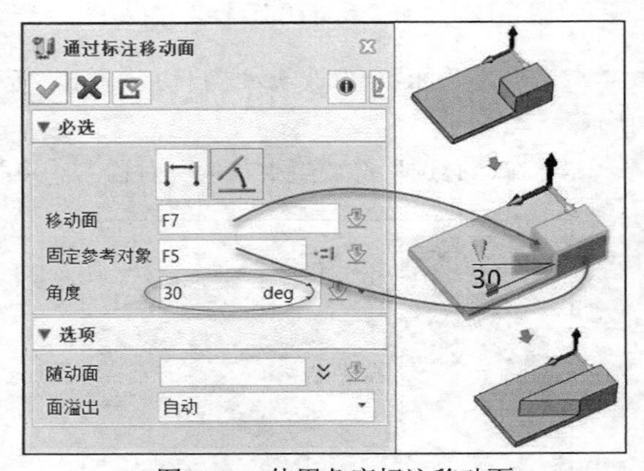

图 6-21 使用角度标注移动面

3）在“通过标注移动面”对话框中单击“确定”按钮。

【范例学习】 使用“通过标注移动面”命令移动“火箭柱”

1）在功能区“直接编辑”选项卡的“修改”面板中单击“通过标注移动面”按钮，打开“通过标注移动面”对话框，在“必选”选项组中选择“线性”。

2）选择火箭柱的外圆柱曲面作为移动面，如图 6-22 所示。

3）选择图 6-23 所示的一边作为固定参考对象。

4）在“距离”框中设定距离为 102mm，在模型窗口中预览移动面位置，如图 6-24 所示。

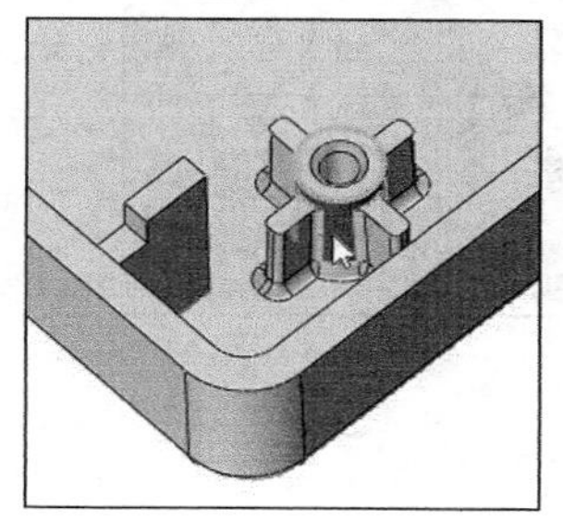

图 6-22 选择移动面

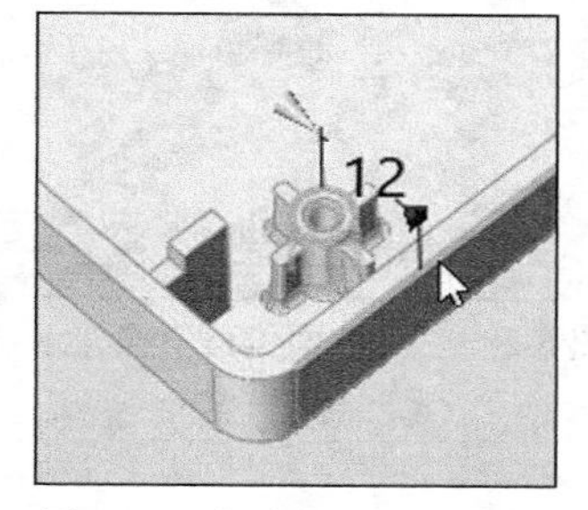

图 6-23 指定固定参考对象

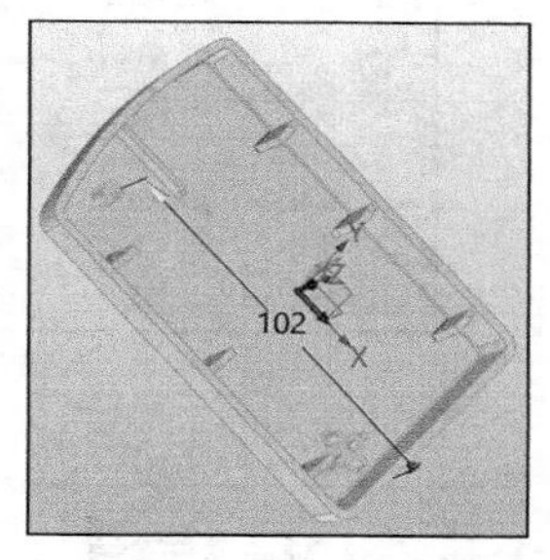

图 6-24 指定线性距离

5）在“选项”选项组中单击激活“随动面”收集器，指定图 6-25 所示的随动面，接着从“面溢出”下拉列表中选择“延伸端盖面”选项。

6）在“通过标注移动面”对话框中单击“确定”按钮，移动结果如图 6-26 所示。

图 6-25 指定随动面

6.1.4 DE 面偏移

“DE 面偏移”工具用于偏移一个或多个选定面，指定的偏移距离为正值时向外部偏移，负值时向内部偏移，在偏移过程中系统将根据情况延伸或修剪面来缝合间隙或解决相交问题。

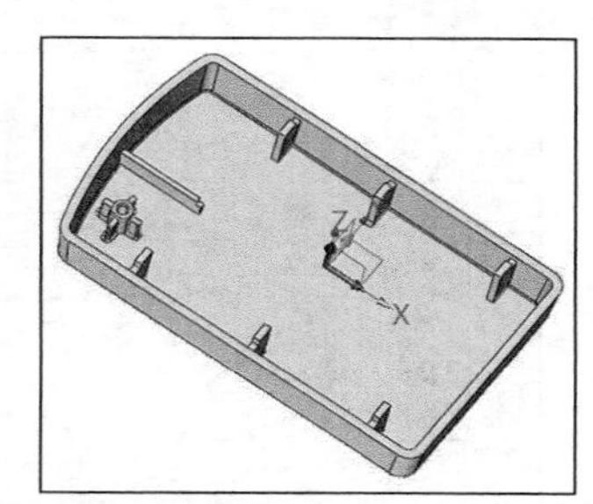

图 6-26 通过标注移动面的结果

在功能区“直接编辑”选项卡的“修改”面板中单击“DE 面偏移”按钮，打开图 6-27 所示的“DE 面偏移”对话框，选择要偏移的面，以及指定偏移距离，然后在“设置”选项组中根据情况确定如何创建侧面（如果有的话，侧面用于重新连接偏移面和原实体），指定相交选项和面溢出选项，最后单击“确定”按钮。

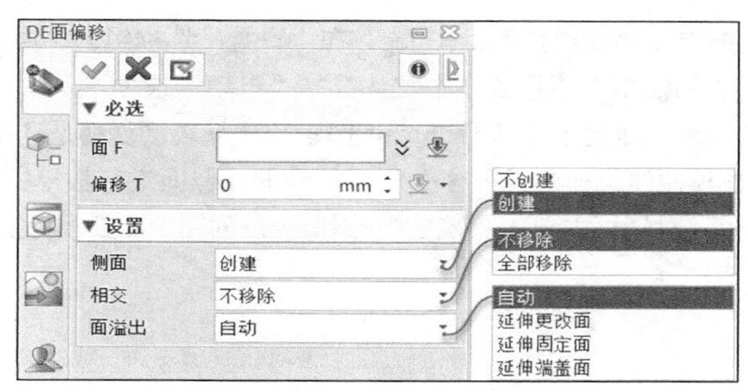

图 6-27 “DE 面偏移”对话框

在 6.1.3 小节完成的实体模型中进行“DE 面偏移”操作练习，操作示意如图 6-28 所示，设置的偏移距离为−1mm，分别选择 4 个要偏移的面，侧面选项为“创建”。

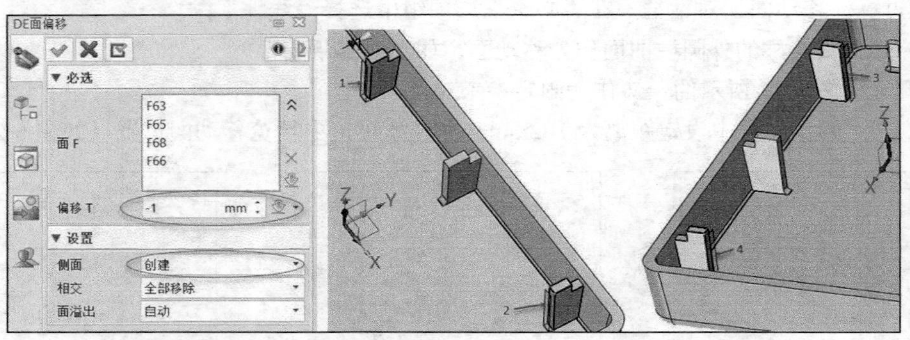

图 6-28　“DE 面偏移”操作示意

6.1.5　DE 拔模

“DE 拔模”工具用于为所选面创建一个拔模特征，基本输入包括选择一个或多个要进行拔模的面，选择拔模面上的一条边，设定拔模角度，以及指定拔模方向。可选输入包括：设定在哪一侧拔模；选择用于终止拔模的边（分型边）；指定面溢出选项来控制移动面的面溢出行为。

请看下面一个操作范例。

1）在功能区“直接编辑”选项卡的“修改”面板中单击“DE 拔模”按钮，打开图 6-29 所示的“DE 拔模”对话框。

2）选择要调整的面（本例将作为拔模面），如图 6-30 所示。

3）指定拔模曲线，如图 6-31 所示。

图 6-29　“DE 拔模”对话框

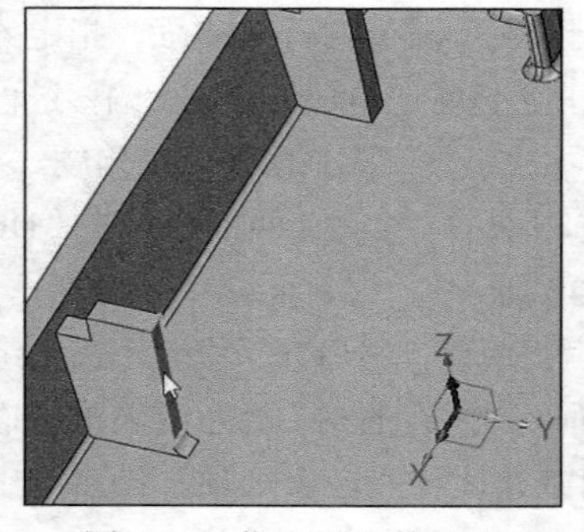

图 6-30　指定要调整的面

图 6-31　指定拔模曲线

4）在“角度”框中设置拔模角度为−3deg，在“设置”选项组的“面 S”下拉列表中选择“中形面”选项，从“面溢出”下拉列表中默认选择“自动”选项。

5）使用同样的方法，重复 5 次步骤 2）和步骤 3），每次重复都是选择要调整的面（拔模面）和指定相应的拔模曲线，即对另外 5 个相似筋骨的相似面进行拔模操作。

6）在“DE 拔模”对话框中单击“确定”按钮，创建 DE 拔模特征。

6.1.6　简化

“简化”工具用于通过删除所选面来简化某个零件，在简化过程中会试图延伸和重新连接面来闭合零件中的间隙。

要简化零件，则可以在功能区“直接编辑”选项卡的“修改”面板中单击“简化”按钮，打开图 6-32 所示的“简化”对话框，选择要移除的特征或面，这里以选择“火箭柱”底部的圆角面为例，如图 6-33 所示，默认公差为 0.01mm，单击“确定”按钮，简化结果如图 6-34 所示。

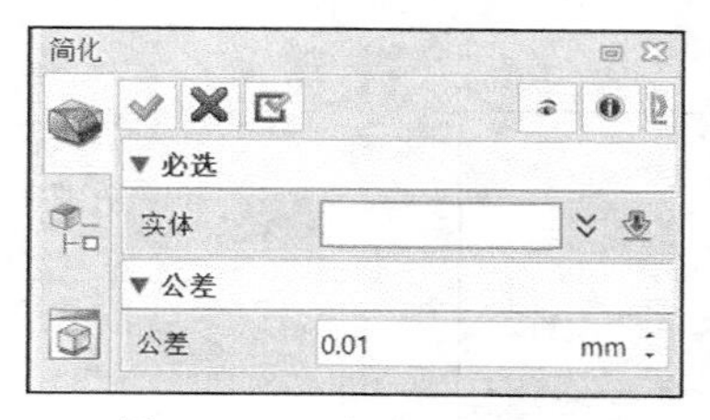

图 6-32 “简化”对话框

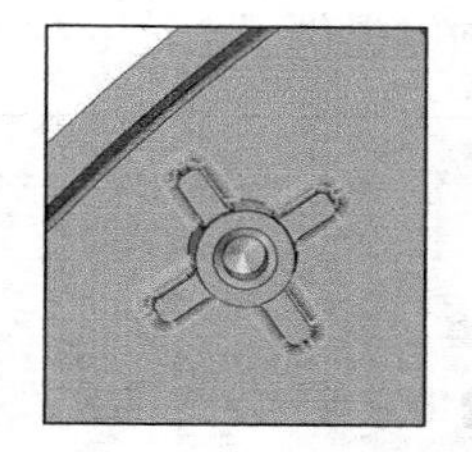
图 6-33 选择要删除的圆角面

图 6-34 简化结果

6.1.7 置换

“置换”工具的主要功能是利用别的面、造型或基准面来替换某个实体或造型的一个或多个面。下面结合范例（源文件为“HY-置换.Z3PRT”）介绍置换操作的一般方法及步骤。

1）在功能区“直接编辑”选项卡的“修改”面板中单击“置换”按钮，打开图 6-35 所示的“置换”对话框。

图 6-35 “置换”对话框

2）选择要替换的面，如图 6-36 所示，单击鼠标中键结束基体（要替换的面）选择。

3）选择置换面或面集，如图 6-37 所示。

4）在“偏移”选项组的“偏移”框中设置置换面到最终被置换面的偏移距离，本例接受默认的该偏移值为 0mm。

5）在“设置”选项组的“面溢出”下拉列表中选择“自动”“延伸更改面”“延伸固定面”“延伸端盖面”这些选项中的一个。本例选择“自动”选项，以及取消选中“保留置换面”复选框。

6）单击“确定”按钮，置换曲面的结果如图 6-38 所示。

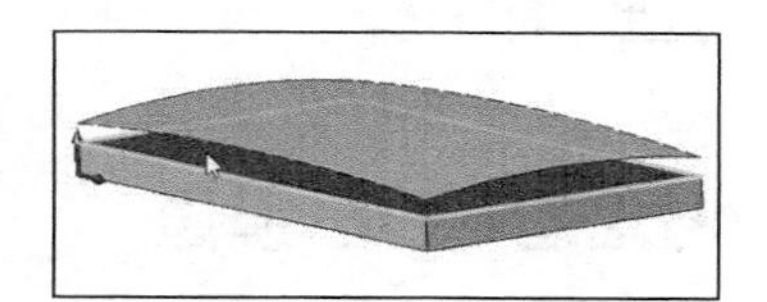
图 6-36 选择要替换的面

图 6-37 选择置换面或面集

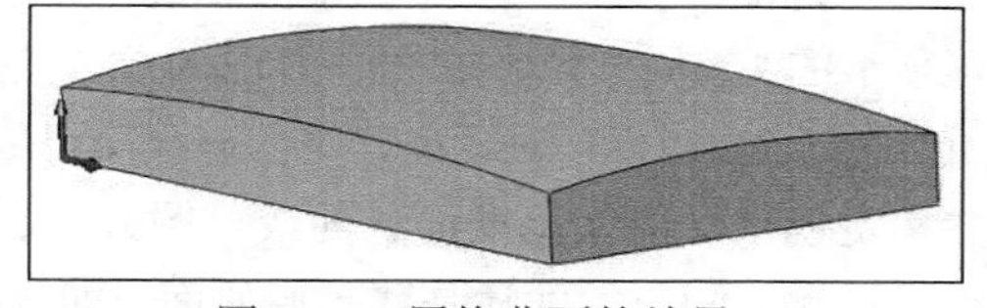
图 6-38 置换曲面的结果

6.2 重用

中望 3D 直接编辑的重用工具包括“DE 复制”、“DE 镜像”和“DE 阵列”。

6.2.1 DE复制

“DE 复制”工具用来以多种方法复制曲面，方法包括“动态复制”“点到点复制”“沿方向复制”“绕方向旋转复制”“对齐坐标系复制”“沿路径复制”，如图 6-39 所示。在功能区“直接编辑”选项卡的“重用”面板中单击“DE 复制”按钮，便打开图 6-39 所示的“DE 复制”对话框，在“必选”选项组提供了上述 6 种方法。

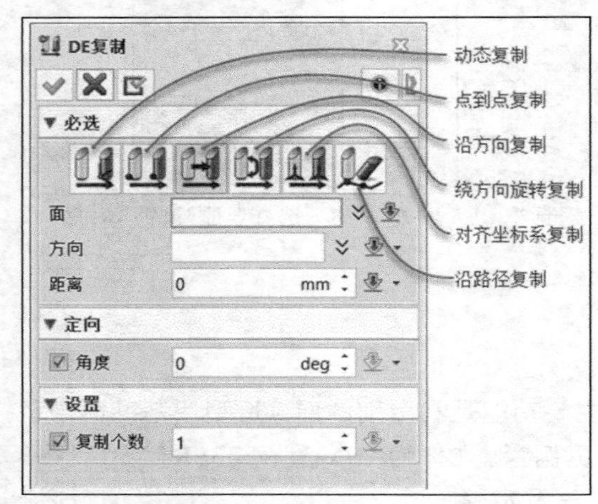

图 6-39 “DE 复制”对话框

“DE 复制”工具与“复制实体”命令（对应的工具按钮为“复制”按钮）相比，“DE 复制”工具只能选择面进行复制，会根据情况延伸或修剪面以确保该面仍然与零件相连且没有间隙，会重建受影响的相邻面的圆角，需要用户注意的是“DE 复制”工具不提供“无关联复制”和指定图层选项。

另外，“DE 复制”工具的用法与“DE 移动”工具的用法类似，从字面上和功能上来理解，前者是复制，后者是移动，使用的具体方法都是一样的，复制后还在原位置处保留所选面，有些 DE 复制方法还能按照设定参数复制多个。具体使用方法可以借鉴“DE 移动”工具，这里不再赘述。

6.2.2 DE镜像

“DE 镜像”为直接编辑镜像工具，其功能是为所选面创建一个镜像，其操作方法很简单：首先在功能区“直接编辑”选项卡的“重用”面板中单击“DE 镜像”按钮，打开图 6-40 所示的“DE 镜像”对话框，接着选择一个或多个要镜像的面，并指定镜像平面（基准面、面或草图），以及在“设置”选项组中设置复制原始面还是移动原始面（即选择“复制”单选按钮或“移动”单选按钮），最后单击“确定”按钮。

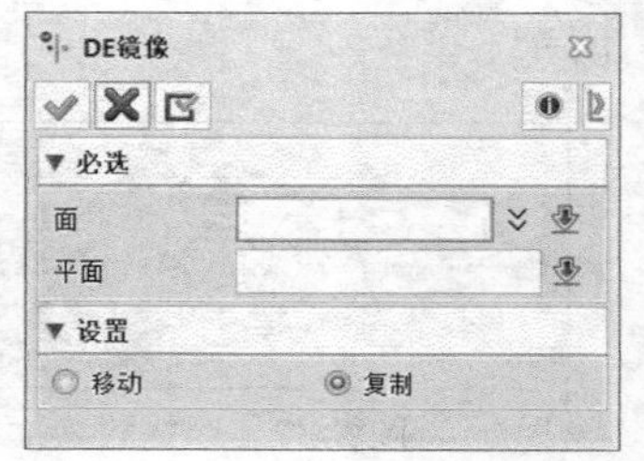

图 6-40 “DE 镜像”对话框

【范例学习】 DE 镜像面操作

1）打开“HY-DE 镜像.Z3PRT”文件。

2）在功能区“直接编辑”选项卡的“重用”面板中单击“DE 镜像”按钮，打开“DE 镜像”对话框。

操作技巧 此时，系统提示选择要镜像的面。为了便于快速选择要镜像的曲面，可以灵活使用“拾取策略列表”下拉列表提供的相关选项，如图 6-41 所示。如在本例中，将“拾取策略列表”选项选定为“凸台”，则对于选择凸起部分的曲面是非常方便的。此时的“拾取策略列表”提供的选项有“单面”“智能”“凸台”“内腔”“孔”“圆角”“自定义”“相切面”“相邻面”“造型面”“关系面”“特征面”“选择集”，要根据设计情况来灵活选择所需的拾取策略选项。

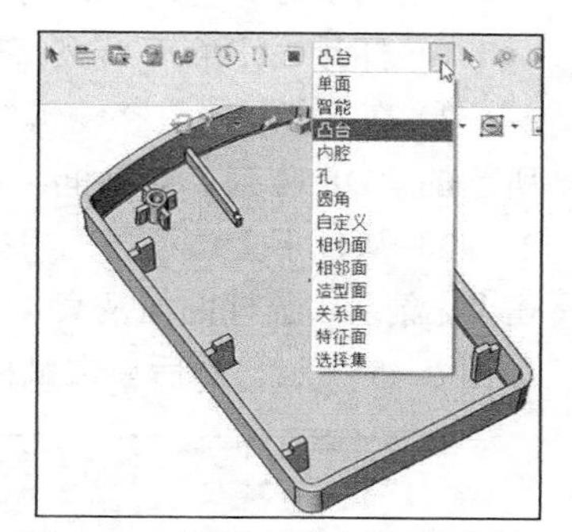

图 6-41 使用“拾取策略列表”选项选择面

3）从“拾取策略列表”下拉列表中选择“凸台”选项，在模型中分别单击“火箭头”圆柱曲面及其 4 个筋骨，以快速选择该“火箭头”整个凸起的全部曲面，如图 6-42 所示，然后单击鼠标中键结束选择。

4）选择 *XZ* 坐标平面作为镜像平面。

5）在“设置”选项组中选择“复制”单选按钮。

6）单击“确定”按钮，执行“DE 镜像”操作得到的模型效果如图 6-43 所示。

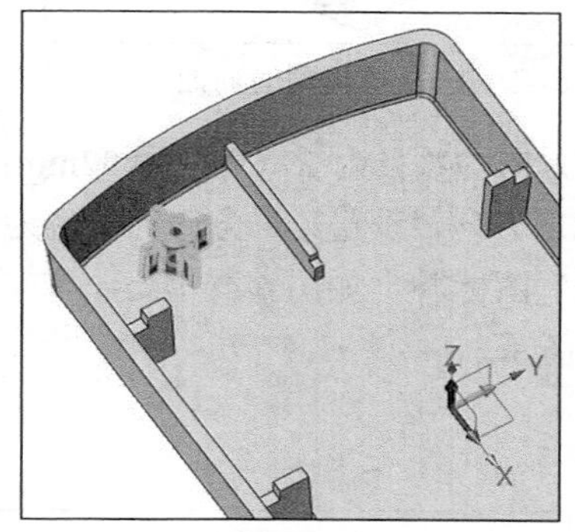

图 6-42 选择“火箭头”整个凸起的曲面

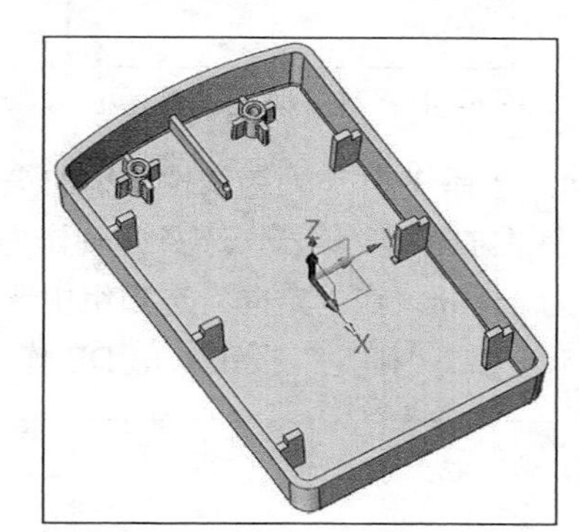

图 6-43 DE 镜像结果

6.2.3 DE 阵列

“DE 阵列”工具和“DE 镜像”工具一样，只能对所选面进行操作。“DE 阵列”工具用于对所选面进行阵列，支持 6 种不同类型的阵列，包括“线性”“圆形”“点到点”“在阵列上”“在曲线上”“在面上”。这些不同类型的阵列的应用方法，在 3 章介绍 3D 阵列（“阵列特征”工具和“阵列几何体”工具）时已经重点介绍过，在此不再赘述，详情可参考第 3 章介绍的相关内容。与阵列（3D）相比，“DE 阵列”暂时没有支持“多边形”阵列类型。

这里，要知晓“DE 阵列”与阵列（3D）的不同之处：“DE 阵列”只能对所选面进行阵列；“DE 阵列”根据情况延伸或修剪面以确保该面仍然保持与零件相连且没有间隙。假设无法通过延伸或修剪面确保该面仍然与零件相连且无间隙，那么 DE 阵列会失败。这比较好理解，使用 DE 阵列不能选择一个含有多个面的造型中的某个单面进行阵列，因为无法处理该面与零件相连且没有间隙的问题，但是可以选择该造型中所有的面进行阵列。

【范例学习】　DE 阵列面操作

1）打开“HY-DE 阵列.Z3PRT”文件。

2）在功能区“直接编辑”选项卡的“重用”面板中单击“DE 阵列”按钮，打开图 6-44 所示的“DE 阵列”对话框，在“必选”选项组中单击选中“线性”阵列。

3）从位于上边框条的“拾取策略列表”下拉列表中选择“凸台”选项，在模型中分别单击“火箭头”圆柱曲面及其 4 个筋骨任一曲面，以快速选择该“火箭头”整个凸起的全部曲面，如图 6-45 所示，然后单击鼠标中键结束选择。

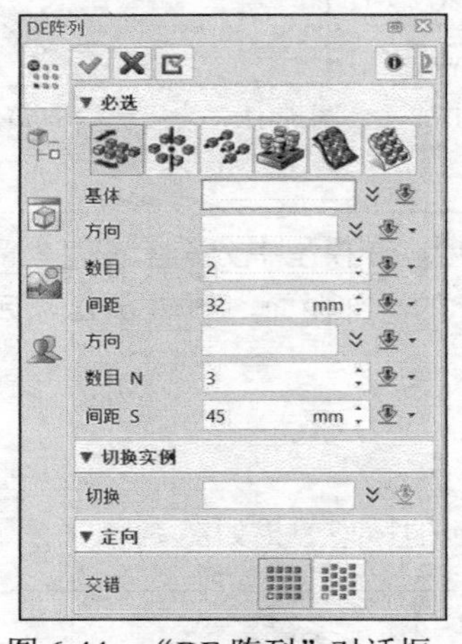

图 6-44　“DE 阵列”对话框

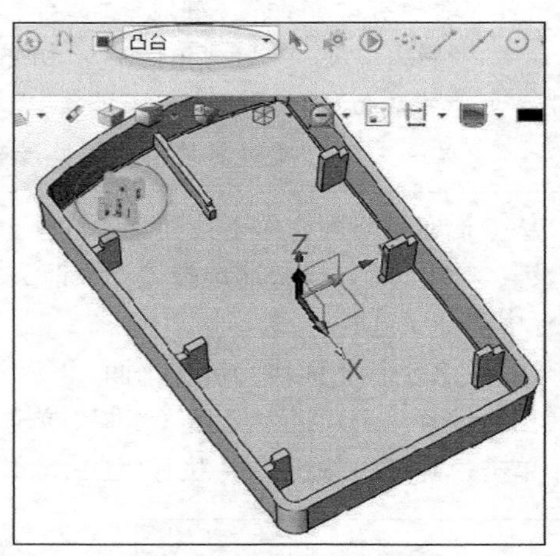

图 6-45　选择要阵列的曲面组

4）选择 Y 轴作为该线性阵列的第一方向，设置该方向的数目为 2，间距为 32mm；激活第二个“方向”收集器，选择 X 轴作为该线性阵列的第二方向，设置第二方向的数目为 3，其间距为 45mm；在“定向”选项组中选中“无交错阵列”图标，如图 6-46 所示。

5）单击“确定”按钮，DE 阵列结果如图 6-47 所示。

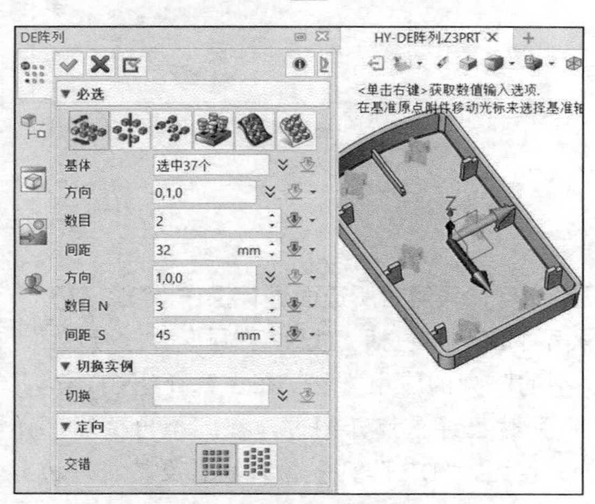

图 6-46　设置线性阵列的相关选项及参数

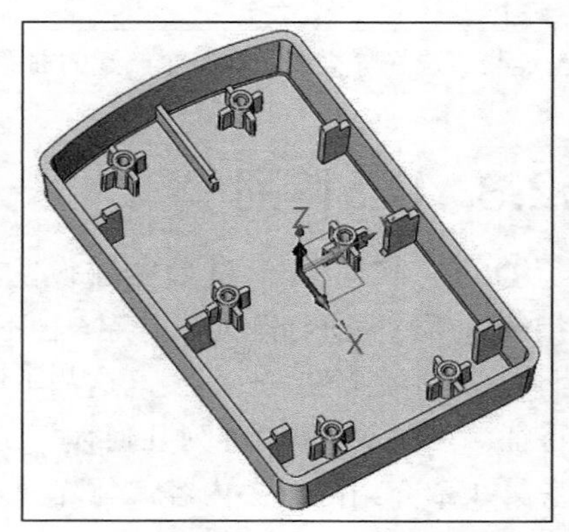

图 6-47　DE 阵列结果

6.3　重置尺寸

直接编辑的重置尺寸工具包括“修改圆角”和“修改半径”，它们位于功能区“直接编辑”选项卡的“重置尺寸”面板。

6.3.1　修改圆角

“修改圆角”工具用于在无历史重生的情况下修改圆角面，包括调整圆角横截面的圆弧类型、相应的圆角半径值，以及在转角添加过渡等。

请看下面一个操作范例，该范例所用的配套素材模型文件为“HY-重置尺寸.Z3PRT”，打开该文件，可以看到该文件中的模型无具体的历史特征可用于编辑，如图 6-48 所示。对于这样的已被移除参数的模型，使用直接编辑工具去修改是比较适合的，如下面使用“修改圆角”工具去调整模型中的相关圆角面。通过直接编辑的方式修改圆角的操作步骤如下。

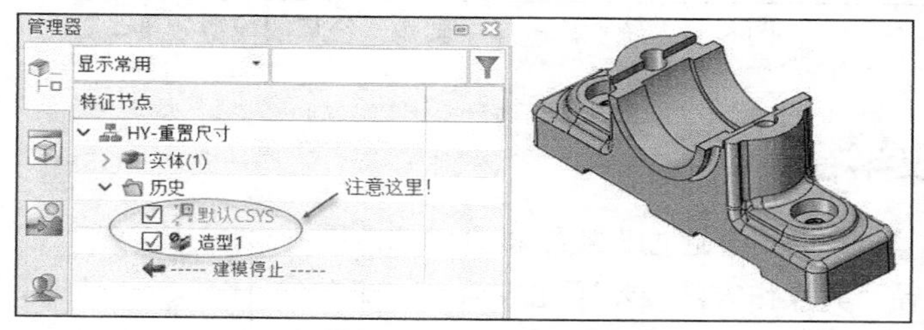

图 6-48　原始模型

1）在功能区“直接编辑”选项卡的“重置尺寸”面板中单击“修改圆角”按钮，打开图 6-49 所示的“修改圆角”对话框。

2）选择要编辑的圆角。在选择圆角时，可以借助“拾取策略列表”的相关选项来进行选择操作。在本例中，“拾取策略列表”的选项为“单面”，在模型中分别选择底部方块的 4 个规格一样的圆角面，则系统会显示所选圆角面的现有半径值，如图 6-50 所示。

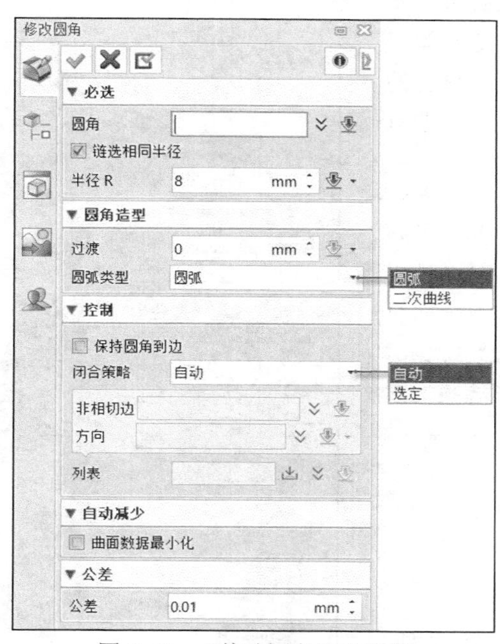

图 6-49　“修改圆角”对话框

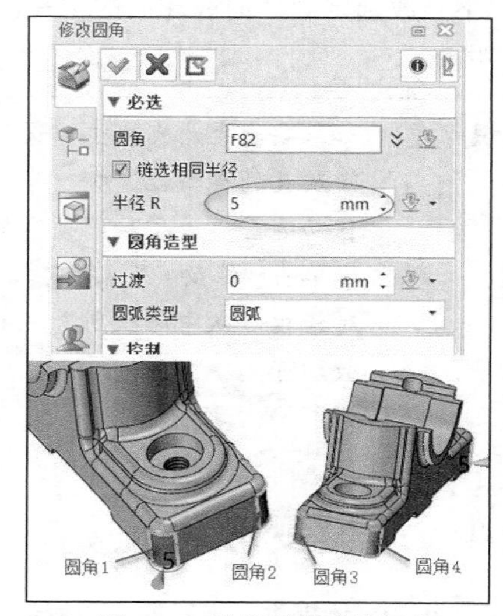

图 6-50　选择要修改的圆角

3）在“修改圆角”对话框中接受圆角造型的圆弧类型默认为“圆弧”，在“必选”选项组的“半径 R”框中将圆角半径更改为8mm。

4）单击“确定”按钮，修改结果如图6-51所示。在历史特征树上会显示一个名为“修改圆角#”（#为从1开始的序号）的特征。

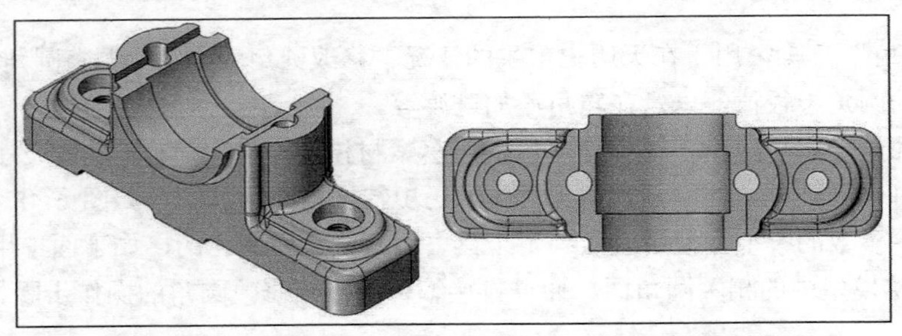

图6-51 统一修改4个圆角半径后的模型效果

6.3.2 修改半径

“修改半径”工具用于通过直接编辑方式修改圆柱面或球面的半径，其操作方法及步骤比较简单，即在功能区“直接编辑”选项卡的“重置尺寸”面板中单击“修改半径”按钮，打开图6-52所示的“修改半径”对话框，接着选择要编辑其半径的圆柱面或球面，然后修改其半径值，单击“确定”按钮即可。

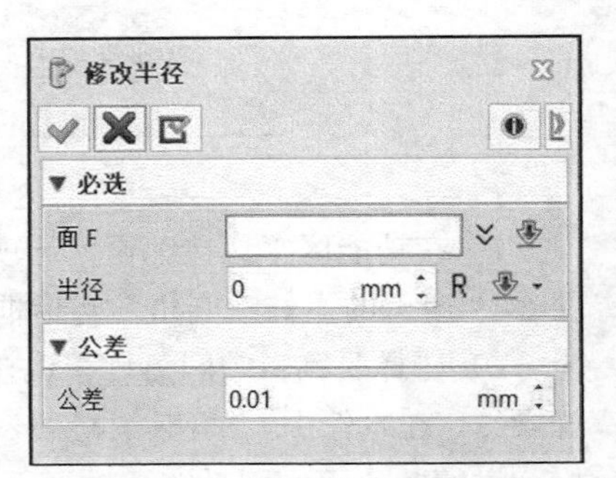

图6-52 “修改半径”对话框

例如，单击“修改半径”按钮后，选择图6-53所示的两个圆柱曲面，显示两个圆柱曲面的半径为12.5mm，而后将该半径修改为11mm，确认后可以发现所选两个圆柱曲面已由设定的新半径值驱动更新。使用直接编辑的“修改半径”工具在无历史重生的情况下修改选定圆柱面或球面的半径，是十分方便且很实用的。

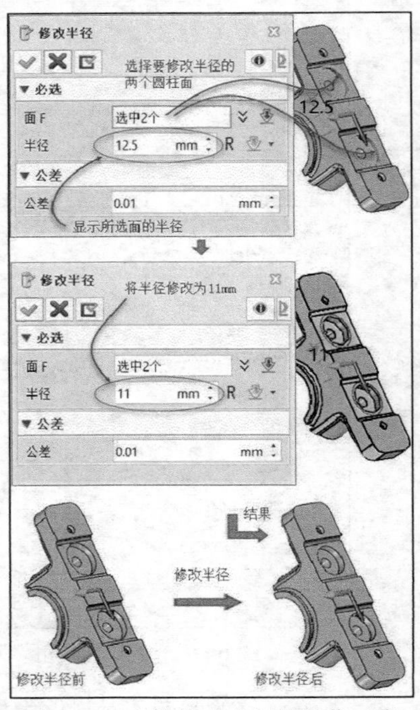

图6-53 直接修改半径的操作示意

知识点拨 如果要在无历史重生情况下修改孔，包括修改孔的类型、造型、半径等，那么可以在功能区“造型”选项卡的“工程”面板中单击“修改孔”按钮，弹出“修改孔”对话框，从中修改所选孔的相应选项及参数即可。

6.4 造型变形

中望3D还提供了丰富的造型变形工具，包括“圆柱折弯”“圆环折弯”“扭曲”“锥形”“伸展”“缠绕到面”“缠绕阵列到面”“由指定点变形”“由指定曲线开始变形”

“通过偏移变形”“变形为另一曲线”等。本节结合案例分别介绍这些造型变形工具。

6.4.1 圆柱折弯

圆柱折弯是实体折弯比较常用的一种方式。“圆柱折弯”工具用于将指定实体根据圆柱体形状进行折弯，如图 6-54 所示。

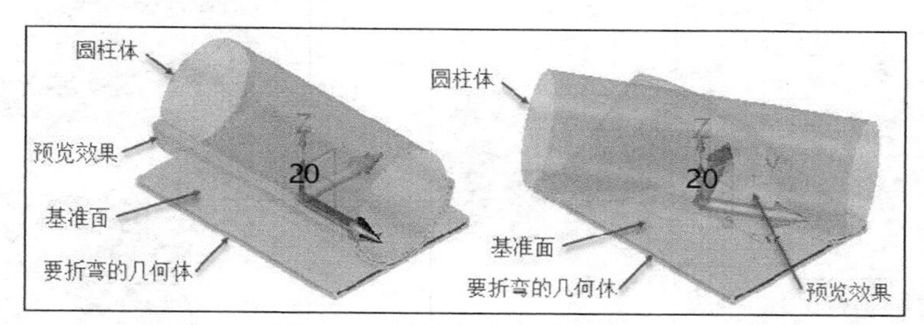

图 6-54 圆柱折弯的典型示例

要创建圆柱折弯特征，可以按照以下的方法步骤来进行。

1）在功能区“造型”选项卡的“变形”面板中单击“圆柱折弯”按钮，打开图 6-55 所示的“圆柱折弯”对话框。

2）选择要折弯的造型，单击鼠标中键确认。

3）选择一个平面作为基准面，即所选平面用来定义被折弯的造型的 *XY* 坐标系和圆柱体的位置。

4）选择“角度”单选按钮时，指定折弯角度；选择“半径”单选按钮时，指定圆柱折弯半径。不管是指定折弯角度还是圆柱折弯半径，相应的折弯角度或折弯半径会自动更新。

5）在“设置”选项组中根据需要设置“旋转”“保留原实体”“曲面数据最小化”“反转方向”复选框的状态，以及在“公差”选项组中指定公差值。

图 6-55 “圆柱折弯”对话框

- “旋转”：若选中此复选框，则通过指定一个旋转角度来改变圆柱体坐标系的方向。
- “保留原实体”：若选中此复选框，则在命令操作结束后保留被折弯的造型，否则，该造型被删除。
- “曲面数据最小化”：若选中此复选框，则减少此命令产生的数据量。
- “反转方向”：若选中此复选框，则将被选中造型的折弯方向反转至另一侧。

6）单击“确定”按钮，创建一个圆柱折弯特征。

【范例学习】 将一块长方形板材圆形折弯

1）在一个空的标准零件文件中，单击“六面体”按钮，创建一个长度为 90m、宽度为 60mm、高度为 3mm 的长方体（六面体），如图 6-56 所示。

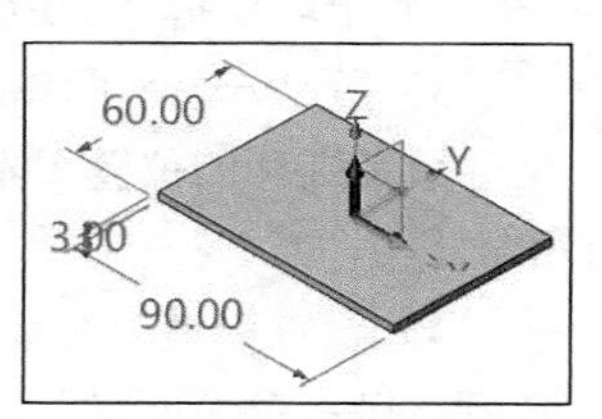

图 6-56 创建一个六面体（长方体板材）

2）在功能区“造型”选项卡的“变形”面板中单击“圆柱折弯”按钮。

3）拾取要折弯的长方体板材，单击鼠标中键确认。

4）在该长方体板材上面单击以选择该面作为折弯基准面。

5）在“必选”选项组中选择“半径”单选按钮，在“半径 R”框中输入圆柱折弯半径为 20mm，接着在“设置”选项中选中“旋转”按钮，输入该旋转角度为 60deg，选中“曲面数据最小化”复选框，如图 6-57 所示。

6）单击“确定”按钮，圆柱折弯效果如图 6-58 所示。

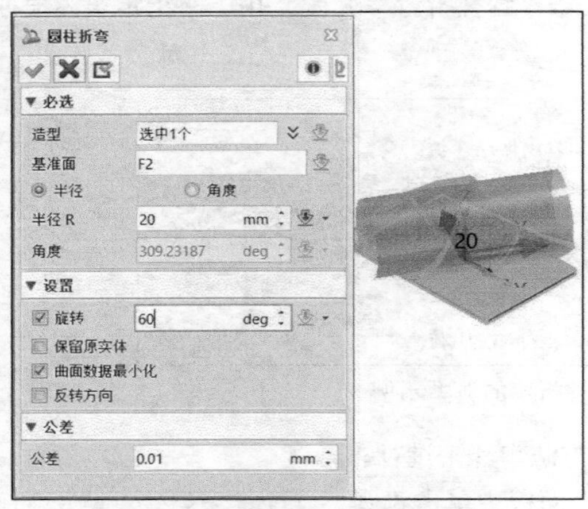

图 6-57　设置圆柱折弯选项及参数

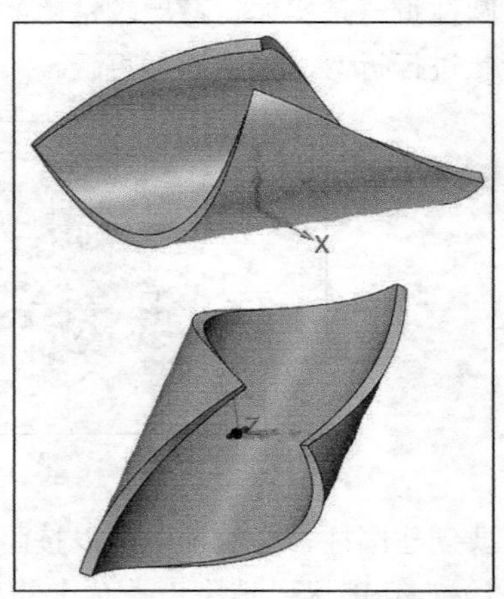

图 6-58　圆柱折弯效果

6.4.2　圆环折弯

“圆环折弯”工具用于根据圆环、球体或椭圆体对实体进行折弯。在实际应用上可使用“圆环折弯”方法来进行瓶子、轮胎、戒指和手镯等产品造型设计，如图 6-59 所示。创建圆环折弯的操作步骤与创建圆柱折弯的操作步骤类似，下面结合戒指示例介绍创建圆环折弯的一般方法及步骤。

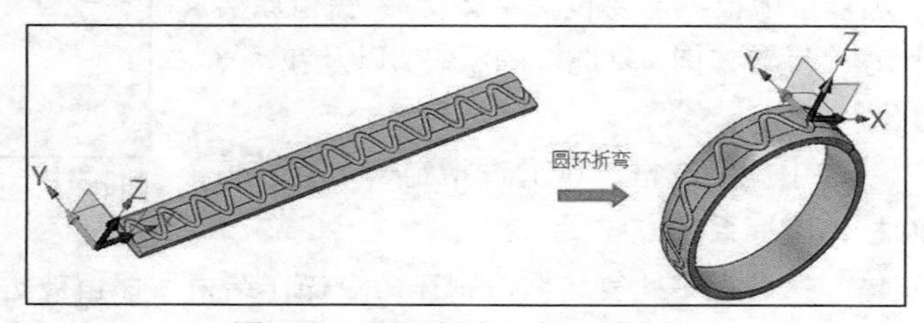

图 6-59　圆环折弯示例（戒指）

1）该示例配套素材文件为“HY-圆环折弯.Z3PRT”。在功能区“造型”选项卡的“变形”面板中单击“圆环折弯”按钮，打开“圆形折弯”对话框，如图 6-60 所示。

2）拾取要折弯的造型，如图 6-61 所示，单击鼠标中键。

3）指定一个平面作为基准平面以定义被折弯的造型的 *XY* 坐标系及圆环的位置。本例选择默认 *CSYS* 坐标系的 *XY* 坐标平面。

4）设置管道半径或管道角度，以及设置外部半径或环形角度，接着在“设置”选项组中分别对“旋转”“保留原实体”“曲面数据最小化”“反转方向”复选框进行设置，在设置相关复选框时要结合图形窗口中圆环折弯预览效果进行决策判断。

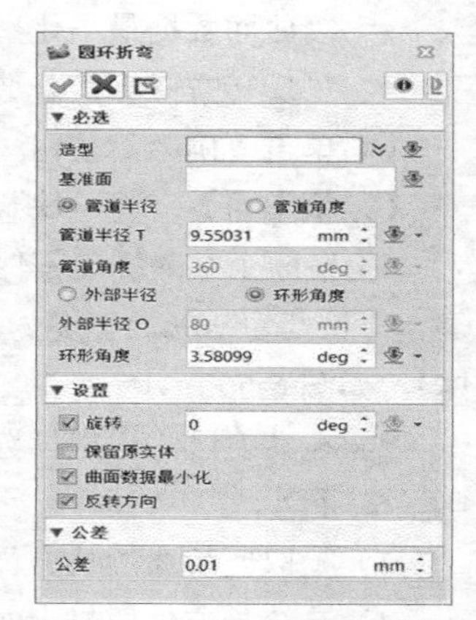

图 6-60　“圆环折弯”对话框

本例选择“管道角度”单选按钮，指定管道角度为360deg；选择“外部半径”单选按钮，指定外部半径为80mm；在“设置”选项组中选中“旋转”复选框但其旋转角度为0deg；选中“曲面数据最小化”复选框，以及选中“反转方向”复选框，以确保圆环折弯预览效果如图6-62所示。

5）单击“确定”按钮，完成“圆环折弯”命令操作得到的戒指造型如图6-63所示。

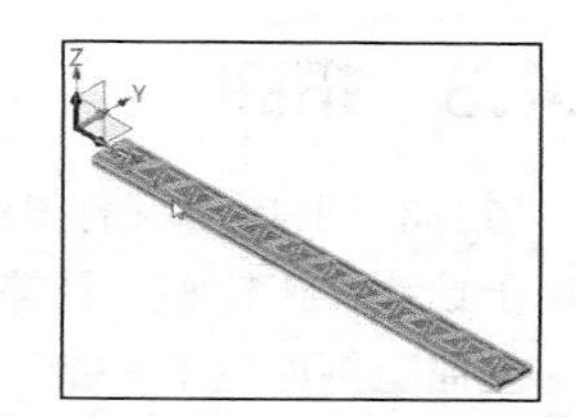

图6-61 拾取要折弯的实体造型

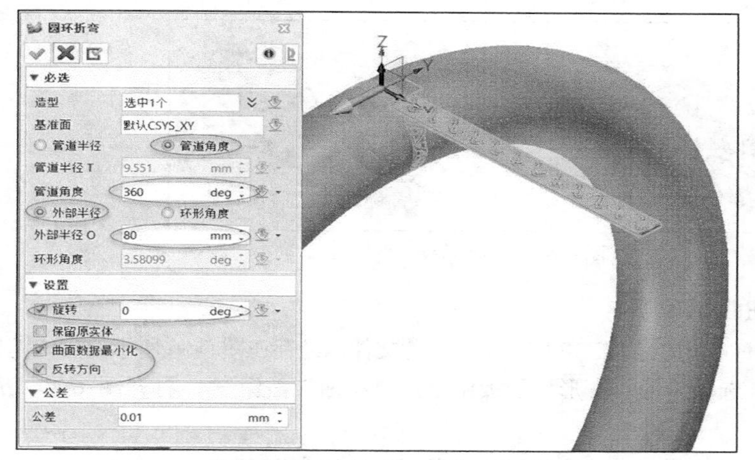

图6-62 设置圆环折弯选项、参数及其预览效果

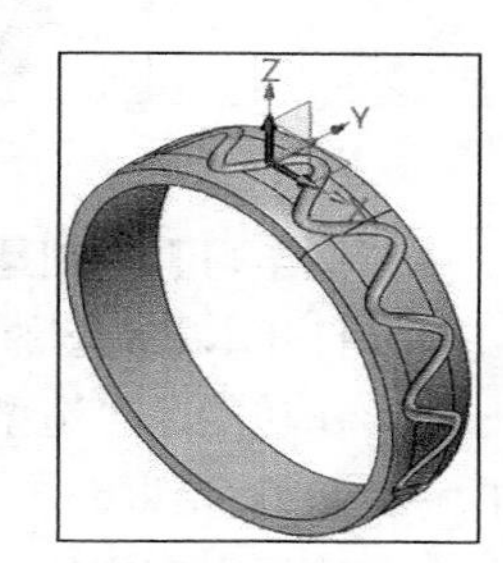

图6-63 戒指造型

在“圆环折弯”命令操作过程中，如果在“圆环折弯”对话框的“设置”选项组中将旋转角度设置为一个非零的数值以改变圆环坐标系的方向，那么可以将一条较狭长的实体造型创建成一种类似于螺旋“丝带”的效果，如图6-64所示。

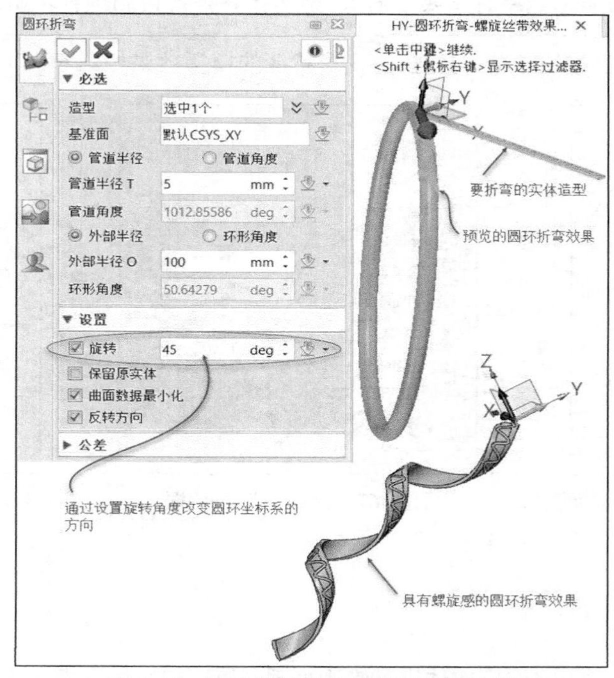

图6-64 设置旋转角度的圆环折弯效果

6.4.3 扭曲

“扭曲”工具又称“螺旋折弯”工具，它用于沿着特定的轴来对实体进行螺旋扭曲，常应用于钻头、齿轮和刀具等设计中。

扭曲示例如图 6-65 所示。扭曲变形的必选输入包括：指定要扭曲的造型，指定一个基准面以定义被扭曲的几何体的 *XY* 坐标系，设定扭曲的范围（指到基准面的距离）和扭曲角度（指扭曲的最大旋转角度）。

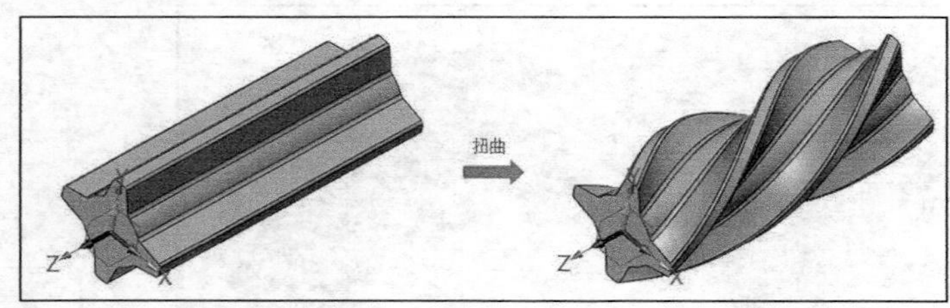

图 6-65 扭曲示例

【范例学习】 创建扭曲变形特征

1）打开本书配套的“HY-扭曲操练.Z3PRT”文件，此文件已经存在图 6-66 所示的实体模型。

2）在功能区“造型”选项卡的“变形”面板中单击“扭曲”按钮，打开图 6-67 所示的“扭曲”对话框。

3）选择现有实体作为要扭曲变形的造型，单击鼠标中键结束选择。

4）拾取实体顶面作为基准面，设定扭曲范围为−150mm，扭曲角度为 360deg，在“设置”选项组中只选中“曲面数据最小化”复选框。

说明 在有些设计场合，可能需要在“设置”选项组中激活“扭曲轴”收集器，然后指定扭曲轴（扭曲轴不能平行于基准面），则实体将沿着该轴进行扭曲。

5）单击“确定”按钮，创建扭曲变形特征的模型效果如图 6-68 所示。

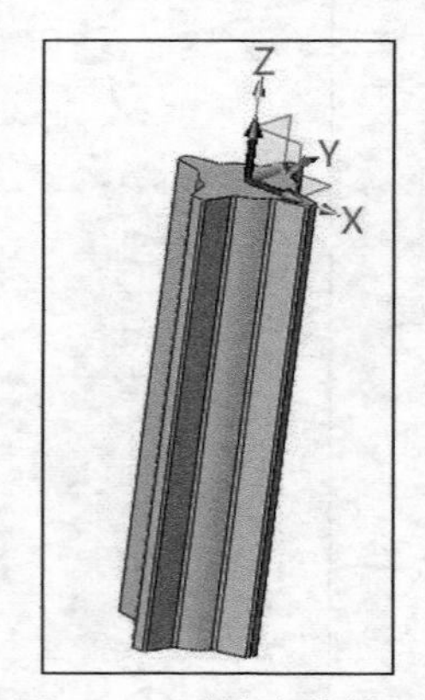

图 6-66 原始实体模型

图 6-67 “扭曲”对话框

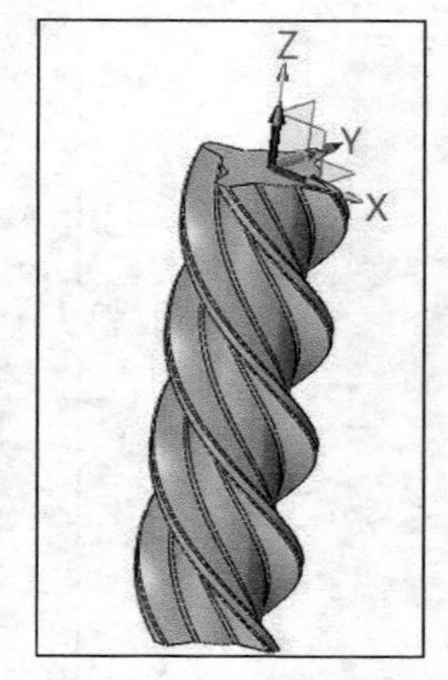

图 6-68 扭曲变形结果

6.4.4 锥形

“锥形”工具用于将选定实体进行锥削处理，使选定实体沿指定的方向变小，如图 6-69

所示。在某些情况下，使用“锥形”工具可以快速在实体上实现拔模效果。

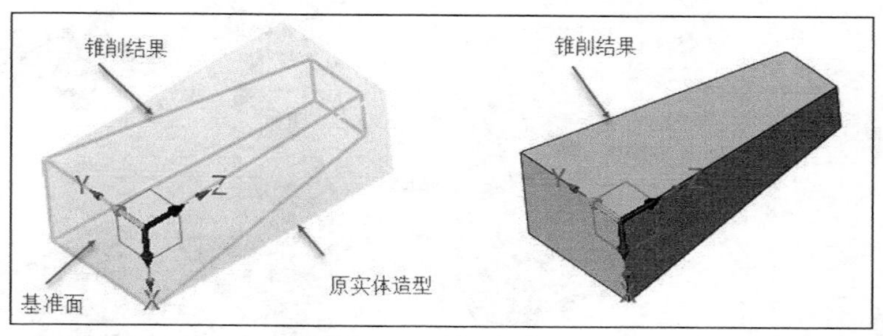

图 6-69　“锥形”示例

要对实体进行锥削处理，可以在功能区“造型”选项卡的“变形”面板中单击“锥形”按钮，弹出“锥形”对话框，选择要锥削的实体造型，单击鼠标中键，再指定基准面（用来定义被锥削的造型的 *XY* 坐标系），设定锥削的范围（到基准面的距离）及锥削因子，操作示意如图 6-70 所示。“锥形”对话框的“设置”选项组为可选设置区域，需要时可指定锥轴以使实体将沿着该轴进行锥削（锥轴不能平行于指定的基准面）。

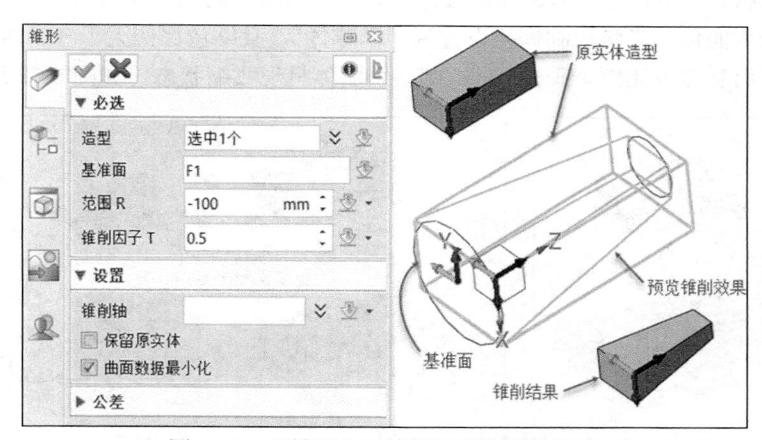

图 6-70　“锥形”对话框及锥削操作示意

6.4.5 伸展

“伸展”工具用于选定要操作的造型并指定基准面，设置 *X* 轴范围、*Y* 轴范围、*Z* 轴范围，指定 *X* 轴、*Y* 轴、*Z* 轴各方向的缩放比例，以及设置控制框架选项以控制伸展造型的形状等，从而将选定造型在特定的范围内沿着 *X*、*Y*、*Z* 方向进行延伸。

显然，“伸展”工具与“缩放”工具不同，具体可结合“伸展”对话框提供的各工具选项来理解，其每个点的缩放因子和伸展效果都可不同。如图 6-71 所示，在功能区“造型”选项卡的“变形”面板中单击“伸展”按钮打开“伸展”对话框后，选择要操作的造型并单击鼠标中键，指定一个平面作为基准面（该基准面用来定义 *XY* 坐标系和伸展中心，此中心位于该平面包络框的中心），指定 *X*、*Y*、*Z* 方向的拉伸范围（建议将范围设置成造型的匹配大小）和 *X*、*Y*、*Z* 方向的缩放比例（当缩放比例大于 1.0 时，离伸展中心越近的点，其伸展效果越明显；当缩放比例小于 1.0 时，离伸展中心越远的点，其伸展效果越明显），本示例选择的控制框架为“六面体”。

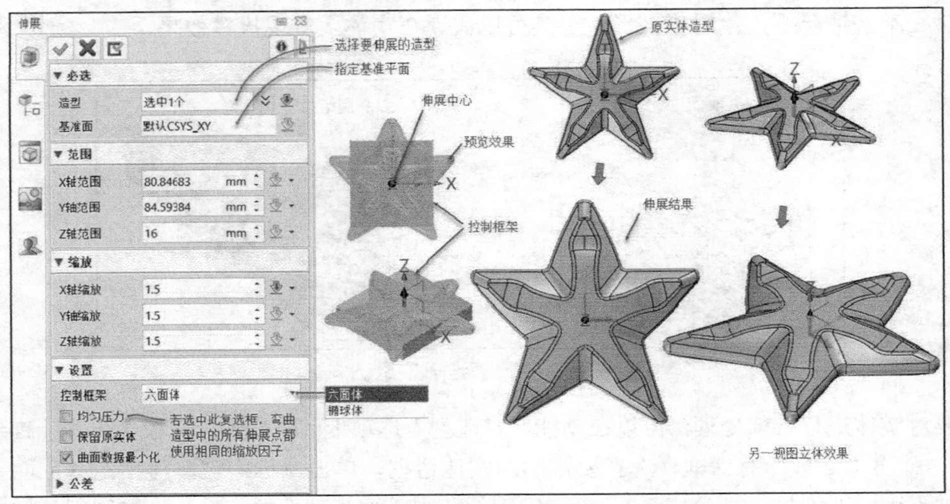

图 6-71 “伸展”操作示意

“设置”选项组中的“控制框架”下拉列表提供“六面体”和“椭球体”两个选项来控制伸展造型的形状。这里以一个六面体进行伸展为例，当将控制框架设置为“六面体”时，则伸展结果仍然为六面体；当将控制框架设置为“椭球体”，且缩放比例大于 1.0 时，该六面体呈现膨胀效果，而若缩放比例小于 1.0 时，则该六面体呈现收缩状态，如图 6-72 所示。

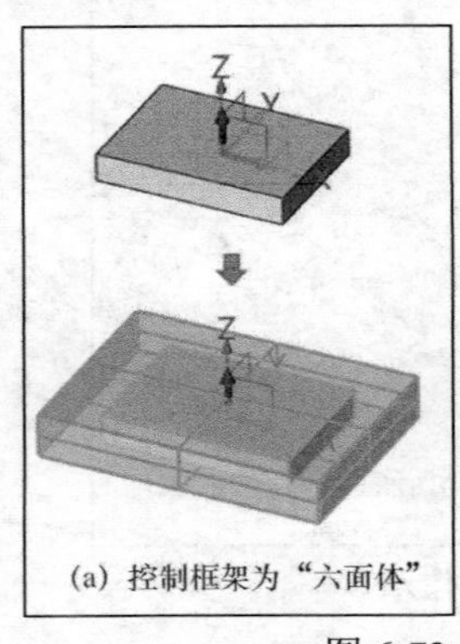
(a) 控制框架为“六面体”

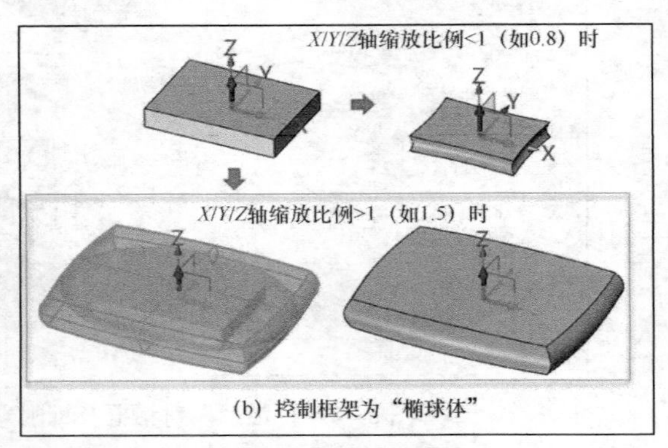

(b) 控制框架为“椭球体”

图 6-72 控制框架影响下的六面体伸展效果

6.4.6 缠绕到面

“缠绕到面”是一个比较实用的工具，它可以将同一个面上的一组几何体映射和变形到指定的一组面上，该工具非常适合将一个 Logo 或一组装饰纹放置到一组面上。

在功能区“造型”选项卡的“变形”面板中单击“缠绕到面”按钮，打开图 6-73 所示的“缠绕到面”对话框，从“必选”选项组可以看出该工具提供 5 种缠绕方式，分别是“缠绕到面”、“缠绕到 UV 面”、“基于展开特征缠绕”、“缠绕到面上曲线”和“移动缠绕几何体”，如表 6-1 所示。

先看下面一个操作范例，该范例使用“缠绕到 UV 面”方式，配套源文件为“HY-缠绕到面之缠绕到 UV 面.Z3PRT”，源文件中存在图 6-74 所示的原始曲面和草图。

1）在功能区“造型”选项卡的“变形”面板中单击“缠绕到面”按钮，打开“缠绕到面”对话框，在“必选”选项组中单击“缠绕到 UV 面”方式图标。

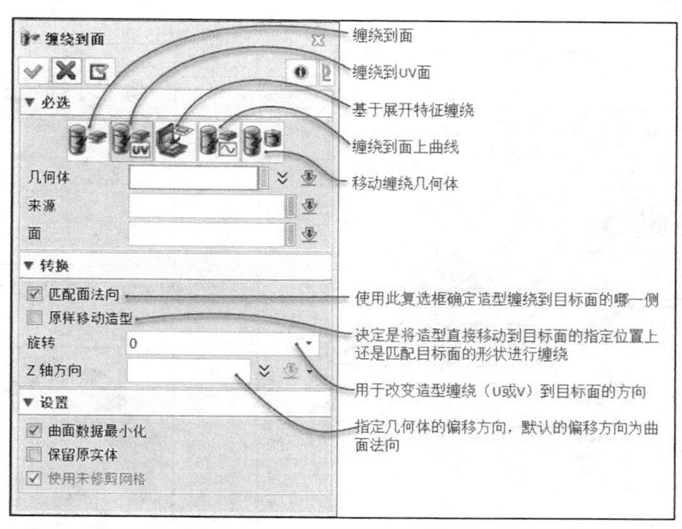

图 6-73 “缠绕到面”对话框

表 6-1 “缠绕到面”工具的 5 种缠绕方式

序号	工具	缠绕方法	功能	必选输入
1		缠绕到面	将由基准面定义的一组面、造型等映射和变形到另一组面上	指定要缠绕的几何体、原基准面、目标面，选择曲面上相应于原点的点，指定水平 3D 方向（单击鼠标中键使用默认设置）
2		缠绕到 UV 面	将位于同一个面上的一组几何体沿着曲面的自然流向变形	指定要缠绕的几何体，拾取原面和目标面
3		基于展开特征缠绕	必须先展开一组面，在展平面上准备要缠绕的曲线等几何体，接着便可以通过该缠绕方法将位于该展开面上的一组几何体缠绕到被展开的面上	拾取要缠绕的几何体，选择展开特征（展开的几何体）
4		缠绕到面上曲线	将指定几何体沿着位于面上的曲线进行缠绕	拾取要缠绕的几何体、原基准面，选择目标面、目标曲线和曲线上相当于原点的点（起点）
5		移动缠绕几何体	将已经缠绕在一个实体（“来源”形状）上的几何移动到一个近似实体（“目标”形状）上	拾取要缠绕的几何体，选择原造型（来源）和目标造型

2）在图形窗口中选择草图文字作为要缠绕的几何体，单击鼠标中键。

3）选择草图文字所在的一个拉伸面作为原面（来源面），再选择另一个拉伸曲面作为目标面，在“转换”选项组中选中“匹配面法向”复选框，在“旋转”框内输入“180”，如图 6-75 所示。

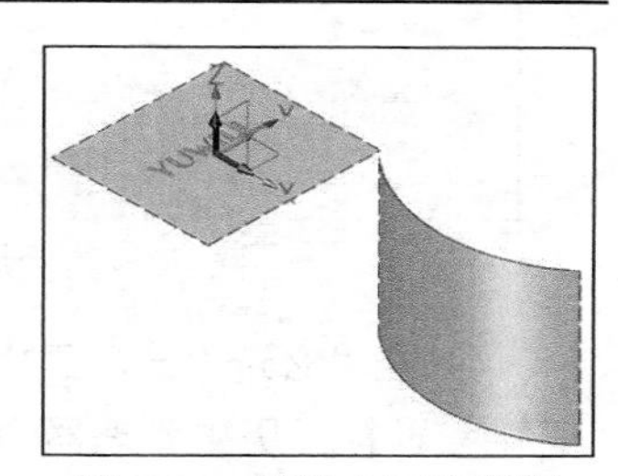

图 6-74 原始曲面和草图

4）单击“确定”按钮，缠绕到 UV 面的结果如图 6-76 所示。

再看下面一个范例，在该范例中应用到“基于展开特征缠绕”方式和“移动缠绕几何体”方式，该范例使用的源文件为“HY-缠绕到面 A.Z3PRT”，存在的原始曲面和草图如图 6-77 所示，其中展开平面是由拉伸曲面 1 展开得到的。该范例的操作步骤如下。

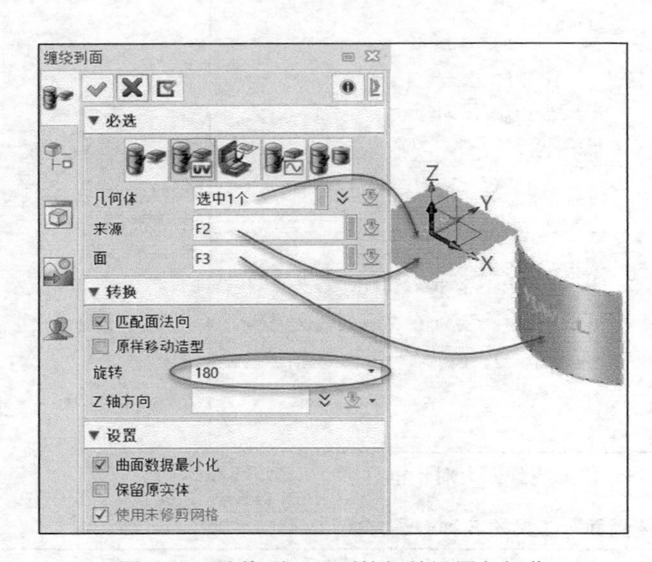

图 6-75 缠绕到 UV 面的相关设置与操作

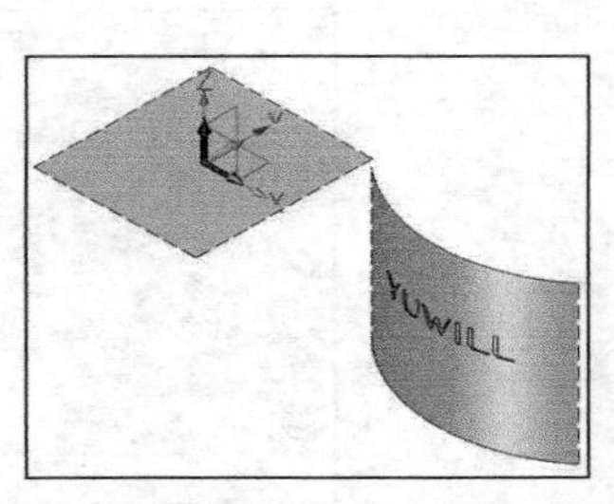

图 6-76 缠绕到 UV 面的结果

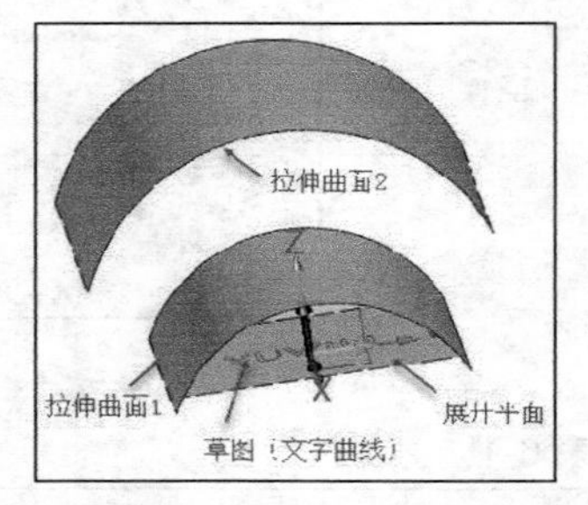

图 6-77 原始曲面和草图（文字曲线）

1）在功能区“造型”选项卡的“变形”面板中单击“缠绕到面”按钮，打开“缠绕到面”对话框，在“必选”选项组中单击“基于展开特征缠绕”方式图标。

2）选择草图（文字曲线）作为要缠绕的几何体，单击鼠标中键，接着选择展开平面，如图 6-78 所示。

3）单击“应用”按钮，则要缠绕的文字曲线被缠绕到被展开的曲面上，如图 6-79 所示。

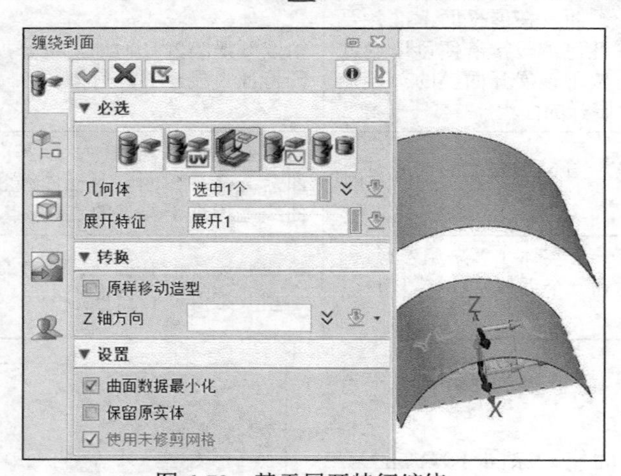

图 6-78 基于展开特征缠绕

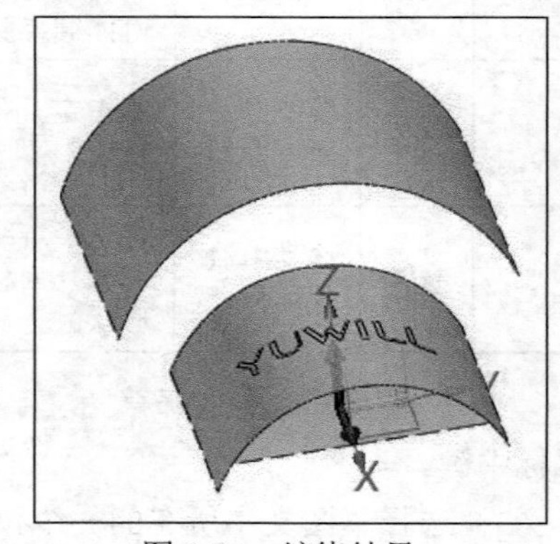

图 6-79 缠绕结果

4）在“必选”选项组中单击“移动缠绕几何体”方式图标，在管理器中单击“历史管理”以打开历史管理器，从历史特征树中选择刚创建的变形特征（即基于展开特征缠绕得到的特征）；切换到“缠绕到面”对话框，确保激活“来源”收集器，选择拉伸曲面 1 作为原造型；选择拉伸曲面 2 作为目标造型，在“转换”选项组中取消选中“原样移动造型”复选框，光滑半径默认为 0.01mm；在“设置”选项组中选中“曲面数据最小化”复选框和“保留原实体”复选框，如图 6-80 所示。选中“保留原实体”复选框表示命令结束后保留缠绕几何体，否则将缠绕几何体删除。

5）单击“确定”按钮，得到的缠绕结果如图 6-81 所示，结果显示保留了先前的缠绕几何体。

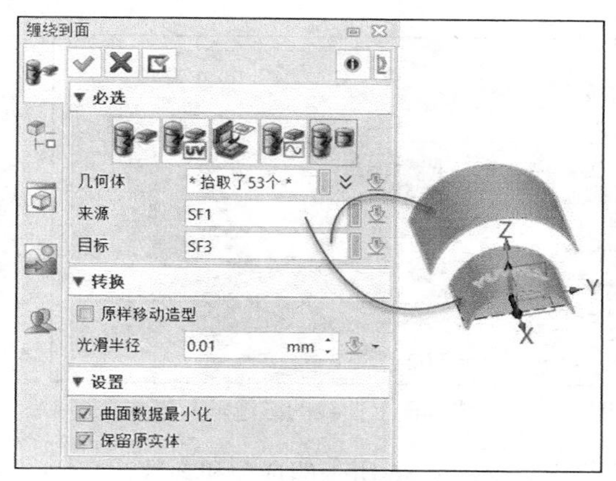

图 6-80 “移动缠绕几何体”方式

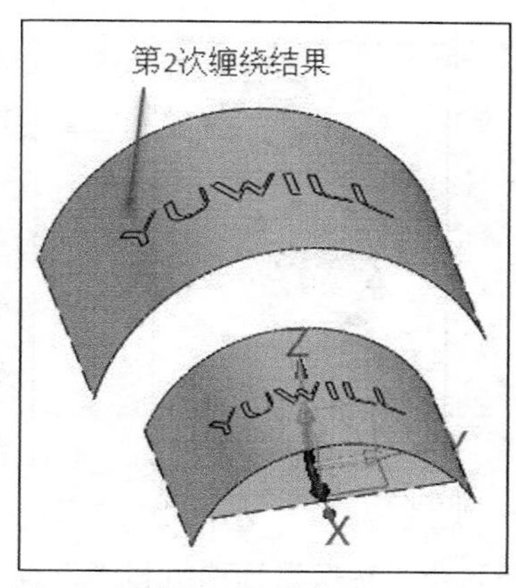

图 6-81 缠绕结果

第 3 个缠绕到面的操作范例应用了“缠绕到面”方式和“缠绕到面上曲线”方式，该范例使用的源文件为“HY-缠绕到面 B.Z3PRT”，原始素材如图 6-82 所示。

1）在功能区“造型”选项卡的“变形”面板中单击“缠绕到面”按钮，打开“缠绕到面”对话框，接着在“必选”选项组中单击“缠绕到面”方式图标。

2）选择文字曲线作为要缠绕的几何体，单击鼠标中键；再次单击文字曲线以选择草图 1 定义基准面，选择图 6-83 所示的圆柱曲面（实体曲面）作为目标面，单击鼠标中键；接着选择位于该实体曲面上的一个点作为原点，选择“Y 轴”定义水平 3D 方向，以及在“转换”选项组和“设置”选项组中分别设置相应的选项和参数，如图 6-83 所示。

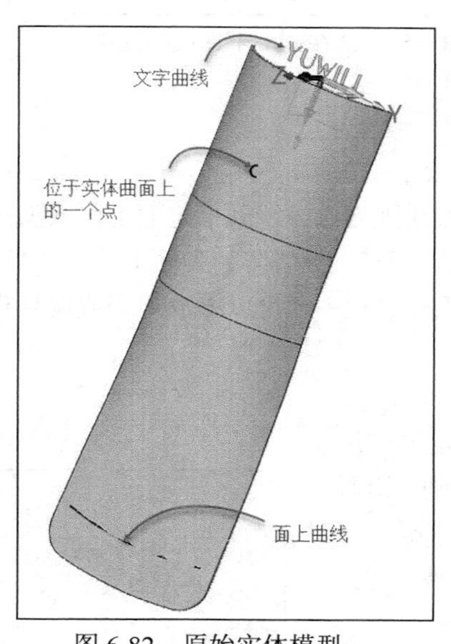

图 6-82 原始实体模型

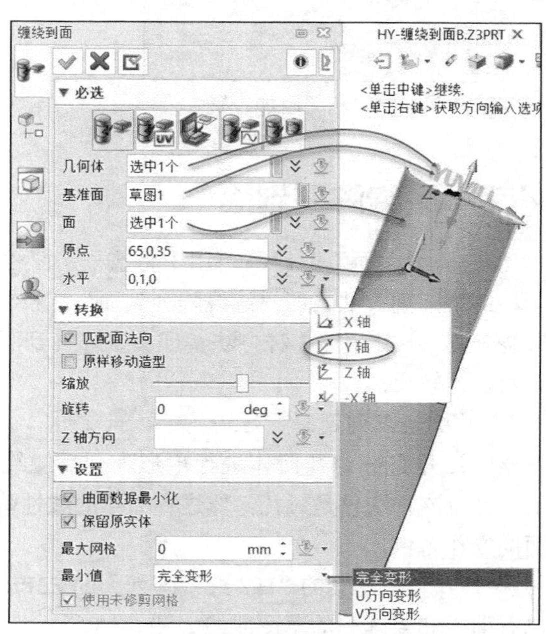

图 6-83 缠绕到面的相关设置与操作

3）单击“应用”按钮，第一次缠绕结果如图 6-84 所示。

4）在“必选”选项组中单击“缠绕到面上曲线”图标选项，选择草图 1（文字曲线）

单击鼠标中键；选择草图 1（文字曲线）作为基准面，再指定目标曲面，单击鼠标中键；在靠近左端点选择位于目标曲面上的一条曲线，再单击该曲线的中点作为放置原点，如图 6-85 所示。

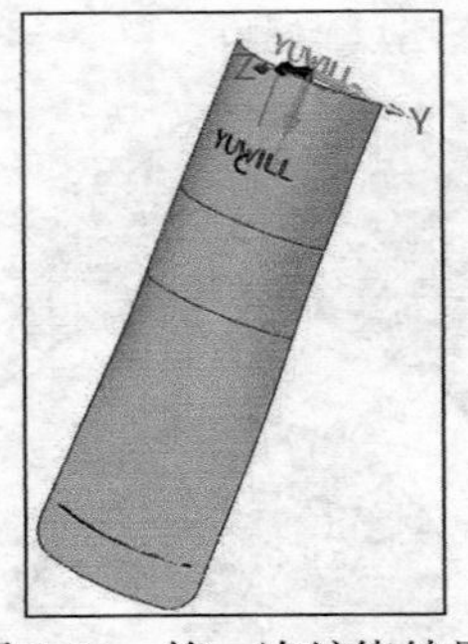

图 6-84 第一次缠绕结果

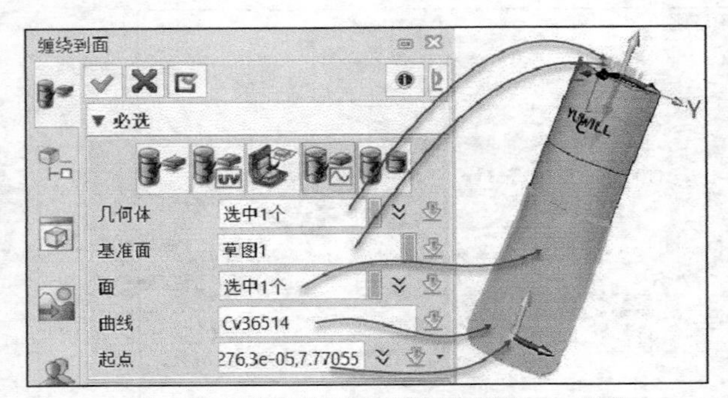

图 6-85 缠绕到面上曲线的必选输入操作

5）在“转换”选项组和“设置”选项组中设置图 6-86 所示的选项和参数。

6）单击“确定”按钮，缠绕到面上曲线的效果如图 6-87 所示。

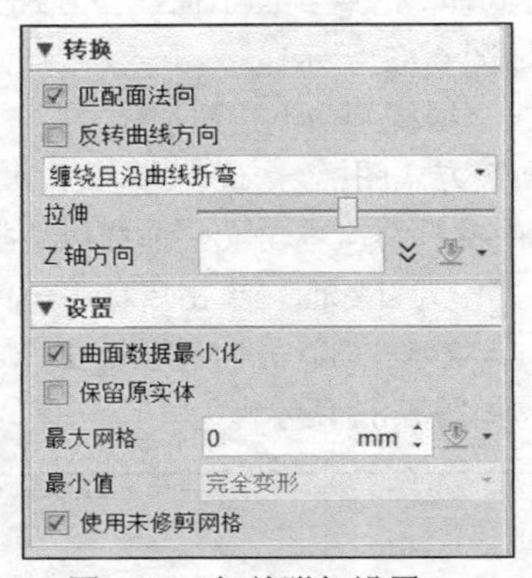

图 6-86 相关附加设置

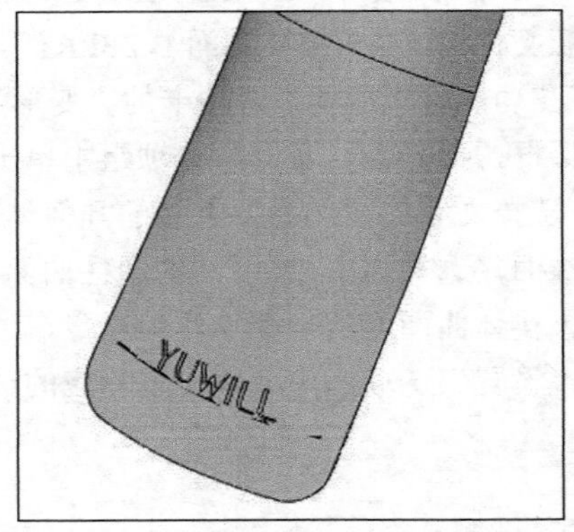

图 6-87 缠绕到面上曲线的效果

6.4.7 缠绕阵列到面

“缠绕阵列到面”工具可用于将造型、曲线、点或块阵列后缠绕到指定面上，该工具提供 4 种缠绕阵列方法（即“缠绕阵列到面”“缠绕阵列填充面”“缠绕阵列到面上曲线”“沿曲线缠绕阵列”），其中前 3 种方法实现缠绕阵列到面。在操作过程中还可以缩放阵列或调整阵列的个数，比较灵活。

1. “缠绕阵列到面”方法

该方法是将选定几何体进行矩形阵列后缠绕到指定的一组面上，目前该方法只是对几何体进行简单的线性阵列复制。请看下面的操作范例。

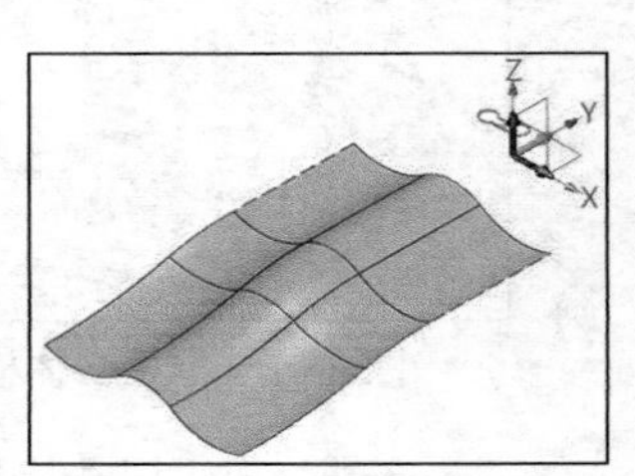

图 6-88 原始曲面和要阵列的草图

1）打开本书配套的“HY-缠绕阵列到面.Z3PRT”文件，此文件已有曲面和要阵列的草图曲线如图 6-88 所示。

2）在功能区“造型”选项卡的“变形”面板中单击“缠绕阵列到面”按钮，打开“缠绕阵列到面”对话框。

3）在“必选”选项组中单击“缠绕阵列到面”按钮，并分别定义以下内容。

- “几何体”：选择要缠绕的几何体。本例选择位于默认坐标原点附近的草图曲线，单击鼠标中键。
- “基准面”：拾取原基准面。本例拾取要缠绕的草图曲线以获取其所在的平面作为基准面，即选择 *XY* 坐标面。
- “面”：拾取目标面。本例将“拾取策略列表”选项设置为“相切面”，接着在原始曲面上任意单击一点以选中整个相切面，然后单击鼠标中键结束目标面选择。
- “原点”：选择曲面上相应于原点的点。本例在原始曲面上选择最下方的曲面顶点。
- “水平”：选择水平 3D 方向。若单击鼠标中键则使用默认的水平方向，本例选择 *X* 轴定义水平 3D 方向。
- “数目 1”：输入第一方向的全部实例数。本例输入第一方向的全部实例数为 3。
- “间距 1”：输入沿第一方向的间距。本例设置间距 1 为−45mm。
- “数目 2”：输入第二方向的全部实例数。本例输入第二方向的全部实例数为 6。
- “间距 2”：输入沿第二方向的间距。本例设置间距 2 为 35mm。

缠绕阵列到面的相关必选输入如图 6-89 所示。

4）在“转换”选项组和“设置”选项组中设置图 6-90 所示的选项和参数。

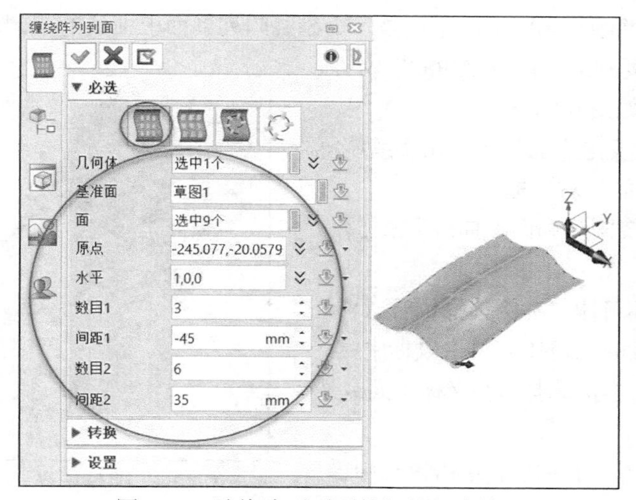

图 6-89 缠绕阵列到面的相关必选输入

图 6-90 “转换”和“设置”内容

知识点拨 “反转第二方向”复选框用于将第二方向反转为基准面的 *Y* 轴负方向，并从反转后的第二方向开始阵列。“原样阵列造型”复选框用于直接将阵列造型简单地置于面上而不是缠绕到面。拖动缩放滑块可以调整阵列缩放比例。

5）单击“确定”按钮，缠绕阵列到面的效果如图 6-91 所示。

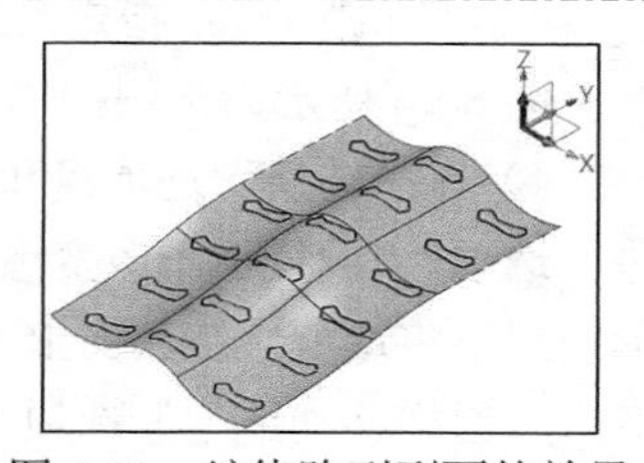

图 6-91 缠绕阵列到面的效果

2. “缠绕阵列填充面”方法

该方法将选定几何体阵列后填充到面的一个范围内，如图 6-92 所示。需要指定要缠绕的几何体、基准面、目标面、数目 1 和数目 2，可以调整 *X* 轴移动、*Y* 轴移动、*X* 轴填充、*Y* 轴填充、*X* 轴缩放和 *Y* 轴缩放等参数。

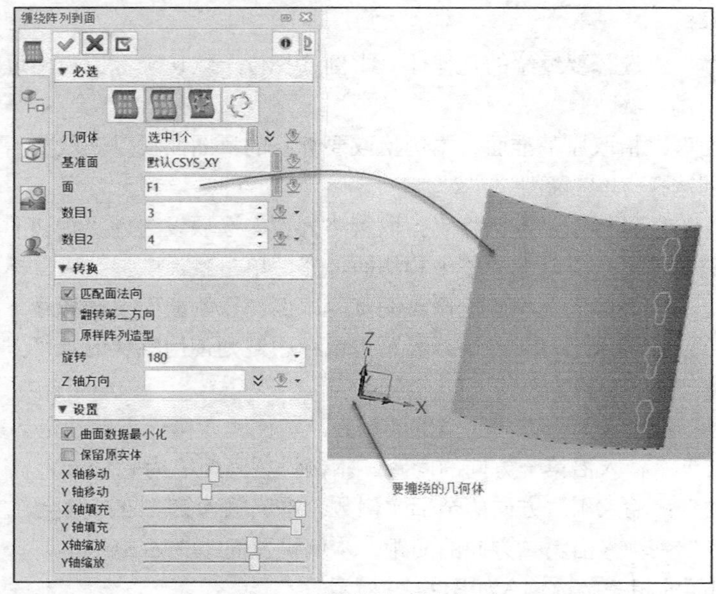

图 6-92 缠绕阵列填充面

3. “缠绕阵列到面上曲线”方法

该方法将选定几何体沿曲线阵列并缠绕到面上，下面是一个缠绕阵列到面上曲线的范例。

1）打开本书配套的“HY-缠绕阵列到面上曲线.Z3PRT”文件，此文件已有曲面和要阵列的草图曲线如图 6-93 所示。

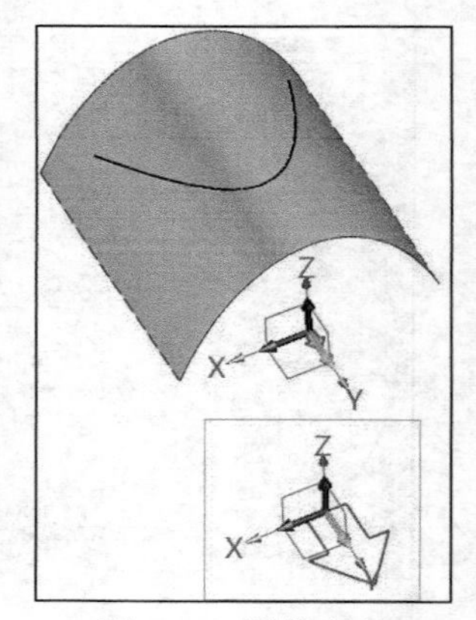

图 6-93 原始素材

2）在功能区“造型”选项卡的“变形”面板中单击“缠绕阵列到面”按钮，打开“缠绕阵列到面”对话框。

3）在“必选”选项组中单击“缠绕阵列到面上曲线”按钮，并分别定义以下内容。

- “几何体”：选择要缠绕的几何体。本例选择位于 *XY* 坐标平面的箭头图形作为要缠绕的几何体，单击鼠标中键。
- “基准面”：拾取原基准面。本例选择 *XY* 坐标平面或选择箭头图形所在的草图。
- “面”：拾取目标面。本例选择已有曲面，单击鼠标中键。
- “曲线”：选择目标曲线。本例选择位于已有曲面上的一条曲线。
- “起点”：选择一个点以指定几何体从曲线的哪个位置开始阵列。本例指定曲线的左侧端点。
- “数目 1”：指定第一方向的全部实例数。本例指定“数目 1”为 5。
- “间距 1”：指定沿第一方向的间距。本例指定“间距 1”为 28mm。

图 6-94 所示为本例在“必选”选项组中的相关设置内容示意。

4）在“转换”选项组和“设置”选项组中进行相应的设置，本例选择“缠绕但不改变造型”选项。“缠绕但不改变造型”选项表示先将阵列造型直接移动到曲线上，接着在最小失真的前提下将造型缠绕到面上。另外两个可选缠绕选项是“原样移动造型”和“缠绕且沿区线折弯”，“原样移动造型”选项表示将阵列造型直接移动到目标面的指定位置上，“缠绕且沿曲线折弯”选项表示缠绕阵列造型并沿着曲线弯曲造型。

5）单击“确定”按钮✔，缠绕阵列到面上曲线的效果如图 6-95 所示。

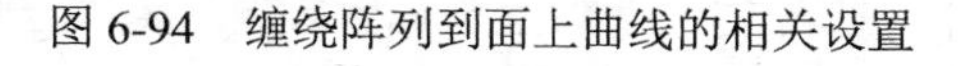

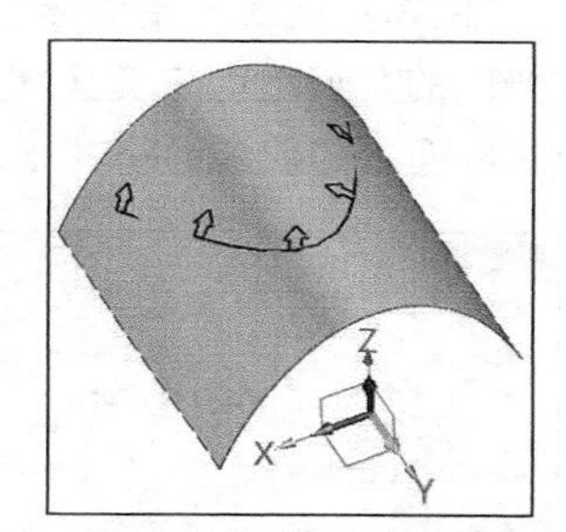

图 6-94 缠绕阵列到面上曲线的相关设置　　图 6-95 缠绕阵列到面上曲线

4. “沿曲线缠绕阵列”方法

该方法将选定几何体沿着指定的曲线缠绕阵列，示例如图 6-96 所示。

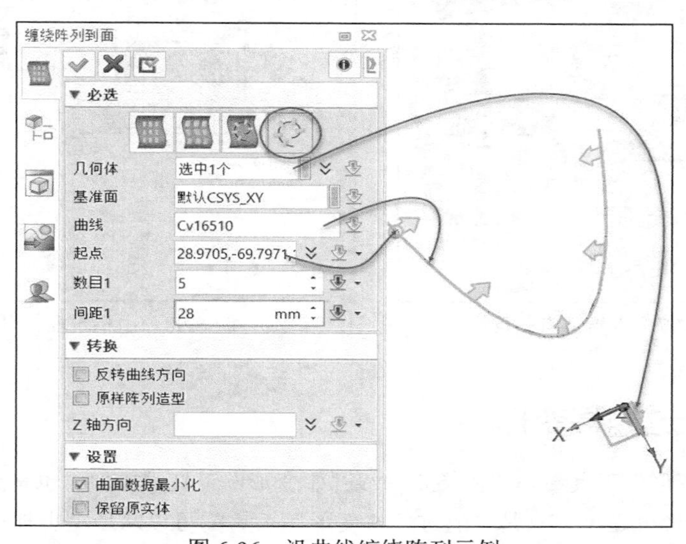

图 6-96 沿曲线缠绕阵列示例

6.4.8 由指定点变形

“由指定点变形”工具用于通过抓取面上的一个点并采用不同的方式拖动该点来改变面

的几何造型（变形），该变形不局限于单个面，也可以包括各个边，它能保持实体造型的完整性。典型示例如图 6-97 所示，该示例选择一个六面体（长方体）实体模型的一个面作为用于变形的几何体。用于变形的几何体可以是造型、面、3D 曲线、分型线、3D 点或 3D 六面体，如果选定一个面，则其边缘会被自动锁定。将要变形的点必须位于要变形的造型上，需要指定拖动的方向和距离。

另外，“设置”选项组的“移动”选项卡主要用来定义将会移动的几何体及影响邻近几何体移动量的参数（属于过渡参数），包括“影响”半径、硬性、凸起、斜度等；“锁定”选项卡则可以固定不移动的几何体及定义相同的过渡参数。

6.4.9 由指定曲线开始变形

“由指定曲线开始变形”工具的用法与“由指定点变形”工具的用法类似，都是通过改变面的几何造型来变换（变形）造型，只是“由指定曲线开始变形”工具可以抓取模型或基准面上的曲线并将其压进模型中或影响模型指定面，典型示例如图 6-98 所示。

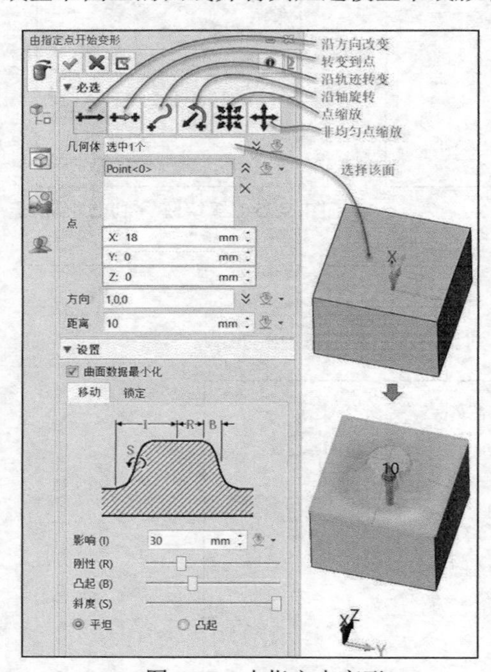

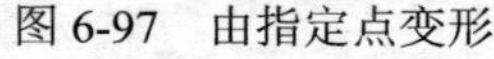
图 6-97 由指定点变形

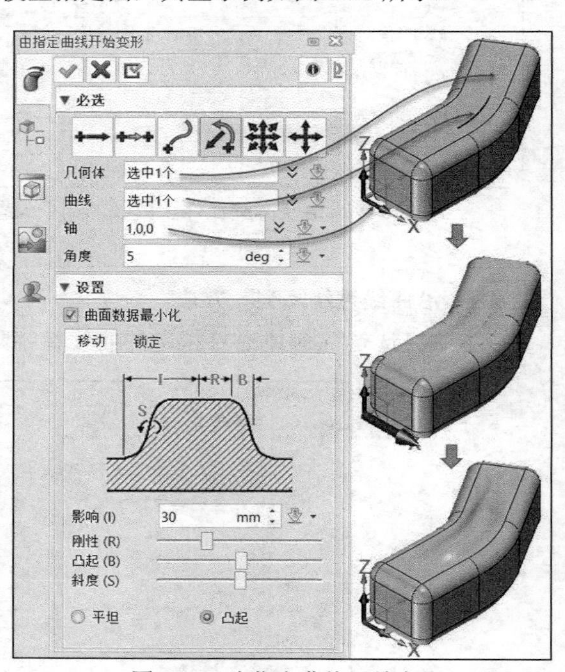

图 6-98 由指定曲线开始变形

6.4.10 通过偏移变形

“通过偏移变形”工具与“由指定曲线开始变形”工具类似，也是通过改变面的几何造型来变换（变形）造型，只是“通过偏移变形”工具可以从造型上抓取所需曲线并偏移它而不是移动它，偏移曲线时，曲线附近的表面可以像点附近的表面一样被拖动。请看下面一个操作范例。

1）首先创建一个半径为 10mm、高度为 50mm 的圆柱体，其放置中心为“0,0,0”。

2）在功能区“造型”选项卡的“变形”面板中单击“通过偏移变形”按钮，打开“通过偏移变形”对话框。

3）选择圆柱体的圆柱曲面作为要变形的几何体，单击鼠标中键确认；选择圆柱体顶部端面圆边缘作为要变形的曲线（该曲线必须位于要变形的造型上），在“偏移”框中输入偏移值为“20”（即 20mm），选择 *Z* 轴定义定向偏移平面方向。注意偏移值为正表示向外变形，负值则向内变形。在“设置”选项组中进行相应的设置，如图 6-99 所示。

4）单击“确定”按钮✔。

6.4.11　变形为另一曲线

“变形为另一曲线”工具的用法与“由指定点变形”工具和“由指定曲线变形”工具的用法类似，同样是通过改变面的几何造型来变换造型（使造型变形），而“变形为另一曲线”工具的主要特点是将模型上选定的曲线变形成目标曲线，曲线附近的表面会跟着变化。典型示例如图 6-100 所示，该示例的几何体是一个拉伸造型或实体，原始曲线为一条棱边，目标曲线为圆弧（草图线）。

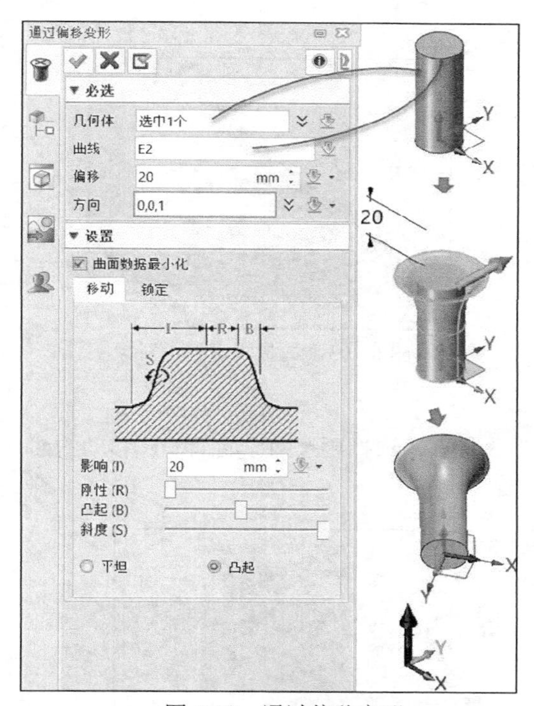

图 6-99　通过偏移变形

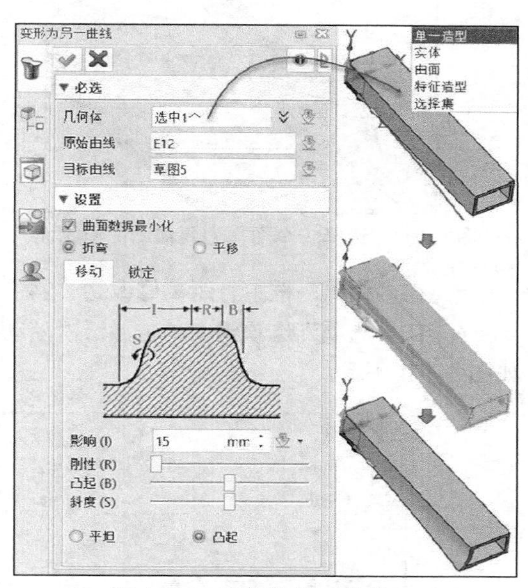

图 6-100　变形为另一曲线

6.5　直接编辑与造型变形综合案例

本节介绍一个直接编辑与造型变形综合案例，目的是复习本章所学的一些常用知识，掌握对无历史特征参数的实体模型进行快速修改的一般方法、思路。该综合案例的具体操作步骤如下。

1. 打开案例所需的素材文件

启动中望 3D 软件，打开本案例所需的配套素材文件“HY-外壳.Z3PRT”，该文件中的模型是通过其他设计软件建模的塑料外壳零件，如图 6-101 所示。

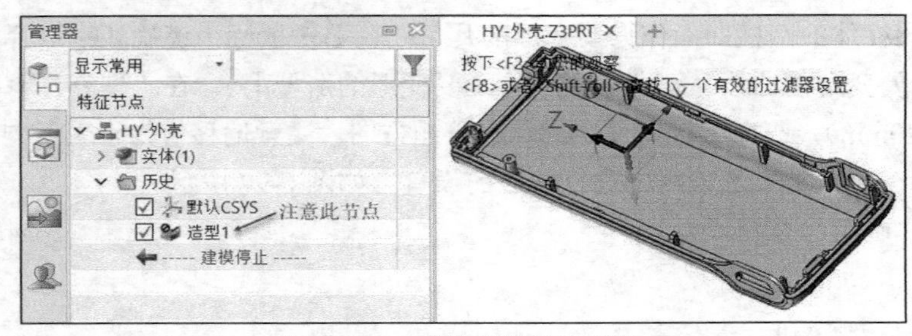

图 6-101 原始塑料外壳零件

2. 通过标注移动面

1）在功能区“直接编辑”选项卡的“修改”面板中单击“通过标注移动面”按钮。

2）在打开的“通过标注移动面”对话框的“必选”选项组中单击“线性”按钮。

3）选择图 6-102 所示的一个面作为要移动的原始面。

4）选择固定参考对象，即图 6-103 所示的一个面，此时系统会显示要移动的原始面与固定参考对象之间的距离。

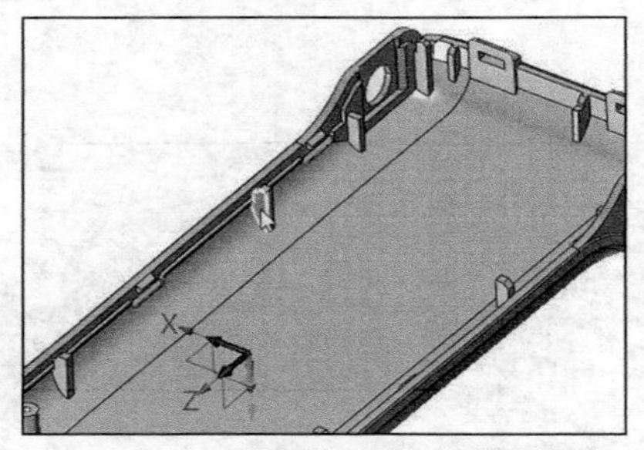

图 6-102 选择一个面作为要移动的原始面

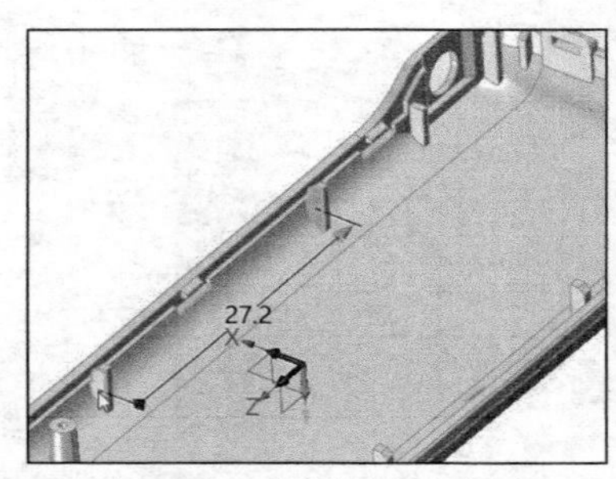

图 6-103 选择固定参考对象

5）在“距离”框中将距离修改为“24”。

6）在“选项”选项组中单击激活“随动面”收集器，选择要跟随原始面一起移动的面，如图 6-104 所示。

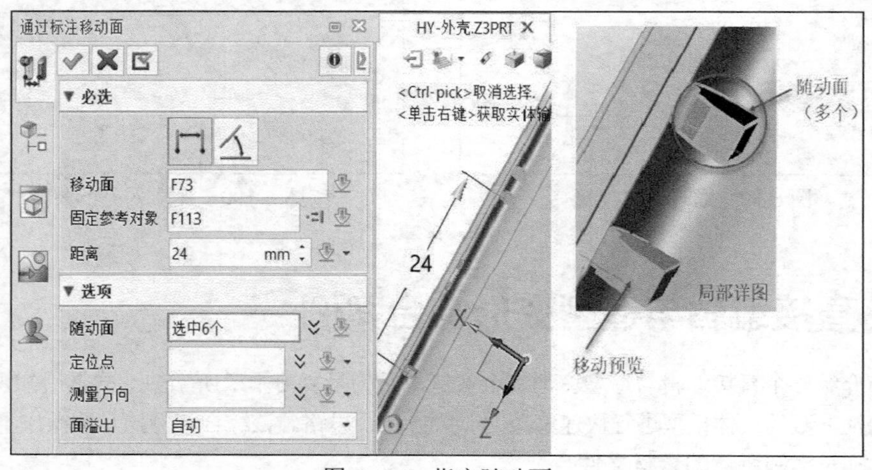

图 6-104 指定随动面

7）在“选项”选项组的“面溢出”下拉列表中选择“自动”选项。

8）单击“确定”按钮，通过标注来移动选定形状曲面的结果如图 6-105 所示。

3. DE 面偏移

1）在功能区“直接编辑”选项卡的“修改”面板中单击“DE 面偏移”按钮。

2）选择要偏移的曲面，如图 6-106 所示。

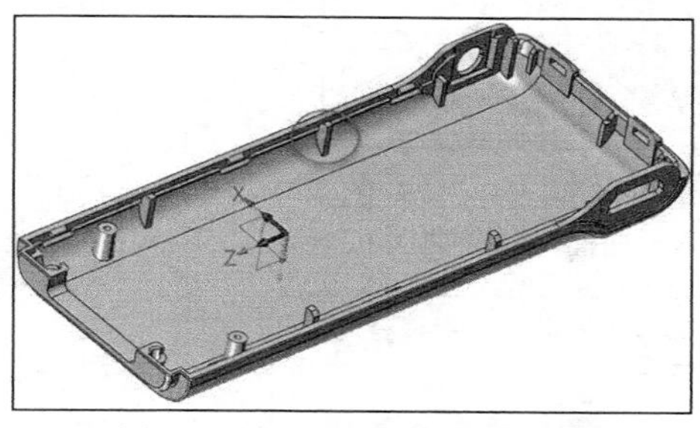

图 6-105 移动形状曲面的结果

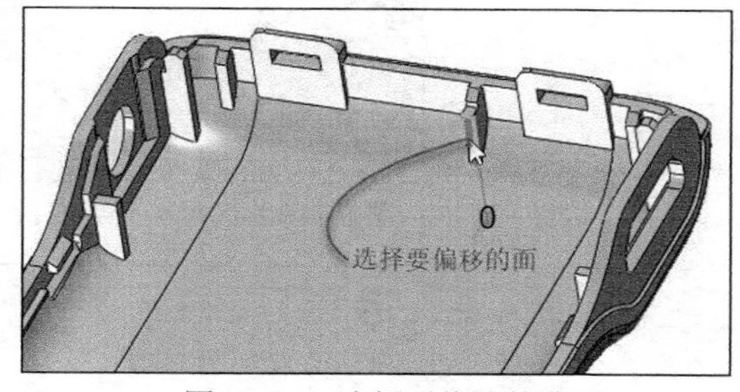

图 6-106 选择要偏移的曲面

3）在“DE 面偏移”对话框的“必选”选项组的“偏移 T”框中输入偏移距离为“0.5”，如图 6-107 所示。

4）在“设置”选项组的“侧面”下拉列表中选择“创建”选项，在“相交”下拉列表中选择“不移除”选项，在“面溢出”下拉列表中选择“自动”选项。

5）单击“确定”按钮。

4. 移除面操作（简化零件）

1）在功能区“直接编辑”选项卡的“修改”面板中单击“简化”按钮。

2）在实体中选择要移除的一个圆柱内孔曲面，如图 6-108 所示。

3）在“简化”对话框中单击“确定”按钮，得到的简化结果如图 6-109 所示。

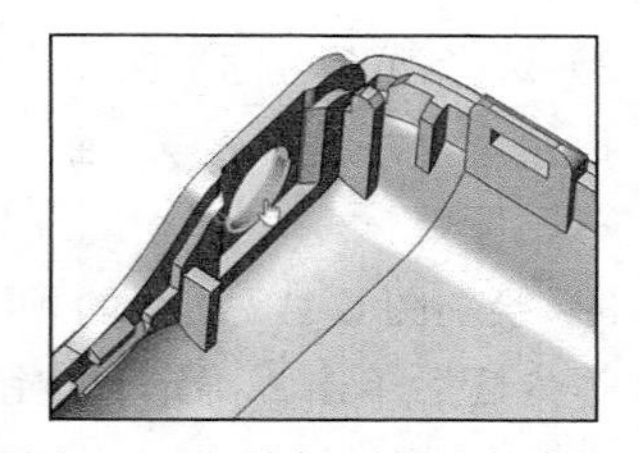

图 6-108 选择要移除的曲面

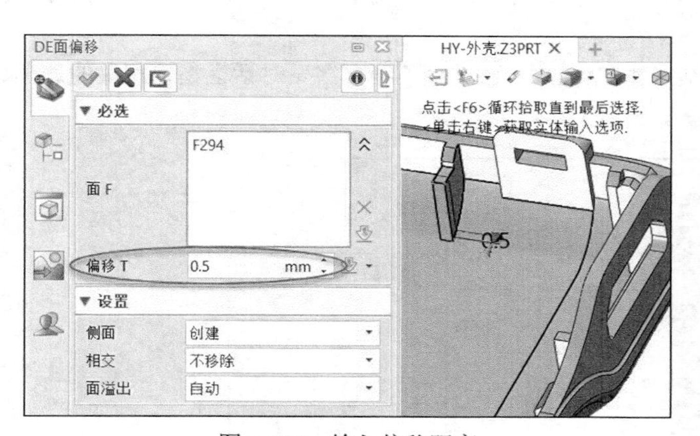

图 6-107 输入偏移距离

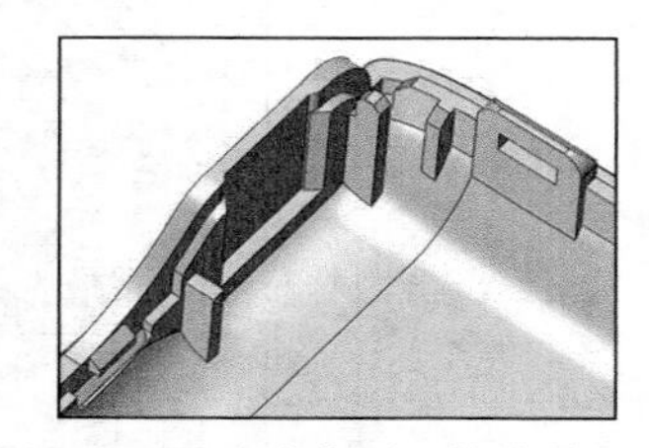

图 6-109 移除曲面（简化结果）

5. 修改圆角半径

1）在功能区“直接编辑”选项卡的“重置尺寸”面板中单击“修改圆角”按钮，打开“修改圆角”对话框。

2）设置拾取策略列表选项为“单面”，在图形窗口中分别选择圆形曲面 1、圆形曲面 2、圆形曲面 3 和圆形曲面 4，如图 6-110 所示。

3）在“必选”选项组的“半径 R”框中将半径值修改为“1”，如图 6-111 所示。

4）在“修改圆角”对话框中单击“确定”按钮。

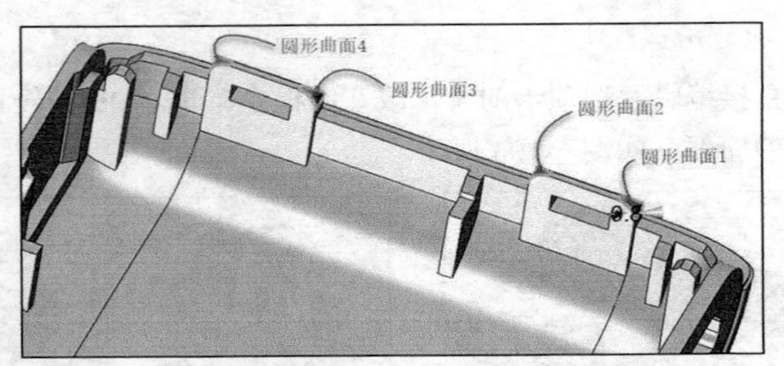

图 6-110　选择 4 个要修改的圆形曲面（圆角曲面）

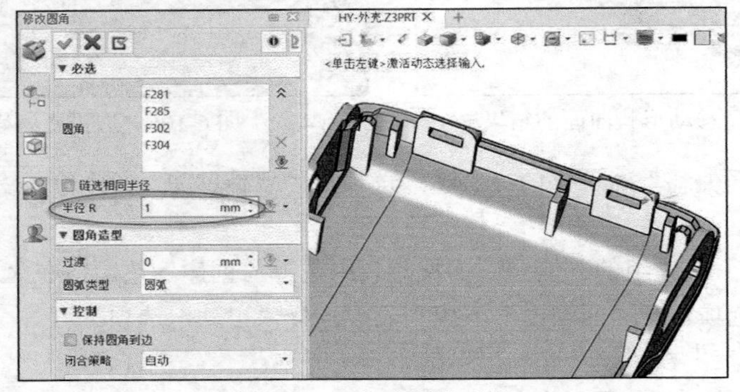

图 6-111　修改圆角半径

6. 创建一个草图

1）在功能区“造型”选项卡的“基础造型”面板中单击“草图”按钮，打开“草图”对话框。

2）选择 *XY* 坐标平面作为草绘平面，在“定向”选项组的“向上”收集器右侧单击“展开”按钮并选择“-X 轴”(此时在“向上”收集器会显示坐标“−1,0,0”)，单击鼠标中键进入草图环境。

3）绘制图 6-112 所示的预制文字“ZW3D”，通过“预制文字”对话框指定相关的选项、参数等内容后单击“确定”按钮。

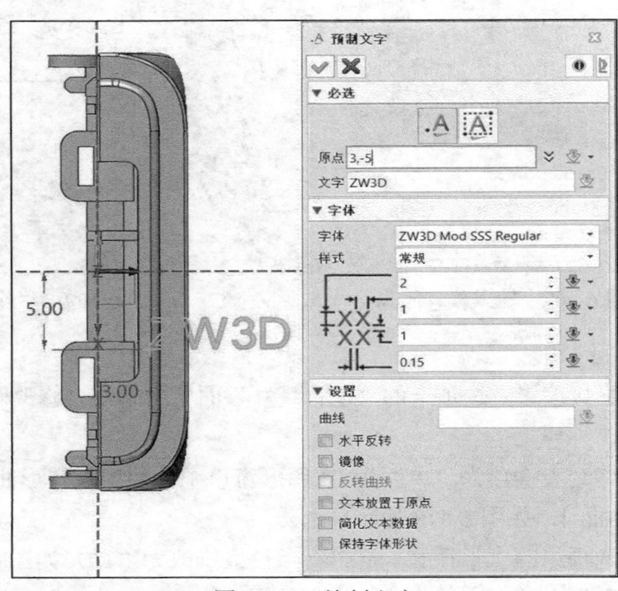

图 6-112　绘制文字

4）单击“退出”按钮，完成草图创建并退出草图环境。

7. 将草图文字缠绕到面

1）在功能区“造型”选项卡的“变形”面板中单击“缠绕到面”按钮，打开“缠绕到面”对话框，在“必选”选项组中选中“缠绕到面”图标。

2）选择草图文字作为要缠绕的几何体，单击鼠标中键。

3）选择 *XY* 坐标平面作为基准面。

4）选择图 6-113 所示的实体表面作为目标面，单击鼠标中键结束目标面选择。

5）在目标面上选择图 6-114 所示的一个点作为原点。

图 6-113 选择实体表面作为目标面

图 6-114 在目标面上指定放置原点

6）在“水平”框右侧单击“展开”按钮并选择“−Y 轴”。

7）在“转换”选项组中选中“匹配面法向”复选框，在“旋转”框中输入“90”，在“Z 轴方向”框右侧单击“展开”按钮并选择“Z 轴”；在“设置”选项组中选中“曲面数据最小化”复选框，从“最小值”下拉列表中选择“完全变形”选项，如图 6-115 所示。

8）单击“确定”按钮，缠绕到面的效果如图 6-116 所示。

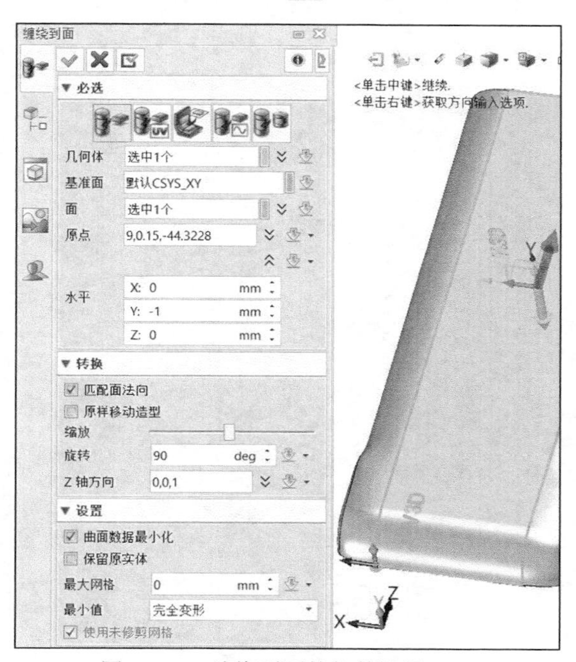

图 6-115 缠绕到面的相关设置

图 6-116 缠绕到面的效果

8. 保存文件

在“快速访问”工具栏中单击“保存”按钮，在指定文件夹中保存此文件。

6.6　思考与练习

1）如何理解直接编辑的概念及其特点？

2）DE 移动/复制与实体移动/复制工具有什么异同之处？

3）如何通过标注移动一组面？

4）使用“简化”工具可以进行哪些操作？

5）DE 阵列有哪些类型？

6）圆柱折弯、圆环折弯、螺旋折弯有什么不同？请举例进行说明。

7）如何将一个 Logo 缠绕到面？有哪些类型？

8）上机操练：自行设计一个机械零件的三维模型，然后利用本章所学的至少 6 个直接编辑工具来修改该三维模型。

第 7 章 钣金件设计

钣金是针对金属薄板进行的一种综合冷加工工艺，包括各种剪切、冲压、折弯、铆接、焊接、拼接、扣边、模压成型等。使用钣金工艺得到的零件便是钣金件，所述钣金件具有的显著特征是同一零件的厚度一致。钣金件具有强度高、导电、能用于电磁屏蔽、成本低、能大规模量产且性能好等特点，在汽车工业、电子电器、医疗器械、通信等领域广泛应用。

中望 3D 提供功能强大的钣金件设计模块，用户利用该模块可以高效地设计各类钣金件。本章重点介绍基于中望 3D 的钣金件设计知识，包括钣金件概述、创建钣金基体、钣金进阶设计（全凸缘、轮廓凸缘、局部凸缘、褶弯凸缘、放样钣金、扫掠凸缘、沿线折叠、转折）、钣金编辑、闭合角、钣金成型、钣金折弯、实体转换钣金和钣金件综合设计案例。

7.1 钣金件概述

钣金件是指通过对金属薄板（通常指厚度为 6mm 以下的金属薄板）通过各种冷加工工艺制成的具有一致厚度的零件，这些冷加工工艺包括剪切、线切割、折弯、冲压、铆接、焊接、拼接、模压成型等。钣金件主要具有强度高、相对重量轻、成本较低、导电（能用于电磁屏蔽）、易于加工、适于规模化生产的诸多优点，因而在很多行业应用广泛，例如汽车工业、电子电器、医疗器械、通信设备、非标自动化等行业。

在中望 3D 2022X 软件中，提供专门的钣金件设计模块。启动并运行中望 3D 2022X 软件后，单击“新建”按钮，弹出“新建文件”对话框；在“类型”选项组中单击“零件”按钮，在“子类”选项组中单击“钣金”按钮，在“模板”选项组中默认选择“[默认]”模板，在“信息”选项组的“唯一名称”文本框中输入零件名称或接受默认的零件名称，并可在“描述”文本框中输入简要说明，如图 7-1 所示；最后单击“确认”按钮，从而创建一个钣金零件文件，同时进入钣金件设计环境（钣金件设计模块）。

在钣金件设计环境中，功能区提供专门的“钣金”选项卡，如图 7-2 所示。该选项卡提供的面板有“基体”面板、“钣金”面板、“编辑”面板、“角部”面板、“成型”面板、“折弯”面板、“转化”面板和“基础编辑”面板，系统依据各工具的应用特点、功能特性等进行分类，从而将各工具归纳到相应的面板中。

在开始创建钣金特征之前，可以设置相应的钣金属性，如设定钣金件厚度和折弯半径的全局值，凸缘参数、K 因子的默认值、角部属性等。其方法是在钣金件设计环境中，从“快速访问”工具栏右侧展开传统菜单栏，从“属性”菜单中选择“钣金”命令，打开图 7-3 所示的“钣金属性”对话框，该对话框提供 “标准”选项卡、“角部属性”选项卡及相应的实用按钮，从中进行相应的设置，单击“接受”按钮即可。

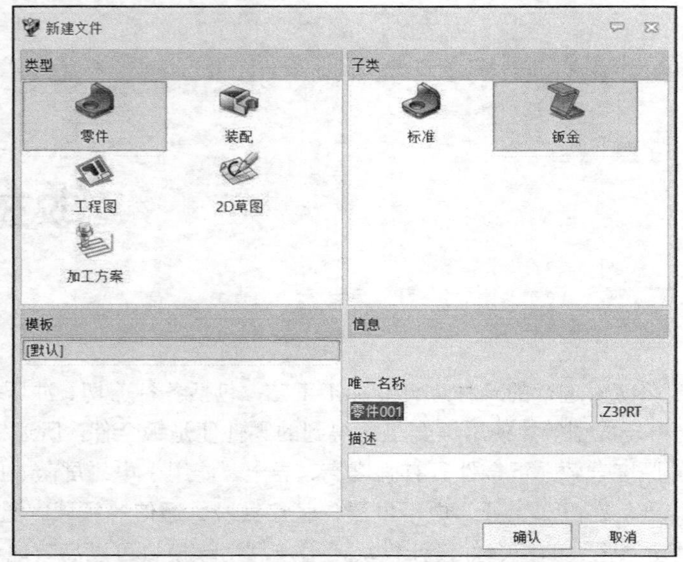

图 7-1 “新建文件”对话框（创建钣金零件时）

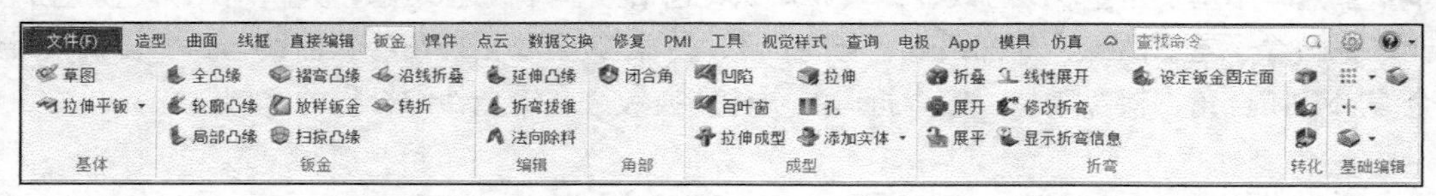

图 7-2 功能区“钣金”选项卡

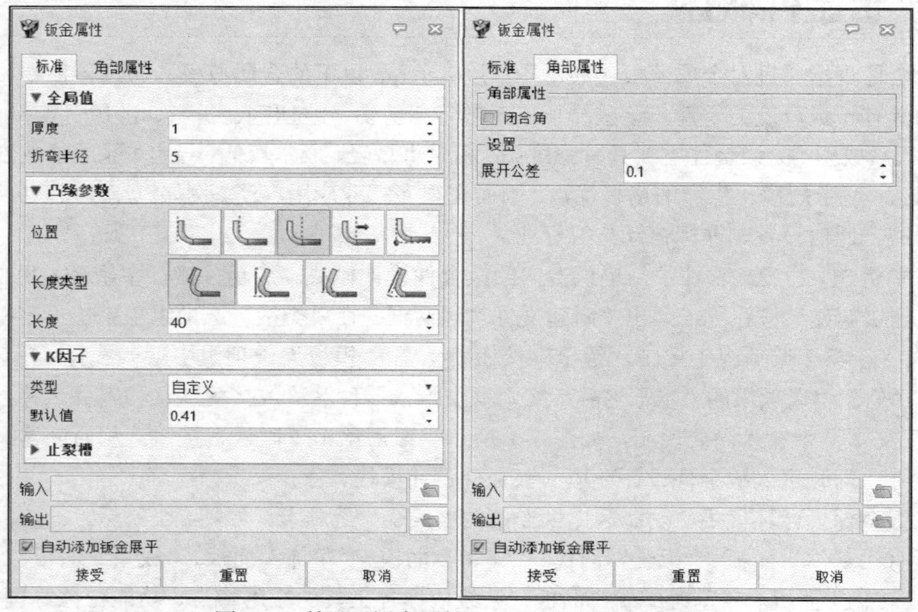

图 7-3 利用“钣金属性”对话框设置钣金属性

7.2 钣金基体

钣金基体主要包括拉伸平钣和拉伸凸缘。涉及的工具有“草图”、“拉伸平板”和“拉伸凸缘”。“草图”工具的应用在前面章节已经介绍过，本节主要介绍“拉伸平钣”

工具和“拉伸凸缘”工具的应用知识。

7.2.1 拉伸平钣

“拉伸平钣”工具用来通过拉伸闭合轮廓来创建钣金基体平钣。下面结合一个简单案例介绍创建拉伸平钣特征的操作步骤。

1）在功能区“钣金”选项卡的“基体”面板中单击“拉伸平钣”按钮，打开图 7-4 所示的“拉伸平钣”对话框。

2）选择要拉伸的闭合轮廓，或者单击“草图”按钮来插入新草图以绘制闭合轮廓。这里可以直接选择一个平面（如选择 *XY* 坐标平面）作为草绘平面，快速进入草图环境，绘制一个所需的闭合轮廓，如图 7-5 所示，然后单击“退出”按钮。

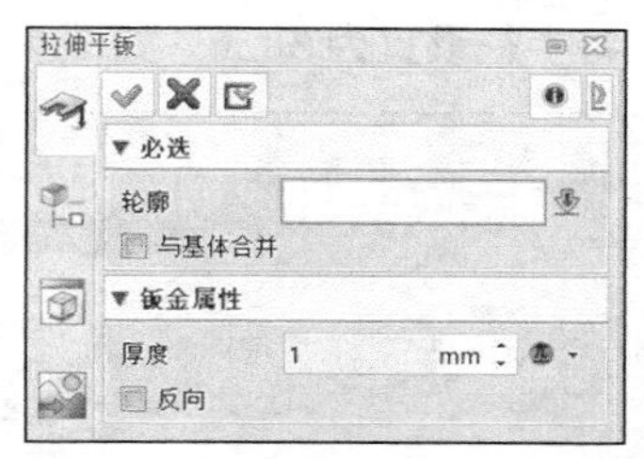

图 7-4 “拉伸平钣”对话框

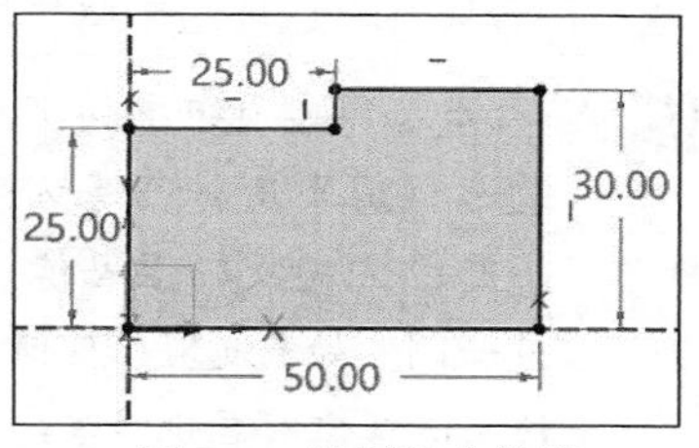

图 7-5 绘制闭合轮廓

3）由于是钣金件的第一个实体特征，取消选中“必选”选项组中的“与基体合并”复选框，以及在“钣金属性”选项组中设置厚度，如本例将厚度设置为 1mm。如果需要，可通过选中“反向”复选框来反转基体方向（这里指拉伸方向）。

4）单击“确定”按钮，创建一个平钣特征，如图 7-6 所示。

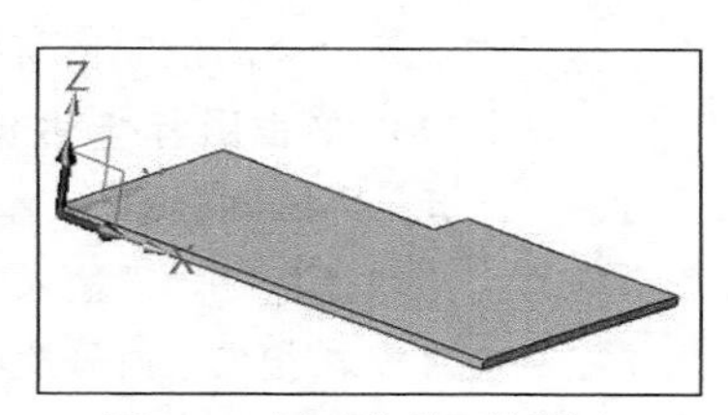

图 7-6 创建拉伸平钣特征

7.2.2 拉伸凸缘

“拉伸凸缘”工具主要用于通过拉伸轮廓曲线来创建钣金基体或法兰，轮廓曲线可以是合并的，也可以是开放的。如果创建钣金基体，需设置厚度，并可为折弯处指定自动添加的折弯半径。使用“拉伸凸缘”工具创建钣金拉伸凸缘特征的示例如图 7-7 所示。

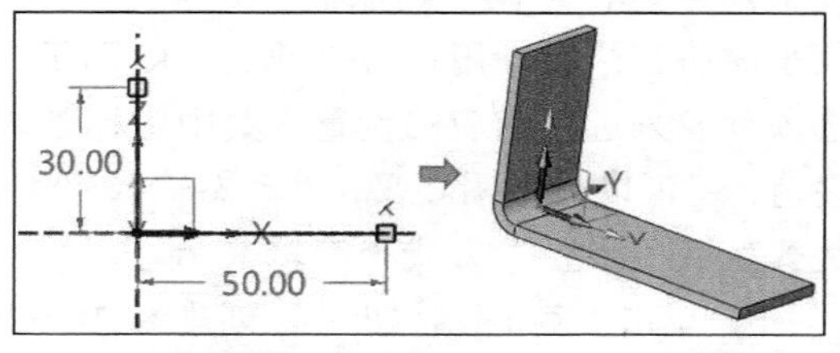

图 7-7 创建钣金拉伸凸缘特征（拉伸法兰）

【范例学习】 创建拉伸凸缘

1）新建一个钣金零件文件，从功能区“钣金”选项卡的“基体”面板中单击“拉伸凸缘”按钮，打开图 7-8 所示的“拉伸凸缘”对话框。

2）选择轮廓创建拉伸凸缘。本例没有现成的轮廓可供选择，此时可创建所需的轮廓。选择 *XZ* 坐标平面，绘制图 7-9 所示的轮廓线，单击“退出”按钮，并在弹出的“ZW3D”对话框中单击“是”按钮。

图 7-8　“拉伸凸缘”对话框

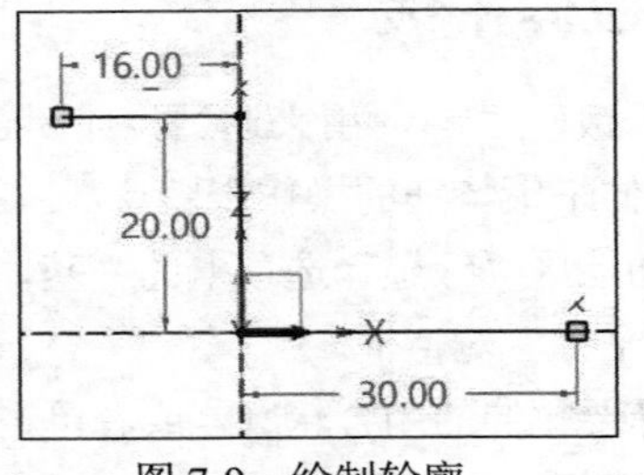

图 7-9　绘制轮廓

3）在“必选”选项组的“拉伸类型”下拉列表中选择“1 边”选项，设置“终点”值为 21mm；在“钣金属性”选项组中将厚度设置为 1.5mm，将半径设置为 3mm，如图 7-10 所示。

知识点拨　“必选”选项组中的“反向”复选框用于反转凸缘方向，即将凸缘方向反转至凸缘轮廓的另一侧。如果发现厚度值和半径值无法在框内直接修改，那显然是使用了全局值（会在该框右侧显示“全局值”图标），此时可以单击图标右侧的“下三角”按钮以展开一个选项列表，从中选择“动态输入”选项，便可以在相应框内修改所需的厚度值或半径值了。

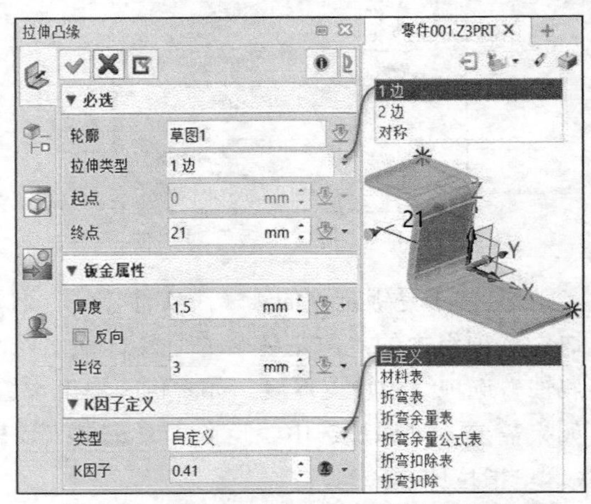

图 7-10　设置拉伸凸缘的相关参数与选项

4）在“K 因子定义”选项组的“类型”下拉列表中选择“自定义”选项，可供选择的选项有“自定义”“材料表”“折弯表”“折弯余量表”“折弯余量公式表”“折弯扣除表”“折弯扣除”，这些类型都会影响 K 因子的取值。K 因子标明了钣金的中性平面所在位置。用户可以通过“K 因子”框右侧的选项列表来进行相应的设置，其中图标表示使用全局值，还可以根据需要采用“动态输入”“标注值”“表达式”或“步距”方式来编辑 K 因子。

5）单击“确定”按钮，创建图 7-11 所示的拉伸凸缘特征。

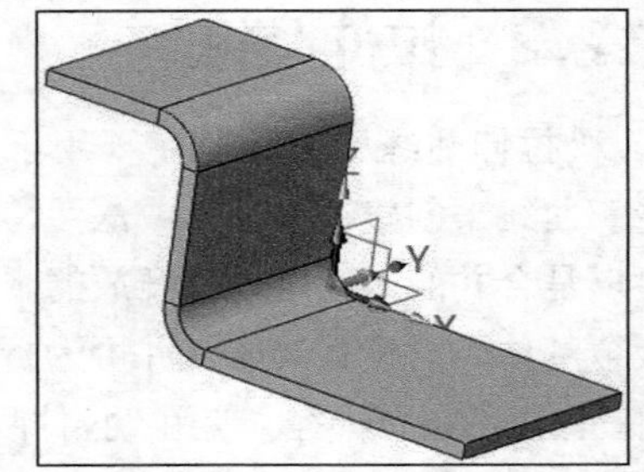
图 7-11　创建拉伸凸缘特征

7.3　钣金进阶设计

钣金进阶设计工具包括“全凸缘”、“轮廓凸缘”、“局部凸缘”、“褶弯凸缘”、“放样钣金”、“扫掠凸缘”、“沿线折叠”、“转折”。

7.3.1 全凸缘

“全凸缘”工具用于在钣金零件的指定一条或多条边缘添加全凸缘，如图 7-12 所示，该凸缘的内折弯半径默认采用“钣金属性”对话框设定的折弯半径全局值，允许用户修改。

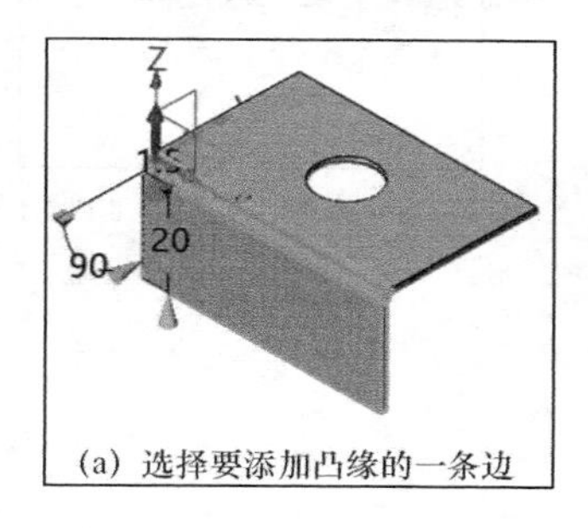

(a) 选择要添加凸缘的一条边

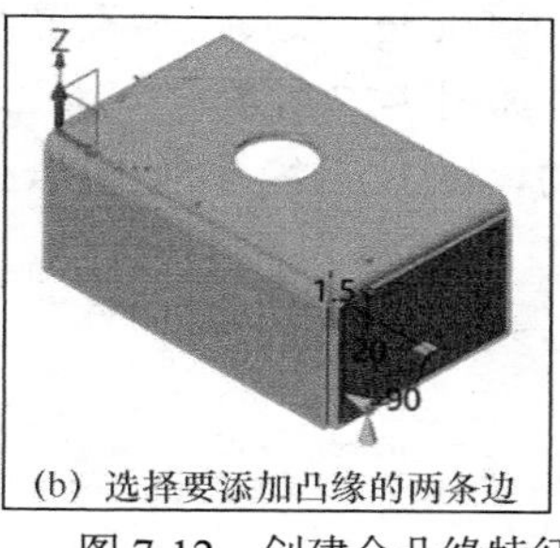

(b) 选择要添加凸缘的两条边

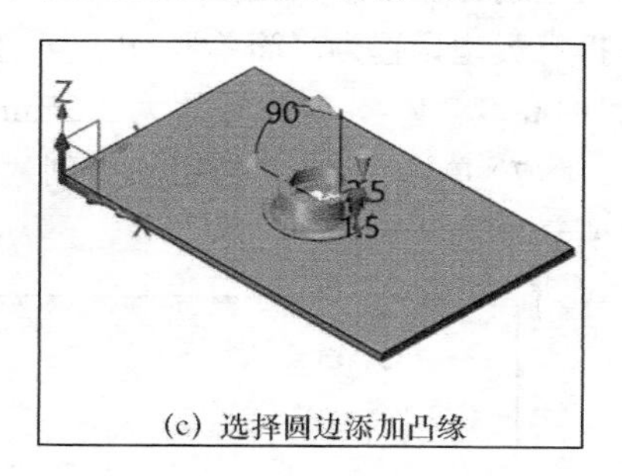

(c) 选择圆边添加凸缘

图 7-12 创建全凸缘特征

创建全凸缘特征需要选择一条或多条边缘，设定凸缘位置参数、折弯属性（包含折弯类型、折弯半径、角度、长度类型、高度等）、K 因子、止裂槽、凸缘干涉、角度属性等。

下面结合一个案例介绍创建全凸缘特征的一般方法及步骤。

1）打开“HY-全凸缘.Z3PRT”素材文件，在功能区“钣金”选项卡的“钣金”面板中单击“全凸缘”按钮，打开图 7-13 所示的“全凸缘”对话框。

2）选择要创建凸缘的一条边缘，如图 7-14 所示，在“必选”选项组中取消选中“反转凸缘”复选框。“反转凸缘”复选框用于定义是否在另一侧添加凸缘。

3）在“凸缘参数”选项组中单击选中“折弯外侧”按钮，在“折弯属性”选项组中设置折弯类型为“简单”，折弯半径 R1 采用本钣金属性的全局值 1.5mm，角度为 90deg，长度类型为“腹板长度”，高度为 20mm。

4）分别定义止裂槽、凸缘干涉、角部属性、展开公差等可选选项，如图 7-15 所示。

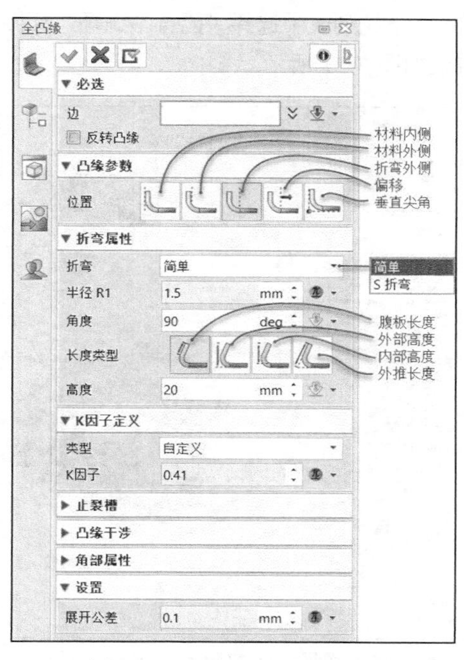

图 7-13 “全凸缘”对话框

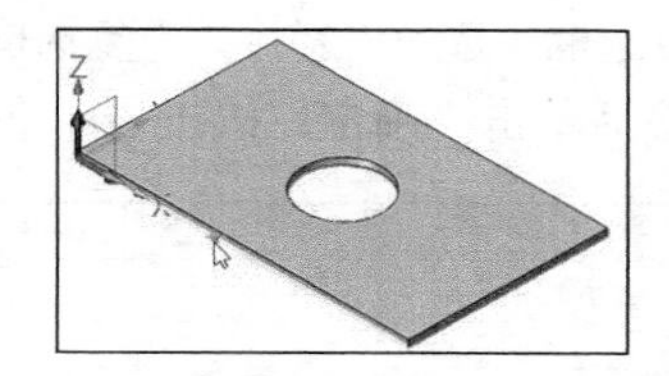

图 7-14 选择要创建凸缘的边缘

▼ 止裂槽
分别定义每条边
止裂槽 长圆形
▼ 止裂槽宽度
比例 1.5
值 1 mm
▼ 止裂槽深度
比例 0
值 1 mm
▼ 凸缘干涉
消除凸缘干涉
▼ 角部属性
闭合角
▼ 设置
展开公差 0.1 mm

图 7-15 设置其他可选选项

5）单击“应用”按钮，添加弯边1（凸缘1）的结果如图7-16所示。

6）在“凸缘参数”选项组中单击“材料外侧”按钮，模型选择位于最上面的圆形边缘，在“折弯属性”选项组中将折弯类型设置为“简单”，角度设置为90deg，长度类型设置为“内高度”，高度设置为3.5mm，如图7-17所示。

7）单击“确定”按钮，创建的弯边2（凸缘2）如图7-18所示。

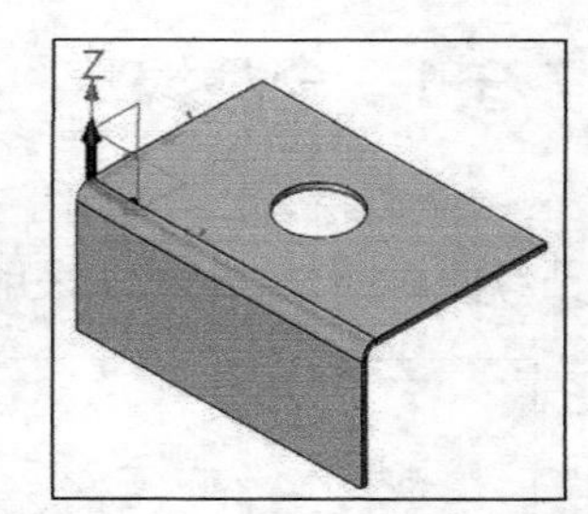

图7-16 添加弯边1（凸缘1）

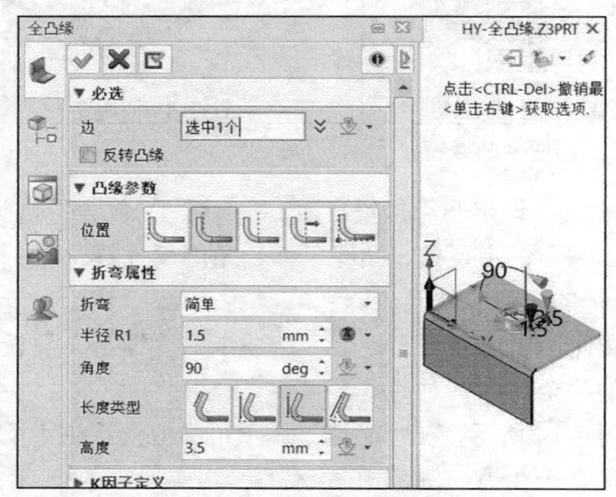

图7-17 在圆边创建全凸缘特征

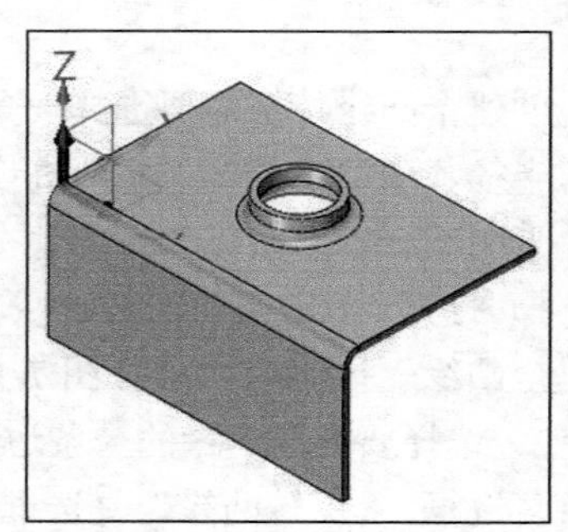

图7-18 创建弯边2（凸缘2）

现在假设要修改上述“弯边1（凸缘1）”特征，则可以在特征节点上右击“添加弯边1”特征，如图7-19所示，单击“重定义”按钮，打开“全凸缘”对话框，在“必选”选项组的“边”收集器的框内单击将其激活，接着选择一条邻边，并在“角度属性”选项组中选中“闭合角”复选框，选中“斜接角”复选框，从“止裂槽”下拉列表中选择“闭合”选项，如图7-20所示，最后单击“确定”按钮，得到的修改结果如图7-21所示。

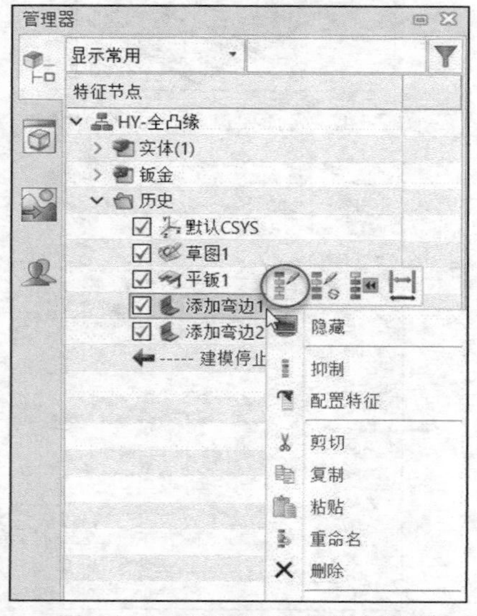

图7-19 右击要编辑的钣金特征

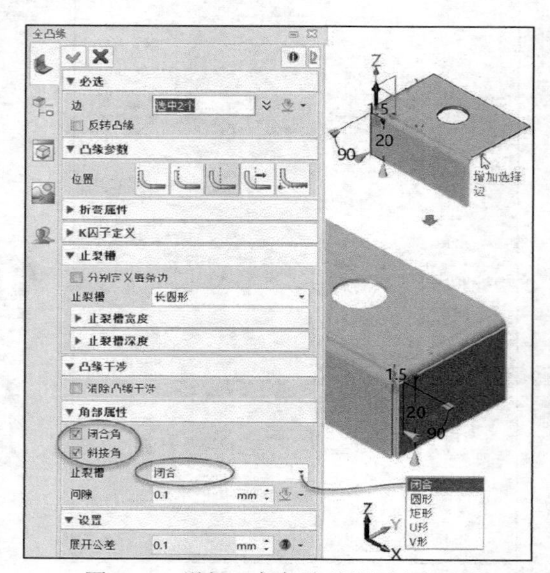

图7-20 增加一条邻边并设置角部属性

有以下两个知识点还需详细介绍一下。

- 折弯类型：对于全凸缘，在“折弯属性”选项组的“折弯”下拉列表中提供“简单”和“S 折弯”两种折弯类型，它们的图解效果如图 7-22 所示。
- 止裂槽类型：对于全凸缘，“止裂槽”下拉列表提供“闭合”“圆形”“矩形”“U 形”“V 形”止裂槽类型，它们的形状效果如图 7-23 所示。

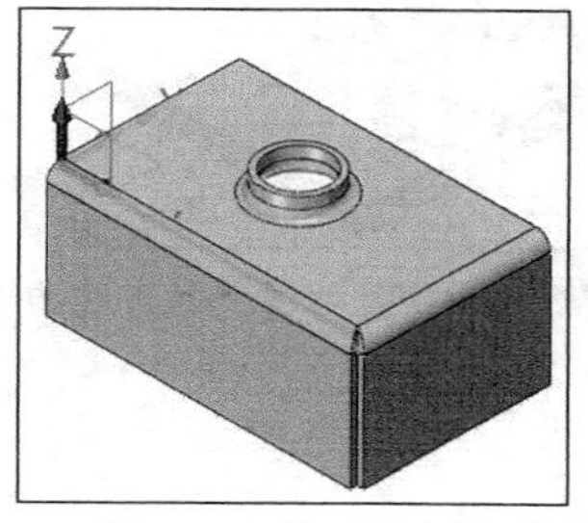

图 7-21 修改弯边 1 效果

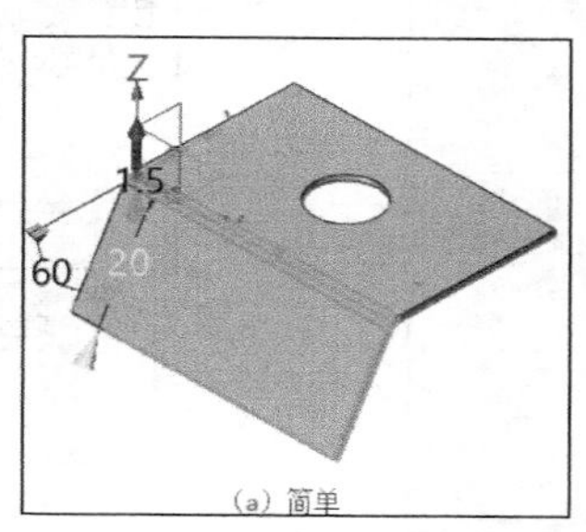

（a）简单

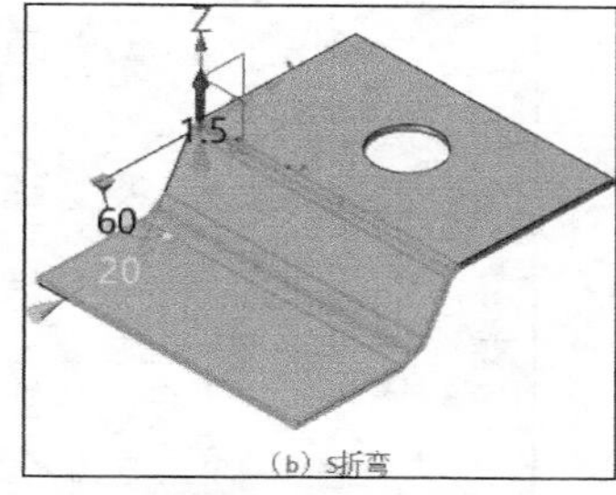

（b）S折弯

图 7-22 全凸缘的两种折弯类型图解

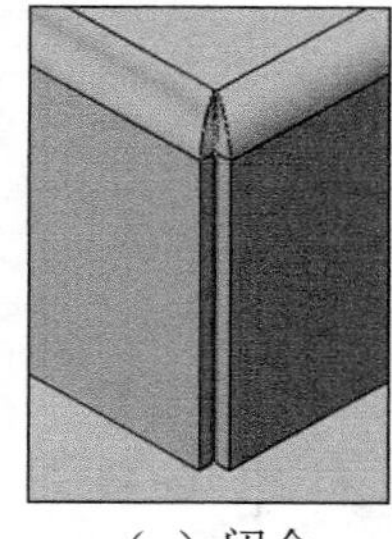

（a）闭合

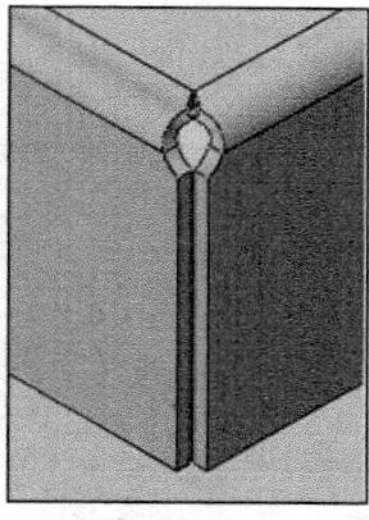

（b）圆形

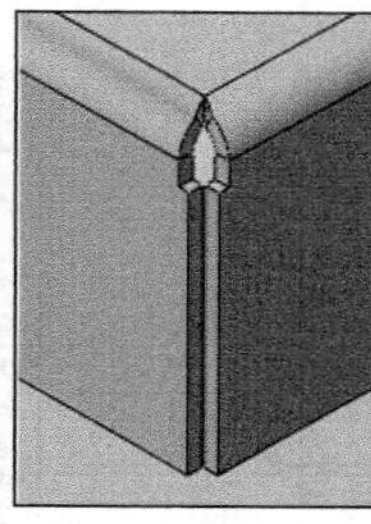

（c）矩形

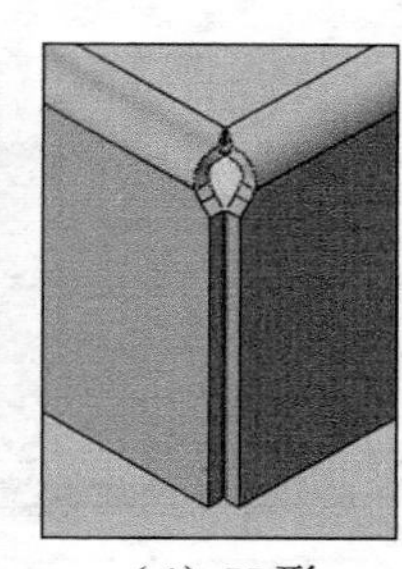

（d）U 形

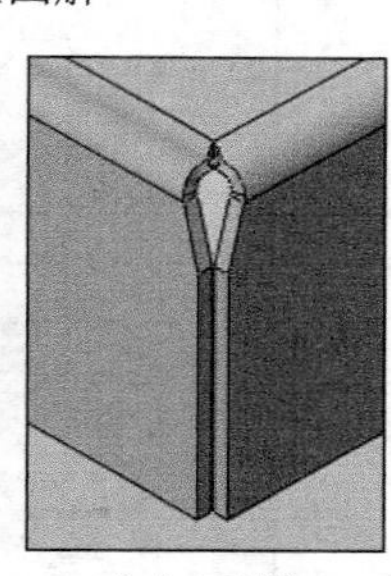

（e）V 形

图 7-23 全凸缘相邻弯边的止裂槽类型形状效果

7.3.2 轮廓凸缘

“轮廓凸缘”工具用于创建钣金的轮廓凸缘，其折弯和凸缘的外形由轮廓控制，如图 7-24 所示。轮廓凸缘整体与全凸缘的创建步骤类似。

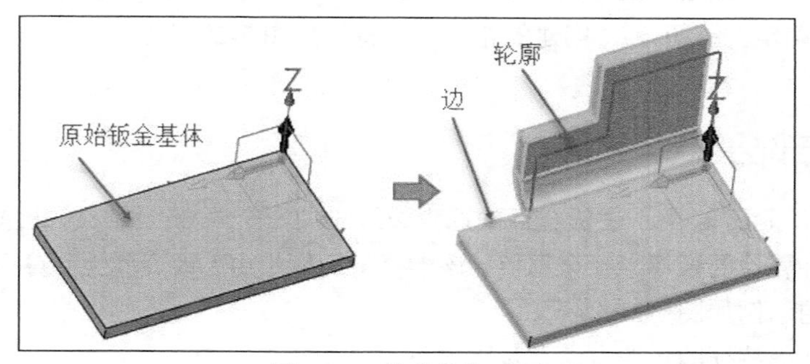

图 7-24 轮廓凸缘示例

请看下面创建轮廓凸缘的一个简单范例，该范例所用素材文件为“HY-全凸缘.Z3PRT”，文件中存在一个拉伸平钣特征。

1）从功能区“钣金”选项卡的“钣金”面板中单击“轮廓凸缘”按钮，打开图 7-25 所示的“轮廓凸缘”对话框。

2）在拉伸平钣特征上选择要添加轮廓凸缘的一条直线边，如图 7-26 所示。

3）此时，“必选”选项组中的“编辑轮廓”按钮被激活，单击该按钮，进入草图环境将默认轮廓修改为如图 7-27 所示，单击“退出”按钮，返回“轮廓凸缘”对话框。

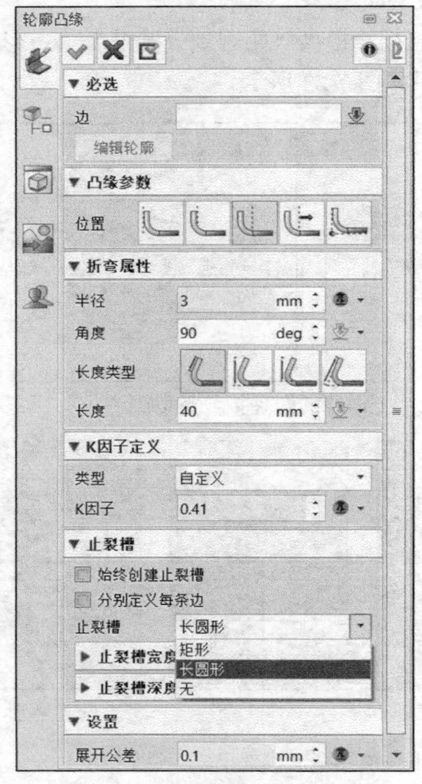

图 7-25 “轮廓凸缘”对话框

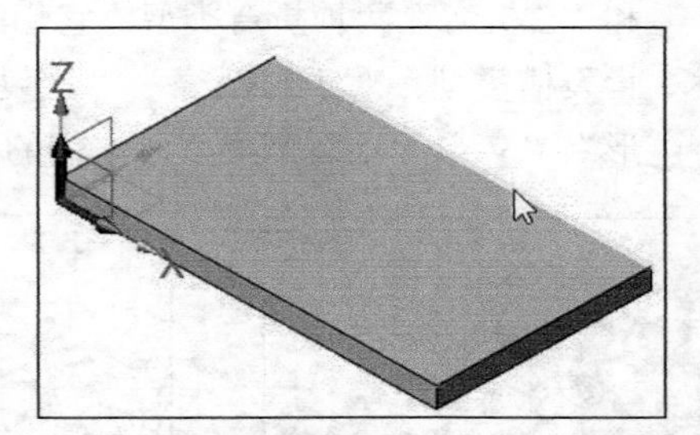

图 7-26 选择要添加轮廓凸缘的一条直线边

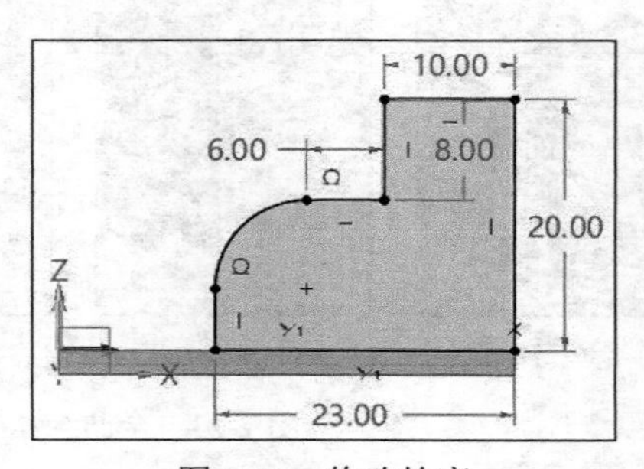

图 7-27 修改轮廓

4）在“凸缘参数”选项组中单击“材料内侧”按钮，在“折弯属性”选项组中接受默认的折弯半径为 3mm（此钣金的半径全局值），将角度设置为 80deg；从“止裂槽”选项组的“止裂槽”下拉列表中选择“长圆形”选项，并通过“动态输入”方式将止裂槽宽度比例对应的参数修改为“2”，如图 7-28 所示。

5）单击“确定”按钮，创建的轮廓凸缘特征如图 7-29 所示。

7.3.3 局部凸缘

“局部凸缘”工具用于在钣金件的选定边缘添加一个局部凸缘，该凸缘的内折弯半径默认采用此钣金件属性的折弯半径全局值，该半径全局值是由“钣金属性”对话框定义的。创建局部凸缘特征的示例如图 7-30 所示。

创建局部凸缘特征的一般方法及步骤如下。

1）在功能区“钣金”选项卡的“钣金”面板中单击“局部凸缘”按钮，打开图 7-31 所示的“局部凸缘”对话框。

2）选择要添加局部凸缘的边缘，如果需要可选中“反转凸缘”复选框以定义在另一侧添加凸缘。

3）在“必选”选项组的“宽度类型”下拉列表中选择“起始-终止”选项或“起始-宽度”选项。当选择“起始-终止”选项时，设置起始距离和终止距离，如图 7-32（a）所示；当选择

“起始-宽度”选项时，设置起始距离和宽度值，如图 7-32（b）所示。要切换起始点位置，则可以在“边”收集器右侧单击“切换”按钮。

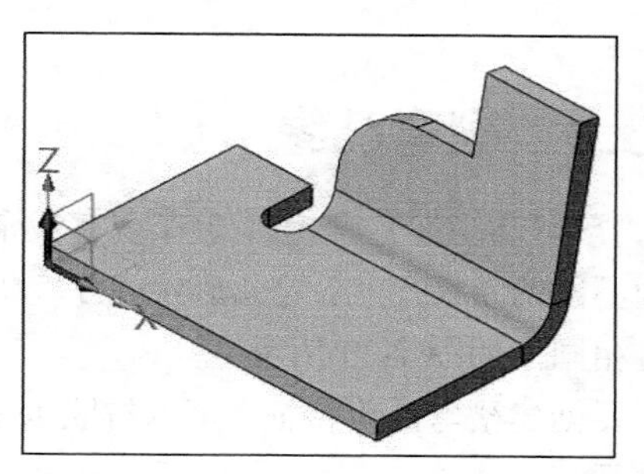

图 7-29 创建轮廓凸缘

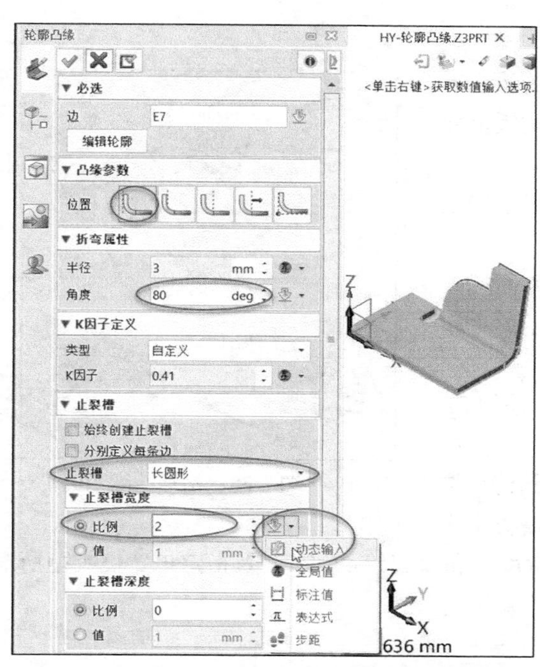

图 7-28 为轮廓凸缘设置相应的参数及选项

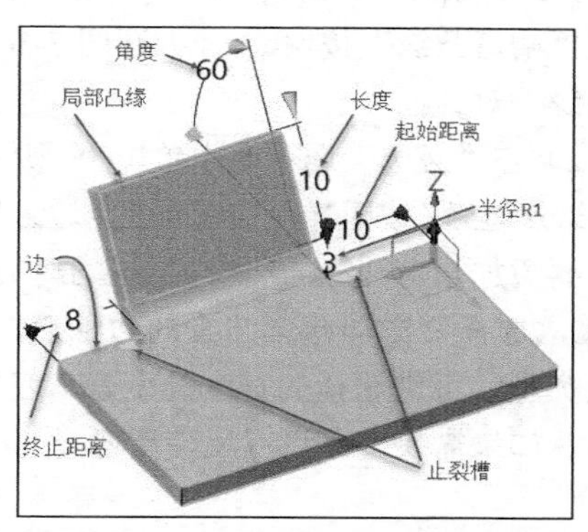

图 7-30 创建局部凸缘特征示例

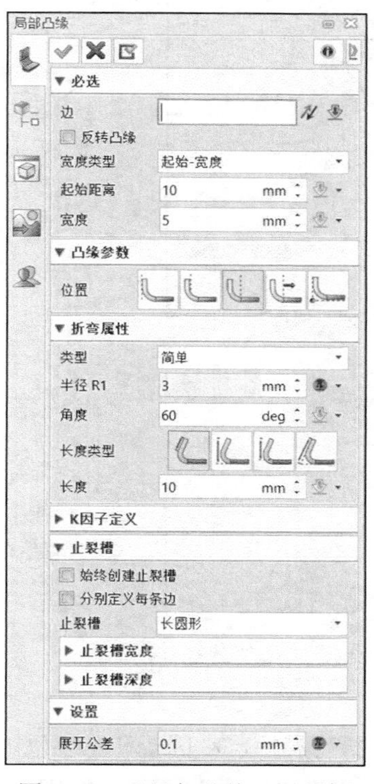

图 7-31 “局部凸缘”对话框

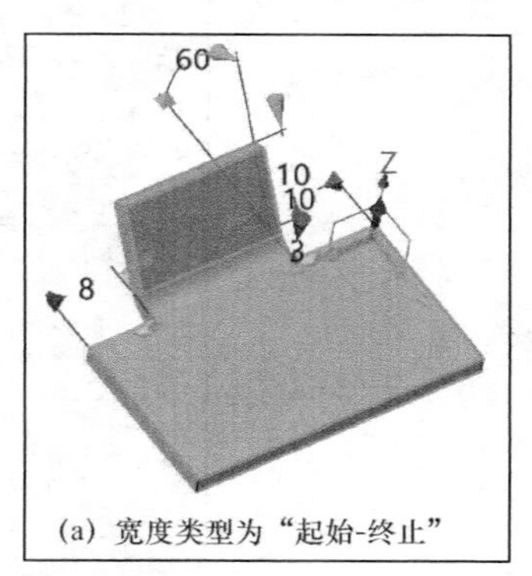

（a）宽度类型为“起始-终止”

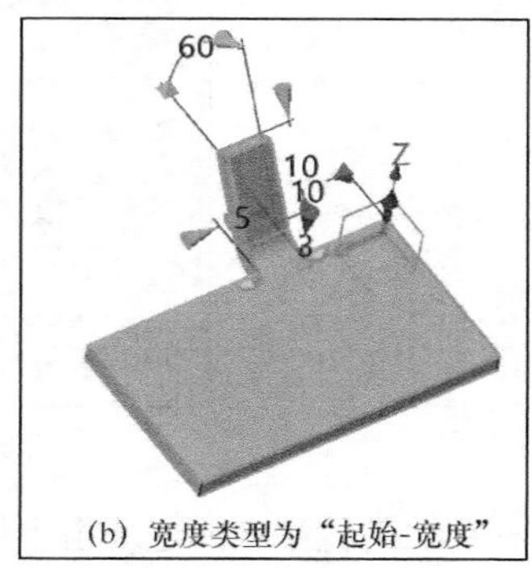

（b）宽度类型为“起始-宽度”

图 7-32 使用不同宽度类型时

4）分别指定凸缘参数、折弯属性、K 因子、止裂槽、展开公差等。

5）单击“确定”按钮。

7.3.4 褶弯凸缘

“褶弯凸缘”工具用于在现有钣金件的边线上添加不同的卷曲形状，卷曲形状的厚度仍然与钣金件厚度相同，如图 7-33 所示。

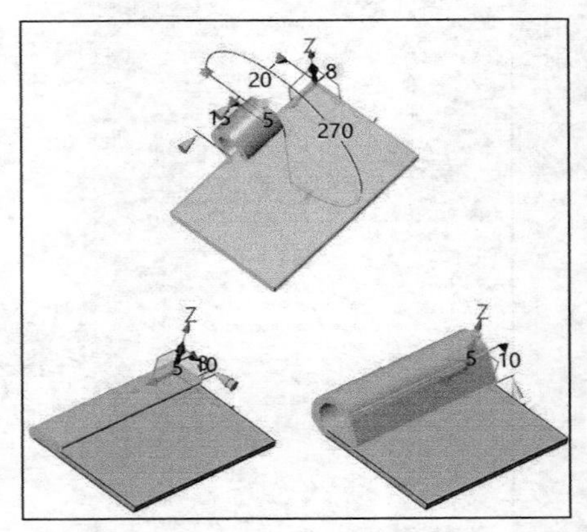

图 7-33 褶弯凸缘示例

要创建褶弯凸缘特征，可以按照以下方法、步骤来进行。

1）在功能区“钣金”选项卡的“钣金”面板中单击“褶弯凸缘”按钮，打开图 7-34 所示的“褶弯凸缘”对话框。

2）在“必选”选项组中单击“全边缘”按钮或“部分边缘”按钮。当单击“全边缘”按钮时，选择要添加褶弯凸缘的边缘；当单击“部分边缘”按钮，选择要添加褶弯凸缘的边缘后，还需要指定宽度类型（可供选择的宽度类型有“起始-宽度”和“起始-终止”）及指定该宽度类型所需的参数。如果需要，可设置反转褶弯。

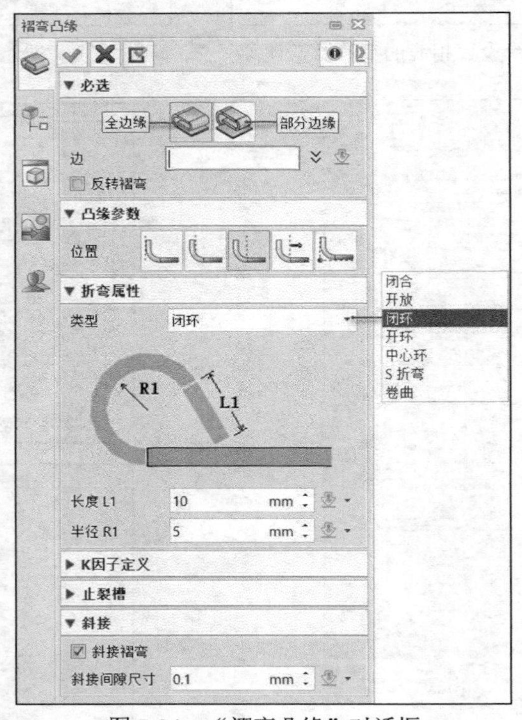

图 7-34 “褶弯凸缘”对话框

3）分别在其他相应的选项组中指定凸缘参数、折弯属性、K 因子和止裂槽。对于褶弯凸缘，其折弯属性包括折弯类型及相应的参数，折弯类型有“闭合”“开放”“闭环”“开环”“中心环”“S 折弯”“卷曲”，它们的折弯效果示意如图 7-35 所示。

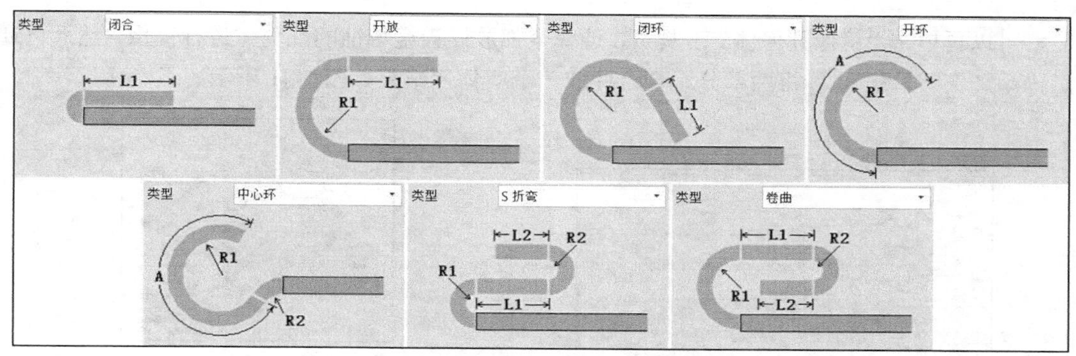

图 7-35 褶弯凸缘的不同折弯类型

4）对于创建全边缘的褶弯凸缘，“褶弯凸缘”对话框还提供了“斜接”选项组用于定义斜接褶弯；对于创建部分边缘的褶弯凸缘，“褶弯凸缘”对话框则没有提供“斜接”选项组。

5）单击“确定”按钮。

7.3.5 放样钣金

“放样钣金”工具用于采用“放样”方法来创建钣金件，如图 7-36 所示。放样钣金的必选输入包括选择两个轮廓不封闭的平行草图（草图只能由直线和圆弧组成，只能有一个回路，其他曲线如椭圆弧都需要转换为直线和圆弧）和定义钣金件的厚度 T（一般建议厚度 T 的最小值不小于零件公差的两倍）；可选输入包括指定轮廓草图的折弯半径，设定类型/K 因子和指定草图轮廓在钣金件的位置。

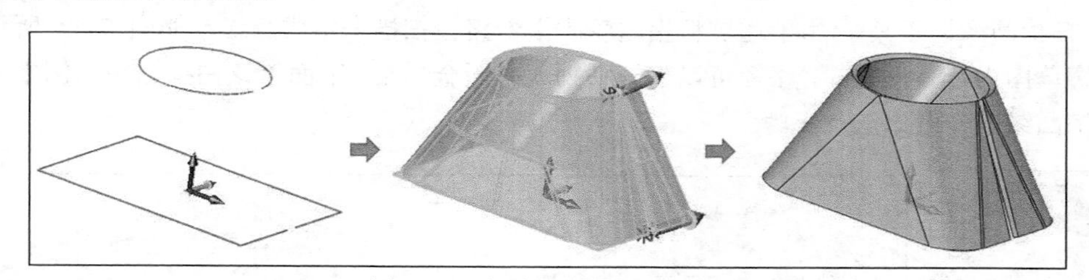

图 7-36 创建放样造型钣金件

【范例学习】 创建放样钣金

1）打开“HY-放样钣金.Z3PRT”文件，文件中已有曲线如图 7-37 所示。

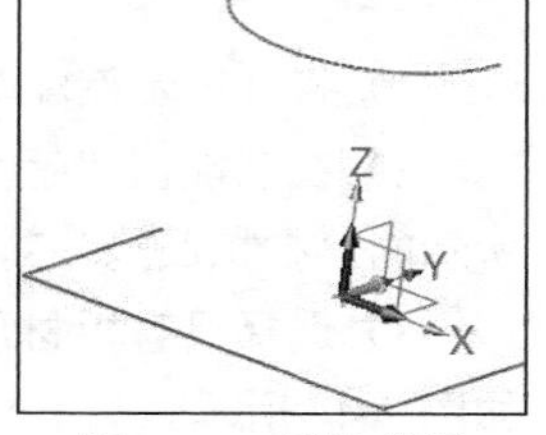

图 7-37 原始草图

2）在功能区“钣金”选项卡的“钣金”面板中单击“放样钣金”按钮，打开图 7-38 所示的“放样钣金”对话框。

3）选择半圆弧草图作为第一个轮廓（轮廓 P1），选择另一个草图作为第二个轮廓（轮廓 P2），如图 7-39 所示。

4）钣金厚度和折弯半径采用本钣金件的全局值设置（允许用户修改），在“设置”选项组的“位置”下拉列表中选择“内部”选项或“外部”选项，本例选择“内部”选项。“位置”选项组用于指定草图轮廓在钣金件的位置，其中“内部”选项用于设置草图轮廓在钣金件的内边缘，“外部”选项用于设置草图轮廓在钣金件的外边缘。

5）单击“确定”按钮，创建放样钣金特征，如图 7-40 所示。

可以再单击“镜像几何体”工具，选择全部放样钣金特征的几何体进行镜像，然后再通过“添加实体”按钮将两部分组合合并成一个实体，结果如图 7-41 所示。

图 7-38　“放样钣金”对话框

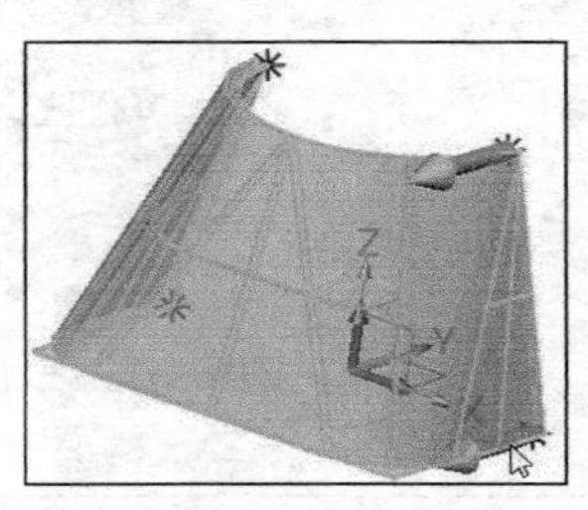

图 7-39　指定两个轮廓

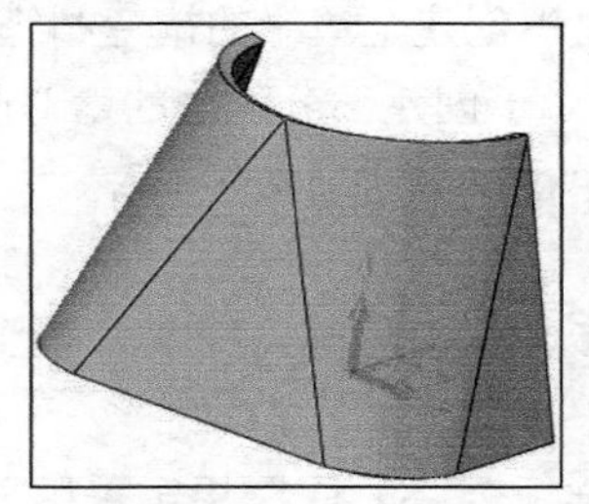

图 7-40　创建放样特征

7.3.6 扫掠凸缘

“扫掠凸缘”工具用于通过将指定轮廓沿着路径扫描来生成凸缘，如图 7-42 所示，所述轮廓草图为开环形式的，路径可以为一系列现有钣金边线。下面以该扫掠凸缘示例来介绍创建扫掠凸缘的一般方法及步骤。

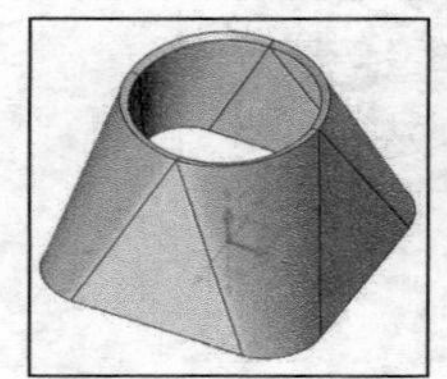

图 7-41　操作结果

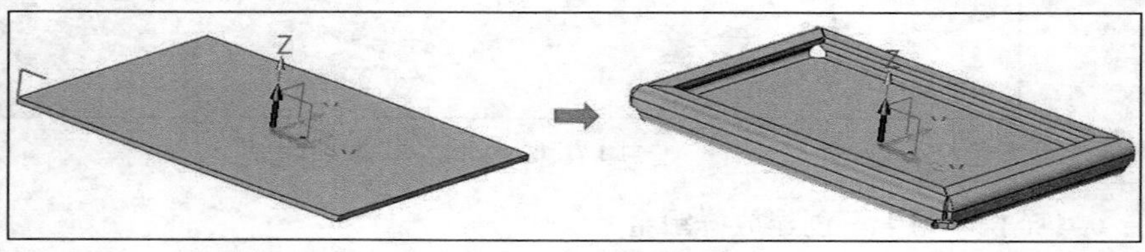

图 7-42　扫掠凸缘示例

1）打开该示例配套的素材文件“HY-扫掠钣金.Z3PRT”。

2）在功能区“钣金”选项卡的“钣金”面板中单击“扫掠凸缘”按钮，打开图 7-43 所示的“扫掠凸缘”对话框。

3）选择已有板材顶面作为固定面，选择草图 2 定义轮廓，选择顶面整个边缘作为路径，如图 7-44 所示。

4）在“凸缘参数”选项组中单击“材料内侧”按钮，在“半径”框最右侧单击“下三角”按钮，从弹出的下拉列表中选择“动态输入”选项，然后在“半径”框输入“1”以将折弯半径设置为 1mm，如图 7-45 所示，选中“保留合并边”复选框。

5）在“角度属性”选项组的“止裂槽”下拉列表中选择“圆形”选项，设置相应的参数和选项，如图 7-46 所示。

6）单击“确定”按钮，创建的扫掠凸缘效果如图 7-47 所示。

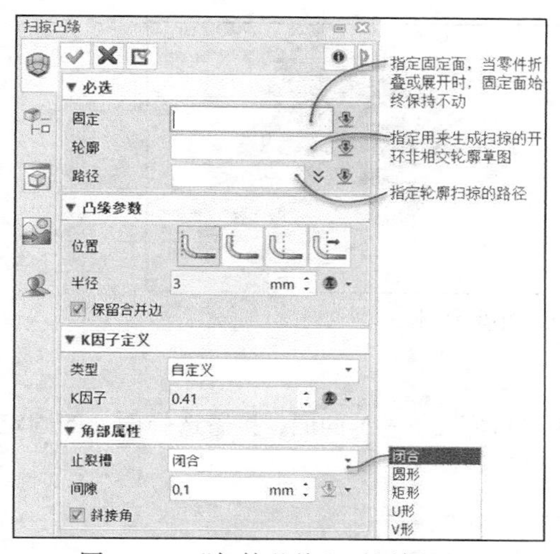

图 7-43 “扫掠凸缘”对话框

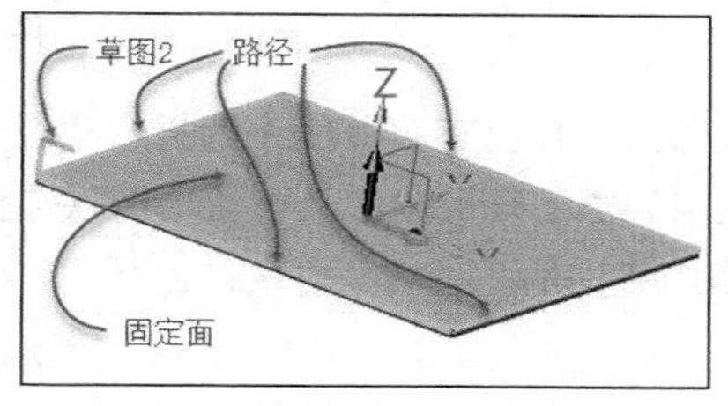

图 7-44 指定固定面、轮廓和路径

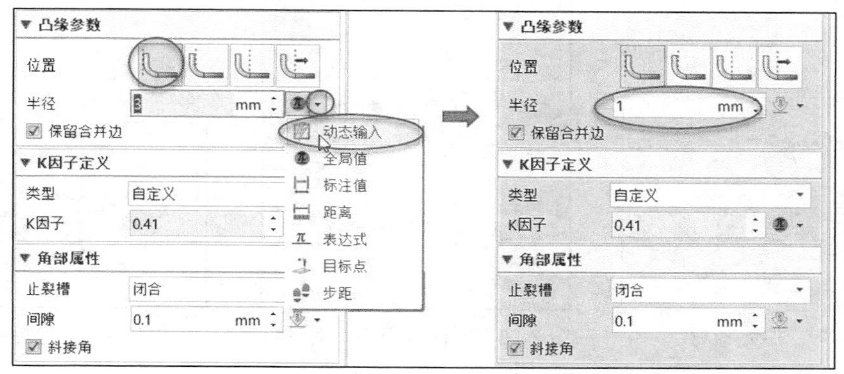

图 7-45 自定义钣金折弯半径

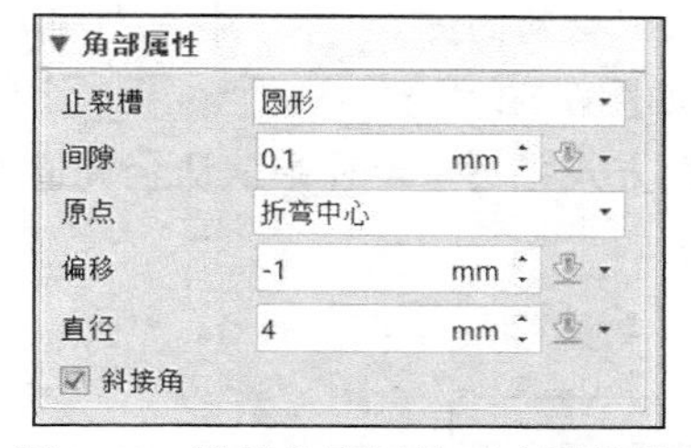

图 7-46 设置角度属性（止裂槽等）

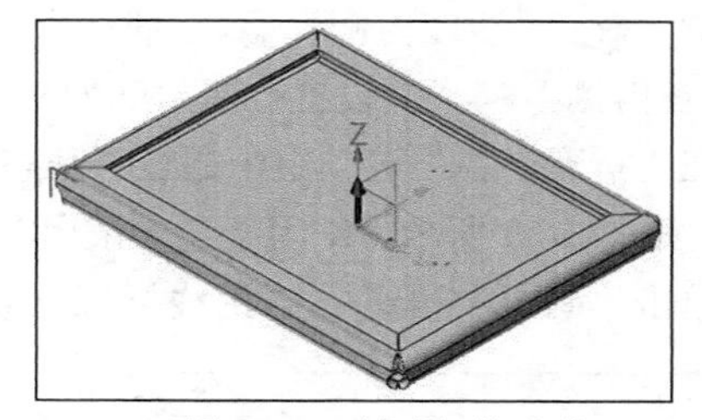

图 7-47 创建扫掠凸缘

7.3.7 沿线折叠

“沿线折叠”工具用于沿着一条直线折叠零件，该直线可以是任意的二维线或三维线，但直线要满足：如果该直线是一条草图线，则该草图中不能包含任何其他图形；所选线段必须足够长且投影后的直线能与边线相交；相交边线的两个面的法线必须相互垂直。沿线折叠的典型示例如图 7-48 所示。

【范例学习】 沿线折叠

1）打开配套素材文件“HY-沿线折叠.Z3PRT”，该文件中已有的素材如图 7-49 所示。

2）在功能区“钣金”选项卡的“钣金”面板中单击“沿线折叠”按钮，打开图 7-50 所示的“沿线折叠”对话框。

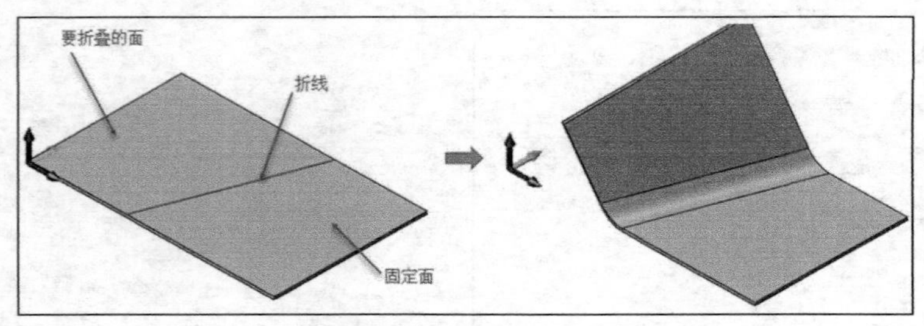

图 7-48 沿线折叠示例

3）选择已有草图线作为折弯线。

4）在已有钣金件上顶面单击以选择其作为要折弯（折叠）的面，接着选择面上的固定面，如图 7-51 所示。

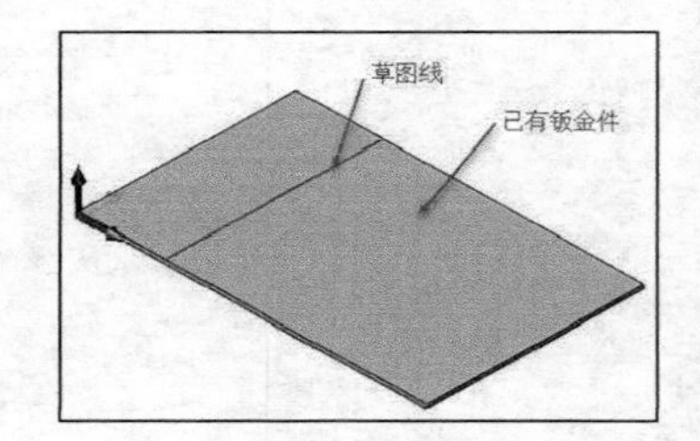

图 7-49 原始素材

图 7-50 “沿线折叠”对话框

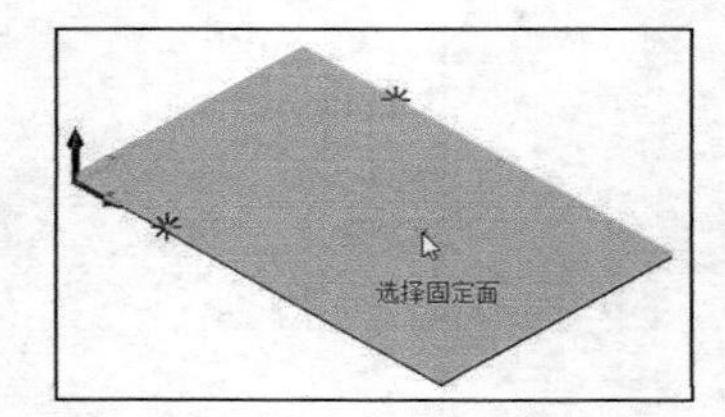

图 7-51 选择固定面

5）在“凸缘参数”选项组中指定折弯处与直线之间的位置关系，可供选择的位置选项有“线在外侧”、“线在内侧”、“线在中间”、“材料内侧”、“材料外侧”，本例选择“线在内侧”，并设置折弯角度为 90deg，如图 7-52 所示。

6）在“折弯半径”选项组中通过“动态输入”方式将折弯半径由默认全局值 5mm 更改为 2mm，如图 7-53 所示，K 因子定义采用默认值。

7）单击“确定”按钮，沿线折弯结果如图 7-54 所示。

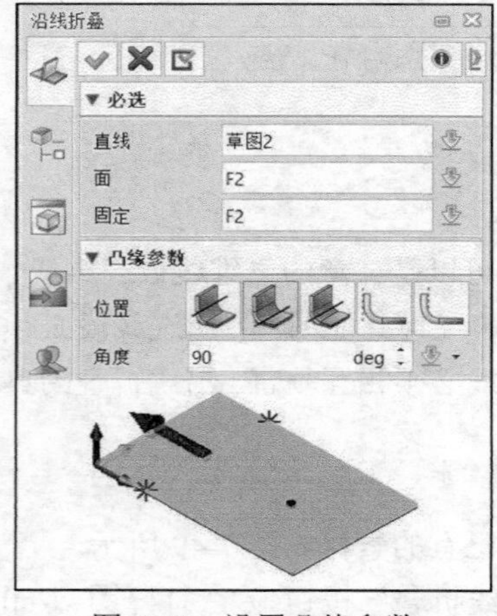

图 7-52 设置凸缘参数

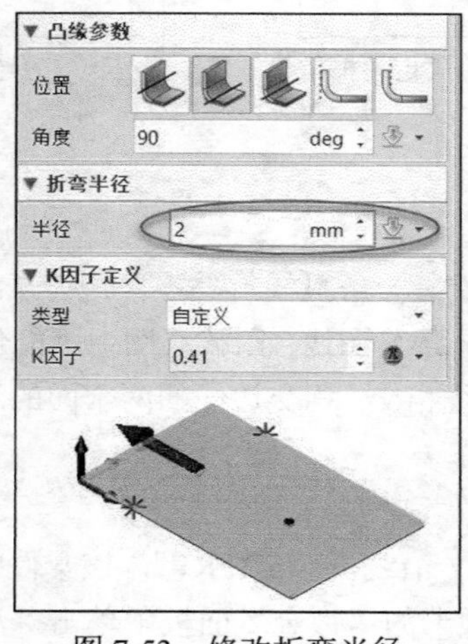

图 7-53 修改折弯半径

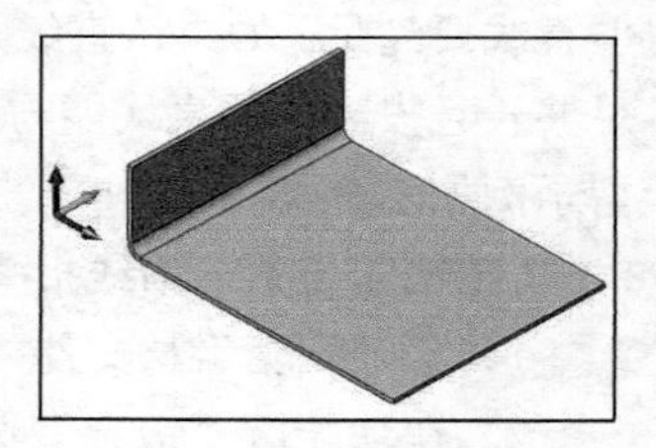

图 7-54 沿线折弯结果

7.3.8 转折

“转折”工具用于沿着指定的一条直线在钣金平面上创建两个90°的折弯区域，并且在折弯特征上添加材料。折弯线必须是一条直线，可根据设计情况设置反转折弯方向，需要设置高度类型及相应的高度距离值等，而有关折弯参数与之前的一些凸缘折弯参数是类似的。使用“转折”工具创建转折特征的典型示例如图7-55所示，该示例的操作步骤如下。

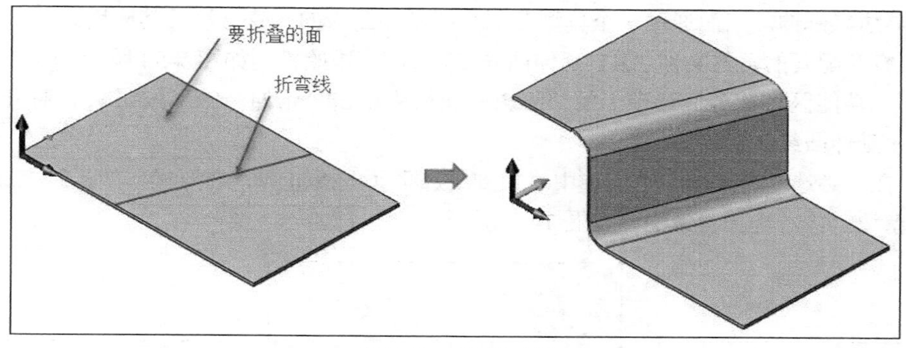

图7-55 折弯示例

1）打开配套的素材文件“HY-转折.Z3PRT”，在功能区“钣金”选项卡的“钣金”面板中单击“转折”按钮，打开图7-56所示的“转折”对话框。

2）选择折弯线。

3）选择要折叠的面。

4）在“凸缘参数”选项组中单击“内部”按钮，设置高度为30mm，选中“保持投影长度”复选框，在“折弯参数”选项组中单击“线在内侧”按钮，默认折弯半径为5mm。

5）此时可以看到折弯箭头显示情况，单击“确定”按钮，折弯结果如图7-57所示。

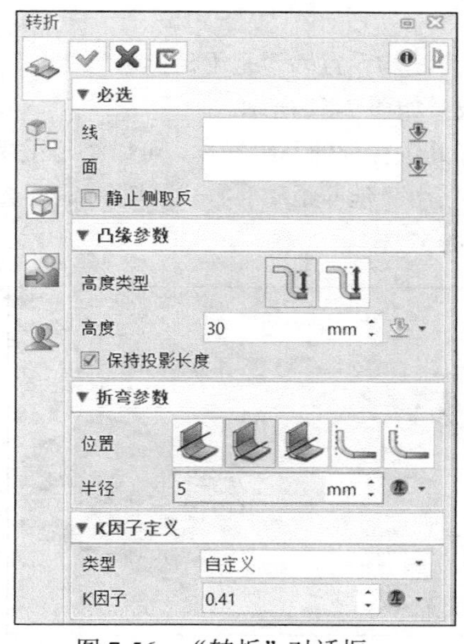

图7-56 “转折”对话框

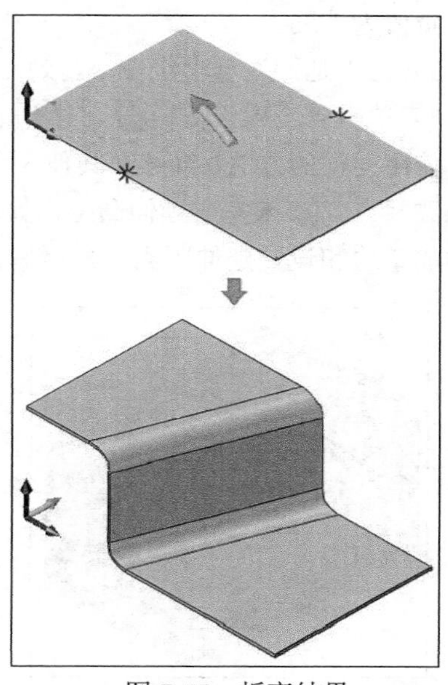

图7-57 折弯结果

7.4 钣金编辑

钣金编辑工具主要包括“延伸凸缘”、“折弯拔锥”、“法向除料”。

7.4.1 延伸凸缘

使用“延伸凸缘”工具，可以延长或缩短带有直边的凸缘，可设置按垂直于选定边或沿着边界边来延伸。下面通过一个典型范例介绍延伸凸缘的创建方法及其应用。

1）打开配套的素材文件“HY-延伸凸缘.Z3PRT”，原始模型如图 7-58 所示。

2）在功能区“钣金”选项卡的“编辑”面板中单击“延伸凸缘”按钮，打开图 7-59 所示的“延伸凸缘”对话框。

3）在“必选”选项组中单击选中“直到所选平面”按钮，在要操作的凸缘上选择所需的一个壁边，接着选择参考面，如图 7-60 所示。

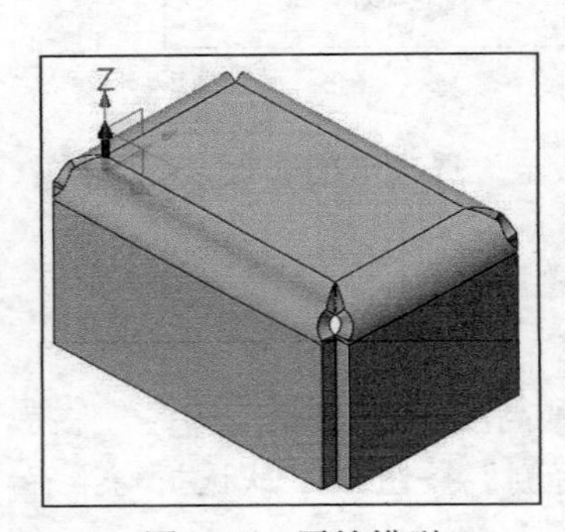

图 7-58 原始模型

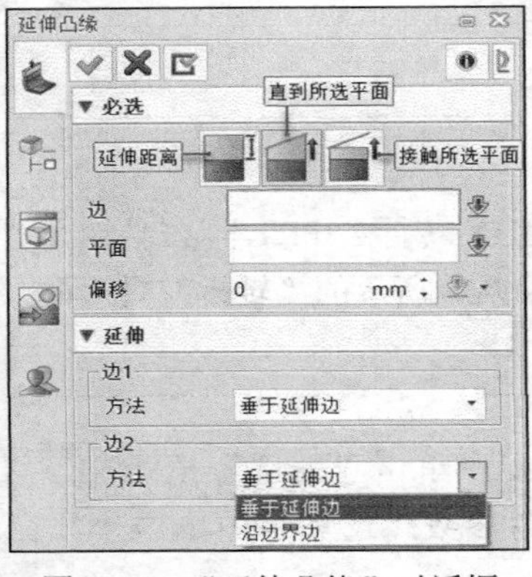

图 7-59 “延伸凸缘”对话框

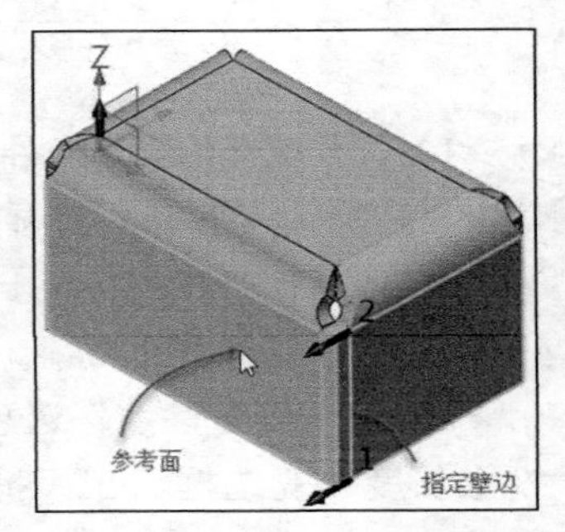

图 7-60 指定壁边及参考面

4）设定偏移值为 0mm。此偏移值是指定从参考平面到凸缘延伸终端面的距离，正值为缩减，负值为扩展。

5）在“延伸”选项组中，将边 1 和边 2 的延伸方法均设置为“垂于延伸边”。

6）单击“应用”按钮，得到的延伸凸缘 1 效果如图 7-61 所示。

使用同样的方法，继续在其他 3 个角部区的凸缘处进行延伸凸缘操作，可以练习采用“延伸距离”方式来完成延伸凸缘，如图 7-62 所示，采用“延伸距离”方式时，需要选择要延伸的壁边和设置延伸距离。最后单击“确定”按钮。

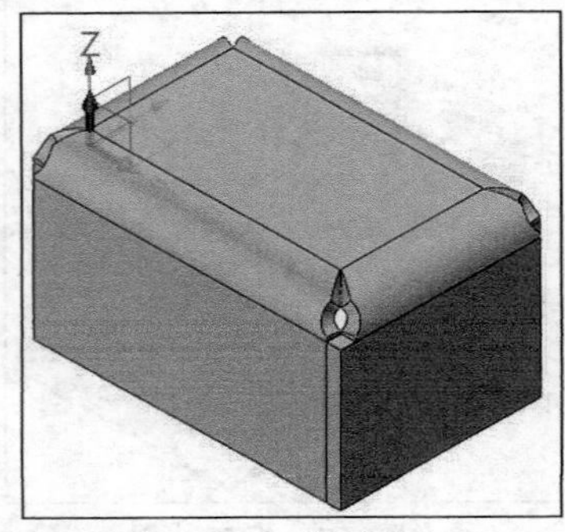

图 7-61 延伸凸缘 1

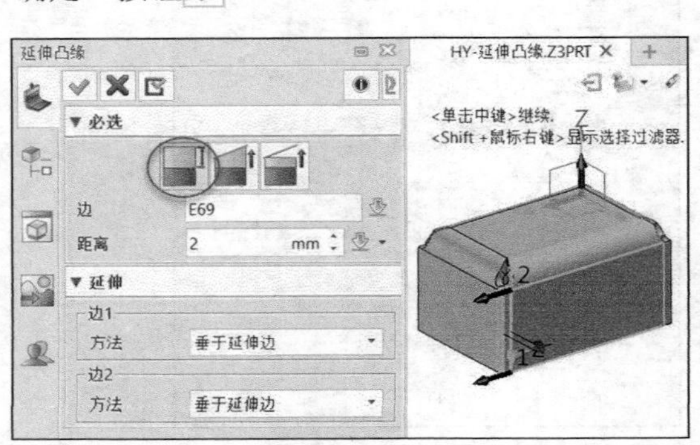

图 7-62 以“延伸距离”方式延伸凸缘

7.4.2 折弯拔锥

“折弯拔锥”工具用于对凸缘进行斜切处理，修改凸缘形状，避免相邻凸缘间不必要的干涉或制造更多凸缘间隙。

折弯拔锥的典型示例如图 7-63 所示。创建折弯拔锥，需要选择要折弯拔锥的折弯面，可以定义折弯面的两端都进行拔模（对两端分别添加不同的锥度或两端添加相同锥度），或者定义仅对折弯面的起始侧或终止侧进行拔模，除此之外，还可以对折弯面和腹板的拔锥进行定义。

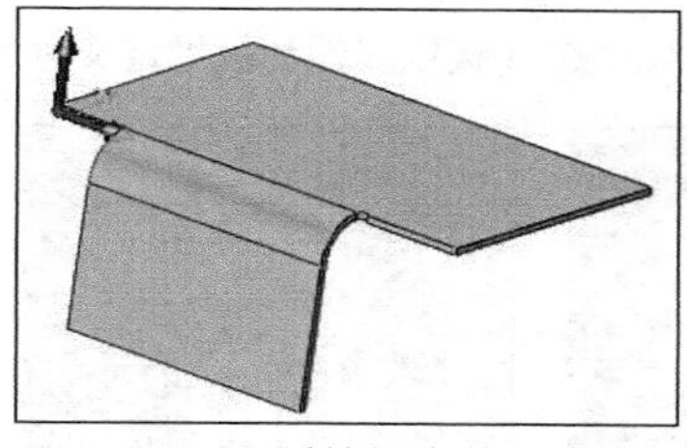

（a）原始钣金件

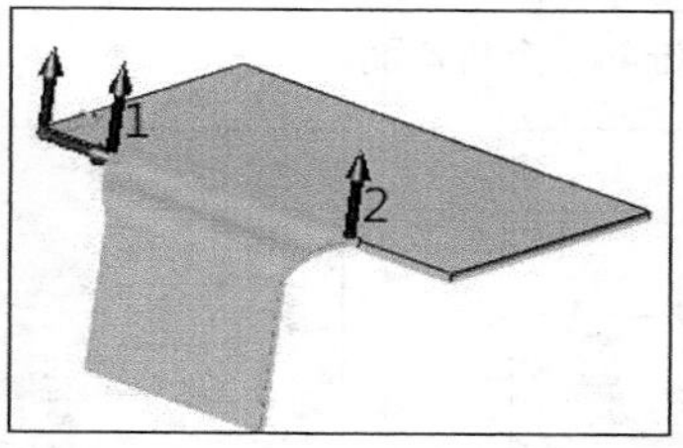

（b）拔锥效果

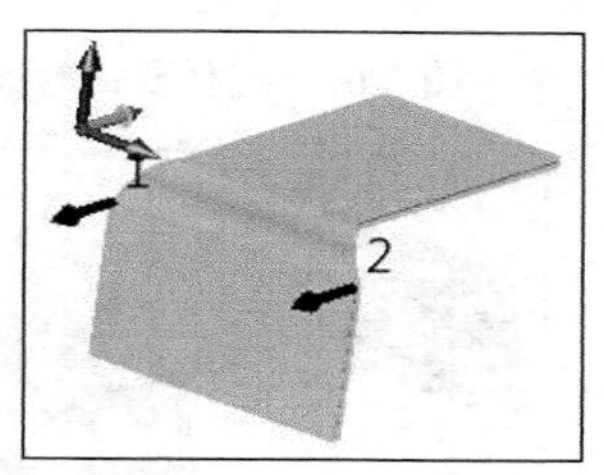

（c）切换要拔锥的凸缘

图 7-63　折弯拔锥的典型示例

【范例学习】　创建单侧折弯拔锥

1）打开配套的素材文件“HY-折弯拔锥 A.Z3PRT”，其中的原始钣金件如图 7-64 所示。

2）在功能区“钣金”选项卡的“编辑”面板中单击“折弯拔锥”按钮，打开图 7-65 所示的“折弯拔锥”对话框。

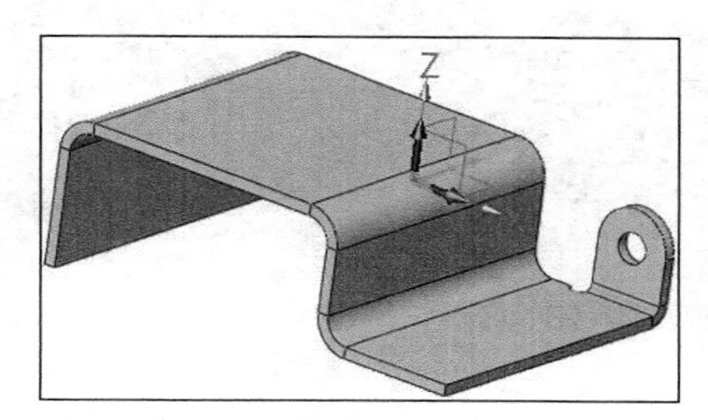

图 7-64　原始钣金件

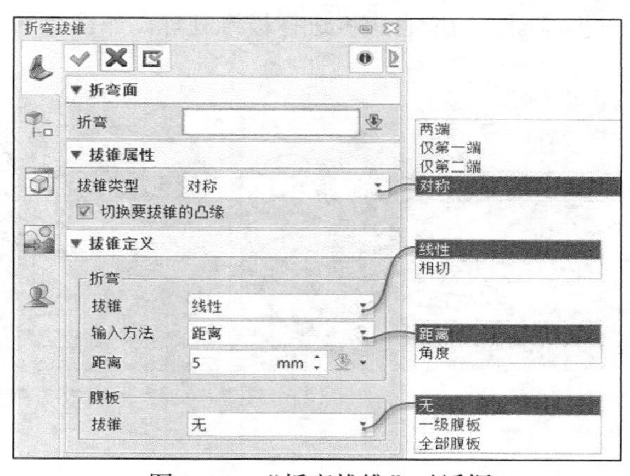

图 7-65　“折弯拔锥”对话框

3）选择要折弯拔锥的一个折弯面，如图 7-66 所示。

4）在“拔锥属性”选项组的“拔锥类型”下拉列表中选择“仅第一端”选项，并确保选中“切换要拔锥的凸缘”复选框，以及在出现的“拔锥定义边 1”选项组中进行相应的设置，如图 7-67 所示。箭头指向拔锥侧。

5）单击“确定”按钮，得到的指定单侧折弯拔锥效果如图 7-68 所示。

知识点拨　“折弯”子选项组的“拔锥”下拉列表提供了“相切”和“线性”两个选项用于定义折弯面的拔锥，“相切”选项定义折弯拔锥展开后其形状是相切连续的，“线性”选项定义了折弯拔锥展开后其形状是线性连接的。图 7-69 给出了“相切”拔锥和“线性”拔锥的效果示意。

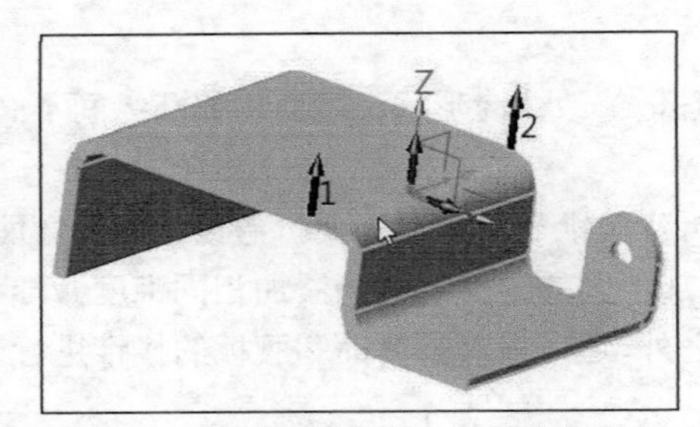

图 7-66 选择要折弯拔锥的一个折弯面

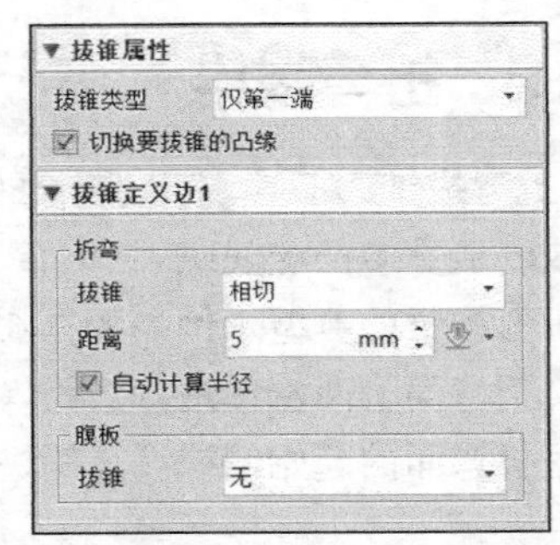

图 7-67 拔锥属性和拔锥定义边 1

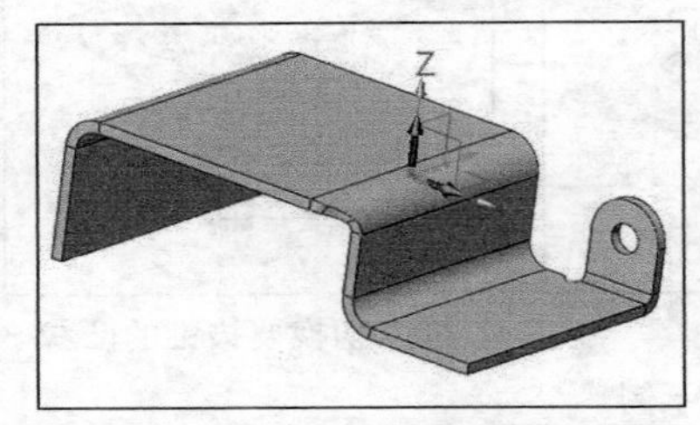

图 7-68 指定侧折弯拔锥效果

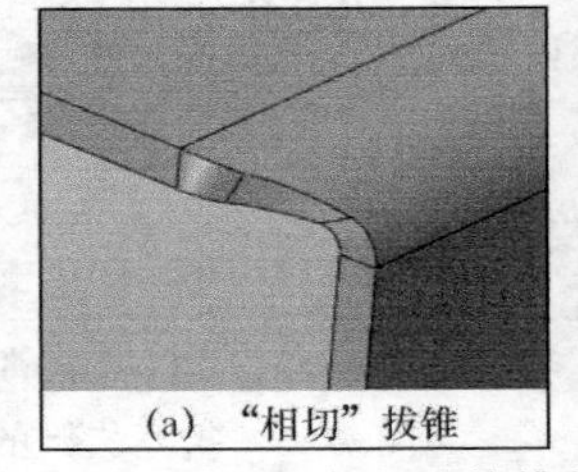

(a) “相切”拔锥

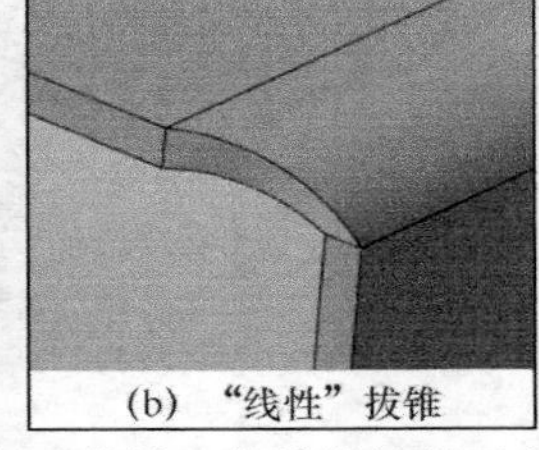

(b) “线性”拔锥

图 7-69 “相切”拔锥与“线性”拔锥的效果示意

另外，腹板的拔锥方式有 3 种，即“无”“一级腹板”和“全部腹板”。当选择“无”选项时，腹板不创建拔锥，如图 7-70（a）所示；当选择“一级腹板”选项时，仅与折弯面相邻的腹板进行拔锥，锥度终止于下一个折弯面，如图 7-70（b）所示；当选择“全部腹板”选项时，对折弯面上的所有腹板进行拔锥处理，如图 7-70（c）所示。

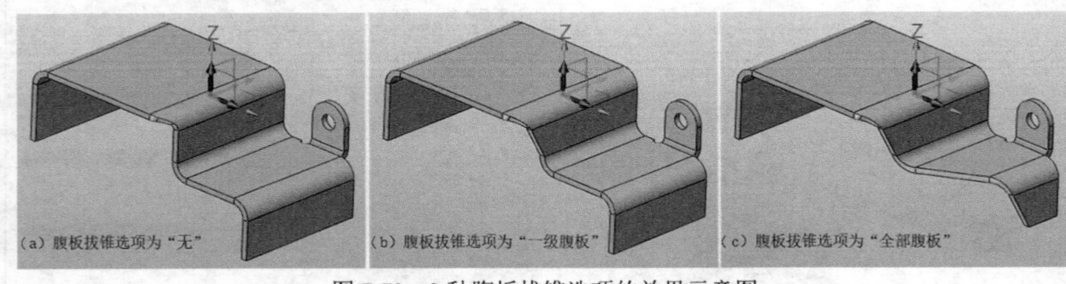

（a）腹板拔锥选项为“无” （b）腹板拔锥选项为“一级腹板” （c）腹板拔锥选项为“全部腹板”

图 7-70 3 种腹板拔锥选项的效果示意图

7.4.3 法向除料

法向除料是指将用户定义的裁剪轮廓线投影到钣金表面，并使用得到的投影区域以垂直于钣金表面的方式去裁剪钣金实体。法向除料的类型分两种，一种是“垂直于两板面”，另一种是“垂直于中间面”。前者将轮廓投影到钣金的上下板面，获得的投影轮廓合并后在厚度方向上裁剪钣金；后者将轮廓投影到钣金的中间平面，再将获得的投影轮廓在厚度方向上裁剪钣金。注意法向除料与拉伸除料的区别。

在下面的这个例子中使用了“法向除料”命令来裁剪钣金实体。

1）打开配套的素材文件“HY-法向除料.Z3PRT”，存在的原始钣金件如图 7-71 所示。

2）在功能区“钣金”选项卡的“编辑”面板中单击“法向除料”按钮，打开图 7-72 所示的“法向除料”对话框。

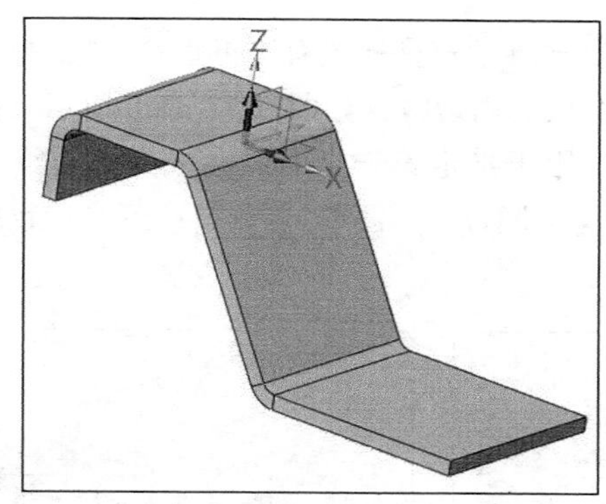

图 7-71 原始钣金件

图 7-72 “法向除料”对话框

3）在“必选”选项组中单击“垂直于中间面”按钮。

4）“轮廓 P”收集器处于激活状态，单击鼠标中键，打开“草图”对话框，选择 *YZ* 坐标面，进入内部草图环境，绘制图 7-73 所示的一个圆，单击“退出”按钮。

5）单击已有实体作为除料实体。

6）从“拉伸类型”下拉列表中选择“1 边”选项，设置“结束点 E”为 30mm，方向指定为 *X* 轴；在“设置”选项组中取消选中“反向除料方向”复选框。

7）单击“确定”按钮，得到图 7-74 所示的法向除料结果。

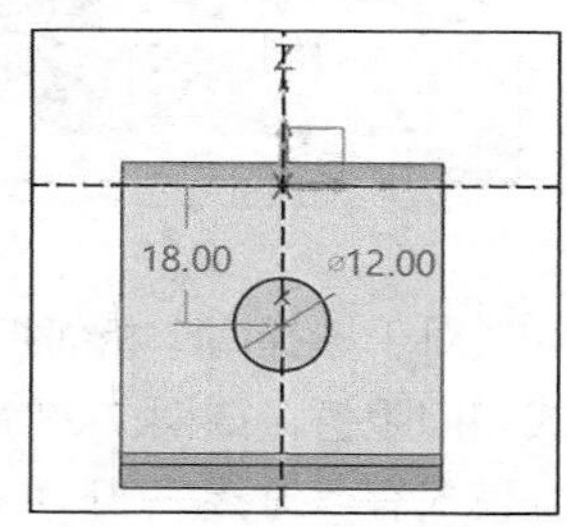

图 7-73 绘制一个圆

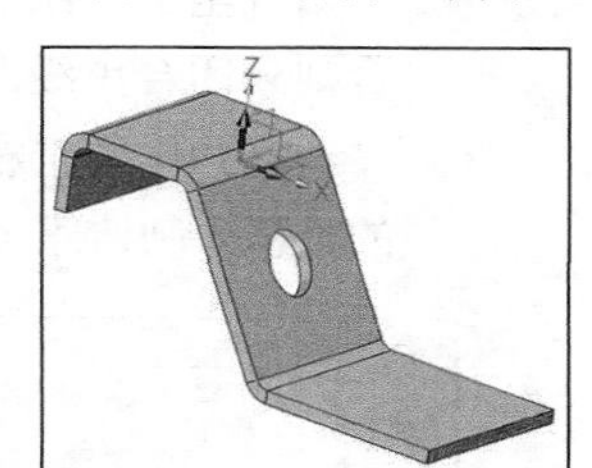

图 7-74 法向除料结果

7.5 闭合角

“闭合角”工具用于将钣金件的相邻角闭合，方法是延长钣金凸缘和折弯来形成闭合角，其闭合类型可通过设置止裂槽、重叠方式和间隙等选项来定义。闭合相邻角的应用示例如图 7-75 所示。

要闭合相邻角，在功能区“钣金”选项卡的“角部”面板中单击“闭合角”按钮，打开图 7-76 所示的“闭合角”对话框，接着选择“边”图标或“折弯”图标。当选择“边”图标时，选择两个待闭合的边界，并设置角部属性（重叠选项与“间隙”值）；当选择“折弯”图标时，选择两个相邻的折弯面，设定是否闭合全部凸缘和以何种方式形成斜接角，并定义角部属性（止裂槽、重叠、间隙）。

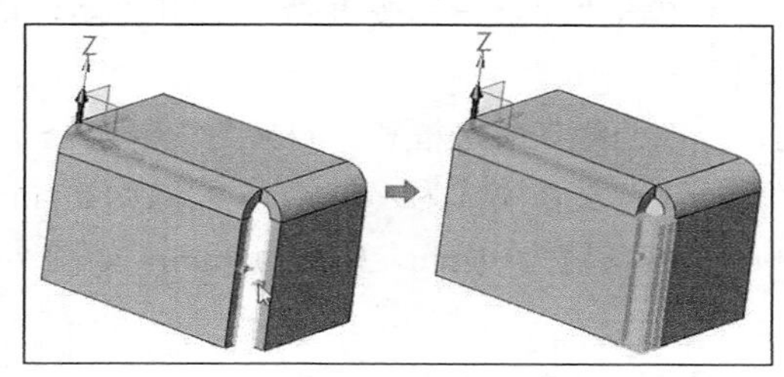

图 7-75 闭合相邻角示例

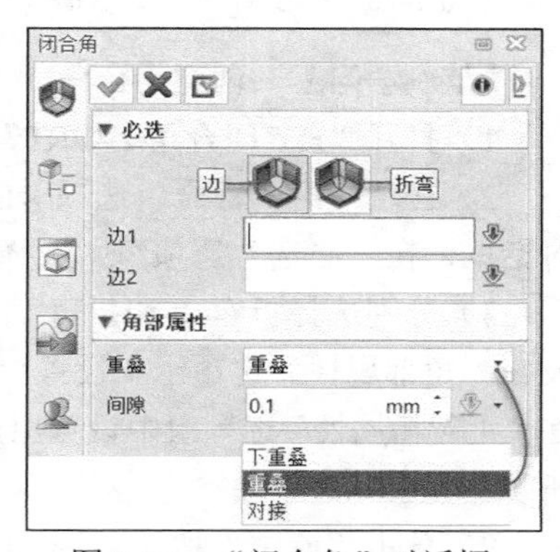

图 7-76 “闭合角”对话框

对于选择两个边界来闭合相邻角的情形，其角部属性的重叠模式有“下重叠”“重叠”和“对接”3 种：“下重叠”模式用于指定第一个面边会成为内边缘，如图 7-77（a）所示（假设模型左边凸缘的面边为第一个面边）；“重叠”模式用于指定第一个面边会成为外边缘，如图 7-77（b）所示；“对接”模式用于定义两个边会自然汇合，如图 7-77（c）所示。设置的间隙是指闭合角间的间隙。

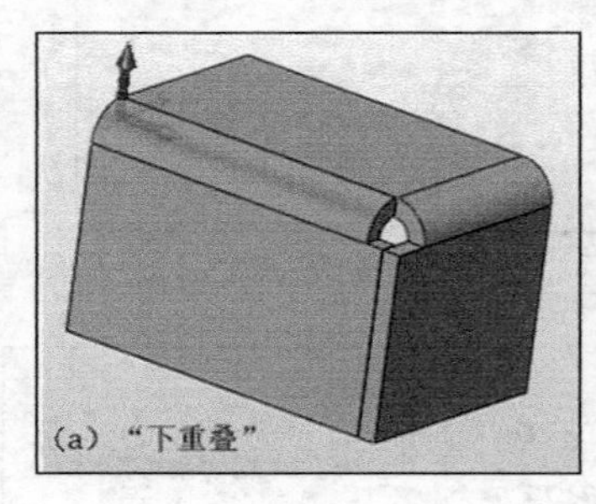
（a）“下重叠”

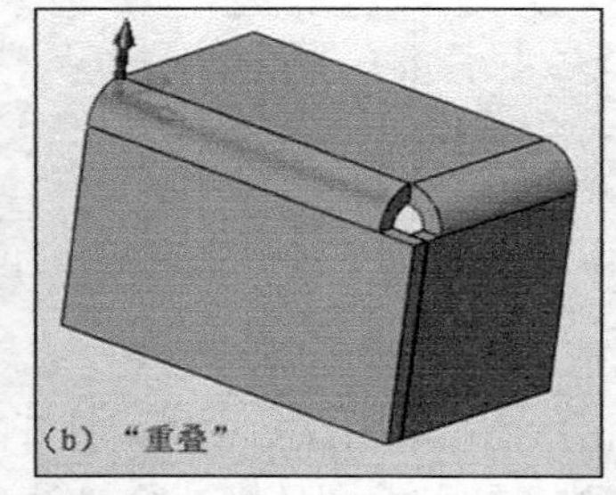
（b）“重叠”

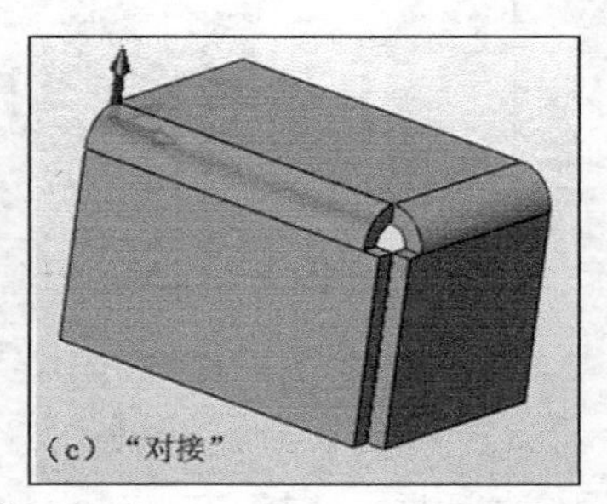
（c）“对接”

图 7-77　两边闭合的角部重叠模式

对于选择两个相邻折弯面来创建闭合相邻角的情形，其角部属性包括止裂槽类型、重叠模式和间隙值，如图 7-78 所示。止裂槽类型有“闭合”“圆形”“矩形”“U 形”和“V 形”，重叠模式有“对接”“下重叠”和“重叠”。

- “闭合全部凸缘”复选框：适用于多级凸缘，如果选中此复选框，则闭合所有凸缘，否则只闭合单级凸缘，如图 7-79 所示。
- “斜接角”复选框：选中此复选框，使用曲线来形成冲头的轮廓以达成间隙选项定义的数值，制造难度较大；取消选中此复选框，使用直线来形成冲头的轮廓，便于制造。

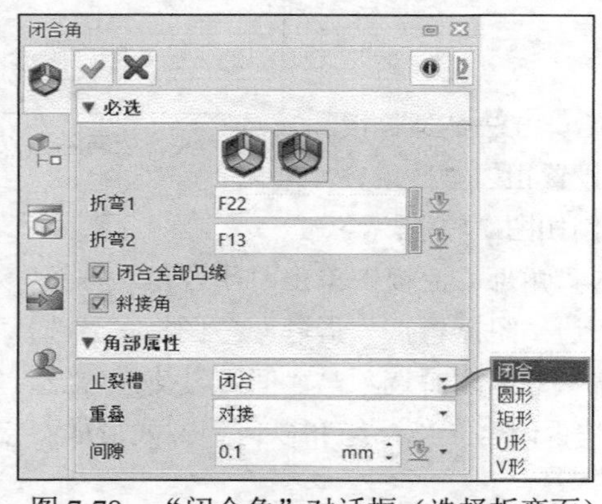

图 7-78　“闭合角”对话框（选择折弯面）

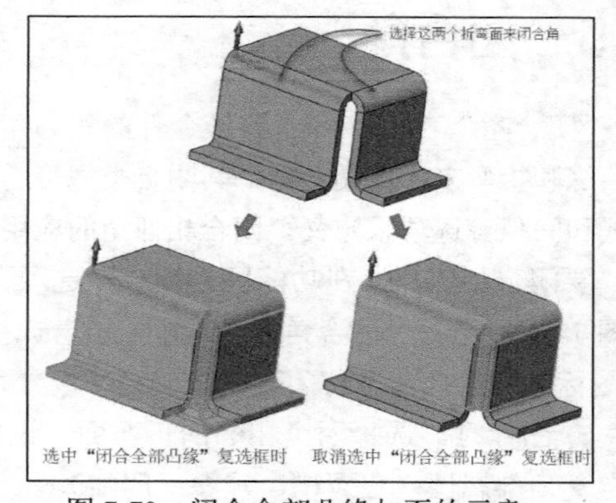

图 7-79　闭合全部凸缘与否的示意

【范例学习】　创建闭合角

1）打开“HY-闭合角.Z3PRT”文件，文件中存在的原始钣金件如图 7-80 所示。

2）在功能区“钣金”选项卡的“角部”面板中单击“闭合角”按钮，打开“闭合角”对话框，在“必选”选项组中选择“折弯”图标。

3）分别选择折弯 1 和折弯 2，并选中“闭合全部凸缘”复选框和“斜接角”复选框，以及在“角部属性”选项组中设置止裂槽类型为“圆形”，重叠模式为“对接”，间隙为 0.1mm；在“止裂槽属性”选项组中设置原点为“折弯中心”，偏移值为−1mm，直径为 4mm，如图 7-81 所示。

4）单击“确定”按钮，闭合角的效果如图 7-82 所示。

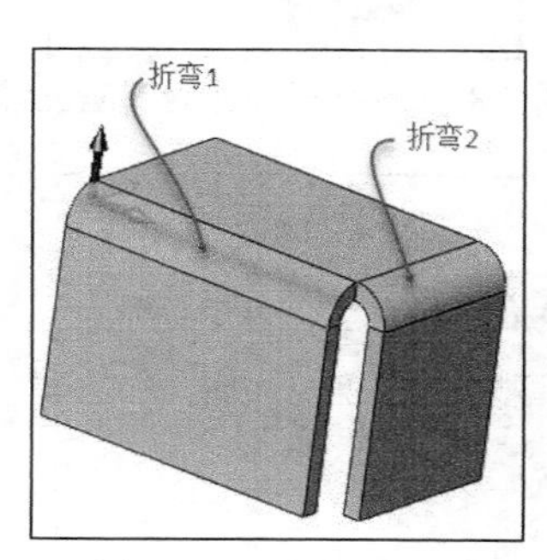

图 7-80 原始钣金件

图 7-81 闭合角相关设置

图 7-82 闭合角的效果

7.6 钣金成型

钣金成型工具包括“凹陷”“百叶窗”“拉伸成型”“拉伸”“孔”“添加实体”“移除实体”“相交实体”。其中，“拉伸”“孔”“添加实体”“移除实体”“相交实体”在前面章节中已经详细介绍过，本节主要讲解“凹陷”“百叶窗”“拉伸成型”。

7.6.1 凹陷

在钣金件上可以很方便地创建一个凹陷特征，该凹陷特征可以放置于包括凸缘在内的任意平面上，凹陷特征可以是一个平的普通凹陷，也可以是具有喇叭孔的凹陷（即凹陷的盖子被移除，并且在顶部/底部不会存在两个折弯），如图 7-83 所示。

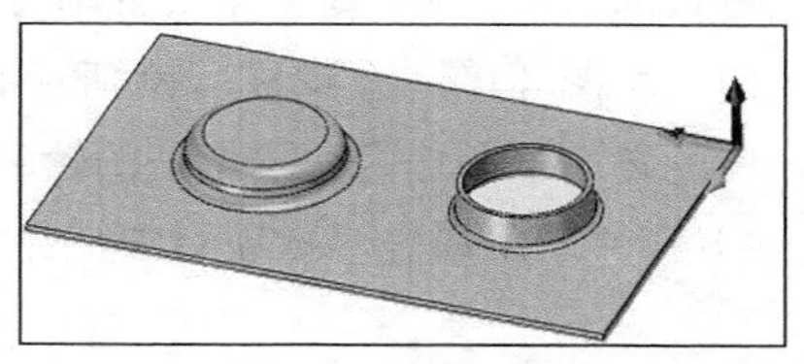
图 7-83 两种凹陷特征示意

下面通过范例介绍两种凹陷特征的创建方法及步骤，所需配套素材文件为“HY-凹陷操练.Z3PRT”。

1. 创建平的普通凹陷

1）在功能区“钣金”选项卡的“成型”面板中单击“凹陷”按钮，打开图 7-84 所示的“凹陷”对话框，在“必选”选项组中选中“凹陷”图标。

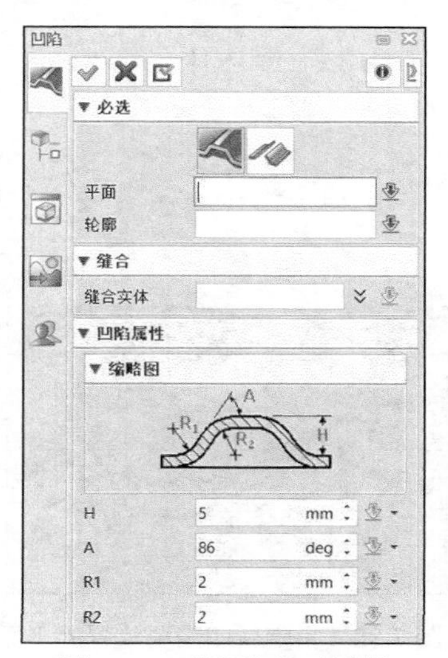

图 7-84 “凹陷”对话框

2）选择平面作为凹陷位置，本例选择图 7-85 所示的钣金顶面。

3）单击鼠标中键以启动新草图，选择同样的钣金顶面作为草绘平面，快速进入内部草图环境，绘制图 7-86 所示的图形，单击“退出”按钮，返回到“凹陷”对话框，所创建的草图作为凹陷特征的轮廓。

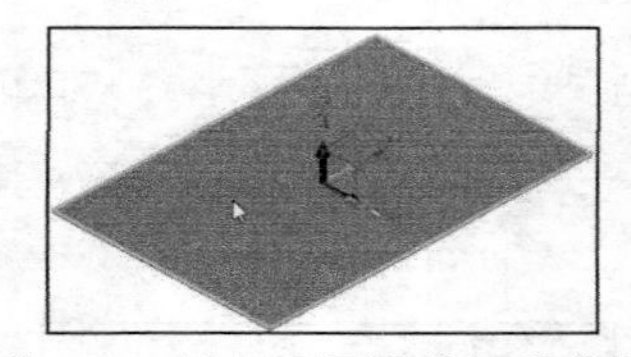

图 7-85 选择平面作为凹陷位置

4）在“凹陷”选项组中结合缩略图设置凹陷属性参数，例如，设置 H=5mm，A=86deg，R1=2mm，R2=2mm。

5）单击“应用”按钮，创建一个普通的凹陷特征，如图 7-87 所示。

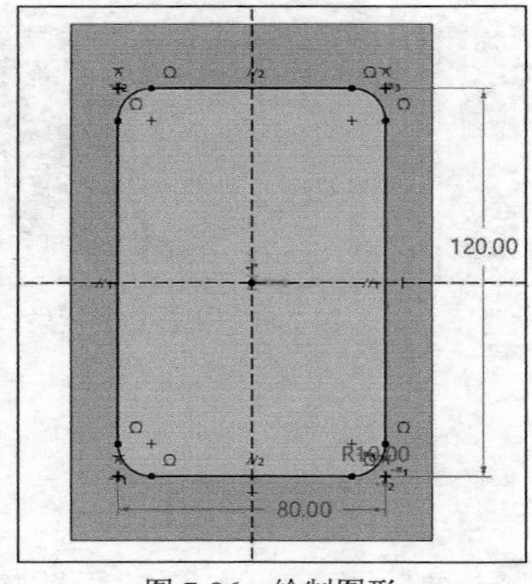

图 7-86 绘制图形

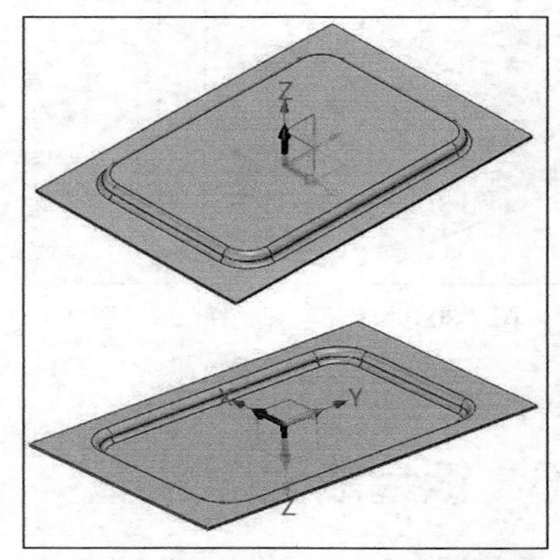

图 7-87 创建一个普通的凹陷特征

2. 创建一个开口的特殊凹陷特征

1）在“凹陷”对话框的“必选”选项组中单击选中“喇叭孔”图标。

2）调整模型视角，指定新凹陷要放置的平面，如图 7-88 所示。

3）此时选择草图来定义凹陷边缘的轮廓，草图可位于凹陷面或其相反的一面。但由于没有已有草图可选，则直接单击鼠标中键以打开“草图”对话框，选择凹陷放置面作为草绘平面，进入内部草图环境，绘制图 7-89 所示的 3 个圆，单击“退出”按钮，返回到“凹陷”对话框，所创建的草图作为凹陷特征的轮廓。草图具有多个环的可以生成多个凹陷形状。

4）在“凹陷属性”选项组中结合缩略图进行参数设置，如图 7-89 所示。

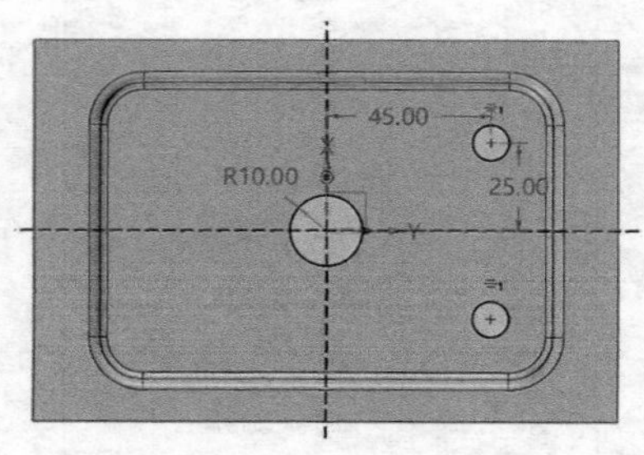

图 7-88 指定新凹陷要放置的平面

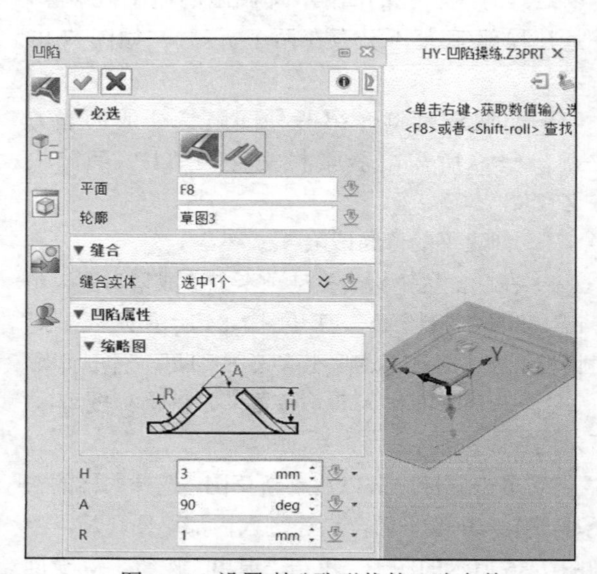

图 7-89 设置喇叭孔形状的凹陷参数

5）单击“确定”按钮，创建结果如图 7-90 所示。

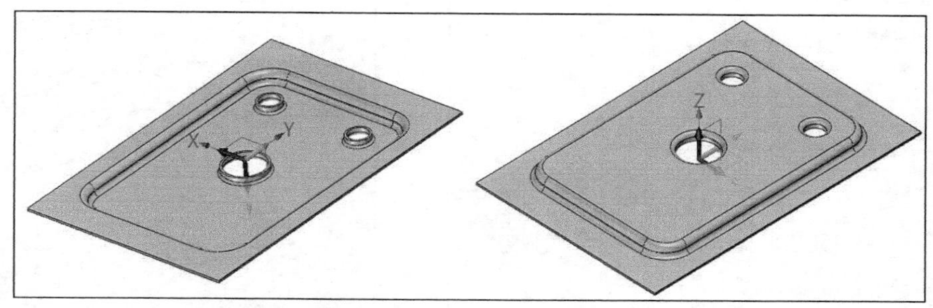

图 7-90 一次完成创建 3 个“喇叭孔”形式的凹陷形状

7.6.2 百叶窗

在钣金件上创建百叶窗特征的方法和创建凹陷特征的方法类似，百叶窗可以放置在包括凸缘在内的任意平面，并且可以沿着该平面的方向延伸。创建百叶窗的典型示例如图 7-91 所示，可以在使用“百叶窗”工具时创建一个百叶窗造型或一次创建多个百叶窗造型。下面以该示例介绍创建百叶窗的一般方法及步骤，配套源文件为“HY-百叶窗示例.Z3PRT”。

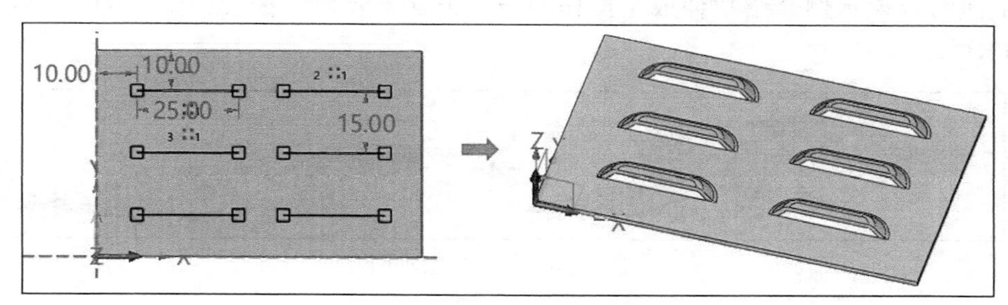

图 7-91 创建百叶窗

1）在功能区“钣金”选项卡的“成型”面板中单击“百叶窗”按钮，打开图 7-92 所示的“百叶窗”对话框。

图 7-92 “百叶窗”对话框

2）在已有钣金件模型选择上平面作为放置百叶窗的位置。

3）此时“轮廓”收集器处于激活状态，直接单击鼠标中键启动新草图，选择钣金件上平面作为草绘平面，进入草图环境，绘制图 7-93 所示的图形，单击“退出”按钮，再单击“是”按钮以接受当前草图有开放环或交叉环并继续下一步。

4）展开“百叶窗属性”选项组，结合百叶窗的缩略图进行百叶窗相关尺寸的设计，如图 7-94 所示，注意百叶窗可以翻转 180°。

5）单击“确定”按钮，便可以创建图 7-95 所示的 6 个百叶窗。

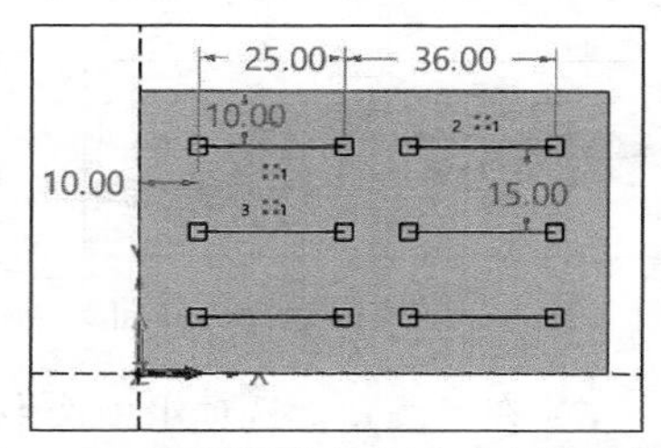

图 7-93 绘制用于定义百叶窗轮廓的线

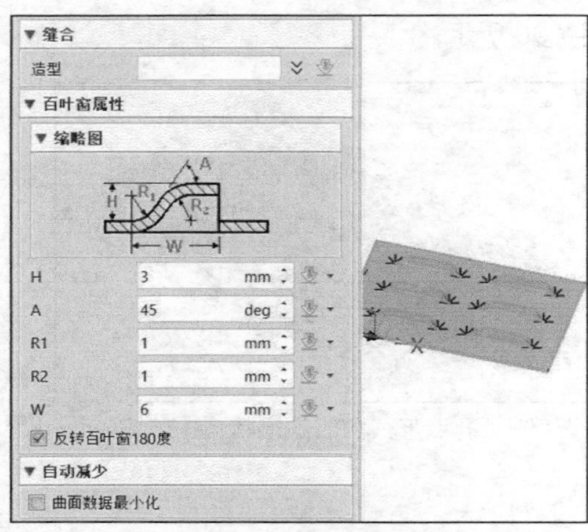

图 7-94 设置百叶窗属性

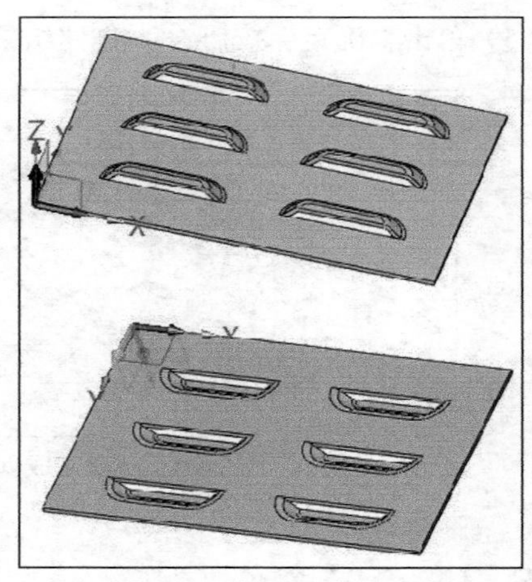

图 7-95 创建 6 个百叶窗

7.6.3 拉伸成型

拉伸成型是所谓的“钣金冲压”，通过“冲头”作用对钣金件进行冲压成型，如图 7-96 所示。下面结合该示例介绍拉伸成型操作的一般方法及步骤，配套源文件为“HY-拉伸成型.Z3PRT”。

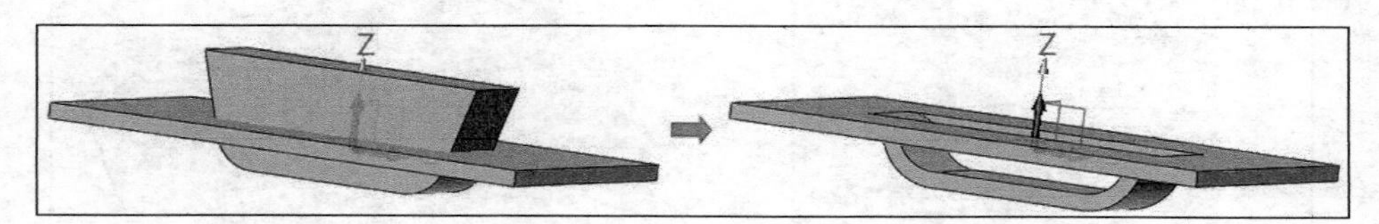

图 7-96 拉伸成型示例

1）在功能区“钣金”选项卡的“成型”面板中单击“拉伸成型”按钮，打开图 7-97 所示的“拉伸成型”对话框。

图 7-97 “拉伸成型”对话框

2）在“必选”选项组中单击“冲头实体”按钮。“冲头实体”按钮表示冲头来源于当前对象的造型，“冲头文件”按钮表示从外部文件选择一个零件对象作为冲头。

3）在基体上选择边界面，如图 7-98 所示。

4）选择冲头实体，如图 7-99 所示。

5）在“必选”选项组的“开放面 O”收集器的框内单击以激活该收集器，在冲头实体上选择两个面作为开放面，如图 7-100 所示。

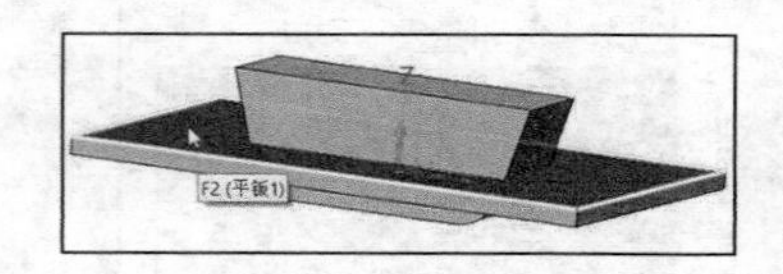

图 7-98 在基体上选择边界面

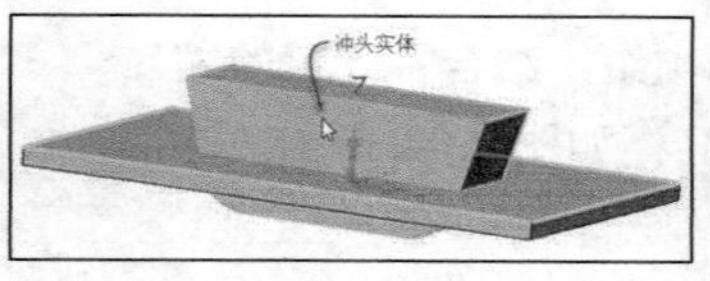

图 7-99 选择冲头实体

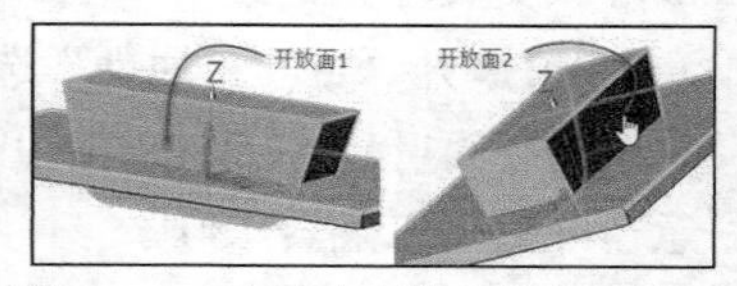

图 7-100 在冲头实体上指定开放面

6）在“圆角”选项组中选中“添加圆角”复选框，设置圆角半径为 3mm。

7）单击“确定”按钮，完成操作。

7.7 钣金折弯

钣金折弯知识点主要包括设定钣金固定面、折叠、展开、展平、线性展开、修改折弯和显示折弯信息等。

7.7.1 设定钣金固定面

在将钣金件折叠或展开时，始终保持不动的面就是固定面。通常系统会默认最大表面积的那个面是固定面，用户可以使用“设定钣金固定面”工具指定所需的新钣金面作为固定面。设定钣金固定面的方法及步骤如下。

1）在功能区“钣金”选项卡的“折弯”面板中单击“设定钣金固定面”按钮，打开图 7-101 所示的“设定钣金固定面”对话框。

2）在钣金件中选择要作为固定面的钣金面，单击“确定”按钮或单击鼠标中键。

在使用“折叠”“展开”“展平”等钣金命令的过程中，可以设置或修改固定面。

图 7-101 “设定钣金固定面”对话框

7.7.2 展开

“展开”工具（“钣金展开”命令）用于展开钣金件的凸缘，典型示例如图 7-102 所示。此工具可根据折弯钣金及各类平面切块、孔、冲槽、横跨弯边切块等伸展特征对零件的大小进行调节。

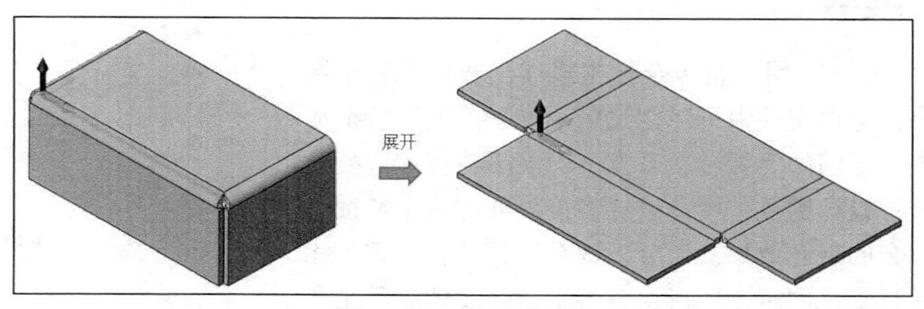

图 7-102 展开钣金件

要展开钣金件的所有凸缘，可以在功能区“钣金”选项卡的“折弯”面板中单击“展开”按钮，打开图 7-103 所示的“展开”对话框，接着选择要展开的钣金件，单击鼠标中键即可，此时使用系统默认的固定面来展开钣金件。另外，在选择要展开的钣金件后，也可以在“设置”选项组中单击激活“固定”收集器，接着在钣金件中指定所需的固定面，再激活“折弯面”收集器，选择一个或多个折弯面，如果单击“收集所有折弯”按钮则选中所有折弯面，“钣金上的曲线”收集器用于选择钣金上的曲线来一起随钣金面展开，最后单击“确定”按钮。如果利用“折弯面”收集器只选择部分折弯面，那么只展开所选折弯面的凸缘，如图 7-104 所示。

可以使用配套的“HY-展开.Z3PRT”文件进行展开操作练习。

图 7-103　“展开”对话框

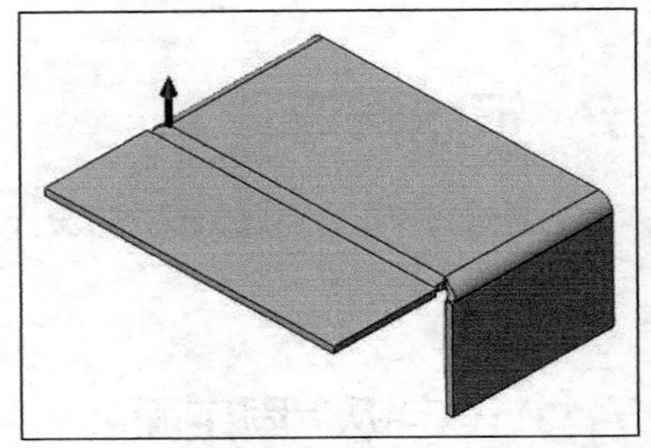

图 7-104　只展开指定的一个折弯面的凸缘

7.7.3　折叠

“折叠”工具主要用来折叠钣金面，其本质是折叠使用“钣金展开”命令展开的钣金件的凸缘，如图 7-105 所示。折叠钣金件的操作和展开钣金件的操作有些类似，只是一个用于折叠钣金件，一个用于展开钣金件，互为可逆。

在功能区“钣金”选项卡的“折弯”面板中单击“折叠”按钮，接着选择要折叠的钣金件，单击鼠标中键即可快速折叠先前使用“钣金展开”命令展开的钣金件的全部凸缘。可选输入设置包括指定固定面，手动选择要折叠的折弯面(既可以选择内折弯也可以选择外折弯)，利用“钣金上的曲线”收集器可以选择曲线随着其所在的钣金面一起折叠，如图 7-106 所示。

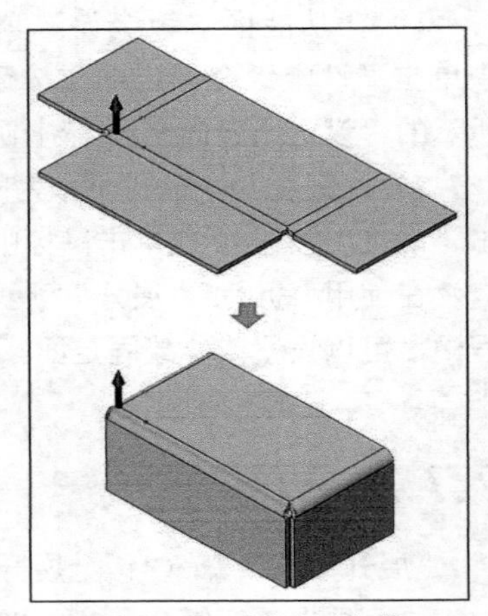

图 7-105　折叠钣金件

7.7.4　展平

“展平”工具用于将钣金件生成展平实体和展平图样，同一个钣金件文件中可以创建多个展平，展平特征放置在历史树上专门的“钣金”节点下。展平特征的好处是在进行钣金件设计的过程中，设计者可以通过展平特征来随时观察钣金的展开效果，以分析钣金下料是否合理等相关问题，并且支持同时在图形窗口显示钣金实体和展平实体。如果钣金实体被修改，那么其相应的展平实体也跟着同步更新。

图 7-106　“折叠”对话框

在功能区“钣金”选项卡的“折弯”面板中单击“展平”按钮，打开图 7-107 所示的“展平”对话框，接着选择要展平的钣金件，然后在“设置”选项组中指定展平实体的固定面，在“偏移”框中设置展平实体与展平图样的偏移距离，利用“方向”收集器及相应的工具选项设置偏移方向，通过“同时生成展开图样”复选框设置是否同时生成展开图样。当选中“同时生成展开图样”复选框时，在工程图制作中会根据展开图样快速地投影生成钣金件的展开视图，所述展开视图支持导出为 DWG 或 DXF 格式。

创建展平特征的应用示例如图 7-108 所示，可以在历史树的“钣金”节点下找到展平特征，可根据设计情况设置展平特征是否显示展平实体和是否显示展平图样。

图 7-107 “展平”对话框

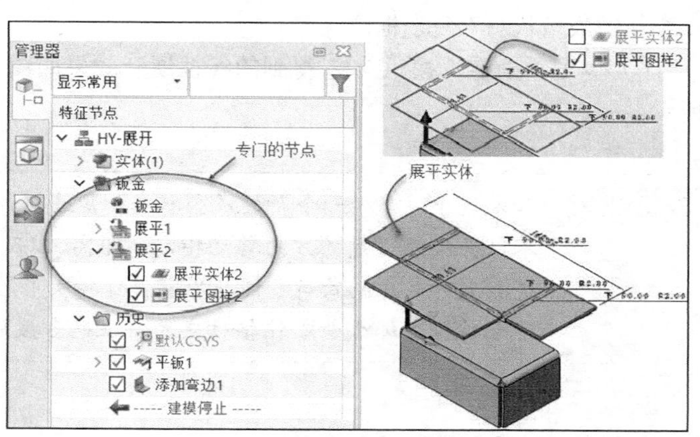

图 7-108 创建展平特征的应用示例

7.7.5 线性展开

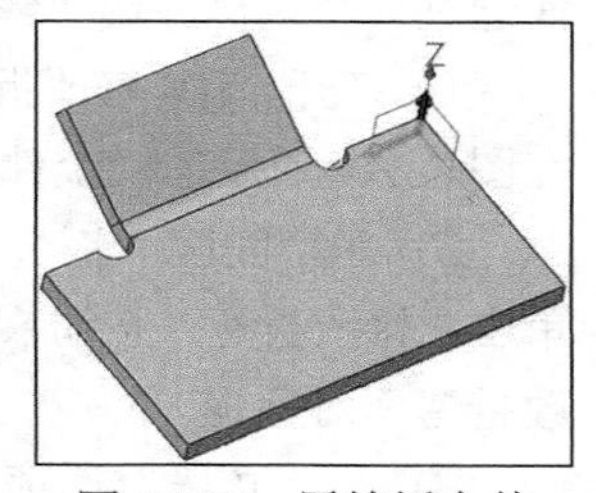

图 7-109 原始钣金件

“线性展开”工具主要用于通过选择固定面和折弯面后根据设置的折弯展开角度来对折弯进行角度变更或展开。下面通过一个范例介绍“线性展开”工具的使用方法。

1）打开“HY-线性展开.Z3PRT”文件，该文件存在图 7-109 所示的钣金件。

2）在功能区“钣金”选项卡的“折弯”面板中单击“线性展开”按钮，打开图 7-110 所示的“线性展开”对话框。

3）选择固定面，如图 7-111 所示。

4）选择要展开的钣金折弯面，如图 7-112 所示。此时“线性展开”对话框的“必选”选项组的“角度”框会显示所选折弯面的当前折弯角度（当前折弯角度为 30deg）。

图 7-110 “线性展开”对话框

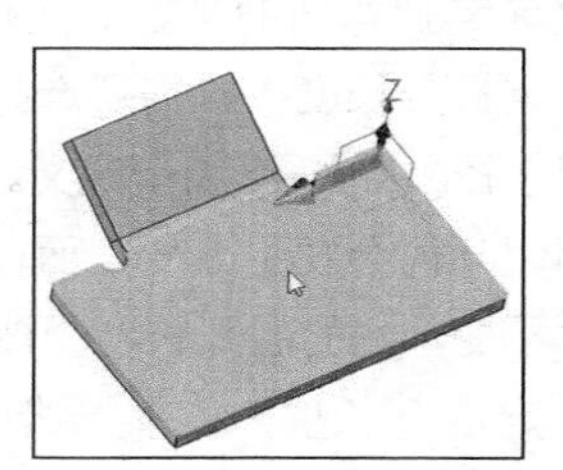

图 7-111 选择固定面

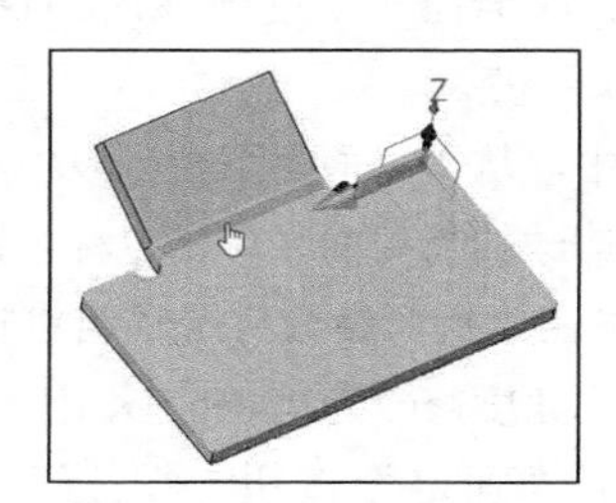

图 7-112 选择折弯面

5）在“角度”框中将折弯角度（或展开的角度）设置为 0deg。K 因子定义采用默认设置，在“选项”选项组中取消选中“添加一个新的成型状态”复选框。

6）单击“确定”按钮，得到的线性展开效果如图 7-113 所示。

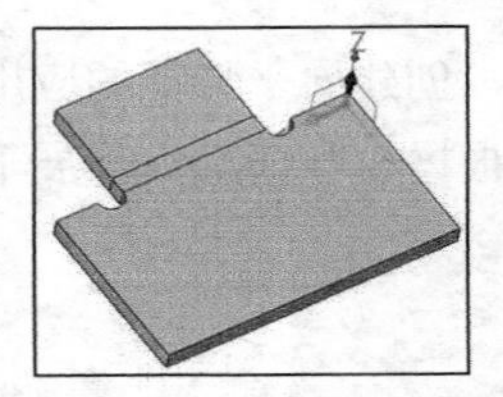

图 7-113 线性展开效果

知识点拨 如果选中“添加一个新的成型状态”复选框，并设定方向和距离，则会复制当前零件并按照设定的方向移动指定的距离，以及在新零件中按设置要求将线性折弯进行展开，复制的新零件与原零件保持关联性，若修改原零件（被复制零件）的某个特征，那么新零件相对应的特征也会被随之修改。

7.7.6 修改折弯

使用“修改折弯”工具，可以修改钣金件中一个或多个折弯的角度或半径，其操作方法及步骤比较简单，即单击此按钮后，选择要修改的折弯，接着输入新的折弯角度或半径。下面通过一个范例介绍“线性展开”工具的使用方法。

1）打开“HY-修改折弯.Z3PRT”文件，该文件存在图 7-114 所示的钣金件。

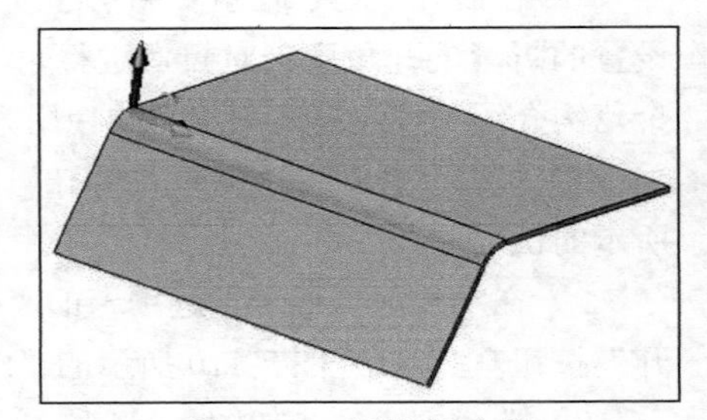

图 7-114 原始钣金件

2）在功能区“钣金”选项卡的“折弯”面板中单击“修改折弯”按钮，打开图 7-115 所示的“修改折弯”对话框。

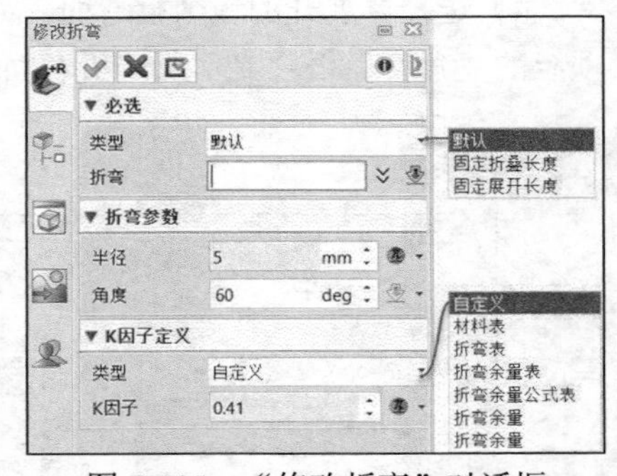

图 7-115 “修改折弯”对话框

3）在“必选”选项组的“类型”下拉列表中选择一个选项来定义修改折弯的方式，共有 3 种方式，即“默认”“固定折叠长度”“固定展开长度”。

- “默认”：需要选择要修改的折弯面，以及修改选定折弯面的半径和角度等。
- “固定折叠长度”：需要选择折弯面，可修改折弯半径参数和 K 因子定义。选定折弯的半径和相邻几何会发生改变，而保持折叠实体其他尺寸不变，它的展开长度会被改变。
- “固定展开长度”：需要指定折弯面和固定面，可修改的折弯参数包括折弯半径和角度。当折弯半径和角度改变时，保持实体的展开总长不变。

在本例中，从“类型”下拉列表中选择“默认”选项，选择要修改的折弯面（单击鼠标中键可选择全部折弯面），接着在“折弯参数”选项组将折弯半径修改为 2mm，将折弯角度修改为 90deg，K 因子定义不用修改。

4）单击“确定”按钮，修改折弯的结果如图 7-116 所示。

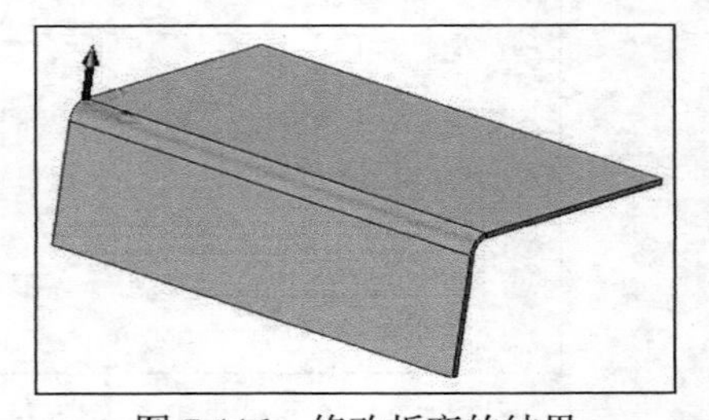

图 7-116 修改折弯的结果

7.7.7 显示折弯信息

“显示折弯信息”工具用于显示所选钣金折弯的相关信息，既可以选择内折弯面，也可以选择外折弯面。在功能区“钣金”选项卡的“折弯”面板中单击此按钮后，打开图 7-117 所示的“显示折弯信息”对话框，接着选择所需的折弯面，则系统弹出“折弯信息”对话框来显示所选折弯面的折弯信息，如图 7-118 所示。

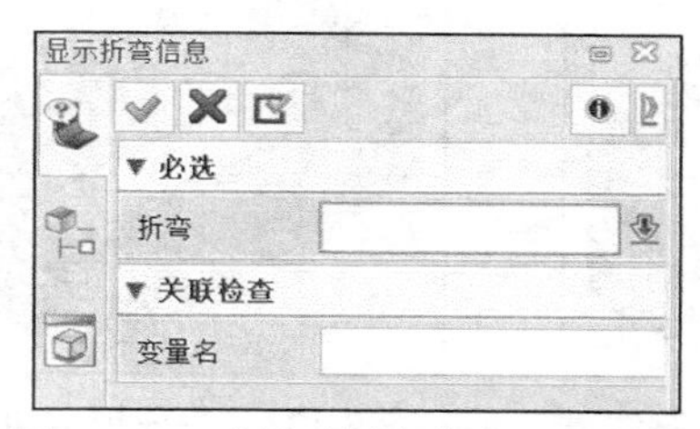

图 7-117 “显示折弯信息”对话框

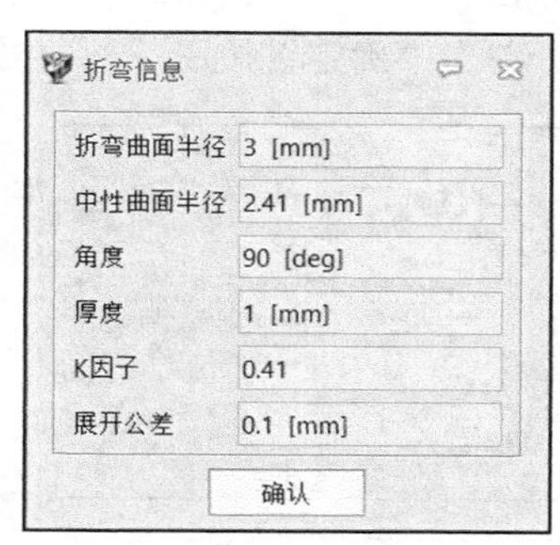

图 7-118 显示折弯信息

7.8 实体转换钣金

实体转换钣金的工具有“钣金切口”、“标记为钣金折弯面”、“转换为钣金”，其中“转换为钣金”工具包含钣金切口和标记折弯两个功能，即“转换为钣金”工具整合了“钣金切口”工具和“标记为钣金折弯面”工具的功能，用于引导用户通过在实体造型中定义钣金切口或标记折弯来将实体造型转换为钣金件。

打开一个实体零件文件，切换至功能区“钣金”选项卡，接着从“转化”面板中单击“转换为钣金”按钮，打开图 7-119 所示的“转换为钣金”对话框，其中提供的转换向导包括“切口”和“标记折弯”，分别对应 “钣金切口”按钮和“标记为钣金折弯面”按钮。下面通过范例的形式介绍如何将实体造型转换为钣金件。

1. 创建钣金切口

1）打开本书提供的配套文件“HY-实体转换钣金.Z3PRT”，该文件中存在一个具有均匀壁厚的实体造型，其中在一个实体平面上还创建有一条草图线，如图 7-120 所示。

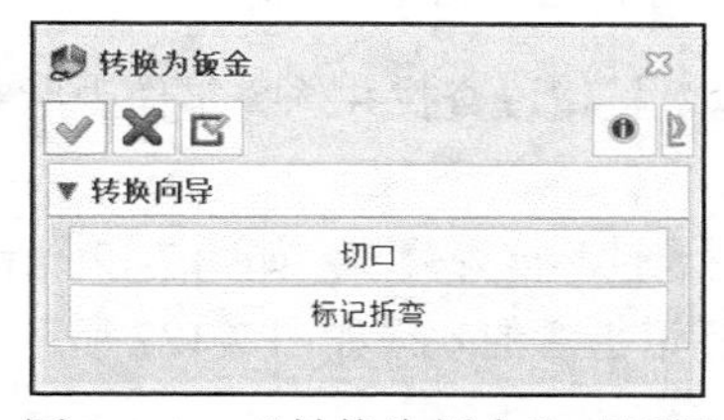

图 7-119 “转换为钣金”对话框

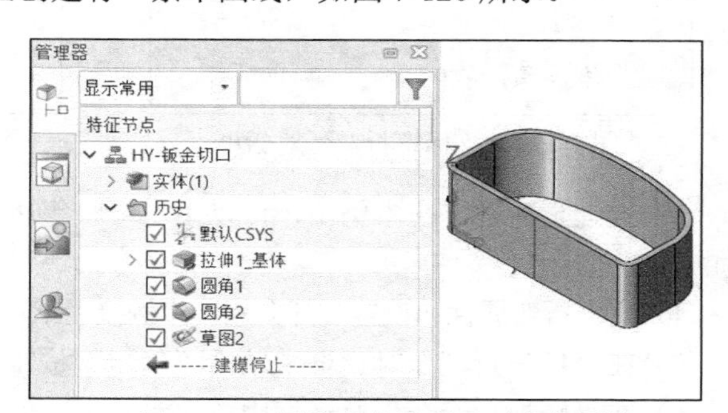

图 7-120 原始实体造型及已有草图线

2）在功能区切换至“钣金”选项卡，在“转化”面板中单击“转换为钣金”按钮，打开“转换为钣金”对话框，从中单击“切口”按钮，打开图 7-121 所示的“切口”对话框。

知识点拨 也可以从功能区“钣金”选项卡的“转化”面板中单击“钣金切口”按钮来打开“切口”对话框。

3）在“切口”对话框中设置切口方向为“双向”“向左”或“向右”，本例选择“双向”。

4）选择边/线以生成切口，本例选择图 7-122 所示的草图线作为切割线。

5）在“切口”对话框的“间隙”框中设置切口间隙的大小，本例将间隙设置为 1mm。

6）单击“确定”按钮，生成的钣金切口如图 7-123 所示。

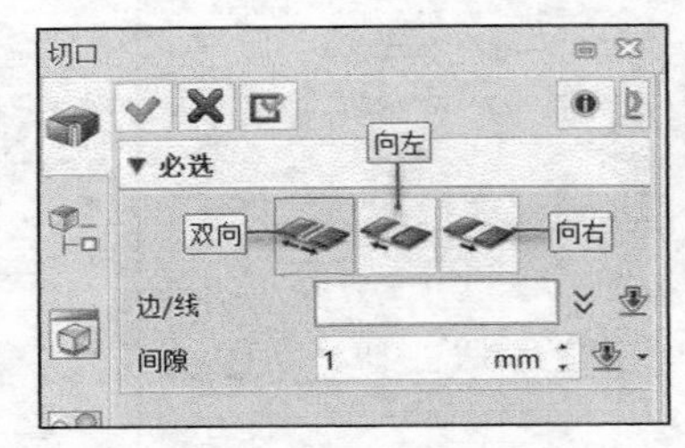

图 7-121 “切口”对话框

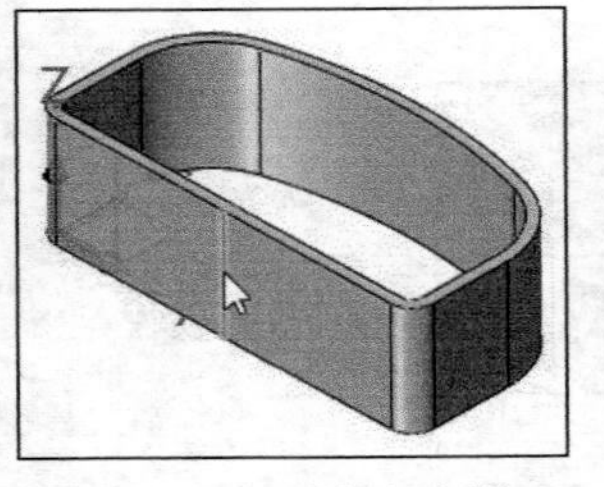

图 7-122 选择切割线

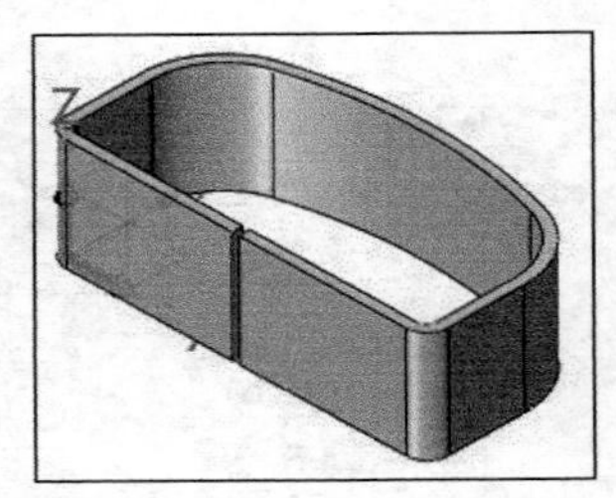

图 7-123 生成钣金切口

此时，返回到“转换为钣金”对话框。

2. 标记折弯

1）在“转换为钣金”对话框中单击“标记折弯”按钮，打开图 7-124 所示的“标记折弯”对话框。注意：也可以通过单击“标记为钣金折弯面”按钮来打开“标记折弯”对话框。

2）选择图 7-125 所示的一个面作为固定面。

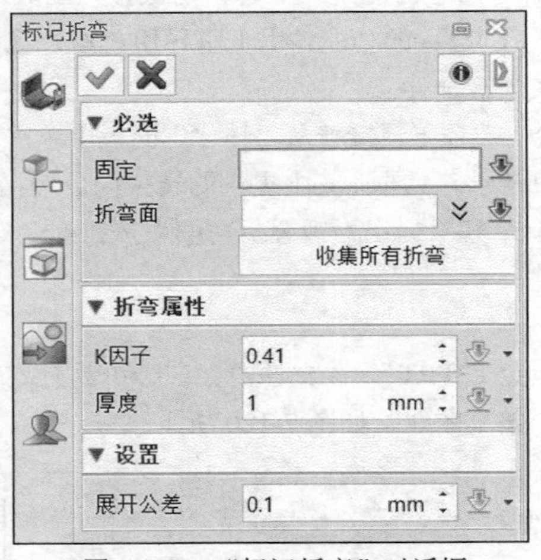

图 7-124 “标记折弯”对话框

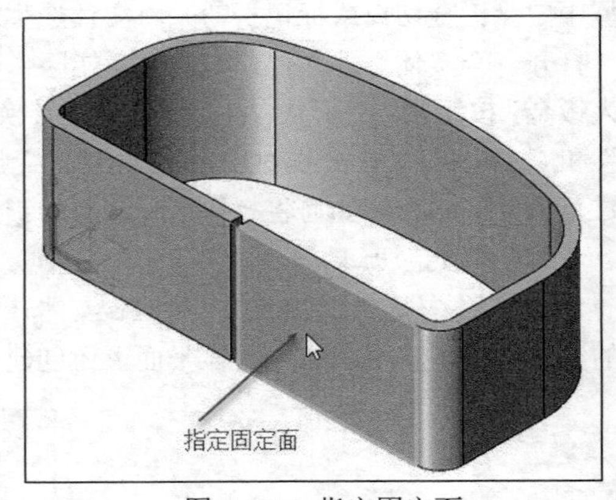

图 7-125 指定固定面

3）选择折弯面。在本例中，可以单击“收集所有折弯”按钮以查找并选择零件中所有合适的折弯面。

4）定义折弯属性和设置展开公差，本例接受默认的折弯属性和展开公差，如图 7-126 所示。

5）在“标记折弯”对话框中单击“确定”按钮，标记折弯的效果如图 7-127 所示。

6）在“转换为钣金”对话框中单击“确定”按钮。

此时，已经完成将该实体零件转化为钣金件了。可以通过“展开钣金实体”工具来验证一下：单击“展开钣金实体”按钮，打开“展开”对话框，选择要展开的实体，单击鼠标中键，可以看到当前钣金件被顺利展开，钣金件展开的效果如图 7-128 所示。

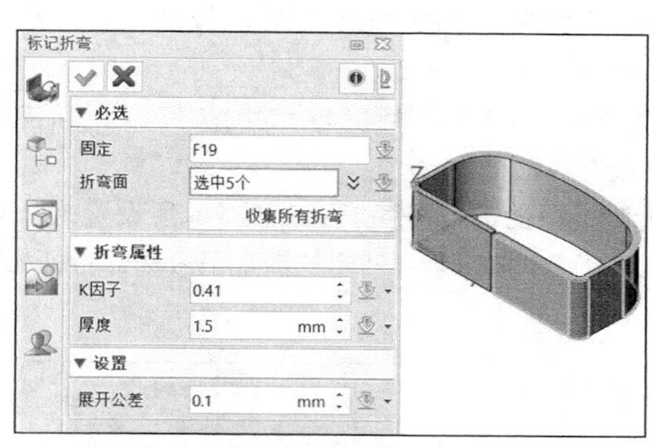

图 7-126 接受默认的折弯属性和展开公差

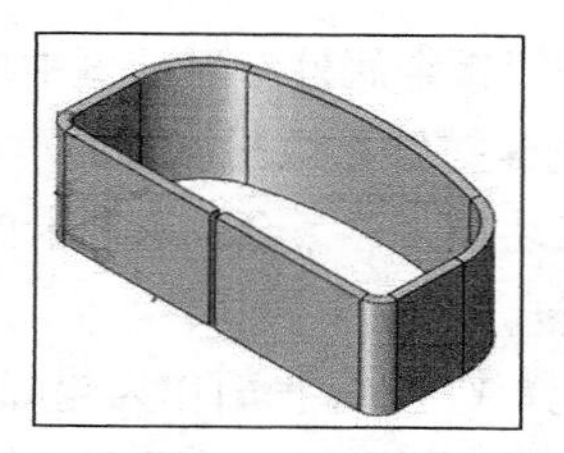

图 7-127 标记折弯的效果

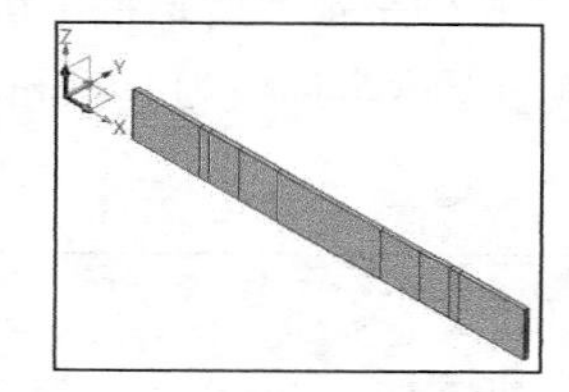

图 7-128 钣金件展开的效果

7.9 钣金件综合设计案例

本节介绍一个钣金件综合设计案例，该案例要完成的计算机侧板钣金件如图 7-129 所示。本案例的主要知识点包括拉伸平钣、百叶窗、褶弯凸缘、全凸缘、轮廓凸缘、沿线折叠、拉伸切除、法向除料、拉伸成型（冲压成型）、镜像特征、阵列特征、展开钣金、折叠钣金（折弯回去）、拔模、圆角等。

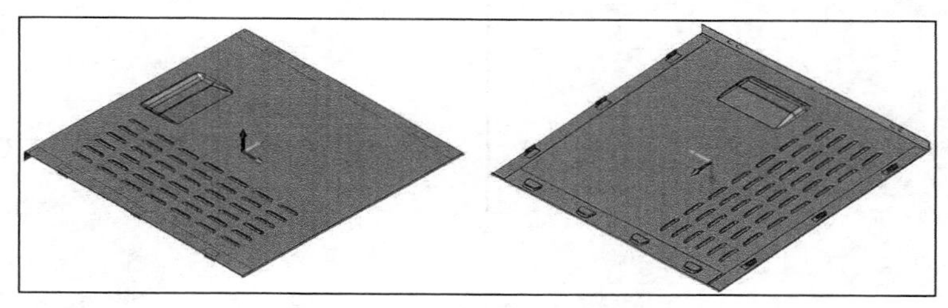

图 7-129 计算机侧板钣金件

本钣金综合设计案例详细的设计过程说明如下。

1. 新建一个钣金件

1）启动中望 3D 软件后，单击“新建”按钮，弹出“新建文件”对话框。

2）在“类型”选项组中选择“零件”选项，在“子类”选项组中选择“钣金”选项，在“模板”选项组中选择“[默认]”，在“信息”选项组的“唯一名称”框中输入新零件名为“HY-计算机侧板钣金件”。

3）在“新建文件”对话框中单击“确认”按钮。

2. 设置钣金属性

1）在“快速访问”工具栏中右侧单击“展开”按钮以展开菜单栏，接着从“属性”菜单中选择“钣金”命令，打开“钣金属性”对话框。

2）在“标准”选项卡上分别设置如图 7-130 所示的全局值（包括钣金厚度、折弯半径）、凸缘参数（包括位置选项、长度类型和默认的凸缘长度值）等。并且，可以根据需要在“角部属性”对话框上设置钣金件的角部属性。

3）在“钣金属性”对话框中单击“接受”按钮。

3. 创建拉伸平钣基体特征

1）在功能区“钣金”选项卡的“基体”面板中单击“拉伸平钣”按钮，打开“拉伸平钣”对话框。

2）选择 *XY* 坐标平面作为轮廓的草绘平面，进入草图环境，绘制图 7-131 所示的轮廓草图，单击“退出”按钮，返回到“拉伸平钣”对话框。

3）在“拉伸平钣”对话框中可以看到模板的钣金厚度采用步骤 2）所设置的厚度值，本例设置的钣金厚度全局值为 0.8mm，单击“确定”按钮，创建的钣金平钣基体特征如图 7-132 所示。

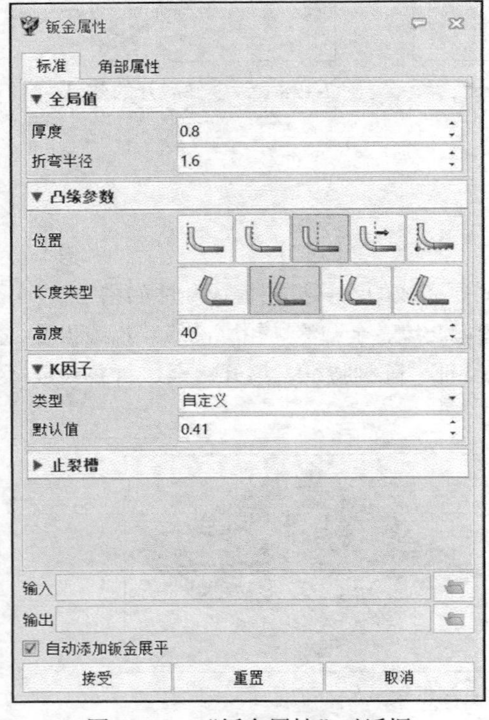

图 7-130　“钣金属性”对话框

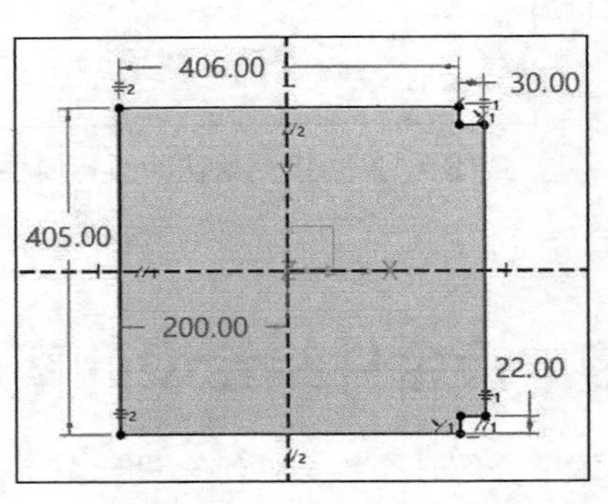

图 7-131　绘制轮廓草图

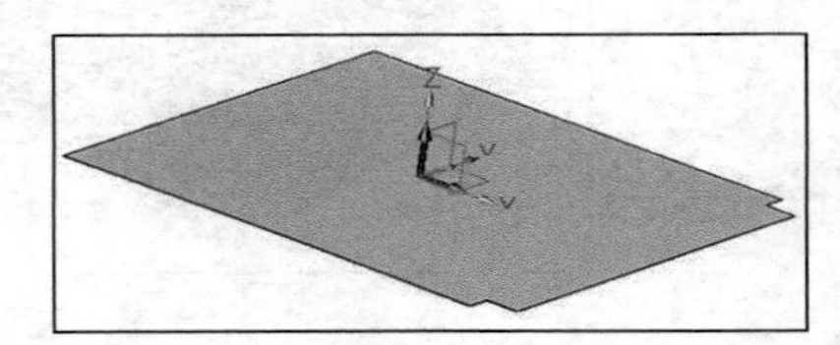
图 7-132　完成创建钣金平钣基体特征

4. 创建百叶窗造型

1）在功能区“钣金”选项卡的“成型”面板中单击“百叶窗”按钮，打开“百叶窗”对话框。

2）选择钣金平钣基体特征的顶面作为百叶窗的放置平面。

3）此时“必选”选项组的“轮廓”收集器处于激活状态，单击鼠标中键以创建新轮廓草图，再次单击钣金平钣基体特征的顶面作为草绘平面，先绘制图 7-133 所示的一条线段。

4）再在草图环境下单击“阵列”按钮，利用“阵列”对话框获得图 7-134 所示的阵列图像，单击“确定”按钮，然后单击“退出”按钮，以及在弹出的“ZW3D”对话框中单击“是”按钮，返回到“百叶窗”对话框。

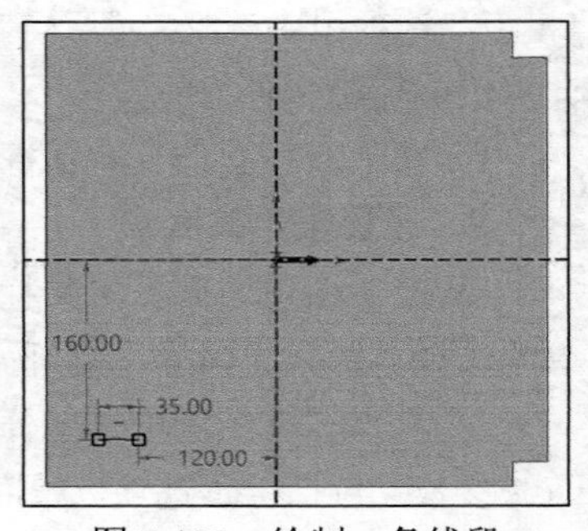

图 7-133　绘制一条线段

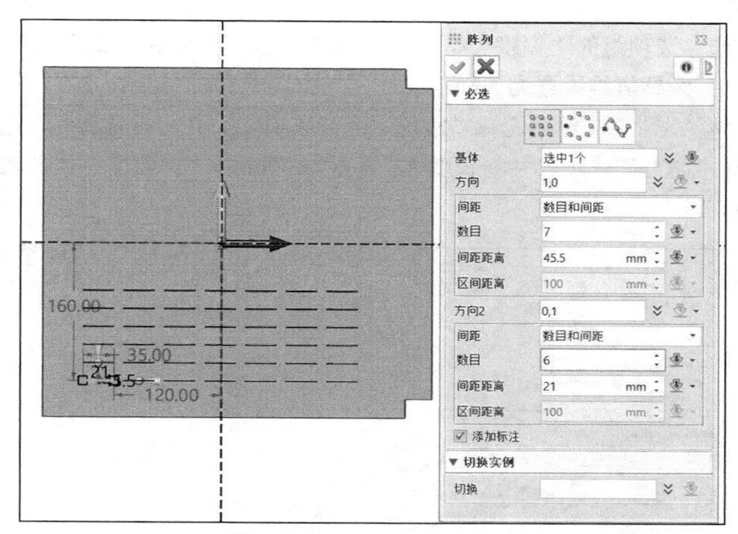

图 7-134　阵列图线

5）在“百叶窗”对话框的“百叶窗属性”选项组中对照缩略图设置百叶窗的相关尺寸，以及结合预览效果选中“反转百叶窗 180 度”复选框，如图 7-135 所示。

6）单击“确定”按钮，创建一系列百叶窗造型，如图 7-136 所示。

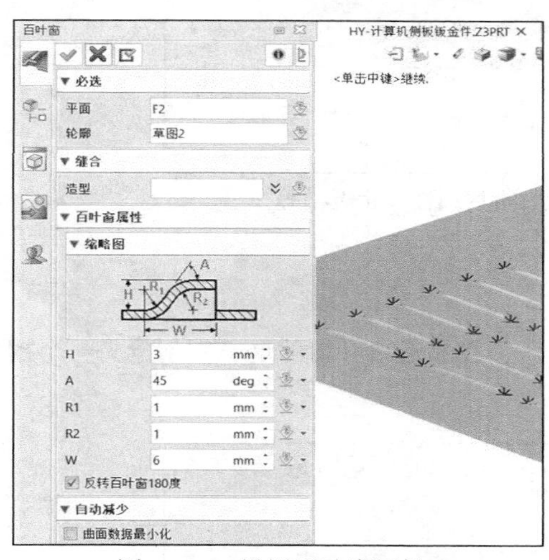

图 7-135　设置百叶窗属性

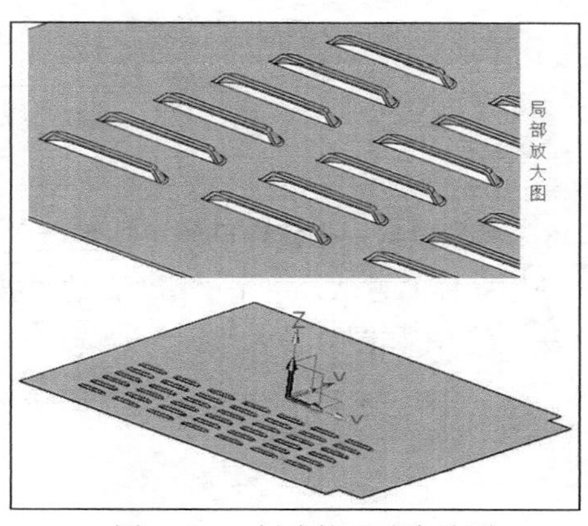

图 7-136　创建的百叶窗造型

5. 创建一个褶弯凸缘（法兰壁）

1）在功能区“钣金”选项卡的“钣金”面板中单击“褶弯凸缘”按钮，打开“褶弯凸缘”对话框。

2）在“必选”选项组中选中“部分边缘”图标，选择图 7-137 所示的一条边。

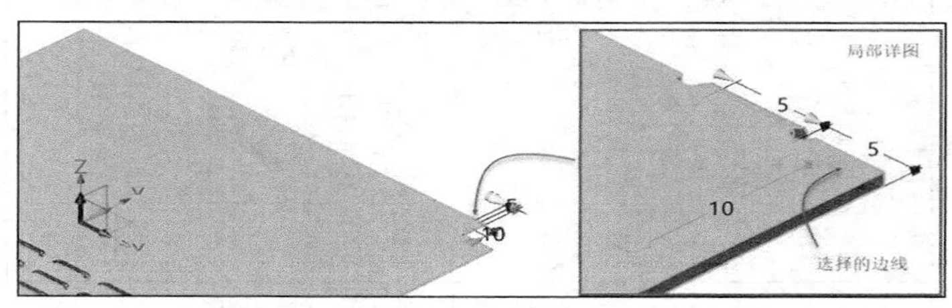

图 7-137　选择要创建褶弯凸缘的一条边

3）在“必选”选项组的“宽度类型”下拉列表中选择“起始-终止”选项，并将“起始”距离值和“终止”距离值均设置为 5mm。

4）在“凸缘参数”选项组中选择“常规”位置选项，在“折弯属性”选项组的“类型”下拉列表中选择“闭合”选项，并将长度 L1 设置为 20mm，“止裂槽”类型选择“长圆形”，如图 7-138 所示。

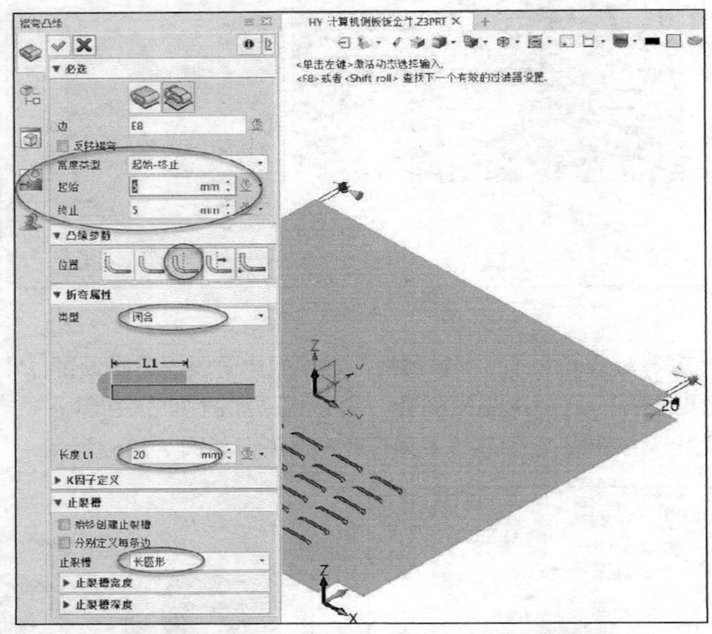

图 7-138　设置凸缘参数、折弯属性、止裂槽等

5）单击“确定”按钮。

6. 再创建另一个褶弯凸缘（法兰壁）

使用同样的方法，单击“褶弯凸缘”按钮，在靠近百叶窗的这一侧创建另一个褶弯凸缘（法兰壁），如图 7-139 所示。

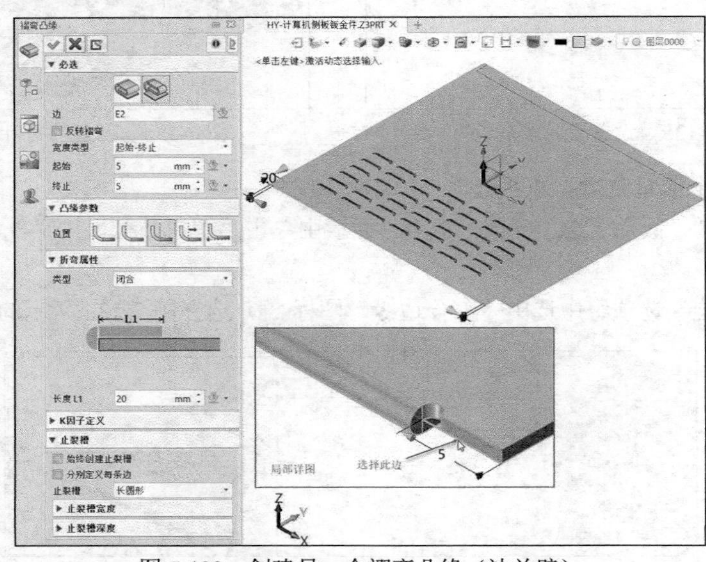

图 7-139　创建另一个褶弯凸缘（法兰壁）

7. 创建一个全凸缘

1）在功能区“钣金”选项卡的“钣金”面板中单击“全凸缘”按钮，打开“全凸缘”对话框。

2）选择图 7-140 所示的一条边，结合凸缘预览情况选中“反转凸缘”复选框，以设置凸缘在所需的一侧生成。

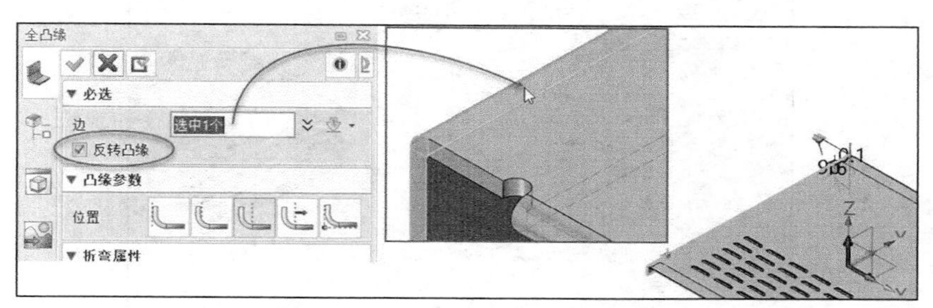

图 7-140　选择要创建全凸缘的边

3）设置折弯属性如图 7-141 所示，单击“确定”按钮，结果如图 7-142 所示。

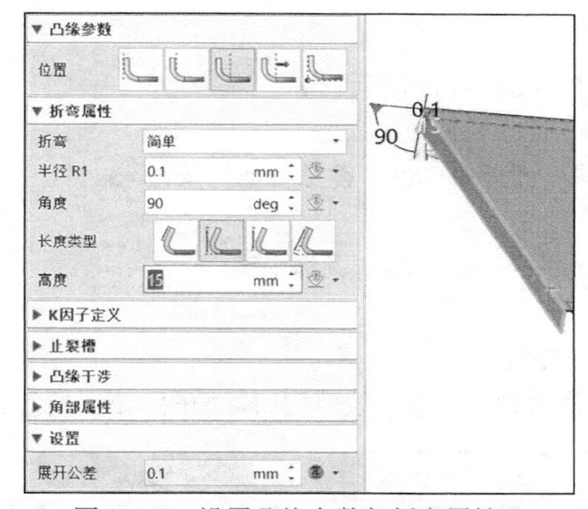

图 7-141　设置凸缘参数与折弯属性

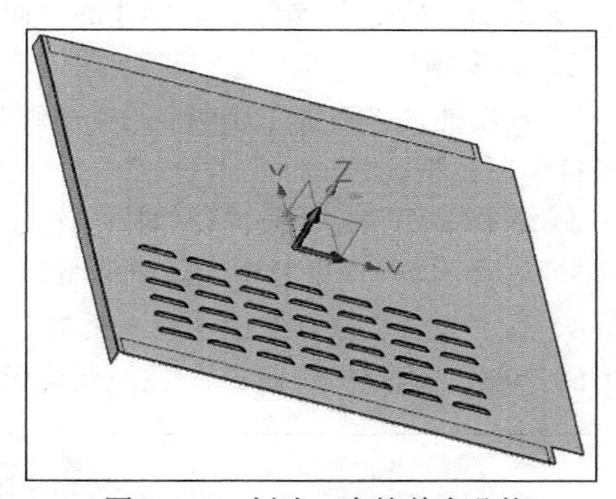

图 7-142　创建一个简单全凸缘

8. 创建拉伸切口

1）在功能区“钣金”选项卡的“成型”面板中单击“拉伸”按钮，打开“拉伸”对话框。

2）选择 *YZ* 坐标平面作为草绘平面，绘制图 7-143 所示的草图，单击“退出”按钮。

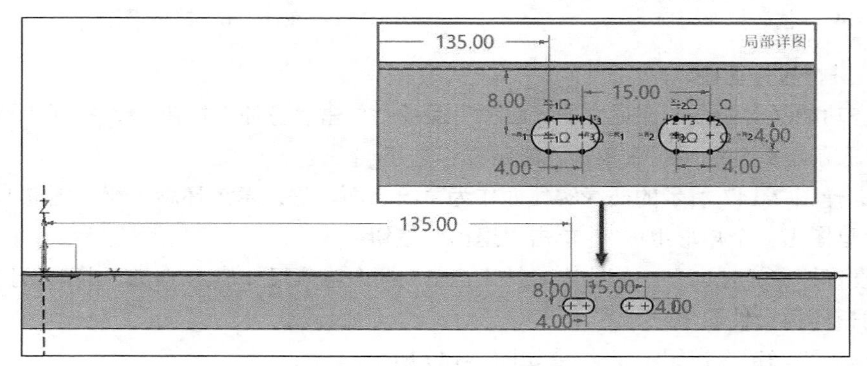

图 7-143　绘制草图

3）在“布尔运算”选项组中单击“减运算”按钮，在“必选”选项组的“拉伸类型”

下拉列表中选择“1 边”选项，在“结束点 E”框右侧打开选项下拉列表，从中选择“穿过所有”，单击“反向”按钮，如图 7-144 所示。

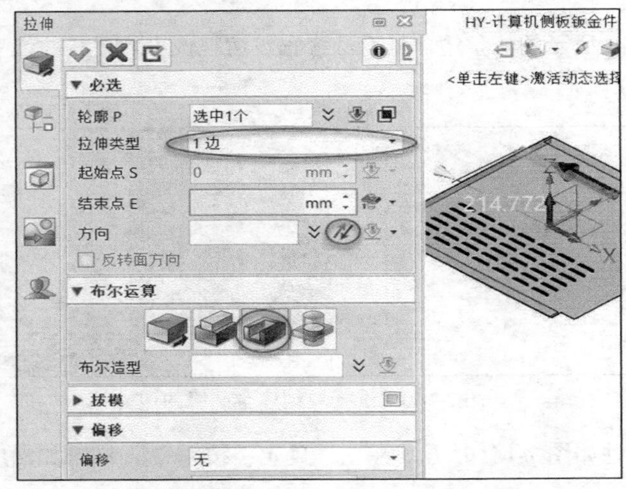

图 7-144 设置拉伸类型及方向等

4）单击“确定”按钮，创建的拉伸切口如图 7-145 所示。

9. 镜像操作

1）在功能区“钣金”选项卡的“基础编辑”面板中单击“镜像特征”按钮，打开“镜像特征”对话框。

2）选择前面创建的拉伸切口特征作为要镜像的特征，单击鼠标中键。

3）选择 *XZ* 坐标平面作为镜像平面。

4）在“设置”选项组中选择“复制”单选按钮。

5）单击“确定”按钮，完成此镜像操作得到另一侧的拉伸切口，如图 7-146 所示。

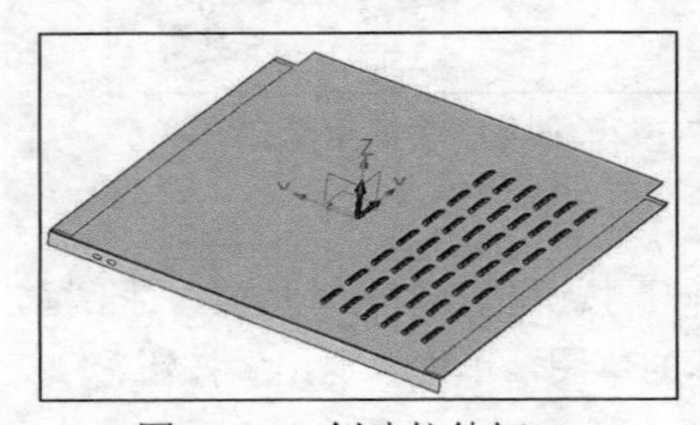

图 7-145 创建拉伸切口

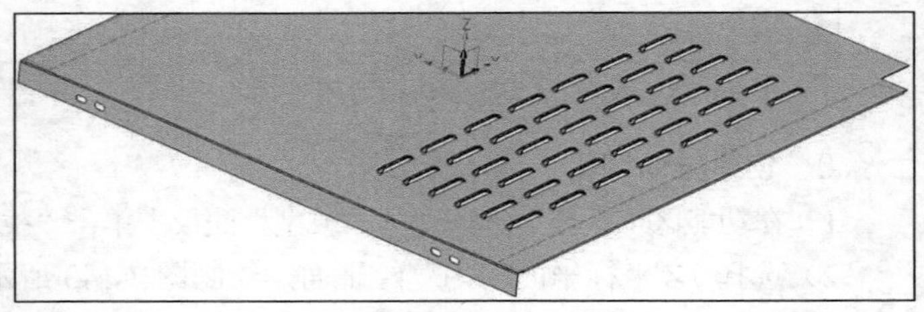

图 7-146 镜像操作

10. 进行拉伸切割

1）在功能区“钣金”选项卡的“成型”面板中单击“拉伸”按钮，打开“拉伸”对话框，在“布尔运算”选项组中单击“减运算”按钮。

2）选择图 7-147 所示的凸缘实体面作为草绘平面，进入草图环境。绘制图 7-148 所示的草图（该草图由一个矩形组成），单击“退出”按钮。

3）设置拉伸类型为“1 边”，在“结束点 E”框中输入尺寸值为 1mm，并确保拉伸切除的深度方向指向钣金件实体。

4）单击“确定”按钮，结果如图 7-149 所示。

11. 展开钣金件

1）在功能区“钣金”选项卡的“折弯”面板中单击“展开”按钮，打开“展开”对话框。

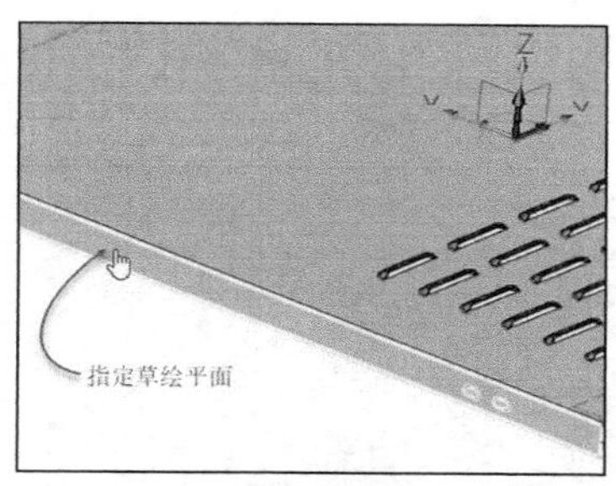

图 7-147　指定草绘平面

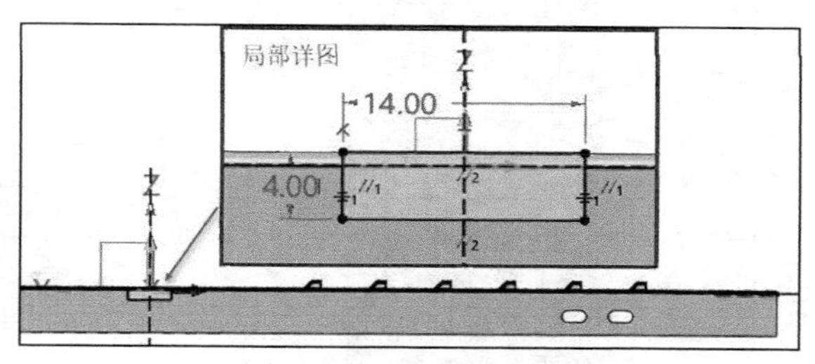

图 7-148　绘制一个草图

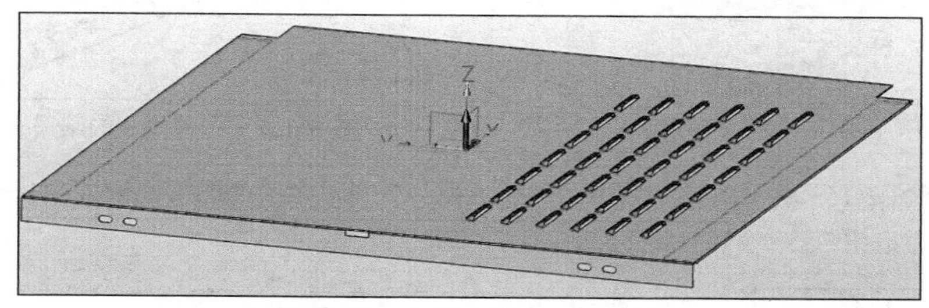
图 7-149　切长方形小口的结果

2）单击现有钣金件作为要展开的实体。

3）在“设置”选项组的“固定”收集器的框内单击以激活该收集器，指定图 7-150 所示的钣金实体面作为固定面。

4）单击“收集所有折弯”按钮。

5）单击“确定”按钮，展开钣金件的效果如图 7-150 所示。

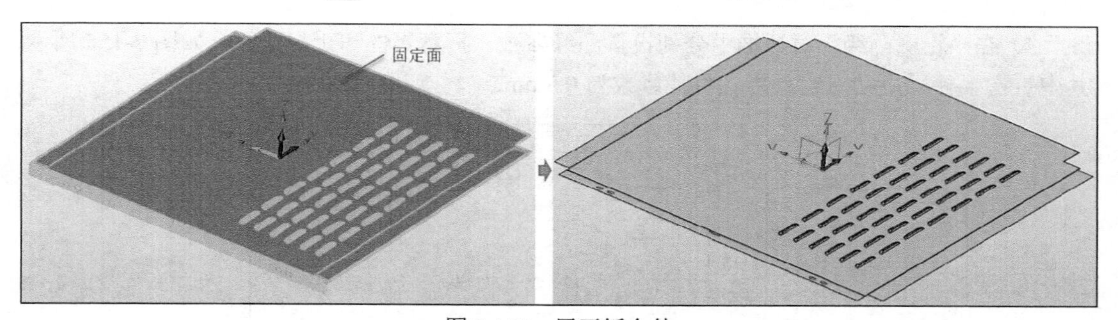

图 7-150　展开钣金件

12. 切割出一个小方形口

1）在功能区“钣金”选项卡的“成型”面板中单击“拉伸”按钮，打开“拉伸”对话框，在“布尔运算”选项组中单击“减运算”按钮。

2）选择 *XY* 坐标平面作为草绘平面，进入草图环境。绘制图 7-151 所示的草图（该草图由一个矩形组成），单击“退出”按钮。

3）在“拉伸”对话框的“必选”选项组中，从“拉伸类型”下拉列表中选择“对称”选项，在“结束点 E”框中输入“5”（能穿透钣金厚度的任意一个数字都可以）。

4）单击“确定”按钮，得到拉伸切割的结果如图 7-152 所示。

13. 创建轮廓凸缘

1）在功能区“钣金”选项卡的“钣金”面板中单击“轮廓凸缘”按钮，打开“轮廓凸缘”对话框。

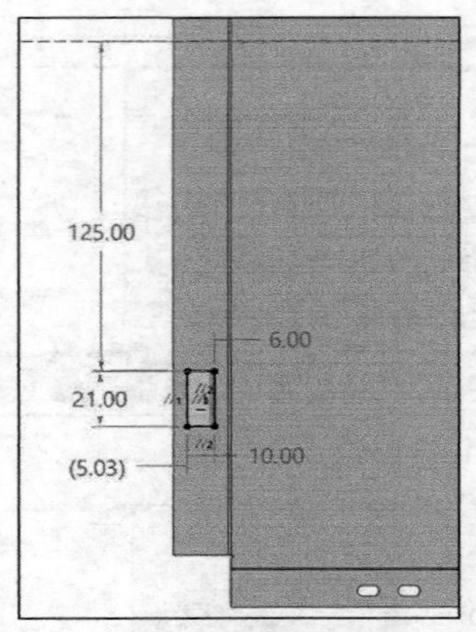

图 7-151 绘制切割轮廓草图

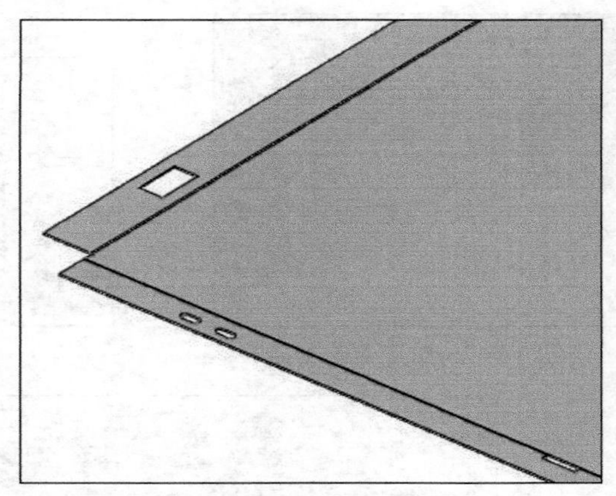

图 7-152 拉伸切割的结果

2）选择图 7-153 所示的边，单击“编辑轮廓”按钮，将凸缘轮廓修改为如图 7-154 所示，单击“退出”按钮。

图 7-153 选择要创建凸缘的边

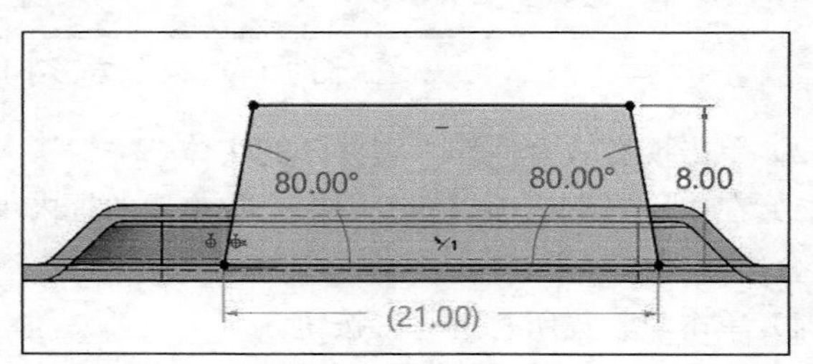

图 7-154 绘制凸缘轮廓

3）在“轮廓凸缘”对话框中分别设置凸缘参数、折弯属性和止裂槽等，如图 7-155 所示，其中折弯半径采用动态输入方式将其修改为 0.8mm。

图 7-155 “轮廓凸缘”对话框及参数设置

4）单击“确定”按钮，创建一个轮廓凸缘，如图 7-156 所示。

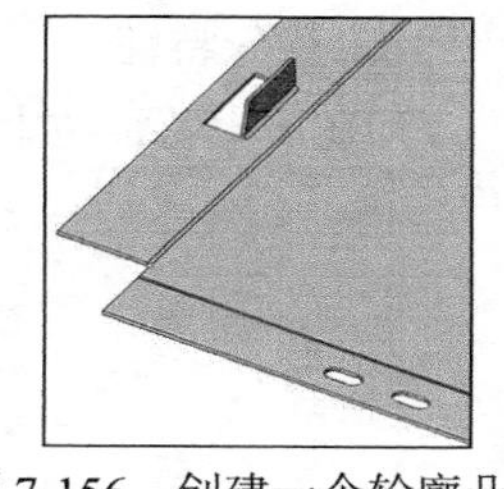
图 7-156　创建一个轮廓凸缘

14. 法向除料操作

1）在功能区“钣金”选项卡的“编辑”面板中单击“法向除料”按钮，打开“法向除料”对话框。

2）在“必选”选项组中单击“垂直于中间面”按钮。

3）“轮廓 P”收集器处于激活状态时，在功能区“钣金”选项卡的“基体”面板中单击“草图”按钮，打开“草图”对话框，指定草绘平面（见图 7-157），绘制图 7-158 所示的图形，圆角半径为 1mm，单击“退出”按钮。

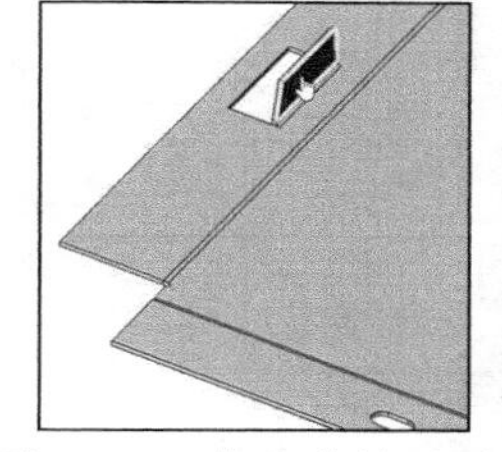
图 7-157　指定草绘平面

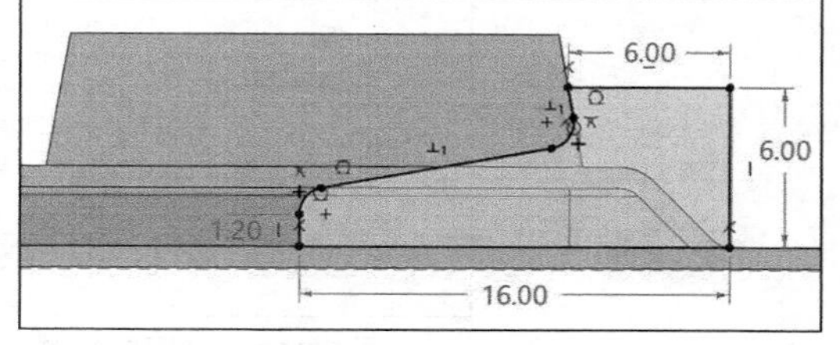

图 7-158　绘制图形

4）指定除料实体，设置拉伸类型及相应的参数，如图 7-159 所示。

5）单击“确定”按钮，法向除料的结果如图 7-160 所示。

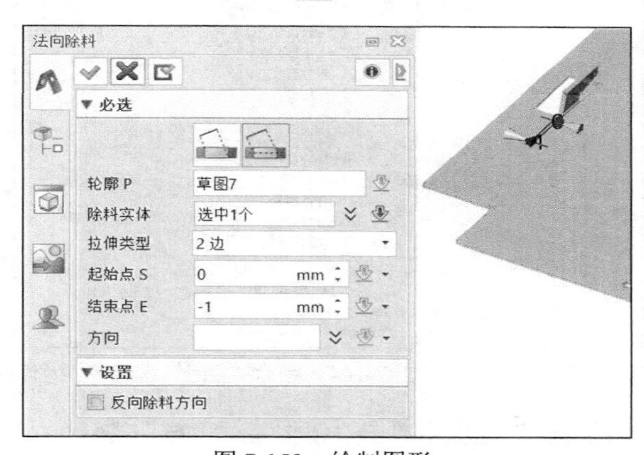

图 7-159　绘制图形

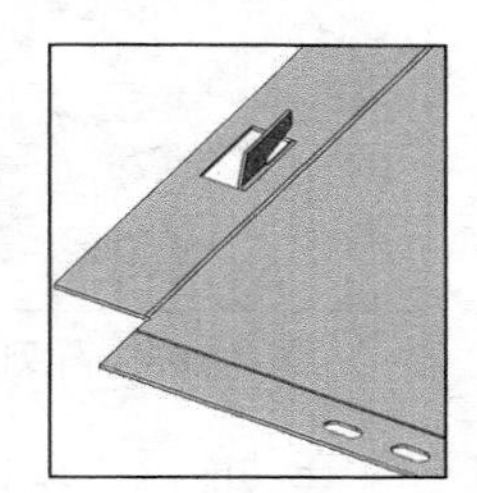
图 7-160　法向除料的结果

15. 阵列特征

1）在历史特征树上结合“Ctrl”键选择最后 3 个特征（见图 7-161），在功能区“钣金”选项卡的“基础编辑”面板中单击“阵列特征”按钮，打开“阵列特征”对话框。

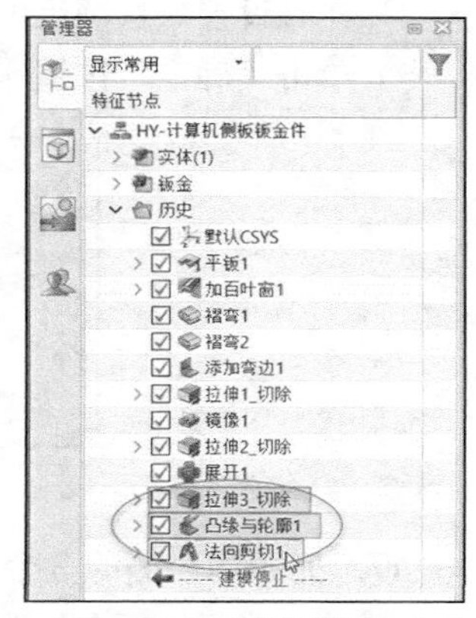

图 7-161　选择要阵列的 3 个特征

2）选择“线性阵列”，指定 X 轴正方向作为阵列第一方向，设置第一方向的数目为 3，间距为 135mm，在“变量阵列”选项组的“类型”下拉列表中选择“无”选项，在“定向”选项组中选中“无交错阵列”图标选项，从“边界”下拉列表中选择“无”选项，如图 7-162 所示。

3）单击“确定”按钮，阵列特征的结果如图 7-163 所示。

16. 镜像特征

1）在历史特征树上结合“Ctrl”键选择图 7-164 所示的两个特征。

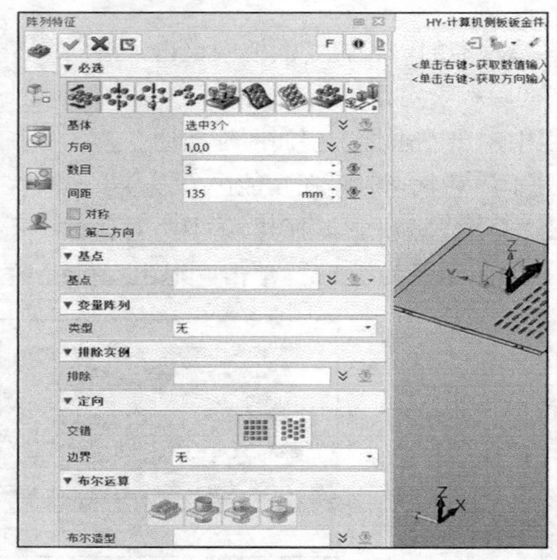

图 7-162　设置阵列特征参数及选项

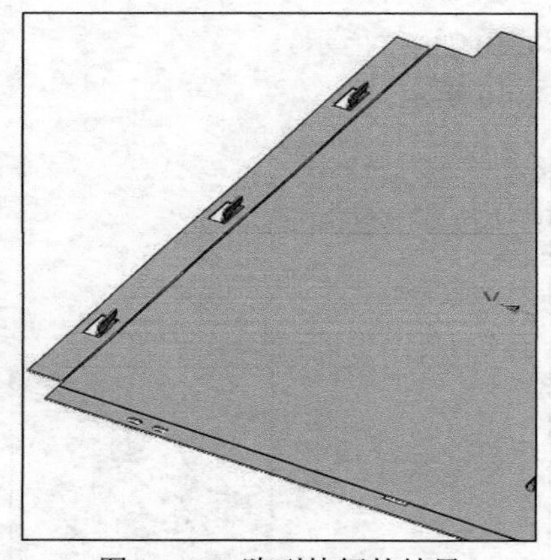

图 7-163　阵列特征的结果

图 7-164　结合“Ctrl”键选择两个特征

2）在功能区“钣金”选项卡的“基础编辑”面板中单击“镜像特征”按钮。

3）选择 *XZ* 基准平面作为镜像平面。

4）在“设置”选项组中选择“复制”单选按钮。

5）单击“确定”按钮，镜像特征的效果如图 7-165 所示。

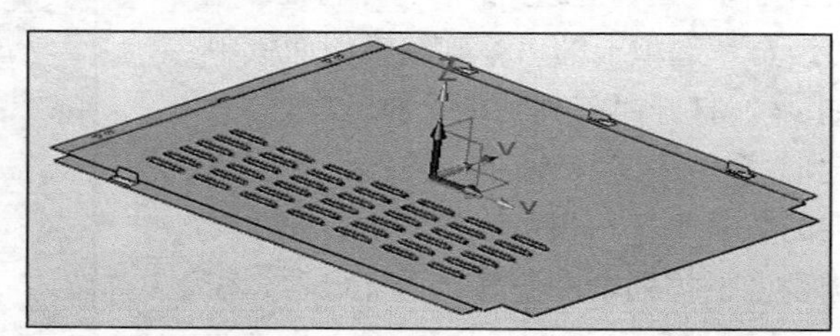

图 7-165　镜像特征的效果

17. 完善同一侧的 3 个扣位结构

1）在功能区“钣金”选项卡的“编辑”面板中单击“法向除料”按钮，打开“法向除料”对话框，在“必选”选项组中单击“垂直于中间面”按钮。

2）单击“草图”按钮，打开“草图”对话框，指定草绘平面（见图 7-166），绘制图 7-167 所示的图形，单击“退出”按钮。

图 7-166　指定平面

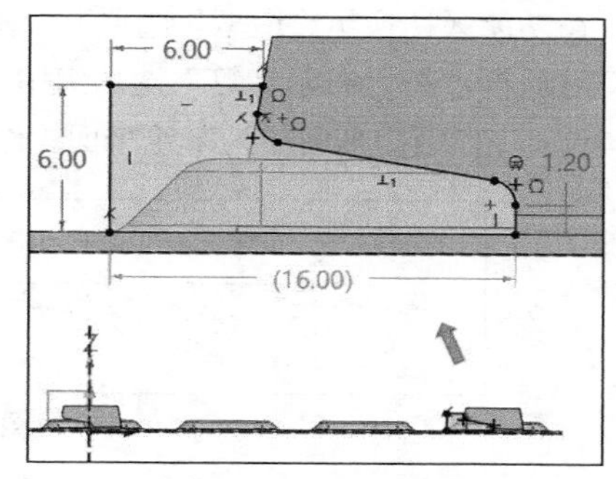

图 7-167　绘制草图

3）选择除料实体，指定拉伸类型及相应的参数，如图 7-168 所示。

4）单击“确定”按钮，得到图 7-169 所示的法向除料效果。

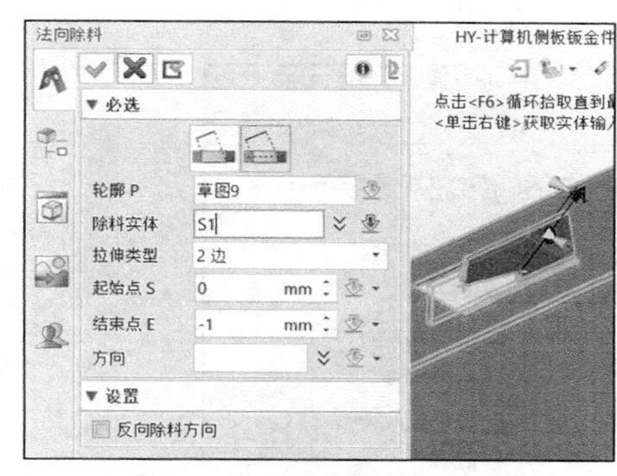

图 7-168　法向除料设置

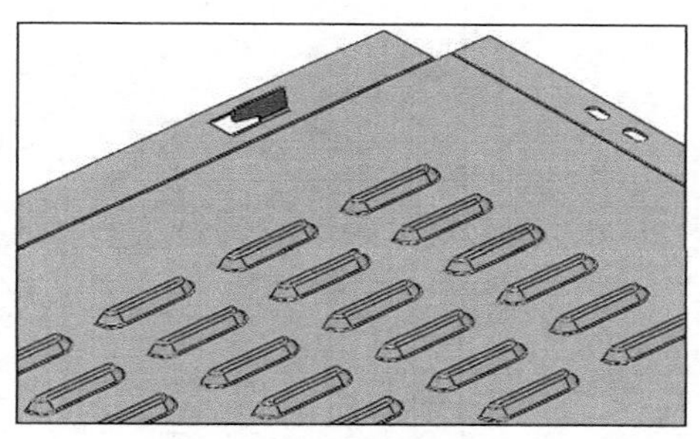
图 7-169　法向除料效果

5）使用前面介绍的方法，通过“阵列特征”的方式继续完成同一侧的 3 个扣位结构，如图 7-170 所示。

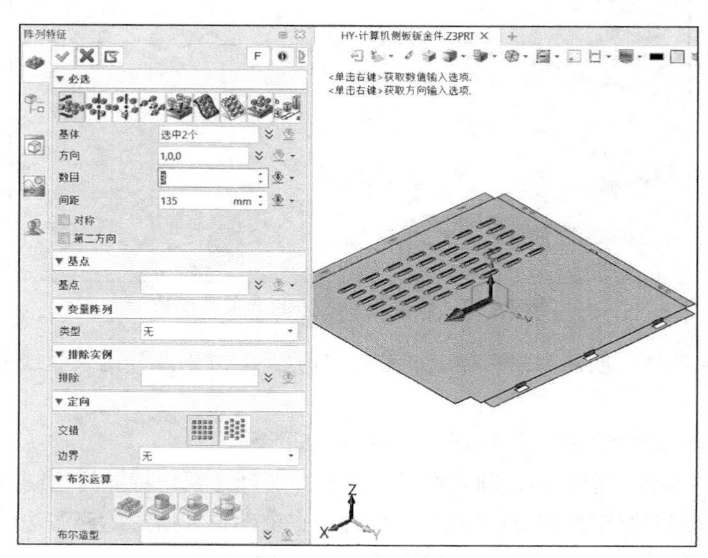

图 7-170　阵列特征

18. 冲压成型

冲压成型（拉伸成型）需要准备一个用于冲压的“冲头”模型。

1）创建“冲头”模型的拉伸基体。

在功能区切换至“造型”选项卡，在“基础造型”面板中单击“拉伸”按钮，打开“拉伸”对话框，在“布尔运算”选项组中单击“基体”按钮。

选择 *XZ* 坐标平面作为草绘平面，绘制图 7-171 所示的草图，单击“退出”按钮。

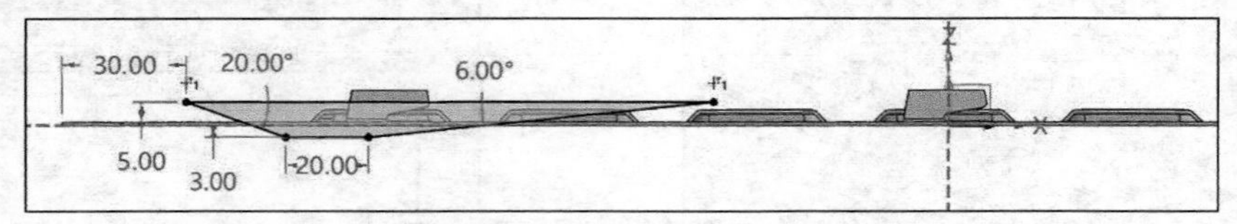

图 7-171 绘制草图

在“拉伸”对话框中设置图 7-172 所示的选项及参数，单击“确定”按钮，完成创建的单独的拉伸基体如图 7-173 所示。此时，可以临时将计算机侧板钣金件隐藏，其方法是选择钣金件的平钣特征，单击“隐藏”按钮，或者右击平钣特征并从弹出的快捷菜单中选择“隐藏”命令。

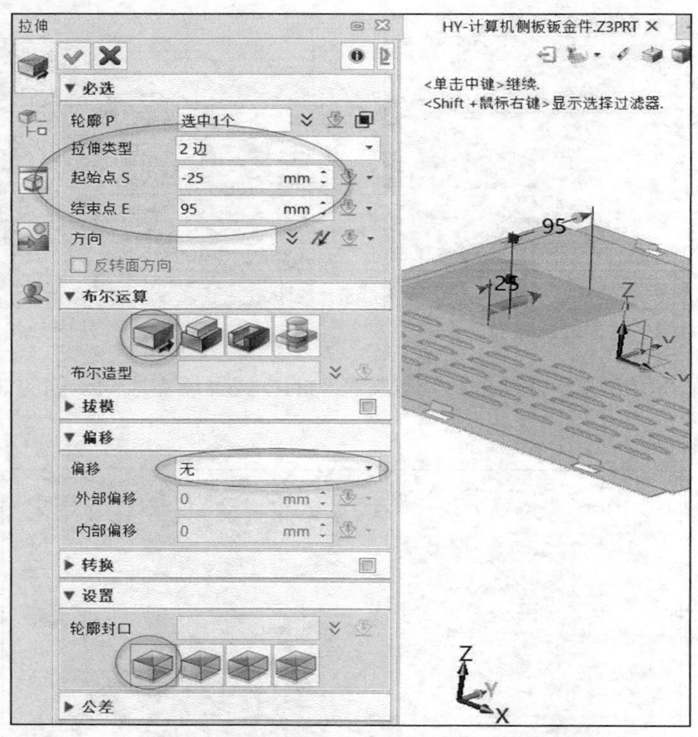

图 7-172 设置拉伸基体的选项及参数

2）在该拉伸基体上创建圆角特征，如图 7-174 所示，分别选择两条边线创建半径为 20mm 的圆角特征。

3）在该拉伸基体上创建拔模特征，如图 7-175 所示。

4）在该拉伸基体上继续创建圆角特征，在选择要创建圆角特征的边线时可以巧用拾取策略列表的选项，如以“连接边”或“相切边”选项来辅助选择所选的两条边线链，圆角半径为 10mm，如图 7-176 所示。

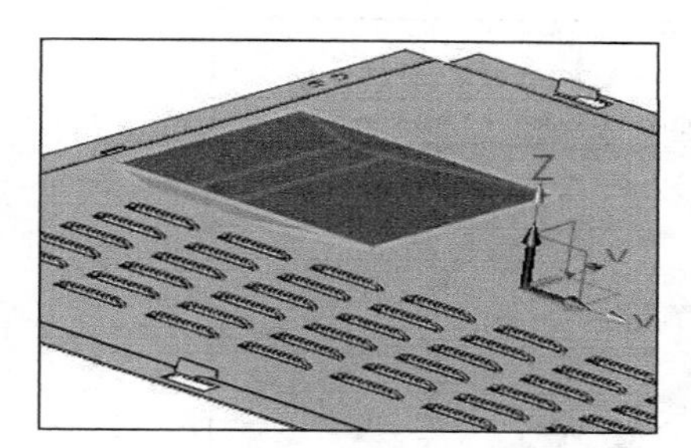

图 7-173　创建一个单独的拉伸基体

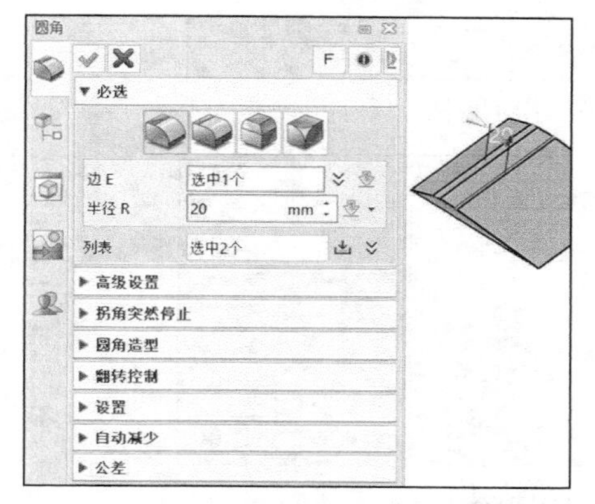

图 7-174　选择两条边线创建圆角特征

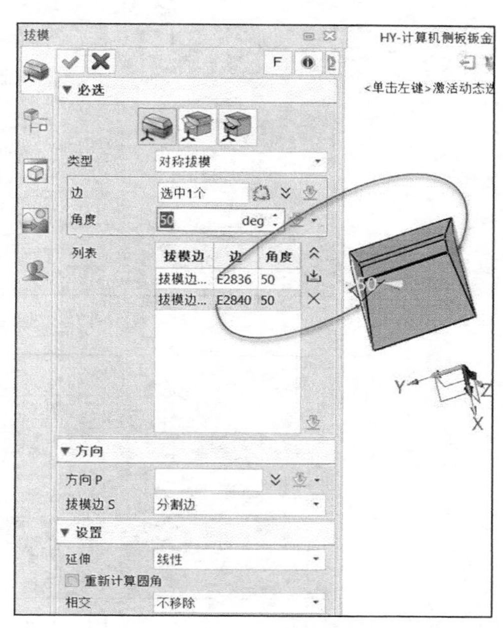

图 7-175　创建拔模特征

5）显示全部。在图 7-177 所示的工具栏中找到并单击“显示全部”按钮，以显示全部实体模型，接着再单击“等轴测视图”按钮（对应的快捷键为“Ctrl+I”）。

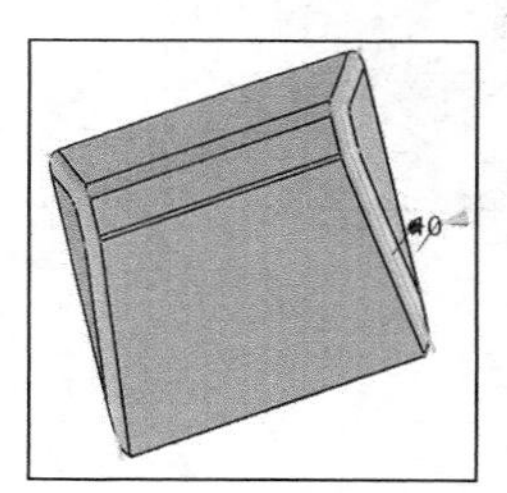

图 7-176　选择相连边来创建圆角特征

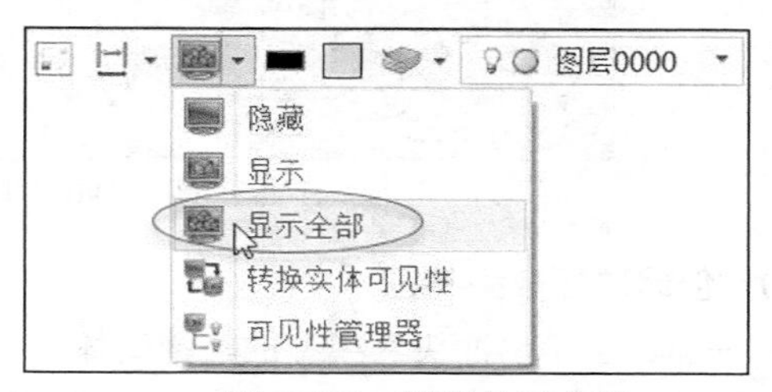

图 7-177　设置显示全部

6）执行“冲压成型（拉伸成型）”操作。

在功能区切换至“钣金”选项卡，从“成型”面板中单击“拉伸成型”按钮，打开“拉伸成型”对话框。选择“冲头实体”图标选项，选择基体（即在基体上选择边界面），选择冲压体，以及在“圆角”选项组中选中“添加圆角”复选框，设置圆角半径，如图 7-178 所示。

在“拉伸成型”对话框中单击“确定”按钮，在钣金件中得到图 7-179 所示的拉伸成型结果，即得到侧板中一个由外观面往里凹陷的成型结构。

19. 折叠处理

1）在功能区“钣金”选项卡的“折弯”面板中单击“折叠”按钮，打开“折叠”对话框。

2）选择要折叠的实体，这里选择要折叠的侧板钣金件，单击“收集所有折弯”按钮，可以手动指定所需的固定面或接受默认的固定面。

3）单击“确定”按钮，折叠结果如图 7-180 所示。

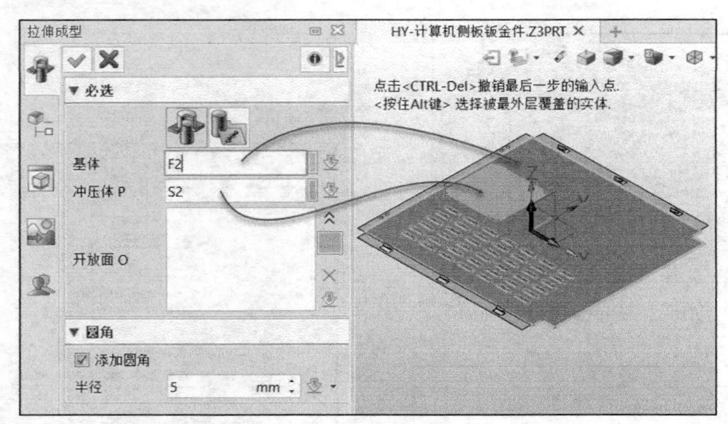

图 7-178 拉伸成型操作示意图

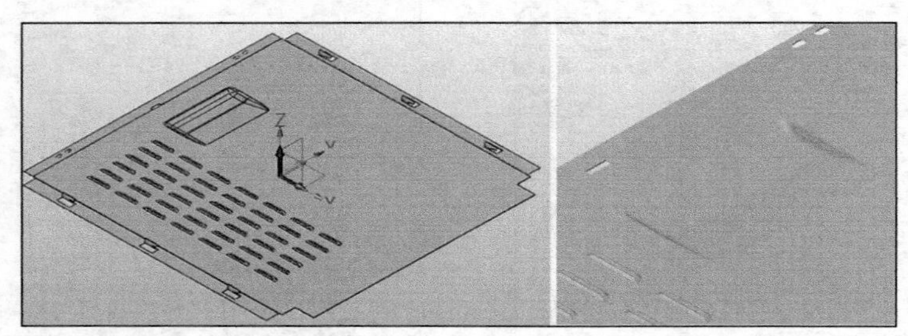

图 7-179 拉伸成型结果

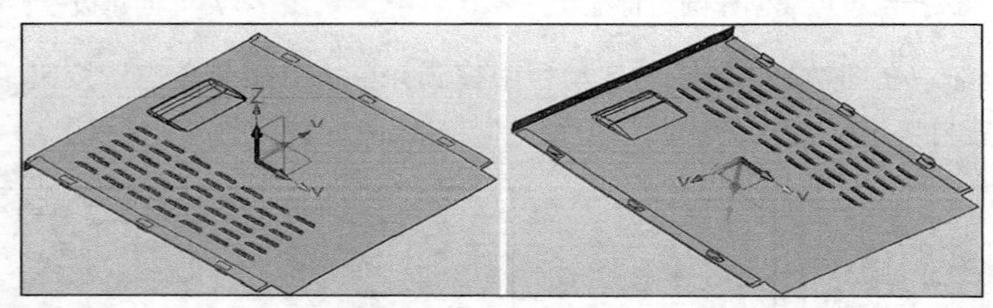

图 7-180 折叠结果

20. 创建冲压成型特征

1）创建第 2 个“冲头”模型的拉伸基体。

在功能区切换至“造型”选项卡，在“基础造型”面板中单击“拉伸”按钮，打开“拉伸”对话框，在“布尔运算”选项组中单击“基体”按钮。

单击“等轴测视图”按钮（对应的快捷键为“Ctrl+I”），选择图 7-181 所示的钣金基体上表面作为草绘平面，绘制图 7-182 所示的草图，单击“退出”按钮。

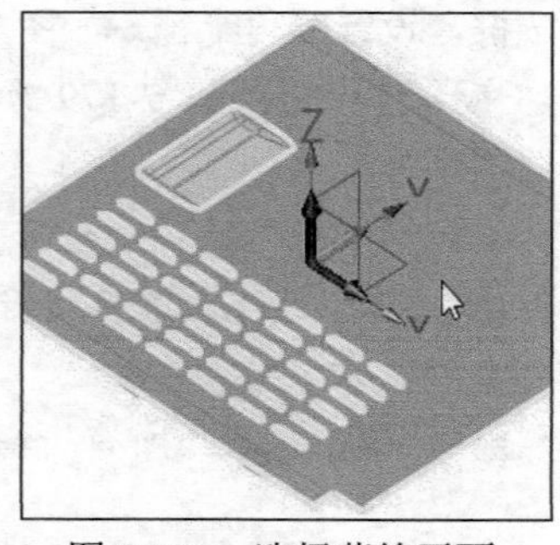

图 7-181 选择草绘平面

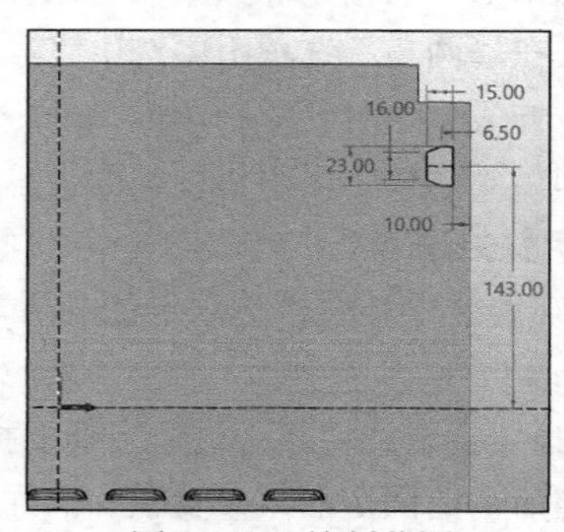

图 7-182 绘制草图

在“拉伸”对话框中进行拉伸选项及参数设置，其中拉伸类型为“2 边”，起始点 S 值设为−3mm，结束点 E 值设为 1.2mm，如图 7-183 所示。

在“拉伸”对话框中单击“确定”按钮。

2）单击“隐藏”按钮，在图形窗口中选择计算机侧板钣金件作为要隐藏的实体，单击“确定”按钮。

3）在功能区“造型”选项卡的“工程特征”面板中单击“拔模”按钮来创建拔模特征，如图 7-184 所示。

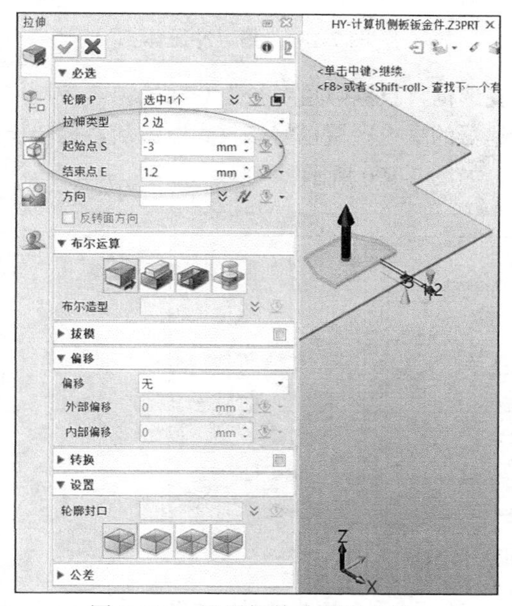

图 7-183　设置拉伸选项及参数

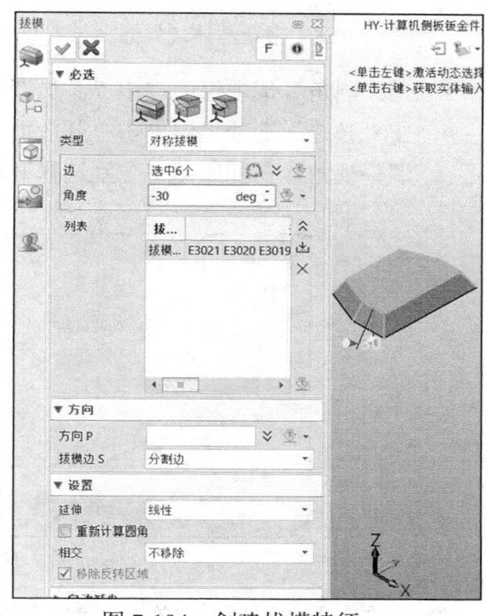

图 7-184　创建拔模特征

4）在“工程特征”面板中单击“圆角”按钮，创建图 7-185 所示的 6 处圆角，圆角半径可为 3mm。

5）继续创建图 7-186 所示的圆角，该圆角半径为 0.8mm。

至此，第 2 个冲头实体模型创建完毕，效果如图 7-187 所示。

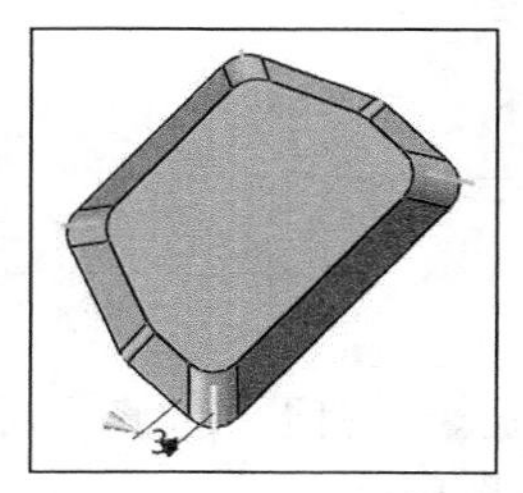
图 7-185　创建 6 处圆角

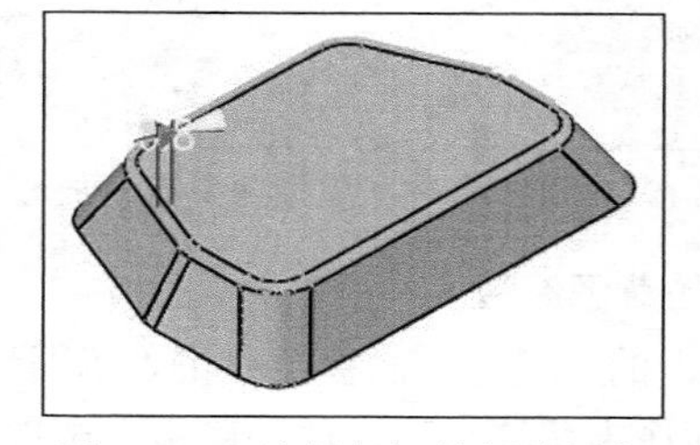
图 7-186　选择相切边创建圆角

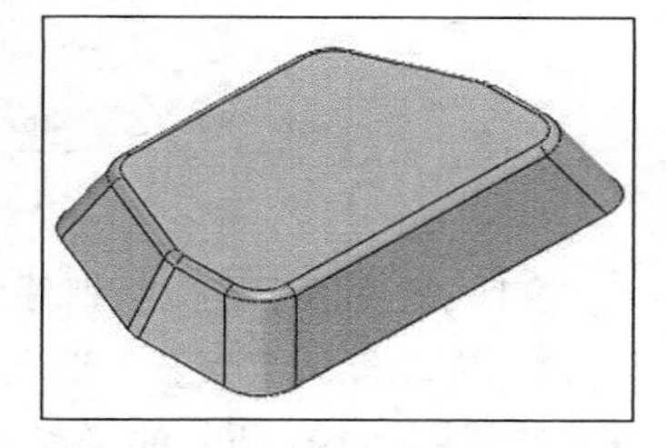
图 7-187　第 2 个冲头实体模型

6）执行“冲压成型（拉伸成型）”操作。

设置将计算机侧板钣金件由隐藏状态切换为显示状态。

在功能区切换至“钣金”选项卡，在“成型”面板中单击“拉伸成型”按钮，打开“拉伸成型”对话框，选择“冲头实体”图标，接着进行以下设置。

- 选择基体（即在基体上选择边界面）：这里先将鼠标指针置于图形窗口中，按住鼠标右键并移动鼠标来调整模型视角，将钣金件翻转到另一面，指定该面为基体边界面，如图 7-188 所示。

- 选择冲压体：选择图 7-189 所示的单独的实体模型作为冲压体。

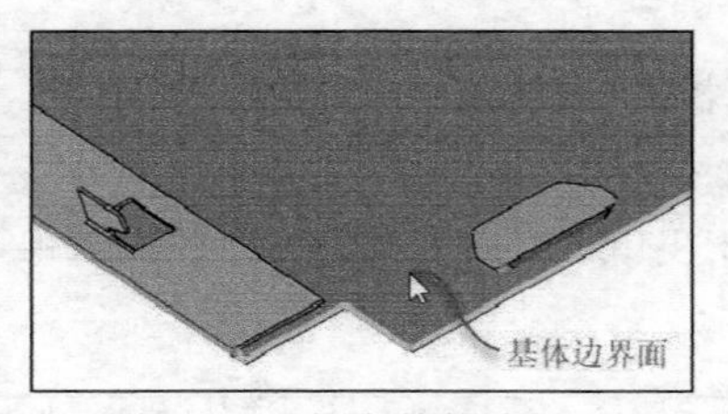

图 7-188 指定基体边界面

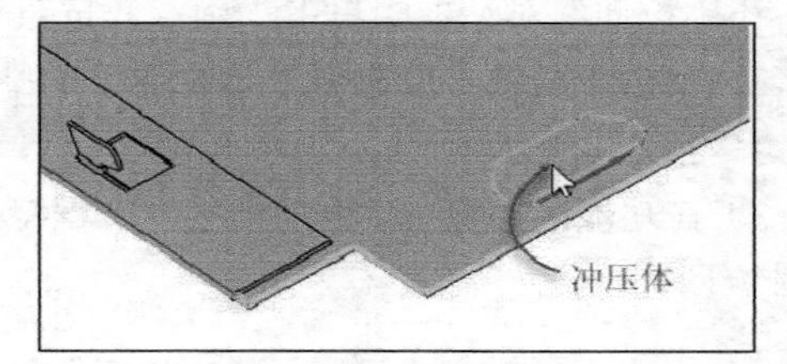

图 7-189 指定冲压体

- 在“圆角”选项组中选中“添加圆角”复选框，设置圆角半径为 0.5mm。
- 在“必选”选项组中单击“开放面”收集器的框内区域以将该收集器激活，翻转模型调整视角，在冲压体上分别选择开放面，如图 7-190 所示。

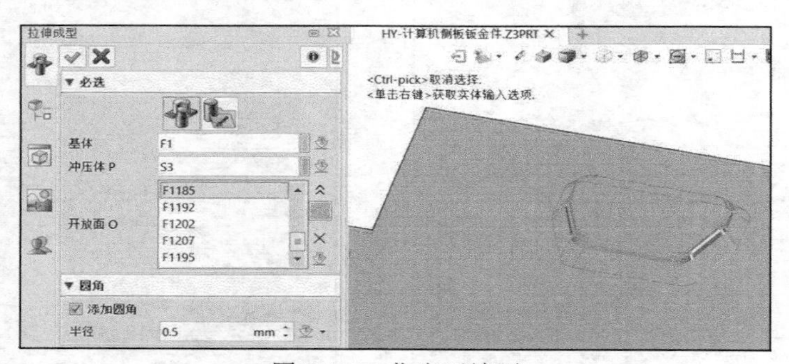

图 7-190 指定开放面

在“拉伸成型”对话框中单击“确定”按钮，冲压成型（拉伸成型）结果如图 7-191 所示。

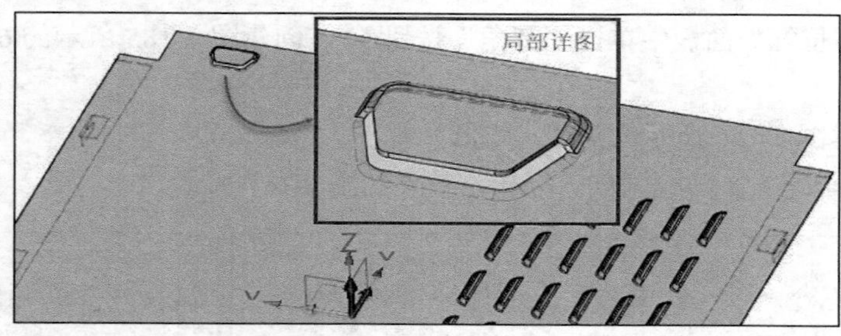

图 7-191 第 2 个冲压成型（具有开放面）

21. 创建用于定义折弯线的草图线段

1）在功能区“钣金”选项卡的“基体”面板中单击“草图”按钮，打开“草图”对话框，选择图 7-192 所示的平整面作为草绘平面，单击鼠标中键进入草图环境。

2）绘制图 7-193 所示的一条线段，单击“退出”按钮。

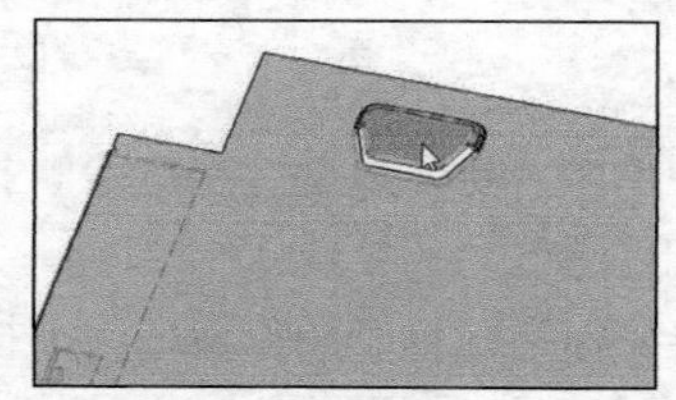

图 7-192 指定草绘平面

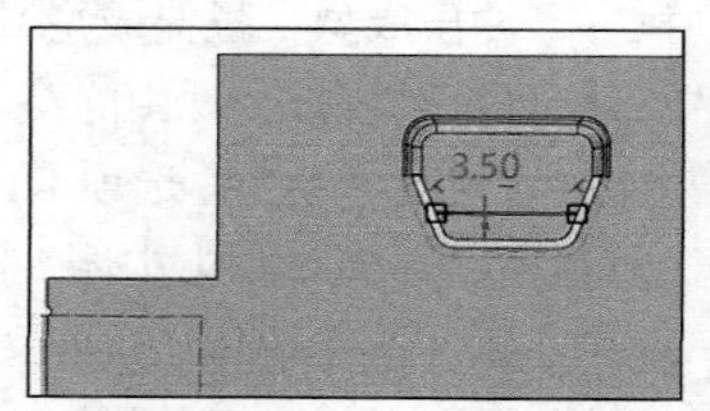

图 7-193 绘制一条草图线段

22. 沿线折叠（沿线折弯）

1）在功能区“钣金”选项卡的“钣金”面板中单击“沿线折叠”按钮，打开“沿线折叠”对话框。

2）选择刚创建的线段作为折弯线。

3）选择要折叠的面，如图 7-194 所示。

4）选择面上的固定面，如图 7-195 所示。

5）在“凸缘参数”选项组中选择“线在内侧”图标，设置折弯角度为“30deg”，在“折弯半径”选项组中接受默认的折弯半径为 1.6mm，如图 7-196 所示。

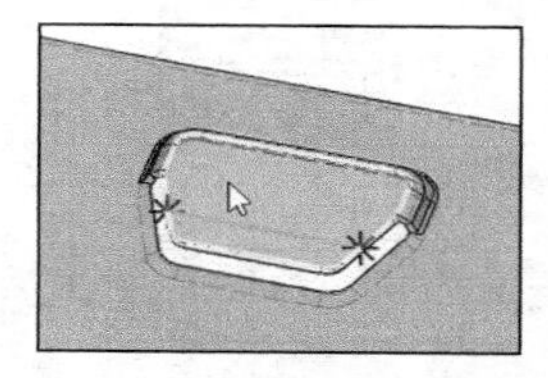

图 7-194 选择要折叠的面

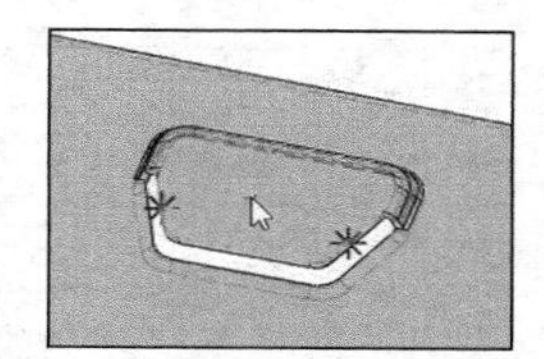

图 7-195 选择面上的固定面

图 7-196 “沿线折叠”对话框

6）单击“确定”按钮，沿线折叠的结果如图 7-197 所示。

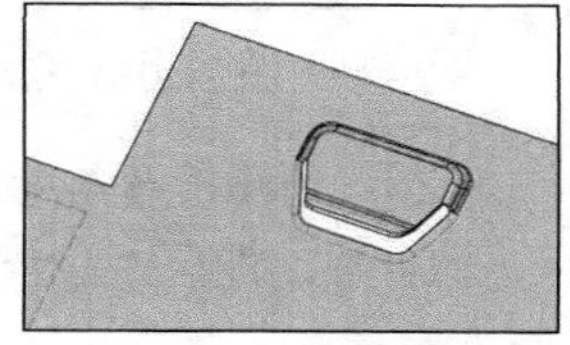

图 7-197 沿线折叠结果

23. 阵列特征

1）在功能区“钣金”选项卡的“基础编辑”面板中单击“阵列特征”按钮，打开“阵列特征”对话框。

2）在“必选”选项组中选择“线性”阵列，选择冲压 2 特征（第 2 个冲压成型特征）和位于该特征面上的草图线特征作为阵列基准，指定$-Y$方向为该线性阵列的方向 1 方向，设置数目为 4，间距为 95mm，未启动“对称”和“第二方向”设置，如图 7-198 所示。

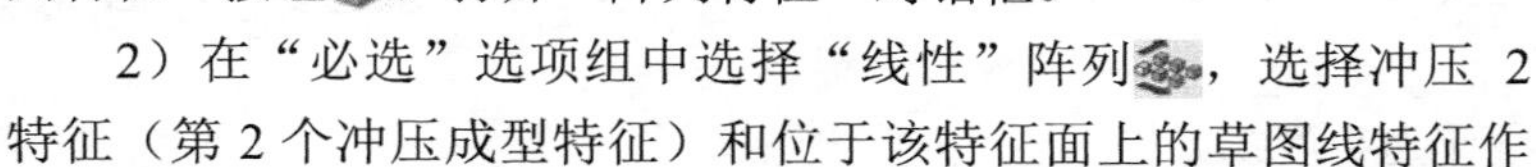

3）单击“确定”按钮，阵列结果如图 7-199 所示。

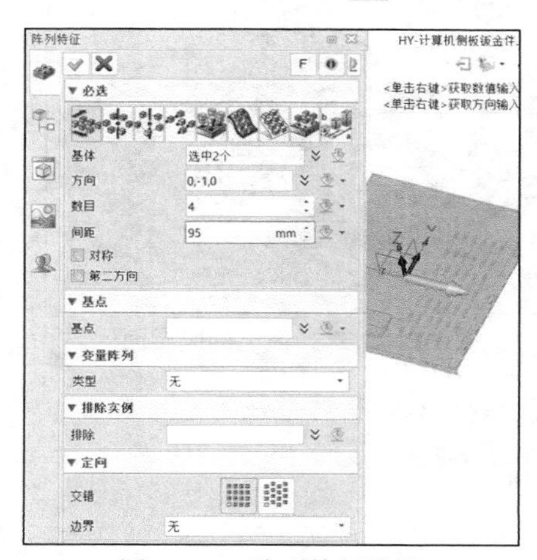

图 7-198 阵列特征设置

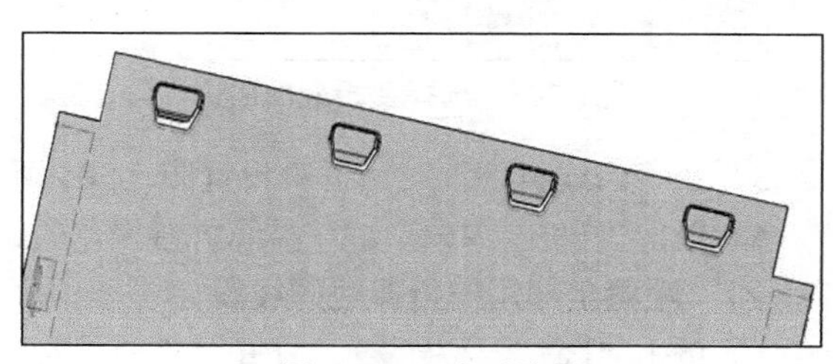

图 7-199 阵列结果

24. 创建其他3个相应的沿线折弯（沿线折叠）特征

使用“沿线折叠”工具，在阵列操作后获得的3个成型结构上分别创建同等规格的沿线折弯特征，结果如图7-200所示。

25. 创建用于定义折弯线的新草图线

1）在功能区“钣金”选项卡的“基体”面板中单击“草图”按钮，打开“草图”对话框，调整模型视角，选择图7-201所示的平整面作为草绘平面，单击鼠标中键进入草图环境。

2）绘制图7-202所示的一条线段，单击“退出”按钮。

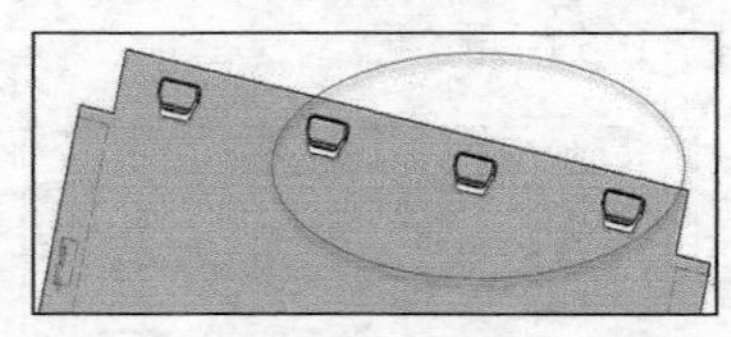

图7-200 创建3个沿线折弯特征

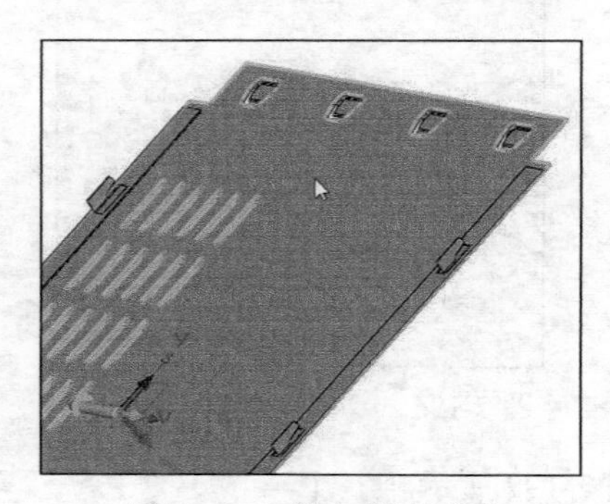

图7-201 指定草绘平面

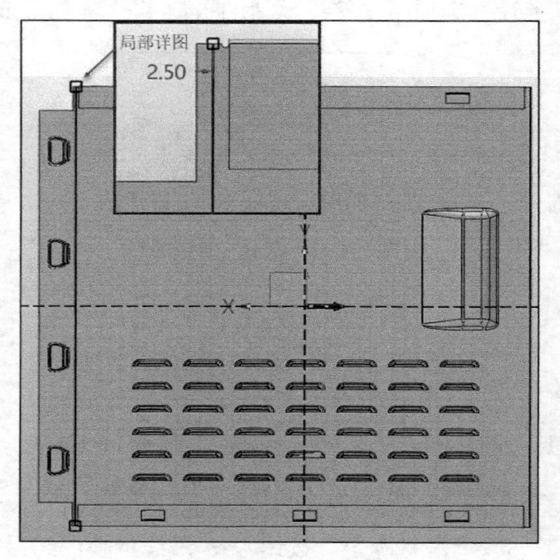

图7-202 绘制一条线段

26. 创建折弯角度为180°的沿线折弯特征

1）在功能区“钣金”选项卡的“钣金”面板中单击“沿线折叠”按钮，打开“沿线折叠”对话框。

2）选择刚刚绘制的线段作为折弯线。

3）选择要折叠的面，如图7-203所示。

4）选择面上的固定面，如图7-204所示。

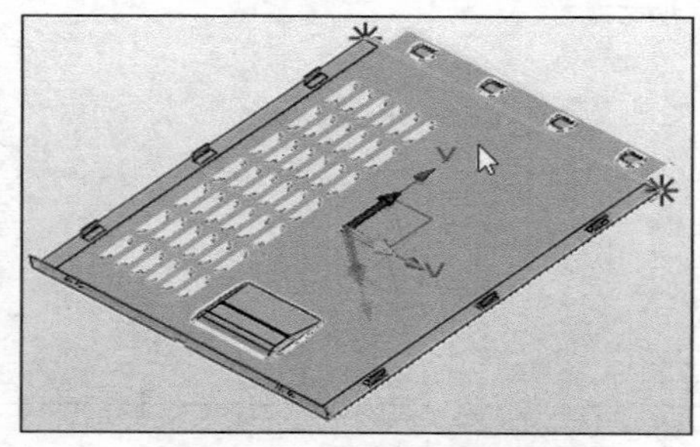

图7-203 选择要折叠的面

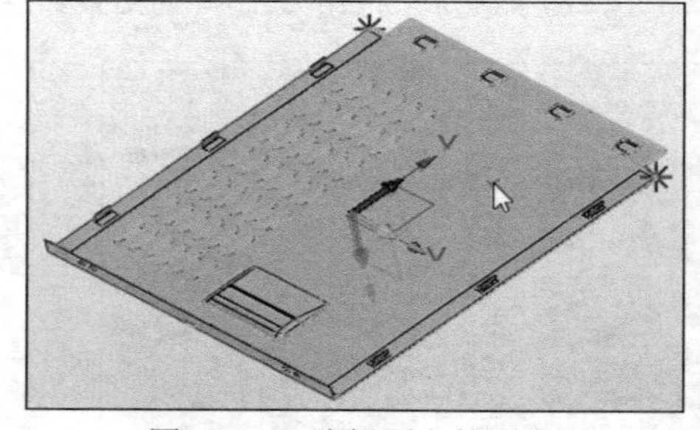

图7-204 选择面上的固定面

5）在“沿线折叠”对话框中设置图7-205所示的凸缘参数、折弯半径等。

6）单击“确定”按钮，沿线折弯操作的结果如图7-206所示。

27. 隐藏全部用作折弯线的线段

1）单击“隐藏”按钮，打开“隐藏”对话框。

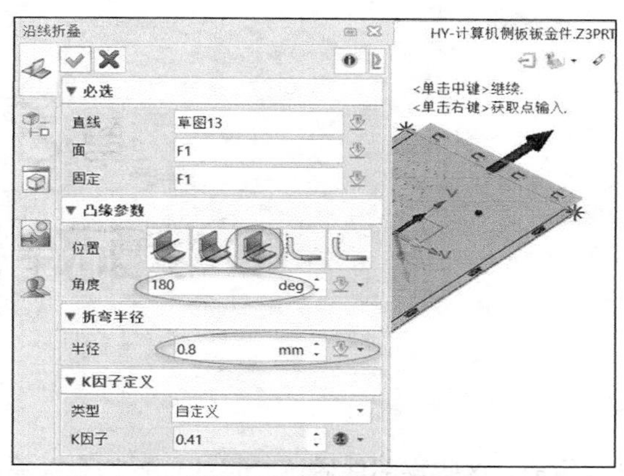
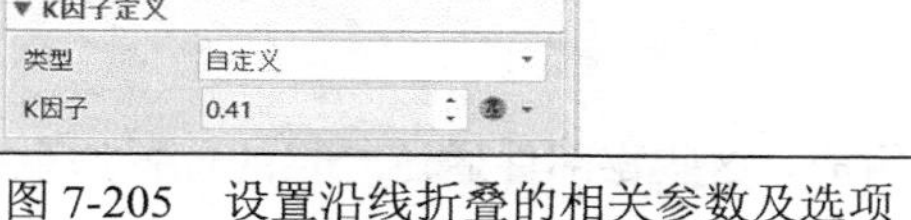

图 7-205 设置沿线折叠的相关参数及选项

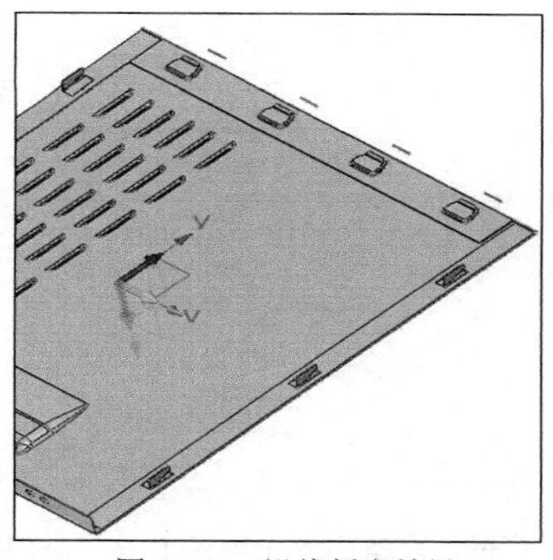

图 7-206 沿线折弯结果

2）在图形窗口中分别选择之前用作折弯线的线段（含草图线和阵列获得的线段）。

3）单击“确定”按钮，或者单击鼠标中键结束。

创建的计算机侧板钣金件模型效果如图 7-207 所示。

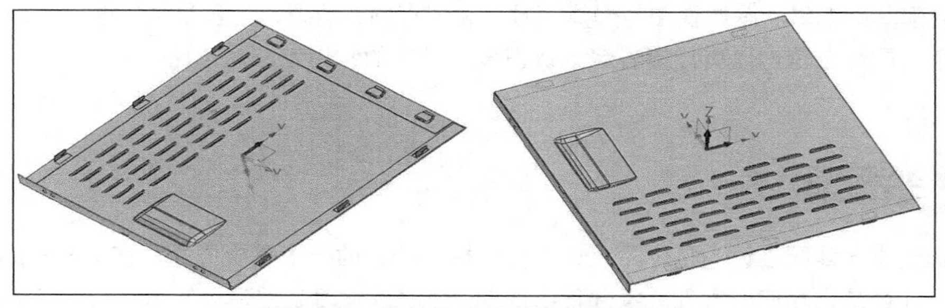

图 7-207 计算机侧板钣金件模型效果

28. 保存文件

单击“保存”按钮，保存文件。

7.10 思考与练习

1）如何理解钣金件及钣金工艺？

2）创建钣金基体主要有哪些工具？

3）钣金凸缘有哪些？它们分别具有什么特点？可以举例进行说明。

4）法向除料和常规的拉伸切割有什么异同之处？

5）钣金闭合角如何处理？

6）简述拉伸成型（冲压成型）的一般方法及步骤，并总结拉伸成型的注意事项。

7）如何创建百叶窗？

8）钣金件上的凹陷结构如何设计？

9）钣金折弯主要有哪些知识点？

10）如何将实体转换为钣金件？

11）上机操练：参考本章钣金综合设计案例，自行设计一个通信设备的钣金箱盖或钣金门板零件。

第 8 章

装配建模

产品、设备由一个、多个或一系列零部件组成，这些零部件通过一定的位置约束关系和连接关系装配在一起。装配建模是一种基本的计算机辅助设计技术和方法，中望 3D 的装配模块提供丰富的装配建模工具，可以帮助工程师高效地将零件或零部件装配成总装，还可以通过虚拟模型来分析装配的结构、设计和运动，实现产品装配和运动等方面的仿真模拟。

本章基于中望 3D 软件，重点介绍装配设计的实用知识，包括装配概述、组件工具、装配约束、装配基础编辑、爆炸视图与爆炸视频、装配查询、动画、关联参照与重用库等，最后还介绍一个装配综合范例以引导读者深刻认识装配设计的常用方法与思路。

8.1 装配概述

装配建模（装配设计）是产品设计（含机械设计）的一个重要方面，在 CAD 中所有完整的产品设计都是由相应的零件或零部件组成的。在深入学习装配建模知识之前，初学者需要对表 8-1 所列的相关装配术语和定义有所了解。

表 8-1 装配的相关术语和定义

序号	术语	定义	备注
1	零件	独立的单个模型	零件由设计变量、几何形状、材料属性和零件属性组成
2	组件	组成子装配件的最基本的单元	当组件不在装配中时其被称作零件
3	装配	由具有约束的不同零部件或子装配组成	装配建模的最终成品便是产品
4	子装配	二级或二级以下的装配，同样由具有约束的不同子装配或组件来组成	总装下的二级装配或二级以下的装配
5	约束	装配零部件的相关定义，在装配中通过约束定义组件的空间位置和组件之间的相对运动，可以分析零件之间是否存在干涉及它们的运动是否正常等	约束是装配建模的关键
6	装配树	用于显示各零部件的装配关系，在装配树中，每一个分支代表不同的组件和子装配	装配树位于图形窗口的左侧，装配树的顶级是总装配，总装配节点下是不同的组件和子装配

在装配建模中有两种典型的装配方法，即自底向上装配和自顶向下装配。

1. 自底向上装配

自底向上装配是最传统同时也是当前最常用的装配设计方法，该方法的显著特点是先分别完成全部的零件设计，然后再将这些零件作为组件组装到装配中。各个组件都是独立的，它们只是通过各种装配约束和连接关系组装在一起，当对组件自身特征进行修改时，其他组件的外观及结构造型不会发生变化。

2. 自顶向下装配

自顶向下装配从产品整体规划开始，先建立装配文件进行装配体设计，此时可以针对装配顶层定义参数、草图和产品外形等，再根据产品装配体的外形去设计相关联的零件，一个零件的特征可以参考装配中的其他零件来进行设计。自顶向下装配的典型流程是从顶层装配到独立的组件，是一种关联设计方法，而自底向上装配则相反。在自顶向下装配中，如果驱动几何和参数更改了，那么与之关联的组件会随之发生影响、变化，特别适合频繁修改的新产品研发设计。

事实上，在很多设计场合，灵活地交叉使用两种装配设计方法更能让产品设计得心应手。

在中望 3D 中，进行新装配设计，则可以在“快速访问”工具栏中单击“新建”按钮，弹出“新建文件”对话框，从“类型”选项组中选择“装配”，从“子类”选项组中选择“标准”，从“模板”选项组中指定一个模板（可以选择“[默认]”模板），在“信息”选项组中指定唯一名称等，如图 8-1 所示，单击“确认”按钮，从而新建一个指定名称的装配，然后可以在该装配中进行插入组件等相关操作。

中望 3D 的装配环境提供一个可管理整个装配设计工作流程的装配管理器，它用于展示激活状态装配中的所有插入的组件，以及展示各组件之间的父/子装配关系、组件之间的约束等，如图 8-2 所示。装配管理器的过滤器是一个比较实用的工具，它提供的选项有“显示所有”“显示组件”“显示约束”，巧用它可以设置只展示组件或约束，或者两者都展示出来。

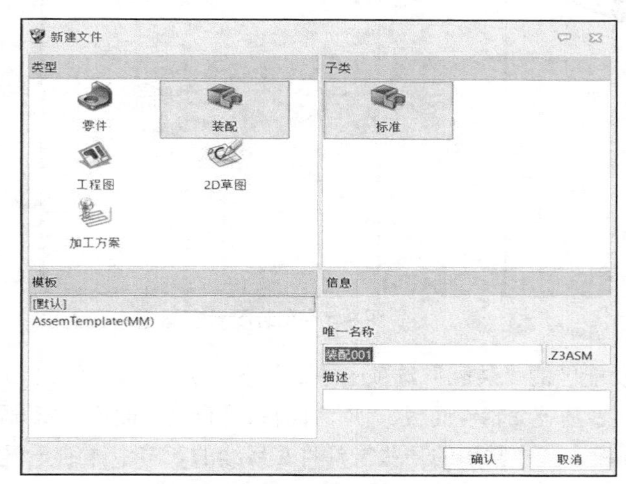

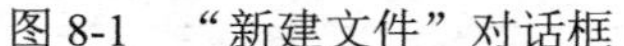
图 8-1 “新建文件”对话框

图 8-2 装配管理器

当在图形窗口中将鼠标指针移到装配中的某个组件上时，该组件会被高亮显示并且在装配管理器中会被标识定位出来；同样，当在装配管理器中将鼠标指针移到装配中的某个组件处时，该组件在图形窗口中也会被高亮显示，此时单击可选中该组件。

通过在装配管理器中右击所需的组件对象，可以对组件进行“重生成”“替换组件”“显示”“隐藏”“抑制”“合并”“固定”“零件属性”“面属性”“图层打开/关闭”“复制/移动到图层”“输出”“打开”“显示父装配体”等操作，如图 8-3 所示。例如，隐藏或显示组件、抑制或释放抑制组件在装配设计中是比较常见的操作。如果抑制装配中的某个组件，则该组件相关联的约束会失效。

需要用户注意的是：中望 3D 的装配管理器有两种显示模式，一种是分离模式，另一种是组合模式，两种显示模式的主要区别是约束显示的位置不同。使用分离模式时，所有的组件和约束是分开显示的；使用组合模式时，每个组件和它相关约束是紧挨着一起显示的。可以通过右键快捷菜单的相应选项来进行这两种显示模式的切换。

如果在装配管理器中右击约束时，可以重定义该约束、禁用/启用该约束、删除该约束等，如图 8-4 所示。约束若被禁用，则约束失效。

图 8-3 使用组件的右键快捷菜单

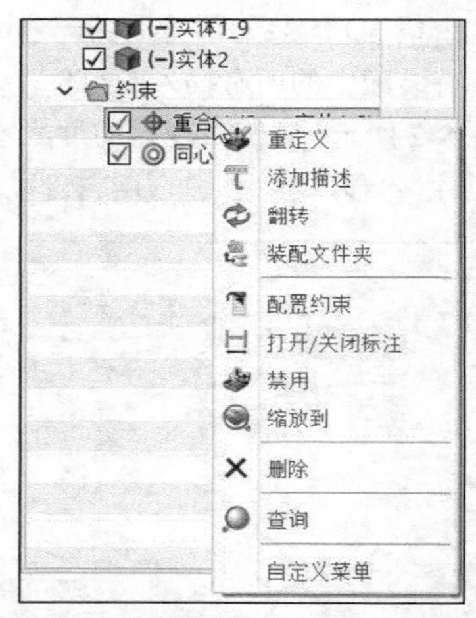

图 8-4 在装配管理器中右击约束

用于装配设计的工具主要集中在功能区的“装配”选项卡中，如图 8-5 所示。“装配”选项卡包含“组件”面板、“约束”面板、“基础编辑”面板、“库”面板、“查询”面板、“动画”面板、“参考”面板和“爆炸视图”面板。其中常用的一些工具将在后续的章节中详细介绍。

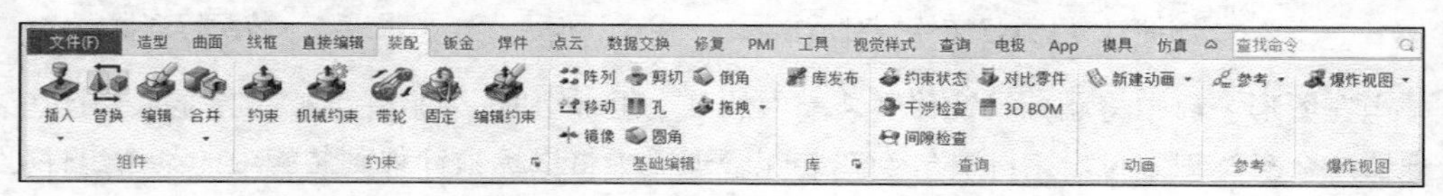

图 8-5 功能区“装配”选项卡

8.2 组件工具

本节介绍的组件工具包括“插入”、“插入新建组件”、“插入多组件”、“包括未放置组件”、“替换”、“编辑”、“合并”、“提取造型”、“复制几何到其他零件”、“外部零件”，这些组件工具位于功能区“装配”选项卡的“组件”面板中。

8.2.1 插入组件与插入多组件

新建一个装配文件后，通常可以单击“插入”按钮来在装配中插入第一个组件或后续组件。单击“插入”按钮，打开图 8-6 所示的“插入”对话框，通过该对话框选择要插入的组件，指定插入的组件所使用的零件配置，设置放置位置，还可以根据需要强制组件跟随其父零件的重生成而重生成，使用组件的默认装配处理，以及若零件的父项删除，则标记该零件的删除等。下面介绍“插入”对话框的各组成元素。

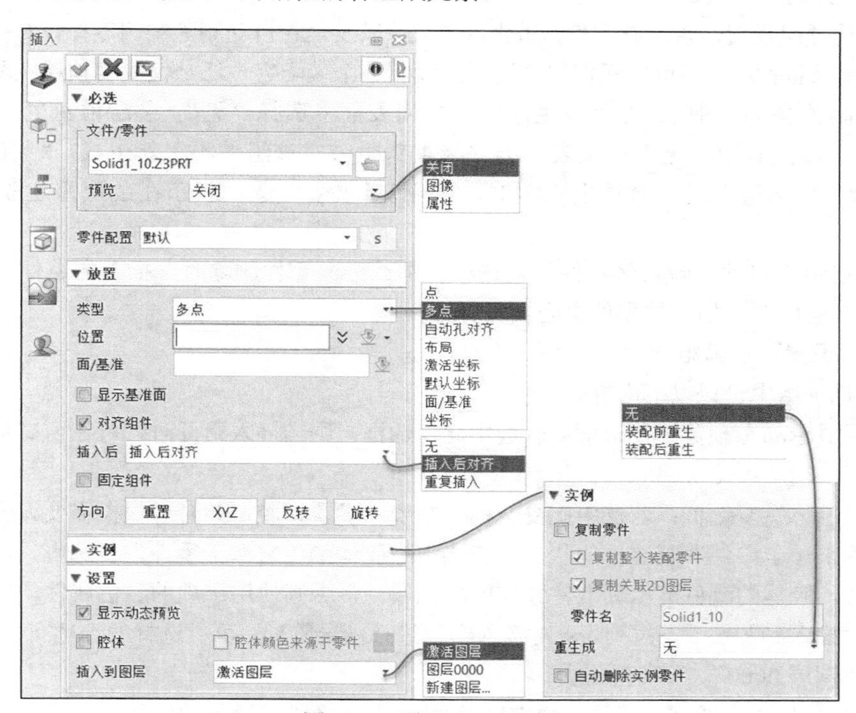

图 8-6 “插入”对话框

1. “必选”选项组

该选项组的“文件/零件”子选项组用于选择 Z3 文件和零件来插入，可以从列表中选择激活文件的零件，若单击“浏览”按钮，则打开文件浏览器来选择 Z3 文件。

“预览”下拉列表用于为所选零件设置预览模式，类似于对象浏览器，可供选择的选项有“关闭”“图像”“属性”。

“零件配置”下拉列表用于设定插入的组件所使用的零件配置。

2. “放置”选项组

在该选项组的“类型”下拉列表中可以选择一种放置类型，不同的放置类型需要定义的放置参数和选项是不同的。放置类型有以下 8 种。

- “点”：选择此类型时，一次只可以插入一个组件。此类型提供点点重合约束，但是所选的插入点必须是在点、边/线、面等实体对象上，否则无法附加此约束。

- “多点”：选择此类型时，一次可以插入多个组件，同样提供点点重合约束，但是所选的插入点必须是在点、边/线、面等实体对象上，否则无法附加此约束。
- “自动孔对齐”：选择此类型时，将根据孔的位置自动插入所选组件。只有设置过预定义装配的组件，才会提供约束，提供的约束类型与预定义的类型一致。
- “布局”：选择此类型时，可以以“圆弧”布局或“线性”布局插入一个或多个组件。
- “激活坐标”：选择此类型时，将在当前激活坐标处插入选定的组件。
- “默认坐标”：选择此类型时，将在系统默认坐标处插入组件，并且提供坐标约束。
- “面/基准”：选择此类型时，提供重合约束，其插入选择类型必须是面/基准。
- “坐标”：选择此类型时，提供基准面的坐标约束，其插入点选择必须是基准面，而其他类型将无法附加此约束。

3. “实例”选项组

在此选项组设置是否复制零件，重生成方式，以及是否自动删除实例零件。如果选中“复制零件”复选框，那么还可以根据需要设置是复制整个装配零件还是仅复制顶层装配零件，以及是否复制关联 2D 图层。在“重生成”下拉列表框中选择“无”“装配前重生”或“装配后重生”选项，其中“无”选项表示当父级重新生成时该组件不重新生成，“装配前重生”选项表示在装配重生成之前重生成实例，“装配后重生”选项表示在装配重生成之后重生成实例。

如果选中“自动删除实例零件”复选框，那么当父零件删除时，插入的组件也将被自动删除。复制装配时，插入的零件也会被复制。

4. “设置”选项组

在该选项组中设置以下内容。

- “显示动态预览”复选框：若选中此复选框，则当插入组件时，可在窗口中动态观看组件动态预览（回应）。
- “腔体”复选框：若选中此复选框，则表示设置切腔，此时可根据需要设置“腔体颜色来源于零件”复选框的状态。若选中“腔体颜色来源于零件”复选框，则设置切腔时，腔体的颜色继承标准件腔体的颜色属性，否则使用选项的颜色属性。
- “插入到图层”下拉列表：对插入组件进行图层管理，可供选择的选项有“激活图层”“图层 0000”“新建图层”。

在实际操作中，通常为了更方便在文件/零件中选择所需插入的组件，可以在“必选”选项组的“预览”下拉列表中选择“图像”选项以帮助用户快速找到需要插入的组件，接着选择插入的位置，对于首次插入的组件，建议选中“固定组件”复选框，这样在后面插入组件时可以以这个第一个插入的组件为参照来定位固定插入位置。插入第一个组件的操作示例如图 8-7 所示。

另外，使用“插入多组件”工具，则可以一次性地插入所有需要的组件（一个或多个组件），在一些装配设计场合显得更加便利和高效。

单击“插入多组件”按钮，打开图 8-8 所示的“插入多组件”对话框，必选输入包括选择所需的 Z3 文件和零件来插入，通过“预览”下拉列表为所选零件设置预览模式（“关闭”“图像”“属性”），使用“插入零件列表”显示所有被选中的零件（这些零件将作为组件插入激活文件中），选择插入点。可选输入则包括：在“设置”选项组的“副本数”框中设置被选中的零件重复插入的次数；设置“分散”复选框的状态，如果勾选“分散”复选框，则插入的组件将沿着 X 轴分散排列，否则插入的多个组件将在同一位置。

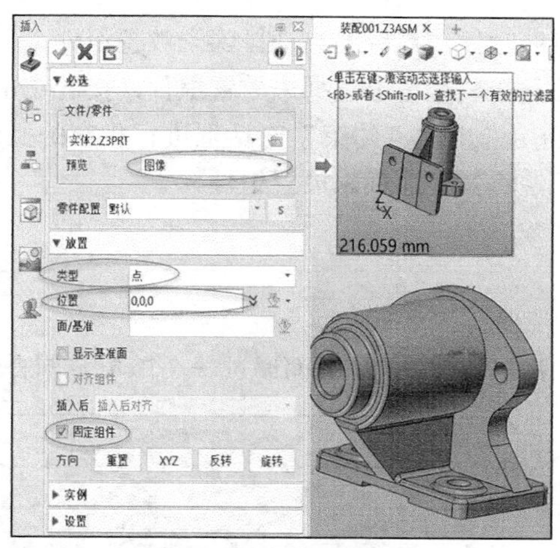

图 8-7 插入第一个组件的操作示例

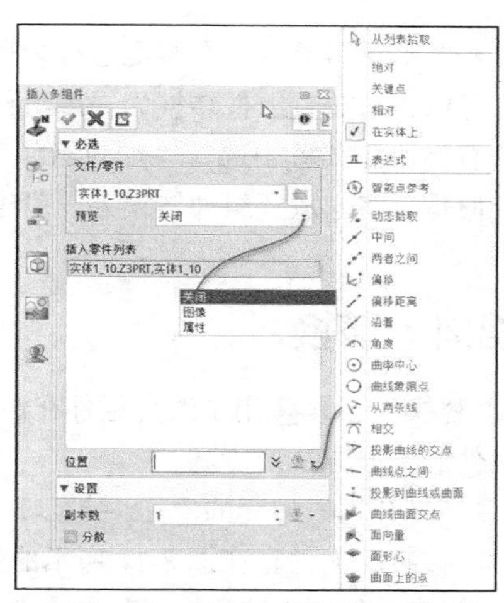

图 8-8 “插入多组件”对话框

8.2.2 插入新建组件

要在装配中新建一个组件，则可以单击“插入新建组件”按钮，打开图 8-9 所示的“插入新建组件”对话框，在“必选”选项组选择文件类型，在“名称”文本中输入新建文件的名称，或接受中望 3D 默认的文件名称，从“模板”下拉列表中选择一个模板，可接受默认模板；接着在“放置”选项组中指定放置类型来定义新组件的放置位置，可选放置类型有“点”“激活坐标”“默认坐标”“面/基准”“坐标”，如果选中“固定组件”复选框则将组件固定在全局原点；在“设置”选项组中决定是否在单个对象文件 Z3ASM 中插入虚拟组件，以及设置将组件插入哪些图层（激活图层、图层 0000 或新建图层）中。

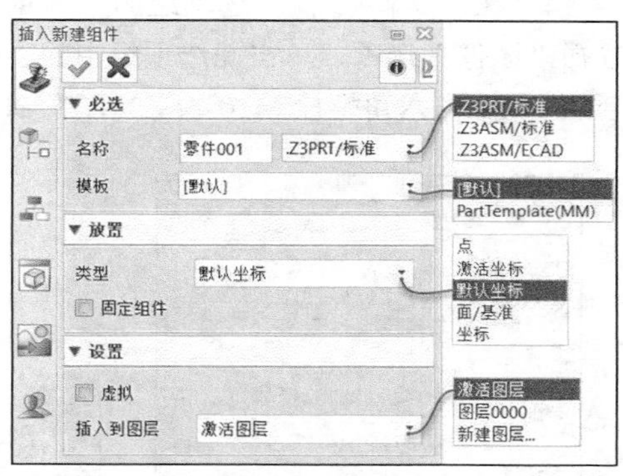

图 8-9 “插入新建组件”对话框

知识点拨 如果选中“虚拟”复选框，则在单个对象文件 Z3ASM 中插入虚拟组件，所述虚拟组件将存在于装配结构中，但是没有真实的文件。

新建组件处于编辑状态时，可以为该新建组件创建相关的特征。

8.2.3 包括未放置组件

“包括未放置组件”工具用于在装配中插入一个未放置组件，单击此按钮，打开图 8-10 所示的“包括未放置组件”对话框，接着选择 Z3 文件和零件插入，指定插入的组件所使用的零件配置，并设置“插入到图层”选项，最后单击“确定”按钮。创建的未放置组件在装配树上以未放置组件特有的图标显示，未放置组件

图 8-10 “包括未放置组件”对话框

不会在图形窗口显示，在装配进行物理属性计算的时候，系统会自动排除未放置组件。

可以将未放置组件转换为一般组件，其方法是在装配树上选择未放置组件，接着右击它，再从右键快捷菜单中选择“加载组件”命令，利用弹出的“约束”对话框进行相应的操作即可。但是，将未放置组件转换为一般组件后，无法将其转换回未放置组件。

8.2.4 替换

“替换”工具用于改变组件在激活装配中所引用的零件。下面通过一个简单范例介绍替换组件的一般方法及步骤。

图 8-11　装配模型

1）打开本书配套的“HY 装配-替换操练.Z3ASM”文件，该装配文件存在图 8-11 所示的装配模型。

2）在功能区“装配”选项卡的“组件”面板中单击“替换”按钮，打开图 8-12 所示的“替换”对话框。

3）在图形窗口中选择要替换的组件，本例选择已有的内六角螺栓（短）作为要替换的组件。

4）在“文件/零件”选项组的“预览”下拉列表中选择“图像”选项，单击此选项组中的“打开”按钮，弹出“打开”对话框，选择本书配套的“HY-内六角螺栓 M10 长.Z3PRT”文件并打开，如图 8-13 所示。

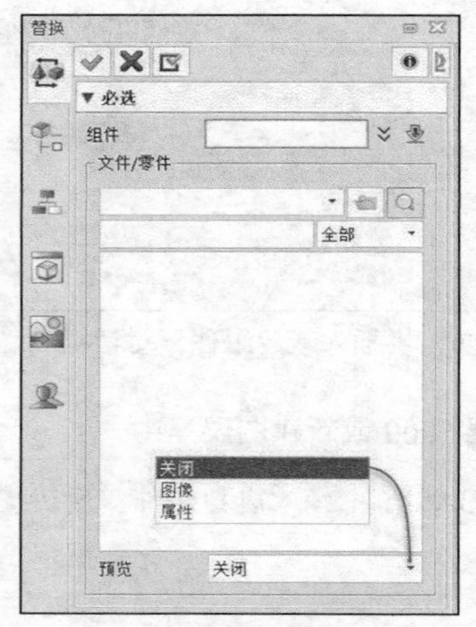

图 8-12　“替换”对话框

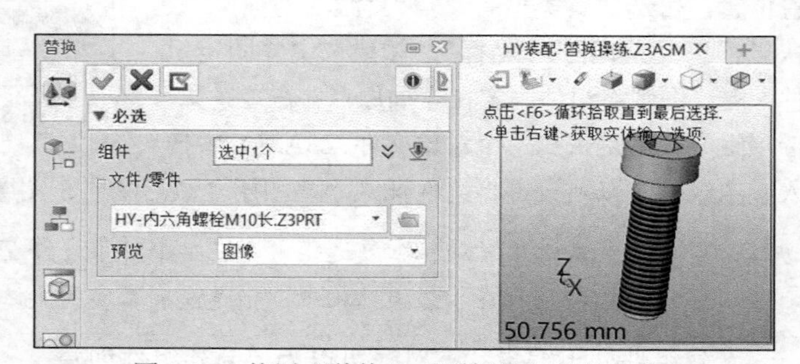

图 8-13　使用“替换”对话框进行相关操作

5）单击“确定”按钮，完成替换组件的操作。替换前后的示意如图 8-14 所示。

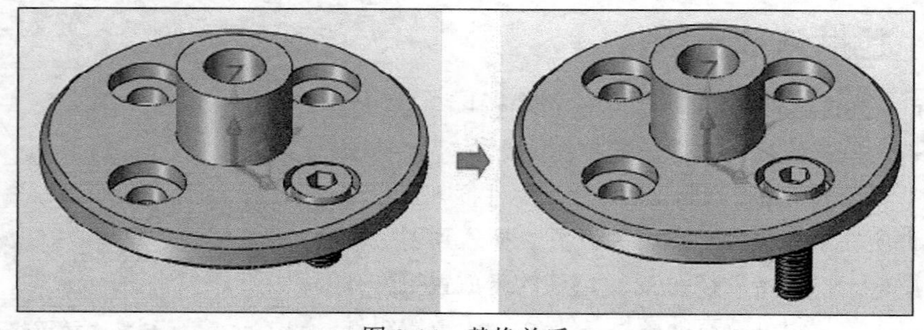

图 8-14　替换前后

8.2.5 编辑

“编辑”工具用于激活零部件以对其进行编辑，其操作方法比较简单，即在功能区“装配”选项卡的“组件”面板中单击“编辑”按钮，接着选择所需的组件，最后单击“确定”按钮即可。组件是一个零件的引用实例。

用户也可以在一个选定组件上右击并从弹出的快捷菜单中选择“编辑零件”命令。

8.2.6 合并

“合并”工具用于从组件创建一个基体造型（使用“基体”选项）或特征（使用“加运算”“减运算”或“交运算”选项）。下面通过一个典型范例演示“合并”工具的使用方法及步骤。

1）打开本书配套的“HY 合并.Z3ASM”文件，该装配文件存在图 8-15 所示的装配模型，该装配模型包含零件 X1 和零件 X2。

2）在功能区“装配”选项卡的“组件”面板中单击“合并”按钮，打开图 8-16 所示的“合并”对话框。“必选”选项组提供 4 个按钮，分别是“基体”按钮、“加运算”按钮、“减运算”按钮、“交运算”按钮。其中，“基体”按钮用于定义一个零件的初始基础造型，若激活零件中没有几何体，则自动选择“基体”按钮，若激活零件中存在几何体，则创建一个单独的基础造型；“加运算”按钮用于将实体添加到激活零件中；“减运算”按钮用于将实体从激活零件中删除；“交运算”按钮用于获取与激活零件相交的实体。

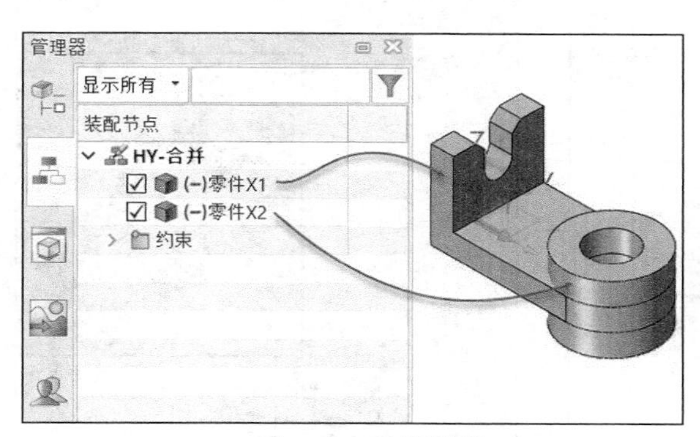

图 8-15 装配模型

图 8-16 “合并”对话框

知识点拨 在“设置”选项组中提供以下复选框及“边界”收集器。

- “合并线框”复选框：选中此复选框时，将任何存在于组件中的线框几何体合并到激活父零件中。
- “合并标注”复选框：选中此复选框时，将任何存在于组件中的标注合并到激活父零件中。
- “继承组件名称”复选框：选中此复选框时，合并的组件将继承原组件的组件名称。

- “提取历史”复选框：选中此复选框时，将几何体及其历史一起复制到一个单独的零件中，否则，几何体将被封装成一个特征。
- “边界”收集器：对于组件为一个开放的实体，选择任意的边界面，所选这些面将用于闭合开放的实体。

3）在“必选”选项组中默认选中“基体”按钮，选择零件 X1 作为要合并的组件。

4）单击“确定”按钮，此时在“装配管理”和“历史管理”中注意观察出现哪些变化，如图 8-17 所示。

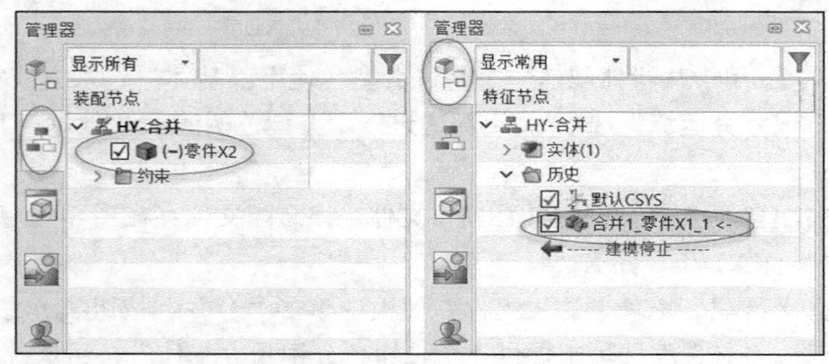

图 8-17 合并 1 操作

5）再次单击“合并”按钮，打开“合并”对话框，在“必选”选项组中单击“加运算”按钮，选择所需的组件，单击鼠标中键；接着单击激活“布尔造型”收集器，选择要进行布尔运算的造型（如果不指定则默认选择所有的造型），如图 8-18 所示，单击鼠标中键结束；最后单击“确定”按钮，操作结果如图 8-19 所示。

如果在合并组件的过程中，设置继承组件名称和提取历史，那结果会如何呢？不妨操练试一试。

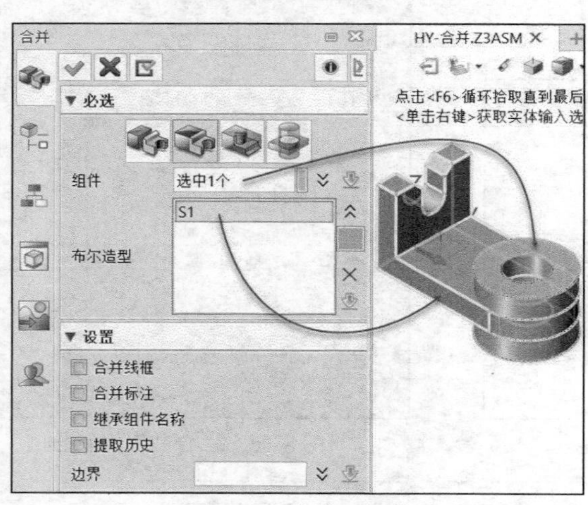

图 8-18 合并 2 操作

图 8-19 合并 2 的操作结果

8.2.7 提取造型

有一种关于“装配设计”的替代方法，就是在一个零件中创建装配的所有造型，接着使用“提取造型”工具将所需造型提取出来成为独立的组件，以此可制作 CAM 或 2D 工程图。此方法对手动创建的造型及那些在“合并组件”（对应工具为“合并”按钮）过程中所创建的造型都有效。

要在装配中提取造型，则在功能区“装配”选项卡的“组件”面板中单击“提取造型”按钮，打开图 8-20 所示的“提取造型”对话框，接着进行以下必选输入和可选输入。

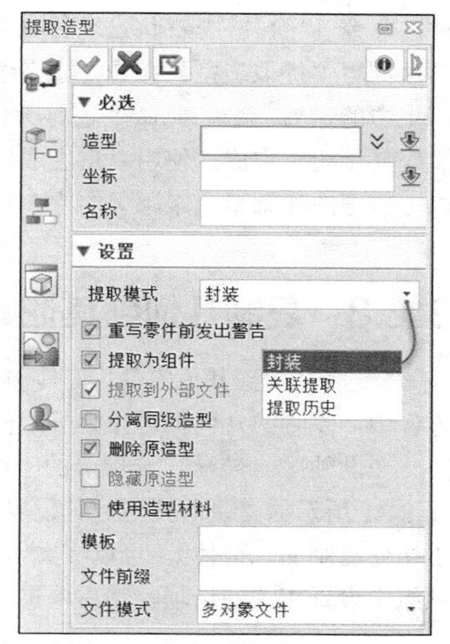

图 8-20 “提取造型”对话框

1. **必选输入**

- “造型”：选择要提取的造型，如选择 8.2.6 小节操作案例所创建的合并 2 造型。
- “坐标”：指定新创建组件的默认参考坐标系。
- “名称”：为新创建的造型指定一个名称，如输入“零件 A”。

2. **可选输入**

- “提取模式”：通过此下拉列表定义文件间的关联更新，可选选项有“封装”“关联提取”“提取历史”。“封装”选项用于提取封装后的造型（如果对原始造型进行修改，则提取的相应新造型不受影响）；“关联提取”选项用于以导入的方式提取造型（如果对原始造型进行修改，则提取的相应新造型会同步更新）；“提取历史”选项用于提取造型的历史，可以选择多个造型来提取历史。
- “重写零件前发出警告”：选中此复选框，则由“提取造型”命令创建的零件被重写时弹出提示信息。
- “提取为组件”：选中此复选框，则先在原始文件中提取造型为组件，然后再将该组件提取到新造型中。
- “提取到外部文件”：若选中此复选框，将为每个组件创建新的中望 3D 文件并输入文件前缀。默认情况下，将在当前的激活文件中创建新的组件。
- “分离同级造型”：若选中此复选框，则提取从相同组件（子装配）合并的造型作为独立的造型；反之，则提取这些造型到原始的组件。
- “删除原造型”：用于确定是否删除原始造型。
- “隐藏原造型”：用于设置执行操作后在当前文件中将原始造型隐藏。当“删除原造型”复选框被选中时，此复选框不可用。
- “使用造型材料”：若选中此复选框，则将当前文件所定义的材料属性复制到新建文件中。
- “模板”：可基于已定义的中望 3D 模板创建外部文件，若已存在一个已定义的组件模板，则可以在此框中输入它的名称。
- “文件前缀”：指定文件前缀（可选）作为外部零组件和中望 3D 文件名。当选中“提取到外部文件”复选框时，该框（选项）可用。
- “文件模式”：在此下拉列表中选择新造型所在的文件模式。

提取造型（组件）时有一些注意事项，例如：可以选择把每个组件零件放在一个独立的文件里，而不是放在激活文件里；可以通过“中望 3D 配置”对话框启用多对象模式，如果没有启用多对象模式，每个零组件便会被自动放置到一个独立的文件里；新零件覆盖其相应对象文件里重名的现有零件，覆盖之前会有确认提示；可以使原始组件的几何体保持原样，是比较实用的在装配环境下编辑几何体的工具，允许用户重新生成整个建模过程，如从在执行“合并组件”命令（“合并”按钮）利用“基体”选项从组件零件创建造型，到再次应用建模操作，然后利用“提取造型”按钮把造型再次转换成组件；“提取造型（组件）”命令应该是零件历史中的最后一个，此命令之前所有的设计编辑，应该通过“通过历史回放步骤”或“重定义”其历史来完成，使用“重生成”功能可以重新提取已编辑的几何体，并覆盖之前的名称。以上整理的注意事项来源于中望3D的使用手册。

8.2.8 复制几何到其他零件

“复制几何到其他零件”工具用于复制激活零件的几何体到一个新建的或已存在的目标零件中。复制的几何体可作为子零件添加到目标零件中，注意几何公差要相匹配。

在功能区“装配”选项卡的“组件”面板中单击“复制几何到其他零件”按钮，打开图8-21所示的“复制几何到其他零件”对话框，接着选择要复制几何体，指定目标零件（用于接受复制的几何体），可以在文本框中输入零件的新文件名称，以及根据需要在“设置”选项组中设置相关的选项，然后单击“确定”按钮。

8.2.9 外部零件

“外部零件”工具用于复制一个外部几何来作为造型插入激活零件中。其方法是在功能区“装配”选项卡的“组件”面板中单击“外部零件”按钮，打开图8-22所示的“外部零件”对话框，选择所需的模型文件（此文件包含有要复制的几何），在“位置”文本框中可输入坐标来定位要复制的几何，以及根据具体设计情况在“设置”选项组中设置相应的选项，然后单击“确定”按钮。

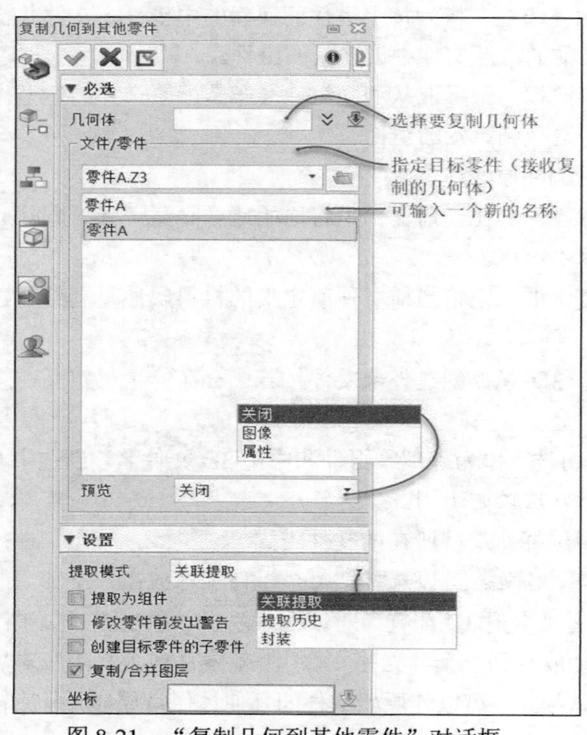

图8-21 “复制几何到其他零件”对话框

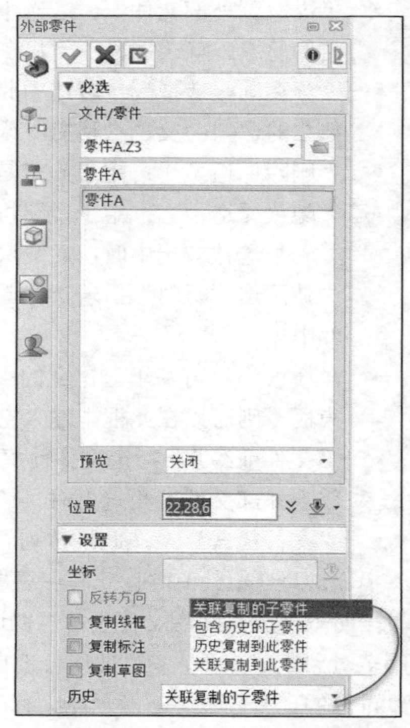

图8-22 “外部零件”对话框

8.3 装配约束

中望 3D 的装配约束工具主要有“约束”、“机械约束”、“带轮”、“固定”和“编辑约束”。

8.3.1 约束

在装配设计中，经常要为激活零件或装配里的两个组件或壳体创建相应的约束。创建装配约束的一般方法如下。

1）在功能区“装配”选项卡的“约束”面板中单击“约束”按钮，打开图 8-23 所示的“约束”对话框。

2）在“约束”选项组中单击所需的一个约束类型图标，接着根据预定约束类型选择要约束的对象，以及在“约束”选项组中设置该约束类型的相应选项及参数。约束类型图标有“重合”、“相切”、“同心”、“平行”、“垂直”、“角度”、“锁定”、“距离”、“置中”、“对称”、“坐标”。

3）如果有需要，可以在“设置”选项组中选中“无关组件”复选框，接着从其下拉列表中选择“线框”“隐藏”“透明”或“着色”选项以设置与约束特征不相干的组件以相应的形式来显示。

4）单击“应用”按钮或“确定”按钮，创建一个装配约束。

【范例学习】 创建约束完成组件装配

在该范例中，应用到多种装配约束，配套的学习素材为“HY-装配约束 Z1.Z3ASM”，该文件的装配中已经存在图 8-24 所示的 4 个组件。

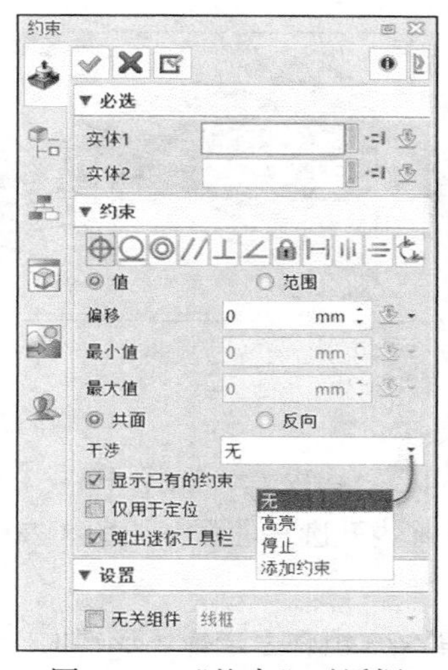

图 8-23 “约束”对话框

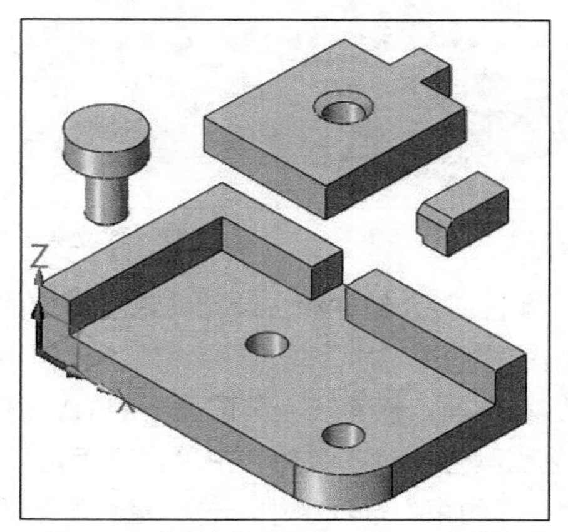

图 8-24 原始装配中已经插入 4 个组件

1. 将 HY-Z2 组件约束到 HY-Z1 组件上

1）在功能区“装配”选项卡的“约束”面板中单击“约束”按钮，打开“约束”对话框。

2）在“约束”选项组中单击“重合”按钮，以及选中“显示已有的约束”复选框和“弹出迷你工具栏”复选框。选择第一个约束元素（选择 HY-Z2 组件上的底面），选择第二个约束元素（选择 HY-Z1 组件上的一个配合面），如图 8-25 所示，接着在弹出的迷你工具栏中设定偏移值为 0，单击“确定”按钮。

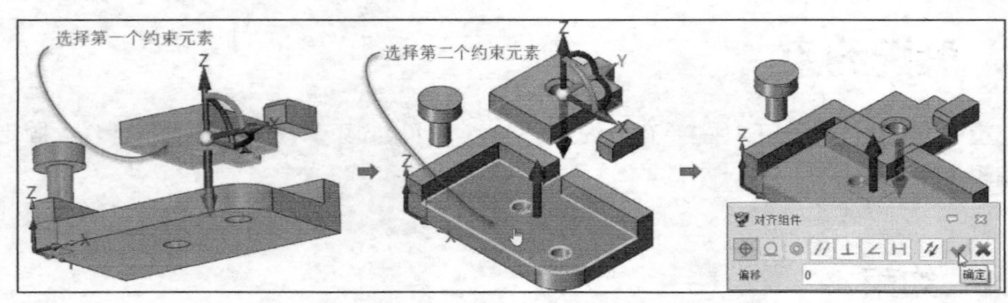

图 8-25 建立第一组重合对齐约束

3）在“约束”选项组中单击“距离”按钮，在 HY-Z2 组件上选择要约束的一个面，接着通过拖动该组件显示的箭头轴线的方式将它适当拖动至合适位置以便在另一个组件上选择要应用距离约束的匹配面，在 HY-Z1 组件上选择要匹配的一个面，并在弹出的迷你工具栏上设置偏移距离为 0.3，如图 8-26 所示，单击迷你工具栏上的“确定”按钮。

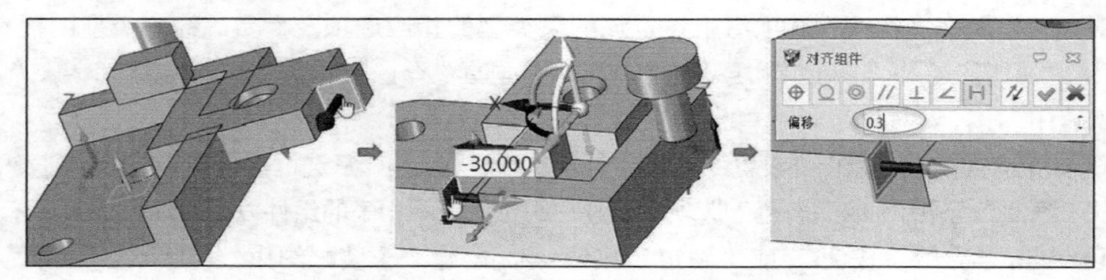

图 8-26 建立第二组约束（距离约束）

4）返回“约束”对话框，在“约束”选项组中单击“重合”按钮，分别选择要约束的两个面，并设置偏移值为 0，如图 8-27 所示，然后单击迷你工具栏上的“确定”按钮。

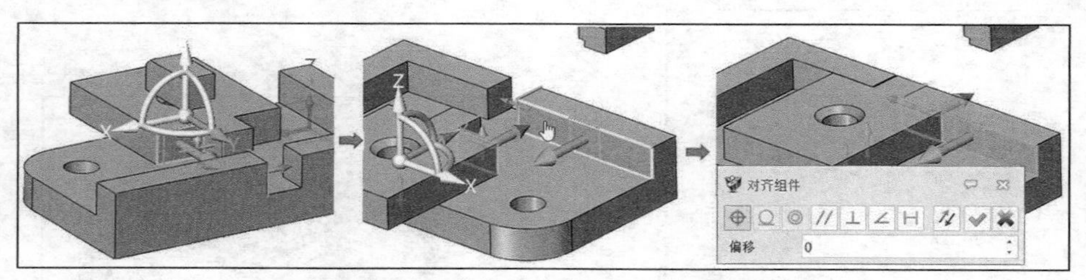

图 8-27 建立第三组约束（重合约束）

2. 为 HY-Z3 组件和主装配体建立相应的装配约束

1）在“约束”对话框的“约束”选项组中单击“同心”约束，选择 HY-Z3 组件上的一个小圆柱曲面，接着在主装配体下的 HY-Z3 组件中选择内孔圆柱曲面，如图 8-28 所示，然后在迷你工具栏（对齐组件）中单击“确定”按钮。

2）在“约束”选项组中单击“重合”按钮，在 HY-Z3 组件上选择环形端面，在装配体的 HY-Z2 组件上选择要重合对齐的匹配面，偏移值为 0，如图 8-29 所示，然后单击迷你工具栏（对齐组件）中的“确定”按钮。

3. 将 HY-Z4 组件约束放置在 HY-Z1 组件或主装配上

1）使用“重合”按钮，创建两组重合约束以将 HY-Z4 组件约束放置在 HY-Z1 组件上，如图 8-30 所示。

2）在“约束”对话框的“约束”选项组中单击“置中”按钮，如图 8-31 所示，此时“必选”选项组提供的是“基础实体”收集器、“置中实体”收集器及相应的工具。

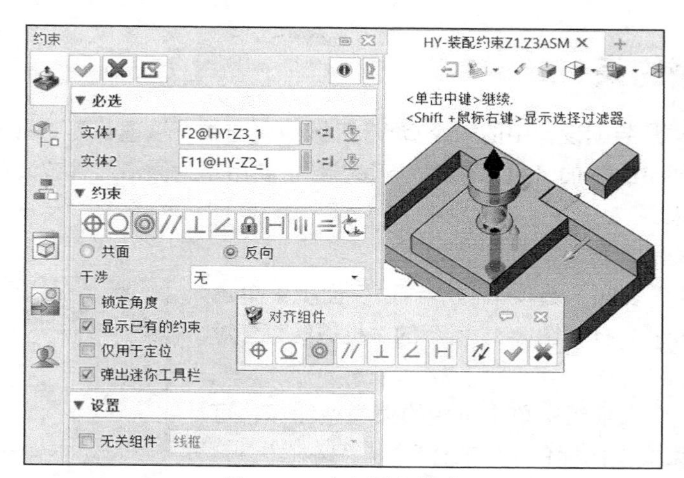

图 8-28 建立同心约束

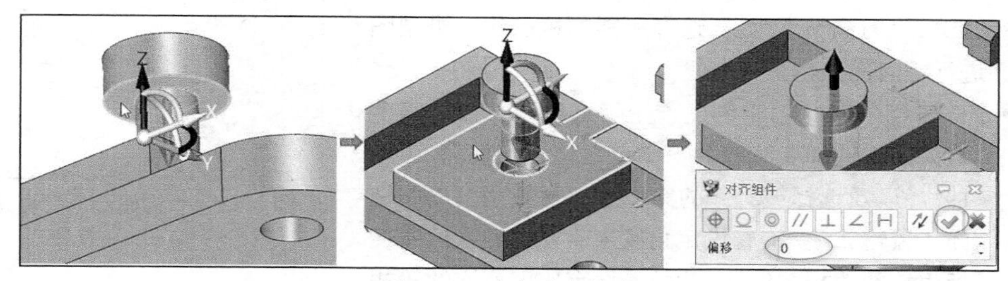

图 8-29 建立重合约束

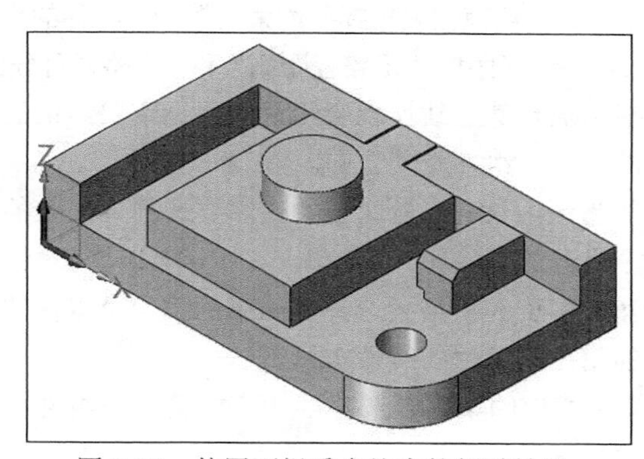

图 8-30 使用两组重合约束的暂时效果

图 8-31 “约束”对话框

3）“基础实体”收集器处于激活状态，此时选择要对齐的第一个组件或造型的两个平面，本例在主装配体上选择图 8-32 所示的两个面；“置中实体”收集器切换至当前激活状态，此时选择要对齐的第二个组件或造型的一个、两个面、圆柱面、曲线或边，本例选择图 8-33 所示的两个面。

4）在“约束”对话框中单击“确定”按钮✔，结果如图 8-34 所示。

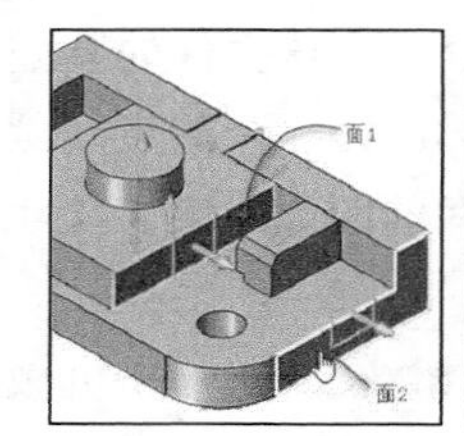

图 8-32 选择两个面

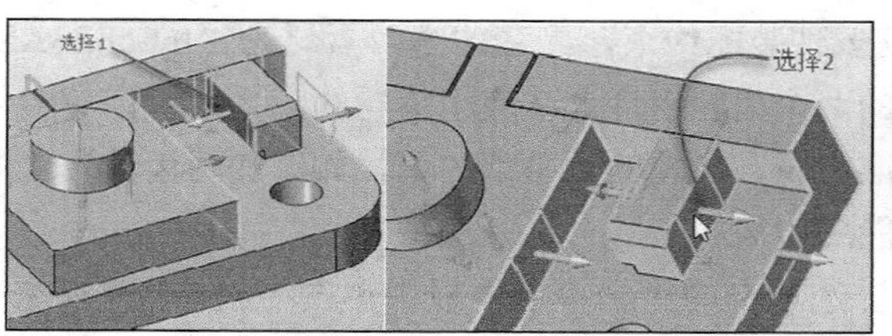

图 8-33 指定置中实体的两个面

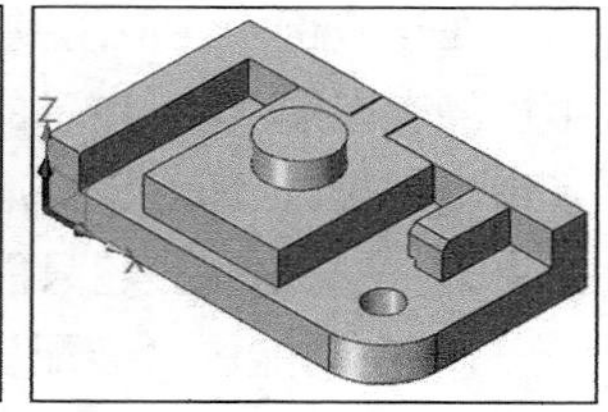

图 8-34 装配约束结果

8.3.2 机械约束

机械约束同样是装配设计中的一个重点，机械约束通常可以理解为是具有一定自由度的预定义约束组。中望 3D 中的“机械约束”工具主要用于为激活零件或装配里的两个组件或壳体创建机械约束。

创建机械约束的一般方法和步骤如下。

1）在功能区“装配”选项卡的“约束”面板中单击“机械约束”按钮，打开图 8-35 所示的“机械约束”对话框。

图 8-35 “机械约束”对话框

2）在“约束”选项组中单击机械约束类型图标，可供选择的机械约束类型图标包括“啮合”、“路径”、“线性耦合”、“齿轮齿条”、“螺旋”、“槽”、“凸轮”、“万向节”。选择所需的机械约束类型图标，并进行相应的操作。

- “啮合”：用于创建一个啮合约束。齿轮啮合约束需要选择要对齐的第一个组件的圆柱面(齿轮 1），以及选择被对齐的第二个组件或造型的圆柱面（齿轮 2）；接着设定角度来旋转齿轮（此角度指齿轮间的相对位置角度），设定比例或次数等相应的齿轮参数。
- “路径”：用于创建一个路径约束。路径约束需要选择要约束的第一个组件的点和被对齐的第二个组件的线。路径约束的方式有“自由”“沿路径距离”和“沿路径百分比”。
- “线性耦合”：用于创建一个线性耦合约束。线性耦合约束需要指定要约束的第一个组件及其方向，以及指定要约束的第二个组件及其方向。
- “齿轮齿条”：用于创建一个齿轮齿条约束。齿轮齿条约束需要选择要约束的第一个组件的线性实体（齿条）和第二个组件的圆柱面（齿轮）。
- “螺旋”：用于创建一个螺旋约束。螺旋约束需要选择要约束的第一个组件的圆柱面（螺旋实体），以及选择要约束的第二个组件的线性实体。
- “槽”：用于创建一个槽口约束。槽口约束需要选择要约束的第一个组件，以及选择要约束的第二个组件的槽口面。
- “凸轮”：用于创建一个凸轮约束。凸轮约束需要指定实体 1 和凸轮面。
- “万向节”：用于创建一个万向节约束。万向节约束需要分别指定“十字轴 1”和“铰接点 1”“十字轴 2”和“铰接点 2”。

3）单击“确定”按钮。

【范例学习】 创建齿轮约束

在该范例中，应用到多种装配约束，配套的学习素材为“hy-cl.Z3ASM”，该文件的装配中已经存在图 8-36 所示的两个齿轮组件。在应用齿轮约束之前，齿轮实体必须完全约束（除了齿轮链接），即对于标准齿轮，齿轮的轴必须约束，如添加两齿轮轴之间的距离约束（尺寸约束），使得拖曳齿轮只能旋转齿轮。

1）在功能区“装配”选项卡的“约束”面板中单击“机械约束”按钮，打开“机械约束”对话框。

2）在“约束”选项组中单击“啮合”按钮。

3）在大齿轮（齿轮 1）上选择要对齐的一个圆柱面，如图 8-37 所示；接着在小齿轮（齿轮 2）上选择被对齐的匹配圆柱面，如图 8-38 所示。所选圆柱面必须是与齿轮同轴的圆柱面，不可以选择齿轮轮齿上的其他原曲面。

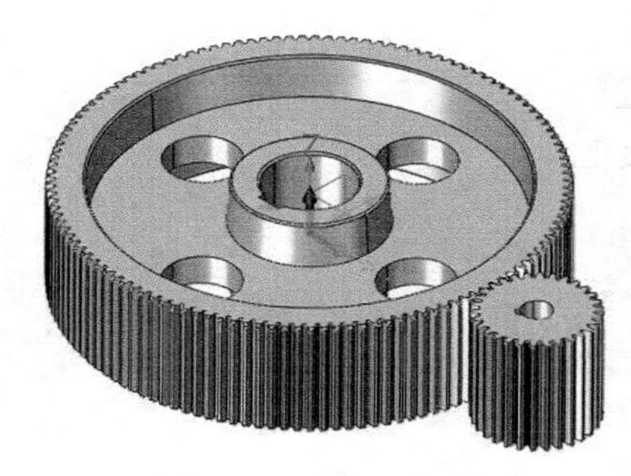

图 8-36　存在两个齿轮

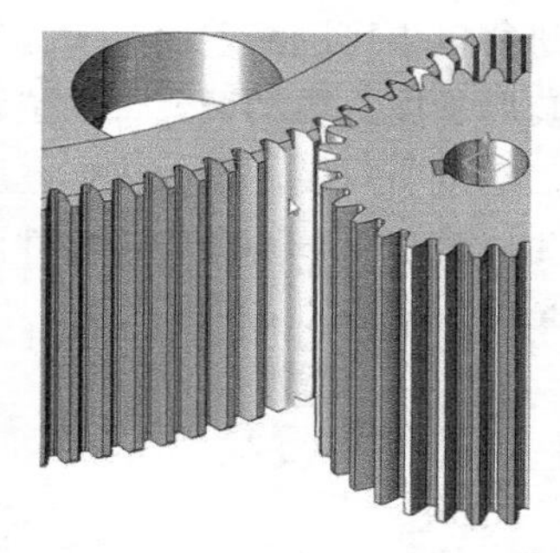

图 8-37　选择齿轮 1 的一个圆柱面

图 8-38　选择齿轮 2 的一个圆柱面

4）在“约束”选项组的“角度”框中设置 0deg，选择“齿数”单选按钮，接着设置齿数 1 为“125”，齿数 2 为“29”，如图 8-39 所示。

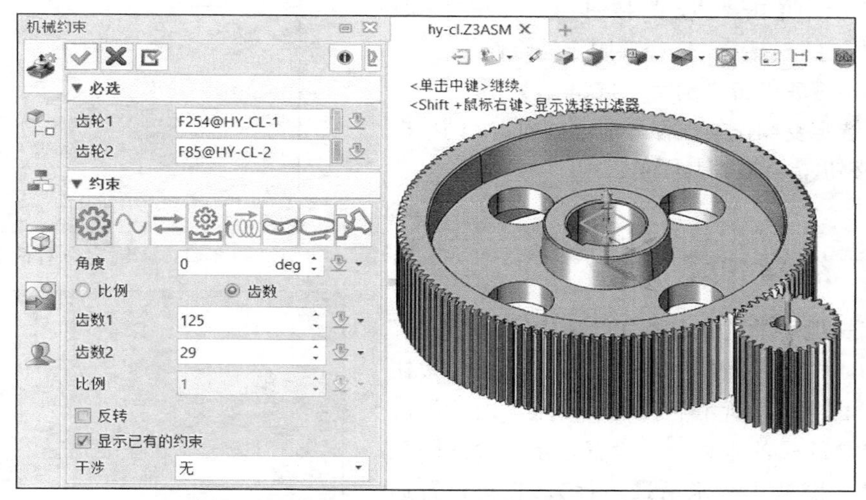

图 8-39　设置齿轮啮合约束的相关选项及参数

5）单击“确定”按钮。

8.3.3 带轮

“带轮”工具用于设计带轮类零部件，如皮带、同步带、链带等，要生成带轮约束特征，需要选择两个或两个以上带轮几何体。创建带轮的一般方法和步骤如下。

1）在功能区“装配”选项卡的“约束”面板中单击“带轮”按钮，打开“带轮”对话框，如图 8-40 所示。

2）选择要作为带轮的几何体，所选几何体的轴线必须平行，输入带轮直径。

图 8-40　“带轮”对话框

3）在“列表”中显示在“带轮”命令中设置的带轮、直径及其他信息，利用该列表及相应的工具可以根据需要设置并存储不同的带轮。

4）利用“皮带基准面”收集器选择与带轮轴线垂直的平面，该平面用于指定皮带草图的放置平面。

5）在“约束”选项组中进行以下可选输入。

- “长度驱动”：指定皮带长度，自动调整带轮位置。
- “启动厚度”：设置启动皮带厚度，输入皮带厚度值。
- “生成皮带零件”：生成带皮带草图的皮带零件。

6）在“皮带”对话框中单击“确定”按钮✔。

8.3.4 固定

“固定”工具用于将选定组件固定在其当前位置，让其不会在约束系统求解时移动。固定组件的操作方法很简单，即在功能区“装配”选项卡的“约束”面板中单击“固定”按钮，打开图 8-41 所示的“固定”对话框，选择要固定的组件或造型，单击鼠标中键或单击“确定”按钮✔。

如果选定要操作的组件先前已被固定，则单击“固定”按钮会撤销其固定。

图 8-41　“固定”对话框

8.3.5 编辑约束

要编辑组件的约束，则可以在功能区“装配”选项卡的“约束”面板中单击“编辑约束”按钮，打开图 8-42 所示的“编辑约束”对话框，接着选择要编辑的组件，可设置显示组件或隐藏所选组件（默认为显示所选组件），也可设置通过小窗口预览组件并拾取实体，设置组件过滤器，选择“约束”或“机械约束”选项以切换相应的编辑面板，从中对已有相应约束进行修改、删除或增加操作。

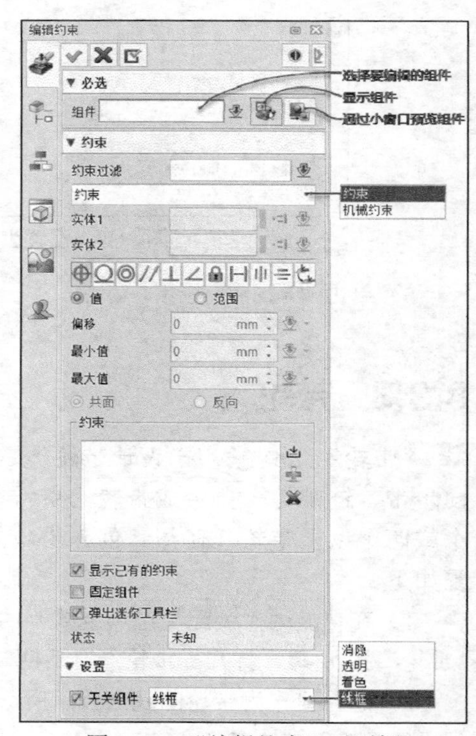

图 8-42　“编辑约束”对话框

8.4 装配基础编辑

装配基础编辑工具包括“阵列组件”、“移动组件”、“镜像组件”、“剪切装配体”、“装配孔”、“装配圆角”、“装配倒角”、“拖拽”和“旋转”。

8.4.1 阵列组件

“阵列组件”工具 用于阵列组件。对于一些装配位置具有阵列规律的组件，可以先在装配体中组装一个组件，接着采用阵列组件的方式来完成其他组件的组装，这样装配设计效率高，例如在图 8-43 所示的星型发动机上，有不少组件可以采用阵列组件的方式来完成组装。

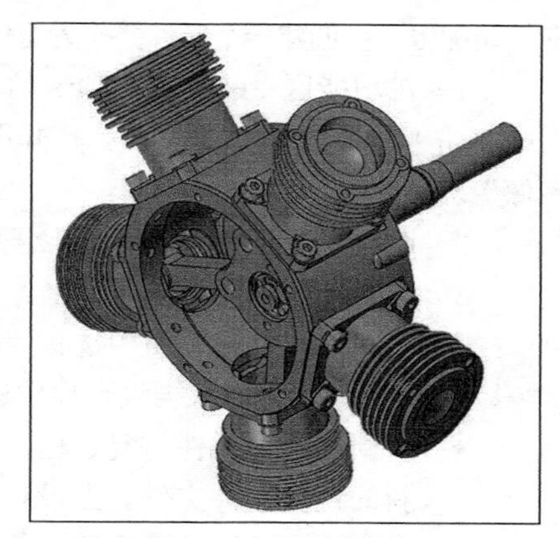

图 8-43　星型发动机

“阵列组件”工具 与造型零件中的“阵列”命令在功能用途上类似，只是阵列的对象不同。阵列组件的一般方法和步骤如下。

1）在功能区“装配”选项卡的“基础编辑”面板中单击“阵列组件”按钮，弹出图 8-44 所示的“阵列”对话框，该对话框提供 6 种不同类型的阵列。可以设置如果对阵列后的任一组件进行修改，则其余组件都会随之被修改。

2）在“必选”选项组中选择所需要的一种阵列类型选项，并根据所选阵列类型进行相应的必选输入操作，如选择要阵列的组件，设置阵列选项及参数等。

3）分别设置“实例切换”“方向”“派生模式”“其他”等内容。注意有些阵列类型会提供“派生模式”选项组供设置。其中，如果在“其他”选项组中选中“解除阵列关系”复选框时，则创建的该阵列操作不会记录在历史树上，不能对该阵列操作进行重定义；如果不选中“解除阵列关系”复选框，则该阵列操作被记录在历史树上，可对它进行重定义操作。

4）单击“确定”按钮，完成组件阵列操作。

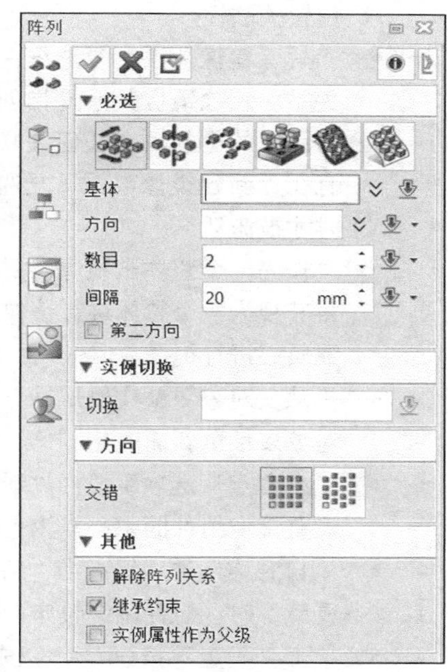

图 8-44　“阵列”对话框

8.4.2 移动组件

“移动组件”工具 用于移动装配体中的所选组件，移动方法包括“动态移动实体”“点到点移动”“沿方向移动”“绕方向旋转”“对齐坐标移动”“沿路径移动”，功能与零件造型下的“移动”命令功能类似，不同之处主要在于要移动的对象不同。

在功能区“装配”选项卡的“基础编辑”面板中单击“移动组件”按钮，打开图 8-45 所示的“移动”对话框，接着指定移动方法，选择要移动的组件，根据所指移动方法进行相应的移动操作，然后单击“确定”按钮。由于之前已经介绍过“移动”命令，在此不再赘述。

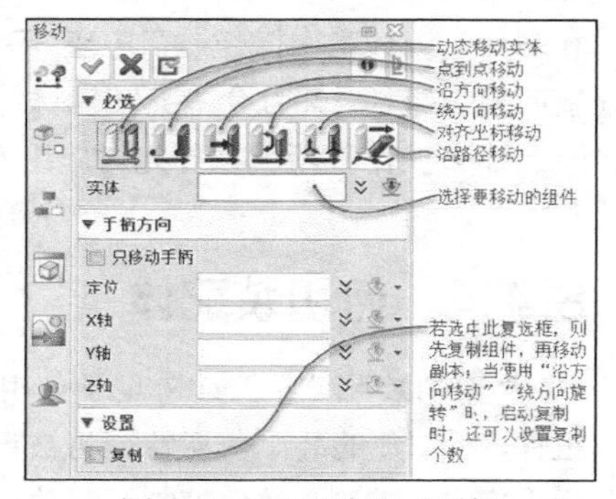

图 8-45　“移动”对话框

8.4.3 镜像组件

“镜像组件”工具用于以一个基准面、平面或草图定义的镜像平面来镜像组件，镜像的一个装配组件会创建一个零件并作为组件插入激活的装配中。镜像组件的一般方法和步骤如下。

1）在功能区“装配”选项卡的“基础编辑”面板中单击“镜像组件”按钮，打开图 8-46 所示的“镜像”对话框。

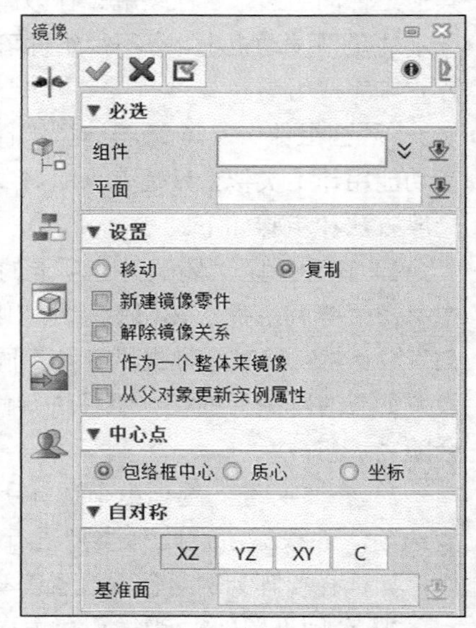

图 8-46 “镜像”对话框

2）选择要镜像的一个或多个组件，单击鼠标中键。

3）选择镜像平面。

4）在“设置”选项组中选择“复制”单选按钮或“移动”单选按钮，并根据设计要求进行以下选项设置。

- “新建镜像零件”复选框：设置是否创建一个新的镜像零件文件。当设置创建镜像零件文件时，还需设置是否保留零件关联性和是否保留位置关联性。
- “解除镜像关系”复选框：设置是否解除镜像关系，解除镜像关系是指创建出来的镜像零件与原来的零件没有任何关联关系。该复选框只有在“新建镜像零件”复选框处于未选中状态时才被激活。
- “作为一个整体来镜像”复选框：如果选中此复选框，当选择多个组件来镜像时，会将其视为一个整体进行镜像；如果未选中此复选框，则将多个组件根据自己的中心点或质心进行镜像。
- “从父对象更新实例属性”复选框：如果选中此复选框，则新建镜像对象的属性随父对象属性更新而变化。
- “中心点”选项组：当“新建镜像对象”复选框处于未选中状态时，可以在此选项组设置镜像组件的中心点为包络框中心、质心或默认坐标系。
- “自对称”选项组：当“新建镜像对象”复选框处于未选中状态，可以在此选项组设置镜像时，组件围绕设定的旋转平面自我旋转。

5）单击“确定”按钮，完成镜像组件操作。

镜像组件的典型示例如图 8-47 所示，在该装配中，选择相配套的 3 个组件（螺栓、垫圈和螺母）进行镜像操作。在中望 3D 中，每次重生成装配体的镜像特征时系统都会删除并重建新的镜像零件，并且会丢弃在镜像零件中所作的所有修改，这就要求如果要对镜像组件进行修改，那么操作技巧就是要先对原组件进行修改，然后再重生生成镜像组件。

8.4.4 剪切装配体

“剪切装配体”工具用于使用指定的一个组件或造型去剪切装配内的一个或一个以上的组件，所创建的装配剪切特征将被记录在装配的建模历史树上，用户可以对该装配剪切特征进行重定义、抑制、条件抑制等相关操作。需要用户注意的是，此装配剪切特征仅在装配环境中存在，它不影响任何剪切组件的原始零件。通过剪切装配体可以在装配环境中观察产品或设备的内部结构，如图 8-48 所示。

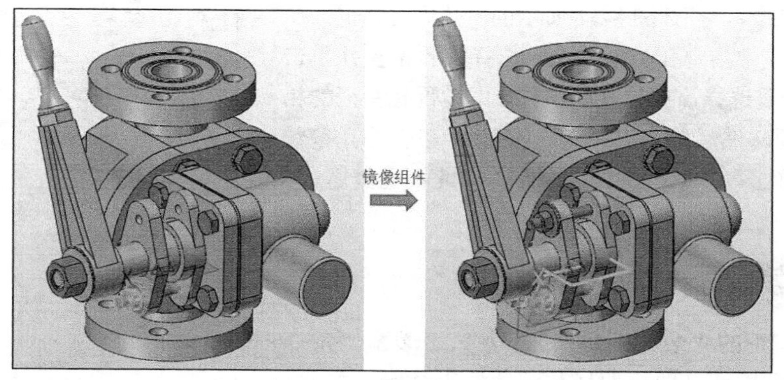

图 8-47　镜像组件示例

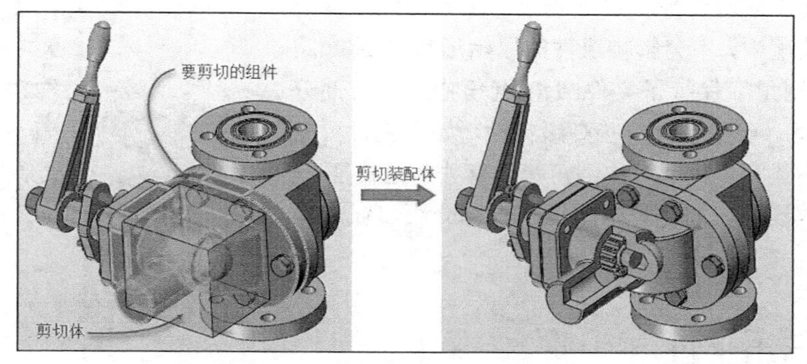

图 8-48　剪切装配体的典型示例

剪切装配体的操作步骤比较简单，即在功能区“装配”选项卡的“基础编辑”面板中单击“剪切装配体”按钮，打开图 8-49 所示的“剪切”对话框；接着选择剪切体，单击鼠标中键，再选择要剪切的组件，单击鼠标中键；然后在“可选”选项组中设置“组件继承该特征”复选框和“隐藏剪切体”复选框的状态；最后单击“确定”按钮，以及在弹出的图 8-50 所示的“ZW3D”对话框中单击“是”按钮。

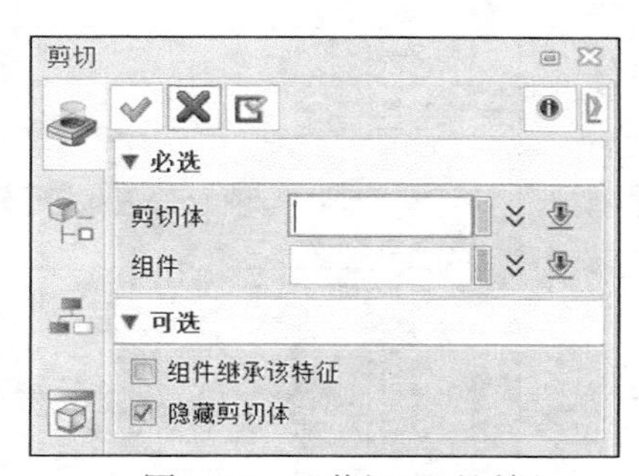

图 8-49　“剪切”对话框

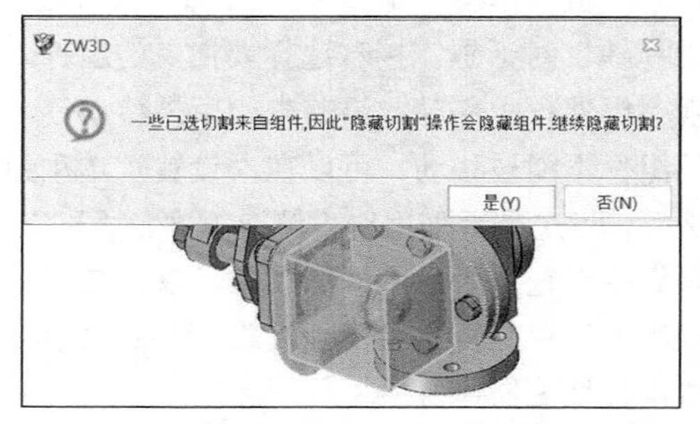

图 8-50　“ZW3D”对话框

8.4.5　装配孔

“装配孔”工具用于在装配中对组件形状进行修改，按照指定的位置和方向来生成装配的孔特征，该特征与“剪切装配体”工具所创建的装配剪切特征类似，也是仅存在当前的装配当中，不会影响组件的原始形状。

在功能区“装配”选项卡的“基础编辑”面板中单击“装配孔”按钮，打开图 8-51 所示的“孔”对话框，在“必选”选项组中指定孔类型方法，选择打孔位置并单击鼠标中键，接着选择需要打孔的组件，再设置孔特征的相关参数和选项，然后单击“确定”按钮。有关孔参数的设置，在前面章节中已有详细介绍，在此不再赘述。

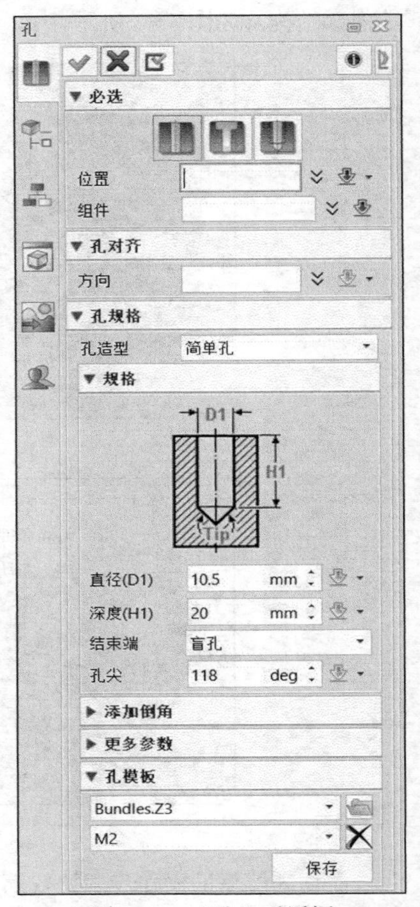

图 8-51 “孔”对话框

8.4.6 装配圆角和装配倒角

装配环境下的“装配圆角”工具、“装配倒角”工具与装配剪切（即“剪切装配体”工具）类似，都属于在装配中对组件形状进行修改的工具，但是修改仅存在当前装配中，不会影响组件的原始形状。“装配圆角”/“装配倒角”保持了零件圆角/倒角特征的大部分圆角/倒角类型，而未包含一些高级特性，如未包含可变半径圆角、椭圆圆角、不对称倒角等。有关圆角特征/倒角特征的参数设置在前面章节中已有详细介绍，在此不在赘述。

8.4.7 拖曳组件

“拖拽”工具用于居于组件的自由度拖曳组件，使用此工具可以测试联动装配内部约束系统的总体自由度，或者在装配体中插入一个组件且未为之添加任何约束之前通过拖曳来重新定位该组件。

要拖曳组件，则在功能区“装配”选项卡的“基础编辑”面板中单击“拖拽”按钮，打开图 8-52 所示的“拖拽”对话框，接着选择要拖曳的组件，移动鼠标可观察组件自由移动或沿着未约束轴移动等，而完全约束的组件不能被移动。可以在“设置”选项组中设置干涉选项，指定是否采用约束解决方案，还可以在“动态”选项组中设置是否启用动态约束，以及在“复制选项”选项组中设置是否启用复制模式，最后指定移动目标点，完成组件拖曳操作。

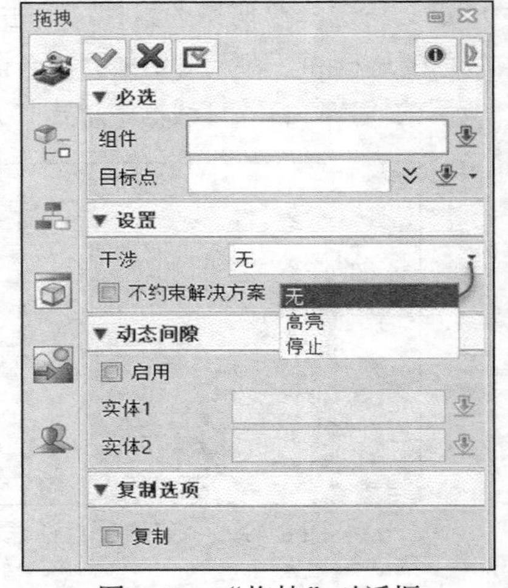

图 8-52 “拖拽”对话框

8.4.8 旋转组件

“旋转”工具用于围绕所选组件包围盒的中心自由旋转组件。

在功能区“装配”选项卡的“基础编辑”面板中单击“旋转”按钮，打开图 8-53 所示的“旋转”对话框，选择一个要旋转的组件，接着移动鼠标指针，则所选组件将自由旋转或沿着未约束的坐标旋转（注意完全约束的组件不会旋转），如果需要则可以使用“旋转”选项组中的“原点”工具来指定组件的旋转点，还可以启用动态间隙设置，最后使用“拖拽点”工具来指定组件旋转到的目标位置，从而完成旋转组件操作。

图 8-53 “旋转”对话框

8.5 爆炸视图与爆炸视频

爆炸视图是指将装配体的各组成零部件通过一定的方式拆解来放置，从而形成的立体形式的视图，通常可用作装配示意图或装配说明图。本节介绍如何在中望 3D 中创建装配体的爆炸视图及其爆炸视频。

8.5.1 爆炸视图

要创建新的爆炸视图，可以按照以下的方法、步骤来进行。

1）在功能区“装配”选项卡的“爆炸视图”面板中单击“爆炸视图”按钮，打开图 8-54 所示的“爆炸视图”对话框。

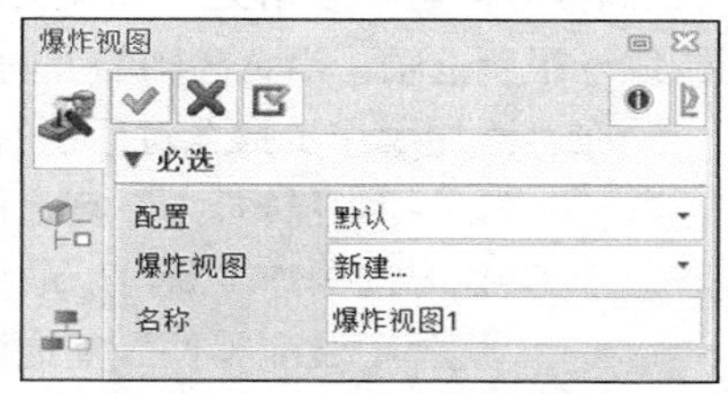

图 8-54 “爆炸视图”对话框

2）在“配置”下拉列表中选择爆炸的装配配置，从“爆炸视图”下拉列表中选择已有爆炸视图或选择“新建”选项。如果选择已有爆炸视图，则指定炸开该爆炸视图；如果选择“新建”选项，则需要在“名称”文本框中输入爆炸视图的名称以创建新的视图。这里以选择“新建”选项并接受默认的爆炸视图名称为例。

3）单击“确定”按钮，进入“爆炸视图”环境及打开“添加爆炸步骤”对话框，如图 8-55 所示。在“爆炸视图”环境可以进行“添加爆炸步骤”“自动爆炸”“添加爆炸轨迹线”“自动添加爆炸轨迹线”“重用爆炸视图”等操作。

图 8-55 “爆炸视图”环境及“添加爆炸步骤”对话框

对于选择爆炸视图的状况，如果在“爆炸视图”对话框的“爆炸视图”下拉列表中选择已有的一个爆炸视图并确认后，系统会自动激活并进入编辑状态。

1. “添加爆炸步骤”按钮

“添加爆炸步骤”对话框也可以通过在“爆炸视图”环境功能区中单击“添加爆炸视图”按钮来打开。在“添加爆炸步骤”对话框中可以选择手动爆炸类型（“平移爆炸”、“旋转爆炸”或“径向爆炸”）。

当选择“平移爆炸”时，需要选择要爆炸的组件，指定爆炸方向，设置偏移距离值，设置轴（组件将沿着轴所在的方向进行爆炸），以及设置与轴旋转形成的角度。注意：在第一所选组件的包络框中心显示三重坐标轴，此时用户可以使用鼠标拖动三轴坐标轴对所选组件进行比较直观的移动。

当选择“旋转爆炸”时，需要选择要爆炸的组件，指定旋转轴，设定旋转角度，所选组件绕所选轴进行旋转炸开。

当选择“径向爆炸”时，需要选择要爆炸的组件，指定一个轴，设置爆炸的离散方向（该离散方向与轴须相交）。系统会在第一个选择的组件包络框中心处显示移动的轴，所选组件围绕一根所选轴，沿背离轴的方向拖动组件。

在“添加爆炸步骤”对话框的“设置”选项组中可以进行以下设置。

- “记录路径转折点”复选框：如果选中此复选框，则当前位置被记录，可以再次进行其他方向爆炸步骤，以最终形成较为复杂的多段爆炸路径。
- “选择子装配零件”复选框：如果选中此复选框，则当前选定对象所属的子装配被整体进行爆炸。
- “添加轨迹线”复选框：如果选中此复选框，则创建爆炸视图时会以双点划线记录爆炸轨迹。

通过手动添加爆炸步骤后得到的柱塞式油泵爆炸视图示例如图 8-56 所示。

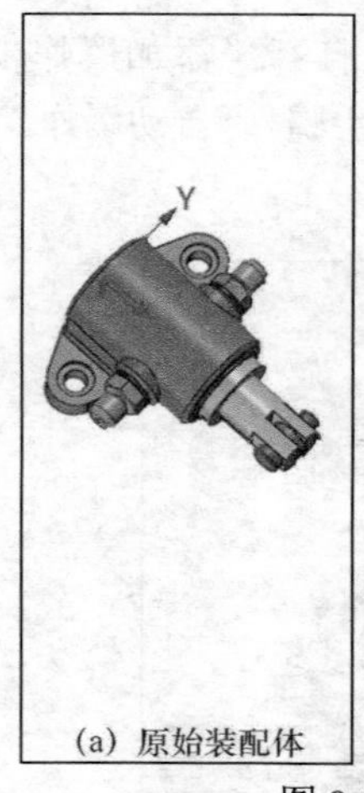

(a) 原始装配体

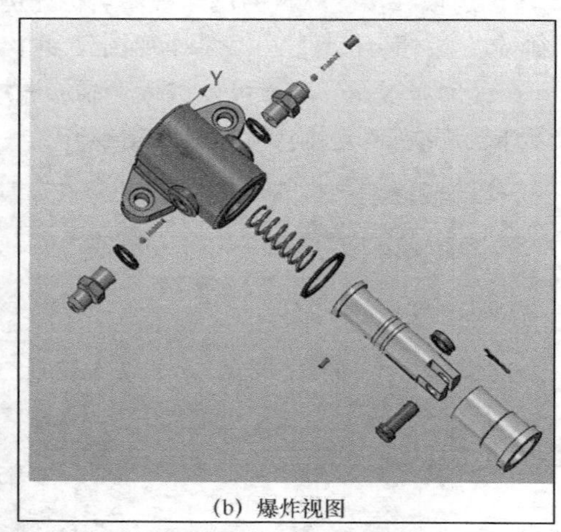

(b) 爆炸视图

图 8-56 示例：柱塞式油泵的爆炸视图

2. “自动爆炸”按钮

可以按照设定的距离批量地对组件自动创建爆炸视图。在“爆炸视图”环境中单击“自动爆炸”按钮，则打开图 8-57 所示的“自动爆炸”对话框，接着选择要进行爆炸的组件，设置爆炸方向和爆炸距离，并设置是否爆炸子装配零件和是否添加轨迹线，单击“预览”按钮可预览爆炸效果，然后单击“确定”按钮。

3. “添加爆炸轨迹线”按钮

“爆炸视图”环境下的“添加爆炸轨迹线”按钮用于手动、单个地添加爆炸轨迹，其方法为：单击“添加爆炸轨迹线”按钮，打开图 8-58 所示的“添加爆炸轨迹线”对话框，接着选择组件 1（实体 1）的一个面或一条边，再选择组件 2（实体 2）的一个面或一条边，并可选中“沿 XYZ 方向”复选框，然后单击“确定”按钮。

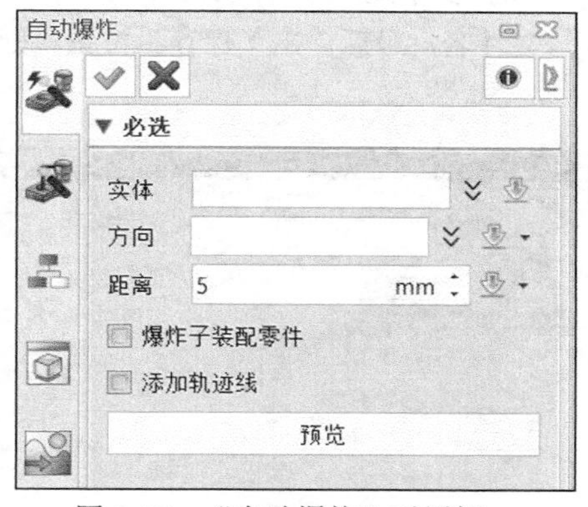

图 8-57　“自动爆炸”对话框

图 8-58　“添加爆炸轨迹线”对话框

在图 8-59 所示的爆炸视图中，通过“添加爆炸轨迹线”按钮创建有若干条爆炸轨迹线。

4. “自动添加爆炸轨迹线”按钮

“爆炸视图”环境下的“自动添加爆炸轨迹线”按钮用于自动创建爆炸轨迹。单击此按钮，打开图 8-60 所示的“自动添加爆炸轨迹线”对话框，在指定爆炸视图下选中要自动添加爆炸轨迹线的步骤，在“设置”选项组中选择“包络框中心”单选按钮或“组件原点”单选按钮，然后单击“确定”按钮即可。

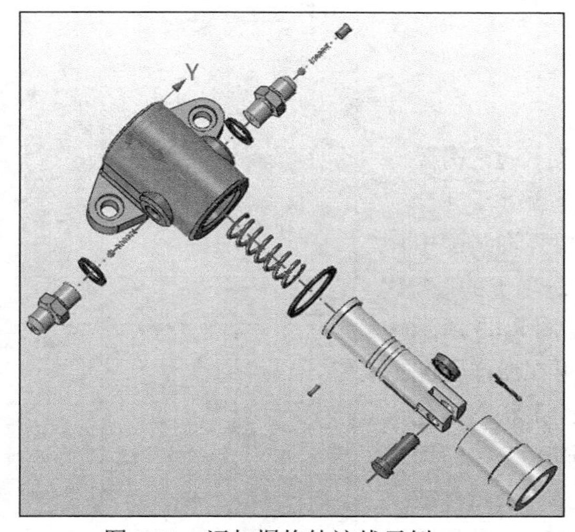

图 8-59　添加爆炸轨迹线示例

图 8-60　“自动添加爆炸轨迹线”对话框

5. “重用爆炸视图”按钮

“爆炸视图”环境下的“重用爆炸视图”按钮用于添加重用爆炸视图，即可以将已经创建的爆炸视图应用到当前的爆炸视图中。

8.5.2 爆炸视频

单击“爆炸视频”按钮，则打开图 8-61 所示的“爆炸视频”对话框，在列表中列出所有的爆炸视图，从中选择要生成 AVI 格式视频的爆炸视图，选中“保存爆炸过程”复选框，需要时可以选中“保存折叠过程”复选框，然后单击“确定”按钮，弹出图 8-62 所示的“选择文件”对话框，指定视频保存类型（AVI 格式）与文件名，最后单击“保存”按钮，则将爆炸过程保存成一个 AVI 格式的视频。

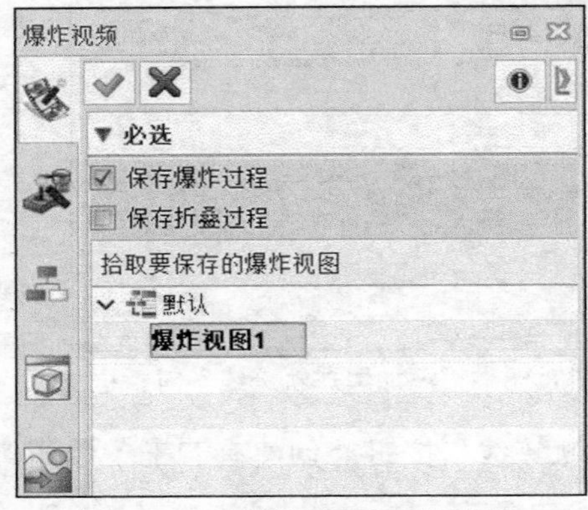

图 8-61 “爆炸视频”对话框

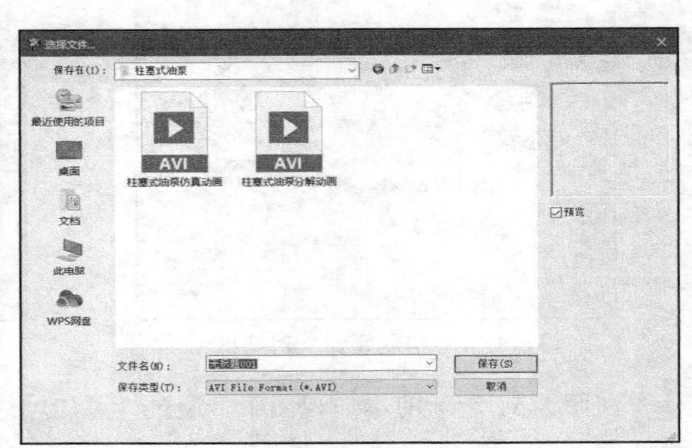

图 8-62 “选择文件”对话框

8.6 查询

在“装配”环境下可以进行“约束状态”“干涉检查”“间隙检查”“对比零件”“3D BOM”等查询操作。

8.6.1 约束状态

当在装配中为所有的组件定义好约束之后，通常需要检查是否有约束丢失的现象，包括分析组件是否处于完全约束状态，以及处于缺少约束时是否合理。要查询装配中组件当前的约束状态，可以在功能区“装配”选项卡的“查询”面板中单击“约束状态”按钮，弹出图 8-63 所示的“显示约束状态”对话框，该对话框提供可在激活装配中对所有组件循环使用的选项，查询组件的约束状态是完全约束、缺少约束或过渡约束等。另外，“摘要”按钮用于查询约束状态总汇；“拾取”按钮用于选择一个组件或最多两个组件以查询其相应的约束状态（为空时，默认查询当前激活对象）；“隐藏非关联组件”复选框用于设置是否隐藏非关联组件，当选中它时，选择组件后，则无关的组件将被隐藏，而其余透明化；“编辑”按钮用于重新定

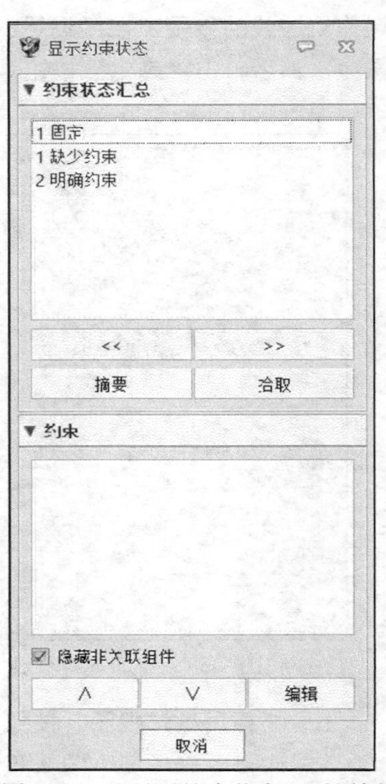

图 8-63 “显示约束状态”对话框

义所选的约束。在图形区域的约束状态检查窗口中，约束状态由不同的颜色表示，可以帮助用户直观地观察约束的状态。

与约束状态相关的术语如表 8-2 所示。

表 8-2　　与约束状态相关的术语

序号	约束状态	释义或备注
1	无约束	组件不受约束，自由度最多
2	缺少约束	组件仍然可以被移动（未完全约束），注意，如果没有任何组件是固定的，则明确约束的装配中的组件也会变成“缺少约束”
3	固定	组件已经被固定住，不能移动
4	明确约束	组件受到完整且正确的约束，也称“完全约束”
5	过约束	组件的约束条件中存在冲突或冗余
6	约束冲突	组件约束存在冲突，如组件约束在某个标注值下可能是有效的约束，当其当前的各标注值不一致
7	范围之外	当在“装配”环境下编辑某个子装配时，同级子装配为“外部范围”，不考虑在当前约束系统中

此外，在装配管理器中也可十分方便地查询或观察不同组件之间的约束状态，在装配体的每一个组件的名称左边会有一个符号或无符号来表示组件的约束状态，其中“(F)”表示组件处于固定状态，“(-)”表示组件处于未完全约束状态，需要为其添加合适的约束；“(+)”表示组件处于过约束状态，存在相冲突的多余约束；无符号表示组件处于完全约束的状态。

8.6.2 干涉检查

在装配设计中，经常要检查组件或装配之间的干涉。要执行干涉检查，在功能区“装配”选项卡的“查询”面板中单击“干涉检查”按钮，打开图 8-64 所示的“干涉检查”对话框，接着选择一个或多个组件（若直接单击鼠标中键则选择这个装配进行检查），并在“设置”选项组中设置相应的选项，单击“检查”按钮，则会根据相应的设置选项生成干涉结果。对于干涉结果，可以设置保存干涉几何体、显示忽略干涉，设置非干涉组件的显示模式（如隐藏、透明、着色和线框）。

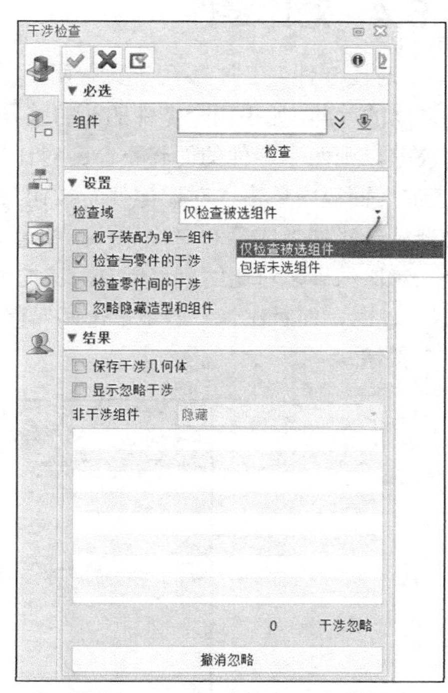

图 8-64　“干涉检查”对话框

- “检查域”下拉列表框：从该下拉列表中选择“仅检查被选组件”或“包括未选组件”，前者用于仅检查被选组件之间的干涉；后者不仅检查被选组件之间的干涉，还检查被选组件与其他未选组件之间的干涉。
- “视子装配为单一组件”复选框：若选中此复选框，则将子装配当作一个整体来对待，不会检查子装配内部的干涉情况。只有当被选组件包含子装配，该复选框才可选。

- “检查与零件的干涉”复选框：若选中此复选框，则检查被选组件与零件之间的干涉。
- “检查零件间的干涉”复选框：若选中此复选框，则检查零件与零件之间的干涉。
- “忽略隐藏造型和组件”复选框：若选中此复选框，则进行干涉检查时忽略隐藏的造型和组件，即隐藏的造型和组件不参与干涉检查。

如果想在干涉区域看到更加清晰的结果，可以使用功能区“查询”选项卡中的“剖面视图”工具来动态展示和可视化干涉检查结果。

8.6.3 间隙检查

要检查组件之间或装配之间的间隙，那么可以在功能区“装配”选项卡的“查询”面板中单击“间隙检查”按钮，打开图 8-65 所示的“间隙检查”对话框，接着选择要进行间隙检查的组件，或者直接单击鼠标中键以进行全面间隙检查。在“间隙（<）”框中输入间隙值以设置间隙检查范围，在“设置”选项组中进行相应的选项设置，然后在“必选”选项组中单击“检查”按钮，系统会根据设置选项生成间隙结果。间隙结果显示在“结果”选项组的列表中，可设置不关联的组件的显示模式，如果单击“输出检查结果”按钮，则可以以 Excel 格式导出间隙检查结果。

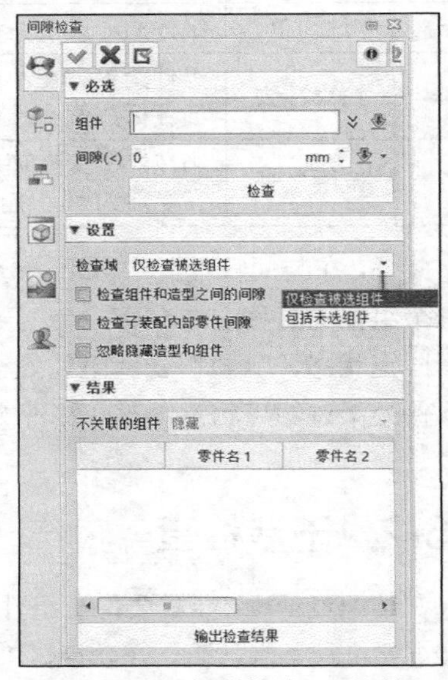

图 8-65 “间隙检查”对话框

8.6.4 对比零件

“对比零件”工具用于比较两个零件，并显示它们之间的差异。如果两个零件的面的差异大于默认的几何公差，则两个零件的面将不会配对比较。要对比两个零件，则在功能区“装配”选项卡的“查询”面板中单击“对比零件”按钮，弹出图 8-66 所示的“对比零件”对话框，通过该对话框选择参考零件和对比零件，接着单击“计算”按钮打开对比管理器，设置对比参数，显示对比结果，对比结果将所有对比的面分为 3 类，即“未改变的面”“改变的面”“独有的面”。此时，在对比管理器中单击“保存”按钮，可以生成对比报告来保存。最后单击“确定”按钮。

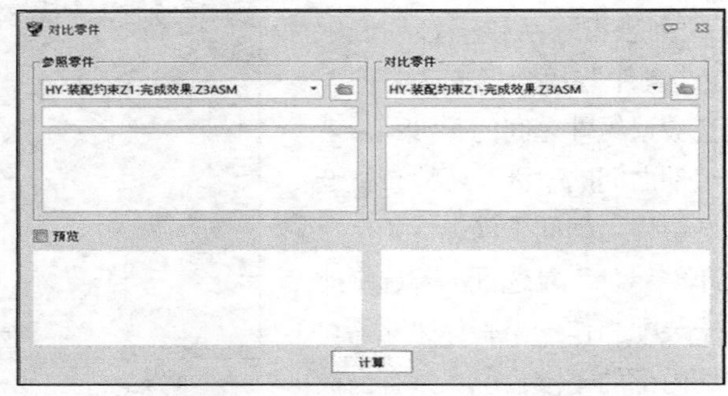

图 8-66 “对比零件”对话框

8.6.5 3D BOM

"3D BOM"工具用于查看、修改装配的所有组件的 BOM 表。单击此按钮，将打开图 8-67 所示的"3D BOM"对话框，接着利用此对话框设置层级显示模式（"缩进""仅顶层""仅零件""仅造型"），指定搜索功能，使用所需的工具等进行相应操作以创建 3D BOM。

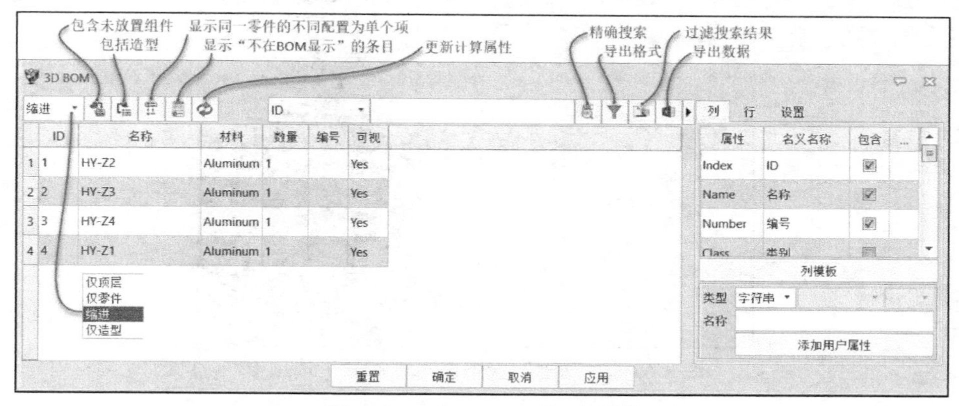

图 8-67 "3D BOM"对话框

8.7 动画

中望 3D 提供关于动画装配的相关工具，包括"新建动画"、"编辑动画"、"查询动画"、"删除动画"，这些工具位于功能区"装配"选项卡的"动画"面板中。创建 3D 动画装配时需要从动画对象开始，所述的动画对象是指装配所拥有的一个目标对象。

8.7.1 新建动画

可以设定动画的装配组件位置、装配对齐标注值、装配对齐状态（是否开启了对齐会影响动画）、控制动画视点的相机，不可以设定动画的有照明效果、颜色及透明度等属性、不属于组件其中一部分的造型位置和线框位置、组件的固定状态、任何实体的存在状态、任何实体的隐藏状态。

要创建动画，则在功能区"装配"选项卡的"动画"面板中单击"新建动画"按钮，打开图 8-68 所示的"新建动画"对话框，在"必选"选项组的"时间"文本框中输入总动画时间，在"设置"选项组的"名称"文本框中设置动画名称，然后单击"确定"按钮，进入"动画"环境，此时提供"动画"管理器及功能区"动画"选项卡，如图 8-69 所示。

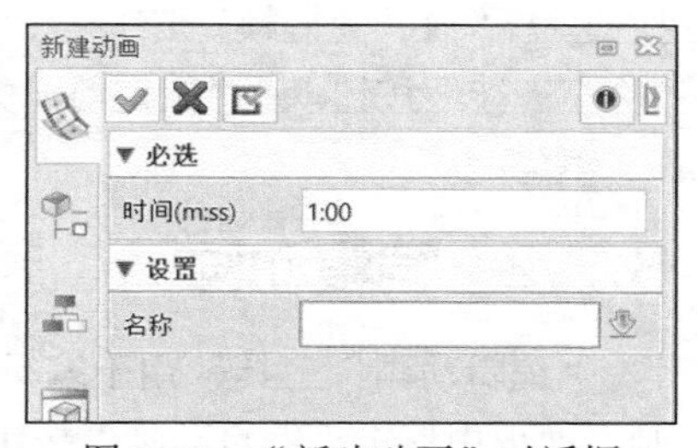

图 8-68 "新建动画"对话框

功能区"动画"选项卡提供的工具按钮如下。

- "捕捉"按钮：将激活的显示内容捕捉保存至指定文件，文件格式为 BMP、GIF、TIF 或 JPG。
- "设置属性"按钮：用于弹出"渲染属性"对话框，设置光源、背景、反走样、宽度、高度等渲染属性。

图 8-69 “动画”管理器与“动画”选项卡

- “渲染”按钮：用于渲染动态视图，支持 Pov-Ray 免费软件高级渲染引擎来创建逼真的渲染场景。
- “参数”按钮：用于添加关联参数，当添加一个参数时，若没有任何关键帧，则系统会自动在当前动画时间创建一个关键帧。
- “删除参数”按钮：用于删除参数。
- “关键帧”按钮：用于在动画的当前时间添加关键帧，关键帧定义了当前动画参数赋予确切值时该动画所处的时间。
- “添加马达”按钮：用于施加马达动力源。
- “运动轨迹”按钮：用于创建运动轨迹，即模拟捕捉装配动画过程中运动组件的运动轨迹，供用户直观观察组件的运动状态，以及验证其运动是否符合预期，同时可以通过该轨迹生成具体曲线，以影响其他相关组件的零件设计。
- “相机位置”按钮：定义相机位置，仅用于激活关键帧处。
- “录制动画”按钮：记录动画到 AVI 文件中。

在“动画”管理器中提供了“播放动画”按钮、“后一关键帧”按钮、“动画结束”按钮、“前一关键帧”按钮、“动画开始”按钮、“重复”按钮、“相机视野”按钮、“检查干涉”按钮、“锁定前一关键帧的参数值”按钮。

8.7.2 编辑动画

“编辑动画”工具用于编辑已经存在的中望 3D 动画。在功能区“装配”选项卡的“动画”面板中单击“编辑动画”按钮，接着选择需要编辑的动画，单击“确定”按钮，进入“动画”管理器，待编辑动画被激活，从中对该动画进行编辑处理即可。

8.7.3 查询动画

“查询动画”工具用于查询已经存在的中望 3D 动画。在功能区“装配”选项卡的“动画”面板中单击“查询动画”按钮，接着选择待查询的动画，单击“确定”按钮，则可以查看该动画的各种参数和相应信息。

8.7.4 删除动画

“删除动画”工具用于删除选定动画。删除动画的方法及步骤很简单，即在功能区“装配”选项卡的“动画”面板中单击“删除动画”按钮，接着选择要删除的动画，单击“确定”按钮。

8.8 关联参照与重用库

本节介绍装配建模中比较常用的关联参照与重用库知识，以帮助初学者进一步提升装配建模的设计效率，以及扩展装配设计思路。

8.8.1 关联参照

在装配环境下，可以参照其他组件来设计激活的组件，这就是装配中的关联参照设计，它常用于自顶向下装配。

首先介绍“参考”功能，在“参考”面板中单击“参考”按钮，打开图 8-70 所示的“参考”对话框，可以看出装配参考提供了 5 种不同的参考类型，分别为“曲线”“平面”“点”“面”“造型”，也就是说，可以将一个装配组件内的曲线（边）、平面、点、面或造型参考到另一个装配体的组件中，这对于一个组件需要参考另一个组件进行设计时非常有用。关联设置的重要选项有“关联复制”“记录状态”“不记录装配位置”等。

- “关联复制”：选中此复选框时，将创建与被参考的外部几何体关联的参考几何体，若被参考几何体重新生成时，参考几何体都会随之进行重新评估。如果不选中此复选框，则只创建一个静态复制的参考几何体。
- “记录状态”：选中此复选框时，将提取参考几何体的零件的历史状态。其好处是当重生成含有时间戳的参考几何体时，被参考的零件会在参考几何体重新评估之前先回滚到记录的历史状态。
- “不记录装配位置”：选中此复选框时，参考体的位置为被参考体所引用的原始零件的位置。否则，参考体的位置是被参考体所在的位置。

为了加深对关联参照的认知，下面介绍一个典型例子。在装配中，在添加关联参照之前，通常在装配文件中先激活所需的组件，再根据设计需要参照其他组件、父对象或子对象的要素进行建模操作。

1）打开“HY-关联参照案例.Z3ASM”装配文件，该装配文件中已经存在一个被固定的组件，如图 8-71 所示。

2）在功能区“装配”选项卡的“参考”面板中单击“参考”按钮，打开“参考”对话框，在“必选”选项组中选中“曲线”图标，在图 8-72 所示的参考零件中选择所需的边线，在“关联设置”选项组中选中“关联复制”复选框，单击“确定”按钮。

3）在功能区“装配”选项卡的“组件”面板中单击“插入新建组件”按钮，打开“插入新建组件”对话框。在“必选”选项组中输入组件名称为“HY-AK2”，文件类型为“.Z3PRT/标准”，模板为“[默认]”；在“放置”选项组的“类型”下拉列表中默认选择“默认坐标”选项，取消选中“固定组件”复选框；在“设置”选项组中取消选中“虚拟”复选框，从“插入到图层”下拉列表中选择“激活图层”选项。单击“确定”按钮，再在弹出的“ZW3D”对话框中单击“是”按钮以确定创建该对象文件并使该文件处于激活状态。

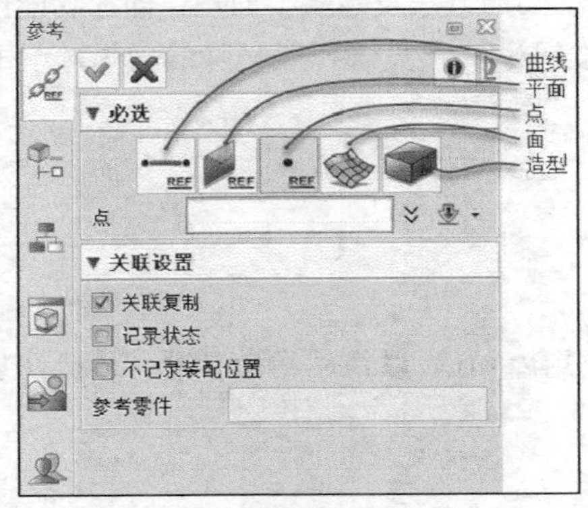

图 8-70 “参考”对话框

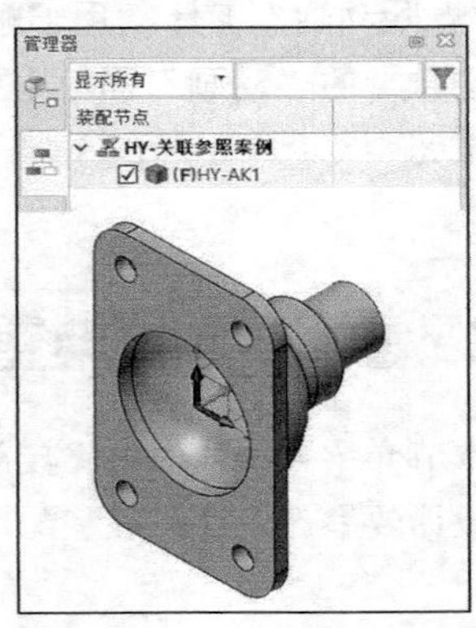

图 8-71 打开装配文件

4）单击“拉伸”按钮，打开“拉伸”对话框。在“过滤器列表”下拉列表中选择“曲面”，在“拾取范围列表”下拉列表中选择“零件和组件”，单击选中“关联复制”按钮和“记录状态”按钮，在图形窗口中选择另一组件的一个所需面定义拉伸轮廓，如图 8-73 所示。如果之前在“参考”对话框中选中“关联复制”复选框，可以使通过参考创建的实体参照链接到外部几何，每当参照发生变更，则参考创建的几何也会随之重生成。

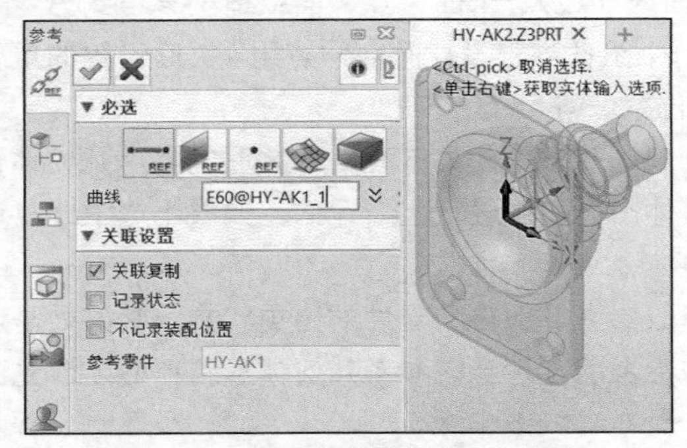

图 8-72 选择参考零件的相应边线

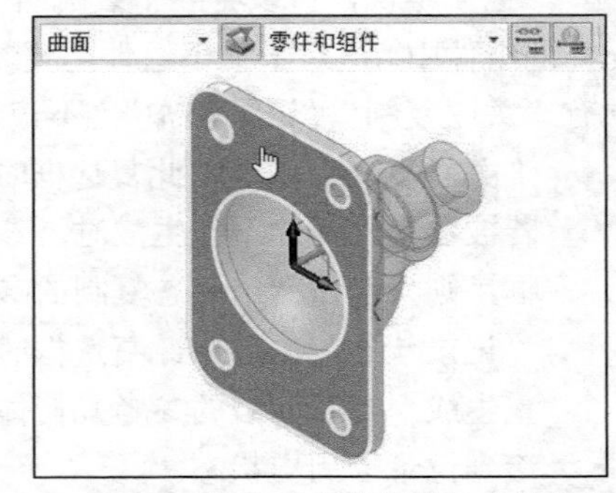

图 8-73 在另一组件（参考零件）中选择所需面

设置拉伸类型为“1 边”，结束点 E 为 10mm，单击“确定”按钮，在“HY-AK2”组件上创建一个拉伸基体特征，如图 8-74 所示。

此时，如果在管理器中切换至“历史管理”，可以看到在历史树上自动生成了一个关联参考特征“参考 1”，如图 8-75 所示。注意：通过右击该参考特征并单击“重定义”按钮，可以重新定义该参考特征，包括更改其关联复制状态等。

图 8-74 参照另一组件的面创建拉伸实体

5）在管理器中单击“装配管理”以切换至装配树显示模式，右击“HY-AK1”组件，如图 8-76 所示，从出现的浮动工具栏中单击“编辑零件”按钮以激活该组件，再对“HY-AK1”组件的“拉伸 1_凸台”特征的草图进行编辑定义，如图 8-77 所示。

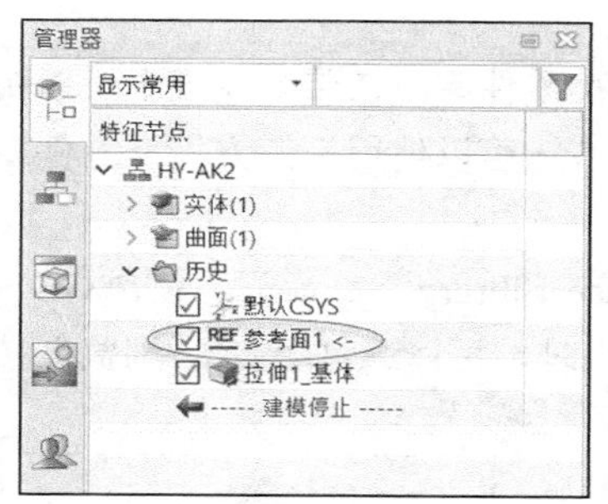

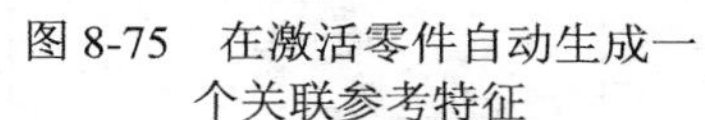
图 8-75 在激活零件自动生成一个关联参考特征

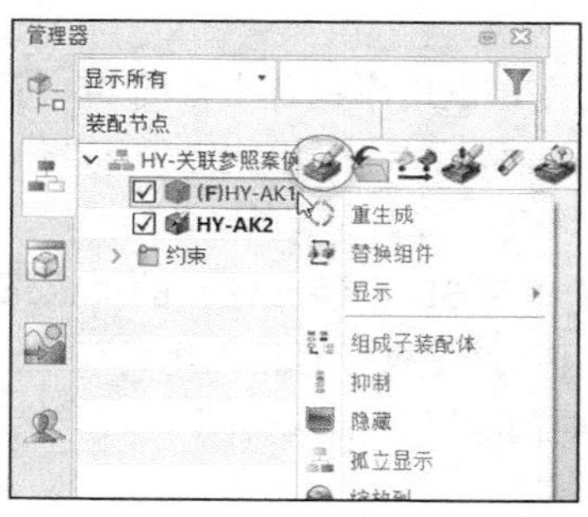

图 8-76 激活第一个组件

图 8-77 执行“编辑草图”命令

进入内部草图环境，修改草图尺寸以改变草图形状，如图 8-78 所示。单击“退出”按钮，此时装配中“HY-AK1”活动组件形状变为图 8-79 所示。

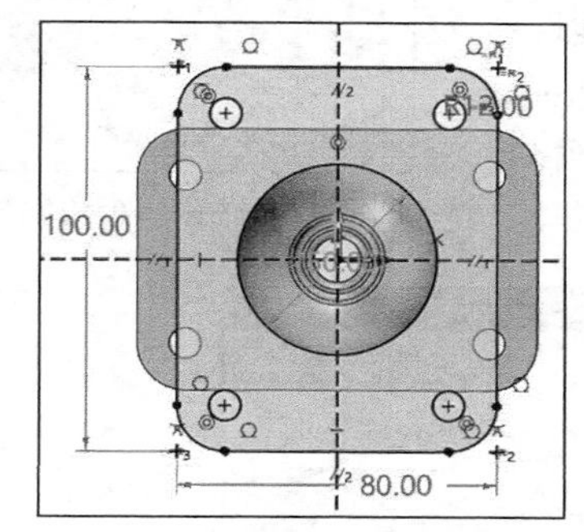

图 8-78 修改草图尺寸以改变草图形状

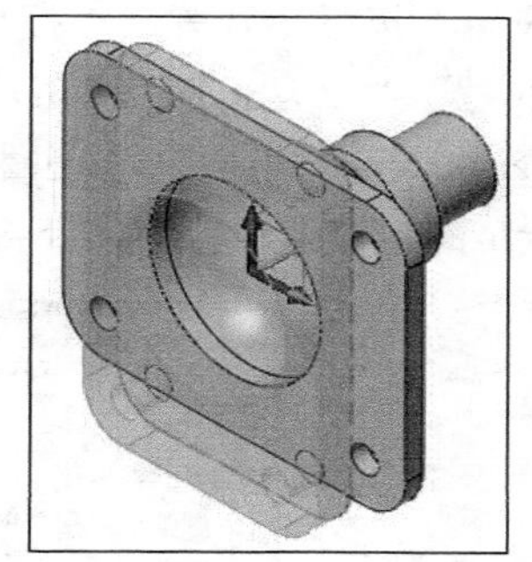

图 8-79 修改第一个组件后的效果

6）在管理器中单击“装配管理”以切换至装配树显示模式，在装配节点（装配树）上双击顶级装配节点“HY-关联参照案例”以将其激活，此时在功能区“装配”选项卡的“参考”面板中单击“重生成外部参考”按钮，则通过重生成外部参考来更新装配模型，得到的效果如图 8-80 所示。也可以在激活顶级装配后，右击所需组件“HY-AK2”并选择“重生成”命令来重生成该组件的所有特征，可以看到关联参照所起的作用是保证相关组件的修改一致性，如图 8-81 所示。

图 8-80 重生成外部参考

图 8-81 对激活装配中的组件进行“重生成”操作

如果创建的参考特征是未选中“关联复制”的，那么参考创建的几何是一次性的，后期若参考对象发生变化，其也不会跟随参考特征发生更新，这是用户要注意的地方。

8.8.2 重用库

中望 3D 提供了实用的重用库，重用库包含丰富的 3D 标准零件库。在装配建模中可以快速从重用库中使用不同类型的标准零件库来调用相应的标准件，还可以使用第三方标准零件库 PARTsolutions、TraceParts 等，以及支持自定义库。

重用库的默认文件位于用户中望 3D 安装文件夹的“\Reuse Library”目录下，包含 GB、ISO、ANSI 和 DME 等标准的组件。在执行“插入组件”命令时，可以通过“打开/浏览”按钮来访问重用库以选择所需要的标准件插入装配中。

请看以下一个操作范例。

1）打开“HY-重用库应用演示范例.Z3ASM”装配文件，该装配文件中已经存在一个角码组件，如图 8-82 所示。

2）在功能区“装配”选项卡的“组件”面板中单击“插入”按钮，打开“插入”对话框，从“必选”选项组中单击“打开/浏览”按钮，弹出“打开”对话框，从中望 3D 安装目录下浏览“ZWSOFT\ZW3D 2022（具体版本）\Reuse Library\Standard Parts\GB\垫圈\弹簧垫圈”文件夹，选择“轻型弹簧垫圈 GB-T859”，如图 8-83 所示，单击“打开”按钮。

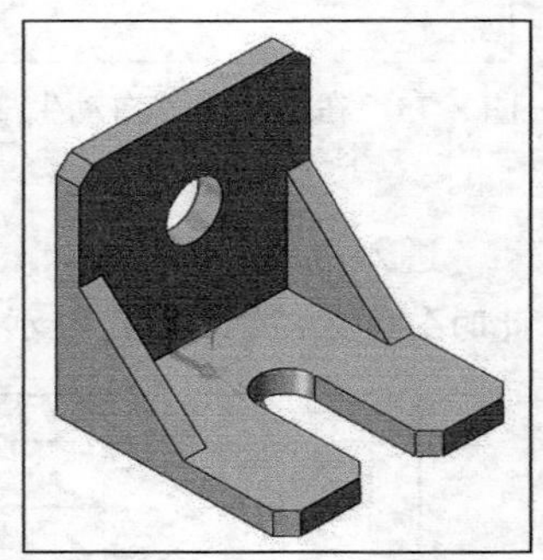

图 8-82　存在一个角码零件

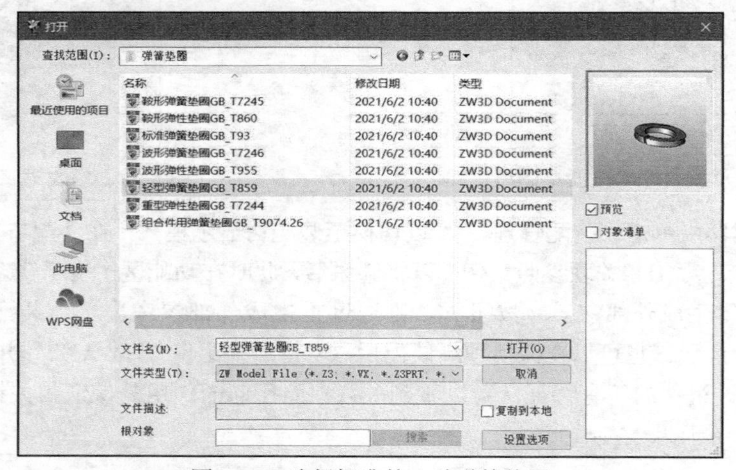

图 8-83　选择标准的一种弹簧垫圈

3）系统弹出“添加可重用零件”对话框，结合缩略图将规格 D（mm）选择为“10”，如图 8-84 所示，单击“确认”按钮，返回到“插入”对话框，在“放置”选项组的“类型”下拉列表中选择“点”选项，选中“对齐组件”复选框，从“插入后”下拉列表中选择“插入后对齐”选项，指定插入点，插入该弹簧垫圈并对齐放置后的效果如图 8-85 所示。

4）在功能区“装配”选项卡的“组件”面板中单击“插入”按钮，打开“插入”对话框，从“必选”选项组中单击“打开/浏览”按钮，弹出“打开”对话框，从中望 3D 安装目录下浏览“ZWSOFT\ZW3D 2022（具体版本）\Reuse Library\Standard Parts\GB\螺栓\六角头螺栓”文件夹，选择“六角头螺栓 GB_T5782”，单击“打开”按钮，弹出“添加可重用零件”对话框，将公称直径 d（mm）设置为 10mm，长度 L（mm）设置为 55mm，性能等级为 5.6，单击“确认”按钮。然后通过“插入”对话框指定插入点（常用标准件提供自动约束），结果如图 8-86 所示。

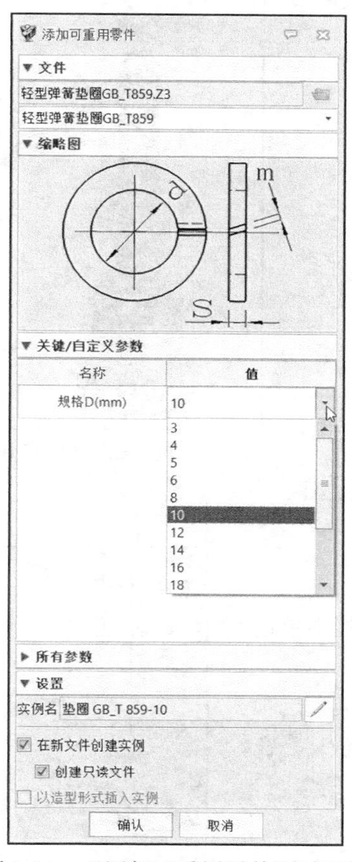

图 8-84 “添加可重用零件”对话框

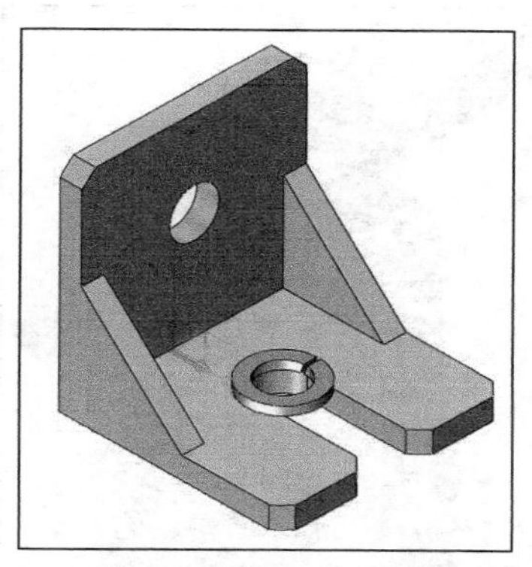

图 8-85 在角码中插入弹簧垫圈

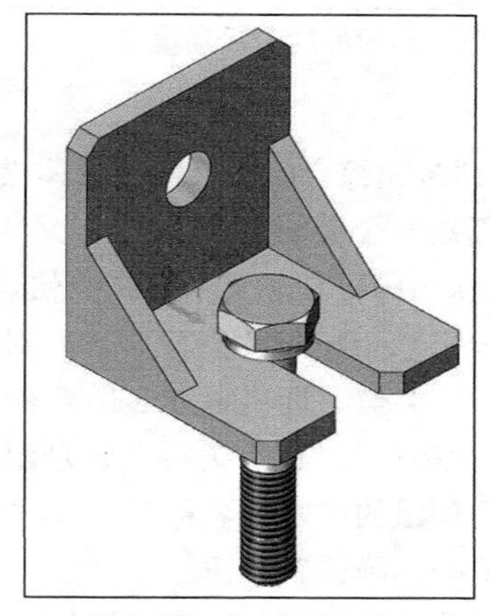

图 8-86 快速插入螺栓

在功能区“装配”选项卡的“库”面板中单击“库发布”按钮，打开“库发布”对话框，接着指定发布对象、发布相关数据、参数设置、发布到库等相关设置，从而创建自己的零件/装配库。在功能区“装配”选项卡的“库”面板中单击“设置”按钮，可以定义腔体库及访问在线库。

8.9 千斤顶装配综合范例

本节介绍一个千斤顶装配综合应用实例，本实例要求先分别设计 7 个零件（本书配套素材中提供设计好的这 7 个零件的模型文件），将这 7 个零件装配在一起以形成图 8-87（a）所示的装配体。另外，可以根据此装配体创建其相应的爆炸图，并可在爆炸图中进行创建追踪线等练习，参考效果如图 8-87（b）所示，其中，零件 1 为底座（1-DIZHUO.Z3PRT）、零件 2 为螺套（2-LUOTAO.Z3PRT）、零件 3 为螺杆（3-LUOG.Z3PRT）、零件 4 为铰杠（4-JIAOG.Z3PRT）、零件 5 为顶盖（5-DINGDIAN.Z3PRT）、零件 6 为开槽锥端紧定螺钉（6-KCZDJDLD.Z3PRT）、零件 7 为另一种规格的开槽锥端紧定螺钉（7-KCZDJDLD.Z3PRT）。在本例中，通过一个千斤顶案例来学习如何完成一个完整的装配，主要复习本章所学的常用的一些装配工具，涉及新建装配文件、插入组件、插入多组件、编辑约束、创建约束、创建爆炸视图、添加爆炸轨迹线、创建爆炸视频等。

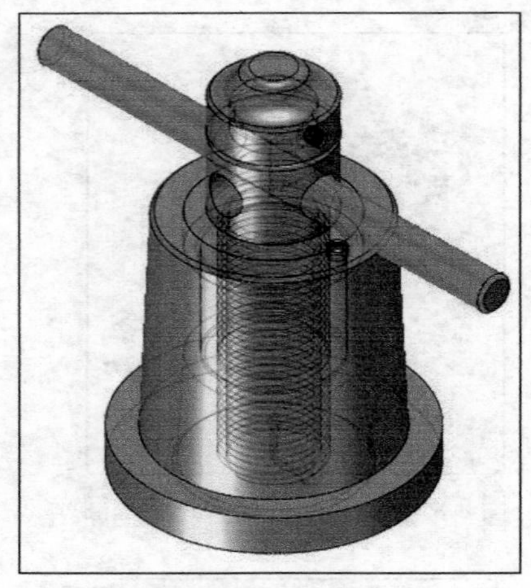

（a）装配好的千斤顶模型

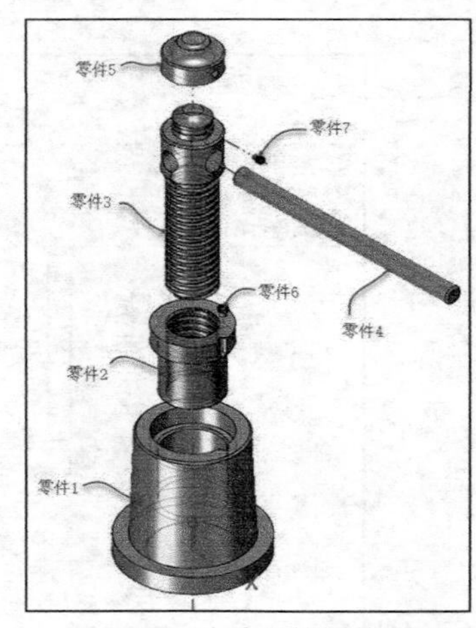

（b）千斤顶的爆炸图

图 8-87 千斤顶装配

千斤顶装配综合应用范例的具体操作步骤如下。

1. 新建一个装配文件

1）启动中望 3D 软件后，在“快速访问”工具栏中单击“新建”按钮，打开“新建文件”对话框。

2）在“类型”选项组中选择“装配”，在“子类”选项组中选择“标准”，在“模板”选项组中选择“[默认]”，在“信息”选项组的“唯一名称”文本框中输入“千斤顶”。

3）单击“确认”按钮。

2. 装配主体组件——底座零件

1）在功能区“装配”选项卡的“组件”面板中单击“插入”按钮，从本书配套素材的“CH8”\“8.9 千斤顶”文件夹中选择“1-DIZHUO.Z3PRT”（底座）模型文件来打开。

2）在“插入”对话框的“放置”选项组中，从“类型”下拉列表中选择“默认坐标”选项，选中“固定组件”复选框，如图 8-88 所示。因为是装配中插入的第一个组件，故建议选中“固定组件”复选框。

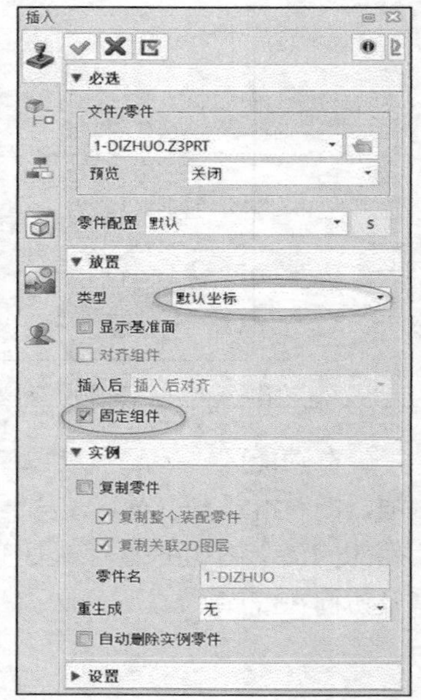

图 8-88 “插入”对话框

3）单击“应用”按钮，完成装配第一个组件——底座零件，如图 8-89 所示。

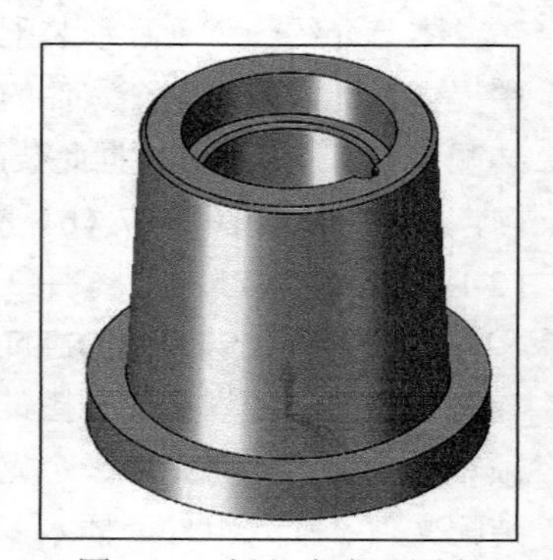

图 8-89 插入底座且固定

3. 装配螺套组件

1）在“插入”对话框的“必选”选项组中单击“打开/浏览”按钮，弹出“打开”对话框，从本书配套素材的“CH8”\“8.9 千斤顶”文件夹中选择“2-LUOTAO.Z3PRT”（螺套）模型文件，单击“打开”按钮，返回到“插入”对话框。

2）从“预览”下拉列表中选择“图像”选项，零件配置默认为“默认”。

3）在“放置”选项组的“类型”下拉列表中选择“点”选项，选中“对齐组件”复选框，从“插入后”下拉列表中选择“插入后对齐”选项，如图 8-90 所示。注意取消选中“固定组件”复选框。

4）在模型窗口中任意指定一个插入点，以临时放置螺套组件，此时弹出“编辑约束”对话框。

5）在“必选”选项组中可同时选中“显示组件”按钮和“通过小窗口预览组件”按钮，如图 8-91 所示。

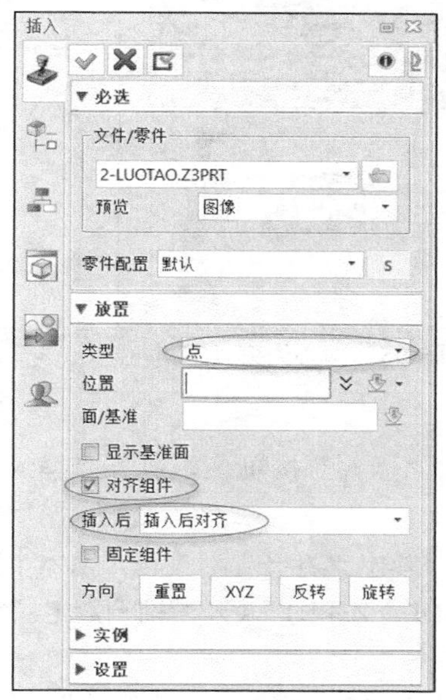

图 8-90　“插入”对话框

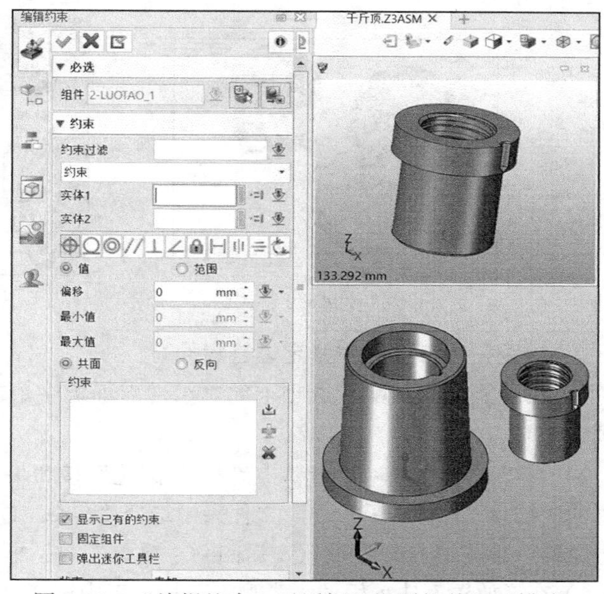

图 8-91　“编辑约束”对话框及设置组件显示模式

6）在“约束”选项组的下拉列表中选择“约束”选项（可供选择的选项有“约束”和“机械约束”），单击“重合”按钮，先在小窗口中选择螺套中的一个环形台阶面（见图 8-92），再在主窗口中单击底座组件要配合的一个台阶面，如图 8-93 所示，重合的偏移值默认为 0mm，单击“应用”按钮。

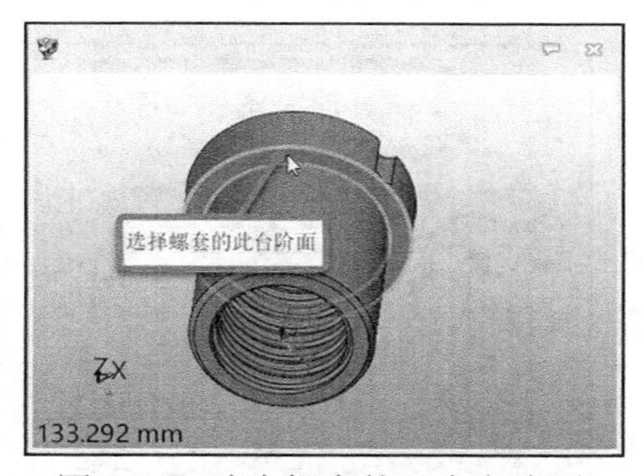

图 8-92　选中螺套的一个台阶面

图 8-93　选择底座的一个台阶面

7）在“编辑约束”对话框的“约束”选项组中单击“新建约束”按钮，单击“同心”按钮，将过滤器列表选项设置为“曲面”，在螺套中选择要配合的一个外圆柱曲面，接着在底座组件中选择要配合的内圆柱面，如图 8-94 所示，自动选中“反向”单选按钮，然后单击“应用”按钮。

8）在“编辑约束”对话框的“约束”选项组中单击“新建约束”按钮，单击“同心”按钮，在小窗口中选择螺套的小螺纹孔处的内圆柱曲面，再在主窗口的底座组件中选择对应螺纹孔的内圆柱曲面，如图 8-95 所示，单击“应用”按钮。

9）在“编辑约束”对话框中单击“确定”按钮，完成装配螺套组件。

图 8-94 同心约束（1）

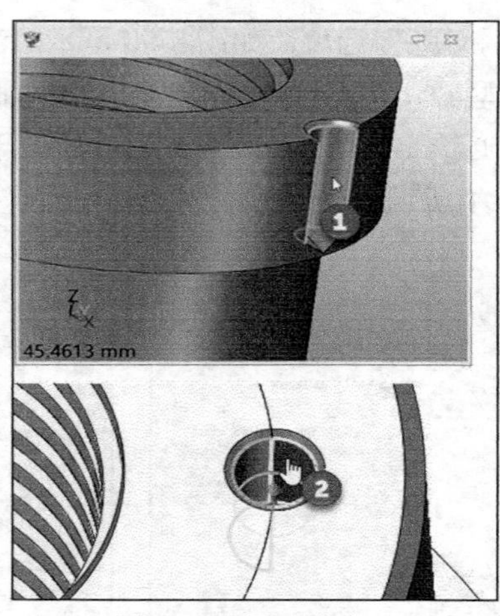

图 8-95 同心约束（2）

4. 装配一个开槽锥端紧定螺钉零件

1）在功能区“装配”选项卡的“组件”面板中单击“插入”按钮，打开“插入”对话框。

2）在“必选”选项组中单击“打开/浏览”按钮，弹出“打开”对话框，从本书配套素材的“CH8”\“8.9 千斤顶”文件夹中选择“6-KCZDJDLD.Z3PRT”（开槽锥端紧定螺钉 1）模型文件，单击“打开”按钮，返回到“插入”对话框。

3）在“放置”选项组的“类型”下拉列表中选择“点”选项，选中“对齐组件”，从“插入后”下拉列表中选择“插入后对齐”选项，在模型窗口的空余位置处任意单击一点，打开“编辑约束”对话框。

4）在“约束”选项组中单击“同心”按钮，在小窗口中选择螺钉的一个外圆柱面（见图 8-96），再在装配体中选择图 8-97 所示的一个内圆柱曲面。可以在“设置”选项组中取消选中“无关组件”复选框，单击“应用”按钮。

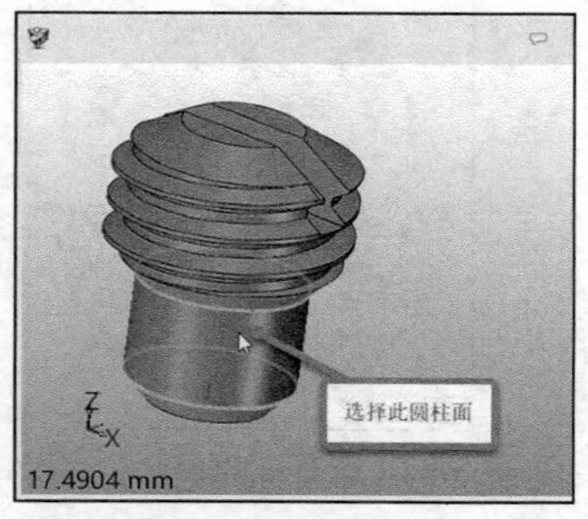

图 8-96 选择螺钉的外圆柱面

图 8-97 选择要配合的内圆柱曲面

5）在“编辑约束”对话框的“约束”选项组中单击“新建约束”按钮，单击“距离”按钮，先在小窗口中选择螺钉的面 1，再在主模型窗口中选择装配体的面 2，如图 8-98 所示，然后在“约束”选项组中选择“值”单选按钮，设置偏移距离值为 0mm，选择“共面”单选按钮，如图 8-99 所示。

6）单击“应用”按钮，接着单击“确定”按钮。

5. 装配螺杆

1）在功能区“装配”选项卡的“组件”面板中单击“插入”按钮，打开“插入”对话框。

2）在“必选”选项组中单击“打开/浏览”按钮，弹出“打开”对话框，从本书配套素材的“CH8”\“8.9 千斤顶”文件夹中选择“3-LUOG.Z3PRT”（螺杆）模型文件，单击“打开”按钮，返回“插入”对话框。

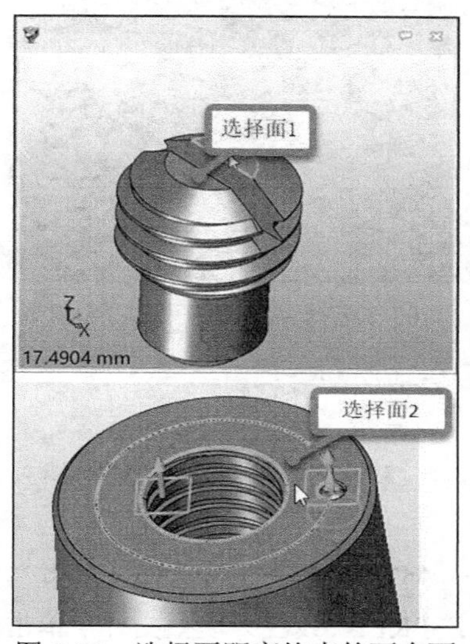

图 8-98 选择要距离约束的两个面

图 8-99 设置距离约束的一些选项及参数

3）在“放置”选项组的“类型”下拉列表中选择“点”选项，选中“对齐组件”，从“插入后”下拉列表中选择“插入后对齐”选项，在模型窗口的空余位置处任意单击一点，打开“编辑约束”对话框。设置通过小窗口预览组件，在“设置”选项组中确保取消选中“无关组件”复选框。

4）在“约束”选项组中单击“同心”按钮，在小窗口中选择图 8-100 所示螺杆的曲面，再在装配体中选择图 8-101 所示的一个内曲面，单击“应用”按钮。

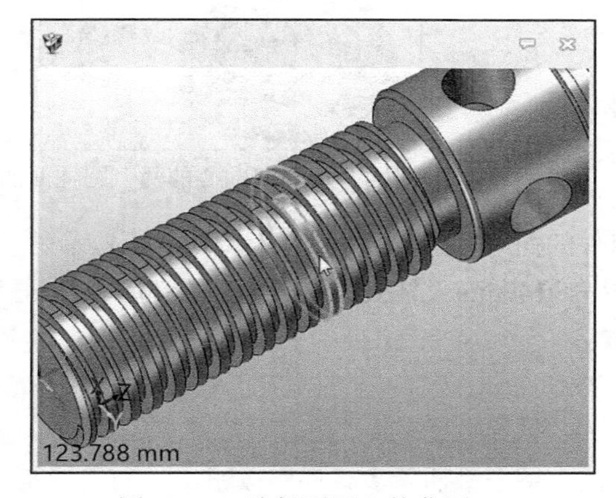

图 8-100 选择要同心的曲面

图 8-101 选择要同心的另一个曲面

5）在“约束”选项组中单击“新建约束”按钮，单击“距离”约束按钮，先在小窗口中选择螺杆的面 1（见图 8-102），再选择主装配体中的螺套组件的面 2（见图 8-103），将偏移距离值设置为 0mm，默认选中“反向”单选按钮，单击“应用”按钮。

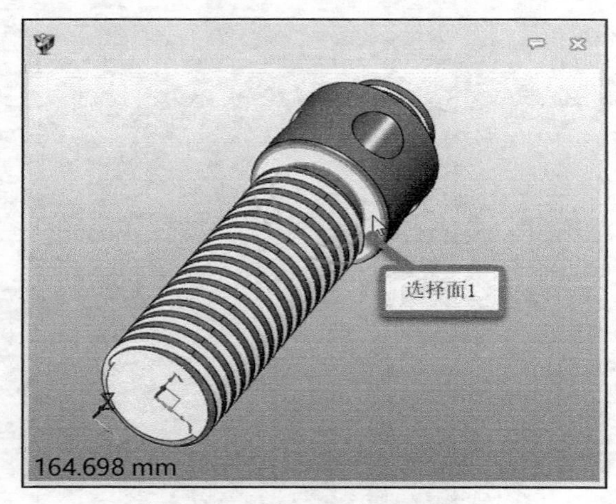

图 8-102 选择要距离约束的面 1

图 8-103 选择要距离约束的另一个面

6）在“编辑约束”对话框中单击“确定”按钮，完成装配螺杆。

6. 装配铰杠

1）在功能区“装配”选项卡的“组件”面板中单击“插入”按钮，打开“插入”对话框。

2）在“必选”选项组中单击“打开/浏览”按钮，弹出“打开”对话框，从本书配套素材的“CH8”\“8.9 千斤顶”文件夹中选择“4-JIAOG.Z3PRT”（铰杠）模型文件，单击“打开”按钮，返回“插入”对话框。

3）在“放置”选项组的“类型”下拉列表中选择“点”选项，选中“对齐组件”，从“插入后”下拉列表中选择“插入后对齐”选项，在模型窗口的空余位置处任意单击一点，打开“编辑约束”对话框，可以在“设置”选项组中确保取消选中“无关组件”复选框。

4）在“约束”选项组中选择“约束”选项，单击“同心”按钮，接着选择要约束的两个对象，即先在铰杆中选择其圆柱曲面，再在装配体中选择一个内孔的圆柱曲面，如图 8-104 所示，单击“应用”按钮。

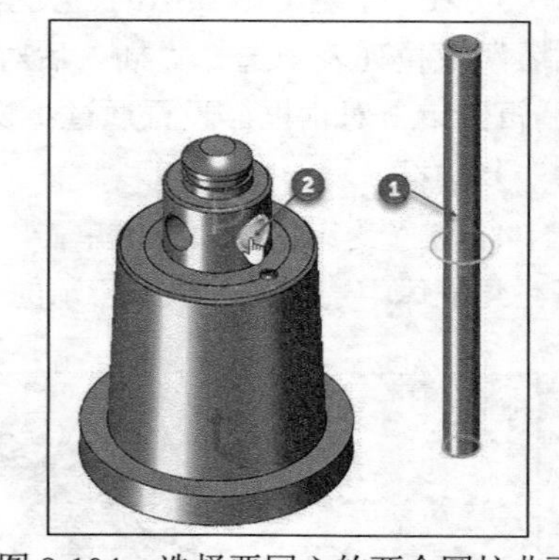

图 8-104 选择要同心的两个圆柱曲面

5）在“约束”选项组中单击“新建约束”按钮，接着单击“距离”按钮，选择要约束的几何体，即先选择铰杠的面 1，再在主装配体中单击螺杆组件的面 2，然后将这两个面之间的中心偏移距离值设置为−140mm（需要结合预览判断偏移值的正负关系），如图 8-105 所示。单击“应用”按钮。

6）在“编辑约束”对话框中单击“确定”按钮。

7. 插入多组件

1）在功能区“装配”选项卡的“组件”面板中单击“插入多组件”按钮，打开“插入多组件”对话框。

2）在“必选”选项组中单击“打开/浏览”按钮，弹出“打开”对话框，从本书配套素材的“CH8”\“8.9 千斤顶”文件夹中选择“5-DINGDIAN.Z3PRT”（顶盖，或称顶垫）模型文件，按住“Ctrl”键的同时选择“7-KCZDJDLD.Z3PRT”（开槽锥端紧定螺钉 2）模型文件，单击“打开”按钮，返回“插入多组件”对话框。

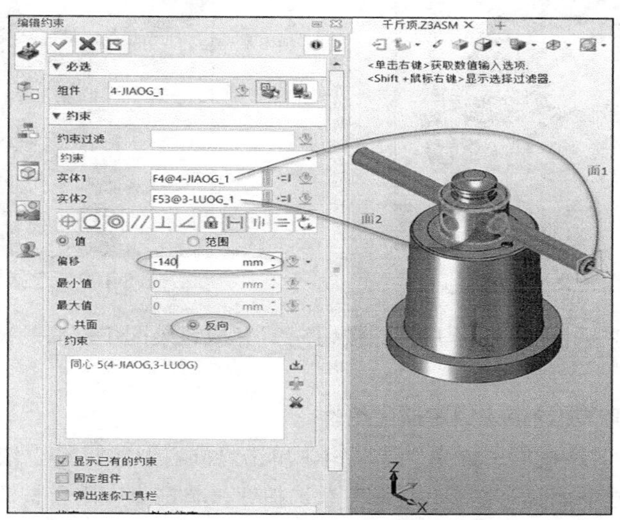

图 8-105 选择要距离约束的两个面

3）如图 8-106 所示，在“插入零件列表”中确保选中刚打开的上述两个模型零件，在“设置”选项组的“副本数”框内设置副本数为 1，接着指定插入点。

4）在“插入多组件”对话框单击“确定”按钮，则同时将顶盖零件和开槽锥端紧定螺钉 2 添加到装配文件中。

8. 装配顶盖组件

1）在功能区“装配”选项卡的“约束”面板中单击“约束”按钮，打开“约束”对话框，在“约束”选项组的“干涉”下拉列表中选择“无”选项，设置仅选中“显示已有的约束”复选框，取消选中 “仅用于定位”复选框和“弹出迷你工具栏”复选框。

2）在“约束”选项组中单击“同心”按钮，分别选择要约束的两个曲面，如图 8-107 所示，单击“应用”按钮。

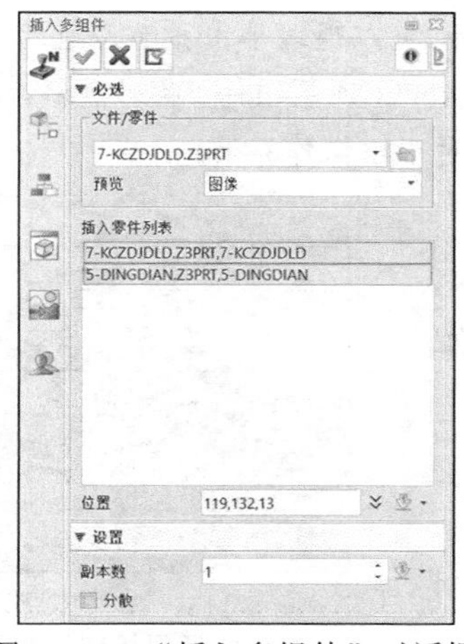

图 8-106 “插入多组件”对话框

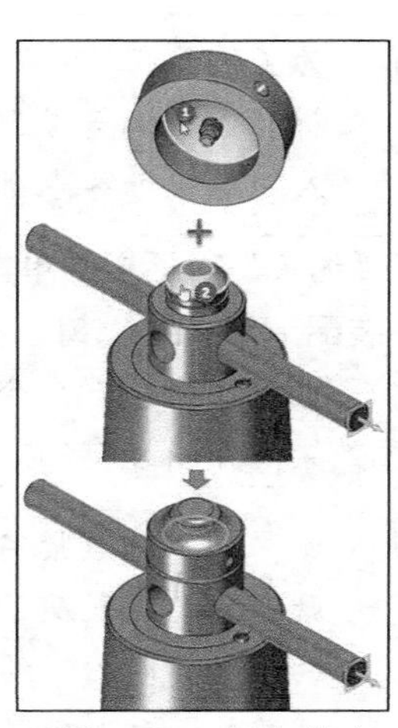

图 8-107 同心约束

3）在“约束”选项组中单击“平行”按钮//，在顶盖组件中选择图 8-108 所示的面 1，然后在主装配体中选择螺杆中的面 2（见图 8-109），默认选中“反向”单选按钮。

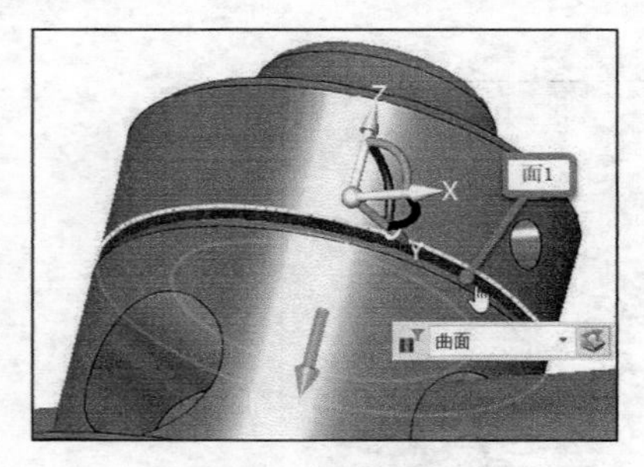

图 8-108 选择要平行的面 1

图 8-109 选择要平行的面 2

4）在“约束”对话框中单击“应用”按钮，完成该装配步骤后的装配体效果如图 8-110 所示。

9. 给紧定螺钉添加约束来锁定顶盖组件

1）在“约束”对话框的“约束”选项组中单击“同心”按钮◎，依次选择图 8-111 所示的圆柱曲面 1 和圆柱曲面 2，选择“共面”单选按钮，单击“应用”按钮。

2）在“约束”对话框的“约束”选项组中单击“相切”按钮，在锁定螺钉中选择一个端面（见图 8-112），再在主装配体的螺杆组件中选择要紧固相切的曲面，注意相切方位设备，如图 8-113 所示，单击“应用”按钮。

图 8-110 完成顶盖组件装配

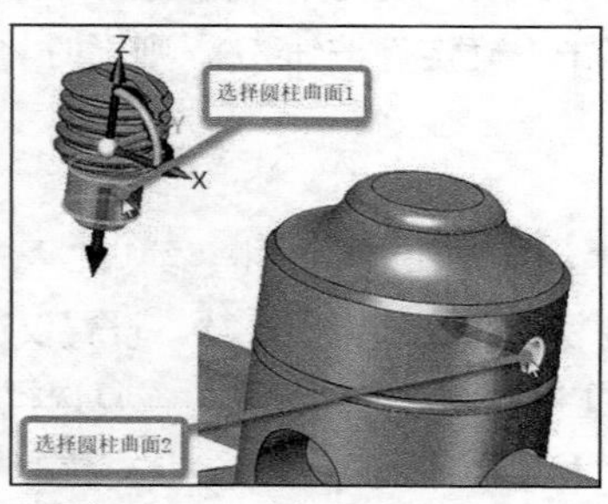

图 8-111 选择两个轴来对齐

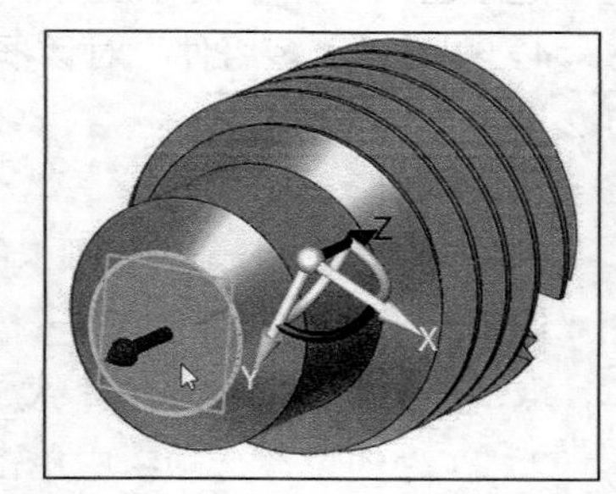

图 8-112 在锁定螺钉中选择一个端面

操作技巧 为了便于在主装配体中选择要相切的曲面，可以通过单击界面左边的“装配管理”标签来打开装配节点，将“5-DINGDIAN”（顶盖组件）临时隐藏。而单击“输入管理”标签则可以切换回当前输入对话框操作界面。

3）在“约束”对话框中单击“确定”按钮。

4）在装配节点（装配树）上右击“5-DINGDIAN”（顶盖组件），选择“显示”命令，此时可以看到该紧定螺钉的装配效果，如图 8-114 所示。

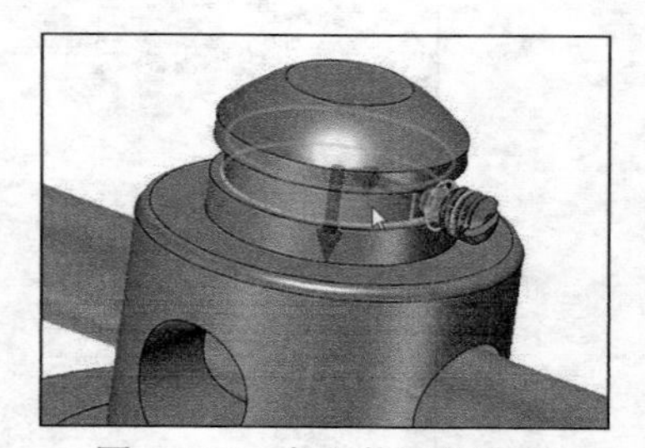
图 8-113 在主装配体选择要紧固相切的曲面

知识点拨 如果看不到该紧定螺钉的开槽朝外，那么就是方向设置反了，这时需要对“相切”约束或“同心”约束进行右键编辑，分别调整其方向来观察。

至此，整个千斤顶模型装配完毕，效果如图 8-115 所示。

图 8-114　锁定顶盖

图 8-115　完成千斤顶模型装配

10. 创建爆炸图与爆炸轨迹线，以及生成爆炸视频

1）在功能区“装配”选项卡的“爆炸视图”面板中单击“爆炸视图”按钮，打开“新建爆炸”对话框。

2）配置为“默认”，爆炸视图为“新建”，名称为“爆炸视图 1”，单击“确定”按钮。

3）添加爆炸步骤，手动对相关的组件进行添加爆炸步骤操作，得到的爆炸图参考效果如图 8-116 所示。

4）在“爆炸视图”环境中单击“添加爆炸轨迹线”按钮，分别创建图 8-117 所示的几条轨迹线。

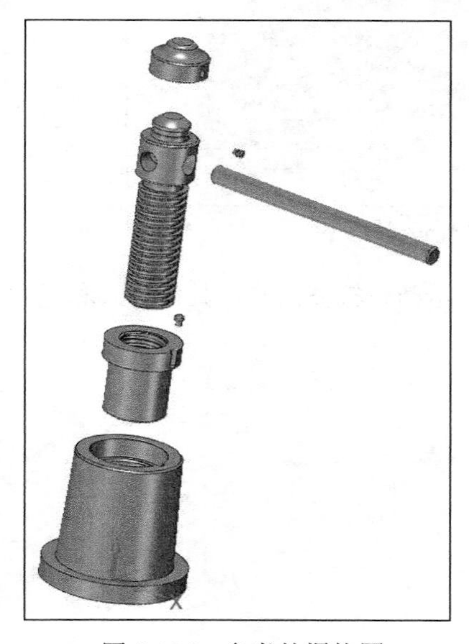

图 8-116　参考的爆炸图

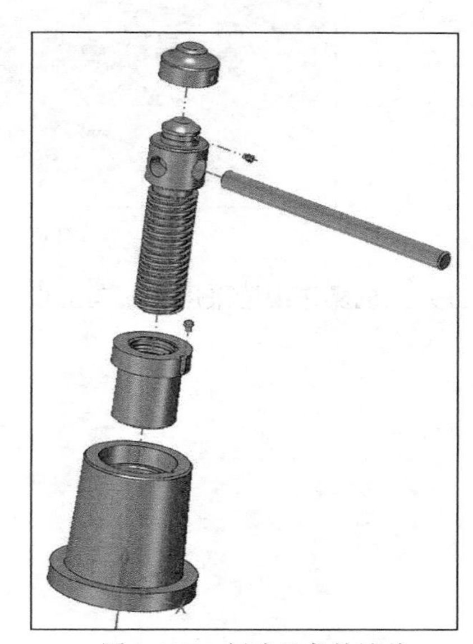

图 8-117　创建几条轨迹线

5）在“添加爆炸轨迹线”对话框中单击“确定”按钮。

6）单击“爆炸视频”按钮，打开“爆炸视频”对话框，选中“保存爆炸过程”复选框，单击“确定”按钮，弹出“选择文件”对话框，指定文件名为“千斤顶爆炸视图”，然后单击“保存”按钮，从而将生成爆炸视图的过程生成 AVI 格式的视频。

11. 保存文件

在“快速访问”工具栏中单击“保存”按钮保存文件。

另外，可以对装配体执行干涉检查。

8.10 思考与练习

1）在中望 3D 中，如何理解零件、组件、装配、子装配、约束、装配树这些概念？

2）装配设计方法有哪些？它们分别具有什么典型特点？

3）如何在装配中替换某个组件？

4）约束与机械约束有什么不同？

5）如何创建带轮？

6）在拖曳组件时，需要注意什么？

7）什么是爆炸视图?如何创建爆炸视图及生成爆炸视频？

8）如何进行干涉检查？

9）上机操作：请设计一个简单的装配体，要求至少应用“插入组件”“约束”“阵列组件”“装配孔”“爆炸视图”这些工具。

10）上机操作：参照图 8-118 所示的平口钳装配效果，创建各个零件，尺寸自定，然后将这些零件组装起来，并创建其爆炸视图、爆炸视频。本书配套资源中也提供了各个零件的实体造型。

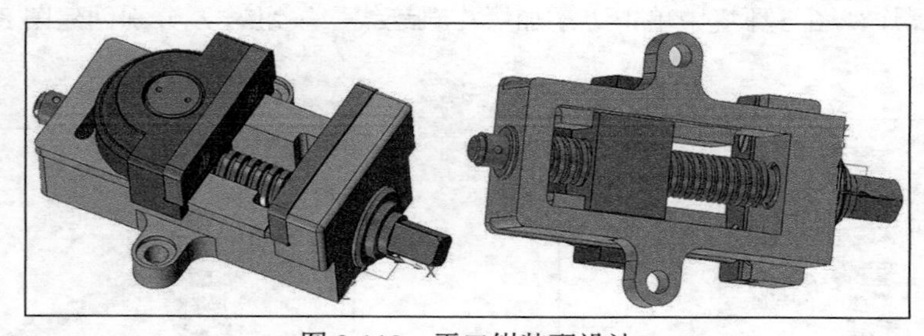

图 8-118 平口钳装配设计

11）上机操作：请采用自底向上设计方法设计一组凸轮机械结构，具体形式和尺寸自定。

第 9 章

工程图设计

零件或装配设计好了之后，产品将要进入生产制造环节，此时往往需要进行工程图设计。所谓工程图是根据投影法来表达机件（零件或装配）的投影面，是用来准确表达机件形状、大小和有关技术要求的技术文件。在机械设计中，工程图主要包括零件图和装配图。

本章基于中望 3D，深入浅出地介绍工程图设计的相关实用知识，包括工程图概述、创建各类视图、编辑视图、创建尺寸标注、创建注释与符号、编辑标注、使用各类表等，最后介绍一个工程图设计综合范例。

9.1 工程图概述

零件图和装配图是比较常见的两种工程图。其中，零件图是表达单个零件内外形状、大小和特征的图样，是用于制造和检验机器零件的重要技术图样，一张完整的零件图应该包括的基本内容有一组视图（综合运用视图、剖视、剖面及其他规定和简化画法，能把零件的内、外结构形状表达清楚）、完整的尺寸（确定零件各部分的大小和位置）、标题栏（说明零件的名称、材料、图号、数量、绘图比例、设计人员签字、审核人员签字、日期等）和技术要求。装配图是表达机器或部件的图样，在该图样中主要表达机器或部件的工作原理和装配关系。装配图的主要内容和零件图的主要内容相似，它包括一组视图（用于正确、完整、清晰地表达产品或部件的工作原理、各组成零件间的相互位置和装配关系及主要零件的结构形状）、必要的尺寸（标注出反映产品或部件的规格、外形、装配、安装所需的必要尺寸和一些重要尺寸）、技术要求和零部件序号、标题栏和明细栏。

具体而言，零件 2D 工程图中的视图包括标准视图（俯视图、仰视图、前视图、后视图、左视图、右视图、轴测图）、投影视图、剖视图、局部视图、向视图等，标注包含尺寸（外形尺寸和位置尺寸）、尺寸公差、形位公差、基准符号、表面结构要求符号和文本注释等，图纸格式包含图框、标题栏等。装配工程图则包含不同视图、配合尺寸、装配尺寸、标题栏、明细栏（BOM 表）、零件序号标注等。

中望 3D 提供功能强大的工程图模块，可以根据 3D 模型快捷地创建其 2D 工程图，该 2D 工程图与 3D 模型关联，可以自动跟随 3D 模型的变化而更新。

当在中望 3D 中创建好 3D 模型后，如配套资源中的“HY-机械零件.Z3PRT”模型文件，要创建 2D 工程图，则可以在 DA 工具栏中单击“2D 工程图”按钮，或者在图形窗口的空白区域右击并从弹出的快捷菜单中选择“2D 工程图”命令，如图 9-1 所示，系统弹出图 9-2 所示的“选择模板”对话框，从中选择合适的模板，单击“确认”按钮，从而进入工程图环境，此时弹出“标准”对话框（也称“标准”视图窗口），以及功能区提供工程图环境的相应选项卡，包括“布局”选项卡、“标注”选项卡、“绘图”选项卡、“工具”选项卡和“查询”选项卡。接着利用默认的创建视图工作流（如默认自动启用“标准视图”及自动启用投影视图命令等）或功能区“布局”选项卡上的“标准”按钮、“投影”按钮来创建相应的三视图和一个立体视图，如图9-3所示。

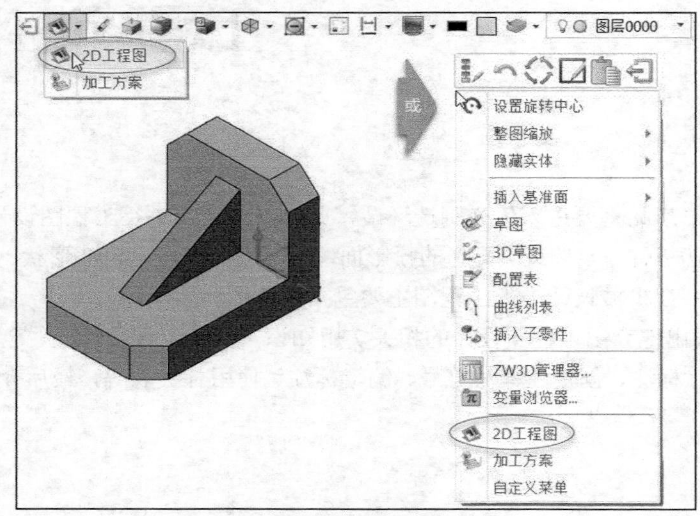

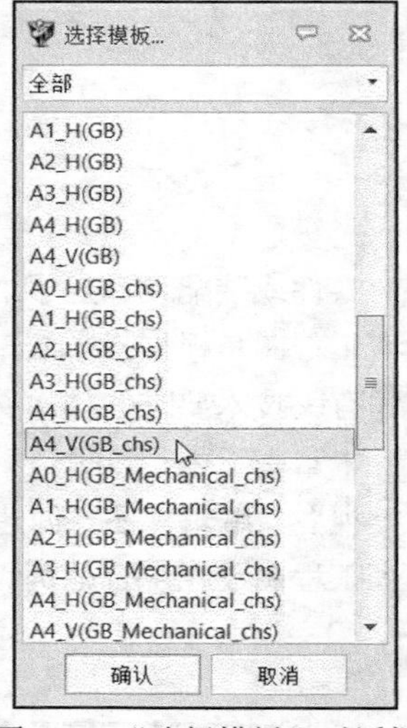

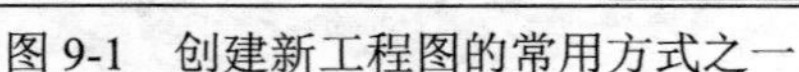

图9-1 创建新工程图的常用方式之一

图9-2 “选择模板”对话框

在中望3D中还可以采用另一种常用方法创建工程图文件，即单击“新建”按钮，弹出“新建文件”对话框，在“类型”选项组中选择“工程图”，在“子类”选项组中选择“标准”，在“模板”选项组中选择一个工程图模板，在“信息”选项组中输入工程图名称，如图9-4所示，单击“确认”按钮，从而创建一个新的2D工程图文件。在2D工程图文件中，可以创建一个或多个图纸，在图形窗口左下角会提供图纸页标签，单击图纸页标签右侧的“增加”按钮可以快速增加（创建）一个图纸。

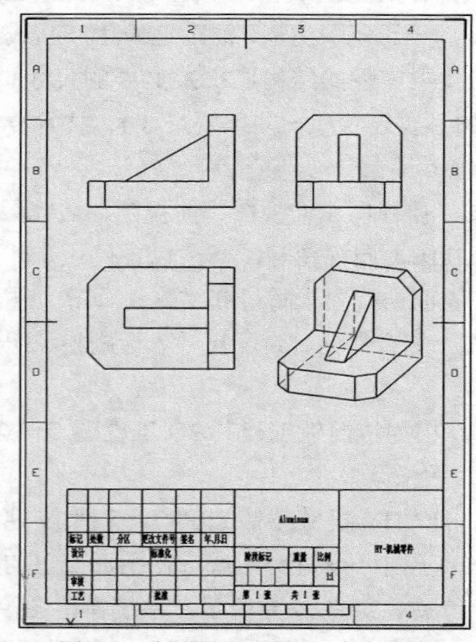

图9-3 创建三视图与一个立体图

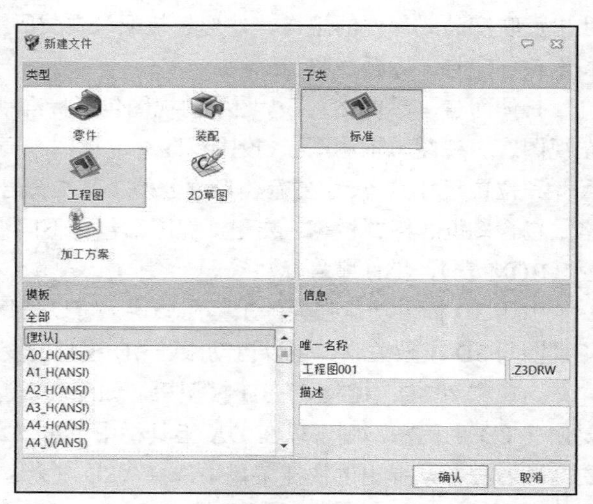

图9-4 创建2D工程图文件

在中望 3D 中，可以根据实际情况对 2D 工程图的参数、样式、属性等进行相应设置，一般情况下采用默认的国标设置即可。

在工程图环境的工作界面右上角区域单击“配置”按钮，弹出“配置”窗口，选择“2D”类别，可以设置工程图标准及工程图的一些默认参数，如图 9-5 所示。例如，在“工程图”选项组中，可以设置默认自动启动视图类型为“标准视图”，选中“自动启动投影视图命令”复选框等。

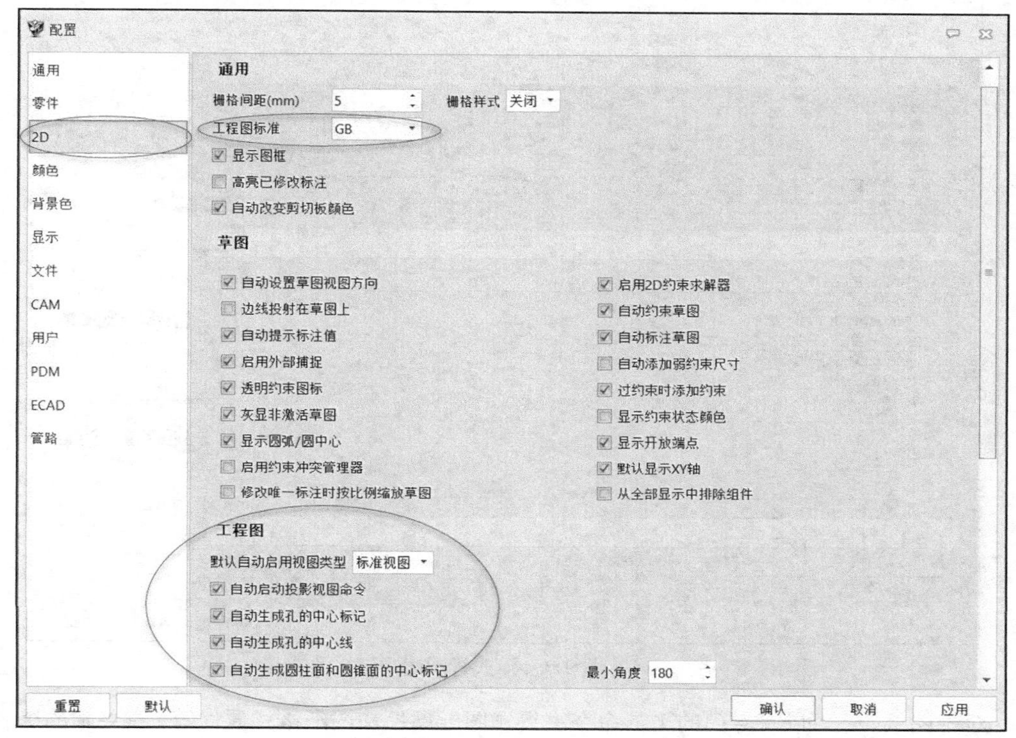

图 9-5 “配置”对话框

切换至功能区的“工具”选项卡，从“设置”面板中单击“参数设置”按钮，弹出图 9-6 所示的“工程图设置”对话框，利用此对话框可以修改工程图设置，包括单位、质量单位、栅格间距、投影类型（标准、第一视角或第三视角）、投影公差等。

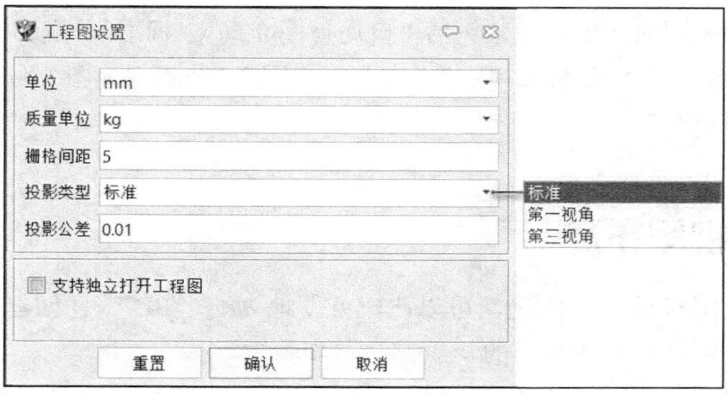

图 9-6 “工程图设置”对话框

另外，还可以通过“样式管理器”命令自定义或修改工程图的各种样式，包括制图标准、点样式、线样式、文字样式、填充样式、注释样式、符号样式、标注样式、表样式、视图样式等。在功能区切换至“工具”选项卡，从“属性”面板中单击“样式管理器”按钮，弹出

“样式管理器”对话框，接着在左窗格中选择要操作的样式类别或子类别，在对话框右部区域进行相应的选项及参数设置，可预览设置的样式效果，如图 9-7 所示，设置好之后单击“应用”按钮或“确定”按钮。

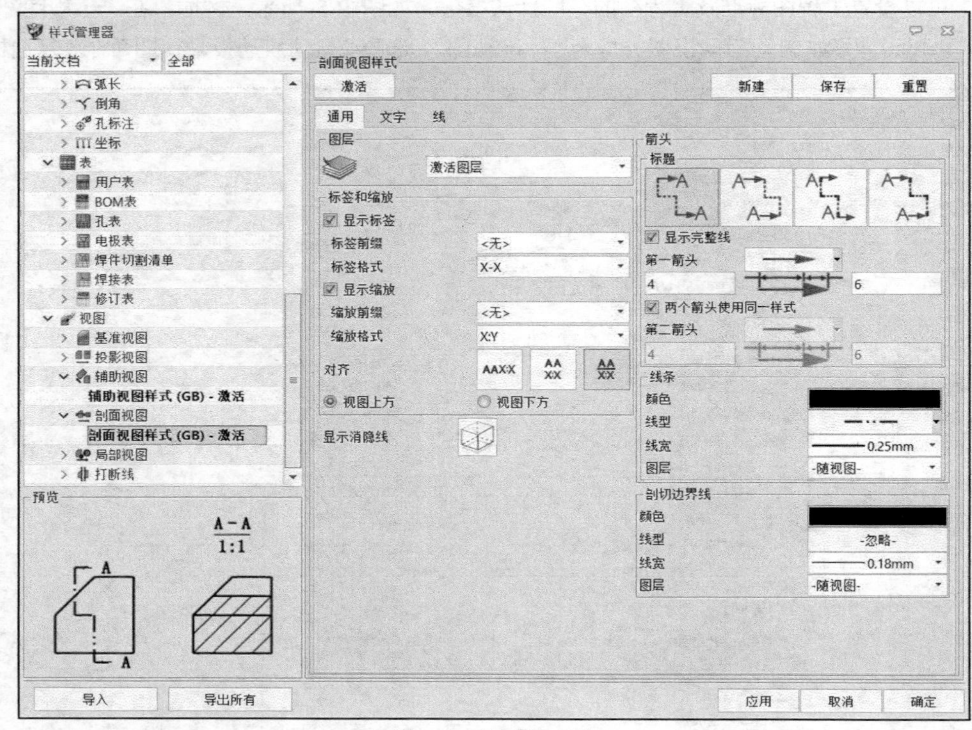

图 9-7　样式管理器

对于图纸，还可以有专门的工具命令去设置图纸属性和图纸格式属性等，有兴趣的读者可以研究一下。

9.2　创建视图

本节介绍创建视图的实用知识，包括“自动视图布局”“标准”“投影”“辅助视图”“全剖视图”“对齐剖视图”“3D 命名剖视图”“弯曲剖视图”“轴测剖视图”“局部剖”“局部视图”“裁剪视图”“断裂视图”。

9.2.1　自动视图布局

使用“自动视图布局”工具，可以比较方便地为一个 3D 零件创建 1 到 7 个布局视图。下面以一个范例介绍创建视图布局的一般方法及步骤。

1）单击“新建”按钮，创建一个新的使用“A4_V(GB)”模板的 2D 工程图文件，其名称为“HY-9-2-1”。

2）在功能区“布局”选项卡的“视图”面板中单击“自动视图布局（简称“布局”）”按钮，打开图 9-8 所示的“布局”对话框。

3）通过“必选”选项组选择配套的“HY-视图布局零件.Z3PRT”模型文件，指定视图位置。指定视图位置有 3 种方法：第一种是“自动”法，由系统自动定义视图位置；第二种是“中心”法，通过指定一个中心点定义视图位置；第三种是“角点”法，通过指定两点定义视图位置。

4）在“设置”选项组中进行相应设置，包括设定视图的投影方法、控制布局哪些视图、采用哪些视图样式、配置视图的属性等。

5）单击“确定”按钮，得到图 9-9 所示的自动视图布局参考结果。

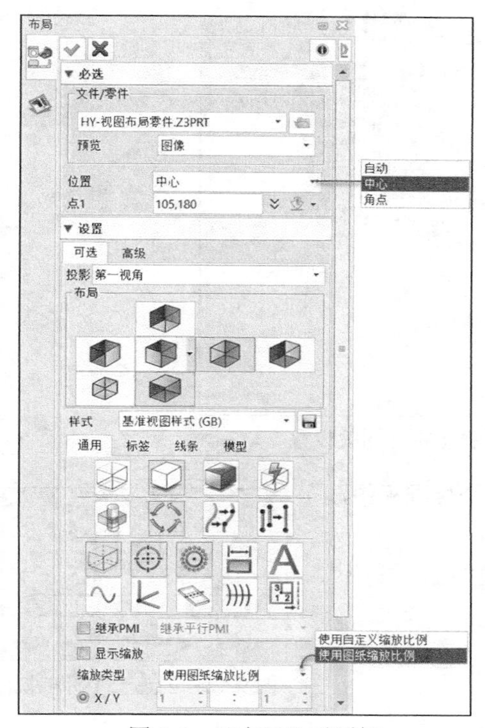

图 9-8 “布局”对话框

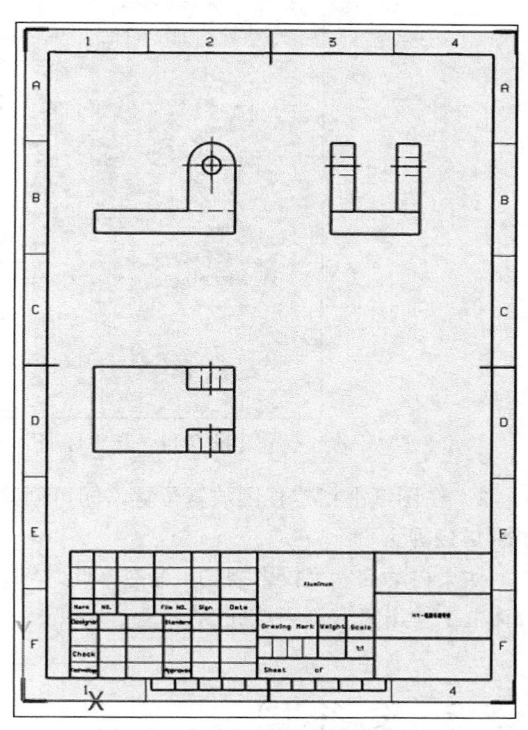

图 9-9 自动视图布局的参考结果

9.2.2 标准视图

使用“标准”工具为零件插入所需的标准视图，一般情况下使用此工具创建 2D 工程图的第一个视图及立体图（如轴测视图）。

下面以图 9-10 所示的一个底座零件为例（可先打开该零件配套的空的工程图文件“HY-9A.Z3DRW”），创建其标准视图及投影视图（其中投影视图将在 9.2.3 小节中介绍）。

1）在功能区“布局”选项卡的“视图”面板中单击“标准”按钮，打开“标准”对话框，在“必选”选项组中单击“打开/浏览”按钮，选择“HY-9A.Z3PRT”（底座零件）来打开。

2）在“必选”选项组的“视图”下拉列表中选择所需的一个标准视图，如选择“前视图”，接着在“设置”选项组的“可选”选项卡上进行图 9-11 所示的相关设置。

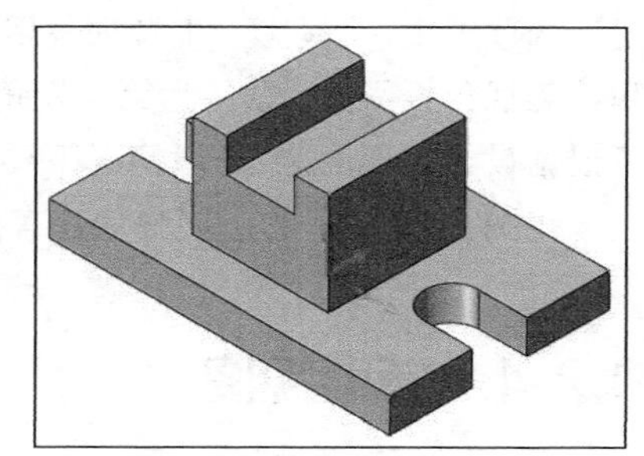

图 9-10 某底座夹具零件

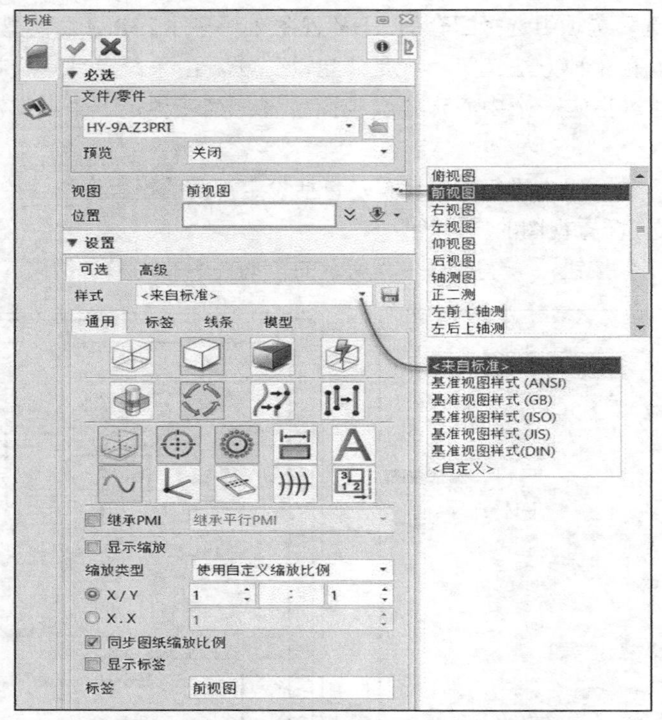

图 9-11　在“标准”对话框上进行相关设置

3）在图纸上指定视图放置位置，即可创建一个标准视图，如图 9-12 所示。

如果自动启动“投影视图”命令，此时可以直接在“投影”对话框上单击“取消”按钮 。

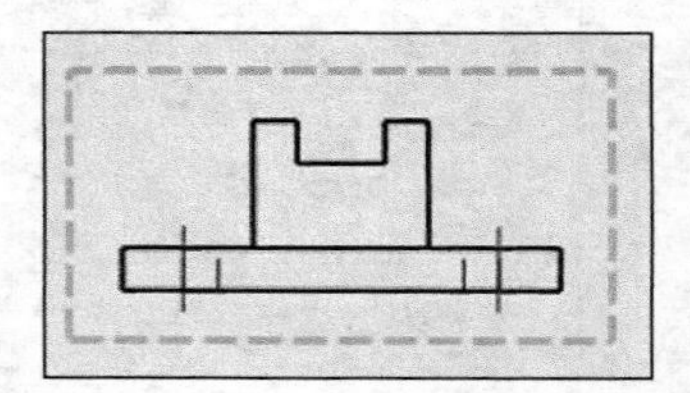

图 9-12　创建一个标准视图

9.2.3　投影视图

可以根据一个已有的视图在指定投影通道上生成其三维模型的投影视图，投影法通常有第一角投影法和第三角投影法，我国标准采用第一角投影法。

要创建投影视图，则可以在功能区“布局”选项卡的“视图”面板中单击“投影”按钮 ，打开图 9-13 所示的“投影”对话框，系统通常会默认图纸中仅有的一个视图作为要投影的基准视图，也可以在激活“基准视图”收集器的状况下选择要投影的一个三维布局视图作为基准视图，接着移动鼠标指针在基准视图的左边、右边、上边或下边来拟在所指方向上创建一个投影视图，指定投影视图的放置位置，可继续为当前基准视图创建其他方向的投影视图。在“设置”选项组中，“投影”下拉列表用于设置创建视图时所使用的投影法，支持第一视角投影法和第三视角投影法，默认为第一视角投影法。有关投影的通用、标签、线条属性等方面的设置，可根据设计需要而定，一般情况下要保证创建的视图符合相应的制图标准，如我们的国家标准。

在图 9-14 所示的示例中创建有两个投影视图，然后单击“确定”按钮 。

9.2.4　辅助视图

辅助视图是指从一个布局视图的一条边垂直投影得到的视图，这样的视图常被称为“向视图”。具体而言，向视图是在主视图或其他视图上注明投射方向来得到的辅助视图，向视图需要在图形上方中间位置处标注视图名称“X”（X 为大写拉丁字母），并在视图附近用箭头指明投射方向，并注上同样的字母。

下面通过一个范例介绍如何创建辅助视图。

1）打开配套的“HY-9B.Z3DRW”工程图文件，该工程图文件中已经存在图 9-15 所示的 3 个标准视图。

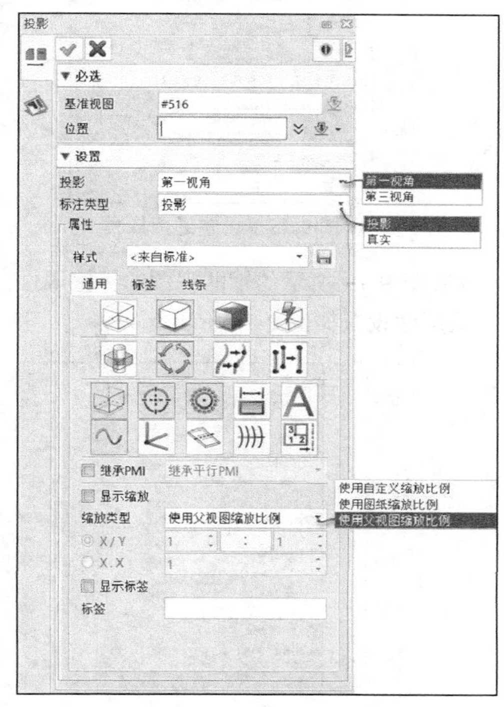

图 9-13 “投影”对话框

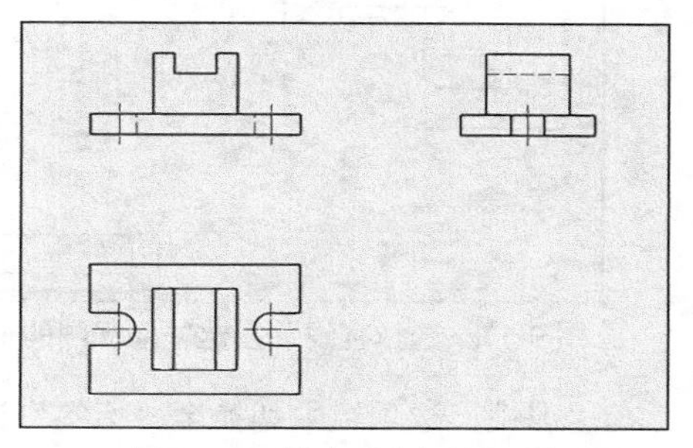

图 9-14 创建两个投影视图

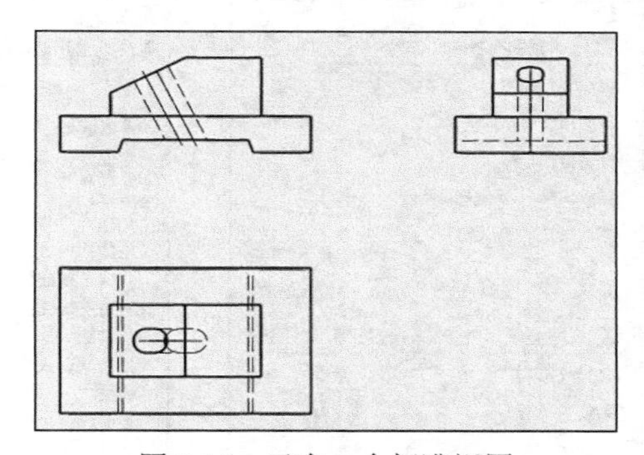

图 9-15 已有 3 个标准视图

2）在功能区“布局”选项卡的“视图”面板中单击“辅助视图”按钮，打开图 9-16 所示的“辅助视图”对话框，接着在“设置”选项组的“投影”下拉列表中指定创建辅助视图的投影方式为“第一视角”或“第三视角”，本例选择“第一视角”。

3）选择所需的一个视图作为基准视图，如在本例中选择左上角的主视图作为基准视图（要投影的视图）。

4）选择一条直线（这里选择倾斜的一条直线）定义辅助平面视图，接着在垂直于所选直线的投射方向上指定辅助视图的位置，如图 9-17 所示，先不用在意辅助视图的放置位置，即使将它放置在与其他视图有交错或位于图纸外部也可以，之后可以将辅助视图移动到图纸上更合适的位置处。

5）指定辅助视图的放置后，在“辅助视图”对话框的“设置”选项组中进行属性设置，即从“样式”下拉列表中选择“辅助视图样式（GB）”，在“通用”选项卡设置图 9-18 所示的通用属性，包括选中“显示标签”复选框，标签字母为“A”。

图 9-16 “辅助视图”对话框

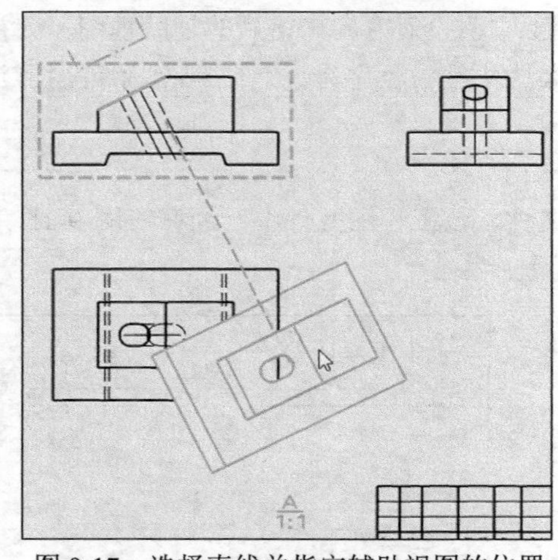

图 9-17 选择直线并指定辅助视图的位置

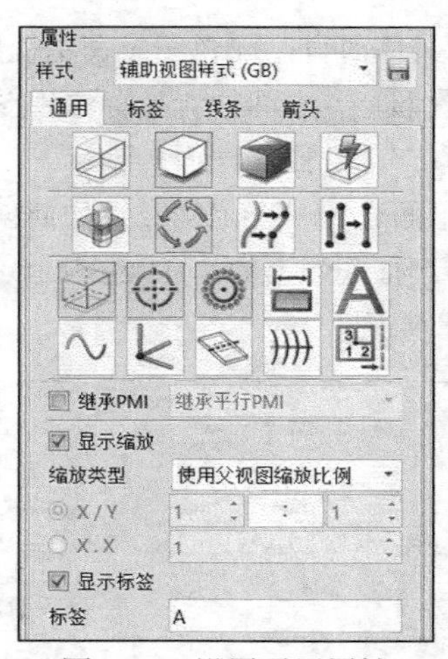

图 9-18 设置通用属性

在“属性”选项组中切换至“标签”选项卡，设置图 9-19 所示的辅助视图的标签属性。另外，辅助视图的线条属性设置如图 9-20 所示，箭头属性设置如图 9-21 所示。

图 9-19 设置标签属性

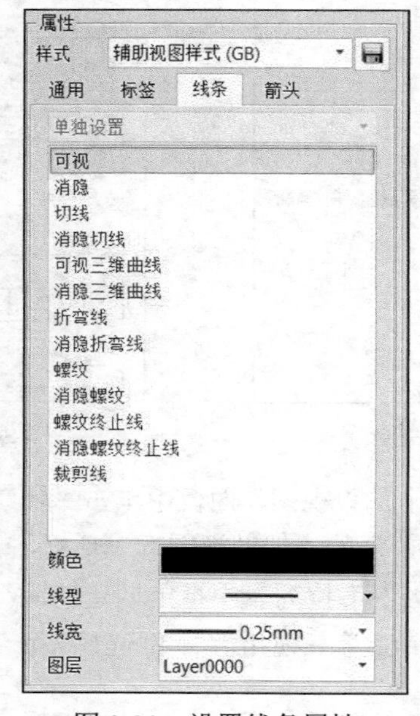

图 9-20 设置线条属性

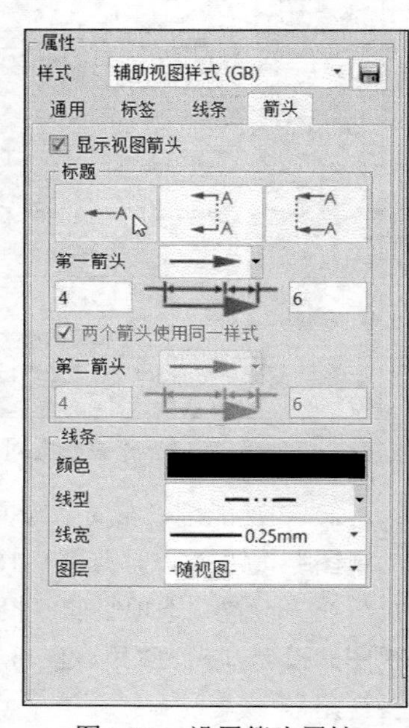

图 9-21 设置箭头属性

6）在“辅助视图”对话框中单击“确定”按钮，完成创建一个辅助视图（向视图），如图 9-22 所示。显然需要将该辅助视图移动到更合适的位置。

7）选择辅助视图并右击它，接着从弹出的快捷菜单中取消选中“对齐”复选命令，这样便可以使用鼠标左键拖动辅助视图的视图边界线将它拖到图纸上的合适位置，结果如图 9-23 所示。

9.2.5 全剖视图

全剖视图是指为了表达物体、机件完整的内部结构，假设使用剖切面对物体、机件在一个方向完全剖开所获得的剖视图。全剖视图一般绘制主视图或其他重要的基本视图上，一般适用于外形简单、内部形状较复杂的物体、机件。

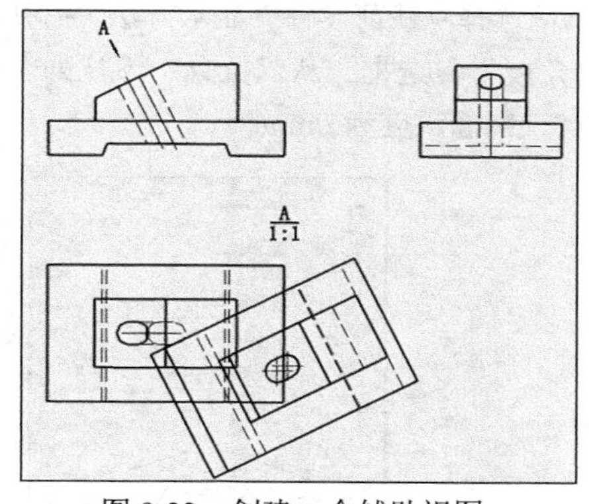

图 9-22　创建一个辅助视图

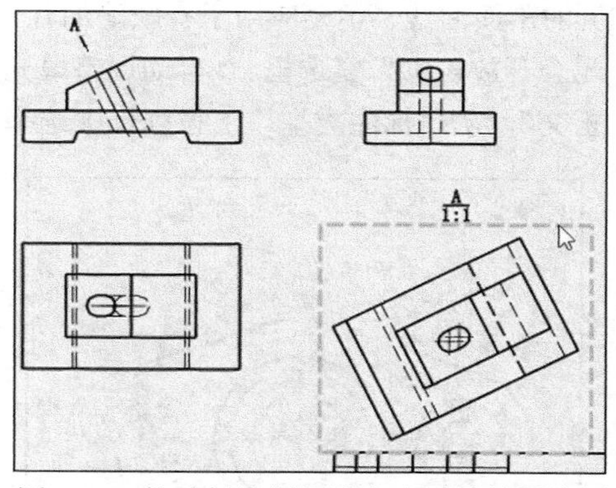

图 9-23　拖动辅助视图选定合适的放置位置

下面通过一个范例介绍如何创建全剖视图。

1）原始零件的三维模型如图 9-24 所示，打开配套的“HY-9C.Z3DRW”工程图文件，该工程图文件中已经存在图 9-25 所示的一个俯视图。

2）在功能区“布局”选项卡的“视图”面板中单击“全剖视图”按钮，打开图 9-26 所示的“全剖视图”对话框。

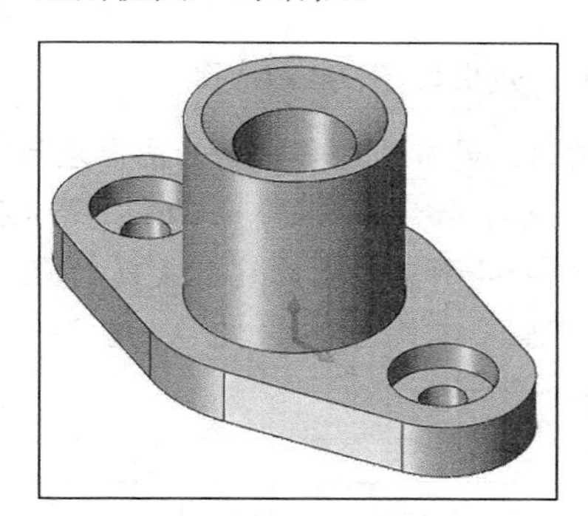

图 9-24　原始 3D 零件

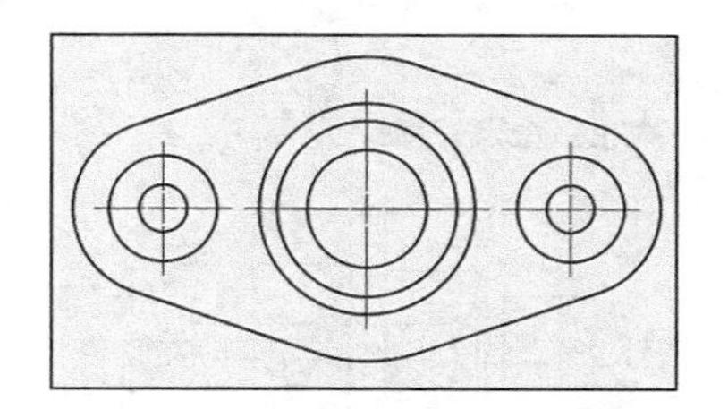

图 9-25　已有俯视图

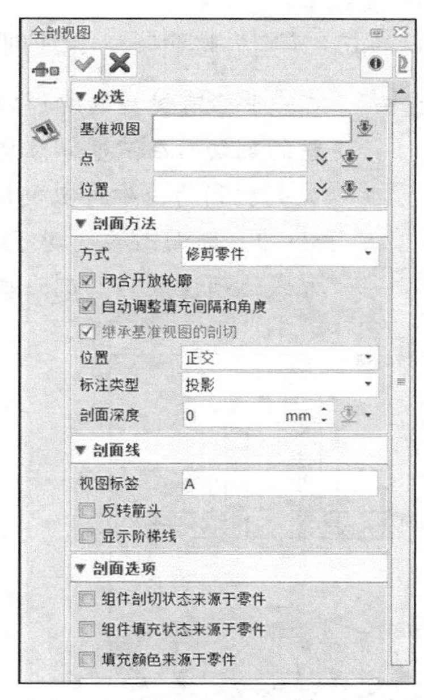

图 9-26　“全剖视图”对话框

3）选择要剖视的布局视图。

4）选择两个点定义剖面/剖面线。本例从左到右分别指定一个圆心定义剖面，如图 9-27 所示，单击鼠标中键。

5）定义剖面视图的放置位置。本例在位于俯视图上方投影通道上的合适位置指定放置位置，如图 9-28 所示。

6）在“剖面方法”选项组的“方式”下拉列表中选择显示方法，可供选择的选项方法有“剖面曲线”“裁剪零件”“裁剪曲面”，其中“剖面曲线”用于只显示横截面轮廓，“裁剪零件”

用于显示整个零件的隐藏线视图（移除被剖视掉的体积），“裁剪曲面”显示裁剪曲面（开放或封闭）的剖面曲线，主要应用于有缺陷的几何体。本例选择“裁剪零件”显示方法。另外，选中“闭合开放轮廓”复选框、“自动调整填充间隔和角度”复选框，从“位置”下拉列表中选择“正交”，从“标注类型”下拉列表中选择“投影”，剖面深度为0mm。

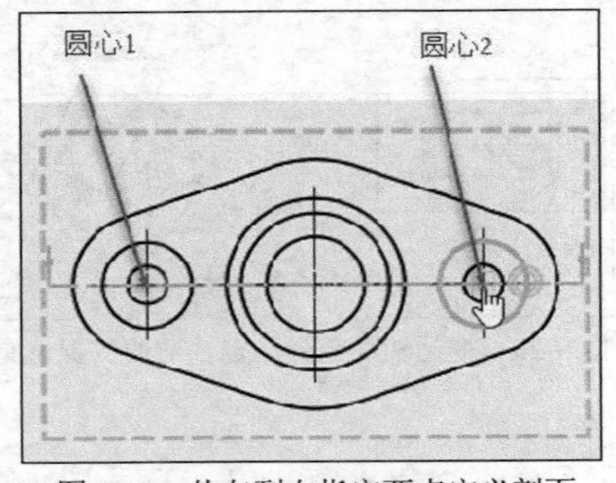

图9-27 从左到右指定两点定义剖面

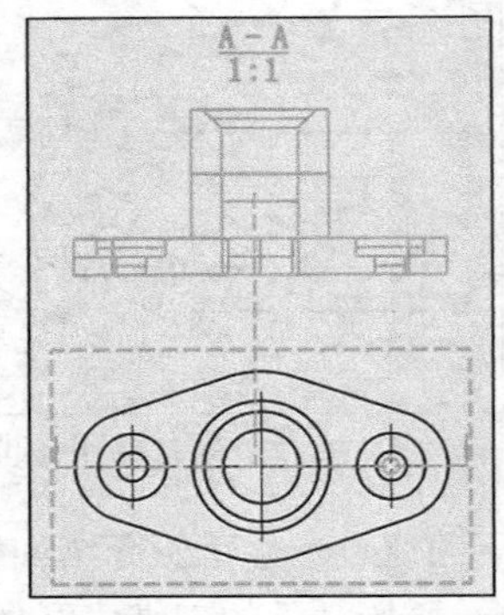

图9-28 定义剖面视图的放置位置

7）在“剖面线”选项组中设定视图标签为“A”，取消选中“反转箭头”“显示阶梯线”复选框，以及在“剖面选项”选项组中选中“组件剖切状态来源于零件”“组件填充状态来源于零件”复选框。

8）单击“确定”按钮，完成创建该全剖视图，效果如图9-29所示。

知识点拨 在一些带有键槽的阶梯轴零件中，键槽结构通常采用移出断面图来表示，即用假想的剖切面在键槽部位将其切开（按剖切符号所注位置），采用正投影方法只将被剖切到的轮廓得出剖切面，其余看到的轮廓不绘出，这就是断面图。在中望3D中，断面图的创建可以采用“全剖视图”工具来绘制，注意将剖面方法的方式选项设置为“剖面曲线”，如图9-30所示。

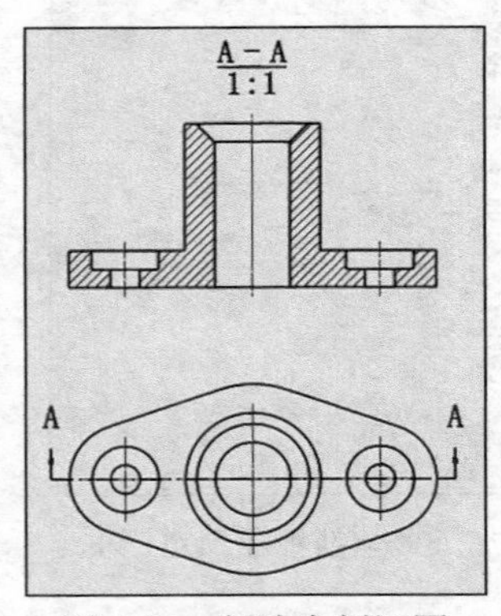

图9-29 创建全剖视图

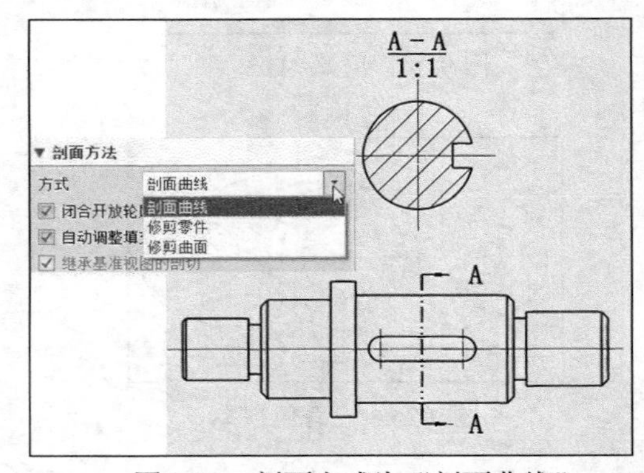

图9-30 剖面方式为“剖面曲线”

在使用“全剖视图”工具时，如果选择了多个剖面点，则可以创建阶梯剖视图，请看以下创建阶梯剖视图的典型范例。

1）原始零件的三维模型如图9-31所示，打开配套的“HY-9D.Z3DRW”工程图文件，该工程图文件中已经存在图9-32所示的一个布局视图。

2）在功能区“布局”选项卡的“视图”面板中单击“全剖视图”按钮，打开“全剖视图”对话框。

3）选择要剖视的布局视图。

4）在所选布局视图中依次指定一系列剖切点，如图 9-33 所示，在指定最后一个剖切点后单击鼠标中键，再指定剖视图的放置位置。

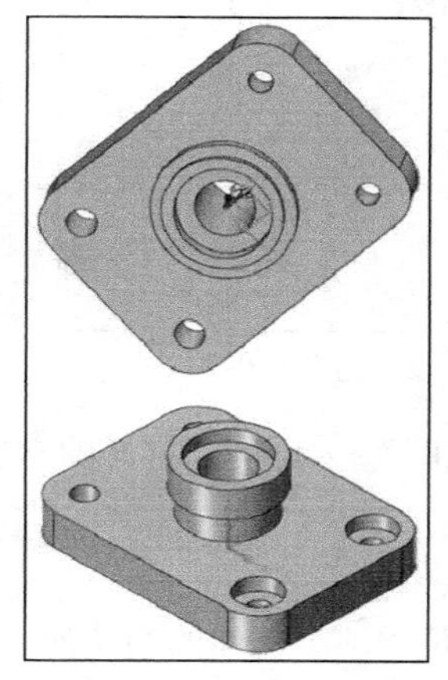

图 9-31 原始 3D 零件

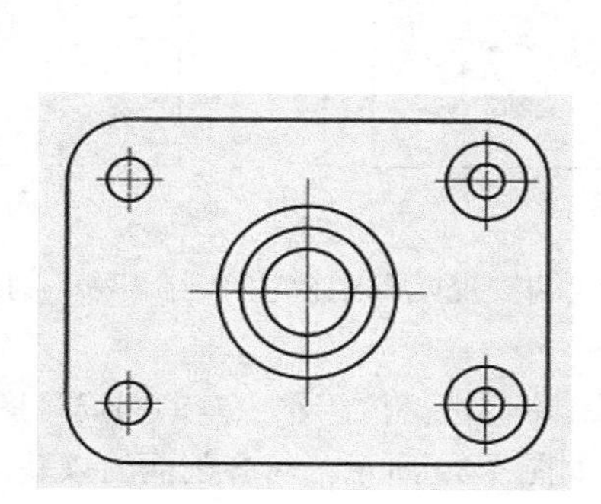

图 9-32 已有布局视图

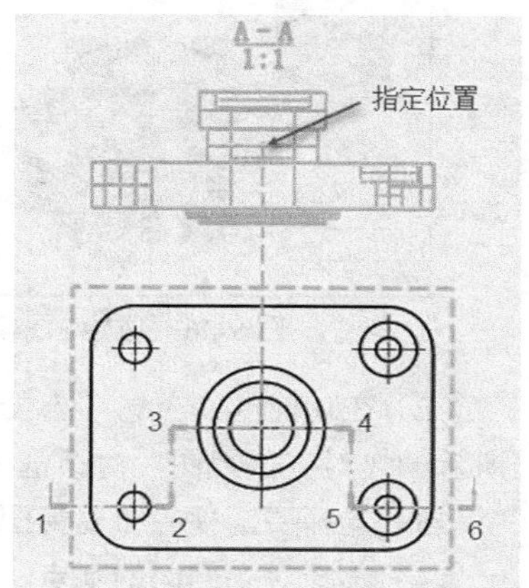

图 9-33 指定一系列剖面点

5）在“全剖视图”对话框的“剖面方法”选项组、“剖面线”选项组和“剖面选项”选项组进行图 9-34 所示的设置。

6）单击“确定”按钮，创建的阶梯剖视图如图 9-35 所示。

图 9-34 在“全剖视图”对话框中进行设置

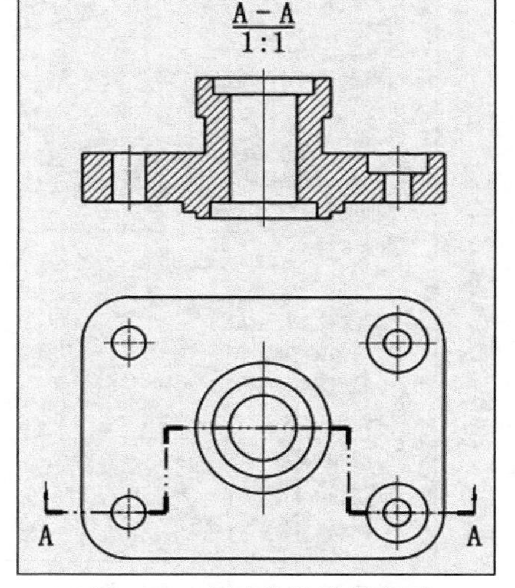

图 9-35 创建的阶梯剖视图

9.2.6 对齐剖视图

“对齐剖视图”工具用于创建在两个方向上的剖视图。创建对齐剖视图的典型范例如下。

该典型范例采用的 3D 模型如图 9-36 所示。

1）打开配套的“HY-9E.Z3DRW”中望 3D 工程图文件，已有视图如图 9-37 所示。

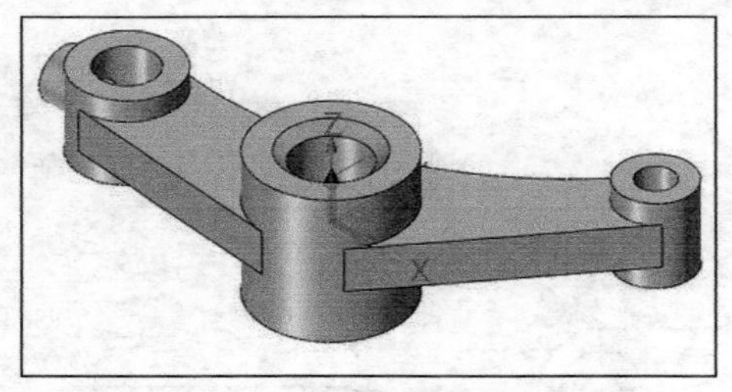

图 9-36　原始 3D 模型

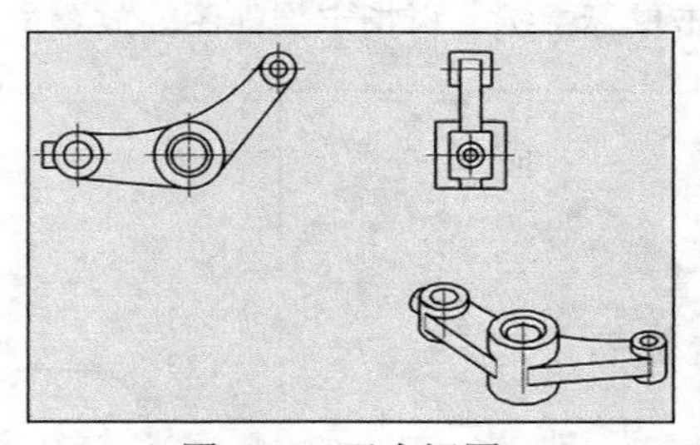

图 9-37　已有视图

2）在功能区“布局”选项卡的“视图”面板中单击“对齐剖视图”按钮，打开图 9-38 所示的“对齐剖视图”对话框。

3）选择要剖视的布局视图。本例选择位于左上角的布局视图。

4）选择对齐剖面的基点，如图 9-39 所示。对齐剖面的该基点位于两个剖面的相交处。

5）因为要创建对齐剖视图，需要指定其中一个剖面的基点。本例要剖视一个孔，可以选择该孔的中心定义该基点，如图 9-40 所示，单击鼠标中键进入下一步。

6）选择一个定义对齐方向的点，该点定义了另一剖面的方位，如图 9-41 所示，单击鼠标中键确认并进入下一步。

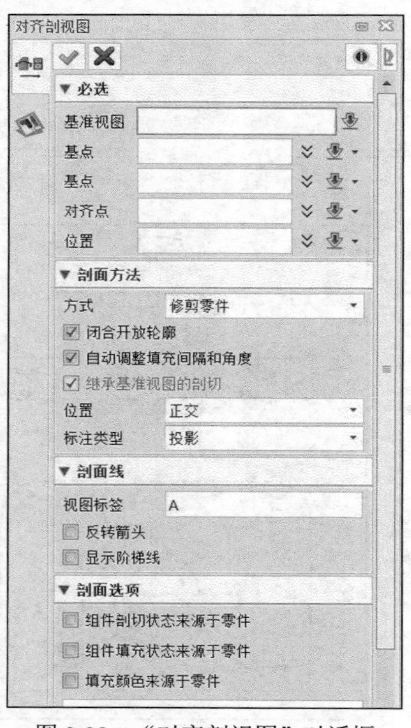

图 9-38　“对齐剖视图”对话框

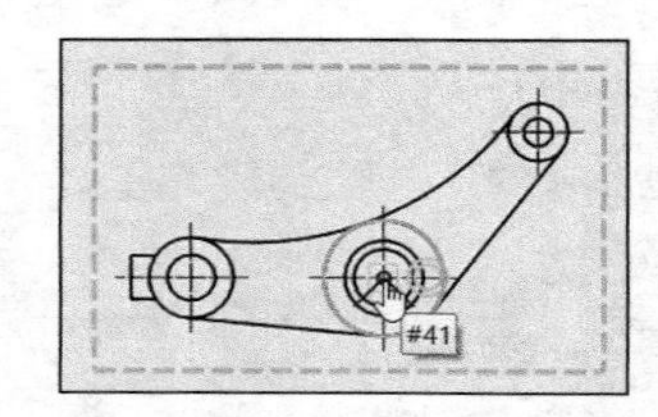

图 9-39　选择对齐剖面的基点

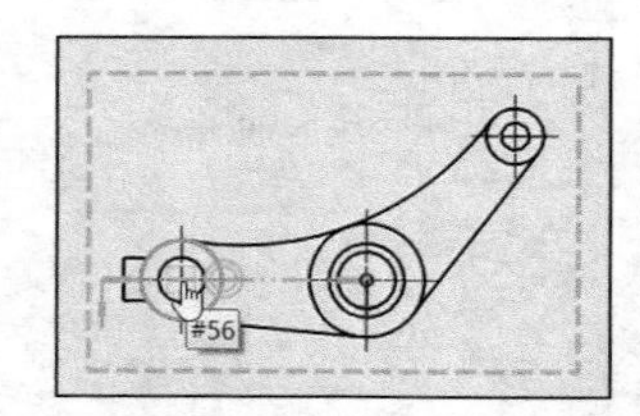

图 9-40　指定一剖面的基点

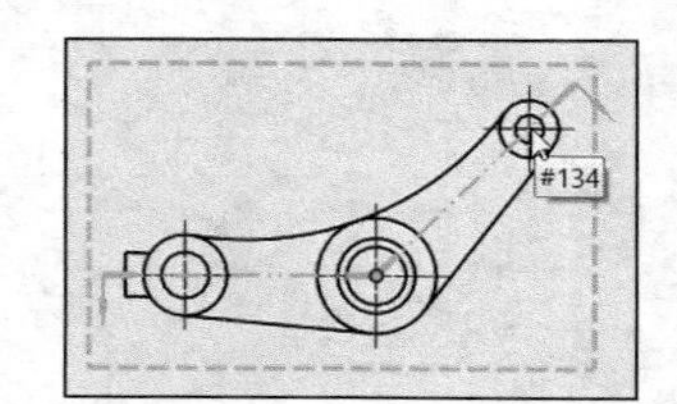

图 9-41　选择定义对齐方向的点

7）选择剖面视图的位置，如图 9-42 所示。

8）设置剖面方法、剖面线和剖面选项，然后单击“确定”按钮，创建图 9-43 所示的对齐剖视图。

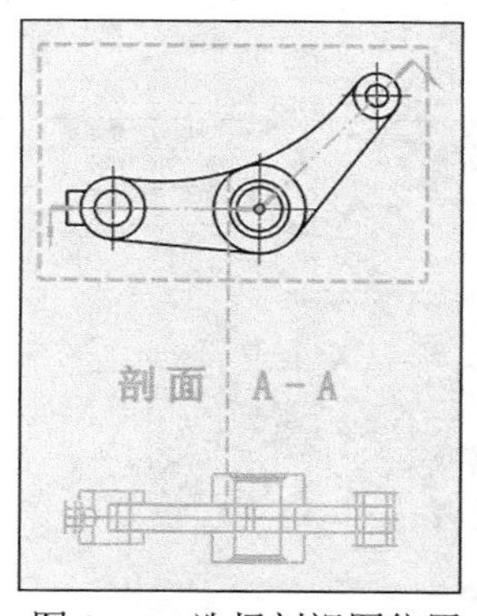

图 9-42 选择剖视图位置

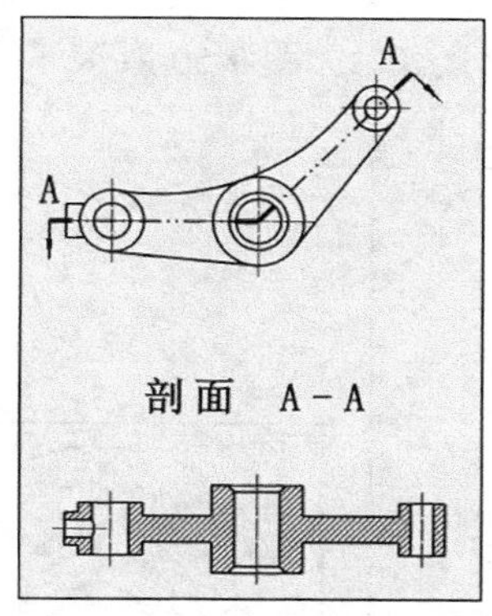

图 9-43 创建对齐剖视图

9.2.7 3D 命名剖视图

在工程图环境下，可以使用在 3D 模型中创建的命名剖面曲线在指定的布局视图中创建相应的剖视图，这就是 3D 命名剖视图的创建思路，需要注意的是，创建命名剖面曲线需要使用内含无折弯或多个 90°折弯线条的草图。下面通过一个典型的操作实例进行介绍。

1）打开“HY-9F.Z3PRT”模型文件，已有的 3D 模型如图 9-44 所示。

2）创建用于辅助创建命名剖面曲线的草图。在功能区“造型”选项卡的“基础造型”面板中单击“草图”按钮，打开“草图”对话框，选择图 9-45 所示的实体面作为草绘平面，单击鼠标中键进入草图环境，绘制图 9-46 所示的草图线，然后单击“退出”按钮。

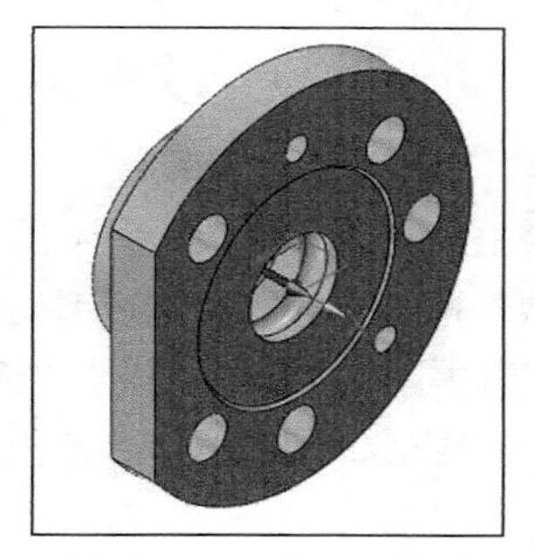

图 9-44 已有 3D 模型

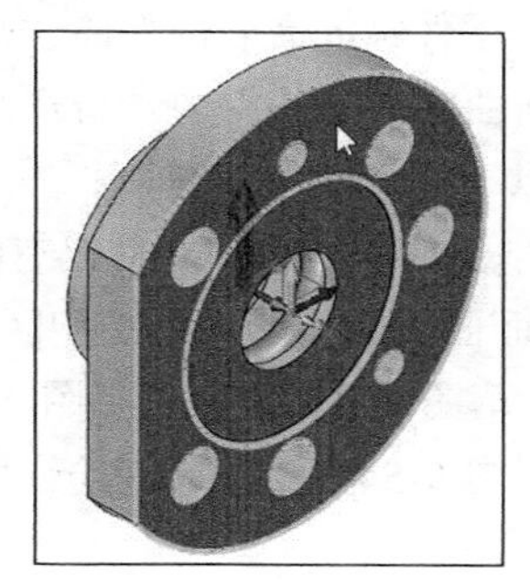

图 9-45 指定草绘平面

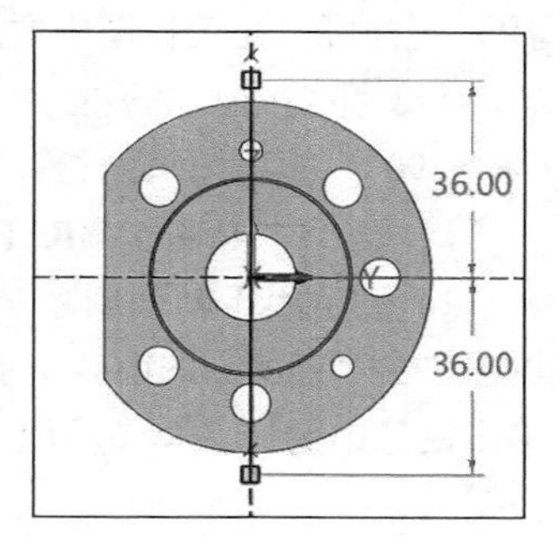

图 9-46 绘制草图线

3）在功能区切换至“线框”选项卡，从“曲线”面板中单击“命名剖面曲线”按钮，选择步骤 2）绘制的草图线，输入特征名为“HY-A”，单击“确定”按钮，此时可以在模型中看到已经生成的剖面曲线，如图 9-47 所示。

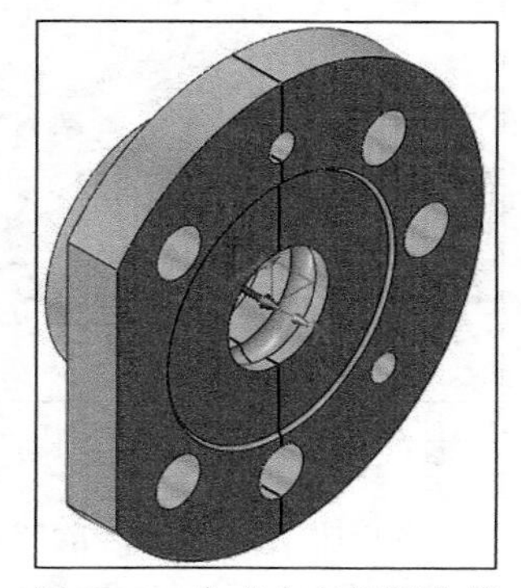

图 9-47 生成命名剖面曲线

4）在图形窗口的空余区域单击鼠标右键，从弹出的快捷菜单中选择“2D 工程图”命令，如图 9-48 所示，接着在弹出的“选择模板”对话框中选择“[默认]”模板，单击“确认”按钮，进入工程图模块。

5）创建标准布局视图，视图选择“左视图”，指定视图位置，设置相应的视图样式，创建的左视图如图 9-49 所示。

6）在功能区“布局”选项卡的“视图”面板中单击“3D 命名剖视图”按钮，打开“3D 命名剖视图”对话框，选择左视图作为要操作的基准剖面视图，默认选定 3D 名称为“HY-A”，指定视图位置等，如图 9-50 所示。

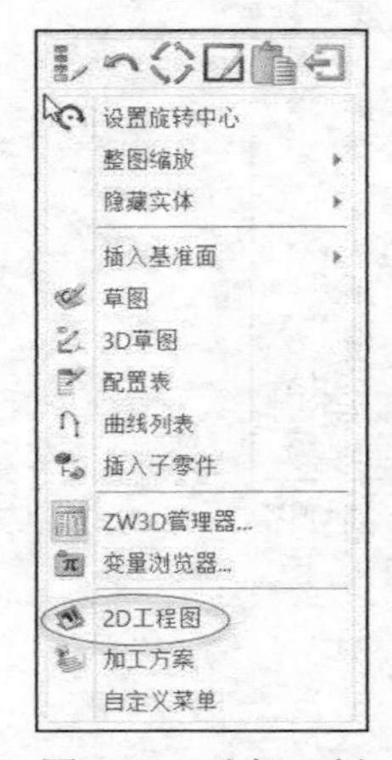

图 9-48 选择“创建 2D 工程图”命令

图 9-49 创建的左视图

图 9-50 创建 3D 命名视图的相关操作示意

7）单击“确定”按钮，创建图 9-51 所示的剖视图。

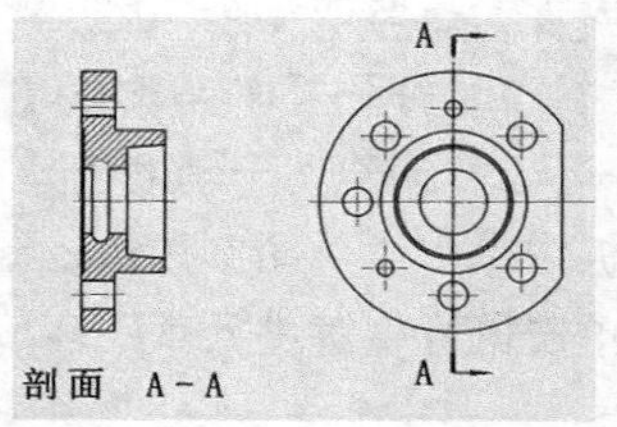

图 9-51 创建一个剖视图

9.2.8 弯曲剖视图

“弯曲剖视图”命令（对应工具图标为“弯曲剖视图”按钮）同样可以在工程图中通过 3D 零件级的命名剖面曲线来创建命名剖面视图，这里的命名剖面曲线应该使用内含折弯线条（除了 90°）的草图来创建。请看以下一个操作范例。

1）打开“HY-9G.Z3PRT”模型文件，此模型文件已有的原始 3D 模型如图 9-52 所示。

2）创建用于辅助创建命名剖面曲线的草图。在功能区“造型”选项卡的“基础造型”面板中单击“草图”按钮，打开“草图”对话框，选择图 9-53 所示的实体顶面作为草绘平面，单击鼠标中键进入草图环境，绘制图 9-54 所示的具有折弯特点的草图线，然后单击“退出”按钮。

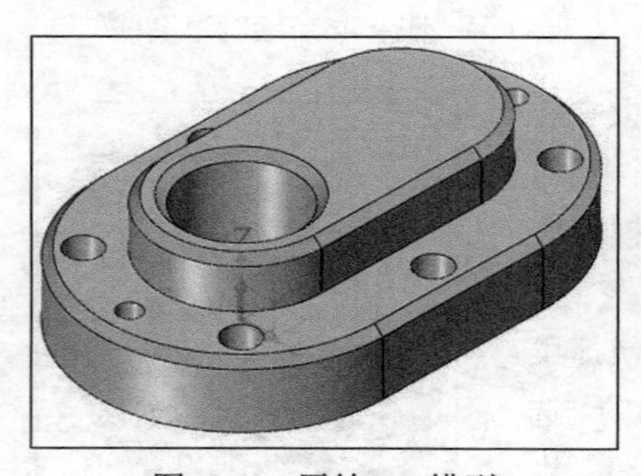

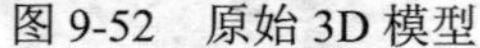

图 9-52 原始 3D 模型

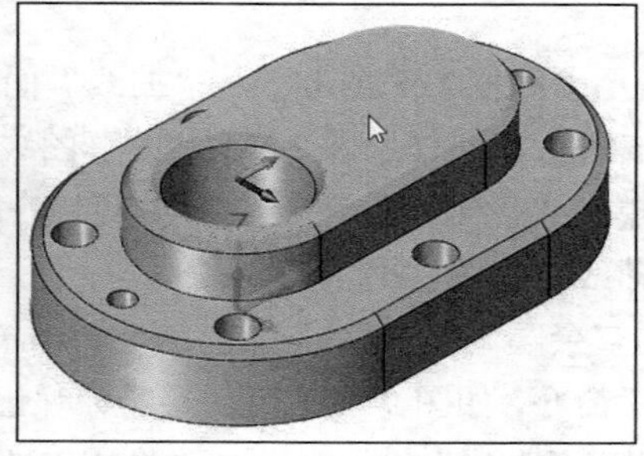

图 9-53 指定草绘平面

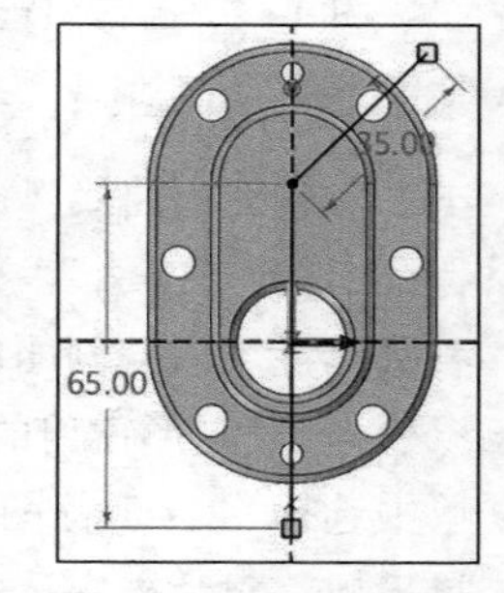

图 9-54 绘制草图线

3）切换至功能区的“线框”选项卡，从“曲线”面板中单击“命名剖面曲线”按钮，选择步骤 2）绘制的图 9-55 所示的草图线，输入特征名为“HY-A1”，单击“确定”按钮，此时可以在模型中看到已经生成的剖面曲线，如图 9-56 所示。

4）在图形窗口的空余区域单击鼠标右键，从弹出的快捷菜单中选择“2D 工程图”命令，然后在弹出的“选择模板”对话框中选择“[默认]”模板，单击“确认”按钮，进入工程图模块。

5）创建标准布局视图，视图类型选择“俯视图”，指定视图位置，设置相应的视图样式，创建的第一个布局视图如图 9-57 所示。

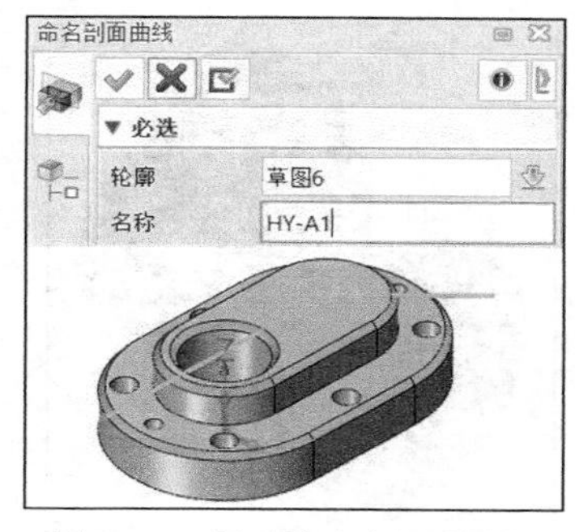

图 9-55 创建命名剖面曲线操作

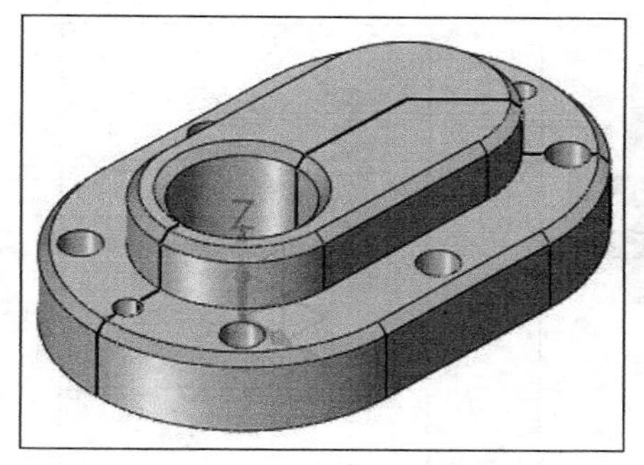

图 9-56 有折弯的命名剖面曲线

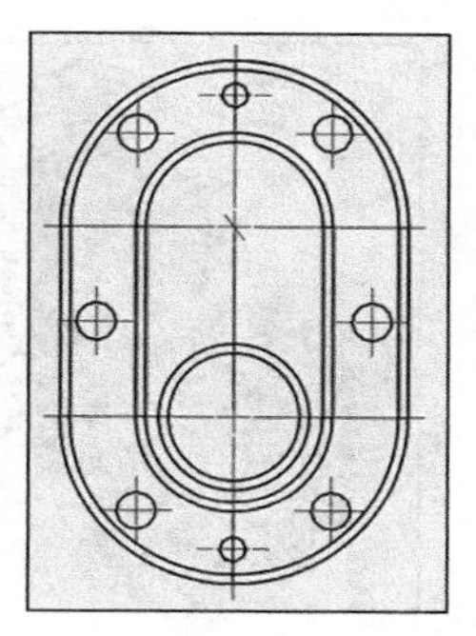

图 9-57 创建一个布局视图

6）在功能区“布局”选项卡的“视图”面板中单击“弯曲剖视图”按钮，打开“弯曲剖视图”对话框，在图纸上选择已建立的布局视图作为要操作的基准视图，默认选定 3D 名称为“HY-A1”，指定视图位置等，如图 9-58 所示。

7）单击“确定”按钮，创建弯曲剖视图，效果如图 9-59 所示。

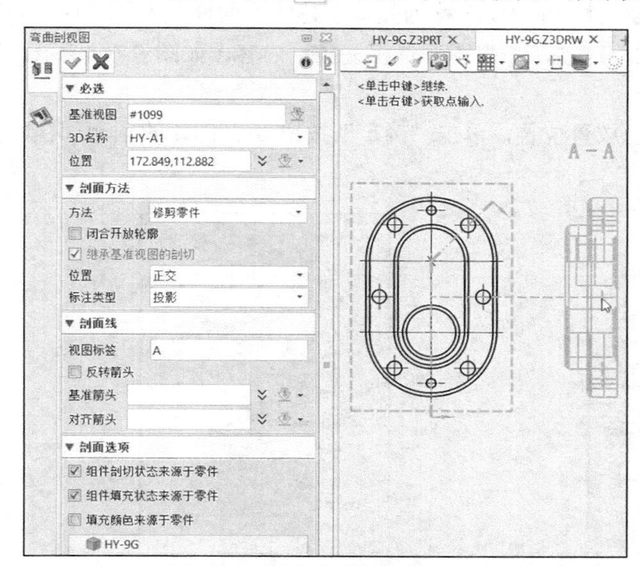

图 9-58 创建弯曲视图操作示例

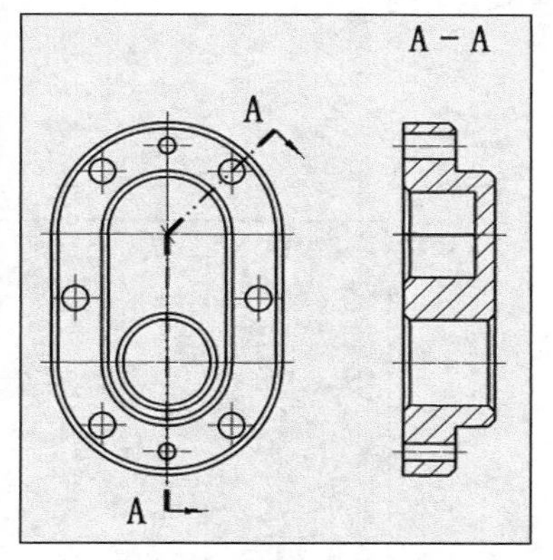

图 9-59 创建弯曲剖视图

9.2.9 轴测剖视图

有时为了更直观地了解产品的外形和内部结构，可以使用轴测剖视图。轴测剖视图的创建步骤和 3D 命名剖视图的创建步骤类似，请看以下一个操作实例。

1）打开“HY-9H.Z3PRT”模型文件，此模型文件已有的原始 3D 模型如图 9-60 所示。

2）创建用于辅助创建命名剖面曲线的草图。在功能区“造型”选项卡的“基础造型”面板中单击“草图”按钮，打开“草图”对话框，选择 *XY* 坐标平面作为草绘平面，单击鼠标中键进入草图环境，绘制图 9-61 所示的草图线，然后单击“退出”按钮。

3）在功能区“线框”选项卡的“曲线”面板中单击“命名剖面曲线”按钮，选择步骤2）绘制的草图线，输入特征名为“HY-B1”，单击“确定”按钮，创建图9-62所示的剖面曲线，它显示在立体模型中。

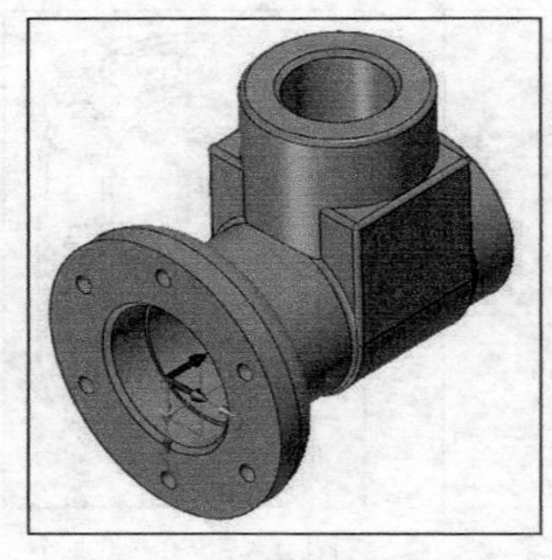

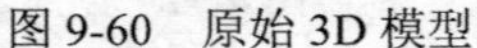

图9-60 原始3D模型

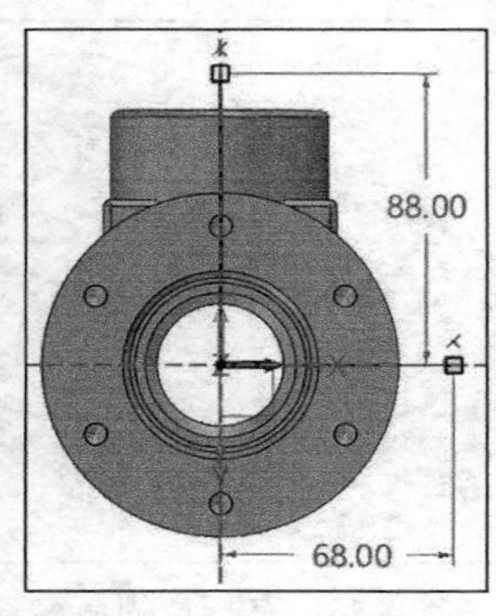

图9-61 绘制草图线

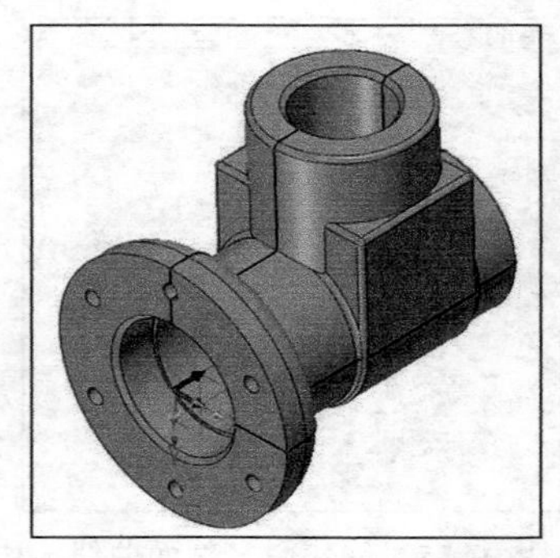

图9-62 创建命名剖面曲线

4）在图形窗口的空白区域单击鼠标右键，从弹出的快捷菜单中选择“2D工程图”命令，并在弹出的“选择模板”对话框中选择“[默认]”模板，单击“确认”按钮，进入工程图模块，系统自动弹出“标准”对话框，直接单击“关闭”按钮。

5）在功能区“布局”选项卡的“视图”面板中单击“轴测剖视图”按钮，打开图9-63所示的“轴测剖视图”对话框，默认零件中的3D名称为先前创建的剖面曲线名称“HY-B1”，从“视图”下拉列表中选择“轴测图”选项，为视图设置相关显示内容，如图9-64所示，注意取消选中“显示标签”复选框。

6）在图纸上指定该轴测剖视图的放置位置，单击“确定”按钮，创建的轴测剖视图如图9-65所示。

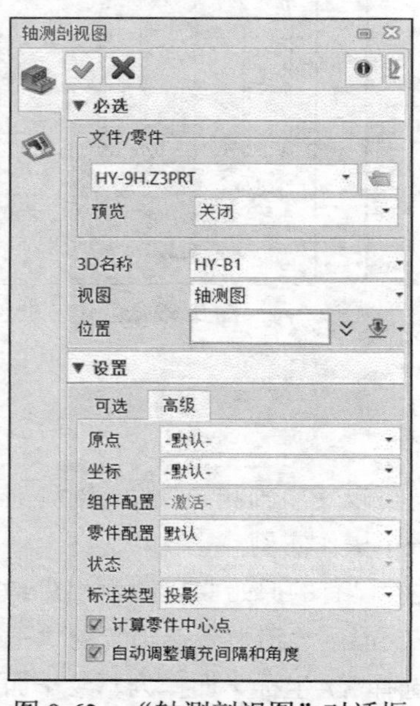

图9-63 “轴测剖视图”对话框

图9-64 设置相关视图内容

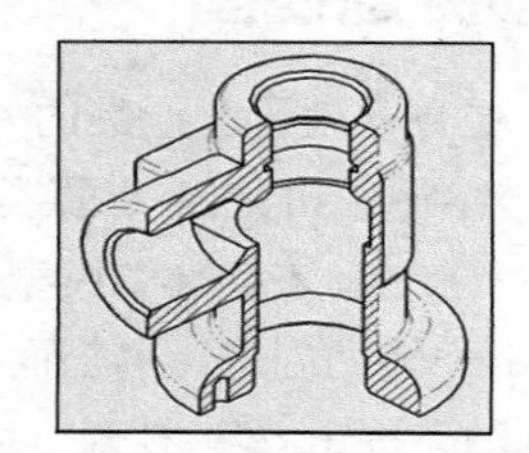

图9-65 创建的轴测剖视图

9.2.10 局部剖视图

局部剖视图是用假设的剖切平面局部地剖开机件所得到的视图，主要用于表达不宜采用全剖视图和半剖视图的机件。在中望 3D 的工程图模块中，创建局部剖视图是直接在选定的基准视图中进行创建的，而不是重新创建一个新视图。

要创建局部剖视图，则在功能区“布局”选项卡的“视图”面板中单击“局部剖”按钮，打开图 9-66 所示的“局部剖”对话框，接着选择要修改的基准视图，并在该基准视图上需要剖去的部分绘制一个圆、矩形或多段线边界，然后通过适合的方式（“点”“剖平面”或“3D 命名”）定义剖视零件的平面，最后确认即可。

知识点拨 当在“局部剖”对话框的“必选”选项组的“深度”下拉列表中选择“剖平面”时，“设置”选项组中增加一个“偏移点”收集器，使用“偏移点”收集器及其相应工具，当深度为剖平面时，在深度视图中选择一个或多个点以创建带阶梯变化的剖切面，所选点是从深度点开始偏移的，其决定了剖切面的位置。

【范例学习】 创建局部剖视图

1）打开“HY-9I.Z3DRW”工程图文件，该文件的原始工程视图如图 9-67 所示。

2）在功能区“布局”选项卡的“视图”面板中单击“局部剖”按钮，打开“局部剖”对话框。

3）选择一个要创建局部剖视图的布局视图，本例选择唯一原始工程视图作为基准视图。

4）指定定义局部剖切边界的点。本例在“必选”选项组中单击“多段线”按钮，接着依次选择多个点来定义局部剖切边界，如图 9-68 所示。

5）本例从“深度”下拉列表中选择“点”选项以拟通过选择位于边上的点来定义一个剖切面，亦可从所选点位置开始偏移剖切面。本例从“深度”下拉列表中选择“点”选项后，选择图 9-69 所示的一个点，则剖切面将平行于基准视图并且穿过该点在 3D 中的投影，深度偏移值设定为 0mm。

6）在“局部剖”对话框中单击“确定”按钮，创建的局部剖视图如图 9-70 所示。

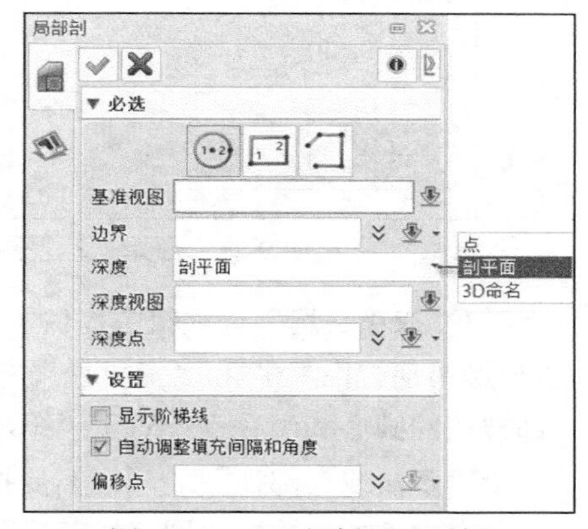

图 9-66 “局部剖”对话框

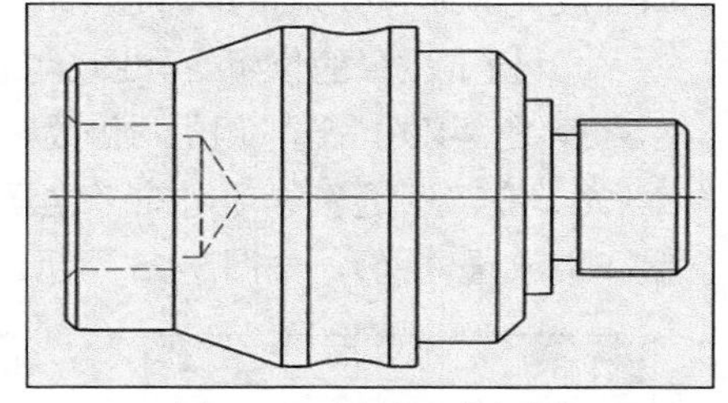

图 9-67 原始工程视图

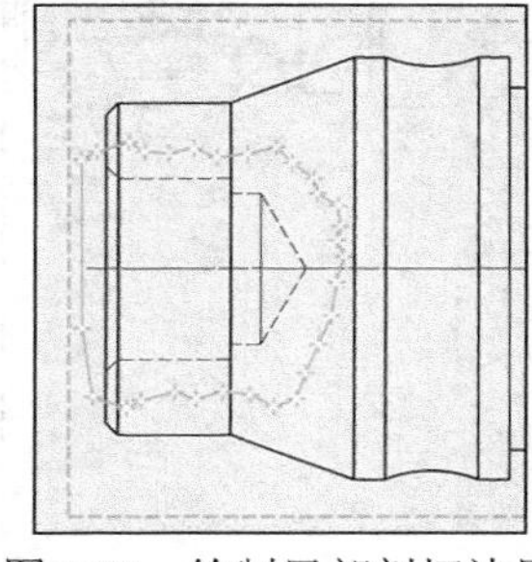

图 9-68 绘制局部剖切边界

图 9-69 指定深度点

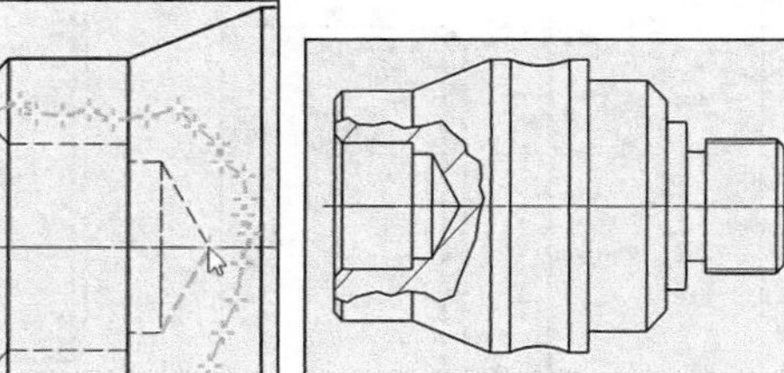

图 9-70 创建的局部剖视图

9.2.11 局部视图

局部视图一般指局部放大图，主要是指将机件的指定部分结构（这些结构由于细微，通常在视图上不太容易表达清楚或不便于标注尺寸），采用大于原图所用比例来绘出的图形。局部视图应尽量配置在被放大部位的附近，在局部视图上方或下方应注明局部视图的绘图比例。下面介绍一个创建局部放大图的典型范例。

1）打开“HY-9J.Z3DRW”工程图文件，该文件的原始工程视图如图 9-71 所示，需要针对一处细节结构绘制局部视图。

2）在功能区“布局”选项卡的“视图”面板中单击“局部”按钮，弹出图 9-72 所示的“局部”对话框。

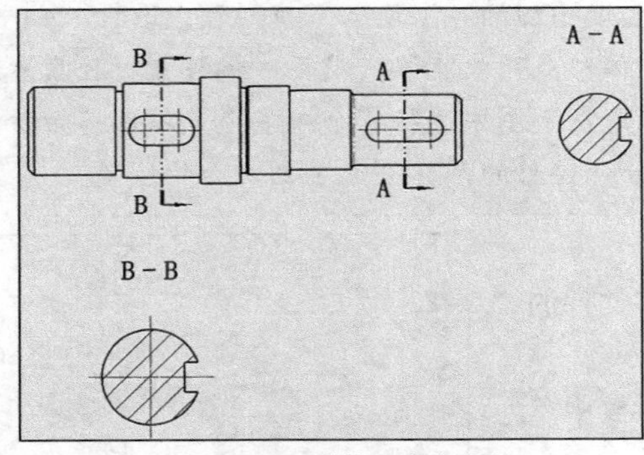

图 9-71 原始工程视图

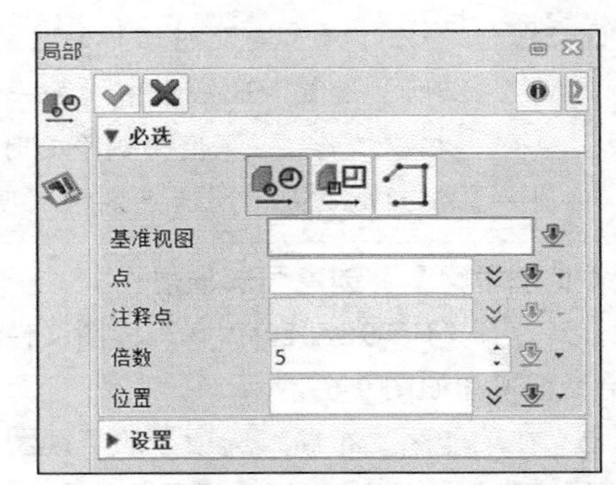

图 9-72 “局部”对话框

3）在“必选”选项组中提供了创建局部视图的 3 种方法，分别为“圆形局部视图”、“矩形局部视图”和“多段线局部视图”。对于“圆形局部视图”，需要指定圆形局部视图的圆心和半径点；对于“矩形局部视图”，需要指定矩形局部视图的两个对角点；对于“多段线局部视图”，需要指定多段线局部视图的所有角点。

在本例中，选中“圆形局部视图”，接着选择主视图作为基准视图，在基准视图中要局部放大的地方分别指定圆心点和半径点，来确定局部视图的边界，如图 9-73 所示。

4）指定注释的位置，如图 9-74 所示。

5）在“必选”选项组的“倍数”框内输入局部视图的缩放比例，本例将该缩放比例设置为 5。

6）在“必选”选项组的“位置”框内单击以激活该“位置”收集器，选择局部视图的位置（指放置位置），如图 9-75 所示。

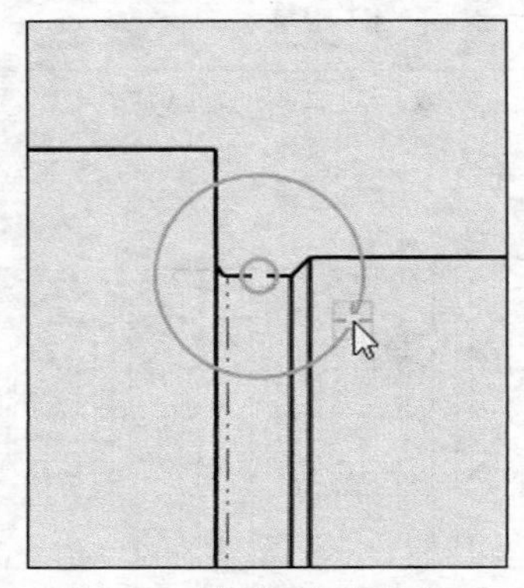

图 9-73 绘制局部剖切边界

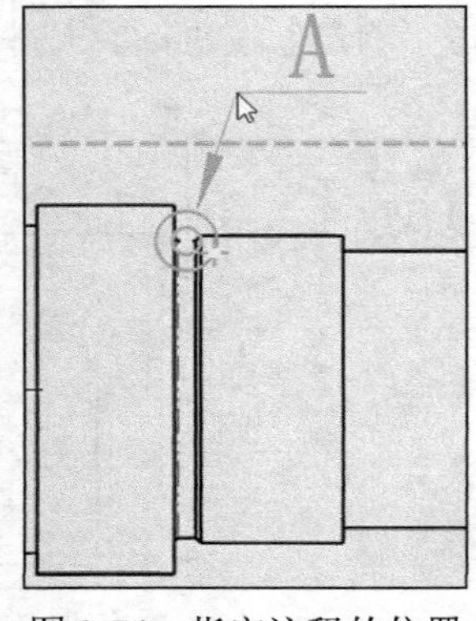

图 9-74 指定注释的位置

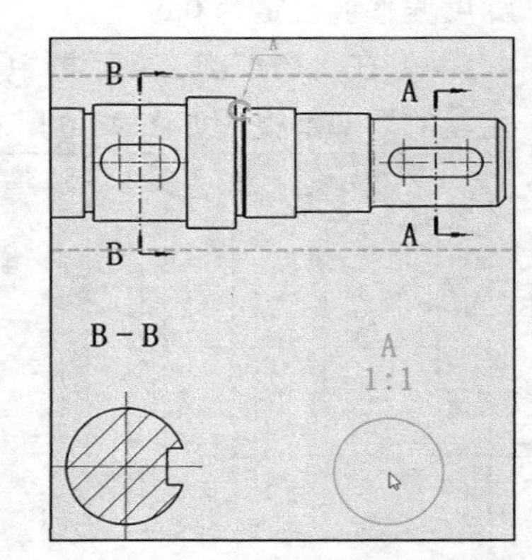

图 9-75 选择局部视图的位置

7）在“设置”选项组中设置图 9-76 所示的内容，其中将标签更改为“I”。

8）单击“确定”按钮，创建局部视图（即局部放大图），效果如图 9-77 所示。

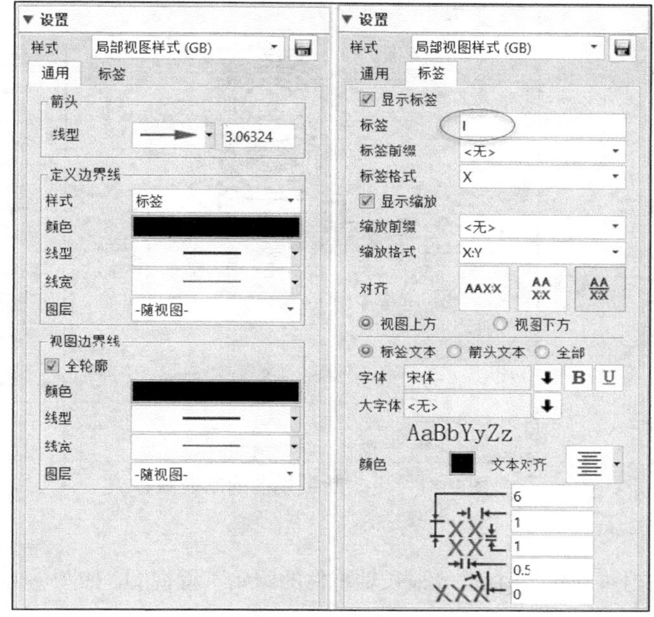

图 9-76 设置局部视图的相关属性/样式

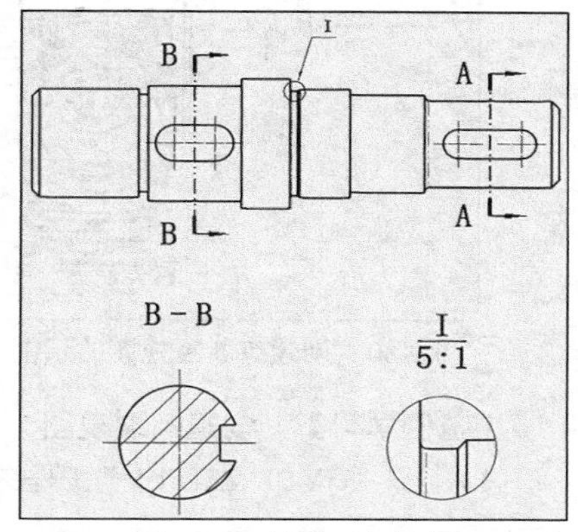

图 9-77 创建局部视图

9.2.12 裁剪视图

使用“裁剪视图”工具，可以通过定义的圆形边界、矩形边界或多段线边界来裁剪选定视图，从而产生特别的局部视图。

裁剪视图的操作方法比较简单，即在功能区“布局”选项卡的“视图”面板中单击“裁剪视图”按钮，打开图 9-78 所示的“裁剪视图”对话框，接着选择要裁剪的视图（不能为局部视图、定义视图、断裂视图），选择边界类型并指定相应的边界点，然后单击“确定”按钮。

裁剪视图的典型示例如图 9-79 所示。

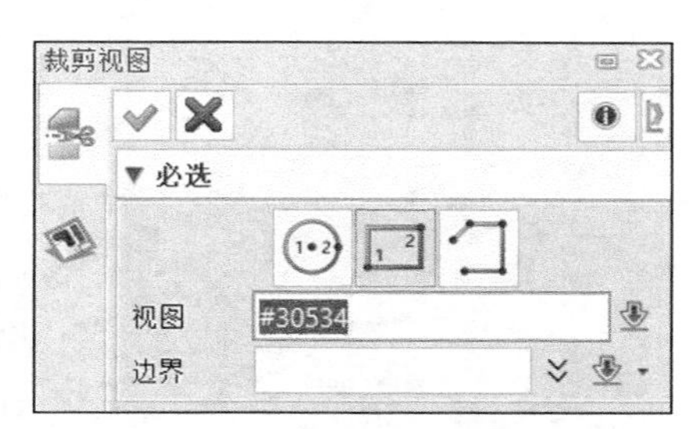

图 9-78 “裁剪视图”对话框

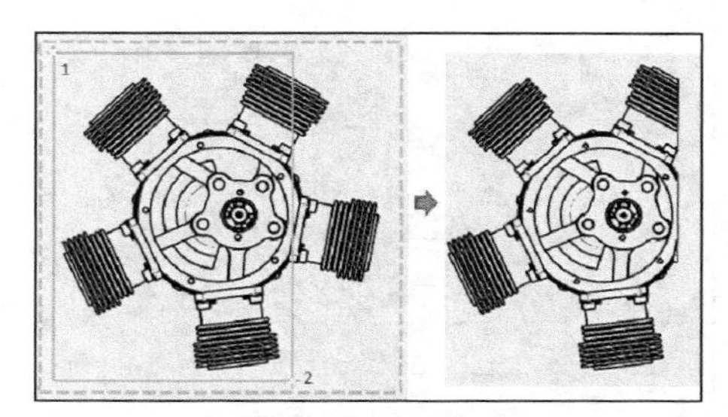

图 9-79 裁剪视图的典型示例

9.2.13 断裂视图

使用“断裂视图”工具，可以选择一个视图（除了局部视图、定义视图和裁剪视图），指定打断点和间隙尺寸进行打断，如图 9-80 所示。所创建的断裂视图附属于其父视图。断裂视图的断裂线有多种样式，如“直线”“单折线”“双折线”“曲线”，如果要更改断裂线样式，则可以在视图中选定断裂线并右击它，从弹出的快捷菜单中打开“样式”级联菜单，然后选择所需的一个样式，如图 9-81 所示。

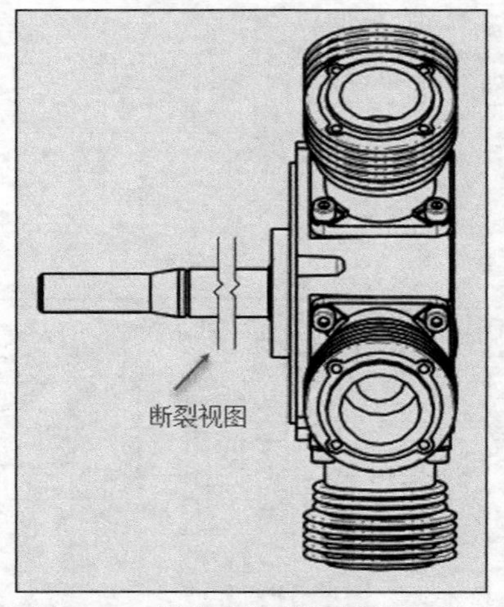

图 9-80 创建有断裂视图的示例

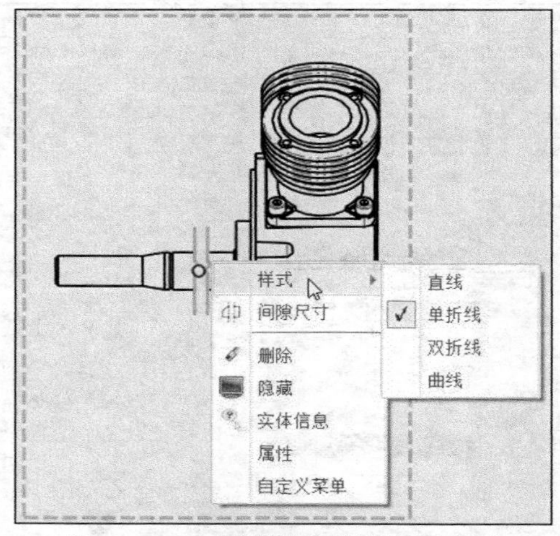

图 9-81 更改断裂视图的断裂线样式

【范例学习】 创建断裂视图

1）打开“HY-9K.Z3DRW”工程图文件，该文件存在一根长轴零件的原始工程视图，如图 9-82 所示。

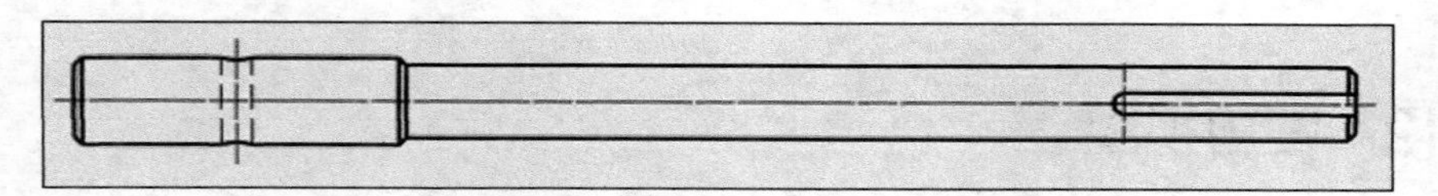

图 9-82 长轴零件的原始工程视图

2）在功能区“布局”选项卡的“视图”面板中单击“断裂视图”按钮，打开图 9-83 所示的“断裂”对话框，选中“水平”图标。

3）选择要操作的视图。

4）选择定义打断线的点，如图 9-84 所示。

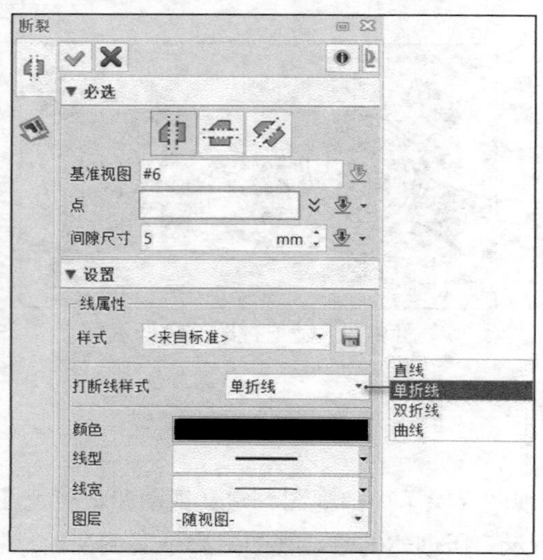

图 9-83 “断裂”对话框

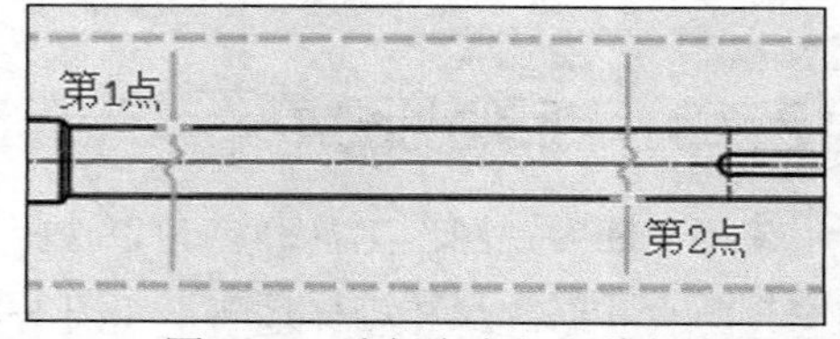

图 9-84 选择定义打断线的点

5）在“间隙尺寸”框中设置两打断线之间的距离为5mm。

6）在“设置”选项组的“打断线样式”下拉列表中选择“单折线”选项，并设置线属性的其他方面，如线宽等。

7）单击“确定”按钮，创建的断裂视图如图9-85所示，可以在图纸管理器中看到“断裂”视图标识列于其父对象节点之下。

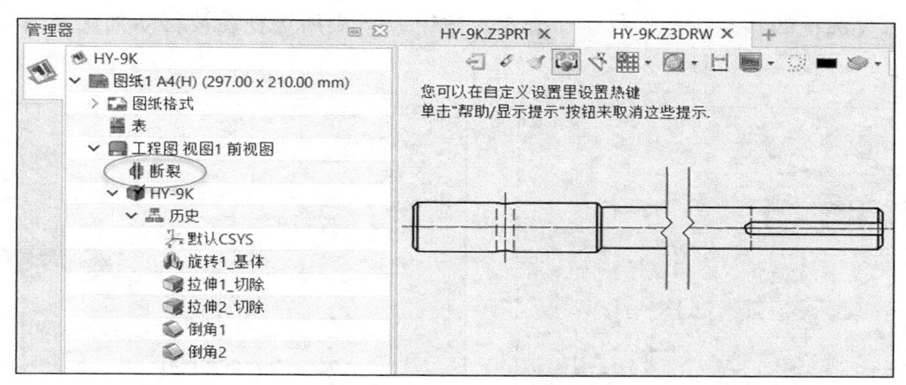

图9-85 创建的断裂视图

9.3 编辑视图

本节介绍编辑视图的常用且实用的知识，包括编辑视图属性、编辑视图标签、移动视图到图纸、缩放视图、组件配置与零件配置、隐藏组件、重定义剖面视图、重定义局部视图、重定义裁剪视图、替换视图、定义旋转视图等。

9.3.1 视图属性

“视图属性”工具用于编辑布局视图的视图属性。编辑视图的操作方法是在功能区“布局”选项卡的“编辑视图”面板中单击“视图属性”按钮，接着选择要修改的一个或多个视图，单击鼠标中键结束视图选择，系统弹出图9-86所示的“视图属性”对话框，从中编辑视图属性各项内容，最后单击“确定”按钮。

9.3.2 视图标签

如果要修改布局视图的标签文本，那么可以在功能区“布局”选项卡的“编辑视图”面板中单击“视图标签”按钮，打开图9-87所示的“视图标签”对话框，接着选择要修改的视图，以及在“视图标签”对话框中修改标签文本、前缀和格式中的一项或多项，最后单击“确定”按钮。

9.3.3 移动视图到图纸

可以将选定视图（不包含局部剖视图）移动到其他图纸，视图被移动时，该视图所有的子对象都将被一起移动，包括子视图、标记、标注和表格等。

在功能区“布局”选项卡的“编辑视图”面板中单击“移动视图到图纸”按钮，打开图 9-88 所示的“移动视图到图纸”对话框，接着选择要移动到图纸的视图，从“图纸”下拉列表中选择放置视图的图纸，如果没有可用图纸供选择，则默认选中“新建图纸”选项，在“设置”选项组中选择“保留同名标签名”单选按钮或“自动更名”单选按钮（即设置当视图移动遇到标签同名冲突时，是保留同名标签名或自动更名），以及设置“移动关联表”复选框的状态，最后单击“确定”按钮，则所选视图被移动到选定图纸或新建图纸中了。

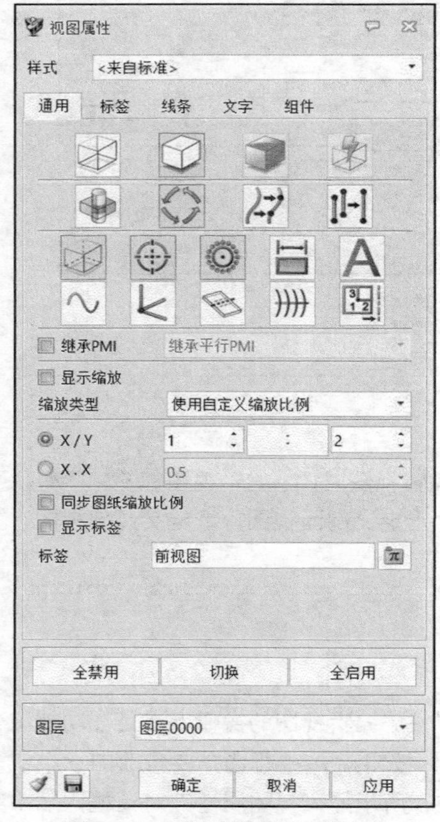

图 9-86 “视图属性”对话框

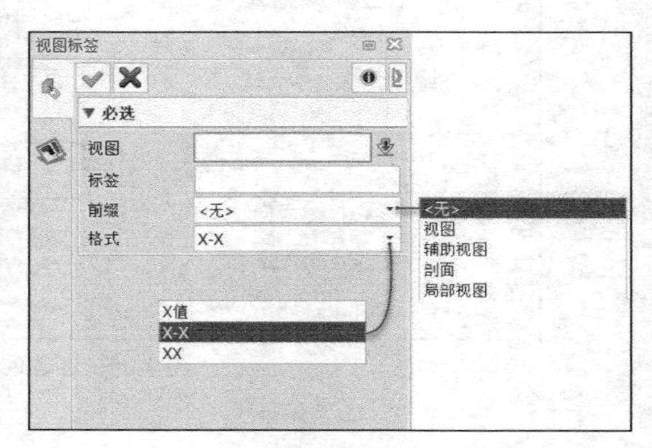

图 9-87 “视图标签”对话框

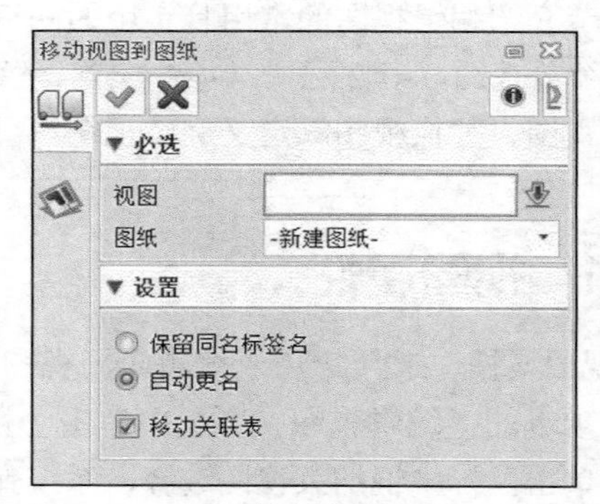

图 9-88 “移动视图到图纸”对话框

9.3.4 缩放视图

如果要修改布局视图的比例系数，那么可以在功能区“布局”选项卡的“编辑视图”面板中单击“缩放视图”按钮，打开图 9-89 所示的“缩放视图”对话框，接着选择要编辑的布局视图，输入新的缩放比例，以及根据实际情况在“属性”选项组中启用缩放属性设置，最后单击“确定”按钮。

需要用户注意的是，为选定的单个视图设置缩放系数，只会缩放该视图。

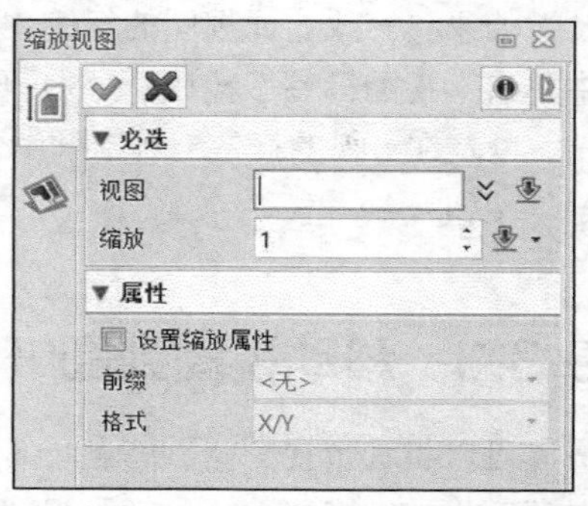

图 9-89 “缩放视图”对话框

9.3.5 组件配置与零件配置

本小节介绍组件配置与零件配置。

1. 组件配置

当布局视图的引用装配体具有多种组件配置或组件配置下具有多个爆炸视图，那么可以通过“组件配置”工具对组件配置（包含爆炸视图切换）进行修改。在执行“组件配置”命令后，需要选择要修改的布局视图，指定引用装配体的组件配置，或选择所需的爆炸视图。

请看以下一个操作范例。

1）在功能区“布局”选项卡的“编辑视图”面板中单击“组件配置”按钮，打开“组件配置”对话框。

2）选择要修改的布局视图。本例选择图 9-90 所示的一个装配体视图。

3）本例引用装配体没有可用的配置选项，而是具有可用的爆炸视图。从“爆炸视图”下拉列表中选择所需的一个爆炸视图，如图 9-91 所示。

4）单击“确定”按钮，结果如图 9-92 所示。

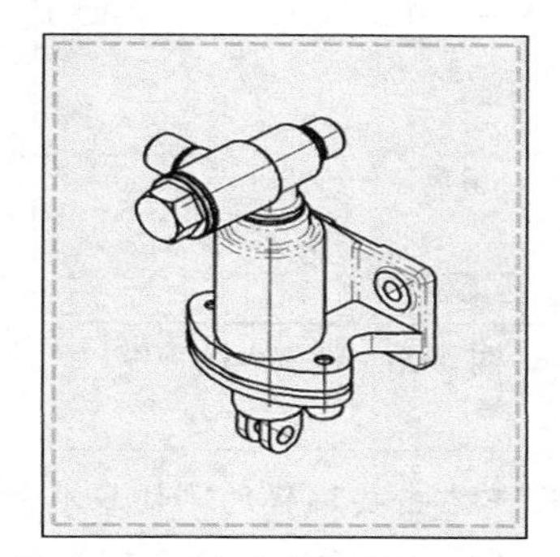

图 9-90 选择要修改的布局视图

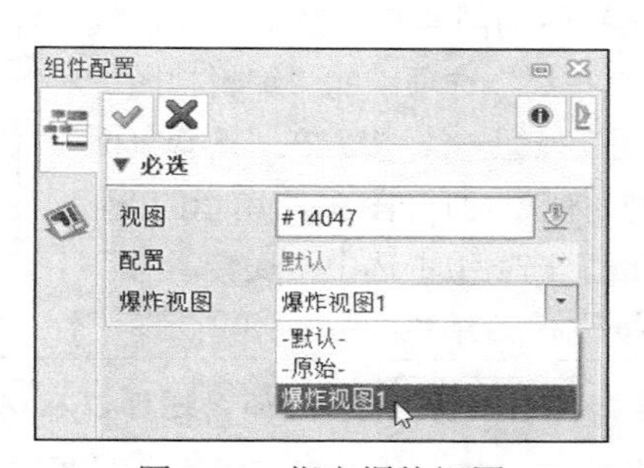

图 9-91 指定爆炸视图

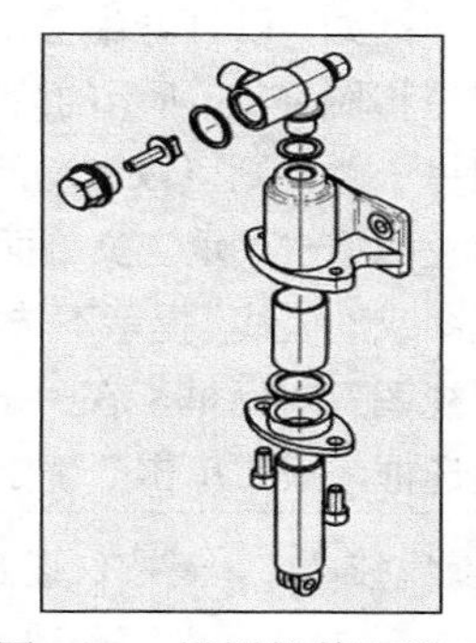

图 9-92 设置组件配置后

2. 零件配置

当布局视图的引用零件具备多种零件配置，那么可以使用“零件配置”工具修改配置。在功能区“布局”选项卡的“编辑视图”面板中单击“零件配置”按钮，打开图 9-93 所示的“零件配置”对话框，选择要修改的布局视图，在激活的“零件配置”下拉列表中选择引用零件的一个零件配置选项，最后单击“确定”按钮。

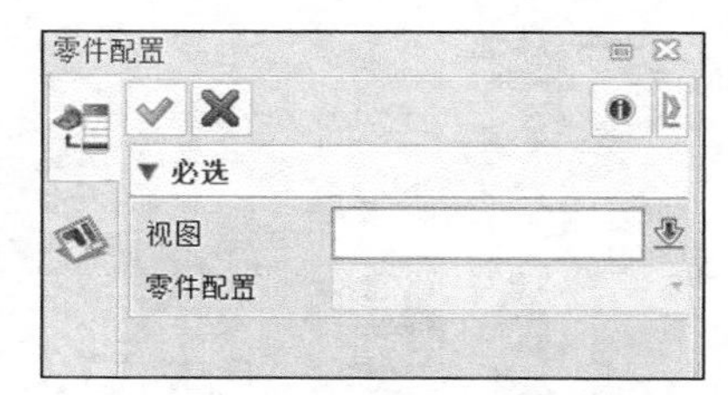

图 9-93 “零件配置”对话框

9.3.6 隐藏组件

要隐藏视图中的某个组件实体，可以在功能区“布局”选项卡的“编辑视图”面板中单击“隐藏组件”按钮，打开图 9-94 所示的“隐藏组件”对话框，接着选择组件实体进行隐藏，最后单击“确定”按钮。

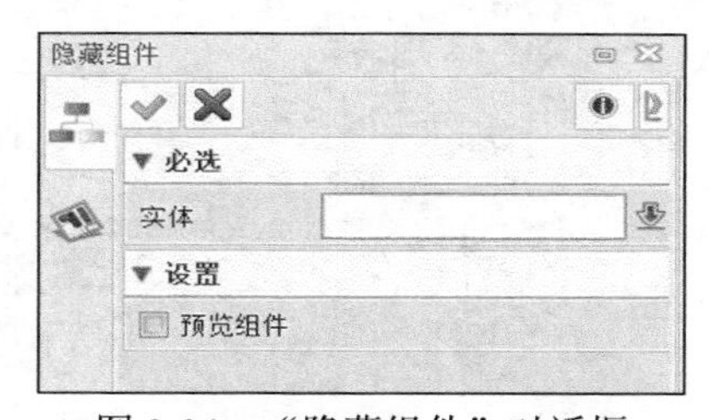

图 9-94 “隐藏组件”对话框

隐藏组件的典型示例如图 9-95 所示，单击“隐藏组件”按钮，选择要隐藏的一个组件实体，则确认后该组件实体不在视图中显示，此时可以在装配体中观察里面的部分结构。

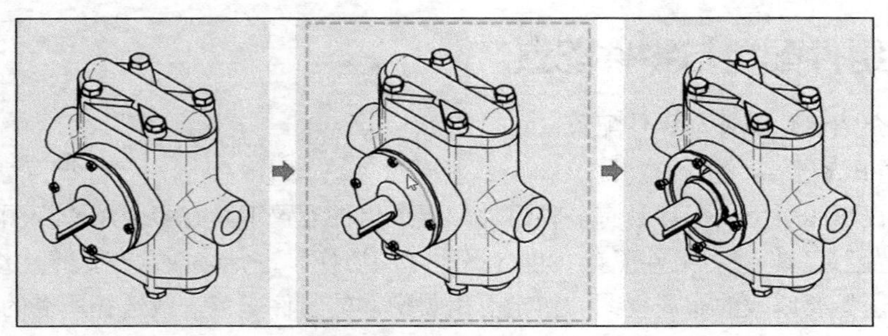

图 9-95 隐藏组件示例

9.3.7 重定义剖面视图

在工程图环境中，可以对剖面视图和局部剖视图进行重定义处理，包括重定义剖视图放置位置、反转基准箭头方向、剖面方法、视图标签、阶梯线显示状态、剖面选项等。

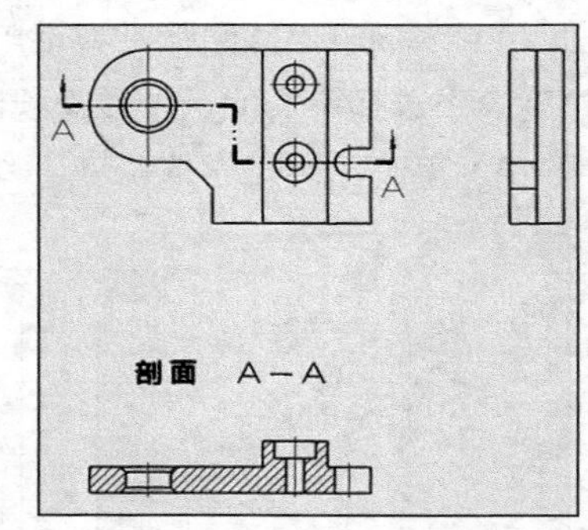

图 9-96 范例中的视图

例如，以打开配套的范例文件“HY-9L.Z3DRW”为例，要想将图 9-96 所示的阶梯剖视图的剖切基准箭头方向切换到另一侧，则可以在功能区“布局”选项卡的“编辑视图”面板中单击“重定义剖面视图”按钮，接着在“选择剖面视图或剖面线”提示下选择剖面视图，打开图 9-97 所示的“全剖视图”对话框，在“剖面线”选项组中选中“反转箭头”复选框，最后单击“确定”按钮，结果如图 9-98 所示。

操作技巧 如果仅是反转剖切基准箭头方向，那么还可以在视图中右击要编辑的剖切基准箭头，如图 9-99 所示，接着从弹出的快捷菜单中选择“反转方向”命令即可。

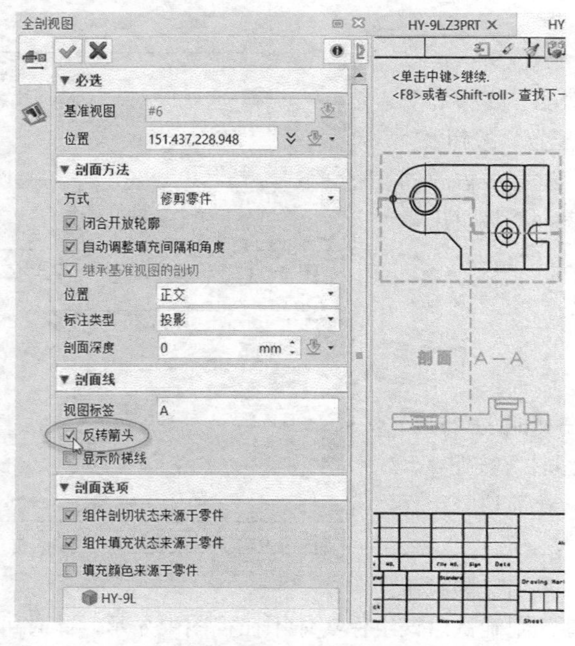

图 9-97 打开“全剖视图”对话框

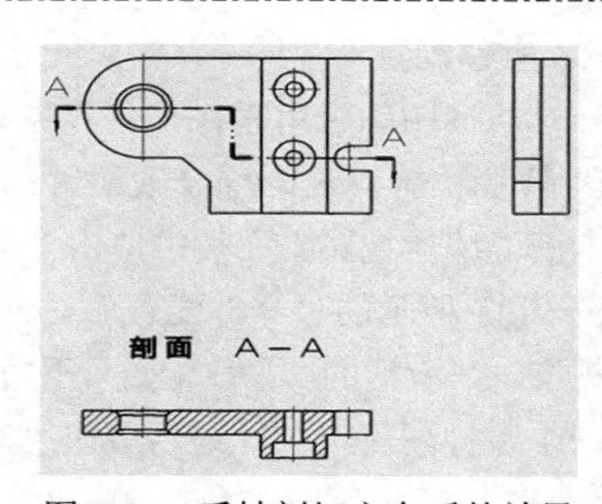

图 9-98 反转剖切方向后的效果

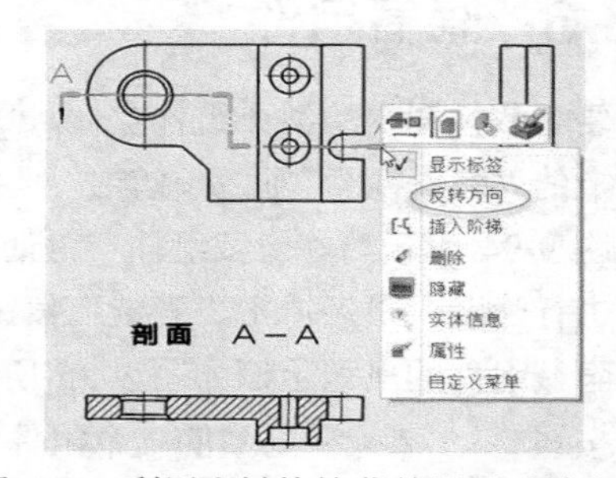

图 9-99 利用右键快捷菜单设置反转方向

9.3.8 重定义局部视图

要重定义局部视图，可以在功能区“布局”选项卡的“编辑视图”面板中单击“重定义局部视图”按钮，选择要重新定义的局部视图，出现“局部”对话框，从中可重新指定要局部放大的边界方式及边界点，指定注释点，设置局部放大的倍数，指定局部视图的放置位置，以及设置局部视图相关的样式及具体属性，最后单击“确定”按钮。

9.3.9 重定义裁剪视图

要重新定义裁剪视图，可以在功能区“布局”选项卡的“编辑视图”面板中单击“重定义裁剪视图”按钮，选择已有的裁剪视图，弹出“裁剪视图”对话框，在图纸上预览完整的原视图，利用“裁剪视图”对话框提供的工具来重新在原视图中指定边界，然后单击“确定”按钮。例如，图 9-100 所示的重定义裁剪视图操作示例，原视图是利用小矩形（角点分别为 A 和 B）定义边界来裁剪的，该示例重新指定角点 C 和 D 定义边界来裁剪视图。

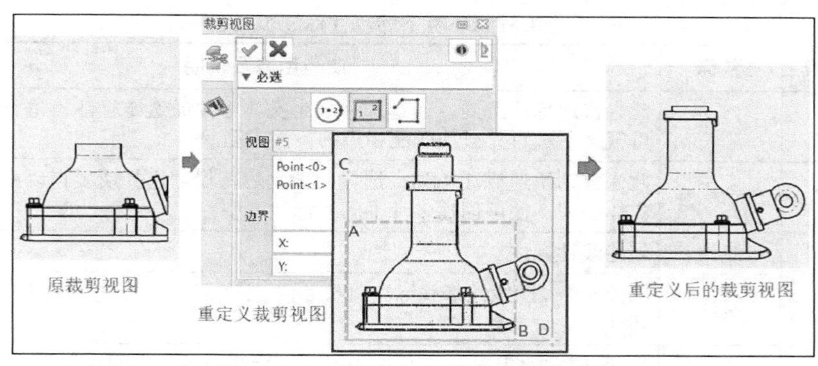

图 9-100 重定义裁剪视图的操作示意

9.3.10 替换

“替换”工具的功能是替换与某个布局视图有关的零件，用于替换的新零件会在该布局视图中显示出来。该工具仅用于基准视图，不能用于带有参考视图的视图（如投影视图、剖面视图、局部视图、辅助视图）。

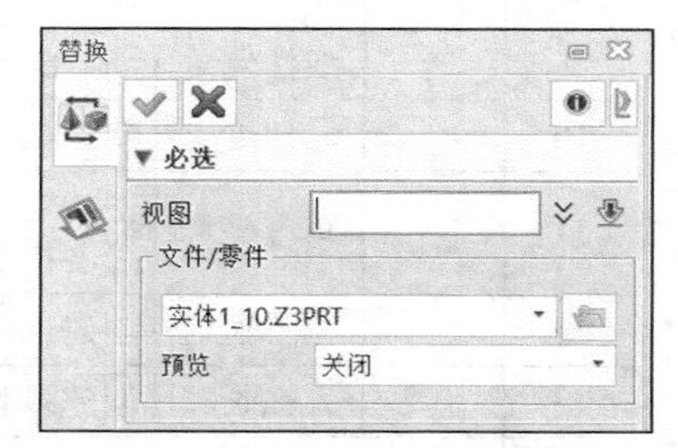

图 9-101 “替换”对话框

替换布局视图零件的操作方法比较简单，在功能区“布局”选项卡的“编辑视图”面板中单击“替换”按钮，打开图 9-101 所示的“替换”对话框，接着选择要修改的布局视图，然后指定新零件，该新零件可以从激活文件的默认零件列表中选择，也可以单击“打开/浏览”按钮从文件浏览器中选择另外一个中望 3D 文件，最后单击“确定”按钮。

9.3.11 旋转视图

如果要旋转图纸里的视图，可在功能区“布局”选项卡的“编辑视图”面板中单击“旋转视图”按钮，选择要旋转的视图，此时所选视图变为着色模式，同时在所选视图上方弹出一个编辑工具条，如图 9-102 所示。利用编辑工具条可以选择命名视图以定位到相应的视图投影方向，可以设置绕指定轴旋转多少角度，可以设置对视图进行缩放、移动等，最后单击“保存旋转结果（只在标准视图）”按钮。

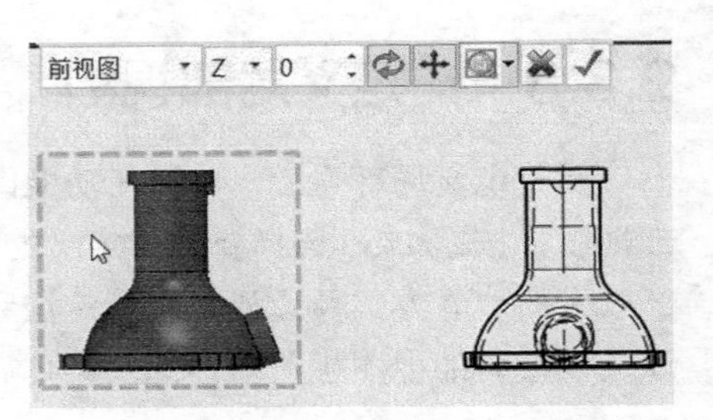

图 9-102　选择要旋转的视图

9.4　创建尺寸标注

尺寸标注是工程图的一个重要组成部分，本节结合范例介绍如何在工程图视图中创建多种类型的尺寸标注。在工程图环境的功能区“标注”选项组的“标注”面板中提供了表 9-1 所列的尺寸标注工具，使用它们可以创建各种类型的尺寸标注。

表 9-1　　　工程图环境下的尺寸标注工具

序号	工具	名称	功能用途及说明
1		标注	此为快速标注工具，通过选择一个实体对象或选定标注点进行尺寸标注，可根据所选对象自动匹配相应的标注类型
2		自动标注	此为自动快速标注工具，选择此工具后，仅需选择所要自动标注的视图和实体类型，便可创建多种不同的标注类型
3		线性	创建线性标注
4		基线	创建一个 2D 线性基线标注组尺寸，指定的第一个点是后续所选点的标注的基线
5		连续	创建一个 2D 基线连续标注组尺寸，标注在各点之间连续生成
6		坐标	创建一个 2D 线性坐标标注组尺寸，与线性基线标注类似，但是其显示的是各点基于第一个点测量的相对坐标值
7		线性偏移	创建 2D 线性偏移标注，如果双击创建的标注，可以对其进行编辑
8		对称	创建 2D 对称标注，如果双击创建的标注，可以对其进行编辑
9		线性倒角	创建线性倒角标注，具体而言，为选定的一条倒角线创建一个倒角标注
10		角度	创建 2D 角度标注，支持多种类型的角度标注
11		角度坐标	先指定一个基体基点、基体标注角度方向和基准文本插入点（基准标注点），接着指定一个或多个标注终点，从而创建一系列角度坐标
12		半径/直径	创建半径或直径标注
13		弧长	创建弧长标注，在创建时选择要标注的圆弧，接着指定标注文本的位置
14		孔标注	创建一个或多个孔标注尺寸，需要先选择布局视图，接着选择要添加标注的孔

上述尺寸标注工具的应用步骤都比较简单，有些在第 2 章草图知识里已经所有介绍，这里不一一详述，而是结合操作示例对其中未介绍过的部分标注工具进行介绍，并要求能举一反三。

例如，要创建线性基线标注，则在单击“基线”按钮后，设置采用“水平”法，接着选择点 1 和点 2 作为第一个尺寸要标注的两个点，指定第 3 点是作为第一个尺寸的文本插入点，然后分别选择一系列点来创建相应的线性基线标注尺寸，后续的这些点均以第一个点定义的基线来进行标注的，如图 9-103 所示。单击“连续”按钮创建线性连续标注尺寸的操作步骤和创建线性基线标注尺寸的操作步骤类似，其操作示意如图 9-104 所示。

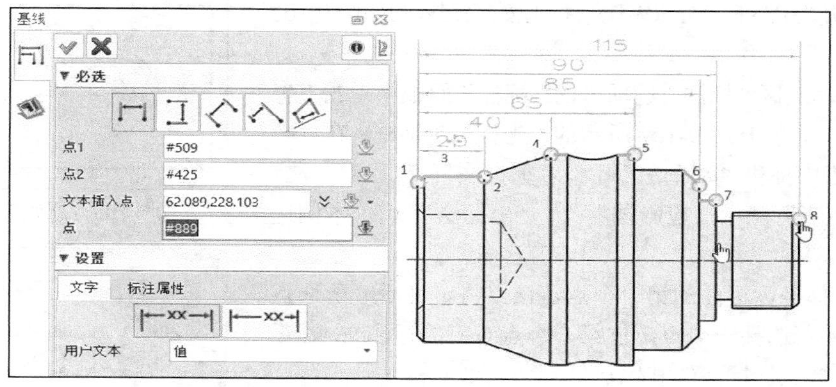

图 9-103　创建线性基线标注

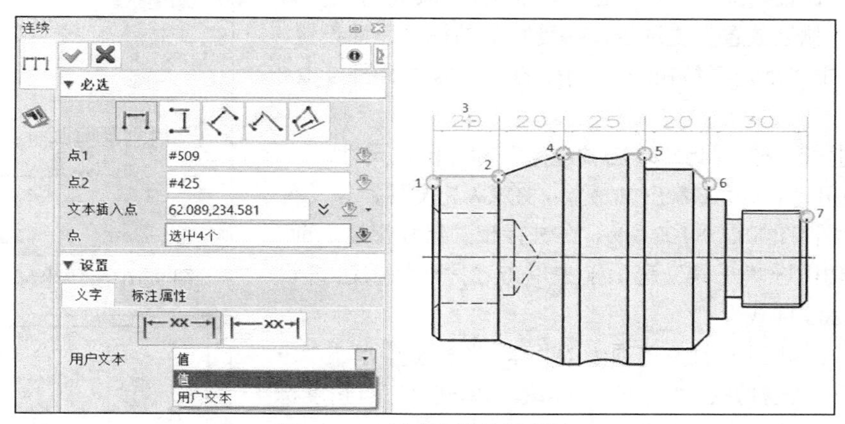

图 9-104　创建线性连续标注

又例如，“自动标注”工具在工程图标注中很实用，也具有较高的效率。单击“自动标注”按钮后，弹出“自动标注”对话框，接着选择要创建自动标注的视图，单击鼠标中键，在“必选”选项组中选择实体类型（“全部”“圆/圆弧”或“手动选择”），并设置自动标注要包括哪些对象，可选择一个点作为原点，如图 9-105 所示，然后单击“确定”按钮。自动标注的尺寸往往在视图中的放置位置显得有些凌乱，需要手动调整，以及对尺寸进行其他的编辑处理。

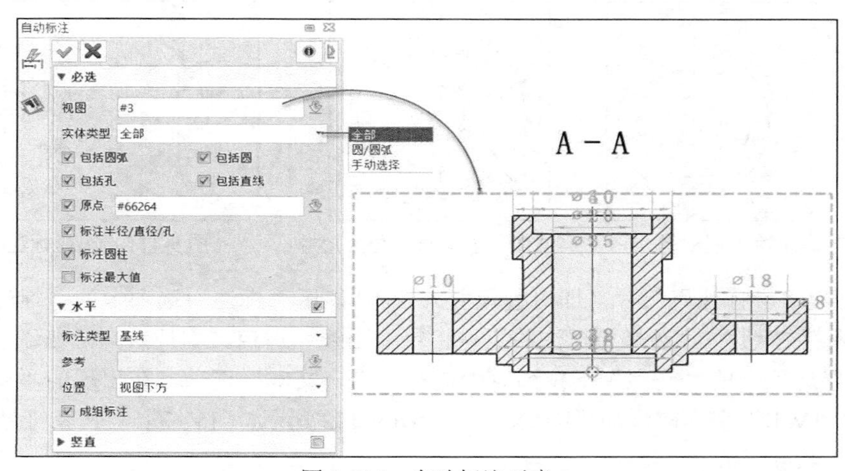

图 9-105　自动标注示意

【范例学习1】 创建坐标标注

1）打开“HY-9M.Z3DRW”文件，原始工程视图如图9-106所示。

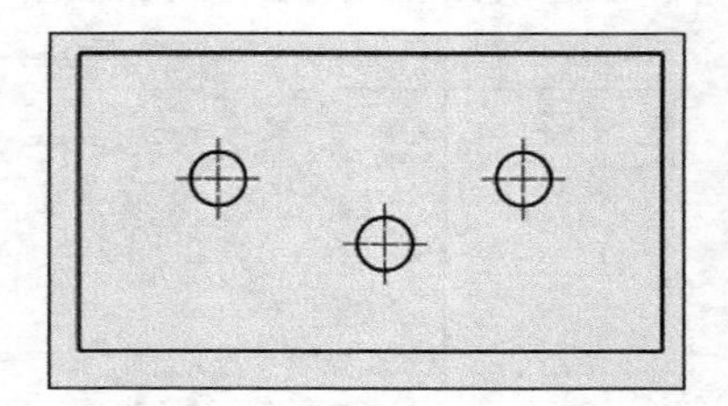

图9-106 原始工程视图

2）在功能区“标注”选项卡的“标注”面板中单击“坐标”按钮，打开图9-107所示的“坐标”对话框，在“必选”选项组中提供“水平法”、“垂直法”、“对齐法”、“旋转法”、“投影法”、“坐标法”，本例选择“水平法”。

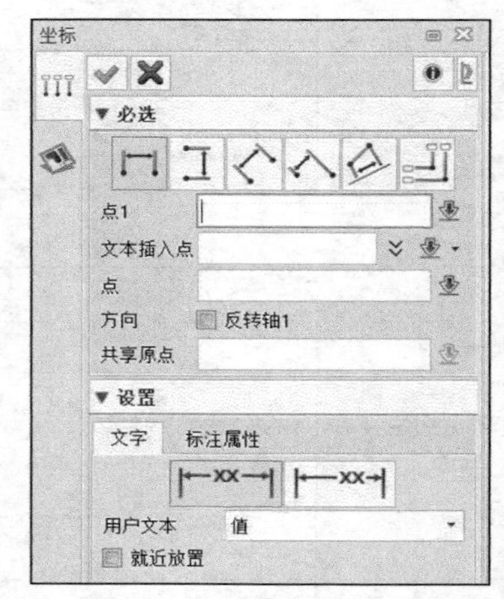

图9-107 “坐标”对话框

3）选择坐标标注的第一个点，该点将定义后续所选点的基线，接着选择一个点定位第一个点对应的标注文本。

4）选择坐标标注的其他点。

5）在“设置”选项组中指定文字为“自动放置”，取消选中“就近放置”复选框，接受默认的标注属性设置。

6）单击“确定”按钮，创建的坐标标注如图9-108所示。

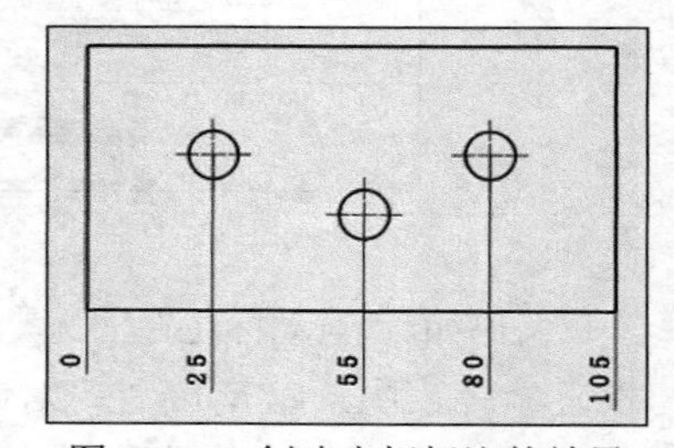

图9-108 创建坐标标注的效果

【范例学习2】 为“输出轴透盖”零件标注尺寸

1）打开“HY-9M-输出轴透盖.Z3DRW”文件，该文件的原始工程视图如图9-109所示。在进行相关尺寸标注之前，可以先在功能区“工具”选项卡中单击“标注”按钮设置相应的标注样式。

2）在功能区“标注”选项卡的“标注”面板中单击“角度”按钮，在打开的“角度”对话框中单击“三点角度标注”图标，在右边的视图中分别指定角度标注的起始点、基点、终止点、标注文本插入点来创建图9-110所示的一个角度尺寸。

3）在功能区“标注”选项卡的“标注”面板中单击“标注”按钮，分别对所需的对象进行尺寸标注，使用该快速标注方式可以标注大部分尺寸，如图9-111所示。

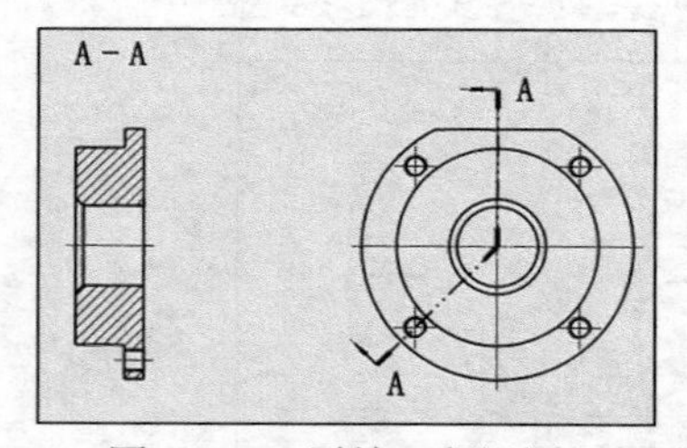

图9-109 原始工程视图

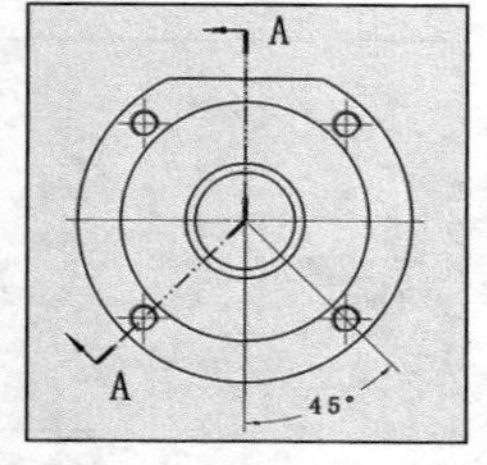

图9-110 创建一个角度尺寸

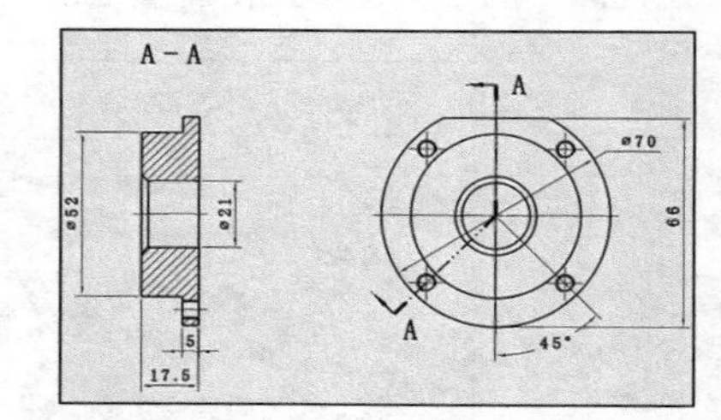

图9-111 快速标注大部分尺寸

4）创建“半标注”尺寸（即对称尺寸）。在功能区“标注”选项卡的“标注”面板中单击“对称”按钮，选择要标注的点，指定中心线，指定文本插入点，在“设置”选项组“文字”选项卡的“文字”下拉列表中选择“用户文本”选项，在出现的“用户文本”文本框的“[Val]”字样前添加“[VxX]c”，如图9-112所示，“[VxX]c”代表符号“*Φ*”，单击“确定”按钮。

5）创建倒角尺寸。在功能区“标注”选项卡的“标注”面板中单击“线性倒角”按钮，弹出“线性倒角”对话框，选中“引线倒角”类型，在“文字”选项卡中单击“沿建模线”图标，选中“自动放置”图标，如图 9-113 所示；切换至“标注属性”选项卡，从“样式”下拉列表中选择“倒角样式（GB）”，设置倒角样式的相关属性，如图 9-114 所示；接着，选择要标注的一条倒角线，指定倒角标注文本插入点（放置点），然后单击“确定”按钮，创建倒角标注，如图 9-115 所示。

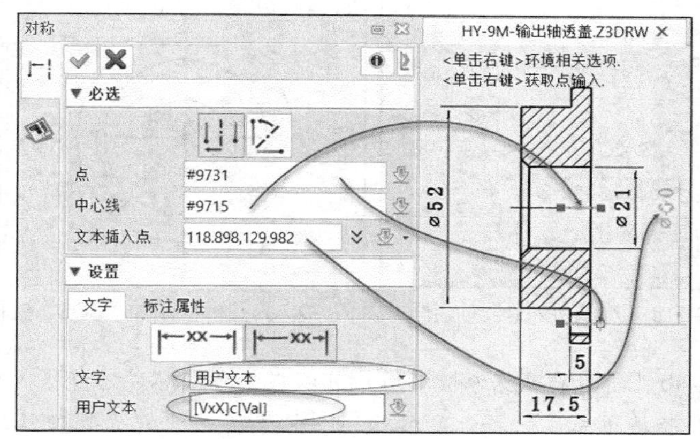

图 9-112　创建“半标注”尺寸　　　图 9-113　“线性倒角”对话框

6）创建孔标注。在功能区“标注”选项卡的“标注”面板中单击“孔标注”按钮，打开“孔标注”对话框，取消选中“忽略重复的孔标注”复选框，在“设置”选项组的“编号元素”选项卡中设置图 9-116 所示的选项。选择要创建孔标注的视图，再选择孔进行标注，单击“确定”按钮，创建图 9-117 所示的孔标注。

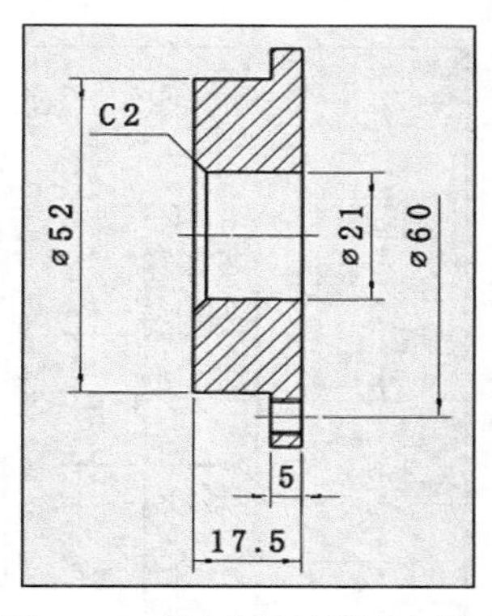

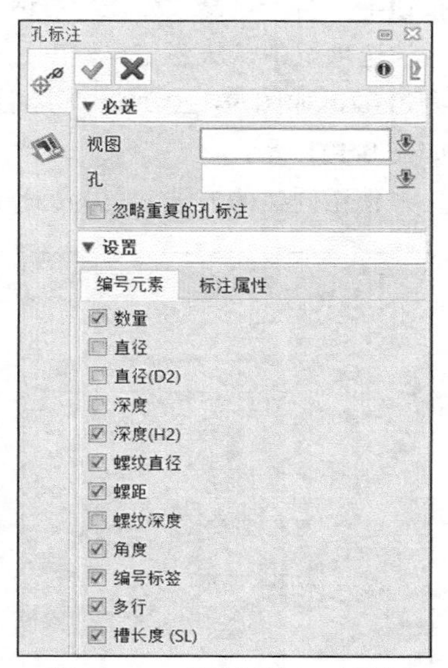

图 9-114　设置倒角标注属性　　图 9-115　创建线性倒角标注　　图 9-116　“孔标注”对话框

7）为孔标注添加“EQS”字样表示“均匀分布”，其方法是在视图中双击要编辑的孔标注注释，弹出“修改文本”对话框，在“文字”框的现有文字行的下一行中输入“EQS”，如图 9-118 所示，单击“确定”按钮，结果如图 9-119 所示。

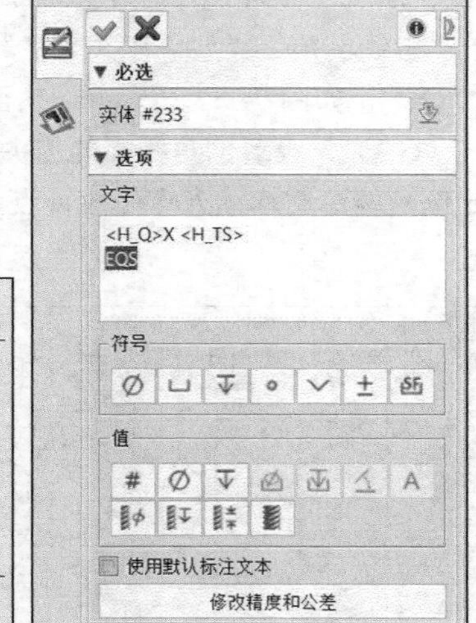

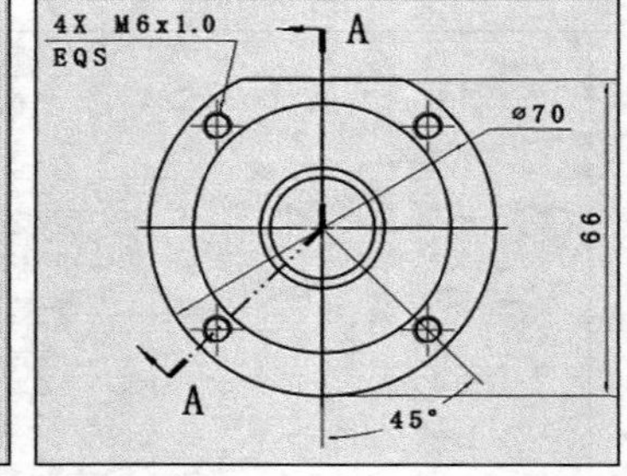

图 9-117　创建孔标注　　图 9-118　“修改文本”对话框　　图 9-119　为孔标注添加“EQS”注释

知识点拨　孔标注的文本位置可以由孔标注样式来确定，用户可以在工程图环境功能区“工具”选项卡的“属性”面板中单击“标注”按钮，在打开的“样式管理器”窗口中选择“孔标注”样式，在“文本位置”选项组中选择一个图标来定义孔标注的文本位置，如选中“线上首行折弯”图标。

8）尺寸公差是尺寸标注的重要组成部分，可以使用“编辑标注”面板中的“修改标注公差”工具为图纸上选定的标注设置尺寸公差。

例如，先为数值为“$\phi 52$”的一个直径尺寸添加尺寸公差，方法为：单击“修改标注公差”按钮，打开“修改公差”对话框，在图纸上选择该直径尺寸后在“修改公差”对话框的“设置”选项组中，从公差类型下拉列表中选择“不等公差”，设置上公差值为 0，下公差值为 0.02，如图 9-120 所示，最后单击“确定”按钮，为该直径尺寸创建其尺寸公差的效果如图 9-121 所示。

使用同样的方法，再为另一个尺寸添加尺寸公差，结果如图 9-122 所示。

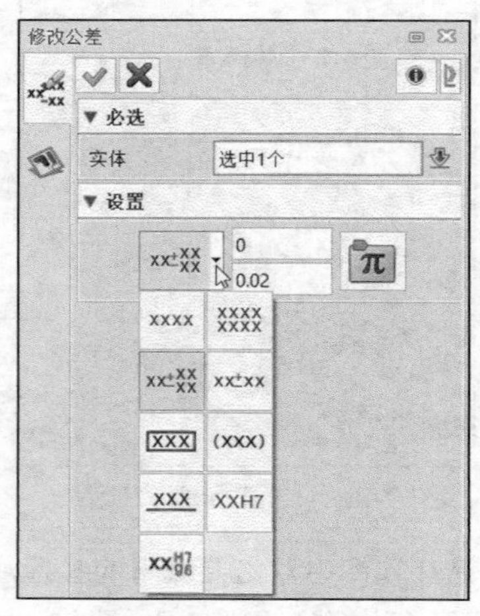

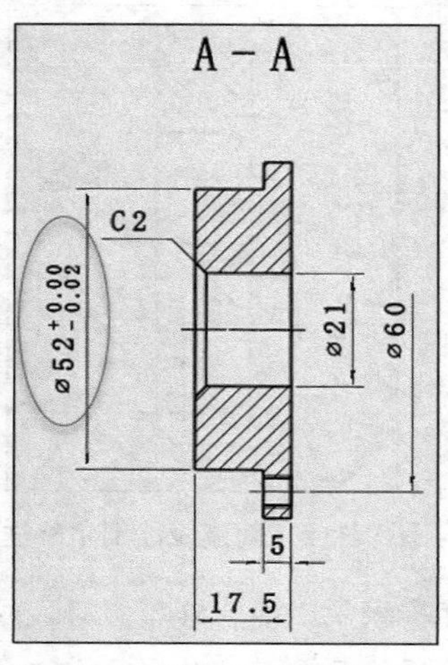

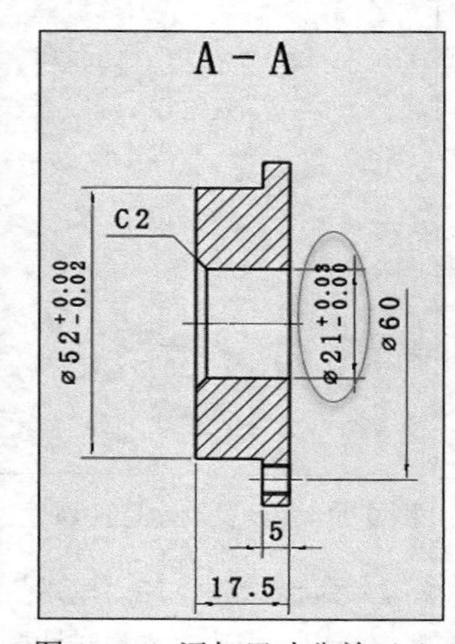

图 9-120　设置尺寸公差　　图 9-121　添加尺寸公差（1）　　图 9-122　添加尺寸公差（2）

9.5 创建注释与符号

创建注释与符号的工具位于功能区“标注”选项卡的“注释”面板和“符号”面板中，它们的功能含义如表9-2所示。本节将重点介绍其中几种常用的注释与符号工具，包括“基准特征”“形位公差”“中心线”“圆心标记”“中心标记圆”“表面粗糙度”“注释”“气泡”“自动气泡”“堆叠气泡”“图像”。

表9-2　　工程图中创建注释与符号的工具一览表

序号	工具	名称	功能用途及说明
1		坐标标签	用于创建指向一个或多个工程图对象的印线和坐标标注
2		注释	创建引线注释
3		气泡	创建气泡注释
4		自动气泡	可使用自动零件序号自动在工程图视图中生成零件序号
5		堆叠气泡	用于堆叠气泡，可选择多个气泡进行堆叠
6		形位公差	创建形位公差符号
7		基准特征	创建基准符号，可直接输入基准文本，或使用标注编辑器输入，接着指定文本插入点用于定位该符号
8		基准目标	创建基准目标区域符号
9		中心标记圆	生成一个指向圆形阵列中心的中心线，需要先选定多个孔的中心位置，单击鼠标中键确认后便添加中心线
10		中心标记	创建圆心标记标注，即为一条弧或一个圆创建中心标记
11		中心线	创建中心线标注
12		焊接	创建焊接符号，需要在添加符号引线的几何图形上选择一点作为参考点，再选择一点作为引线点，用于定位焊接符号
13		焊缝符号	用于创建焊缝符号
14		端部填充	创建端部填充
15		表面粗糙度	在工程图上创建表面结构要求符号
16		相交符号	创建一个相交符号并将它放置在工程图上，该符号通常用来表示执行过倒角命令的两条曲线的交点
17		图像	创建图形符号或背景
18		孔标记	创建标注孔的圆弧符号，即在激活的目标上插入不同类型的圆弧符号来标注不同的孔
19		OLE 对象	将 OLE 对象符号插入激活目标
20		插入	插入符号，可从激活符号库中选用几何图形符号并进行插入操作
21		添加	创建/替换符号，可将一组实体添加保存到激活符号库，以供日后使用
22		管理	用于管理符号库

9.5.1 基准特征

基准特征符号（简称“基准符号”）实际上是相对于被测要素的基准要素，它由标注在一个基准方格内的基准字母表示，并用一条细实线与一个涂黑或空白的三角形（两种形式同等含义）相连，从而组成基准符号。当基准要素为轮廓线或轮廓面时，基准符号标注在要素的轮廓线、表面或它们的延长线上，此时基准符号与尺寸线应该明显错开；当基准要素是尺寸要素确定的轴线、中心平面或中心线时，基准符号应对准尺寸线，亦可由基准符号代替相应的一个箭头；基准符号也可以标注在用圆点从轮廓表面引出的基准线上。基准符号中的方格不能斜放，必要时基准方格与黑色三角间的连线可用折线。

下面结合一个操作范例，介绍如何创建一个基准符号。

1）单击“基准特征”按钮，打开图 9-123 所示的“基准特征”对话框。

2）默认的基准标签为“A”，选择目标实体（如所需尺寸界线）以指示被测要素，接着指定基准文本插入点，如图 9-124 所示。

3）在“基准特征”对话框的“标注属性”选项组中，从“样式”下拉列表中选择“基准特征样式（GB）”，设置显示类型为“正方形”、“填充三角形（60°）”，显示样式为“水平”，比例因子为 1。

4）单击“确定”按钮，创建的基准符号如图 9-125 所示。

图 9-123 “基准特征”对话框

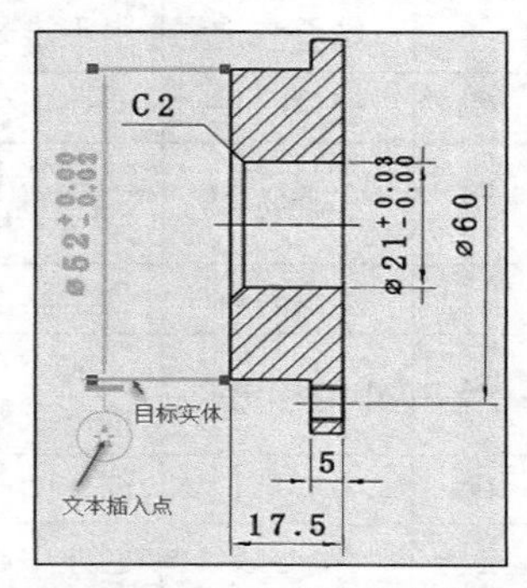

图 9-124 创建基准符号操作

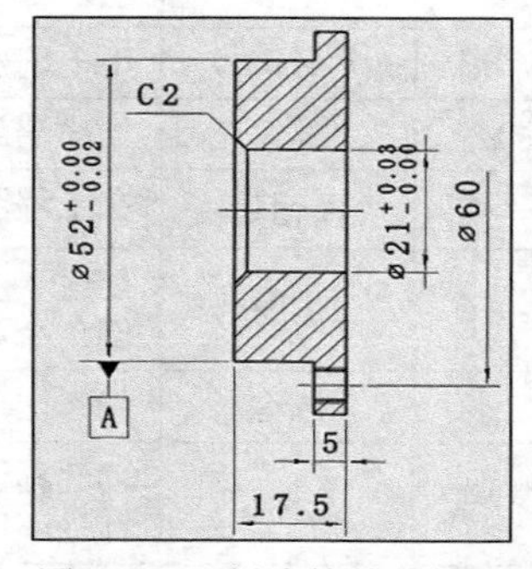

图 9-125 创建的基准符号

9.5.2 形位公差

形位公差包括形状几何公差和位置公差等，它们应该标注在矩形框格内，矩形公差框格由两格或多格组成，框格自左到右填写。

下面介绍如何创建一个形位公差，以创建同心度为例。创建其他类型的形位公差操作类似。

1）在功能区“标注”选项卡的“注释”面板中单击“形位公差”按钮，打开“形位公差”对话框和“形位公差符号编辑器”对话框。

2）在“形位公差符号编辑器”对话框中设置图 9-126 所示的形位公差参数，单击“确认”按钮。

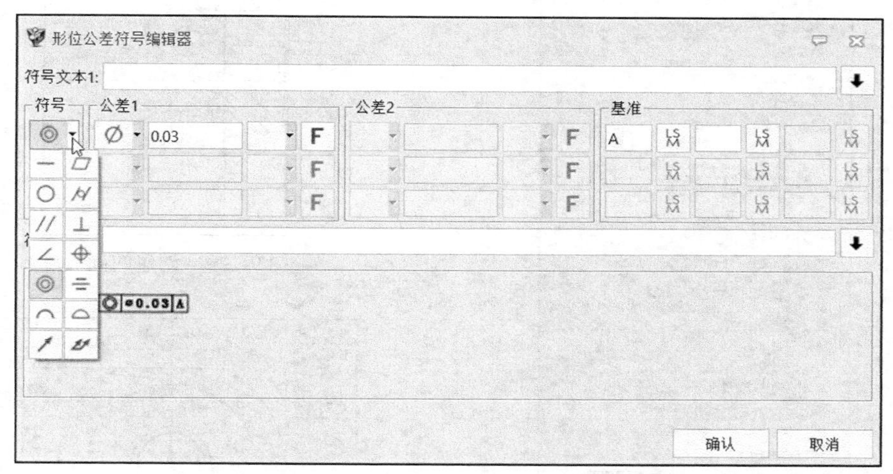

图 9-126 “形位公差符号编辑器”对话框

3）利用“形位公差”对话框的“位置”收集器指定形位公差符号的位置，由于本例需要引线，选择的第 1 个点作为引线箭头所指的位置，选择的第 2 个点用于定义引线的其他部分，如图 9-127 所示，单击鼠标中键。

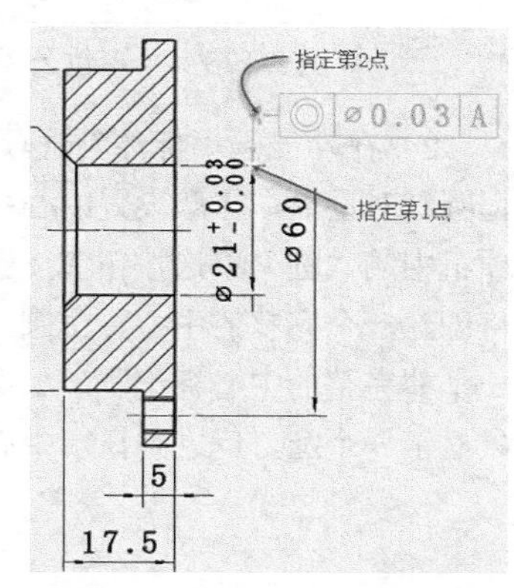

图 9-127 指定两点以指定位置

知识点拨 如果创建的形位公差符号不带引线，那么只需选择一个点并单击鼠标中键即可。如果需要带引线，那么选择的第 1 个点是引线箭头所指位置，后续选择的点用于定义引线的其他部分。如果希望形位公差符号同时作用于多个表面，那么可以使用“引线点”选项组中的工具将该符号添加到其他 1 个或多个引线箭头上，即指定的多个引线点定位了这些箭头。

4）在“形位公差”对话框的“标注属性”选项组中设置相应的属性选项，如图 9-128 所示。公差框的引出方式有“无折弯”、“折弯”、“垂直”、“水平”。

5）单击“确定”按钮，创建的同心度（同轴度）如图 9-129 所示。

9.5.3 中心标记圆

中心标记圆比较常见，常见于具有圆形阵列的零件工程视图或装配工程视图上。创建中心标记圆的操作方法也比较简单，单击“中心标记圆”按钮后，接着选择圆形阵列上所有孔的中心点（至少 3 个中心点才能定义中心标记圆）。在之前案例素材上进行操作，具体操作方法及步骤如下。

1）先将创建布局视图时在 4 个螺纹孔处自动生成的中心线删除。在 DA 工具栏中单击“删除”按钮，选择图 9-130 所示的 4 处中心线组，单击鼠标中键确认选择，从而将它们删除。

图 9-128 “形位公差”对话框

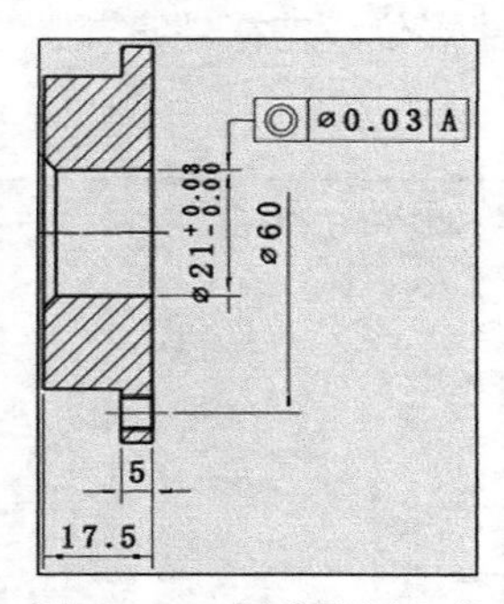

图 9-129 创建的同心度

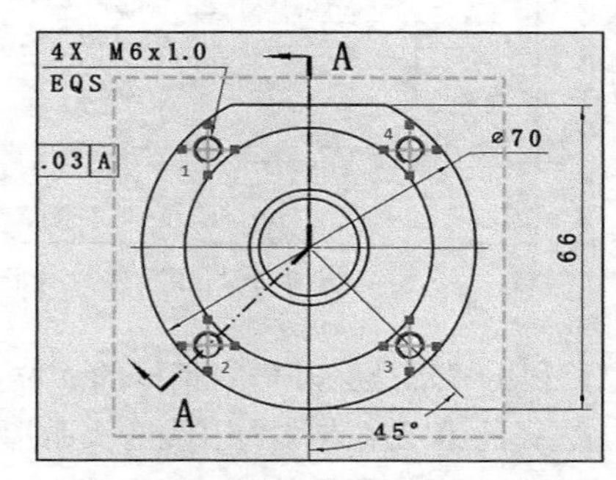

图 9-130 选择要删除的中心线组

2）在功能区“标注”选项卡的“符号”面板中单击“中心标记圆”按钮，打开“中心标记圆”对话框，注意设置中心标记圆的标注属性等相应内容，如图 9-131 所示。其中“设置”选项组中的“圆”单选按钮和“圆弧”单选按钮的功能用途需要注意，当选择“圆”单选按钮时，将创建一个完整的中心标记圆；当选择“圆弧”单选按钮时，以逆时针方向选择中心点，将生成一个非完整的中心标记圆。如果选中“创建整圆”复选框，则在所选孔中心处不显示中心标记，只显示一个圆，反之则显示中心标记。

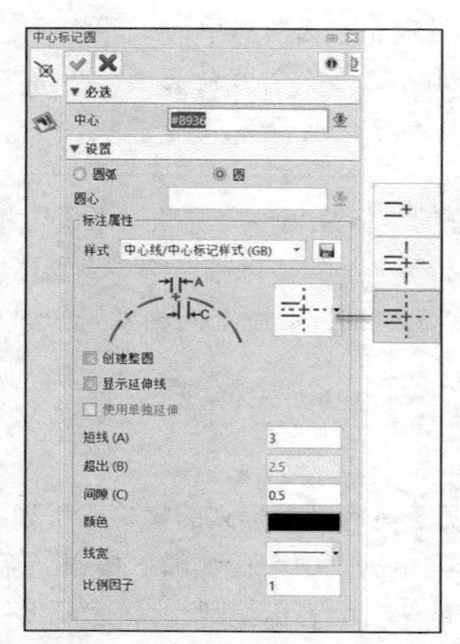

图 9-131 “中心标记圆”对话框

3）选择图 9-132 所示的 4 个螺纹孔中心来生成中心标记圆。

4）单击“确定”按钮，创建的中心标记圆如图 9-133 所示。

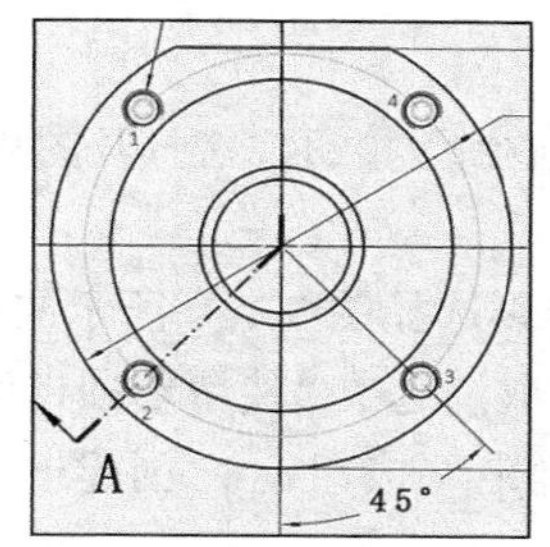

图 9-132 选择 4 个螺纹孔中心

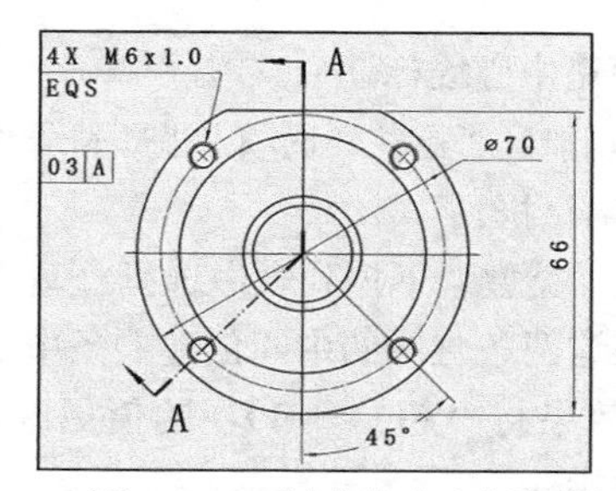

图 9-133 创建的中心标记圆

9.5.4 圆心标记与中心线

“中心标记”工具用于为选定的圆弧或圆创建中心标记（也称“圆心标记”）；“中心线”工具则用于在指定的两条直线/圆弧、圆之间创建一条中心线标注，也可以通过指定两点在视图中绘制一条中心线。

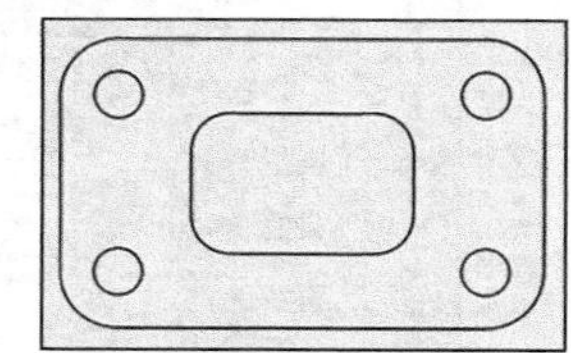

图 9-134 原始布局视图

请看以下一个操作范例，涉及中心标记与中心线标注。

1. 创建中心标记

1）打开“HY-9N.Z3DRW”工程图文件，该文件的原始布局视图如图 9-134 所示。

2）在功能区“标注”选项卡的“符号”面板中单击“中心标记”按钮，打开“中心标记”对话框，从“样式”下拉列表中选择“中心线/中心标记样式（GB）”选项，选择中心标记类型为，并设置相应的参数，如图 9-135 所示。

3）选择图 9-136 所示的一处圆弧以生成其中心标记，单击“确定”按钮。

4）使用同样的方法，在其他 3 个同样大小的圆弧中心处创建中心标记，如图 9-137 所示。

5）继续单击“中心标记”按钮，设置中心标记类型为，分别选择另外的 4 个大圆弧来创建相应的中心标记，如图 9-138 所示。

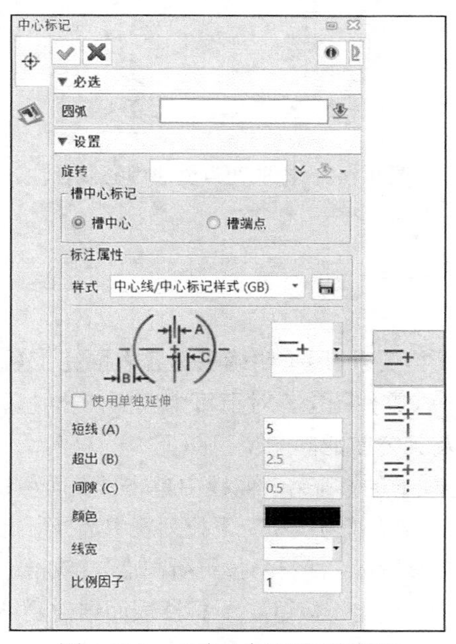

图 9-135 “中心标记”对话框

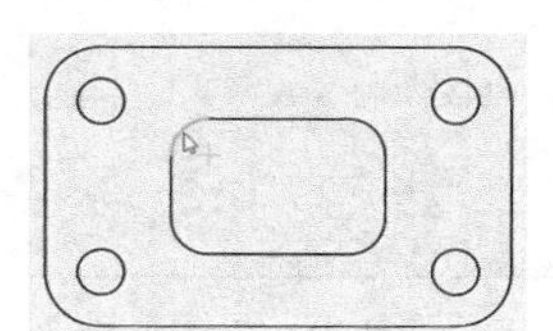

图 9-136 生成中心标记

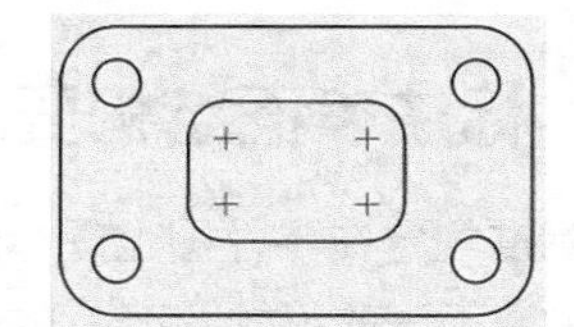

图 9-137 共 4 处中心标记

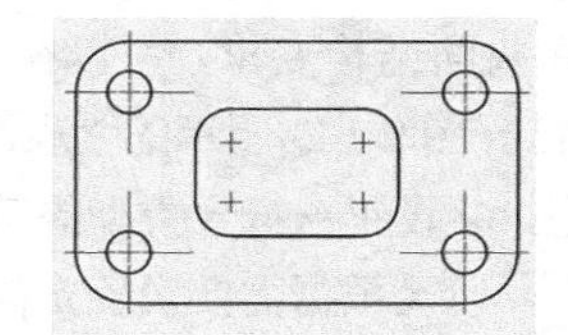

图 9-138 继续创建中心标记

2. 创建中心线标注

1）在功能区“标注”选项卡的“符号”面板中单击“中心线”按钮，打开图 9-139 所示的“中心线”对话框。

2）从“类型”下拉列表中选择“基于曲线”选项，分别选择图 9-140 所示的直线 1 和直线 2，以在这两条直线的中间创建一条中心线。此时，可以取消选中“使用单独延伸”复选框，对照预览效果将“超出（B）”的值更改为 16，单击“确定”按钮，创建一条中心线，如图 9-141 所示。

3）单击“中心线”按钮，打开“中心线”对话框，从“类型”下拉列表中选择“基于拾取点”选项，拾取图 9-142 所示的点 1 和点 2 来创建中心线标注，最后单击“确定”按钮。

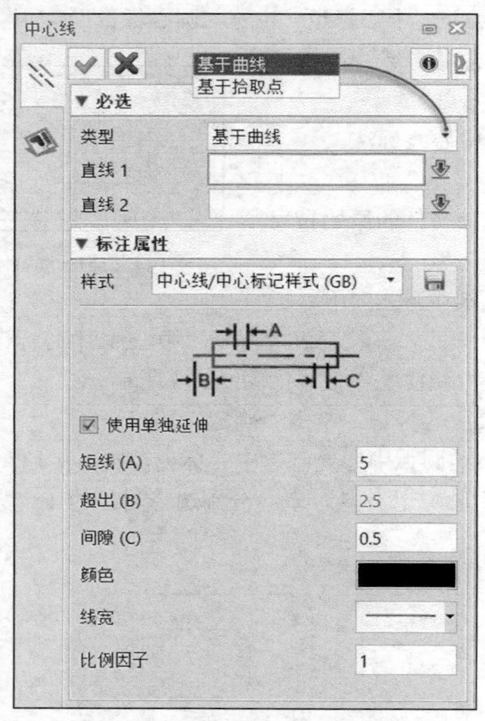

图 9-139 “中心线”对话框

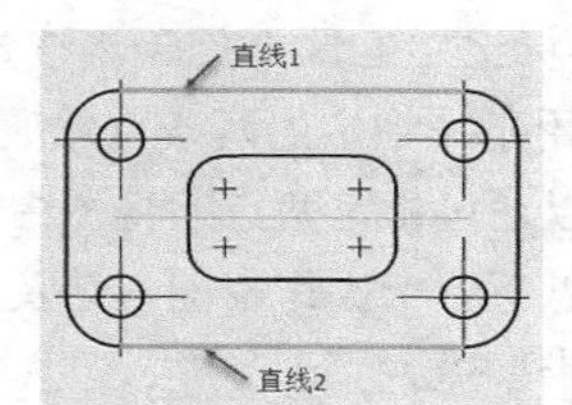

图 9-140 选择两条直线

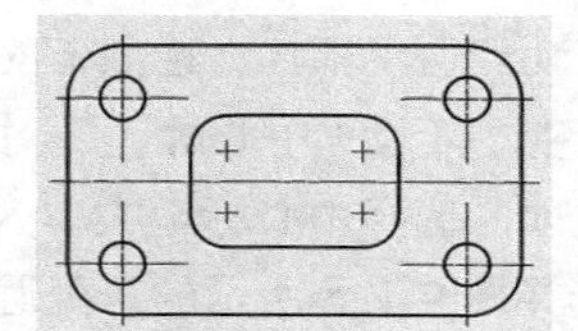

图 9-141 创建一条中心线

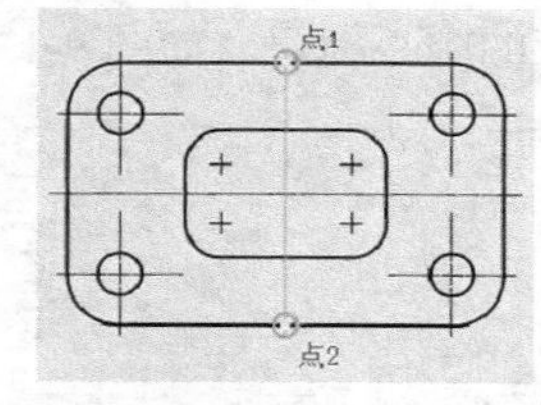

图 9-142 拾取两点创建中心线标注

9.5.5 标注表面结构要求

国家标准规定在零件图上须标注出零件各表面结构要求，用于明确表达各表面完工后的状况，便于生产工序的编排及产品质量的管控。在同一张零件图上，对于每个表面，一般只标注一次表面结构要求，并且尽可能标注在相应的尺寸及其公差的同一个视图上。

要标注表面结构要求，可以在功能区“标注”选项卡的“符号”面板中单击“表面粗糙度”按钮，打开图 9-143 所示的“表面粗糙度”对话框，在“符号类型”下拉列表中选择所需的一种符号类型，并设置该符号类型的符号布局，接着指定参考点（即符号位置所在点），或指定引出点及参考点，以及根据需要设置定向角度等，最后单击“确定”按钮。标注表面结构要求符号的示例如图 9-144 所示，表面结构的注写和读取方向应与尺寸的注写和读取方向一致。

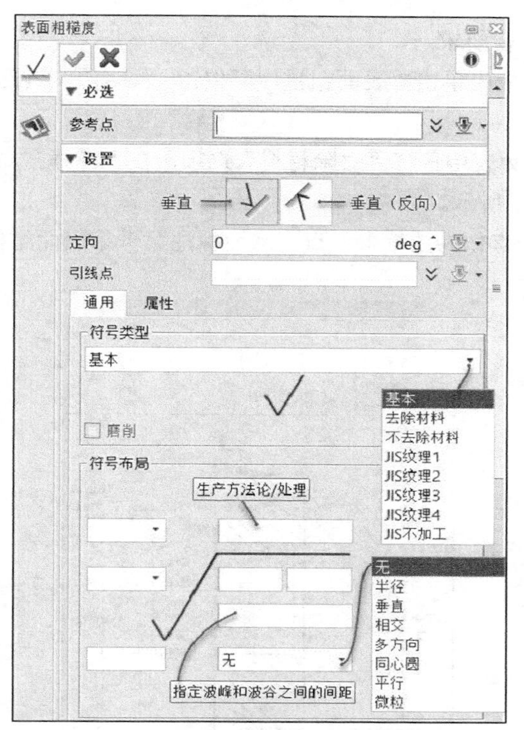

图 9-143 “表面粗糙度”对话框

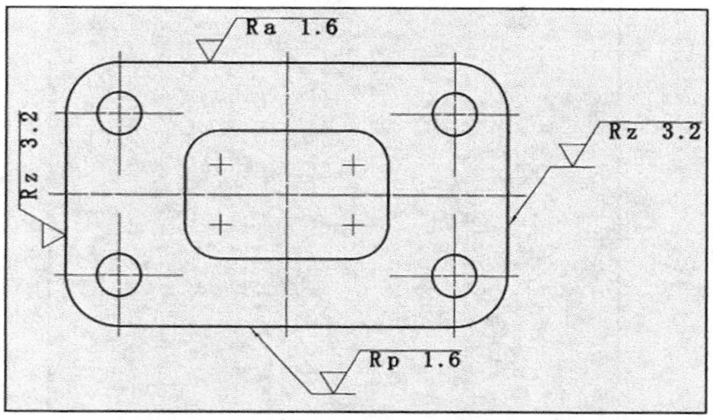

图 9-144 标注表面结构要求符号示例

如果要在表面结构要求符号标注中使用引线，那么建议在“表面粗糙度”对话框的“属性”选项卡中，选中“延伸线”复选框，设置延伸线标注参数为 10 等，定向选项为“水平”，如图 9-145 所示；接着在“引线点”收集器的框内单击以将其激活，指定引线点，再指定参考点，则引线箭头由引线点指向参考点，表面结构要求符号水平放置在引线的延伸段上，如图 9-146 所示。

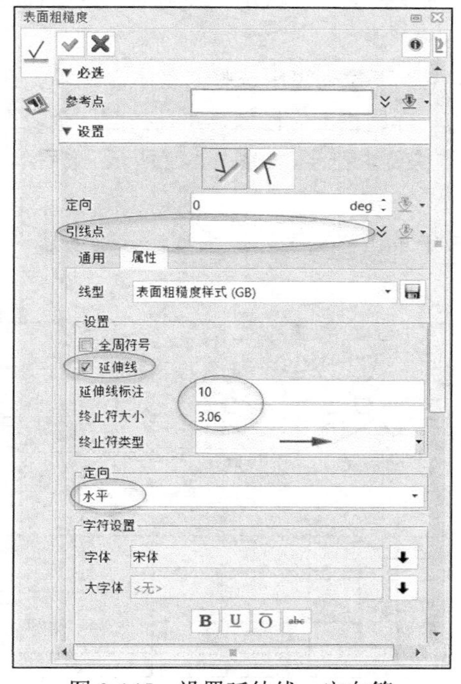

图 9-145 设置延伸线、定向等

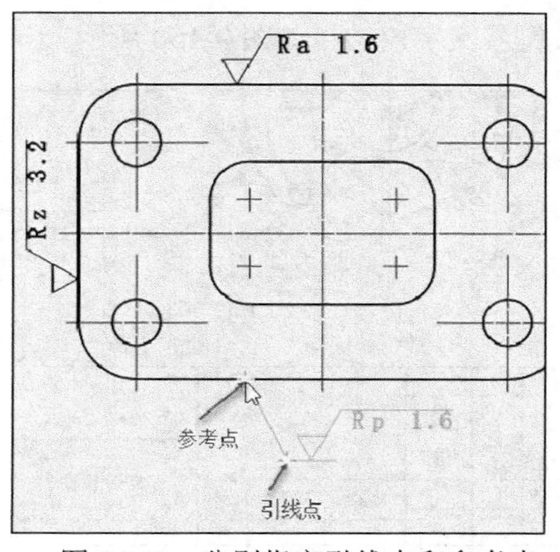

图 9-146 分别指定引线点和参考点

【范例学习】 在零件工程图中标注表面结构要求

1）在功能区“标注”选项卡的“符号”面板中单击“表面粗糙度”按钮✓，打开“表面粗糙度”对话框。

2）在“通用”选项卡的“符号类型”下拉列表中选择“去除材料”选项，在“符号布局”选项组中的一个框内输入“Ra 1.6”，如图 9-147 所示。

3）在图 9-148 所示的表面轮廓线上指定一点作为放置参考点，从而标注第一个表面结构要求符号。

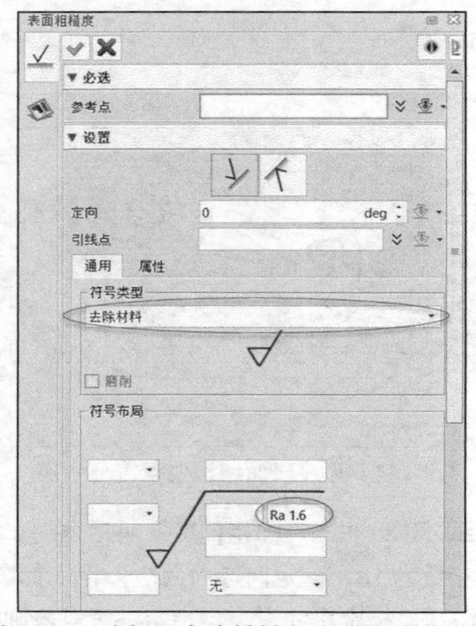

图 9-147 选择“去除材料”选项并设置参数

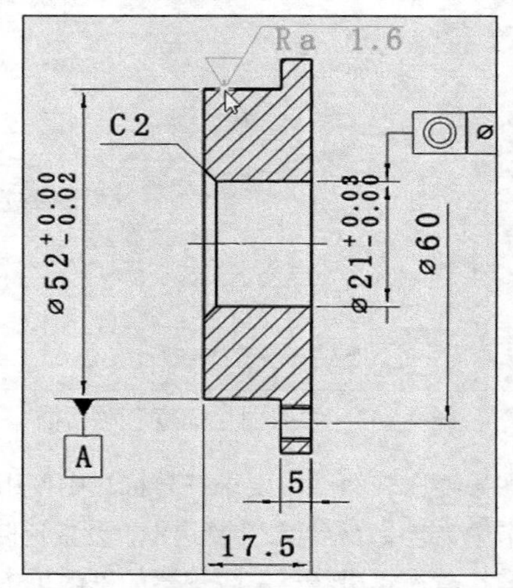

图 9-148 指定参考点放置表面结构要求符号

4）将参数值更改为“Ra 3.2”，在视图下方、标题栏上方区域指定参考点来放置该表面结构要求符号。

5）在“表面粗糙度”对话框中，从“符号类型”下拉列表中选择“基本”选项，在“符号布局”选项组中清空所有参数，同样在视图下方、标题栏上方区域，并且在前一个表面结构要求符号右侧水平位置指定参考点来放置新表面结构要求符号，如图 9-149 所示。最后单击“确定”按钮✔。

6）在功能区“绘图”选项卡的“绘图”面板中单击“文字”按钮A，分别创建“(”和“)”符号文字，结果如图 9-150 所示。

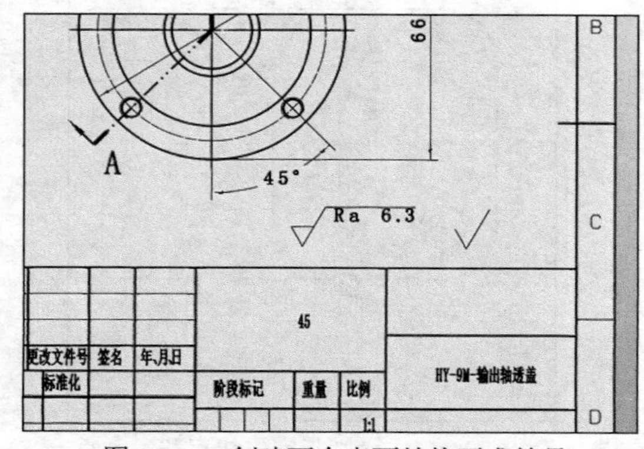

图 9-149 创建两个表面结构要求符号

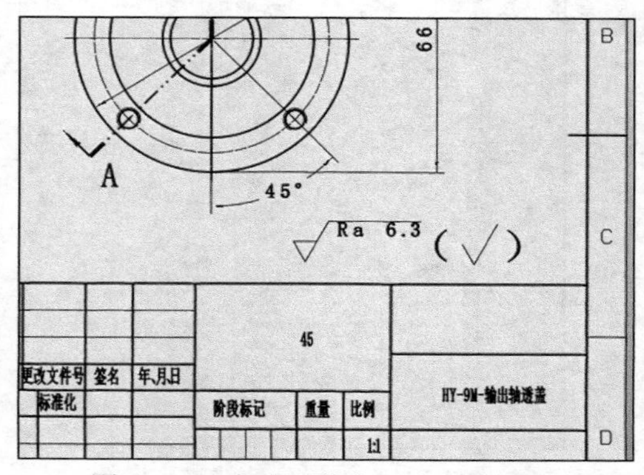

图 9-150 完成“其余”表面结构要求

知识点拨 当零件的多数表面有相同的表面结构要求时，可以在图样的标题栏附近统一进行标注，并在圆括号内给出无任何其他标注的基本图形符号（用以表示图上已经标注的内容）。在有些零件中，也可以根据设计要求，在圆括号内给出图中已经标出的几个不同的表面结构要求。这两种注法替代了早些年由旧标准规定的“其余”的表面粗糙度注法。

9.5.6 注释

在工程视图中有时需要创建引线注释来表达一些信息。引线注释可以只有一个基点、箭头，也可以有多个基点，以产生多个箭头指向相应的工程图实体对象，这些箭头均来源于同一个引线注释文本。

要在工程视图中创建引线注释，可以在功能区“标注”选项卡的“注释”面板中单击“注释”按钮，打开“注释”对话框，如图 9-151 所示，接着利用以下工具进行相应的操作。

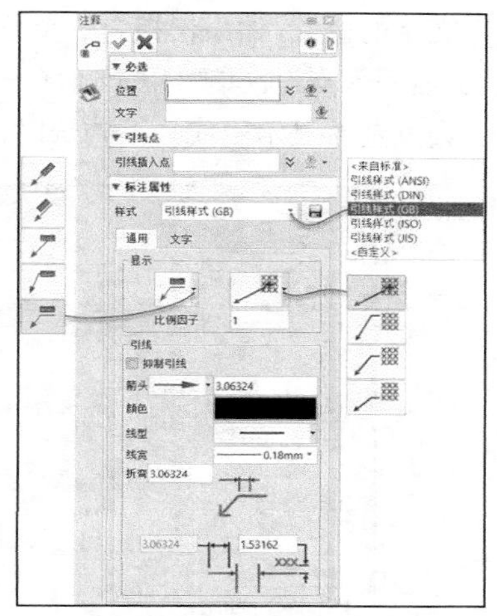

图 9-151 “注释”对话框

- “位置”：指定箭头的位置，接着指定文字的位置。如果仅仅指定一个位置，则该位置便是注释文字的位置，不会产生引线。
- “文字”：在此框中输入注释文字（也称“标注文字”）。可单击“文字”框右侧的按钮并选择“编辑器”命令，从而使用标注编辑器来处理注释文字。
- “引线插入点”：激活该收集器，可以选择一个或多个点定位附加引线箭头的位置，即实现标注多基点、多箭头的注释文字。
- “标注属性”选项组：在该选项组中指定注释特征使用的引线样式，设置其通用属性及文字属性。
- “抑制引线”复选框：如果选中此复选框，则不显示引线。

在图 9-152 所示的标注引线注释的案例中，利用“位置”收集器分别指定两点来创建一个引线注释，输入的注释文字为“主动摇齿”。

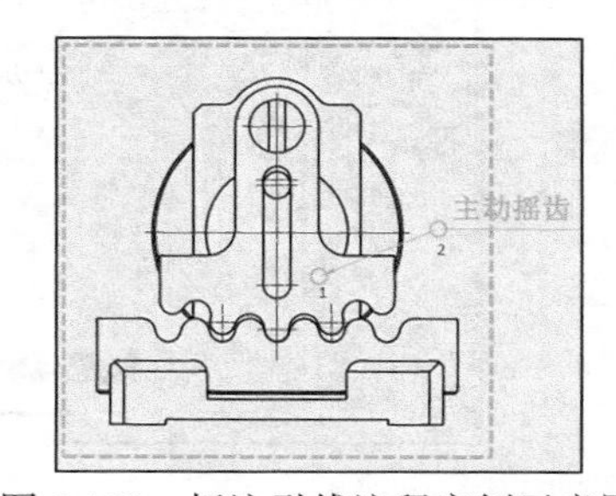

图 9-152 标注引线注释案例示意图

如果激活“引线点”选项组的“引线插入点”收集器，则可选择附加引线插入点，如图 9-153 所示，从而产生具有附加引线的注释，附加引线的箭头均来源于同一个引线注释文本。

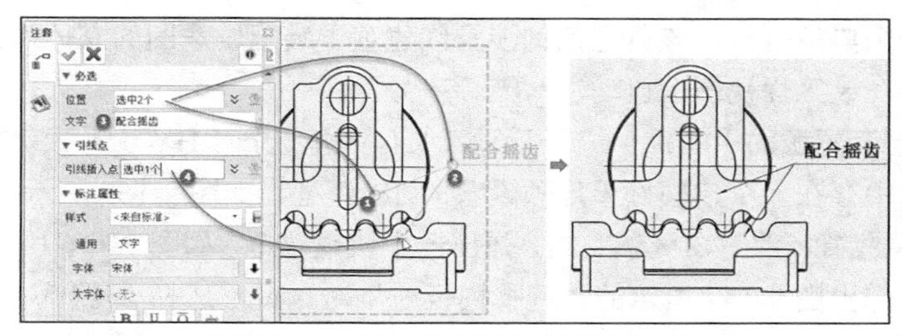

图 9-153 创建具有附加引线的注释

9.5.7 气泡、自动气泡与堆叠气泡

本小节介绍“气泡”工具、“自动气泡”工具和“堆叠气泡”工具的应用。

1. “气泡”工具

“气泡”工具用于创建气泡注释，其操作步骤和使用“注释”工具创建注释的操作步骤类似，最大的不同之处在于气泡注释提供了丰富的气泡类型用于表现气泡文字，以及气泡文字的内容可以依据所选数据类别进行更新，当然也可以由用户设置自定义内容。

创建气泡注释的典型示例如图9-154所示，可以看出可选气泡类型有“无”“圆形”“三角形”“正方形”“六边形”“圆形分割线”和“下划线”，比较丰富，有些气泡类型带有下部文字，如“圆形分割线”气泡类型就有下部文字。利用“位置”收集器，可以指定箭头位置，并可指定文字的位置，如果仅指定一个位置点，那么该位置点将定义标注文字的位置且不会产生引线。“引线插入点”收集器用于选择一个或多个点定位附加引线箭头的位置，“抑制引线”复选框用于设置是否显示引线（不勾选时，则不显示引线）。

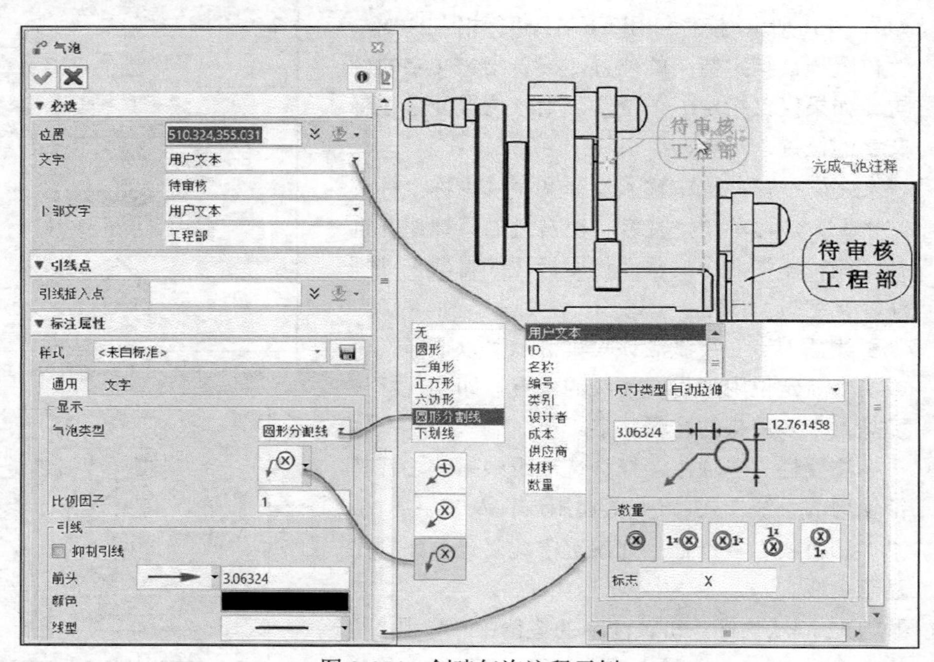

图9-154 创建气泡注释示例

2. “自动气泡”工具

“自动气泡”工具通常可用于在指定工程图中生成自动零件序号，不会重复，支持一次指定多个视图，并可以指定零件序号沿用装配体顺序或按顺序编号。

下面介绍一个典型范例，该典型范例涉及创建基于装配爆炸图的立体形式（轴测图形式）的工程视图，并在该工程视图上自动注写零件序号。

1）从本书配套资源的“CH9”\“千斤顶”文件夹里选择“HY-千斤顶.Z3ASM”文件来打开，该装配文件中存在一个建模好千斤顶设备的3D模型，如图9-155所示。

2）在装配模型窗口的空白区域右击，弹出一个快捷菜单，如图9-156所示，从中选择“2D工程图”命令，弹出图9-157所示的“选择模板…”对话框，选择“[默认]”选项，然后单击“确认”按钮。

图 9-155 原始装配

图 9-156 创建 2D 工程图

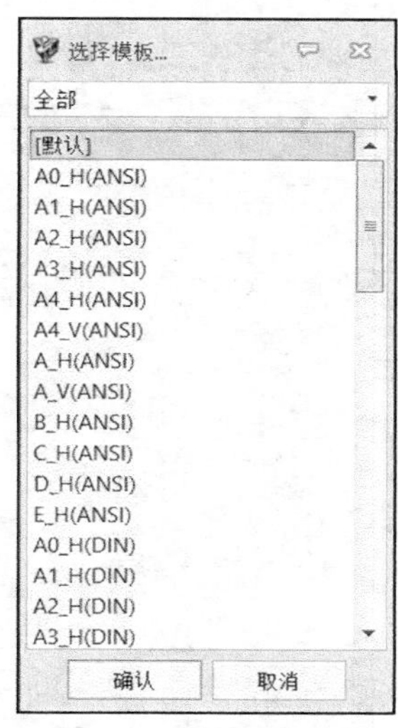

图 9-157 “选择模板…”对话框

3）系统弹出“标准”对话框，从“视图”下拉列表中选择“轴测图”选项，如图 9-158 所示，在“通用”选项卡中设置取消显示消隐线；切换至“高级”选项卡，从“爆炸视图”下拉列表中选择装配中已创建好的命名爆炸图“爆炸视图 1”，如图 9-159 所示。在视图中指定视图放置位置后，在弹出的“投影”对话框中直接单击“取消”按钮 ✖。插入的轴测视图如图 9-160 所示。

图 9-158 指定视图类型等

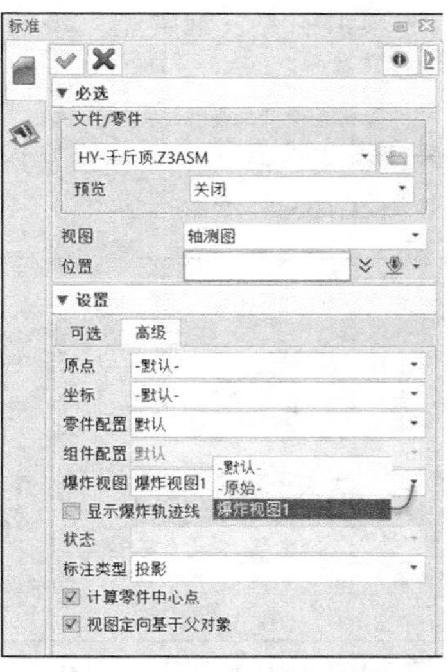

图 9-159 设置采用爆炸视图

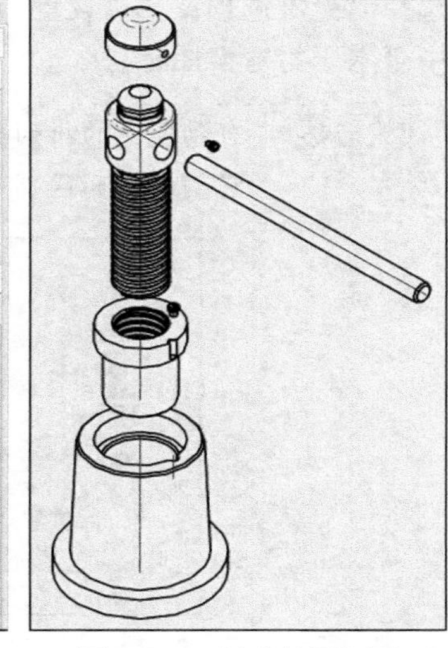

图 9-160 创建轴测视图

4）在功能区“标注”选项卡的“注释”面板中单击“自动气泡”按钮，打开“自动气泡”对话框，如图 9-161 所示。

5）选择要创建气泡的视图，单击鼠标中键确认，如图 9-162 所示。此时，中望 3D 会以默认的自动气泡设置来预览零件序号。

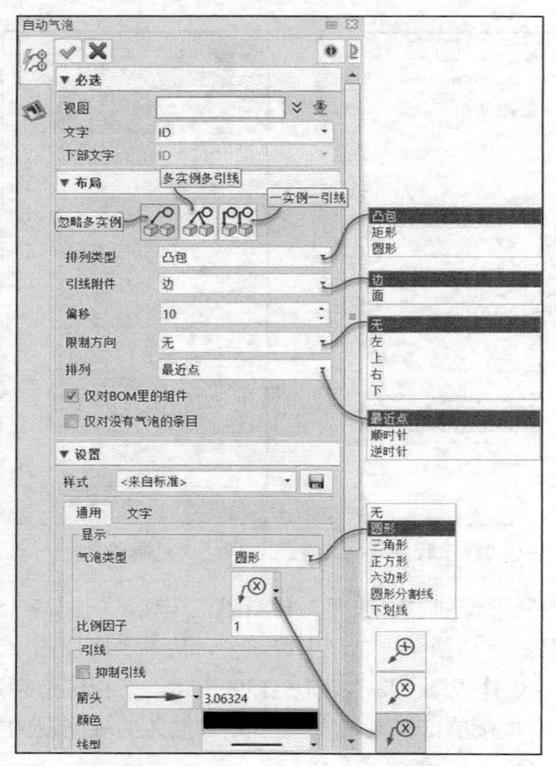

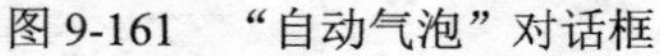
图9-161 “自动气泡”对话框

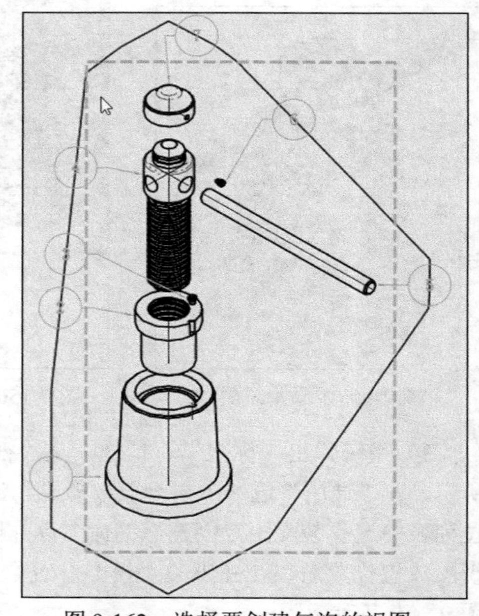
图9-162 选择要创建气泡的视图

6）在“必选”选项组的“文字”下拉列表中默认选中“ID”选项；在“布局”选项组中选中“忽略多实例”按钮，从“排列类型”下拉列表中选择“凸包”选项，从“引线附件”下拉列表中选择“边”选项，设置偏移值为“10”，从“限制方向”下拉列表中选择“无”选项；在“设置”选项组的“气泡类型”下拉列表中选择“圆形”选项，并选中“水平折弯”图标。

知识点拨 自动气泡的排列类型用于设置气泡摆放的形状，有“凸包”“矩形”“圆形”3种，它们的排列区别如图9-163所示。

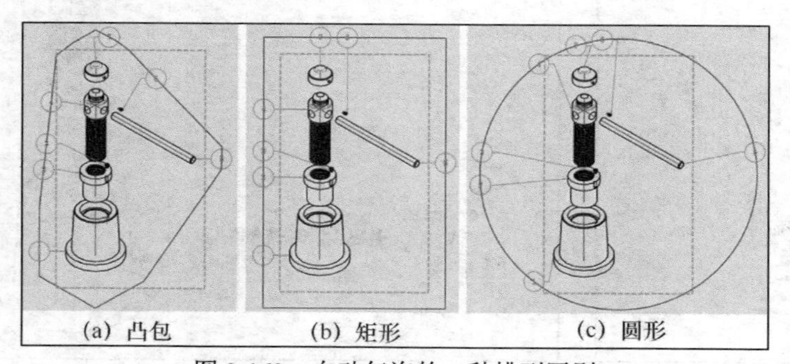
(a) 凸包　(b) 矩形　(c) 圆形

图9-163 自动气泡的3种排列区别

7）单击“确定”按钮，在工程图视图中生成相应的零件序号，如图9-164所示。

3. “堆叠气泡”工具

“堆叠气泡”工具用于对多个气泡进行堆叠，该操作需要选择一个主气泡，再选择其他需要被堆叠的气泡，气泡堆叠的方式主要有 4 种，分别为“水平左”方式、“水平右”方式、“竖直上”方式、“竖直下”方式，可以通过选中“自动排序”复选框来设置气泡将根据气泡内数字的大小来自动排序。

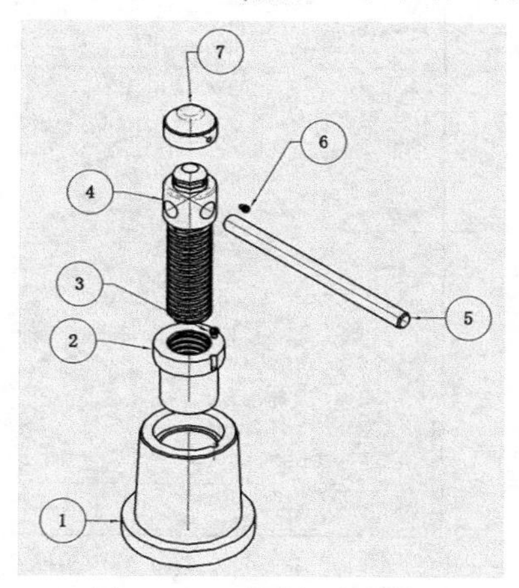

图 9-164 自动标注零件序号（自动气泡）

假设使用“气泡”工具在一个空的图纸页上分别创建 3 个气泡注释，如图 9-165 所示，现在要将这 3 个分散布置的气泡堆叠起来，则在功能区“标注”选项卡的“注释”面板中单击“堆叠气泡”按钮，打开图 9-166 所示的“堆叠气泡”对话框，选择注释文本为“1”的气泡作为主气泡，接着分别选择注释文本为“2”和“3”的气泡作为要被堆叠的气泡，在“设置”选项组中选择“竖直上”方式，此时可以看到堆叠气泡的预览效果，如图 9-167 所示，最后单击“确定”按钮，最终的堆叠气泡效果如图 9-168 所示。

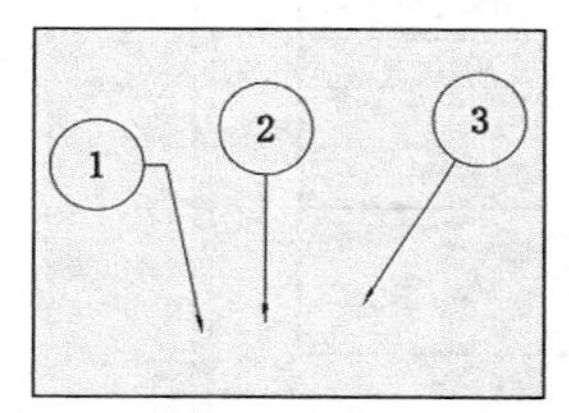

图 9-165 堆叠前的气泡注释

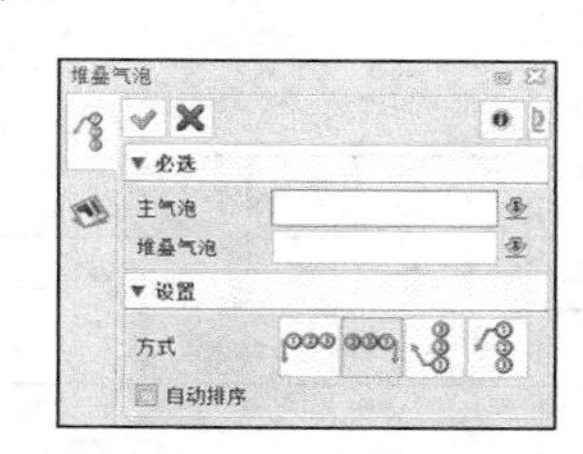

图 9-166 “堆叠气泡”对话框

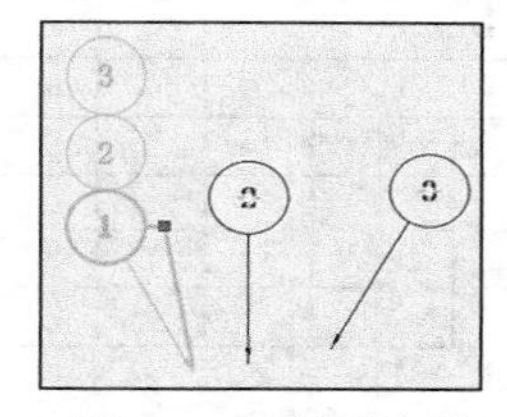

图 9-167 堆叠气泡预览

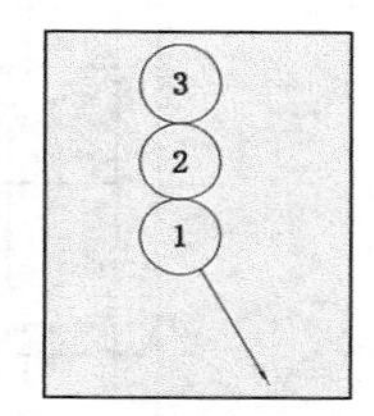

图 9-168 堆叠气泡效果

9.5.8 图像

可以在工程图中将所需的外部图像符号或背景图像插入激活目标，通过选择两个点以设定的方式定位图像，可根据需要指定图像的宽度和高度、旋转角度、透明度等参数。对于插入的图像，双击它可启用其编辑状态以便进行编辑。

下面介绍如何将公司、设计机构的标志插入标题栏的相应框内。

1）在“快速访问”工具栏中单击“新建”按钮，弹出“新建文件”对话框，从“类型”选项组中选择“工程图”，从“子类”选项组中选择“标准”，在“模板”选项组中选择“A3_H（GB）”，接受默认的工程图名称，单击“确认”按钮。

2）在功能区“标注”选项卡的“符号”面板中单击“图像”按钮，打开“图像”对话框，同时弹出“选择文件”对话框。利用“选择文件”对话框选择本书配套资源中的“CH9”\“桦意设计 LOGO”.png 文件，单击“打开”按钮。

3）在“图像”对话框的“定向”选项组中单击“中点和角点”按钮，在“设置”选项组中选中“锁定长宽比”复选框，如图 9-169 所示。

4）在标题栏用于填写公司单位的单元格中央单击以指定点 1 作为矩形中心点，接着再指定点 2 定义角点，此时可以在“设置”选项组中对图像宽度、高度、角度、不透明度等进行微调，如图 9-170 所示。

5）单击“确定”按钮，在标题栏中插入公司/机构标志的效果如图 9-171 所示。

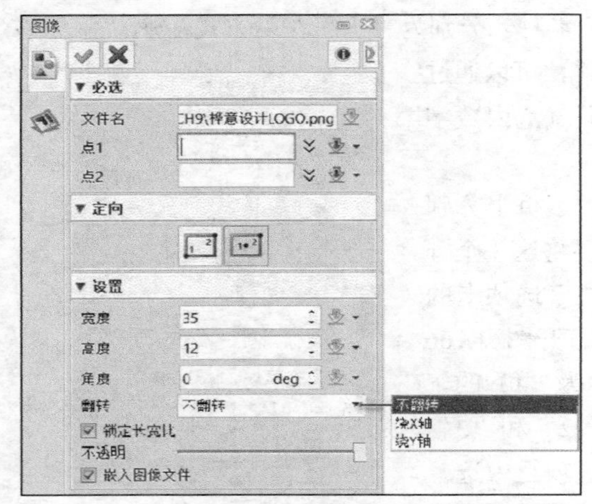

图 9-169 “图像”对话框

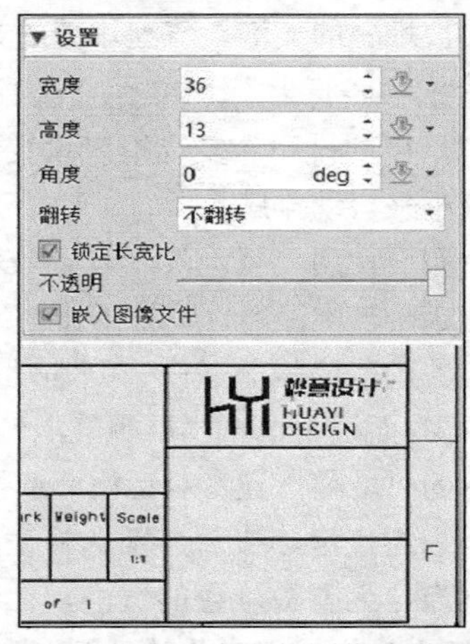

图 9-170 指定两点定位图像及微调参数

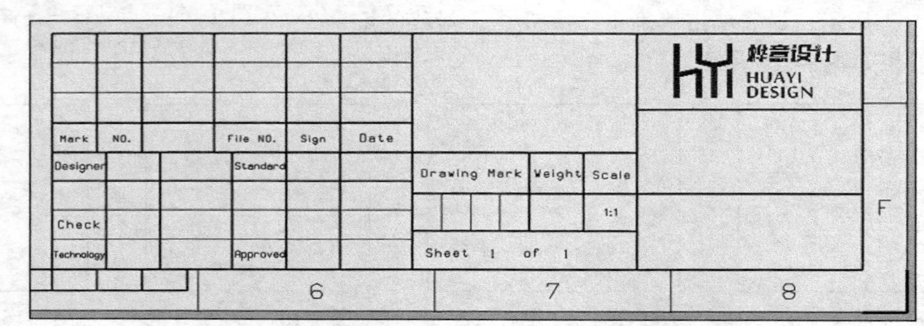

图 9-171 在标题栏中插入公司/机构的标志

9.6 编辑标注

在工程图环境功能区“标注”选项卡的“编辑标注”面板中提供了表 9-3 所列的工具。这些编辑标注工具的使用方法都比较简单，很多编辑选项、参数与相应标注创建时所用到的选项、参数是一样的，在此不再赘述。

表 9-3 工程图编辑标注的常用工具一览表

序号	工具	名称	功能用途或操作说明
1		标注快速编辑	用于快速编辑选定标注，单击此按钮后，选择要编辑的标注，则提供“标注快速编辑”对话框供用户对标注文本、标注属性等进行快速编辑
2		修改公差	用于设置或修改图纸上选定尺寸的尺寸公差，单击此按钮后，选择要修改的标注，接着选择公差类型图标，输入相应的公差值
3		切换参考	用于切换标准参考状态，需要选择标注，使其与参考标注进行切换，参考标注在圆括号“（）”中显示
4		修改文本	用于修改标注的文本，可使用用户文本代替系统标注值
5		修改零件标注	用于在工程图修改 3D 零件的标注，此工具提供了 3D 零件或装配与其工程图之间的双向关联，注意只能修改来自 3D 零件的标注（简称零件标注，可在“修改零件标注”对话框中设置预览零件标注），而不能修改工程图标注
6		修改文本点	用于修改标注的文本插入点位置，标注文本和延伸线会随设置自动适应修改

续表

序号	工具	名称	功能用途或操作说明
7		修改标注点	用于重定义在工程图中创建的标注，单击此按钮后，选择一个要修改的标注，系统自动弹出与所选标注对应的对话框，从中可重定义标注的标注点，调整文本插入点位置，以及调整标注文字显示选项
8		修改文本对齐	用于将标注的位置与选定的另一标注对齐，需要选择要修改的标注，以及选择要对齐的标注
9		整理标注	用于清理布局视图中位于同一轴线上的水平、垂直及对齐标注的位置，注意只能同时对一个视图的尺寸进行清理，可以选择要整理的视图，也可以选择要整理的标注来进行标准整理，可设置标注对象偏离视图边界或基线的距离、标注间的间距、标注偏移距离参考对象等
10		修改折弯标注	用于将折弯添加到标注或标注组，单击此按钮后，选择要修改延长线的标注，接着选定两个点以定位该折弯。备注：这里所述的折弯是指标注的延长线偏移其正常路径，一些标注延长线的正常路径会妨碍工程图上其他的重要信息，此时可以使用此功能来修改折弯标注
11		添加到组	用于将标注添加到标注组，标注组是在使用基线、连续和坐标标注模式时创建的
12		从组中删除	用于从标注组删除/移除一个标注，单击此按钮后，从要删除标注的标注组中选择一个标注，确定后即可
13		炸开标注组	用于将标注组炸开成各个单独的标注，单击此按钮后，选择所需标注组，接着单击鼠标中键即可炸开所选标注组
14		旋转中心标记	可以使用“2D 中心标记”工具将中心标记放置到圆或圆弧的中心位置，而使用“旋转中心标记”工具使此类中心标记朝着指定的点旋转，单击此按钮后，选择要旋转的中心标记，以及选择要旋转的点
15		堆叠气泡排序	用于重新排序堆叠气泡，单击此按钮，选择要编辑的堆叠气泡，在弹出的“堆叠气泡排序”对话框中利用“下移”按钮或“上移”按钮对选定气泡进行次序调整，然后单击“确定”按钮

9.7 2D 表

在工程图中偶尔会用到 2D 表，如孔表、BOM 表、用户表、注释表、修订表等。本节重点介绍孔表、BOM 表、用户表的实用知识，其他表的应用知识类似。

9.7.1 孔表

当某个零件具有很多孔时，采用常规方法为这些孔标注尺寸时显得比较烦，此时可以考虑创建孔表，并将其添加到图纸管理器中。孔表基于一个布局视图，为每个孔创建一个标号标注，并在孔表中相应地显示，孔表会列出坐标、孔直径之类的参数。孔表创建之后，可以直接拖曳编号标注，按需要重新定位它。

创建孔表的操作步骤如下。

1）打开“HY-9P.Z3DRW”工程图文件，该工程图文件存在图 9-172 所示的一个布局视图。

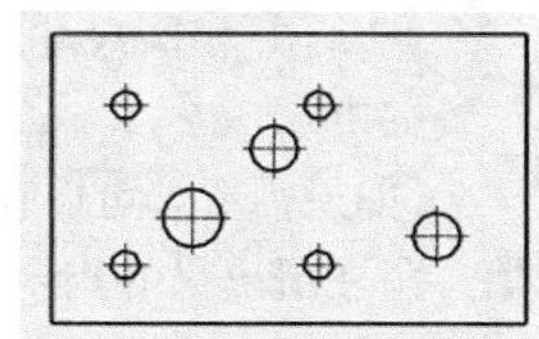
图 9-172 原始布局视图

2）在功能区“布局”选项卡的“表”面板中单击“孔表”按钮，打开图 9-173 所示的“孔”对话框，并确保选中创建孔表的视图（系统会默认选中该布局视图）。

3）在“名称”文本框中输入表格名称（即孔表名称），该名称将会在图纸管理器中出现。本例可以将名称命名为“HY-Hole-A”。

4）单击激活“基点”收集器，选择用于测量孔中心时的基点，孔表中各孔的 *X* 坐标值、*Y* 坐标值是相对于该基点的距离，本例可以选择该布局视图左下轮廓顶点作为基点。如果没有选择基点，则各孔中心的坐标是相对于工程图原点（0,0）的距离。

5）如果需要，可以在“切换孔”选项组中通过设置孔过滤器筛选不同类型的孔创建孔表，注意此处孔过滤器仅对孔特征域中没有选择的孔有效。在所选布局视图中，标识有高亮圆圈的孔表示为已选中的孔，红叉符号表示可选但还未选的孔，灰叉符号表示不可选的孔。

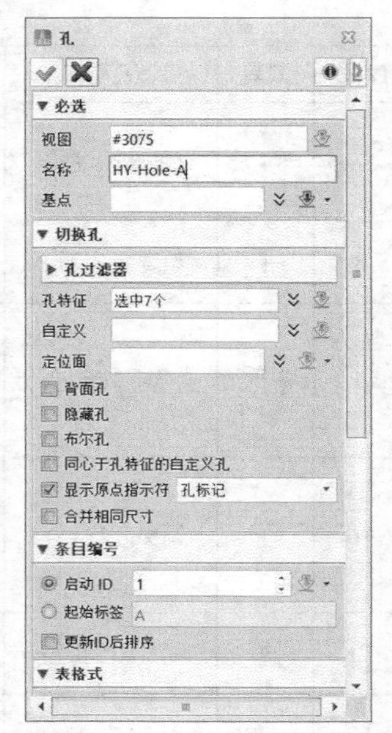

图 9-173 “孔”对话框（1）

- “孔特征”：该收集器用于选择希望加入孔表的真实孔（具有由“孔”“标识孔”命令指定的孔属性且与视图平面垂直）。在执行“孔表”命令时，系统会自动选中所有可选择的孔特征。在每一个候选孔的中心处会显示一个“×”点以表示该孔未被加入孔表，此时单击此类中心点会选中该孔，按住“Ctrl”键并单击某孔可取消对该孔的选择。
- “自定义”：激活此收集器，可以在工程图上选择曲线（如在工程图中绘制 2D 圆）来作为用户自定义孔添加到孔表，这些“孔”不必是零件上的真实孔，孔表不会也不能从零件中去获取这些“自定义孔”的信息，但可以通过表格编辑器输入任何希望显示的值。
- “定位面”：激活此收集器，可通过选择定位面来选择其上的所有孔。即若所选面上存在新孔，则这些新孔可自动添加到孔表中。
- “背面孔”：若选中此复选框，则能选择开放面与视图平面相反的孔特征。是否选中此复选框，都不会影响已选择的孔，也不会影响自定义孔的选择。
- “隐藏孔”：若选中此复选框，则能选择视图中被隐藏的孔。是否选中此复选框，都不会影响已选择的孔。
- “布尔孔”：若选中此复选框，则能选择导入的孔和由布尔运算创建的孔。
- “同心于孔特征的自定义孔”：若选中此复选框，则能够选择与 3D 孔特征同心的曲线作为自定义孔。是否选中此复选框都不会影响已选择的孔。当不选中此复选框时，不管孔特征是否能被选择，与孔特征同心的曲线都不能作为自定义孔被选择。
- “显示原点指示符”：当选中此复选框时，在基点位置显示原点指示符号。创建孔表后，可以移动该符号，而孔表数据会自动更新。
- “合并相同尺寸”：若选中此复选框，则会将大小相同的孔在孔表中的尺寸单元格合并成一个。

6）如果需要，可以在“条目编号”选项组中选中“启动 ID”单选按钮，并设置 ID 从“1”开始，允许用户另外指定不同的有效开始数字。也可以根据实际需要，选中“起始标签”单选按钮，以设置启动标签从何开始，默认的启动标签是从“A”开始的，应用标签可对不同大小、不同类型的孔进行分类管理。“更新 ID 后排序”复选框用于设置是否按排序重新生成孔标签。

7）通过竖向滚动条浏览到“表格式”选项组，在该选项组中可选定表格模板，定义列和标签等相关内容，如图 9-174 所示。

8）单击“确定”按钮，则系统为每个选定孔创建一个气泡序号，同时弹出图 9-175 所示的“插入表”对话框。

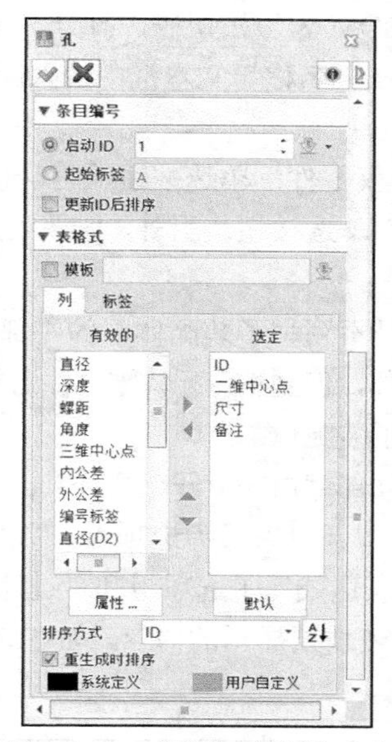

图 9-174　“孔”对话框（2）

图 9-175　“插入表”对话框

9）选择表格的插入点。本例在首选布局视图的上方区域指定一点作为表格的插入点，表格原点可以是“左上”，也可以是其他方位，如“中上”“右上”“左中”“中心”“右中”“左下”“中下”“右下”，本例默认的表格原点为“左上”，单击“确定”按钮，创建并插入的孔表如图 9-176 所示。

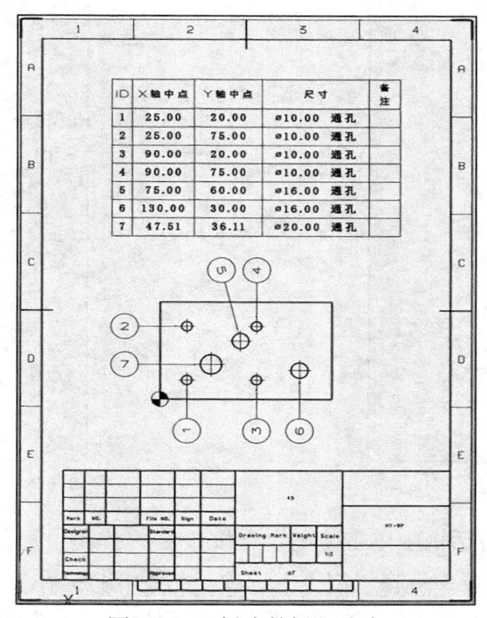

图 9-176　创建并插入孔表

9.7.2 BOM 表

使用“BOM 表”工具，可以从选定的一个布局视图中创建一个 BOM 表。

下面结合范例，介绍创建 BOM 表的一般方法及步骤。

1）在功能区“布局”选项卡的“表”面板中单击“BOM 表”按钮，打开“BOM 表”对话框，如图 9-177 所示。选择要创建 BOM 表的视图，在“名称”文本框中输入新 BOM 表的名称，该名称将会在图纸管理器中出现。

2）在“层级设置”选项组的“仅顶层”单项按钮、“仅零件”单选按钮、“仅气泡”单选按钮、“缩放”单选按钮中选中一个，默认选中“仅顶层”单选按钮。另外，“最大遍历深度”复选框用于控制罗列组件时到哪一个层级为止。

- “仅顶层”单选按钮：列举零件和子装配体，但是不列举子装配体下的零部件。
- “仅零件”单选按钮：仅列举零件，而不列举装配体，但列举装配体零部件为单独项目。
- “仅气泡”单选按钮：仅列举标注气泡的零件和子装配体。
- “缩放”单选按钮：列出子装配体，将子装配零件部缩放在其子装配下。

3）分别对其他选项组进行设置，如“设置”选项组、“条目编号”选项组、“模板”选项组（含“表达式”子选项组）、“过滤器”选项组。有关“表达式”子选项组和“过滤器”选项组的设置如图 9-178 所示。“表达式”子选项组可设置 BOM 表要显示的内容，如“ID”“名称”“编号”“成本”“数量”“材料”“备注”等。

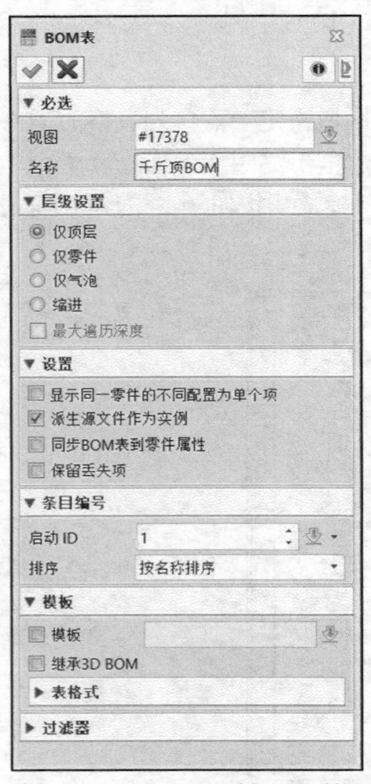

图 9-177 “BOM 表”对话框

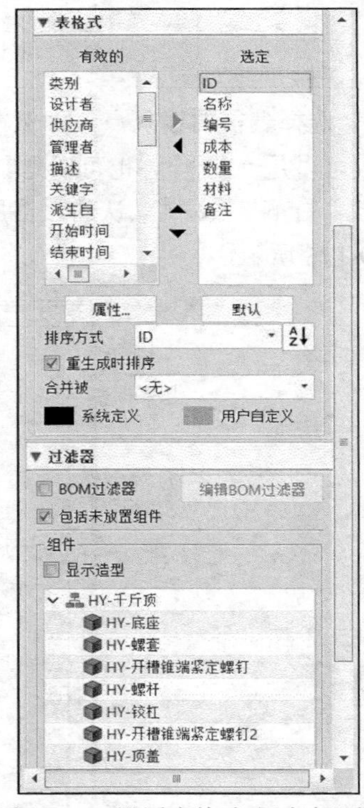

图 9-178 设置表格式和过滤器等

4）在“BOM 表”对话框中单击“确定”按钮，弹出“插入表”对话框，从“设置”选项组的“原点”下拉列表中选择“右下”选项，如图 9-179 所示。一般情况下，将 BOM 表的原点设置为“右下”，比较便于将 BOM 表插入标题栏上方作为明细栏。

5）指定表格的插入点，单击“插入表”对话框中的“确定”按钮，创建并在工程图纸上插入的 BOM 表如图 9-180 所示。

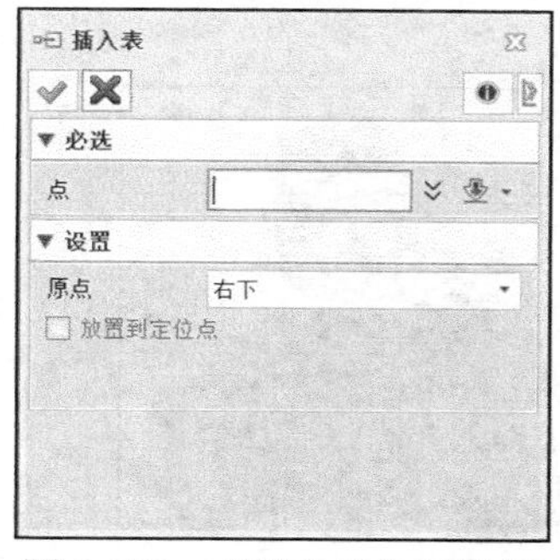

图 9-179 “插入表”对话框

ID	名称	编号	成本	数量	材料	备注
7	HY－螺套			1	Aluminum	
6	HY－螺杆			1	Aluminum	
5	HY－开槽锥端紧定螺钉2			1	Aluminum	
4	HY－开槽锥端紧定螺钉			1	Aluminum	
3	HY－铰杠			1	Aluminum	
2	HY－顶盖			1	Aluminum	
1	HY－底座			1	Aluminum	

图 9-180 创建 BOM 表

9.7.3 用户表

在工程图环境下，用户可以在图纸页上创建一个用户表，并将其添加到图纸管理器中。创建用户表的一般方法和步骤如下。

1）在功能区“布局”选项卡的“表”面板中单击“用户表”按钮，打开图 9-181 所示的“用户表”对话框。

2）在“用户表”对话框的“必选”选项组中输入新表的名称，接着在“设置”选项组中设置表格的行数和列数，单击“属性”按钮则可以打开“表格属性”对话框来设置用户表更多的属性。如果需要，可通过选中“模板”复选框并从文件浏览器中选择模板来创建用户表，还可以设置表格数据来源于文件。

3）单击“确定”按钮，弹出“插入表”对话框，然后指定表格在图纸中的位置，单击鼠标中键结束操作，插入的用户表如图 9-182 所示。

在图纸上选择表格、行、列、单元格均会弹出相应的对话框，以设置相应的内容属性，如果要在某个单元格中输入内容，则可以在用户表中双击该单元格，弹出“文本编辑器”，此时可输入所需的内容。

说明 用于编辑表的常用工具有“编辑”、“插入表”、“清除 BOM 气泡”、“整理气泡标注”、“修改表气泡位置”、“重生成”、“重生成所有表”、“输入表”、“输出表”、“同步 BOM 表到零件属性”，这些工具的使用方法相对简单，有兴趣的读者可以自行研习。

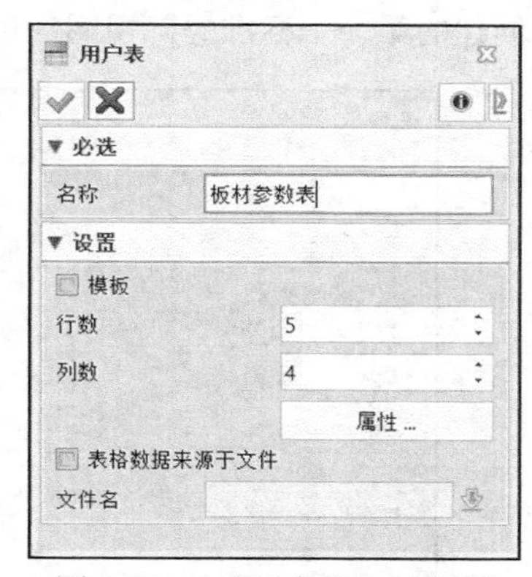

图 9-181 “用户表”对话框

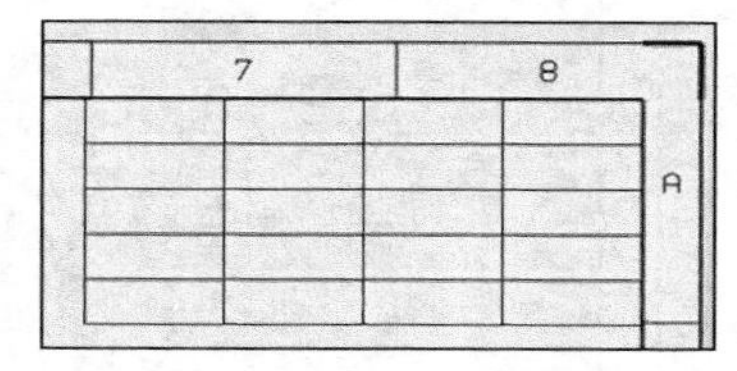

图 9-182 创建并插入用户表

9.8 工程图设计综合范例

本节介绍一个工程图设计综合范例，目的是让读者掌握本章所学的一些工程图设计知识，并能够掌握工程图设计流程与相关技巧，能在设计工作中融会贯通，学以致用。

本综合范例以一个阀体零件为例，先在中望 3D 中创建好其三维模型，如图 9-183 所示（本书提供已经创建好的模型文件为“HY-阀体.Z3PRT”）。

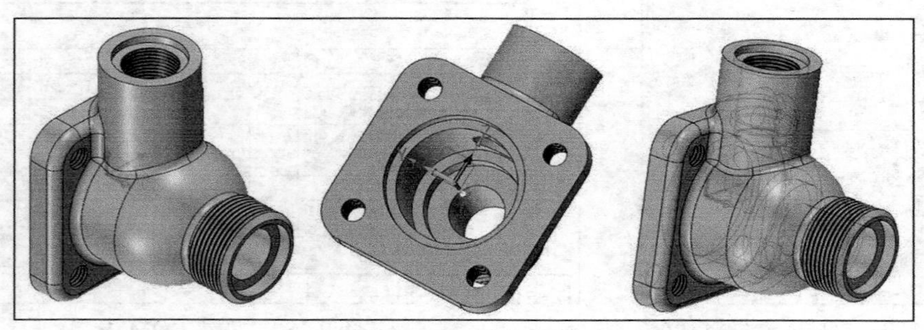

图 9-183 阀体零件

1. 打开模型文件并切换至工程图环境插入第一个视图

1）在中望 3D 中打开配套的“HY-阀体.Z3PRT”文件，在图形窗口的空白区域右击，从弹出的快捷菜单中选择“2D 工程图”命令。

2）在弹出的“选择模板”对话框中选择“A3_H(GB_chs)”模板，单击“确认”按钮。

3）系统在默认时自动启动“标准视图”命令以弹出“标准”对话框，从“视图”下拉列表中选择“俯视图”，在“设置”选项组的“可选”选项卡上，从“样式”下拉列表中选择“基准视图样式（GB）”选项，取消选中“显示隐藏线”图标，如图 9-184 所示。

4）为第一个布局视图指定放置位置，在自动弹出的“投影”对话框中单击“取消”按钮。创建的第一个标准局部视图（可以当作俯视图）如图 9-185 所示。

图 9-184 “标准”对话框

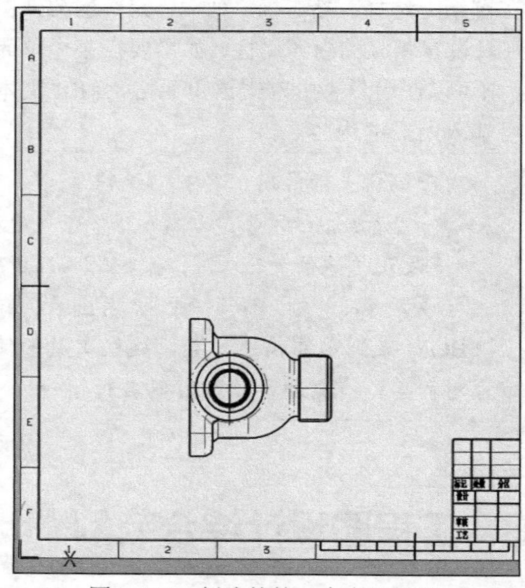

图 9-185 创建的第一个布局视图

2. 定义视图样式等

1）在功能区切换至“工具”选项卡，从“属性”面板中单击“视图”按钮，弹出“样式管理器”对话框。

2）利用该对话框，对相关的视图进行编辑设置，如为剖面视图设置剖切箭头方式等，如图 9-186 所示。设置好相关视图样式，单击“应用”按钮或“确定”按钮。

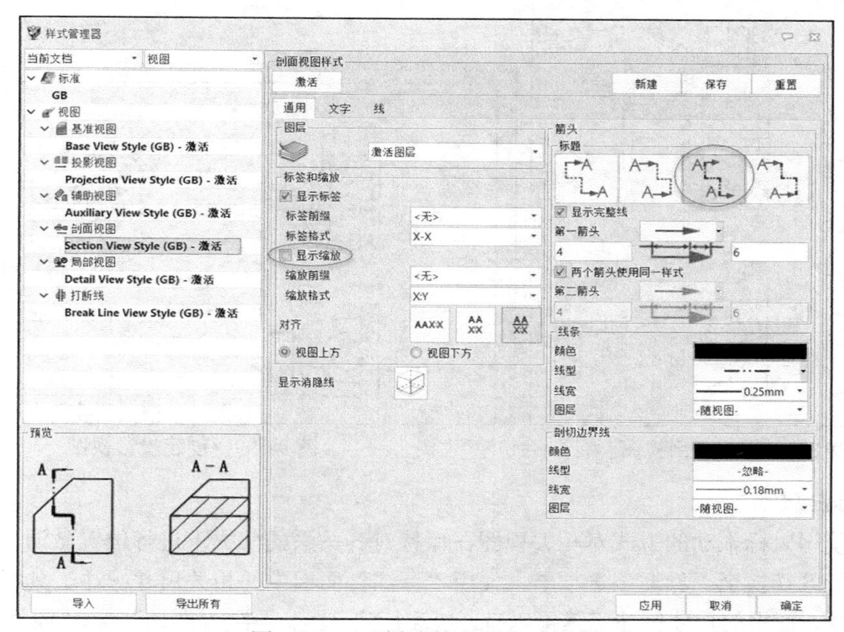

图 9-186 “样式管理器”对话框

可以单击“样式管理器”按钮对其他样式（如标注样式、倒角样式、孔标注样式等）进行设置。

3. 创建全剖视图

1）在功能区“布局”选项卡的“视图”面板中单击“全剖视图”按钮，弹出“全剖视图”对话框。

2）选择第一个视图（俯视图）作为基准视图，选择定义剖面的两个点（圆心点 A 和轮廓线中点 B），单击鼠标中键，再在俯视图（第一个视图）的上方正交投影通道上选择放置位置（C 点），如图 9-187 所示。

3）在“全剖视图”对话框的“剖面方法”选项组中，从“方式”下拉列表中选择“修剪零件”选项，选中“闭合开放轮廓”复选框和“自动调整填充间隔和角度”复选框，其他接受默认设置。

4）单击“确定”按钮，创建的全剖视图如图 9-188 所示。

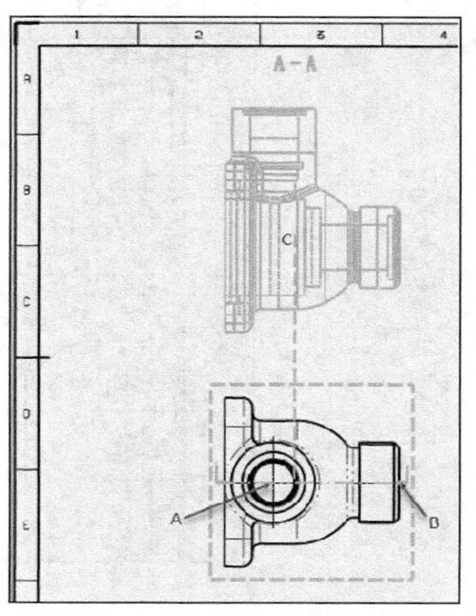

图 9-187 指定两点定义剖切面及指定放置点

4. 创建投影视图

1）在功能区“布局”选项卡的“视图”面板中单击“投影”按钮，打开“投影视图”对话框，在“设置”选项组的“投影”下拉列表中选择“第一视角”选项，从“标注类型”下拉列表中选择“投影”

选项。

2）选择前面创建的全剖视图作为基准视图（父视图），在父视图右侧的指定视图位置创建图 9-189 所示的投影视图。

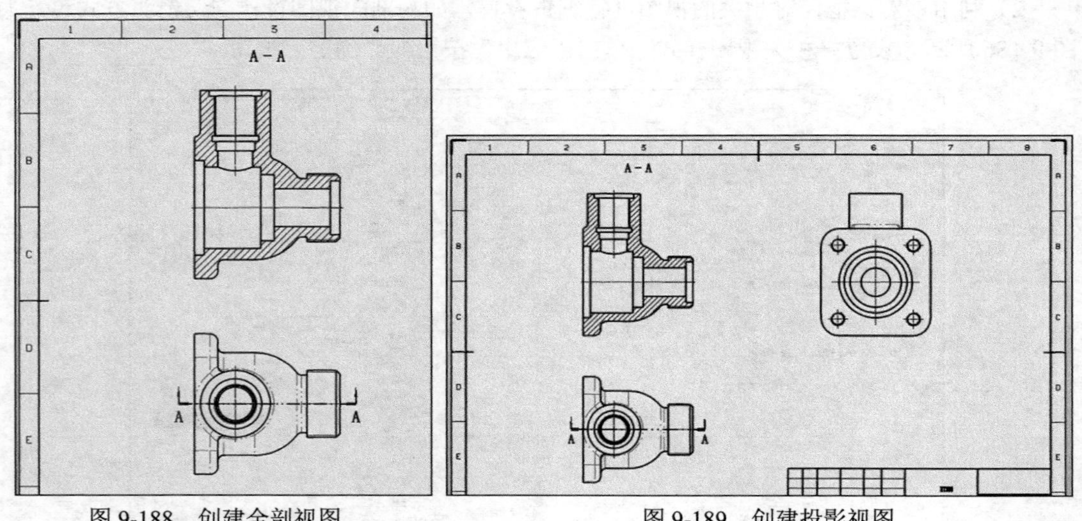

图 9-188 创建全剖视图　　　　图 9-189 创建投影视图

5. 标注尺寸

可以使用鼠标拖动的方式对相关视图在保持对齐关系的前提下进行位置微调。

在功能区切换至“标注”选项卡，使用“标注”面板中的相关尺寸标注工具标注图 9-190 所示的尺寸，使用的尺寸标注工具可以有“快速标注”、“半径/直径”、“线性标注”、“线性倒角”、“孔标注”。

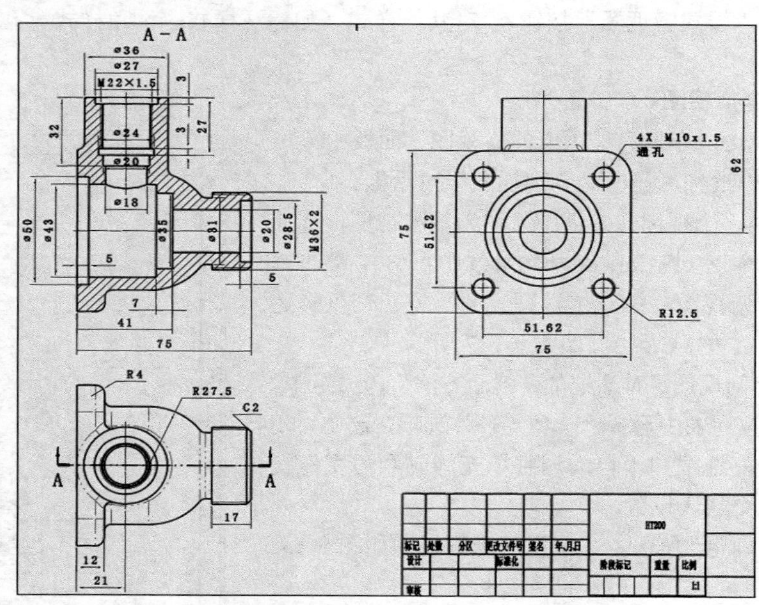

图 9-190 标注相关尺寸

6. 为关键尺寸添加尺寸公差

1）在功能区“标注”选项卡的“编辑标注”面板中单击“修改标注公差”按钮，打开“修改公差”对话框。

2）在俯视图中选择数值为“21”的一个线性水平距离尺寸，在“设置”选项组公差类型下拉列表中选择“不等公差”xx±XX，设置上公差为“0”，下公差为“0.130”，如图 9-191 所示，单击“确定”按钮。

3）使用同样的方法，在主视图（全剖视图）中创建图 9-192 所示的几个尺寸公差，其中有 3 个尺寸公差的公差类型为“公差带”XXH7。

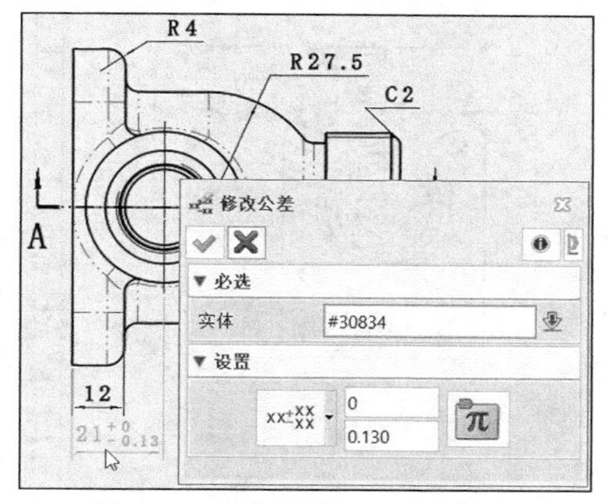

图 9-191　设置并修改尺寸公差

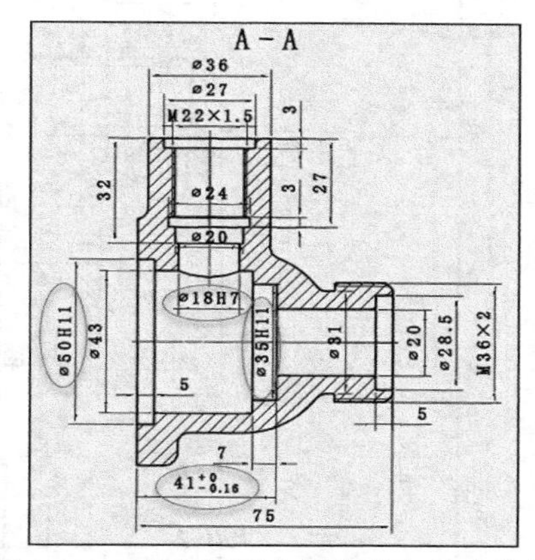

图 9-192　在主视图中创建几个尺寸公差

7. 创建基准及几何公差

1）在功能区“标注”选项卡的“注释”面板中单击“基准特征”按钮，弹出“基准特征”对话框，选择目标对象及指定基准文本插入点，如图 9-193 所示，然后单击“确定”按钮。由于本例基准要素是尺寸要素确定的轴线、中心线，基准符号应该对准尺寸线。

2）在功能区“标注”选项卡的“注释”面板中单击“形位公差”按钮，在主视图（全剖视图）中标注两处垂直度公差，注意公差框的引出方式均为“水平”，如图 9-194 所示。

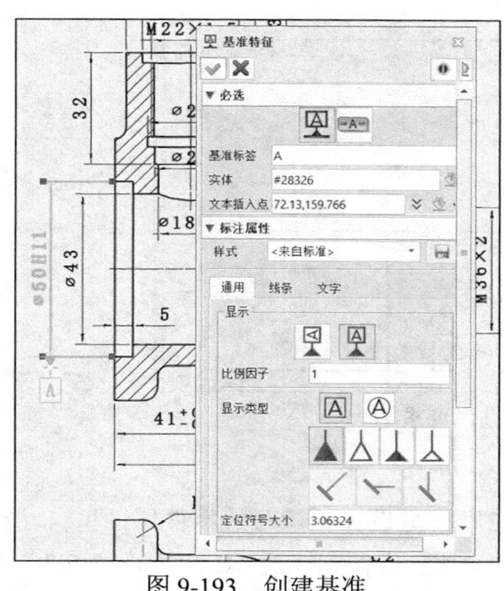

图 9-193　创建基准

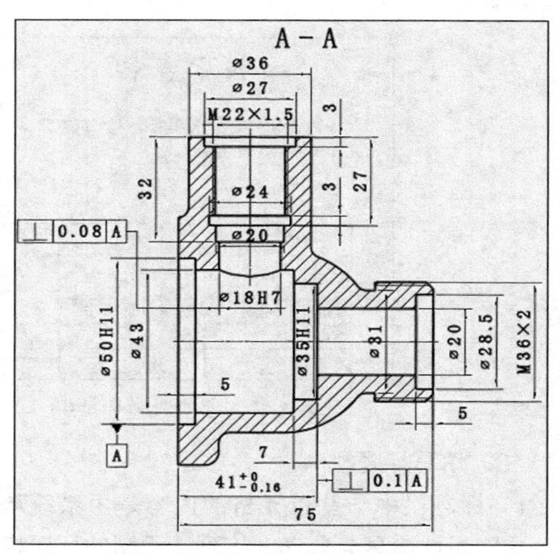

图 9-194　创建两个垂直度公差

8. 注写表面结构要求

在功能区“标注”选项卡的“符号”面板中单击“表面粗糙度”按钮，在视图中注写相关的表面结构要求，并在标题栏上方附近统一标注其他表面有相同的表面结构要求，在圆括号内给出无任何其他标注的基本图形符号（以表示图上已标注的内容），如图 9-195 所示。其中圆括号可以采用位于功能区“绘图”选项卡的“绘图”面板中的“文字”按钮A来注写。

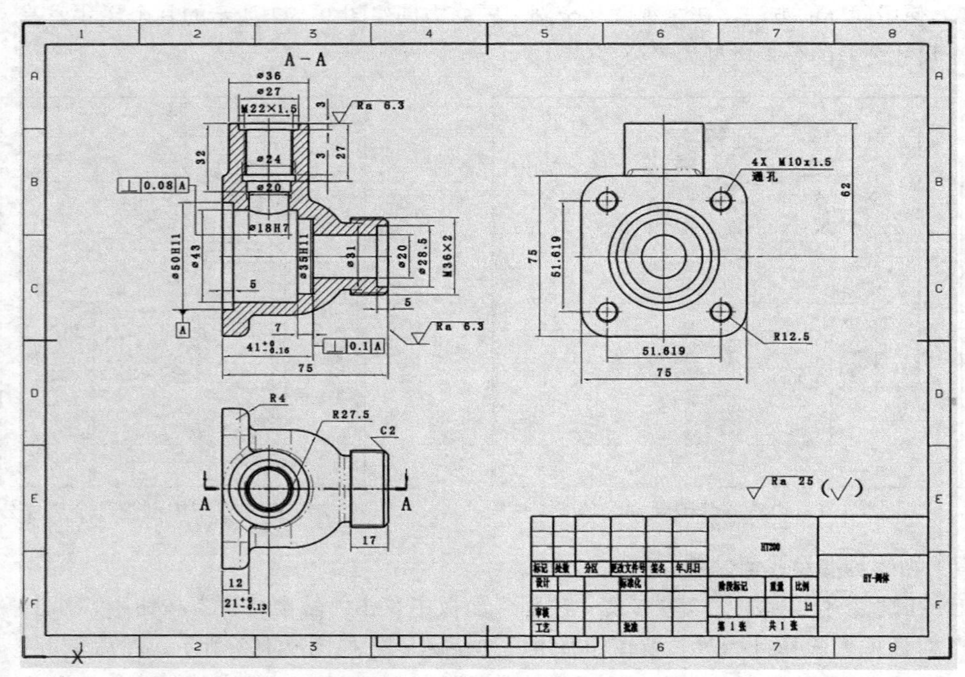

图 9-195 注写表面结构要求

9. 注写技术要求

在功能区“绘图”选项卡的“绘图”面板中单击“文字”按钮A，在图纸上注写图 9-196 所示的技术要求。

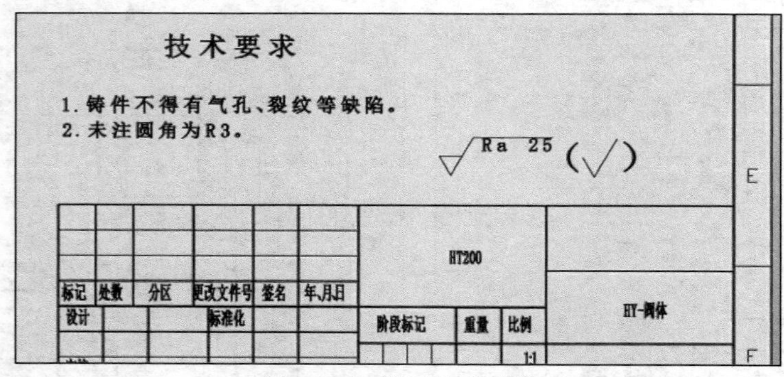

图 9-196 注写技术要求

10. 填写标题栏

1）标题栏中一些单元格的内容是由系统从三维模型设计时填写的零件属性里自动获取的，这些属性信息会自动链接到工程图的标题栏中，比较方便。打开“HY-阀体.Z3PRT”零件窗口，展开菜单栏，从“属性”菜单中选择“属性”命令，打开“属性”对话框，如图 9-197 所示，在“标准”选项卡中可以填写“设计者”“供应商”等一些属性标签，以及在其他选项卡中可以指定材料等信息，然后单击“确定”按钮。另外，利用零件环境的“属性”菜单下的“材料”命令可以为当前零件指定材料。

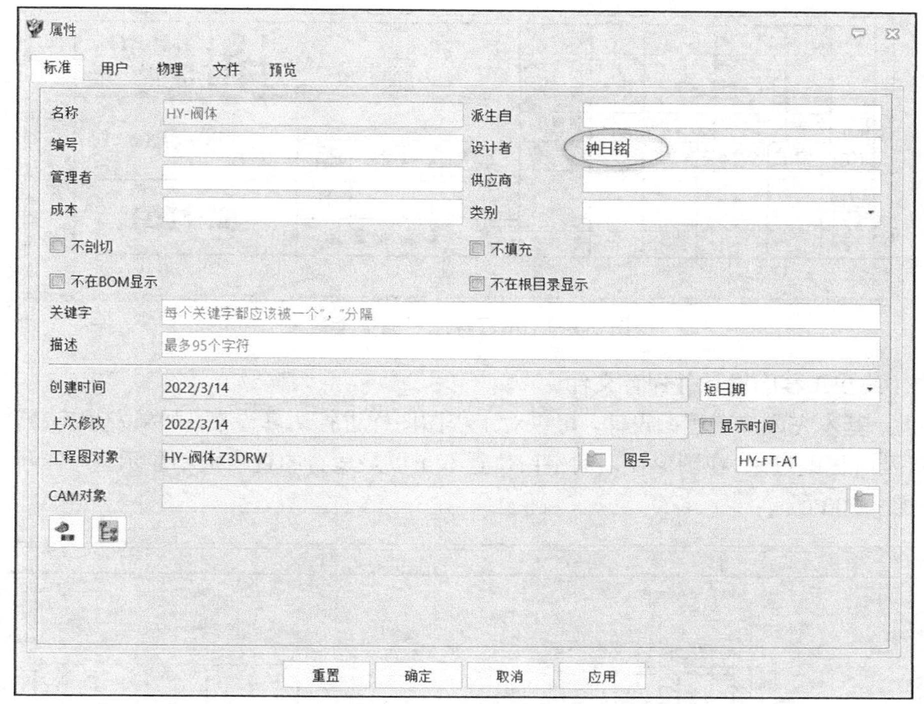

图 9-197 “属性”对话框

2）保存零件属性后，重新切换回“HY-阀体.Z3DRW”工程图文件窗口。在管理器的图纸格式下找到“标题栏”节点，右击它并选择“编辑”命令，或者直接双击“标题栏”节点，从而进入标题栏编辑状态。

3）对于不是由变量控制的单元格项，可单击“文字”按钮 或“预制文字”按钮，在相应的单元格内绘制要填写的文字内容。

4）标题栏右上角的单元格是用于填写公司或单位机构名称的，也可以在这个单元格内插入公司或单位机构的 Logo。这里以插入设计机构 Logo 为例进行介绍，在功能区“草图”选项卡的“参考”面板中单击“图片”按钮，选择所需的 Logo，单击“打开”按钮，接着在该框内指定两点定位图像，并按照锁定长宽比来设定图像的宽度、高度，角度为 0deg（°），不透明度为 100%，然后单击“确定”按钮。编辑标题栏如图 9-198 所示。

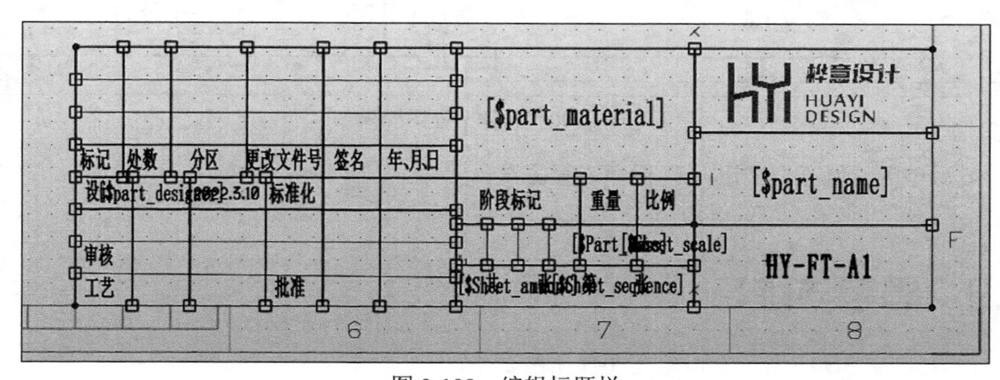

图 9-198 编辑标题栏

5）单击“退出”按钮，填写标题栏的参考效果如图 9-199 所示。

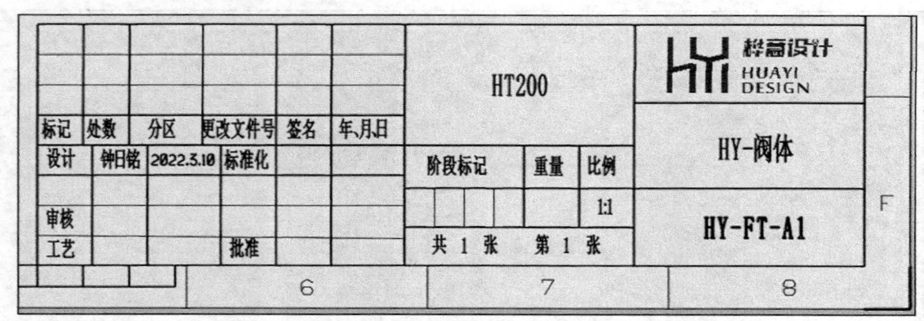

图 9-199 填写标题栏的参考效果

11. 完成工程图设计并保存文件

至此，基本完成该工程图设计，可以对工程图图样进行认真检查，如果发现有疏漏或错误的地方，及时更改过来。在图形窗口的空白位置双击以最适合的视窗大小显示整个工程图图样，效果如图 9-200 所示。

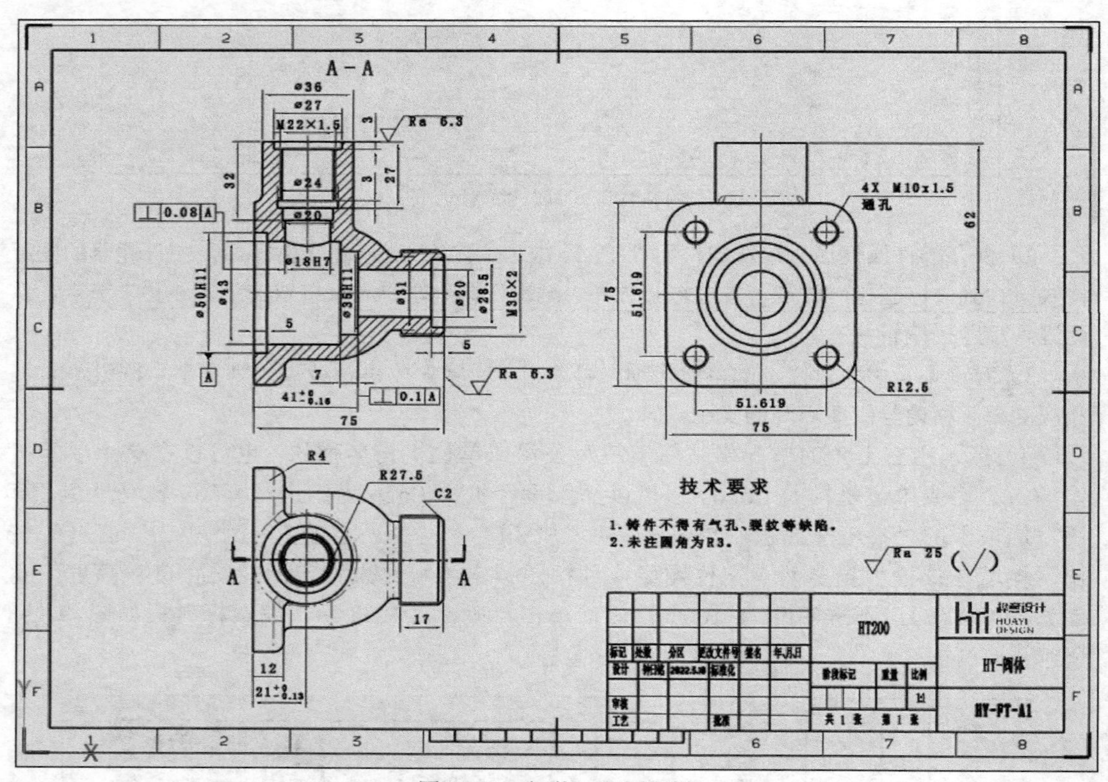

图 9-200 阀体工程图图样

最后单击“保存”按钮，保存工程图设计文件。

9.9 思考与练习

1）在中望 3D 中创建工程图文件有几种途径？

2）如何定制满足国家标准（GB）的各种制图样式？

3）如何创建全剖视图？如果要创建半剖视图，应该如何操作？

4）阶梯剖视图和对齐剖视图有什么不同？如何创建它们？

5）局部剖视图主要应用在什么场合？如何创建局部剖视图？

6）在什么设计场合应用局部视图？如何创建局部视图？

7）如何创建基准特征和形位公差？

8）什么是孔表？如何创建孔表？

9）如何创建 BOM 表？

10）上机操作：为本章综合范例所用阀体（配套练习文件为“HY-9-EX10-阀体.Z3PRT”）创建轴测剖视图，如图 9-201 所示。

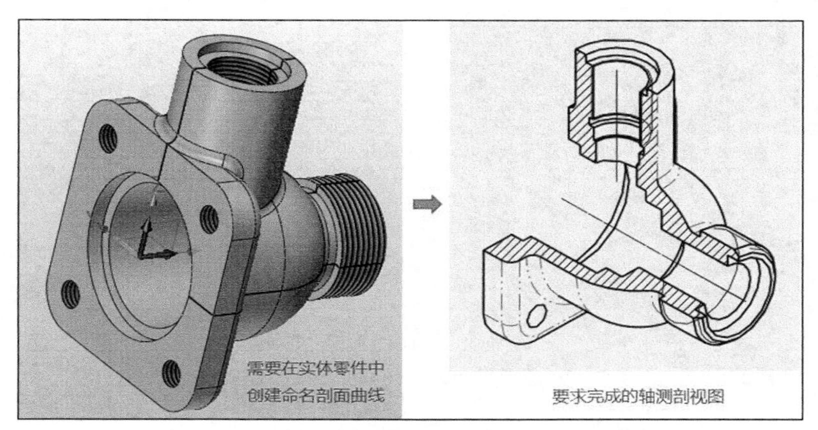

图 9-201 轴测剖视图练习

11）上机操作：按照图 9-202 所示的零件工程图，在中望 3D 中设计驱动带轮的三维模型，再创建其工程图样。

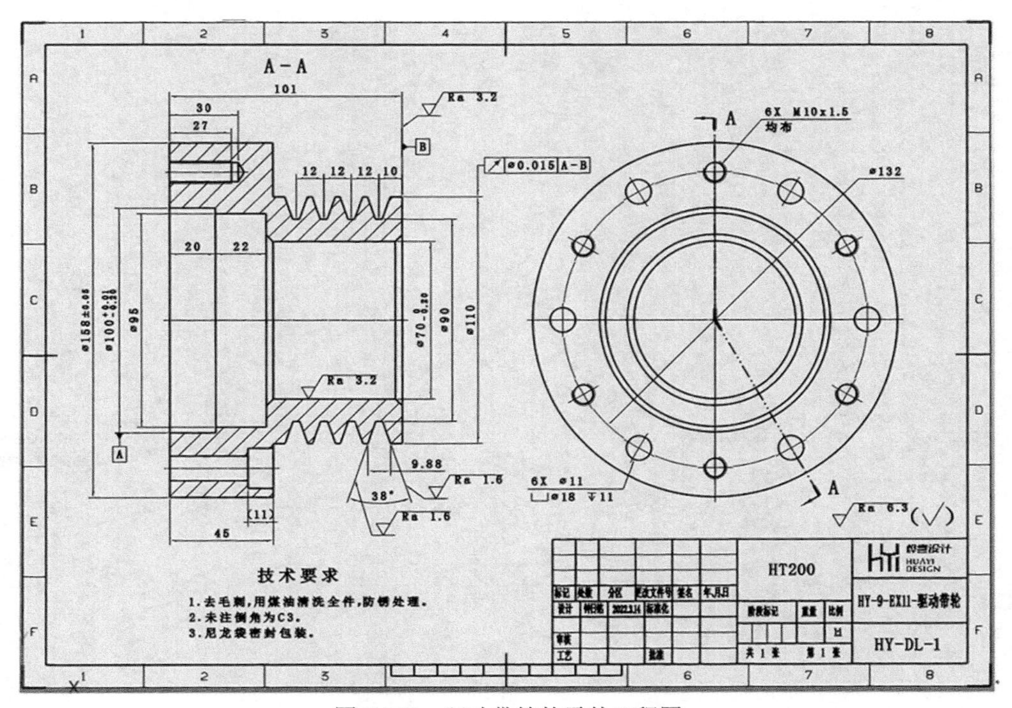

图 9-202 驱动带轮的零件工程图